工程素材请到Unity教育官网
www.unityedu.com下载

unity 4.x
从入门到精通

Unity Technologies 主编
吴 彬 黄赞臻 郭雪峰 刘向群

Unity 官方认证考试
必读

中国铁道出版社
CHINA RAILWAY PUBLISHING HOUSE

内 容 简 介

本书分为操作篇和开发篇两部分。操作篇从初学者的角度来讲解 Unity 引擎的相关知识，详尽介绍了 Unity 编辑器的使用方法、资源导入流程以及如何使用 Unity 引擎创建一个基本的游戏场景，并分别介绍了 Shuriken 粒子系统、Mecanim 动画系统、物理系统、Lightmapping 烘焙技术、Navigation Mesh 寻路技术、Umbra 遮挡剔除技术、屏幕后期渲染特效等。开发篇为想深入了解 Unity 引擎开发知识及真正从事商业游戏开发的人员提供了宝贵的技术资料，其中包括了 Unity 脚本开发基础、输入与控制、GUI 开发、Shader 开发、网络开发、编辑器扩展等诸多内容，同时提供了 Asset Bundle 工作流程、脚本调试与优化、跨平台发布等多项高级内容，最后以一个第三人称射击游戏为例，向读者充分展示了游戏实战开发的过程。

本书适用于对 Unity 感兴趣的读者，也适用于从事 Unity 工作的人员，更适用于 Unity 培训学校或者机构。

读者可登录 Unity 教育官网（www.unityedu.com）下载本书的工程素材。

图书在版编目（CIP）数据

Unity 4.X 从入门到精通/优美缔软件（上海）有限公司主编. —北京 : 中国铁道出版社, 2013.11（2015.8 重印）
ISBN 978-7-113-17557-3

Ⅰ. ①U… Ⅱ. ①优… Ⅲ. ①游戏程序－程序设计 Ⅳ. ①TP311.5

中国版本图书馆 CIP 数据核字（2013）第 263429 号

书　　名：Unity 4.X 从入门到精通
作　　者：Unity Technologies　主编

策　　划：周　欣　巨　凤　　读者热线：400-668-0820
责任编辑：鲍　闻　徐盼欣
封面设计：一克米工作室
责任印制：李　佳

出版发行：中国铁道出版社（100054，北京市西城区右安门西街 8 号）
网　　址：http://www.51eds.com
印　　刷：北京米开朗优威印刷有限责任公司
版　　次：2013 年 11 月第 1 版　　2015 年 8 月第 8 次印刷
开　　本：880mm×1230mm　1/16　印张：46.5　字数：1300 千
印　　数：16 801～20 800 册
书　　号：ISBN 978-7-113-17557-3
定　　价：158.00 元

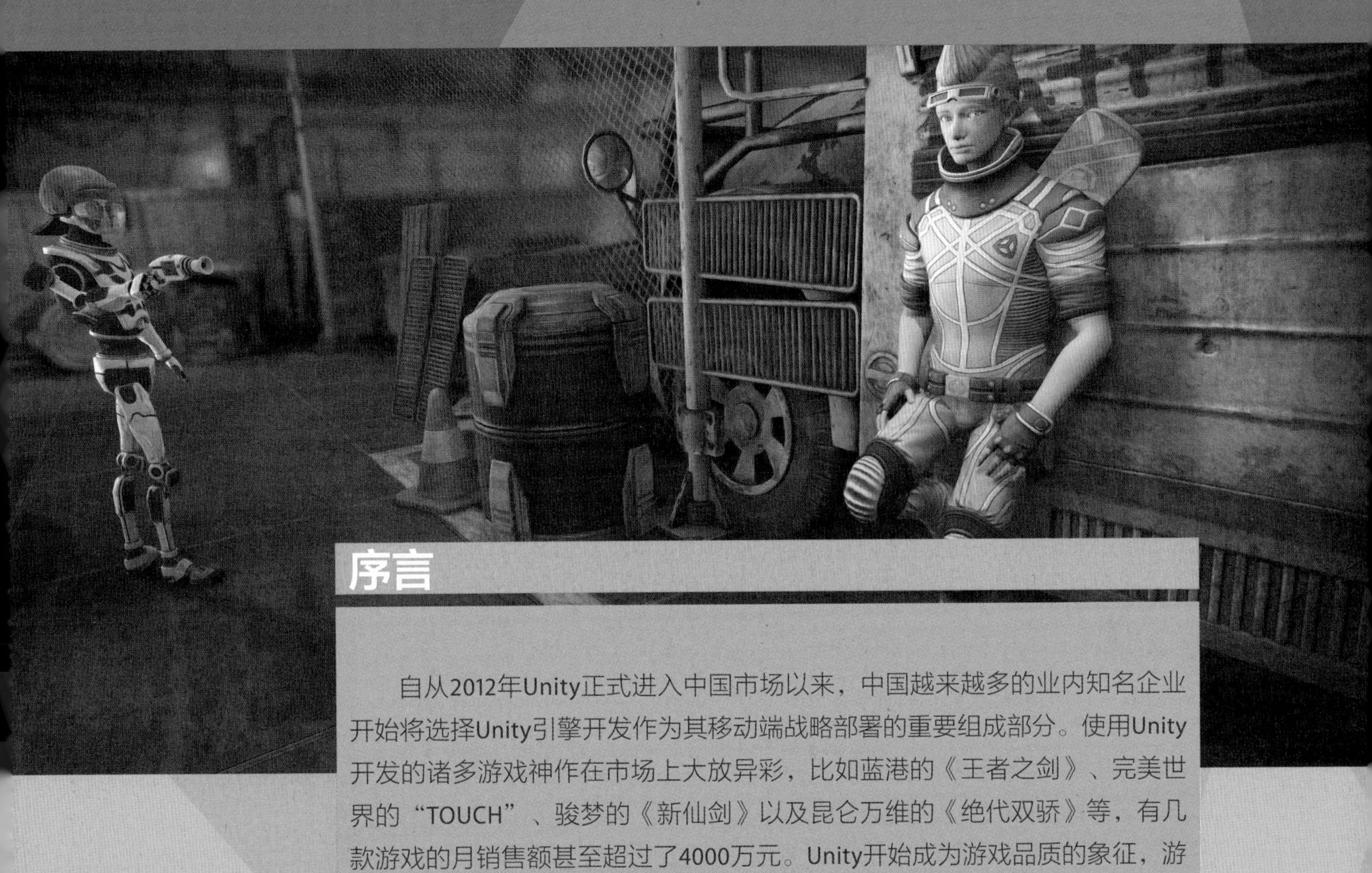

序言

自从2012年Unity正式进入中国市场以来，中国越来越多的业内知名企业开始将选择Unity引擎开发作为其移动端战略部署的重要组成部分。使用Unity开发的诸多游戏神作在市场上大放异彩，比如蓝港的《王者之剑》、完美世界的“TOUCH”、骏梦的《新仙剑》以及昆仑万维的《绝代双骄》等，有几款游戏的月销售额甚至超过了4000万元。Unity开始成为游戏品质的象征，游戏热卖的保证，无论是大型游戏研发公司还是独立工作室，Unity都已经成为理所当然的选择。作为一款高端的跨平台引擎，Unity迎来了属于它的时代！

当然，Unity并不仅仅是一款游戏引擎，它被广泛地应用在陆海空军事训练，房地产开发，虚拟展馆，家具设计、展示，石油加工管理系统，化工厂管理系统，水电站管理系统，煤炭生产安全监控系统，培训系统，城市社区监控管理系统，污水处理系统，数理化教学系统，家庭自动化系统，安全监控系统等各行各业中。时下最前端的虚拟现实和诸多形形色色的穿戴式设备都在用Unity引擎作为其研发应用的主要技术手段。

截至2013年6月，Unity已经拥有了200万注册用户，全球有超过2亿台计算机安装了Unity的插件，全球约50多万家企业在使用Unity进行开发。学会Unity，不仅仅只是学会二维和三维内容的发布，更重要的是，Unity为你打开了一扇窗，让你有能力将梦想变为现实。Unity的世界，期待你的加入！

——Unity 大中华区总经理 **符国新**

前言

在过去的几年中，中国游戏产业经历了一场深刻的变革。在大型客户端游戏火爆了8年之后的2008年，网页游戏突然崛起，虽然在游戏画面和互动模式等方面都与客户端游戏相去甚远，但网页游戏的发展速度却异常迅猛，玩家数量一路高速增长。2009年，智能手机的普及大潮汹涌而来，越来越多的移动平台加入了竞争，包括iOS、Android、Windows Phone等平台迅速兴起，在移动平台上运行高质量的3D游戏也已经成为了现实，从而将大量游戏玩家从PC端吸引到了移动端，同时也吸收了众多新的玩家，实现了玩家数量的进一步激增。从大型客户端游戏、网页游戏到移动游戏，游戏终端的日渐丰富增加了玩家的选择，但也给游戏开发商造成了一定的困扰。由于各个平台的开发方式截然不同，之间又存在着激烈的竞争，导致游戏开发商很难选择从哪个平台入手开发游戏，而把游戏从一个平台移植到另一个平台也往往需要很大的工作量。

另一方面，移动游戏的爆发颠覆了游戏行业的传统格局，重新定义了整个行业的发展趋势，使得游戏公司的定义和游戏产品的形态都发生了根本的变化：一方面，个人开发者开始有能力成立游戏工作室并独立制作游戏；另一方面，快速更新和迭代成为了游戏产品成功的重要因素。游戏作品俨然已经成为了一种快速消费品。面对这样的局面，如何快速高效地开发出成熟稳定的商业游戏也成为了游戏开发商面临的重要课题。

Unity引擎就是在这样的背景下逐渐走入了中国开发者的视野。Unity是由Unity Technologies公司开发的专业游戏引擎。在跨平台方面，Unity引擎一直是业界

的领跑者，在Unity 4.3版本中，Unity支持Windows、Mac OS X、Web browsers、iOS、Android、PlayStation 3、Xbox 360、Windows Store、Windows Phone、Linux、Blackberry 10、Wii U、PlayStation 4、PlayStation Vita、PlayStation Mobile、Samsung Tizen、Xbox One等几乎所有的主流平台，开发者可以通过一次开发，进而以极小的代价发布到多个平台上去。

在快速开发方面，Unity引擎支持C#、JavaScript和Boo三种脚本语言，同时支持所有主要的美术资源文件格式，能够让一个从来没有游戏开发经验的开发者在短短几个小时之内就参照例子制作出一款3D的FPS游戏；也能够让单个游戏开发者在短短几天之内就有可能开发出一款高质量的商业游戏。Unity所提供的简易工作流并不意味着它的功能简单，Unity具有高度优化的图形渲染管道，内嵌了Mecanim动画系统、Shuriken粒子系统、Navigation Mesh寻路系统等，同时还引入了众多业界知名的游戏中间件，包括Autodesk Beast烘焙工具、Umbra遮挡剔除工具、NVIDIA PhysX物理引擎等。

特别地，Unity引擎还提供了一个网上资源商店（Asset Store），任何Unity引擎用户都可以在这个平台上购买和销售Unity相关的资源，包括3D模型、材质贴图、脚本代码、音效、UI界面、扩展插件等。用户可以通过下载资源商店的内容节省宝贵的项目开发时间和成本，也可以通过它来销售自己制作的产品。更加难能可贵的是，Unity还为用户提供了一个知识分享和问答交流的社区（http://udn.unity3d.com/）。截至2013年6月，Unity已经拥有超过200万的注册开发者，他们在这个社区里获取信息并分享经验，形成了一个异常良好的互助环境。

至今，Unity引擎已经得到了越来越多中国开发者的青睐，成为了大家竞相学习和使用的开发工具。那么，应该如何学好Unity引擎呢？目前，Unity虽然有大量的英文技术资料，但中文资料还偏少，这往往令一些初学者望而却步；另一方面，对Unity引擎有一定了解的用户也迫切需要一本高质量的进阶书籍，从而加深对Unity的了解并提高实际开发项目的能力。本书的面世能在一定程度上解决这一问题，无论初学者还是对Unity有一定了解的用户，都能够通过本书学到对自身有益的相关知识，提高对Unity引擎的实际应用能力。

本书由Unity Technologies主编。全书分为操作篇和开发篇两个部分。操作篇（1~11章）从初学者的角度来讲解Unity引擎的相关知识，详尽介绍了Unity编辑器的使用方法、资源导入流程以及如何使用Unity引擎创建一个基本的游戏场景，并分别介绍了Shuriken粒子系统、Mecanim动画系统、物理系统、Lightmapping烘焙技术、Navigation Mesh寻路技术、Umbra遮挡剔除技术、屏幕后期渲染特效等，该部分通过多个操作实例帮助入门者快速掌握Unity引擎的各个知识点，即便是毫无编程经验的人员，都可以参照这部分内容快速学会如何使用Unity制作简单的游戏。开发篇（12 ~ 21章）则为想深入了解Unity引擎开发知识以及真正从事商业游戏开发的人员提供了宝贵的技术资料，其中包括了Unity脚本开发基础、输入与控制、GUI开发、Shader开发、网络开发、编辑器扩展等诸多内容，同时提供了Asset Bundle工作流程、脚本调试与优化、跨平台发布等多项高级内容，最后以一个第三人称射击游戏为例，充分向读者展示了游戏实战开发的过程。

此外，Unity公司已经在大中华区（内地、台湾省、香港特别行政区）推出了认证考试项目，本书也可作为参与考试的备战教材使用。

最后，相信本书一定会为提高开发者使用Unity引擎的能力起到一定的促进作用！也希望本书能够为中国游戏玩家带来越来越多的使用Unity引擎开发的精彩游戏！

Unity大中华区技术总监 **刘钢**

目 录

操 作 篇

开 发 篇

操作篇

第1章 Unity介绍

1.1 Unity简介

Unity是由Unity Technologies公司开发的跨平台专业游戏引擎，它打造了一个完美的游戏开发生态链，用户可以通过它轻松实现各种游戏创意和三维互动开发，创作出精彩的2D和3D游戏内容，然后一键部署到各种游戏平台上，并且还可以在Asset Store（资源商店，http://unity3d.com/asset-store/）上分享和下载相关的游戏资源。Unity还为用户提供了一个知识分享和问答交流的社区（http://udn.unity3d.com/），大大方便了用户的学习和交流。

Unity是一款国际领先的专业游戏引擎，Unity编辑器可以运行在Windows和Mac OS X平台上，启动界面如图1-1所示。其最主要的特点是：一次开发就可以部署到目前所有主流的游戏平台，包括Windows、Linux、Mac OS X、iOS、Android、Xbox 360、PS3、WiiU和Web等，如图1-2所示。用户无须二次开发和移植，就可以将产品轻松部署到相应的平台，节省了大量的时间和精力。在移动互联网大行其道的今天，Unity正吸引着越来越多人的关注。

图1-1 Unity 4.1.3 启动界面

截至2013年6月，Unity已经拥有超过200万的注册开发者，全球有2亿多台计算机安装了Unity Web Player，1/3的Facebook 玩家玩过Unity开发的网页游戏，包括Microsoft、EA、Disney、Sony、Disney、NASA、Ubisoft等公司都是它的用户。在游戏开发领域，Unity用其独特、强大的技术理念征服了全球众多的业界公司以及游戏开发者。下面简要地对Unity的主要特性进行介绍：

- 一次开发，到处部署：用户可以在Windows和Mac OS X平台下进行游戏开发，游戏作品可以直接一键发布到所有主流的游戏平台而一般无须任何修改，发布平台包括Windows、Linux、Mac OS X、iOS、Android、Xbox 360、PS3、WiiU和Web等，如图1-2所示。开发者无须过多考虑平台之间的差异，只须把精力集中到制作高质量的游戏上即可。图1-3为Unity一键部署到各种游戏平台的Build Settings（发布设置）对话框。

PS3  Wii U  

iOS     

图1-2
Unity支持的发布平台图标

- 高度整合且可扩展的编辑器：Unity编辑器功能强大且易于使用，它集成了完备的所见即所得的编辑功能，在编辑器里可以调整场景的地形、灯光、动画、模型、材质、音频、物理等参数。用户编写的脚本变量参数也可以在编辑器里进行调整并实时地看到调整后的效果。如果用户对编辑器有更高的个性化要求，也可以通过编写编辑器脚本来创建自定义的编辑器界面和功能，还可以使用第三方提供的插件来定制。Unity的第三方插件内容十分丰富，涵盖了几乎所有的主题，包括GUI、网络、材质、动画等，对于Unity目前的一些薄弱功能（例如GUI），第三方插件提供了非常好的解决方案。图1-4为Unity编辑器界面。

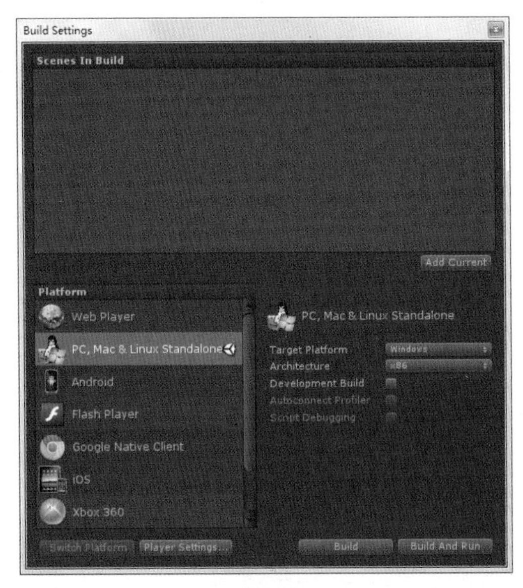

图1-3
Unity支持一键部署到各种平台上

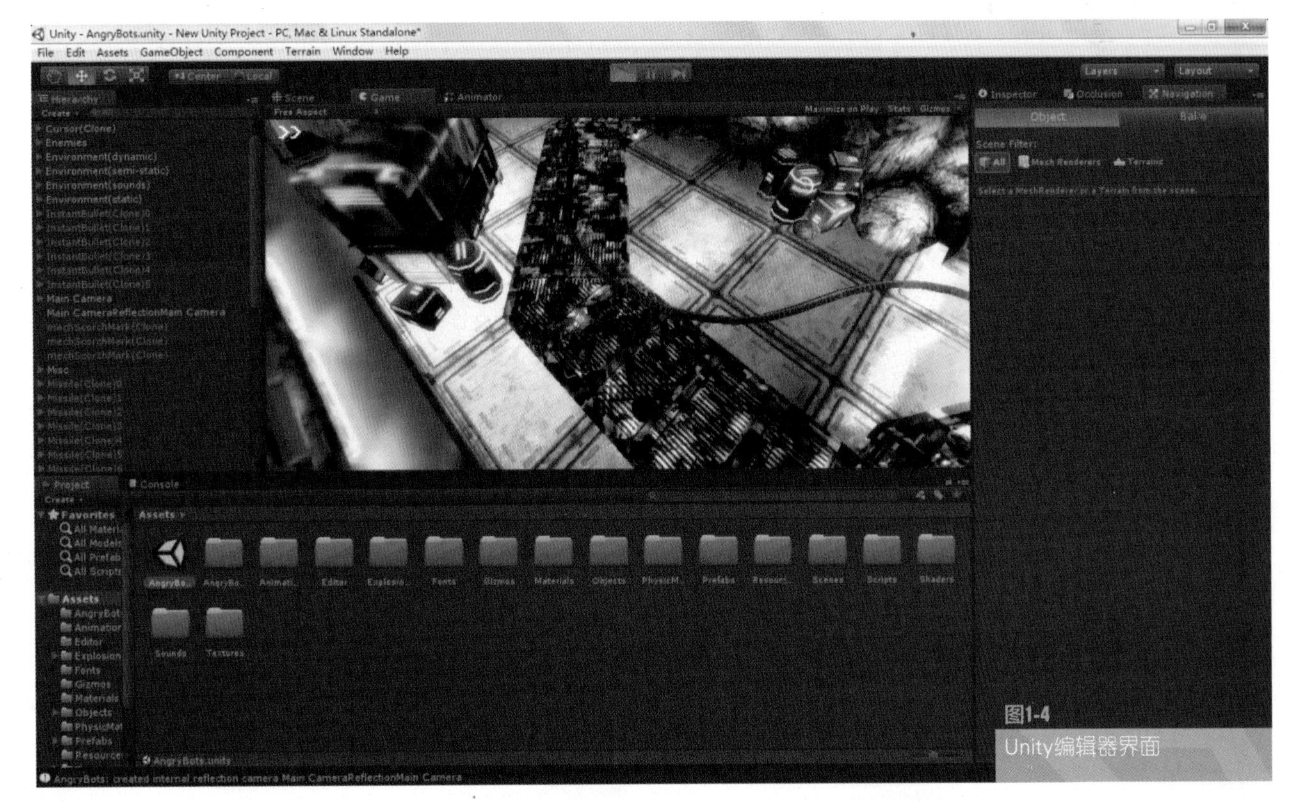

图1-4
Unity编辑器界面

- 通用性强，支持目前所有主流3D动画创作软件：Unity支持目前市面上所有主流的3D动画创作软件，例如Maya、3ds Max、Cinema 4D、Cheetah3D、Modo、Lightwave和Blender等，并能与其中大部分软件协同工作。图1-5 为Unity所支持的部分主流3D动画创作软件图标。

图1-5 Unity支持目前所有主流的3D动画创作软件图标

- Asset Store（资源商店）是类似于苹果应用商店（App Store）的线上开发者资源商店。任何Unity引擎用户都可以在这个平台购买相关的资源，比如3D模型、材质贴图、脚本代码、音效、UI界面、扩展插件等等。用户可以通过下载Asset Store（资源商店）的内容节省宝贵的时间和成本，也可以通过它来销售产品，产品销售的价格是用户自己决定的，其销售额的70%归开发者所有，Unity抽取其余的30%。图1-6为 Asset Store的界面。

图1-6 Asset Store资源商店

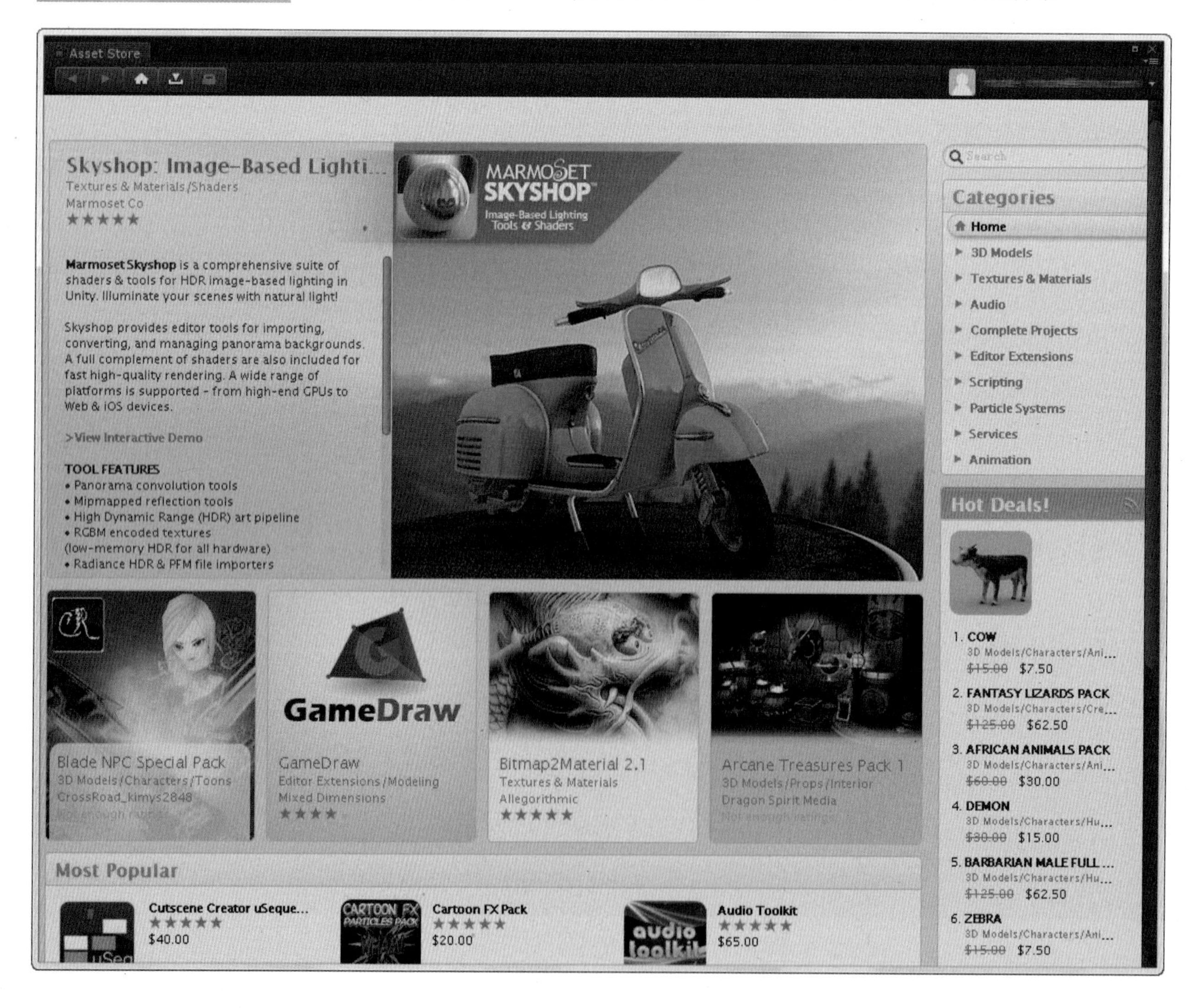

- 低成本和Unity Games销售平台：与其他游戏引擎动辄数百万美元的授权费用相比，Unity引擎的授权费用可谓平民价了。官方首先提供了免费版的Unity，当然免费版Unity只有最基本的功能，相比而言Unity专业版更为强大，例如支持LOD、实时光影、NavMesh等等。值得一提的是，功能如此强大的Unity专业版还可免费试用30天。Unity专业版是依据开发者的数量进行授权的，目前每个开发者的授权费用为1500美元（由于税率等问题，Unity专业版在国内的售价在1万多元人民币），再买齐iOS、Android开发套件总共需要4500美元，相对于Unity的强大功能以及其他游戏引擎的售价而言，它还是相当物美价廉的。另外在游戏的发行和销售支持方面，Unity Technologies公司成立了一个Unity Games部门，专门负责在各种新平台上推广用Unity开发的游戏，让小型游戏开发团队有机会与强大的对手竞争，销售利润大约二八分成，开发团队最高可以得到80%的销售额，这样团队就能更专注于游戏本身的研发了。图1-7为Unity Games的标志。

图1-7 Unity Games专门负责在各种新平台上推广用Unity开发的游戏

- 逼真的AAA级游戏画面：Unity 4.0已经可以完美支持DirectX 11，加上优化的光照系统，灵活的自定义顶点和片段着色器ShaderLab，让Unity成为了游戏开发者手中的利器，可以创作出逼真的游戏画面。图1-8为Unity游戏画面。

图1-8 Unity游戏画面

- 物理引擎：Unity内置了NVIDIA的PhysX物理引擎。PhysX是目前使用最为广泛的物理引擎，被很多游戏大作（例如虚幻竞技场，幽灵行动3）所采用。开发者可以通过物理引擎高效、逼真地模拟刚体碰撞、车辆驾驶、布料、重力等物理效果，使游戏画面更加真实而生动。图1-9为采用Unity技术Demo版的“The Butterfly Effect”（蝴蝶效应）的场景截图。

图1-9
Unity技术Demo版的“The Butterfly Effect”的场景截图

图1-10
Beast 烘焙

- Lightmap烘焙工具Beast：Unity内置了一个强大的光照贴图烘焙工具Beast，开发者可以直接在Unity中烘焙出非常逼真、漂亮的光照贴图，节省在计算光照效果方面的开销。Beast是Autodesk公司的产品，可以模拟自然光照效果，例如实时游戏环境中的色彩反弹（Color Bounce）、软阴影（Soft Shadows）、高动态范围光照（High Dynamic Range Lighting）和移动对象光照（Lighting of Moving Objects）。单独的Beast工具授权价格高达9万美元，而在Unity中是免费提供的。图1-10是Unity中使用Beast烘焙的效果。

- 强悍的Mecanim动画系统：Unity从4.0版本开始启用了名为Mecanim的动画系统。Mecanim具有功能强大而灵活的特点，可以创作出令人难以置信的自然流畅动作，让角色栩栩如生，能直接在编辑器中编辑和设置角色蒙皮、混合树、状态机和控制器，还支持动画重定向、IK骨骼等。“Assassin’s Creed”中让人印象深刻的角色的动作，现在在Unity中也可以实现了。图1-11为Mecanim制作的角色动画。

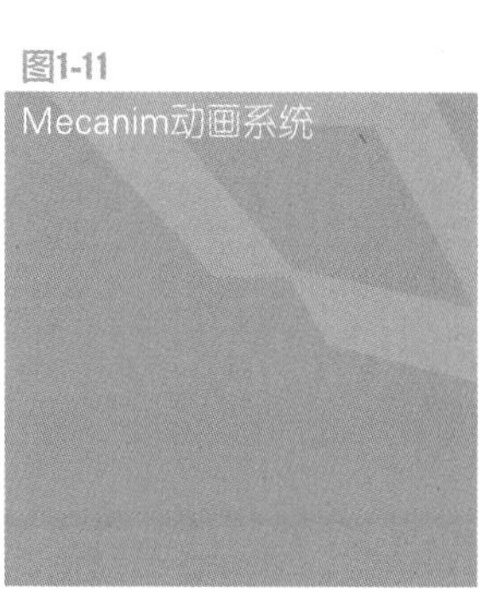

图1-11
Mecanim动画系统

- 地形编辑器：Unity内建了一个易用而强大的地形编辑器，支持通过画刷来快速创建地形和植被，并且支持自动的地形LOD。Unity的地形兼顾了效率和细节，可通过编辑器添加丰富的地形景观，例如树木、灌木、石头、草和其他元素，还有个专门的Tree Creator来编辑树木的各部位细节。图1-12为地形编辑器制作的自然环境。

图1-12
Unity地形编辑器制作的自然环境

图1-13
photon网络引擎

- 联网支持：Unity提供了从客户端到服务器端的完整联网解决方案，可以实现简单的多人联网游戏。目前Unity内置的网络功能性能一般，不过使用起来十分方便，即使是对计算机网络不熟悉的初级开发者，也能做出具有联网功能的游戏。如果对网络性能有比较高的要求，也可以使用第三方的网络解决方案，例如RakNet、Photon、Smart Fox Server等等。图1-13为photon网络引擎。

- ShaderLab着色器：想得到最酷炫的游戏画面吗？试试ShaderLab吧。Unity里提供了一种语法非常接近Cg语言的着色器语言ShaderLab，可以通过它来实现自己的Shader。Shader对游戏画面的控制力就好比在Photoshop中编辑数码照片，在高手手里可以营造出各种惊人的画面效果。在Unity里可以使用3种着色器，分别为Surface Shader（表面着色器），Vertex And Fragment Shader（顶点与片段着色器），Fixed Function Shader（固定管线着色器）。图1-14所示为Unity经典案例“AngryBots”（愤怒的机器人）场景中的Shader应用效果。

图1-14
“AngryBots”场景中的Shader应用效果

- 脚本语言：Unity支持3种脚本语言，C#、JavaScript和Boo，如图1-15所示。其中C#和JavaScript现在在网络开发上使用非常广泛，Boo的语法和Python很类似，因此Unity对于大多数的程序开发者来说都很有亲和力。
- 强大的内存分析器Memory Profiler：Unity提供了一个强大的内存分析器Memory Profiler，它能为开发人员提供更具体、准确的游戏性能方面的信息。内存分析器能够实时、动态地显示游戏中不同动画、不同物体的内存占用情况，通过这种方式，开发人员能够获取更加准确的内存使用情况，如图1-16所示。

图1-15
Unity支持3种脚本语言

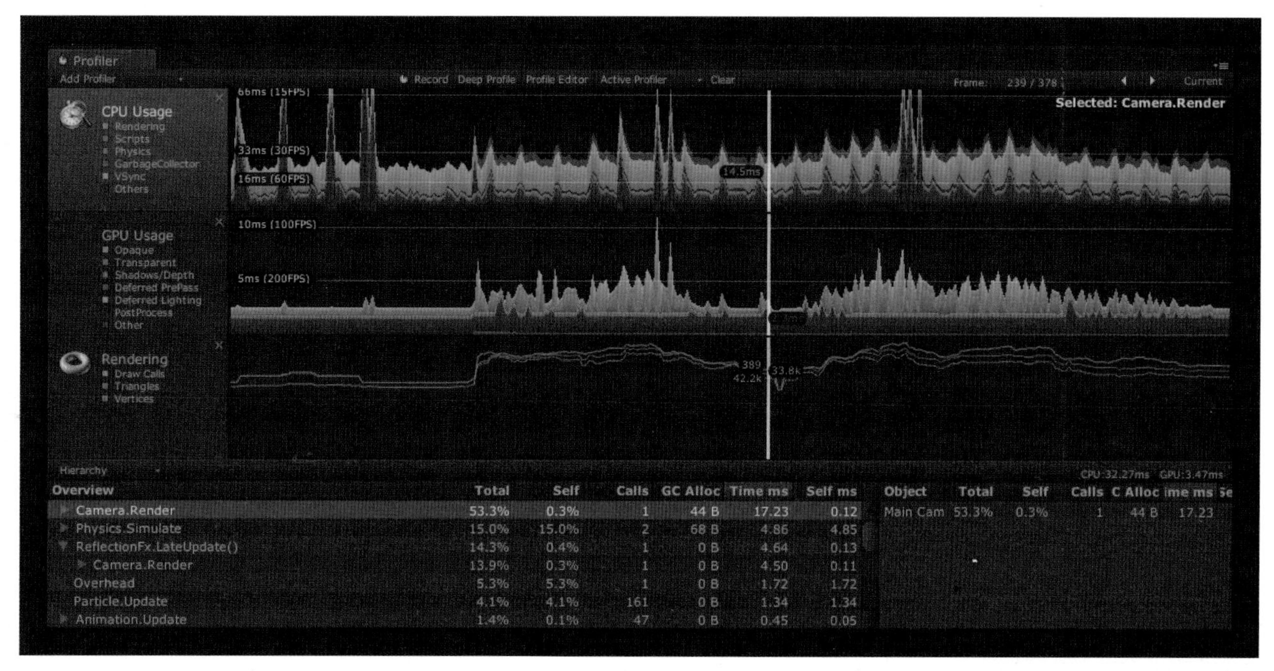

Overview	Total	Self	Calls	GC Alloc	Time ms	Self ms
Camera.Render	53.3%	0.3%	1	44 B	17.23	0.12
Physics.Simulate	15.0%	15.0%	2	68 B	4.86	4.85
ReflectionFx.LateUpdate()	14.3%	0.4%	1	0 B	4.64	0.13
Camera.Render	13.9%	0.3%	1	0 B	4.50	0.11
Overhead	5.3%	5.3%	1	0 B	1.72	1.72
Particle.Update	4.1%	4.1%	161	0 B	1.34	1.34
Animation.Update	1.4%	0.1%	47	0 B	0.45	0.05

Object	Total	Self	Calls	C Alloc	ime ms
Main Cam	53.3%	0.3%	1	44 B	17.23

图1-16
强大的内存分析器Memory Profiler

1.2 Unity的历史

Unity现在已经是移动游戏领域较为优秀的游戏引擎，能在从诞生到现在不到十年的时间取得如此成绩，Unity可谓生逢其时。回顾一下Unity的发展历程，也许可以帮人们更加清晰地了解Unity的现况。

IT公司的创业故事总和梦想有关。2004年，丹麦哥本哈根，三位热爱游戏的年轻人Joachim Ante、Nicholas Francis和David Helgason决定一起开发一个易于使用、与众不同并且费用低廉的游戏引擎，帮助所有喜爱游戏的年轻人实现游戏创作的梦想。他们废寝忘食，倾注所有热情，终于在2005年发布了Unity 1.0。

2007年10月，Unity 2.0发布。新增了地形引擎、实时动态阴影，支持DirectX 9并具有内置的网络多人联机功能。

2009年3月，Unity 2.5发布。添加了对WindowsVista和XP系统的全面支持，所有的功能都可以与Mac OS X实现同步和互通。Unity 在其中任何一个系统中都可以为另一个平台制作游戏，实现了真正意义上的跨平台。很多国内用户就是从该版本开始了解和接触Unity的。

2010年9月，Unity 3.0发布。添加了对Android平台的支持。整合了光照贴图烘焙引擎Beast。Unity 3.0通过使用MonoDevelop在Windows和Mac系统上引入了脚本调试，可以中断游戏、逐行单步执行、设置断点和检查变量，还支持遮挡剔除和延迟渲染。

2012年4月，Unity上海分公司成立，Unity正式进军中国市场。

2012年11月，Unity 4.0发布。Unity 4.0加入了对DriectX 11的支持和Mecanim动画工具，而且还增添了Linux和Adobe Flash Player发布预览功能，现在 Windows、Mac、Linux、Web、IOS、Android、WiiU、PS3和Xbox 360等平台游戏都可以通过Unity 4.0来创作和发布游戏。

2013年6月，Unity在大中华区正式推出国际认证考试。

截至2013年6月，Unity Technologies公司在加拿大、中国、丹麦、英国、日本、韩国、立陶宛、瑞典等国家和地区都建立了相关机构，在全球拥有来自30个不同国家和地区的超过290名雇员，Unity Technologies公司目前仍在以非常迅猛的速度发展着，相信后续版本还会继续给用户带来更多的惊喜。

Unity 大事记如表1-1所示。

表1-1 Unity大事记

时　间	事　件
2005年06月	Unity 1.0发布
2006年06月	Unity 1.5发布
2007年10月	Unity 2.0发布
2008年06月	Unity支持Wii
2008年10月	Unity支持iPhone
2009年03月	Unity 2.5发布
2010年02月	Unity用户超过100000
2010年04月	Unity支持iPad
2010年09月	Unity 3.0发布，支持Android
2010年11月	Unity推出Unity Asset Store
2011年11月	Unity用户超过750000
2012年02月	Unity 3.5发布
2012年04月	Unity上海分公司成立
2012年08月	Unity宣布将支持Windows 8 和 Windows Phone 8
2012年11月	Unity 4.0发布
2013年02月	Unity宣布将支持BlackBerry 10
2013年05月	Unity宣布移动Basic版授权免费
2013年06月	Unity在大中华区率先推出国际认证考试

如须了解更详细的Unity资讯，请访问 http://unity3d.com/company/public-relations/press-releases。

1.3　Unity游戏介绍

使用Unity可以开发几乎任何类型的游戏，例如多人在线游戏、第一人称射击游戏、赛车游戏、实时策略游戏以及角色扮演游戏等等。目前在移动平台游戏开发领域，Unity已经是举足轻重的游戏引擎之一。根据苹果公司2012年的一份报告，在App Store中55%的3D游戏都是使用Unity开发的，而Android的市场应该比苹果更大。另据国外媒体“Game Developer Magazine”（游戏开发者杂志）的一份调查显示，在移动游戏领域，53.1%的开发者正在使用Unity进行开发，同时在游戏引擎里哪种功能最重要的问卷中，“快速开发”排在了首位，很多用户认为Unity易学易用，能够快速实现他们的游戏构想。Unity开发的游戏除了数量上占绝对优势外，也不乏非常成功的大作，例如《王者之剑》（The Legend of King）、《神庙逃亡2》（Temple Run 2）、《武士2：复仇》（Samurai II: Vengeance）及《暗影之枪》（Shadowgun）等等，以下将简要介绍这几款Unity游戏。

- 《王者之剑》（The Legend of King）。

《王者之剑》（http://k.8864.com）是由蓝港在线开发的国内第一款基于Unity引擎的横版格斗手游。游戏以欧洲圆桌骑士、亚瑟王的故事为背景，以精美细腻的美漫暗黑画风，再现了这段传奇史诗。游戏采用360°横版摇杆操纵模式，设计有多项交互和养成玩法，基于Unity引擎优越的跨平台特性，游戏厂商同时开发了Android与iOS两个版本。iOS版于2013年4月2日正式登陆App Store后不到一周，即荣登iPhone、iPad免费下载排行榜双榜榜首，并一直位列畅销榜Top 10。目前，《王者之剑》的总下载次数达到1700万，日留存率达到70%，而月营业收入则超过2000万元人民币，被玩家誉为“手游格斗之王”，如图1-17所示。

图1-17
《王者之剑》（The Legend of King）

图1-18
《神庙逃亡2》(Temple Run 2)

- 《神庙逃亡2》（Temple Run 2）。

《神庙逃亡2》是一款由Imangi Studios（http://www.imangistudios.com/）采用Unity引擎开发的第三人称视角跑酷游戏。游戏的场景是一名冒险家来到古老的庙宇中寻宝，却碰上一群猴子的追赶。玩家所需要做的动作只是转弯、跳跃和向后卧倒，需要翻过古庙围墙，爬上悬崖峭壁，在此过程中，用户可以晃动设备收集金币。《神庙逃亡2》由于采用了Unity引擎，使得其画面质量得到大幅提升，从而为其销量带来了很大的帮助，游戏发布仅13天，下载次数就突破了5000万，延续了跑酷类游戏的传奇，如图1-18所示。

- 《武士2：复仇》（Samurai II: Vengeance）。

《武士2：复仇》（http://www.madfingergames.com/g_samurai2.html）是由捷克游戏开发商MADFINGER Games公司采用Unity引擎开发的一款刀剑格斗类游戏。凭借着Unity的跨平台特性以及完美的画质，这款游戏在iOS和Android平台都获得了巨大的成功，是公认的移动平台游戏巅峰之作。在游戏中主角是拿着把武士刀跑江湖的武士，用户需要控制武士与不同的敌人进行战斗，游戏画面拥有浓郁的漫画风格，如图1-19所示。

图1-19
《武士2：复仇》(Samurai II: Vengeance)

- 《暗影之枪》（Shadowgun）。

《暗影之枪》（http://www.madfingergames.com/g_shadowgun.html）是捷克游戏开发商MADFINGER Games公司推出的又一款采用Unity引擎的游戏力作，是面向Android和iOS平台的一款第三人称射击游戏。这款游戏在移动平台上实现了令人惊艳的画面效果，足以媲美PC平台的游戏画质，并且还具有很强的互动体验，游戏成功征服了广大游戏爱好者，也证明了Unity在移动平台上的强悍，是一款值得收藏的游戏大作，如图1-20所示。

图1-20
《暗影之枪》（Shadowgun）

目前使用Unity进行游戏开发的人数还在快速增长，越来越多大的公司旗下的工作室开始采用Unity进行各个平台的游戏开发，例如Microsoft、LEGO、Cartoon Network、EA、Sony、Nickelodeon等等，这也从另一方面说明了Unity引擎的实力已经得到了市场的充分认可。

1.4 Unity在严肃游戏领域的应用

除了游戏开发领域，Unity引擎还被广泛运用于航空航天、军事国防、工业仿真、教育培训、医学模拟、建筑漫游等领域，一般统称之为Serious Games（严肃游戏）。在严肃游戏领域，Unity在很多方面具有非常明显的优势，例如完备的引擎功能、高效的工作流程、更逼真的画面效果、跨平台发布以及丰富的第三方插件等等，这使得Unity在严肃游戏领域也广受欢迎与关注。以下将简要介绍Unity在严肃游戏领域的实际应用案例。

- NASA的火星探测车模拟。

NASA Jet Propulsion Laboratory（NASA喷气推进实验室）推出了一系列基于Unity引擎制作的火星探险之旅，用户在浏览器地址栏输入http://mars.jpl.nasa.gov/explore/就可以操作火星车漫游火星了，如图1-21所示。NASA采用Unity引擎来开发火星虚拟探险之旅的原因，除了Unity引擎自身强大的功能，更看重的是Unity引擎支持目前几乎所有主流的浏览器，例如Internet Explorer、Firefox、Safari及Chrome等等，国内用户还可以通过 360 安全浏览器直接打开基于 Unity 引擎开发的3D 网页，而无须安装任何插件。

图1-21
NASA推出的火星探险

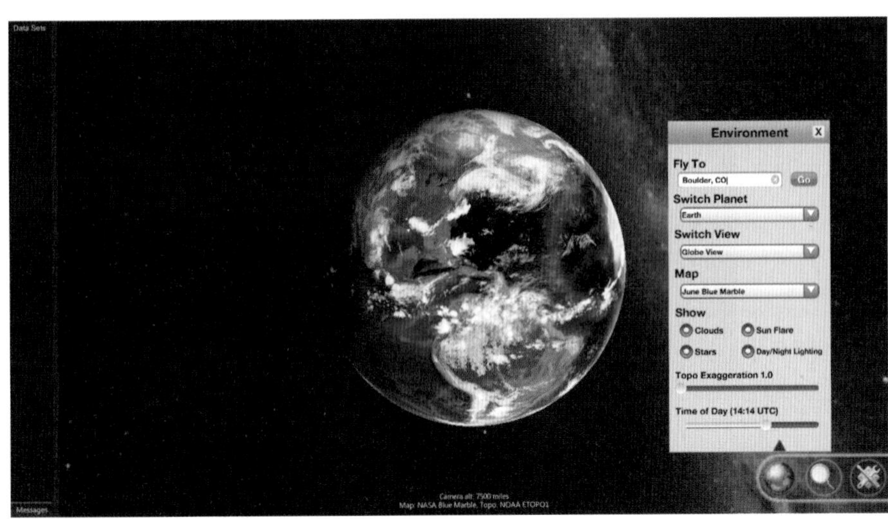

图1-22
NOAA跨平台"大数据"可视化工具TerraViz

· NOAA跨平台“大数据”可视化工具。

TerraViz NOAA（National Oceanicand Atmospheric Administration，美国海洋暨大气总署）采用Unity引擎开发了跨平台的数据三维可视化分析工具TerraViz（http://esrl.noaa.gov/neis/terraviz/），它可以运行于桌面、Web浏览器以及移动端。TerraViz的目标是建立“大数据”的实时三维可视化，它能够读取数以百万信息点的KML或WMS格式数据，并在三维场景里实时显示。TerraViz的成功应用突显了Unity在大场景、大数据量上优异的性能和高效的处理能力，如图1-22所示。

· CliniSpace医疗模拟培训平台。

CliniSpace（http://www.clinispace.com/）是Innovation in Learning Inc.公司采用Unity引擎开发的一个医疗模拟培训平台，它能以3D虚拟仿真的培训方式，有效、安全地为医护工作初学者进行虚拟仿真培训，用户可以独自参加练习或者组成一个小团队协同完成任务，在整个过程中用户将学习如何做出正确的决定，以及有效的沟通等等，如图1-23所示。CliniSpace医疗模拟培训平台凭借着自身的专业性和Unity引擎完美的结合，在GameTech 2011上赢得了特等奖的奖项。

图1-23
CliniSpace医疗模拟培训平台

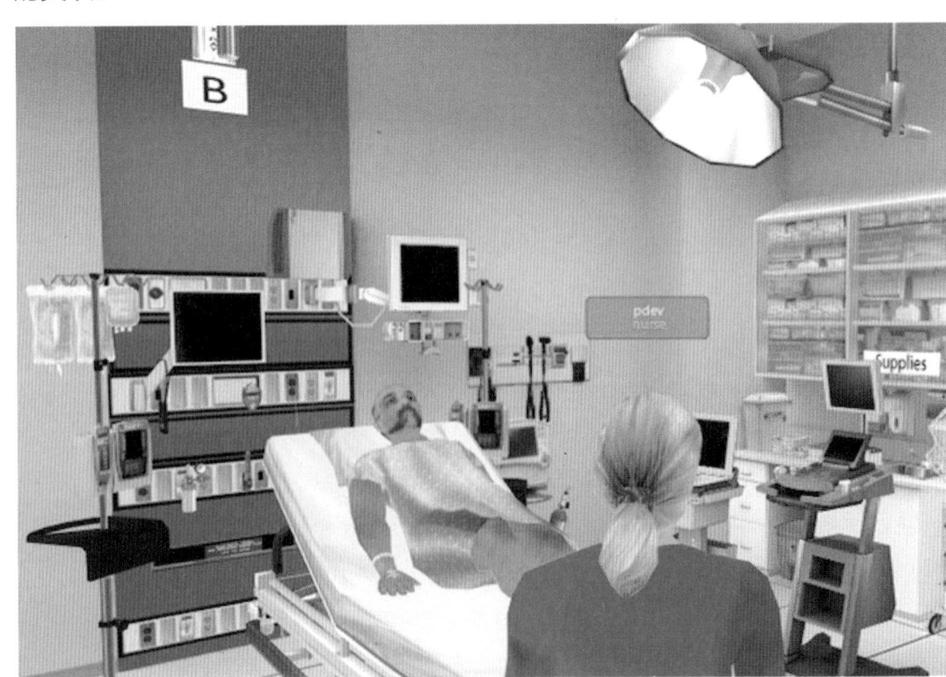

- Unity与交互设备。

Unity引擎不仅仅支持严肃游戏的创作，还可以通过插件（例如MiddleVR，http://www.imin-vr.com）或者二次开发来支持各种交互设备，例如Kinect、立体眼镜、数据头盔、CAVE系统、3D电视及zSpace等等，通过这些交互设备，可以让用户获得更加逼真、生动的虚拟互动体验效果，如图1-24所示。

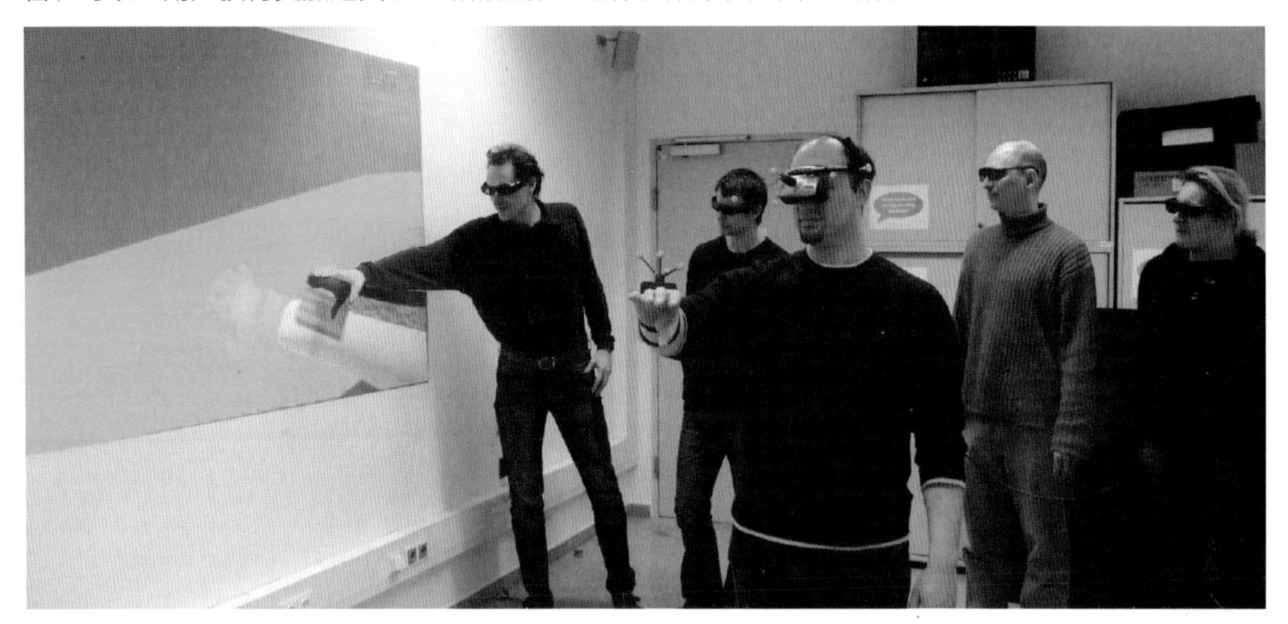

图1-24
Vienna UT 虚拟实验室

综上所述，Unity在严肃游戏领域已经拥有许多典型的成功案例，并且在这个领域Unity具有不可替代的巨大优势，所以有理由相信在未来几年内，Unity仍将在这个领域保持快速发展的势头，用户将会看到越来越多高质量的Unity严肃游戏作品。

1.5 软件安装

Unity编辑器可以运行在Windows和Mac OS X平台上，用户可依据自身的喜好来选择相应的平台工作。以下将介绍这2个平台上Unity编辑器的安装步骤，安装示例所用的Unity版本号均为4.1.3。

1.5.1 在Windows下的安装

1. 打开浏览器，在地址栏输入Unity官方下载网址http://unity3d.com/unity/download/，在打开的网页中单击Download Unity 4.1.3按钮开始下载Unity安装程序。由于本书编写时Unity的最新版本是4.1.3，所以网页上显示的是相应的版本号，Unity引擎是向下兼容的，所以用户不必担心使用上会有任何问题，如图1-25所示。

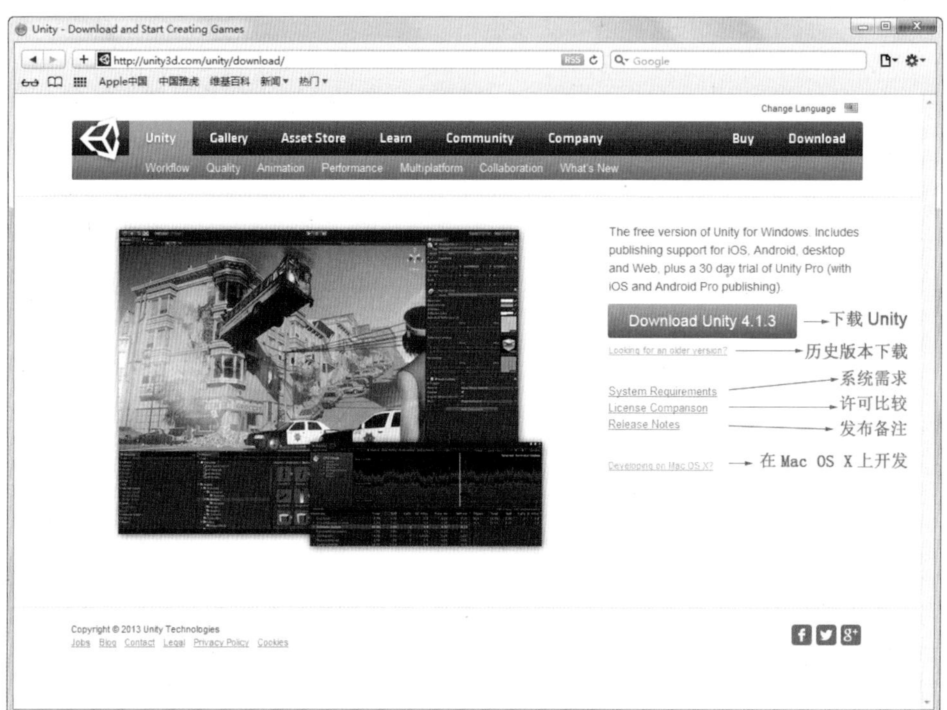

图1-25 Unity官方下载页面

Unity下载页面中相关的链接介绍如下：

• Looking for an older version：

单击此链接可以跳转到Unity历史版本下载页面，用户可以根据自己的需要下载相应的软件版本。

• System Requirements：

单击此链接可以查看Unity详细的系统需求，包括Unity开发iOS和Android程序时的软硬件需求等。

• License Comparison：

单击此链接可以查看Unity不同授权许可证之间的区别。值得一提的是Unity有免费版本，而且官方还为用户提供了30天试用期的Unity Pro专业版。

• Release Notes：

单击此链接查看Unity各版本发布的说明，包括每个版本升级的详细内容。

• Developing on Mac OS X：

单击此链接可以切换到Mac OS X版本的下载地址。

2．下载完安装程序后，双击UnitySetup-4.1.3.exe可执行文件，会弹出Unity 4.1.3f3 Setup程序安装窗口，如图1-26所示。单击Next按钮会弹出License Agreement（许可协议）窗口，仔细阅读软件的授权许可协议，确认无误后在窗口中单击I Agree按钮继续软件的安装，如图1-27所示。

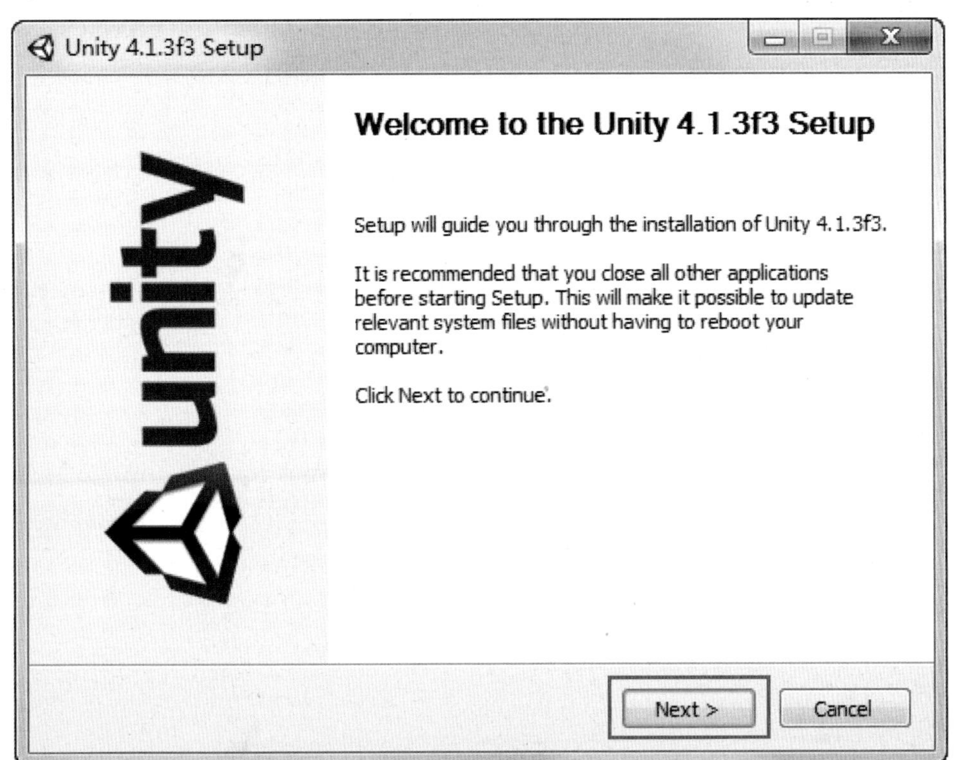

图1-26
Unity 安装窗口

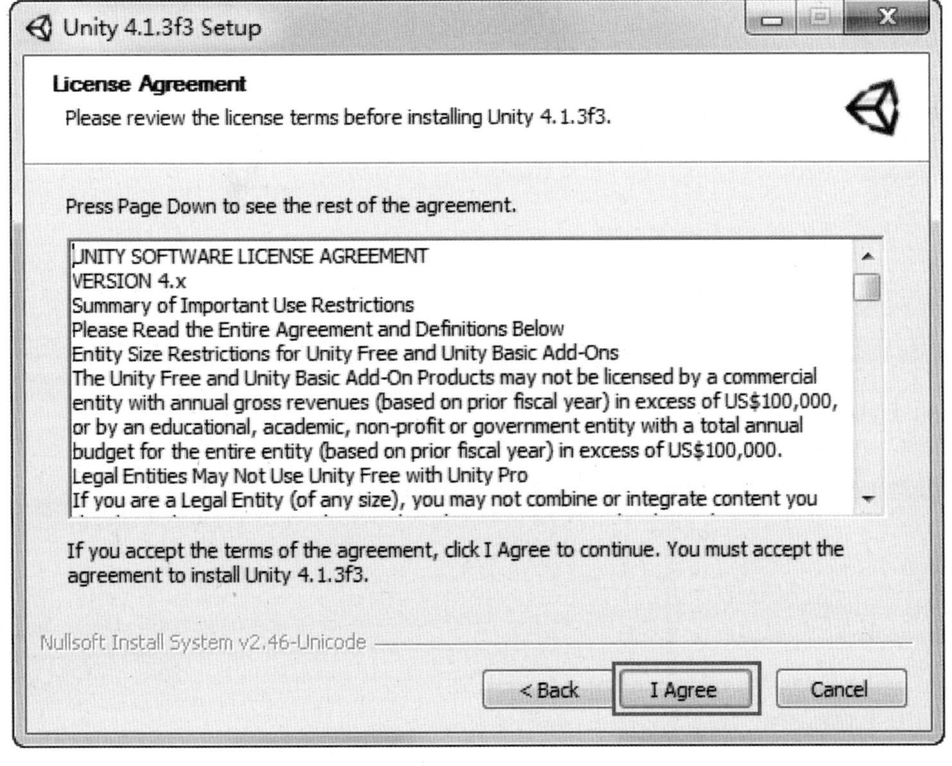

图1-27
License Agreement（许可协议）窗口

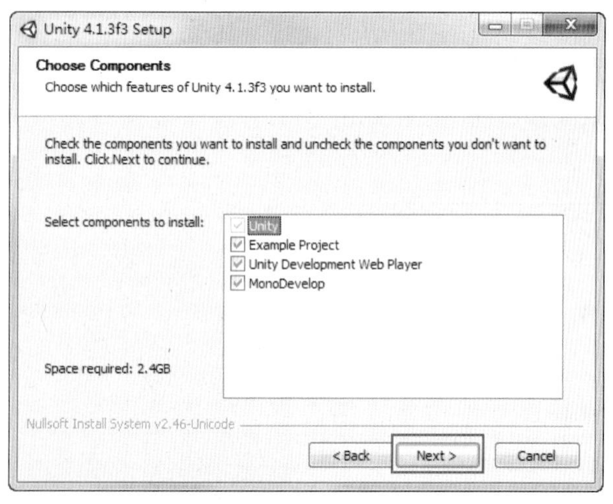

图1-28

Choose Components（组件选择）窗口

3．此时会弹出Choose Components（组件选择）窗口，如图1-28所示。在此窗口中除了Unity主程序是必选项，其他的组件都是可选的，例如Example Project（示例项目）、Unity Development Web Player（Unity Web播放器开发包）和MonoDevelop（Mono Develop编辑器），如果全部安装大约需要2.4GB的空间，不过强烈建议用户安装时全选这些组件，以便后续的学习和使用。用户确认全选所有的组件后，在窗口中单击Next按钮继续安装。

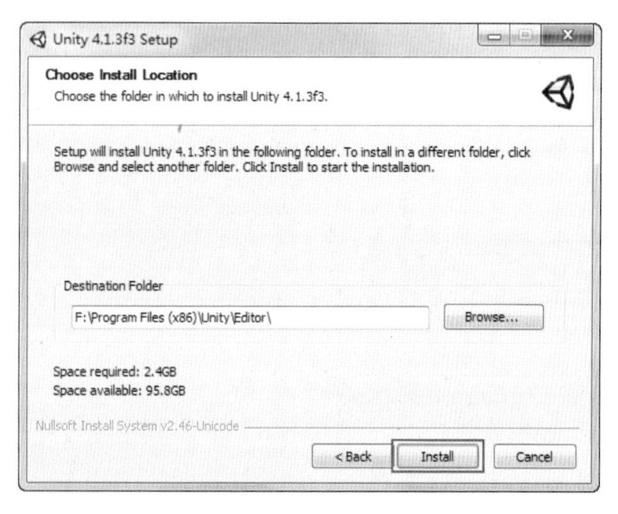

图1-29

Choose Install Location（选择安装路径）窗口

4．在弹出的Choose Install Location（选择安装路径）窗口中设置好软件安装路径后，单击Install按钮开始程序的安装，如图1-29所示。

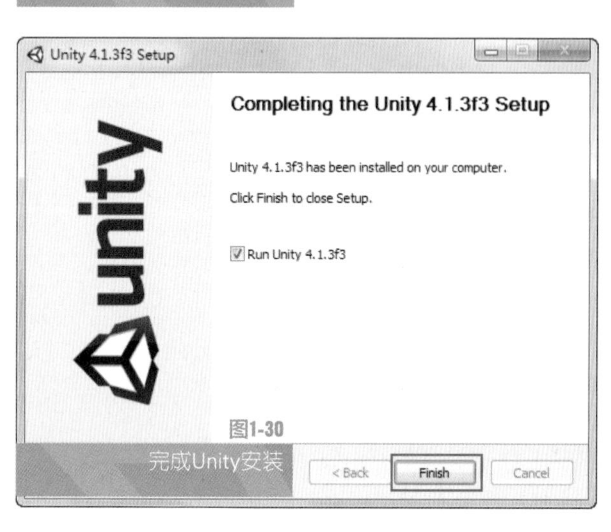

图1-30

完成Unity安装

5．耐心等待一段时间，安装过程结束后会弹出完成安装的提示窗口，在窗口中勾选Run Unity 4.1.3f3复选框，然后单击Finish按钮完成Unity的安装步骤，如图1-30所示。

6．如果是第一次运行Unity，会弹出License窗口，用户须按提示选择正确的选项后才能运行Unity程序。

如果用户已经购买过Unity，那么可在Activate the existing serial number you received in your invoice下的输入框中输入购买后得到的序列号，然后单击OK按钮运行Unity。

如果还没有购买Unity，那么可以选择激活免费版Unity，或是激活30天试用期的Unity专业版。Unity专业版相比免费版而言拥有更为强大的功能和分析工具，用户可以通过单击窗口下方的License Comparison链接查看它们之间的详细区别，当然也可以单击Online Store链接直接进入在线商店购买Unity以及相关产品，如图1-31所示。

图1-31
License窗口

7．第一次运行Unity会弹出Welcome To Unity的欢迎窗口，如图1-32所示，如果Show at Startup复选框为勾选状态，那么Unity下次启动的时候还会自动弹出这个欢迎页面。

图1-32
Unity欢迎窗口

Unity欢迎窗口对于初学者来说有很多有价值的信息，值得用户关注，以下将简要介绍这个窗口中的相关内容：

- Video Tutorials：

提供Unity相关的教程，包括用户手册、组件手册以及脚本手册等内容。

- Unity Basics：

提供Unity的基础知识，例如操作界面、工作流程、发布设置等内容。通过它可以快速了解Unity的基本操作等内容，增进对Unity的了解和认识。

- Unity Answers：

提供Unity的问答交流，用户可以直观的提问或回答相关问题，所有的交流都是通过简短的问答形式来进行的。

- Unity Forum：

提供Unity的社区交流，在这里可以认识全球各地的Unity爱好者、展示作品或是和其他用户长期讨论某个观点和议题。Unity官方论坛经常有成千上万用户在线，是个非常活跃的论坛。

- Unity Asset Store：

Unity的资源商店汇聚了Unity的各种免费或收费资源，内容涵盖了3D模型、材质贴图以及脚本等等。

1.5.2 在Mac下的安装

Unity在Mac OS X操作系统下的安装与在Windows操作系统中的安装略有差异，下面将简要介绍如何在Mac OS X操作系统下安装Unity。

1．首先双击下载好的安装包Unity-4.1.3.dmg，会弹出Unity Installer窗口，如图1-33所示。在窗口中双击Unity.pkg文件进行安装。

图1-33

Unity Install窗口

2．此时会弹出欢迎使用Unity安装器的窗口，在窗口中单击“继续”按钮，如图1-34所示。

图1-34

欢迎使用Unity安装器窗口

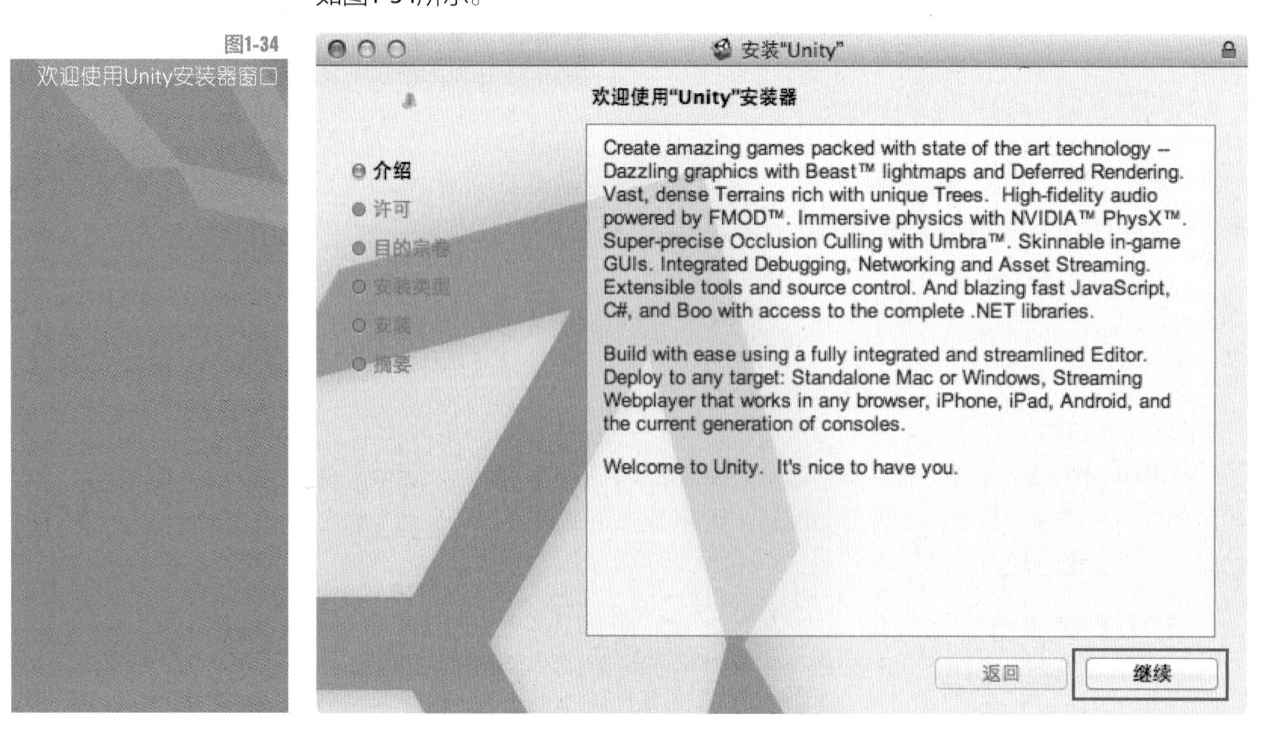

3．接着会显示软件许可协议窗口，确认无误后单击“继续”按钮，此时会弹出小窗提示用户确认协议，单击“同意”按钮同意该协议，如图1-35所示。

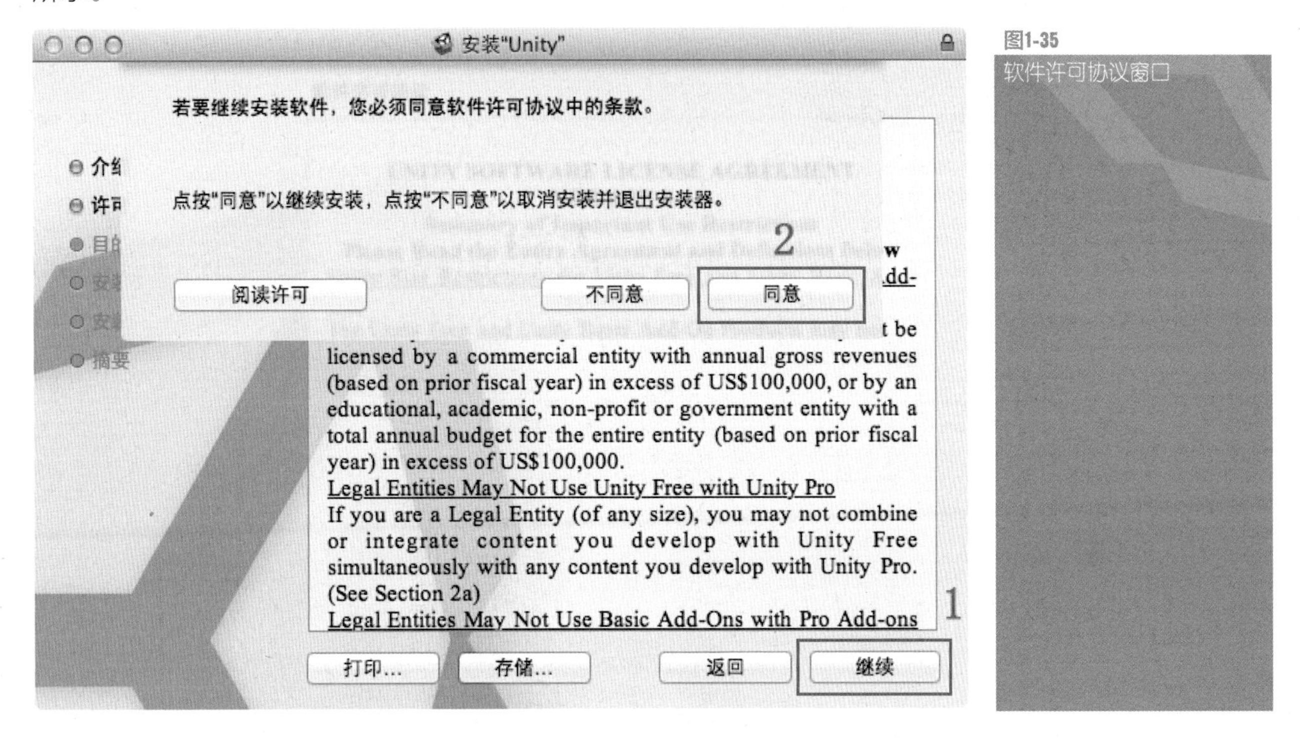

图1-35
软件许可协议窗口

4．接着会弹出安装确认窗口，显示Unity软件将占用3.32GB的硬盘空间，单击“安装”按钮继续安装，如图1-36所示。

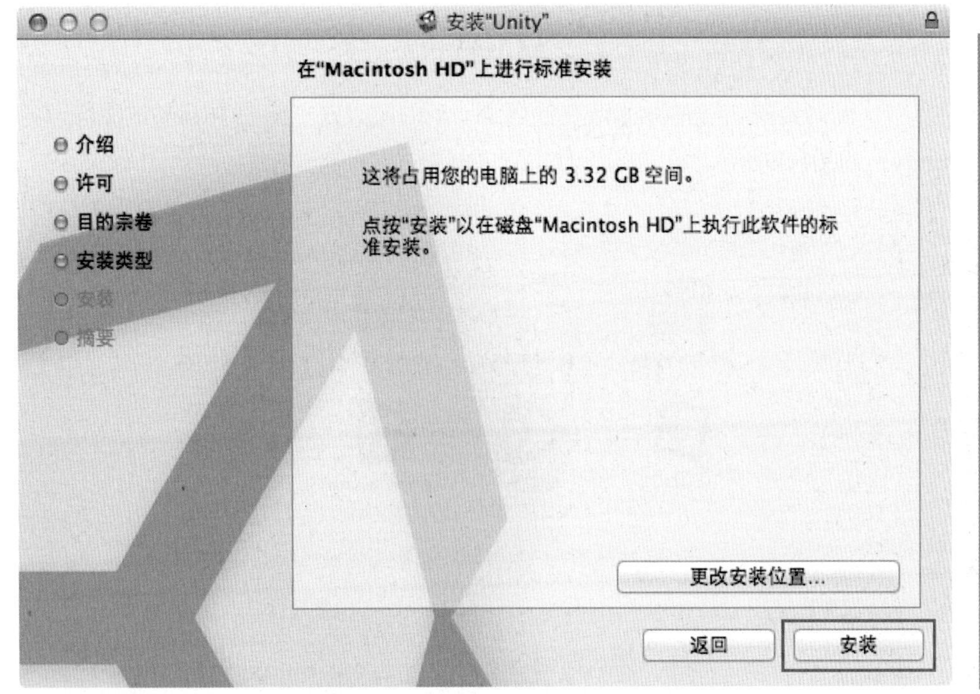

图1-36
Unity安装确认窗口

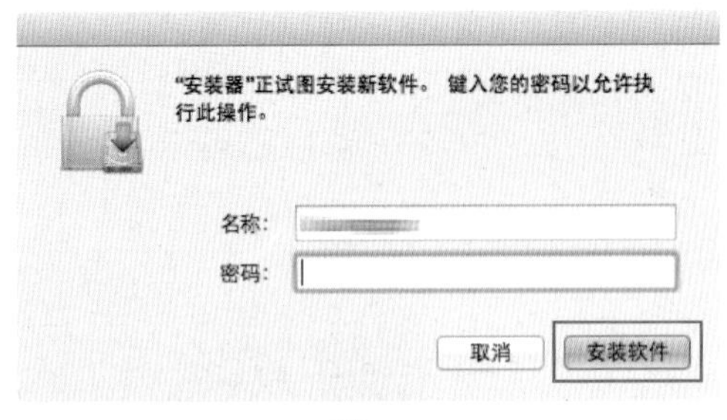

图1-37

安装允许确认

5．此时系统会弹出小窗让用户输入系统账号和密码，以允许进行Unity软件的安装，输入账号和密码后单击“安装软件”按钮，如图1-37所示。

6．Unity软件安装完成后将会显示安装成功信息，单击“关闭”按钮关闭当前窗口，如图1-38所示。

图1-38

Unity安装成功

7．此时会自动打开Unity所在的目录，用户可以双击窗口中Unity的图标运行Unity，如图1-39所示。

图1-39

双击图标运行Unity

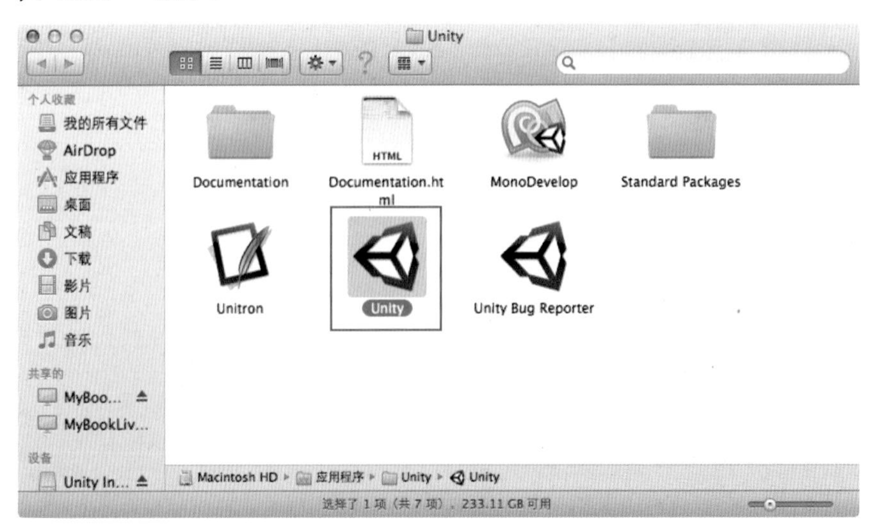

1.6　购买许可证

Unity Technologies公司提供了Unity免费版与专业版供用户选择，Unity专业版的售价是1500美元，如果用户需要使用iOS或Android平台的Unity则需要购买相应的插件，售价也同样是1500美元。而Team License则是方便团队协作开发的插件，可无缝与Unity整合，让用户可以通过本地或远程协作方式大幅提升开发效率，售价为500美元，Unity产品详细报价如表1-2所示。

表1-2　Unity产品售价

产　品	价格/美元
Unity Pro 4.X	1500
iOS Pro 4.X	1500
Android Pro 4.X	1500
Team License 4.X	500

以下将通过实例操作简要的向用户介绍如何在线购买Unity Pro与iOS Pro。由于是在线购买，用户需要先准备好能在线进行美元交易的信用卡。

1．在浏览器地址栏输入https://store.unity3d.com/，打开Unity在线购买页面，如图1-40所示。Unity目前支持美元、欧元以及日元的在线支付，用户购买前须先确认所使用的信用卡是否支持这些币种。如果用户有优惠券代码，那么可以在页面中单击Voucher按钮，在弹出的输入框中输入优惠券代码，单击OK按钮即可使用该优惠券，如图1-41所示。

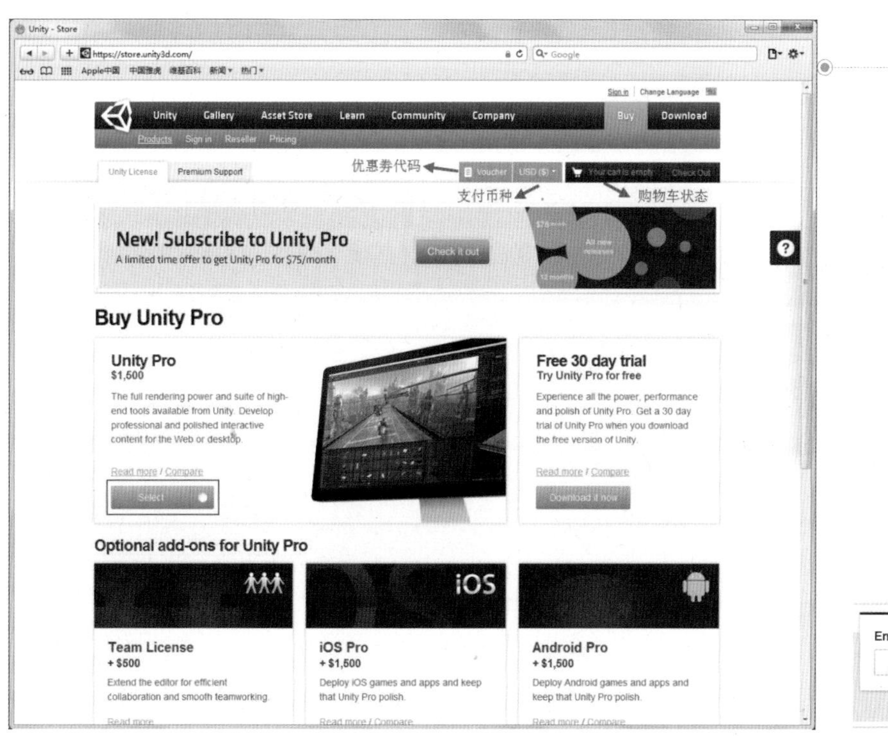

图1-40
Unity在线购买页面

图1-41
优惠券代码输入框

2．在网页中单击Unity Pro区域中的Select按钮，按钮会由灰变绿，此时说明已经选择上该产品，如图1-42所示。

图1-42
Unity Pro购买

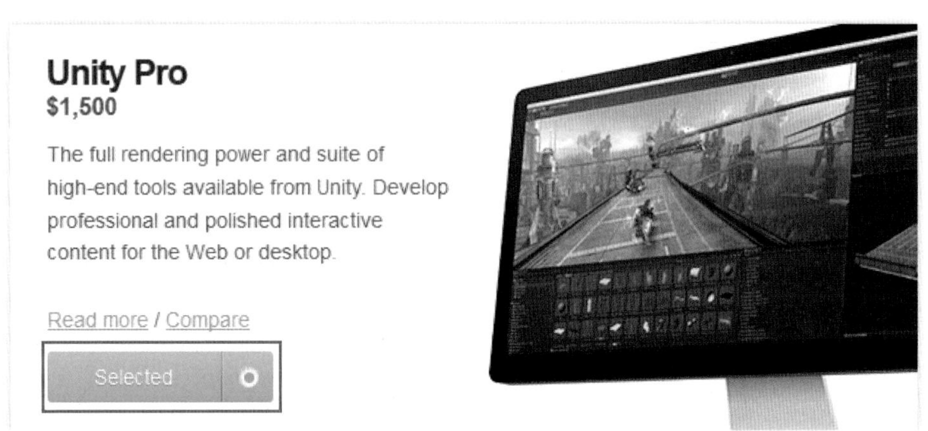

3．在网页中单击iOS Pro区域中的Select按钮，按钮会由灰变绿，这样就选择好了Unity Pro与iOS Pro，如图1-43所示。当然用户也可以根据需要继续选择Android Pro或Team License。

图1-43
iOS Pro在线购买

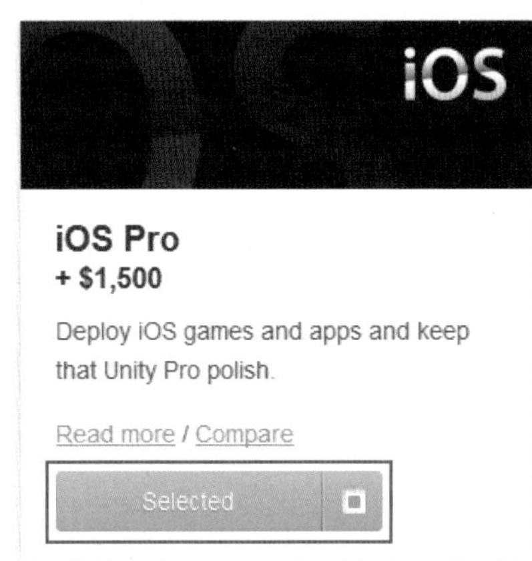

4．在网页中单击按钮，此时购物车区域会弹出下拉窗口，可以看到之前选择好的Unity Pro和iOS Pro已经添加进购物车了，系统会依据购买的产品内容和数量自动计算出总价，如图1-44所示。

图1-44
购物车

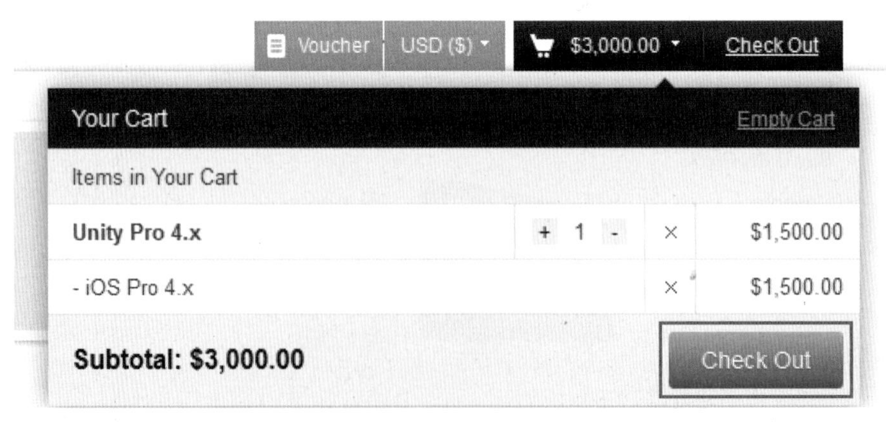

5．如果用户还没有登录，此时会弹出登录页面，提示用户登录或是注册Unity账号（注册地址：https://store.unity3d.com/account/users/new），如图1-45所示。在页面中输入已经注册好的账号和密码，单击Sign in按钮登录。

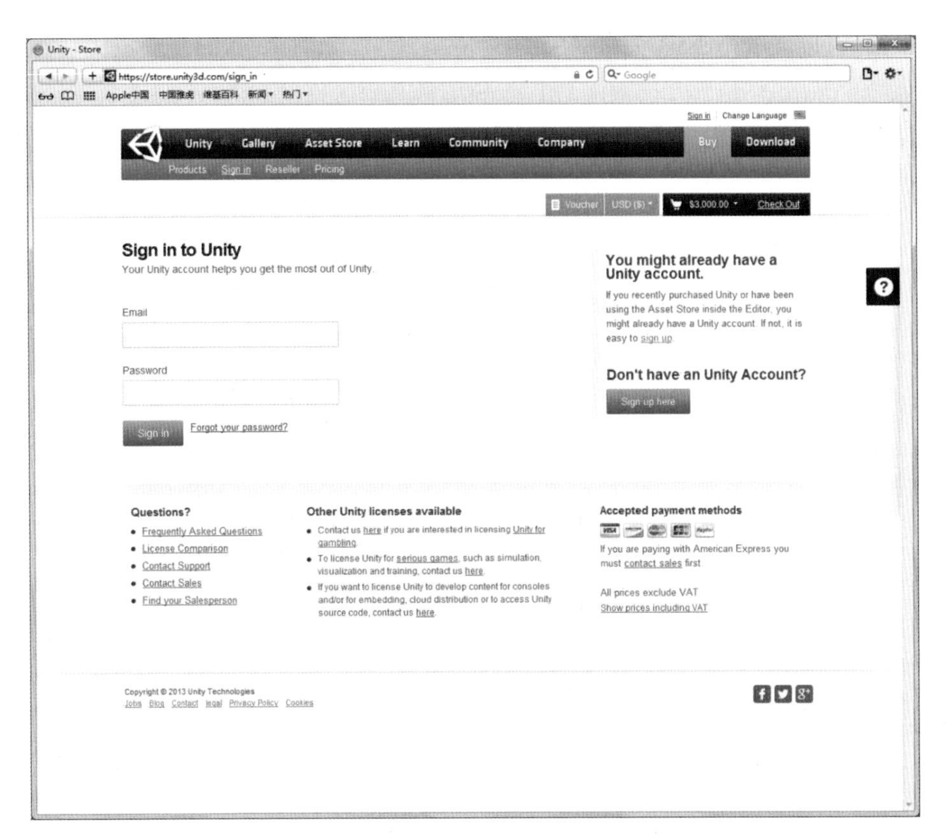

图1-45
网站的登录页面

6. 登录后会弹出Billing information（订单信息）网页，输入订单相关的信息，注意网页中红色*号的部分是必填项，如图1-46所示。填好相关信息确认无误后，单击Review Order按钮继续购买。

图1-46
Billing information（订单信息）页面

7．在Review Order页面确认相关的信息是否正确，由于没有优惠券代码，所以需要勾选No, I do not have a VAT number复选框，并且勾选 By continuing you accept the End User License Agreement 复选框同意最终用户许可协议，然后单击Pay Now按钮继续购买，如图1-47所示。

图1-47

单击Pay Now按钮在线购买

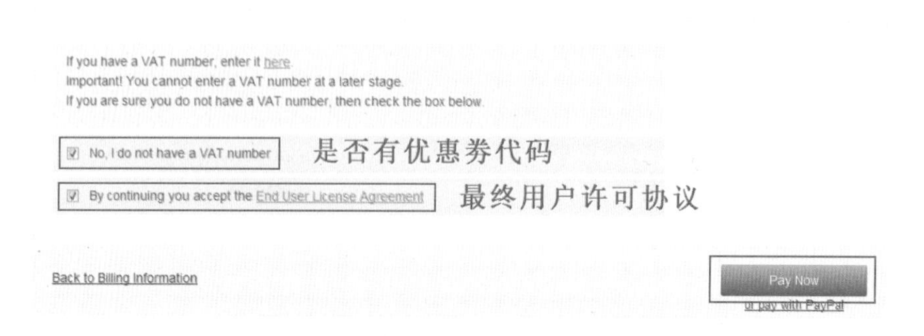

8．在Payment页面，输入信用卡相关信息，确认无误后单击Submit按钮支付订单，如图1-48所示。支付成功后，用户邮箱会收到一串序列号，即可用这个序列号激活Unity。

图1-48 输入信用卡相关信息

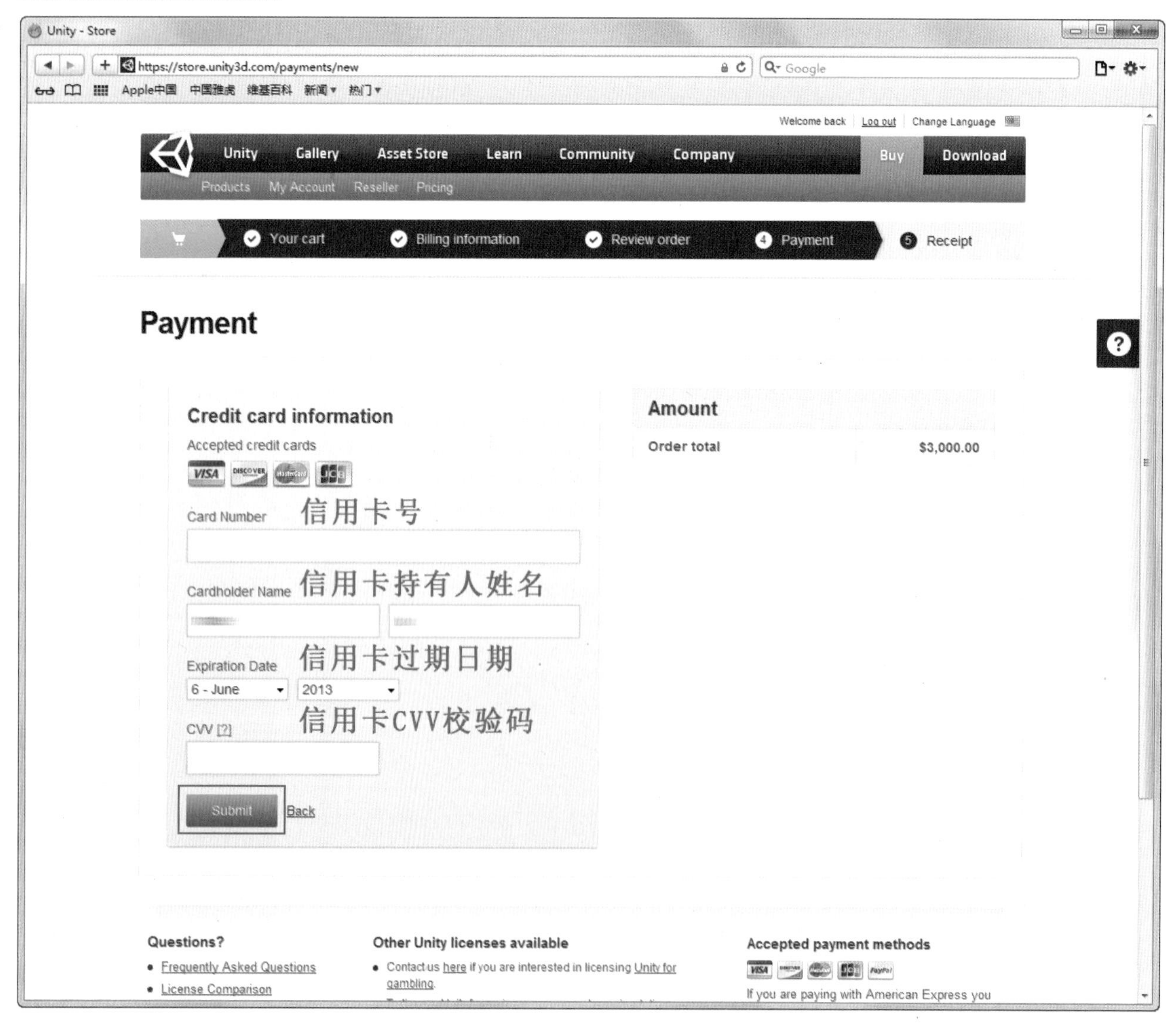

1.7 Unity相关资源与本书约定

“工欲善其事，必先利其器”，要深入的学习Unity，建议首先充分掌握各种教学资源，它将帮助您更加高效的提升Unity技能水平。下面将简要介绍Unity的相关资源以及本书的约定，希望能对用户有所裨益。

1.7.1 Unity相关资源

为了方便用户掌握Unity软件的使用和技巧，Unity Technologies公司专门为用户提供了很完备的教学资源，包括论坛、问答、用户手册、资源商店、案例欣赏与下载等等，多关注这些资源的内容会让您的Unity技能得到最快速的提升。表1-3列举了有关Unity的网站资源，由于Unity的相关资源十分丰富，这里仅列举了部分内容，供用户学习参考之用。

表1-3 Unity相关资源

资源名称	网址
Unity官网	http://www.unity3d.com
Unity论坛	http://forum.unity3d.com/forum.php
Unity问答	http://answers.unity3d.com/index.html
Unity博客	http://blogs.unity3d.com/
Unity官方在线案例	http://unity3d.com/gallery/demos/live-demos
Unity官方项目源文件	http://unity3d.com/gallery/demos/demo-projects
Unity作品列表	http://unity3d.com/gallery/made-with-unity/game-list
Unity在线课堂	http://unity3d.com/learn/live-training/
Unity在线教程	http://unity3d.com/learn/tutorials/modules
Unity用户手册	http://docs.unity3d.com/Documentation/Manual/index.html
Unity组件参考手册	http://docs.unity3d.com/Documentation/Components/index.html
Unity脚本手册	http://docs.unity3d.com/Documentation/ScriptReference/index.html
Unity资源商店	https://www.assetstore.unity3d.com/
Unity中国	http://china.unity3d.com
Digital-Tutors的Unity系列教程	http://www.digitaltutors.com/software/Unity-tutorials
Lynda出品的Unity教程	http://www.lynda.com/Unity-D-training-tutorials/1243-0.html

1.7.2 本书约定

为了让用户更好地理解本书内容，使有关内容的讲解更简洁、清晰，本书做了一些约定，以下是对这些约定的说明。

- 软件版本约定：

1．操作系统：Windows 7 32bit

2．3ds Max版本： 3ds Max 2011

3．Unity版本： Unity 4.1.3

4．Photoshop版本： Photoshop CS6

- 排版约定：

为了让读者更好地掌握本书的知识内容，编者依据相关内容延伸出表1-4所示的3种注释内容。

表1-4 注释内容

注意	主要是用来强调重点，一般是容易被忽视的部分
技巧	主要是用来强调可以提升读者工作效率的技巧知识
知识点	主要是介绍能让读者更全面掌握相关内容而做的扩充知识

由于本书有大量的参数讲解，所以在层级上的约定如下：

第一层级符号为●。

第二层级符号为➢。

第三层级符号为✧。

第2章 Unity编辑器

2.1 界面布局

Unity提供了功能强大、界面友好的3D场景编辑器，许多工作可以通过可视化的方式来完成而无须任何编程，而且编辑器在Windows和Mac OS X下还拥有非常一致的操作界面，用户可在两个平台间轻松切换工作，如图2-1和图2-2所示。Unity界面具有很大的灵活性和定制功能，用户可以依据自身的喜好和工作需要定制界面所显示的内容。Unity界面主要包括菜单栏、工具栏以及相关的视图等内容，如图2-1所示。

图2-1
Unity在Mac OS X下的编辑器界面

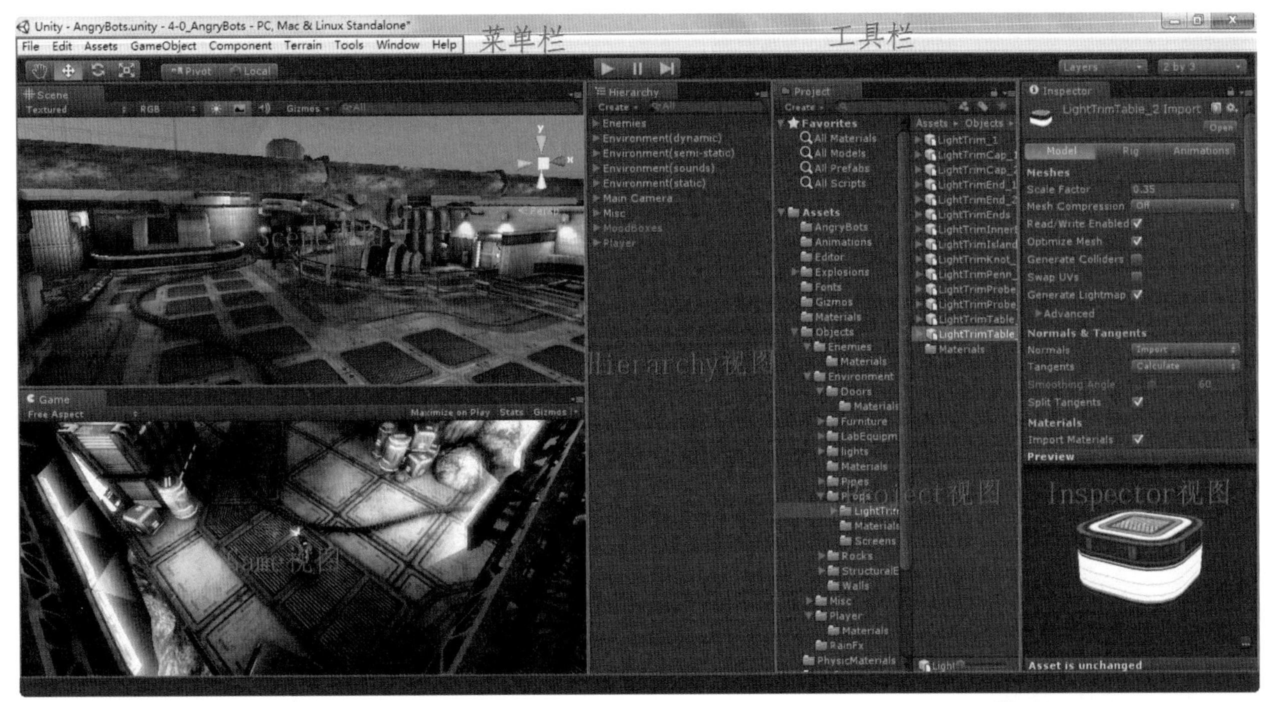

图2-2
Unity在Windows下的编辑器界面

技巧 Technique

在实际工作中经常需要在各种不同的视图中切换，以下列举了常用的视图切换快捷键，熟练使用快捷键可以提高工作效率：

- 按快捷键Ctrl+1 切换到Scene视图。
- 按快捷键Ctrl+2 切换到Game视图。
- 按快捷键Ctrl+3 切换到Inspector视图。
- 按快捷键Ctrl+4 切换到Hierarchy视图。
- 按快捷键Ctrl+5 切换到Project视图。
- 按快捷键Ctrl+6 切换到Animation视图。
- 按快捷键Ctrl+7 切换到Profiler视图。

2.2 工具栏

Unity的工具栏主要是由图标组成的，位于菜单栏的下方，它提供了最常用功能的快捷访问。工具栏主要包括Transform（变换）工具、Transform Gizmo（变换Gizmo）切换、Play（播放）控件、Layers（分层）下拉列表和Layout（布局）下拉列表，如图2-3所示。

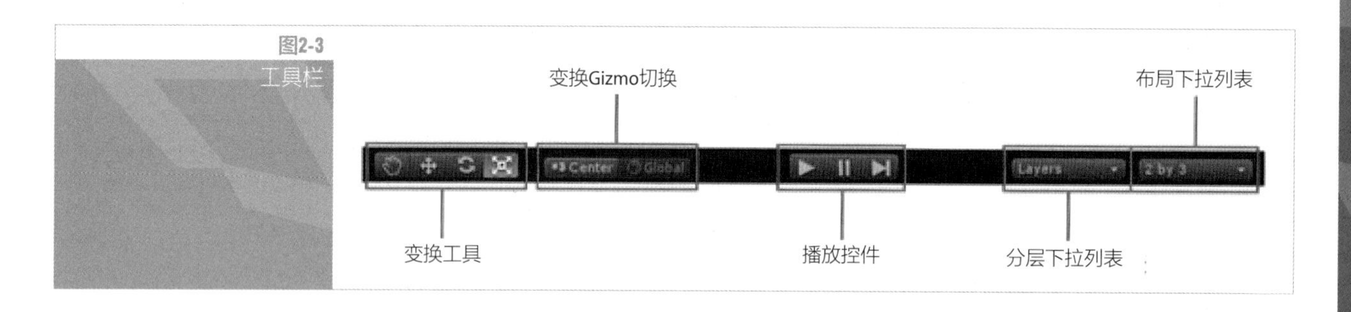

图2-3 工具栏

- Transform（变换）工具：主要应用于Scene视图，用来控制和操作场景以及游戏对象。从左到右依次是Hand（手形）工具、Translate（移动）工具、Rotate（旋转）工具和Scale（缩放）工具。

图2-4 手形工具

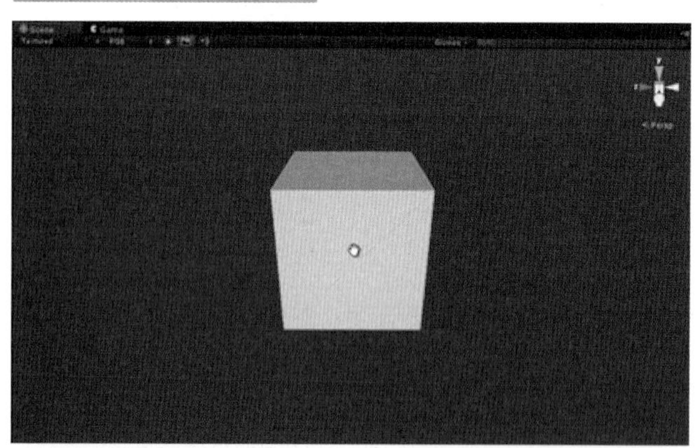

➢ Hand（手形）工具，快捷键为Q。

使用手形工具可以整体平移Scene视图，如图2-4所示。

➢ Translate（移动）工具，快捷键为W。

使用移动工具可以在Scene视图中先选择游戏对象，这时候会在该对象上出现3个方向的箭头（代表物体的三维坐标轴），然后通过在箭头所指的方向上拖动物体可以改变物体某一轴向上的位置，如图2-5所示。用户也可以在Inspector视图中查看或直接修改所选择的游戏对象的坐标值。

图2-5 移动工具

➢ Rotate（旋转）工具，旋转选中的物体，快捷键为E，如图2-6所示。

使用旋转工具可以在Scene视图中按任意角度旋转选中的游戏对象。

图2-6
旋转工具

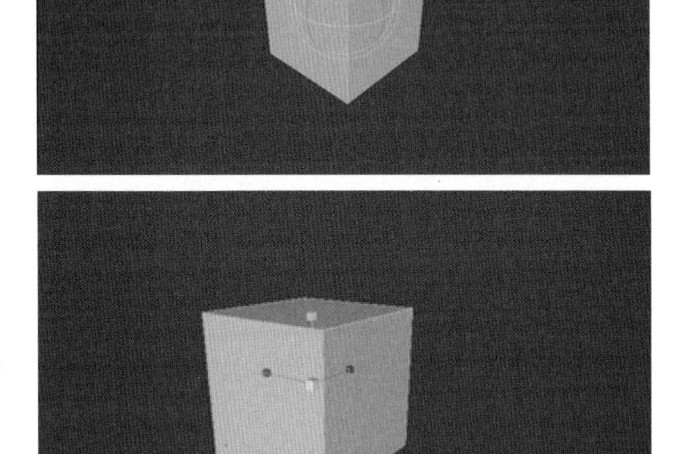

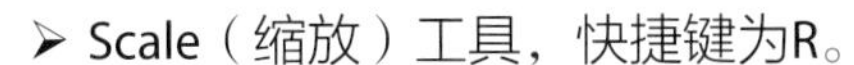

➢ Scale（缩放）工具，快捷键为R。

使用缩放工具可以在Scene视图中缩放选中的游戏对象，如图2-7所示，其中蓝色方块代表沿Z轴缩放，红色方块代表沿X轴缩放，绿色方块代表沿Y轴缩放，也可以通过选中中间灰色的方块，此时是将对象在3个坐标轴上进行统一的缩放。

图2-7
缩放工具

- Center Local Transform Gizmo（变换Gizmo）切换。
  - ➢ Center改变游戏对象的轴心点（Center：改变游戏对象的轴心为物体包围盒的中心；Pivot：使用物体本身的轴心）。
  - ➢ Global改变物体的坐标（Global：世界坐标；Local：自身坐标）。
- Play（播放）控件：播放控件使得用户可以自由地在编辑和游戏状态之间随意切换，使得游戏的调试和运行变得便捷、高效。
  - ➢ ：预览游戏，用于预览游戏，按下该按钮，编辑器会激活Game视图；再次按下则退出游戏预览模式。
  - ➢ ：暂停播放程序，用来暂停游戏，再次按下该键可以让游戏从暂停的地方继续运行。
  - ➢ ：逐帧播放，用来逐帧预览播放的游戏，可以在游戏中一帧一帧地运行游戏，方便用户查找游戏存在的问题，是个非常有用的功能。

注意 Attention

在播放模式下，用户对游戏场景的所有修改都是临时的，所有的修改在退出游戏预览模式后都会被还原。

图2-8
Layers下拉列表

-  Layers（分层）下拉列表：用来控制在Scene视图中游戏对象的显示，在下拉菜单中为勾选状态的物体将被显示在Scene视图中，如图2-8所示。
  - ➢ Everything：显示所有游戏对象。
  - ➢ Nothing：不显示任何游戏对象。
  - ➢ Default：显示没有任何控制的游戏对象。
  - ➢ TransparentFX：显示透明的游戏对象。
  - ➢ Ignore Raycast：显示不处理投射事件的游戏对象。
  - ➢ Water：显示水对象。
  - ➢ Edit Layers...：编辑层。

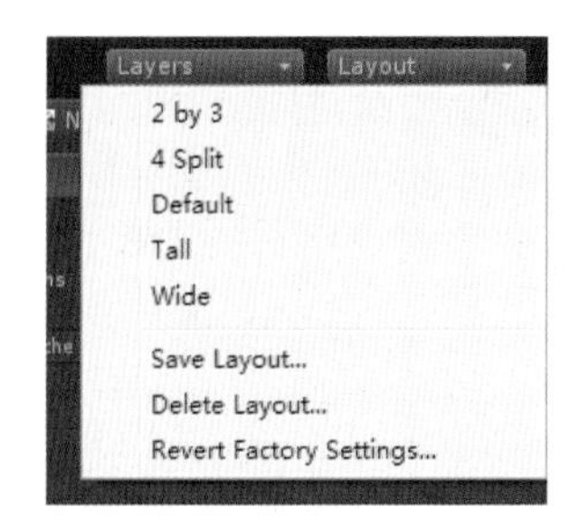

图2-9
Layout下拉列表

-  Layout（布局）下拉列表：用来切换视图的布局，用户也可以存储自定义的界面布局，如图2-9所示。
  - ➢ 2by3：显示Scene视图、Game视图、Hierarchy视图、Project视图、Inspector视图。
  - ➢ 4 Split：显示Scene视图、Hierarchy视图、Project视图、Inspector视图。
  - ➢ Default：显示Scene视图、Game视图、Hierarchy视图、Project视图、Inspector视图、Console视图。
  - ➢ Tall：显示按高布局的视图。
  - ➢ Wide：显示按宽布局的视图。
  - ➢ Save Layout...：存储自定义布局。
  - ➢ Delete Layout...：删除布局。
  - ➢ Revert Factory Settings...：恢复默认布局。

2.3 菜单栏

菜单栏是学习Unity的重点，通过菜单栏的学习可以对Unity各项功能有直观而快速的了解，为进一步学习Unity各项功能打下良好的基础，默认设置下Unity菜单栏共有9个菜单项，分别是File、Edit、Assets、GameObject、Component、Terrain、Tools、Window和Help菜单，如图2-10所示（在项目工程中导入例如插件、脚本、图像特效等资源后，菜单栏以及菜单项会发生变化）。

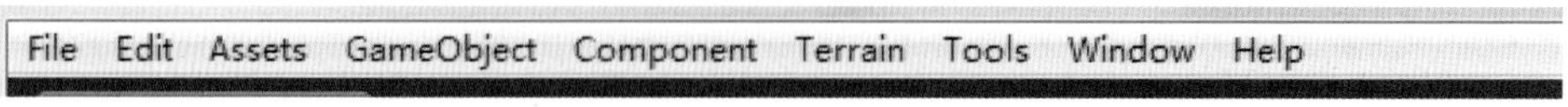

File Edit Assets GameObject Component Terrain Tools Window Help

图2-10
菜单栏

2.3.1 File（文件）菜单

New Scene Ctrl+N
Open Scene Ctrl+O
Save Scene Ctrl+S
Save Scene as... Ctrl+Shift+S
New Project...
Open Project...
Save Project
Build Settings... Ctrl+Shift+B
Build & Run Ctrl+B
Exit

图2-11
File（文件）菜单

File菜单（见图2-11）主要是包含项目与场景的创建、保存及输出等功能。本小节将对File菜单内的子菜单进行详细讲解，使读者能够清楚地理解File菜单的各项功能和用途，如表2-1所示。

表2-1 File 菜 单

File菜单项	用　途	快捷键
New Scene	新建场景	Ctrl+N
Open Scene	打开场景	Ctrl+O
Save Scene	保存场景	Ctrl+S
Save Scene as...	场景另存为	Ctrl+Shift+S
New Project...	新建项目工程文件	
Open Project...	打开项目工程文件	
Save Project	保存项目工程文件	
Build Settings...	发布设置	Ctrl+Shift+B
Build & Run	发布并运行	Ctrl+B
Exit	退出Unity	

- New Scene（新建场景），快捷键为Ctrl+N。

依次打开菜单栏中的File→New Scene项，新建一个游戏场景，创建新场景时只包含一个摄像机，其他游戏对象则需要另行添加，如图2-12所示。

图2-12
创建新场景

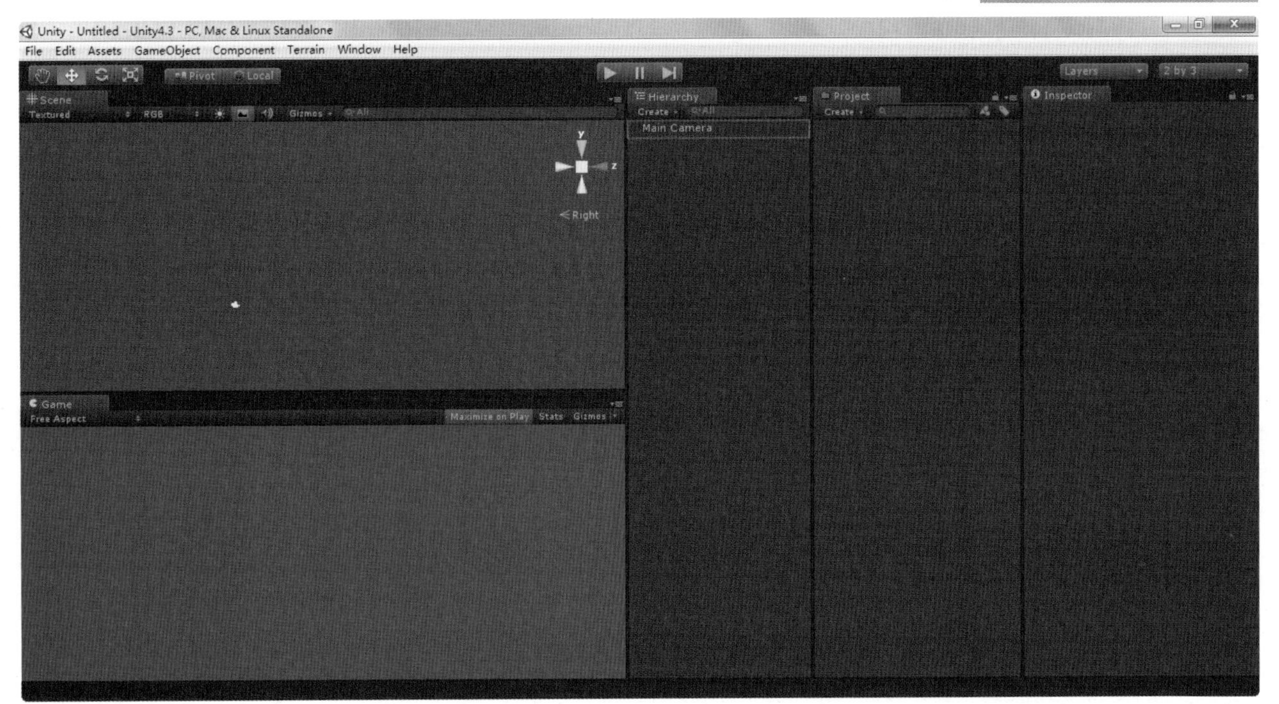

- Open Scene（打开场景），快捷键为Ctrl+O。

依次打开菜单栏中的File→Open Scene项，弹出一个Load Scene对话框，选择需要打开的场景文件，选中文件，单击“打开”按钮即可，如图2-13所示。

图2-13 打开场景

- Save Scene（保存场景），快捷键为Ctrl+S。

即保存当前场景。依次打开菜单栏中的File→Save Scene项，弹出Save Scene对话框，在文件名处输入相应的名称，单击“保存”按钮，就会自动生成一个场景文件，如图2-14所示。

图2-14 保存场景

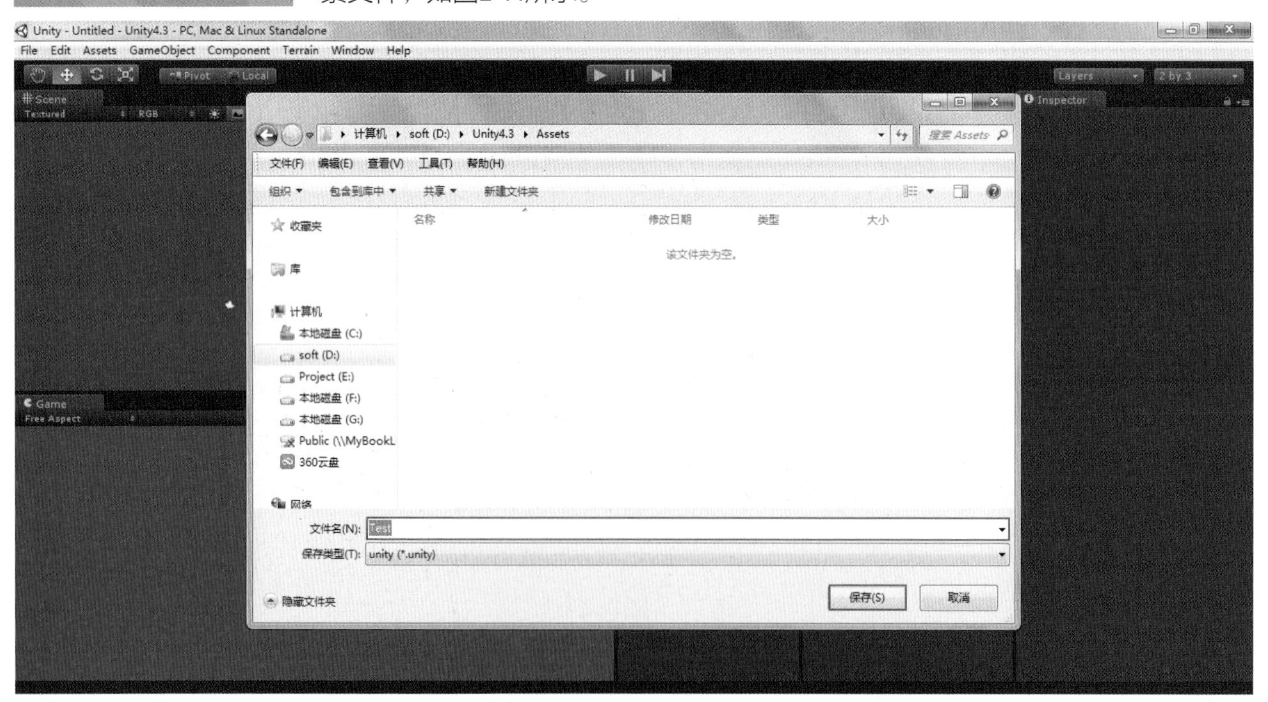

• Save Scene as...（场景另存为），快捷键为Ctrl+Shift+S。

即把当前已保存的场景文件另存为一个新的场景文件。依次打开菜单栏中的File→ Save Scene as...项，弹出一个Save Scene对话框，在文件名处输入相应的名称，单击“保存”按钮，就会生成一个新的场景文件，如图2-15所示。

图2-15
场景另存为对话框

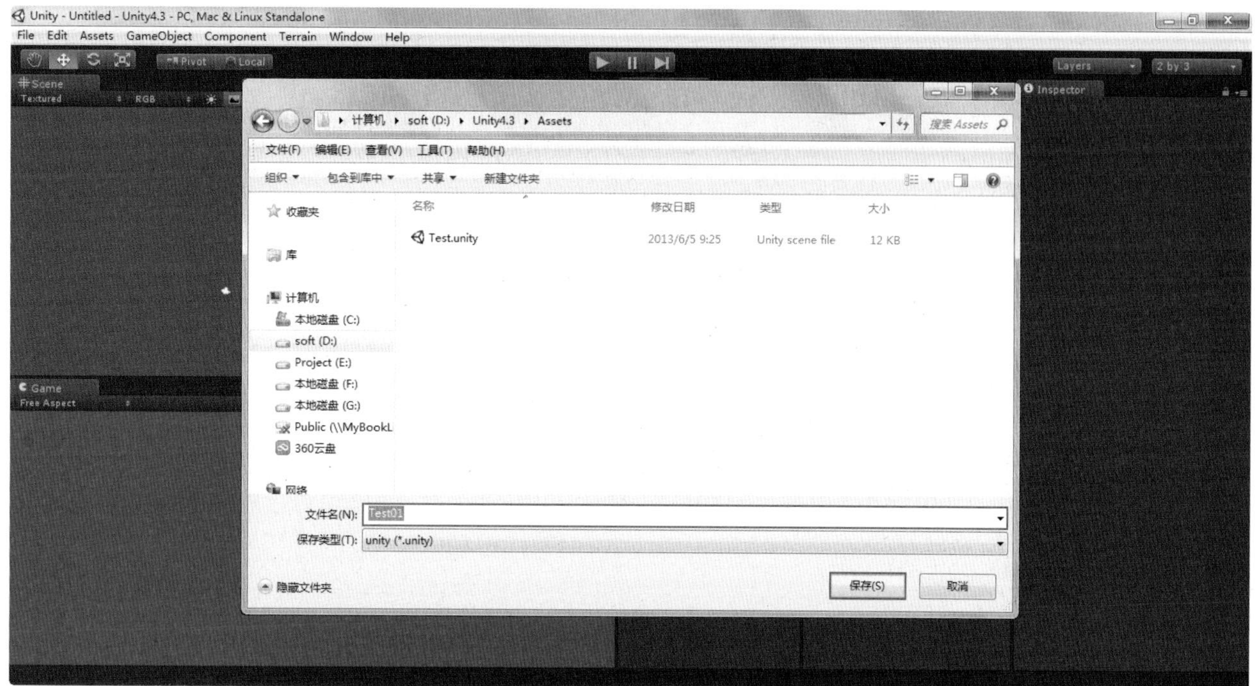

• New Project...（新建项目工程）。

即创建一个新的项目工程。依次打开菜单栏中的File→New Project...项，就会弹出Create New Project对话框，在Project Location处选择合适的路径，可在Import the following packages处选择项目所需Unity自带的资源包，单击Create按钮，自动创建一个项目工程，如图2-16所示。

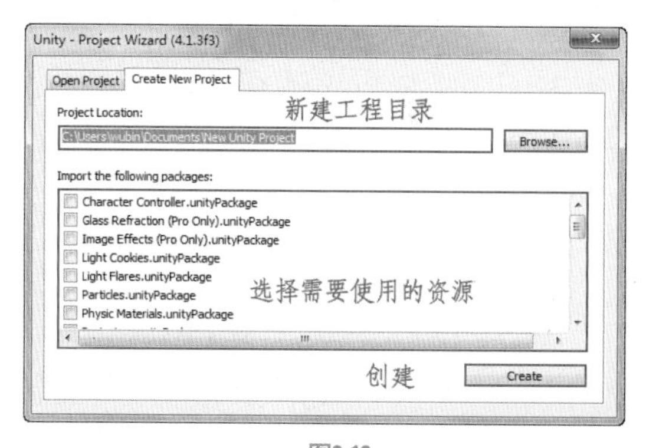

图2-16
创建新工程文件

Project（项目工程）与Scene（场景）是不同的概念，一个项目工程可以包含多个场景，而每个场景都是唯一的。例如流行的通关游戏，项目工程就是整个游戏，而场景则是游戏中的关卡。

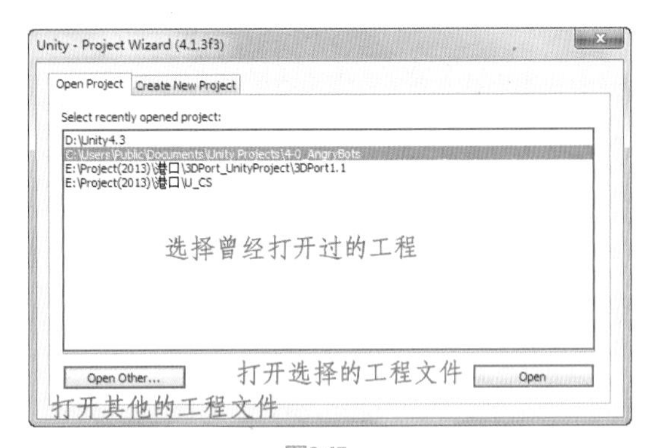

图2-17
打开工程文件

• Open Project...（打开工程文件）。

打开一个项目工程，依次打开菜单栏中的File→Open Project... 项，弹出 Open Project对话框，在Select recently opened project列表中选择已有的项目工程文件，然后选择Open即可打开，如果列表中没有工程文件目录，可以通过单击Open Other...按钮来找到项目工程文件所在的目录进行打开，如图2-17所示。

• Save Project（保存项目工程文件）。

保存当前项目工程文件。

• Build Settings...（发布设置）。

发布设置，发布游戏前设置选项。依次打开菜单栏中的File→Build Settings...项，弹出Build Settings对话框，可在Scenes In Build下单击 Add Current 按钮，添加当前工程下所有保存的场景。在Platform下选择本项目最终所需要运行的平台，用户也可单击Player Settings...按钮针对所发布的平台做相应的参数设置，当用户确认无误后可单击Build按钮对当前场景进行编译发布，如图2-18所示。

图2-18
发布设置

• Build & Run（发布并运行）。

发布并运行游戏场景，首先编译游戏场景，然后直接在本机运行游戏。

• Exit（退出）。

退出Unity软件。

2.3.2 Edit（编辑）

Edit（编辑）菜单（见图2-19）主要包括对场景进行一系列的编辑及环境设置操作等命令。在本小节将对Edit菜单内的子菜单进行详细讲解，帮助读者理解Edit菜单的各项功能和用途，如表2-2所示。

图2-19 Edit（编辑）菜单

表2-2 Edit 菜 单

Edit菜单项	用 途	快捷键
Undo Selection Change	撤销上一步操作	Ctrl+Z
Redo	执行“Undo Selection Change”的反向操作	Ctrl+Y
Cut	剪切，剪切选中的物体	Ctrl+X
Copy	复制，复制选中的物体	Ctrl+C
Paste	粘贴，粘贴选中的物体	Ctrl+V
Duplicate	复制并粘贴，复制并粘贴选中的物体	Ctrl+D
Delete	删除，删除选中的物体	Shift+Del
Frame Selected	居中并最大化显示当前选中的物体	F
Find	搜索，按名称查找物体	Ctrl+F
Select All	选择全部，选择场景中所有物体	Ctrl+A
Preferences...	偏好设置	
Play	播放/运行，选择播放即可对游戏场景进行预览，相当于单击工具栏中的播放按钮	Ctrl+P
Pause	暂停/中断，选择暂停即可停止预览，相当于单击工具栏中的暂停按钮	Ctrl+Shift+P
Step	单帧，可以单帧进行游戏预览，方便进行细节的观察，相当于单击工具栏中的逐帧播放按钮	Ctrl+Alt+P
Load Selection	载入选择	
Save Selection	存储选择	
Project Settings	工程设置	
Render Settings	渲染设置	
Network Emulation	网络模拟	
Graphics Emulation	图形模拟	
Snap Settings...	对齐设置	

• Preferences（偏好设置）。

依次打开菜单栏中的Edit → Preferences项，弹出Unity Preferences对话框，此对话框主要对软件的环境进行设置，由5个选项组成，分别是General、External Tools、Colors、Keys和Cache Server。

➢ General（综合设置），在综合设置界面内，对Unity集成开发环境进行一些相关的设置，如图2-20所示。

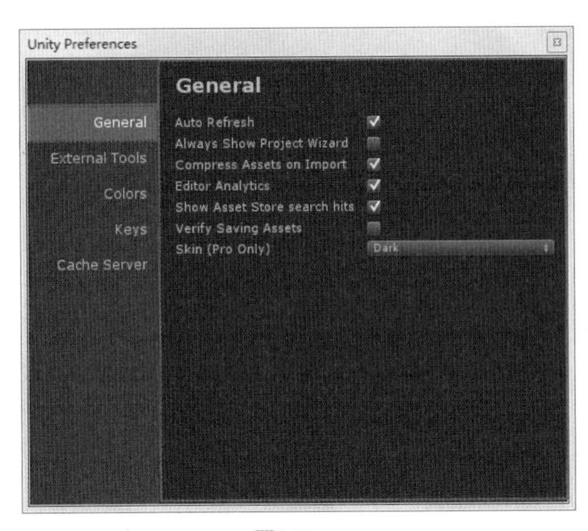

图2-20
General综合设置

✧ Auto Refresh：自动更新。

✧ Always Show Project Wizard：是否总是开启项目向导。

✧ Compress Assets on Import：在导入时压缩资源。

✧ Editor Analytics：编辑器数据统计分析。

✧ Show Asset Store search hits：显示资源商店中的付费或免费资源的数量。

✧ Verify Saving Assets：在Unity退出时验证需要保存的资源。

✧ Skin：界面皮肤，有Light模式与Dark模式，根据自己的喜好进行选择。（该项只有Pro版本才支持）

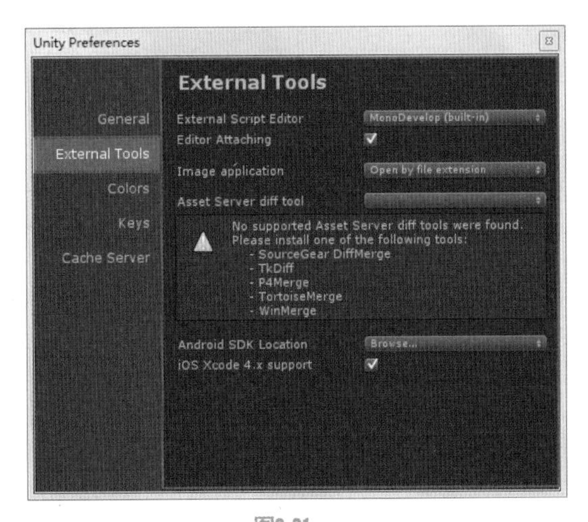

图2-21
External Tools设置

➢ External Tools（外部工具），可以对Unity相关的一些外部编辑工具进行设置，如图2-21所示。

✧ External Script Editor：外部脚本编辑器，根据自身的习惯进行设置，默认为Mono Develop(built-in)选项。

✧ Editor Attaching ：编辑器附加操作，默认是开启的，根据需要可以进行关闭。

✧ Image application：Unity用来打开图像文件的应用程序。

✧ Assets Server diff tool：资源服务器比较工具。

✧ Android SDK Location：安卓SDK的路径。

✧ iOS Xcode 4.x support：是否支持iOS Xcode 4.x。

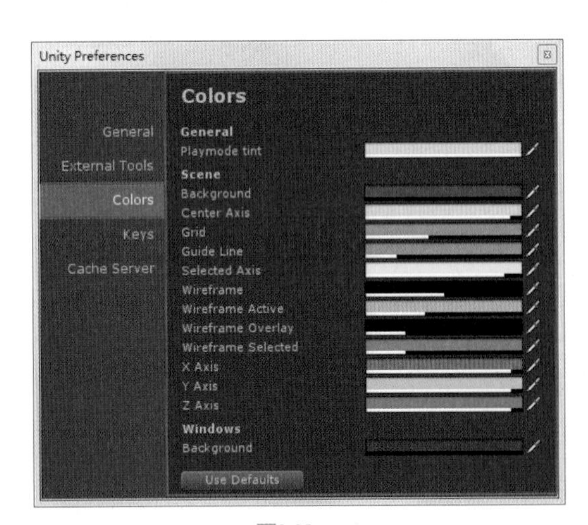

图2-22
Colors颜色设置

➢ Colors（颜色选项），进入颜色选项会显示颜色编辑界面，右侧的Colors颜色面板可以用来更改Unity软件的窗口颜色，根据个人的喜好可以灵活地设置编辑器风格，Use Defaults 按钮可以恢复默认设置，如图2-22所示。

➢ Keys：在Keys选项中可以对快捷键进行自定义设置，如图2-23所示。

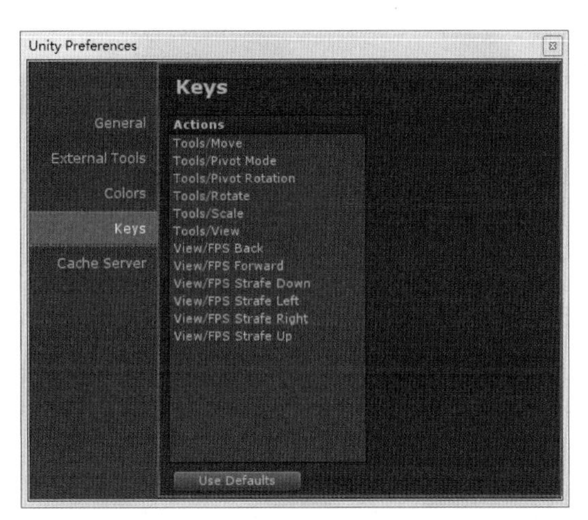

图2-23
Keys快捷键设置

➢ Cache Server：缓存服务器，对缓存服务器进行设置。在选中"Use Cache Server"选项后，即可在IPAddress中设置IP地址，如图2-24所示。

图2-24
Cache Server（缓存服务器）设置

• Load Selection（载入选择）。

载入选择信息，会按照载入的选择信息选中对应的游戏对象，如图2-25所示。

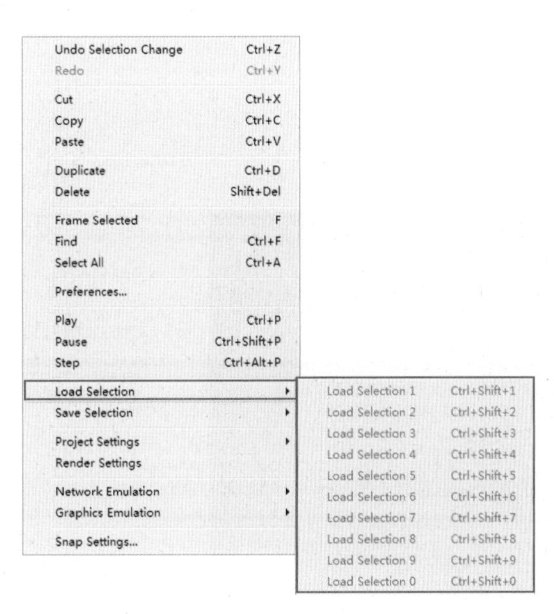

图2-25
载入选择信息

图2-26 存储选择信息

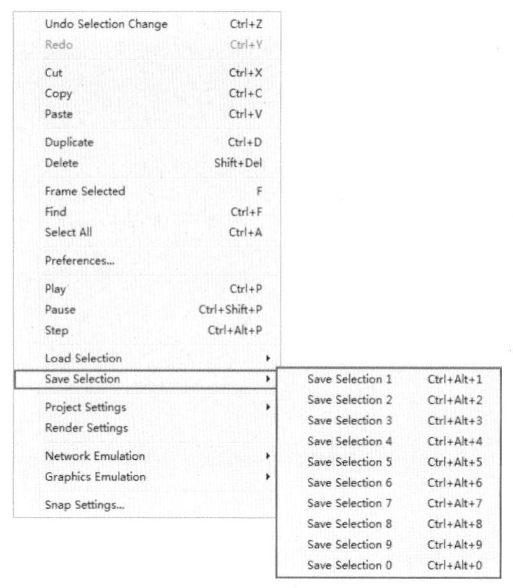

- Save Selection（存储选择）。

存储选择信息，可以保存Scene视图窗口中被选中的模型物体，并且设置编号，设置好编号后便可以用Load Selection进行载入，如图2-26所示。

图2-27 Project Settings（工程设置）

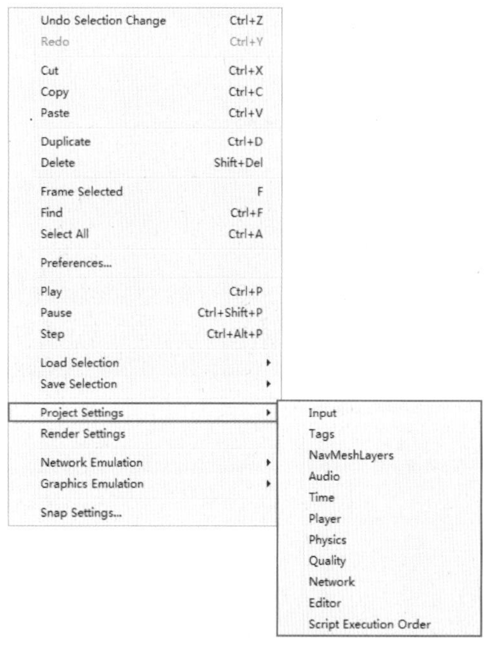

- Project Settings（工程设置）。

Project Settings即对工程进行相应的设置。Project Settings菜单包含输入、标记、导航网格层、音频、时间等子项的设置。在本节将对Project Settings菜单内的子菜单进行详细讲解，使读者能够清楚地理解Project Settings菜单的功能和用途，如图2-27所示。

图2-28 InputManager输入管理组件

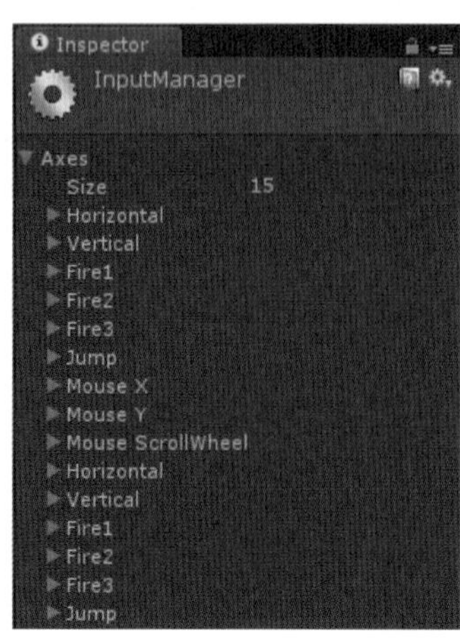

➢ Input：输入，依次打开菜单栏中的Edit→ Project Settings→Input项，会在Inspector视图中出现InputManager输入管理组件，可根据需要进行设置，如图2-28所示。

➢ Tags：标签，依次打开菜单栏中的Edit→Project Settings→Tags项，会在Inspector视图中出现TagManager标签管理属性面板，标签是对图层的管理，这里可以新建使用图层，根据需要增加图层，图层的上限是32个，前8个为系统默认的图层，不可以更改，如图2-29所示。

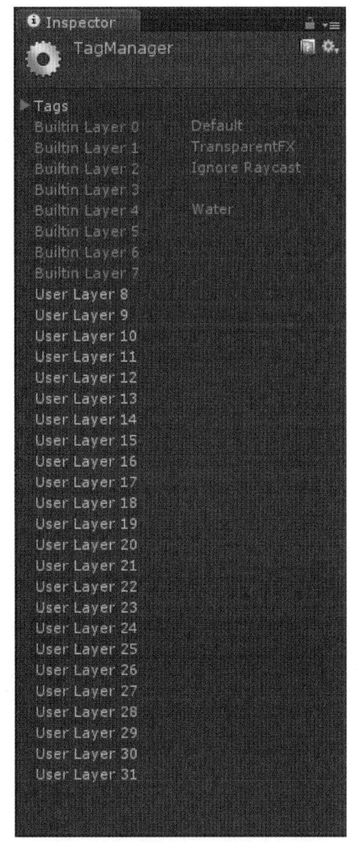

图2-29

Tagmanager标签管理组件

➢ NavMeshLayers：导航网格层，依次打开菜单栏中的Edit→Project Settings→NavMeshLayers项，会在Inspector视图中调出NavMeshLayers属性面板，可以根据需要进行修改设置，如图2-30所示。

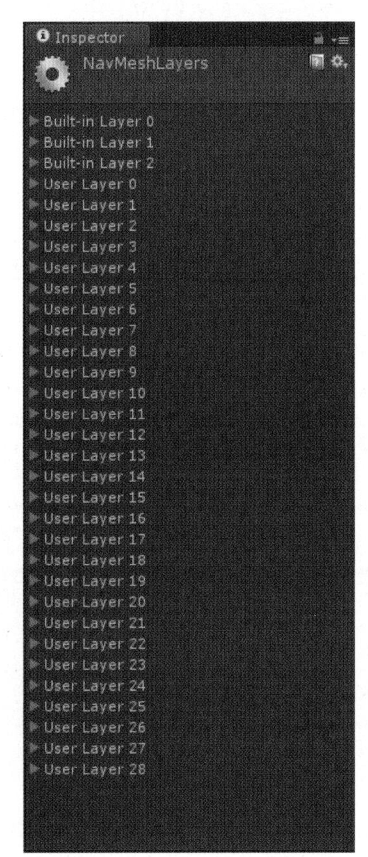

图2-30

NavMeshLayers组件

图2-31
AudioManager组件

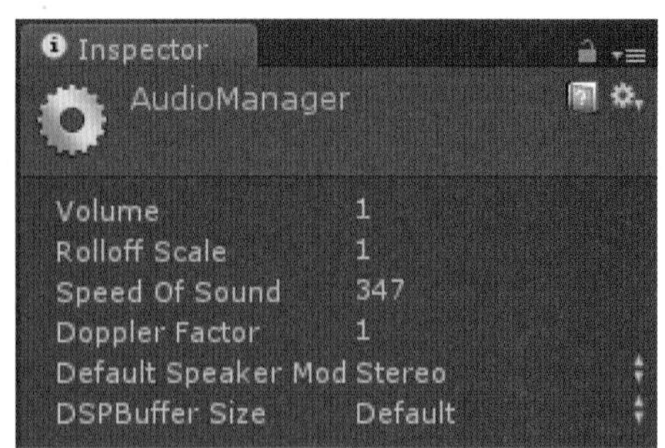

➢ Audio：音频，依次打开菜单栏中的Edit→ Project Settings→ Audio项，会在Inspector视图中打开AudioManager属性面板，根据需要进行设置，如图2-31所示。

图2-32
TimeManager组件

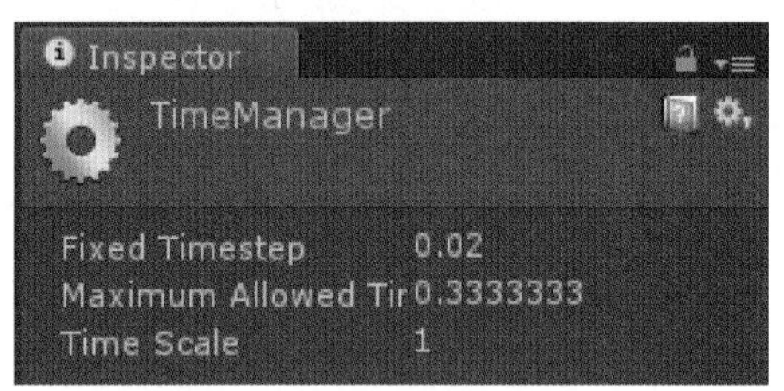

➢ Time：时间，依次打开菜单栏中的Edit→Project Settings→Time项，会在Inspector视图中打开TimeManager属性面板，根据需要进行设置，如图2-32所示。

图2-33
Player Settings组件

➢ Player：播放器设置，依次打开菜单栏中的Edit→Project Settings→Player项，会在Inspector视图中打开PlayerSetings属性面板，根据需要进行设置，如图2-33所示。

➢ Physics：物理属性，依次打开菜单栏中的Edit→ Project Settings→ Physics项，会在Inspector视图中打开PhysicsManager属性面板，根据需要进行设置，如图2-34所示。

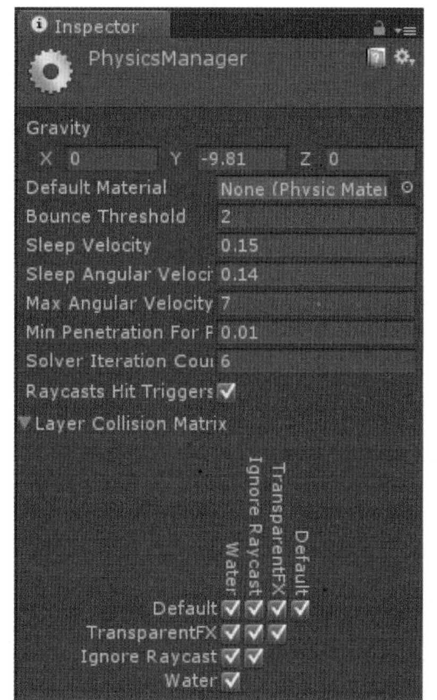

图2-34
PhysicsManager组件

➢ Quality：质量，依次打开菜单栏中的Edit→ Project Settings→ Quality项，会打开QualitySettings属性面板，根据对场景中的画面质量需求进行设置，如图2-35所示。

图2-35
QualitySettings 组件

图2-36 NetworkManager组件

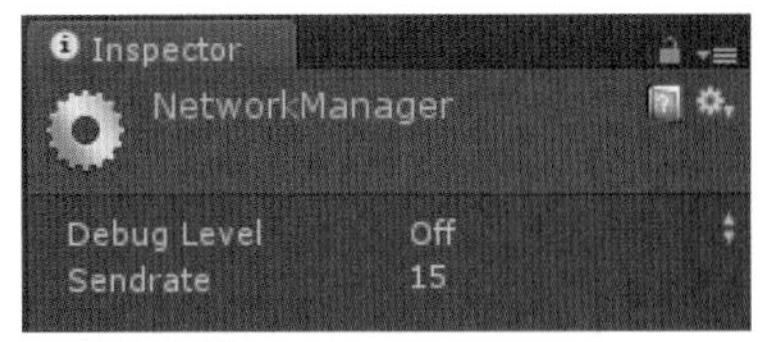

➢ Network：网络，依次打开菜单栏中的Edit→Project Settings→Network项，会打开NetworkManager属性面板，根据需要对场景进行设置，如图2-36所示。

图2-37 Editor Settings组件

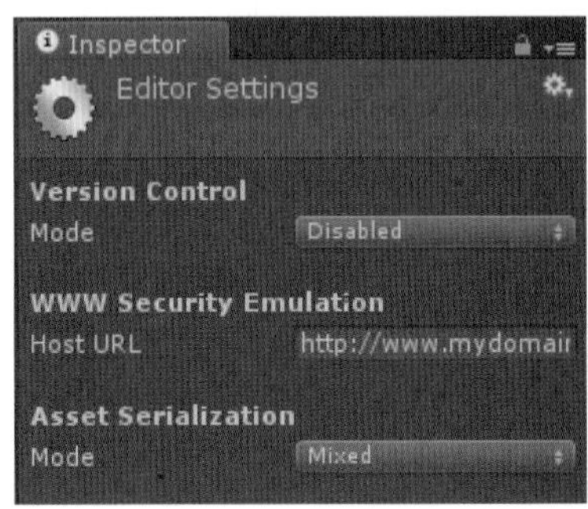

➢ Editor：编辑，依次打开菜单栏中的Edit→Project Settings→Editor项，会打开Editor Settings属性面板，根据需要对场景进行设置，如图2-37所示。

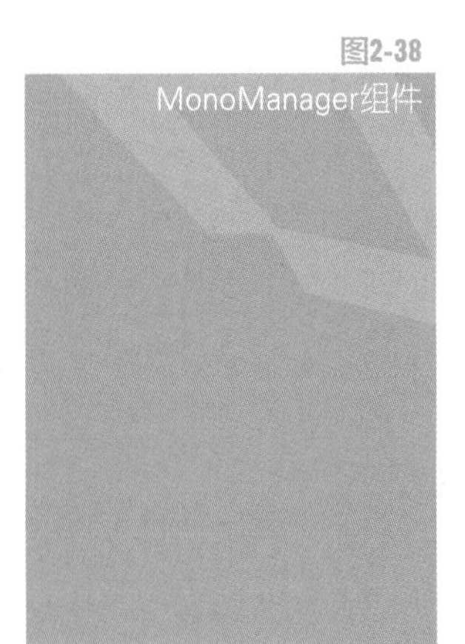
图2-38 MonoManager组件

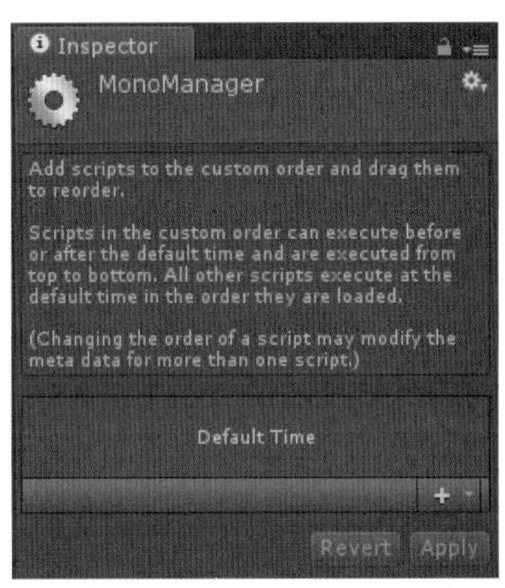

➢ Scrip Execution Order：脚本执行顺序，依次打开菜单栏中的Edit→Project Settings→Scrip Execution Order项，会在Inspector视图中显示MonoManager属性面板，根据需要对场景进行设置，如图2-38所示。

• Render Settings（渲染设置）。

可对场景进行渲染设置，依次打开菜单栏中的Edit→Render Settings项，会在Inspector视图中显示RenderSettings属性面板，根据需要对场景进行设置，如图2-39所示。

图2-39 RenderSettings组件

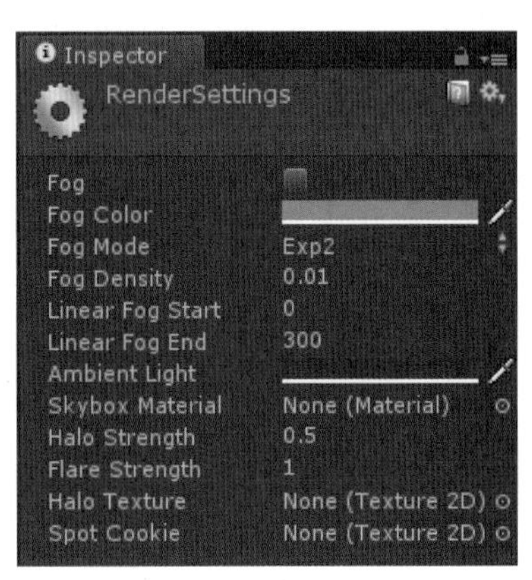

➢ Fog：开启雾效，开启后即可在场景中添加大气雾效。

➢ Fog Color：雾效的颜色，可以直接打开调色板选取颜色，也可以选择后面的吸管工具在场景中吸取颜色。

➢ Fog Mode：雾效模式，有Linear、Exp2、Exponential三种类型，可根据需要进行选择。

➢ Fog Density：雾效密度设置，通过此参数可以设置雾效的密度。

➢ Linear For Start：雾效起始距离，通过此参数来调整雾效起始距离。

➢ Linear For End：雾效结束距离，通过此参数来调整雾效结束距离。

➢ Ambient Light：环境光设置，通过此参数设置环境光的颜色。

➢ Skybox Material：天空盒材质，通过此选项可以为游戏场景指定天空材质。

➢ Halo Strength：光晕强度，可以在此设置镜头光晕强度。

➢ Flare Strength：耀斑强度，可以在此设置耀斑强度。

➢ Halo Texture：光晕贴图，可以在此设置镜头光晕的贴图。

➢ Spot Cookie：设置一个2D图像作为所有点光源的遮罩图。

• Network Emulation（网络模拟）。

选择用户所需要的网络传输方式，如图2-40所示。

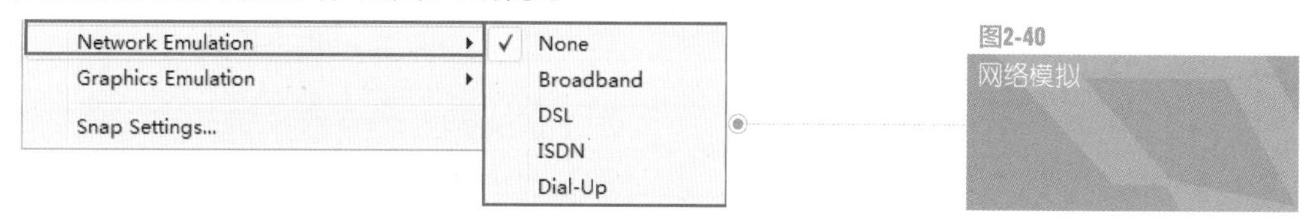

图2-40 网络模拟

• Graphics Emulation（图形模拟）。

选择用户所需要的着色器模型，如图2-41所示。

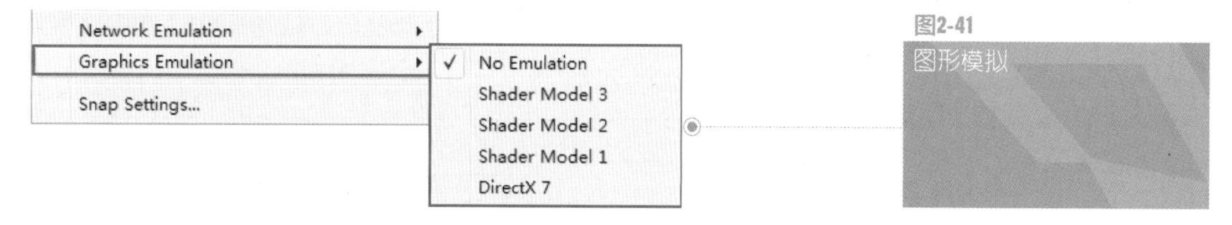

图2-41 图形模拟

• Snap settings（对齐设置）。

选择用户需要的对齐方式，根据需要进行设置，如图2-42所示。（启用对齐/捕捉设置，需要在进行移动、缩放、旋转等操作时按住键盘上的Ctrl键（Windows系统中）/Command键（Mac系统中）

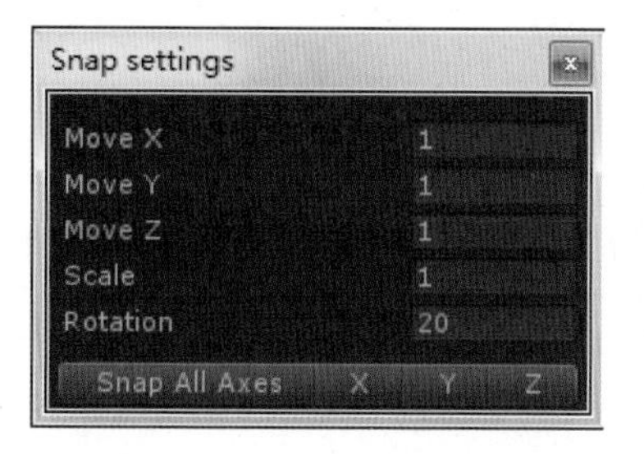

图2-42 Snap settings设置

Move X/Y/Z：设置游戏对象在X、Y、Z轴上的移动操作时的最小单位。

Scale：设置游戏对象在进行缩放操作时的百分比。

Rotation：设置游戏对象进行旋转操作时的最小角度。

2.3.3 Assets（资源）

通过对Assets菜单（见图2-43）的学习可以更好地掌握资源在Unity中的应用，在项目开发中可以更熟练地运用其功能，如表2-3所示。

图2-43
Assets（资源）菜单

表2-3 Assets 菜单

Assets菜单项	用　途	快捷键
Create	创建资源	
Show in Explorer	在资源管理器中显示资源	
Open	打开选中的资源	
Delete	删除选中的资源	
Import New Asset...	导入新的资源	
Import Package	导入资源包	
Export Package...	导出资源包	
Find References In Scene	在选中的场景中通过某些引用查找	
Select Dependencies	选择某一物体后，再使用此选项可以迅速查找跟所选物体有关的资源	
Refresh	刷新场景	Ctrl+R
Reimport	重新导入当前场景	
Reimport All	重新导入所有场景	
Sync MonoDevelop Project	与MonoDevelop工程同步	

图2-44
Create菜单

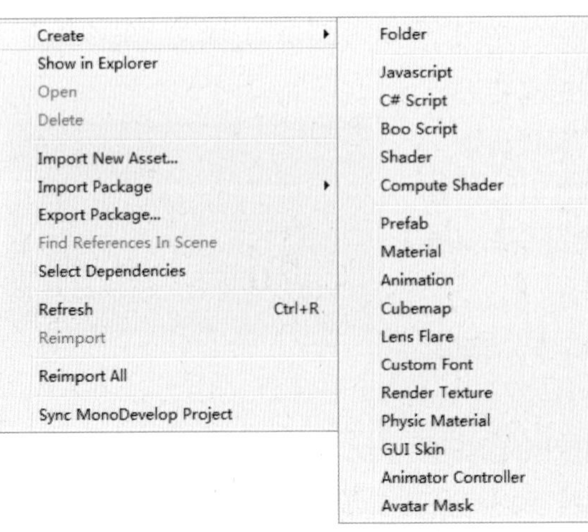

- Create。

Create创建菜单与Project视图中的Create按钮是一样的，主要是创建场景中的脚本、Shader、材质、动画、UI等资源，如图2-44所示。

➢ Folder。

文件夹，创建文件夹方便项目工程管理，可以将模型文件或者材质纹理及脚本等所有资源通过文件夹形式进行管理，分门别类地存放场景的相关资源，如图2-45所示。

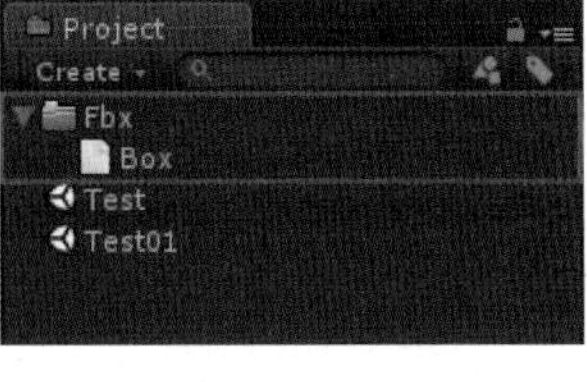

图2-45
Folder文件夹

➢ Javascript。

依次打开菜单栏中的Assets→Create→Javascript项，单击子菜单，即可在选项列表中创建一个Javascript脚本，可以根据需要修改脚本的名称，在脚本中使用Javascript语言编写代码，实现相应的功能。

➢ C# Script。

依次打开菜单栏中的Assets→ Create→ C# Script项，即可在选项列表中创建一个C#脚本，可以根据需要修改脚本的名称，在脚本中使用C#语言编写代码，实现相应的功能。

➢ Boo Script。

依次打开菜单栏中的Assets→Create→Boo Script项，即可在选项列表中创建一个Boo脚本，可以根据需要修改脚本的名称，在脚本中使用Boo语言编写代码，实现相应的功能。

➢ Shader。

Unity中配备了强大的阴影和材质的语言工具，称为ShaderLab，它的语法类似于着色器语言Cg和HLSL，它描述了材质所必须要的一切信息，而不仅仅局限于顶点/像素着色。用户可以使用编程工具自己编写Shader材质类型。

➢ Computer Shader。

Computer Shader是一种运行于计算机显卡内的，但又不属于渲染管线的内容的Shader程序，它通常被用于并行计算。

➢ Prefab。

预设体是常用的一种资源类型，具有可被重复使用的功能，只要将游戏对象拖进Prefab内就可以定义为一个Prefab，通过修改Prefab参数可以同时改变多个该预设体在场景中生成的实例的形态。

✧ 首先在场景中创建一个圆柱体，依次打开菜单栏中的GameObject→Create Other → Cylinder项，这样场景中就创建了一个圆柱体，接着依次打开菜单栏中的Assets→Create→Prefab项，创建一个Prefab，如图2-46所示。

图2-46
创建Prefab

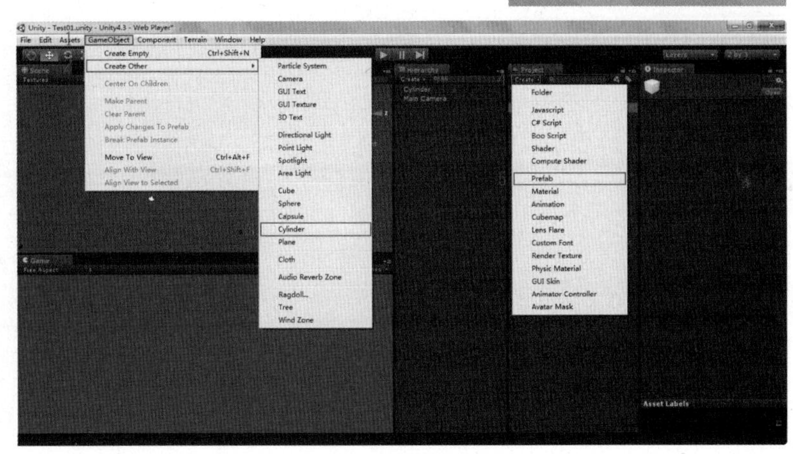

✧ 选择游戏元素列表的Cylinder模型拖动至资源

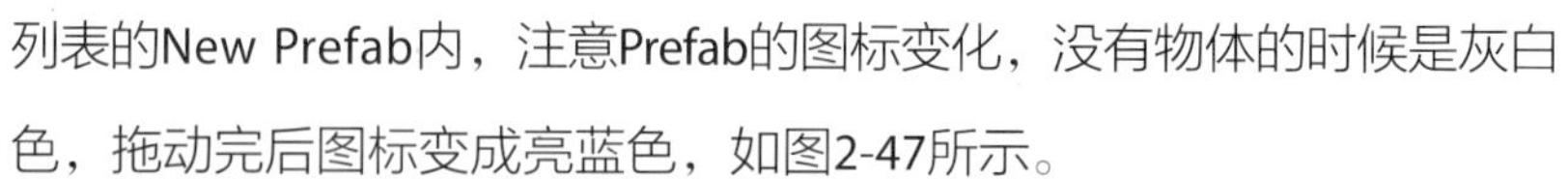

列表的New Prefab内，注意Prefab的图标变化，没有物体的时候是灰白色，拖动完后图标变成亮蓝色，如图2-47所示。

图2-47
创建Cylinder

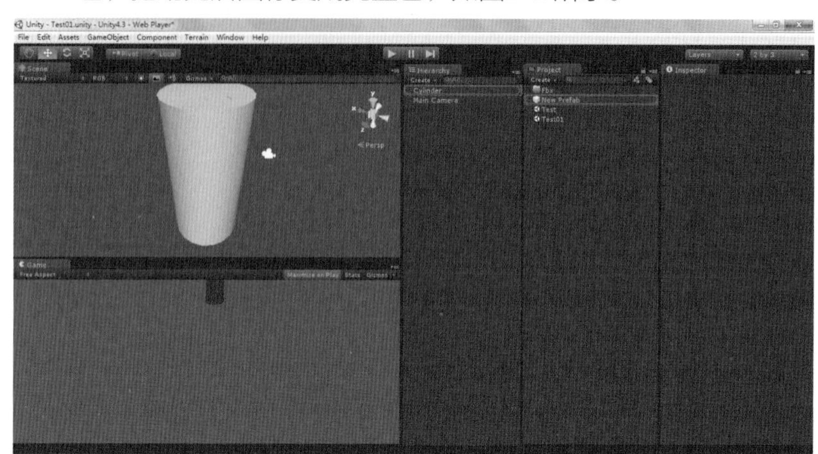

✧ 复制三个圆柱体在场景中，这时可选择资源列表中的New Prefab，观察Inspector视图，将会出现圆柱体模型的参数属性，对其进行修改，这时会发现Scene场景视图中的4个模型会同时发生变化。如果场景中有很多模型后续需要修改，即可以为模型创建Prefab，方便后续工作的修改，如图2-48所示。

图2-48
Prefab属性变化

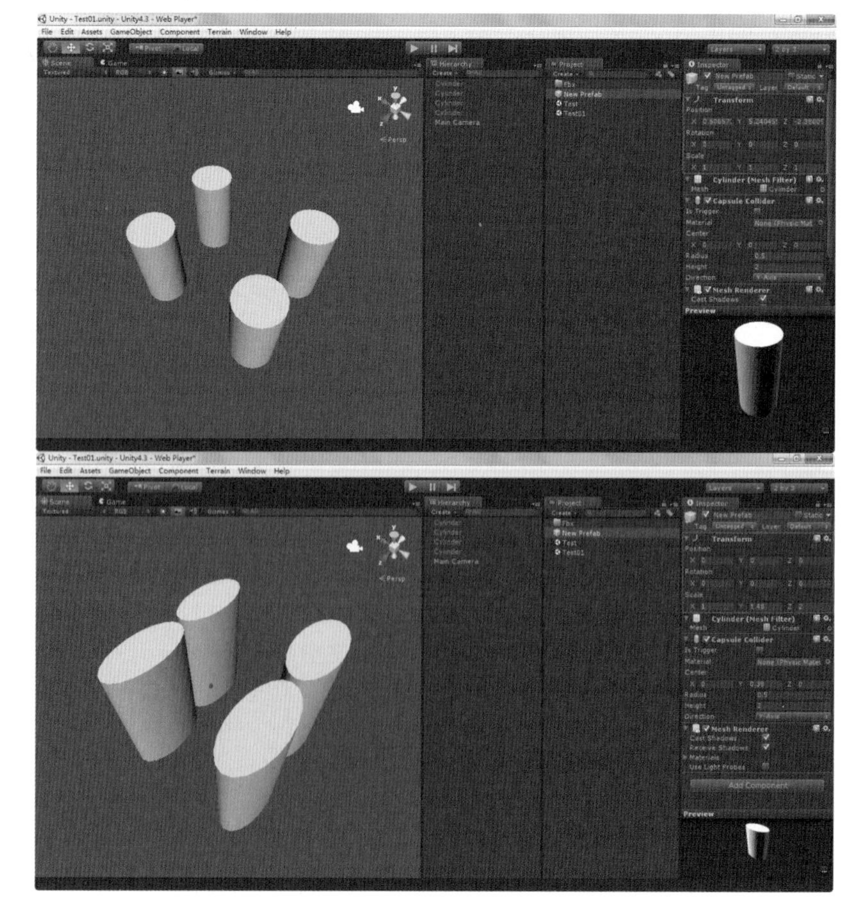

Prefab预设的概念与Adobe Flash中MovieClip的概念类似，可以把它当作保存物体数据信息的模板，通过它用户可以循环使用从而提升工作效率。

➢ Material。

材质，依次打开菜单栏中的Assets→Create→Material项，即可创建一个材质，可以将材质赋予场景中的模型并且可以对Shader类型进行调整，创建好材质后，可以选择材质并拖动给场景的模型对象，如图2-49所示。

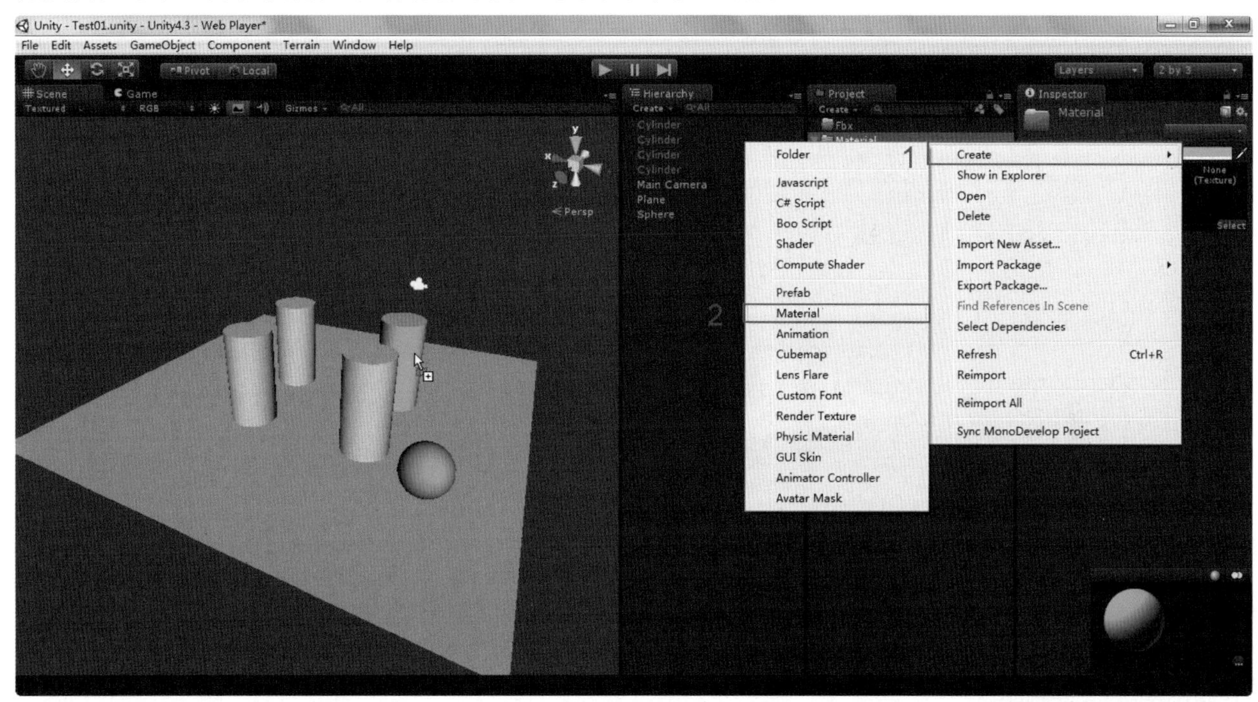

图2-49
材质设置

➢ Animation。

动画剪辑，依次打开菜单栏中的Assets→Create→Animation，即可创建一个动画剪辑。动画剪辑是构成动画的最小模块，代表一个单独部分的运动，如跑步、跳跃、爬行、移动、旋转等动画信息，可以操作并结合不同的动画剪辑产生丰富的运动效果。

➢ Cubemap。

Cubemap是由6幅图片组成的，由6张无缝纹理组成。通常是用来显示反射效果，Unity内置着色器在实现反射效果时统一使用Cubemap，如图2-50所示。

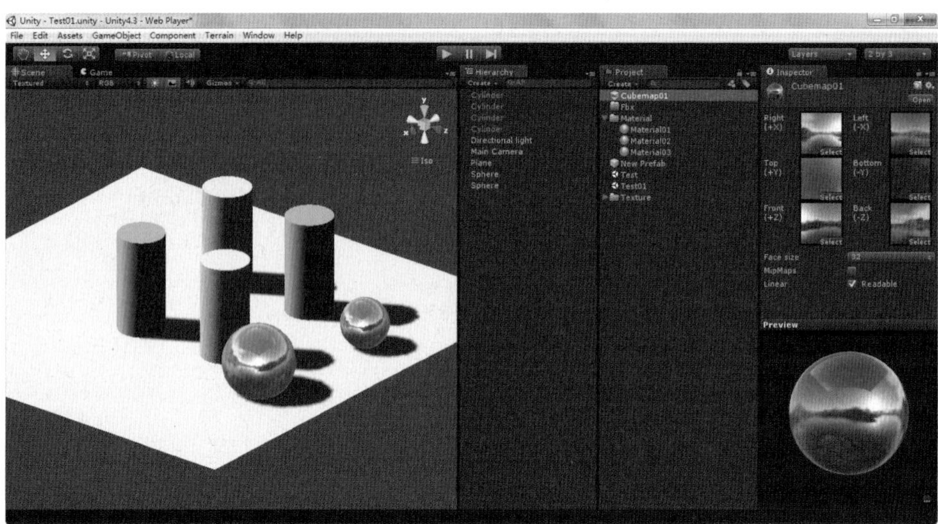

图2-50 Cubemap材质创建

➢ Lens Flare。

耀斑主要是用来模拟太阳光晕的效果，制作好耀斑即可在灯光中进行指定，如图2-51所示。

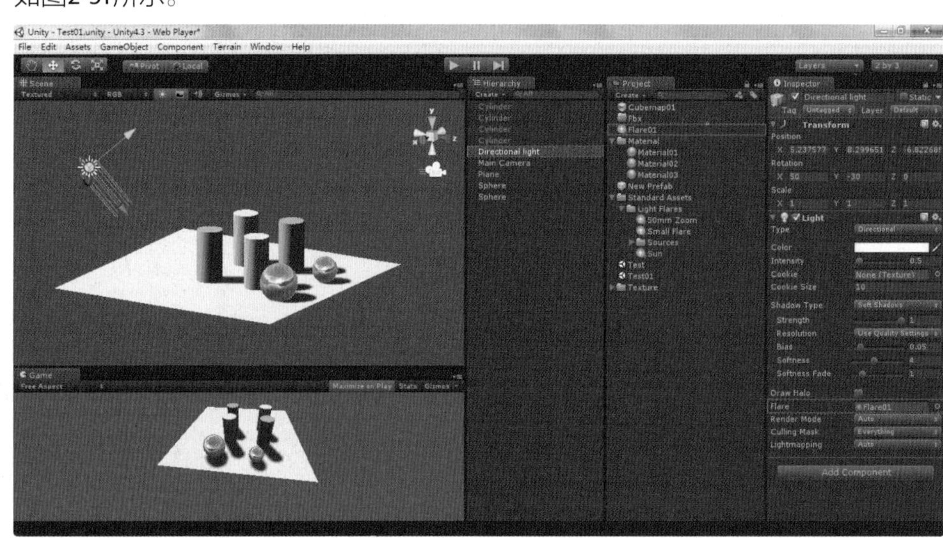

图2-51 Lens Flare的设置

➢ Custom Font。

创建自定义字体。可以对字体的大小、风格以及一些相关参数进行设置。

➢ Render Texture。

渲染纹理是特殊类型的纹理，在运行时创建和更新，通常在摄像机对象中的Target Texture项指定Render Texture，以实现纹理在运行时创建并更新的功能。

➢ Physic Material。

物理材质，主要用于有实时物理碰撞的场景，比如保龄球游戏中球体间、球体与滑道的碰撞，设置物体的摩擦力、阻力等相关设置。

➢ GUI Skin。

GUI高级界面在此进行设置，创建了GUI Skin就可以对场景的二维面板界面进行设置。

➢ Animator Controller。

可以从Project视图创建一个动画控制器，应用于角色骨骼动画的控制，如图2-52所示。

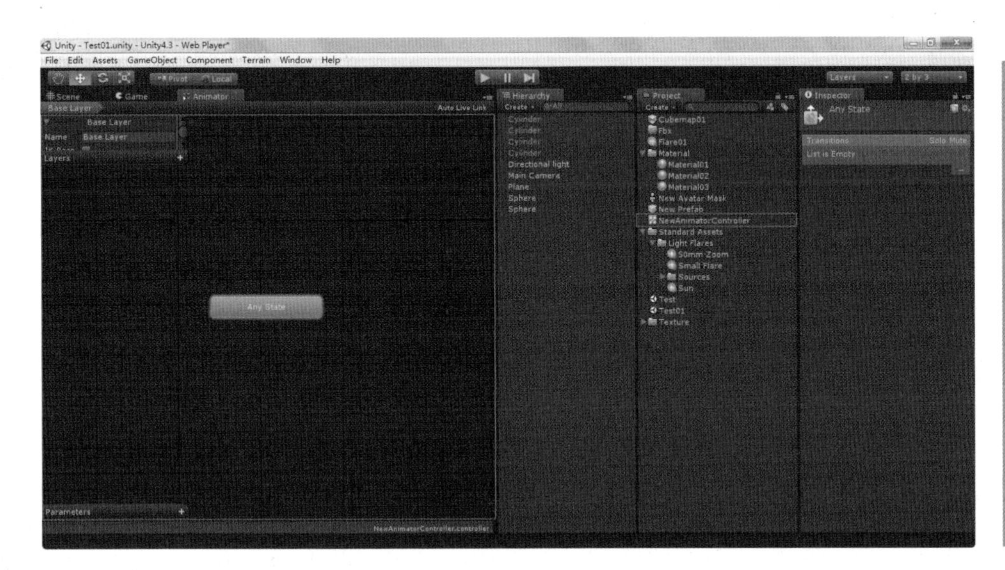

图2-52
Animator Controller动画控制器

➢ Avatar Mask。

通过Avatar Mask可以对动画里特定的身体部位进行激活或禁止，在网格导入观察器和动画层的动画标签里面可以进行设置。通过Avatar Mask可以根据需求精确地裁剪动画，如图2-53所示。

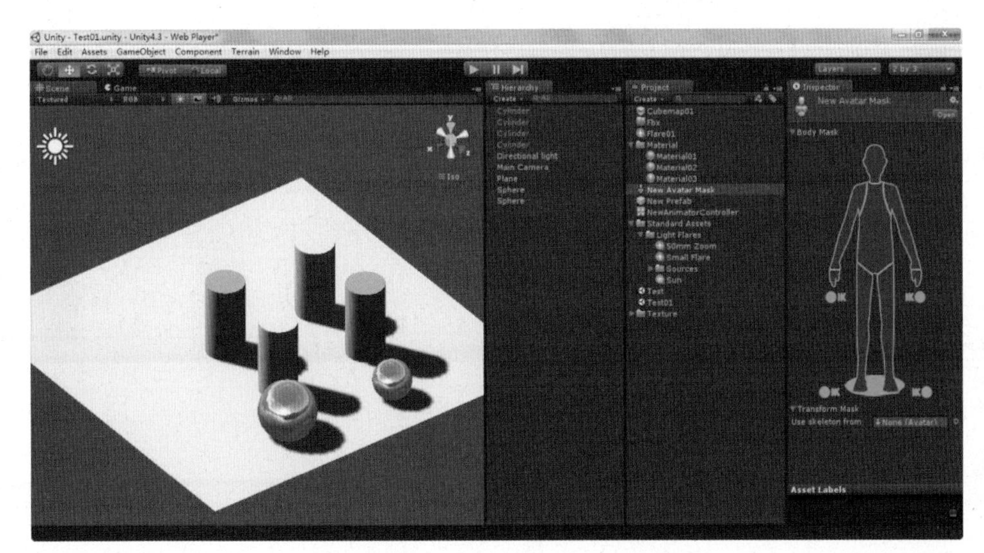

图2-53
Avatar Mask

• Show in Explorer。

在Explorer中显示，单击Show in Explorer可以立刻切换到资源文件的文件目录，如图2-54所示。

图2-54
资源文件所在目录

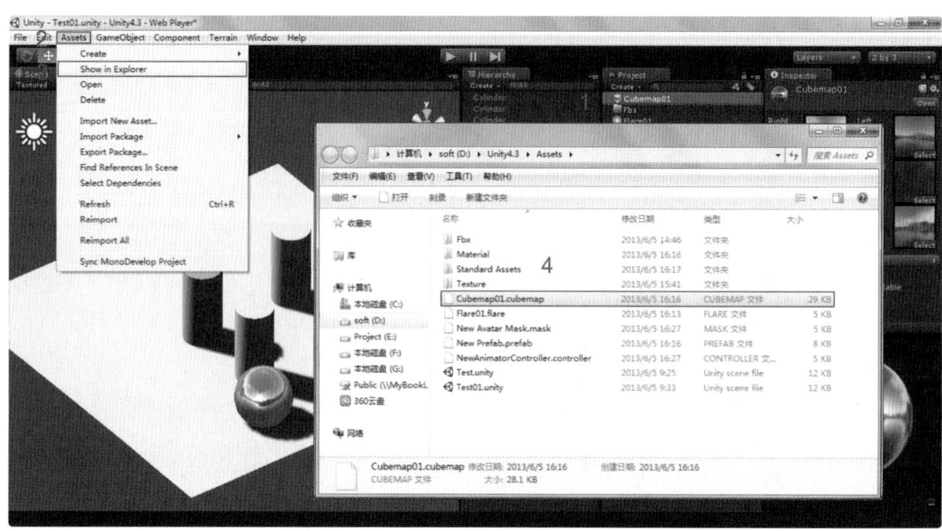

- Open。

打开资源文件，先选择资源列表中的任意文件，依次打开菜单栏中的Assets→Open项，即可打开该文件进行编辑。当然直接双击文件也可以将其打开，如图2-55所示。

图2-55
打开脚本编辑器

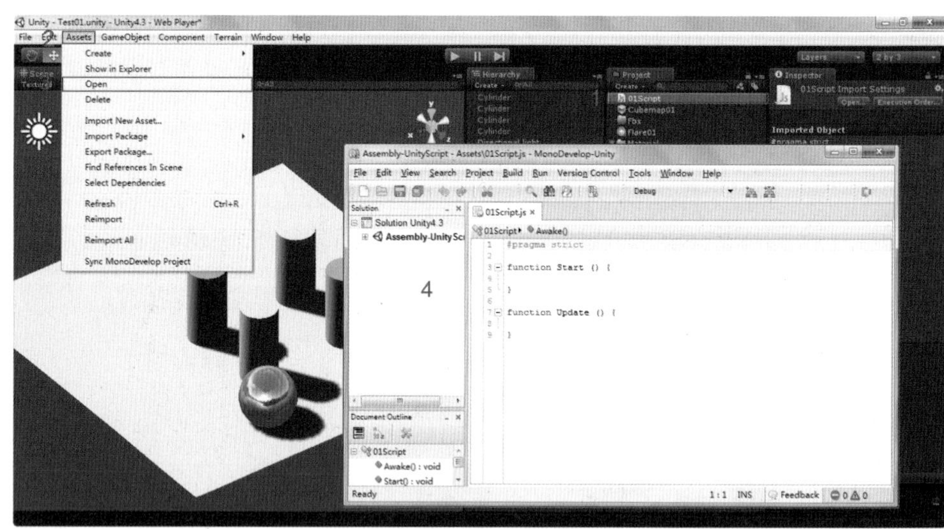

- Delete。

删除工具，选择资源列表的资源，再单击Delete菜单，即可删除该资源。

- Import New Asset...。

导入新的资源，即为场景添加新的资源，比如模型、材质或者Shader等不同资源。

- Import Package...。

可以导入已有的资源包，或者加载系统默认提供的资源包，方便项目制作，如图2-56所示。

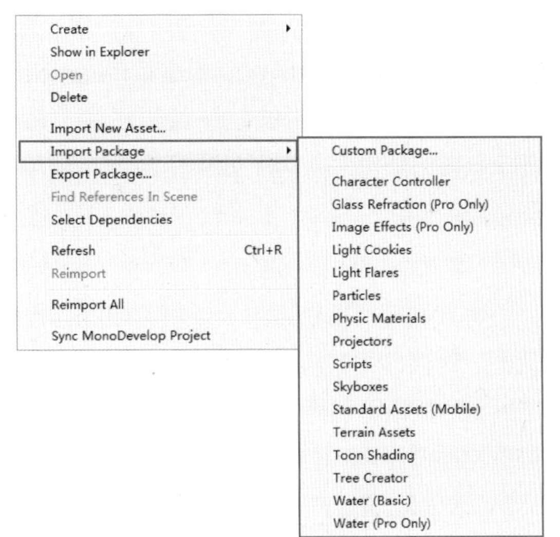

图2-56
导入资源包

➢ Custom Package...。

导入自定义数据包。单击菜单Custom Package...，弹出Import Package...对话框，可以选择磁盘中任意的资源包（资源包名称以及所在路径不要包含中文字符），选中后单击“打开”按钮即可导入自定义数据包。

➢ Character Controller。

导入角色控制器资源包。单击Character Controller，会弹出Import Package...对话框，对话框中有系统自带的角色控制器资源，根据需要选择相应的资源。然后单击Import按钮即可导入角色控制资源包。导入后在项目资源列表中会显示导入的角色资源包。

➢ Glass Refraction（仅限Pro版）。

导入玻璃反射资源包。单击菜单Glass Refraction，会弹出Import Package...对话框，对话框中有系统自带的玻璃反射资源，根据需要选择相应的资源。然后单击Import按钮即可导入玻璃反射资源包。导入后在项目资源列表中会显示导入的玻璃反射资源包。

➢ Image Effects（仅限Pro版）。

导入图像效果资源包。单击菜单Image Effects，会弹出Import Package...对话框，对话框中有系统自带的图像效果资源，根据需要选择相应的资源。然后单击Import按钮即可导入图像资源包。导入后在项目资源列表中会显示导入的图像资源包。

➢ Light Cookies。

导入Light Cookies资源包。单击菜单Light Cookies，会弹出Import Package...对话框，对话框中有系统自带的光效资源，根据需要选择相应的资源。然后单击Import按钮即可导入光效资源包。导入后在项目资源列表中会显示导入的光效资源包。

➢ Light Flares。

导入光晕效果资源包。单击菜单Light Flares，会弹出Import Package...对话框，对话框中有系统自带的光晕效果资源，根据需要选择相应的资源。然后单击Import按钮即可导入光晕效果资源包。导入后在项目资源列表中会显示导入的光晕效果资源包。

➢ Particles。

导入粒子效果资源包。单击菜单Particles，会弹出Import Package...对话框，对话框中有系统自带的粒子效果资源，根据需要选择相应的资源。然后单击Import按钮即可导入粒子效果资源包。导入后在项目资源列表中会显示导入的粒子效果资源包。

➢ Physic Materials。

导入物理材质资源包。单击菜单Physic Materials，会弹出Import Package...对话框，对话框中有系统自带的物理材质资源，根据需要选择相应的资源。然后单击Import按钮即可导入物理材质资源包。导入后在项目资源列表中会显示导入的物理材质资源包。

➢ Projectors。

导入幻灯机效果资源包。单击菜单Projectors，会弹出Import Package...对话框，对话框中有系统自带的幻灯机效果资源，根据需要选择相应的资源。然后单击Import按钮即可导入幻灯机效果资源包。导入后在项目资源列表中会显示导入的幻灯机效果资源包。

➢ Scripts。

导入脚本资源包。单击菜单Scripts，会弹出Import Package...对话框，对话框中有系统自带的脚本资源，根据需要选择相应的资源。然后单击Import按钮即可导入脚本资源包。导入后在项目资源列表中会显示导入的脚本资源包。

➢ Skyboxes。

导入天空盒资源包。单击菜单Skyboxes，会弹出Import Package...对话框，对话框中有系统自带的天空盒资源，根据需要选择相应的资源。然后单击Import按钮即可导入天空盒资源包。导入后在项目资源列表中会显示导入的天空盒资源包。

➢ Standard Assets（Mobile）。

导入标准资源包。单击菜单Standard Assets，会弹出Import Package...对话框，对话框中有系统自带的标准资源，根据需要选择相应的资源。然后单击Import按钮即可导入标准资源包。导入后在项目资源列表中会显示导入的标准资源包。

➢ Terrain Assets。

导入地形资源包。单击菜单Terrain Assets，会弹出Import Package...对话框，对话框中有系统自带的地形资源，根据需要选择相应的资源。然后单击Import按钮即可导入地形资源包。导入后在项目资源列表中会显示导入的地形资源包。

➢ Tessellation Shaders（DX11）。

导入Tessellation着色器资源。单击菜单Tessellation Shaders，会弹出Import Package...对话框，对话框中有系统自带的着色器资源，根据需要选择相应的资源。然后单击Import按钮即可导入着色器资源包。导入后在项目资源列表中会显示导入的着色器资源包。

➢ Toon Shading。

导入卡通渲染效果包。单击菜单Toon Shading，会弹出一个Import Package...对话框，对话框中有系统自带的卡通渲染资源，根据需要选择相应的资源；然后单击Import按钮即可导入卡通渲染资源包。导入后在项目资源列表中会显示导入的卡通渲染资源包。

➢ Tree Creator。

导入树木生成器资源包。单击菜单Tree Creator，会弹出Import Package...对话框，对话框中有系统自带的树木生成器资源，根据需要选择相应的资源。然后单击Import按钮即可导入树木生成器资源包。导入后在项目资源列表中会显示导入的树木生成器资源包。

➢ Water（Basic）。

导入水（基础）资源包。单击菜单Water（Basic），会弹出Import Package...对话框，对话框中有系统自带的水（基础）资源，根据需要选择相应的资源。然后单击Import按钮即可导入水（基础）资源包。导入后在项目资源列表中会显示导入的水（基础）资源包。

➢ Water（仅限Pro版）。

导入水（高级）资源包。单击菜单Water（Pro Only），会弹出Import Package...对话框，对话框中有系统自带的水（高级）资源，根据需要选择相应的资源。然后单击Import按钮即可导入水（高级）资源包。导入后在项目资源列表中会显示导入的水（高级）资源包。

• Export Package...。

将场景的资源打包导出，可以选择某一个文件夹或资源，也可以将整体项目进行导出。

• Find References In Scene。

在场景里查找引用选中资源的对象，如图2-57所示。

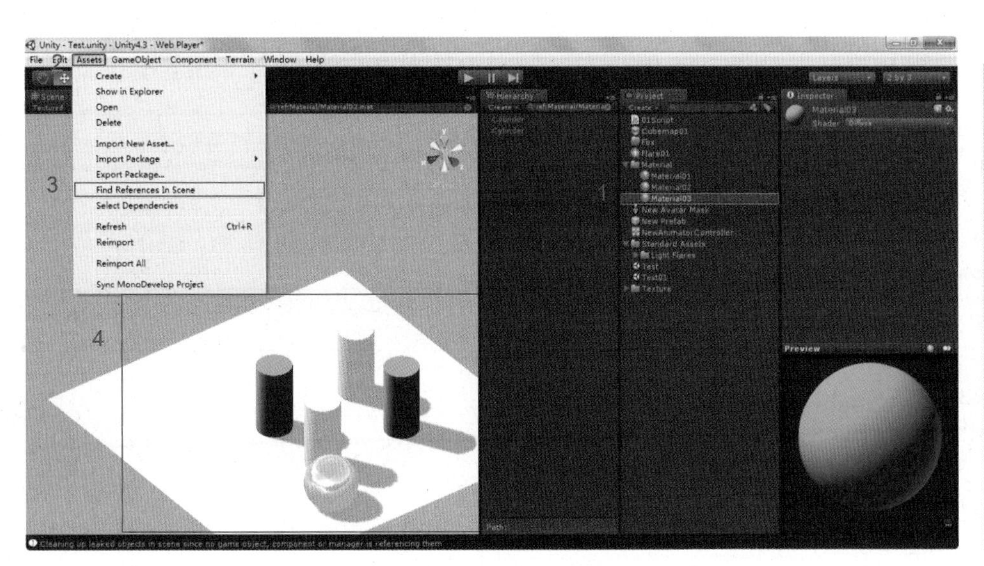

图2-57
查找使用相同材质的物体

• Select Dependencies。

选择某一游戏对象，再使用此选项可以迅速查找出跟选择的游戏对象有关联的资源，如图2-58所示。

图2-58 显示选择物体材质的关联资源

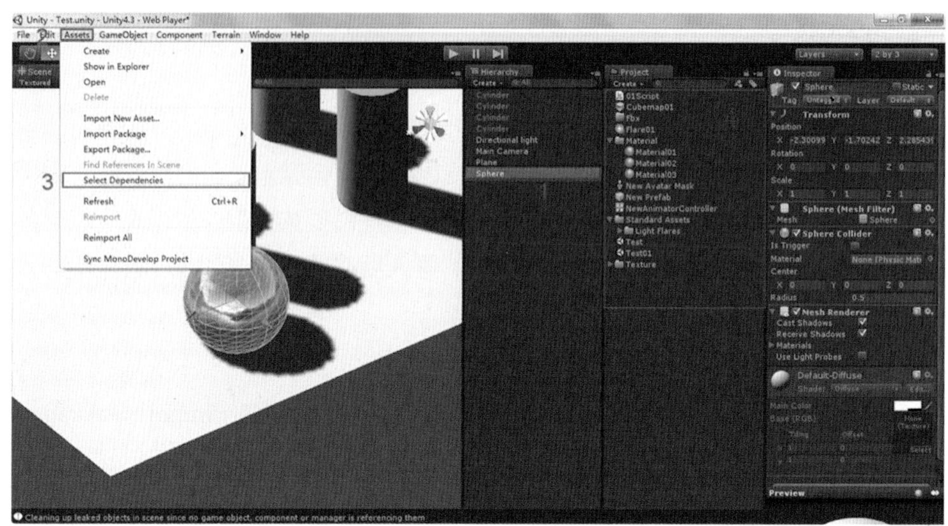

2.3.4 GameObject（游戏对象/物体）

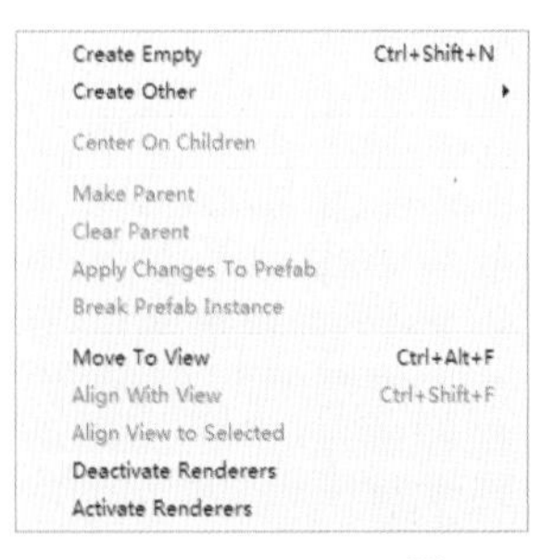

图2-59 GameObject（游戏对象/物体）菜单

通过GameObject（游戏对象）菜单（见图2-59）可以创建游戏对象，如灯光、粒子、模型、GUI等，了解Game Object菜单可以更好地对场景进行管理与设计，如表2-4所示。

表2-4 GameObject菜单

GameObject菜单项	用　　途	快捷键
Create Empty	创建一个空的游戏对象	Ctrl+Shift+N
Create Other	创建其他游戏对象	
Center On Children	子物体归位到父物体中心点	
Make Parent	创建父子集	
Clear Parent	取消子父集	
Apply Changes To Prefab	将改变的内容应用到预设体	
Break Prefab Instance	取消预设体模式	
Move To View	移动游戏对象到视图的中心点	Ctrl+Alt+F
Align With View	移动游戏对象与视图对齐，将选择的对象自动移动到当前视图并以当前视图为中心进行对齐	Ctrl+Shift+F
Align View to Selected	移动视图与游戏对象对齐，将当前视图对齐到选择的对象，并以游戏对象中心为准进行对齐	

• Create Empty。

创建一个空的游戏对象，可以为其添加各类组件，从而生成相应类型的游戏对象，如图2-60所示。

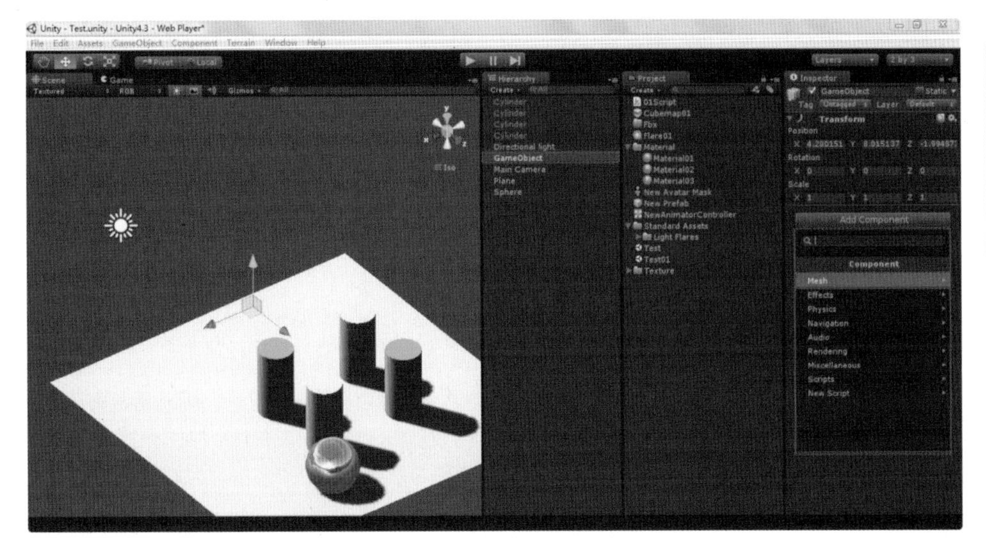

图2-60
创建一个空游戏对象

• Create Other。

创建游戏场景的粒子、GUI、灯光、标准模型、物理模型等，如图2-61所示。

➢ Particle　System：创建粒子系统。

➢ Camera：创建摄像机。

➢ GUI Text：创建GUI文本。

➢ GUI Texture：创建GUI贴图。

➢ 3D Text：创建3D文本。

➢ Directional Light：创建方向光源。

➢ Point Light：创建点光源。

➢ Spotlight：创建聚光灯。

➢ Area Light：创建面光源。

➢ Cube：创建正方体。

➢ Sphere：创建球体。

➢ Capsule：创建胶囊体。

➢ Cylinder：创建圆柱体。

➢ Plane：创建平面。

➢ Cloth：创建布料。

➢ Audio Reverb Zone：创建音频混合区。

图2-61
Create Other子菜单

➢ Ragdoll...：创建布娃娃系统。

➢ Tree：创建树。

➢ Wind Zone：创建风。

• Center On Children。

父物体归位到子物体的中心点，同时选中父对象和子对象会自动将选中的对象进行轴心对齐操作，如图2-62所示。

图2-62
Center On Children子菜单

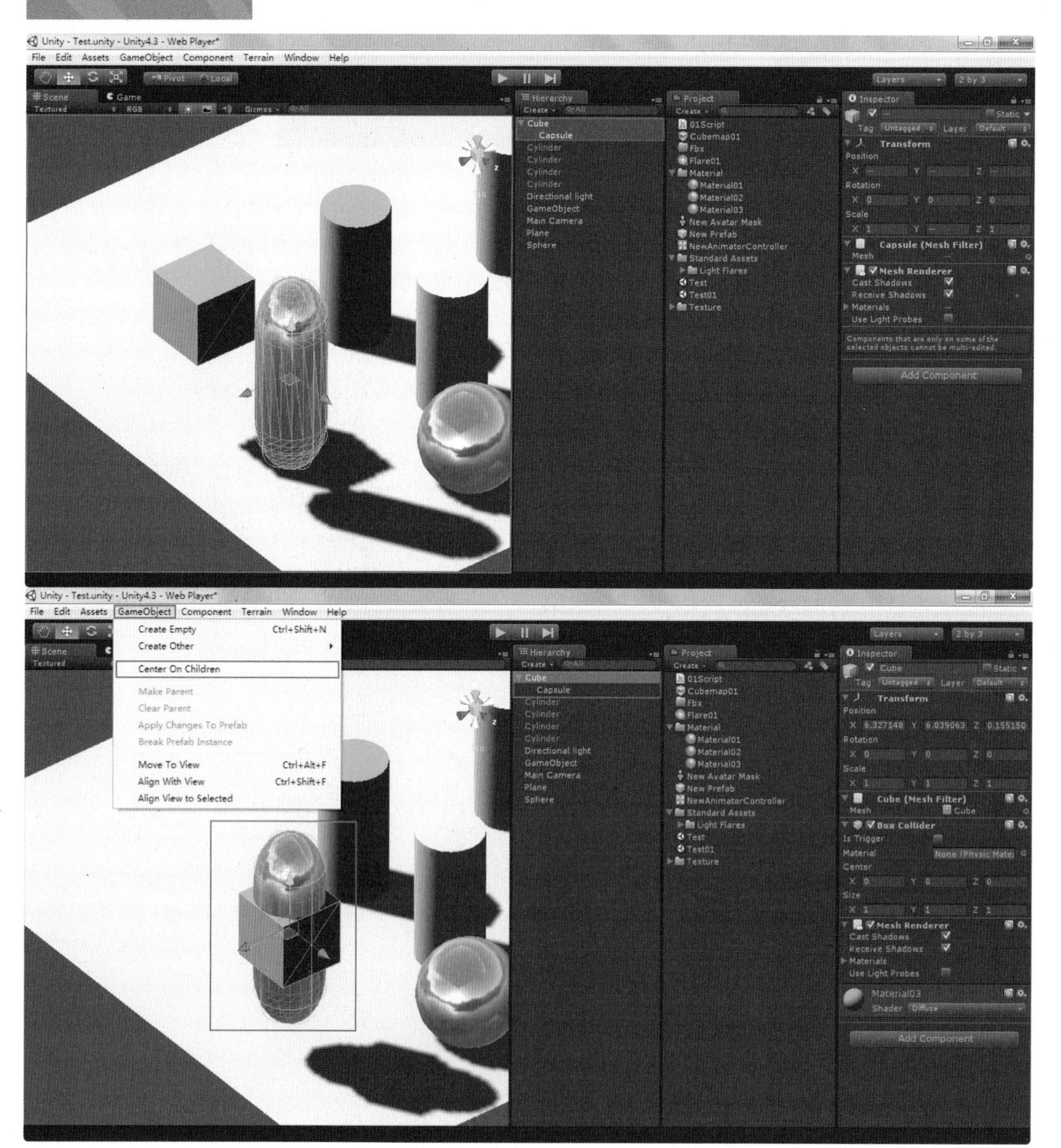

- Make Parent。

创建父子关系，先选择要组成父子关系的游戏对象，然后依次打开菜单栏中的Game Object→Make Parent项，即可进行父子关系的绑定（最先被选择的游戏对象将成为后选择游戏对象的父对象），如图2-63所示。

图2-63
Center On Children子菜单

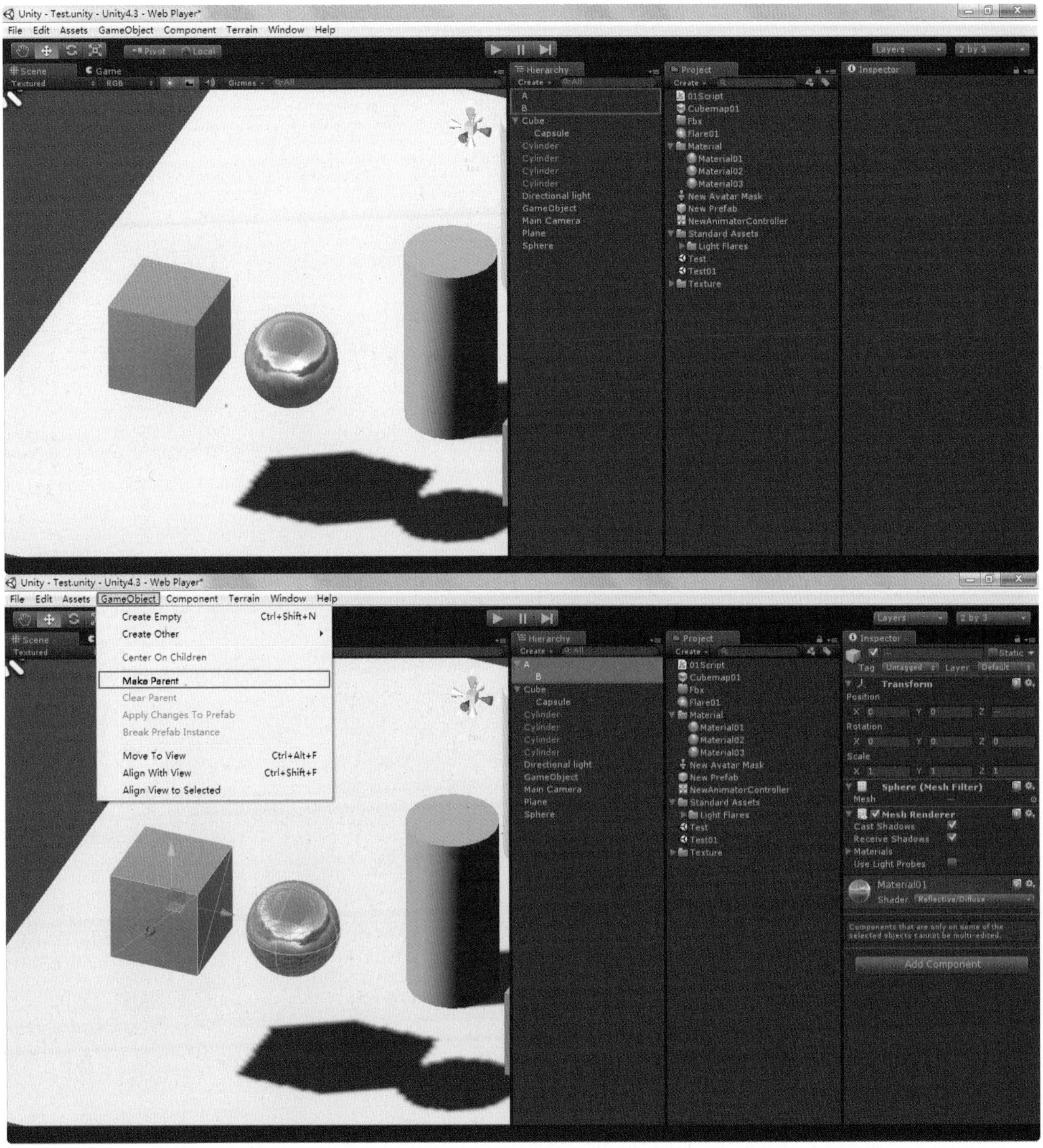

- Clear Parent。

清除父子关系，选择已有父子关系中的其中任何一个物体，然后依次打开菜单栏中的Game Object → Clear Parent项，即可取消父子绑定关系，如图2-64所示。

图2-64
取消父子绑定关系

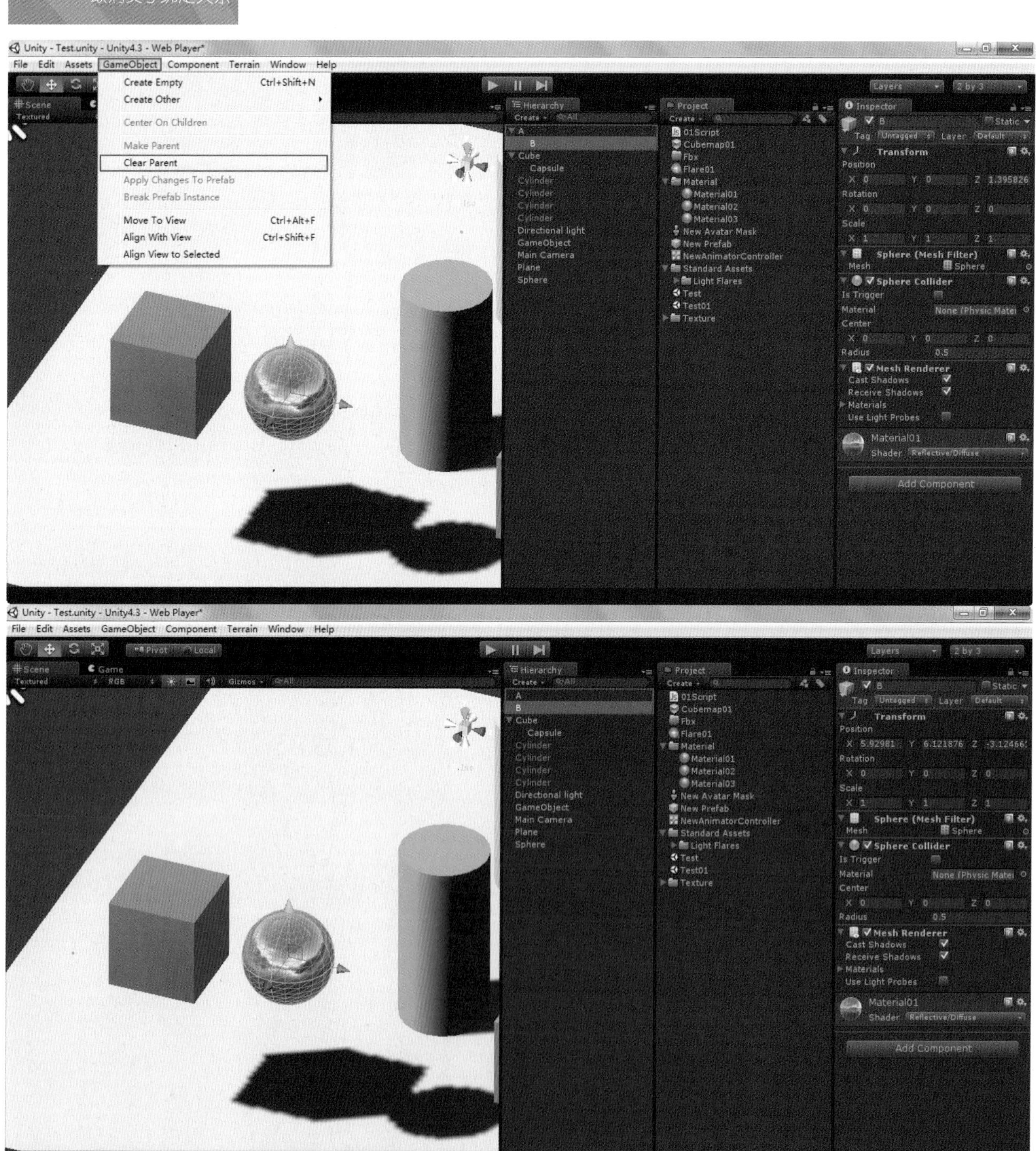

- Apply Changes To Prefab。

对预设进行修改，将选择的模型变更为预设模式，预设的模型名称字体会变成蓝色。

- Break Prefab Instance。

取消预设实例，取消所选对象的预设模式。

- Move To View。

移动游戏对象到视图的中心快捷键是Ctrl+Alt+F，将选择的游戏对象自动移动到当前视图中心，如图2-65所示。

图2-65
移动物体到视图中心

• Align With View。

将游戏对象与视图对齐，快捷键是Ctrl+Shift+F，将选择的游戏对象自动对齐到当前视图的角度。

• Align View to Selected。

移动视图与游戏对象对齐，将当前视窗对齐到选择的游戏对象，并以模型中心为准进行对齐。

2.3.5 Component（组件）

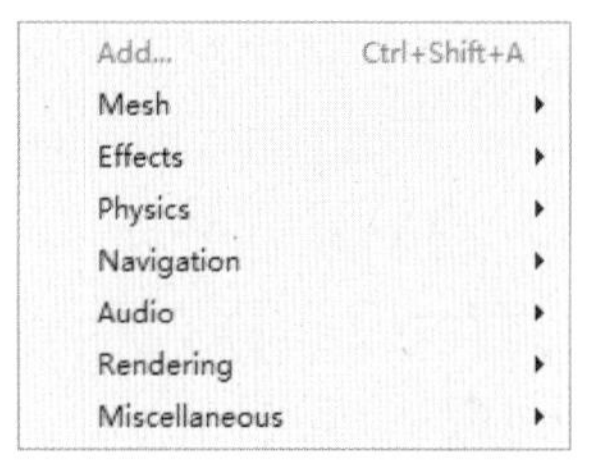

图2-66 Component（组件）菜单

Component（组件）是用来添加到Game Object（游戏对象）上的一组相关属性。本质上每个组件是一个类的实例。Component （组件）菜单主要包括Add...、Mesh、Effects、Physics、Navigation、Audio、Rendering、Miscellaneous等菜单项，如图2-66和表2-5所示。

表2-5 Component菜单

Component菜单项	用　途	快捷键
Add...	添加组件	Ctrl+Shift+A
Mesh	添加网格类型组件	
Effects	添加特效类型组件	
Physics	添加物理类型组件	
Navigation	添加导航类型组件	
Audio	添加音频类型组件	
Rendering	添加渲染类型组件	
Miscellaneous	添加杂项组件	

图2-67 Add增加组件

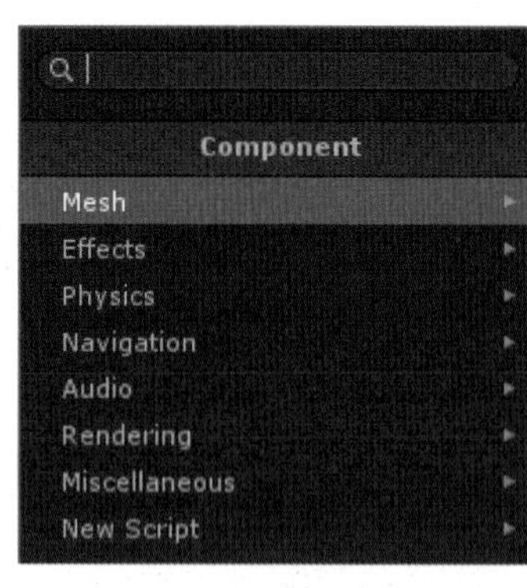

• Add...。

增加，为选择的游戏对象增加组件，为游戏对象添加的组件类型可以随意组合。例如可以为球体添加粒子特效组件，这样移动球体就会带动粒子发射，如图2-67所示。

• Mesh。

网格类组件，有三类组件，如图2-68所示。

➢ Mesh Filter：添加网格过滤器。

➢ Text Mesh：添加文本网格。

➢ Mesh Renderer：添加网格渲染器。

图2-68 Mesh网格菜单

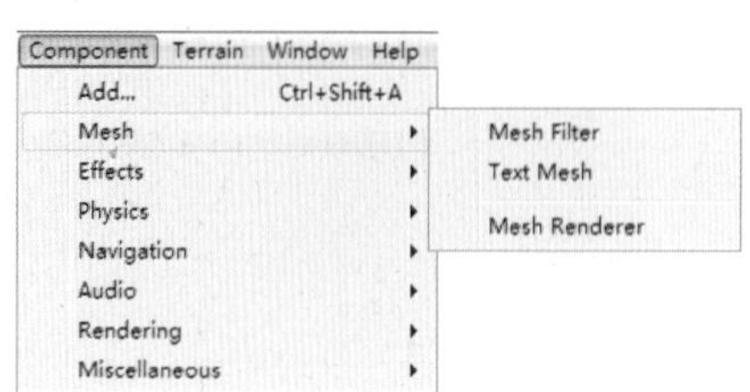

• Effects。

特效类组件，包括7类组件，如图2-69所示。

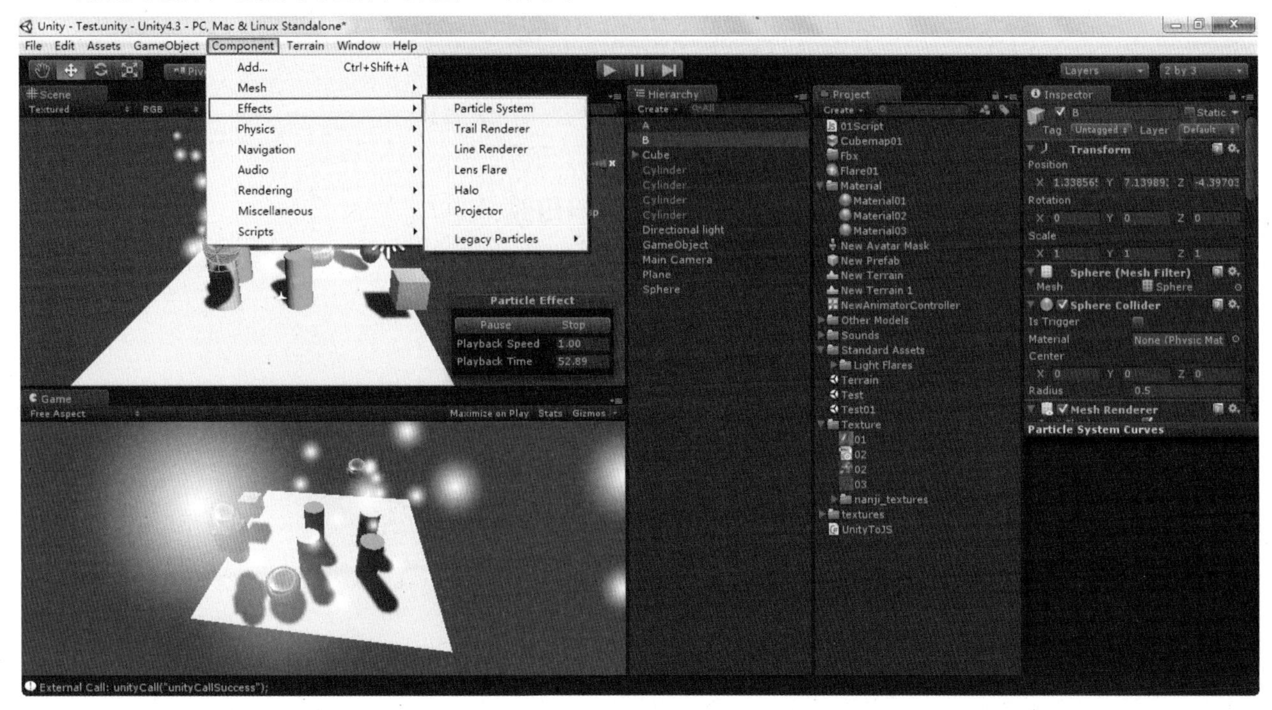

图2-69
Effects特效

➢ Particle System：粒子系统组件（具体请参见本书第5章的相关内容）。

➢ Trail Renderer：拖尾渲染组件。

➢ Line Renderer：线渲染组件。

➢ Lens Flare：镜头炫光组件。

➢ Halo：光环组件。

➢ Projector：投影效果组件。

➢ Legacy Particles：旧版的粒子系统组件（具体请参见本书第4章的相关内容）。

• Physics。

物理类组件，主要是用于设置场景中模型物理的属性，可以设置为刚体、控制器、碰撞器、关节、力等，可根据自己的需要进行设置（具体请参见本书第7章的相关内容），如图2-70所示。

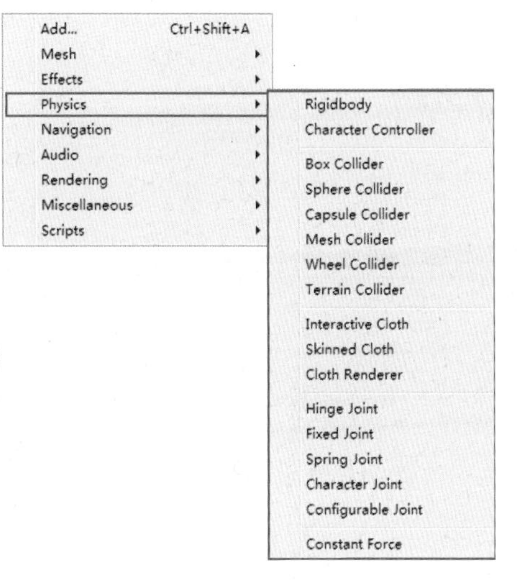

图2-70
Physics物理

➢ Rigidbody：刚体组件。

➢ Character Controller：角色控制器组件。

➢ Box Collider：盒子碰撞体组件。

➢ Sphere Collider：球形碰撞体组件。

➢ Capsule Collider：胶囊碰撞体组件。

➢ Mesh Collider：网格碰撞体组件。

➢ Wheel Collider：轮形碰撞体组件。

➢ Terrain Collider：地形碰撞体组件。

➢ Interactive Cloth：可交互布料组件。

➢ Skinned Cloth：蒙皮布料组件。

➢ Cloth Renderer：布料渲染器组件。

➢ Hinge Joint：铰链连接组件。

➢ Fixed Joint：固定连接组件。

➢ Spring Joint：弹性连接组件。

➢ Character Joint：角色关节连接组件。

➢ Configurable Joint：可配置的关节连接组件。

➢ Constant Force：力场组件。

• Navigation

导航类组件，为场景中的物体添加导航功能（具体请参见本书第9章的相关内容），如图2-71所示。

图2-71 Navigation子菜单

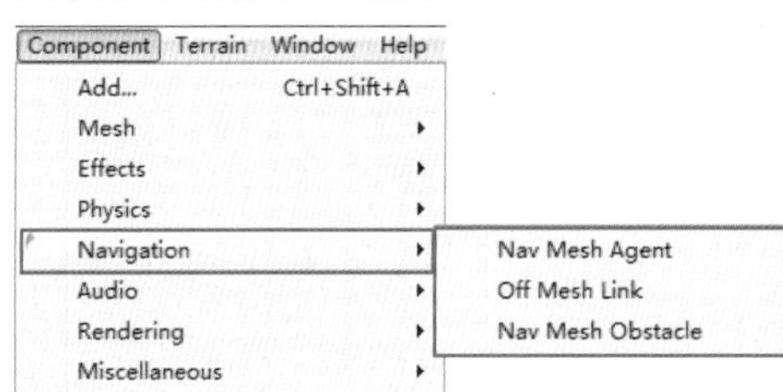

➢ Nav Mesh Agent：导航网格代理。

➢ Off Mesh Link：分离网格连接。

➢ Nav Mesh Obstacle：导航网格障碍。

• Audio

添加音频组件及相关过滤器（具体请参见本书第4章的相关内容），如图2-72所示。

图2-72 Audio子菜单

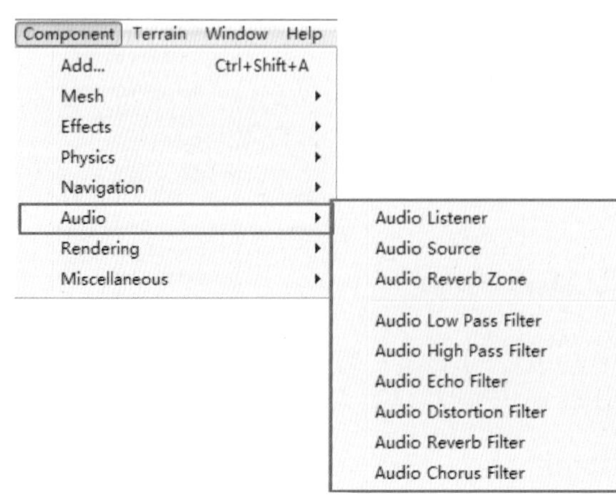

➢ Audio Listener：音频侦听器组件。

➢ Audio Source：声源组件。

➢ Audio Reverb Zone：音频混合范围组件。

➢ Audio Low Pass Filter：音频低通过滤器组件。

➢ Audio High Pass Filter：音频高通过滤器组件。

➢ Audio Echo Filter：音频回音过滤器组件。

➢ Audio Distortion Filter：音频失真过滤器组件。

➢ Audio Reverb Filter：音频混合过滤器组件。

➢ Audio Chorus Filter：音频合声过滤器组件。

• Rendering

渲染类组件，场景的渲染相关组件，由场景、天空盒、光晕、GUI界面等组成，如图2-73所示。

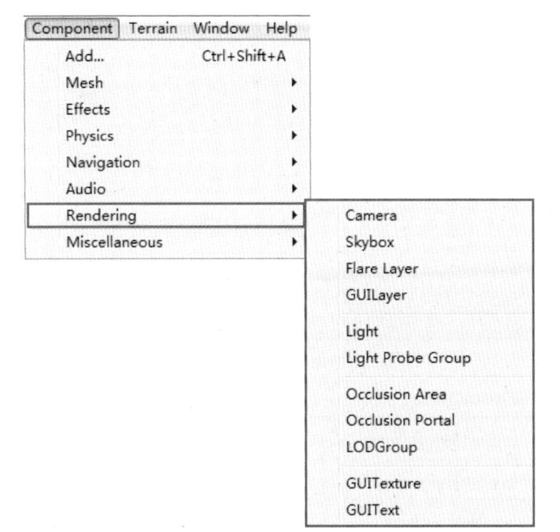

图2-73 Rendering子菜单

➢ Camera：摄像机组件（具体请参见本书第4章的相关内容）。

➢ Skybox：天空盒子组件（具体请参见本书第4章的相关内容）。

➢ Flare Layer：闪光层组件。

➢ GUILayer： GUI层组件。

➢ Light：灯光组件（具体请参见本书第4章的相关内容）。

➢ Light Probe Group：光源组组件（具体请参见本书第8章的相关内容）。

➢ Occlusion Area：遮挡区域组件（具体请参见本书第10章的相关内容）。

➢ Occlusion Portal：封闭区域组件（具体请参见本书第10章的相关内容）。

➢ LODGroup：LOD组组件。

➢ GUITexture： GUI纹理组件。

➢ GUIText： GUI 文本组件。

• Miscellaneous

杂项类组件，主要由Animator、Animation、NetworkView、Wind Zone组成，根据需要进行添加设置，如图2-74所示。

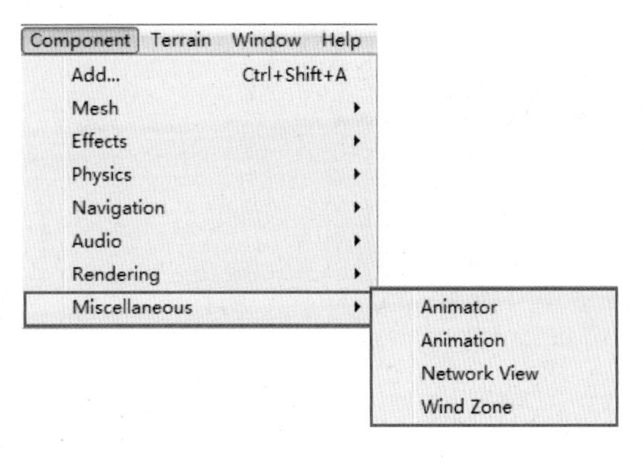

图2-74 Miscellaneous子菜单

➢ Animator： Mecanim动画系统组件，适合制作骨骼动画（具体请参见本书第6章的相关内容）。

➢ Animation：Unity旧动画系统组件，用于制作关键帧动画。

➢ Network View：网络视图组件。

➢ Wind Zone：风组件。

2.3.6 Terrain（地形）

图2-75 Terrain菜单

Create Terrain
Import Heightmap - Raw...
Export Heightmap - Raw...
Set Resolution...
Mass Place Trees...
Flatten Heightmap...
Refresh Tree and Detail Prototypes

Unity提供了非常强大的地形编辑器Terrain，使用它用户可以很直观、方便地绘制场景地形，并在场景里轻松地加入树木、草丛等效果（具体请参见本书第4章的相关内容），如图2-75和表2-6所示。

表2-6 Terrain菜单

Terrain菜单项	用　途	快 捷 键
Create Terrain	创建地形	
Import Heightmap – Raw...	导入高度图	
Export Heightmap – Raw...	导出高度图	
Set Rresolution...	设置地形分辨率	
Mass Place Trees...	批量种植树木	
Flatten Heightmap...	展平高度图	
Refresh Tree and Detail Protoypes	刷新树以及预置细节	

• Create Terrain。

创建地形，依次打开菜单栏中的Terrain→ Create terrain项，即可创建一个地形平面，如图2-76所示。

图2-76 创建地形

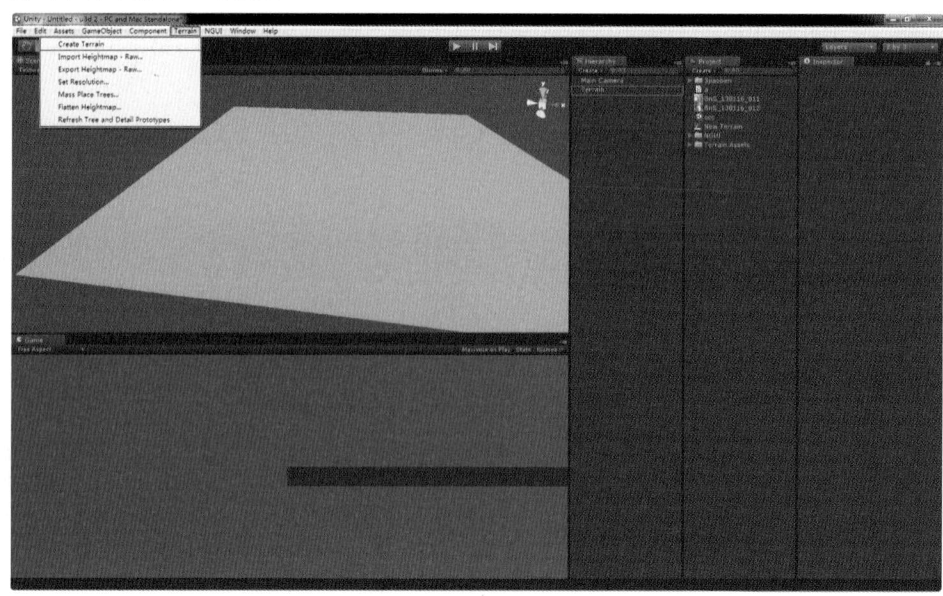

· Import Heigtmap-Raw...。

导入高度图，导入一个已有的*.raw格式的高度图，生成地形，依次打开菜单栏中的Terrain→ Import Heightmap - Raw 项，在弹出Import Raw Heightmap对话框中选择*.raw的文件,，在此列表中可以设置地形的长宽以及高度值、注意在Byte Order 选项中有2个选项，如果你的raw文件是PC格式那么就选择Windows，如果是Mac格式就选择Mac。设置完毕后选择Import导入即可生成地貌，如图2-77所示。

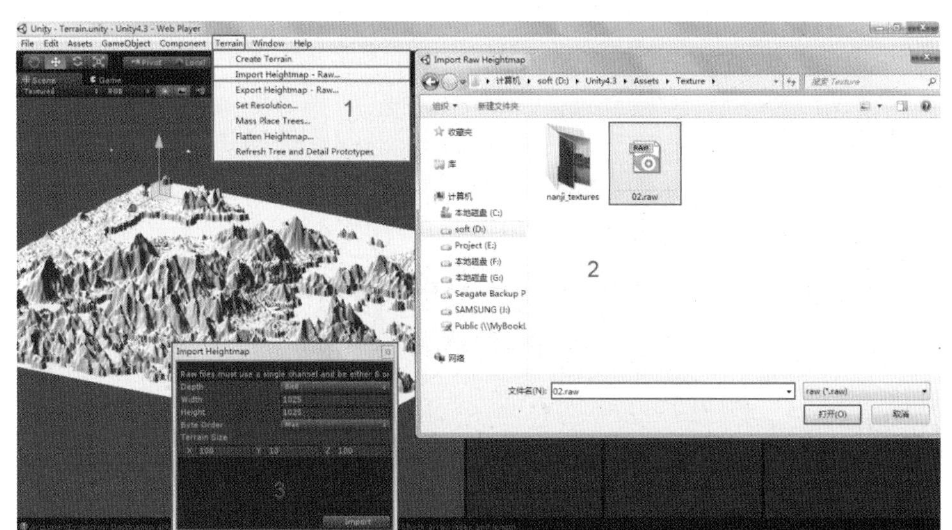

图2-77
导入高度图

· Export Heigtmap-Raw...。

导出高度图，可以将已制作好的地貌以*.raw的格式进行输出，方便以后的使用，在Byte Order 选项中有2个选项，如果是PC，而且是Windows系统，就选择Windows，如果是Mac系统就选择Mac，如图2-78所示。

图2-78
导出高度图

• Set Resolution...。

设置地形分辨率，依次打开菜单栏中的Terrain→Set Resolution...项，即可设置地形的长、宽、高、分辨率等信息，如图2-79所示。

图2-79 设置地形分辨率

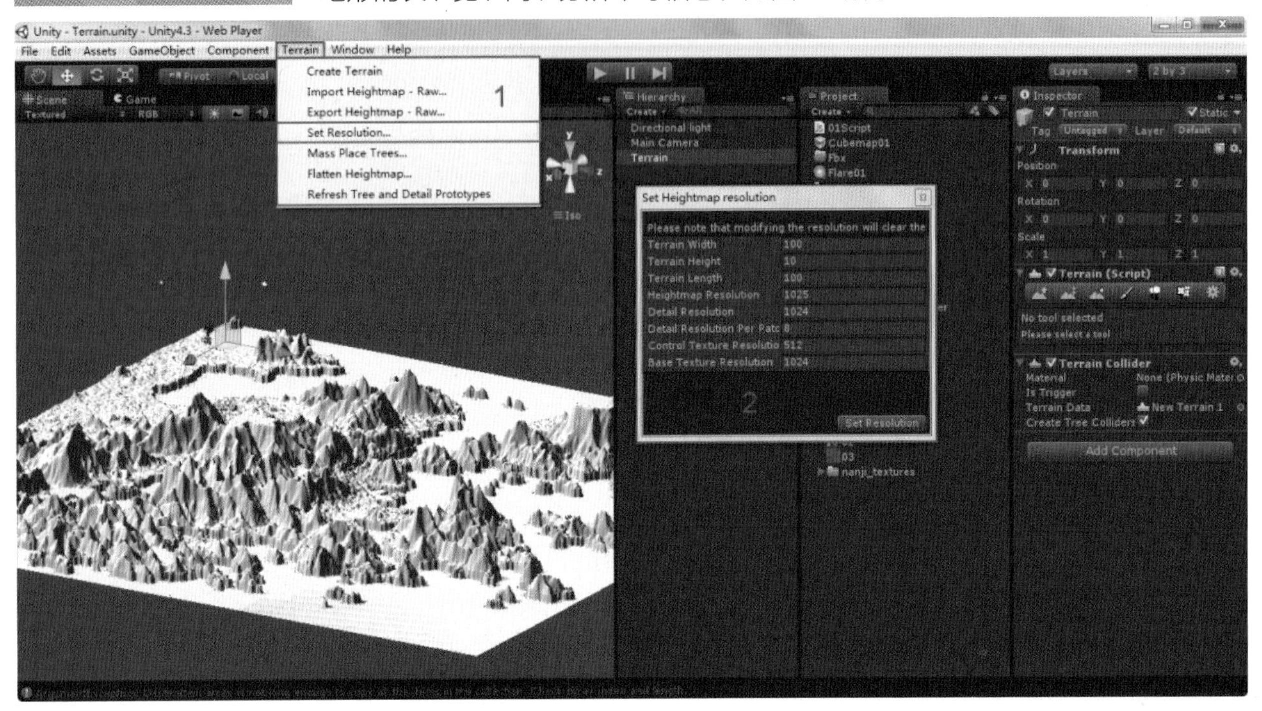

• Mass Place Trees...。

批量种植树木，依次打开菜单栏中的Terrain→ Mass Place Trees项，弹出设置对话框，即可设置种植树木的数量，设置完毕后即可批量生成树木植物，如图2-80所示。

图2-80 批量种树

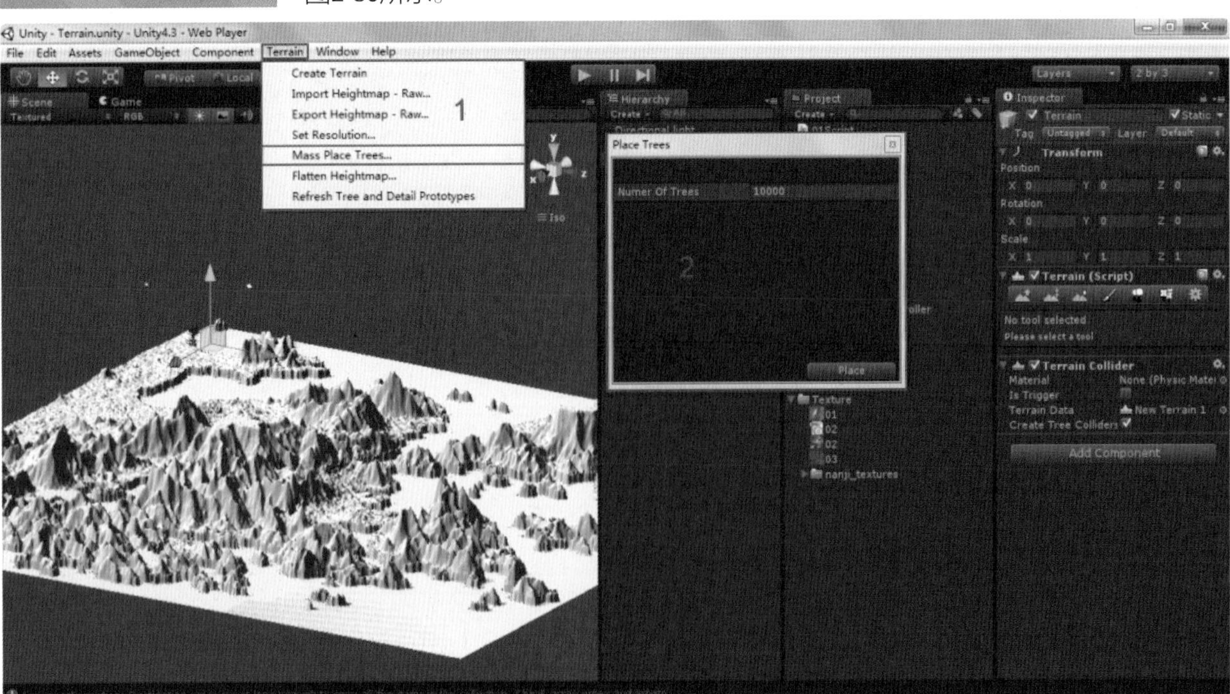

• Flatten Heightmap...。

将高度图展平，如图2-81所示。

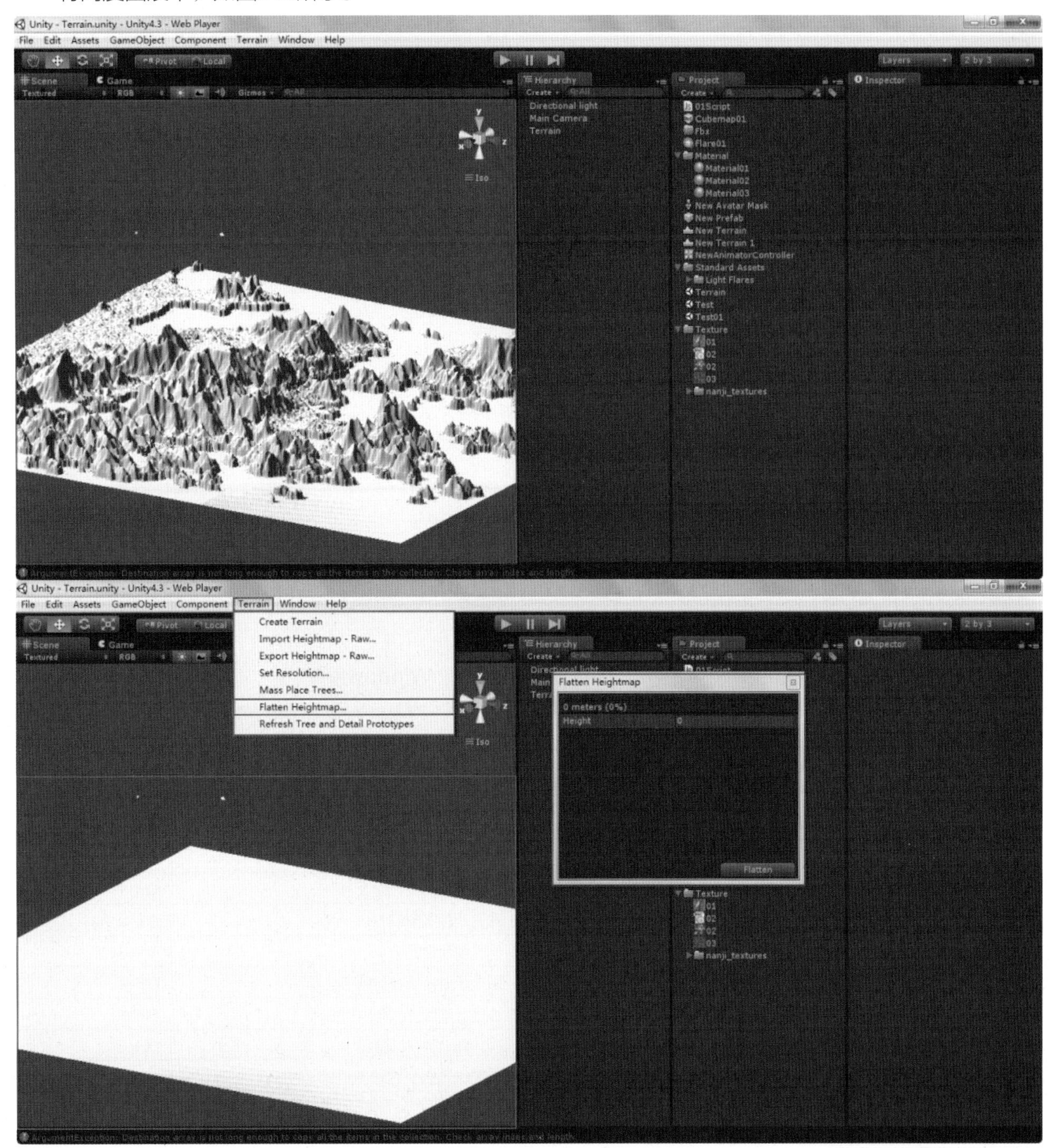

图2-81
展平高度图

• Refresh Tree and Detail Prototypes。

刷新树以及预置细节，该功能和Unity提供的树木编辑器相关联，当在树木编辑器中修改了在地形中用到的一棵树后，会发现地形中显示的树并没有变化，那就可以使用这个功能，让地形刷新树木资源，使得用户看到修改后的结果。

2.3.7 Window（窗口）

Window（窗口）菜单包含各种的窗口切换、布局等操作，还可以通过它打开各种视图以及访问Unity的Asset Store资源商店，如图2-82和表2-7所示。

图2-82 Window菜单

表2-7 Window菜单

Window菜单项	用途	快 捷 键
Next Window	下个窗口，用于切换视角窗口	Ctrl+Tab
Previous Window	上一个窗口，用于切换视角窗口	Ctrl+Shift+Tab
Layouts	布局选项，在此菜单中可以控制布局的样式，也可以自定义布局窗口，对自定义的风格进行保存以及恢复默认布局	
Scene	场景视图，即游戏场景设计面板	Ctrl+1
Game	游戏视图，即游戏预览窗口	Ctrl+2
Inspector	检视视图，即属性查看面板	Ctrl+3
Hierarchy	层次视图，即显示游戏所有对象的面板	Ctrl+4
Project	项目视图，即显示项目资源列表的面板	Ctrl+5
Animation	动画编辑视图，即动画设计窗口	Ctrl+6
Profiler	分析器视图，即Unity各类资源使用情况的查看器	Ctrl+7
Asset Store	Unity资源商店，用户可以下载和出售相关的资源，有很多不错的素材资源和教程	Ctrl+9
Asset Server	资源服务器，用于对资源进行版本管理	Ctrl+0
Lightmapping	烘焙窗口，选择Window→Lightmapping即可开启烘焙窗口面板，对场景进行烘焙操作	
Occlusion Culling	遮挡剔除，选择Window→Occlusion Culling即可开启窗口进行遮挡剔出功能的相关设置	
Navigation	导航，选择Window→Navigation，即可开启导航设置面板，对导航进行设置	
Console	控制台，选择Window→Console，即可开启控制台面板，进行错误排查等相关操作	Ctrl+Shift+C

2.3.8　Help（帮助）

Help（帮助）菜单能够帮助用户快速的学习和掌握Unity，这里汇聚了Unity的相关资源，并可对软件的授权许可进行相应的管理，如图2-83和表2-8所示。

图2-83
Help菜单

表2-8　Help 菜 单

Help菜单项	用　　途	快　捷　键
About Unity...	关于Unity，即可打开Unity的软件版本以及详细的介绍	
Manage License...	管理授权许可，查看和升级软件的授权许可	
Unity Manual	Unity手册，打开Unity在线的手册	
Reference Manual	参考手册	
Scripting Reference	脚本参考手册	
Unity Forum	Unity论坛，打开Unity的官方论坛	
Unity Answers	Unity问答，打开Unity的问答页面，在线提交Unity的问题或是查阅其他人的问答内容	
Unity Feedback	Unity反馈，有什么好的建议和想法可以通过这个地方进行登记和提交	
Welcome Screen	欢迎页面，打开Unity的欢迎页面	
Check for Updates	检测升级，检测是否有更新的软件版本	
Release Notes	发布说明，查看Unity最新版本的发布说明，介绍相关的升级内容和修改的问题列表	
Report a Bug	提交Bug，打开错误Bug反馈页面进行Bug问题反馈	

2.4　Project（项目）视图

2.4.1　视图简介

Project（项目）视图是整个项目工程的资源汇总，包含了游戏场景中用到的脚本、材质、字体、贴图、外部导入的网格模型等所有的资源文件。Project视图由Create菜单、Search by Type（按类型搜索）菜单、Search by Label（按标签搜索）菜单、搜索栏和资源显示框等部分组成，如图2-84所示。

图2-84 Project视图

在Project视图会显示项目所包含的全部资源，每个Unity项目文件夹都会包含一个Assets文件夹，Assets文件夹是用来存放用户所创建的对象和导入的资源，并且这些资源是以目录的方式来组织的，用户可以直接将资源直接拖入Project视图中或是依次打开菜单栏的Assets→ Import New Asset项来将资源导入当前的项目中。

用户应避免在Unity编辑器外部移动或重命名项目资源文件，如果需重新组织或移动某个资源，应该在Project视图中进行，否则会破坏资源文件与Unity工程之间的关联，甚至会损坏游戏工程。

用户使用第三方软件例如Photoshop对资源文件夹中的资源进行修改并保存时，Unity会自动更新资源以保持同步更新，用户可立即在Unity编辑器中看到修改后的结果。

2.4.2 视图操作

- Create 这里的 Create 菜单与Assets 菜单下的Create菜单项是同样的功能，用于创建脚本、Shader、材质球、动画、UI等资源，如图2-85所示。用户可参考Assets菜单中Create菜单项的相关介绍，在此不做复述。

图2-85
Project视图中的Create菜单

- 由于项目中经常可能会包含成千上万的文件，如果逐个寻找有时候很难定位某个文件，此时用户可以在搜索栏中键入要搜索内容的名称，快速查找需要的资源。

技巧 Technique

> 如果用户知道资源类型或标签，可以通过组合的方式来缩小搜索的范围，例如在搜索栏输入 light t:Material t:Texture l:Weapon，其含义是搜索类型为Material或Texture、标签为Weapon的所有名称包含light的资源，其中t:代表类型过滤，l:代表标签过滤。

- 按类型搜索。
- 按标签搜索，用户可以在Inspector视图中给资源设置标签。
- 保存搜索结果，用户可以将搜索的结果保存下来，方便下次的查找和调用，十分方便。

> 在Unity编辑器中鼠标悬停任意视图，按空格键可以将该视图最大化，如果再次按空格键则恢复之前布局。

2.5　Hierarchy（层级）视图

2.5.1　视图简介

图2-86
Hierarchy视图

Project（项目）视图存放游戏场景中所有可用的对象，以及文件等所有类型的资源，而Hierarchy（层级）视图则只显示当前场景中真正用到的对象，如图2-86所示。在Hierarchy视图中对象是按照字母顺序来排列的，用户如果随意命名场景中的对象，那么就非常容易重名，当要用查找所需的对象时就难以辨别了，所以良好的命名规范在项目中有着很重要的意义。

在Hierarchy视图中提供了一种快捷方式将相似的对象组织在一起，即为对象建立Parenting（父子化）关系，通过为对象建立Parenting关系，可以使得对大量对象的移动和编辑变得更为方便和精确。用户对父对象进行的操作，都会影响到其下所有的子对象，即子对象继承了父对象的数据。当然对于子对象还可以对其进行独立的编辑操作，如图2-87所示。

图2-87
为对象建立Parenting（父子化）关系

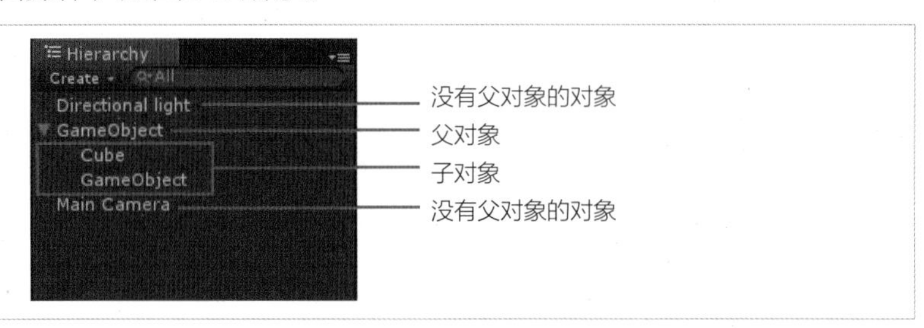

虽然在Scene视图中提供了非常直观的场景资源编辑和管理功能，但是在Scene视图中游戏对象容易重叠或遮挡，这时候就需要在Hierarchy视图中进行操作，由于是文字显示方式，更易于资源的识别和管理。

在Hierarchy视图中选择并按Delete键可以将对象在当前游戏场景中删除，但是并不会在项目中真正的删除它，在Project视图中该对象依然还会存在。

2.5.2 视图操作

- Create 这里的Create菜单与Unity菜单栏中的GameObject菜单下的Create Other菜单项是一致的，这里不再多做介绍。
- 在搜索栏中键入要搜索内容的名称，可以快速找到所需要的对象。

2.6 Inspector（检视）视图

2.6.1 视图简介

Inspector（检视）视图用于显示在游戏场景中当前所选择对象的详细信息，以及游戏整体的属性设置，包括对象的名称、标签、位置坐标、旋转角度、缩放、组件等信息，如图2-88所示。在Inspector视图中每个组件都有对应的帮助按钮和上下文菜单。单击帮助按钮会在用户手册中显示这个组件相关的文档。单击上下文菜单会显示与该组件相关的选项，也可以在其下拉菜单中选择Reset命令，将属性值重置为默认值。

在图2-88中，Inspector视图中显示了当前游戏场景中名为Cube的对象所拥有的组件，用户可以在Inspector视图中修改它的各项参数设置。

图2-88 Inspector视图

- Transform：用户可以通过Transform组件修改对象的Position（位置）、Rotation（旋转）和Scale（缩放）3个属性。
- Mesh　Filter：网格过滤器用于从对象中获取网格信息（Mesh）并将其传递到用于将其渲染到屏幕的网格渲染器当中。
- Box　Collider：Box立方体碰撞体，为了防止物体被穿透，需要给对象添加碰撞体，一般是根据坐标来计算物体的距离，然后判断是否发生了碰撞。
- Mesh Renderer：网格渲染器从网格过滤器获得几何形状，并且根据游戏对象的Transform组件的定义位置进行渲染。
  - ➢ Cast Shadows：网格是否投射阴影。
  - ➢ Receive Shadows：网格是否接收阴影。
- Materials：设置对象的材质。

在测试游戏时，如果希望暂时关闭整个对象，可在Inspector视图顶部取消位于对象名称Cube左侧的复选框，同理也可采用同样的方法暂时关闭对象的某个组件。

2.6.2　基本属性

- 单击图标在弹出的菜单里可以为当前游戏对象选择一种标签，如图2-89所示。

图2-89
为当前位图选择标签

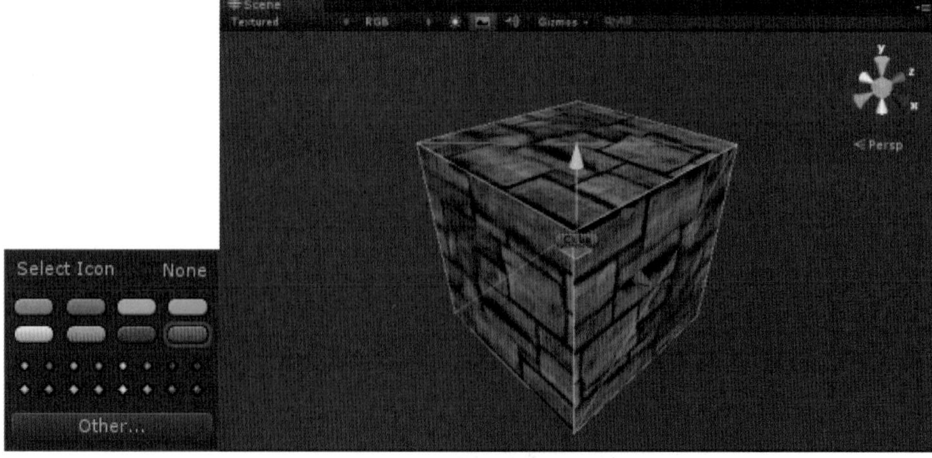

- 勾选与取消勾选选择框，可以在Scene视图中显示或隐藏游戏对象，如图2-90所示。

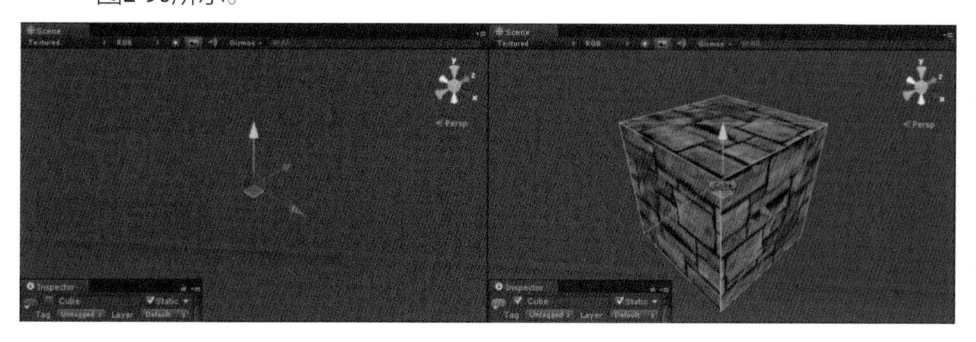

图2-90
显示隐藏物体

- Cube ：这里可以修改游戏对象的名称。
- Transform：通过选项卡中对X、Y、Z三个参数的设置，改变游戏对象的Position（坐标）、Rotation（旋转）、Scale（缩放），如图2-91所示。

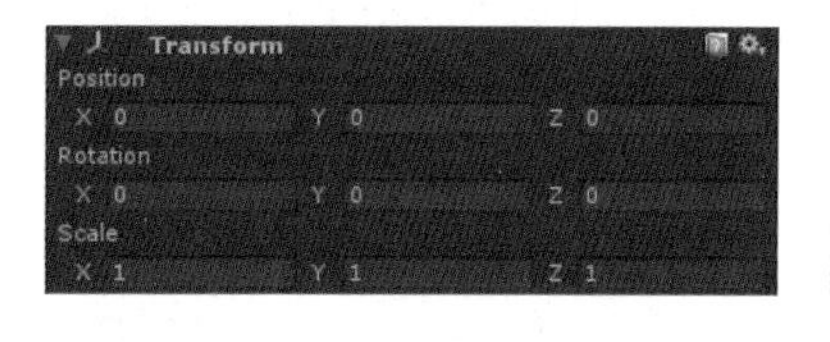

图2-91
Transform参数设置

- Mesh Filter：通过单击在弹出的窗口内，可以选择更换游戏对象的网格类型，如图2-92所示。

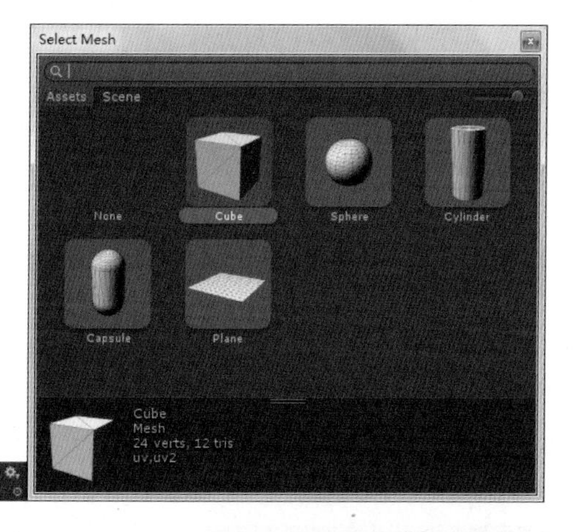

图2-92
更换所选物体的网格

- Box Collider：在这个选项卡里可以设置游戏对象碰撞的一些参数。例如：是否触发碰撞属性、添加物理材质、改变碰撞中心、改变碰撞范围，如图2-93所示。

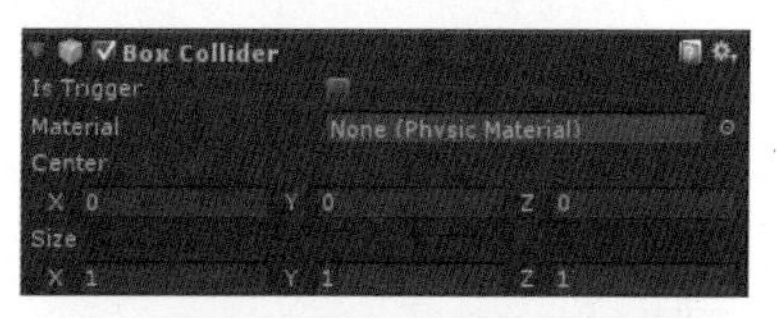

图2-93
碰撞参数

- MeshRenderer：在网格渲染选项卡中可以设置渲染的参数。例如：是否产生阴影、是否接受阴影、多个材质混合等，如图2-94所示。

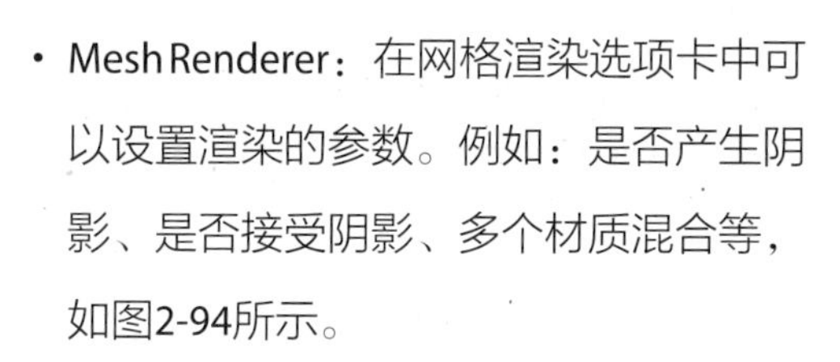

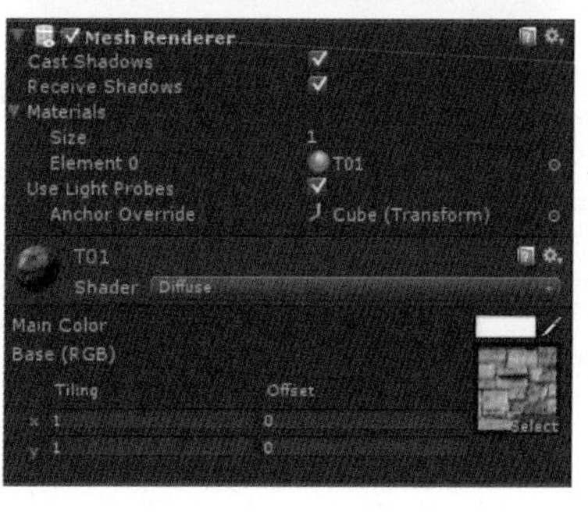

图2-94
渲染参数设置

2.7 Game（游戏）视图

2.7.1 视图简介

Game（游戏）视图是游戏的预览窗口，不能用做编辑，此视图可以呈现完整的游戏效果。当单击播放按钮后，该窗口可以进行游戏预览，如图2-95所示。

图2-95
Game视图

2.7.2 视图控制

Game视图的顶部是Game视图控制条，用于控制Game视图中显示的属性，例如屏幕显示比例、当前游戏运行的参数显示等等，如图2-96所示。

图2-96
Game视图控制条

Game
Free Aspect
Maximize on Play Stats Gizmos

图2-97
设置视图显示比例

Free Aspect
5:4
4:3
3:2
16:10
16:9
✓ Standalone (1024x768)

- Free Aspect 用于调整屏幕显示的比例，通过单击三角符号可以切换场景画面显示的比例。使用此功能可非常方便的模拟游戏在不同显示比例下的显示情况，如图2-97所示。

- Maximize on Play 用于最大化显示场景的切换按钮，可以让游戏运行时将Game视图扩大到整个编辑器。

- Stats 单击Stats按钮，在弹出的Statistics面板里会显示运行场景的渲染速度、Draw Call的数量、帧率、贴图占用的内存等参数，如图2-98所示。
- Gizmos 通过单击三角符号可以显示隐藏场景中灯光、声音、相机等游戏对象的图标，如图2-99所示。

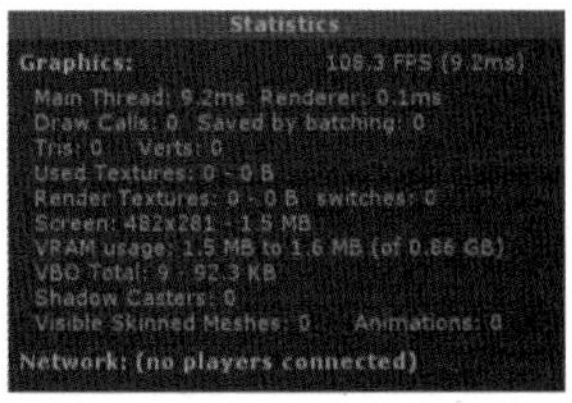

图2-98
游戏运行状态统计面板

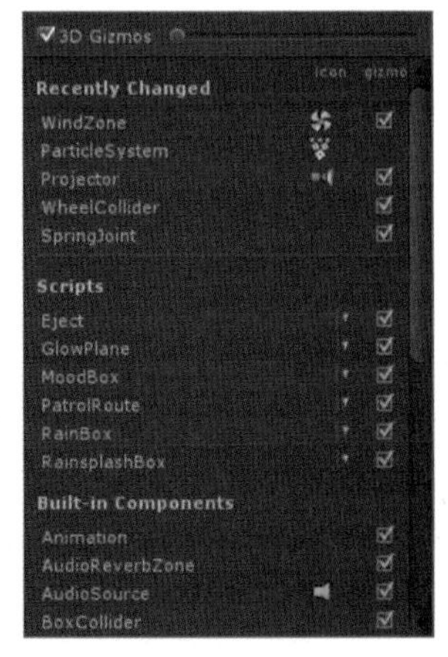

图2-99
显示场景中摄像机、灯光等物体的图标

2.8 Scene（场景）视图

2.8.1 视图简介

Scene（场景）视图是Unity最常用的视图之一，场景中所有用到的模型、光源、摄像机、材质、音效等都显示在此窗口，在此视图内可以通过可视化的方式对游戏对象进行编辑，如图2-100所示。

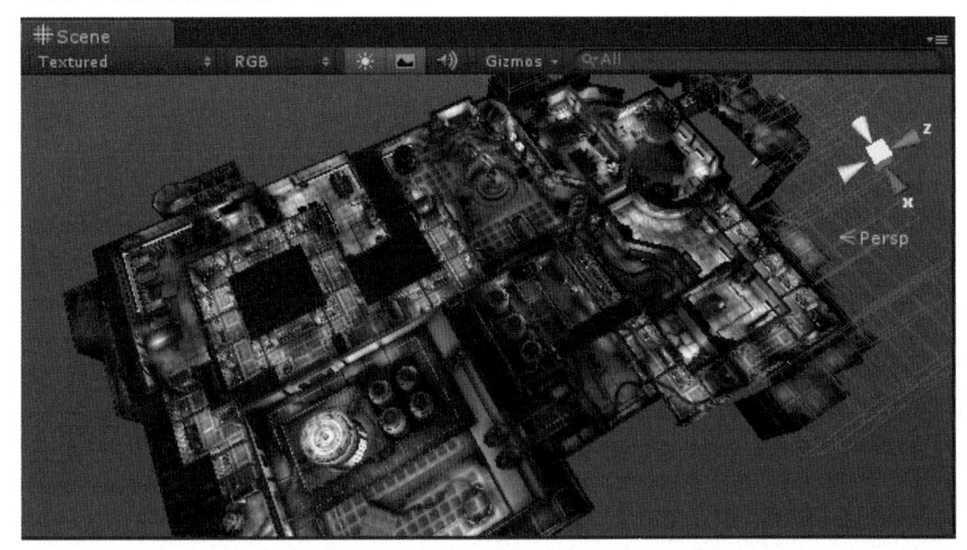

图2-100
Scene视图

Scene视图是构造游戏场景的地方，用户可以在这个视图中进行三维可视化的操作，在此简要介绍Scene视图下常用的操作方法：

- 旋转操作

按Alt+鼠标左键，可以以当前轴心点来旋转场景。

- 移动操作

按住鼠标的滚轮键，或者按键盘上的Q键，可移动场景。

- 缩放操作

使用滚轮键，按Alt+鼠标右键可以放大和缩小视图的视角。

- 居中显示所选择的物体

按F键可以将选择的游戏对象居中并放大显示。

· Flythrough（飞行浏览）模式

鼠标右键+W/A/S/D键可以切换到Flythrough模式，让用户以第一人视角在Scene视图中飞行浏览。

在Flythrough飞行浏览模式下按Shift键会使移动加速。

图2-101
Scence Gizmo工具

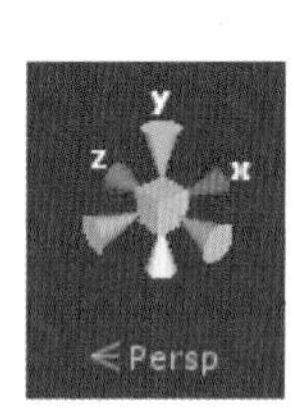

· Scene Gizmo工具

在Scene视图的右上角是Scene Gizmo工具，使用它可迅速将摄像机的视角切换到预设的视角上，如图2-101所示。

单击Scene Gizmo工具上的每个箭头都可以改变场景的视角，例如Top（顶视图）、Bottom（底视图）、Front（前视图）、Back（后视图）等，如图2-102所示。

图2-102
不同角度的视图

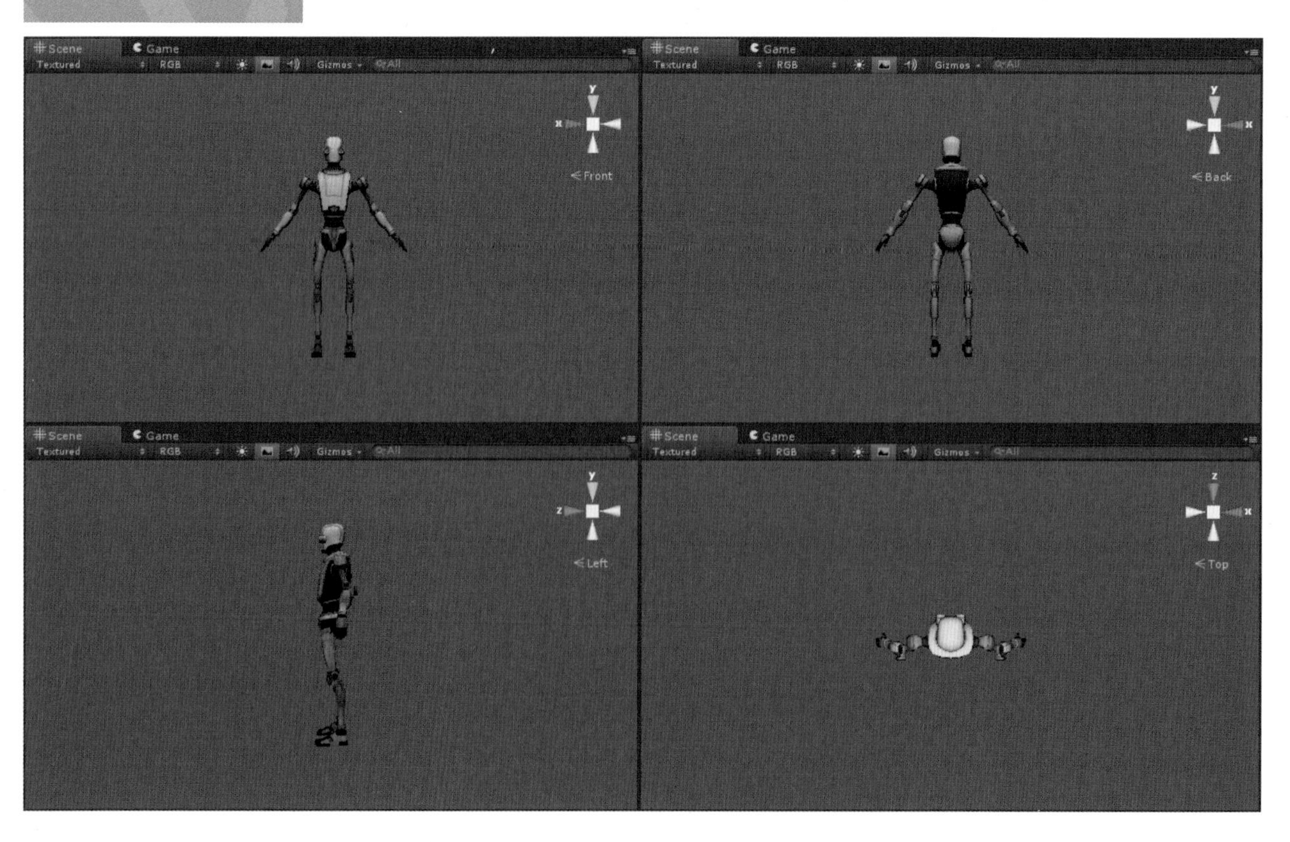

2.8.2　视图控制

在Scene视图的上方是Scene View Control Bar（场景视图控制栏），它可以改变摄像机查看场景的方式，比如绘图模式、渲染模式、场景光照、场景叠加等等，如图2-103所示。

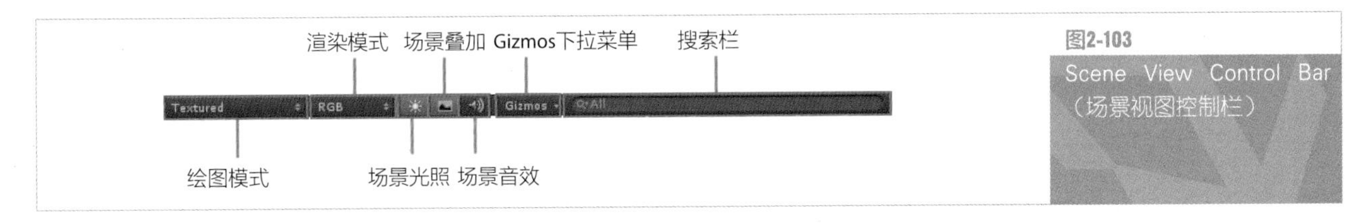

图2-103
Scene View Control Bar（场景视图控制栏）

- Textured 绘图模式，可以控制游戏场景中对象是如何绘制的，默认选项是Textured，通过单击三角符号可以切换场景物体的显示模式，如图2-104所示。
  - ➢ Textured：纹理显示模式，完全显示场景中所有模型的纹理贴图。
  - ➢ Wireframe：网格线框显示模式，以网格线框的方式显示场景中的模型。
  - ➢ Textured Wire：纹理加网格线框显示模式。
  - ➢ Render Paths：渲染路径显示模式。
  - ➢ Lightmap Resolution：光照贴图显示模式。

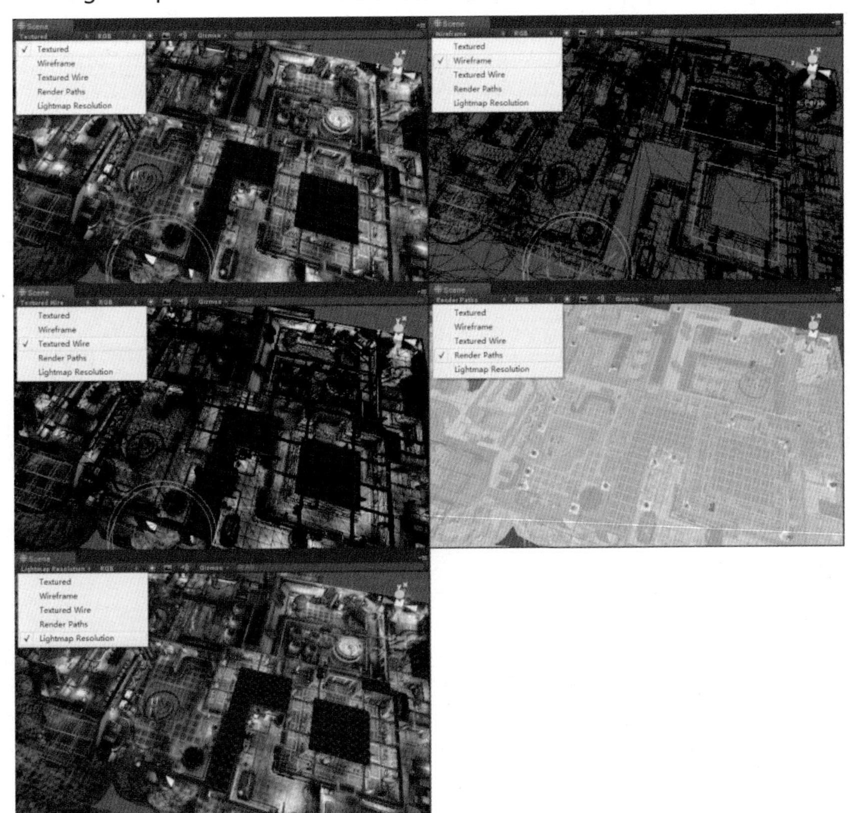

图2-104
物体不同显示方式

- RGB 渲染模式，通过单击三角符号可以选择场景中物体的渲染方式，默认是RGB选项，如图2-105所示。
  - ➢ RGB：三原色显示，为默认值，即用带有颜色的方式来显示所有的对象。
  - ➢ Alpha：阿尔法通道显示，使用对象的Alpha值来显示场景中的所有对象，即灰度图显示。
  - ➢ Overdraw：以半透明的方式显示物体，使用这种方式，可以看到被遮挡的物体。
  - ➢ Mipmaps：MIP映射图显示，使用颜色的方式来显示理想的纹理大小，红色意味着纹理的尺寸大于所需要的（以当前场景分辨率和摄像机状态为参照），蓝色意味着当前纹理的尺寸太小了。当然，理想的纹理实际上还取决于游戏运行时所需的分辨率，以及相机与物体的距离等因素。

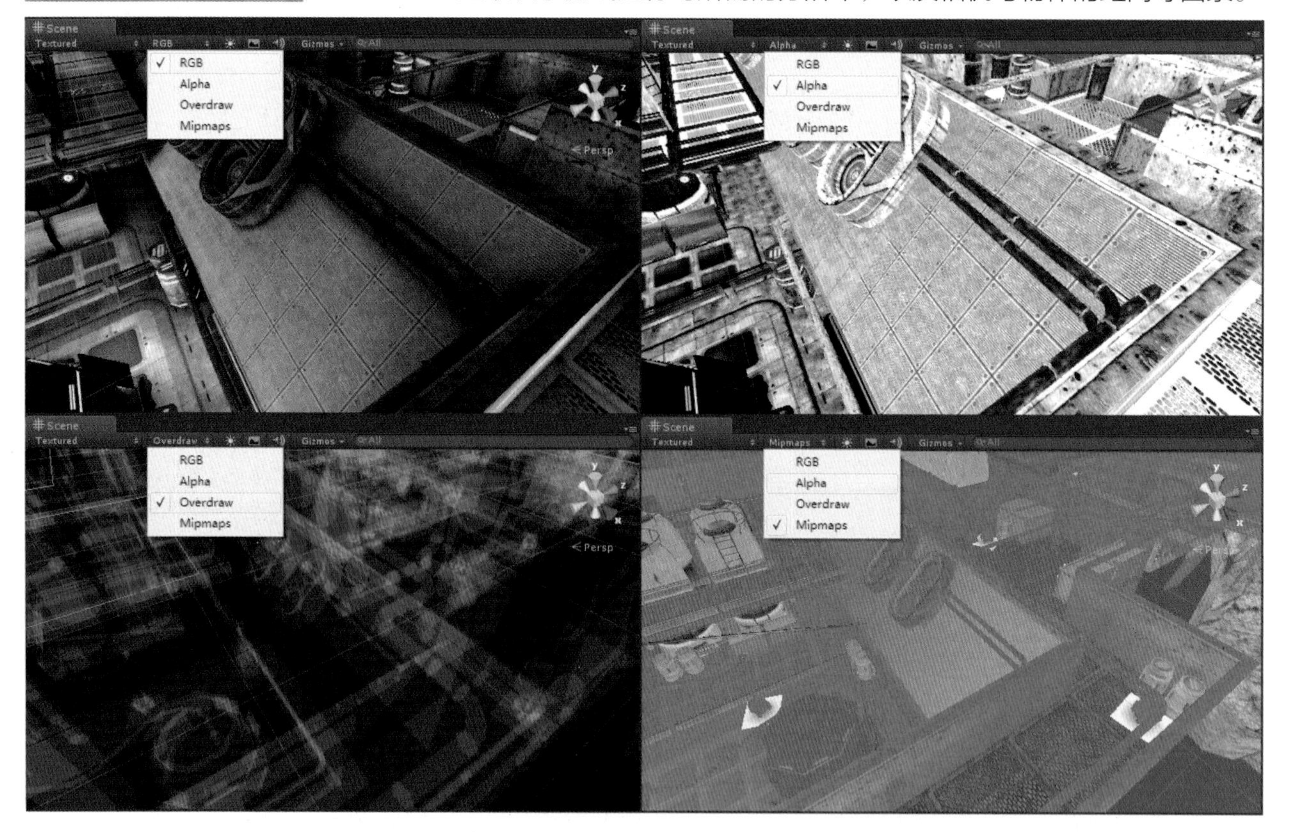

图2-105
贴图不同显示方式

用户选择绘图模式或渲染模式并不会改变游戏最终的显示方式，它只是改变场景物体在Scene视图中的显示方式。

- ：切换场景中灯光的打开与关闭。
- ：切换天空球、雾效、光晕的显示与隐藏。
- ：切换声音的开关。
- Gizmos：通过单击下三角符号可以显示或隐藏场景中用到的光源、声音、摄像机等对象的图标。同Game视图中的 Gizmos ，这里不做详细介绍。
- All：键入需要查找的物体的名称，如果找到该物体则以带颜色方式显示，而其他物体都会用灰色来显示，如图2-106所示。

图2-106
显示查询物体

2.9 Profiler（分析器）视图

Unity提供了强大的分析工具Profiler，可更高效的提高游戏开发效率，Profiler视图默认并不显示在编辑窗口面板中，依次打开菜单栏中的Window→Profiler项或按快捷键F7即可弹出Profiler（分析器）视图，在视图中可以查询当前场景使用的CPU、GPU、渲染、内存、声音、物理引擎的统计信息，如图2-107所示。关于Profiler的使用请参见本书第19章的相关内容。

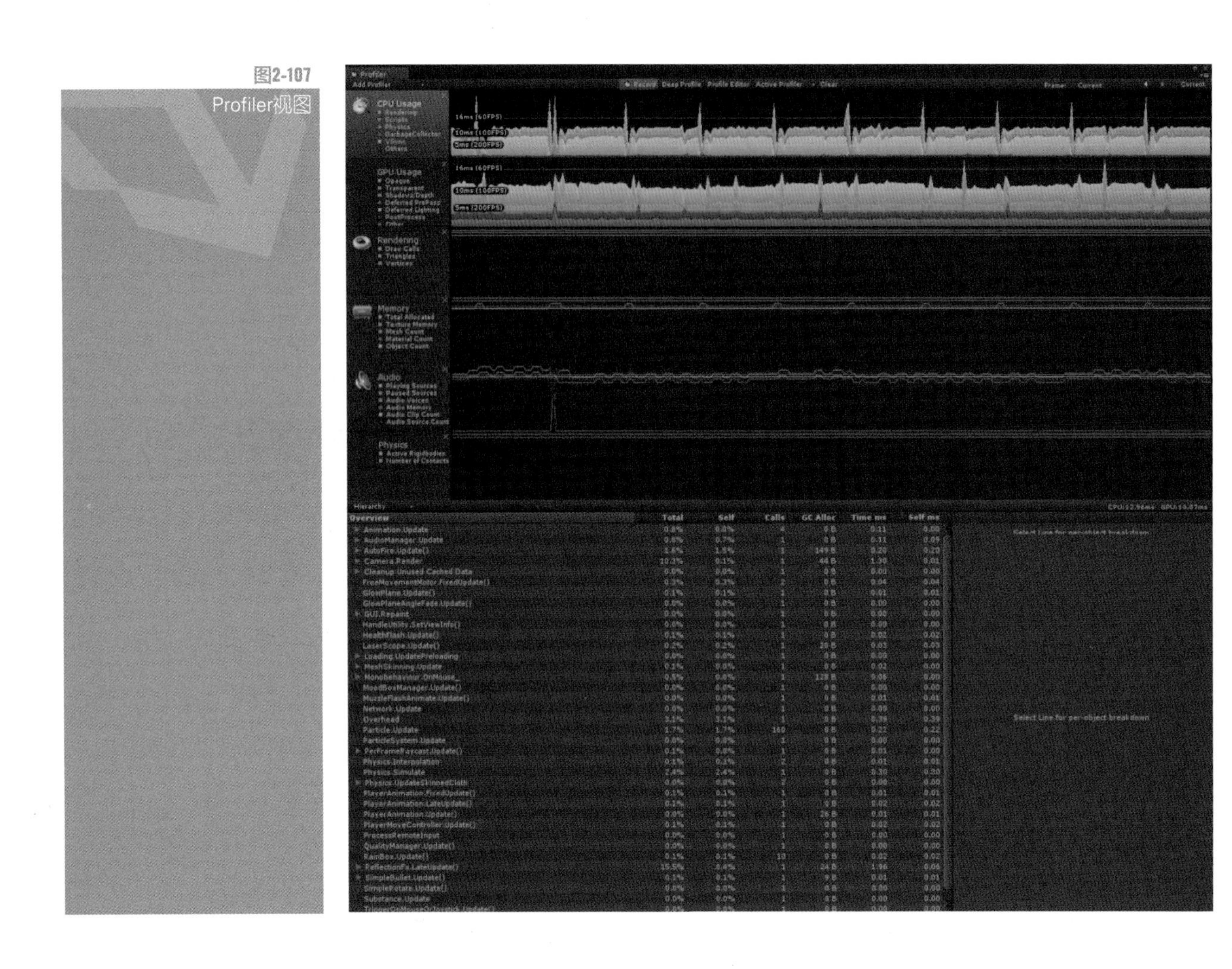

图2-107
Profiler视图

2.10 Console（控制台）视图

Console（控制台）视图是Unity中重要的调试工具，当用户测试项目或导出项目时，在Console视图和状态栏都会有相关的信息提示。当然用户也可以编写脚本在Console视图和状态栏输出调试信息，项目中的任何错误、消息或警告，都会在这个视图中显示出来，是重要程序调试工具。用户可在Console视图中双击错误信息，调用编辑器自动定位有问题的脚本代码。

用户可依次打开菜单栏中的Window→Console项或按快捷键Ctrl+Shift+C来打开Console视图，也可以单击编辑器底部状态栏的信息打开该视图，如图2-108所示。

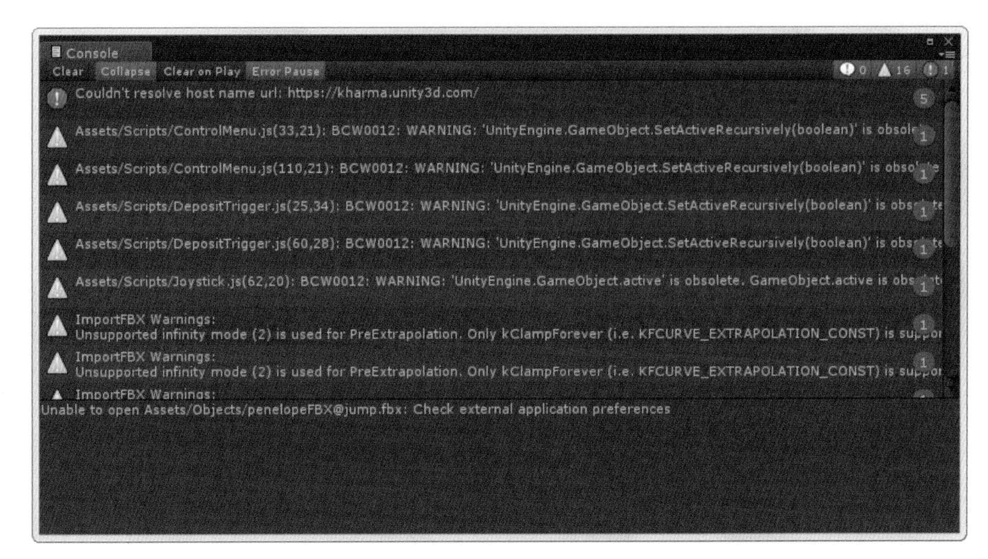

图2-108
Console（控制台）视图

2.11 界面定制

用户可以根据个人喜好将Unity编辑器设置成自己所喜欢的布局与色彩。

2.11.1 Unity编辑器布局设置介绍

用户可通过单击Unity编辑器右上角的布局下拉菜单2 by 3来选择自己喜欢的视图布局，也可以根据个人需求，拖动边界线来控制每个视图的大小，然后依次打开菜单栏中的Windows→Layouts→Save Layout...项，此时会弹出Save Window Layout对话框，在对话框中输入自定义的布局名称，然后单击Save按钮来保存成新的视图布局，如图2-109所示。

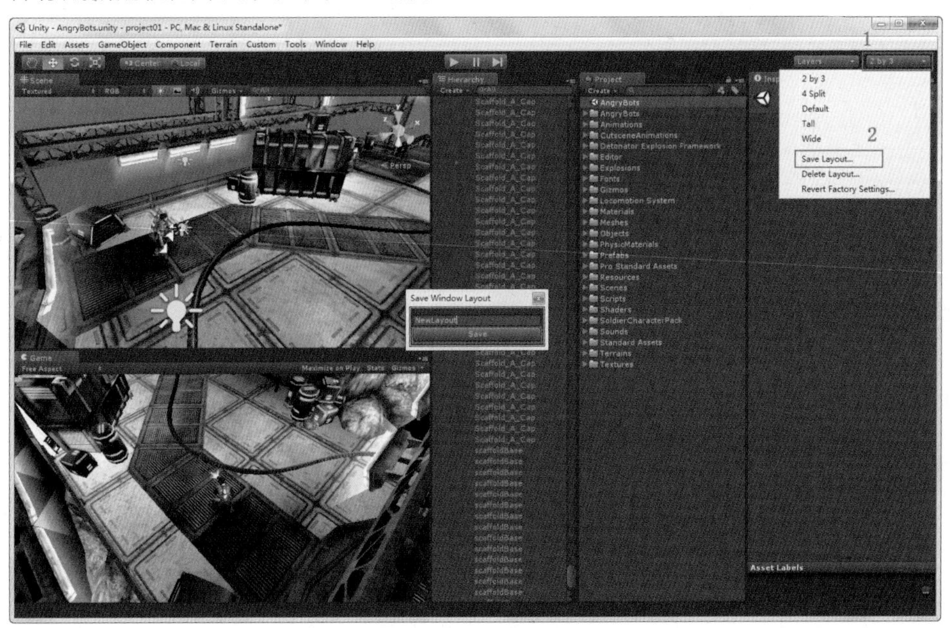

图2-109
保存视图布局

2.11.2 Unity编辑界面色彩设置介绍

依次打开菜单栏中的Edit→Preferences项，弹出Unity Preferences对话框，单击对话框中的Color选项卡，可根据用户需求，修改相关参来改变Unity编辑的外观及色彩，如图2-110所示。

图2-110

第3章 资源导入流程

3.1 3D模型、材质与动画的导入

Unity支持几乎所有主流的三维文件格式，例如.FBX、.dae、.3DS、.dxf、.obj等。用户在Maya、3DS Max、Cinema 4D、Cheetah3D或Blender中导出文件到项目工程资源文件夹后，Unity会立即刷新该资源，并将变化应用于整个项目。Unity对主流三维软件的支持情况请如表3-1所示。

表3-1 Unity对主流三维软件的支持情况

	Meshes网格	Textures纹理	Animations动画	Bones骨骼
Maya .mb & .ma1	√	√	√	√
3D Studio Max .max1	√	√	√	√
Cheetah 3D .jas1	√	√	√	√
Cinema 4D .c4d1 3	√	√	√	√
Blender .blend1	√	√	√	√
Modo .lxo2	√	√	√	
Carrara1	√	√	√	√
Lightwave1	√	√	√	√
XSI 5.x1	√	√	√	√
SketchUp Pro1	√	√		
Wings 3D1	√	√		
Autodesk FBX .FBX	√	√	√	√
COLLADA .dae	√	√	√	√
3D Studio .3DS	√			
Wavefront .obj	√			
Drawing Interchange Files .dxf	√			

说明：

1. 使用三维软件对应的FBX导出插件导出.FBX格式的文件，以供Unity读取。
2. 使用三维软件对应的COLLADA导出插件导出. dae格式的文件，以供Unity读取。
3. 推荐用户升级到Cinema 4D 10.1以上版本，以解决Cinema4D 10的FBX导出插件的问题。

3.1.1 主流三维软件简介

因为一般游戏引擎本身的建模功能无论是专业性还是自由度都无法同专业的三维软件相比，所以大多数游戏中的模型、动画等资源都是由三维软件生成的，本节将介绍部分主流的三维软件，其图标如图3-1所示。

图3-1 Unity支持的主流三维软件

Maya3D Studio MaxCheetah3DBlender

Autodesk Maya是美国Autodesk公司出品的三维软件，应用领域是专业的影视广告、角色动画、电影特技等。Maya功能完善，能够提供良好的3D建模、动画、特效及渲染功能，是电影级别的高端三维制作软件。Maya可在Windows、Mac OS等操作系统上运行，如图3-2所示。

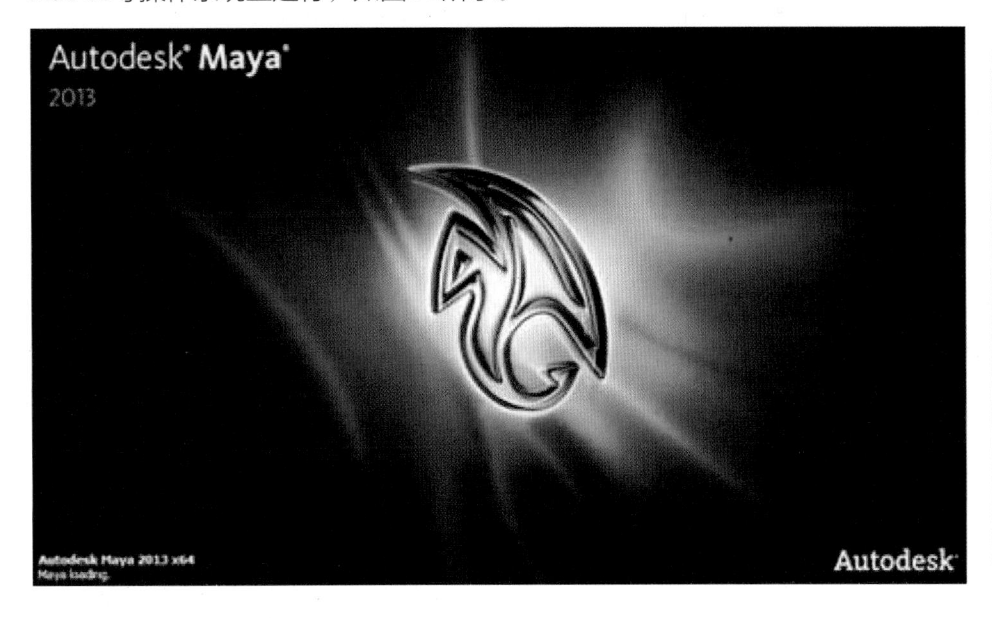

图3-2
Autodesk Maya 2013启动界面

Autodesk 3D Studio Max，常简称为3ds Max或MAX，是Autodesk公司开发的基于PC系统的三维动画渲染和制作软件。其前身是Discreet公司开发的基于DOS操作系统的3D Studio系列软件，后被Autodesk公司收购。3ds Max被广泛应用于广告、影视、工业设计、建筑设计、三维动画、多媒体制作、游戏、辅助教学及工程可视化等领域，其启动界面如图3-3所示。

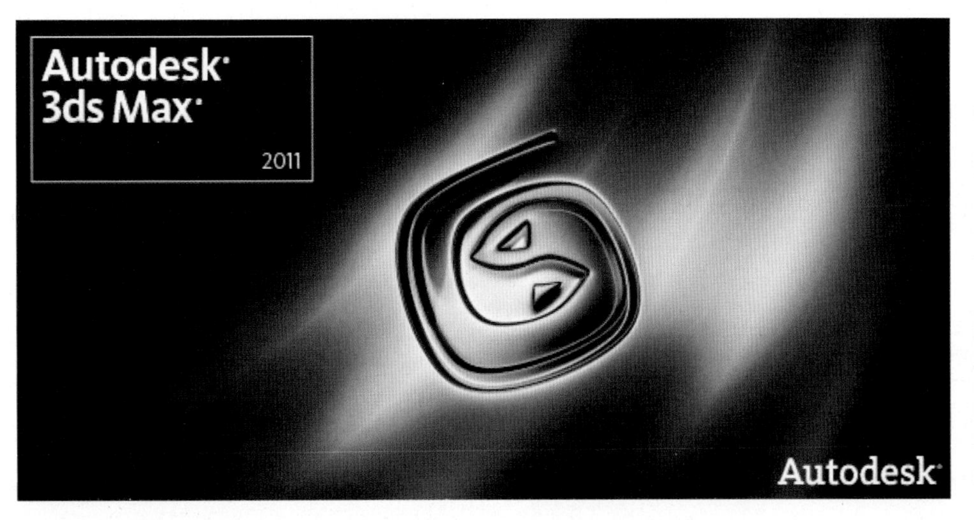

图3-3
Autodesk 3ds Max 2011启动界面

Modo是由LuxologyLLC设计并维护的一款高级多边形细分曲面、建模、雕刻、3D绘画、动画与渲染的综合性三维软件。该软件具备许多高级技术，诸如N-gons、多层次的3D绘画与边权重工具、可以运行在Mac OS X与Windows平台等，如图3-4所示。

图3-4
Modo三维软件

●Cinema 4D是一套由德国Maxon Computer公司开发的三维软件，以极高的运算速度和强大的渲染插件而著称。Cinema 4D应用广泛，在广告、电影、工业设计等方面都有出色的表现。它正成为许多一流艺术家和电影公司的首选，如图3-5所示。

图3-5
Cinema 4D三维软件

Cheetah3D是Mac操作系统下一款非常专业的3D建模和渲染软件，Cheetah3D提供了高效率的角色动画工具，并提供了功能强大的多边形建模、可编辑细分曲面和HDRI渲染的功能。使用Cheetah3D可以轻松地完成模型创建、角色动画、3D短片等工作，如图3-6所示。

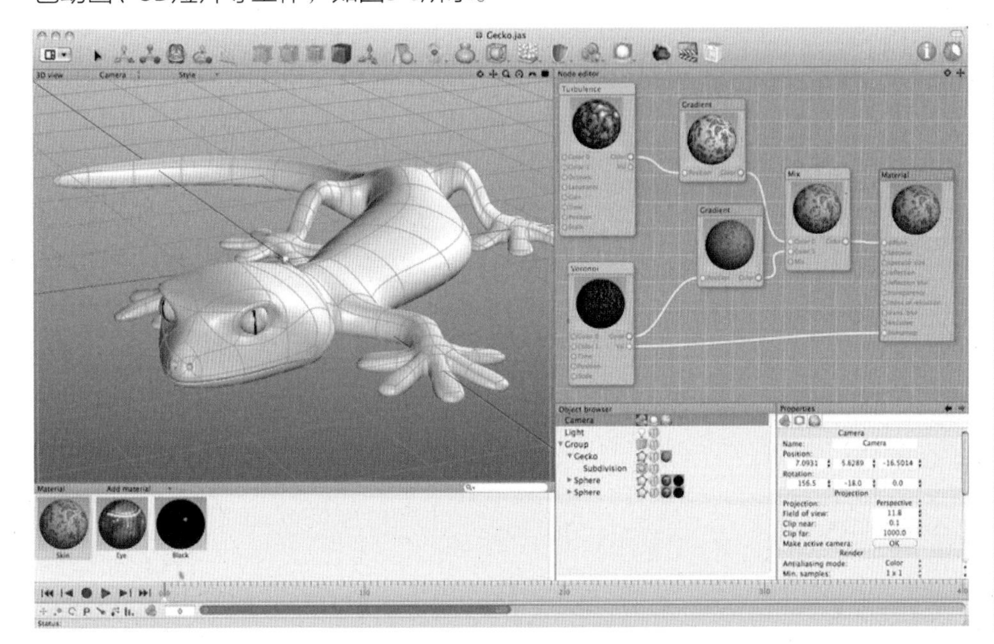

图3-6
Cheetah3D是MAC下的三维软件

LightWave是由美国NewTek公司开发的一款高性价比的三维动画制作软件，在生物建模和角色动画方面功能异常强大。基于光线跟踪、光能传递等技术的渲染模块，令它的渲染品质几尽完美。LightWave从最初的AMIGA开始发展到目前的11.5版本，已经成为一款功能非常强大的三维动画软件，并支持大多数操作系统，在各个操作系统上都有一致的操作界面，如图3-7所示。

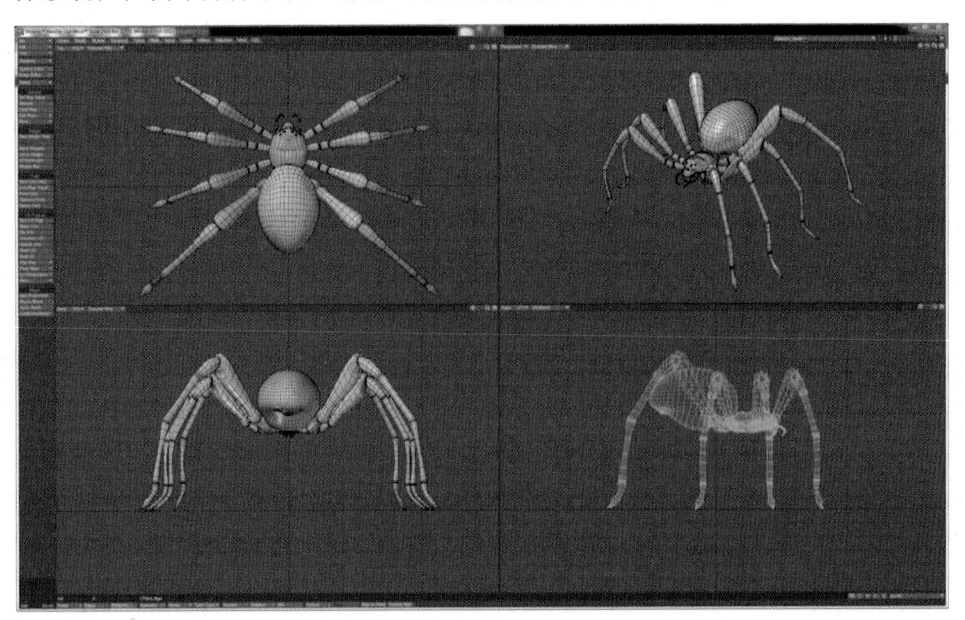

图3-7
LightWave三维软件

Blender是一个开源的、跨平台的全能三维软件，提供从建模、动画、材质、渲染到音频处理、视频剪辑等一系列动画短片制作的解决方案。Blender以Python为内建脚本，支持Yafaray渲染器，同时还内置游戏引擎，拥有极丰富的功能，如图3-8所示。

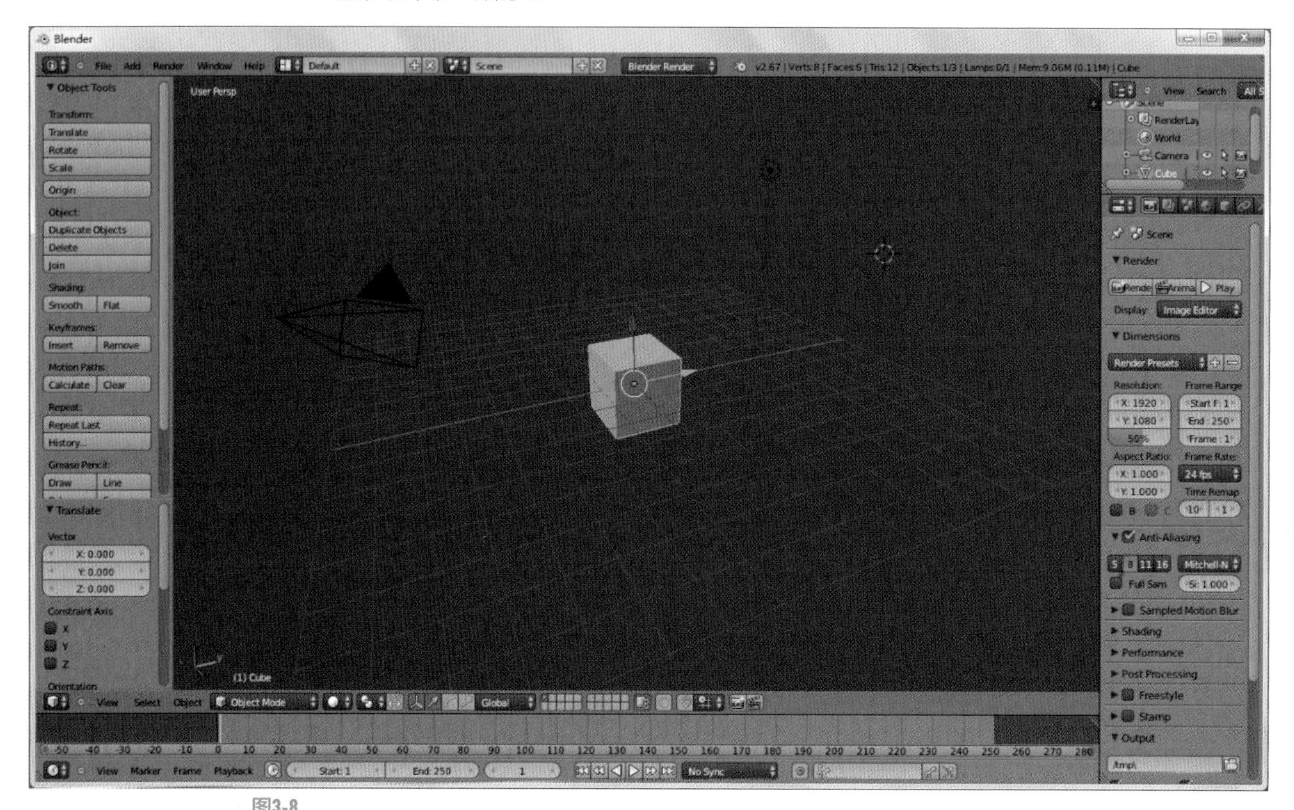

图3-8
Blender三维动画软件

3.1.2 模型、材质以及动画导入前的设置、准备工作

在Autodesk官网上下载相对应3ds Max软件版本的FBX插件（插件下载地址：http://usa.autodesk.com/adsk/servlet/pc/item?siteID=123112&id=10775855），此插件是免费的。本书所用的FBX插件对应3ds Max 2011版本，如图3-9所示。（使用Maya或其他三维软件的用户请下载相对应的FBX插件。）

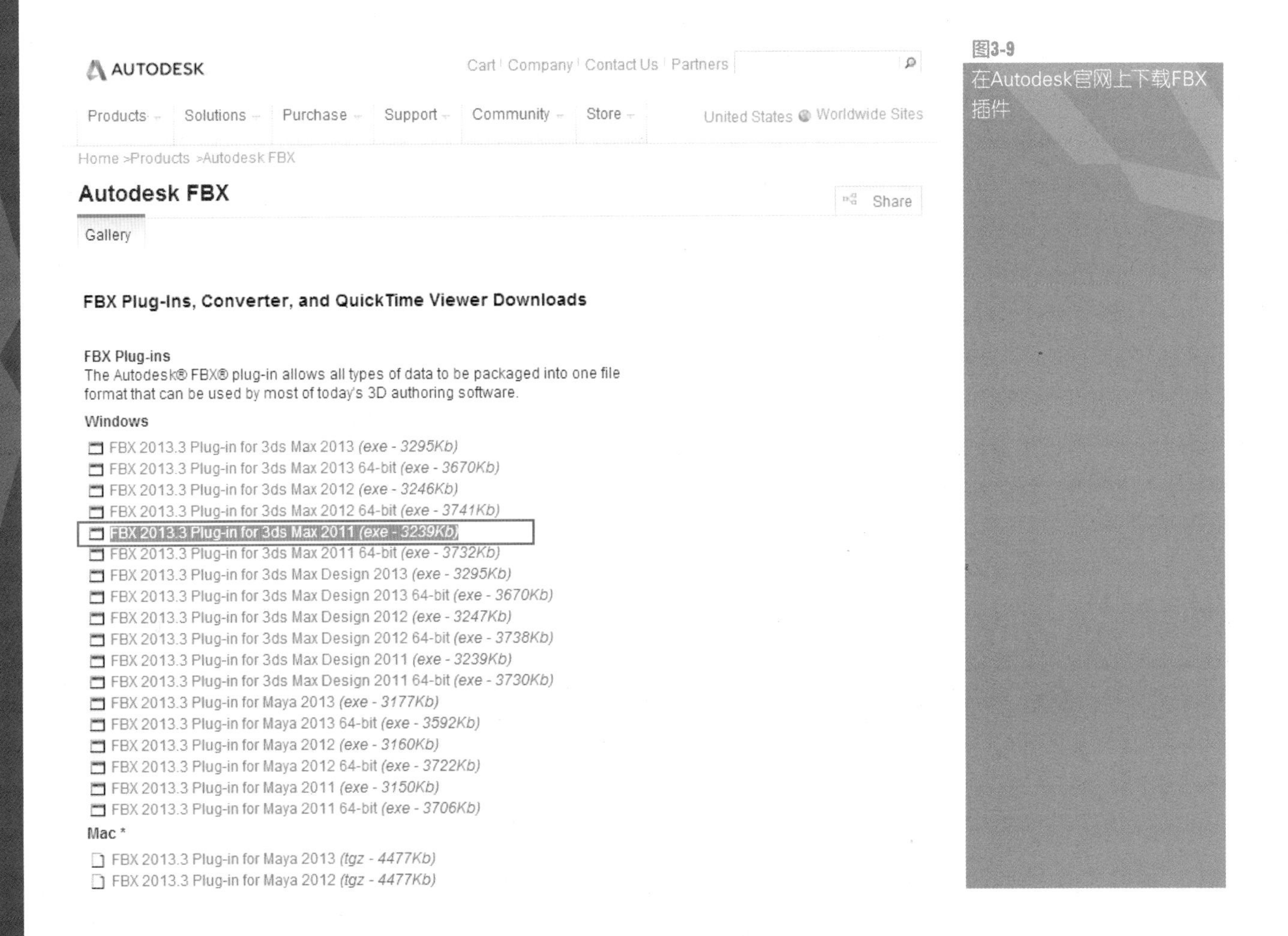

图3-9 在Autodesk官网上下载FBX插件

3.1.2.1 Unity与常见三维动画软件单位的比例关系

Unity的默认系统单位为“米”，三维软件的单位与Unity单位的比例关系非常重要。所以在三维软件中应尽量使用米制单位，以便配合Unity，具体参见表3-2，表中标明了三维软件系统单位在设置成米制单位的情况下与Unity系统单位的比例关系。

表3-2 常用三维软件与Unity的单位比例关系

三维软件	三维软件内部米制尺寸/m	默认设置导入Unity中的尺寸/m	与Unity单位的比例关系
Maya	1	100	1:100
3ds Max	1	0.01	100:1
Cinema 4D	1	100	1:100
Lightwave	1	0.01	100:1

3.1.2.2 Unity项目的建立以及Unity和3ds Max单位的关系

1. 双击桌面上的Unity应用程序图标，打开Unity应用程序。首次打开会弹出Unity–Project Wizard对话框。该对话框用来打开或新建项目，如图3-10所示。

图3-10
Unity项目建立向导对话框

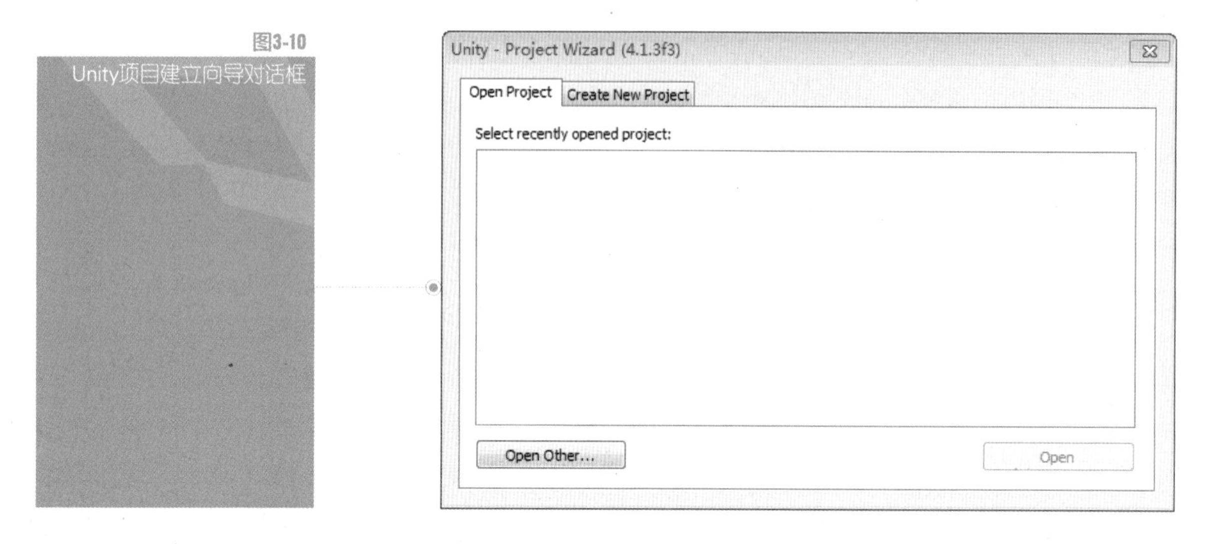

如果之前建立过项目工程，则Unity在默认设置下会自动打开最近一次的项目工程，如希望弹出Unity-Project Wizard对话框，有两种方式可供选择：

1．启动Unity应用程序时立刻按住键盘上的Alt键，会弹出Unity – Project Wizard对话框，此方法不会改变Unity的默认设置。

2．在Unity程序窗口中依次打开菜单栏中的Edit→Preferences...，在弹出的Unity Preferences对话框中勾选Always Show Project Wizard复选框。此方法会改变Unity的默认设置，即以后每次运行Unity程序时都会弹出Unity-Project Wizard对话框。

2．单击Create New Project选项卡，切换到创建新项目对话框，如图3-11所示。单击Browse...按钮，弹出Choose location for new project对话框。

图3-11
创建新项目

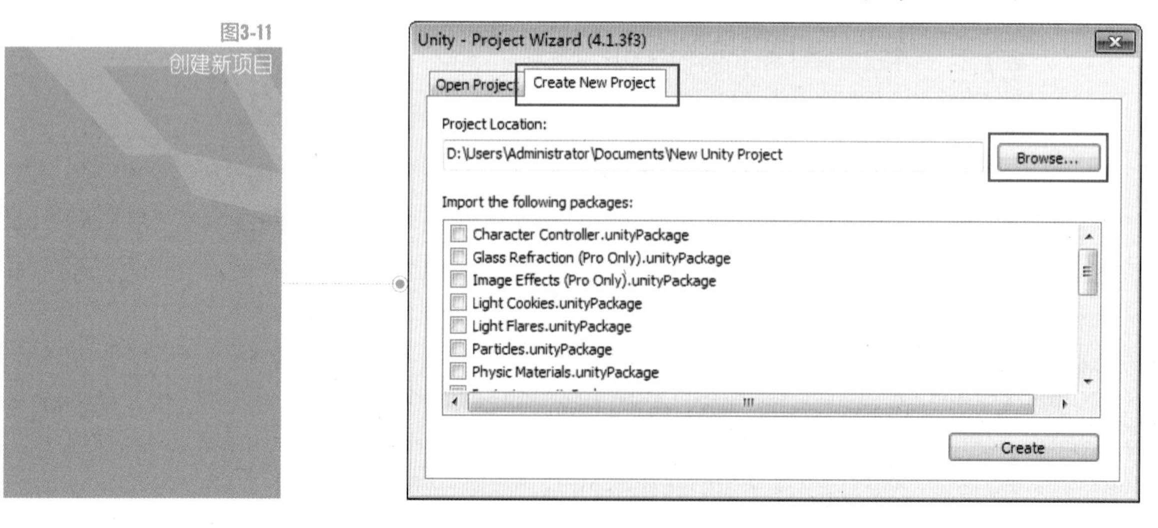

可以在新建项目时，勾选Import the following package下面的资源包选项，这样项目工程在创建的时候会将勾选的资源包导入到项目工程中。
创建项目也可以不通过Browse...按钮。直接在Project location下面的文本框内键入路径即可。

3．在弹出的Choose location for new project对话框中指定要创建项目的路径并选择新创建项目的文件夹，如图3-12所示。（注意：Unity新建项目所指定的文件夹必须是空的。项目文件夹及其所在的路径中不要含有中文字符，建议用英文字母或字母、阿拉伯数字以及下画线的组合来命名。）

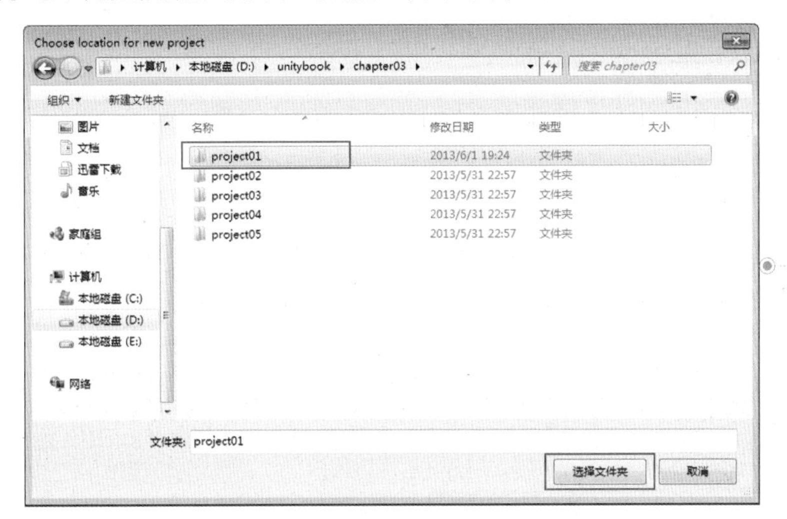

图3-12 为新建项目指定一个空的文件夹

4．单击Unity-Project Wizard对话框中的Create按钮，如图3-13所示。

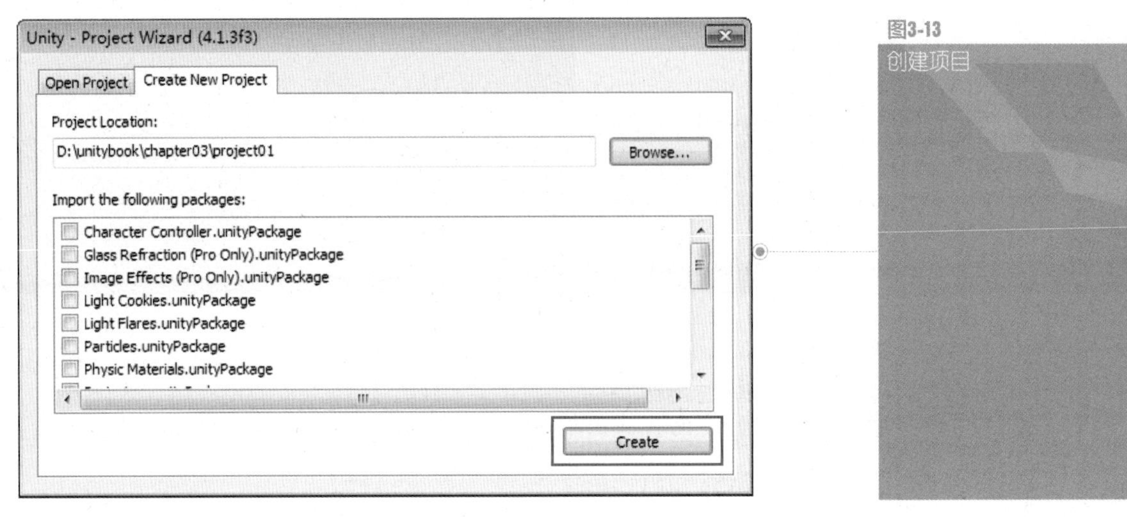

图3-13 创建项目

5. Unity会自动地新建一个项目并进入到软件的操作界面，如图3-14所示。

图3-14
Unity应用程序界面

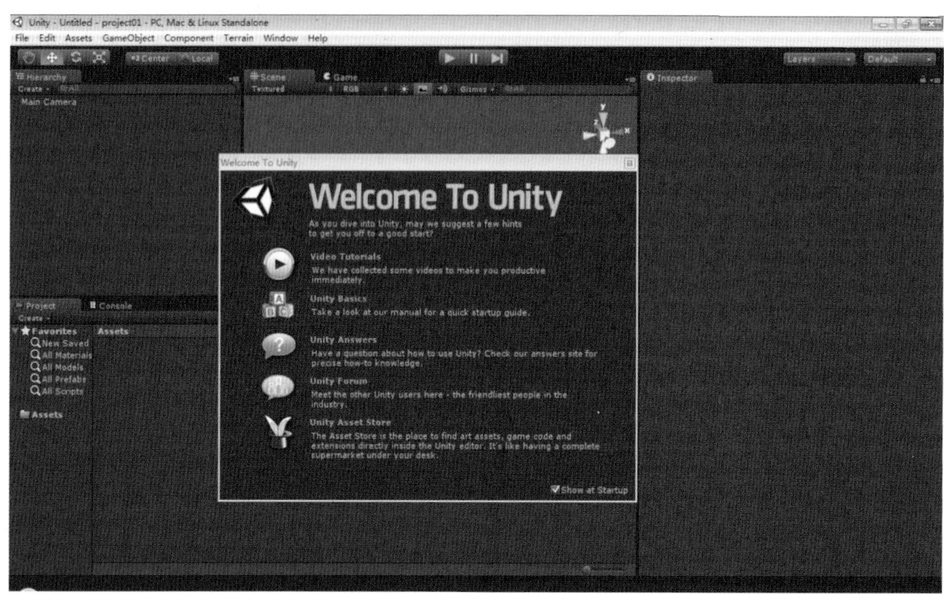

6. 在Unity应用程序窗口中，关闭Welcome To Unity窗口。右击Project视图中的Assets文件夹，在弹出的列表框中选择Show in Explorer，如图3-15所示，系统会打开该项目所在的文件夹。

图3-15
在Unity的操作界面中快速打开项目所在的文件夹

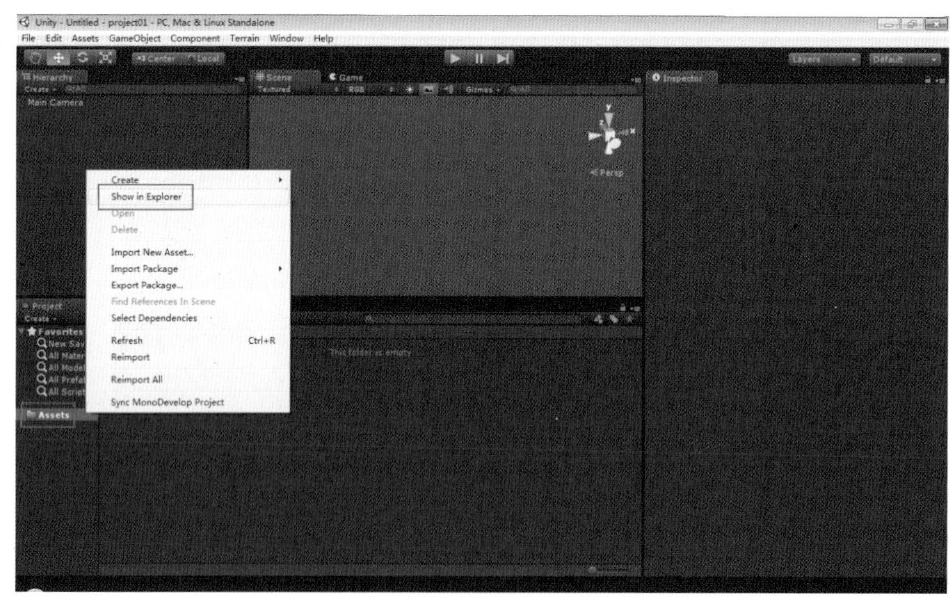

7. Unity会在项目工程所在的文件夹内自动生成相关的文件夹及文件，如图3-16所示。

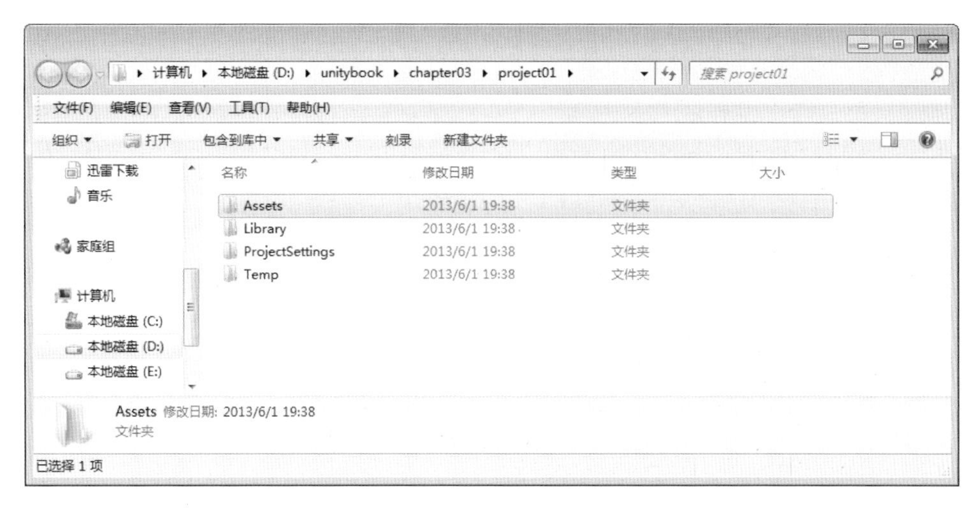

图3-16
Unity默认生成的文件夹

8．最小化Unity窗口。下一步运行3ds Max软件，制作项目所需的模型素材。

3ds Max默认导出的FBX文件导入到Unity中的默认缩放因子是0.01（参考表3-2），为了最大程度地简化3ds Max导出及Unity导入FBX文件的工作。建议读者将3ds Max系统单位以及显示单位都设置成“厘米”。

9．运行3ds Max应用程序，设置3ds Max软件的系统单位以及显示单位，依次打开菜单栏中的Customize→Units Setup...，如图3-17所示。

图3-17
设置3ds Max单位的方法

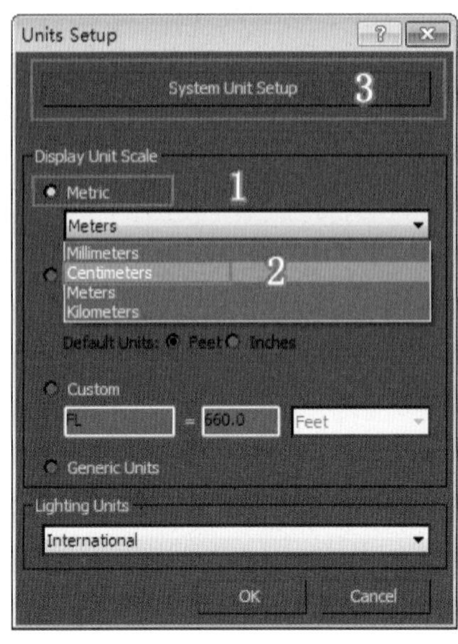

图3-18 单位设置对话框

10．在弹出的Units Setup对话框中，首先选中Metric单选按钮，然后单击Display Unit Scale的下三角按钮，在弹出的下拉列表框中选择Centimeters选项，如图3-18所示；再单击System Unit Setup按钮，弹出System Unit Setup对话框。

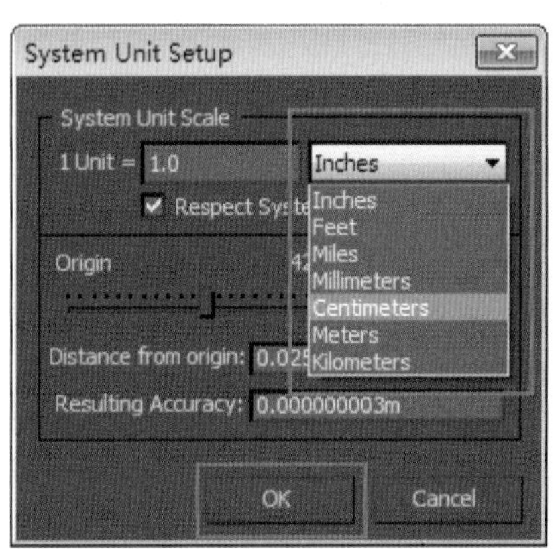

图3-19 系统单位设置对话框

11．在弹出的System Unit Setup对话框中，打开System Unit Scale下拉列表框，将系统的默认单位Inches改为Centimeter，如图3-19所示。单击OK按钮确认并关闭System Unit Setup对话框。

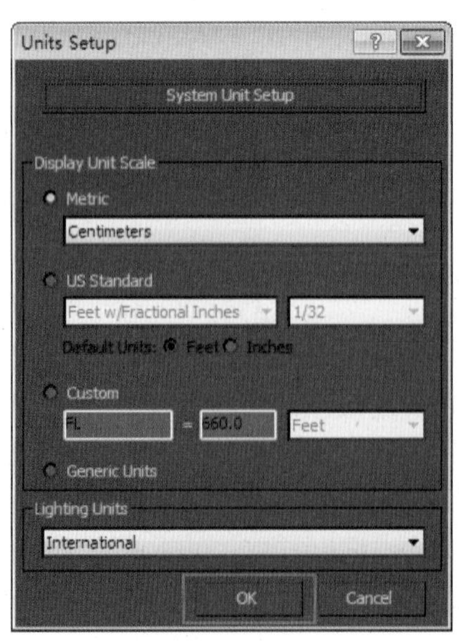

图3-20 完成并关闭单位设置对话框

12．在Units Setup对话框中单击OK按钮确认并关闭该对话框，如图3-20所示。至此3ds Max的系统单位以及显示单位的设置就完成了。

13．在3ds Max中创建一个长宽高都为100cm的立方体，并将其位置移动到坐标原点，如图3-21所示（3ds Max的详细使用方法请查阅相关资料）。

图3-21
创建立方体

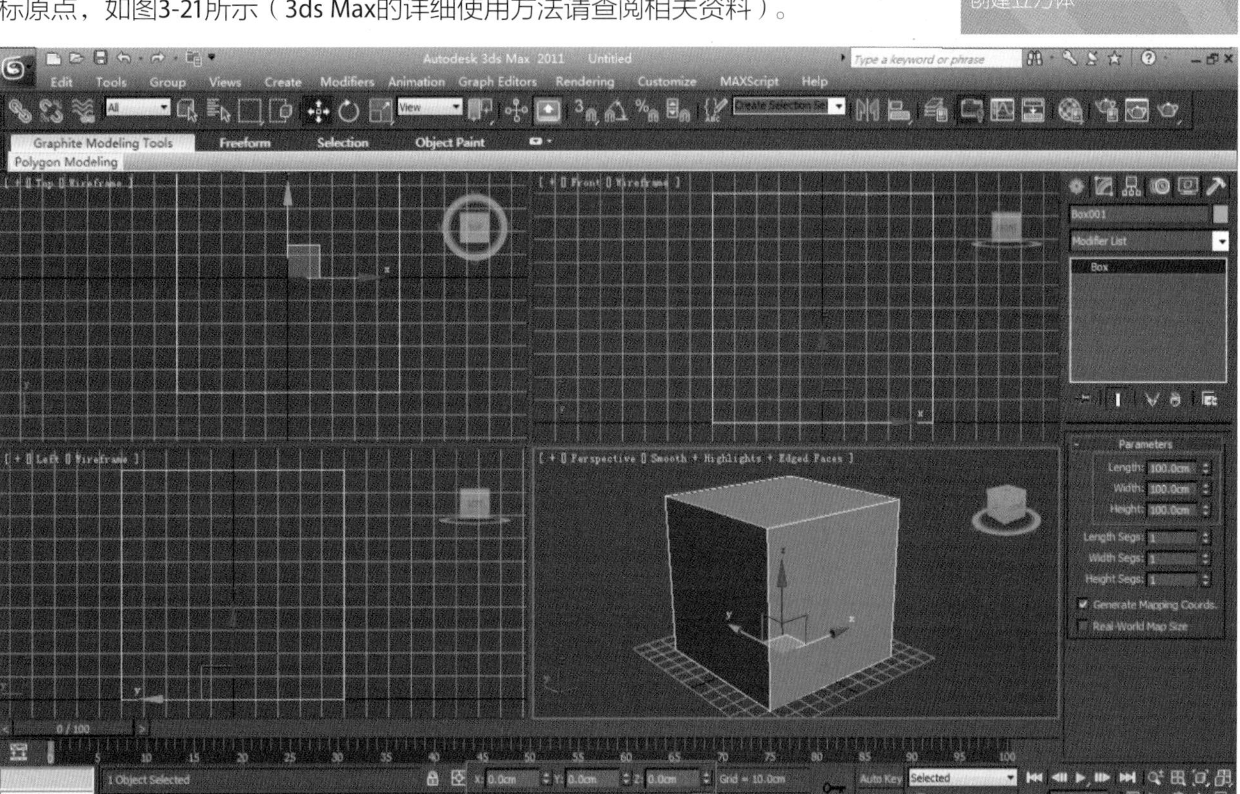

14．在创建的立方体上右击，在弹出的四元菜单中将该物体塌陷为可编辑多边形，如图3-22所示。

图3-22
将立方体塌陷为可编辑多边形

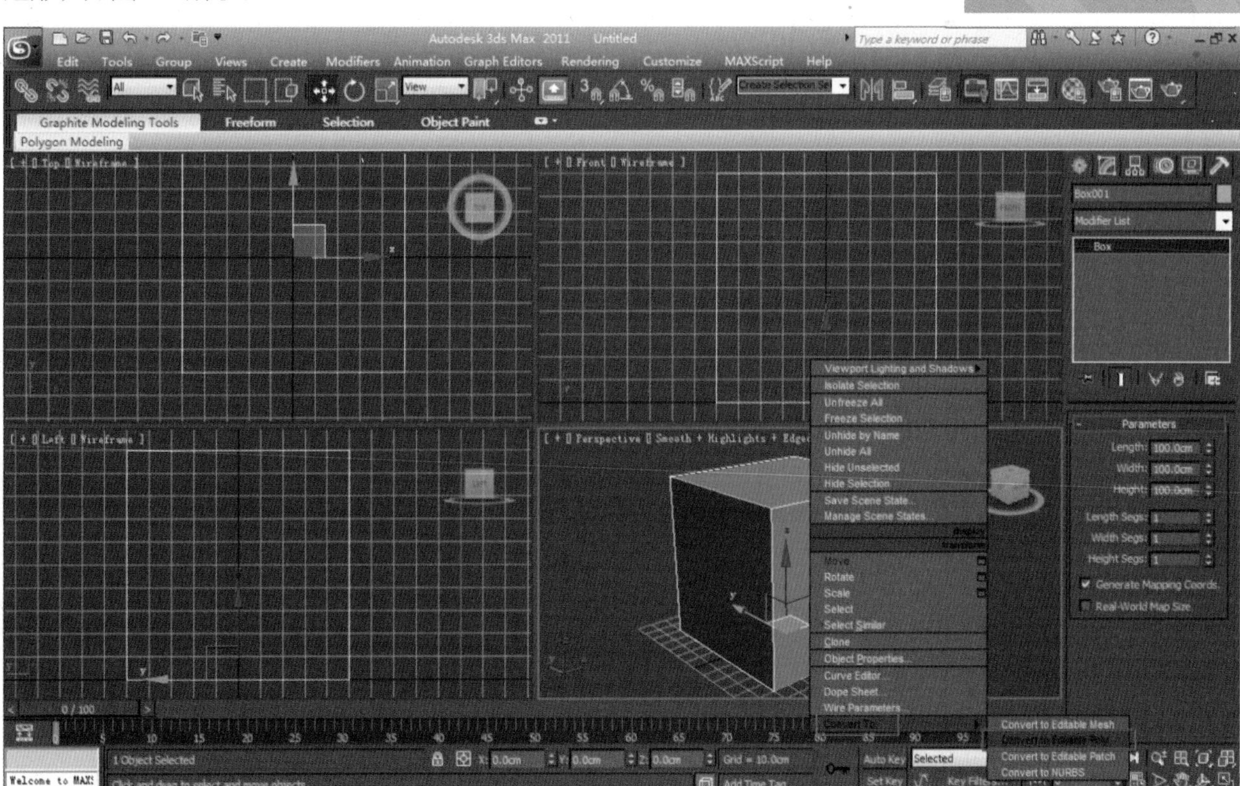

15．首先保持该立方体模型为选中状态，然后单击屏幕左上角的按钮，单击下拉列表中Export右侧的右三角按钮，在弹出的列表框中选择Export Selected，如图3-23所示。

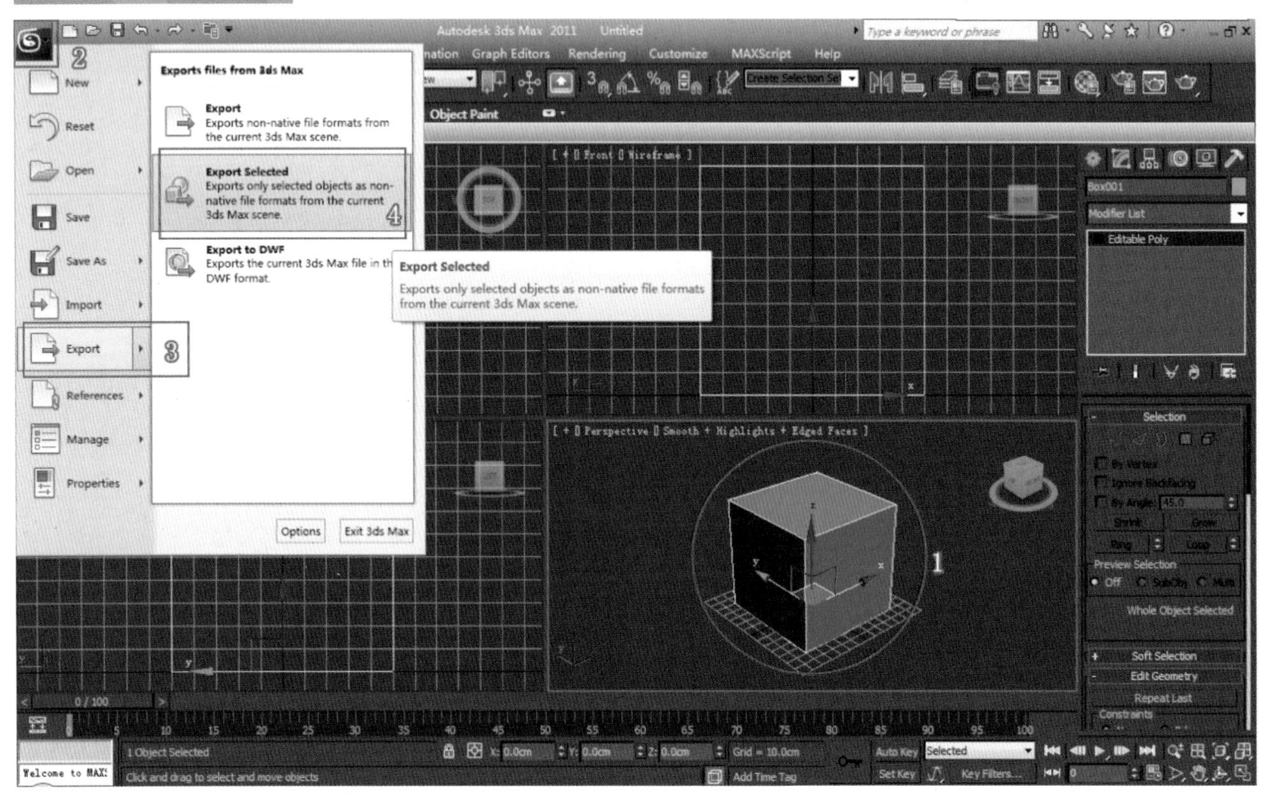

图3-23 在3ds Max中导出所选择的物体

16．在弹出的Select File to Export窗口中选择保存类型为Autodesk（*.FBX），然后选择文件要导出的路径，本例中选择刚才新建Unity项目文件夹下面的Assets文件夹。接着为导出的文件命名，最后单击“保存”按钮关闭该对话框，如图3-24所示。

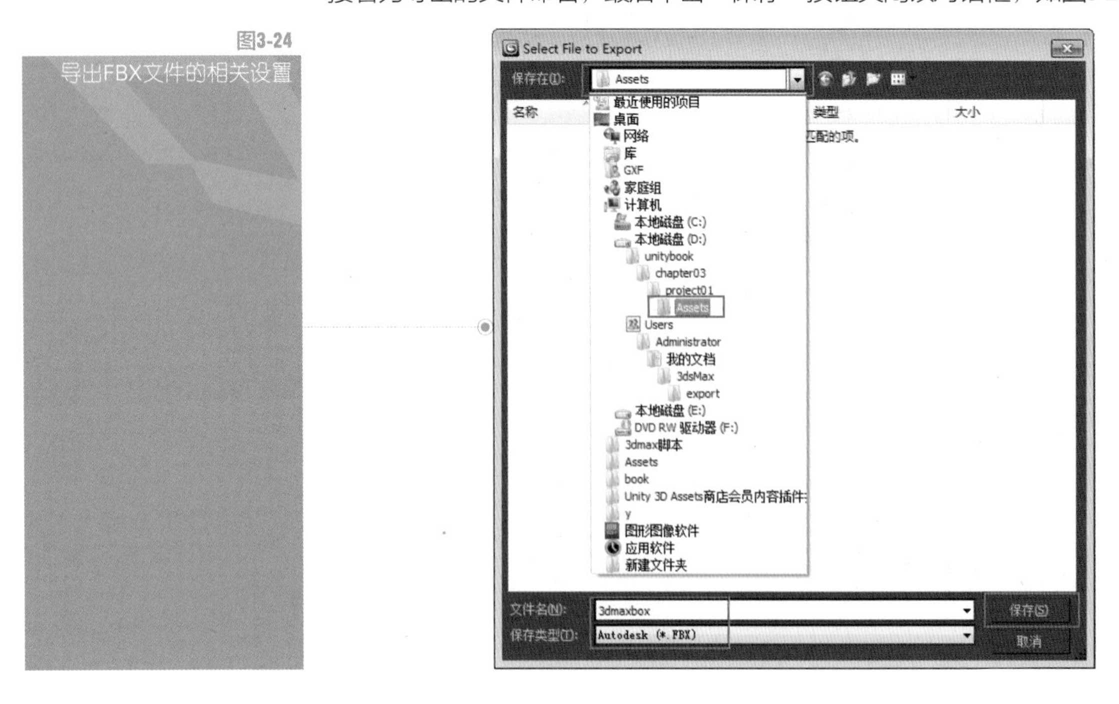

图3-24 导出FBX文件的相关设置

17．单击“保存”按钮后，Select File to Export窗口会关闭并自动弹出FBX Export对话框，保持默认设置不变，单击OK按钮，如图3-25所示。至此，模型文件导出工作完成。

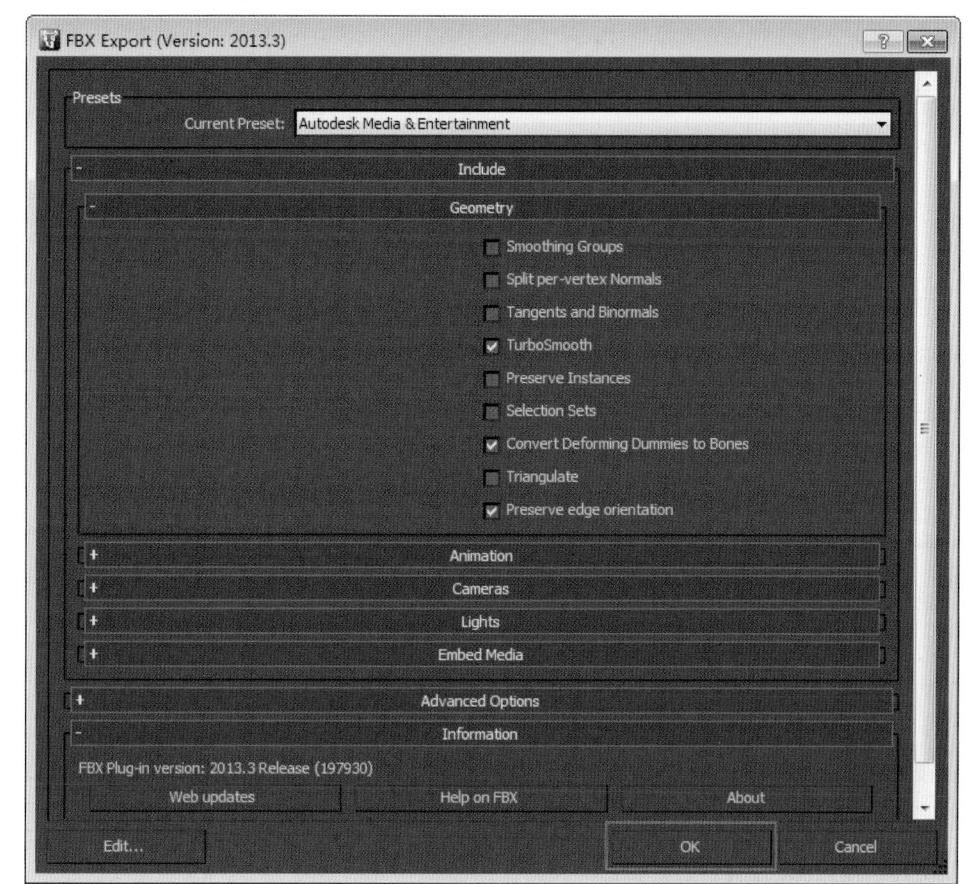

图3-25
导出FBX插件的界面

18．切换到Unity程序，默认设置下Unity会自动检测、刷新Assets文件夹下的资源文件，如图3-26所示。

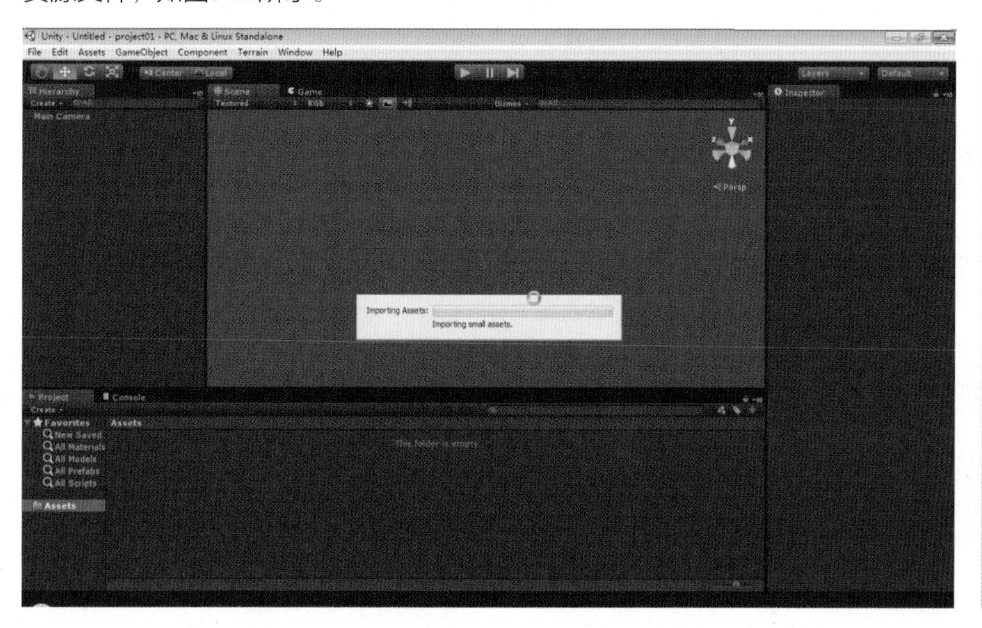

图3-26
Unity资源刷新工作进行中

19．刷新完毕后，在Unity界面Project View中的Assets文件夹下会显示出新增的资源文件，即刚才导入的3dmaxbox.FBX文件，并自动新建了Materials文件夹，如图3-27所示。

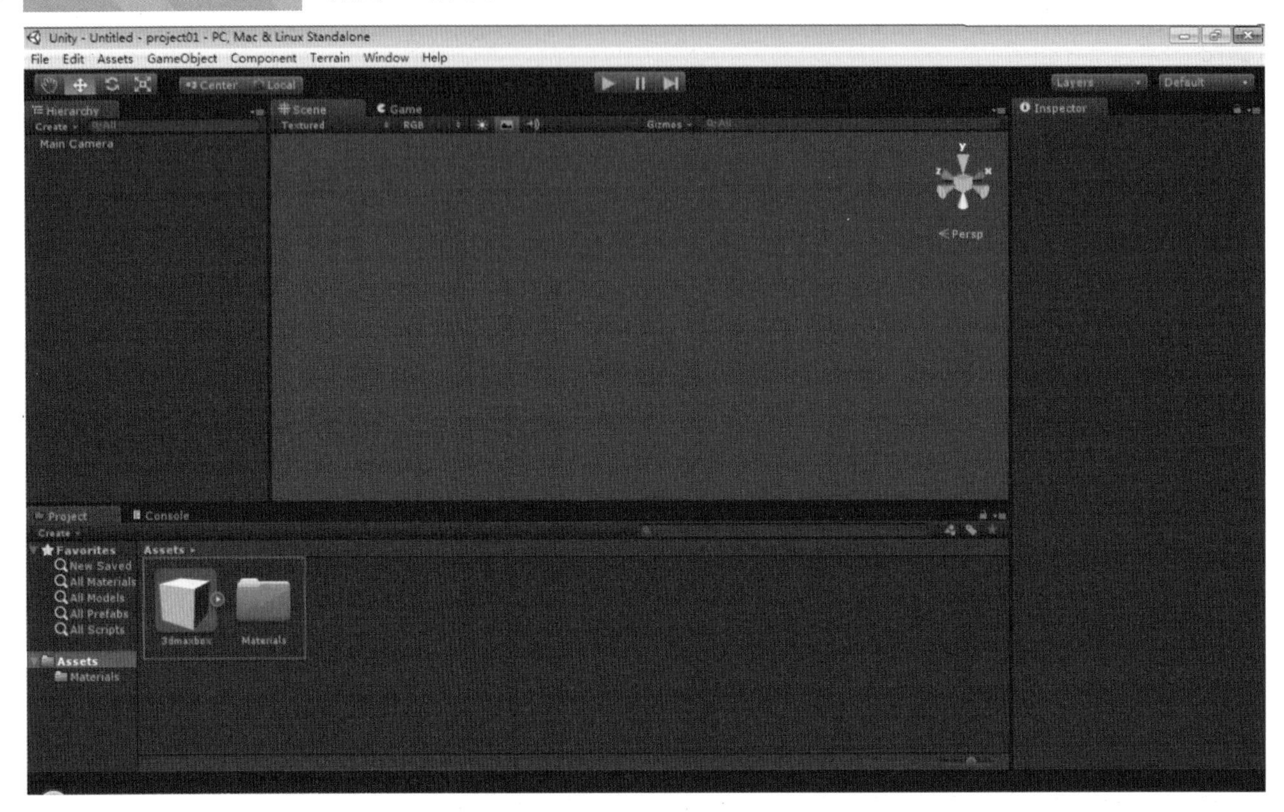

图3-27
Unity成功地载入新增的模型网格及其材质等资源

20．单击选择该FBX资源，在Inspector视图中可以看到Model选项卡中Scale Factor文本框中的默认数值为0.01，如图3-28所示。

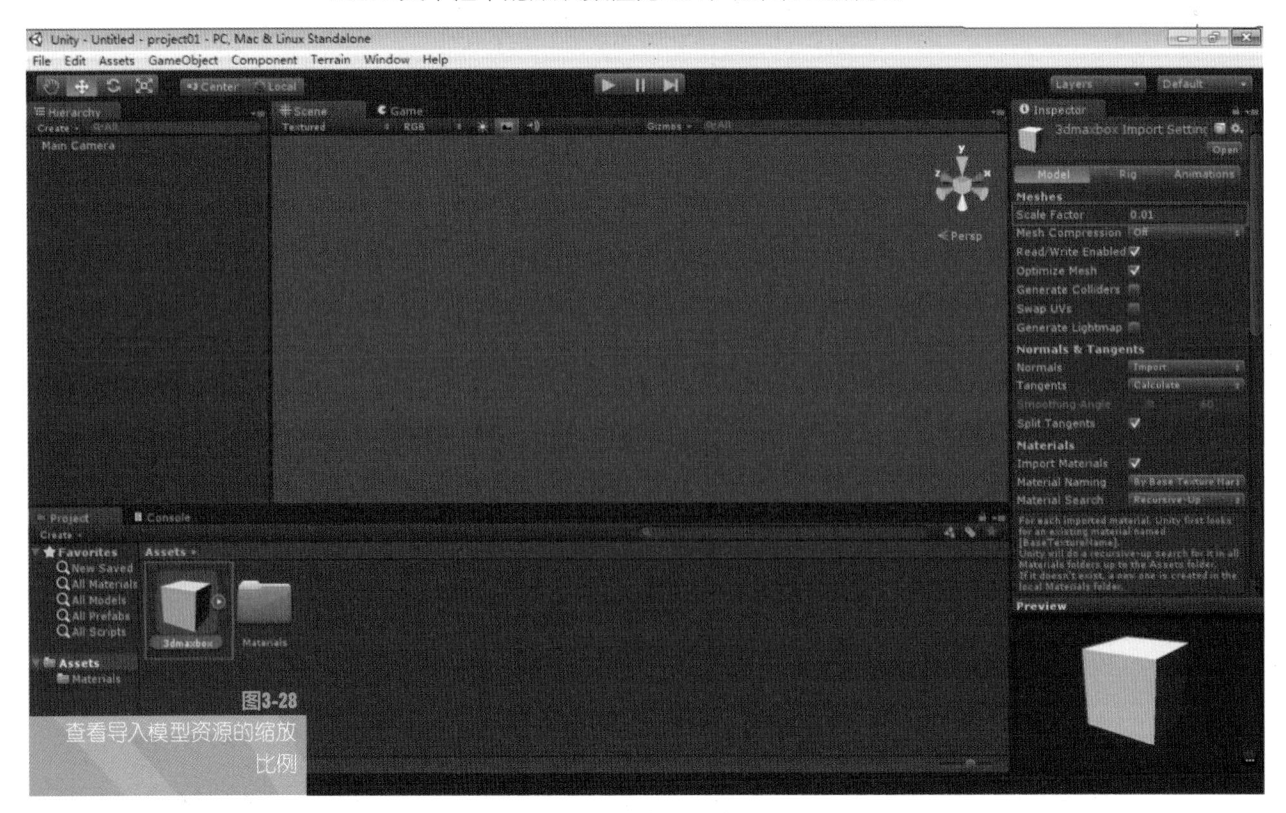

图3-28
查看导入模型资源的缩放比例

21．鼠标拖动此FBX文件（下文用资源名字3dmaxbox来代替）到Scene视图或Hierarchy视图中，在Hierarchy视图中双击3dmaxbox游戏对象，可以在Scene视图中居中并最大化显示该游戏对象，如图3-29所示。

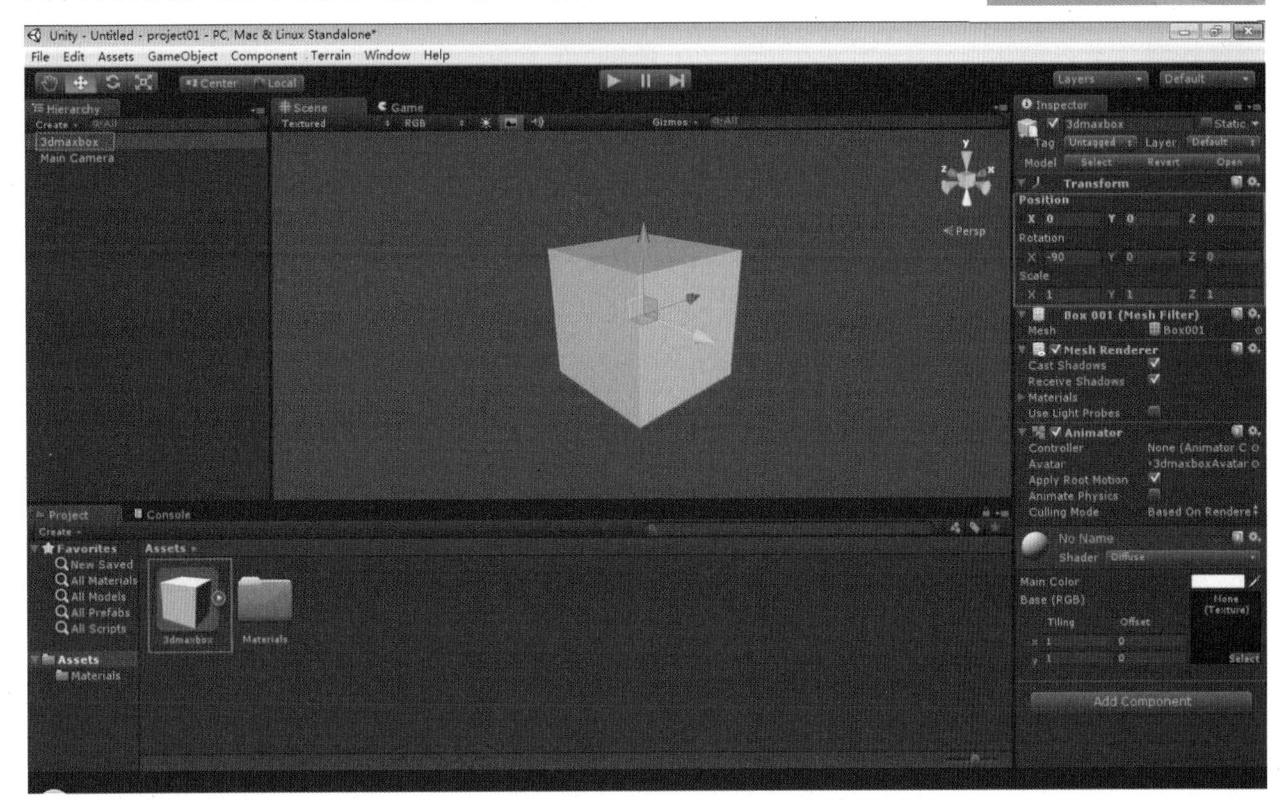

图3-29
将3dmaxbox添加到场景中，并居中最大化显示该游戏对象

保持该游戏对象的选中状态，将光标移动到Scene视图后按F键，也可在Scene视图中居中并最大化显示该游戏对象。

图3-30
新建Cube游戏对象

22．依次打开菜单栏中的GameObject→Create Other→Cube，新建一个名为Cube的游戏对象，如图3-30所示。

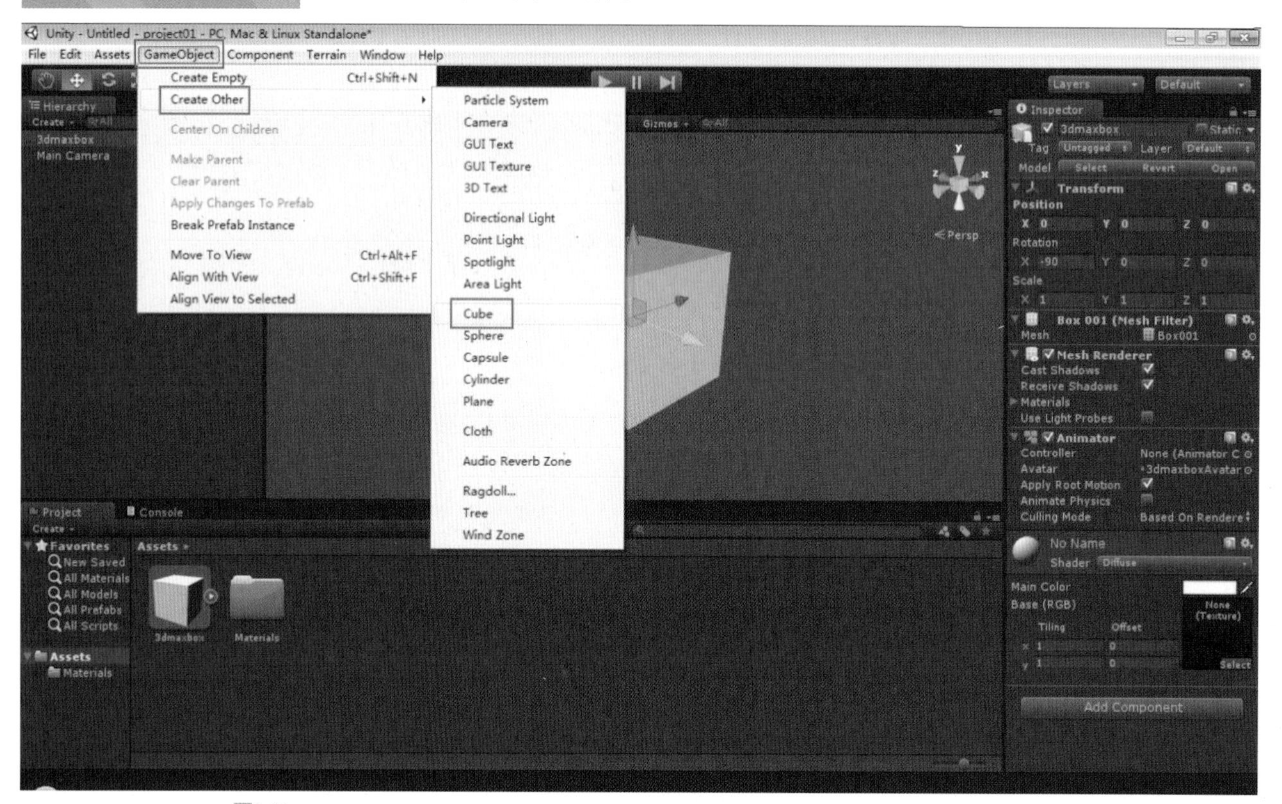

图3-31
新建的长宽高都为1个单位的Cube

23．Unity中添加Cube默认的Scale值都为1。可理解为该Cube的长宽高都为1m，如图3-31所示。

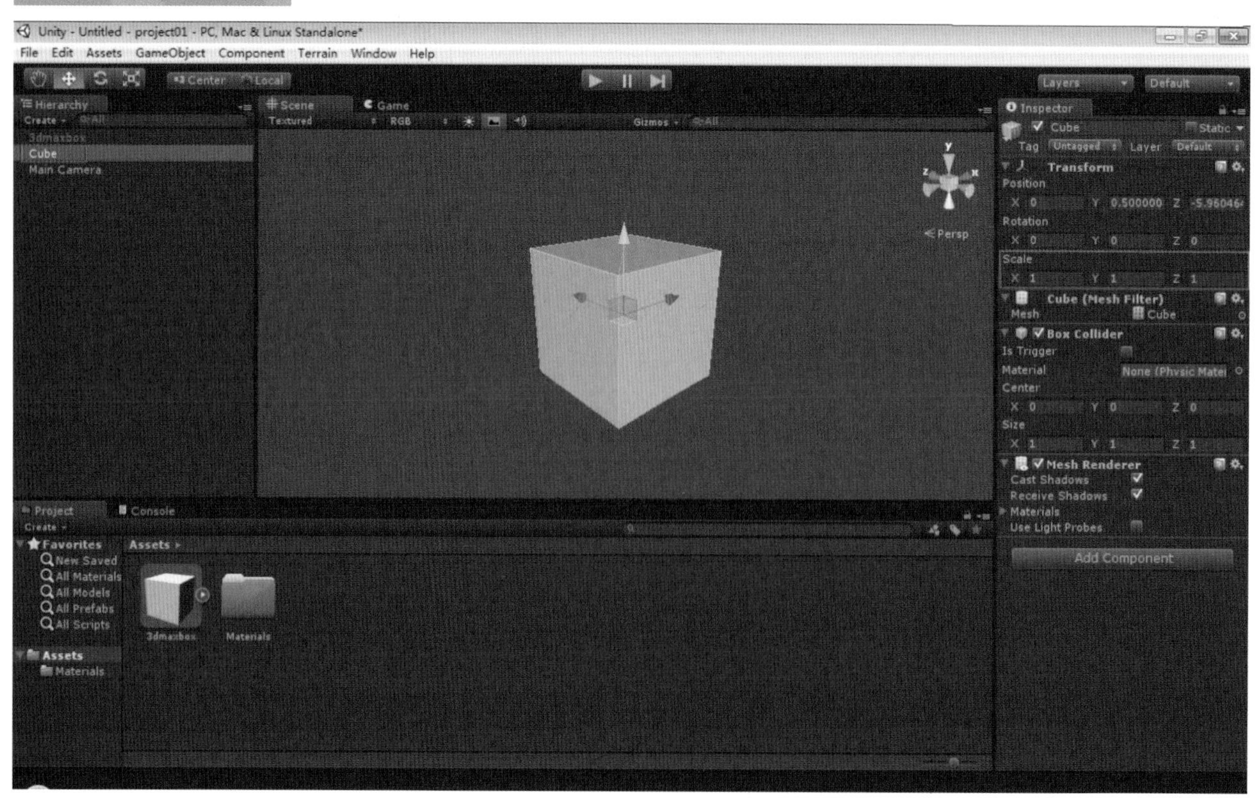

24．此时Scene视图会有两个游戏对象，在Hierarchy视图中单击选中Cube，利用工具栏中的移动工具将Cube沿X轴移动。仔细观察会发现，两个游戏对象的尺寸是完全一致的，如图3-32所示，从而验证了在3ds Max中将单位设为cm的便利性。

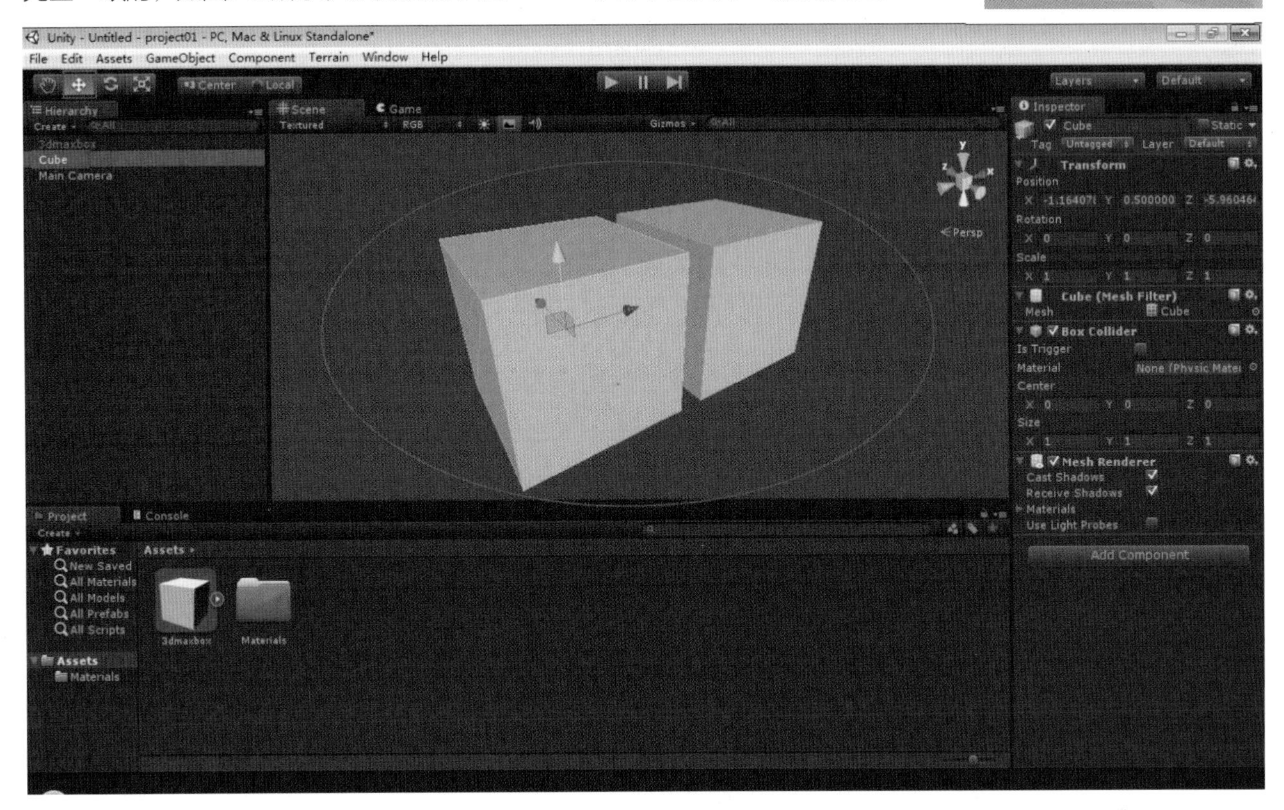

图3-32
导入的3dmaxbox游戏对象与Unity创建的Cube游戏对象尺寸完全一致

3.1.3　将模型、材质、动画导入到Unity中

本节将讲解在3ds Max中将模型、材质、动画导出并导入到Unity中的工作流程。

1．首先将名为gun的文件夹复制到计算机本地磁盘中，路径可设置为D:\unitybook\chapter03，如图3-33所示。

图3-33
将gun文件夹复制到本地磁盘

图3-34
打开gun.max文件

2．在3ds Max中打开所复制文件夹中的gun.max文件，如图3-34所示。

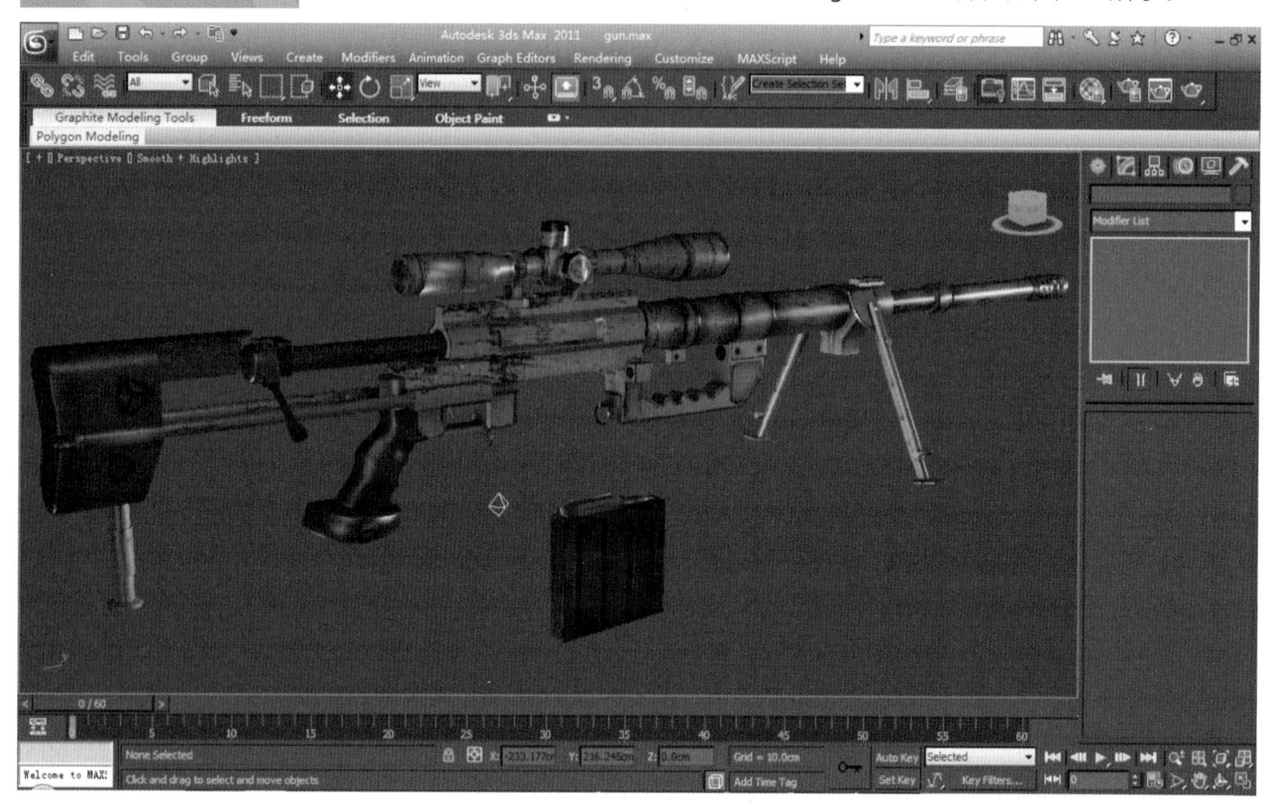

3．此文件内含一套枪械的模型，该模型已经做好了动画，可以单击Play Animation按钮或按"/"键进行动画预览，如图3-35所示（在3ds Max中制作动画的方法请参考相关资料）。

图3-35
播放枪械动画

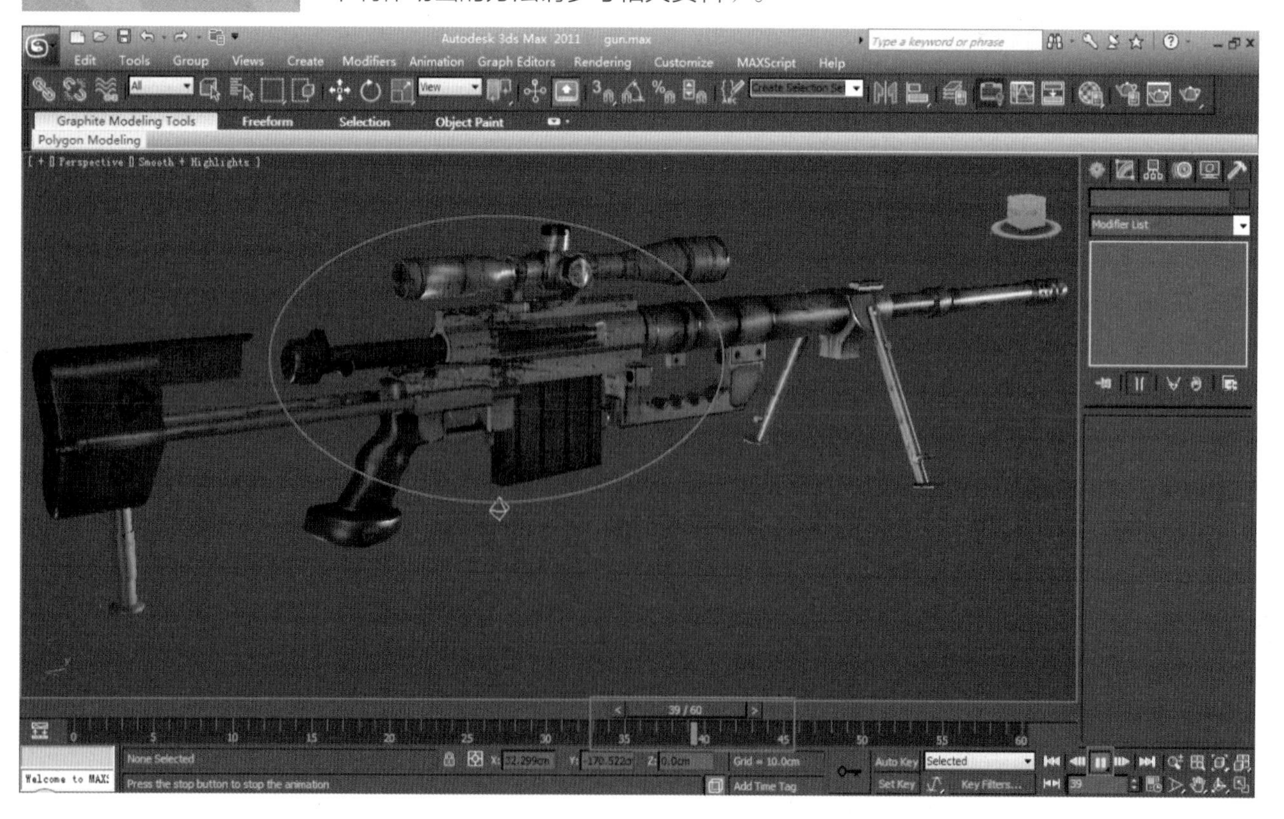

4．单击Go to Start按钮回到第0帧位置。单击按钮或按M键，弹出Material Editor材质编辑器面板（可依次单击菜单栏中的Modes→Compact Material Editor...项，切换到材质编辑器），可看到该物体材质名称为gun，材质类型为Standard标准材质，在Diffuse漫反射贴图通道上以及Bump凹凸贴图通道上都已经指定了对应的贴图，如图3-36所示。

图3-36
材质编辑器面板

注意 Attention

Unity支持的3ds Max材质球类型包括：

Standard（标准材质）。

Multi/Sub-Object(多维子材质)，需要注意每个子材质必须是标准材质。

另外，材质的名称尽量与模型的名称对应，建议都采用英文字符命名。

5．确认动画、材质无误后，接下来进行资源导出。单击按钮，选择Export，这时会弹出SelectFiletoExport对话框，选择保存类型为Autodesk(*.FBX)，指定保存路径后为该FBX文件命名，最后单击“保存”按钮。本例中文件放置路径为：D:\unitybook\chapter03\project01\Assets，如图3-37所示。

图3-37 为导出的FBX文件命名并选择保存路径

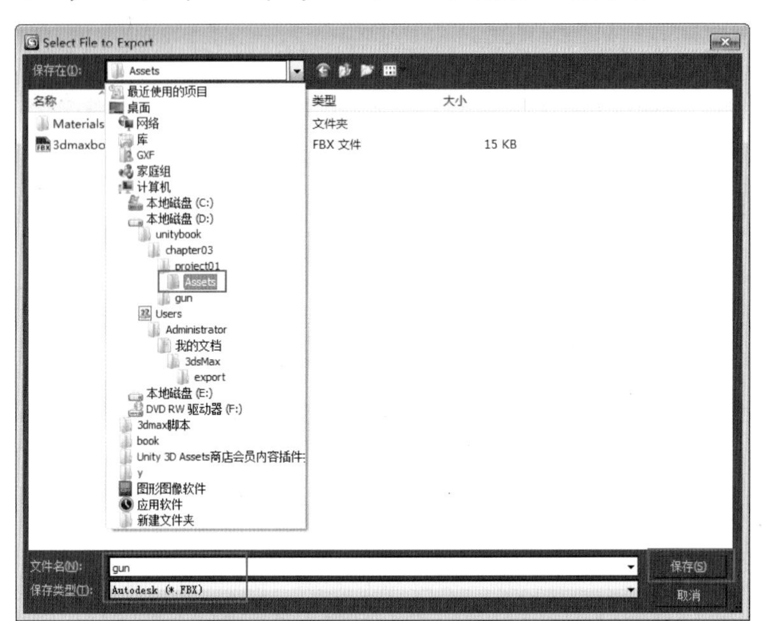

在导出资源之前，如果被导出的模型是利用镜像命令生成的，需要对其增加Reset XForm命令进行修正，否则导出的模型在Unity中可能会有错误的显示结果，模型修正的操作步骤，如图3-38所示。

图3-38 为物体指定Reset XForm命令进行修正

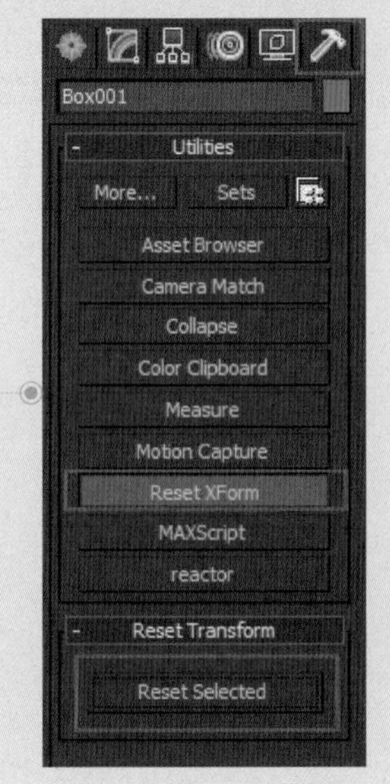

FBX文件导出时存放的路径可以自由指定。使用时连同贴图等资源一并复制到项目文件夹下的Assets文件夹下即可，默认设置下Unity会自动刷新Assets文件夹中的资源。如果导出到Unity项目的Assets文件夹中，就可以避免手动将资源导入Unity的工作，十分方便。

6．单击保存后弹出FBX Export对话框，在Include 卷展栏下打开Geometry卷展栏，保持默认设置即可，如图3-39所示。

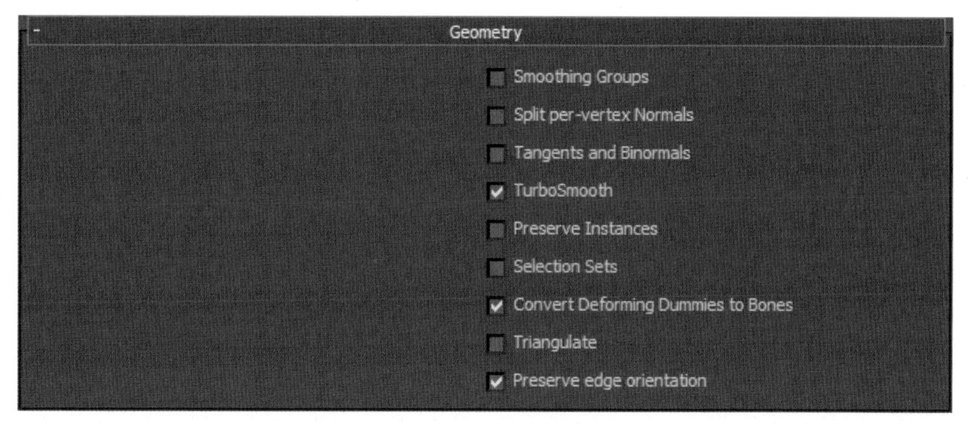

图3-39
Geometry卷展栏

7．接下来在Animation卷展栏中勾选Animation复选框，再勾选Bake Animation复选框，其他的Start（开始帧）、End（结束帧）、Step（步幅值）均保持默认不变，如图3-40所示。

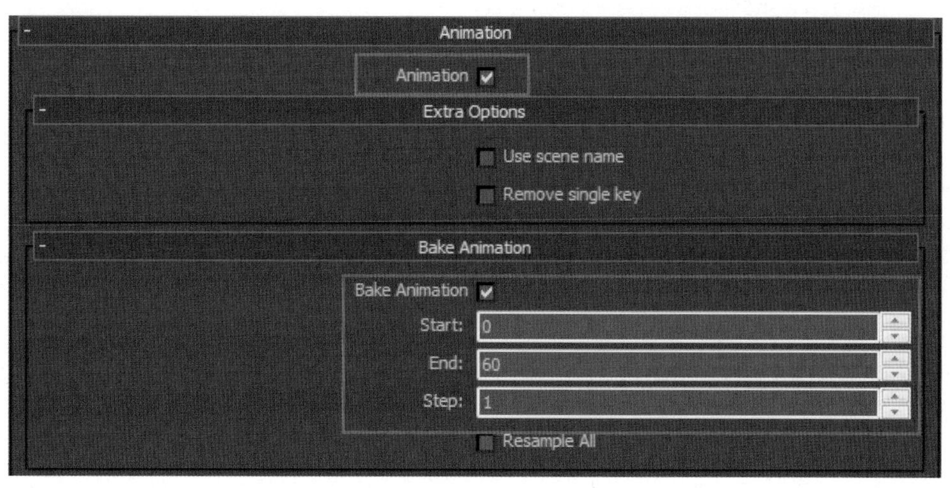

图3-40
Animation卷展栏

8．取消勾选Cameras及Lights复选框，不导出摄像机、灯光。勾选Embed Media复选框，导出时会将嵌入的媒体一并导出，如图3-41所示（勾选Embed Media复选框会将模型用到的贴图一并导出，贴图数据会保存在.FBX文件中）。

图3-41
Cameras、Lights、Embed Media卷展栏

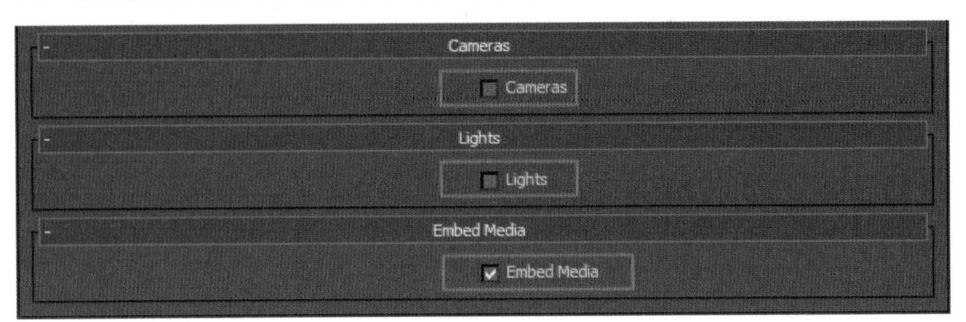

9．在Advanced Options卷展栏下展开Units项，勾选Automatic复选框，接下来展开Axis Conversion项，选择Y-up（表明在Unity程序中世界坐标是Y轴向上），以上参数设置完成后，单击FBX Export对话框中的OK按钮，将FBX资源导出。至此，一个包含模型、材质以及动画信息的FBX文件就成功地被导出了，如图3-42所示。

图3-42
FBX Export对话框

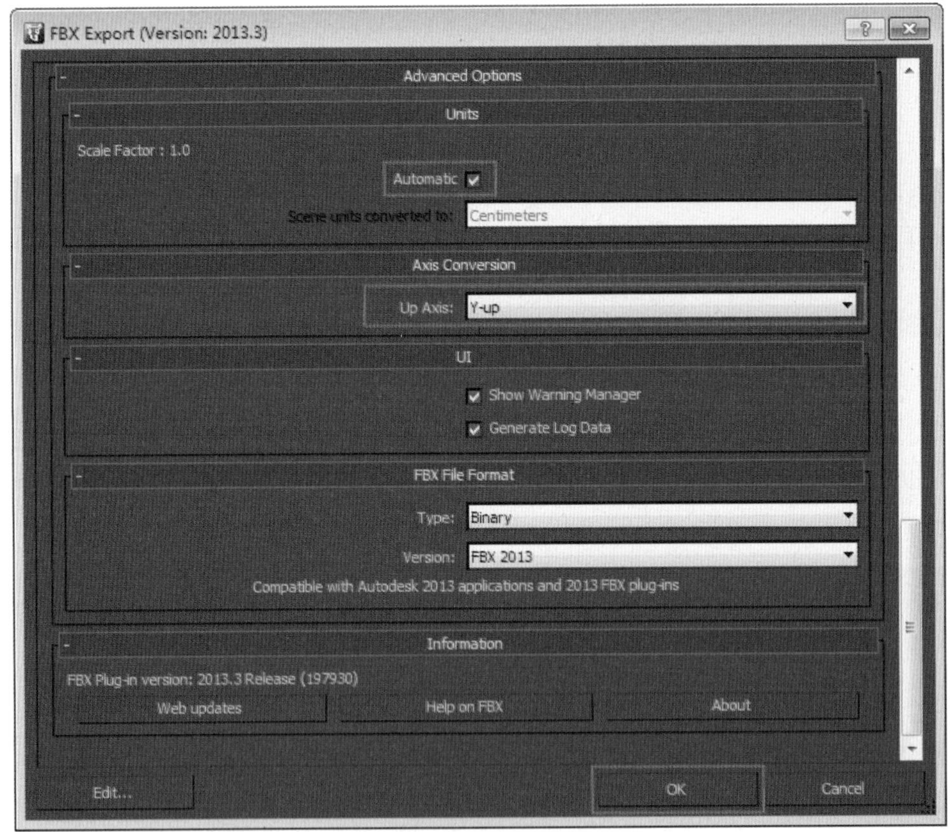

10．双击Unity应用程序启动图标，在默认设置下会自动打开上次编辑的项目工程。由于导出的FBX文件直接保存到了项目工程文件夹下面的Assets文件夹下，且Unity在默认设置下会自动刷新Assets文件夹中的内容，所以会在Project视图中的Assets文件夹中看到刚刚导入的FBX文件；并且由于导出时勾选了嵌入

媒体的复选框，所以Unity还会自动生成存放该FBX模型配套贴图的文件夹，如图3-43所示。

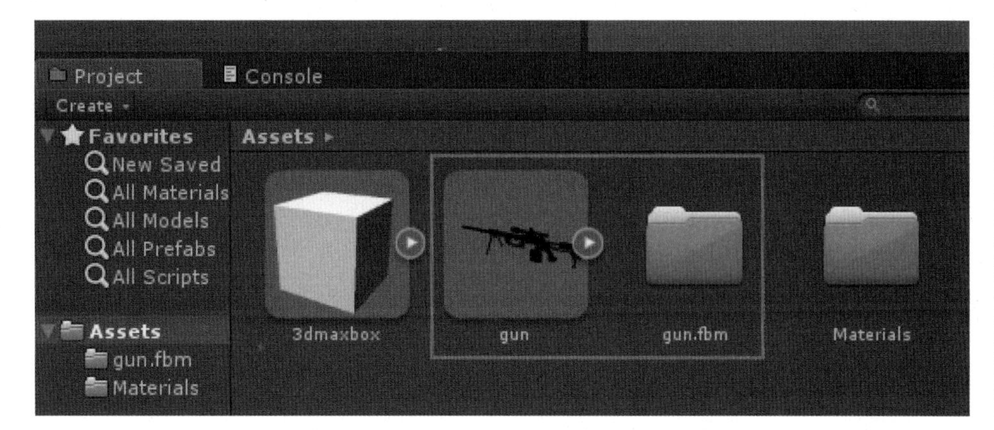

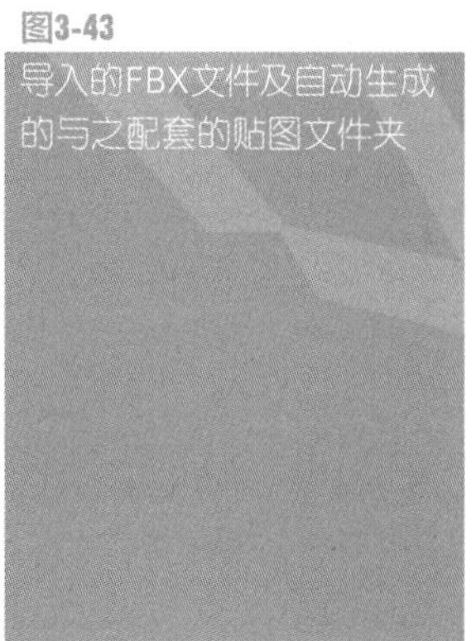
图3-43
导入的FBX文件及自动生成的与之配套的贴图文件夹

11．需要注意的是，由于导出的FBX文件模型上面有Normal map（法线贴图），所以Unity会弹出NormalMap settings对话框，提示导入的法线贴图需要设置成Normal map类型，单击Fix now按钮进行设置，如图3-44所示。

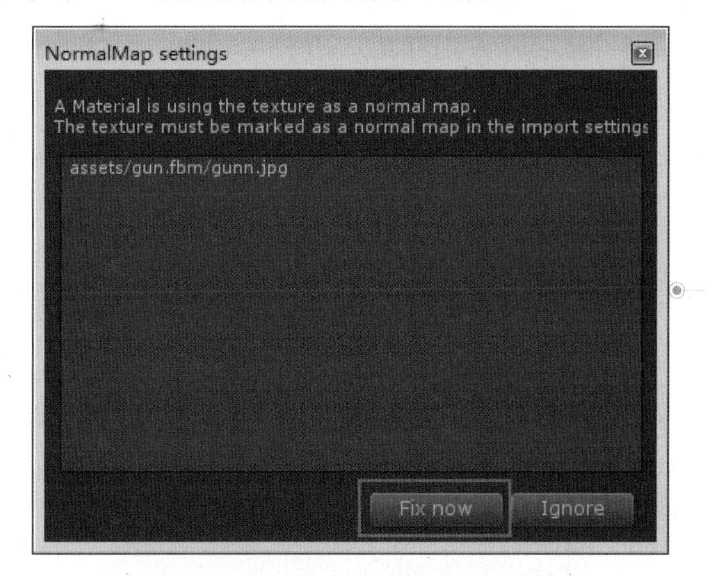

图3-44
NormalMap settings对话框

12．在Unity的Project视图中的Assets文件夹中找到刚刚导入的FBX文件。可以发现，该FBX文件是一个蓝色带白色标签的立方体图标，这是Unity中Prefab（预设体）的图标，但导入的FBX文件实际上并不是一个真正的Prefab（预设体），它只代表这个资源文件本身。如图3-45所示（关于Prefab的相关内容请参见本书3.4节）。

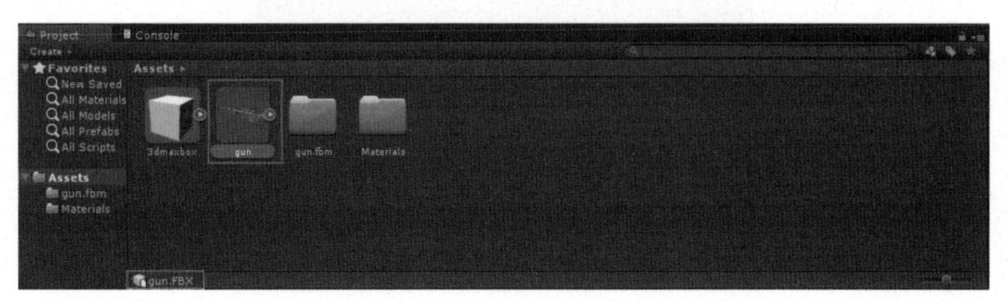

图3-45
已经导入的FBX资源

通过Project视图中右下角的滑竿可以改变资源的显示方式，方便预览，如图3-46所示。

图3-46
改变资源的预览方式

13．单击选中该FBX文件，在Inspector视图中可以看到该资源的相关属性。下面通过Inspector视图来讲解此类Prefab的相关参数。

（1）Model：模型的默认设置面板，如图3-47所示。

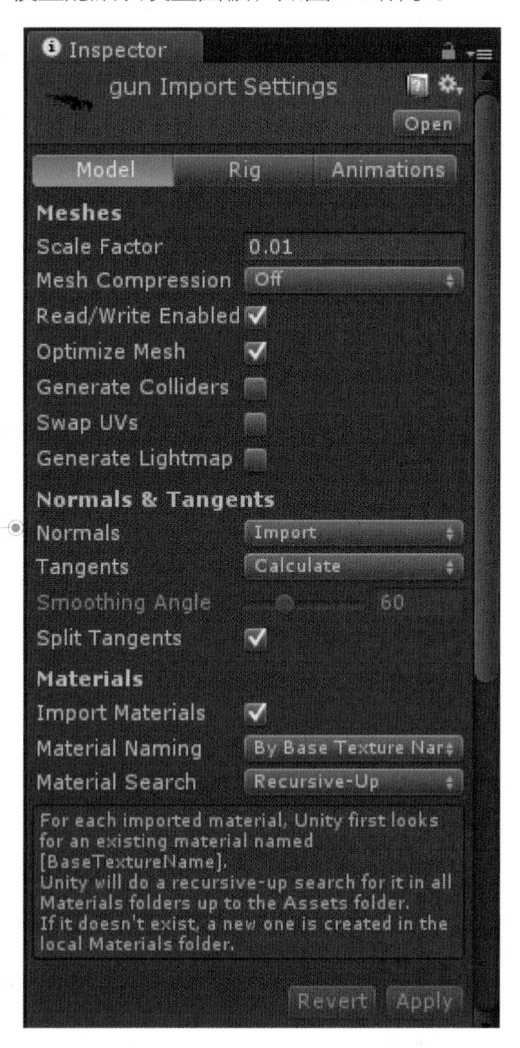

图3-47
FBX 导入器窗口：Model选项卡

Meshes：网格。

- Scale Factor：缩放系数。Unity中物理系统默认游戏世界中一个单位等于1m。采用不同的软件、不同的单位（建议在三维软件中采用公制单位）创建的模型可以通过该功能进行校正。
- Mesh Compression：网格压缩。共有4个选项，Off为不压缩，Low、Medium、High依次代表增大压缩值，压缩值越大则网格体的文件越小，但有可能导致网格出现错误。要依据实际情况进行调节。
- Read/Write Enabled：读/写启用。勾选该项后网格可被实时读写，默认为勾选。
- Optimize Mesh：优化网格。勾选该项后会优化网格，而Unity能够更快地渲染优化后的网格。
- Generate Colliders：生成碰撞体。勾选该项会为导入的物体生成碰撞体。
- SwapUVs：交换UV。如果光照贴图识别了错误的UV通道，勾选这个选项，可以交换第一、第二UV通道。
- Generate Lightmap：生成光照贴图UV通道。勾选此选项将生产光照贴图所用的第二UV通道，并会弹出Advanced Options 高级选项，参数如下：
  - Hard Angle：硬边角度。该选项用来控制相邻三角面夹角的阈值，可根据网格的形状去调节，设置哪些边将作为硬边和接缝处理。如果设置这个值为180°，那么所有的边角将都被圆滑，默认值为88（88°）。
  - Pack Margin：紧缩间隔。这个选项控制UV坐标簇的间隔，会尽量减少UV坐标簇的间隔，从而最大限度利用生成光照贴图资源，默认值为4。
  - Angle Error：角度误差。网格面片夹角可能影响的最大UV角度误差，用来控制基于原始网格影响UV坐标簇相似程度的百分比（值越大相似三角面越多）。设置一个较小的数值可以避免烘培光照贴图时产生问题，默认设置为8（8%）。
  - AreaError：面积误差。网格面积可能影响的最大UV面积误差，用来控制基于原始网格相对UV坐标簇面积相似程度的百分比，将此值设置一个较大的数值可以得到更完整的UV坐标簇，默认设置15（15%）。

Normals & Tangents：法线和切线。

- Normals：法线。定义网格的法线，有3个项可供选择：
  - Import：导入。该项为默认选项，从模型文件中导入法线。
  - Calculate：计算。依照Smoothing angle计算法线，选择后会激活Smoothing angle滑竿，可依据网格面之间的夹角阈值来计算法线，其值可在0°～180°

之间调整，默认为60（60°　）。

➢ None：无。如果模型既不需要法线贴图映射，也不需要实时光照影响，则选择该选项。

➢ Tangents：切线。定义如何计算切线，当网格上面赋予法线贴图时调节该项才会起做用（针对法线贴图），有3个选项：

✧ Import：导入。依据在三维软件中设置的方式计算切线和副法线，可理解为依据在三维软件中的设置来决定是否计算法线贴图。只有文件是.FBX、.dae、.3DS、.dxf、.obj等格式时，并且法线贴图已从文件中导入后，这个选项才可用。

✧ Calculate：计算。默认选项，计算切线和副法线，可理解为计算法线贴图。只有当法线贴图已导入并计算后，这个选项才可用。

✧ None：无。关闭切线和副法线，可理解为不计算法线贴图。网格将不具有切线，因此将不支持法线贴图着色器。

- Smoothing Angle：平滑角度。设置网格面片的夹角阈值，作用于调节法线贴图切线。
- Split Tangents：分割切线。如果模型因法线贴图出现接缝，激活这个选项可以修复接缝问题。

Materials：材质。

- Import Materials：导入材质。勾选该项，系统将用默认的漫反射材质取代FBX导入时的材质。
- Material Naming：材质命名。决定Unity材质的命名方式。有3个选项：

➢ By Base Texture Name：依照基础贴图名称。以导入材质中的漫反射贴图名称作为物体材质的名称（如果导入的材质中不含漫反射贴图，Unity将用导入的材质名称来命名）。

➢ From Model's Material：来自模型的材质名称。以导入模型的名称作为物体材质的名称。

➢ Model Name + Model's Material：模型名+模型材质名。以导入模型的名称加上导入的材质名称作为物体材质的名称。

- Material Search：材质搜索。决定Unity如何根据Material Naming选项，搜索定位相应的材质。有3个选项：

➢ Local Materials Folder：局部材质文件夹。仅在和模型文件处于同一个文件夹下的子文件夹中搜索。

➢ Recursive-Up：向上。Unity将依次向上搜索Assets文件夹中所有的材质子文件夹。

➢ Project-Wide：项目范围。Unity将在整个Assets文件夹中搜索材质。

（2）Rig：操控命令面板，如图3-48所示。

图3-48
FBX 导入器窗口：Rig选项卡

• Animation　Type：动画类型。该选项用来指定导入FBX资源的动画类型。

➢ None：无动画。

➢ Legacy：旧版的动画系统。如果希望用3.X的动画系统导入和编辑动画，则选择该项，然后在下拉菜单中定义节点的存储方式，如图3-49所示。

图3-49
定义节点的存储方式

➢ Generic：通用Mecanim动画系统。如果导入的FBX资源不是人形角色，请选择该项，然后在下拉菜单中为动画模型选择一个模型作为根节点（具体请参考本书第6章内容）。

➢ Humanoid：人形Mecanim动画系统（具体请参考本书第6章内容）。

➢ Avatar Definition：替身定义。

➢ Create from this model：从这个模型创建，替身将依据选择的模型创建。

➢ Copy from other Avatar：从其他替身复制。

➢ Configure：配置Avatar 替身（具体请参考本书第6章内容）。

➢ Keep additional bones：保留附加的骨骼。

（3）Animations：动画。Animations选项卡中的内容会依据Rig选项卡中选择的动画类型而有所不同，这里介绍默认的Generic动画系统下的参数，如图3-50所示。

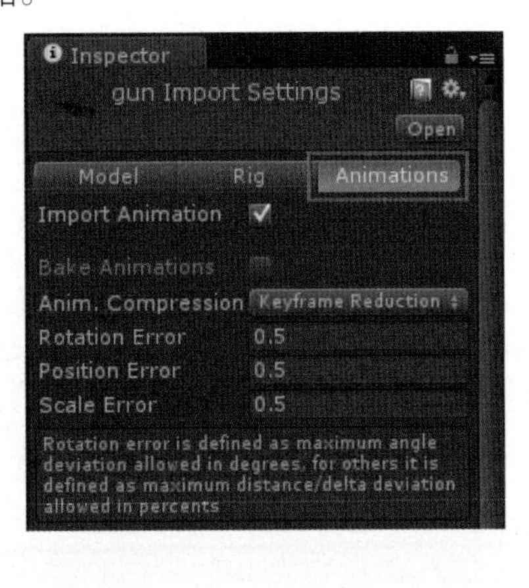

图3-50
FBX 导入器窗口：Animations选项卡

• Import　Animation：勾选该项将启用导入时所带的动画。

• Bake Animation：勾选该项将烘焙动画。默认设置下不勾选该项。

• Anim.Compression：动画的压缩方式选项。选项如下：

➢ Off：关闭动画压缩。保留最高的精确度，但同时文件体积也是最大的。

➢ Keyframe Reduction：减少关键帧。意为导入时优化关键帧。

➢ Keyframe Reduction and Compression：减少关键帧并压缩。导入时优化关键帧并压缩关键帧。

- Rotation Error：旋转误差。旋转轨迹优化的程度，值越小，精确度越高。
- Position Error：位移误差。位移轨迹优化的程度，值越小，精确度越高。
- Scale Error：缩放误差。缩放轨迹优化的程度，值越小，精确度越高。

导入的FBX资源会自动生成一个Prefab（预设体），为了与手动建立Prefab的相区别，在Project视图中的Assets视图中图标的样式是有所不同的。其在Inspector视图中的参数也是有区别的。
当网格资源被复制到Assets文件夹中的时候，会自动生成一个类似预设体的网格对象。可在Inspector视图中的Imported　Object中看到该对象的详细信息。实际上这并不是一个预设体，只是代表这个资源文件本身。

14．经过上面步骤的设置，FBX资源导入Unity中的基本设置工作已经完成。接下来在Project视图中的Assets文件夹中单击选中该Prefab文件，拖动到Scene视图或Hierarchy视图中（两种方法都可以，可以依据个人习惯来操作），此时Scene视图中就已经将此Prefab显示出来，如图3-51所示。在Scene视图以及Hierarchy视图中出现的所有元素，都可以理解为是游戏对象（关于游戏对象的定义，本书将依据此规则进行定义，后文不再赘述）。

图3-51
将导入FBX资源添加到场景中的默认效果

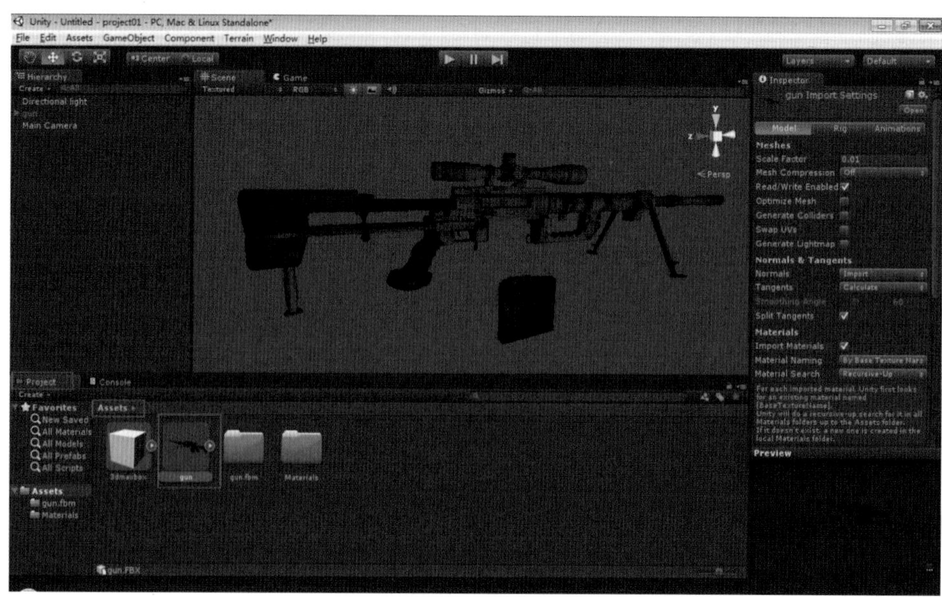

15．选中此游戏对象后，在Inspector视图中将显示该游戏对象的属性以及附加的组件，如图3-52所示。

图3-52
添加到场景中的游戏对象

16．依次打开菜单栏中的File→Save Scene项（快捷键Ctrl+S），在弹出的对话框中为场景命名后单击“保存”按钮即可，此时在Project视图中的Assets文件夹中可以看到刚刚保存的场景，如图3-53所示。至此，模型、材质、动画导入Unity 3D中的基本工作就完成了。

图3-53
保存场景

3.2 图片资源的导入

在Unity项目中，图片是非常重要的资源。无论是模型材质还是GUI纹理都要用到图片资源。本节将详细讲解图片资源导入到Unity中的流程、要求，以及发布不同平台的相关设置。

3.2.1 Unity所支持的图片格式以及尺寸要求

Unity支持的图像文件格式包括TIFF、PSD、TGA、JPG、PNG、GIF、BMP、IFF、PICT、DDS等。

> Unity支持含多个图层的PSD格式的图片。PSD格式图片中的图层在导入Unity之后将会自动合并显示，但该操作并不会破坏PSD源文件的结构。

为了优化运行效率，在几乎所有的游戏引擎中，图片的像素尺寸都是需要注意的，建议图片纹理的尺寸都是2的n次幂，例如32、64、128、256、1024等以此类推（最小像素大于或等于32，最大像素尺寸小于或等于4096），图片的长、宽则不需要一致。例如512*1024、256*64等都是合理的。

Unity也支持非2的次幂尺寸图片。Unity会将其转化为一个非压缩的RGBA 32位格式，但是这样会降低加载速度，并增大游戏发布包的文件大小。

图片尺寸若不是2的整数幂，可以在导入设置中使用NonPower2 Sizes Up将尺寸调整为2的整数幂。这样该图片同其他图片就没有什么区别了，同时要注意的是，这种方法可能会因改变图片的比例而导致图片质量下降，所以建议在制作图片资源时就按照2的整数幂的尺寸规格来制作，除非此图片用于GUI纹理。

> 出于性能上的考虑，模型的贴图要尽量使用Mip Maps。该方式虽然将多消耗33%的内存，但在渲染性能和效果上有很大的优势。可以使距相机较远的游戏对象使用较小的纹理。

3.2.2 图片资源导入后的设置

Unity是一款可以跨平台发布游戏的引擎，单纯就图片资源来说，在不同的平台硬件环境中使用还是有一定区别的。如果为不同平台手动制作或修改相应尺寸的图片资源，将是非常不方便的。Unity为用户提供了专门的解决方案，可以在项目中将同一张图片纹理依据不同的平台直接进行相关的设置，效率非常高，本节就来介绍根据不同平台对图片资源进行设置。

在Unity中，向项目中导入图片资源有3种方法。

- 可以直接将图片文件复制或剪切到项目文件夹下面的Assets文件夹或Assets文件夹下面的子文件夹中（此方法可以同时导入多张图片资源）。
- 也可以在Unity中依次打开菜单栏中的Assets→Import New Asset...进行导入（一次只能导入一张图片资源），如图3-54所示。

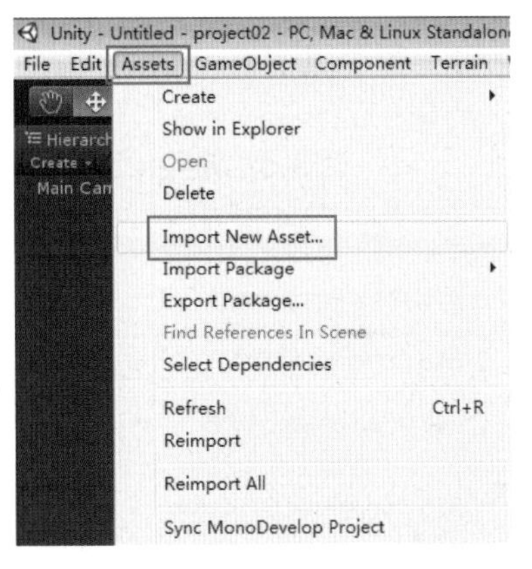

图3-54 导入素材方式

1．根据前面所讲的内容新建一个项目，依次打开菜单栏中的Assets→Import New Asset，可随意选中一张图片素材导入，导入后会在Project视图中的Assets文件夹中显示该图片，如图3-55所示。

图3-55 图片素材导入项目中

2．单击选中该图片资源，在Inspector视图中可以根据不同的平台进行相应图片的尺寸设置，也就是说，在最终发布时，Unity会依据设定来调整图片的尺寸，下面以Texture Type图片类型为Texture（普通纹理）的情况下来讲解，如图3-56所示。

图3-56 图片设置

3．不同平台的设置方法基本都是相同的，下面介绍Default的设置方法。

- Default：默认预设（所有平台的默认设置），如图3-57所示。
- MaxSize：最大纹理尺寸。可调整所选择的纹理的最大尺寸。值的范围自小至大依次为32、64、128、256、512、1024、2048、4096。
- Format：格式。该项用来设置图片的压缩格式，有3种格式可供选择。（如果Texture Type设置为Advanced，则会有19种格式，具体参见表3-3。）
  - ➢ Compressed：压缩纹理，该项为默认选项。是最常用的纹理格式。压缩的格式会根据发布的平台自动选择。

图3-57 默认设置

➢ 16bit：RGB彩色，16位彩色图最多可以有2的16次幂种颜色（低质量的真彩色）。注意：16bit格式为非压缩格式，会占用较大磁盘空间。

➢ Truecolor：真彩色，是最高质量的真彩色，也就是32位色彩（256×256的纹理大小为256 KB）。注意：Truecolor格式为非压缩格式，会占用较大磁盘空间。

表3-3 将Texture Type设置为Advanced时纹理的格式列表

格 式	详 解
Automatic Compressed	压缩RGB纹理，该项为默认选项，常用的漫反射纹理格式4位/像素（32KB，256×256）
RGB Compressed DXT1	压缩的RGB纹理。常用的漫反射纹理格式，4位/像素（32KB，256×256）
RGBA Compressed DXT5	压缩的RGBA纹理。是漫反射和高光控制纹理的主要格式。1字节/像素（64 KB 256×256）
RGB Compressed ETC 4 bits	压缩的RGB纹理。是Android工程默认的纹理格式，不支持Alpha，4位/像素（32KB，256×256）
RGB Compressed PVRTC 2 bits	压缩的RGB纹理，支持Imagination PowerVR GPU，2位/像素（16KB，256×256）
RGBA Compressed PVRTC 2 bits	压缩的RGBA纹理，支持Imagination PowerVR GPU，2位/像素（16KB，256×256）
RGB Compressed PVRTC 4 bits	压缩的RGB纹理，支持Imagination PowerVR GPU，4位/像素（32KB，256×256）
RGBA Compressed PVRTC 4 bits	压缩的RGBA纹理。支持Imagination PowerVR GPU。4位/像素（32KB，256×256）
RGB Compressed ATC 4 bits	压缩的RGB纹理，支持Qualcomm Snapdragon，4位/像素（32KB，256×256）
RGBA Compressed ATC 8 bits	压缩的RGB纹理，支持Qualcomm Snapdragon，8位/像素（64KB，256×256）
Automatic 16 bits	RGB彩色，16位彩色图最多可以有2的16次方种颜色，（低质量的真彩色）
RGB 16 bit	65万颜色不带alpha，比压缩的格式使用更多的内存，适用于UI纹理（128 KB 256×256）
ARGB 16 bit	低质量真彩色，具有16级的红、绿、蓝和alpha通道（128KB 256×256）
RGBA 16 bit	
Automatic Truecolor	真彩色，是最高质量的真彩色，也就是32位色彩（256×256的纹理大小为256 KB）
RGB 24 bit	真彩色不带alpha（192 KB 256×256）
Alpha 8 bit	高质量alpha通道，不带颜色（64 KB 256×256）
ARGB 32 bit	真彩色带alpha通道（256 KB 256×256）
RGBA 32 bit	

• Compression Quality：压缩质量。该项在只在Override for Android及Override for FlashPlayer项下面出现。

➢ Override for Android：覆盖到Android平台。该模式下可以有3个选项可供选择，Fast、Normal、Best，依次代表压缩质量由低到高。

➢ Override for FlashPlayer：覆盖到FlashPlayer。该模式下靠数值来控制压缩质量，值的范围是0~100，也可以直接拖动滑块进行调整。

• Revert：单击此按钮取消设定。

• Apply：单击此按钮应用设定。

3.2.3　图片资源类型的设定

在Unity中，根据图片资源的不同用途，需要设定图片的类型，例如作为普通纹理、法线贴图、GUI图片、反射贴图、光照贴图等不同类型用途的图片应设定相应的格式来达到最佳的效果。对于项目制作而言，图片的类型设定是非常重要的。本节将讲解图片资源类型的设定。

紧接上节的内容，打开上节所建立的项目，在Project视图中的Assets文件夹中单击选中图片资源。在Inspector视图中会显示该图片资源的相关控制选项，根据图片类型的设置不同，Inspector视图中显示的内容也会有相应的变化，下面将依次介绍所有的类型（共8种）。

1．Texture：纹理。这种类型可以理解为是适用于所有类型纹理的最常用设置。参数如图3-58所示。

图3-58
Texture类型面板

- Texture　Type：纹理类型。此处可选择Texture（纹理）、Normal　map（法线贴图）、GUI（图形用户界面）、Cursor（图标文件）、Reflection（反射）、Cookie（作用于光源的Cookie）、Lightmap（光照贴图）、Advanced（高级）等8种类型。
- Alpha from Grayscale：依据灰度产生Alpha通道。勾选该项，将依据图像自身的灰度值产生一个alpha透明度通道。
- Wrap Mode：循环模式。控制纹理平铺时的样式，有两种方式可供选择：
  - ➢ Repeat：重复。该项为默认选项，选择该项后纹理将以重复平铺的方式映射在游戏对象上。
  - ➢ Clamp：夹钳/截断。选择该项后将以拉伸纹理的边缘的方式映射在游戏对象上。
- Filter　Mode：过滤模式。控制纹理通过三维变换拉伸时的计算（过滤）方式，有3种方式可供选择：
  - ➢ Point：点模式。是一种较简单材质图像插值的处理方式，会使用包含像素最多部分的图素来贴图。简而言之，图素占到最多的像素就用此图素来贴图。这种处理方式速度比较快，材质的品质较差，有可能会出现“马赛克”现象。
  - ➢ Bilinear：双线性。这是一种较好的材质图像插值的处理方式，会先找出最接近像素的四个图素，然后在它们之间做插值计算，最后产生的结果才会被贴到像素的位置上，这样不会看到“马赛克”。这种处理方式较适用于有一定景深的静态影像，不过无法提供最佳品质，也不适用于移动的游戏对象。

➢ Trilinear：三线性。这是一种更复杂材质图像插值处理方式，会用到相当多的材质贴图，而每张的大小恰好会是另一张的四分之一。例如：有一张材质影像有512 × 512个图素，第二张就会是256 × 256个图素，以此类推。凭借这些多重解析度的材质影像，当遇到景深较大的场景时，可以提供最高的贴图品质，会去除材质的“闪烁”效果。对于需要动态物体或景深很大的场景应用方面而言，选用此种方式会获得最佳的效果。

• Aniso Level：各向异性级别。当以一个过小的角度观察纹理时，此数值越高观察到的纹理质量就越高，该参数对于提高地面等纹理的显示效果非常明显。

图3-59
Normal map类型面板

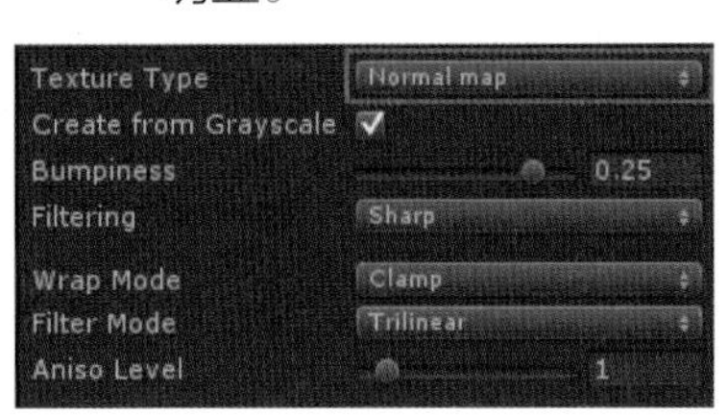

2．Normal map：法线贴图类型。选择此类型，可将图像颜色通道变成一个适合于法线映射的格式，参数如图3-59所示。

• Createfrom Grayscale：依据灰度产生Alpha通道。勾选该项，依据图像自身的灰度值计算法线贴图的凹凸值。

• Bumpiness：凹凸强度调节，该项用来控制贴图凹凸的量。

• Filtering：过滤。控制法线贴图的凹凸的计算方式，有2种方式可供选择：

➢ Smooth：平滑，这种方式产生的法线贴图比较平滑。

➢ Sharp：锐化，这种方式产生的法线贴图更加清晰、锐利。

图3-60
GUI类型面板

3．GUI：图形用户界面类型。选择此类型，纹理适用于HUD/GUI所用的纹理格式，参数如图3-60所示。需要注意的是，如果纹理的大小非2的整数次幂，且纹理的类型被设定为GUI，Unity会将该纹理强制转换为Truecolor格式。

• 参数参考Texture类型。

图3-61
Cursor类型面板

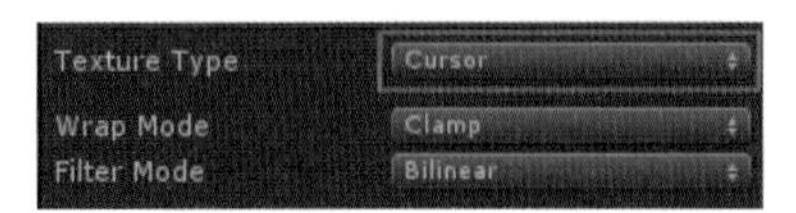

4．Cursor：图标文件。选择此类型，纹理适用于光标所用的纹理格式，参数如图3-61所示。

• 参数参考Texture类型。

5．Reflection：反射。选择此类型，类似CubeMaps（立方体贴图），此类型纹理适用于反射所用的纹理格式，参数如图3-62所示。

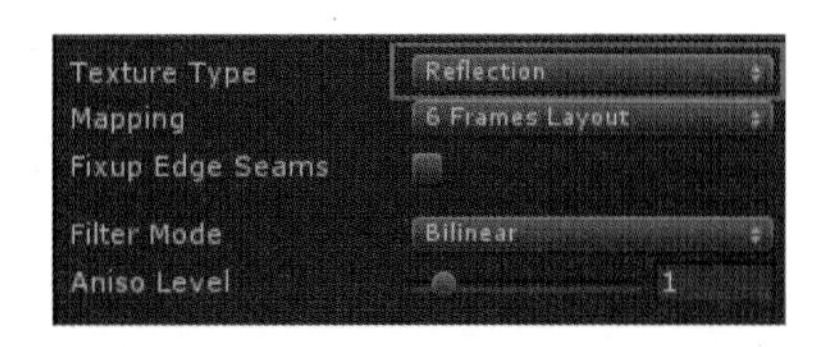

图3-62

Reflection类型面板

- Mapping：映射。该项决定映射到立方体贴图上的反射贴图方式。有5种方式可供选择：
  - ➢ Sphere　Mapped：球形包裹方式。图像以包裹球形的方式映射到反射贴图上。
  - ➢ Cylindrical：圆柱方式。纹理以圆柱的方式映射到反射贴图上。
  - ➢ Simple Sphere：简单球形。图像映射到一个简单的球形上，当旋转时反射会发生变形。
  - ➢ Nice Sphere：精致球形。图像映射到一个球形上，当旋转时反射会发生变形。
  - ➢ 6 Frames Layout：6框架布局。是默认的设置。，可以理解为将图片包含的六个图像分别映射到一个立方体的6个面上。
- Fixup edge seams：固定边缘接缝处。当反射贴图有接缝时可尝试勾选该选项进行控制。

6. Cookie：作用于光源的Cookie，选择此类型，纹理适用于灯光游戏对象的Cookie，参数如图3-63所示。

图3-63

Cookie类型面板

- Light　Type：光源类型。该项用来指定该纹理计划作用于光源的类型，有3种光源可供选择：
  - ➢ Spotlight：聚光灯。如选择此类型光源，建议纹理的边缘保证为纯黑色，并Wrap Mode模式设为Clamp。这样会获得正确的结果。
  - ➢ Directional：平行光源。如选择此类型光源，建议Wrap Mode模式设为Repeat。这样会获得正确的结果。
  - ➢ Point：点光源。如选择此类型光源，会多出Mapping、Fixup edge seams两项，Mapping参考Reflection类型的相关讲解。勾选Fixup edge seams复选框可对固定边缘处接缝进行控制。

7. Lightmap：光照贴图。选择此类型，可将图像设定为适用于光照贴图的格式，参数如图3-64所示。

图3-64
Lightmap类型面板

参数设置参考Texture类型。

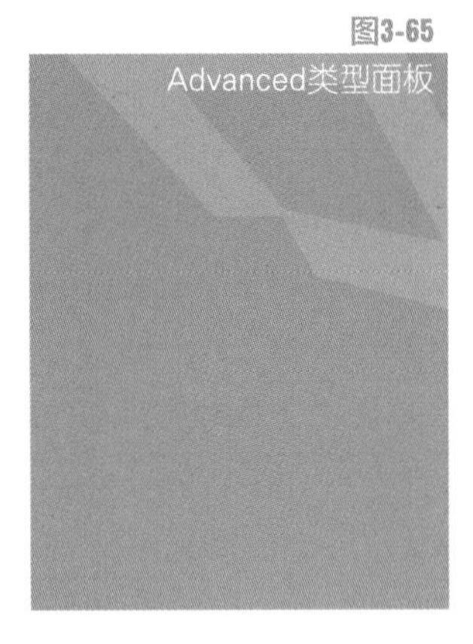

图3-65
Advanced类型面板

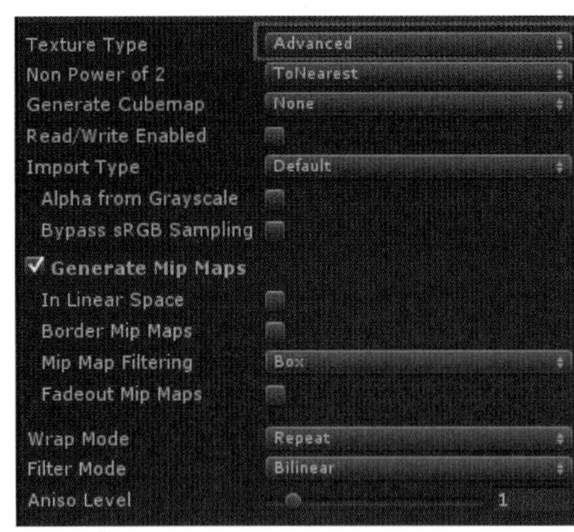

8. Advanced：高级。选择此类型，可对纹理进行高级设置，参数如图3-65所示。

- Non Power of 2：图片尺寸非2的整数次幂。该项在导入并选择了非2的整数次幂尺寸图像的情况下才可用。该项的主要作用是将图像尺寸缩放到2的整数次幂，有4个选项。
  - None：无。对图像尺寸不进行处理。
  - ToNearest：到最接近的（尺寸）。将图像尺寸缩放到最接近的2的整数次幂的大小。例如：513x1023像素的图像将被缩放成512x1024像素。

知识点 Epistemology

> PVRTC格式要求纹理尺寸的宽度与高度相等（正方形）。PVRTC是一种有损的纹理压缩技术，主要用于iPhone，iPod touch和iPad。

  - ToLarger：到较大的（尺寸）。将图像尺寸放大到较大的最接近2的整数次幂大小。例如：257x513像素的图像将被放大成512x1024像素。
  - ToSmaller：到较小的（尺寸）。将图像尺寸缩小到较小的最接近2的整数次幂大小。例如：254x511像素的图像将被缩小成256x256像素。
- Generate Cube Map：生成立方体贴图。只有Non Power of 2项中选择了除None以外的类型时才可用。使用不同的方式将图像生成一个立方体贴图，有6种方式可供选择：
  - None：无。不将图像生成立方体贴图。
  - Spheremap：球形包裹贴图。图像以包裹球形的方式映射到立方体贴图上。
  - Cylindrical：圆柱形贴图。图像以圆柱的方式映射到立方体贴图上。
  - SimpleSpheremap：简单球形贴图。图像以简单球形的方式映射到立方体贴图上。
  - NiceSpheremap：精致球形贴图。图像以精致球形的方式映射到立方体贴图上。

- ➢ FullCubemap：立方体贴图。可理解为将图像转成6个纹理映射到立方体贴图上。

- Read/Write Enabled：读/写启用。勾选该项将允许从脚本（GetPixels、SetPixels和其他Texture2D函数）访问纹理数据。同时会产生一个纹理副本，故而会源消耗双倍的内存，建议谨慎使用。
- Import Type：导入类型。该项用来指定导入图像的类型，可理解为用于指定图像在导入前计划的应用类型。例如图像在三维软件烘焙出来的法线贴图、光照贴图等，在导入之前就知道这类图片的用途，导入后需要根据图像的用途指定相应的类型。有3种类型可供选择：
  - ➢ Default：初始默认的。指定此类形就代表将图像作为普通纹理被导入、使用。选择该项时，有两个子项，分别是：
    - ✧ Alpha from Grayscale：依据灰度产生Alpha通道。勾选该项，将依据图像自身的灰度值产生一个alpha透明度通道。
    - ✧ Bypass sRGB Sampling：通过sRGB采样。使用精确颜色值而非补偿值来对其进行校正，当纹理被用作GUI或被编译成非图像信息时才勾选该项，且此选项只在纹理导入类型为Default时可用。
  - ➢ Normal Map：法线贴图。指定此类形就代表将图像作为法线贴图被导入、使用。
  - ➢ Lightmap：光照贴图。指定此类形就代表将图像作为光照贴图被导入、使用。
- Generate Mip Maps：生成Mip Maps。勾选该项将生成Mipmap。例如当纹理在屏幕上非常小的时候，Mipmaps会自动调用该纹理较小的分级。包括如下选项：
  - ➢ In Linear Space：选择该项代表依据线性颜色空间产生mipmaps。
  - ➢ Border Mip Maps：选择该项代表避免色彩渗出边缘。一般应用于灯光游戏对象的Cookie。
  - ➢ Mip Map Filtering：Mip Map过滤方式，有两种方式可供选择：
    - ✧ Box：采取最基本的方法处理mipmaps级别，随着纹理尺寸的减小，将mip级别做平滑处理。
    - ✧ Kaiser：此种是随着纹理的减小对mip maps进行锐化的算法。该方法可以改善纹理在摄像机与纹理的距离过远时出现的纹理模糊问题。
  - ➢ Fadeout Mip Maps：淡出Mips。勾选该项将使mipmaps随着mip的级别而

褪色为灰色，该方式适用于detail maps（细节贴图）。滑块在最左侧代表开始淡出的第一个mip级别，最右侧代表mip级别完全变灰。

3.3 音频、视频的导入

音频、视频是多媒体的重要组成部分，在游戏中是不可或缺的元素，是构成游戏背景音乐、游戏音效、解说词、游戏过场动画等内容必需的资源。本节将依次讲解音频、视频资源导入到Unity中的流程以及基本设置。

3.3.1 Unity支持的音频、视频格式

1. Unity支持的音频格式

Unity支持大多数的音频格式，未经压缩的音频格式以及压缩过的音频格式文件都可直接导入Unity中进行编辑、使用。

对于较短的音乐、音效可以使用未经压缩的音频(WAV、AIFF)。虽然未压缩的音频数据量将较大，但音质会很好。并且声音在播放时并不需要解码，一般适用于游戏音效。

而对于时间较长的音乐、音效，建议使用压缩的音频(Ogg Vorbis、MP3)，压缩过的音频数据量比较小，但是音质会有轻微损失，而且需要经过解码，一般适用于游戏背景音乐。Unity支持的音频格式可以参考表3-4。

如果游戏最终发布到PC/Mac (standalones, webplayers) 导入Ogg Vorbis文件不会降低质量。如果最终发布到IOS/Android等移动平台时，将强制将音频资源编码为MP3格式，会导致轻微的质量下降，所以，当发布到移动平台时，导入MP3格式音频资源与Ogg Vorbis并没有差别。

表3-4　Unity支持的音频

格　　式	压缩（MAC / PC）	压缩（移动）
MPEG（1/2/3）	Ogg Vorbis格式	MP3
Ogg Vorbis格式	Ogg Vorbis格式	MP3
WAV	Ogg Vorbis格式	MP3
AIFF	Ogg Vorbis格式	MP3
MOD	—	—
IT	—	—
S3M	—	—
XM	—	—

2．Unity支持的视频格式

Unity通过Apple QuickTime导入视频文件。这意味着Unity仅支持QuickTime支持的视频格式（.mov、.mpg、.mpeg、.mp4、.avi、.asf）。在Windows系统中导入视频，需要安装QuickTime软件。QuickTime的下载地址为http://www.apple.com/quicktime/download/。

视频资源的导入、导出功能只有Pro/Advanced版本才支持。

3.3.2　音频资源的导入

1．将音频资源导入到Unity中非常简单，与图片资源的导入方法是相同的。新建一个项目，将音频文件导入到项目文件夹中，如图3-66所示。

图3-66
将音频文件导入到Unity中

图3-67
音频剪辑检视面板

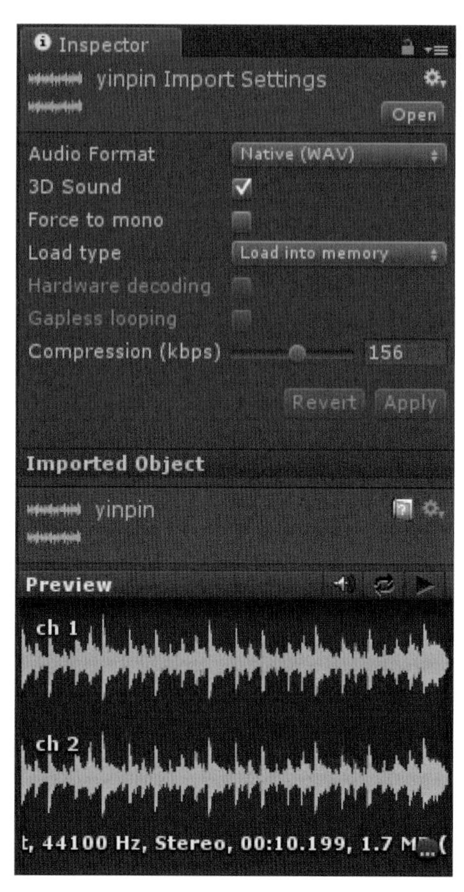

2. 单击选中该音频资源，在Inspector视图中可以看到该音频资源的相关属性，如图3-67所示。下面讲解Audio Clip Inspector面板相关参数：

- Audio Format：音频格式。该项用于指定在运行时音频的格式。有2种类型可供选择：
  - ➢ Native：原生格式。此类型的文件尺寸较大，音质无损。适用于音轨较短的音频。一般用于游戏音效。
  - ➢ Compressed：压缩的格式。此类型的文件尺寸较小，音质略有损失。适用于音轨较长的音频。一般用于游戏背景音乐或解说词等较长的音频。
- 3D Sound：3D 音效。勾选该项，音频将在3D空间中播放。并且支持单声道和立体声。
- Force to mono：强制单声道。勾选该项，所编辑的音频剪辑将混合为单通道声音。
- Load type：加载类型。该项用于选择运行时加载音频的类型。有三种方式可供选择：
  - ➢ Decompressonload：加载时解压缩。该类型加载后解压缩声音。以避免运行时解压缩的性能开销。要注意加载时解压缩声音将使用比内存中压缩的多10倍或更多内存，因此适用于较小的压缩声音。
  - ➢ Loadintomemory：加载到内存中。该类型保持音频在内存中是压缩的并在播放时解压缩。这有轻微的性能开销（尤其是OGG / Vorbis格式的压缩文件），适用于音轨较短的音频。
  - ➢ Stream from disc：从磁盘中载入音频流。该类型直接从磁盘流音频数据。这只使用了原始声音占内存大小的很小一部分，适用于音轨较长的音频。
- Hardware decoding：硬件解码。该项仅在发布到iOS设备的情况下可用，勾选该项会使用苹果的硬件解码来减少CPU的解压缩运算量。

- Gapless looping：无缝循环。该项仅在发布到Android/iOS设备的情况下可用，勾选该项可处理该音频播放时循环点声音不正常的问题。
- Revert：单击此按钮取消设定。
- Apply：单击此按钮应用设定。
- Preview：预演视图。该视图含3个控制按钮，如图3-68所示。
  - ➢ 单击按钮1将在游戏运行模式下将播放此声音。再次单击取消该模式。
  - ➢ 单击按钮2将循环播放该音频。再次单击代表取消该模式。
  - ➢ 单击按钮3将播放该音频。再次单击停止播放该音频。

图3-68
音频播放控制面板

至此，Unity中导入、设置音频资源的内容就讲解完毕了，关于音频资源在项目中的具体使用方式，请参考本书第4章第13节的内容。

3.3.3　视频资源的导入

视频资源导入到Unity的方法同其他资源的导入方法是相似的。

打开Unity，默认设置下会自动打开最后一次编辑的项目。将视频资源导入，导入后该视频资源将作为Movie Texture出现在Project视图中。如果导入的视频资源含有音轨的话，音轨也将被一同导入，该音轨将作为该Movie Texture的子物体出现，如图3-69所示。

图3-69
视频资源导入Unity中

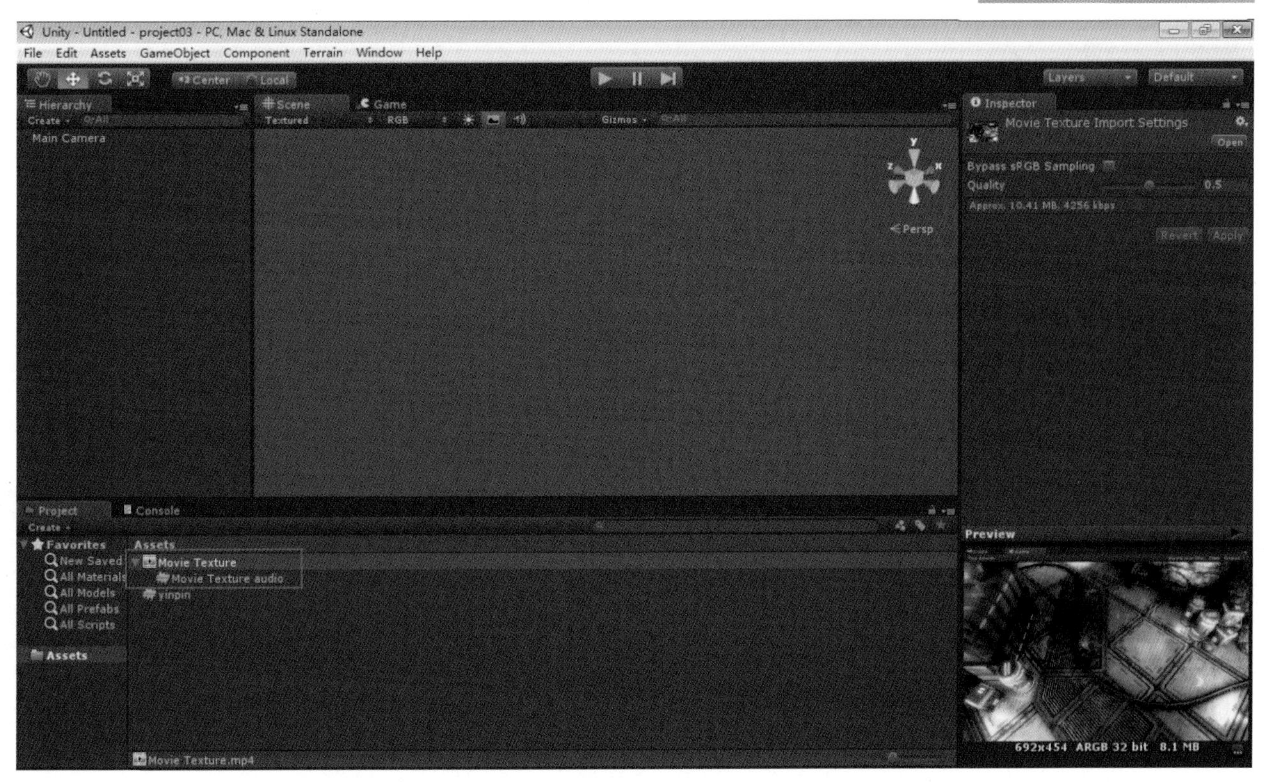

将视频资源导入到项目中之后，Unity会将该视频资源转换成Ogg Theora格式。当影片纹理导入后，则可以附加到任何游戏对象上或者材质上，就像普通的图片资源一样。

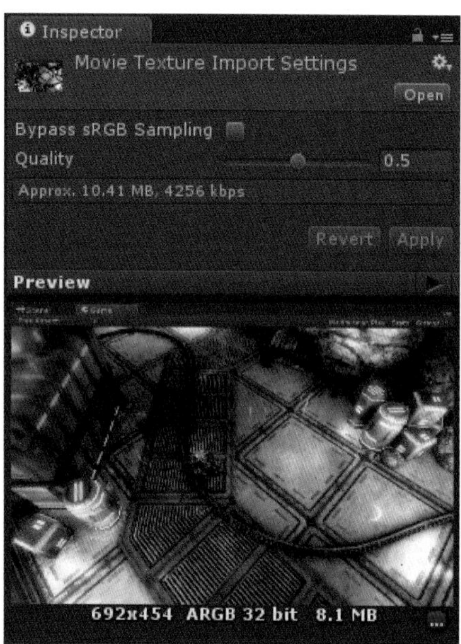

图3-70
影片纹理检视面板

单击选中该视频资源，在Inspector视图中可以看到该音频资源的相关属性，如图3-70所示。下面讲解Movie Texture Inspector面板相关参数：

- Bypass sRGB Sampling：通过sRGB采样。使用精确颜色值而非补偿值来对其进行校正。
- Quality：质量。该项靠数值来控制质量的级别，值的范围是0～1，也可以直接拖动滑块进行调整。
- Revert：单击此按钮取消设定。
- Apply：单击此按钮应用设定。
- Preview：预演面板。该面板含▶按钮，单击将播放所选中的Movie Texture，再次单击停止播放。

至此，Unity中导入、设置视频资源的内容就讲解完毕了。

3.4　创建Prefab

3.4.1　Prefab的概念

Prefab意为预设体，可以理解为是一个游戏对象及其组件的集合，目的是使游戏对象及资源能够被重复使用。相同的对象可以通过一个预设体来创建，此过程可理解为实例化。

存储在项目文件中（在Project视图中）的状态时，预设体作为一个资源，可应用在一个项目中的不同场景/关卡中。当拖动预设体到场景中（在Inspector视图中出现），就创建了一个实例。该实例与其原始预设体是关联的。对预设体进行更改，实例也将同步修改。这样操作，除了可以提高资源的利用率，还可以提高开发的效率。

3.4.2　Prefab的创建以及相关操作说明

本节将讲解建立Prefab的工作流程。

1．打开unitybook\chapter03\project04项目工程，选择并打开Prefab场景。场景中已经简单地布置了一盏方向光、一个面片以及一个赋予了材质和纹理的球体，如图3-71所示。

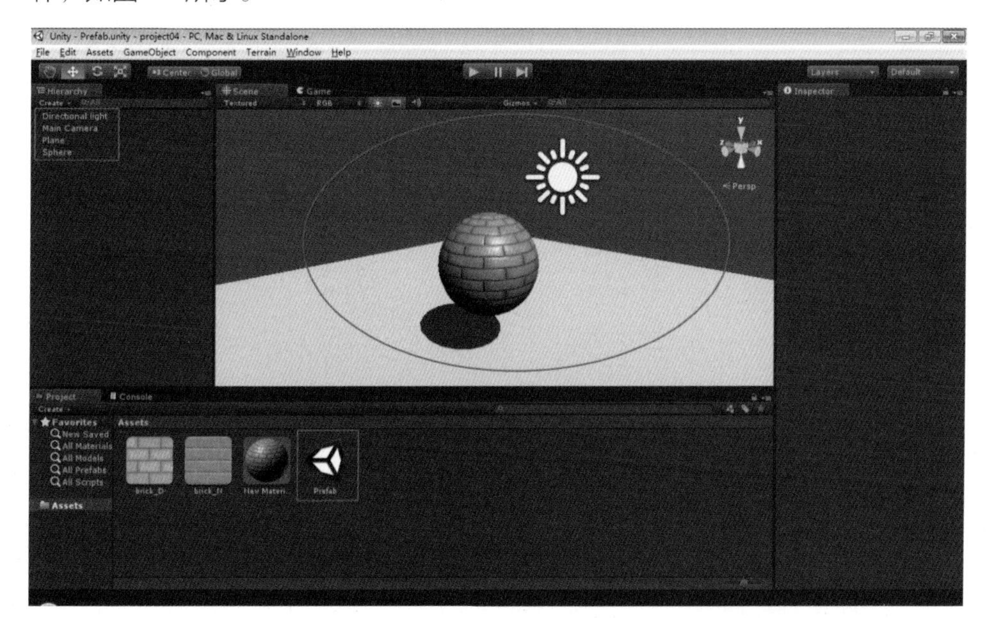

图3-71
Prefab场景

2．依次打开菜单栏中的Assets→Create→Prefab项，新建Prefab并为其命名，如图3-72所示。

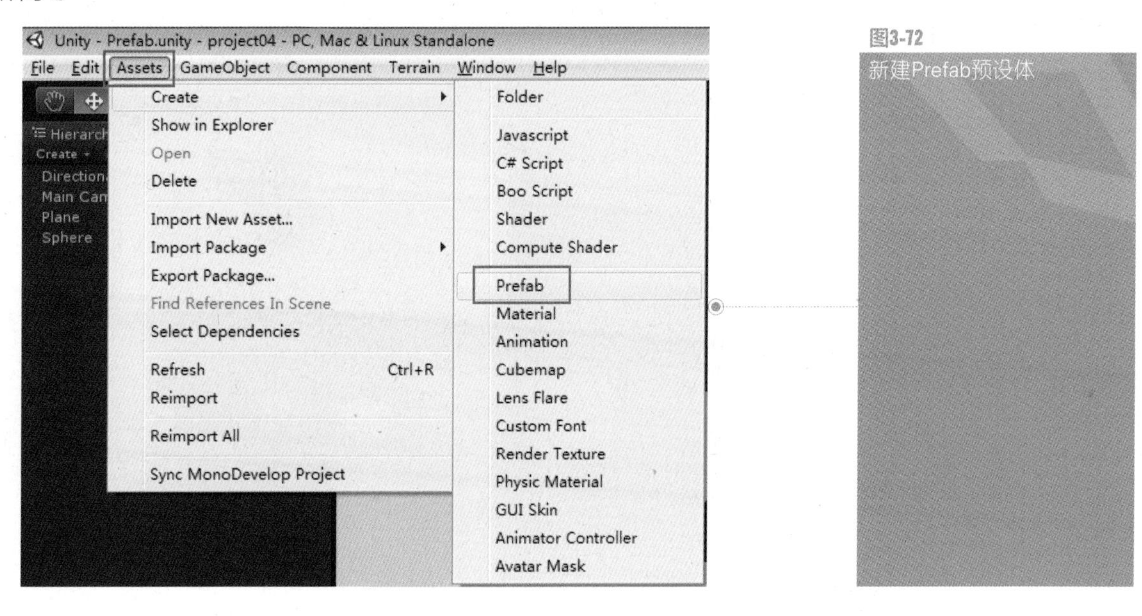

图3-72
新建Prefab预设体

Unity中新建游戏对象有3种方式。

1．依次打开菜单栏中的Assets→Create→××项进行创建。

2．在Project视图中单击Create按钮进行创建。

3．在Project视图中的Assets面板中将光标移动到空白处右击，在弹出的列表中进行创建。

3．在Project视图中可以看到Prefab已经被创建，此时新建的Prefab图标是白色的立方体，代表这是一个空的预设体，相当于一个空的容器，等待游戏对象数据来填充，如图3-73所示。

图3-73
新建的空的预设体

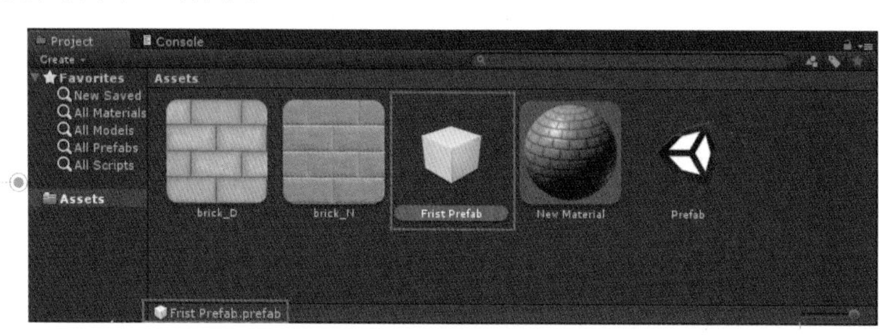

4．在Hierarchy视图中选择计划成为预设的游戏对象，本例中选用球体，将球体拖动到新建的Prefab上，如图3-74所示。

图3-74
将游戏对象拖放到空的预设体上

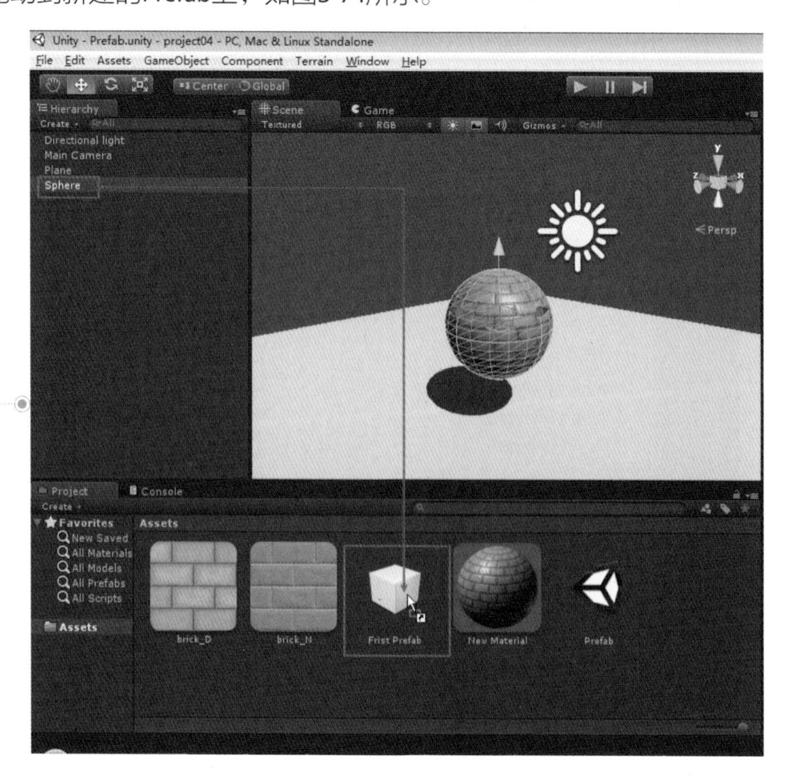

5. 此时Prefab的缩略图会发生相应的变化，拖动Project视图右下角的滑块到最左边的位置，发现该Prefab的图标已经由刚才的白色转变成为蓝色，代表这是一个非空的预设体，如图3-75所示。

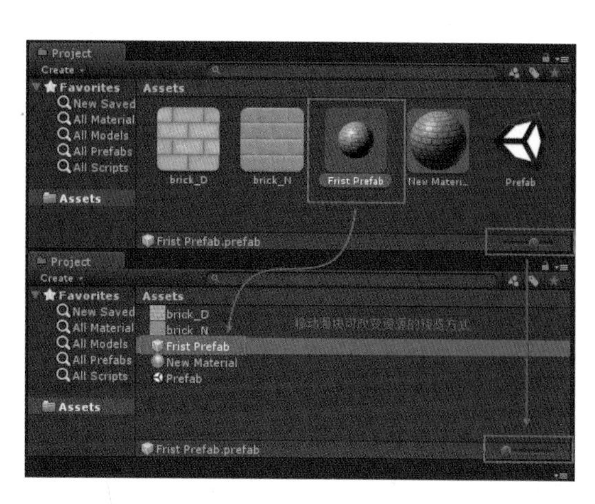

图3-75 非空预设体的图标变为蓝色

6. 查看方式Hierarchy视图中的球体名字也变成了蓝色，代表其由一个普通的游戏对象已经成为了Prefab预设体的一个实例，如图3-76所示。

图3-76 成为实例的游戏对象名称为蓝色

7. 完成以上步骤，游戏对象就已经复制到了预设体的数据中。该预设体已经制作完毕，可以在项目工程中多个场景中重复使用。此时删除已经成为实例的球体，就不会影响到刚才设定完成的Prefab了，如图3-77所示。

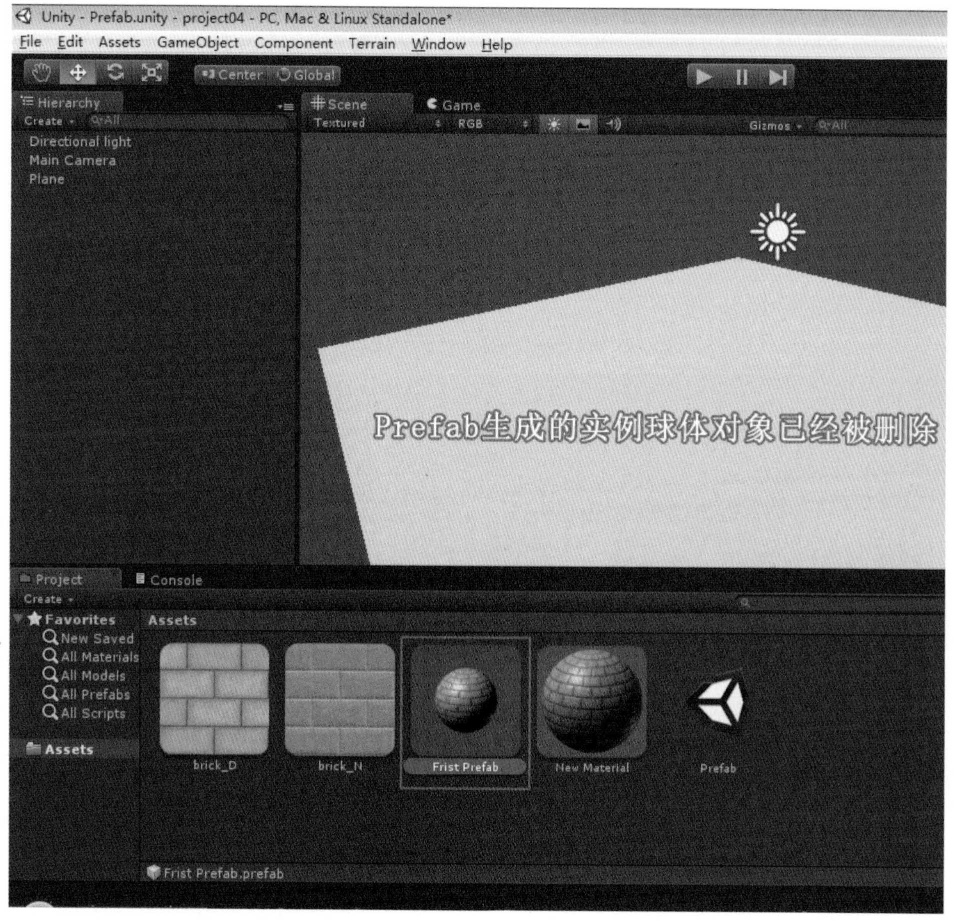

图3-77 Prefab制作完毕

至此，对Prefab的创建以及相关操作的说明就讲解完毕了。

3.4.3　Prefab的应用案例

经过前面的介绍，相信读者对Prefab已经有了初步的认识，本节将做一个实例，进一步来讲解Prefab在实际项目中的应用。

1．继续上节的项目，选择建立好的Prefab，将其拖动到场景中，此时Scene视图中会显示出该实例，相应地在Hierarchy视图中也显示出该实例的名称，如图3-78所示。

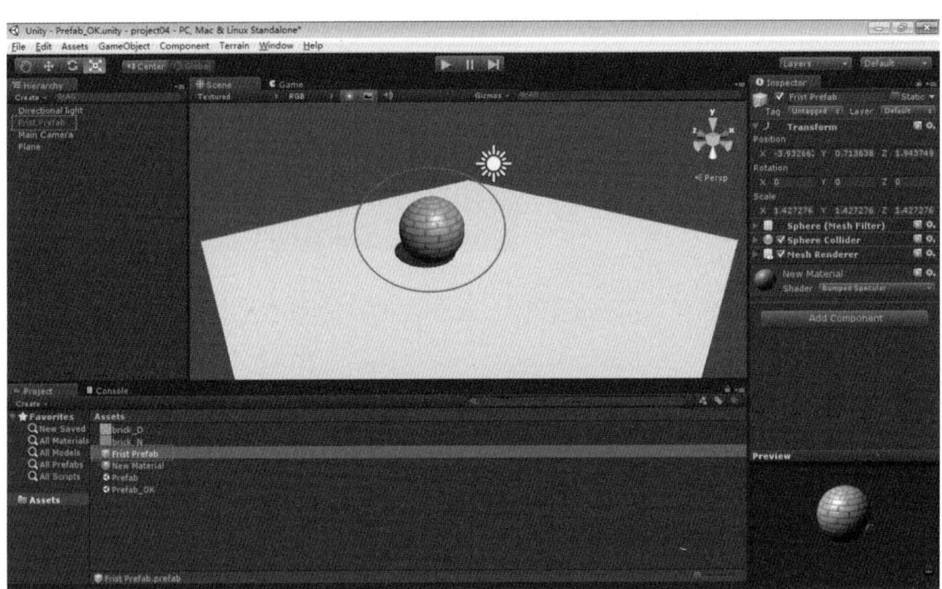

图3-78
将Prefab拖动到Scene视图中建立一个实例

2．重复建立多个实例，选中其中一个实例，可以看到Inspector视图中出现了Prefab功能标签，如图3-79所示。

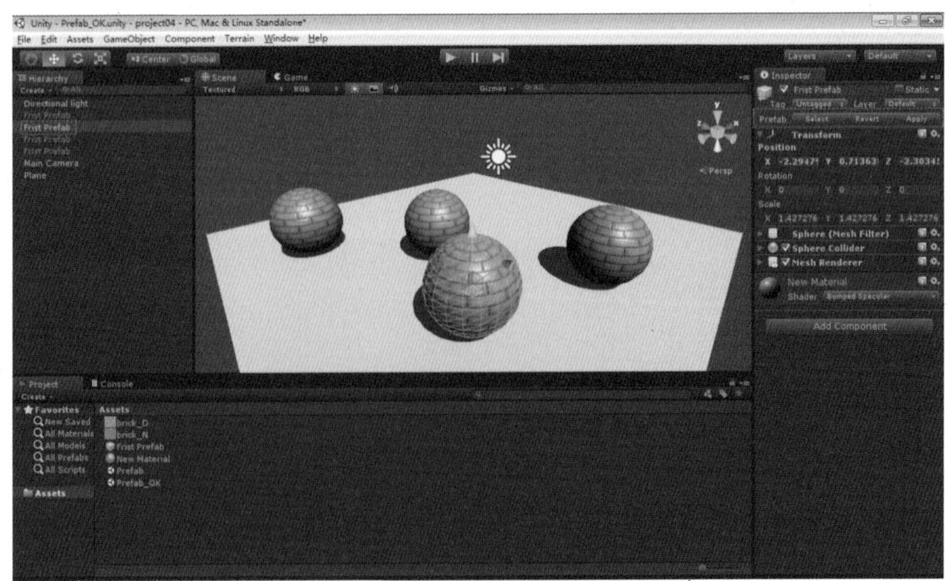

图3-79
选中一个实例，Inspector视图中出现了Prefab功能标签

3．Prefab功能标签包括3个按钮，功能分别如下：

- Select：选择。当选中一个实例时，单击Select按钮将会寻找到生成该实例的Prefab，并在Project视图中将该Prefab设定为选择状态。
- Revert：恢复。单击Revert按钮该实例会恢复成初始的样式。例如将实例放大时，如果想恢复初始的大小，单击Revert按钮即可，如图3-80所示。

图3-80
单击Revert按钮将放大的实例恢复到初始大小

- Apply：应用。单击Apply按钮此实例进行的设置将影响其他所有使用共同Prefab生成的实例物体。例如将实例的Mesh Filter组件中的Mesh（网格）换成一个胶囊体，单击Apply则其他使用同一Prefab生成的实例都将进行同样的设置，如图3-81所示。

图3-81
使用同一Prefab生成的实例都将进行同样的设置

4. 将网格恢复为球体，新建一个Physic Material（物理材质），如图3-82所示。物理材质的作用可以理解为模拟真实世界的物理材质，如模拟橡胶材质、冰面材质等，为了演示效果，这里在Inspector视图中Physic Material标签下的Bounciness（反弹）的值调为1。（关于Physic Material请参考本书第7章的相关内容。）

图3-82
创建Physic Material（物理材质）

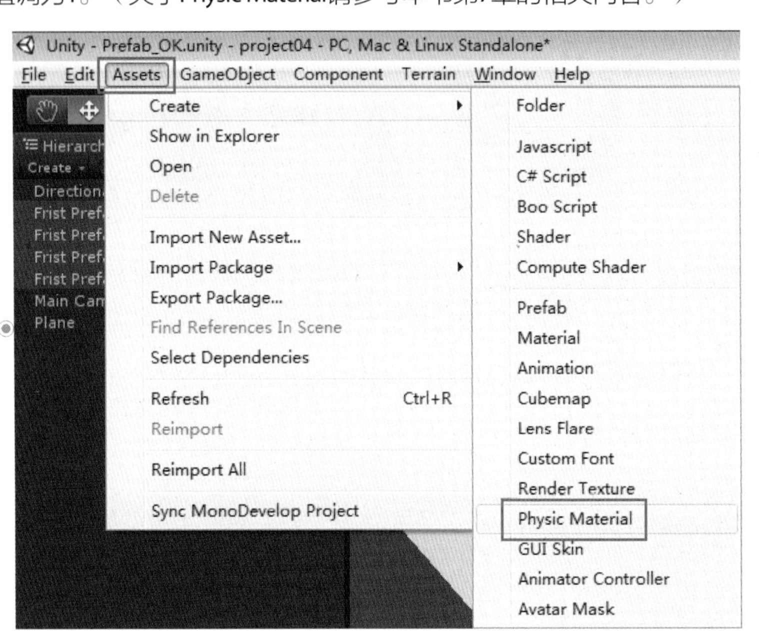

知识点 Epistemology

在Unity中，关于材质的概念有两种，分别是Material（材质）以及Physic Material（物理材质），两者的概念可以理解为：

Material：模拟游戏对象的视觉质感，例如模拟物体表面的反射、高光、纹理、颜色等属性。

Physic Material：为模拟游戏对象添加物理特性，例如弹性、硬度、光滑程度等属性。

5．选中Prefab，为Sphere Collider（球形碰撞体）标签中的Material项指定上步新建的Physic Material，如图3-83所示。

图3-83
为碰撞体组件指定物理材质

6．由于Prefab在创建的时候通过一个球体游戏对象，所以该Prefab的碰撞体组件是Sphere Collider（球形碰撞体），所以，为了方便演示，需要将Prefab的Mesh Filter组件中的Mesh（网格）恢复成球形，如图3-84所示。（关于碰撞体组件请参考本书第7章的相关内容）。此外，为了赋予球体较为真实的物理特性，需要给球体添加一个Rigidbody（刚体）组件（关于Rigidbody组件请参考本书第7章的相关内容）。

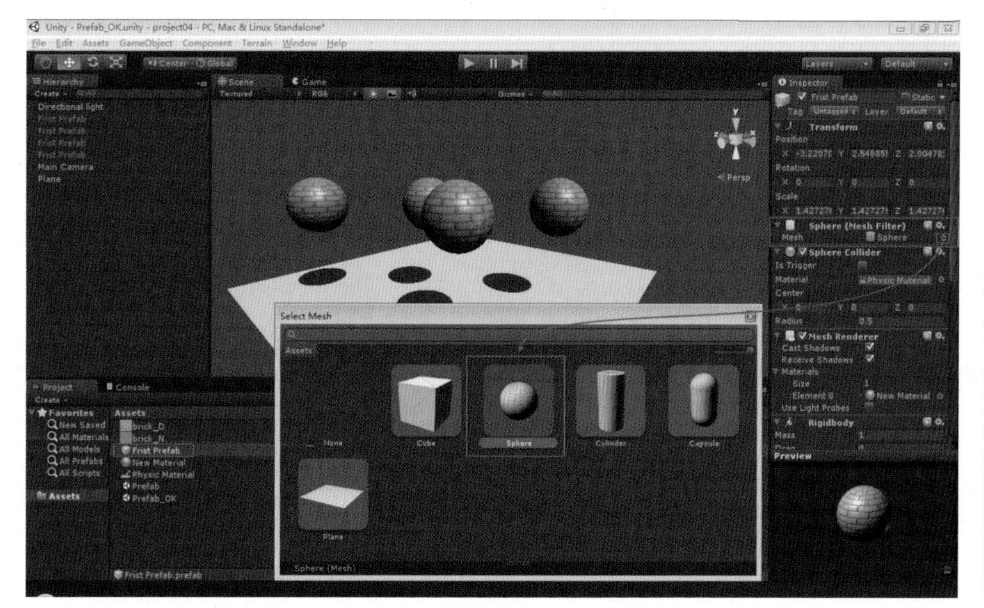

图3-84
指定MeshFilter组件中的Mesh（网格）

7. 接下来选中该Prefab生成的任意一个实例，单击Apply按钮应用到所有关联实例，如图3-85所示。

图3-85 应用设置到关联的实例

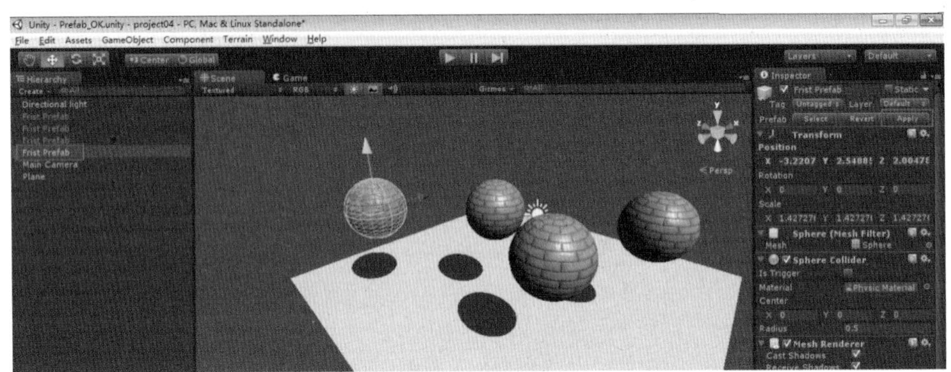

8. 在Scene视图中，将实例移动到不同的高度，以方便在测试运行游戏时产生更丰富的效果，如图3-86所示。

图3-86 变换实例的位置

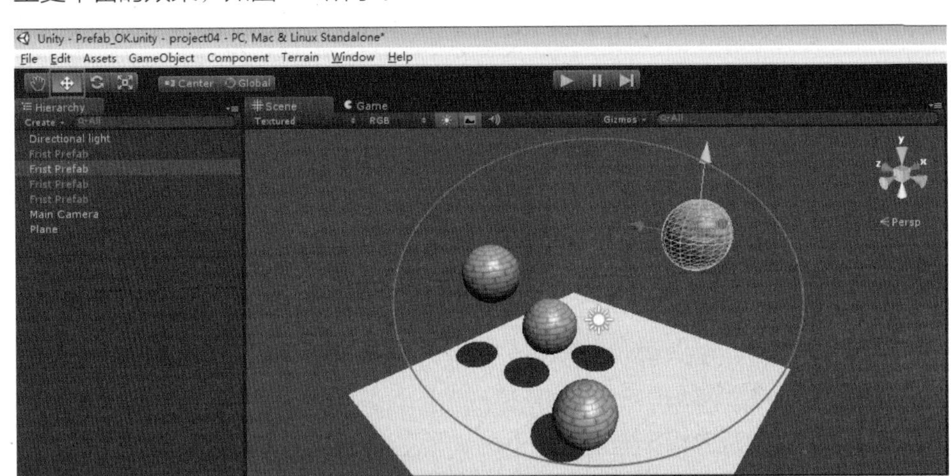

9. 单击▶按钮运行游戏，发现所有关联的实例都继承了反弹的物理材质属性，而无须逐个指定，如图3-87所示。

图3-87 所有关联的实例都继承了反弹的物理材质属性

3.5　Unity Asset Store资源商店

Unity Asset Store，即Unity资源商店，官方地址：https://www.assetstore.unity3d.com/，可以通过在浏览器地址栏输入网址访问，也可以在Unity应用程序中依次打开菜单栏中的Window→Asset　Store来直接访问，或直接按快捷键Ctrl+9，如图3-88所示。

图3-88
通过网页打开Asset　Store(资源商店)

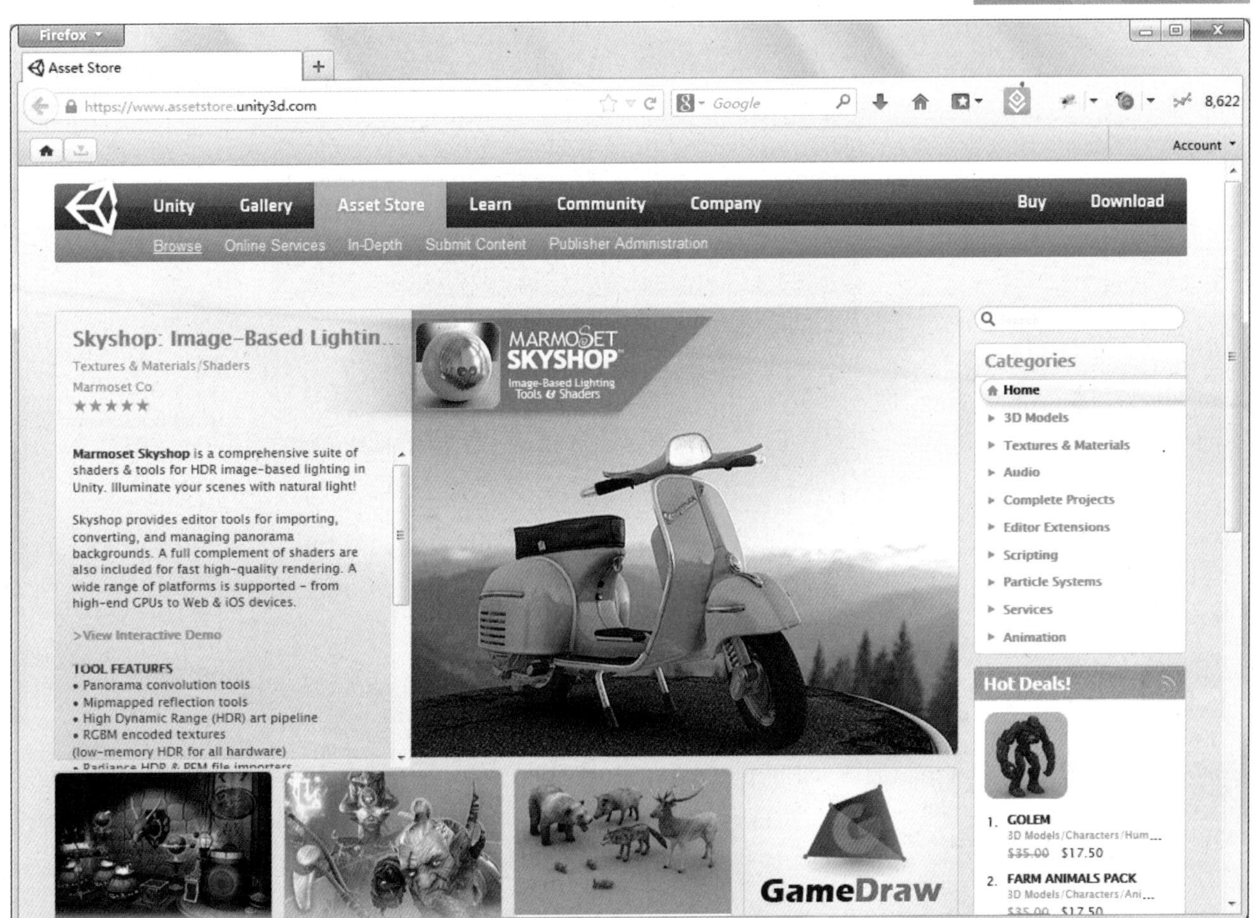

3.5.1　Asset Store简介

在创建游戏时，通过Asset　Store中的资源可以节省时间、提高效率。包括人物模型、动画、粒子特效、纹理、游戏创作工具、音频特效、音乐、可视化编程解决方案、功能脚本和其他各类扩展插件全都能在这里获得，作为一个发布者，可以在资源商店免费提供或出售资源，在数以万计的Unity用户中建立和加强您的知名度并盈利，如图3-89所示。

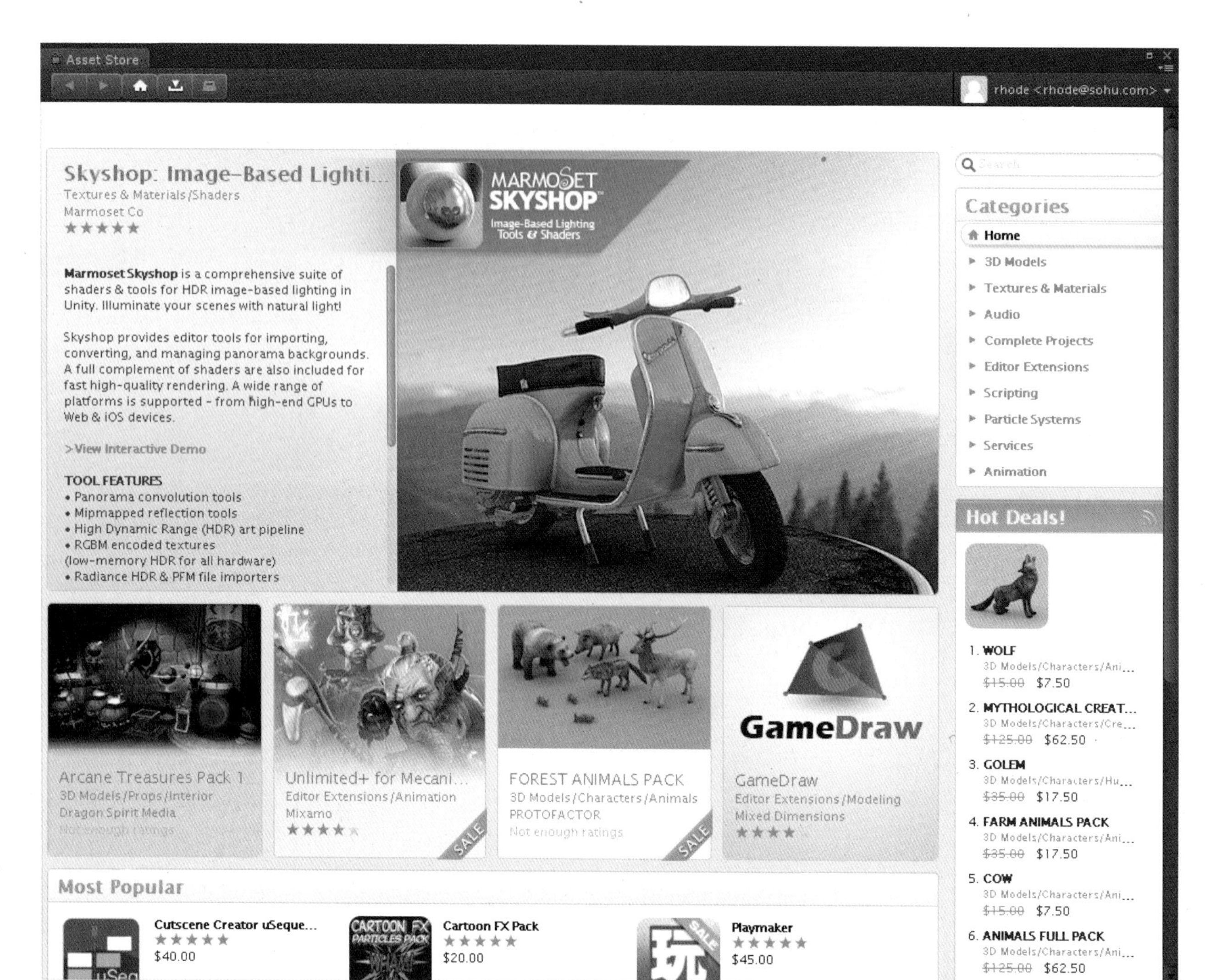

图3-89 程序中的Asset Store(资源商店)

值得一提的是，Asset Store还能为用户提供技术支持服务。Unity已经和业内一些最好的在线服务商开展了合作，用户只须下载相关插件，企业级分析、综合支付、增值变现服务等解决方案均可与Unity开发环境完美整合。

3.5.2 Asset Store的使用方法

相信读者对Asset Store已经有了基本的了解，接着将结合实际操作来讲解在Unity中如何使用Asset Store的相关资源。

1．在Unity中依次打开菜单栏中的Window→Asset Store项，或按快捷键Ctrl+9组合键，打开Asset Store视图，如图3-90所示。

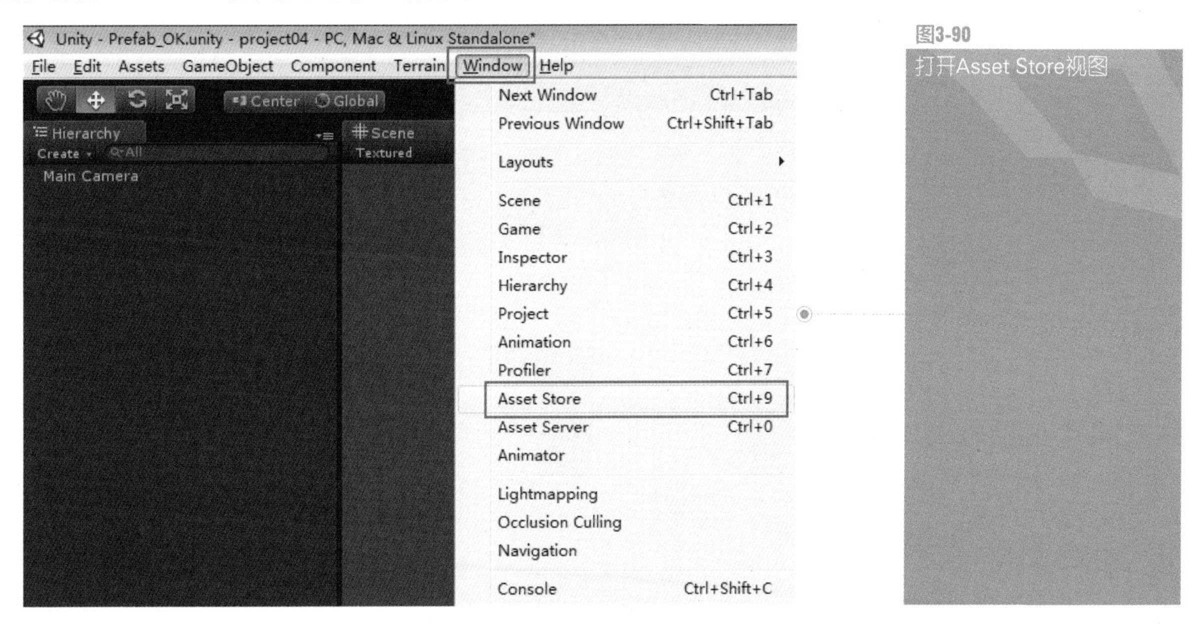

图3-90
打开Asset Store视图

2．打开Asset Store视图后，首先显示的是主页，可以看到主页的布局，如图3-91所示。如果用户第一次访问Asset Store，系统会提示用户建立一个免费账户以便访问相关资源。

图3-91
Asset Store视图主页

3．在Categories资源分类区中依次打开CompleteProjects→UnityTechDemos，如图3-92所示这样在左侧的区域中会显示Unity相应的技术Demo，单击其中的Mecanim Lomotion Start...链接即可打开Mecanim Locomotion Starter Kit资源的详细介绍。

图3-92
在Asset Store中的操作

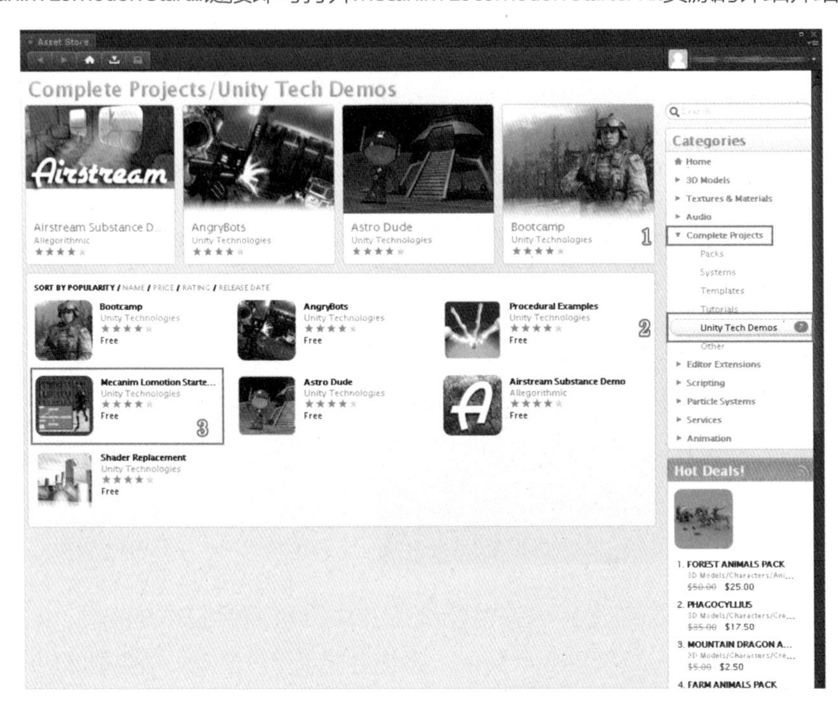

4．在打开的Mecanim Locomotion Starter Kit资源详细页面，可以查看该资源对应的Category（分类）、Publisher（发行商）、Rating（评级）、Version（版本号）、Size（尺寸大小）、Price（售价）和简要介绍等相关信息。用户还可以预览该资源的相关图片，并且在Package Contents区域还可以浏览资源的文件结构等内容，如图3-93所示。

图3-93
资源的详细页面

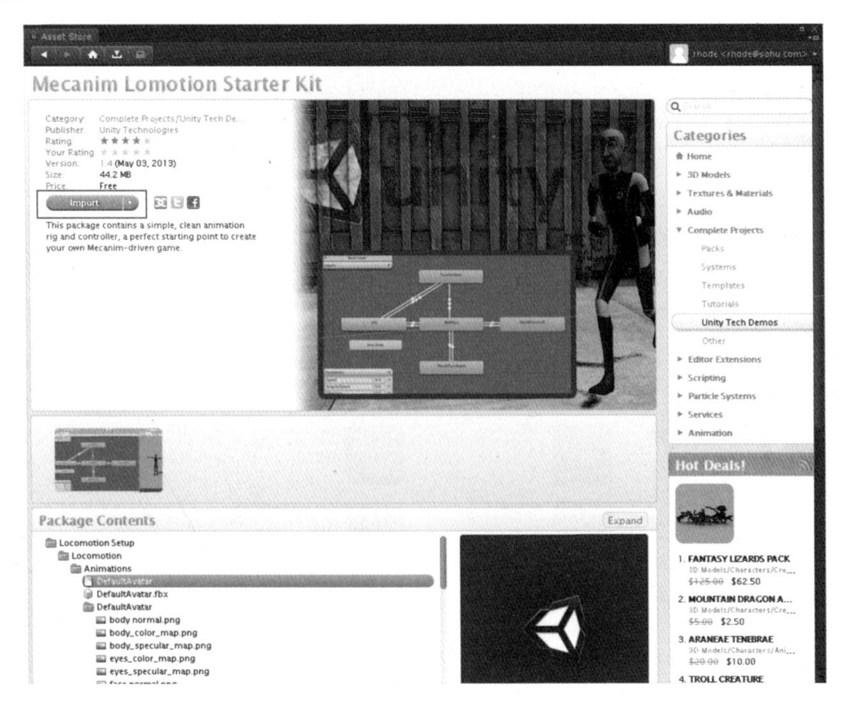

5．在Mecanim Locomotion Starter Kit详细页面中通过单击Download按钮，即可进行资源的下载，当资源下载完成后，Unity会自动弹出Importing package对话框，对话框的左侧是需要导入的资源文件列表，右侧是资源对应的缩略图，单击Import按钮即可将所下载的资源导入到当前的Unity项目中，如图3-94所示。

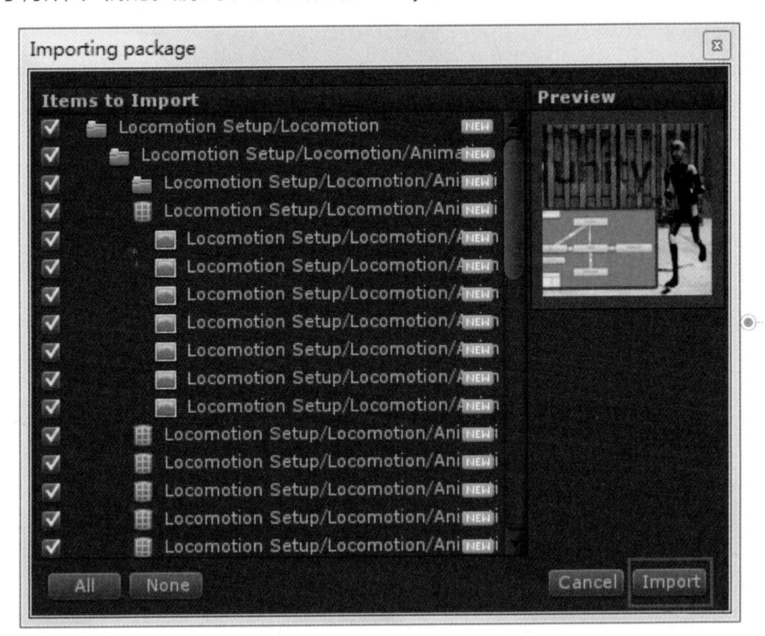

图3-94
Importing package对话框

6．资源导入完成后，在Project View中的Assets文件夹下会显示出新增的Locomotion Setup目录，单击Locomotion Setup后在展开的列表里双击TestScene.unity图标即可载入该案例，再单击播放按钮即可运行这个案例，如图3-95所示。

图3-95
载入并运行Locomotion案例

7．用户还可以在Asset Store视图中通过单击图标显示Unity标准的资源包和用户已下载的资源包，对于已下载的资源包可以通过单击Import按钮将其加载到当前的项目中，如图3-96所示。

图3-96
Asset Store 下载资源管理

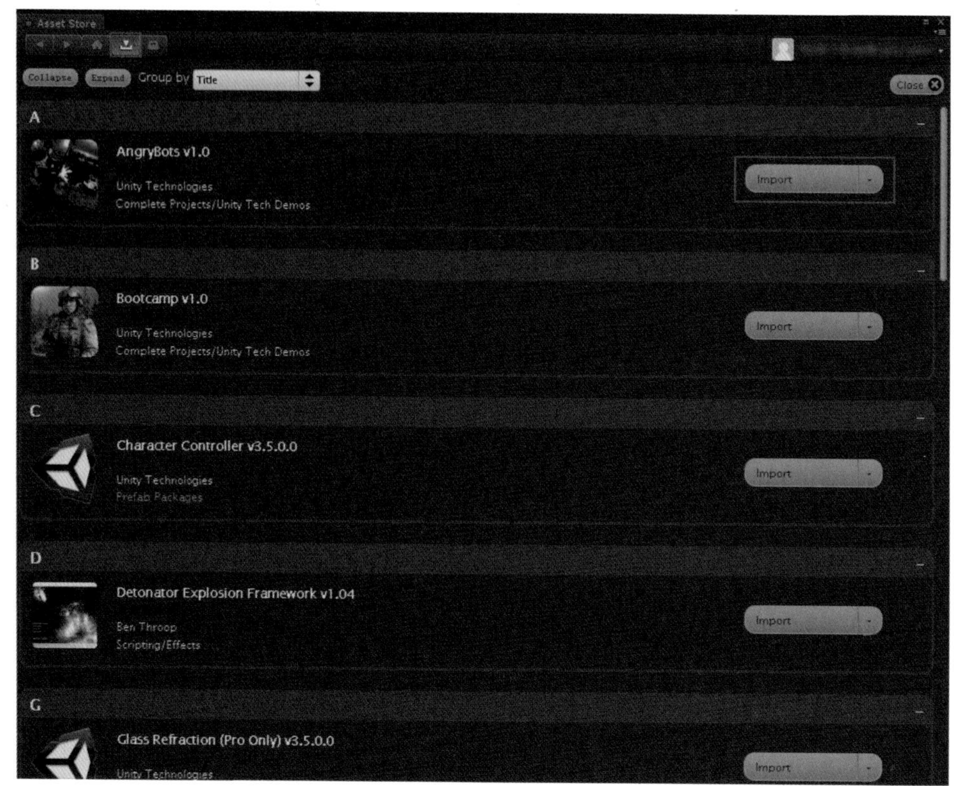

以上简要介绍了Asset Store视图的基本应用。对于用户而言，使用大量的优质素材、项目示例工程、扩展插件等各种资源将大幅度减少制作一个游戏的时间、成本和精力。

第4章 创建基本游戏场景

Unity操作界面的设计非常简洁、实用。可以方便地以可视化的方式对游戏场景进行编辑，为用户提供良好的使用感受。本章将介绍如何通过Unity来创建简单的游戏场景。

4.1 创建工程和游戏场景

Unity创建游戏的理念可以被简单地理解为，一款完整的游戏就是一个Project（项目工程），游戏中不同的关卡/场景对应的是项目工程下面的Scene（场景）。一款游戏可以包含若干个关卡/场景，因此一个项目工程下面可以保存多个Scene（场景）。

下面就开始讲解如何创建项目工程以及Scene（场景）。

1．启动Unity应用程序后，首先打开菜单栏中的File→New Project，在弹出的对话框中指定目标文件夹（此文件夹名称以及所在路径不要含中文字符），进而单击Create按钮新建项目，如图4-1所示。

图4-1 新建项目工程

项目详细的建立以及管理方式请参考本书第3章第1节的相关内容。

2．Unity会自动创建一个空的项目工程，其中自带一个名为Main Camera的摄像机对象，选择该摄像机，在Scene视图的右下角会弹出Camera Preview（摄像机预览）缩略图，如图4-2所示。

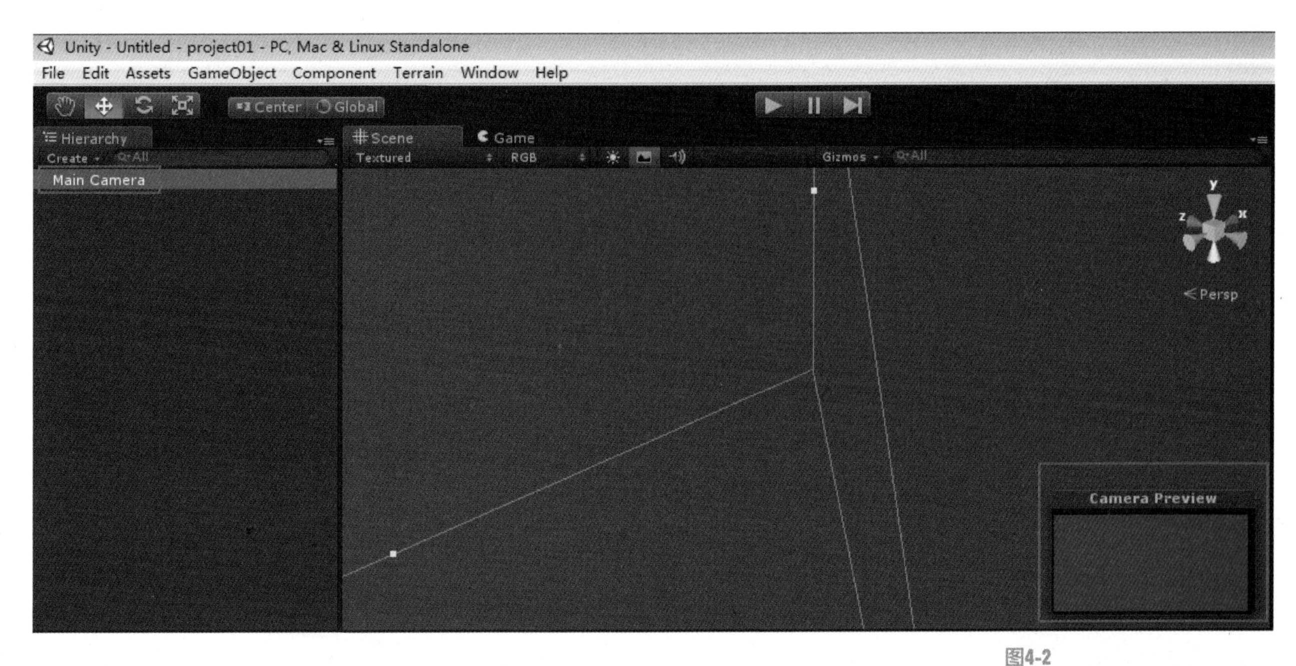

图4-2
选中摄像机对象会弹出摄像机预览缩略图

3．打开菜单栏中的File→New Scene，或者按快捷键Ctrl+N，可以新建一个场景，由于Unity在新建项目工程时已经默认建立了一个场景，故这一步骤在此情况下也可以省略掉。

4．打开菜单栏中的File→Save Scene，或者按快捷键Ctrl+S，将场景保存。首次保存需要为场景命名，如图4-3所示。

图4-3
保存场景

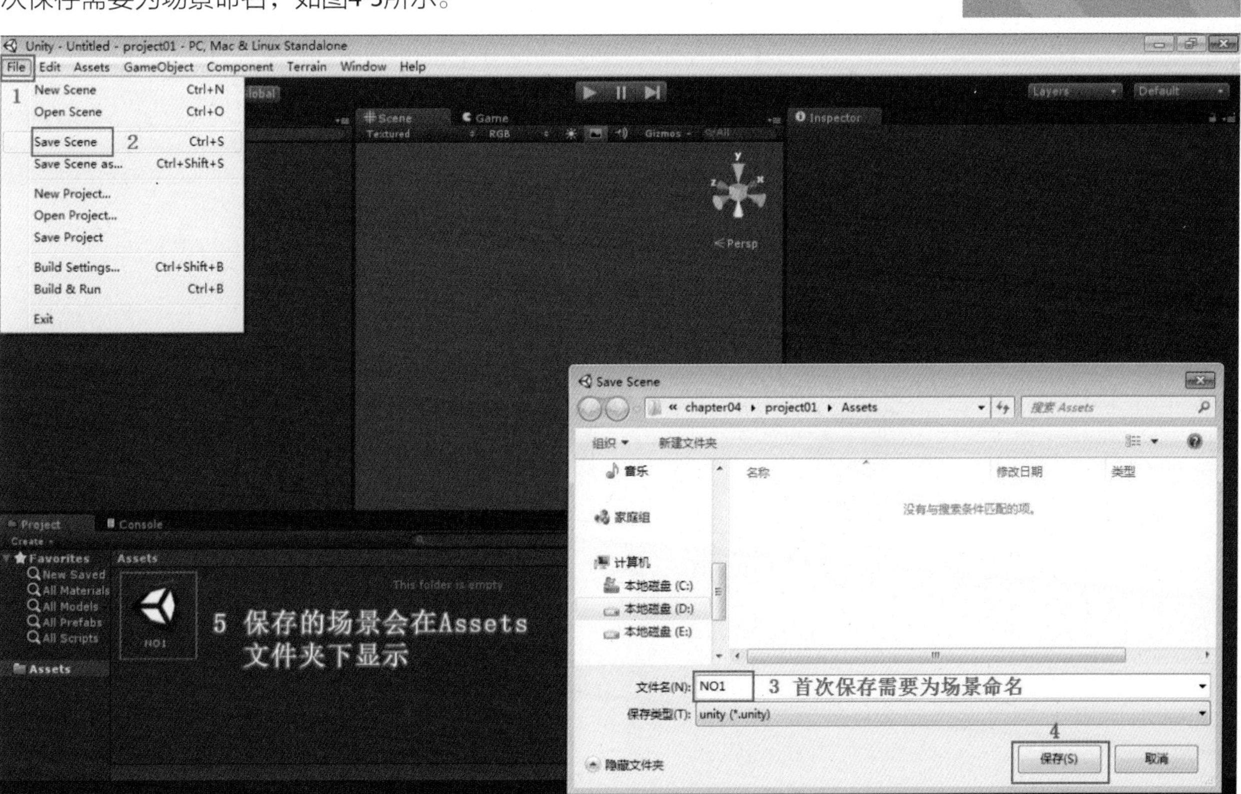

5．经过以上步骤，项目的创建、场景的新建及其保存就完成了。关于项目的打开、场景的另存为等操作过程也大致如此，比较简单，这里就不一一赘述了。

4.2 创建基本几何体

前面的章节已经介绍了如何导入外部模型资源，本节将介绍如何在Unity中创建和添加基本几何体。

打开上一节创建项目工程中名为NO1的场景文件，依次单击菜单栏中的GameObject→Create Other→Plane选项，在场景中添加一个平面，如图4-4所示。

图4-4 为场景添加一个平面

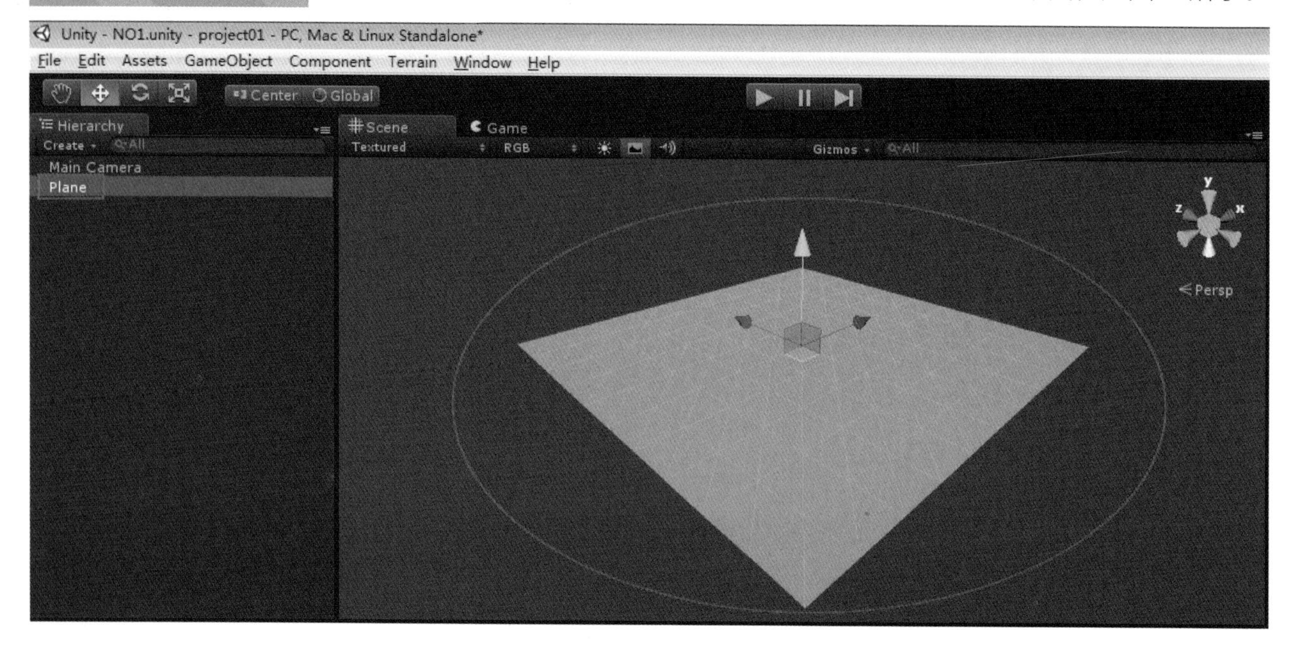

为场景添加游戏对象（包括基本几何体）时，游戏对象新建的位置会以当前Scene视图的中心位置为坐标进行创建。知晓这个原理后，在新建游戏对象时，可以将Scene视图的中心进行调整，从而使新建的游戏对象能出现在预期的位置附近。

4.2.1　基本几何体简介

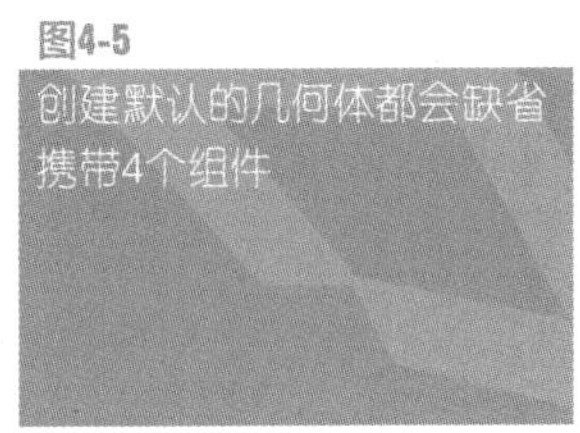
图4-5
创建默认的几何体都会缺省携带4个组件

Unity可以不借助外部软件而创建一些基本的几何体，如Cube（正方体）、Sphere（球体）、Capsule（胶囊体）、Cylinder（圆柱体）、Plane（平面）。本节将对这些基本几何体进行简单的介绍。每个基本几何体在创建时默认有4个Component（组件），如图4-5所示。

在Unity中，Component（组件）是非常重要的，关于组件的概念请参见本章第3节中的内容。例如，基本几何体通过Transform组件中的Scale参数可以对某个轴向进行缩放进而改变几何体的形状，要注意灵活运用。

在Unity中可直接建立的基本几何体有5种：

1．Cube：正方体。创建时默认的长宽高都是1个单位（m）。

2．SPhere：球体。创建时默认的直径是1个单位（m）。

3．Capsule：胶囊体。创建时默认的高度是2个单位（m），中心处直径是1个单位（m）。

4．Cylinder：圆柱体。创建时默认的高度是2个单位（m），中心处直径是1个单位（m）。

5．Plane：平面。创建时默认的长宽都是10个单位（m）。

4.2.2　创建基本几何体

1．继续上节的内容，场景中已经添加了一个平面，依次单击菜单栏中的GameObject→Create Other选项，进而可以选择想要创建的基本几何体，如图4-6所示。

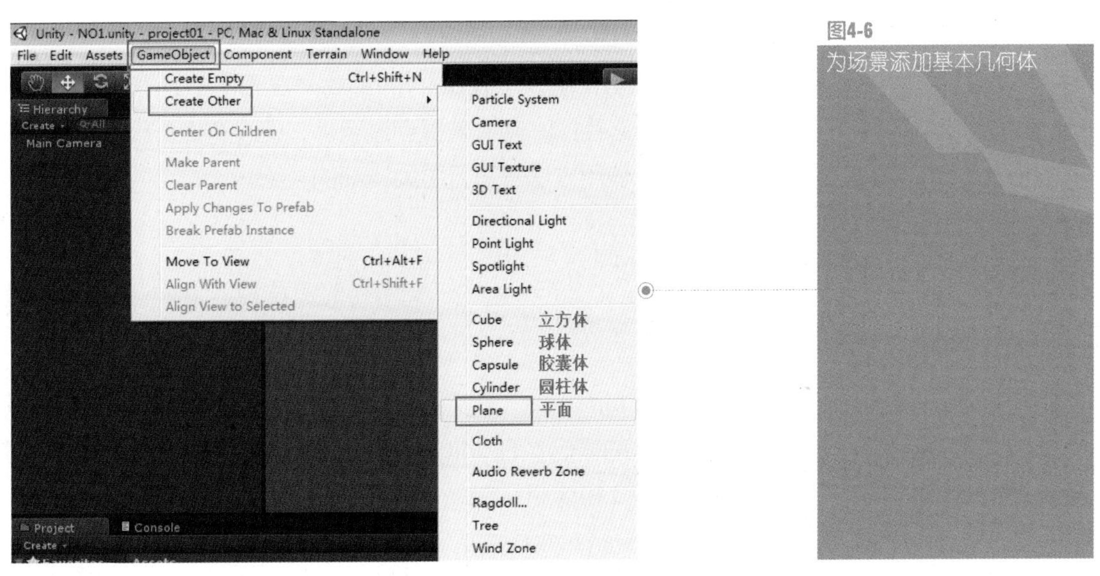

图4-6
为场景添加基本几何体

2．可以利用Toolbar（工具栏）中的移动、旋转、缩放等命令对所创建的基本几何体进行编辑，如图4-7所示。

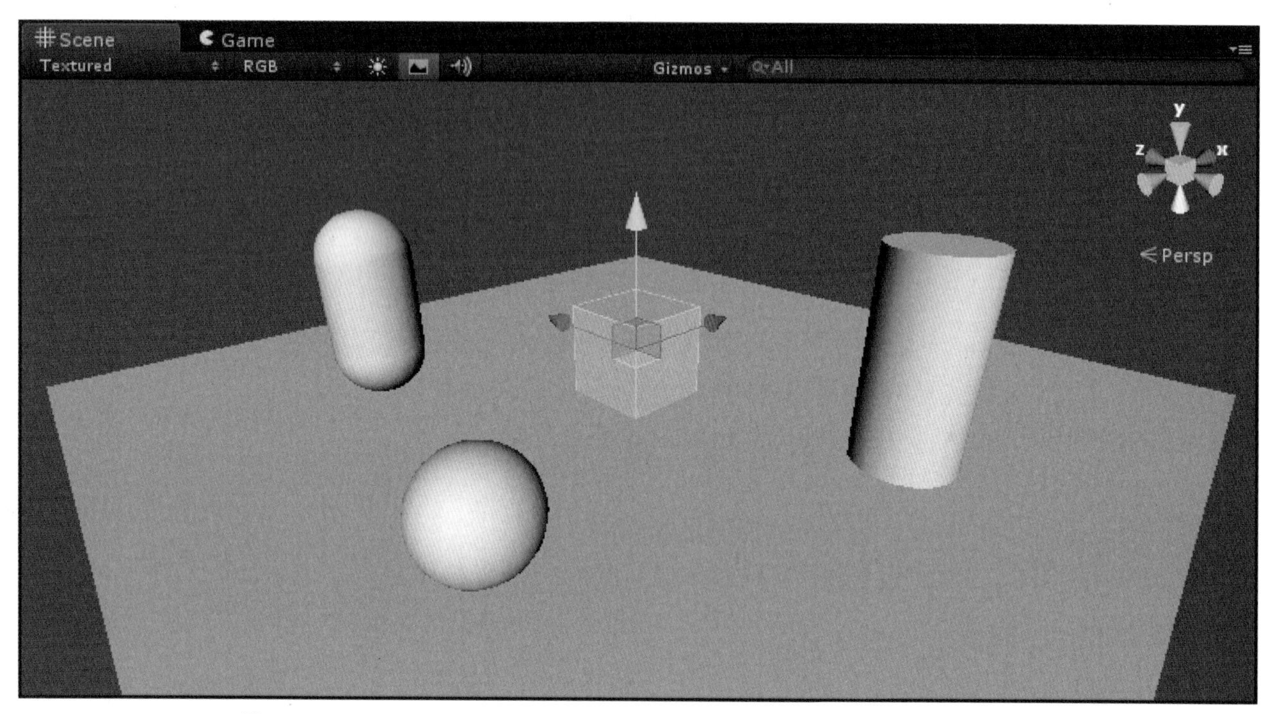

图4-7
将场景中添加的几何体利用移动命令进行摆放

3．打开菜单栏中的File→Save Scene as...，或者按键盘上Ctrl+Shift+S，将编辑好的场景另存，即完成了所有相关的基本操作。

4.3 创建组件

Component（组件）在Unity的游戏开发工作中是非常重要的，可以说是实现一切功能所必需的。前文曾提到过组件，但没有做详细讲解。本节将对组件的概念、功能、使用方法等进行更为详细的介绍。

4.3.1 组件的含义及其作用

在讲述Component（组件）的概念之前，需要读者先了解一下GameObject（游戏对象）的概念。在Unity引擎中，游戏对象包括空物体、基本几何体、外部导入的模型、摄像机、GUI、粒子、灯光、树木等各类元素，可以简单地讲，凡是出现在Hierarchy视图中的元素，都是游戏对象。

事实上，无论是模型、GUI、灯光还是摄像机等，所有的游戏对象在本质上都是一个空对象挂载了不同类别的组件，从而拥有不同的功能。所以，组件就是游戏对象实现其用途的功能件。不同的组件拥有不同的功能，例如同样一个空对象，添加了摄像机组件，那么它就是一架摄像机；如果添加了网格过滤（Mesh Filter）组件，那么它就是一个模型；添加了灯光组件，它就是一盏灯光。特别地，脚本在Unity中也是一种组件。

4.3.2　如何添加组件

通过上节对Component（组件）概念的介绍，可以知道一切的GameObject（游戏对象）都是用于实现不同功能的组件的集合。本节将以一个空的游戏对象为基础，讲解如何为游戏对象添加组件。

1. 打开本章第1节的项目工程（也可以新建一个项目工程，这对学习本节知识没有任何影响），如图4-8所示。

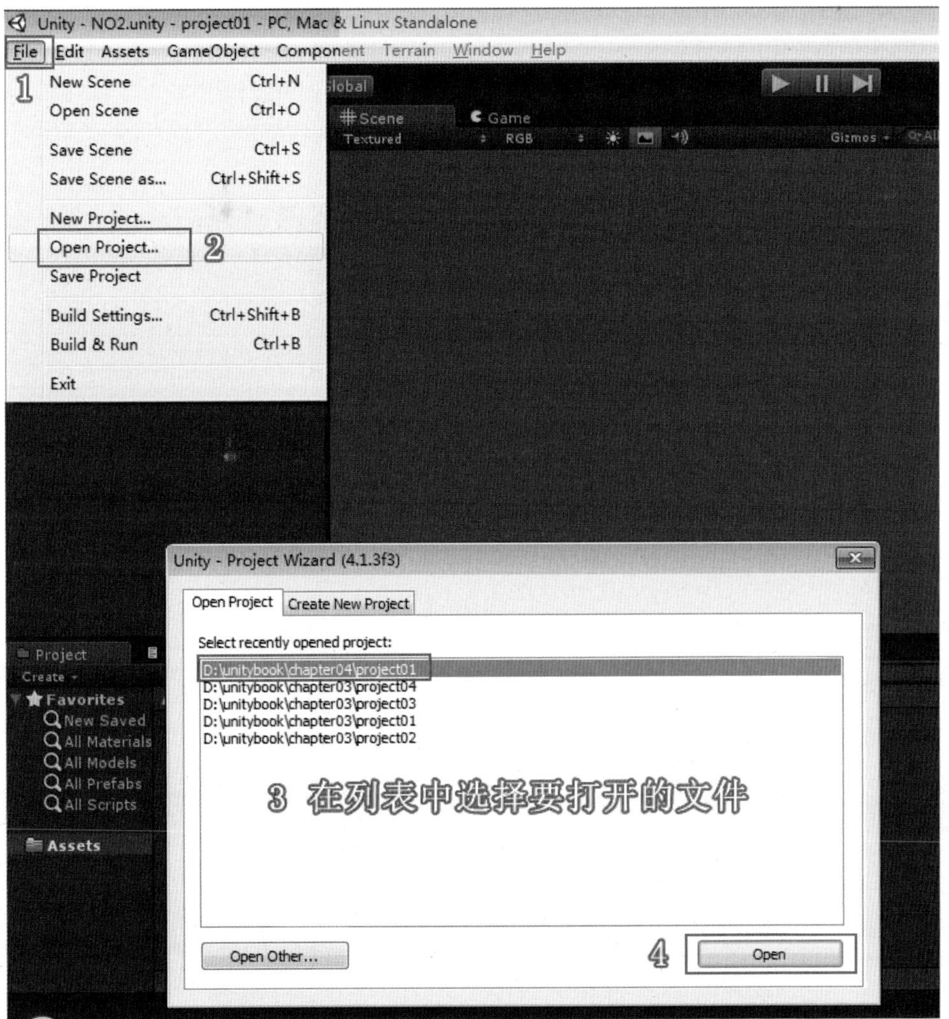

图4-8
打开项目工程

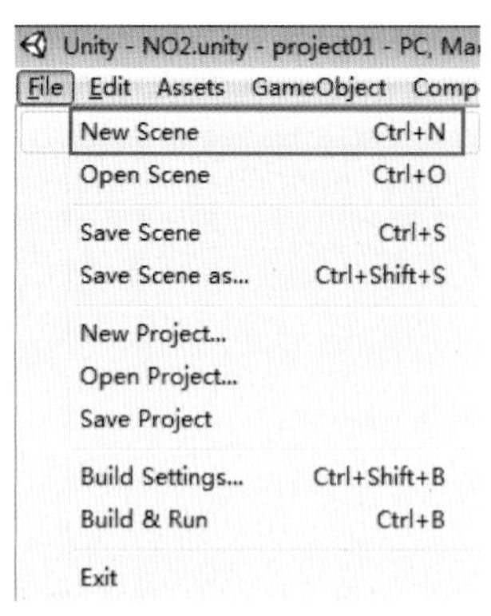

图4-9
新建场景

2. 打开菜单栏中的File→New Scene，或者按快捷键Ctrl+N，新建一个场景，如图4-9所示。

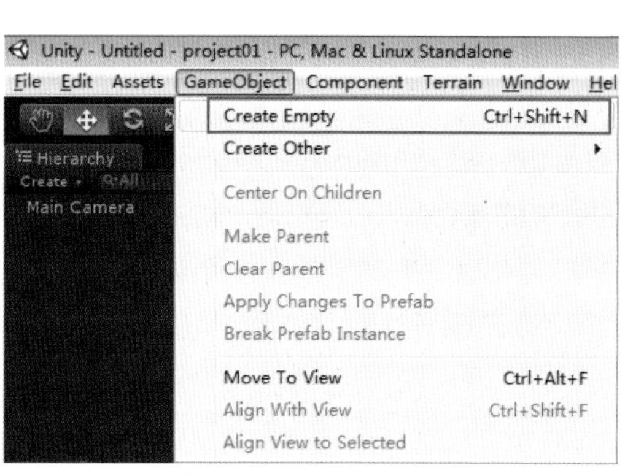

图4-10
在场景中添加一个空游戏对象

3. 打开菜单栏中的GameObject→Create Empty，或者按键盘上Ctrl+Shift+N，在场景中添加一个空游戏对象，如图4-10所示。

4. 选中该游戏对象，可以发现该对象拥有一个Transform（几何变换）组件。该组件比较特殊，所有的游戏对象都会有该组件，包括空游戏对象。该组件无须手动指定，也不可以删除，如图4-11所示。

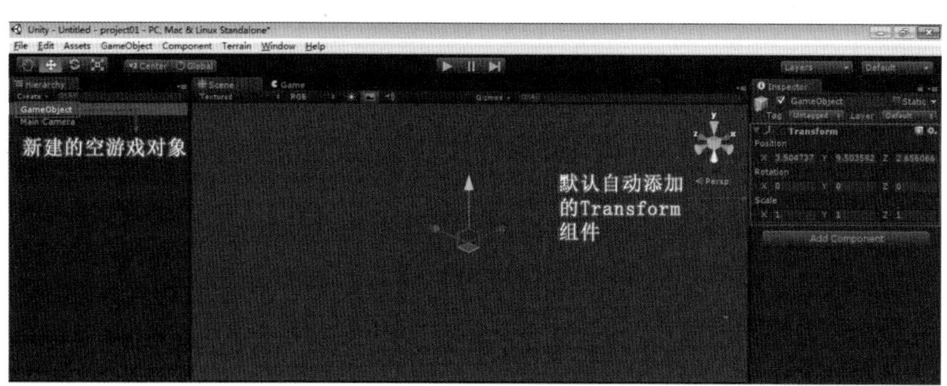

图4-11
Transform（几何变换）组件

在Unity中创建一个没有变换组件的游戏对象是不符合逻辑的。变换组件是最重要、最基本的组件，因为游戏对象的变换属性都是由这个组件来实现的。在场景视图中，它定义了游戏对象的位置、旋转和缩放。如果一个游戏对象没有变换组件，那就无法存在于场景中。

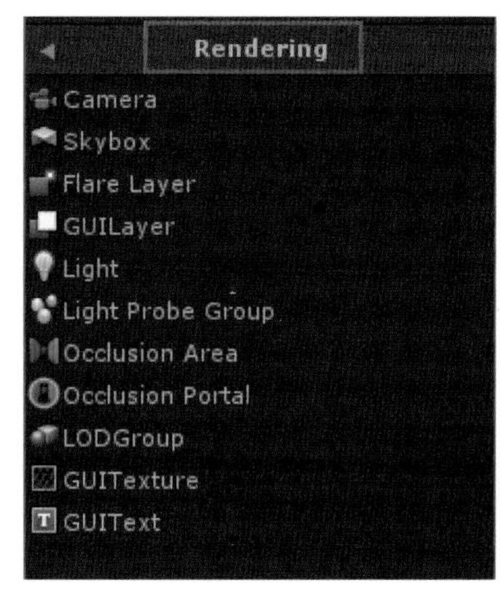

图4-19
Rendering类组件

- Camera：摄像机。

该组件用于向玩家显示游戏世界的一切，类似人类的眼睛，它是Unity中是最要的组件之一。在新建一个游戏场景时，Unity会在场景中默认地添加一个摄像机（即带有摄像机组件的游戏对象）。在同一个游戏场景中，摄像机的数量不受限制。关于摄像机组件请参考本章第6节的相关内容。

- Skybox：天空盒。

该组件用于摄像机对象，可理解为包围在游戏场景之外的巨大的立方体。用于模拟天空的效果。关于天空盒组件请参考本章第10节的相关内容。

- Flare Layer：耀斑/光晕层。

该组件用于摄像机对象，模拟镜头光晕的效果。在Unity中添加的摄像机对象会默认携带该组件。

- GUI Layer：用户界面层。

该组件用于摄像机对象，可以使二维图形用户界面在游戏运行状态下渲染出来。在Unity中添加的摄像机对象会缺省携带该组件。

- Light：灯光。

该组件用于照亮场景、对象。在Unity中添加的灯光对象会缺省携带该组件。通过灯光组件可以模拟太阳、燃烧的火柴、手电筒、枪火光以及爆炸等效果。关于灯光组件请参考本章第6节的相关内容。

- Light Probe Group：动态光探头/灯光探测器。

该组件用于添加一个或多个动态光探头/灯光探测器到游戏场景中。通过该组件可以为移动物体实时计算光照贴图。

- Occlusion Area：遮挡区域（只有Pro版支持此功能）。

该组件用于在运动的游戏对象上应用遮挡剔除功能，创建一个遮挡区域后修改其大小来适应运动物体的活动空间。

- Occlusion Portals：遮挡入口。

该组件用于创建初始的闭塞功能，并可以对闭塞功能进行实时的开启、关闭控制。

- LODGroup：LOD级别组。

该组件用于管理LOD（细节级别）。可以方便地以可视化的方式为游戏对象指定相应的细节级别。

• GUI Texture：用户界面纹理。

该组件用于渲染用户界面所用的二维平面图像。例如按钮、界面背景等。在Unity中添加的GUITexture对象会缺省携带该组件。该组件的定位、缩放通过修改屏幕坐标的X、Y值完成。（注意：Unity 2.0版本引入了UnityGUI脚本系统，UnityGUI的功能比GUI Textures会更加强大，关于Unity GUI请参考本书第15章的相关内容。）

• GUI Text：用户界面文本。

该组件用于在屏幕坐标中显示所导入的任何字体的文本。在Unity中添加的GUI Text对象会默认携带该组件。该组件的定位、缩放依据屏幕坐标通过修改X、Y轴来完成。（注意：Unity2.0版本引入了UnityGUI脚本系统，UnityGUI的功能比GUIText会更加强大，关于Unity GUI请参考本书第15章的相关内容）。

图4-20 Miscellaneous类组件

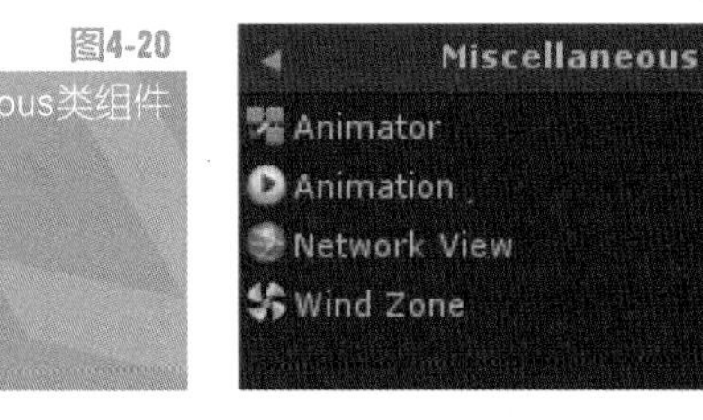

7．Miscellaneous：综合。该类型组件有4项，如图4-20所示。

• Animator：动画生成器。

该组件用来设置角色的行为。包括对状态机、动画混合树以及在脚本中控制的事件。只要包含avatar的游戏对象，就会包含该组件。（关于Animator请参考本书第6章的相关内容。）

• Animation：动画。

该组件用来管理游戏对象上的动画文件。（关于Animator请参考本书第6章的相关内容。）

• Network View：网络视图。

该组件用于通过网络来共享/传输数据。理解这个组件非常重要。通过网络视图可以发起两种类型的网络通信：状态同步和远程过程调用（Remote procedure call，关于Network View请参考本书第17章的相关内容。）

• Wind Zone：风域。

该组件用于生成风力并模拟游戏对象受风力影响而产生的效果。例如树木对象上添加该组件，就可以模拟树木的枝叶被风吹动的效果。（关于Wind Zone请参考本章第7节的相关内容。）

4.3.4 为游戏对象增加组件

1．启动Unity应用程序，依次打开菜单栏中的File→Open Project选项，在弹出的对话框中单击Open Other...按钮，进而在弹出的Open existing project对话框中选择项目工程所在的文件夹（\unitybook\chapter04\project03），单击“选择文件夹”按钮打开项目工程，如图4-21所示。

图4-21
新建项目工程

2．该项目工程包含很多资源，如音频、字体库、模型、材质、贴图、Shader以及脚本等。这些资源都可以在项目中反复应用于不同的场景，如图4-22所示。

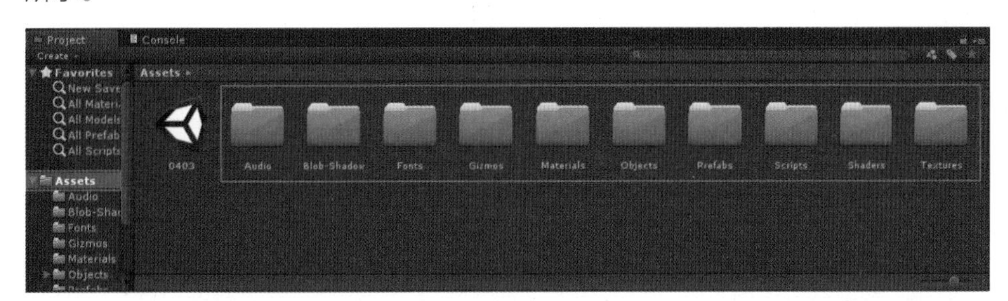

图4-22
项目工程中的各类资源

3．打开项目工程后，在Project视图中找到名为“0403”的场景文件，双击打开该场景，如图4-23所示。

图4-23
打开场景

4．打开菜单栏中的Game Object→CreateEmpty选项（快捷键Ctrl+Shift+N），为场景添加一个空对象，如图4-24所示。

图4-24 为场景添加空对象

5．保持新建空对象为被选择状态，打开菜单栏中的Component→Mesh→MeshFilter选项，为空对象添加一个Mesh Filter（网格过滤器），如图4-25所示。

图4-25 为游戏对象添加网格过滤器组件

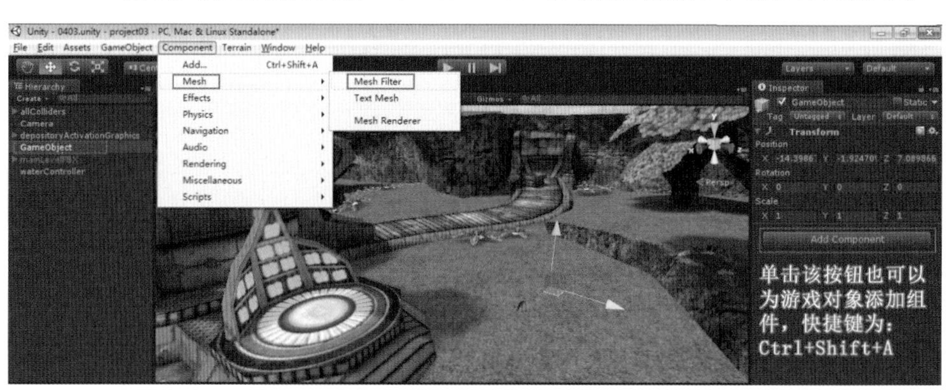

6．在Inspector视图中单击Mesh Filter组件面板中的圆圈图标，在弹出的Select Mesh（选择网格）对话框中选择一个网格模型，如图4-26所示。

图4-26 在网格过滤器组件中指定网格模型

7．在为空对象指定了组件后，就应该称之为游戏对象了。根据前面介绍的关于组件部分的内容，Mesh Filter（网格过滤器）组件一般要配合Mesh Renderer（网格渲染器）组件来使用，网格模型才会在Scene视图中被渲染出来。选择游戏对象，在Inspector视图中单击Add Component按钮，选择Mesh类中的Mesh Renderer组件，如图4-27所示。

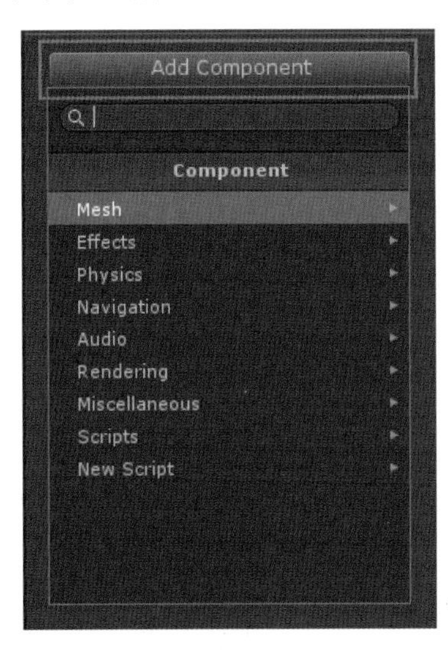

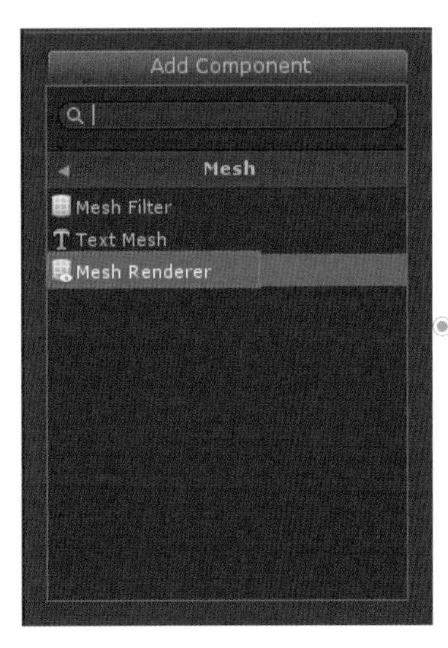

图4-27
为游戏对象添加MeshRenderer组件

8．此时，在Scene视图中，游戏对象的网格模型已经被渲染出来，如图4-28所示。如果看不到该游戏对象，是因为该对象被其他网格模型遮挡或者在当前视野以外。这种情况下用Tool　Bar中的移动命令将游戏对象适的位置，或者直接按快捷键Ctrl+Alt+F将其移动到当前视野中心。

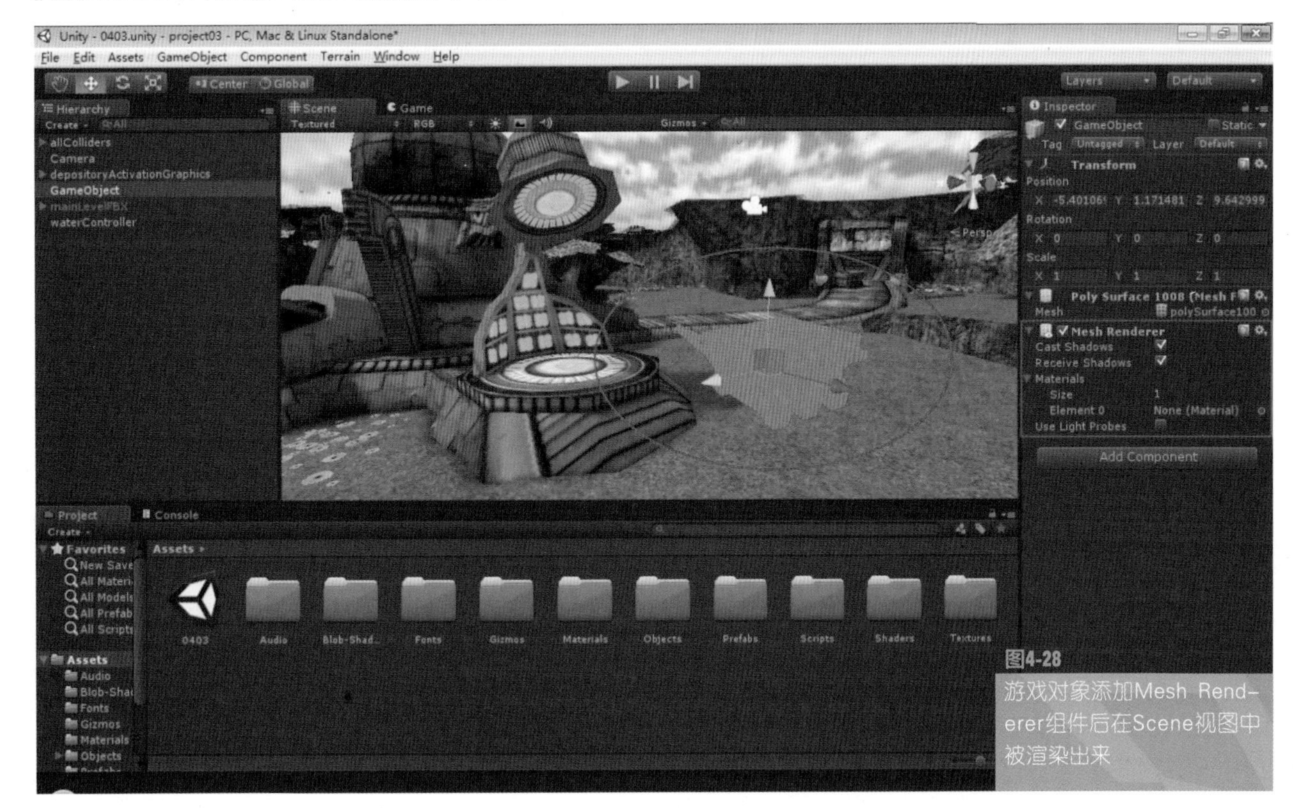

图4-28
游戏对象添加Mesh Renderer组件后在Scene视图中被渲染出来

9．游戏对象的网格模型被渲染出来之后，接下来需要为其指定材质贴图，在Project视图中的Assets面板中右击，在弹出的列表中依次单击Create→Material选项，进而在项目工程中创建一个材质，如图4-29所示。

图4-29
创建一个新材质

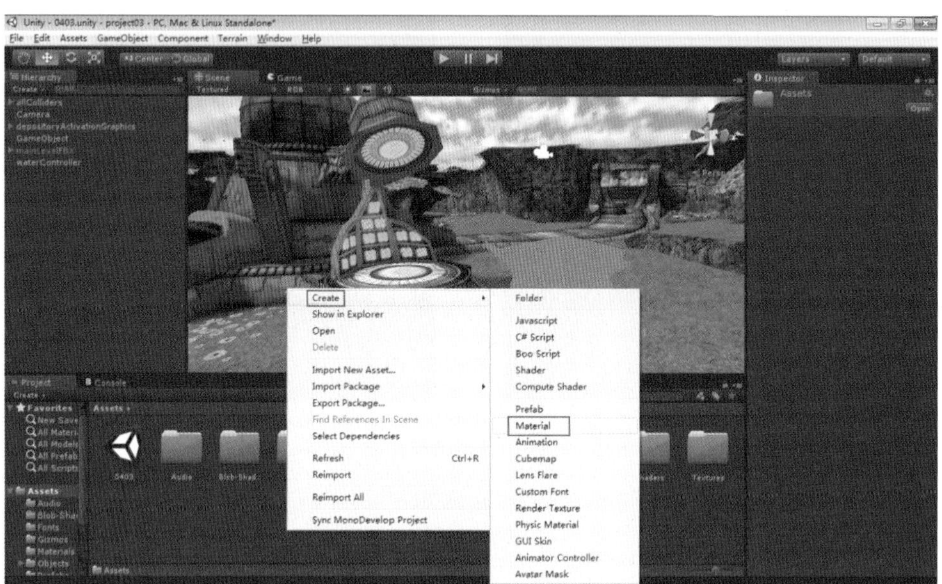

10．项目工程中所有的资源尽量根据相应的规范进行命名，并且按类别放置在相应的文件夹内，这样便于项目的管理。首先为创建的材质命名为xiaoche，然后为材质指定与之前在网格过滤器组件中指定的网格模型配套的纹理贴图。最后将其拖放到Material文件夹内，如图4-30所示。

图4-30
为材质指定纹理贴图

对项目工程中的资源进行重命名、变化放置路径等操作时，一定要在Unity编辑器中进行，否则可能会出现错误。

11．选择游戏对象，在Inspector视图中单击Mesh Renderer组件面板中的Materials项中Element 0项的◎圆圈图标，在弹出的Select Material（选择材质）对话框中选择刚刚创建的材质，如图4-31所示。

图4-31
为Mesh Renderer组件添加材质

12．为游戏对象指定材质后，在Scene视图中的渲染结果看起来就同其他正常导入的模型资源相似了，如图4-32所示。

图4-32
游戏对象被赋予材质后的效果

13．完成了游戏对象的网格类组件设置之后，接下来增添一些趣味性，可以为游戏对象添加一个光源组件。选择游戏对象，在Inspector视图中单击Add Component按钮，选择Rendering类中的Light组件，如图4-33所示。

图4-33
为游戏对象添加Light组件

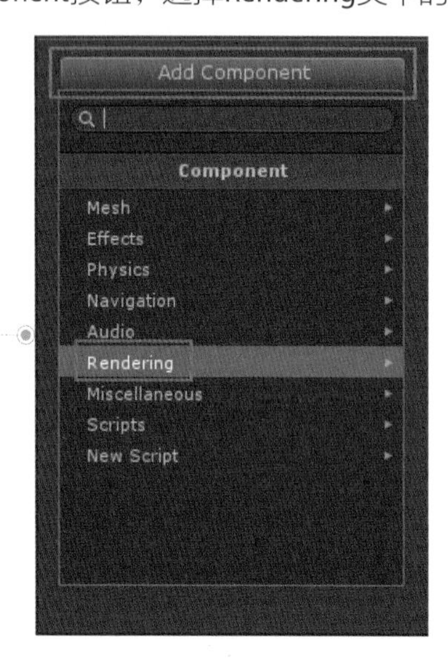

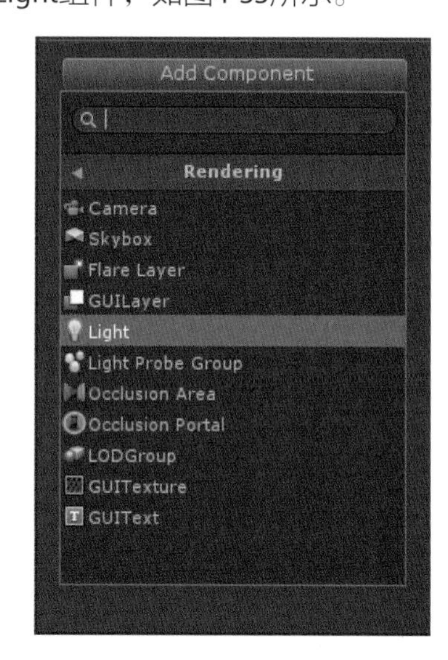

14．将Light组件添加到游戏对象上之后，该游戏对象就拥有了光源的属性并增加了灯光图标，可以照亮场景中其他的游戏对象，如图4-34所示。

图4-34
添加了Light组件后的游戏对象拥有了光源属性

15．在Inspector视图中调节Light组件中Color（颜色）及Intensity（强度）等参数，让游戏对象的照明效果更具个性，如图4-35所示。

图4-35
调节Light组件中参数

4.4　创建脚本

在Unity开发游戏的过程中，Script（脚本）是必不可少的组成部分。在Unity中，脚本是一种特殊的组件，用于添加到游戏对象上以实现各种交互操作及其他功能。

4.4.1　Unity支持的脚本类型

Unity支持三种语言来编写脚本，分别是JavaScript、C#及Boo。3种语言各有特色，无论使用哪一种都可以达到一致或近似的功能。

4.4.2　创建脚本的方式

在Unity中创建脚本的方式有3种。（创建其他资源的方法同创建脚本的方法类似）

1．启动Unity应用程序，依次单击菜单栏中的Assets→Create选项，进而选择要创建的脚本，如图4-36所示。

图4-36
在菜单栏中创建脚本

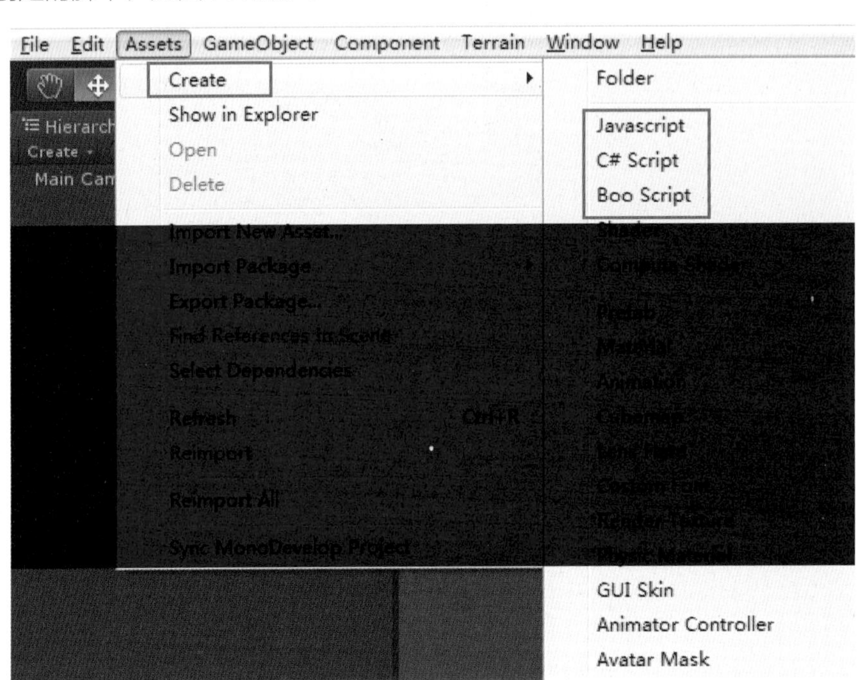

2．启动Unity应用程序，单击Project视图中的Create按钮创建脚本，如图4-37所示。

图4-37
通过Project视图中的Create按钮创建脚本

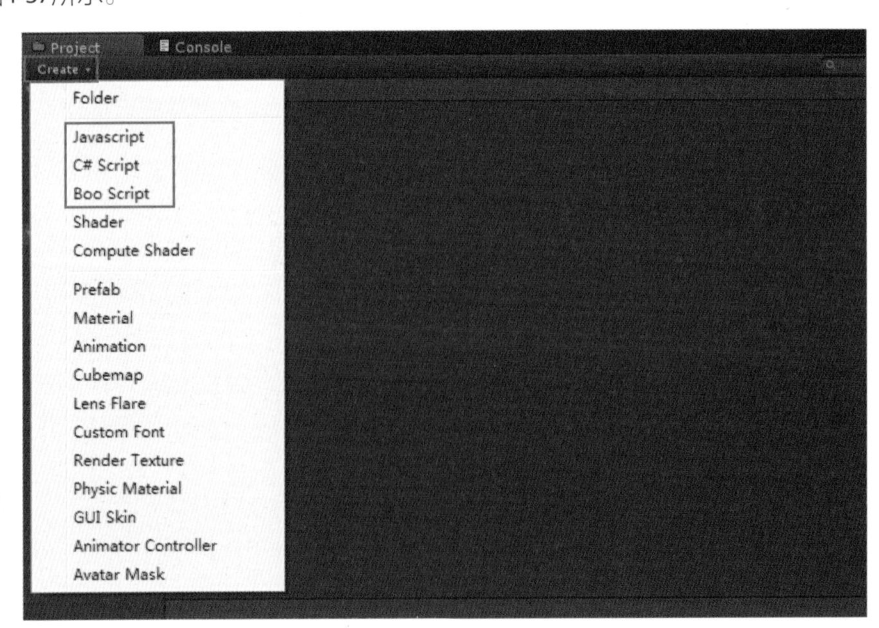

3．启动Unity应用程序，在Project视图中的Assets文件夹内通过右击弹出的列表框创建脚本，如图4-38所示。

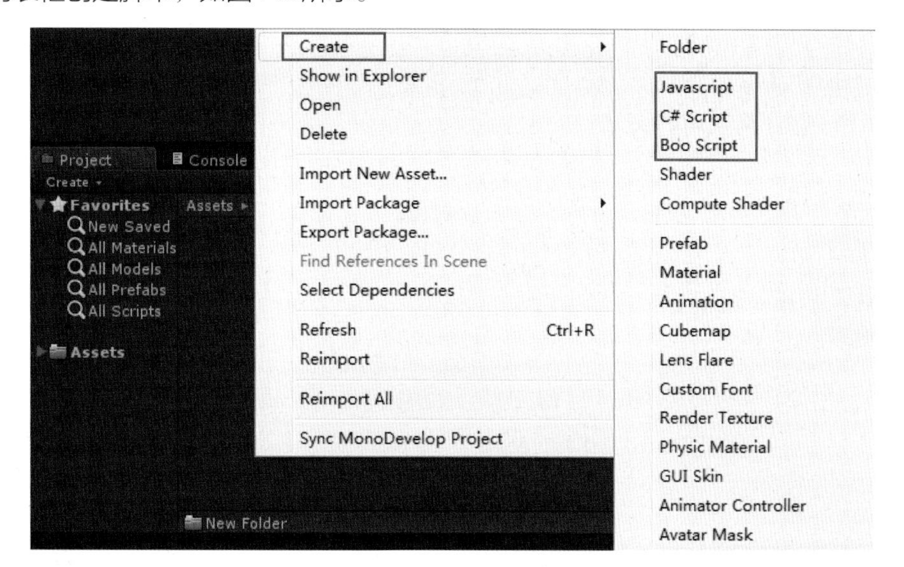

图4-38
在Project视图中的Assets文件夹通过右击弹出的列表框创建脚本

在Unity项目中创建资源的方式基本一致。常用有3种方式：既可以通过菜单栏中的Assets→Create选项进行创建；也可以通过Project视图中的Create按钮进行创建；还可以在Project视图中的Assets面板内通过右击弹出的列表框中进行创建。

除以上3种创建脚本的方式以外，还有一种直接创建并添加脚本到游戏对象上的方法，在Inspector视图中单击Add Component按钮，选择New Script项创建，如图4-39所示。

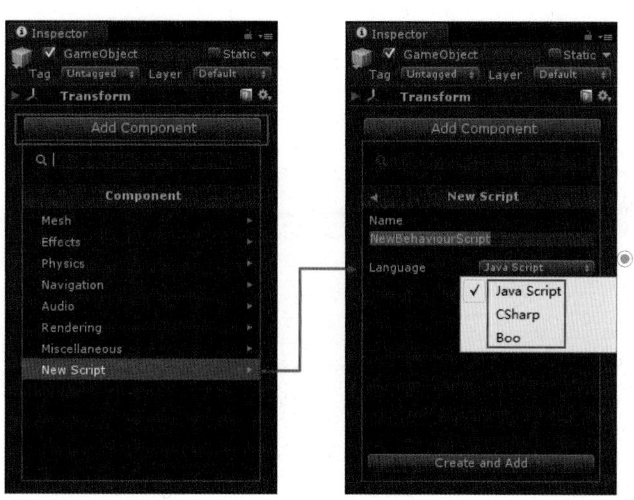

图4-39
创建并添加脚本到所选定的游戏对象上

4.4.3 脚本资源包概述

在Unity默认提供的资源包中，有专门的Script.UnityPackage（脚本资源包），提供了一些非常实用的脚本。

在Unity中，所有的默认资源包在导入项目工程后都会放置在Standard Assets文件夹中。

在讲解将Script.UnityPackage（脚本资源包）之前，先介绍一下将Unity Package（资源包）导入到Unity项目工程中的方法。

1. 在Unity应用程序中，依次单击菜单栏中的Assets→Import Package选项，进而选择要导入的资源包，如图4-40所示。

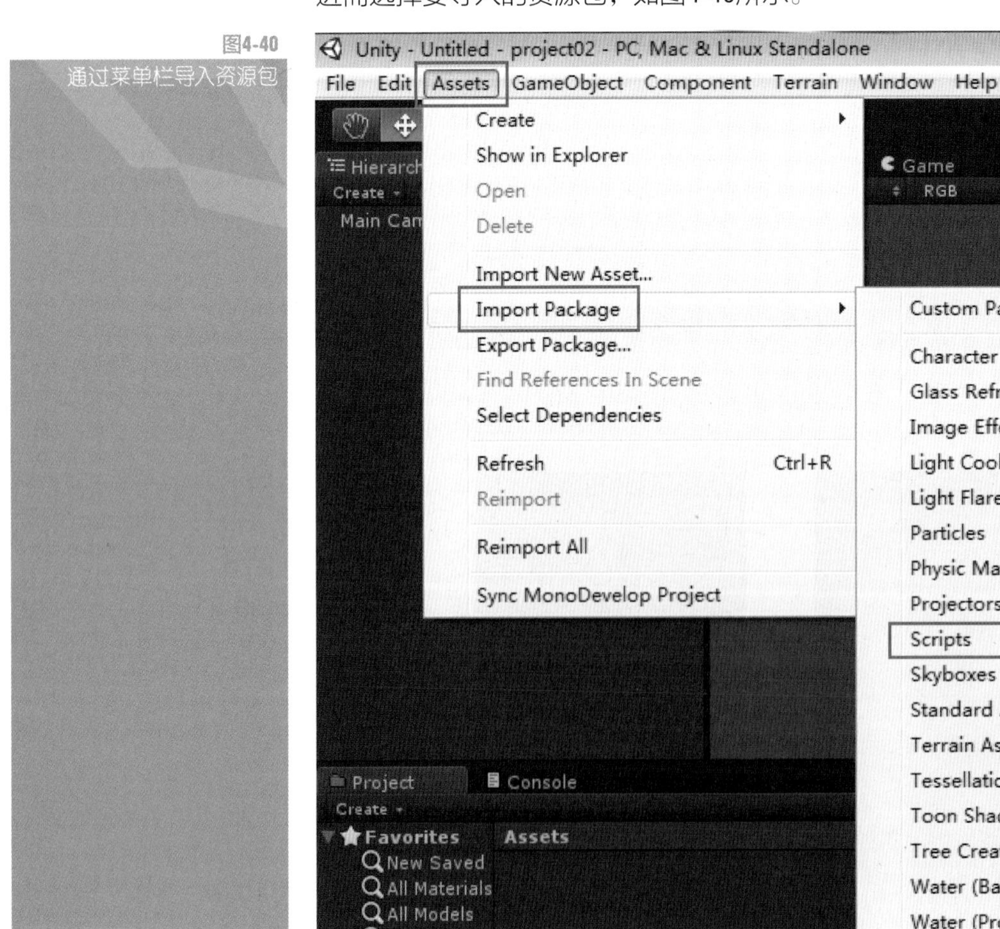

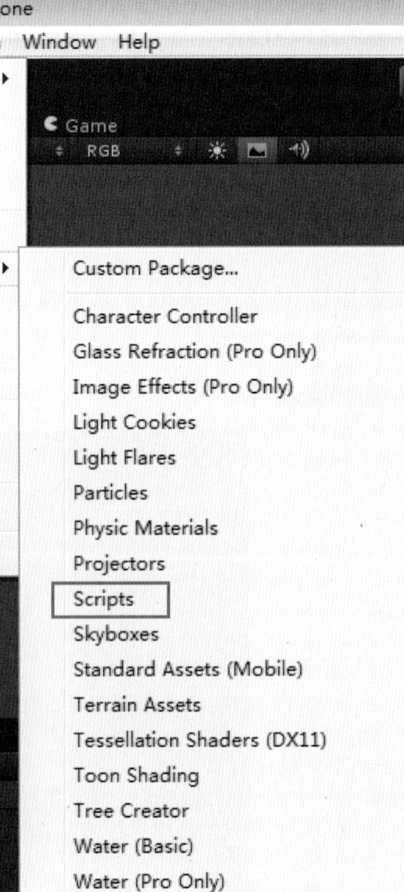

图4-40 通过菜单栏导入资源包

2．在Unity应用程序中，在Project视图中的Assets文件夹内通过右击弹出的列表框导入资源包，如图4-41所示。

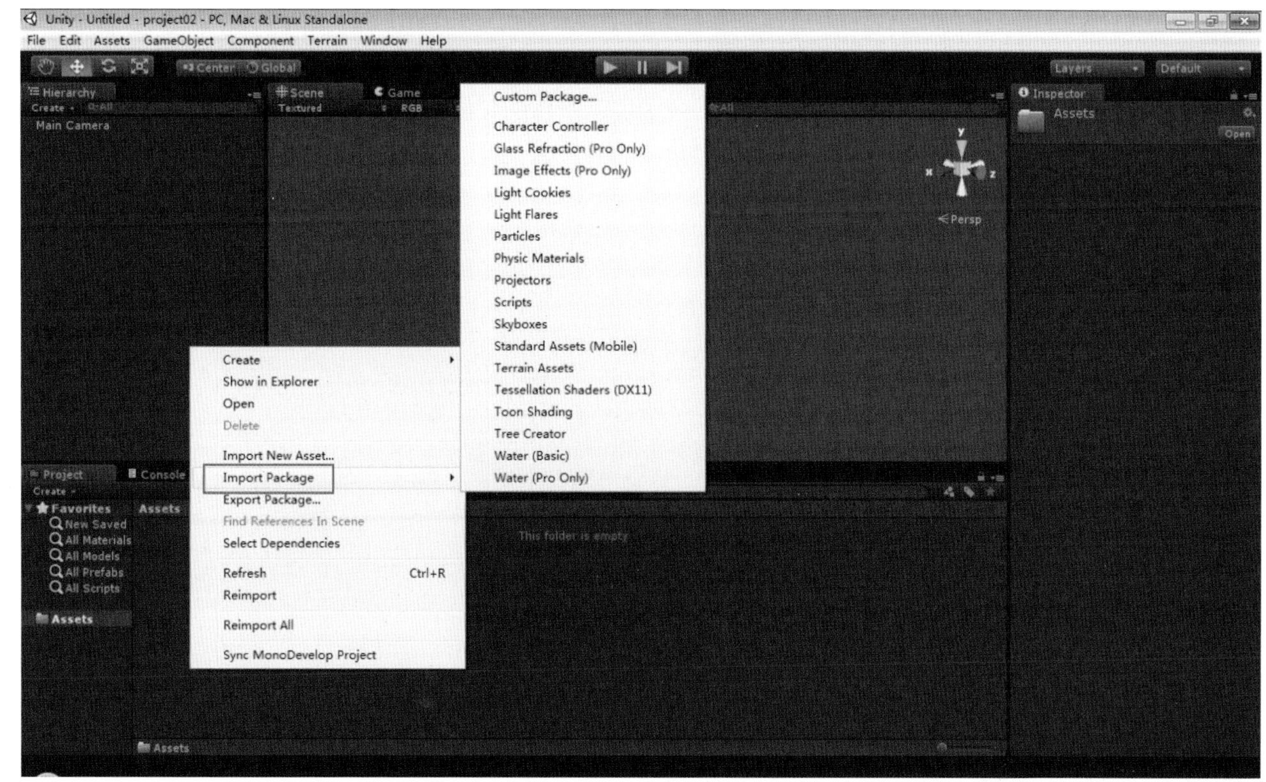

图4-41
在Project视图中通过右击弹出的列表框导入资源包

3．创建项目工程的时候在Unity-Project Wizard对话框中勾选需要的资源包选项进行导入，如图4-42所示。

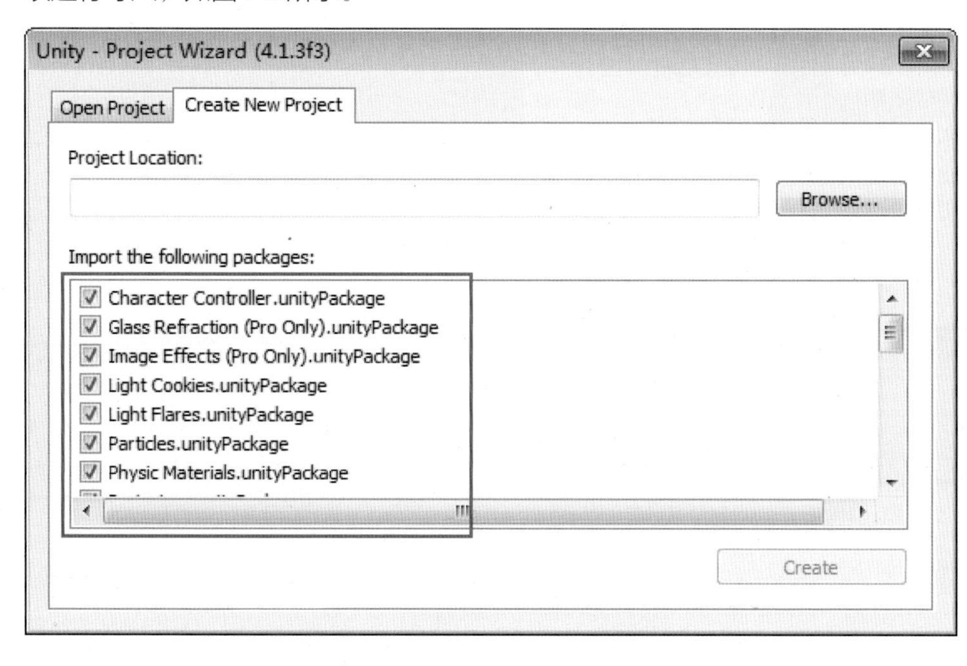

图4-42
创建项目工程的时候导入资源包

关于将资源包导入项目工程的方法就讲解完毕了。下面来介绍关于Script. UnityPackage（脚本资源包）的相关内容。

1．新建项目工程，依次单击菜单栏中的Assets→Import Package→Script选项，为项目工程导入Script.UnityPackage，资源包在导入前会弹出Importing Package对话框，该对话框显示了资源包内所有的文件及其层级关系。并可以通过勾选的方式来有选择地导入资源包中的部分或全部的内容，如图4-43所示。

图4-43
脚本资源包所包含的内容

图4-44
导入脚本资源包后Unity菜单栏中的Component项会发生变化

2．在Importing Package对话框中确认勾选所有文件，单击Import按钮将所有脚本导入到当前项目工程中，此时，Unity菜单栏中的Component选项会多出Scripts及Camera-Control两项，如图4-44所示。

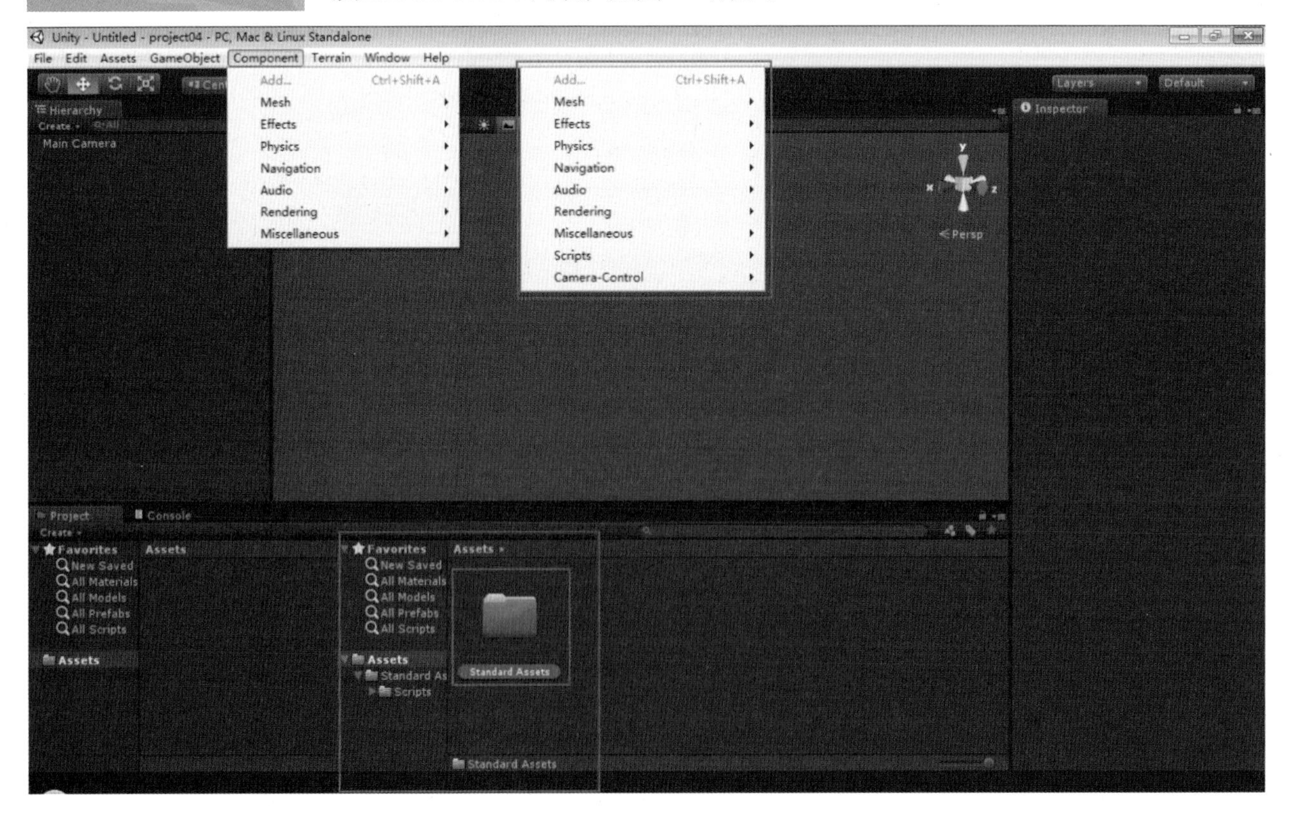

3．General Scripts文件夹中包含两个脚本，如图4-45所示。

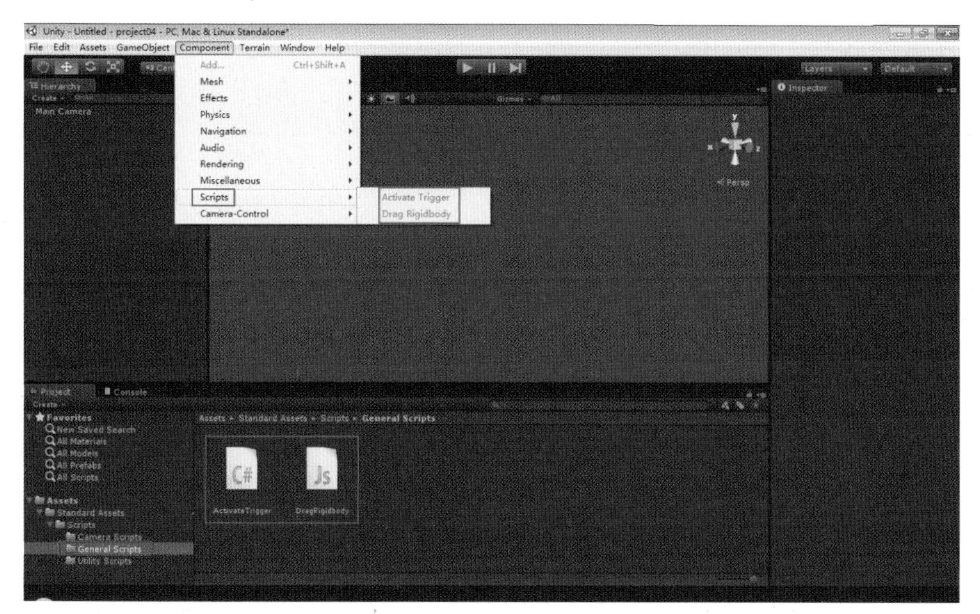

图4-45
General Scripts文件夹包含两个脚本

- ActivateTrigger：激活触发器。该脚本用于激活场景中的触发器对象。
- Drag rigidbody：拖动刚体。该脚本用于拖动具有刚体组件的游戏对象。

4．Camera Scripts文件夹中包含三个脚本，如图4-46所示。

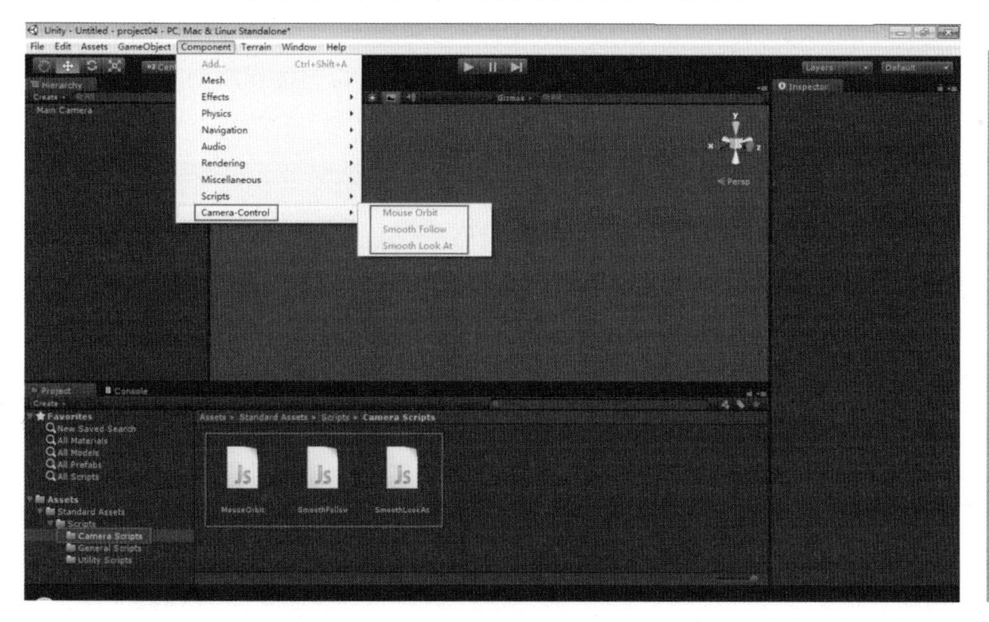

图4-46
Camera Scripts文件夹中包含三个脚本

- MouseOrbit：鼠标轨迹。该脚本一般用于摄像机对象，可以控制摄像机对象跟随鼠标的偏移值进行旋转。
- SmoothFollow：平滑跟随。该脚本一般用于摄像机对象，可以使摄像机跟随父对象进行移动、旋转等，并支持调节跟随过程的延迟、阻尼系数。
- SmoothLookAt：平滑注视。该脚本一般用于摄像机对象，可以控制摄像机对象永远对准所约束的游戏对象。

5．Utility Scripts文件夹中包含两个脚本，如图4-47所示。

图4-47
Utility Scripts文件夹中包含两个脚本

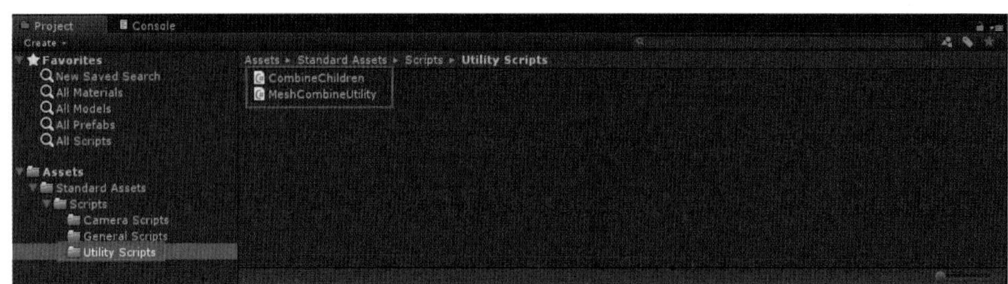

- CombineChildren：结合子对象。该脚本可以将场景中相同材质的游戏对象结合起来，进而达到优化渲染的目的，合理使用该脚本对场景的优化是非常有用的。
- MeshCombineUtility：网格合并工具。该脚本无法直接应用在游戏对象上，它是被CombineChildren脚本调用的。如果项目资源中不含此脚本，那么CombineChildren脚本将无法正常工作。

4.4.4　自定义新建脚本的模板内容

图4-48
新建.jc、.cs、.boo三种脚本默认的内容

在Unity中新建的脚本都预先写好了一些代码，以方便用户使用，如图4-48所示。

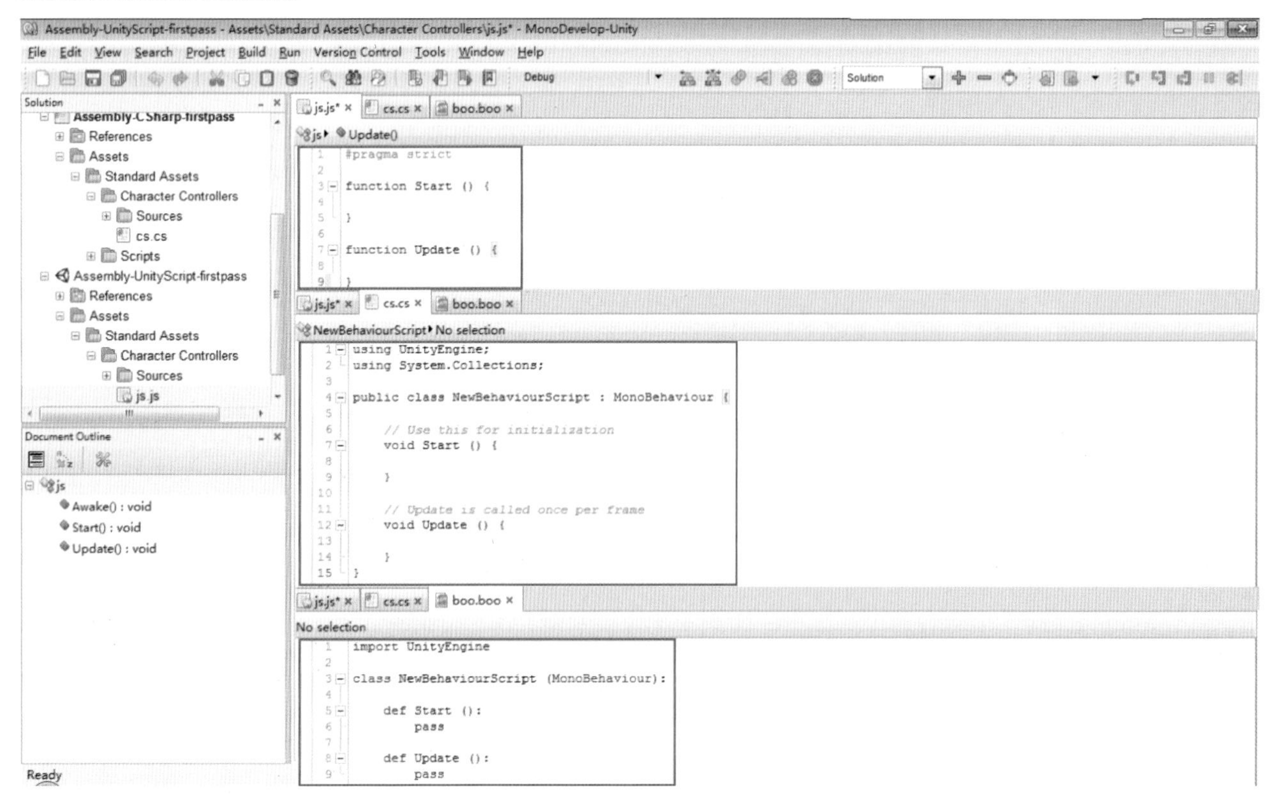

脚本中默认列出的代码内容源自于Unity提供的脚本模板，脚本模板放置在：Unity安装的路径\Editor\Data\Resources\ScriptTemplates文件夹中，如图4-49所示。修改模板内容后，Unity在新建相应类型脚本的时候就会继承模板的内容。

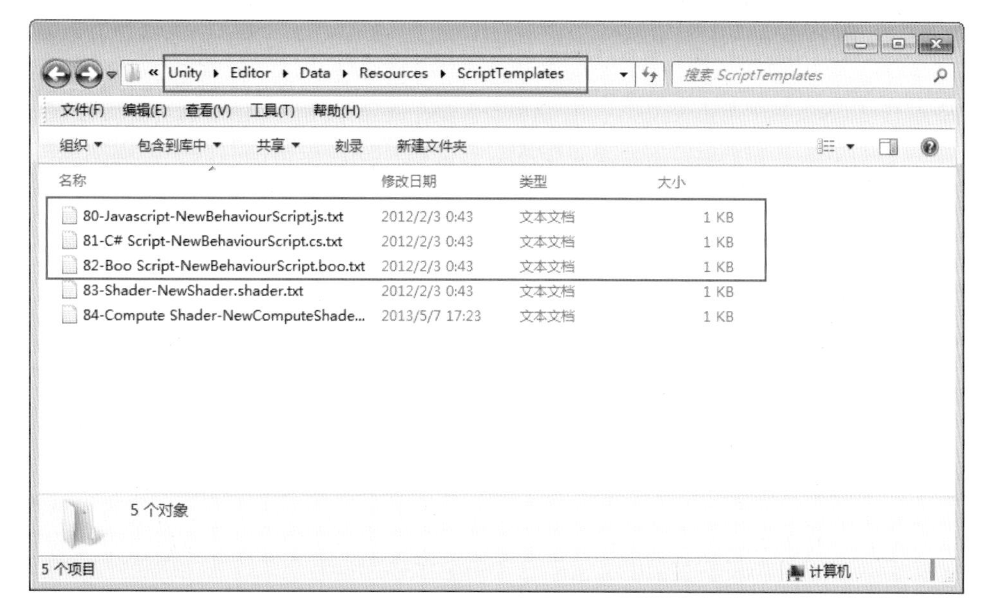

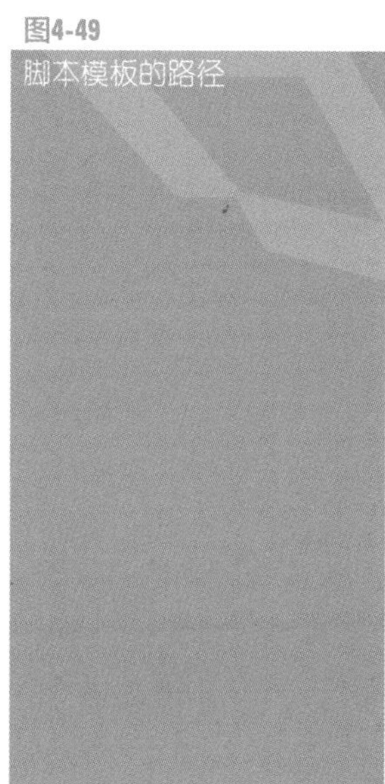
图4-49
脚本模板的路径

1．以JavaScript脚本模板为例，打开“80-Javascript-NewBehaviourScript.js.txt”记事本文件，修改其内容并保存，如图4-50所示。

图4-50
编辑JavaScript脚本模板

2．在Unity应用程序中，创建一个JavaScript脚本，发现脚本已经继承了修改过的模板的内容，如图4-51所示。

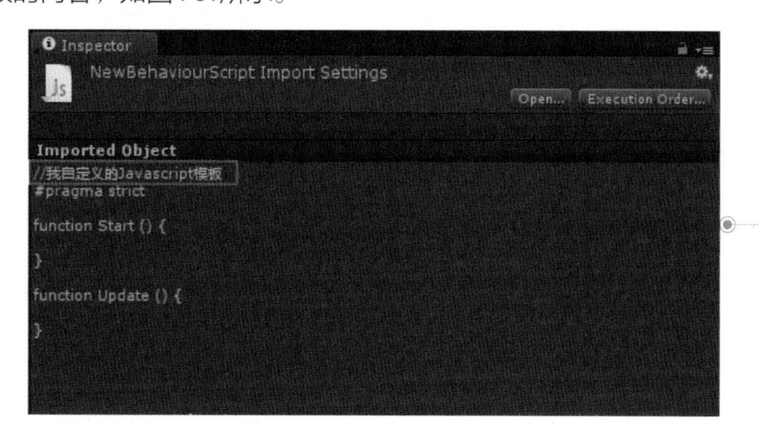

图4-51
新建脚本继承了脚本模板的内容

本例只是为了讲解Unity中创建新脚本与脚本模板的继承关系，读者可以根据实际情况对脚本模板进行编辑。

4.5 创建光源

光源是每一个场景的重要组成部分。网格模型和材质纹理决定了场景的形状和质感，光源则决定了场景环境的明暗、色彩和氛围。每个场景中可以使用一个以上的光源，合理地使用光源可以创造完美的视觉效果。

创建光源的方式同创建其他游戏对象相似，单击菜单栏中的GameObject→CreateOther选项，进而选择要创建的光源，或者在Hierarchy（层级）视图中通过单击Create按钮，进而选择要创建的光源。

4.5.1 Unity的光源类型

Unity提供了4种类型的光源，在合理设置的基础上可以模拟自然界中任何的光源。

图4-52 方向光源

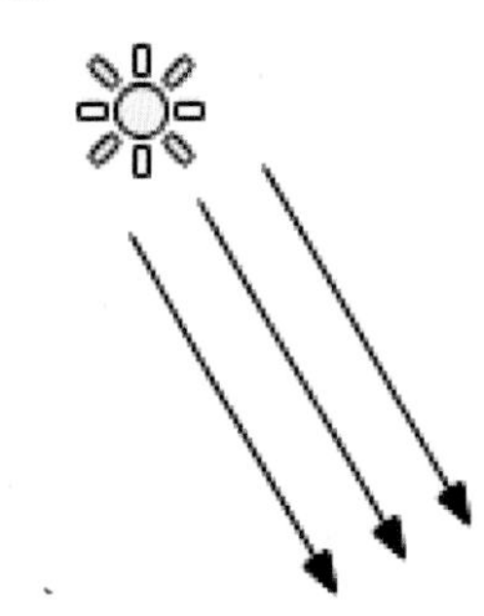

1．Directional light：方向光源。

该类型光源可以被放置在无穷远处，可以影响场景的一切游戏对象，类似于自然界中日光的照明效果。方向光源是最不耗费图形处理器资源的光源类型，如图4-52所示。

图4-53 点光源

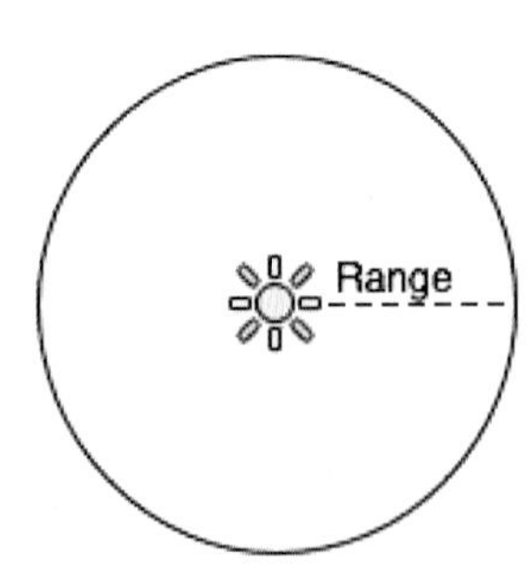

2．Point light：点光源。

点光源从一个位置向四面八方发出光线，影响其范围内的所有对象，类似灯泡的照明效果。点光源的阴影是较耗费图像处理器资源的光源类型，如图4-53所示。

图4-54 聚光灯

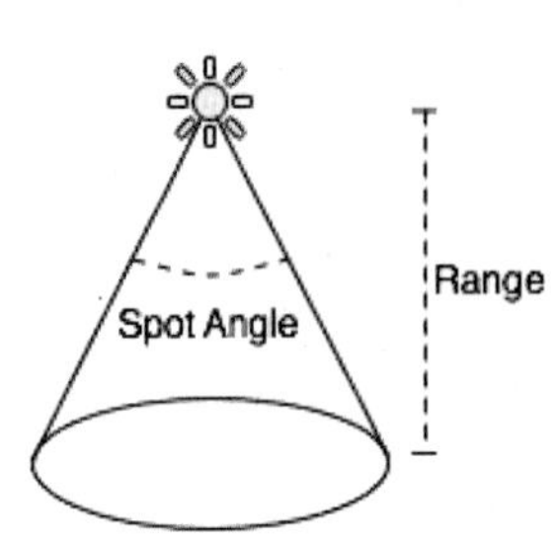

3．Spotlight：聚光灯。

灯光从一点发出，在一个方向按照一个锥形的范围照射，处于锥形区域内的对象会受到光线照射，类似射灯的照明效果。聚光灯是较耗费图形处理器资源的光源类型，如图4-54所示。

4．Area Light：区域光/面光源。

该类型光源无法应用于实时光照，仅适用于光照贴图烘焙，如图4-55所示。

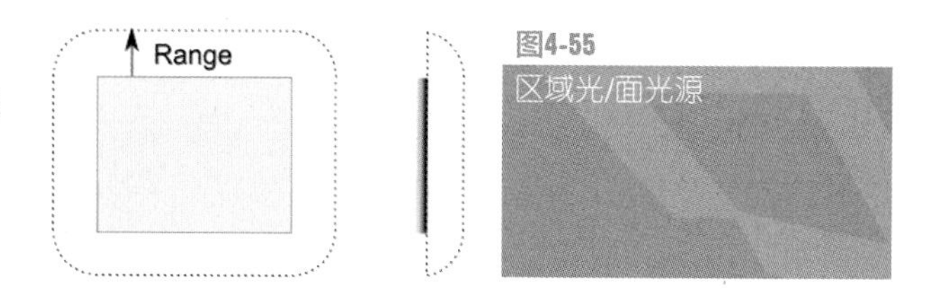

图4-55
区域光/面光源

4.5.2 光源属性讲解

在介绍光源的属性、参数之前，首先介绍一下光源创建的方式，在场景中创建光源的方式有两种：一种是在菜单栏中依次打开GameObject→Create Other选项，进而选择要创建的光源；另一种是在Hierarchy视图中单击Create按钮，在弹出的列表框中选择要创建的光源，如图4-56所示。

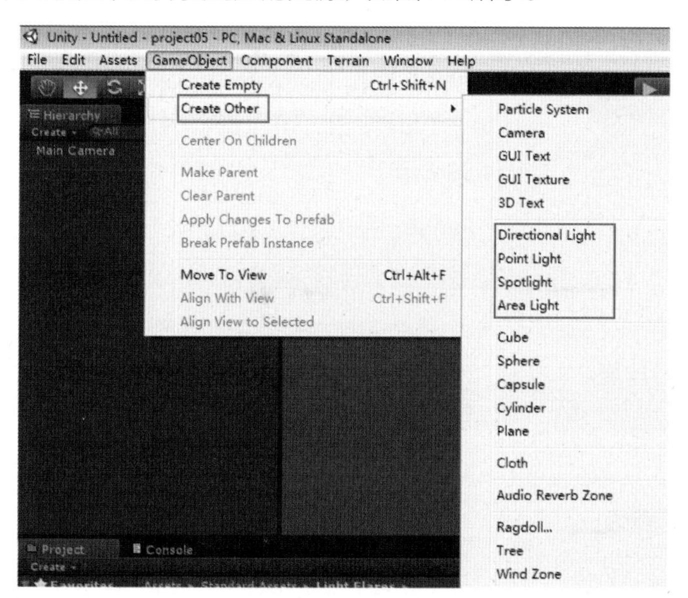

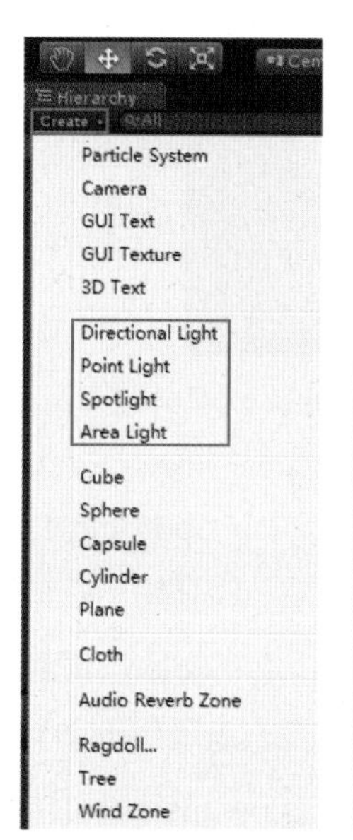

图4-56
为场景添加光源

知识点 Epistemology

在Unity中创建所有游戏对象的方式基本一致。常用的有两种方式：既可以通过菜单栏中的GameObject项下面的选项进行创建，也可以通过在Hierarchy视图中单击Create按钮进行创建。

光源的参数基本相似，如图4-57所示。

图4-57
四种光源的参数

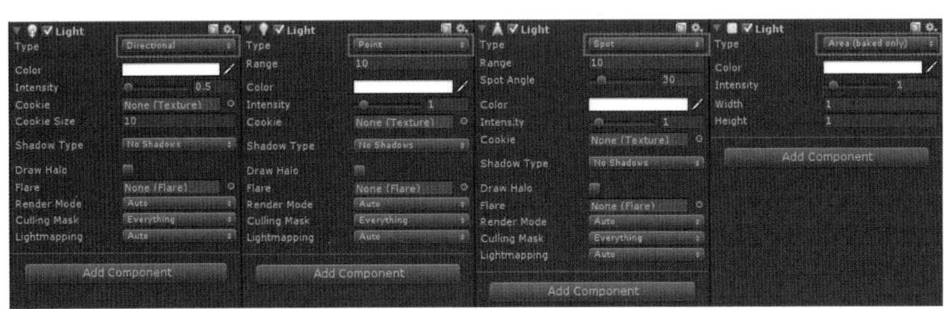

下面就所有类型光源的参数统一进行介绍：

图4-58
切换光源类型

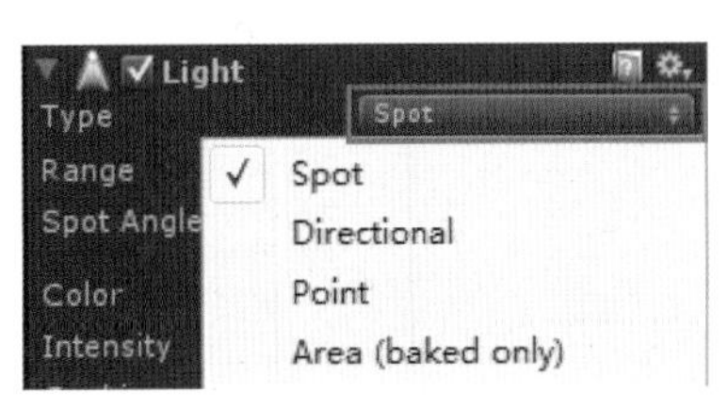

· Type：类型。

单击Type按钮，可以选择光源的类型，如图4-58所示。

· Range：范围。

该项用于控制光线从光源对象的中心发射的距离，只有点光源和聚光灯有该参数。

· Spot Angle：聚光灯角度。

该项用于控制光源的锥形范围，只有聚光灯有该参数。

· Color：颜色。

该项用于调节光源的颜色。

· Intensity：强度。

该项用于控制光源的强度，聚光灯以及点光源的默认值是1，方向光默认值是0.5。

· Cookie：该项用于为光源指定拥有alpha通道的纹理，使光线在不同的地方有不同的亮度。如果光源是聚光灯或方向光，可以指定一个2D纹理。如果光源是一个点光源，必须指定一个Cubemap（立方体纹理）。

· Cookie Size：该项用于控制缩放Cookie投影。只有方向光有该参数。

· Shadow Type：阴影类型（该功能只有Pro版本才支持）。

图4-59
阴影类型

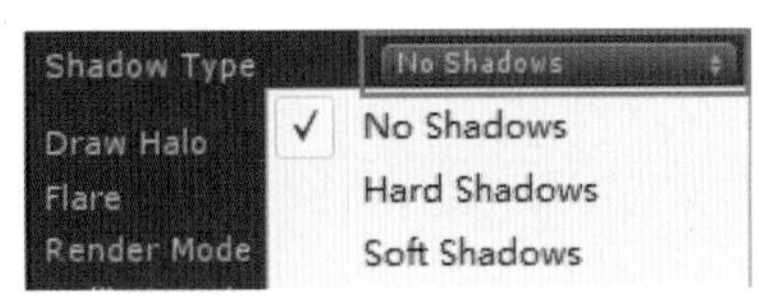

为光源选择阴影类型。可以选择No Shadows（关闭阴影）、Hard Shadows（硬阴影）以及Soft Shadows（软阴影），如图4-59所示。需要特别指出的是，软阴影会消耗更多的系统资源。

需要注意的是，默认设置下，只有Directional light光源才可以开启阴影，Pointlight、Spotlight光源开启阴影的话会弹出提示，如图4-60所示，意为只有Directional light光源在Forward模式下才可以启用阴影。

如果希望开启Point light、Spot light类型光源的阴影（只有发布成Web版或单机版才支持），可以打开菜单栏中的Edit→Project Setings→Player选项，在Inspector视图中的Per-Platform Settings项下面的Other Settings栏中，单击Rendering Path*项右侧的按钮，在弹出的列表框中选择Deferred Lighting类型，如图4-61所示。

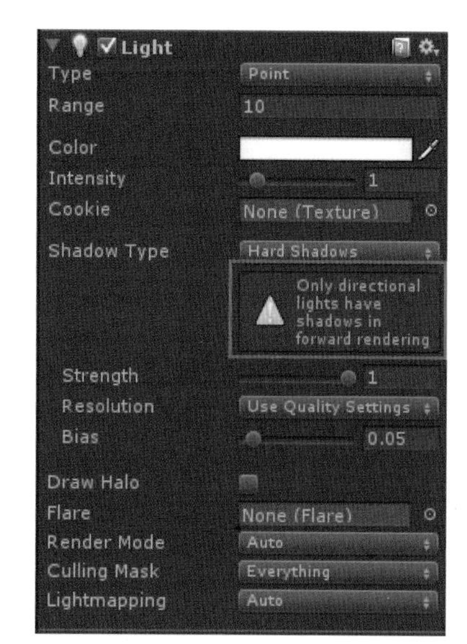

图4-60
Point light、Spot light光源开启阴影弹出的提示

图4-61
Rendering Path的设置

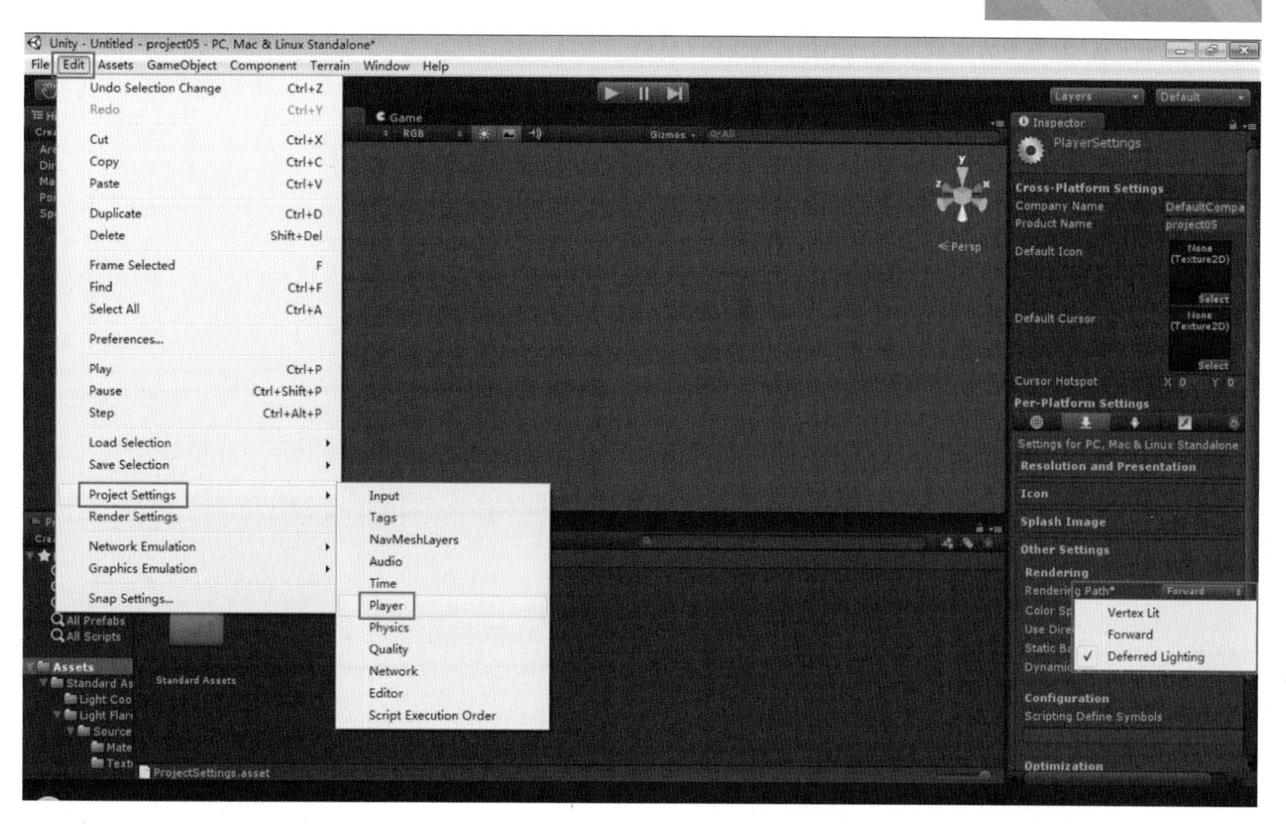

关于Unity中支持的三种渲染路径参数比较请参考表4-1。

表4-1 Rendering Paths Comparison（渲染路径比较）

	Vertex Lit 顶点光照	Forward正向渲染	Deferred Lighting延时光照
Features 功能			
Per-pixellighting (normal maps，light cookies)每像素计算光照(法线贴图、灯光cookies)	—	Yes	Yes
Realtime shadows 实时阴影	—	1 Directional Light（一盏方向光）	Yes
Dual Lightmaps 双光照贴图	—	—	Yes
Depth&Normals Buffers 深度与法线缓冲区	—	Additional render passes 额外渲染通道	Yes
Soft Particles软粒子	—	—	Yes
Semitransparent objects 半透明物体	Yes	Yes	—
Anti-Aliasing抗锯齿	Yes	Yes	—
Light Culling Masks灯光剔除蒙板	Yes	Yes	Limited
Lighting Fidelity光照保真度	All per-vertex所有顶点	Some per-pixel某些像素	All per-pixel 全部像素
Performance 性能			
Cost of a per-pixel Light 每个像素光照的花费	—	Number of pixels * Number of objects it illuminates像素数量*照亮的像素数量	Number of pixels it illuminates 照亮的像素数量
Platform Support 支持平台			
PC(Windows/Mac)台式机	Anything	Shader Model 2.0+	Shader Model 3.0+
Mobile(iOS/Android) 移动设备	OpenGL ES 2.0 & 1.1	OpenGL ES 2.0	—
Consoles(游戏)平台	—	360，PS3	360，PS3

Rendering Path*（渲染路径）有三种类型可供选择：

VertexLit：顶点光照。光照效果最差，不支持阴影，一般用于配置较差的机器或受限的移动终端平台。

Forward：正向着色。能够很好地支持光源照射效果，但不支持Point light、Spot light类型光源的阴影。

Deferred Lighting：延迟光照。支持最佳的光照效果及所有类型光源投射的阴影，但需要一定程度的硬件支持。只有Pro版支持该模式。

• Strength：强度。

该项用于控制光源所投射阴影的强度，取值范围是0～1，值为0时阴影完全消失，值为1时阴影呈黑色。

• Resolution：分辨率。

该项用于控制阴影分辨率的质量。有5项可供选择，如图4-62所示。

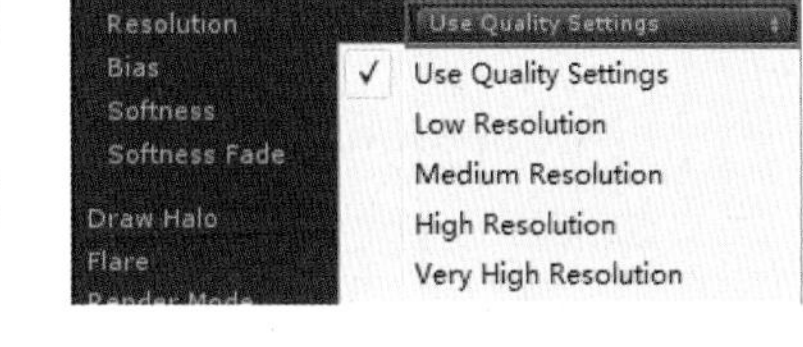

图4-62 用于控制阴影分辨率质量的选项

由上至下分别代表：使用质量设置、低质量、中等质量、高质量、更高质量。

• Bias：偏移。

该项用于设置灯光空间的像素位置与阴影贴图的值比较的偏移量。取值范围是0～0.5。当值过小，游戏对象表面会产生self-shadow，就是物体的表面会有来自于自身阴影的错误显示，当值过大，阴影就会较大程度地偏离投影的游戏对象。

• Softness：柔化。

该项用于控制阴影模糊采样区的偏移量。只有方向光投影类型为软阴影的情况下该项才会启用。

• Softness Fade：柔化淡出。

该项用于控制阴影根据与摄像机的距离进行淡出的程度。只有方向光投影类型为软阴影的情况下该项才会启用。

• Draw Halo：绘制光晕。

如果勾选该项，光源会开启光晕效果。

• Flare：耀斑/眩光。

该项用于为光源指定耀斑/镜头光晕的效果

• Render Mode：渲染模式。

该项用于指定光源的渲染模式，有三项可供选择，如图4-63所示。

图4-63 光源的渲染模式

➢ Auto：自动。根据光源的亮度以及运行时Quality Settings（质量设置）的设置来确定光源渲染模式。

➢ Important：重要。光源逐像素进行渲染。一般用非常重要的光源渲染。

➢ Not Important：不重要。光源总是以最快的速度进行渲染。

• Culling Mask：剔除遮蔽图。

选中层所关联的游戏对象将受到光源照射的影响，如图4-64所示。

图4-64 筛选光源对层中游戏对象的影响

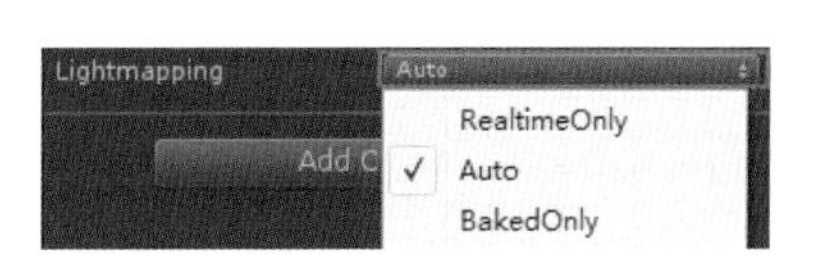

图4-65
光源对光照贴图影响的模式

• Lightmapping：光照贴图。

该项用于控制光源对光照贴图影响的模式，如图4-65所示。

✧ RealtimeOnly：仅实时灯光计算，不参与光照贴图的烘焙计算。

✧ Auto：自动。

✧ BakedOnly：仅作用于光照贴图的烘焙，不进行实时灯光计算。

• Width：宽度。

该项用于设置面光源影响区域的宽度。只有面光源有该参数。

• Height：高度。

该项用于设置面光源影响区域的高度。只有面光源有该参数。

4.5.3 光源场景案例

在介绍了光源的属性、参数之后，本节将讲解一个为场景添加光源的案例。

1．启动Unity应用程序，打开\unitybook\chapter04\project05项目工程，打开BootcampBasic场景。场景中已经创建了地形、植被、配景等游戏对象，如图4-66所示。

图4-66
场景的效果

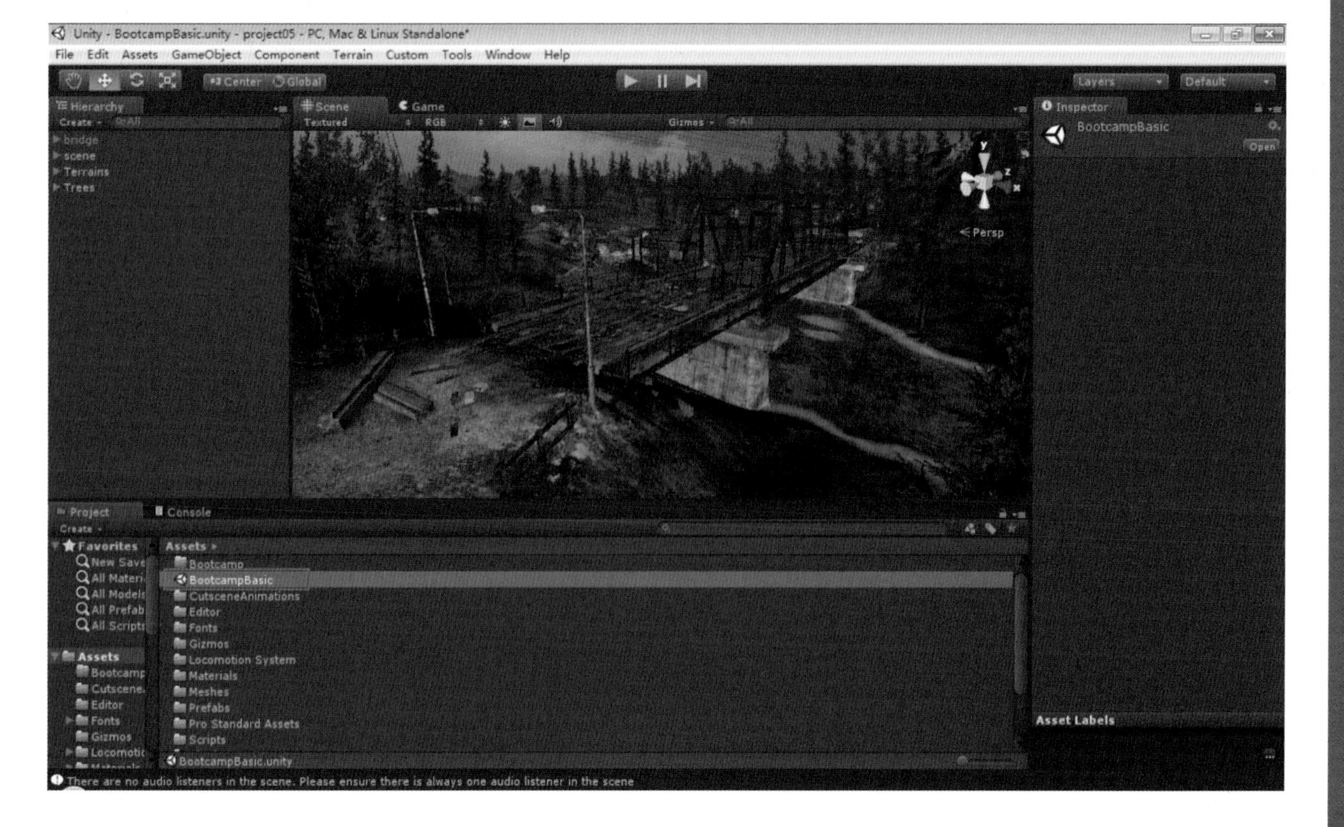

2．依次打开菜单栏中的GameObject→Create Other→Directional light选项，为场景添加一个方向光。在手动创建了一个光源后，Unity会自动开启按钮以启用光源照明效果，此时场景便明亮了许多，如图4-67所示。

图4-67
为场景添加方向光后的效果

3．默认创建的方向光一般用于模拟日光的照明效果，本例想表现午后的阳光效果，所以需要将光源设置为偏暖的色调，在Inspector视图中单击光源对象的Light组件中Color项右侧的色条，进而在弹出的Color对话框中调节光源的颜色，如图4-68所示。设置完成后，午后场景的色调就初步调节完毕了。

图4-68
调节光源的颜色

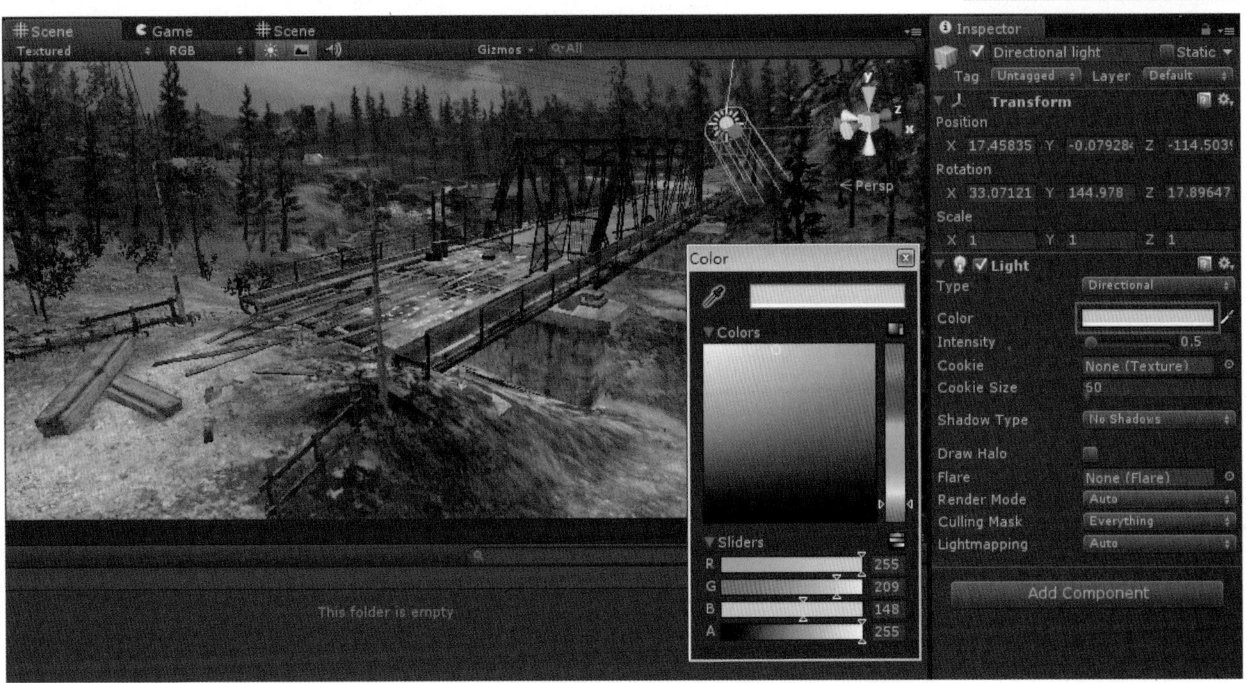

4．当前场景看起来亮度有些偏暗，调节Intensity（强度）到合适的数值，本例中将该参数设为0.8，如图4-69所示。

图4-69
调节光源的强度值

5．调节完光源的颜色以及强度之后，整个场景的效果有了部分提升，但还不是很完美。因为在真实的世界中，光线照射在物体上会有投影。接下来，需要为光源设置投影，单击Shadow Type项右侧按钮，在弹出的下拉列表框中选择Hard Shadows（硬阴影），如图4-70所示。到此，场景主光源便设置完毕了。

图4-70
为光源设置投影类型

6．在真实的自然环境中，物体除了接受阳光的照射影响以外，还会受到大气漫反射光的影响，在蓝色天空情况下，大气漫反射光会呈现出偏蓝的颜色。所以需要为场景添加辅助光源，依次打开菜单栏中的GameObject→Create Other→Point light选项，为场景添加一个点光源，并根据场景的情况调整点光源的位置、强度、范围、颜色等参数，如图4-71所示。

图4-71
调节辅助灯光参数

7．过对比添加辅助光源前后的效果，可以发现辅助灯光对场景氛围的影响，如图4-72所示。

图4-72
添加辅助光源前后场景对比的效果

本案例只是为读者简单地演示为场景添加光源的方法，在实际的项目开发过程中，还需要灵活地运用光源对象，才能达到预期的效果。

4.6 创建摄像机

正如电影中的镜头用来将故事呈现给观众一样，Unity的摄像机用来将游戏世界呈现给玩家。游戏场景中至少有一台摄像机，也可以有多台。多台摄像机可以创建双人分屏效果或高级的自定义效果。

摄像机是为玩家显示游戏场景的一种装置。通过定制和操作摄像机，可以让你的游戏外观与众不同。在一个场景中你可以有数量不限的摄像机。它们可以被设置为以任何顺序来渲染、在屏幕上的任何地方来渲染，或仅仅渲染屏幕的一部分。

4.6.1 摄像机类型

Unity中支持两种类型的摄像机，分别是Perspective（透视）以及Orthographic（正交）摄像机。通过改变摄像机的模式可以方便地指定摄像机的类型。下面是同一台摄像机在相同位置的透视、正交2种模式效果，如图4-73所示。

图4-73 同一台摄像机在相同位置的透视、正交2种模式效果

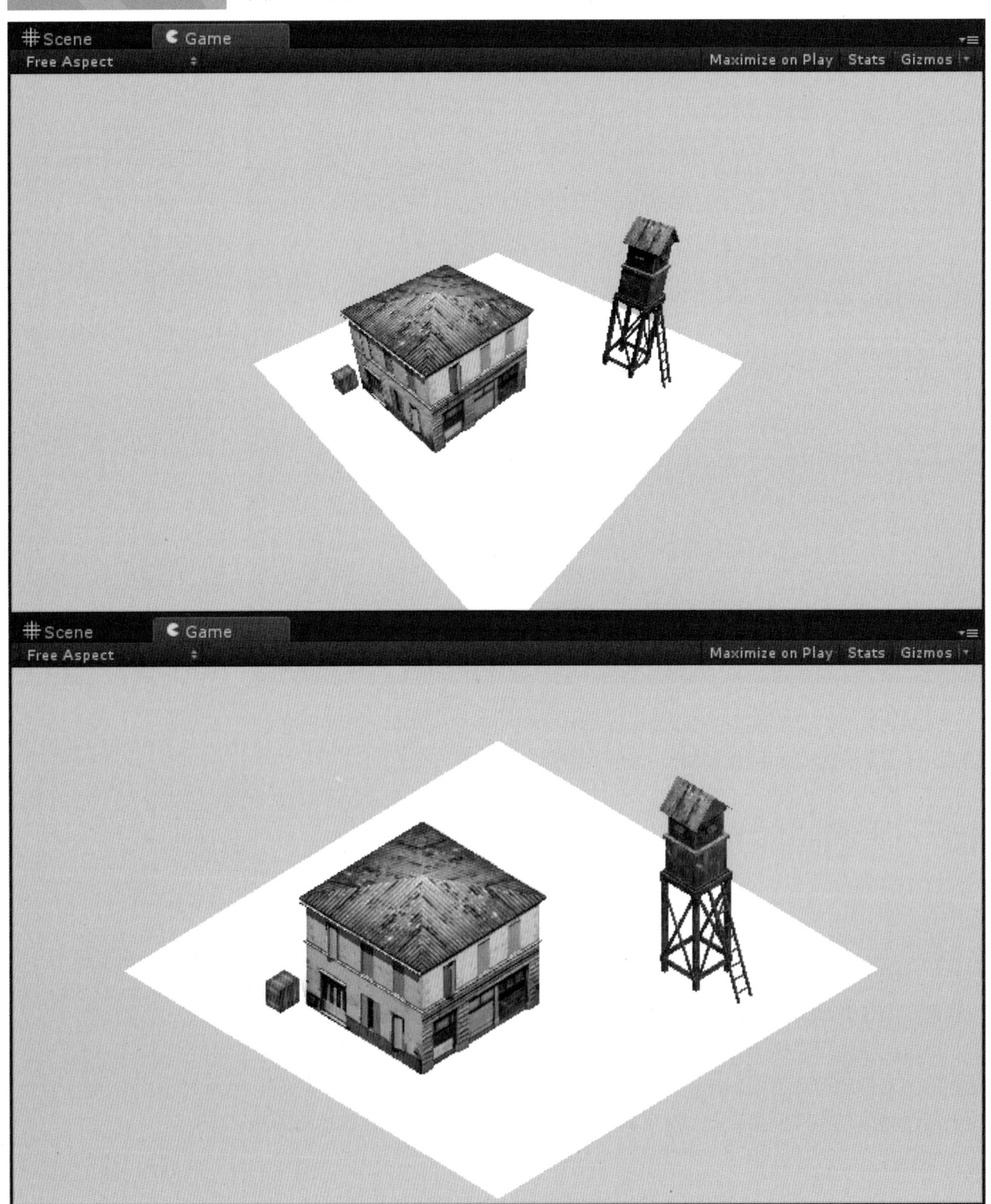

4.6.2 摄影机参数

在Unity中创建摄像机对象时，默认情况下除了Transform（几何变换）组件外还会带有Camera、Flare Layer、GUI Layer、Audio Listener等4个组件，如图4-74所示。下面就Camera（摄影机）组件的参数来进行讲解：

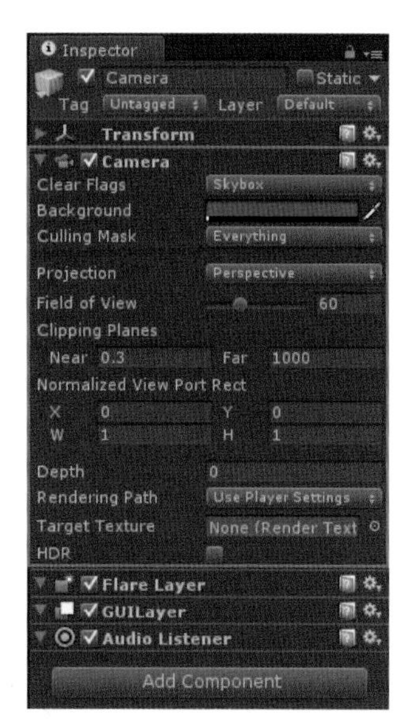

图4-74
新建摄像机对象参数面板

- Clear Flags：清除标记。决定屏幕的哪部分将被清除。该项一般用于使用多台摄像机来描绘不同游戏对象的情况，有3种模式可供选择：
  - ➢ Skybox：天空盒。该模式为默认设置。在屏幕中空白的部分将显示当前摄像机的天空盒。如果当前摄像机没有设置天空盒，它会默认使用Background（背景）色。
  - ➢ Solid Color：纯色。选择该模式屏幕上的空白部分将显示当前摄像机的Background（背景）色。
  - ➢ Depth only：仅深度。该模式用于游戏对象不希望被裁剪的情况。
  - ➢ Don't Clear：不清除。该模式不清除任何颜色或深度缓存。其结果是，每帧渲染的结果叠加在下一帧之上。一般与自定义的Shader（着色器）配合使用。
- Background：背景。

该项用于设置背景颜色。在镜头中的所有元素渲染完成且没有指定Skybox（天空盒）的情况下，将设置的颜色应用到屏幕的空白处。

- Culling Mask：剔除遮罩。

依据游戏对象所指定的层来控制摄像机所渲染的游戏对象。

- Projection：投射方式。
  - ➢ Perspective：透视。摄像机将用透视的方式来渲染游戏对象。
  - ➢ Orthographic：正交。摄像机将用无透视感的方式均匀地渲染游戏对象。
- Field of view：视野范围。（只针对透视模式）。

该项用于控制摄像机的视角宽度，以及纵向的角度尺寸。

- Size：大小。（只针对正交模式）。

该项用于控制正交模式摄像机的视口大小。

- Clipping Planes：剪裁平面。摄像机开始渲染与停止渲染之间的距离。
  - ➢ Near：近点。摄像机开始渲染的最近的点。
  - ➢ Far：远点。摄像机开始渲染的最远的点。
- Normalized View Port Rect：标准视图矩形。用四个数值来控制该摄像机的视图将绘制在屏幕的位置以及大小，该项使用屏幕坐标系，数值在0 ~ 1之间。
  - ➢ X：摄像机视图进行绘制的水平位置起点。
  - ➢ Y：摄像机视图进行绘制的垂直位置起点。
  - ➢ W：宽度。摄像机输出到屏幕上的宽度。
  - ➢ H：高度。摄像机输出到屏幕上的高度。
- Depth：深度。

该项用于控制摄像机的渲染顺序，较大值的摄像机将被渲染在较小值的摄像机之上。

- Rendering Path：渲染路径。该项用于指定摄像机的渲染方法。
  - ➢ Use Player Settings：使用Project Settings→Player中的设置。该摄像机将使用设置的渲染路径。
  - ➢ Vertex Lit：顶点光照。摄像机将对所有的游戏对象作为顶点光照对象来渲染。
  - ➢ Forward：快速渲染。摄像机将对所有游戏对象将按每种材质一个通道的方式来渲染，如同在Unity2.x中的渲染方式。
  - ➢ Deferred Lighting：延迟光照。摄像机先对所有游戏对象进行一次无光照渲染，用屏幕空间大小的Buffer保存几何体的深度、法线以及高光强度，生成的Buffer将用于计算光照，同时生成一张新的光照信息Buffer。最后所有的游戏对象会被再次渲染，渲染时叠加光照信息Buffer的内容（该项只有Pro版才支持）。

对于以上3种渲染路径的对比，请参考本章第5节中表4-1中的相关内容。

- Target Texture：目标纹理（该项只有Pro版才能支持）。

该项用于将摄像机视图输出并渲染到屏幕。一般用于制作导航图或者画中画等效果。

- HDR：高动态光照渲染。

该项用于启用摄像机的高动态范围渲染功能。因为人眼对低范围的光照强度更为敏感，所以使用高动态范围渲染能够让场景更为真实，光照的变化不会显得太突兀。

4.6.3 摄影机案例

本案例介绍在场景中利用摄像机对象实现画中画的方法。

1．启动Unity应用程序，打开\unitybook\chapter04\project05项目工程，打开名为Bootcamp的场景。场景中已经创建了地形、植被、配景等游戏对象，并且简单地设置了两盏灯光，如图4-75所示。

图4-75
场景截图

2．场景中已经有了一个名为Camera的摄像机，Depth（深度）值为默认的0，该摄像机的视野包括了场景中的桥，如图4-76所示。

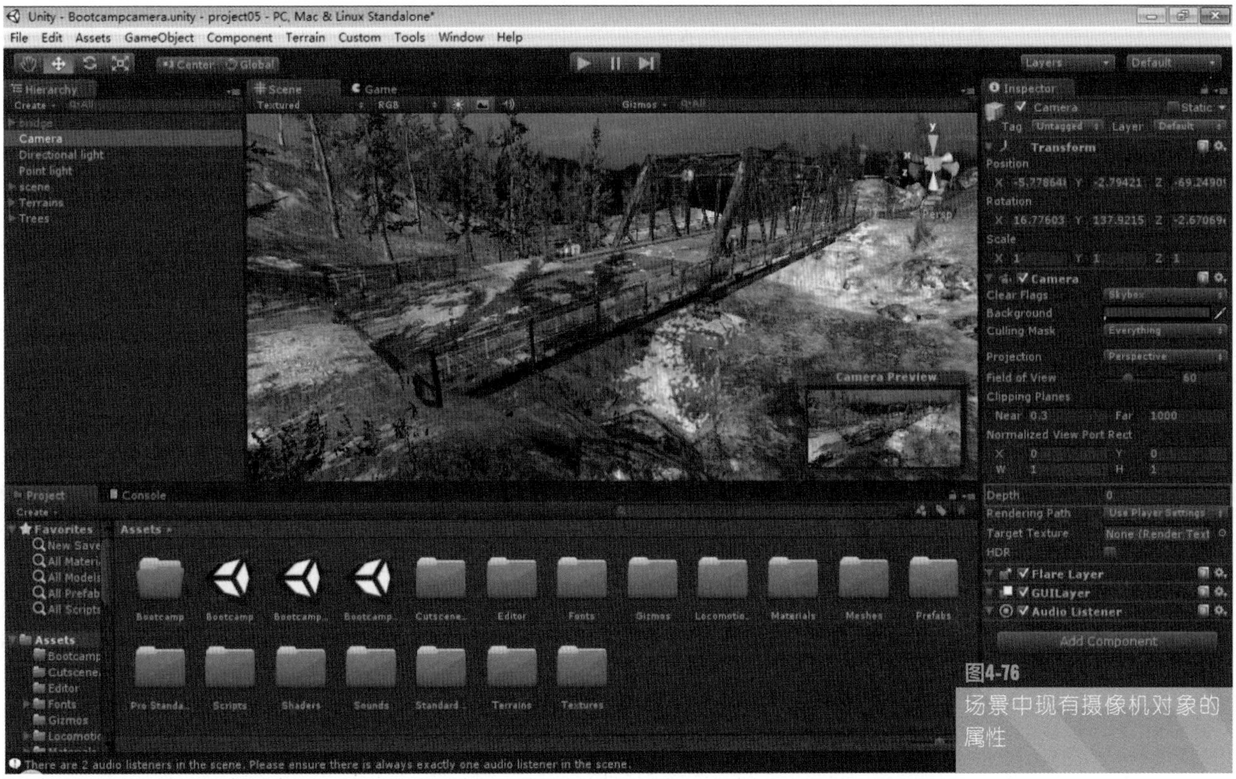

图4-76
场景中现有摄像机对象的属性

3．创建一个新的摄像机，为了便于区分现有的摄像机，将其重命名为Camera01，调整该摄像机的角度、位置，使之与场景现有摄像机的视野明显不同。其他设置暂时保持不变，将该摄像机对象的Depth（深度）值调整为大于0的值，如图4-77所示。

图4-77
新建摄像机对象的属性

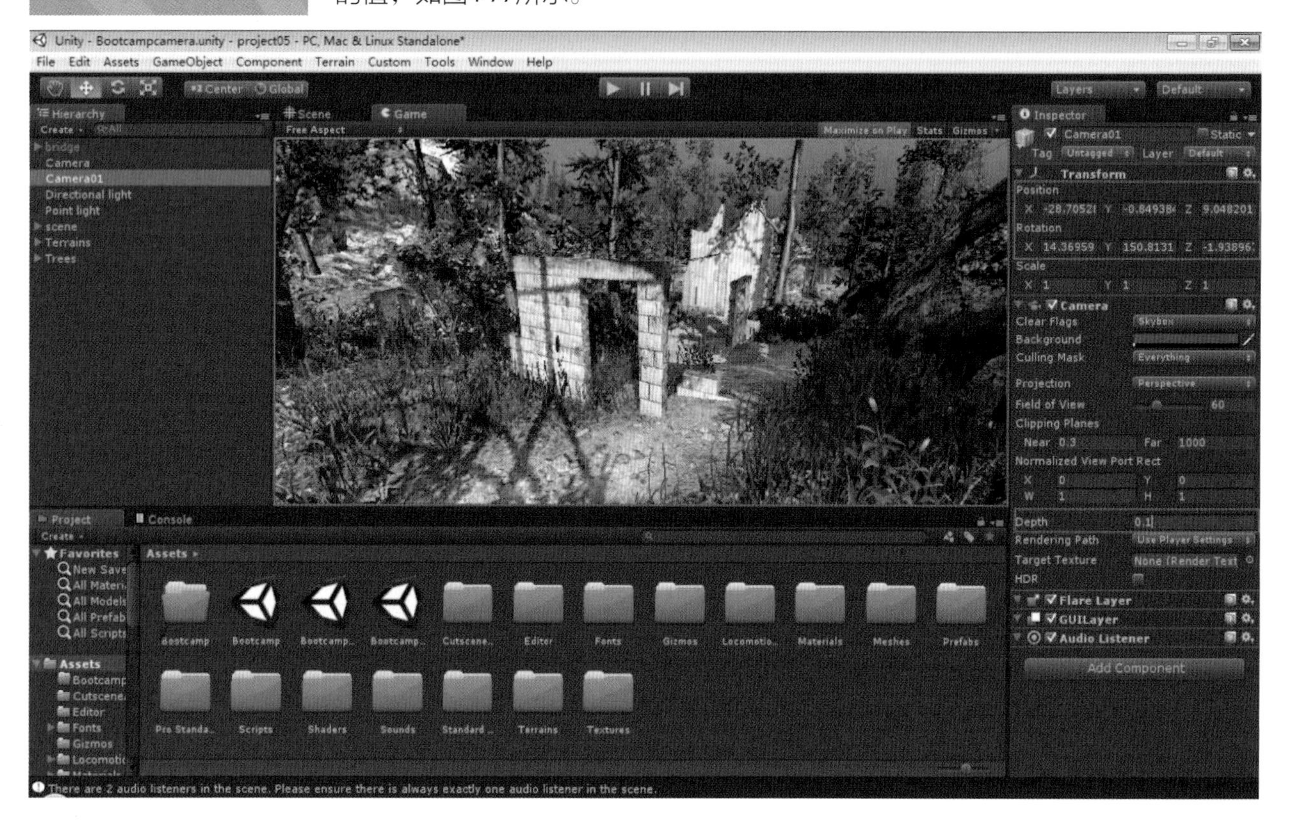

4．此时单击Toolbar（工具栏）中的▶按钮，进入游戏预览模式。可以发现，游戏中的画面显示的是新建摄像机的渲染结果，如图4-78所示。这是因为Depth项数值较大的摄像机将被渲染在Depth项数值较小的摄像机之上。

图4-78

进入游戏预览模式，Unity会将Depth项数值最大的摄像机放在最上层

5．为了使该相机占用屏幕的一部分来实现画中画的效果，接下来对Camera01的NormalizedViewPort Rect属性进行编辑，利用该属性的4个数值来控制摄像机的视图将绘制在屏幕的位置以及大小，如图4-79所示。

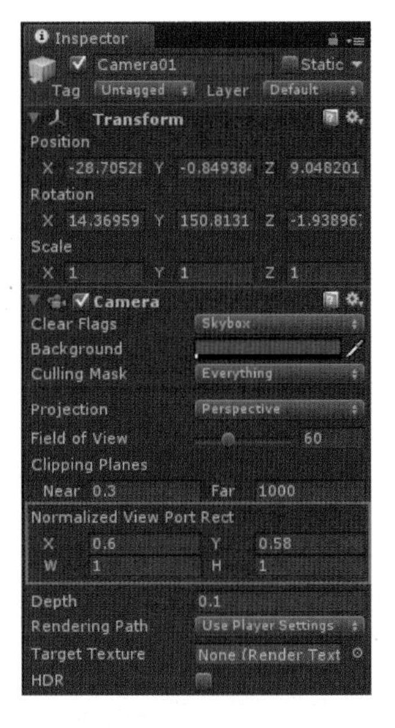

图4-79
对摄像机的Normalized View Port Rect项进行编辑

6．需要注意的是，通过Game视图可以对Normalized View Port Rect项调节的结果进行实时观察，非常直观，如图4-80所示。

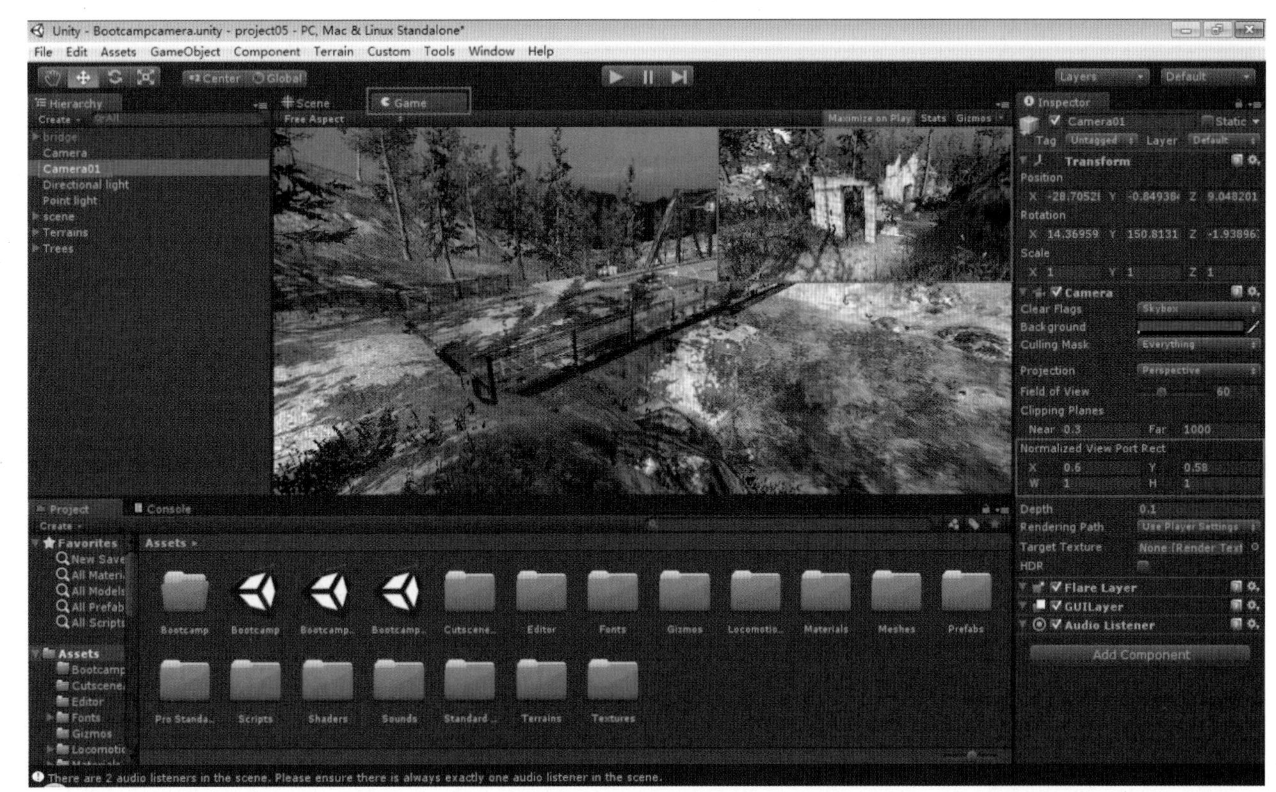

图4-80
在Game视图可以实时地观察到Normalized View Port Rect项调节的结果

7．单击Toolbar（工具栏）中的▶按钮，进入游戏预览模式。可以发现，新建的Camera01摄像机已经成功地出现在屏幕的右上角，画中画效果基本完成，利用此方法还可以为游戏制作导航图等其他功能，如图4-81所示。如果希望设计画中画边框的样式，可以使用GUI控件进行制作，关于GUI的制作方法，请参考本书第12章第2节的相关内容。

图4-81
利用Camera对象实现的最基本的画中画效果

4.7 地形编辑器

4.7.1 地形编辑器概述

Unity拥有功能完善的地形编辑器，支持以笔刷绘制的方式实时雕刻出山脉、峡谷、平原、高地等地形。Unity的地形编辑器同时提供了实时绘制地表材质纹理、树木种植、大面积草地布置等功能。值得一提的是，Unity中的地形编辑器支持LOD（Level of Detail）功能，能够根据摄像机与地形的距离以及地形起伏程度调整地形块(Patch)网格的疏密程度。远处或平坦的地形块使用稀疏的网格，近处或陡峭的地形块使用密集的网格。这将使游戏场景即真实、精细，同时也不影响性能。

地形与其他的游戏对象有些不同，需要注意的是，地形支持Transform（几何变换）组件中的Position（位置）变换，但对于Rotation（旋转）以及Scale（缩放）操作是无效的。

4.7.2　地形的创建方式以及相关参数设定

4.7.2.1　地形的创建及基本设置

介绍了地形编辑器的强大功能后。本节将详细讲解地形编辑器的创建方式以及相关参数的含义。

1．启动Unity应用程序，新建项目工程。打开菜单栏中的Terrain→Create Terrain项，便会创建一个地形，与创建项目中的资源以及添加场景中的游戏对象不同的是，新创建的地形会在项目工程中创建一个地形资源并在当前场景中添加一个地形实例（Project视图和Hierarchy视图中同时出现了该地形的相关文件），如图4-82所示。

图4-82
新建地形

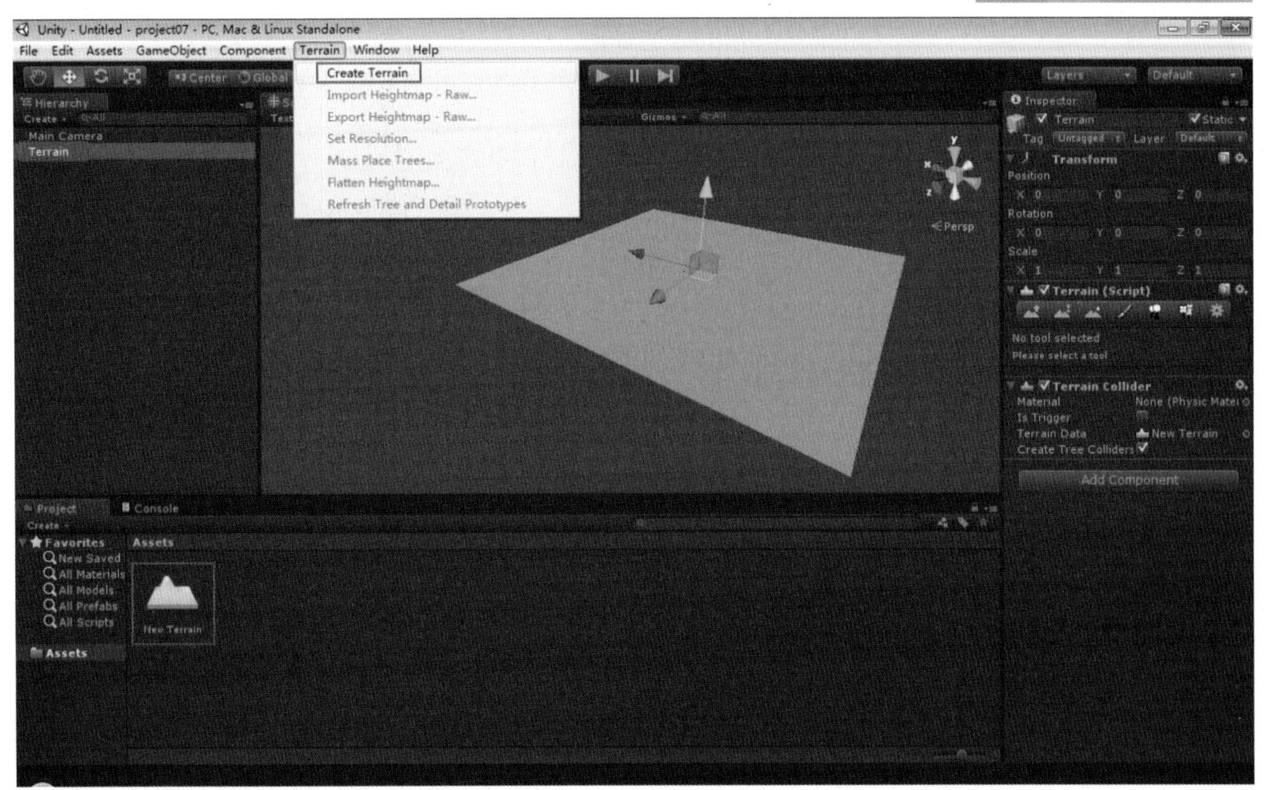

2．新建地形后，首先讲解一下菜单栏中Terrain项下面的设置，如图4-83所示。

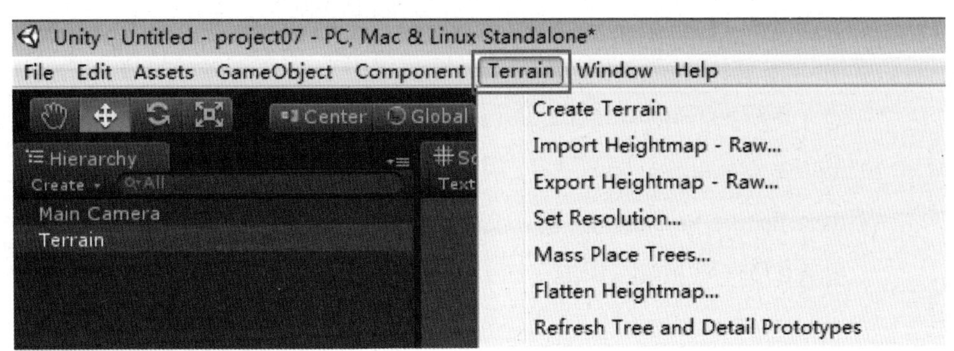

图4-83
菜单栏中Terrain项下面的设置

图4-84
导入高度图对话框

• Create Terrain：创建地形。

该项用于在项目工程中创建地形资源并将该地形资源放置到场景中。

• Import Heightmap - Raw...：导入高度图。

该项用于导入一个由Photoshop创建、Unity地形编辑器导出的、或来自真实地理数据的灰度高度图来应用到地形，如图4-84所示。

图4-85
导出高度图对话框

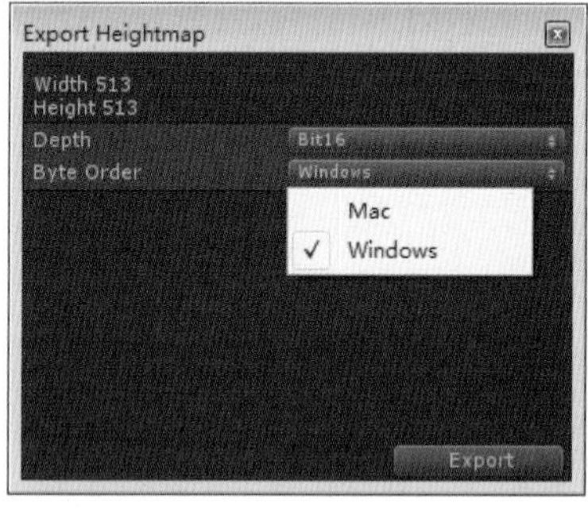

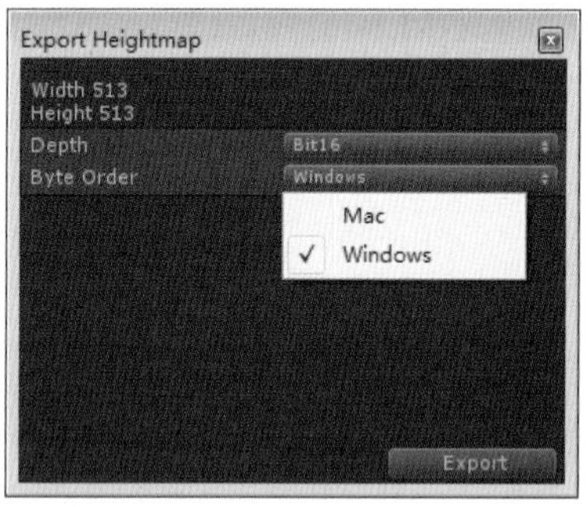

• Export Heightmap - Raw...：导出高度图。

该项用于将Unity中编辑的地形导出成高度图以便应用到其他项目工程中的地形，如图4-85所示。

图4-86
Set Heightmap resolution
对话框

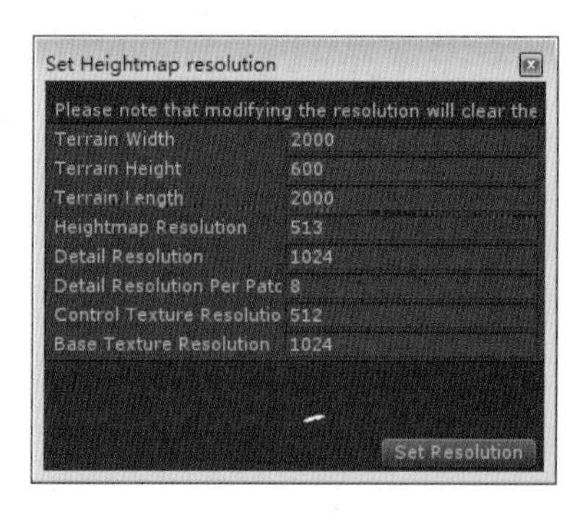

• Set Resolution...：设置分辨率。

该项用于设置地形尺寸、高度图分辨率、细节分辨率、纹理分辨率等相关参数，如图4-86所示。

- Terrain Width：地形宽度。用于设置地形的宽度。
- Terrain Height：地形高度。用于设置地形的高度。
- Terrain Length：地形长度。用于设置地形的长度。
- Heightmap Resolution：高度图分辨率。用于设置地形的高度图分辨率，较高的分辨率可以使地形更富有细节，同时也会占用较多的资源。
- Detail Resolution：细节分辨率。用于控制草地和细节模型的地图分辨率，数值越高代表效果越好，同时也会占用较多的资源。
- Detail Resolution Per Patch：每个子地形块的网格分辨率。
- Control Texture Resolution：控制纹理分辨率。用于控制绘制到地形上混合不同纹理的Splat贴图的分辨率，数值越大，地形所使用不同纹理之间的融合便越细腻，同时也会占用较多的资源。
- Base Texture Resolution：基础纹理分辨率。在一定的距离下用于代替Splat贴图的复合纹理的分辨率。

- Mass Place Trees...：批量植树。

该项用于快速在整个地形上进行植树。一般用于在地形上直接创建整个一片森林，通过设置树木的数量，单击Place按钮可将树木自动地添加到地形上，如图4-87所示。

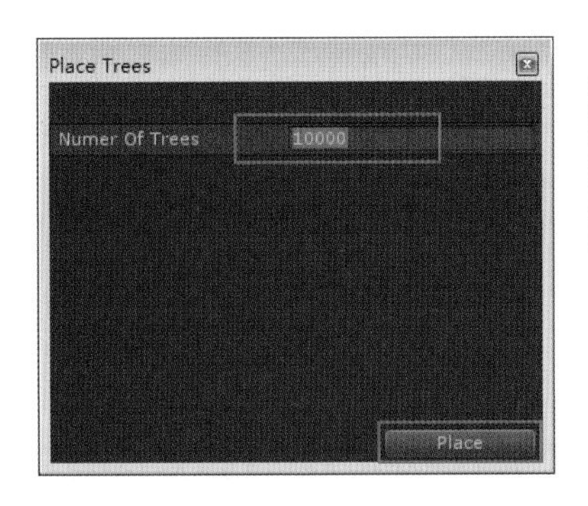

图4-87

Place Trees对话框

- FlattenHeightmap...：压平高度图。该项可以将地形平整到指定的高度，如图4-88所示。
- Refresh Tree and Detail Prototypes：刷新树和细节原型。当地形上布置的树的原始模型发生改变时，单击该菜单可以进行刷新操作。

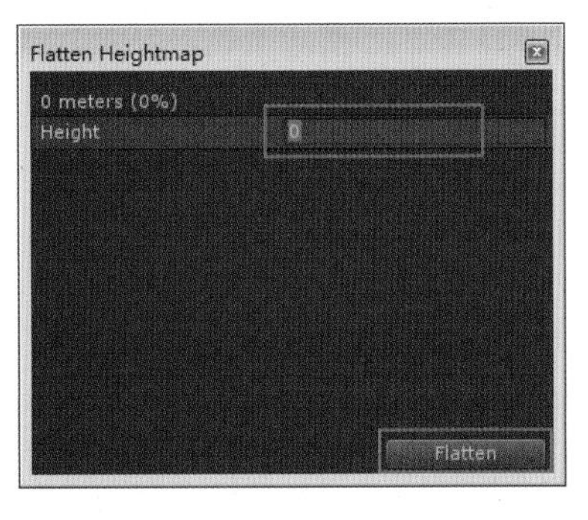

图4-88

Flatten Heightmap对话框

4.7.2.2 地形组件参数详解

新建地形后，在Inspector（检视）视图可以看到地形对象所挂载的组件，除了Transform组件外，还有一个Terrain（Script）（地形脚本）组件以及一个Terrain Collider（地形碰撞）组件，如图4-89所示。

Terrain（Script）组件包含7个按钮，每个按钮都是一个不同的工具，这些工具可以用来绘制地形起伏、地表纹理或附加细节如树、草或石头等。

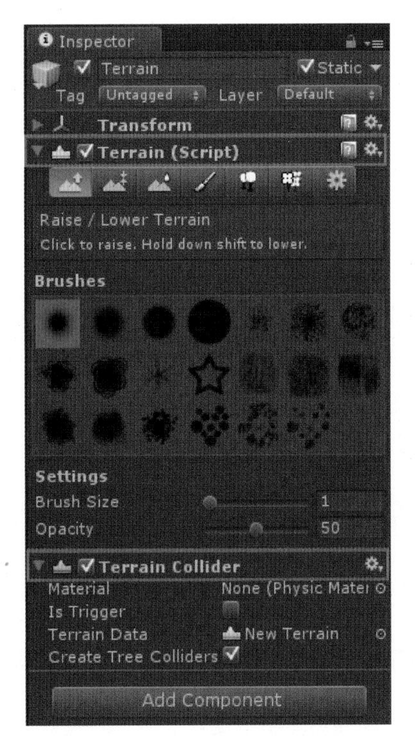

图4-89

新建地形所挂载的组件

1．Height（高度）绘制。前3个按钮都是用于地形高度绘制，参数也基本一致，如图4-90所示。

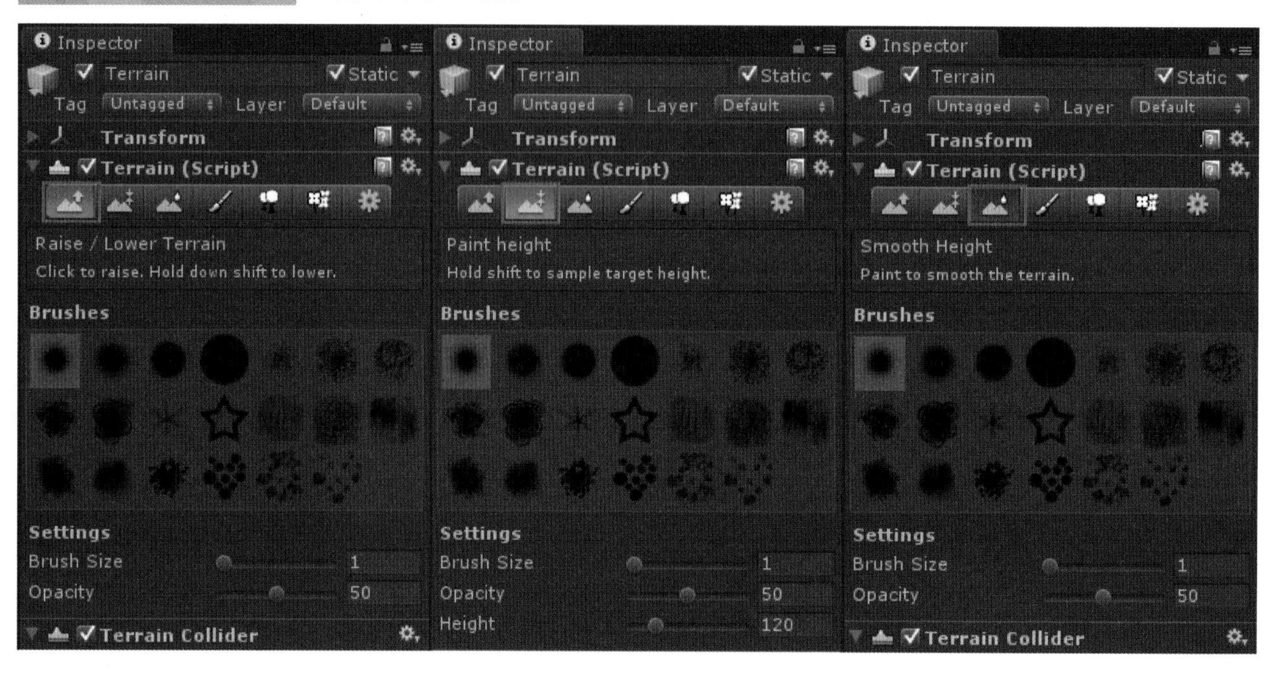

图4-90 绘制高度面板

为Raising/Lowering Height（升高/降低高度）按钮，该工具在使用时会根据笔触的设置升高或降低地形。单击鼠标会增加高度，保持鼠标按下状态移动鼠标会不断的升高高度直到达到高度的最大值，如图4-91所示。如果想降低高度，按住Shift键再单击鼠标。

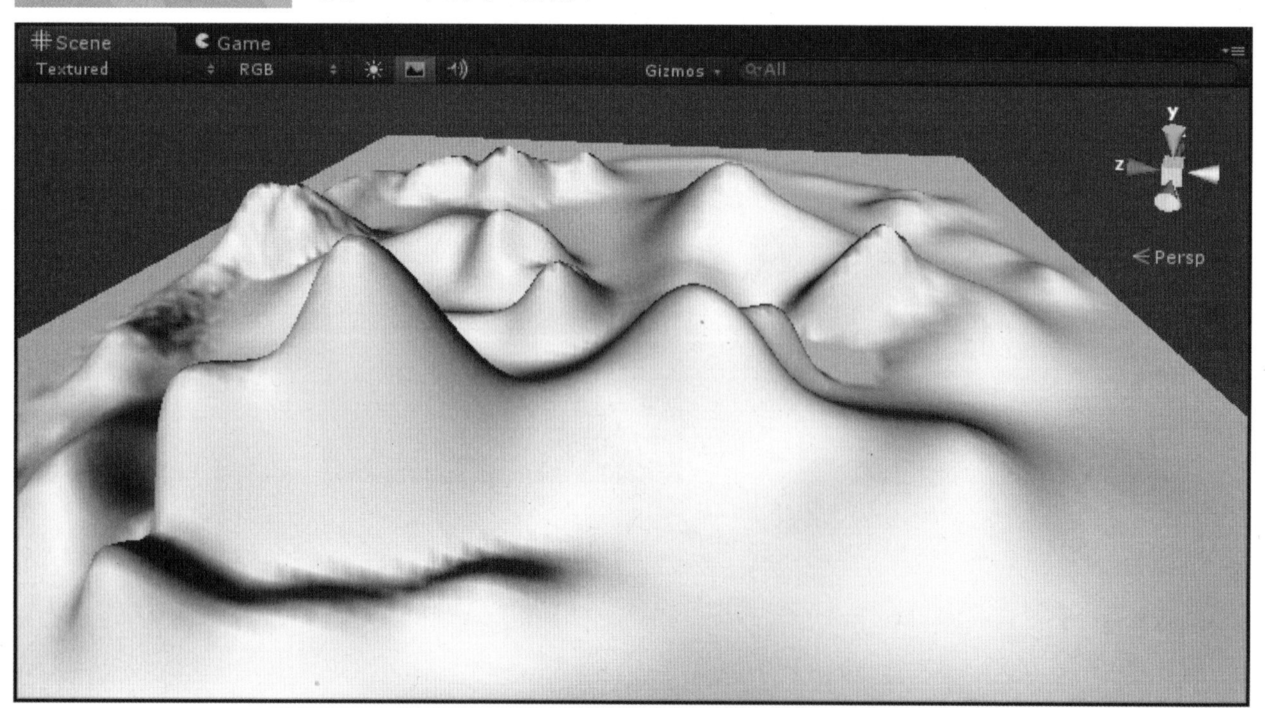

图4-91 Raising / Lowering Height（升高/降低高度）按钮功能演示

为Paint Height（喷涂高度）按钮，该工具用于用户指定一个高度，然后移动地形上任意部分达到这个高度，一般用于绘制平整的高地或峡谷等地形，如图4-92所示。

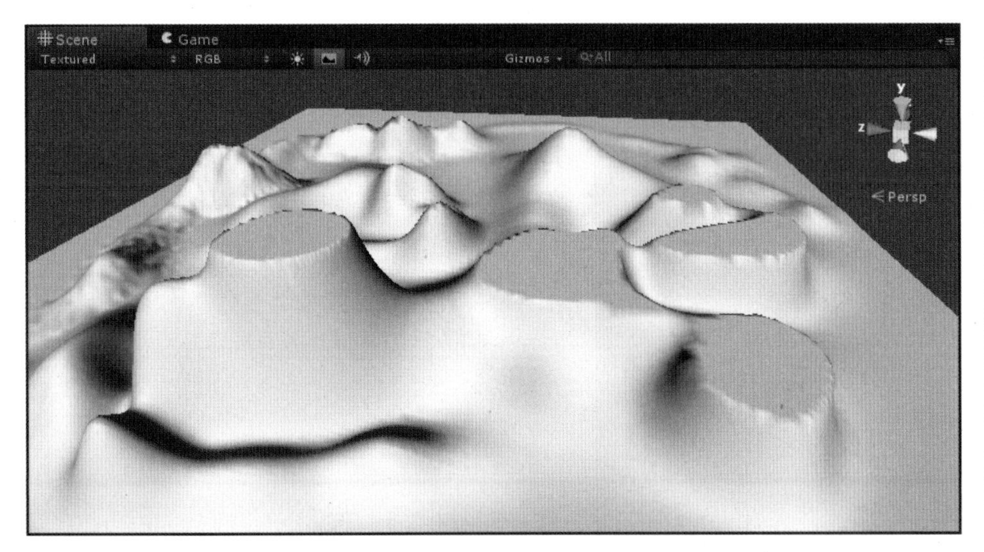

图4-92
Paint Height（绘制高度）按钮功能演示

为Smoothing Height（平滑高度）按钮，该工具用于柔化绘制的区域的高度差，使地形的起伏更加平滑，如图4-93所示。

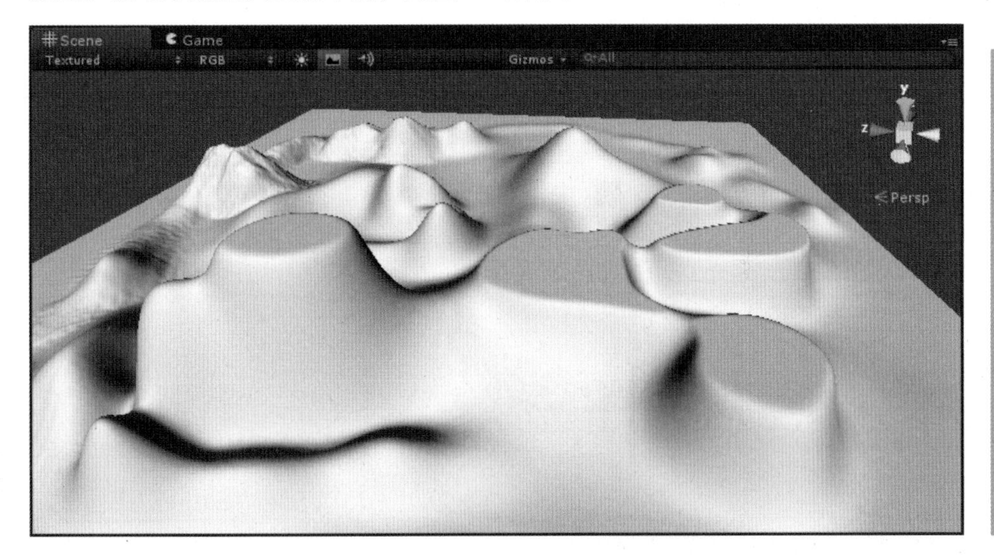

图4-93
Smoothing Height（平滑高度）按钮功能演示

- Brushes：笔刷。

在（高度编辑）模式下，该项用于指定绘制地形高度所用笔刷的样式。

- Settings：设置。
  - ➢ Brush　Size：笔刷的尺寸。在（高度编辑）模式下，该项用于设置绘制地形高度时笔刷的大小，取值范围在1 ~ 100之间。
  - ➢ Opacity：不透明。在（高度编辑）模式下，该项用于设定笔刷在绘制地形高度时的强度，取值范围在0 ~ 100之间。

➢ Height：高度。该项只在▲模式下显示，用于指定绘制高度的数值，取值范围在0至地形最高值之间。（按住Shift键配合单击或按住鼠标左键可以实时获取到笔刷所在地形的相应位置的高度，并将该高度设为笔刷的Height高度值。）

图4-94
绘制纹理面板

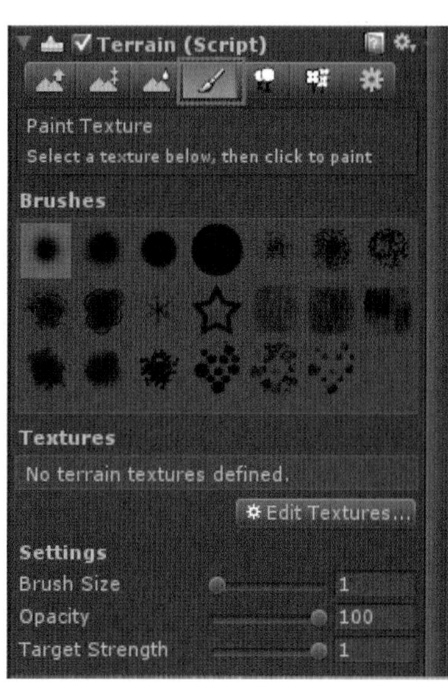

2．Paint Textures：绘制纹理。该按钮用于绘制地形纹理，如图4-94所示。

• Brushes：笔刷。

在▲（纹理绘制）模式下，该项用于指定绘制地形纹理所用笔刷的样式。

图4-95
单击Edit Textures...按钮弹出的对话框

Add Texture...
Edit Texture...
Remove Texture

• Textures：纹理。

Edit Textures...：编辑纹理。该按钮用于指定、替换、移除地形纹理，如图4-95所示。

图4-96
Add Terrain Texture对话框

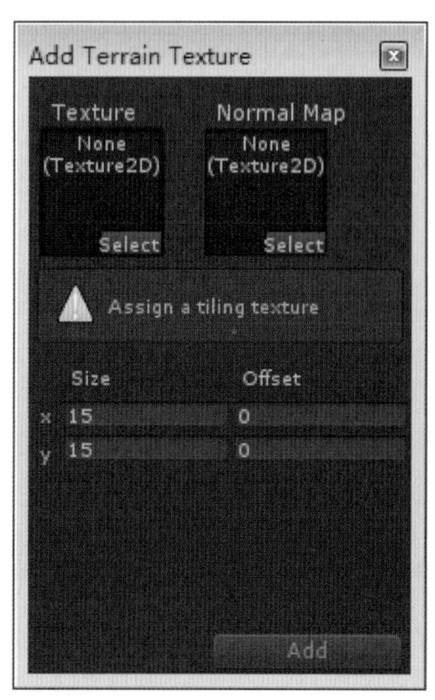

➢ AddTexture...：添加纹理。该项用于为地形添加纹理，单击该项后，会弹出Add Terrain Texture对话框，如图4-96所示。

✧ Texture：纹理。用于指定项目资源中的图片作为地形纹理，单击Select会弹出Select Texture2D对话框，单击图片的缩略图即可为地形指定纹理，如图4-97所示。（首次指定的纹理会作为主要纹理铺满整个地形。）

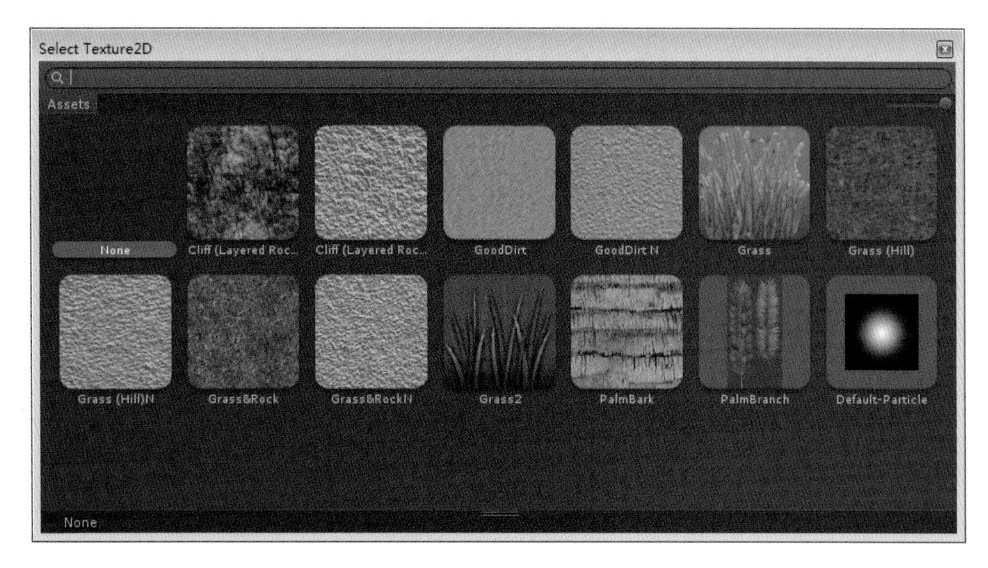

图4-97
Select Texture2D对话框

✧ Normal Map：法线贴图。用于指定项目资源中的图片作为与地形纹理配套的法线贴图，单击Select会弹出Select Texture2D对话框，单击图片缩略图即可为地形替换法线贴图，如图4-97所示。

✧ Size：尺寸。该项用于指定贴图在X轴Y轴方向平铺的大小，值越大，纹理在地形上的显示就越大。

✧ Offset：偏移。该项用于指定贴图在X轴Y轴方向的偏移值，值越大，纹理在地形上的偏移距离就越大。

➢ Edit Texture...：编辑纹理。该项在选中地形上已添加的纹理情况下可用，用于编辑地形中添加的纹理，单击该项后，会弹出Edit Terrain Texture对话框，如图4-98所示。

✧ Texture：纹理。用于替换被编辑的地形纹理，单击Select会弹出Select Texture2D对话框，单击图片缩略图即可为地形替换纹理。

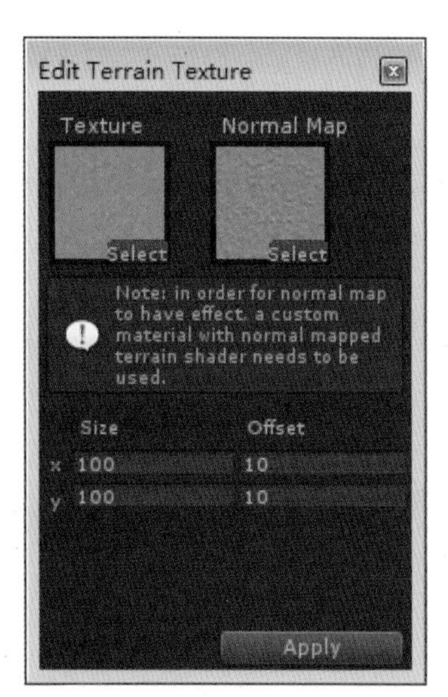

图4-98
Edit Terrain Texture对话框

✧ Normal Map：法线贴图。用于替换与地形纹理配套的法线贴图，单击Select会弹出Select Texture2D对话框，单击图片的缩略图即可为地形替换法线贴图。

✧ Size：尺寸。该项用于修改贴图在X轴Y轴方向平铺的大小，值越大，纹理在地形上的显示就越大。

✧ Offset：偏移。该项用于修改贴图在X轴Y轴方向的偏移值，值越大，纹理在地形上的偏移距离就越大。

➢ Remove Texture：移除纹理。该项用于移除地形上已添加的纹理。

• Settings：设置。

➢ Brush　Size：笔刷的尺寸。在▨（纹理绘制）模式下，该项用于设置绘制地形纹理时笔刷的大小，取值范围在1～100之间。

➢ Opacity：不透明度。在▨（纹理绘制）模式下，该项用于设定笔刷在绘制地形纹理时的强度，取值范围在0～100之间。

➢ Target　Strength：目标强度。该项在▨模式下可用，用于控制所绘制的贴图纹理所产生的影响，取值范围在0～1之间。

重复添加纹理的过程可以添加多个纹理到地形中。当添加了至少两个地形纹理以后，可以将地形纹理利用笔刷绘制的方式混合起来。选择想使用的地形纹理，当前选中的地形纹理会标记为蓝色高亮。然后即可在Scene（场景）视图中对地形进行纹理绘制，如图4-99所示。

图4-99
在地形上绘制地形纹理

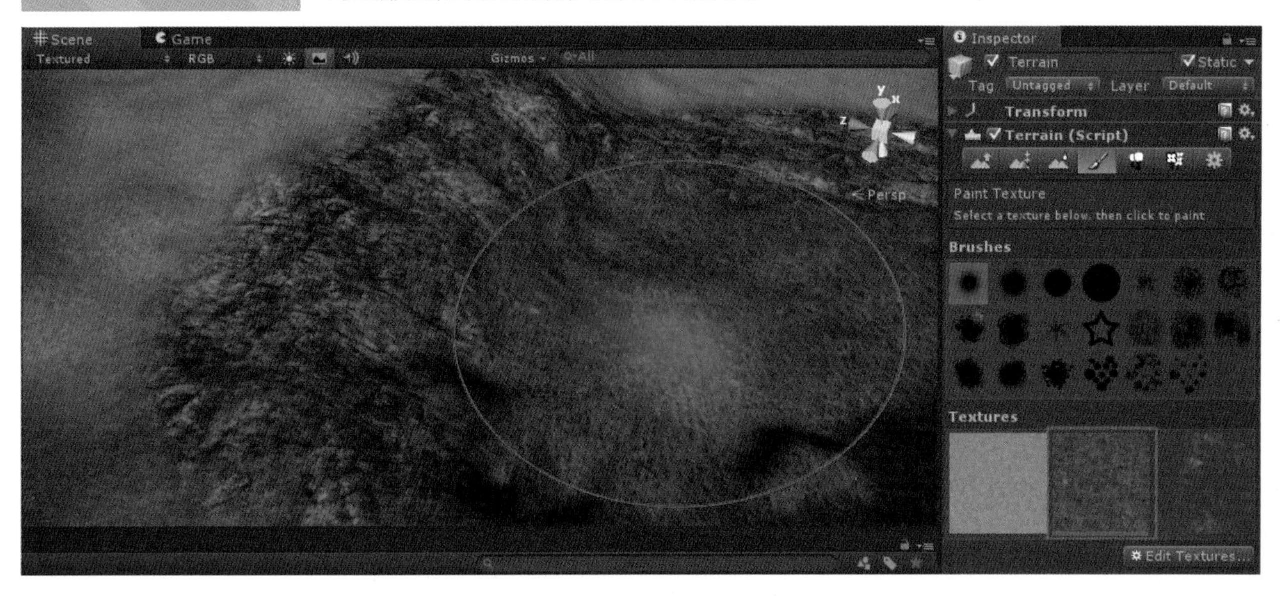

3．Place Trees：植树。该按钮用于在地形上种植树木，如图4-100所示。

图4-100
在地形上种植树木

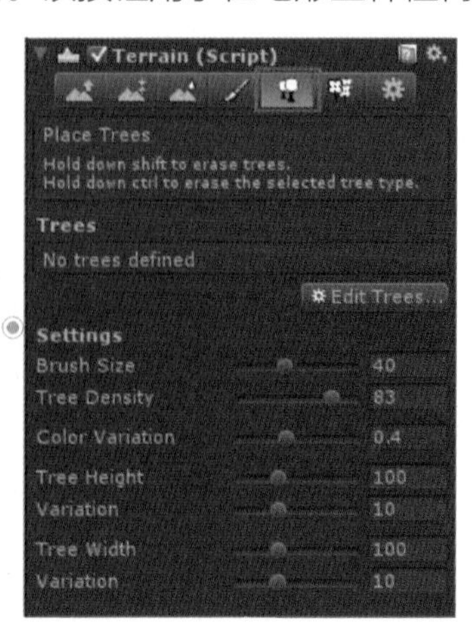

· Trees：树木。

EditTrees...：编辑树木。该按钮用于指定、替换、移除地形上所应用树木，如图4-101所示。

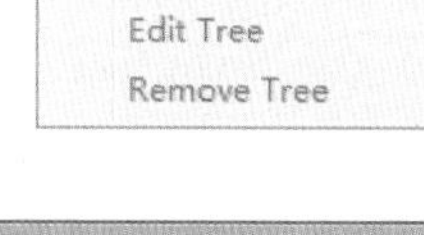

图4-101 单击Edit Trees...按钮弹出的对话框

➢ Add Tree：添加树木。该项用于为地形添加树木，单击该项后，会弹出Add Tree对话框，如图4-102所示。

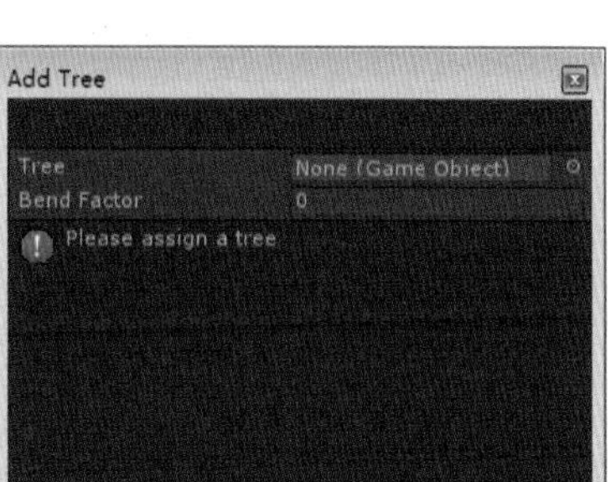

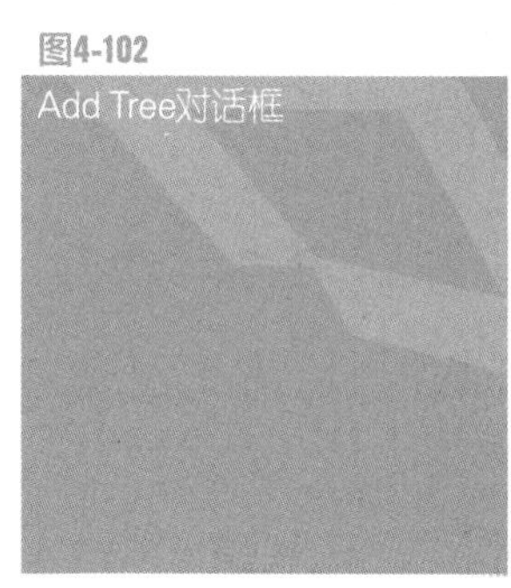
图4-102 Add Tree对话框

Tree：树木。单击Tree项右侧的圆圈按钮，在弹出的Select GameObject对话框中单击缩略图即可为地形指定要种植的树木，如图4-103所示。

图4-103 Select GameObject对话框

Place Trees（植树）工具除了可以种植Unity中的树木对象外，还可以种植网格模型，例如导入项目工程的外部软件生成的树木模型。种植网格模型的方法同种植树木对象相同。

Bend Factor：弯曲因子，该项用于控制树木的受风力影响的结果。

➢ Edit Tree：编辑树。该项用于修改为地形添加树木，单击该项后，会弹出Edit Tree对话框，参数同Add Tree对话框。

➢ Remove Tree：移除树。该项用于移除地形上已添加的树对象。

- Settings：设置。
  - ➢ Bush Size：笔刷的尺寸。在（植树）模式下，该项用于设置植树时笔刷的大小，取值范围在1 ~ 100之间。
  - ➢ TreeDensity：树木密度。用于控制树对象的间距。值越大树木越密集、间距越小。取值范围在10 ~ 100之间。
  - ➢ Color Variation：每棵树的颜色所能够使用的随机变量值，取值范围在0 ~ 1之间。
  - ➢ TreeHeight：树的基准高度。值越大树木越高，取值范围在50 ~ 200之间。
  - ➢ Variation：树高随机变量。用于控制树木高度的随机变化，取值范围在0 ~ 30之间。
  - ➢ TreeWidth：树的基准宽度。值越大树木越宽，取值范围在50 ~ 200之间。
  - ➢ Variation：树宽随机变量。用于控制树木宽度的随机变化，取值范围在0 ~ 30之间。

使用Place Trees工具，选择想使用的树，当前选中的树会标记为蓝色高亮。单击地形的任何地方都能种树，如图4-104所示。按住鼠标左键不放并拖动鼠标即可在地形上连续种树。按住Shift键然后单击地面，可以擦掉相应位置种植的树。

图4-104 在地形上种植树木

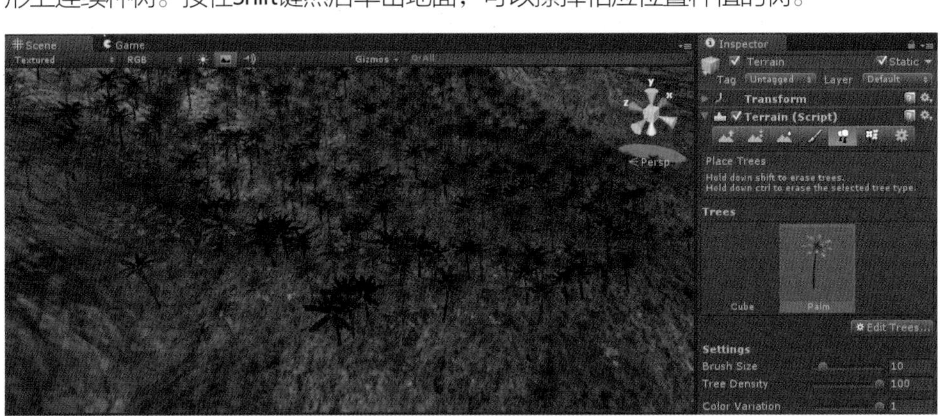

4．Paint Details：绘制细节。该按钮用于为地形种草以及添加附加细节，如图4-105所示。

图4-105 Paint Details面板

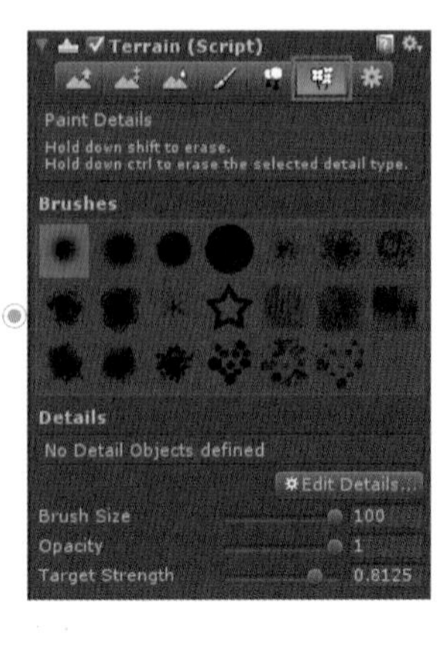

- Brushes：笔刷。

在▣（种草以及附加细节网格）模式下，该项用于指定种草以及添加其他附加细节网格所用笔刷的样式。

- Details：细节

EditDetails...：编辑细节。该按钮用于指定、替换、移除地形上所种植的草以及细节网格模型，如图4-106所示。

图4-106
单击Edit Details...按钮弹出的对话框

➢ Add Grass Texture：添加草的纹理。该项用于指定为地形添加的草的纹理，单击该项后，会弹出Add Grass Texture对话框，如图4-107所示。

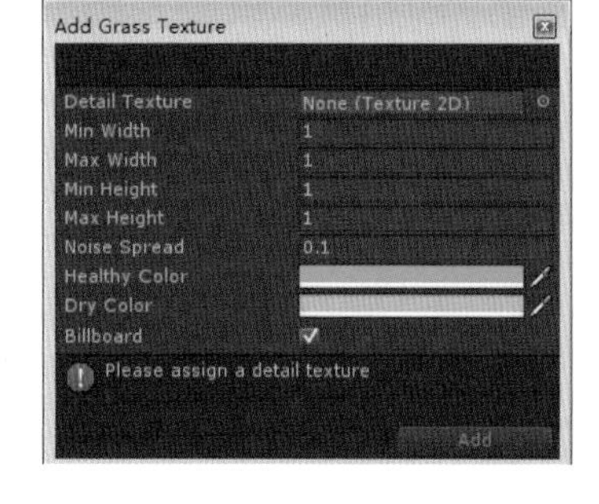

图4-107
Add Grass Texture对话框

✧ Detail Texture：细节纹理。用于指定项目资源中的图片作为草的纹理，单击Detail Texture项右侧的圆圈按钮会弹出Select Texture2D对话框，单击图片的缩略图即可为草指定纹理。

✧ Min Width：最小宽度。用于设定草的最小宽度值。

✧ Max Width：最大宽度。用于设定草的最大宽度值。

✧ Min Height：最小高度。用于设定草的最小高度值。

✧ Max Height：最大高度。用于设定草的最大高度值。

✧ Noise Spread：噪波范围。用于控制草产生簇的大小。该值越低意味着噪波越低。

✧ Healthy Color：健康颜色。此颜色在噪波中心较为明显。

✧ Dry Color：干燥颜色。此颜色在噪波边缘较为明显。

✧ Billboard：广告牌。该项如果被勾选，草将随着摄像机一起转动，永远面向主摄像机。

➢ Add DetailMesh：添加细节网格。该项用于指定为地形添加的附加网格模型，单击该项后，会弹出Add Detail Mesh对话框，如图4-108所示。

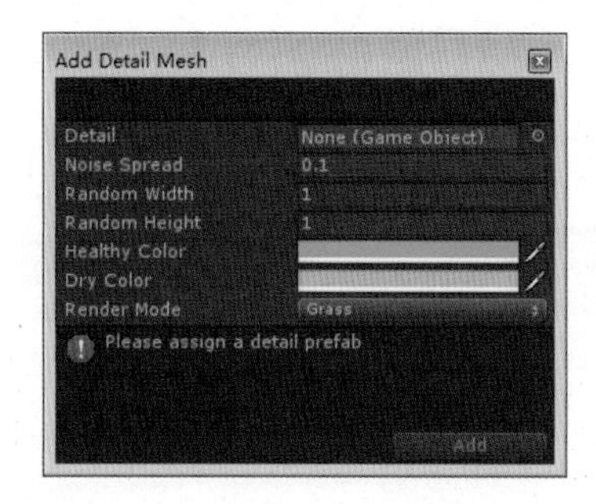

图4-108
Add DetailMesh对话框

✧ Detail：细节。单击Detail项右侧的圆圈按钮，在弹出的Select GameObject对话框中单击缩略图即可为地形指定要添加的网格模型，同添加树木对象的操作方式相似。

✧ Noise Spread：噪波范围。该项用于控制细节网格生成的噪波簇大小。该值越低意味着噪波越低。

✧ Random Width：随机宽度。该项用于控制所有细节网格的宽度变化上限值。

✧ Random Height：随机高度。该项用于控制所有细节网格的高度变化上限值。

✧ Healthy Color：健康颜色。此颜色在噪波中心较为明显。

✧ Dry Color：干燥颜色。此颜色在噪波边缘较为明显。

✧ Render Mode：渲染模式。用于指定细节网格的渲染方式，有VertexLit（顶点照明）和Grass（草）两种方式可供选择。

➢ Edit：编辑。该项用于对草以及细节网格进行编辑，具体参数与Add Grass Texture及Add DetailMesh参数相似，这里不在赘述。

➢ Remove：移除。该项用于移除地形上已添加草以及细节网格对象。

• Settings：设置。

➢ Bush Size：笔刷的尺寸。在（绘制细节）模式下，该项用于设置种草以及添加细节网格时笔刷的大小，取值范围在1 ~ 100之间。

➢ Opacity：不透明度。在（绘制细节）模式下，该项用于设定笔刷在种草以及添加细节网格时的强度，取值范围在0 ~ 1之间。

➢ Target Strength：目标强度。该项在模式下可用，用于控制种草以及添加细节网格时所产生的影响，取值范围在0 ~ 1之间。

使用Paint Details工具，选择草，当前选中的草会标记为蓝色高亮。单击地形的任何地方都能种草，如图4-109所示。按住鼠标左键不放并拖动鼠标即可在地形上连续种草。按住Shift键然后单击地面，可以擦掉相应位置所种植的草。

图4-109
在地形上种草

5．Terrain Settings：地形设置。该按钮用于设置地形一些参数，如图4-110所示。

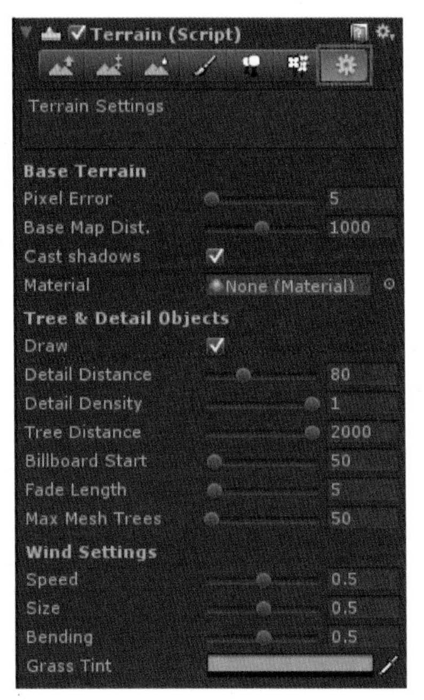

图4-110
Terrain Settings面板

- Base Terrain：基本地形。
  - ➢ Pixel Error：像素容差。在显示地形网格时允许的像素误差。是地形LOD系统的一个参数。
  - ➢ Base Map Dist.：基本地图距离。设置地形贴图显示高分辨率的距离。
  - ➢ Cast shadows：投影，设置地形是否投射阴影。
  - ➢ Material：材质，通过单击右侧的圆圈按钮为地形指定材质。
- Tree & Detail Objects：树和细节配置。
  - ➢ Draw：绘制。如果选中该项，所有的树、草和细节模型将被渲染出来。
  - ➢ Detail Distance：细节距离。该项用于设定摄像机停止对细节渲染的距离。
  - ➢ Detail Density：细节密度。该项用于控制细节的密度。默认为1，如果将此值调小，过密的地形细节将会不被渲染。
  - ➢ Tree Distance：树林距离。该项用于设定摄像机停止对树对象进行渲染的距离。值越高，越远的树会被渲染。
  - ➢ Billboard Start：开始广告牌。该项用于设定摄像机将树渲染为广告牌的距离。
  - ➢ Fade Length：渐变距离。该项用于控制树对象从模型过渡到广告牌的速度，如果值设置为0，模型会突变为广告牌。
  - ➢ Max Mesh Trees：最大网格树。该项用于控制在地形上所有模型树的总数量上限。
- Wind Settings：风设置。
  - ➢ Speed：速度。该项用于设定风吹过的速度。
  - ➢ Size：大小。该项用于设定风力影响的面积。
  - ➢ Bending：弯曲。该项用于设定草木被风吹的弯曲程度。
  - ➢ Grass Tint：草的色调。该项用于设定所有草以及细节网格整体的色调。

4.7.3 地形编辑器参数讲解案例

1．启动Unity应用程序，打开\unitybook\chapter04\project07项目工程，打开菜单栏中的Terrain→Create Terrain项，创建一个地形，如图4-111所示。

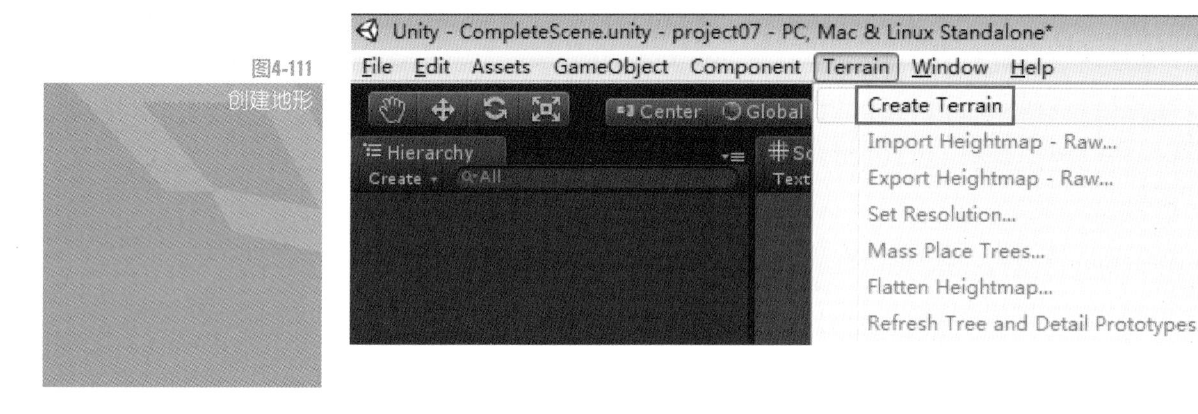

图4-111 创建地形

2．新创建的地形会添加到项目工程中并在当前场景中创建一个实例，如图4-112所示。

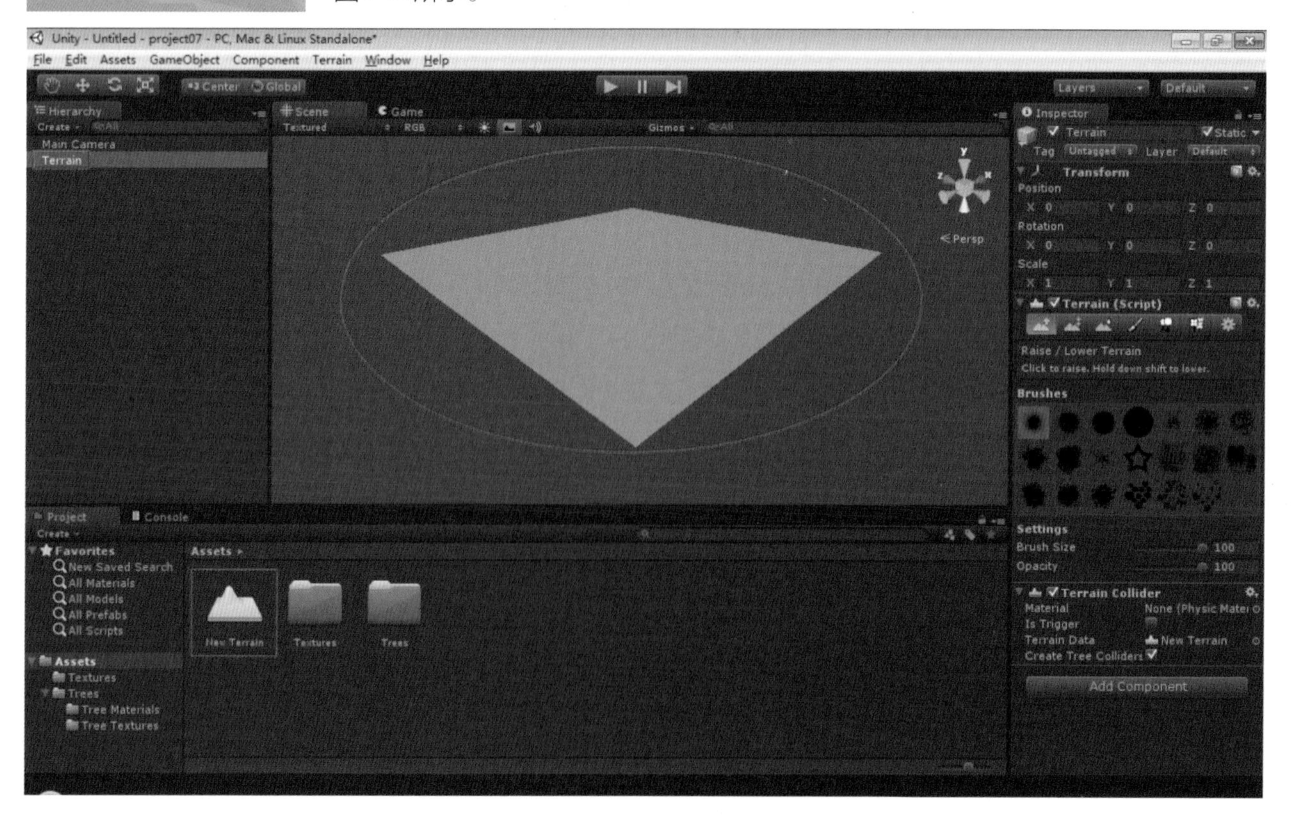

图4-112 创建的地形会添加到项目工程中并在当前场景中创建一个实例

3．在进行地形编辑之前，首先要对地形的分辨率等参数进行设置，打开菜单栏中的Terrain→Set Resolution...项，将地形的长宽都设置为1450，高度设置为300，本例将细节分辨率设为256，这样有利于场景优化。最后单击Set　Resolution按钮应用设置，如图4-113所示。

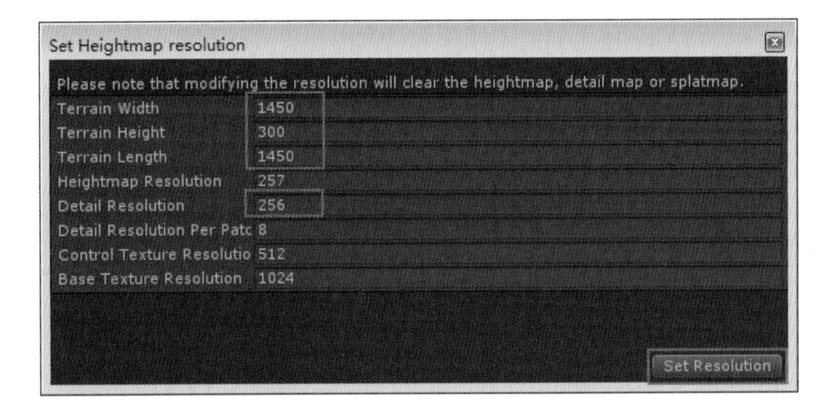

图4-113
设置地形

4．单击按钮，在地形上绘制出山脉的初步效果，这一步骤要从整体角度来把握山脉效果，绘制出山脉的大致起伏即可。如图4-114所示。

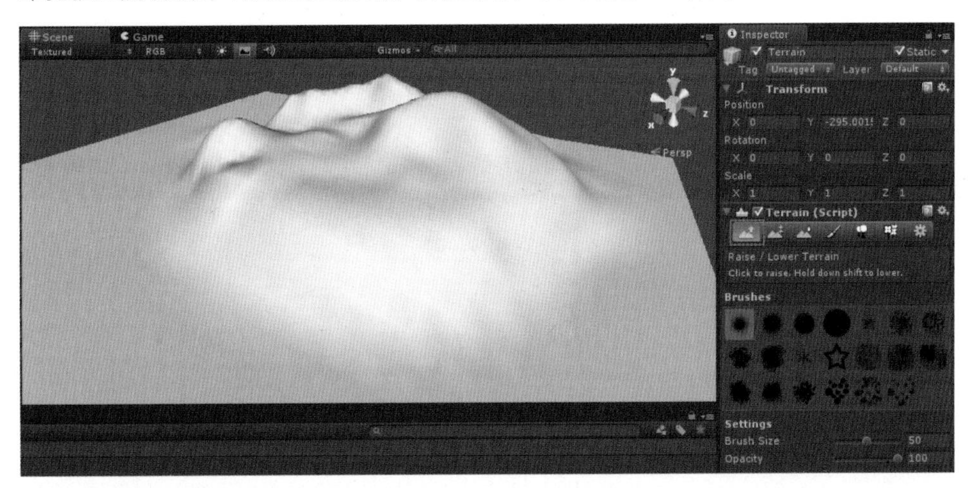

图4-114
绘制出山脉的初步效果

5．绘制完成山脉的基本形态后，接下来在Brushes栏中选择笔刷的样式，为山脉增加细节结构，用于模拟山脊的效果，如图4-115所示。

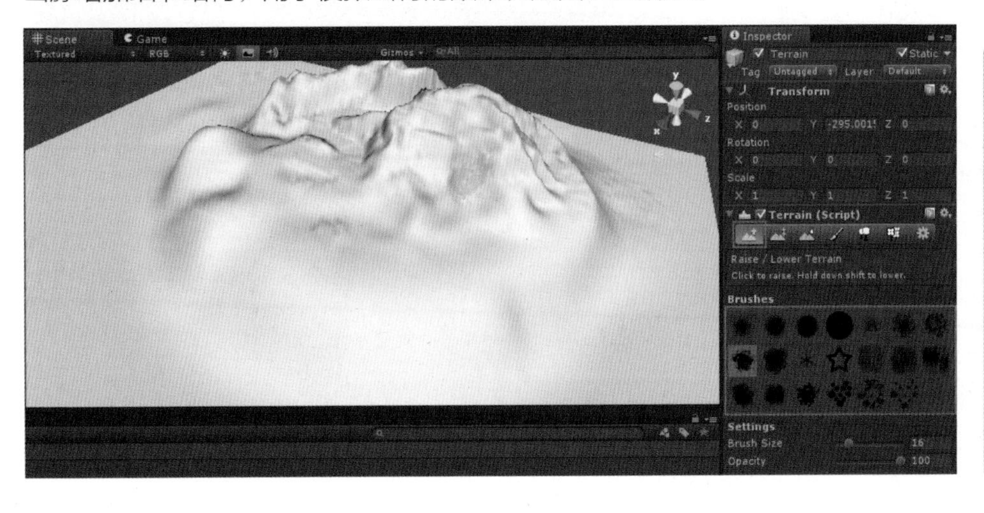

图4-115
利用笔刷的样式为山体绘制山脊细节

图4-116
在山体上绘制平坦的地面

6．单击按钮来绘制山脉上的部分平坦地面，如图4-116所示。按住Shift键配合单击或按住鼠标左键可以实时获取到笔刷所在地形的相应位置的高度，并将该高度设为笔刷的Height（高度）值，非常便捷。

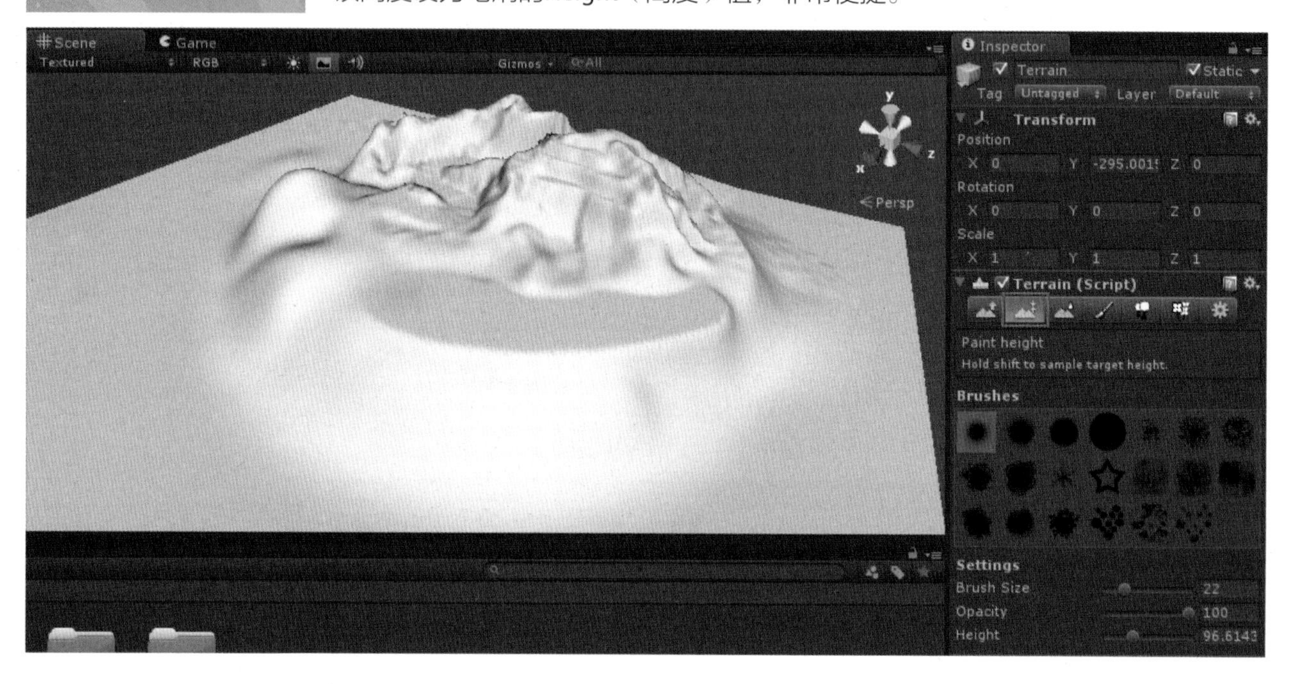

图4-117
对山体转折明显的地方进行平滑处理

7．单击按钮将上一步骤绘制的平坦地面与山体斜坡的边缘处进行平滑处理，如图4-117所示。

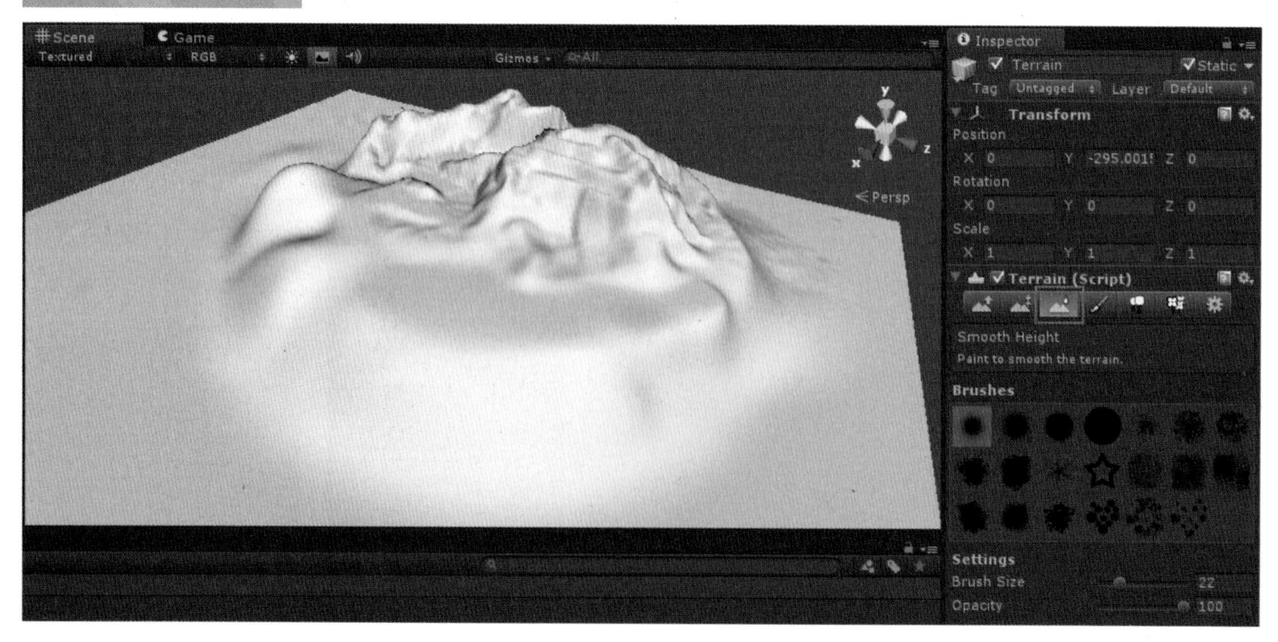

8. 重复以上步骤，把握先整体、后细节的原则，将整个地形绘制出来，如图4-118所示。

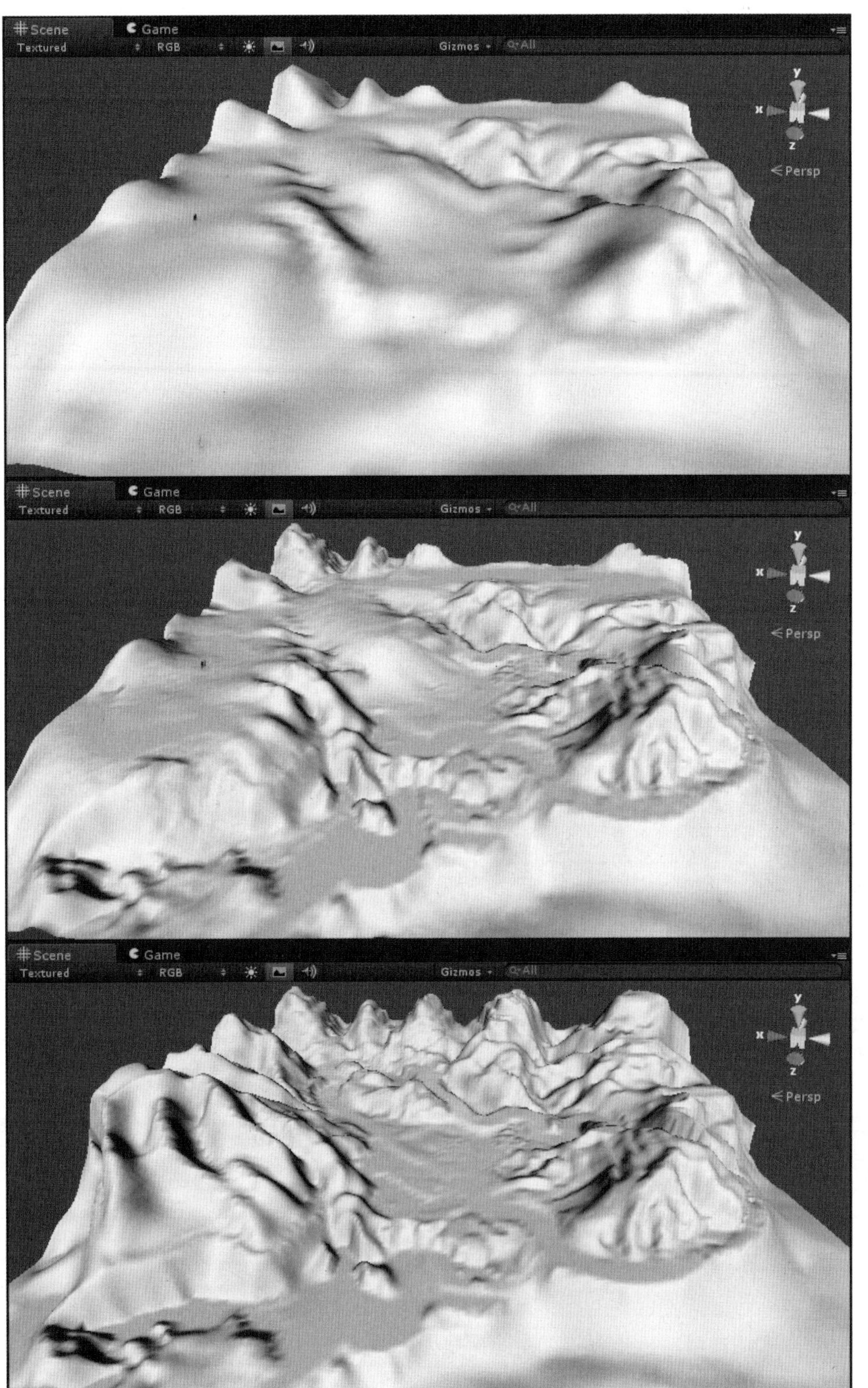

图4-118
绘制地形高度的阶段示意图

9. 绘制完地形的高度，接下来为地形添加材质。首先在项目过程中创建一个材质，并将其命名为terrain，以方便项目管理，如图4-119所示。

图4-119
创建材质

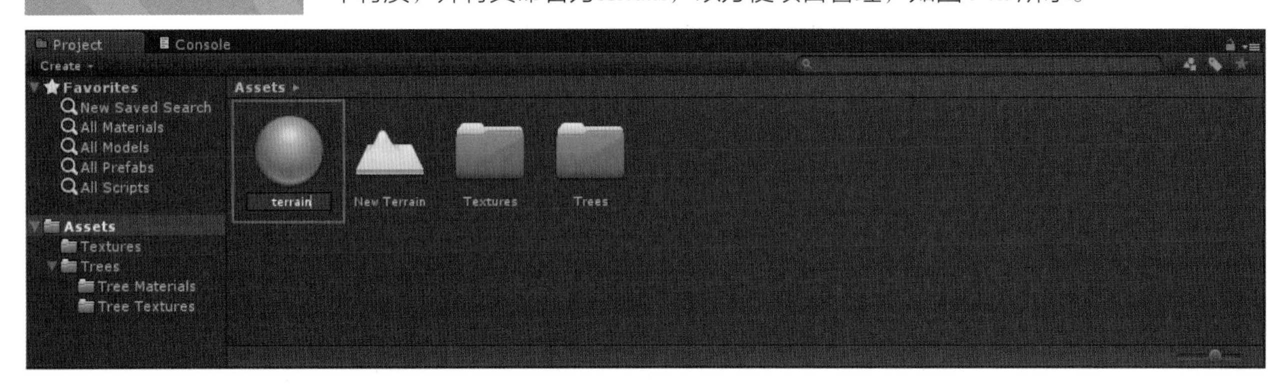

10. 选中terrain材质，在Inspector视图中单击Shader右侧的按钮，在弹出的列表框中依次选择Nature→Terrain→Diffuse项，为terrain材质指定Shader，如图4-120所示。

图4-120
为terrain材质指定Shader

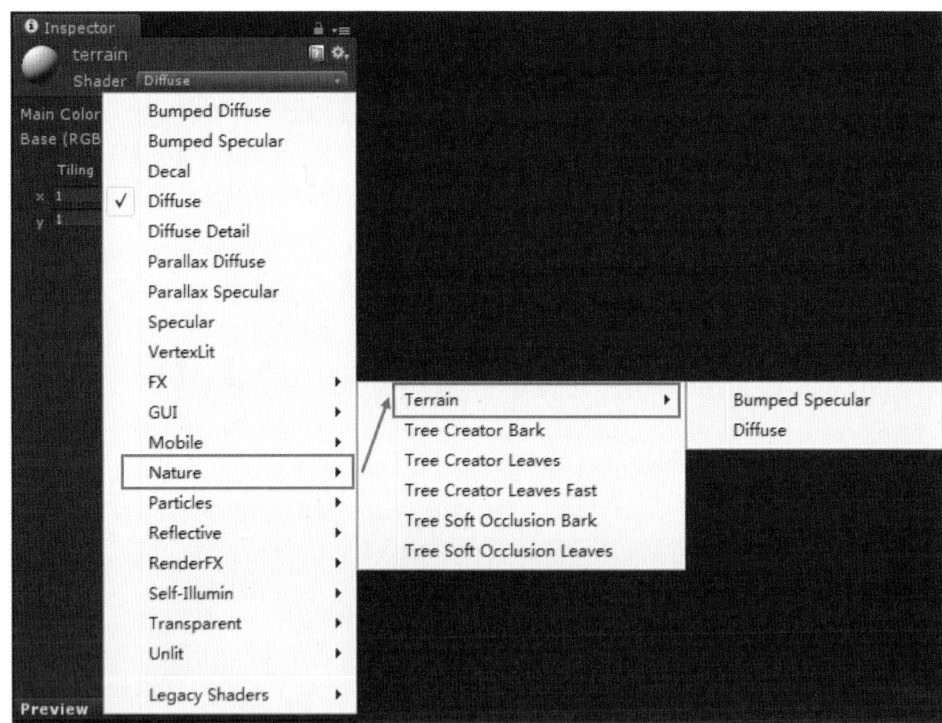

11. 选择地形，在Inspector视图中，单击按钮，单击Material项右侧的圆圈按钮，在弹出的Select Material对话框中为地形指定刚刚创建的terrain材质，如图4-121所示。需要说明的是，Terrain的材质不是必须设置的，通常设置地形的材质是为了能够更改地形的渲染Shader。如果该材质设置为空，Unity会使用一套内置的地形材质。

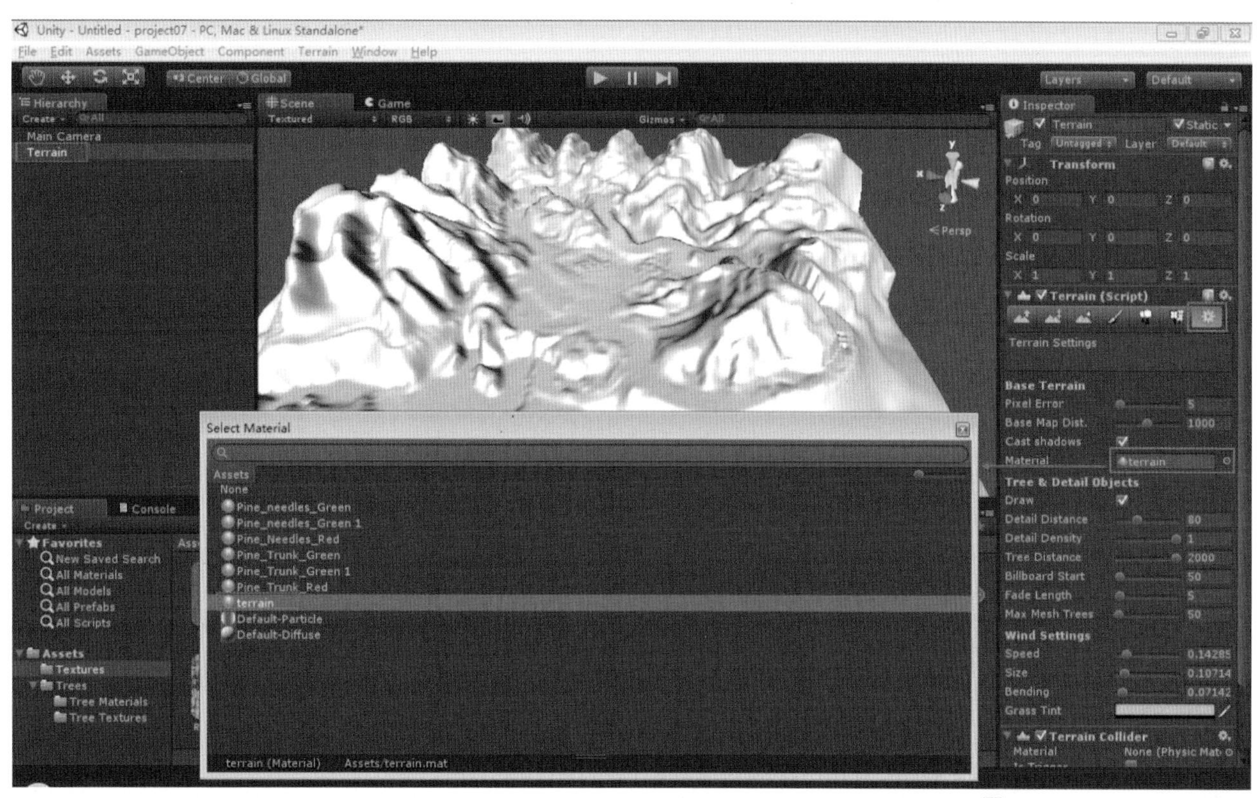

图4-121 为地形指定材质

12．单击按钮切换到Paint Textures模式，单击Edit Texture...按钮，选择Add Texture...项，会弹出Add Terrain Texture对话框，单击Texture项的Select按钮，进而在弹出的Select Texture2D对话框中指定一张纹理作为地形的首层纹理，如图4-122所示。

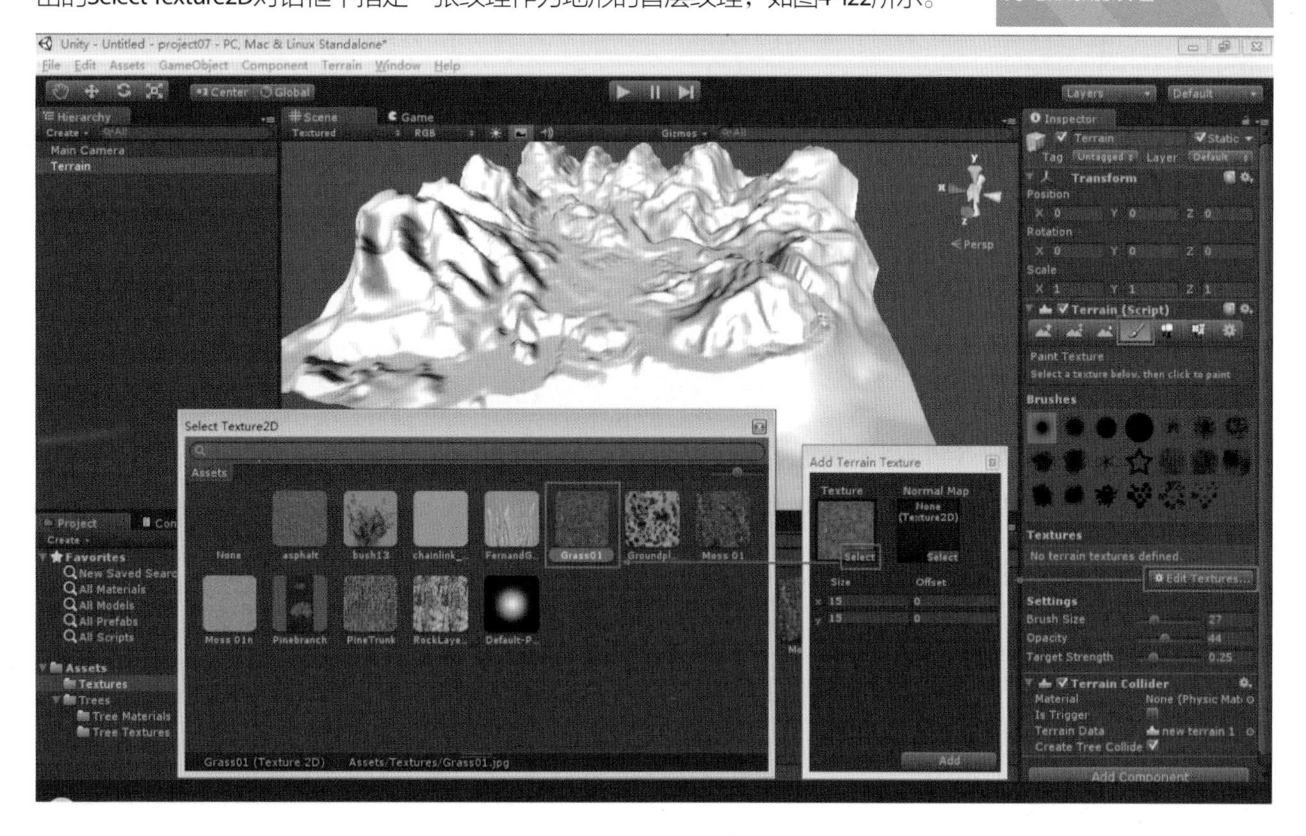

图4-122 为地形添加纹理

13．指定首层纹理后，Unity会自动将首层纹理平铺在整个地形上。如果平铺的大小需要进行编辑的话，可以单击Edit Texture...按钮，选择Edit Texture...项，在弹出的Edit Terrain Texture对话框中调节Size项的X、Y方向的数值即可，如图4-123所示。

图4-123
编辑地形纹理的平铺大小

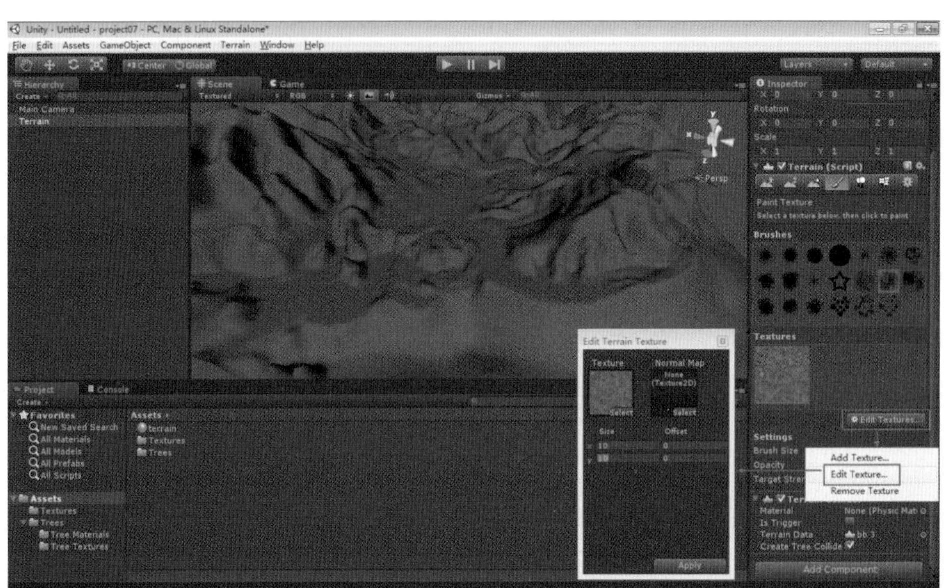

14．首层纹理指定之后，接下来为地形指定其他纹理用于丰富地形效果，方法同指定首层纹理相同。然后选中新添加的纹理，利用笔刷将该纹理绘制到地形上，如图4-124所示。

图4-124
将新添加的纹理绘制到地形上

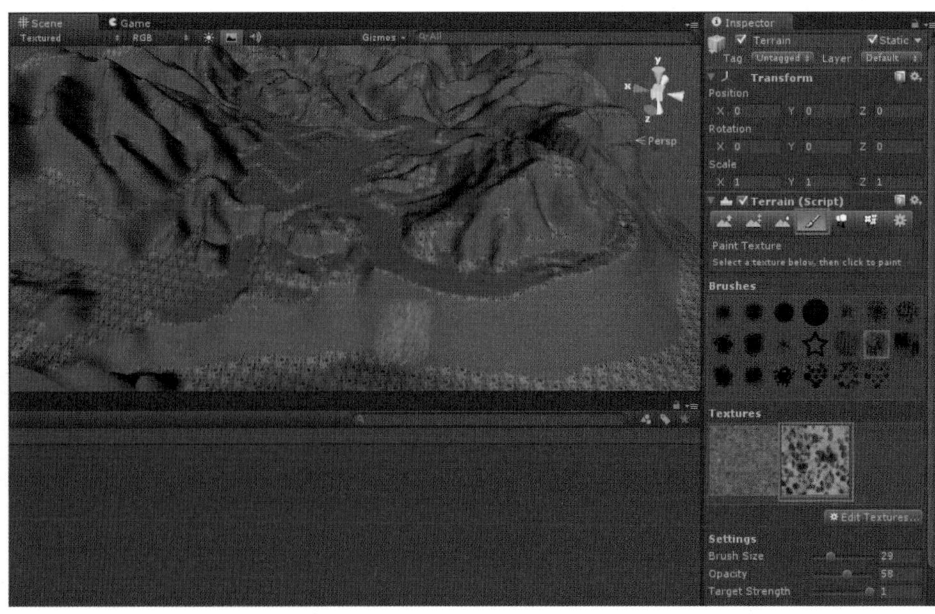

15．重复添加纹理以及绘制纹理到地形的步骤，将整个地形的纹理绘制完毕，如图4-125所示。

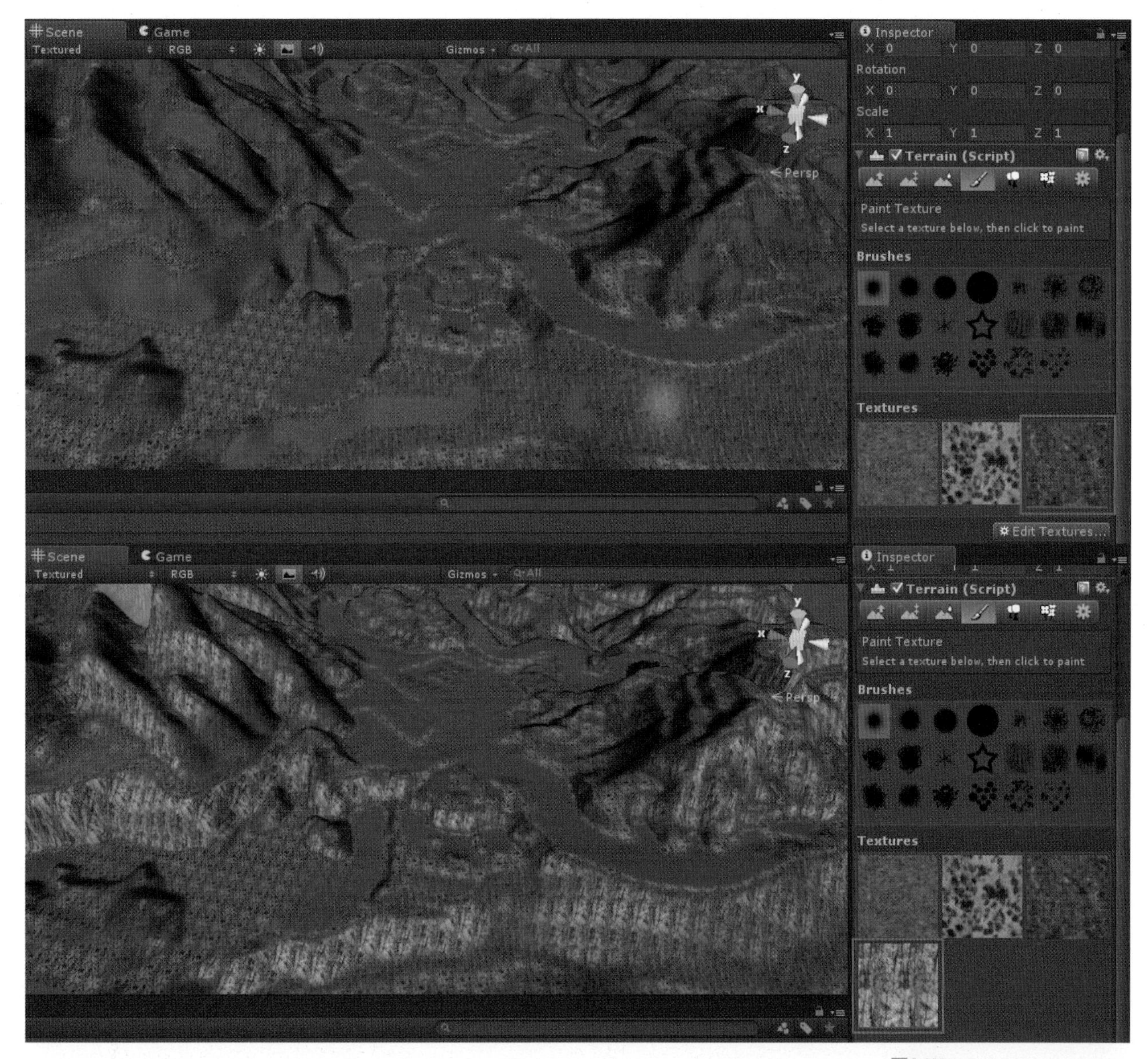

图4-125
利用多张图片素材为地形绘制纹理

16．如果希望修改已添加纹理的参数，在Textures预览框中选择要编辑的纹理，然后单击Edit Textures...按钮，选择Edit Texture...项，进而在弹出的Edit Terrain Texture对话框中进行编辑。移除纹理则单击Edit Textures...按钮，选择Remove Texture项即可。具体可参考本章第7节的相关内容。

17．地形的纹理绘制完毕后，接下来为地形添加树木。单击按钮切换到Place Trees模式，单击EditTrees...按钮，选择Add Tree项，会弹出Add Tree对话框，单击Tree项右侧的圆圈按钮，进而在弹出的Select GameObject对话框中指定一棵树作为地形的树木，如图4-126所示。

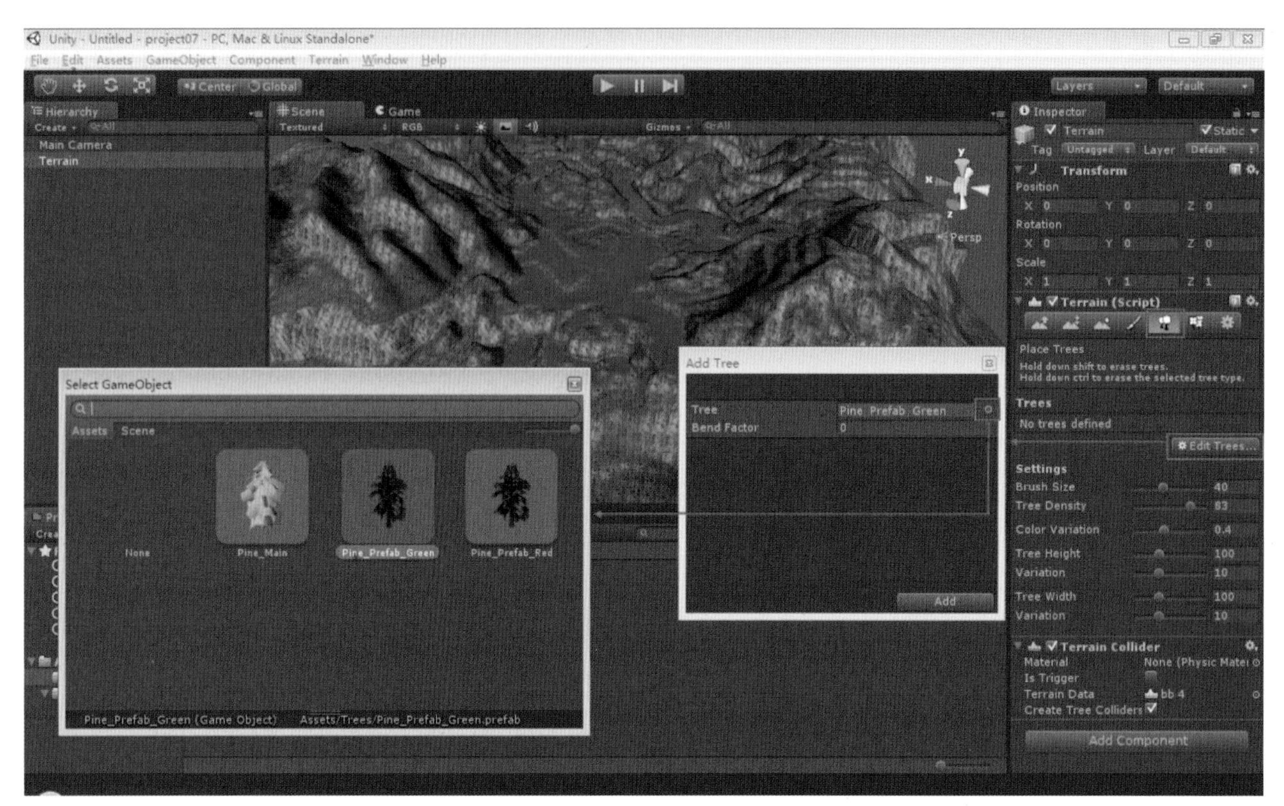

图4-126
为地形指定树木

18．重复上步的操作，可以添加多种树木，然后在Trees预览框中选中树，设置合适的参数后就可以利用笔刷在地形上进行种植，如图4-127所示。

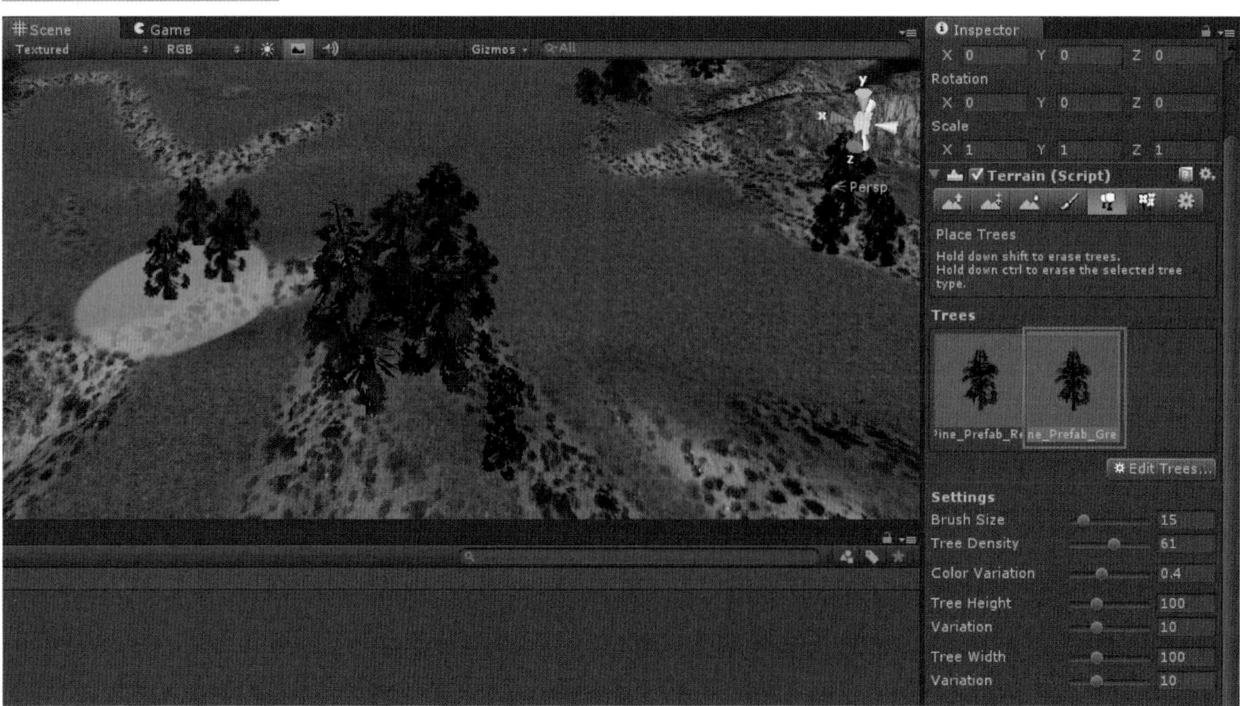

图4-127
在地形上绘制树木

19．如果希望修改已添加树的样式或受风力影响的程度等参数，先在Tree预览框中选择要编辑的树，然后单击EditTrees...按钮，选择Edit Tree项，进而在弹出的Edit Tree对话框中进行编辑。移除树则单击EditTrees...按钮，选择Remove Tree项即可。具体可参考本章第7节的相关内容。

20．绘制完树木，接下来为地形添加草、灌木等细节。单击按钮切换到Paint Details模式，单击EditDetails...按钮，选择Add Grass Texture项，会弹出Add Grass Texture对话框，单击DetailTexture项右侧的圆圈按钮，进而在弹出的Select Texture 2D对话框中指定草的纹理，如图4-128所示。

图4-128
指定草的纹理

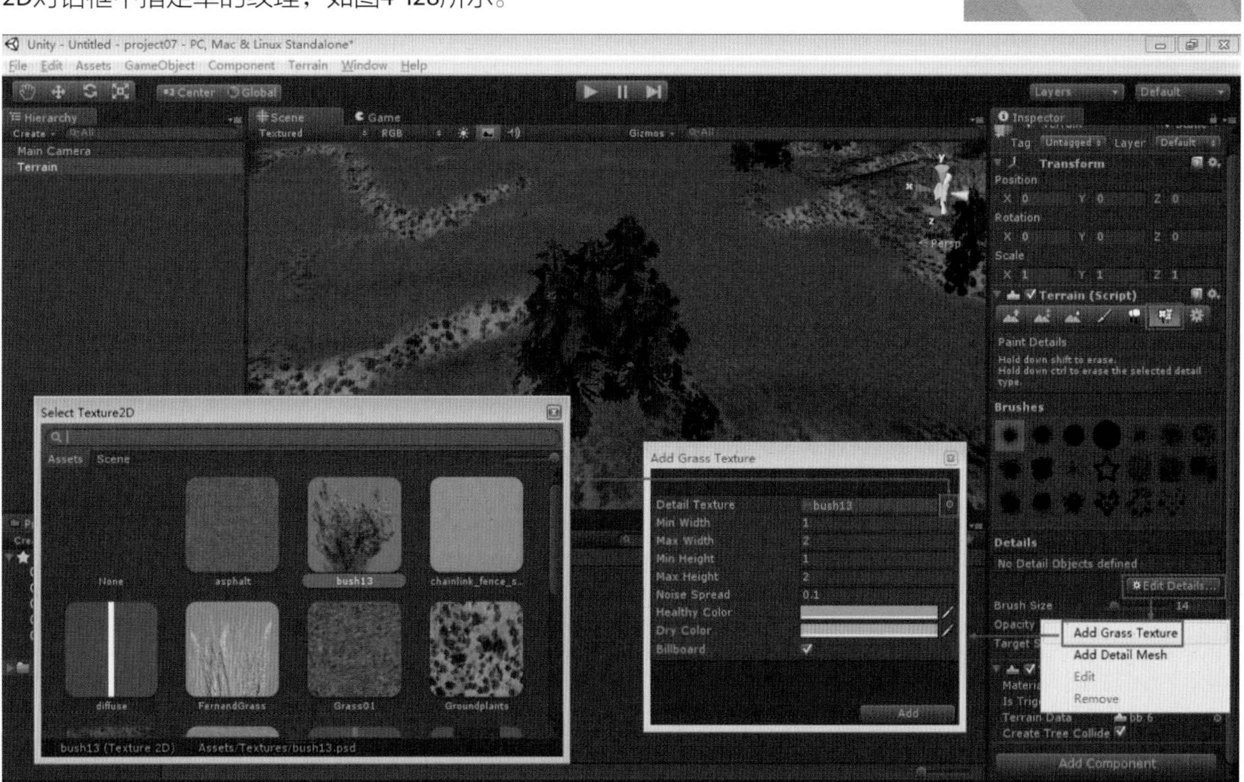

21．重复上步的操作，可以添加多种类型的草或灌木（添加细节网格与添加草的操作方法相似，具体操作方法请参考本章第7节的相关内容），然后在Details预览框中单击选中草，设置合适的参数后就可以利用笔刷在地形上进行种植，如图4-129所示。

图4-129
在地形上绘制草、灌木等细节

22．如果希望修改已添加草或其他细节网格的参数，先在Details预览框中选择要编辑的细节，然后单击Edit Details...按钮，选择Edit项，进而在弹出的Edit Grass Texture/Edit Details Mesh对话框中进行编辑。移除细节则单击Edit Details...按钮，选择Remove项即可。具体可参考本章第7节的相关内容。

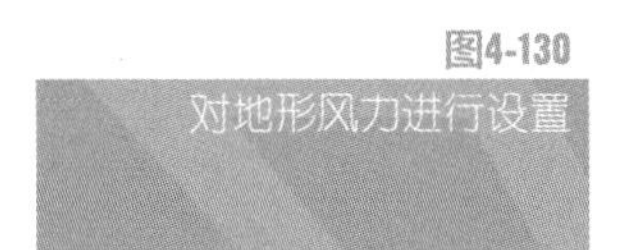
图4-130
对地形风力进行设置

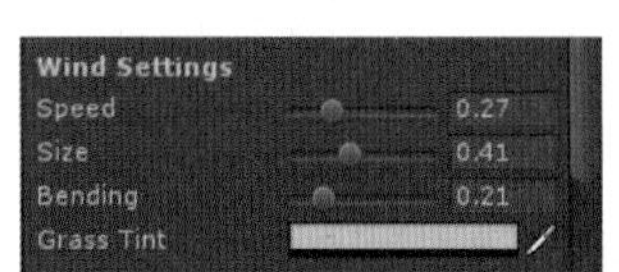

23．选择地形，在Inspector视图中，单击按钮，设置Wind Settings项下面的参数，如图4-130所示。

24．在场景中添加光源，完成最后的效果。运行游戏，可以看到草、灌木随风摇曳的效果，如图4-131所示。

图4-131
完成的地形效果

4.8　创建角色

4.8.1　角色控制资源包概述

1．启动Unity应用程序，依次单击菜单栏中的Assets→Import Package→Character Controller选项，为项目工程导入Character Controller.UnityPackage，导入时会弹出Importing package对话框，对话框内会列出资源包中的所有内容，并可以选择要导入的内容，单击All按钮全部勾选，然后单击Import按钮将资源导入，如图4-132所示。

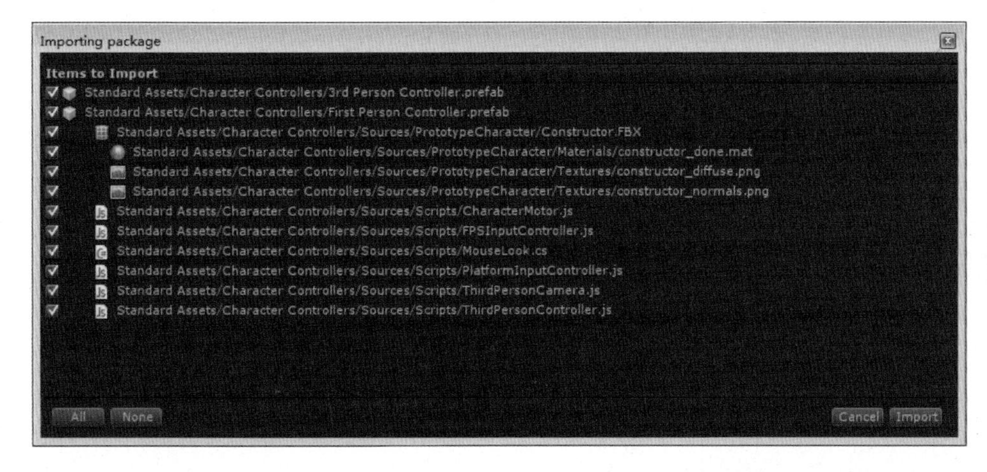

图4-132
Character Controller资源包的内容

2．资源包被导入后，资源包中包含两个预设体，分别是第一人称角色控制预设体、第三人称角色控制预设体，如图4-133所示。预设体可以直接拖入项目工程中任何场景中直接使用。

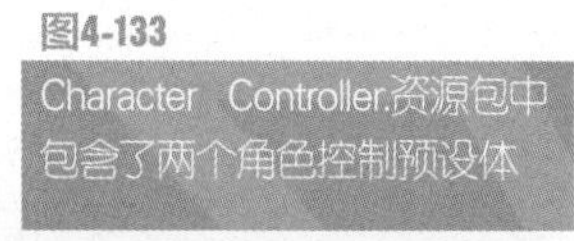
图4-133
Character Controller资源包中包含了两个角色控制预设体

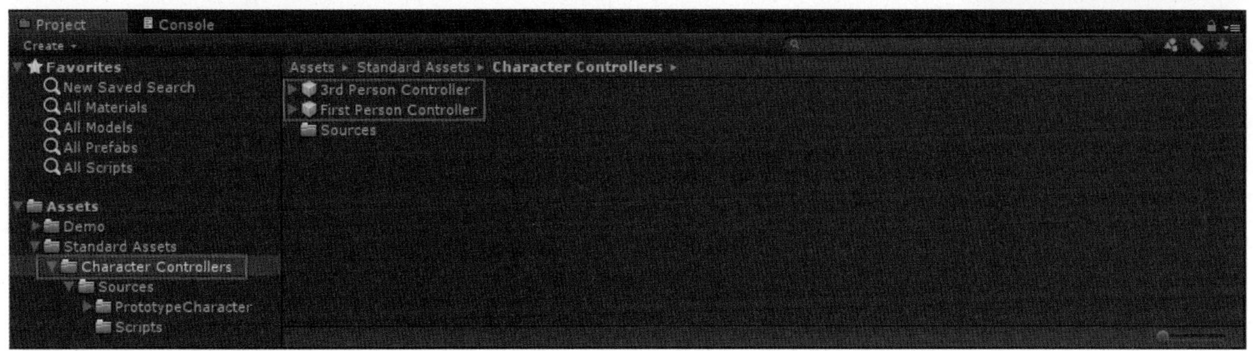

3．需要注意的是，角色控制资源包内的Scripts文件夹包含的脚本文件用于两个角色控制预设体，可以修改代码内容以改变角色控制预设体的功能，如图4-134所示。

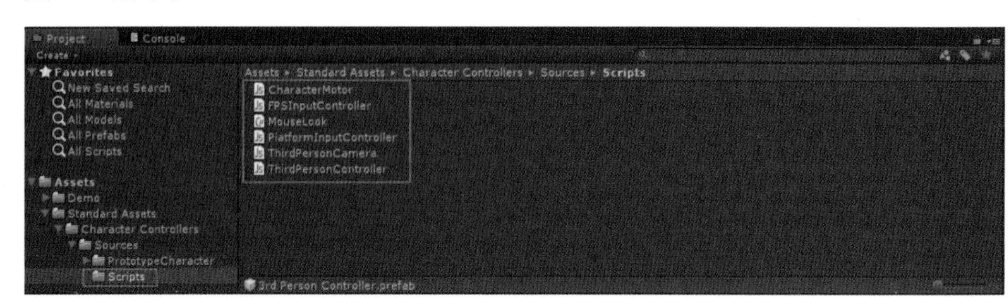

图4-134
Character Controller.资源包中的脚本

4.8.2 在场景中使用角色控制预设体

1．启动Unity应用程序，打开\unitybook\chapter04\project08项目工程，打开名为DemoScene的场景，如图4-135所示。

图4-135
DemoScene的场景

2．依次单击菜单栏中的Assets→Import Package→Character Controller项，为项目工程导入Character Controller.UnityPackage。

3．选中Assets\Standard Assets\Character Controllers文件夹内的First Person Controller预设体，将其拖动到场景中，调节该预设体在场景中的位置，使其胶囊碰撞体底部高于地形一些，如图4-136所示。

图4-136
为场景添加第一人称角色控制预设体

4．单击Toolbar栏中的▶按钮预览游戏，如图4-137所示。按下键盘的W或上键会在场景中前进；按下S或下方向键则为后退；按下A或左方向键会在场景向左平移；按下D或右方向键则为向右平移；按空格键为跳跃；左右移动鼠标为左右环视场景。

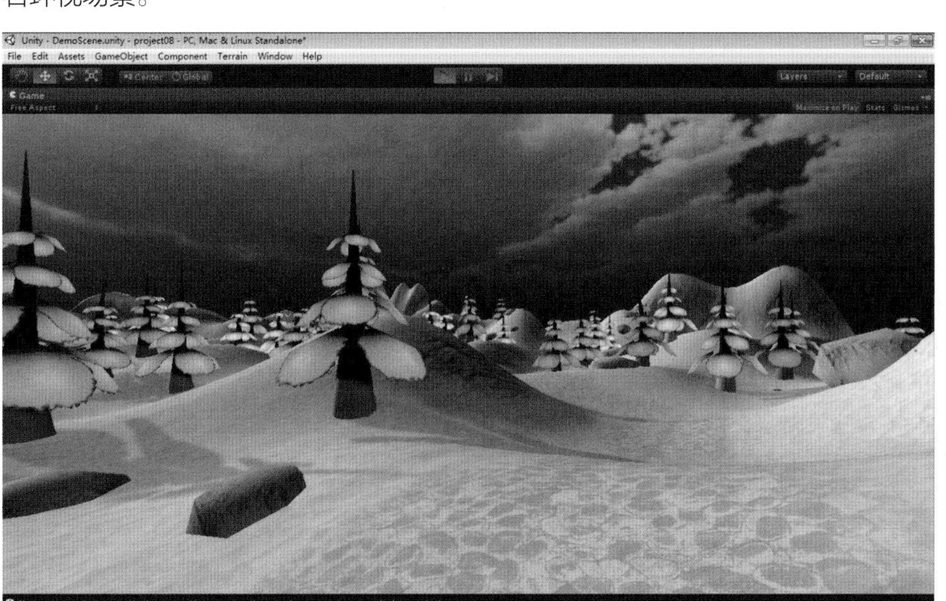

图4-137
测试第一人称角色控制预设体功能

5．单击Toolbar栏中的▌按钮退出游戏预览模式。删除First Person Controller实例，选中Assets\Standard Assets\Character Controllers文件夹内的3rd Person Controller预设体，将其拖动到场景中，调节该预设体在场景中的位置，使其角色网格底部高于地形一些，如图4-138所示。

图4-138
为场景添加第三人称角色控制预设体

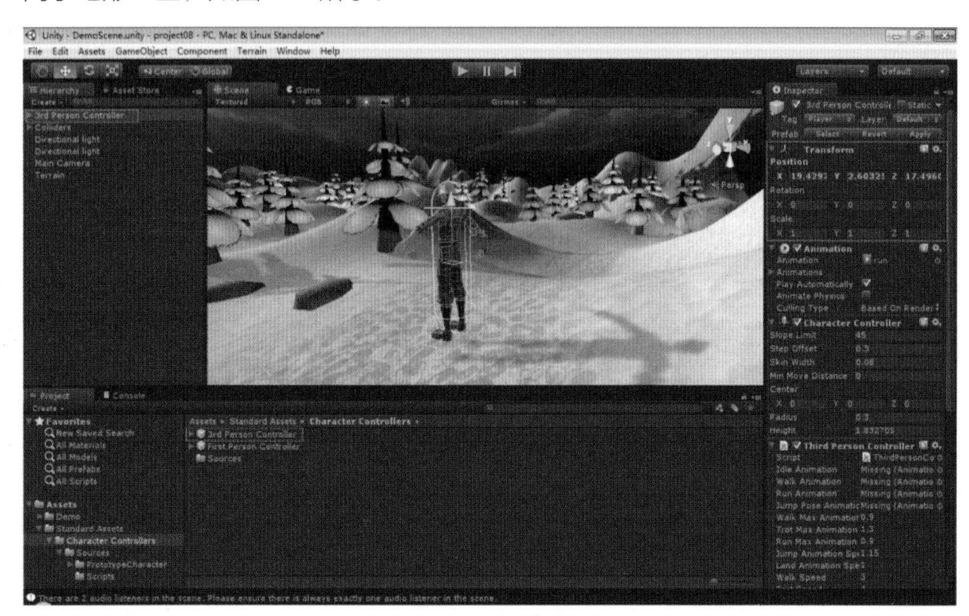

6．如果Third Person Controller脚本组件中角色动作与动画失去链接，需要手动指定一下。选中3rd Person Controller预设体，在Inspector视图中为Third Person Controller脚本组件中Idle Animation（空闲动画）、Walk Animation（行走动画）、Run Animation（跑步动画）、Jump Pose Animation（跳跃姿势动画）指定相对应的动画，如图4-139所示。

图4-139
为Third Person Controller脚本组件中的角色动作指定动画

7．指定动画完成后，单击Toolbar栏中的▶按钮测试游戏，如图4-140所示。按下键盘的W或上方向键会控制角色在场景中前进；按下S或下方向键则控制角色向后退；按下A或左方向键会控制角色在场景向左移动；按下D或右方向键则控制角色为向右移动；按住Shift键则切换为跑步动作。

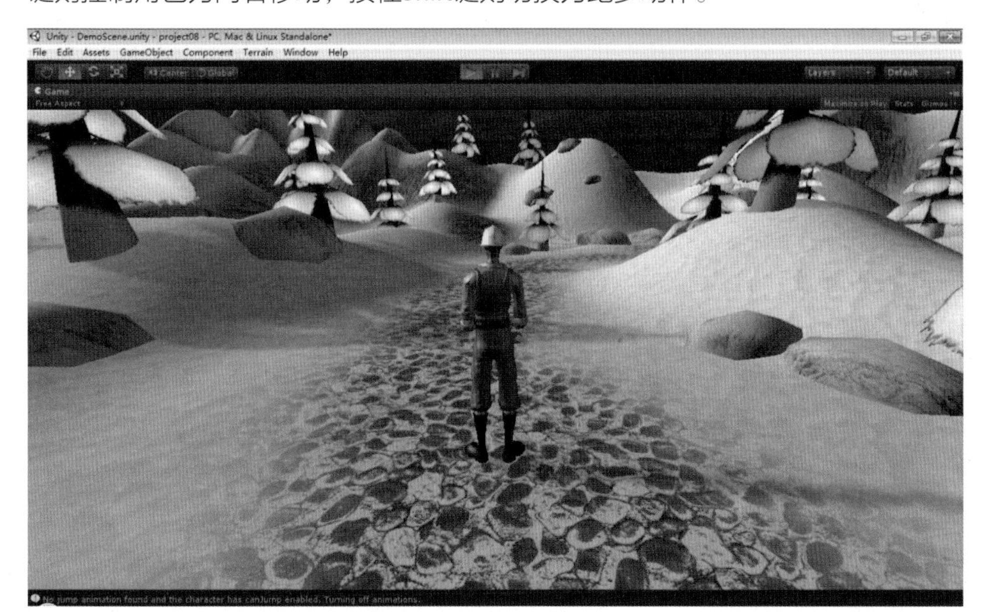

图4-140
测试第三人称角色控制预设体功能

8．单击Toolbar栏中的▶按钮退出游戏预览模式。至此，角色控制资源包的使用方法介绍完毕。

4.9 粒子系统

4.9.1 粒子系统简介

粒子是在三维空间中渲染出来的二维图像，主要用于表现如烟、火、水滴或落叶等效果。一个粒子系统（指Unity 3.5版本以前的旧版粒子系统，下同）由粒子发射器、粒子动画器和粒子渲染器三个独立的部分组成。如果想创建一个静态粒子效果，可以将粒子发射器与粒子渲染器结合起来使用，而粒子动画器将会在不同的方向移动粒子并变换其颜色，也可以通过脚本去控制粒子系统中每一个单独的粒子。因此如果用户愿意，完全可以创造出独一无二的粒子效果。

4.9.2 粒子资源包的概述

1. 启动Unity应用程序，依次单击菜单栏中的Assets→ImportPackage→Particles选项，为项目工程导入Prticles.UnityPackage，导入时会弹出ImportingPackage对话框，对话框内会列出资源包中的所有内容，并可以选择要导入的内容，单击All按钮后单击Import按钮将全部资源导入，如图4-141所示。

图4-141 为项目工程导入Prticles.UnityPackage

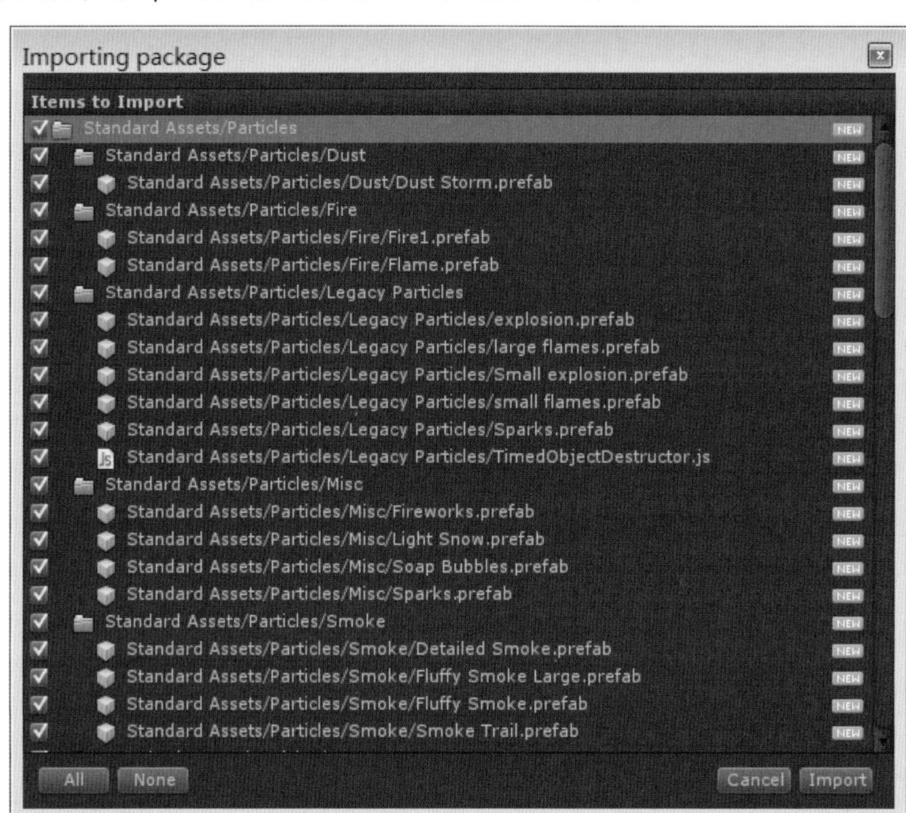

2. 资源包导入后，可以看到资源包里包含很多粒子特效文件夹：Dust（沙尘）、Fire（火焰）、Legacy Particles（老的粒子）、Misc（杂项）、Smoke（烟雾）、Sources（粒子资源）、Sparkles（闪耀）、Water（水）。其中Sources文件夹存放的是粒子的相关资源，包括动画、材质、着色器、纹理等，其他的文件夹存放的都是系统自带的粒子特效，里面存放的都是粒子的预设体，如图4-142所示，可将其拖入项目工程中任何场景中直接使用，如图4-143所示。

图4-142 导入后的粒子资源包

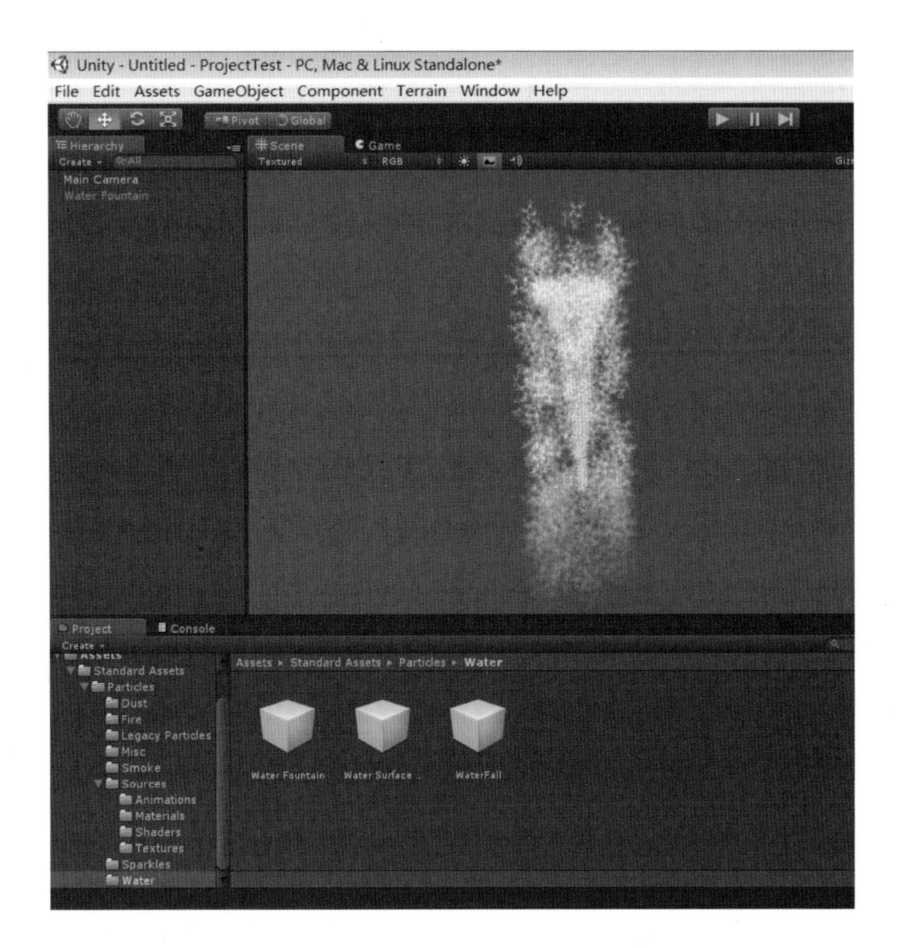

图4-143
可将粒子预设体直接拖入项目工程中任何场景中直接使用

4.9.3　粒子系统参数讲解

粒子系统是作为组件附加到游戏对象上的，单击菜单栏中的GameObject→Creat Empty选项，创建一个空对象，如图4-144所示。

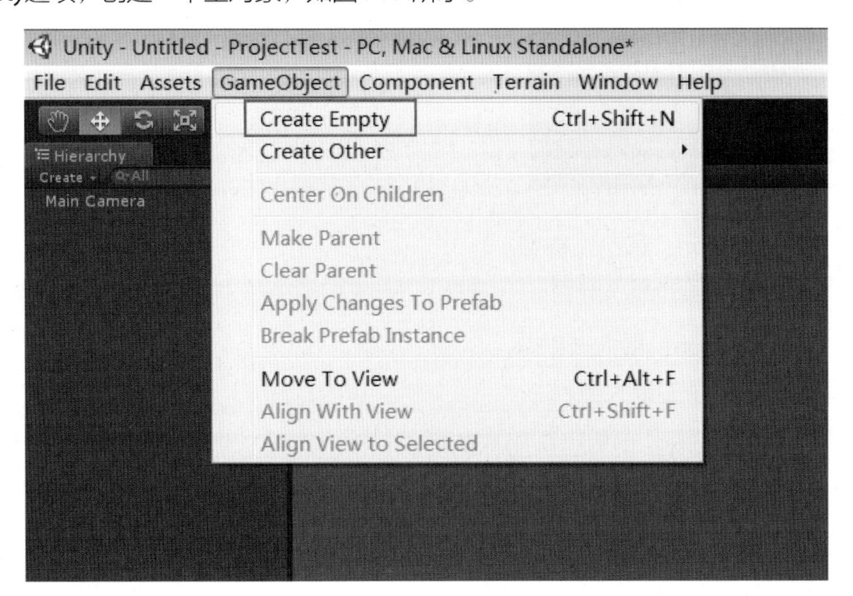

图4-144
建立空对象

然后为其依次添加粒子组件，选中新建的空对象，打开菜单栏中的Component→Effects→Legacy Prticles选项，将列表中的粒子组件分别都添加上去，如图4-145和图4-146所示。

接下来对各粒子组件及其参数进行讲解。

图4-145
添加粒子组件

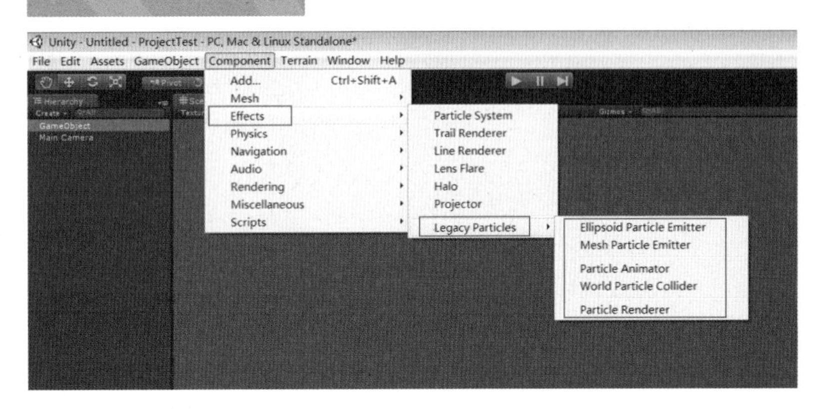

图4-146
添加完毕的粒子组件

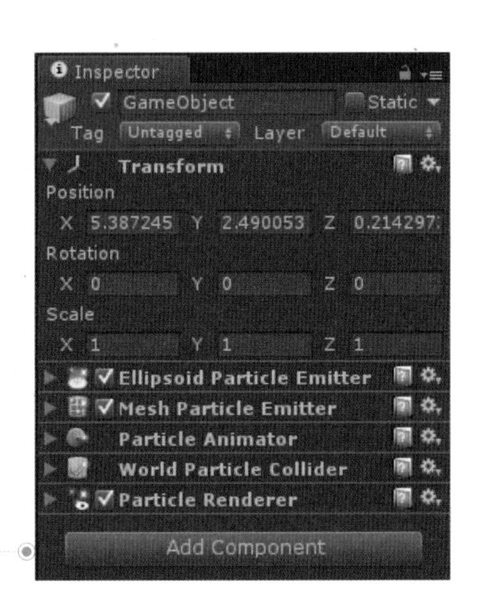

1．Ellipsoed Particle：椭球粒子发射器

椭球粒子发射器可在一个球星范围内生成大量的粒子，可通过Ellipsoid属性来对其进行缩放和拉伸，属性面板如图4-147所示。

图4-147
Ellipsoid Particle属性面板

Ellipsoid Particle Emitter
Emit
Min Size 0.1
Max Size 0.1
Min Energy 3
Max Energy 3
Min Emission 50
Max Emission 50
World Velocity
Local Velocity
Rnd Velocity
Emitter Velocity Scale 0.05
Tangent Velocity
Angular Velocity 0
Rnd Angular Velocity 0
Rnd Rotation
Simulate in Worldspa
One Shot
Ellipsoid
Min Emitter Range 0

• Emit：粒子发射。

若启用该项，发射器将发射粒子。

• Min Size：最小尺寸。

当生成粒子时每个粒子的最小尺寸。

• Max Size：最大尺寸。

当生成粒子时每个粒子的最大尺寸。

• Min Energy：最小活力。

每个粒子的最小生命周期（以秒为单位）。

• Max Energy：最大活力。

每个粒子的最小生命周期（以秒为单位）。

• Min Emission：最小发射数。

每秒生成粒子的最小数目。

• Max Emission：最大发射数。

每秒生成粒子的最大数目。

• World Velocity：世界坐标坐标速度。

粒子在世界坐标空间中沿X、Y、Z方向的初始速度。

• Local Velocity：局部速度。

粒子以某个对象为参照基准，相对其沿X、Y、Z三轴方向的初速度。

- Rnd Velocity：随机速度。

粒子的沿X、Y、Z轴方向的随机速度。

- Emitter Velocity Scale：发射器速度比例。

粒子继承发射器速度的比例。

- Tangent Velocity：切线速度。

粒子X、Y、Z轴穿过发射器表面的初始速度。

- Angular Velocity：角速度。

新生粒子的角速度，以（°）/s为单位。

- Rnd Angular Velocity：随机角速度。

新生粒子的随机角速度变化。

- Rnd Rotation：随机旋转。

若启用该项，则粒子会以随机的方向生成。

- Simulate in World space：在世界坐标空间中更新粒子运动。

若启用该项，则在发射器移动时粒子不会移动；若关闭该项，则当发射器移动时，粒子会一直跟随在其周围。

- One Shot：单次发射。

若启用该项，则在生成粒子时粒子的发射数量一次性地在最大值和最小值之间指定，若关闭该项则这些粒子将产生一个长粒子流。

- Ellipsoid：椭球。

X、Y、Z轴的球形范围，粒子在此范围内生成。

- Min Emitter Range：最小发射器范围。

在球的中心确定一个空区域，以此使得粒子出现在球形的边缘。

细节说明：

椭球粒子发射器是基本的粒子发射器，当选择并添加一个粒子系统到场景中时，可以定义生成该粒子的边界并给出粒子的初始速度。使用Particle Animator（粒子动画器）可以操纵粒子随时间不断变化出想要的效果。

粒子发射器与粒子动画器以及Particle Renderers粒子渲染器一起使用，用来创造、处理及显示粒子系统。在一个对象上必须全部添加这3个组件，这样才能正确地表现出粒子的行为。当粒子发射时，所有不同的速度相加起来组成最终的速度。

- 粒子生成相关属性。

当试图表现不同粒子效果时，生成粒子的属性诸如Size、Energy、Emission及Velocity会使得粒子系统具有鲜明的个性。例如：小的Size可以模拟萤火虫或天空中的星星，大的Size可以模拟老旧建筑物中的灰尘。Energy及Emission属性可以控制粒子在屏幕中将保留多长时间及一次可以显示出多少个粒子。比如火箭会有较高的Emission属性来模拟浓烟，而高Energy属性则可模拟空气中烟雾的缓慢扩散效果。Velocity属性控制着粒子的运动。可通过脚本来改变Velocity值以便产生更好的效果，或者若想模拟出像风那样持续的效果，可以设定Velocity属性的X和Z值，这会产生粒子类似被吹走了的效果。

- Simulate in World Space：在坐标空间更新粒子。

如果关闭该项，则每一个单独粒子的位置总是始终随着发射器位置的变化而发生相对的运动。若开启该项，则粒子不会受发射器运动的影响。比如，如果你有一个呈上升状态的火球，火焰会在产生后向上飘浮并离火球越来越远，如果关闭此选项，那么这些相同的火焰是会随着火球而在屏幕上移动的。

- Emitter Velocity Scale：发射器速度比例。

此属性只有当Simulate in World Space启用时才可用。如果该属性设为1，则粒子会在发射时精确继承发射器的速度，如果设定为2，则粒子会在发射时精确继承发射器的2倍的速度，如果为3则继承3倍的速度。

- One Shot：单次发射

单次发射器将在Emission属性内一次性地生成所有的粒子，然后停止发射。以下是一些关于不同粒子系统启用或者关闭单次发射属性的例子：

启用One Shot属性时：爆炸、水花飞溅、魔法效果。

关闭One Shot属性时：枪管的烟、风的效果、瀑布。

- Min Emitter Range：最小发射器范围。

最小发射器范围决定了可生成粒子的椭球的内部深度。将其设为0时可在椭球的从中心到最外面任何区域生成粒子，将其设为1时会将粒子的生成地点限制在椭球的外表面。

要谨慎使用大量粒子的效果，粒子数量越多对硬件设备的要求越高。所以应尽量尝试用最少的粒子数来达到需要的效果。

Emit属性要与粒子动画器中的AutoDestruct（自动销毁）属性相结合使用。通过脚本可以使发射器停止发射粒子，然后自动销毁功能会自动地销毁粒子系统及它所绑定的游戏对象。

2. Mesh Particle Emitter：网格粒子发射器

网格粒子发射器在一个网格周围发射粒子，粒子从网格的表面开始生成。如果希望粒子与对象拥有更复杂的交互方式，网格粒子发射器是非常适合的，其属性面板如图4-148所示。

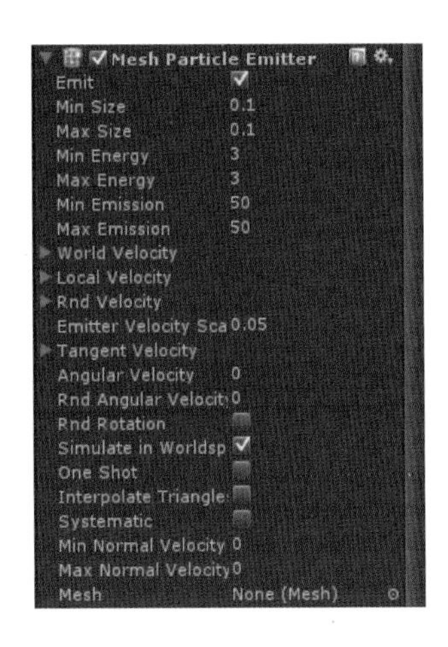

图4-148 Mesh Particle Emitter属性面板

- Emit：粒子发射。

若启用该项，发射器将发射粒子。

- Min Size：最小尺寸。

当生成粒子时每个粒子的最小尺寸。

- Max Size：最大尺寸。

当生成粒子时每个粒子的最大尺寸。

- Min Energy：最小活力。

每个粒子的最小生命周期（以秒为单位）。

- Max Energy：最大活力。

每个粒子的最小生命周期（以秒为单位）。

- Min Emission：最小发射数。

每秒生成粒子的最小数目。

- Max Emission：最大发射数。

每秒生成粒子的最大数目。

- World Velocity：世界坐标速度。

粒子在世界坐标空间中沿X、Y、Z方向的初始速度。

- Local Velocity：局部速度。

粒子以某个对象为参照基准，相对其沿X、Y、Z三轴方向的初速度。

- Rnd Velocity：随机速度。

粒子沿X、Y、Z轴方向上的随机速度。

- Emitter Velocity Scale：发射器速度比例。

粒子继承发射器速度的综合。

- Tangent Velocity：切线速度。

粒子在X、Y、Z轴穿过发射器表面的初始速度。

- Angular Velocity：角速度。

新生粒子的角速度，以（°）/s为单位。

- Rnd Angular Velocity：随机角速度。

新生粒子的随机角速度变化。

- Rnd Rotation：随机旋转。

若启用该项，则粒子会以随机的方向生成。

・ Simulate In World space：在世界坐标空间中更新粒子。

若启用该项，则在发射器移动时粒子不会移动；若关闭该项，当发射器移动时，粒子会一直跟随在其周围。

・ One Shot：单次发射。

若启用该项，则在生成粒子时粒子的发射数量一次性地在最大值和最小值之间指定，若关闭该项则这些粒子将产生一个长粒子流。

・ Interpolate Triangles：插值三角形。

若开启该项，则粒子将会在网格的表面上生成；若关闭该项，则粒子仅会在网格的定点处生成。

・ Systematic：系统性。

若开启该项，粒子会按照网格定义好的定点顺序来生成。尽管很少对网格的定点顺序进行直接的控制，但是大多数的三维建模应用程序都会在建立基本集合体时对其有一个系统的设定，这在网格没有表面的时候是很重要的。

・ Min Normal Velocity：最小法线速度。

从网格抛出粒子的最小数量。

・ Max Normal Velocity：最大法线速度。

从网格抛出粒子的最大数量。

・ Mesh：网格。

单击右侧的圆圈按钮可在弹出的Select Mesh（网格选择）对话框中选择不同的网格，网格不同粒子发射的初始形态就不同，如图4-149和图4-150所示。

图4-149
打开网格选择对话框并选择Plane类型

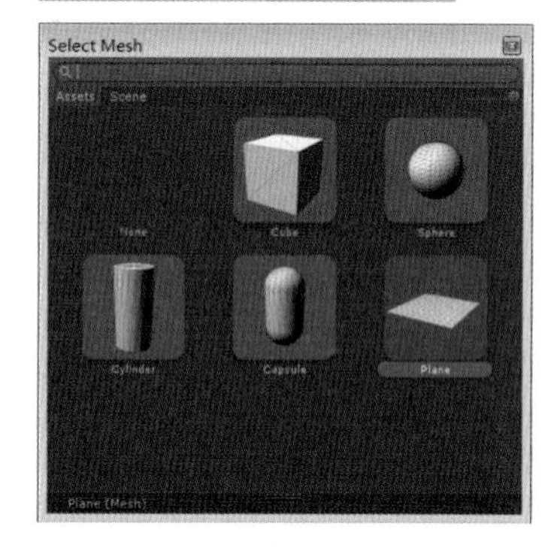

图4-150
选择Plane网格时对应的粒子形态（粒子分布较密集）

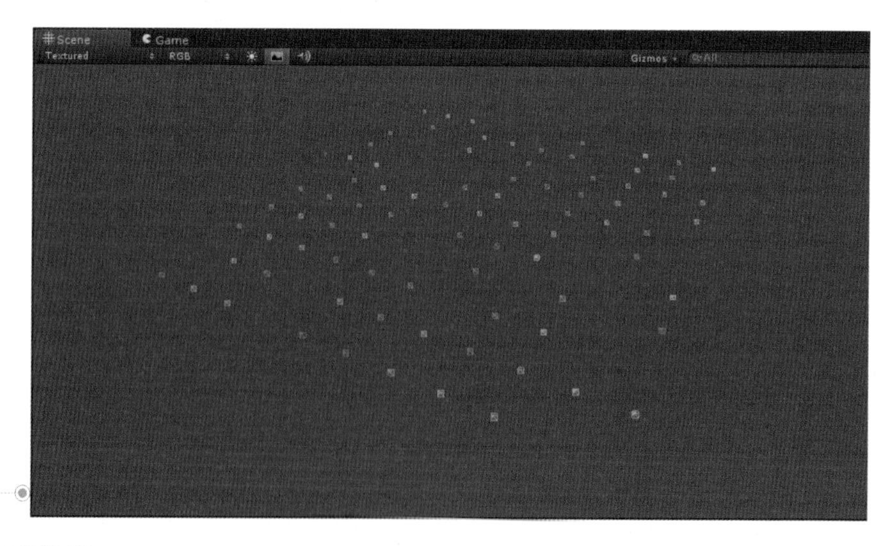

细节说明：

当需要更精确地控制粒子生成的位置及方向时，网格粒子发射器会比椭球发射器更加简单，它可用来创造更高级的效果。网格粒子发射器通过附加在网格上的顶点来发射粒子，因此网格区域的多边形越密集，粒子的发射也就越密集。上图4-150中选择的网格类型为Plane，其自身顶点较多，因此粒子的发射就比较密集，若选择的网格类型为Cube，该网格只有8个顶点，因此粒子的发射就比较稀疏，如图4-151和图4-152所示。

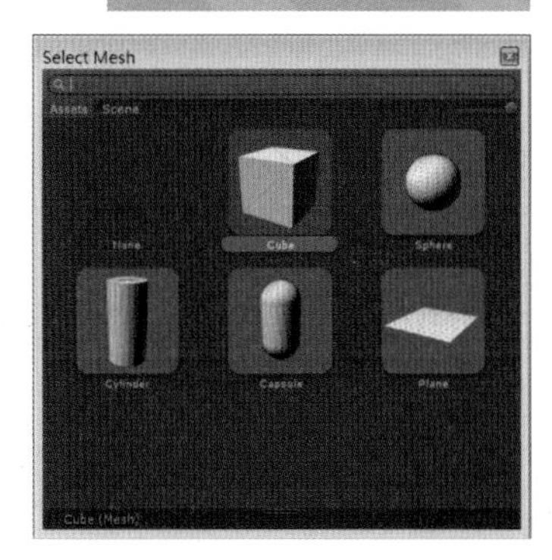

图4-151
选择网格类型为Cube

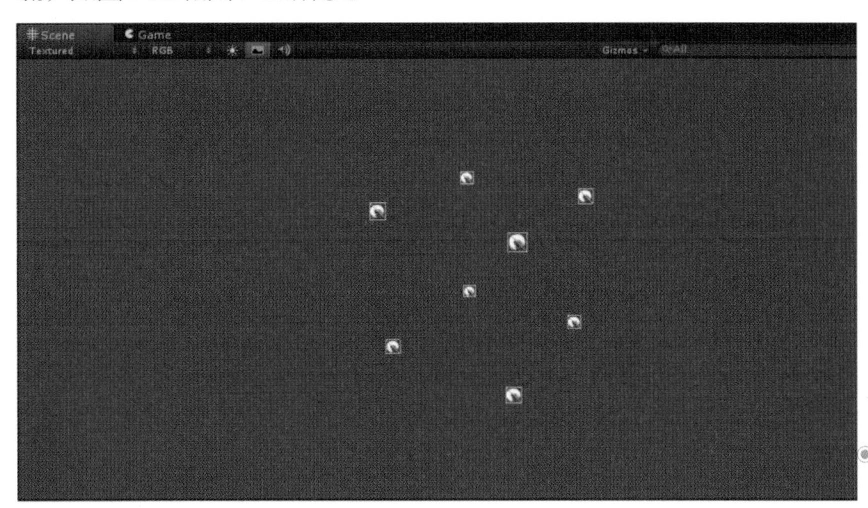

图4-152
选择Cube网格时对应的粒子形态（粒子分布较稀疏）

- Interplolate Triangles：插值三角形。

如果发射器开启该属性，则粒子会在网格的顶点之间产生，若关闭该属性，则粒子仅会产生在顶点处。需要注意的是，尽管已经开启了Interplolate Triangles属性，但是粒子仍旧是在多边形网格密集的地方更密集一些。

- Systematic：系统性。

启用该项属性会使得粒子沿着网格的顶点顺序生成，顶点顺序是由三维网格模型决定的，如图4-153和图4-154所示。

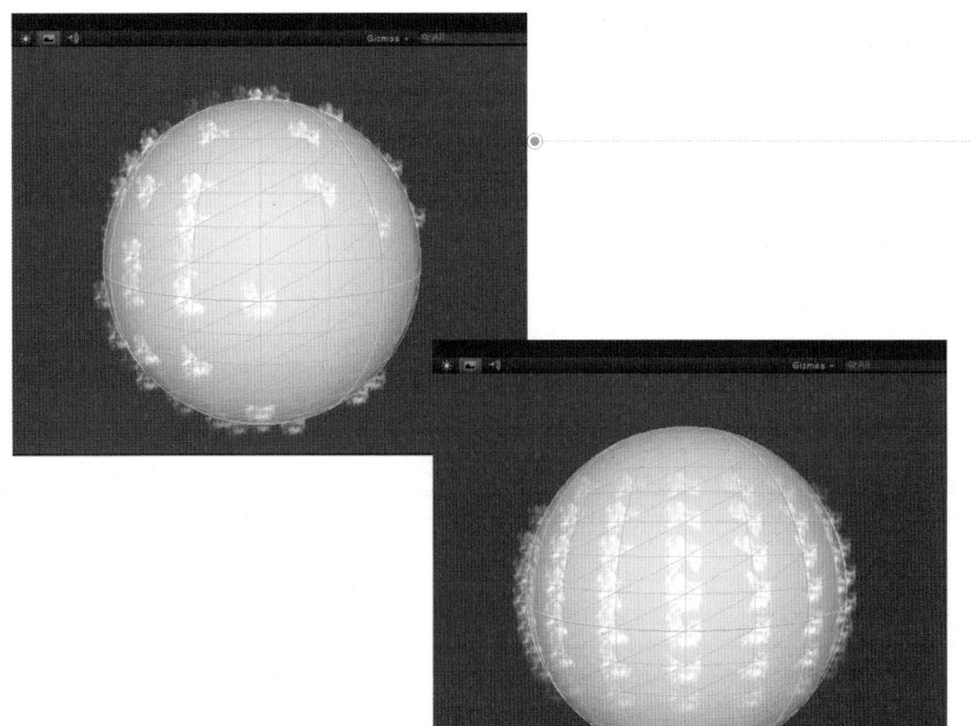

图4-153
未启用Systematic属性

图4-154
启用Systematic属性后粒子按照顶点顺序产生

• Normal Velocity：法线速度。

法线速度控制着粒子沿着其生成地方法线方向发射的速度。

3．Particle Animator：粒子动画器

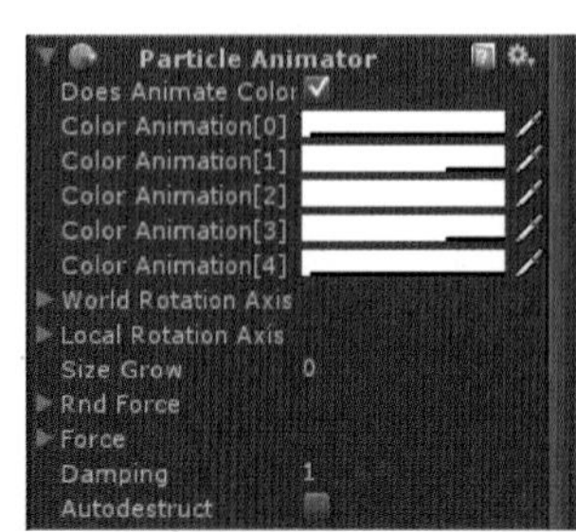

图4-155 Particle Animator属性面板

粒子动画器使粒子随着时间而运动，可对粒子系统添加风、拖放和颜色循环等效果。粒子动画器的属性面板如图4-155所示。

• Does Animation Color：使用颜色动画。

若开启该项，则粒子在其生命周期内会循环变化颜色。

图4-156 可单击颜色条设定颜色

• Color Animation：颜色动画。

可设定5种粒子的颜色，所有的粒子循环使用这些颜色，如果有的粒子的生命周期比其他的粒子要短，那么这些粒子的颜色变化速度会更快些。可单击下方的颜色条为粒子设定颜色，如图4-156所示。

• World Rotation Axis：世界坐标旋转轴。

粒子会围绕世界坐标局部轴来旋转，可用来创造高阶的法术效果。

• Local Rotation Axis：局部旋转轴。

粒子会围绕局部坐标轴来旋转，可用来创造高阶的法术效果。

• Size Grow：尺寸增长。

该属性可使粒子随着时间的变化而增加其尺寸，类似一个随机外力向外散播粒子，通常用来增大粒子的尺寸而不会使其变得四分五裂。可通过此属性表现烟雾上升及模拟风的效果。

• Rnd Force：随机外力。

每一帧都有一个随机外力施加给粒子，可使得烟的效果变得更加生动。

• Force：外力。

每一帧都有一个外力施加给粒子，以相对于世界坐标为基准。

• Damping：阻尼。

每一帧有多少粒子的速度会减慢。当值设为1时为没有阻尼，因此粒子的速度不会减慢。

• Autodestruct：自动销毁。

若启用该项，则所有的粒子消失时该粒子及其所绑定的游戏对象都将被销毁。

细节说明：

• Animating Color：动画颜色。

若要使粒子改变颜色或者淡入/淡出，可开启Animate Color属性并让粒子按照指定的颜色循环变化。任何变化颜色的粒子系统都可在5个制定好的颜色间循环

变化，他们变化的速度取决于其Energy值，即其生命周期，生命周期越短的粒子变化的速度就越快。若想让粒子渐渐显示而不是立即出现，可设置第一个或者最后一个颜色，让其有较低的Alpha透明度值。

- Rotation Axes：旋转轴。

不管是设置为局部还是世界坐标旋转轴，都会使所有产生的粒子围绕指定的轴来旋转。数值越大旋转越快。将旋转轴设为局部会使得旋转的粒子随着Transform组件的Rotation属性变化而调整其旋转过程以匹配其局部坐标轴。将旋转轴设为世界坐标时粒子的旋转轴始终不变，该旋转与Transform组件的Rotation属性没有关联性。

- Forces&Damping：外力和阻尼。

利用外力可使得粒子在外力作用的方向上产生一个加速。阻尼可在粒子不改变方向的情况下使其加速或减速，值为1表示没有阻尼在起作用，粒子不会加速或减速，值为0表示粒子会立即停止，值为2表示每秒粒子的速度会加倍。

- Destroying GameObjects attached to Particles：销毁绑定到粒子的游戏对象。

可通过开启AutoDestruct属性来销毁粒子及任何与其绑定的游戏对象。比如有一个油桶，可将一个Emit属性被禁用的粒子系统附加到油桶上，同时将粒子的Autodestruct属性开启。在发生碰撞时开启Emitter属性，这样就会发生爆炸效果，随后粒子及油桶就将被销毁并从场景中被移除了。

4. World Particle Collider：世界坐标粒子碰撞器

世界坐标粒子碰撞体可使粒子与场景中其他的碰撞体发生碰撞，属性面板如图4-157所示。

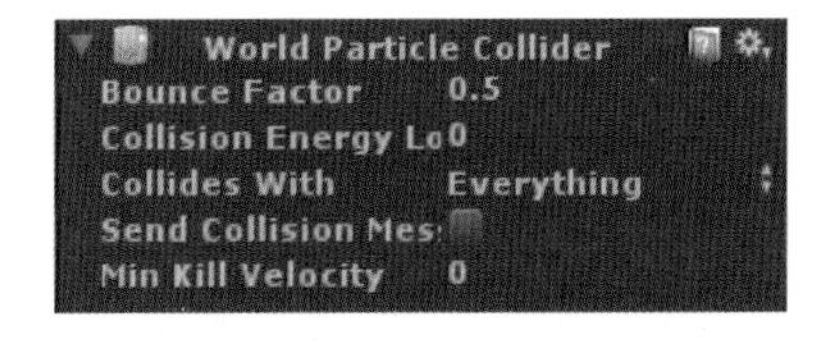

图4-157 World Particle Collider属性面板

- Bounce Factor：弹性系数。

粒子在与其他对象发生碰撞时会使其加速或减速，该属性与粒子动画器组件的Damping属性相类似。

- Collision Energy Loss：碰撞活力损失。

当发生碰撞时粒子每秒损失的活力总和，小于0时粒子即消灭。

- Collides with：碰撞对象。

决定粒子与哪一个层级发生碰撞。

- Send Collision Message：发送碰撞消息。

若开启该项，则每个粒子都会发送一个碰撞消息，可通过脚本捕捉到该消息。

- Min Kill Velocity：最小消灭速度。

如果一个粒子因为碰撞而使速度降到最小消灭速度，它将被销毁。

细节说明：

Messaging：发送消息。

若开启Send Collision Message，则在碰撞中任何粒子都会发送消息OnParticleCollision到粒子绑定的对象和与粒子相碰撞的对象。

Send Collision Message可用作模拟子弹和冲击伤害。
当有许多粒子时碰撞检测会变得缓慢，因此要适当地使用粒子碰撞。
消息发送会占用大量的消耗，因此尽量不要将其用在粒子系统中。

5．Particle Renderer：粒子渲染器

图4-158
Particle Renderer属性面板

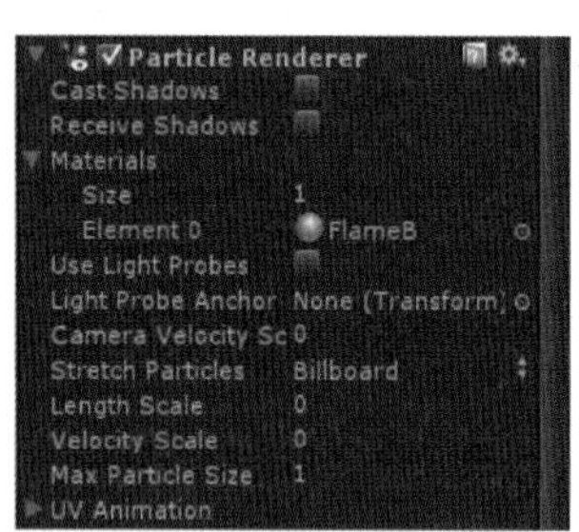

图4-159
材质选择对话框

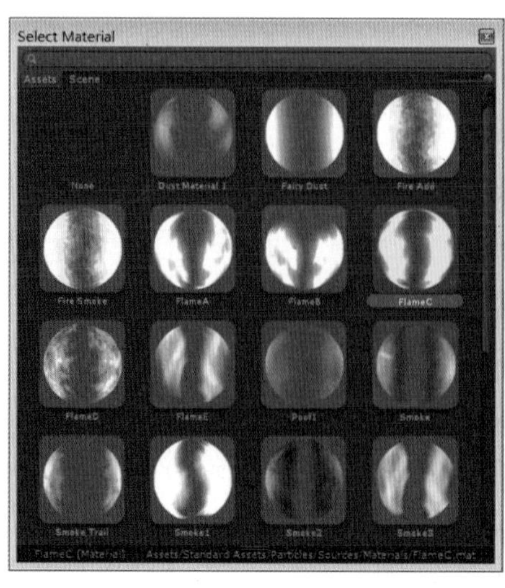

粒子渲染器可将粒子渲染到屏幕上，没有粒子渲染器就看不到粒子效果，其属性面板如图4-158所示。

- Cast Shadows：产生阴影。

若开启该项，则粒子可产生阴影。

- Receive Shadows：接收阴影。

若开启该项，粒子可接收阴影。

- Materials：材质。

可将指定的材质显示在每个粒子的位置。可调整Size的参数来添加粒子类型，单击Element右侧的圆圈按钮可弹出材质选择对话框来选择粒子的材质，如图4-159所示。

- Use Light Probes：使用光线探测。

若开启该项，则烘焙过的光线探测就可显示在场景中，它是一个插值的光线探测。

- Light Probe Anchor：光线探测锚点。

若开启该项，则渲染器会通过Transform组件的位置来寻找插值光线探测，单击右侧的圆圈按钮可弹出Transform选择对话框，如图4-160所示。

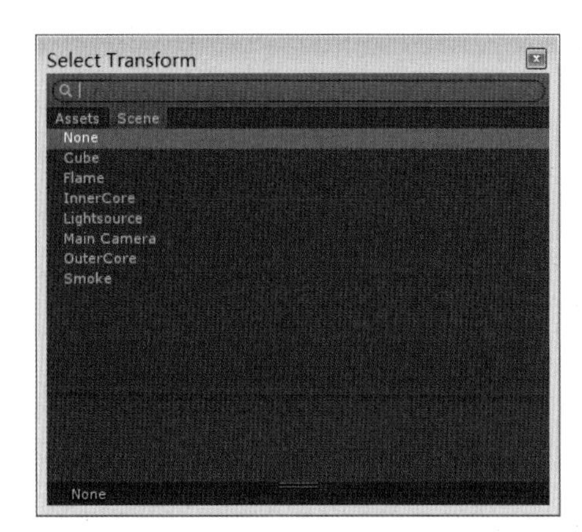

图4-160
Transform选择对话框

- Camera Velocity Scale：相机速度比例。

应用到基于摄像机运动的粒子的延伸总量。

- Stretch Particles：粒子伸展。

该属性决定了粒子被渲染的方式，可在下拉列表中选择，如图4-161所示。

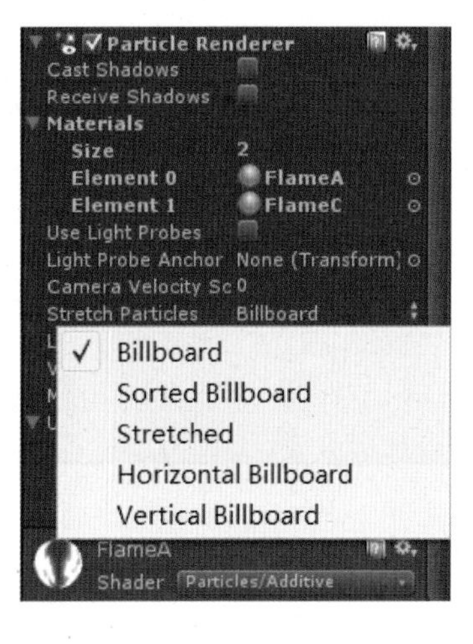

图4-161
选择粒子的渲染方式

  - ➢ Billboard：公告板。

粒子被渲染为面向摄像机的方向。

  - ➢ Sorted Billboart：分类公告板。

粒子按照深度进行分类，当使用混合材质时可用到该项。

  - ➢ Stretched：伸展。

粒子面向其正在运动的方向。

  - ➢ Horizontal Billboard：水平公告板。

所有的粒子均沿着X、Y轴的平面对齐。

  - ➢ Vertical Billboard：垂直公告板。

所有的粒子均沿着X、Z轴的平面对齐。

- Length Scale：长度比例。

如果Stretch Particles设置为伸展，那么此值可以决定粒子在其运动方向上的长度。

- Velocity Scale：速度比例。

如果Stretch Particles设置为伸展，那么此值会决定粒子被拉伸的比例（以其运动速度为基准）。

- Max Particle Size：最大粒子大小。

该参数决定了在屏幕上显示粒子的大小，值为1时粒子可以覆盖整个视图，值为0.5时粒子可以覆盖一半的视图。

- UV Animation：UV动画。

如果有一项被设置，则将通过使用平铺动画纹理来生成粒子的UV坐标。

➢ X Tile：X轴向上的平铺数。

➢ Y Tile：Y轴向上的平铺数。

➢ Cycles：动画序列循环的次数。

细节说明：

粒子渲染器对于任何在屏幕上渲染的粒子系统都是必需的。

（1）选择材质

当建立一个粒子渲染器时，使用适当的材质及可双面渲染材质着色器是非常重要的。大部分时候所要使用的材质都有一个内置的粒子着色器。在Project视图中依次打开Standard Assets→Particles→Sources文件夹，可使用其中一些预设的资源，如图4-162所示。

图4-162
可使用一些预设资源

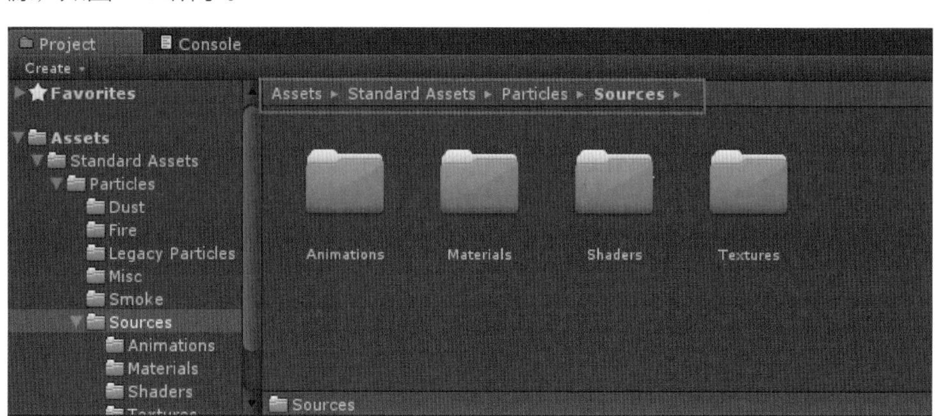

（2）扭曲粒子

默认情况下粒子会以Billboarded的方式进行渲染，这对于表现烟雾、爆炸等会有很好的效果。粒子可以任何速度向任何方向伸展，这对于表现火花、闪电或激光束的效果非常有用。Length Scale和Velocity Scale参数会影响粒子伸展的长度。Sorted Billboart参数可使所有粒子按照深度来分类，这对于使用Aplha混合粒子着色器是非常必要的，尽管消耗会很大。

（3）动画纹理

粒子系统可通过一个动画平铺贴图来渲染。要使用此功能应保持纹理在图像的节点之外。当粒子按其生命周期去循环时，也会连同图像一起进行循环。这对于给粒子增加更多的生命周期或者制作小的旋转碎片非常有用。

4.10 天空盒

Unity中的天空盒实际上是一种使用了特殊类型Shader的材质，该种类型材质可以笼罩在整个游戏场景之外，并根据材质中指定的纹理模拟出类似远景、天空等的效果，使游戏场景看起来更完整。

4.10.1 天空盒资源包的概述

1．启动Unity应用程序，依次单击菜单栏中的Assets→Import Package→Skyboxes选项，为项目工程导入Skyboxes.UnityPackage，导入时会弹出Importing package对话框，对话框内会列出资源包中的所有内容，并可以选择要导入的内容，单击All按钮全部勾选，然后单击Import按钮将资源导入，如图4-163所示。

图4-163
Skyboxes资源包的内容

2．资源包被导入后，资源包中包含9个天空盒，如图4-164所示。

图4-164
Skyboxes类型

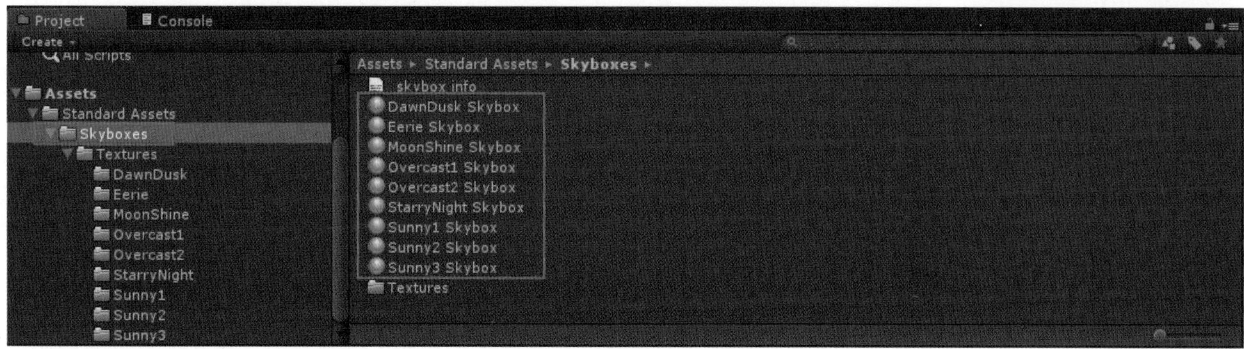

3．9种天空盒的效果如下：

- DawnDusk Skybox：效果如图4-165所示。

图4-165
DawnDusk效果

- Eerie Skybox：效果如图4-166所示。

图4-166
Eerie Skybox效果

- MoonShine Skybox：效果如图4-167所示。

图4-167
MoonShine Skybox效果

- Overcast1 Skybox：效果如图4-168所示。

图4-168
Overcast1 Skybox效果

- Overcast2 Skybox：效果如图4-169所示。

图4-169
Overcast2 Skybox效果

- StarryNight Skybox：效果如图4-170所示。

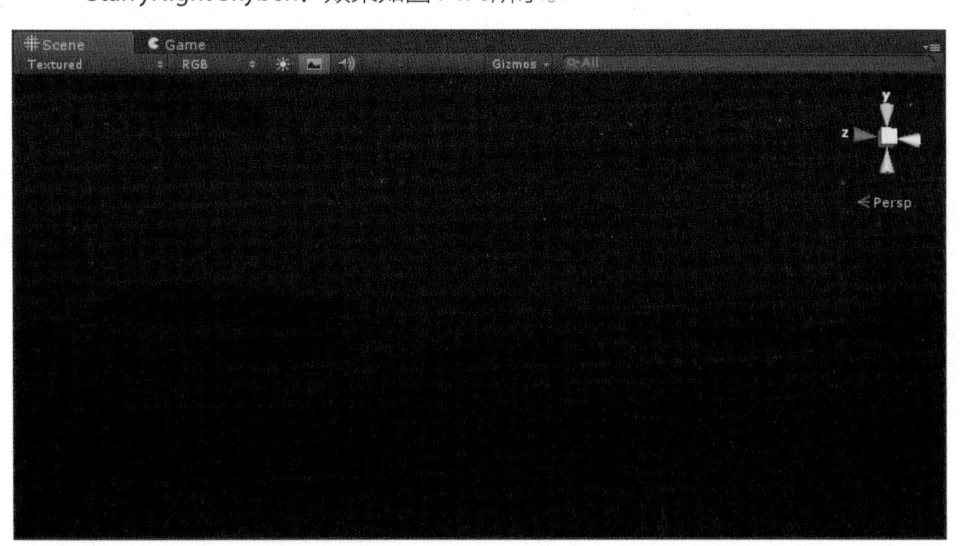

图4-170
StarryNight Skybox效果

- Sunny1 Skybox：效果如图4-171所示。

图4-171 Sunny1 Skybox效果

- Sunny2 Skybox：效果如图4-172所示。

图4-172 Sunny2 Skybox效果

- Sunny3 Skybox：效果如图4-173所示。

图4-173 Sunny3 Skybox效果

4.10.2 天空盒的两种应用方式及其区别

在Unity中，天空盒的使用方法有两种，下面就这两种方式分别进行介绍。

一种是在Unity中Render Settings（渲染设置）里进行指定，这种方法是针对游戏场景的，简单地讲，就是在同一个游戏场景中，无论使用哪个摄像机对象，天空盒都保持不变。并且该方式指定天空盒可以在Scene视图中直接显示。

1. 启动Unity应用程序，依次单击菜单栏中的Edit→Render Settings选项，Inspector视图中会显示出Render Settings的参数面板，如图4-174所示。

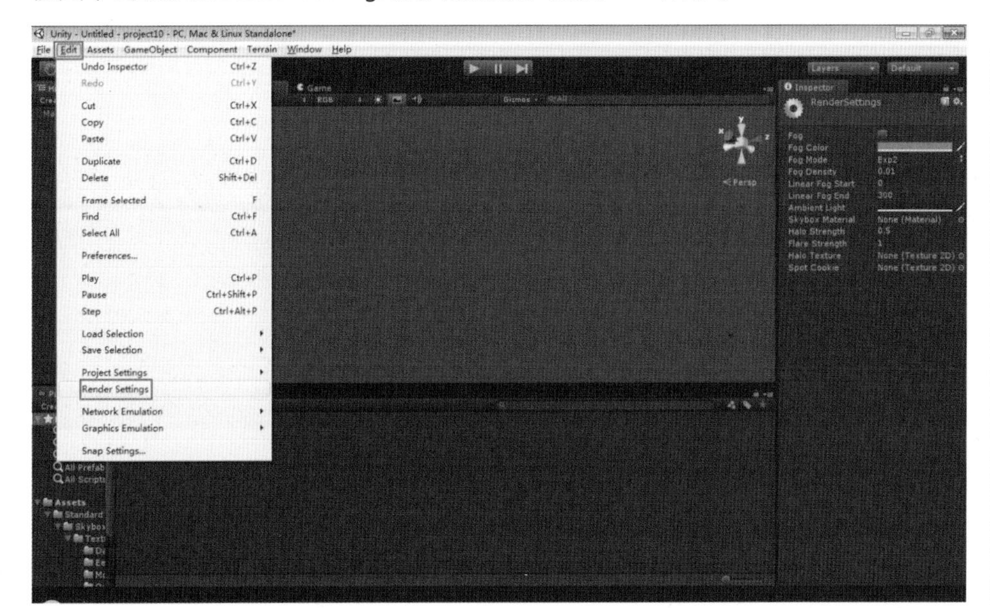

图4-174
Render Settings的参数面板

2. 单击Skybox Material项右侧的圆圈按钮，在弹出的Select Material对话框中为游戏场景指定天空盒材质，如图4-175所示。

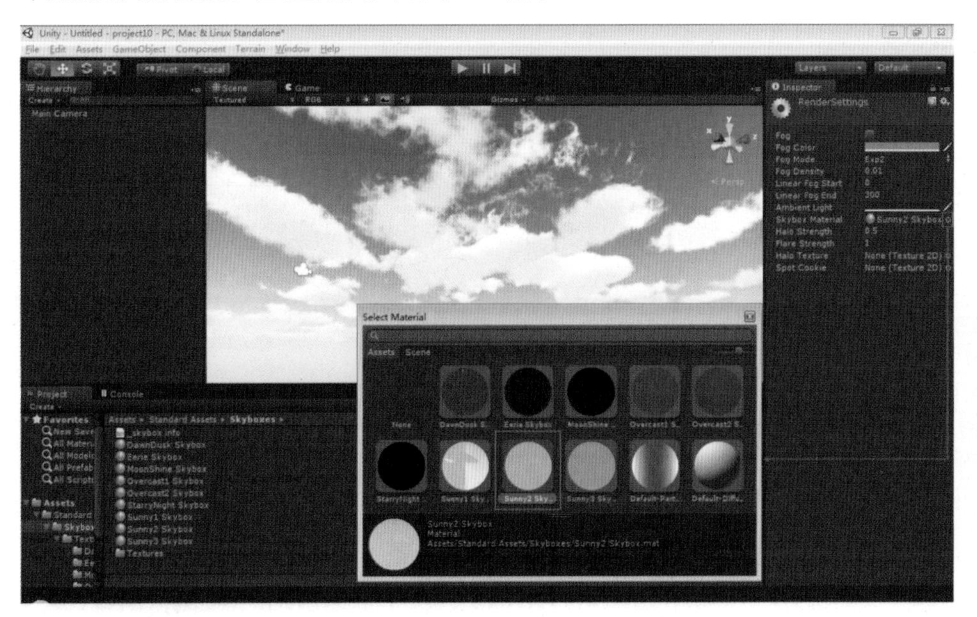

图4-175
为场景指定天空盒材质

3．也可以直接将天空盒材质拖动到Skybox Material项中，如图4-176所示。

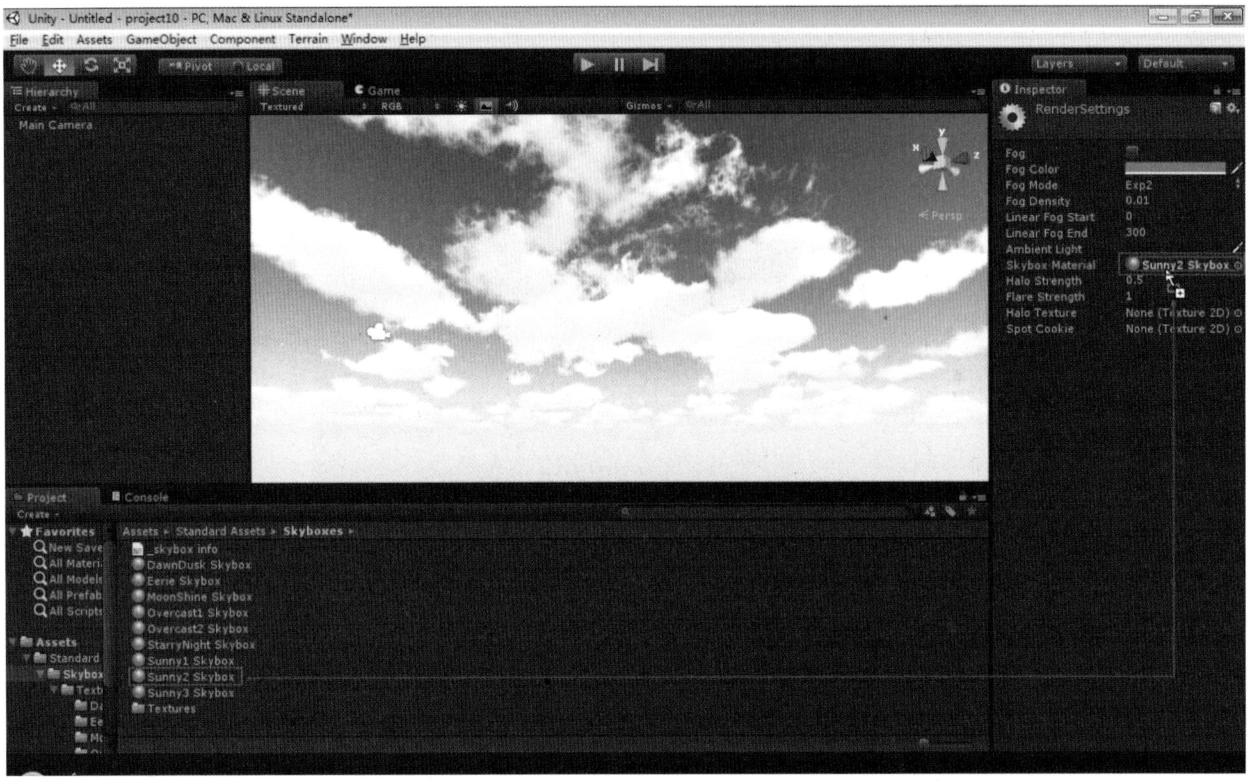

图4-176 将天空盒拖动到Skybox Material中

另一种方式是为摄像机对象添加天空盒组件，然后在天空盒组件中进行指定，这种方法只针对摄像机本身，简单地讲，就是在同一个游戏场景中，如果切换摄像机对象，天空盒会随之变换。需要注意的是，为摄像机指定的天空盒优先级会高于在渲染设定中指定的天空盒。

图4-177 为摄像机对象添加天空盒组件

1．选中摄像机对象，依次单击菜单栏中的Component→Rendering→Skybox选项，为摄像机对象添加天空盒组件，如图4-177所示。

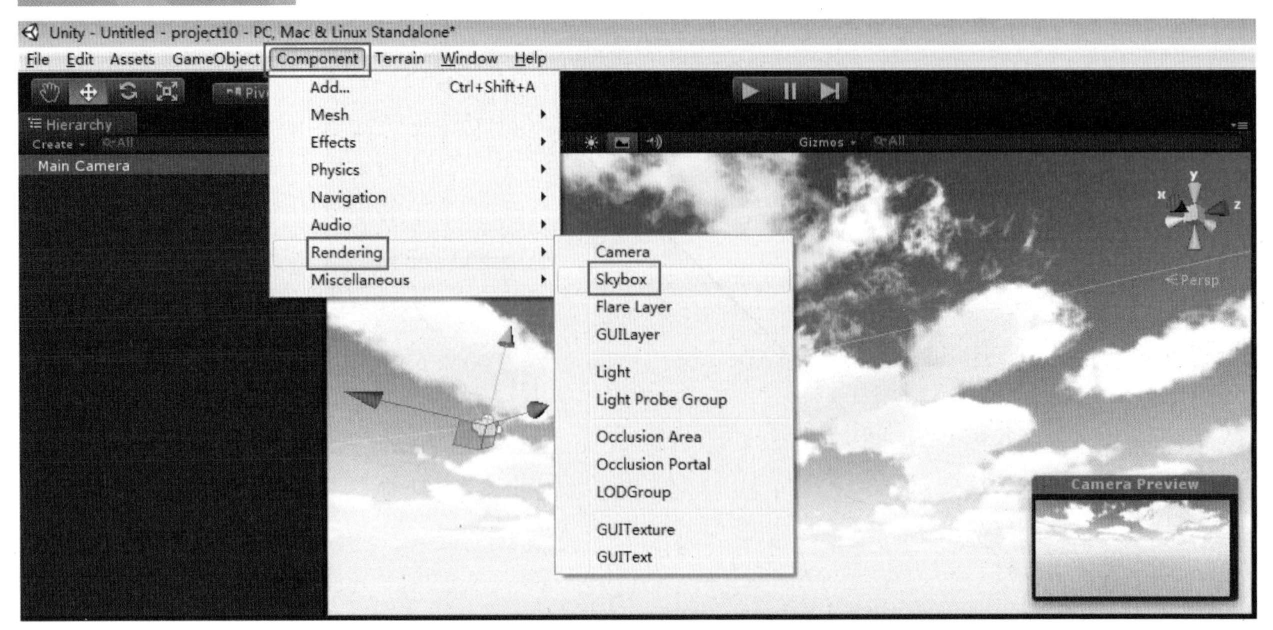

2．在Inspector视图的Skybox参数面板中，单击Custom Skybox项右侧的圆圈按钮，在弹出的Select Material对话框中为摄像机对象指定天空盒材质，如图4-178所示。

图4-178
为摄像机对象指定天空盒材质

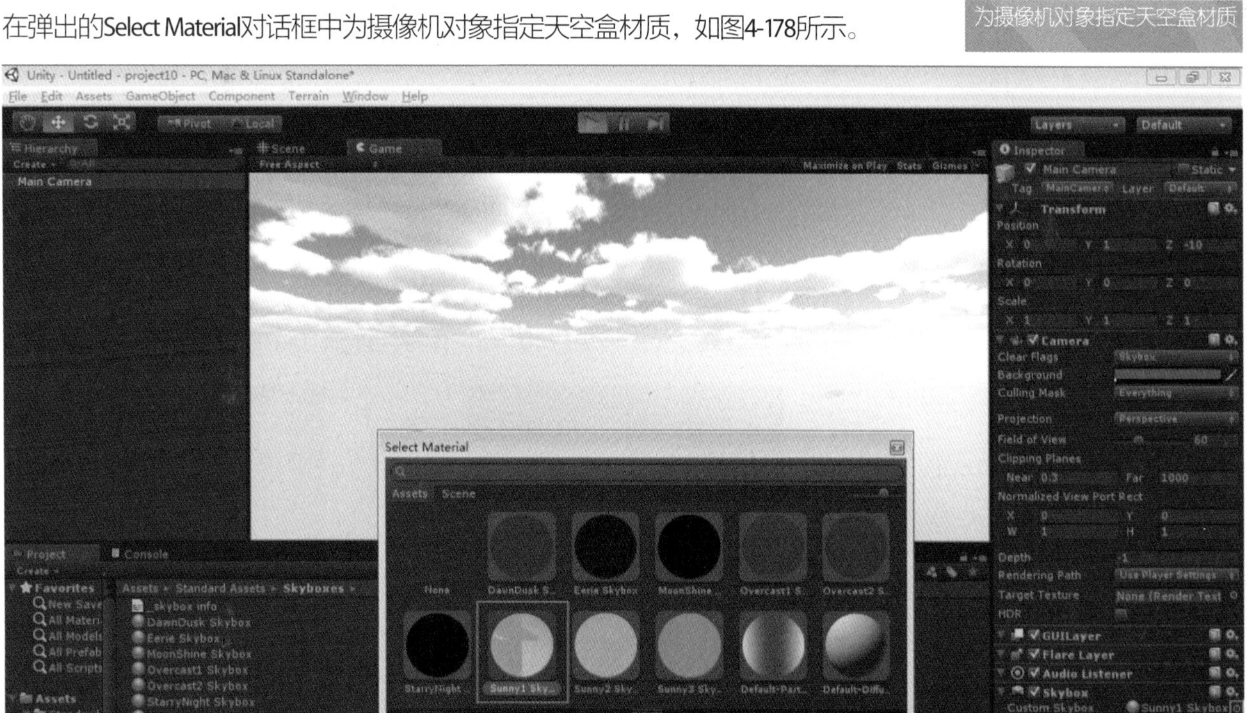

3．也可以直接将天空盒材质拖动到Custom Skybox项右侧的材质槽中，如图4-179所示。

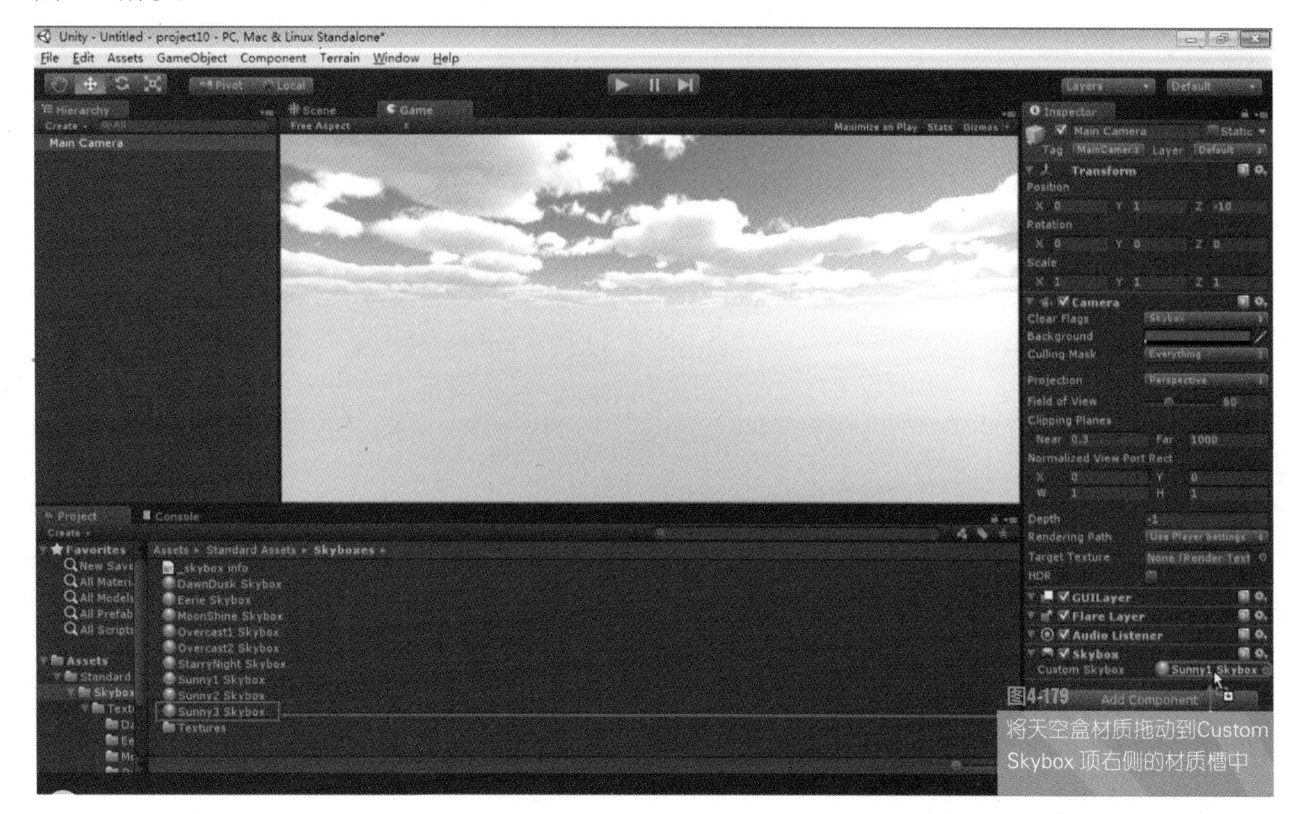

图4-179
将天空盒材质拖动到Custom Skybox 项右侧的材质槽中

4.10.3 创建天空盒的方法

除了Skybox资源包中提供的天空盒外，Unity还支持用户自制天空盒材质，下面介绍自定义天空盒的制作方法。

1．首先，通过前文对天空盒的描述，在制作天空盒材质之前，要准备6张图片纹理，分别用于贴在天空盒材质的前、后、左、右、上、下等6个面上。图片可以通过软件生成或拍照等方式获得，需要将其处理成无缝连接的效果，具体方法可参考相关资料，本例中所用到的6张纹理如图4-180所示。

图4-180 制作天空盒材质需要的图片资源

front.bmp

back.bmp

left.bmp

right.bmp

top.bmp

bottom.bmp

2．启动Unity应用程序，打开\unitybook\chapter04\project10项目工程，该项目工程中已经将制作天空盒材质所需的纹理放置在Skybox Textures文件夹中了，如图4-181所示。

图4-181 项目工程中为制作天空盒材质准备的纹理

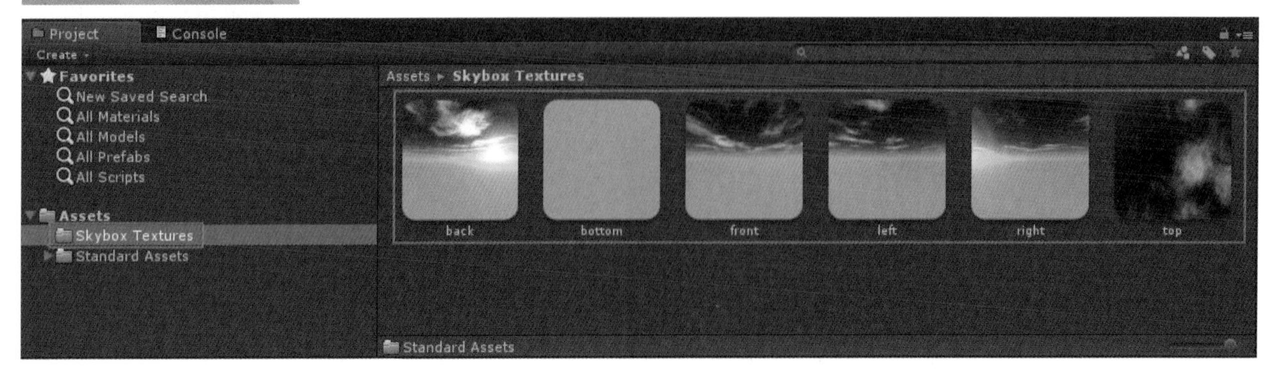

3．依次单击菜单栏中的Assets→Create→Material，为项目工程创建一个材质资源，如图4-182所示。

图4-182
为项目工程创建一个材质资源

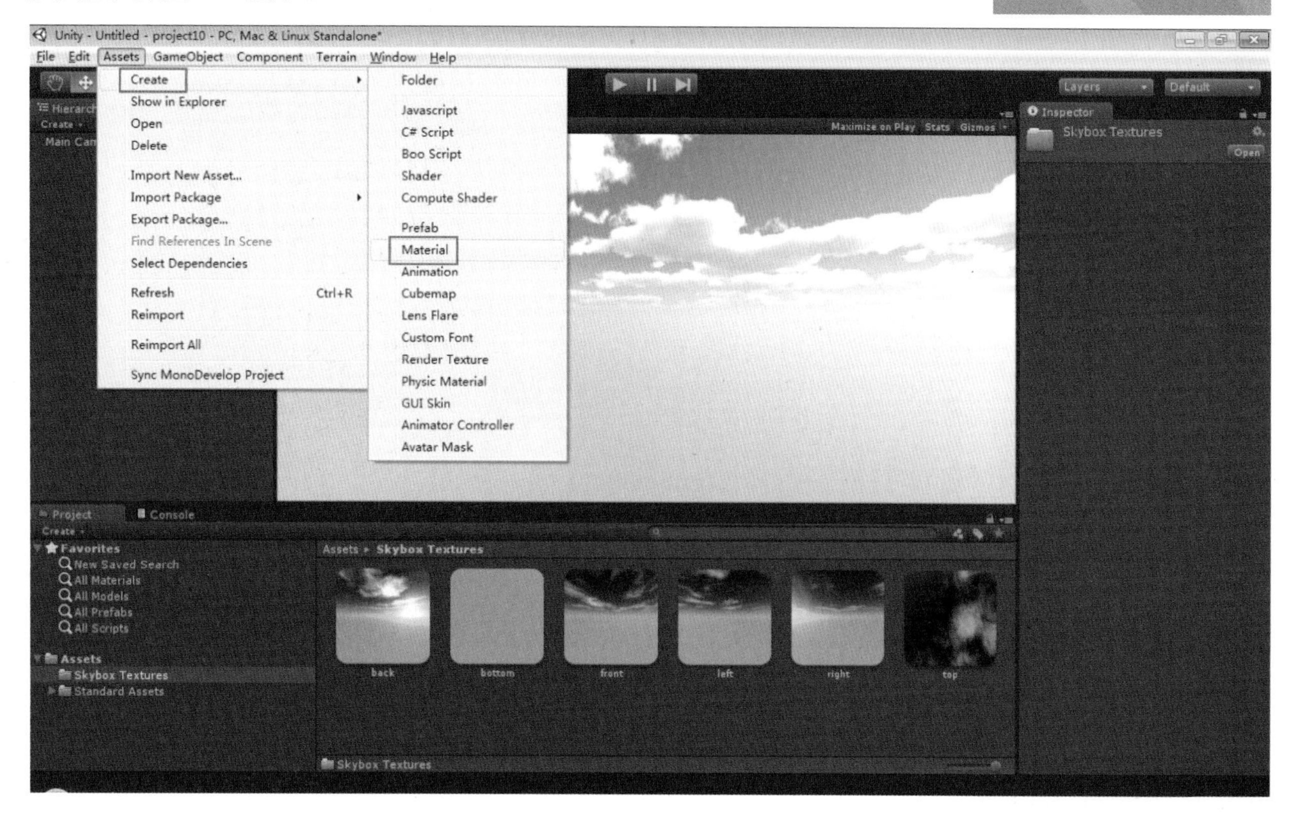

4．选中该材质，在Inspector视图的材质参数面板中，单击Shader右侧的按钮，在弹出的Shader列表中依次单击RenderFX→Skybox项为材质指定天空盒类型的Shader，如图4-183所示。

图4-183
为材质指定Shader

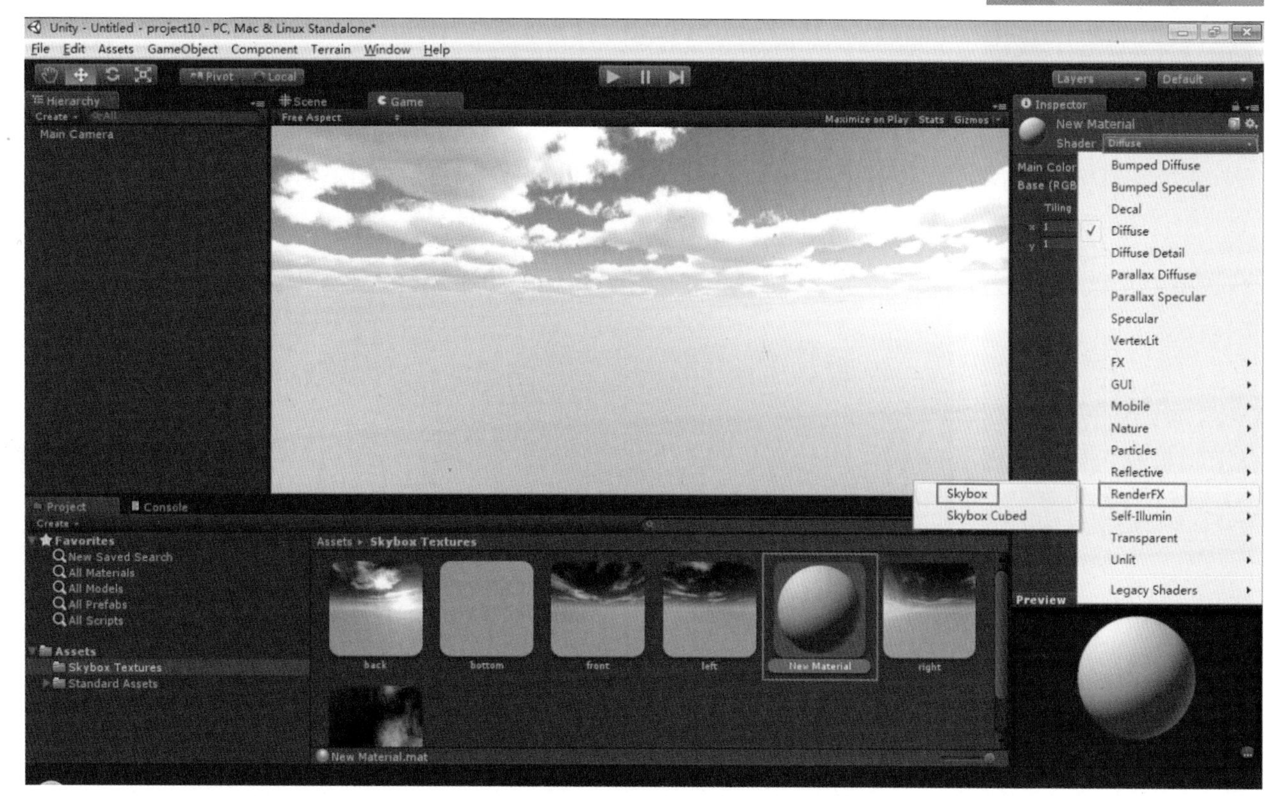

5. 单击Front(+Z)（前）项右侧纹理预览窗中的Select按钮，在弹出的Select Texture对话框中选择相应的纹理。如果项目中纹理资源过多，可以使用搜索功能快速检索到需要的纹理，如图4-184所示。

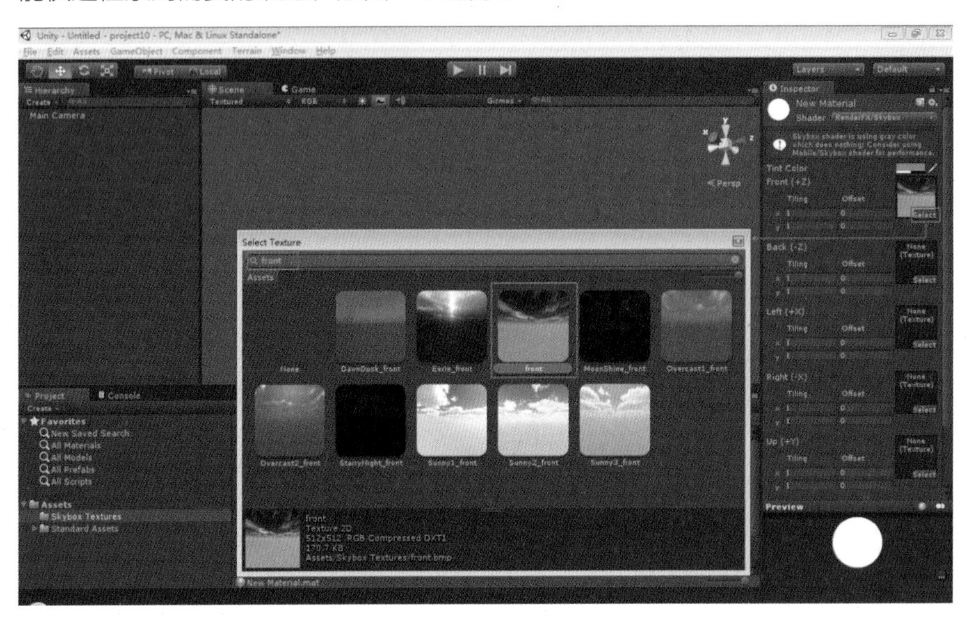

图4-184
为天空盒材质的Front（前）方向纹理

6. 重复第5步的操作，为所有方向指定相应的纹理，如图4-185所示。

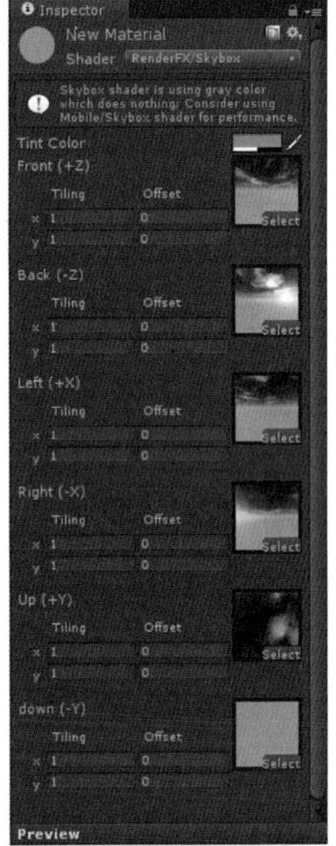

图4-185
为天空盒各个方向指定纹理

7. 依次单击菜单栏中的Edit→Render Settings选项，在Inspector视图中会显示出Render Settings的参数面板。单击Skybox Material项右侧的圆圈按钮，在弹出的Select Material对话框中为游戏场景指定刚刚创建天空盒材质，如图4-186所示。

图4-186
为游戏场景指定刚刚创建的天空盒材质

8．仔细观察天空盒的效果，可以发现在天空盒的转折处有明显的接缝，这是由于纹理的Warp Mode（循环模式）设置方式造成的，选择一张天空盒材质所用的纹理，在Inspector视图中，将该纹理的Warp Mode（循环模式）设置为Clamp方式，进而单击Apply按钮应用设置，如图4-187所示。

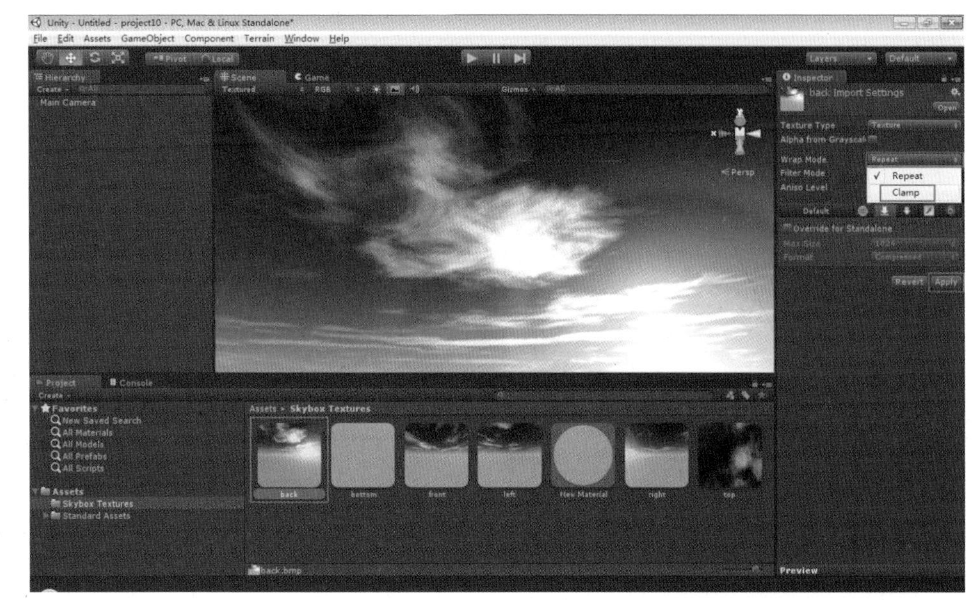

图4-187
将纹理的循环模式设为Clamp

9．重复上一步操作，将其与5张纹理的循环模式都设为Clamp方式，操作完成以后，可以发现，天空盒转折处的接缝已经完全消失，如图4-188所示。

图4-188
完成的天空盒材质效果

4.11 雾效

开启Fog（雾效）将会在场景中渲染出雾的效果。在Unity中，可以对雾的颜色、密度等属性进行调整。开启雾效通常用于优化性能，开启雾效后远处的物体被雾遮挡，此时便可选择不渲染距离摄像机较远的物体。这种性能优化方案需要配合摄像机对象的远裁切面设置来使用。通常先调整雾效得到正确的视觉效果，然后调小摄像机的远裁切面，使场景中的距离摄像机对象较远的游戏对象在雾效变淡前被裁切掉。

雾效的设置是针对场景的，在项目工程中，每个游戏场景都可以有不同的雾效设置。

4.11.1 雾效的添加方法

图4-189
为游戏场景开启雾效

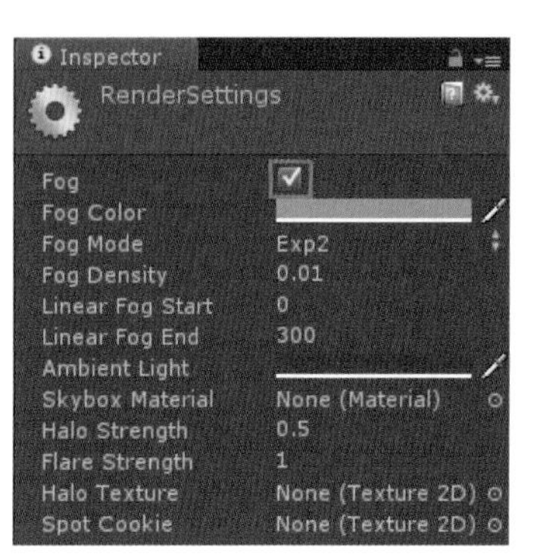

在Unity中，开启雾效的方法非常简单。启动Unity应用程序，依次单击菜单栏中的Edit→Render Settings项，Inspector视图中会显示出Render Settings的参数面板，勾选Fog（雾效）复选框即可开启雾效，如图4-189所示。

4.11.2 雾效的参数讲解

雾效的参数如下：

- Fog：雾效。勾选该项游戏场景将开启雾效。

图4-190
Color对话框

- Fog Color：雾的颜色。单击该项右侧的色条，在弹出的Color对话框中可以为雾效指定颜色，如图4-190所示。
- Fog Mode：雾效模式。该项用于指定雾效的模式，有3项可供选择。
- Fog Density：雾效浓度。该项用于设定雾效的浓度，取值范围在0～1之间，数值越大，雾的浓度越高，雾的遮挡能力越强。
- Linear Fog Start：线性雾效开始距离。该项用于控制雾效开始渲染的距离（该项仅在Fog

Mode指定为Linear模式下有效）。

- Linear Fog End：线性雾效结束距离。该项用于控制雾效结束渲染的距离。（该项仅在Fog Mode指定为Linear模式下有效。）

4.12 水效果

水效果在游戏中频繁使用。游戏中的河流、海洋、湖泊、池塘等都属于水效果。使用Unity可以非常方便地创建出逼真的水效果。

4.12.1 水资源包的概述

Unity提供了两个水资源包，分别是Water (Basic)基本水资源以及Water (Pro Only)高级水资源。

首先介绍一下Water (Basic)基本水资源：

1．启动Unity应用程序，依次单击菜单栏中的Assets →Import Package→Water(Basic)选项，为项目工程导入Water(Basic).UnityPackage，导入时会弹出Importing package对话框，对话框内会列出资源包中的所有内容，并可以选择要导入的内容，单击All按钮全部勾选，然后单击Import按钮将资源导入，如图4-191所示。

图4-191

Water(Basic)资源包的内容

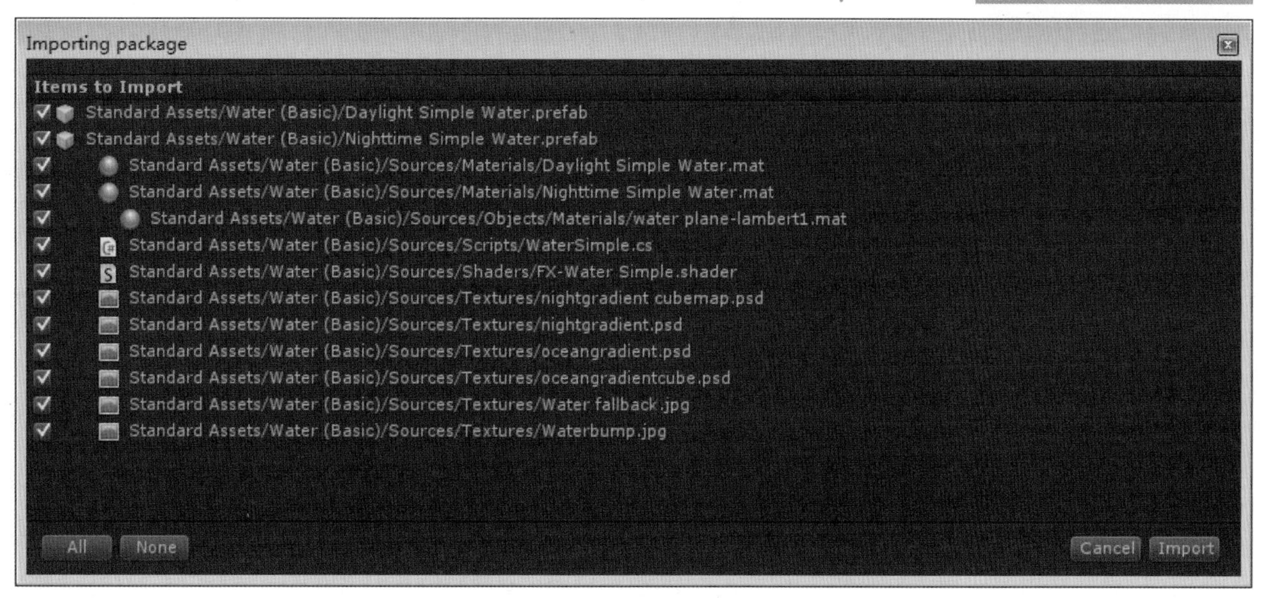

2．资源包被导入后，资源包中包含两个水资源预设体，分别是Daylight Simple Water（日间基本水效果）预设体以及Nighttime Simple Water（夜晚基本水效果）预设体，如图4-192所示。

图4-192
Water(Basic)资源包含两种水效果预设

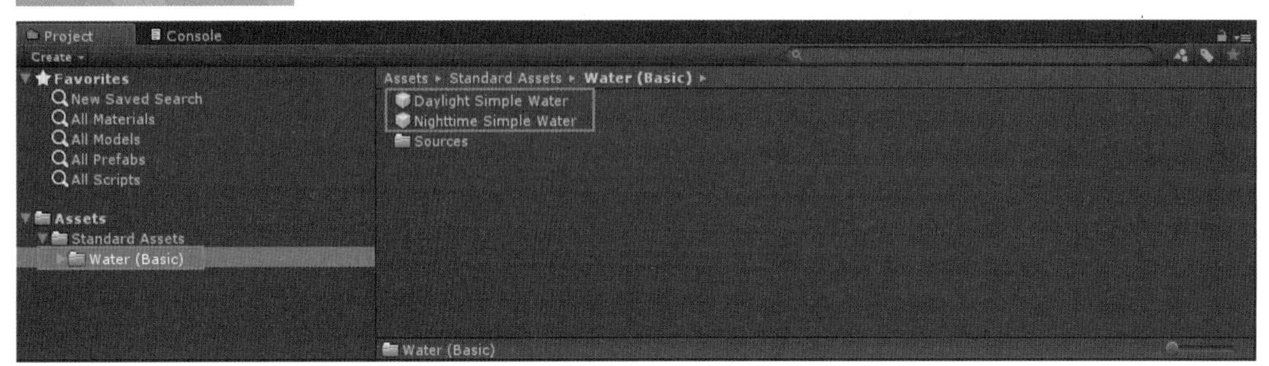

3．通过两个预设体的名称，可以得知两个预设体分别用于模拟简单的日间水效果以及简单的夜间水效果，将两个预设体依次添加到场景中生成实例。基本水效果预设体不能对游戏场景中的天空盒以及游戏对象等进行反射、折射运算，但是相对高级水效果而言对系统资源占用较小，默认的效果如图4-193所示。

图4-193
默认的基本日间水效果以及基本夜间水效果对比

4．实际Daylight Simple Water预设体以及Nighttime Simple Water预设体大部分的设置是相同的，只是Reflective color (RGB) fresnel (A)项指定的纹理不同，如图4-194所示。

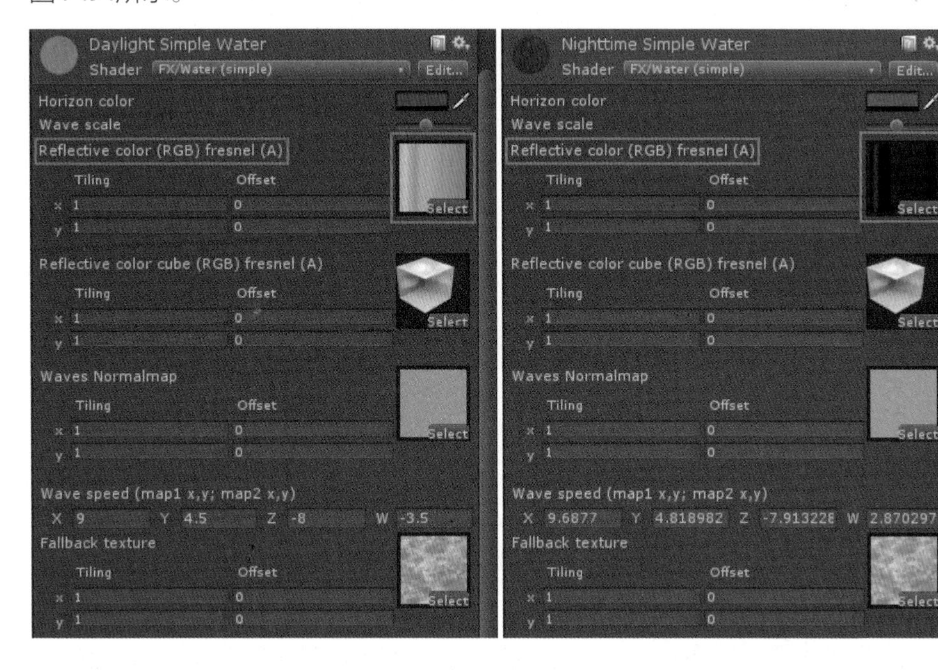

图4-194
DaylightSimpleWater与Nighttime Simple Water参数对比

接下来介绍Water (Pro Only)高级水资源（该资源包只有Pro版才能支持）：

1．启动Unity应用程序，依次单击菜单栏中的Assets→Import Package→Water (Pro Only)选项，为项目工程导入Water (Pro Only).UnityPackage，导入时会弹出Importing Package对话框，对话框内会列出资源包中的所有内容，并可以选择要导入的内容，单击All按钮全部勾选，然后单击Import按钮将资源导入，如图4-195所示。

图4-195
Water(Pro Only)资源包的内容

2．资源包被导入后，资源包中包含两个水资源预设体，分别是Daylight Water（白天水效果）预设体以及Nighttime Water（夜晚水效果）预设体，如图4-196所示。

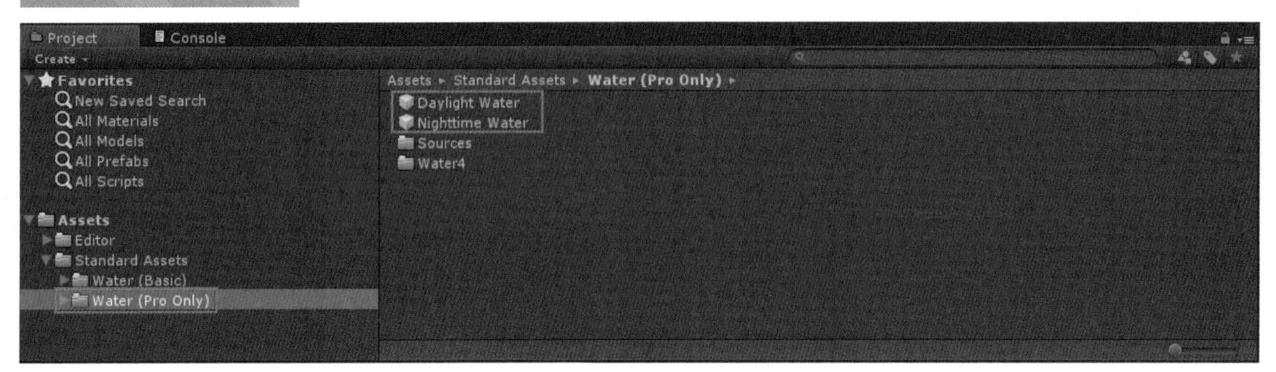

图4-196
Water(Pro Only)资源包含两种水效果预设

3．通过两个预设体的名称，可以得知两个预设体分别用于模拟日间水效果及夜间水效果，为了显示效果，将场景中的天空盒相应的纹理切换成日间与夜晚的效果，并对场景中的光源强度进行调整，将两个预设依次添加到场景中生成实例。高级水效果预设能够对游戏场景中的天空盒以及游戏对象等进行反射、折射运算，效果非常真实，但是相对基本水效果而言对系统资源占用较高，效果如图4-197所示。

图4-197
默认的日间水效果及夜间水效果对比

4. 实际Daylight Water预设体以及Nighttime Water预设体大部分的设置是相同的，主要是Reflective color (RGB) fresnel (A)项指定的纹理不同，如图4-198所示。并且由于高级水预设体支持对游戏场景中的天空盒以及游戏对象进行反射、折射的运算，所以两种水实际上效果并没有明显差异，主要与游戏场景的环境有关。

图4-198
Daylight Water与Nighttime Water参数对比

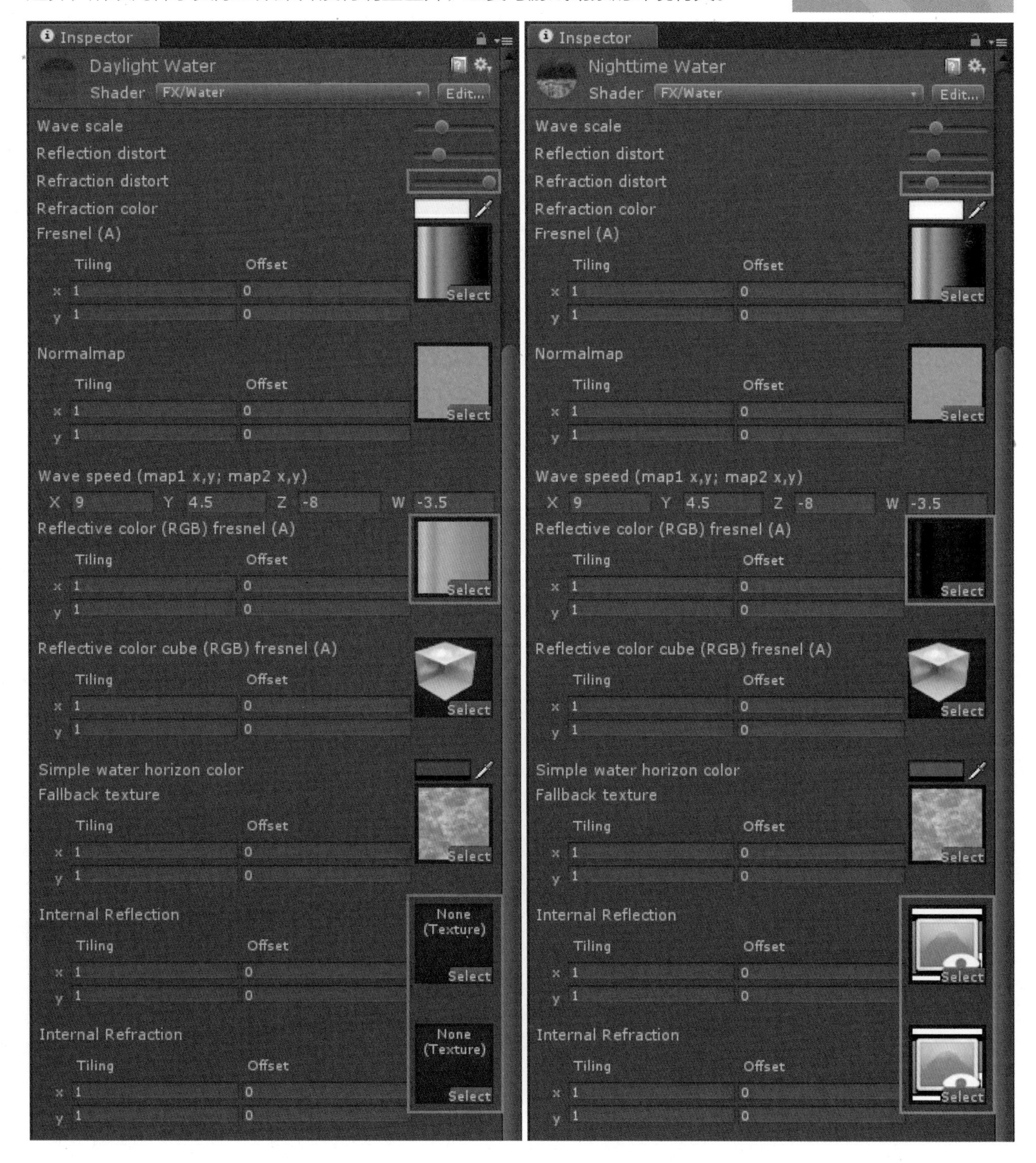

4.12.2 水效果的创建实例

1. 启动Unity应用程序，打开\unitybook\chapter04\project12项目工程，打开Bootcamp_Water场景，如图4-199所示。

图4-199
打开项目工程中的场景

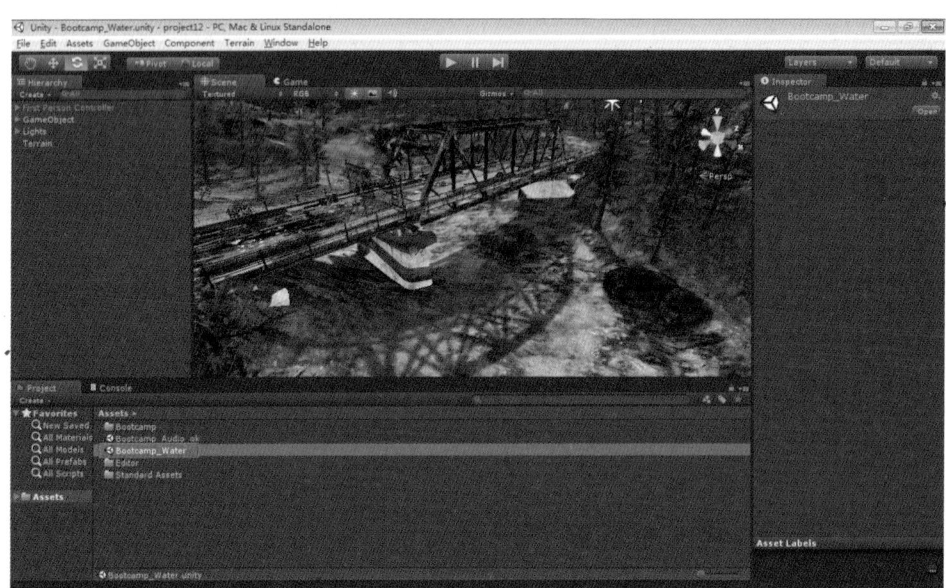

2. 该项目工程中已经事先导入了Water(Pro Only)资源包，在Project视图Assets文件夹中找到Daylight Water预设，选中该预设体并将其拖动到Scene视图或者Hierarchy视图中生成一个水资源实例，如图4-200所示。

图4-200
为游戏场景添加水效果

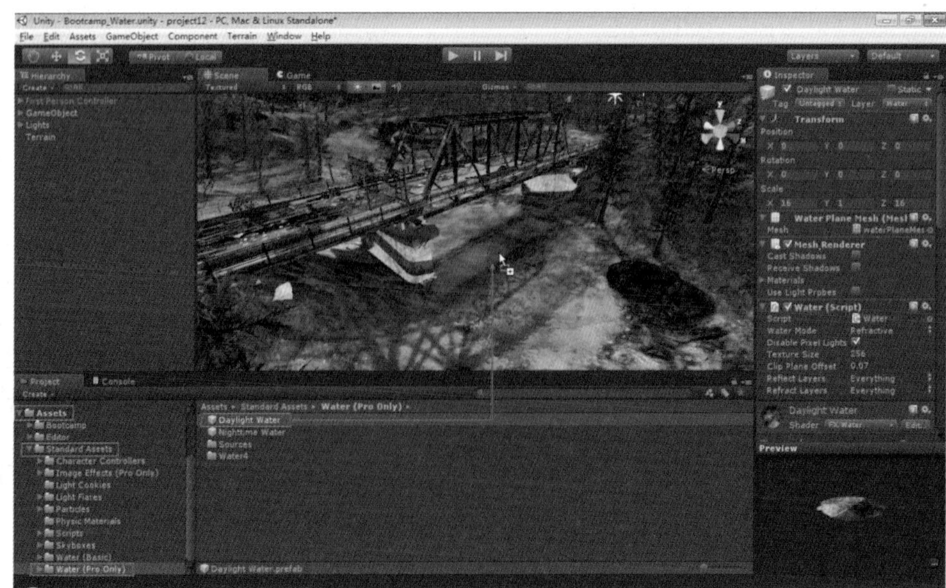

3．保持Daylight Water实例选中状态，在Inspector视图中的Transform组件面板中对该实例的位置以及大小进行调整，以能较好地匹配游戏场景中的河床为准，如图4-201所示。

图4-201
调整大小以及位置

4．这样，在场景中就已经有了一条河水，还可以对水材质的参数进行调节，本例简单地对水反射的颜色进行调节，如图4-202所示。更多的参数可以自行调节，大多数参数的调节结果都是所见即所得的。

图4-202
对水材质的反射颜色进行调节

5．经过以上步骤的操作，场景中的河流效果就完成了，如图4-203所示。

图4-203
完成的水效果

4.13 音效

4.13.1 添加音效

关于音频资源导入Unity中的设置请参考本书3.3节的相关内容。本节将通过一个实例来介绍音频资源在项目中应用的基本的方法。

1．启动Unity应用程序，打开\unitybook\chapter04\project12项目工程，打开Bootcamp_Audio场景，场景中山坡的位置已经添加了模拟水流的粒子，如图4-204所示。

图4-204
打开项目工程中的场景

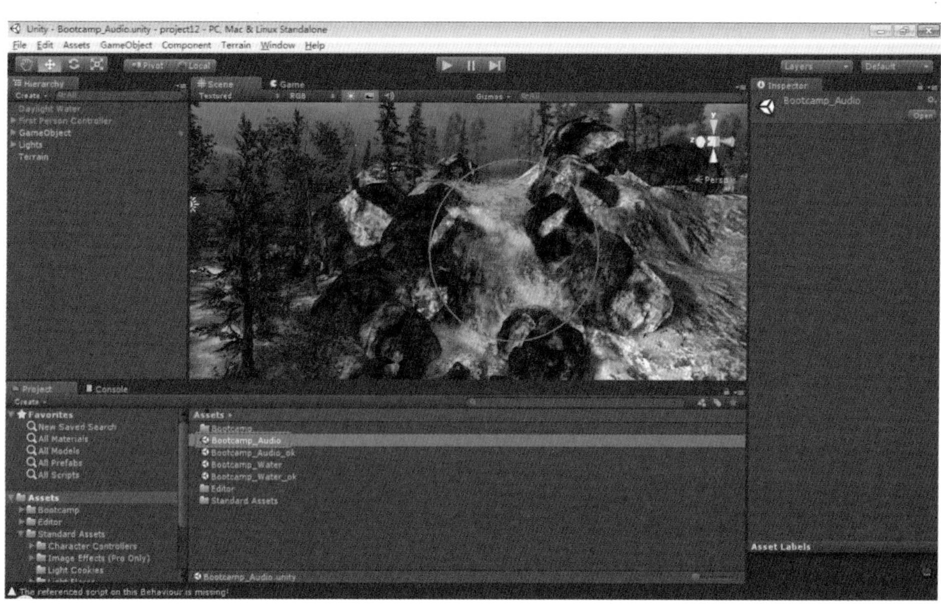

2．为了方便后面步骤的音频调试工作，单击激活Scene视图顶部标签的音频开关，这样就可以在场景编辑的过程中直接监听到音频，如图4-205所示。

图4-205
激活Scene视图中的音频开关

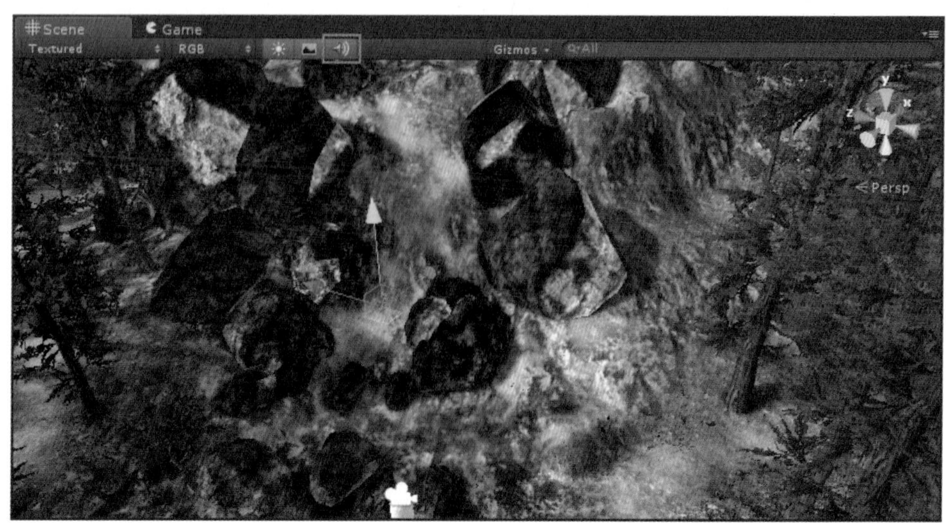

3. 下面介绍如何为游戏场景添加音频，通过本章第3节组件类型介绍中的相关内容，如果要在场景中播放声音，需要为发出声源的游戏对象添加Audio Source（声源）组件。通常来讲，直接为场景中的声源对象添加Audio Source组件是最方便的（本例中声源应是模拟水流的粒子对象），但是本例将在水源的附近创建一个空对象，为其命名为RiverAudios，为这个空对象添加Audio Source组件，并这样做的目的是在场景中方便地找到声源对象，便于场景管理，如图4-206所示。

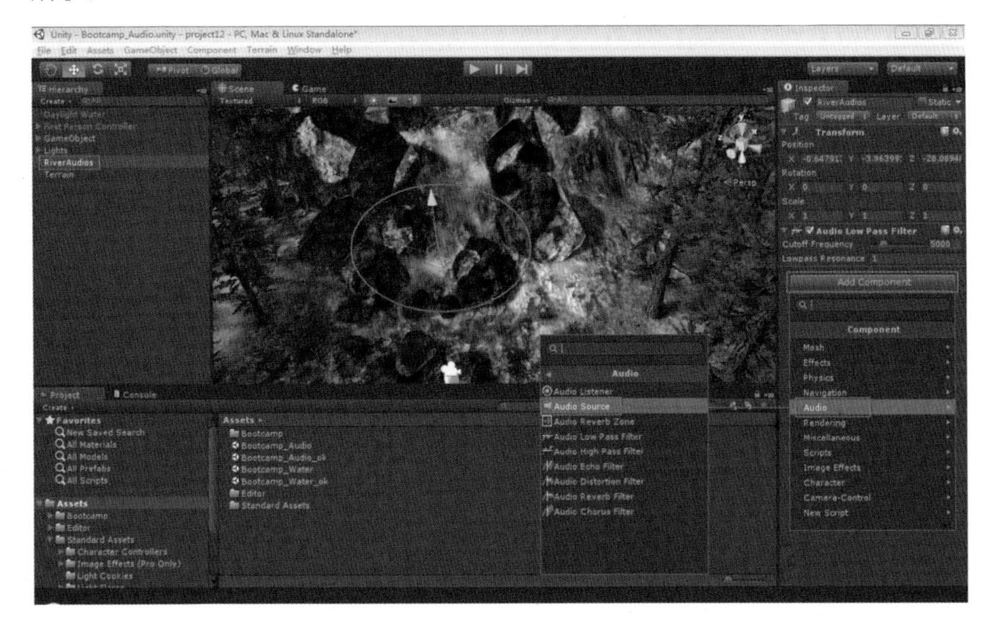

图4-206
为空对象添加Audio Source（声源）组件

技巧 Technique

如果将音频资源直接拖动到Inspector视图中的空白处，Unity会自动创建一个以该音频文件名称命名的游戏对象，且挂载了Audio Source组件并为Audio Clip（音频剪辑）项自动指定了该音频。

如果将音频资源拖动到Inspector视图或者Scene视图中的游戏对象上，则该游戏对象会自动添加Audio Source组件并为Audio Clip（音频剪辑）项自动指定了该音频。无须逐步手动操作，非常方便。

4．选中RiverAudios对象，在Inspector视图Audio Source组件参数面板中，单击Audio Clip （音频剪辑）项右侧的圆圈按钮，进而在弹出的Select Audio Clip对话框中为组件指定音频剪辑（如项目工程中音频文件较多，可以利用对话框中的搜索功能进行快速查找），如图4-207所示。

图4-207
为Audio Source组件指定音频剪辑

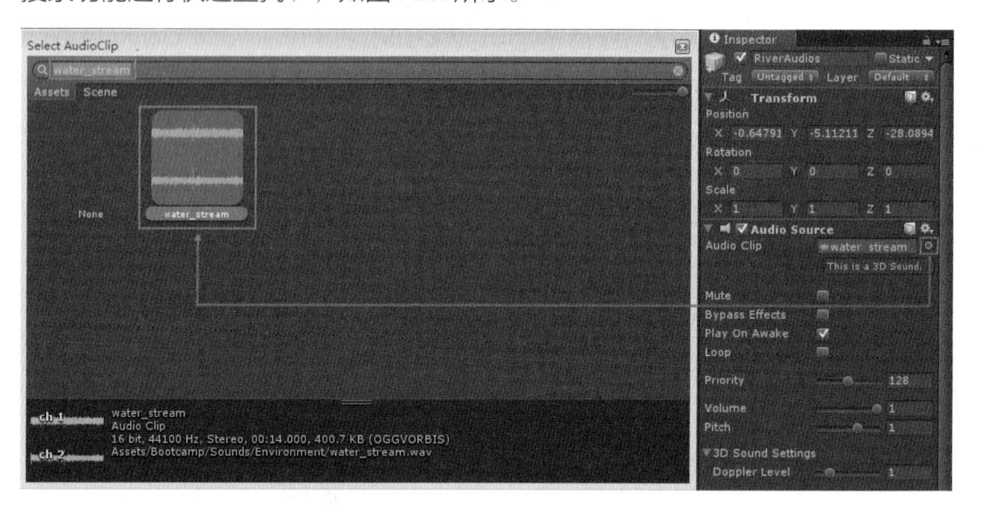

图4-208
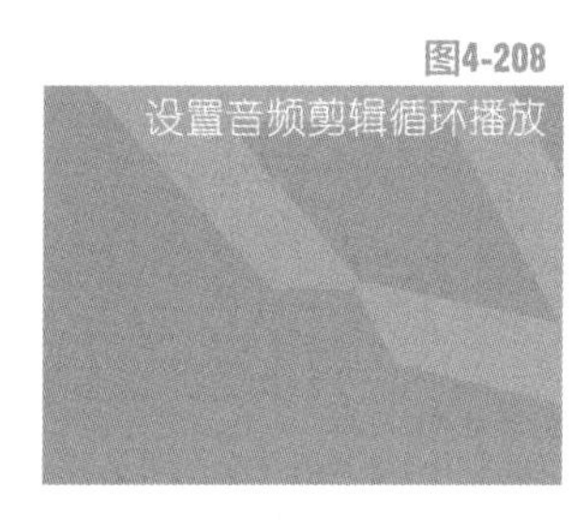
设置音频剪辑循环播放

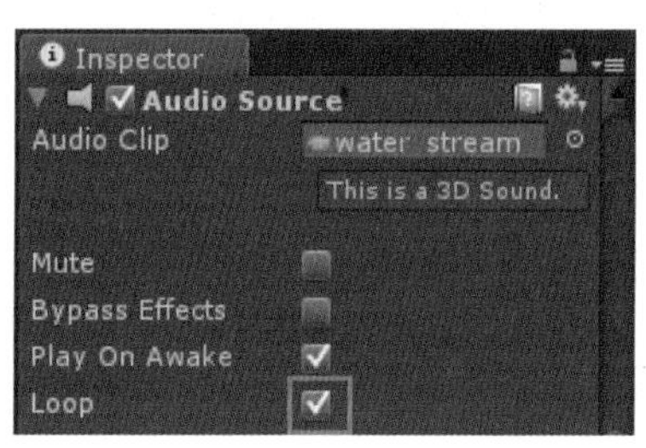

5．为RiverAudios指定音频剪辑后，场景中就可以监听到水流的声音了。保持RiverAudios对象为选中状态，在Inspector视图Audio Source组件参数面板中，勾选Loop（循环）选项，这样可以使音频剪辑循环播放，如图4-208所示。（关于Audio Source组件的参数，请参看下一小节的相关内容）

6．Unity支持立体音效，按住鼠标右键不放，通过键盘的W（前进）、S（后退）、A（左平移）、D（右平移）在场景中变化与声源对象（RiverAudios）的距离，可以测试出来立体音效效果，即距离声源对象越近，监听到的声音就越大，反之音量就越小。但是即便距离声源对象较远的位置仍然可以监听到较大声音，这是因为声源停止衰减最大距离的范围过大（该值默认为500m），将Audio Source组件参数面板中的Max Distance项的数值根据需要调小，本例中将该值设置为25（m），如图4-209所示（图中外圈的蓝色线框即是声源停止衰减最大距离）。

图4-209

将声源停止衰减最大距离范围减小

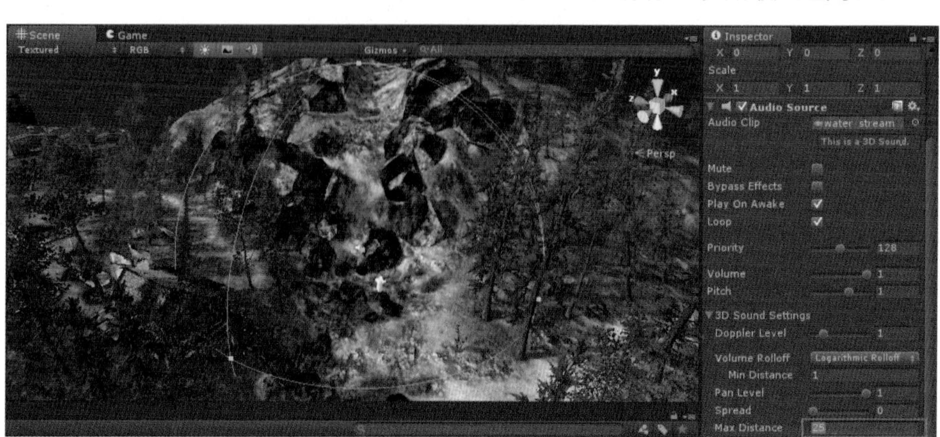

针对声源的Min Distance、Max Distance值进行调解时，除了在Audio Source组件参数面板中设定数值，还可以将光标移动到蓝色线框的节点上，按住鼠标左键不放，通过鼠标拖动的方式实时改变线框的大小。

7．经过上一步骤的设置，解决了声源距离衰减的问题，但是，在声源停止衰减最大距离（图4-209中声源图标最外圈的蓝色线框，下文称之为外圈蓝色线框）周围依然可以隐约听见流水的声音，这是因为Audio Source组件参数面板中的曲线设置的原因，曲线的横轴方向代表距离声源对象的距离，纵轴方向代表声源的音量。可以发现，曲线上距离声源25（m）位置的节点其纵轴的数值是大于0的，如图4-210所示。也就是说，即便是在外圈蓝色线框之外，声源的音量依然是大于0的，所以依然可以隐约听到声音。

图4-210
曲线形态

8．如果希望在外圈蓝色线框之外的距离完全监听不到声音，可以选择曲线上距离声源25（m）位置的节点，垂直向下拖动到的纵轴方向数值为0的位置，如图4-211所示。

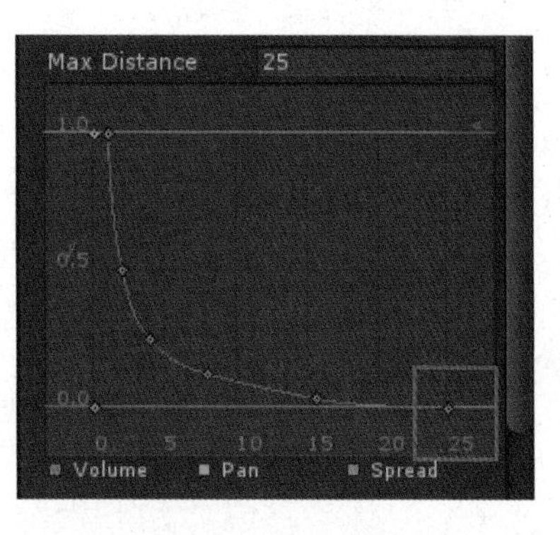

图4-211
调整曲线

9．经过上步的操作，在场景中再次测试声源效果，此时在声源图标外圈蓝色线框之外已经完全听不到流水的声音，声源组件参数的调节就完成了。

10．单击Toolbar栏中的▶按钮预览游戏，在场景中漫游，测试声源效果，可以发现，当距离声源对象越近，监听到的声音就越大，反之声音就越小。

在Unity中，要实现正常的音效，必须同时具备两个基本条件：音频侦听组件及声源组件。

1. Audio Listener：音频监听组件。该组件用于接收音频，相当于人的耳朵，该组件一般应用在摄像机对象上，在创建摄像机对象时，Unity会自动为摄像机对象添加该组件。

2. Audio Source：声源组件。该组件用于播放音频剪辑，该组件一般应用于发出声音的声源对象上。

图4-212
删除曲线上最右侧的节点

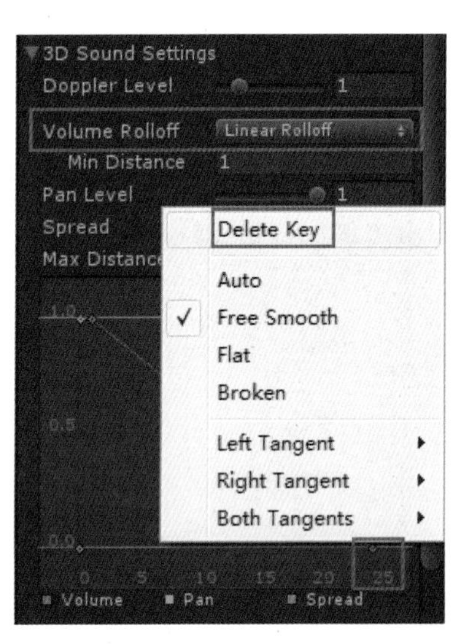

11. 在游戏场景中，除了音效以外还可能需要添加背景音乐，相对于音效而言，背景音乐最大的特点就是音量一般不需要设置衰减效果，无论在场景何处，都自始至终地保持同等音量。其设置方法有两种：

- 利用曲线进行调整。将曲线Volume Rolloff项指定为Linear Rolloff（线性衰减），在曲线横轴方向声源停止衰减最大距离的节点上右击，进而在弹出的列表框中选择Delete Key项将该节点删除，如图4-212所示。
- 也可采取更为简单的办法，将Pan Level（平衡级别）项的值设为0。

12. 完成上一步骤操作，声源即可在游戏场景中始终保持相对恒定的音量进行播放。至此，添加音效的案例便介绍完了。

在Unity中，如果同一个游戏场景中有多台摄像机对象，每台摄像机对象都挂载了Audio Listener，在此情况下，Unity会无法辨别哪部摄像机是音频接收者，这时需要用户手动建立一个添加了Audio Listener组件的游戏对象，进而根据游戏的实际情况进行相关的设置。

4.13.2 音效设置

声源（Audio Source）是在场景中播放音频的组件。如果声源对应的音频是一个3D音效，且声源是在一个给定的位置，声源会按照距离衰减这样的方式进行播放。声源可以在3D和2D之间进行转换，也可以通过衰减曲线进行控制。此外，如果将单独的音频过滤器（Pro Only）应用到音频对象，可以得到更丰富的音频体验。

声源组件的属性如图4-213所示。

图4-213
Audio Source组件属性面板

- Audio Clip：音频剪辑。该项用于指定即将播放音频剪辑。
- Mute：静音。如果勾选，音频会被播放，但是没有声音。
- Bypass Effects：直通效果。应用到声源的快速“直通”效果。这是一个简单的打开/关闭所有音效的方法。
- Play On Awake：唤醒时播放。如果勾选，则声音会在场景启动时开始播放。如果禁用，则需要在脚本中调用play()命令来启动。
- Loop：循环。如果勾选，音频会在结束后循环播放。
- Priority：优先权。确定场景所有的声源之间的优先权（0代表最重要的优先权，256代表最不重要的，默认值为128）。
- Volume：音量。声源距离音频监听器（Audio Listener）1m处的音量太小。
- Pitch：音调。音调控制音频播放的快慢。1是正常播放速度。
- 3D Sound Settings：3D声音设置。如果音频是三维声音，则该设置生效。
  - Pan Level：平衡调整级别。设置3D引擎作用于声源的幅度。
  - Spread：扩散。设置3D立体声或者多声道音响在扬声器空间的传播角度。
  - Doppler Level：多普勒级别。该值决定了多少多普勒效应将被应用到这个声源（如果设置为0，就是不起作用）。
  - Min Distance：最小距离。在最小距离之内，声音会保持恒定。在最小距离之外，声音会开始衰减。增加声音的最小距离，可以使声音在3D世界更响亮，减少最小距离可使声音在一个3D世界更安静。

➢ Max Distance：最大距离。声音停止衰减的距离。超过这一距离，声音不会作任何衰减。

➢ Rolloff Mode：衰减模式。该值代表了声音衰减的速度。该值越高，附近的侦听器就越快听到声音。共有三种衰减模式供使用：对数衰减、线性衰减和自定义衰减，如图4-214所示。当衰减模式被设置为对数或线性类型时，如果修改衰减曲线，类型将自动更改为自定义衰减。

图4-214
三种声音衰减模式

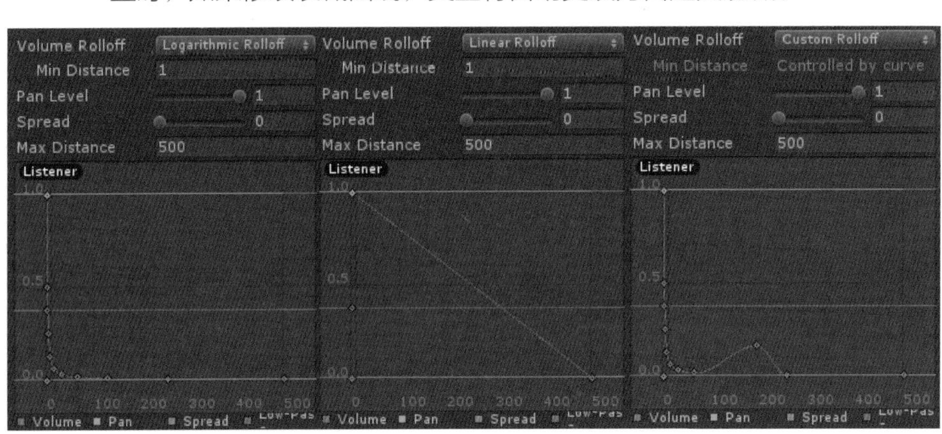

✧ Logarithmic Rolloff：对数衰减。当接近声源时，声音较响亮，但是当远离对象时，声音的大小大幅下降。声音按对数曲线的形式变化。

✧ Linear Rolloff：线性衰减。越是远离声源，可以听到的声音越小。声音的变化幅度恒定。

✧ Custom Rolloff：自定义衰减。根据自行设置的衰减曲线，来控制声音的变化。在曲线上右击可添加Key（关键帧）。

• 2D Sound Settings：2D声音设置。如果音频是一个二维的声音，该设置生效。

• Pan 2D：2D平衡调整。设置引擎作用于声源的幅度。

第5章 Shuriken粒子系统

5.1 Shuriken粒子系统概述

Shuriken粒子系统是Unity 3.5版本新推出的粒子系统，它采用模块化管理，个性化的粒子模块配合粒子曲线编辑器使用户更容易创作出各种缤纷复杂的粒子效果。

依次打开菜单栏中的GameObject→Create Other→Particle System项，在场景中新建一个名为Particle System的粒子游戏对象，如图5-1和图5-2所示。

图5-1
新建Particle System粒子系统

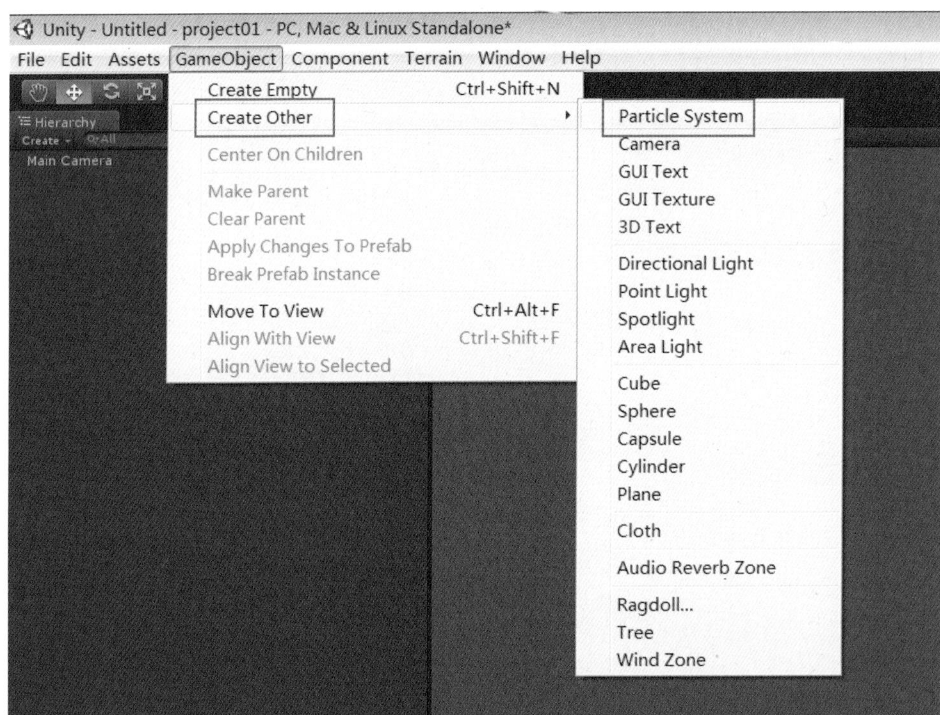

图5-2
新建Particle System粒子的默认效果

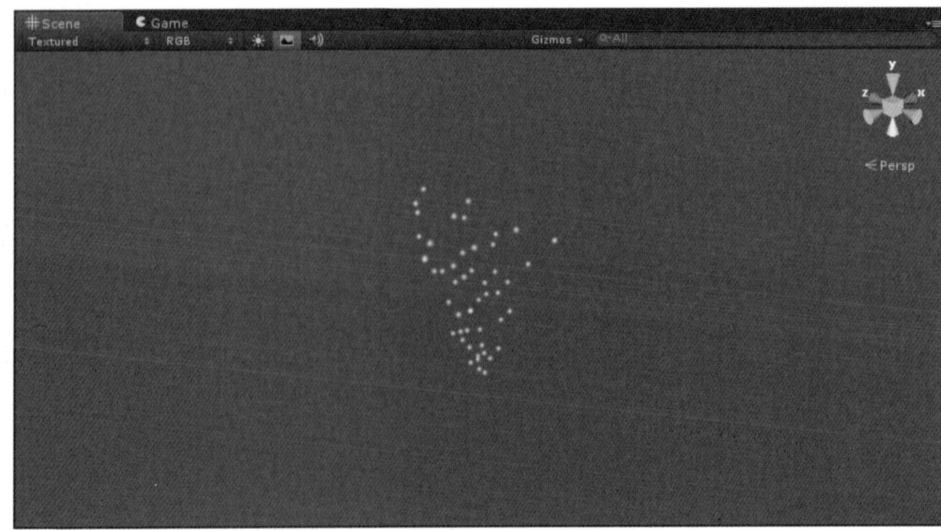

另一种建立粒子系统的方法：打开菜单栏中的GameObject→Create Empty选项，先建立一个空物体，然后打开菜单栏中的Component → Effect → Particle System项，为空物体添加粒子系统组件。

5.2　Shuriken粒子系统的控制面板

1．在Hierarchy视图中双击Particle System游戏对象可将其在Scene视图中居中并最大化显示，并单击Particle System组件标签左侧的下三角按钮将其展开，如图5-3所示。

图5-3　Particle System游戏对象及其组件标签

2．如图5-4所示，粒子系统的控制面板主要由Inspector视图中Particle System组件的属性面板及Scene视图中的Particle Effect两个面板组成。Particle System组件的属性面板包括Particle System初始化模块及Emission、Shape等多个模块，每个模块都控制着粒子某一方面的行为特性，属性面板最下面为Particle System Curves粒子曲线。

图5-4
粒子系统的组件属性面板及Particle Effect面板

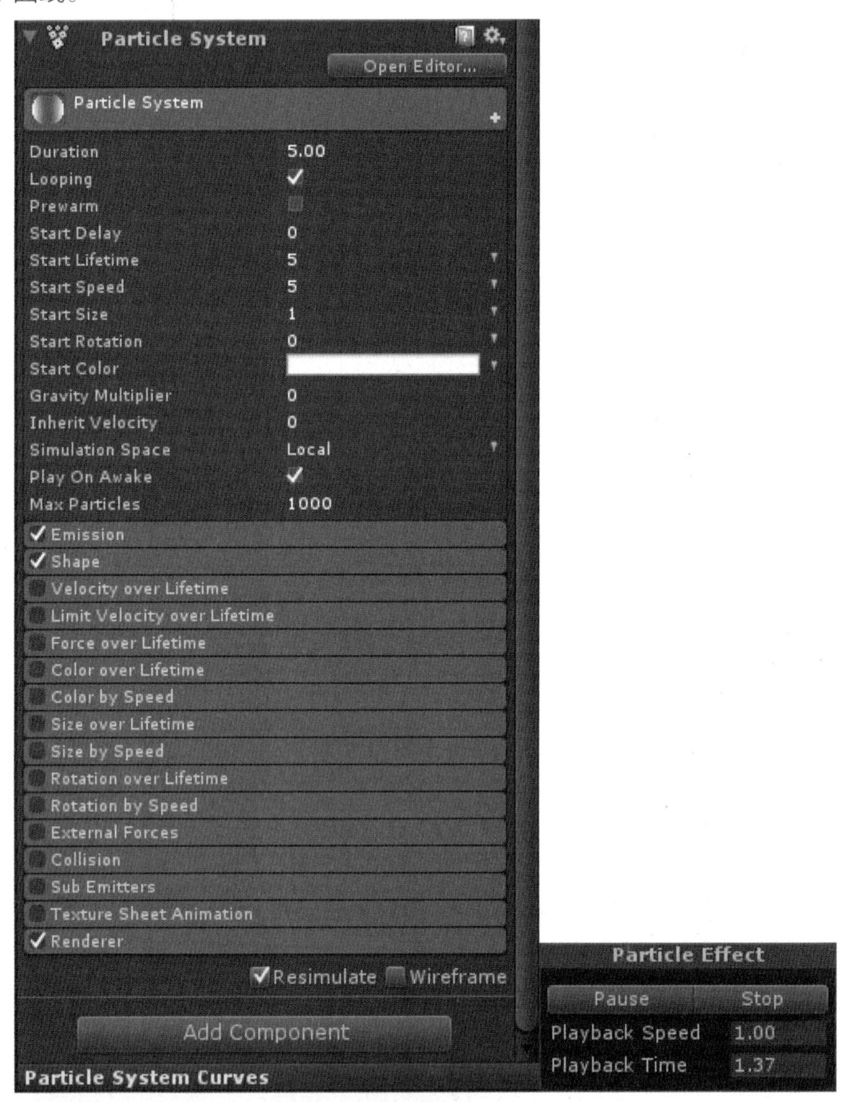

图5-5
OpenEditor...粒子编辑器按钮

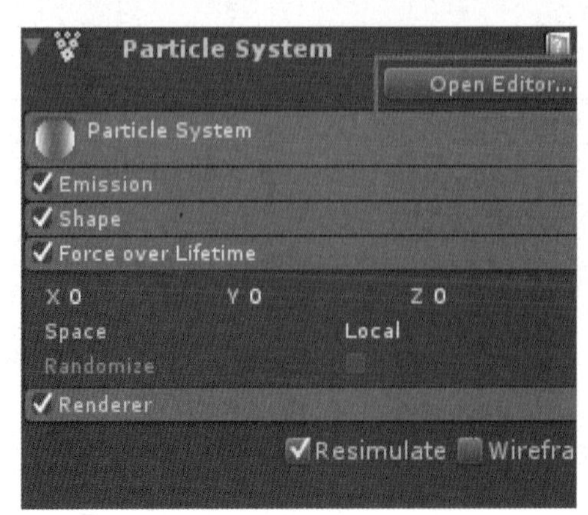

3．单击Open Editor...按钮弹出粒子编辑器对话框，该对话框集成了ParticleSystem属性面板及粒子曲线编辑器，便于对复杂的粒子效果进行管理和调整，如图5-5和图5-6所示。

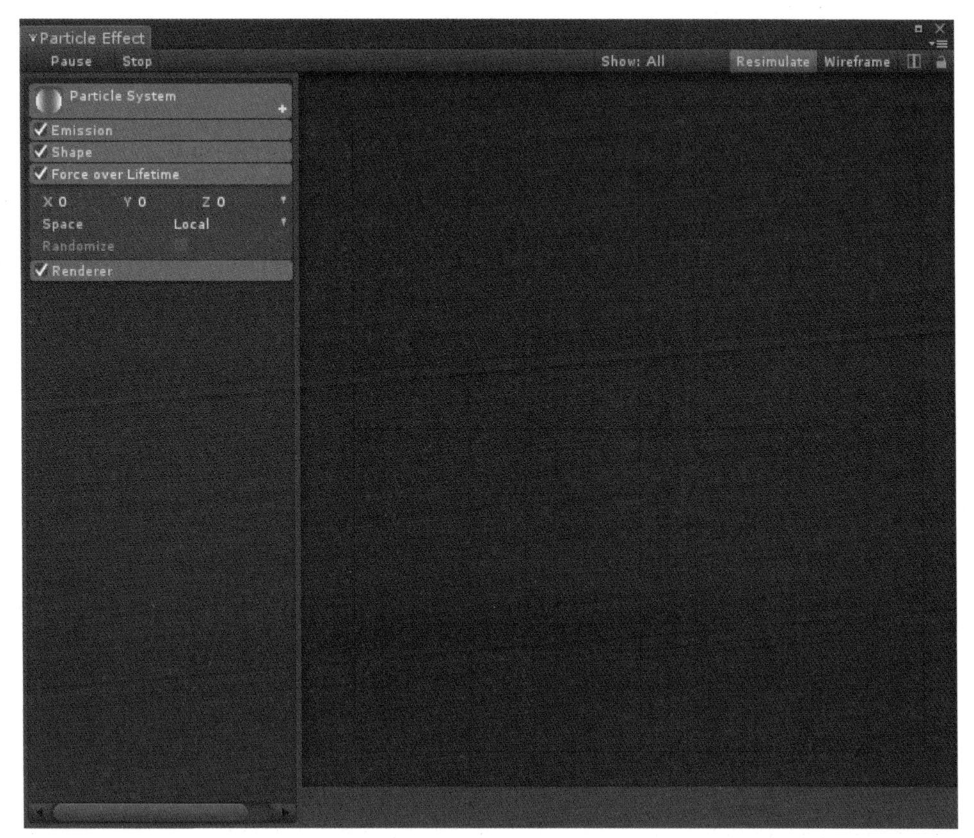

图5-6
粒子编辑器界面

当打开粒子效果编辑器对话框时，Particle System属性面板上的内容会全部转移到粒子编辑器上，关闭粒子编辑器对话框后属性面板上的内容会恢复原样。

4．粒子系统由一系列预先设定的粒子模块组成，这些模块可设定为是否被使用，它们在一个单独的粒子系统中用来描述粒子的行为特性。初始时只有部分的模块是开启的，单击Particle System模块标签右侧的加号按钮会弹出粒子模块列表，单击黑色字体显示的模块名称可以添加相应的模块，如图5-7和图5-8所示。

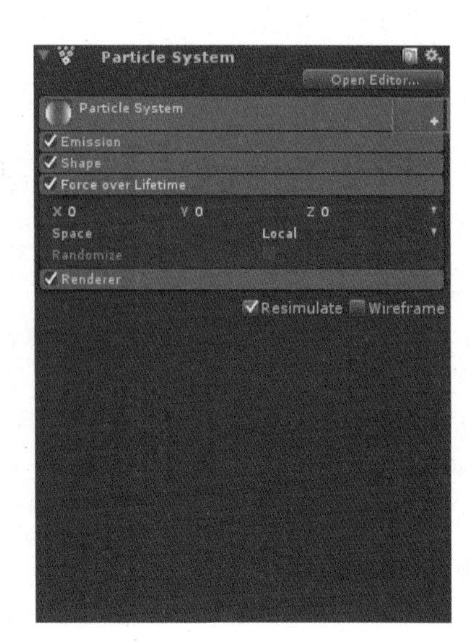

图5-7
Particle System模块标签右侧的加号按钮

图5-8
粒子模块列表

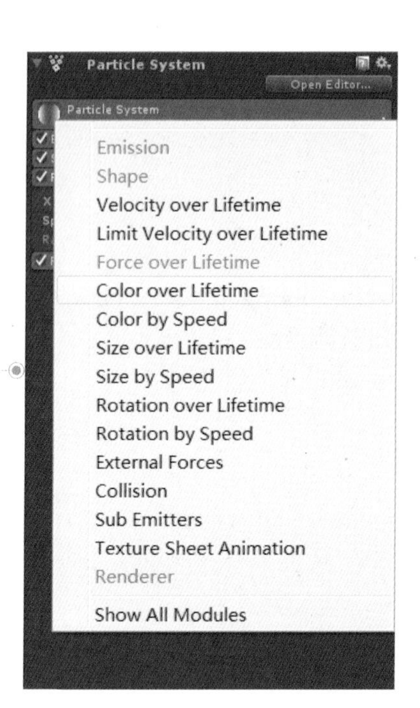

灰色字体显示的为目前已添加的模块，黑色字体为未添加的模块，此列表只能添加模块但无法将其移除。单击下面的Show All Modules可将所有的模块显示在Particle System组件的属性面板上。

5．在属性面板中单击各模块标签左边的复选框可以将该模块启用或关闭，如图5-9所示。

图5-9
单击各模块标签左边的复选框可以将该模块启用或关闭

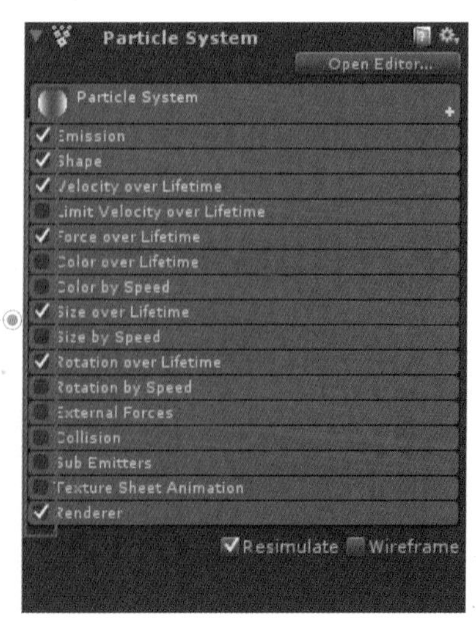

5.3　Shuriken粒子系统的参数讲解

1．Initial Module（初始化模块）

粒子系统初始化模块，此模块为固有模块，无法将其删除或禁用。该模块定义了粒子初始化时的持续时间、循环方式、发射速度、大小等一系列基本参数，如图5-10所示。

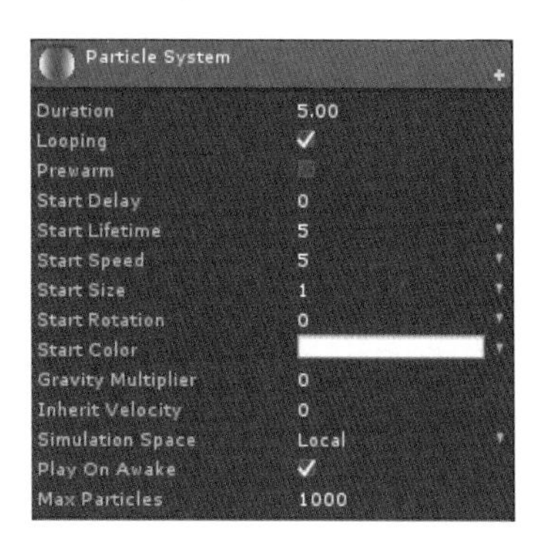

图5-10

Particle System参数列表

参数名称及其含义如表5-1所示。

表5-1　参数名称及其含义

参　　数	含　　义
Duration（粒子持续时间）	粒子系统发射粒子的持续时间，如果开启了粒子循环，则持续时间为粒子一整次的循环时间
Looping（粒子循环）	粒子系统是否循环播放
Prewarm（粒子预热）	若开启粒子预热，则粒子系统在游戏运行初始时就已经发射粒子，看起来就像它已经发射了一个粒子周期一样，只有在开启粒子系统循环播放的情况下才能开启此项
Start Delay（粒子初始延迟）	游戏运行后延迟多少秒后才开始发射粒子。在开启粒子预热时无法使用此项
Start Lifetime（粒子生命周期）	粒子的存活时间（单位s），粒子从发射后至生命周期为0时消亡
Start Speed（粒子初始速度）	粒子发射时的速度
Start Size（粒子初始大小）	粒子发射时的初始大小
Start Rotation（粒子初始旋转）	粒子发射时的旋转角度
Start Color（粒子初始颜色）	粒子发射时的初始颜色
Gravity Mutiplier（重力倍增系数.）	修改重力值会影响粒子发射时所受重力影响的状态，数值越大重力对粒子的影响越大
Inherit Velocity（粒子速度继承）	对于运动中的粒子系统，将其移动速率应用到新生成的粒子速率上
Simulation Space（模拟坐标系）	粒子系统的坐标是在世界坐标系还是自身坐标系
Play On Awake（唤醒时播放）	开启此选项，系统在游戏开始运行时会自动播放粒子，但不影响Start Delay的效果
Max Particles（最大粒子数）	粒子系统发射粒子的最大数量，当达到最大粒子数量时发射器将暂时停止发射粒子

单击Start Lifetime、Start Speed、Start Size及Start Rotation属性右侧的下三角按钮，会弹出选项列表，可以进一步设定所需要的数值，如图5-11和图5-12所示。

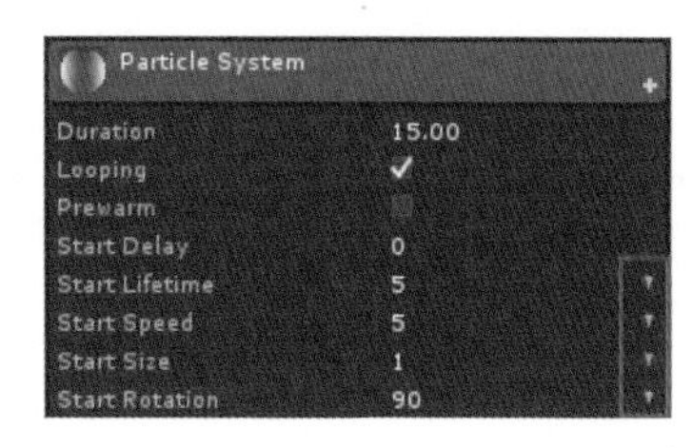

图5-11

单击右侧的下三角按钮

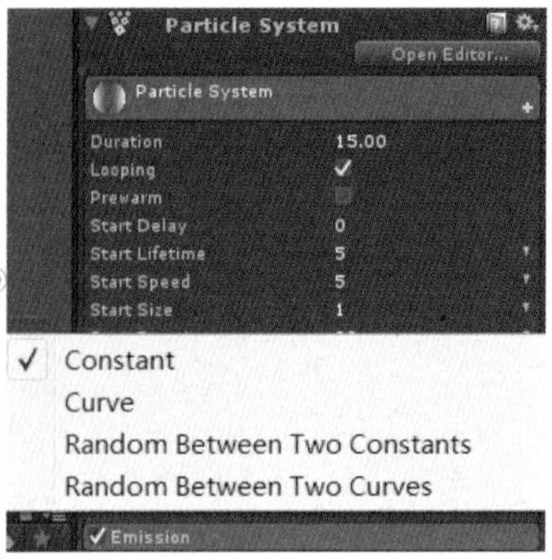

图5-12
弹出的选项列表

以Start Lifetime参数为例：

- Constant：设定该数值为一个具体的常量值，如图5-13所示。

图5-13
设定Start Lifetime为一个常熟值

- Curve：利用曲线编辑器设定数值，如图5-14所示。

图5-14
利用曲线编辑器设定数值

- Random BetweenTwo Constants：在两个所设定的常数之间随机选择数值，如图5-15所示。

图5-15
在两个两个常数间随机选择

- Random Between Two Curves：在曲线编辑器中两条曲线之间的范围内随机选择数值，如图5-16所示。

图5-16
在两条曲线之间的范围内随机选择

单击StartColor参数右侧的下三角按钮，会弹出选项列表，可进一步设定所需要的颜色，如图5-17所示。

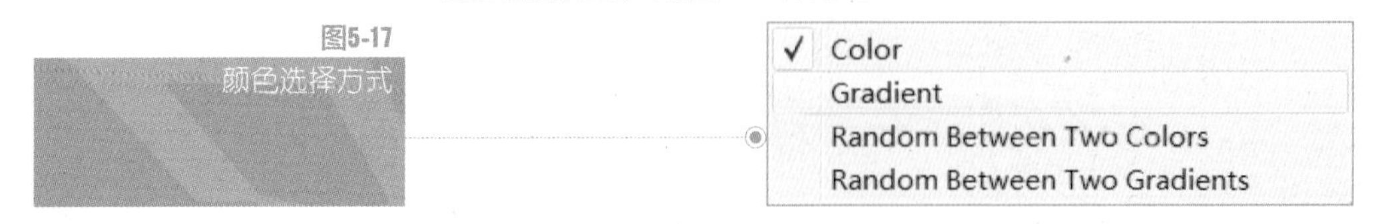

图5-17
颜色选择方式

- Color：使用纯色。单击颜色条会弹出拾色器，可选择所需的颜色，如图5-18和图5-19所示。

图5-18
使用纯色

图5-19
拾色器

• Gradient：使用渐变颜色，依据此渐变色对生成粒子的颜色进行赋值。单击颜色条会弹出渐变编辑器，可编辑所需的渐变颜色，如图5-20和图5-21所示。

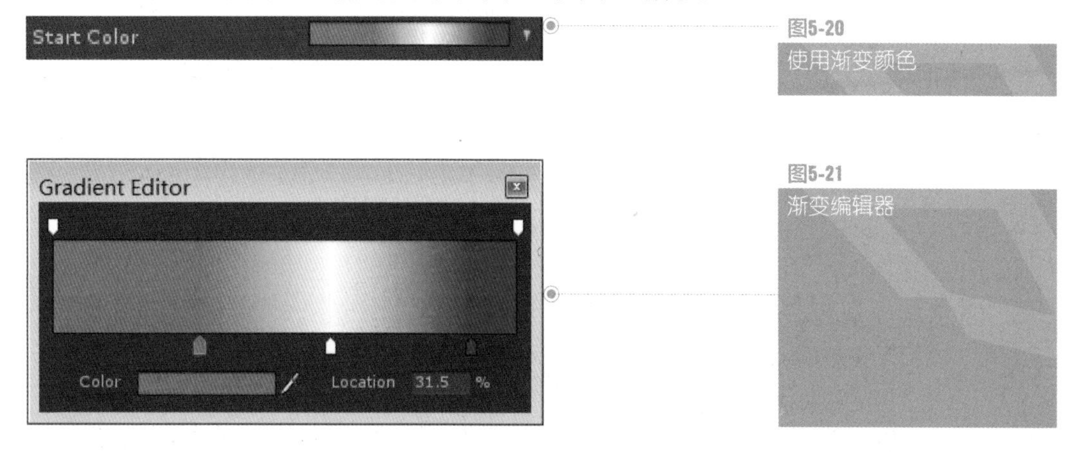

图5-20
使用渐变颜色

图5-21
渐变编辑器

渐变编辑器：

渐变编辑器用来描述渐变色随时间变化的情况。

在渐变条底部为颜色标记，在标记被选择的情况下双击该标记或单击下方的颜色条均可设置该标记处的颜色值，单击渐变条下部附近的位置可增加颜色标记，这些颜色标记均可在时间线上左右拖动进行定位。

在渐变条上部为透明度标记，在标记被选择的情况下双击该标记或拖动最下方的颜Alpha透明度滑竿均可设置该标记处的透明度值，Alpha值等于0时为完全透明，Alpha值等于255时为完全不透明。单击渐变条上部附近的位置可增加透明度标记，这些透明度标记均可在时间线上左右拖动进行定位。

选择某个颜色标记或透明度标记时，在渐变条右下侧的Location处会显示该标记在时间线上的位置百分比，通过调整百分比也可调整该标记相应的位置。

• Random Between Two Colors：在两个指定的颜色中随机选择并随时间变化，如图5-22所示。

图5-22 指定两个随机选择的颜色

• Random Between Two Gradient：在两种渐变颜色间随机选择并随时间变化，如图5-23所示。

图5-23 指定两种随机选择的渐变色

单击Simulation Space选项右侧的下三角按钮，会弹出选项列表，可选择世界坐标系或本地坐标系，如图5-24所示。

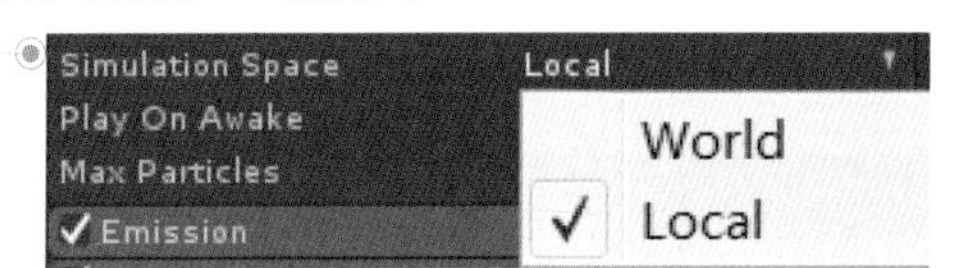

图5-24 可选择世界坐标系或本地坐标系

2. Emission Module（发射模块）

发射模块控制粒子发射的速率。在粒子的持续时间内，可实现在某个特定的时间生成大量粒子的效果，这对于在模拟爆炸效果需要产生一大堆粒子的时候非常有用，如图5-25所示。

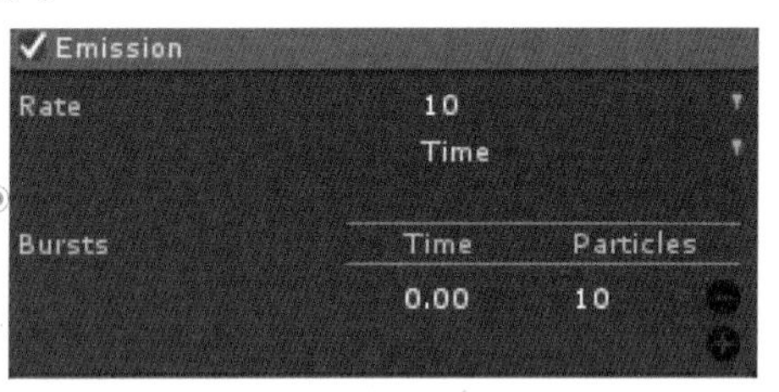

图5-25 Eission参数列表

• Rate：发射速率，每秒或每个距离单位所发射的粒子个数。单击右侧上面的下三角按钮可以选择发射数量由一个常数还是由粒子曲线控制，如图5-26所示。单击右侧下面的下三角按钮可以选择粒子的发射速率是按时间变化还是距离变化，如图5-27所示。

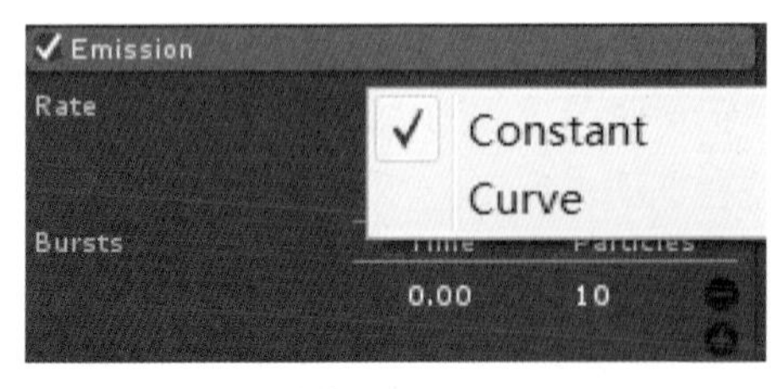

图5-26 选择常数或曲线控制方式

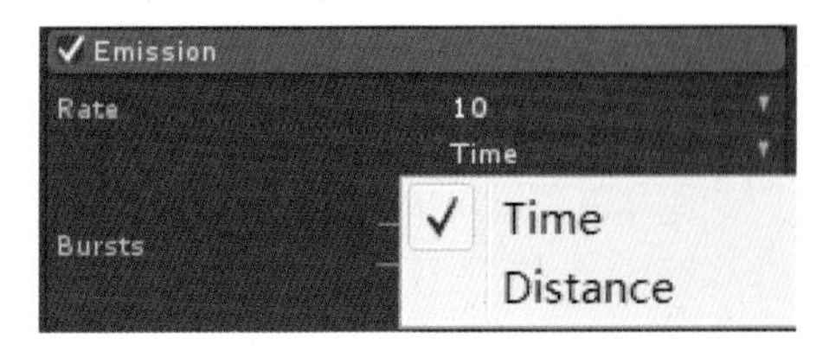

图5-27 选择按时间或按距离变化

• Bursts：粒子爆发，在粒子持续时间内的指定时刻额外增加大量的粒子，此选项只在粒子速率变化方式为时间变化的时候才会出现。

设定指定时间点的粒子数量：

单击右侧的加号按钮可增加一个爆发点，Time一列为设定的爆发点，Particles一列为到达该爆发点时将生成的粒子数量，注意爆发点的最大值不会超过粒子的持续时间，即初始化模块中的Duration值，如图5-28所示。单击减号按钮可以删除当前的爆发点，灵活运用此项可模拟爆炸时在特定时间点生成大量粒子的效果。

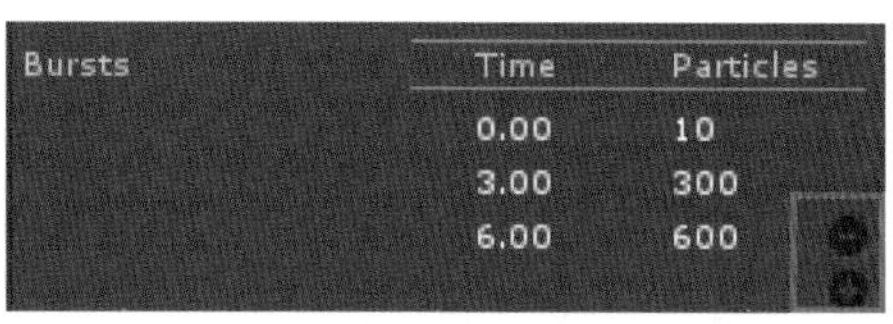
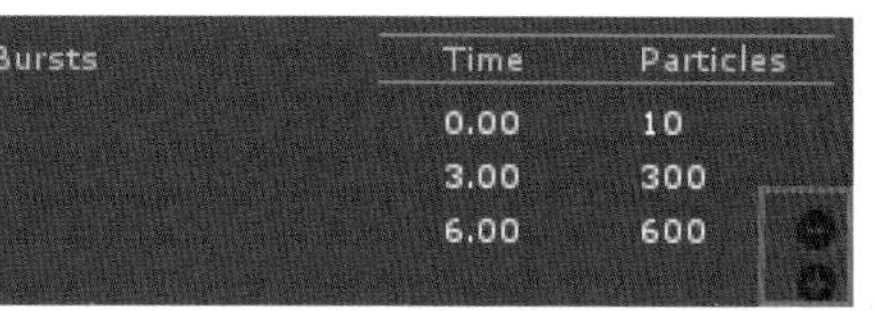

图5-28
单击加号或减号可增加或删少爆发点

3．Shape Module（形状模块）

形状模块定义了粒子发射器的形状，可提供沿着该形状表面法线或随机方向的初始力，并控制粒子的发射位置及方向，如图5-29所示。

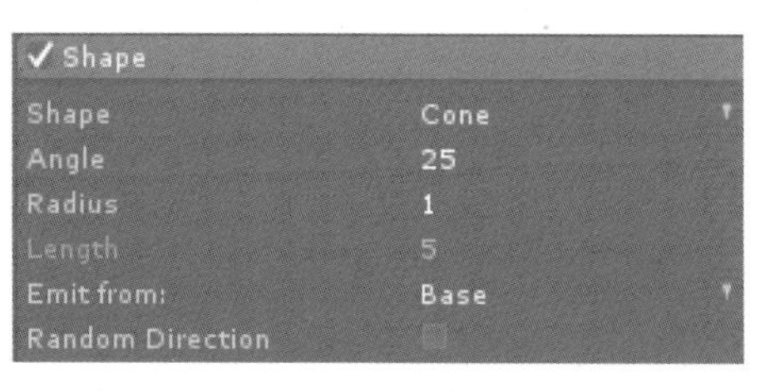

图5-29
Shape模块的参数列表

- Shape：粒子发射器的形状，不同形状的发射器发射粒子初始速度的方向不同，每种发射器下面对应的参数也有相应的差别。

单击右侧的下三角按钮可弹出发射器形状的选项列表，如图5-30所示。

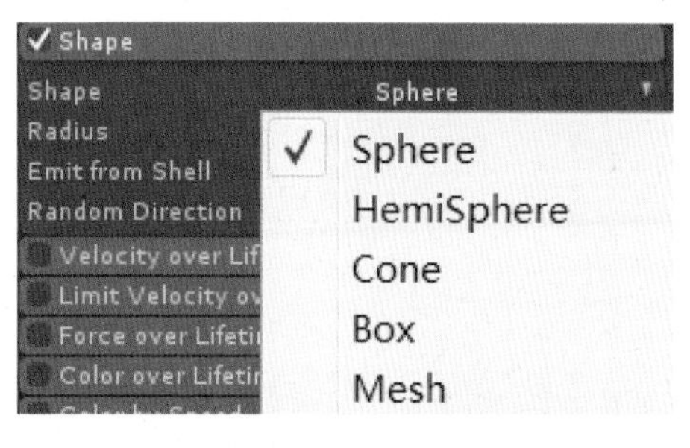

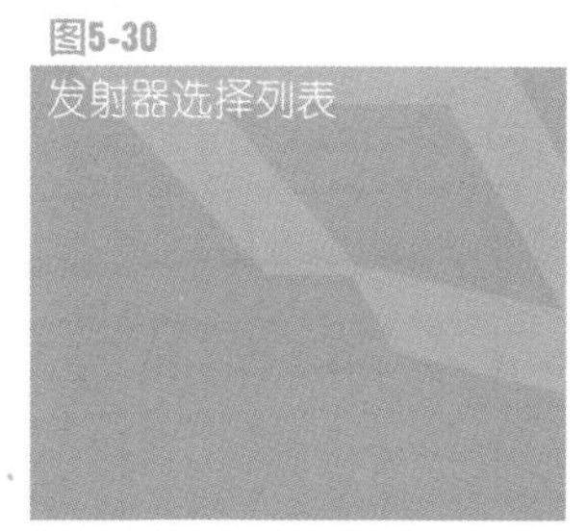
图5-30
发射器选择列表

➢ Sphere：

球体发射器，如图5-31和图5-32所示。

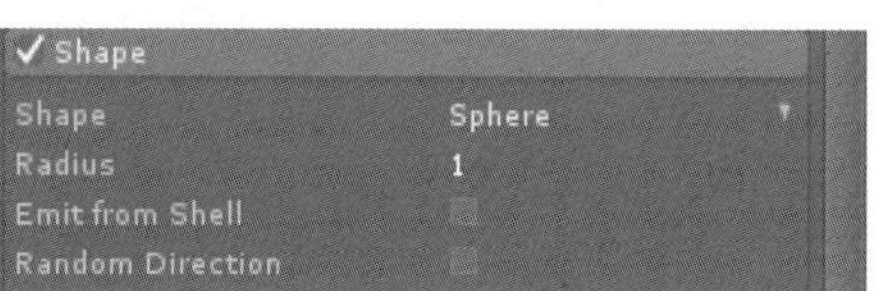

图5-31
Sphere发射器的参数列表

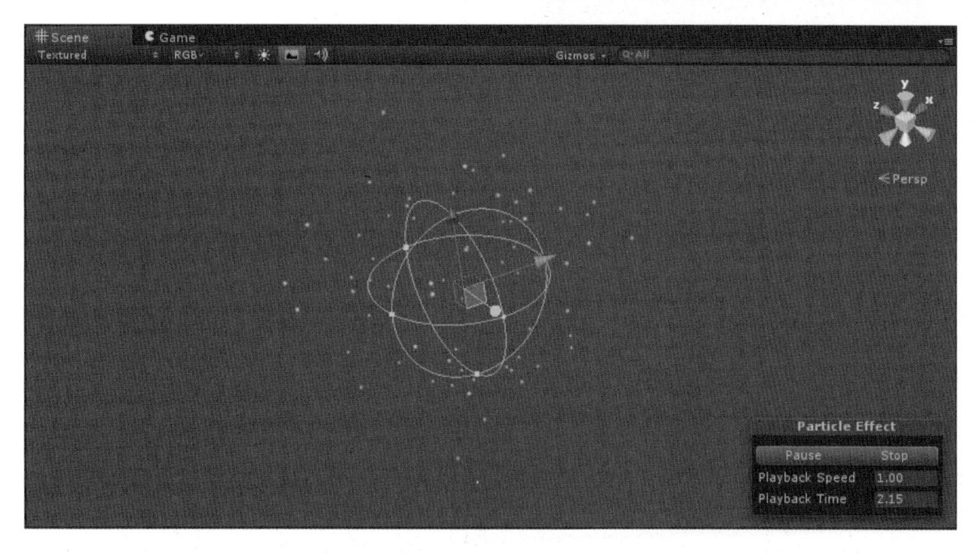

图5-32
Sphere发射器

✧ Radius：球体的半径，可在Scene视图中通过操作球体的节点调整半径值。

✧ Emit From Shell：从外壳发射粒子。若勾选则将从球体的外壳处发射粒子，否则将从球体内部发射粒子。

✧ Random Direction：粒子方向。开启或关闭该选项可使粒子沿随机方向或者沿球体表面的法线方向发射。

➢ Hemisphere：半球发射器，如图5-33和图5-34所示，Radius、Emit From Shell和Random Direction这3个参数的意义及作用同球体发射器。

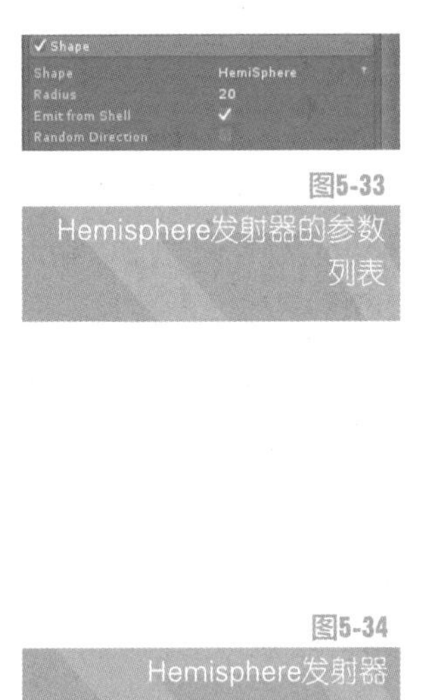

图5-33 Hemisphere发射器的参数列表

图5-34 Hemisphere发射器

➢ Cone：锥体发射器，如图5-35和图5-36所示。

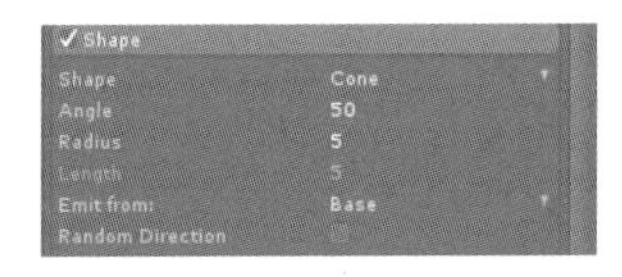

图5-35 Shape发射器的参数列表

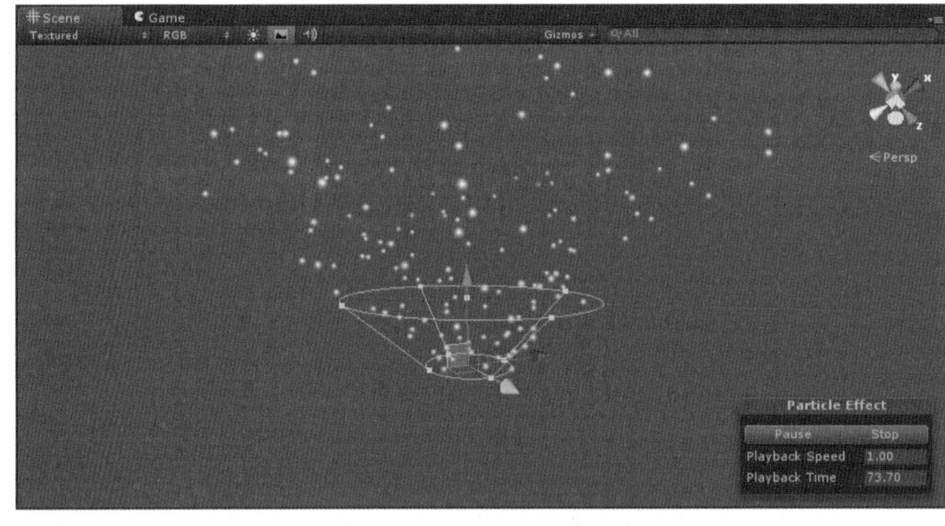

图5-36 Shape发射器

✧ Angle：锥体的角度。如果角度为0（°），则锥体会变为圆柱体，此时粒子将沿一个方向发射，可在Scene视图中通过操作锥体的节点调整角度值。

✧ Radius：锥体的半径，可在Scene视图中通过操作锥体的节点进行调节。

✧ Length：锥体的长度。当Emit from的参数值为Volume或VolumeShell时此值可调，否则为锁定状态。

✧ Emit From：粒子的发射源。单击右侧的向下三角按钮会弹出选项列表，共有Base、Base Shell、Volume、Volume Shell共4个选项，如图5-37所示。

图5-37 粒子发射选的选项列表

Base：粒子的发射源在锥体内部的底面上，在锥体内部由底面开始发射，此时Length参数不可调。

BaseShell：粒子的发射源在锥体外部的底面上，在锥体外部沿外表面发射，此时Length参数不可调。

Volume：粒子的发射源在锥体的整个内部空间，从锥体内部向外发射，此时Length参数可调。

VolumeShell：粒子的发射源在锥体的整个外表面，沿着锥体外表面向外发射，此时Length参数可调。

- ✧ RandomDirection：开启或关闭该选项可使粒子沿着随机方向或沿锥体的方向发射。

- ➢ Box：立方体发射器，如图5-38和图5-39所示。

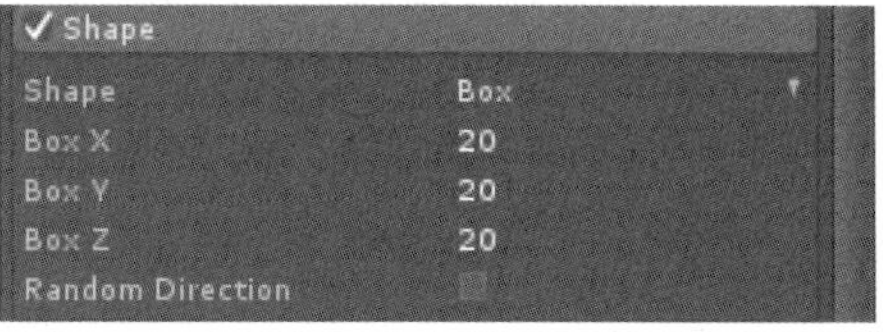

图5-38
Box发射器的参数列表

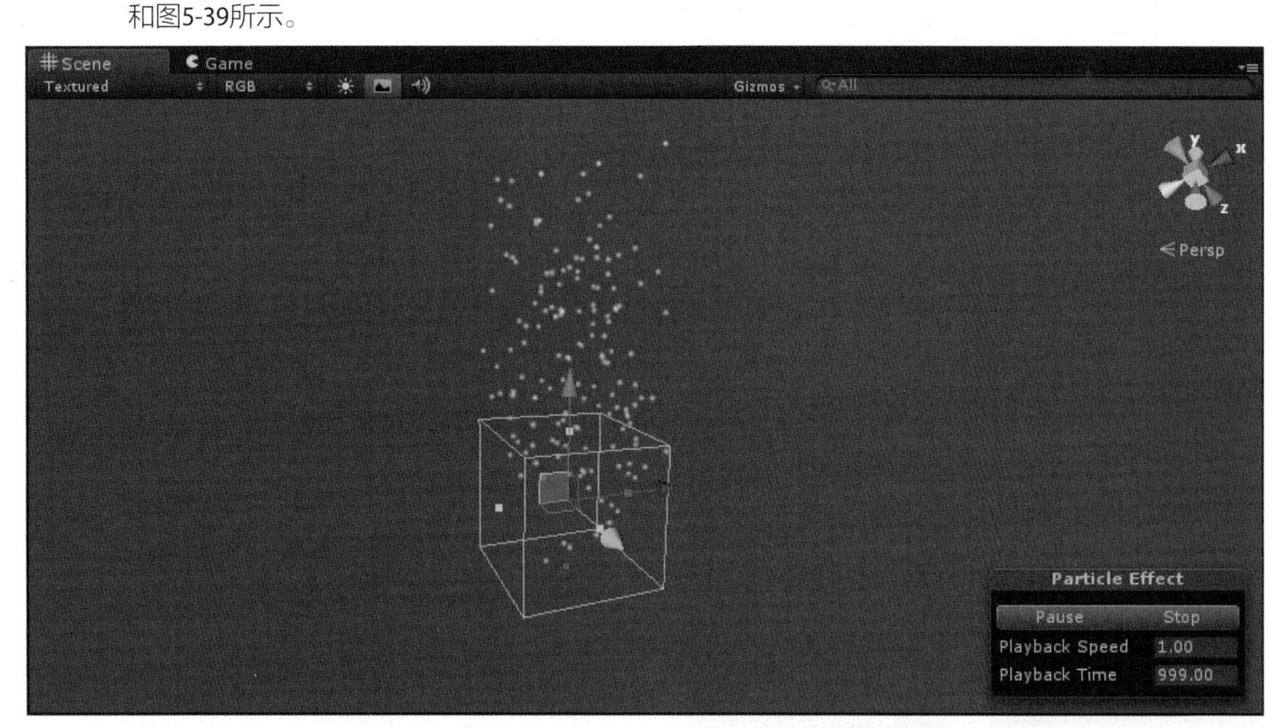

图5-39
Box发射器

- ✧ Box X：立方体发射器在X轴向上的缩放值。
- ✧ Box Y：立方体发射器在Y轴向上的缩放值。
- ✧ Box Z：立方体发射器在Z轴向上的缩放值。

以上3个方向的缩放值也可在Scene视图中通过操作立方体的各方向上的节点分别调节。

- ✧ RandomDirection：开启或关闭该选项可使粒子沿着随机方向或沿Z轴方向发射。

- ➢ Mesh：网格发射器，如图5-40和图5-41所示。

图5-40 Mesh发射器

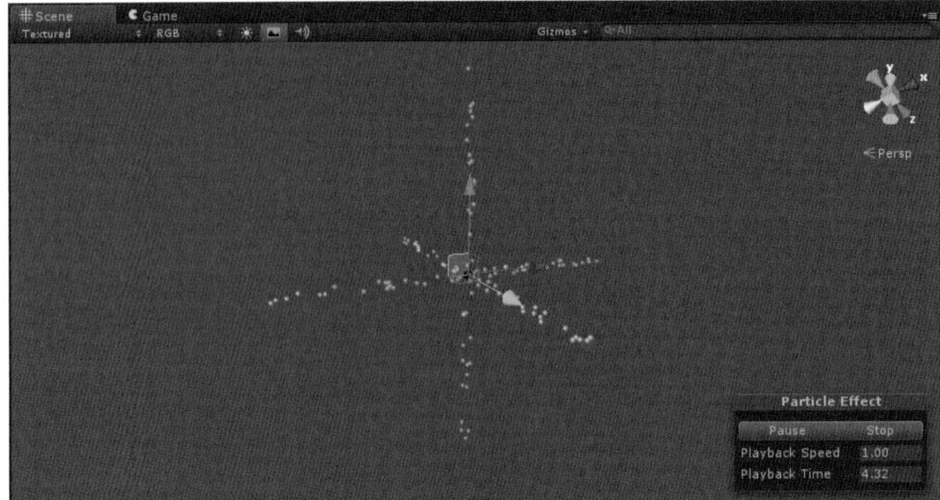

图5-41 Mesh发射器

✧ Vertex：粒子将从网格顶点发射。

✧ Edge：粒子将从网格的边缘发射。

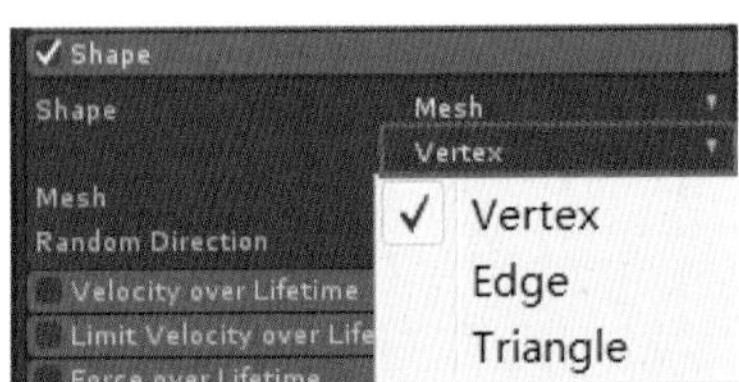

图5-42 选择Vertex发射类型

✧ Triangle：粒子将从网格的三角面发射，如图5-42所示。

✧ Mesh：单击右侧的圆圈按钮会弹出网格选择对话框，选择不同的网格类型，如图5-43所示。

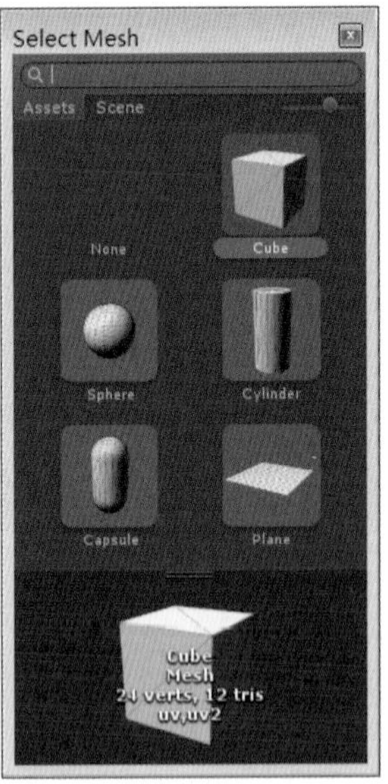

图5-43 网格选择对话框

✧ Random Direction：开启或关闭该选项可使粒子沿着随机方向或沿表面法线方向发射。

4．Velocity over Lifetime Module（生命周期速度模块）

生命周期速度模块控制着生命周期内每一个粒子的速度。对于那些物理行为复杂的粒子，效果更明显，但对于那些具有简单视觉行为效果的粒子（如烟雾飘散效果）及与物理世界几乎没有互动行为的粒子，此模块的作用就不明显了，如图5-44所示。

图5-44 Velocity over Lifetime模块参数

• XYZ：可分别在X、Y、Z这3个方向上对粒子的速度进行定义，也可单击右侧向下三角按钮弹出选项列表选择其他方式，如图5-45所示。

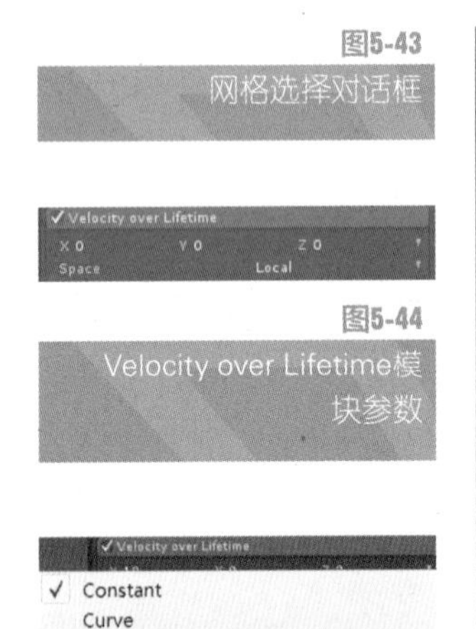
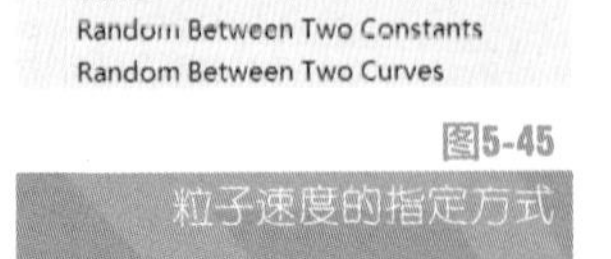

图5-45 粒子速度的指定方式

➢ Constant：设定为一个具体的常量值。

➢ Curve：利用曲线编辑器设定数值。

➢ Random Between Two Constants：在两个所设定的常量数值之间随机选择数值。

➢ Random Between Two Curves：在曲线编辑器中两条曲线之间的范围内随机选择数值。

• Space：单击右侧的下三角按钮弹出选项列表，可选择速度值是在本地坐标系还是世界坐标系，如图5-46所示。

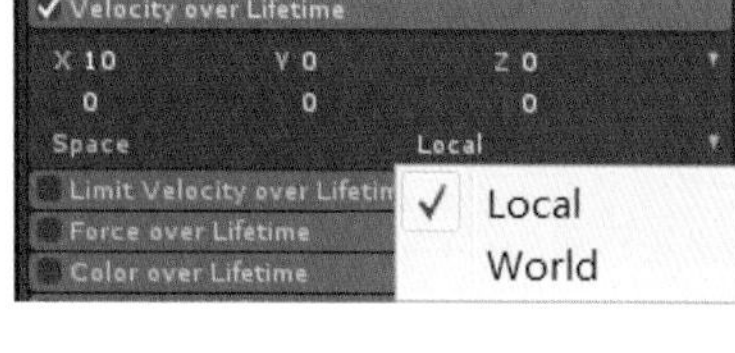

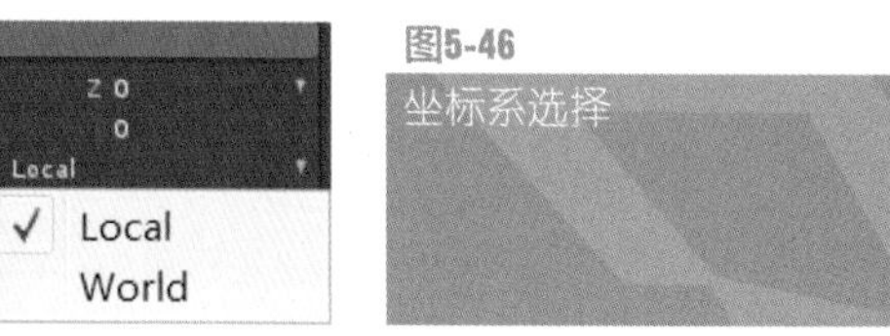

图5-46
坐标系选择

5. Limit Velocity over Lifetime Module（生命周期速度限制模块）

该模块控制着粒子在生命周期内的速度限制及速度衰减，可以模拟类似拖动的效果。若粒子的速度超过设定的限定值，则粒子速度值会被锁定到该限制值，如图5-47所示。

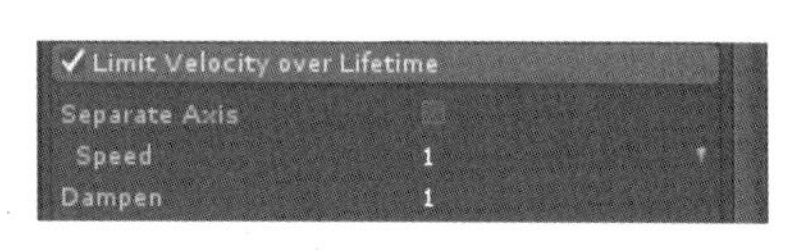

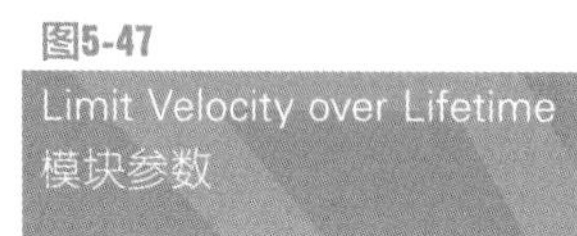

图5-47
Limit Velocity over Lifetime模块参数

• Separate Axis：若勾选则会分别对X、Y、Z每个轴向上的粒子速度进行限制，若不勾选则对所有轴向上的粒子进行统一的速度限制，勾选后如图5-48所示。

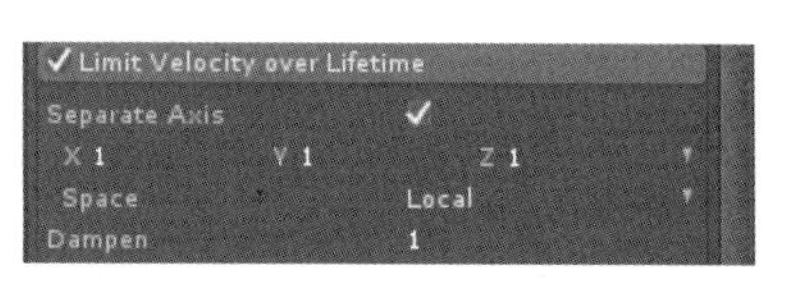

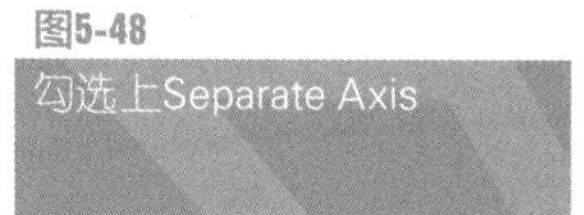

图5-48
勾选上Separate Axis

若勾选Separate Axis：

• XYZ：可对X、Y、Z三个轴向设定不同的限定值，如果粒子的速度大于该限定值，则粒子的速度就会被衰减至该值。也可单击右侧的下三角按钮弹出选项列表选择其他方式：固定常数、曲线数值、两个常数随机选择及双曲线范围随机选择，如图5-49所示。

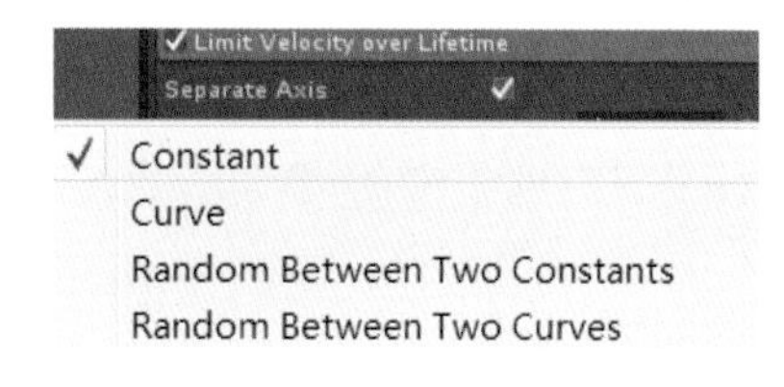

图5-49
速度选择方式

若不勾选Separate Axis：

所有轴向的粒子速度都受一个限定值的约束。

• Space：单击右侧的下三角按钮弹出选项列表，可选择速度是在本地坐标系还是世界坐标系中的。

• Dampen：阻尼系数，取值在0～1之间。阻尼值控制着当粒子速度超过限定值时速度的衰减速率，若阻尼值为0则速度完全不衰减，若为值1则会将粒子速率完全衰减至速度限定值。

6. Force over Lifetime Module（生命周期作用力模块）

该模块控制着粒子在其生命周期内的受力情况，如图5-50所示。

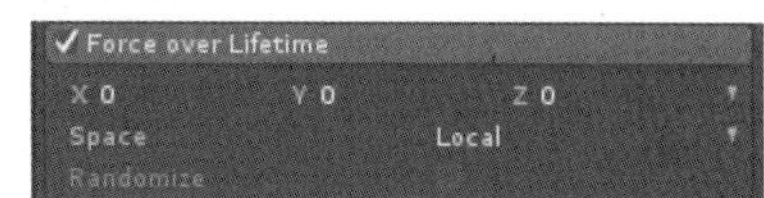

图5-50
Force over Lifetime模块参数

• XYZ：可分别设定在Y、X、Z这3个轴向上的作用力大小，也可单击右侧的下三角按钮弹出选项列表选择其他方式。

• Space：单击右侧的下三角按钮弹出选项列表，可选择速度值是在本地坐标系还是世界坐标系。

- Randomize：每一帧作用在粒子上面的作用力均随机产生。此选项只有当X、Y、Z数值为Random Between Two Constants或Random Between Two Curves时才可启用。

7. Color over Lifetime Module（生命周期颜色模块）

图5-51 Color over Lifetime模块参数

图5-52 颜色选择方式

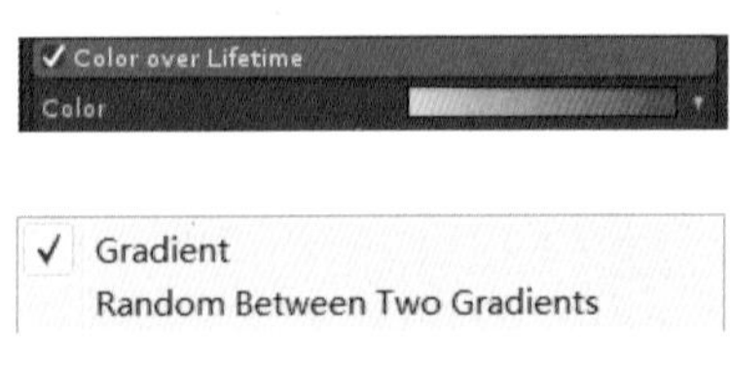

图5-53 渐变编辑器

该模块控制了每一个粒子在其生命周期内的颜色变化，如图5-51所示。

单击颜色条右侧的下三角按钮会弹出选项列表，可以选择粒子颜色的渐变方式，如图5-52所示。单击颜色条会弹出渐变编辑器用来选择渐变颜色，如图5-53所示。

- Gradient：选择一个渐变颜色。
- RandomBetwteen Two Gradients：在两个渐变颜色间随机选择。

此模块中的粒子颜色与初始模块中的粒子颜色的意义不同，初始模块中的粒子颜色参数指的是发射粒子时粒子的初始颜色，而此模块的粒子颜色是针对单一粒子而言，针对每个粒子在其生命周期内随时间而渐变的颜色。

8. Color by Speed Module（颜色的速度控制模块）

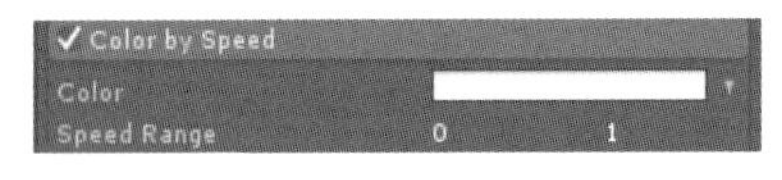

图5-54 Color by Speed模块参数

此模块可让每个粒子的颜色依照其自身的速度变化而变化，如图5-54所示。

- Color：颜色渐变值。单击颜色条右侧的下三角按钮会弹出选项列表，可以选择粒子颜色的渐变方式，如上图5-52所示。单击颜色条会弹出渐变编辑器用来选择渐变颜色，如上图5-53所示。

图5-55 Speed Range最大参数值并没有限制

- Speed Range：速度的取值区间，左边是速度最小值，右边为速度最大值，粒子的速度值处于速度区间的不同位置时，该粒子的颜色为上面渐变颜色条中对应的颜色。注意：Speed Range的最大值并没有限制，如图5-55所示。

9. Size Over Lifetime Module（生命周期粒子大小模块）

图5-56 Size Over Lifetime模块参数

该模块控制了每一个粒子在其生命周期内的大小变化，如图5-56所示。

- Size：粒子的大小，可单击右侧的下三角按钮，弹出选项列表，选择变化方式：曲线数值、两个常数随机选择及双曲线范围随机选择，如图5-57所示。

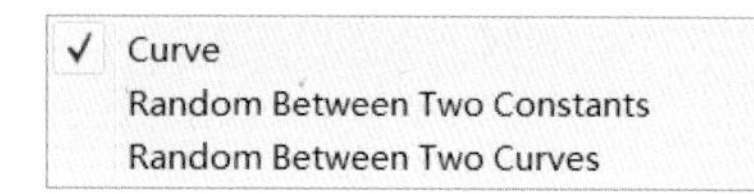

图5-57
Size参数的变化方式

10．Size by Speed（粒子大小的速度控制）

此模块可让每个粒子的大小依照其自身的速度变化而变化，如图5-58所示。

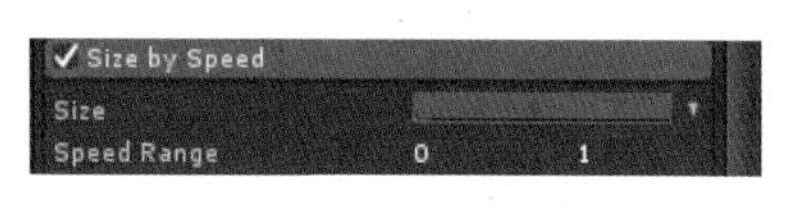

图5-58
Size by Speed模块参数

- Size：粒子的大小。可单击右侧的下三角按钮，弹出选项列表，选择其他方式，如曲线数值、两个常数随机选择及双曲线范围随机选择。
- Speed Range：速度的取值区间，左边是速度最小值，右边为速度最大值，粒子的速度值处于速度区间的不同位置时，该粒子的大小会发生相应的变化。注意Speed Range的最大值并没有限制。

11．Rotation Over Lifetime Module（生命周期旋转模块）

该模块控制了每一个粒子在生命周期内的旋转速度变化，如图5-59所示。

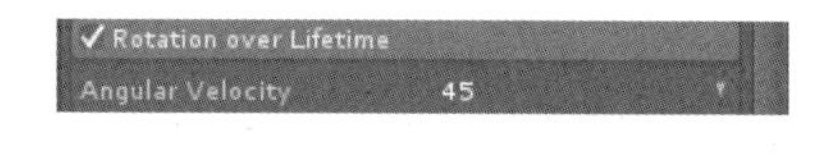

图5-59
Rotation over Lifetime模块参数

- Angular Velocity：粒子在其生命周期内的速度旋转变化[单位：（°）]。可单击右侧向下三角按钮弹出选项列表选择其他方式如固定常数、曲线数值、两个常数随机选择及双曲线范围随机选择。

12．Rotation by Speed Module（旋转的速度控制模块）

此模块可让每个粒子的旋转速度依照其自身的速度变化而变化，如图5-60所示。

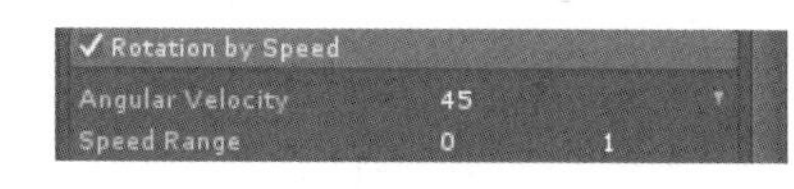

图5-60
Rotation by Speed模块参数

- Angular Velocity：粒子的在其生命周期内旋转速度的变化[单位：（°）]。可单击右侧向下三角按钮弹出选项列表选择其他方式如固定常数、曲线数值、两个常数随机选择及双曲线范围随机选择。
- Speed Range：速度的取值区间，左边是速度最小值，右边为速度最大值，粒子的旋转速度会随着速度值处于速度区间的不同位置而变化（旋转速度不为固定常数时）。注意Speed Range的最大值并没有限制，如图5-61所示。

图5-61
粒子速度按曲线变化

13．External Forces Module（外部作用力模块）

此模块可控制风域的倍增系数，如图5-62所示。

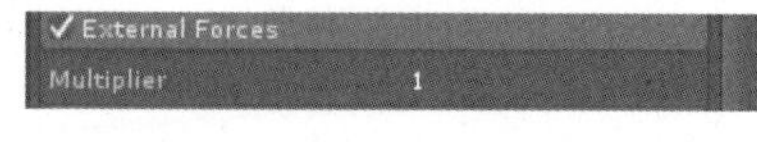

图5-62
External Forces模块参数

- Multiplier：倍增系数。风域对每一个粒子均产生影响，倍增系数越大影响越大。

图5-63
Collision模块属性

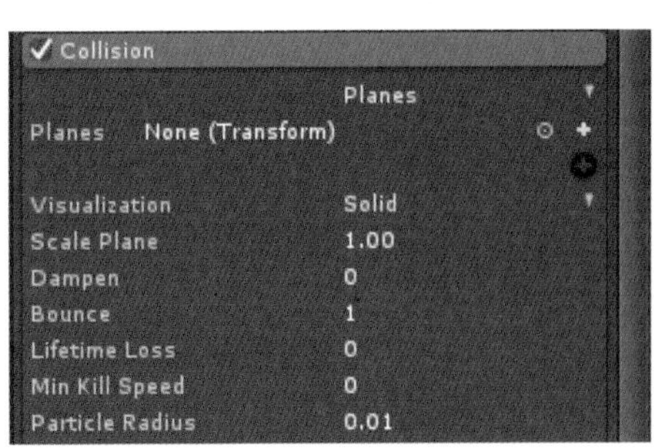

14. Collision Module（碰撞模块）

此模块可为粒子系统建立碰撞效果，目前只支持平面类型碰撞，该碰撞对于进行简单的碰撞检测效率会非常高，如图5-63所示。

图5-64
碰撞类型选择

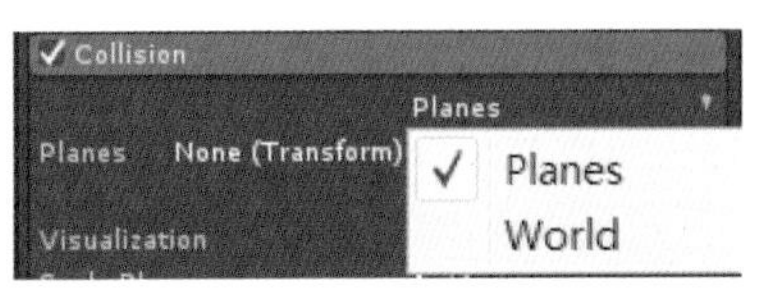

- Planes/World：单击右侧的下三角按钮会弹出选项列表，可选择Planes(平面)或World（世界）碰撞类型，如图5-64所示。

若选择Planes碰撞方式（如上图5-63所示），则参数如下：

- Planes：平面碰撞

图5-65
单击圆圈按钮

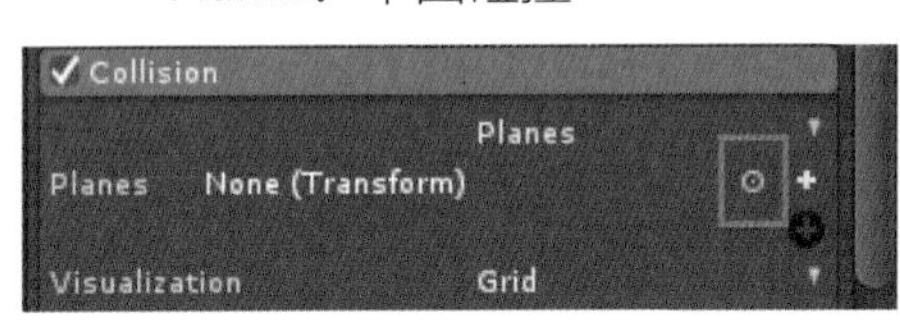

图5-66
Transform选择对话框

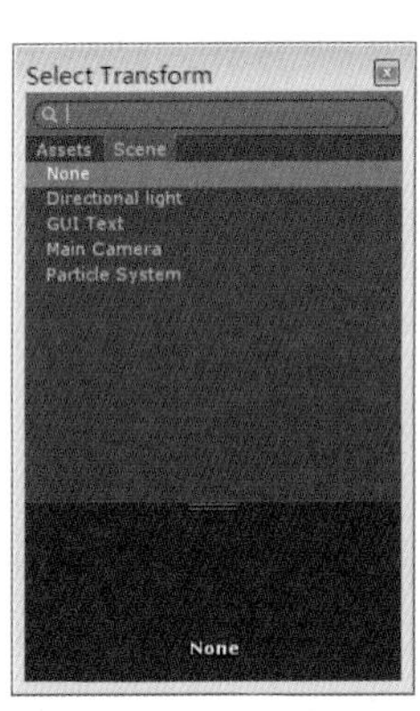

平面碰撞是引用场景中存在的一个游戏对象（或创建一个空的游戏对象）的Transform组件中的位置及旋转值为基准，在此基础上创建一个碰撞平面，此平面的发现方向为Y轴。单击右边的圆圈按钮可弹出引用游戏对象的选择对话框，可从Scene视图中存在的游戏对象列表中选择一个游戏对象作为引用对象，如图5-65和图5-66所示。

若单击右侧的加号按钮可直接增加一个碰撞平面（以新建一个空的游戏对象为原型引用其Transform组件），单击下面的黑色加号按钮可以再增加一个碰撞平面，最多可增加至6个，如图5-67所示。

图5-67
创建了6个碰撞平面来对粒子进行约束

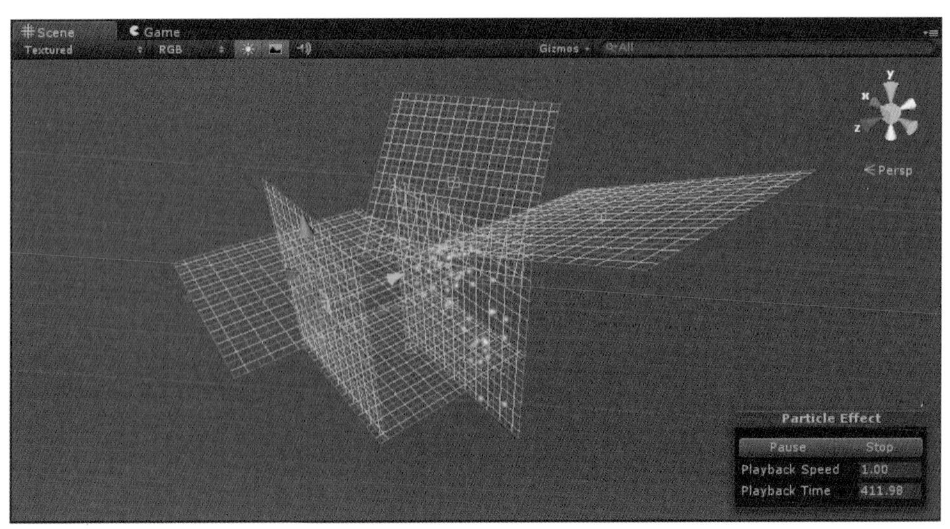

通过新建一个空的游戏对象为原型引用其Transform组件的方式创建碰撞平面，此时，该平面将作为这个粒子系统的子物体，即使移除此碰撞平面，该子物体也不会被删除。若调整碰撞平面的位置及旋转方向，可单击该平面中心的节点将其选中并配合移动或旋转操作即可对其进行调节，但需要注意的是此时该平面所引用游戏对象本身的Transform属性也会产生相应的变化。

- Visualization：平面的视觉效果，单击右侧的下三角箭头，可选择是以Grid（网格）方式还是以Solid（实体）方式显示碰撞平面，如图5-68所示。

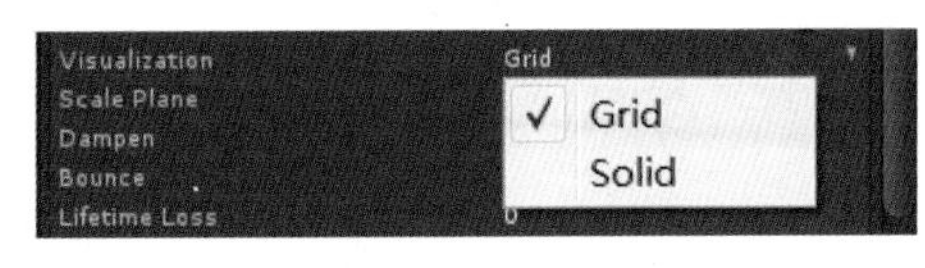

图5-68
选择碰撞面的显示方式

以下属性值的调整会对粒子系统的所有碰撞平面同时起作用。

- Scale Plane：碰撞平面的大小。
- Dampen：阻尼系数，取值为0～1。当粒子与碰撞平面发生碰撞时会损失一部分速度，Dampen值越大粒子损失的速度越大，其速度会变得越慢。当Dampen值为0时碰撞后粒子速度完全不损失，Dampen值为1时在碰撞后粒子速度会完全损失。
- Bounce：反弹系数，取值为0～2。该数值越大，碰撞平面法线方向的反弹越强。
- Lifetime　Loss：生命周期衰减系数，取值为0～1，反映了粒子碰撞后生命周期的衰减情况。该数值越大，粒子与平面发生碰撞后其生命周期的衰减值越大，Lifetime Loss值为0时不衰减，其值为1时粒子在碰撞时即消亡。
- Min Kill Speed：最小销毁速度。当粒子发生碰撞后，小于该速度值的粒子将被销毁。
- Particle Radius：粒子半径。将粒子看作一个以其自身为圆心的虚拟球体，该值即为球体的半径，此球体可看做是该粒子的碰撞包围体，粒子与平面的碰撞就可看做是球体与平面的碰撞，球体半径越大则粒子会在离平面越远的地方与其发生碰撞，最小半径为0.01。

若选择World碰撞方式（如图5-69所示），则参数如下：

Dampen、Bounce、Lifetime Loss、Min Kill Speed参数含义与上文中Planes碰撞方式相同。

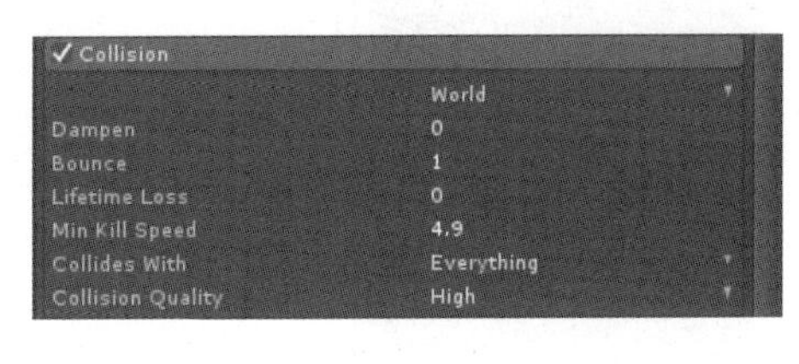

图5-69
碰撞方式为Word时的参数

图5-70 碰撞过滤列表

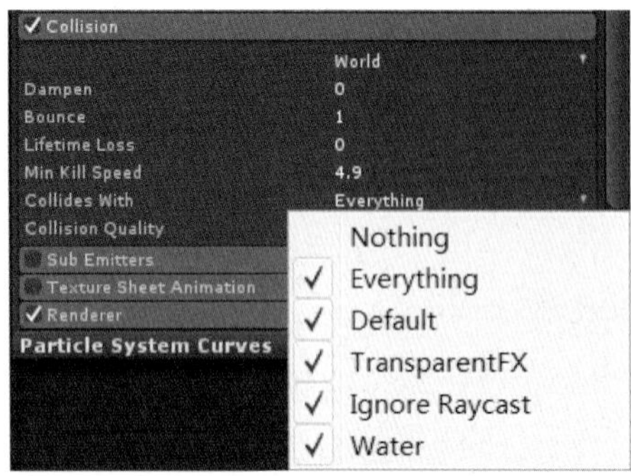

- Collides With：碰撞过滤选择。单击右侧的下三角按钮在弹出的选项列表中可选择粒子与哪个层级发生碰撞，如图5-70所示。

图5-71 碰撞质量选择

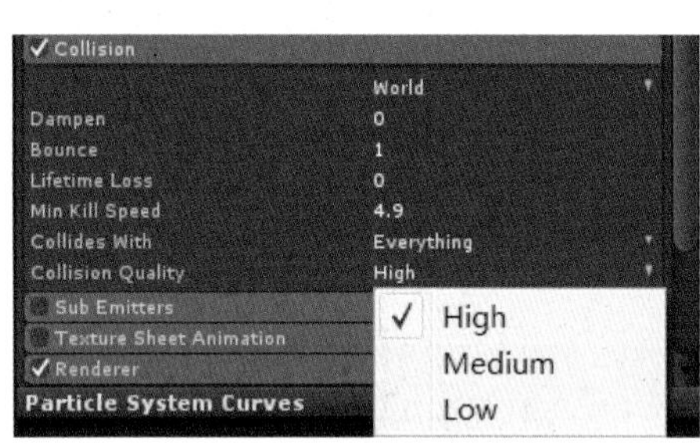

- Collision Quality：碰撞质量，单击右侧的下三角按钮可进行相应的选择，如图5-71所示。
  - High：高质量效果。每个粒子会每帧与场景做一次射线碰撞检测，需要注意的是，这样会增加CPU的负担，故在此情况下整个场景中的粒子数应当小于1000。
  - Medium：中等效果。粒子系统在每帧会受到一次Particle Raycast Budget全局设定的影响，对于在指定帧数没有接收到射线检测的粒子，将以轮流循环的方式予以更新，这些粒子会参照并使用缓存中原有的碰撞。需要注意的是这种碰撞类型是一种近似的处理方式，有部分粒子（尤其是角落处）会被排除在外。
  - Low：低效果。与中等效果相似，只是粒子系统每4帧才受一次ParticleRaycast-Budget全局参数的影响。
- Voxel Size：碰撞缓存中的体素的尺寸，仅当Collision Quality为Medium或Low时该值可用。

15. Sub Emitters Module（子发射器模块）

图5-72 Sub Emitters模块参数

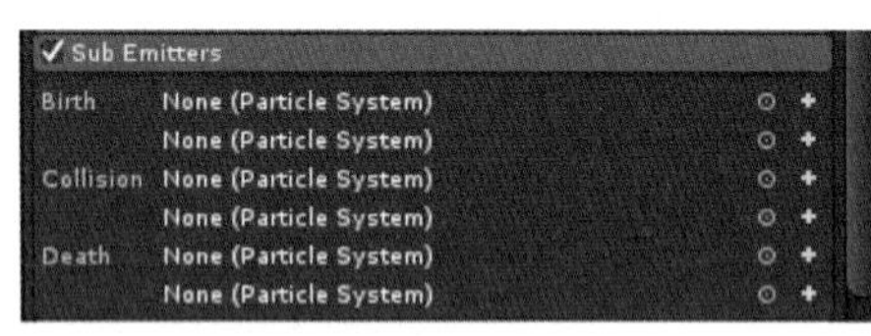

粒子的子发射器。此模块可使粒子在出生、消亡、碰撞等三个时刻生成其他的粒子，如图5-72所示。

图5-73 粒子选择对话框

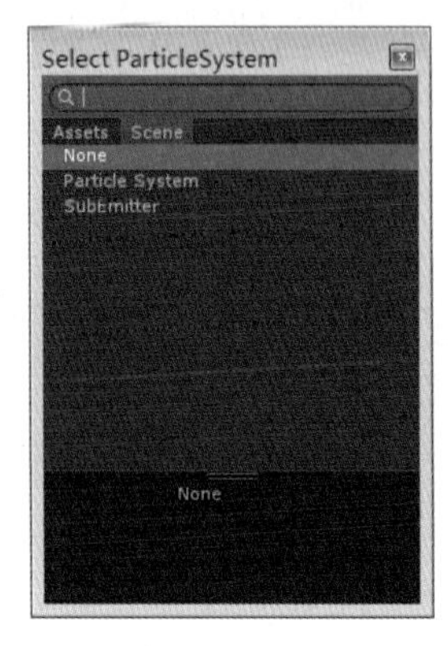

- Birth：在粒子出生时生成新的粒子。单击右侧的圆圈按钮会弹出粒子系统选择对话框，可指定某个已存在的粒子系统为新生成的粒子，如图5-73所示。

单击右边的加号按钮会为源粒子创建一个新的粒子系统（新粒子将作为源粒子的子物体）。注意：一旦如此，即使以后源粒子不再将其作为新粒子来使用，该粒子还是会作为源粒子的子物体继续存在，除非手动将其删除。

- Collision：在粒子发生碰撞时生成新的粒子，添加方法与Birth情形相同。注意：启用此属性需要开启CollisionModule。
- Death：在粒子消亡时生成新的粒子，添加方法与Birth情形相同。

16．TextureSheet Animation Module（序列帧动画纹理模块）

该模块可对粒子在其生命周期内的UV坐标产生变化，生成粒子的UV动画。可以将纹理划分成网格，在每一格存放动画的一帧。同时也可以将纹理划分为几行，每一行是一个独立的动画，如图5-74所示。

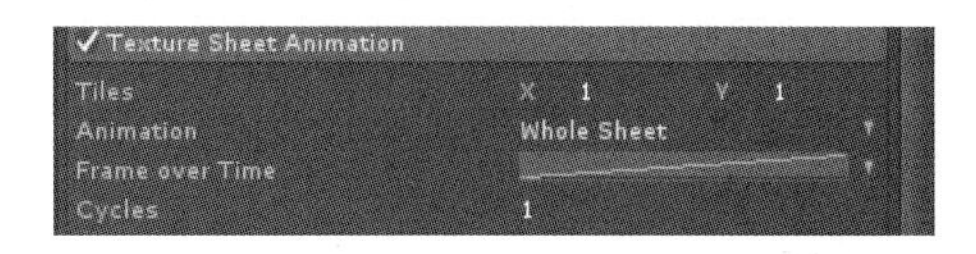

图5-74 Texture Sheet Animation模块参数

> 动画所使用的纹理需要在Renderer Module下的Material属性中指定。

- Tiles：纹理平铺。X、Y的值为粒子的UV在X、Y方向上的平铺值，也即将整页纹理划分成的列数和行数。
- Animation：指定UV动画类型。单击右侧的下三角按钮，是使用整页还是单行的形式，如图5-75所示。

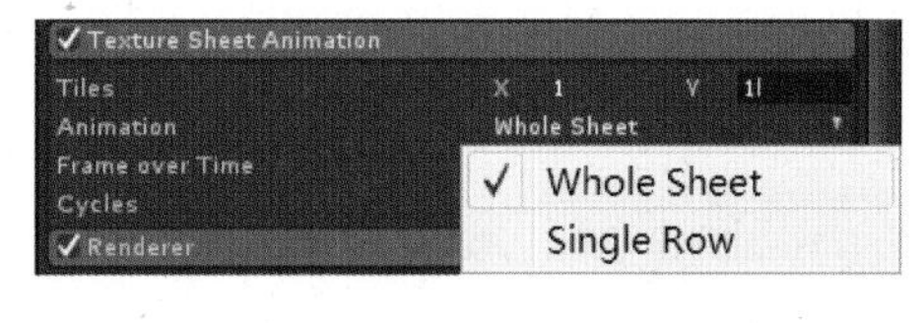

图5-75 UV动画类型

- WholeSheet：基于整页形式的动画。该动画是以整页纹理从左到右、从上到下的顺序来行进的。
- SingleRow：

基于单行形式的动画。该动画是以一行纹理从左到右的顺序行进。

当选中SingleRow时，如图5-76所示。

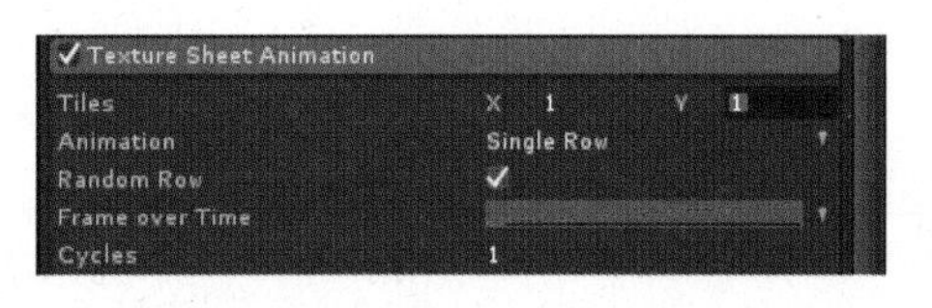

图5-76 选中Single Row时的参数

- Random Row：若激活此项则动画开始于纹理页的随机行。
- Row：指定某一行为动画的起始行，Row值不会超过Tiles里的Y值。
- FrameoverTime：时间帧。该参数可控制每个例子在其生命周期内的UV动画帧。曲线上的横坐标为粒子生命周期的百分比，纵坐标为指定行从左到右的顺序，最高值为该纹理页所设定的X值。单击右侧的下三角按钮可弹出选项列表，可选择固定常数、曲线数值、两个常数随机选择及双曲线范围随机选择选项。

· Cycles：循环次数。粒子在其生命周期内其UV动画将循环多少次。

17．RendererModule（粒子渲染器模块）

图5-77
Renderer模块参数

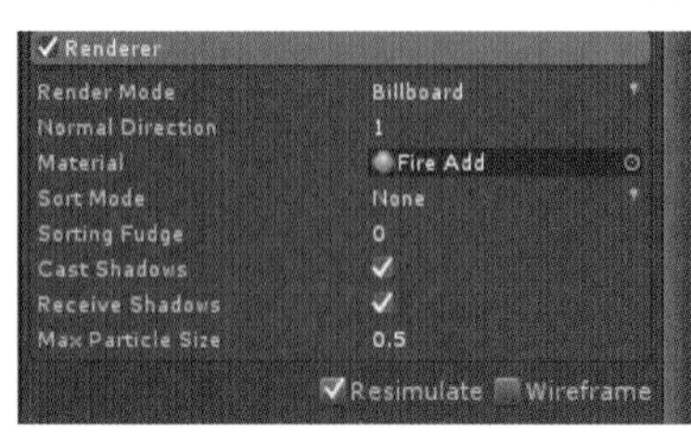

该模块显示了粒子系统渲染相关的属性。即使此模块被添加或移除，也不影响粒子的其他属性，如图5-77所示。

图5-78
渲染模式选择列表

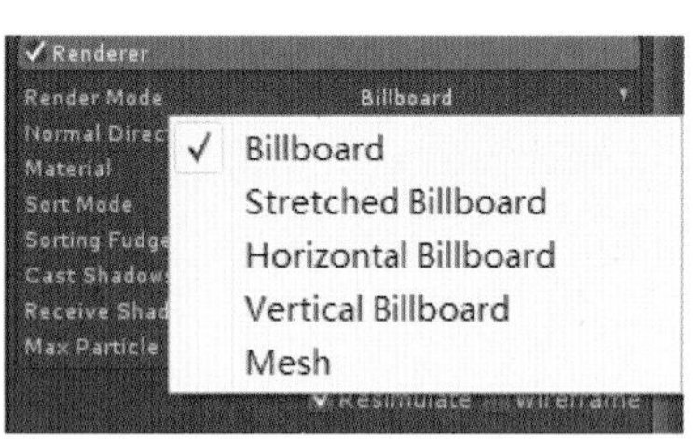

· RenderMode：粒子渲染器的渲染模式，单击右侧下三角按钮可弹出选项列表，如图5-78所示。选择不同的渲染模式，下面的属性也都有所差别。

➢ Billboard：公告板模式。在该模式下粒子总是面对着摄像机，如图5-79所示。

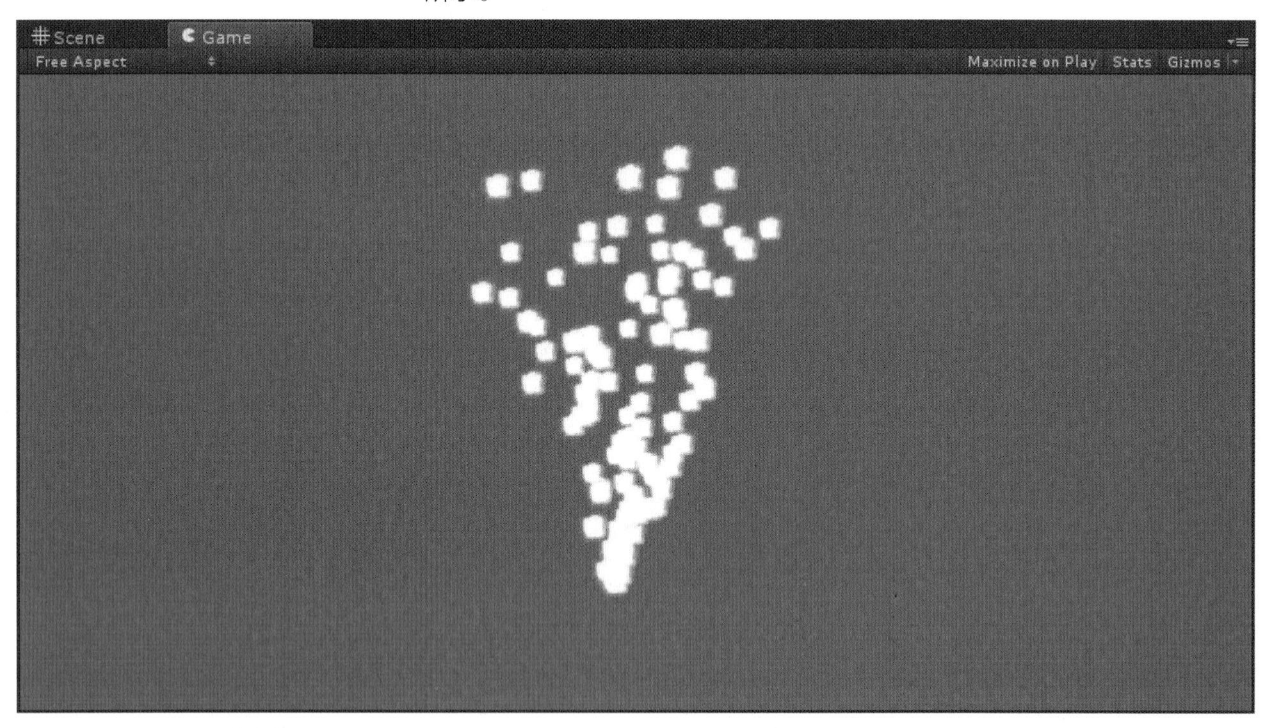

图5-79
Billboard模式下的粒子效果

· NormalDirection：法线方向。取值在0.0 ~ 1.0之间。若该值为1.0则法线方向指向摄像机，若该值为0.0则法线方向指向粒子的角落方向。

· Material：可指定用作渲染粒子的材质。

➢ SortMode：排序模式，粒子可按距离、从最新的粒子开始、从最旧的粒子开始等顺序进行绘制。

- ➢ Sorting Fudge：排序矫正。用来影响粒子绘制的顺序。该数值较低的粒子会最后被绘制，这样就会使粒子在其他透明物体或其他粒子的前面显示出来。
- ➢ CastShadows：投射阴影。粒子可否投射阴影是根据其材质决定的，只有非透明材质才可投射阴影。
- ➢ ReceiveShadows：接收阴影。粒子可否接收阴影是根据其材质决定的，只有非透明材质才可接收阴影。
- ➢ MaxParticleSize：最大粒子大小（相对于视图），有效值为0～1。

- StretchedBillboard：拉伸公告板模式，此模式下粒子将通过下面参数值的设定被伸缩，如图5-80和图5-81所示。
- CameraScale：相机缩放。摄像机的速度对于粒子伸缩影响的程度。
- SpeedScale：通过比较粒子的速度决定粒子的长度。

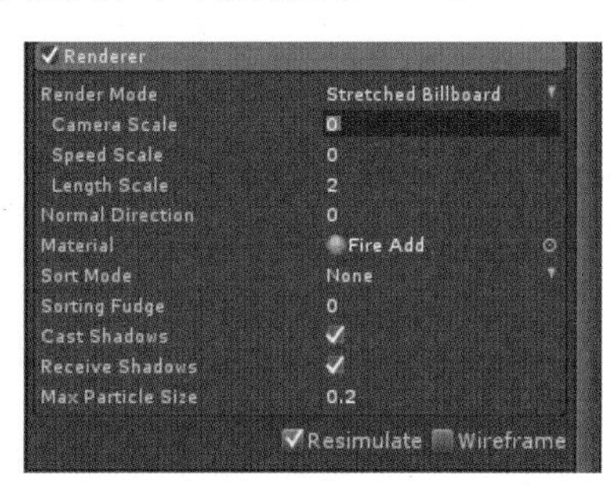

图5-80
Stretched Billboard模式下参数

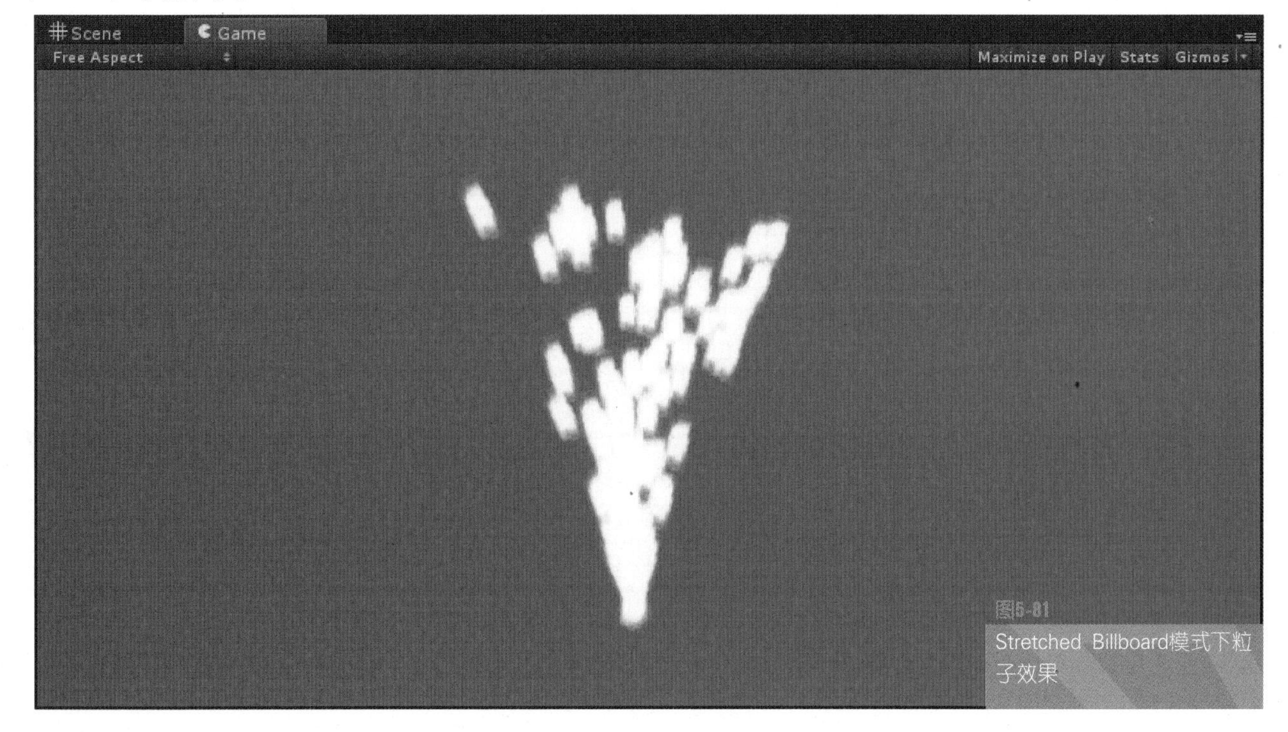

图5-81
Stretched Billboard模式下粒子效果

- LengthScale：通过比较粒子的宽度决定粒子的长度。
  - Horizontal Billboard：水平公告板模式，此模式下粒子将沿Y轴对齐，如图5-82所示。

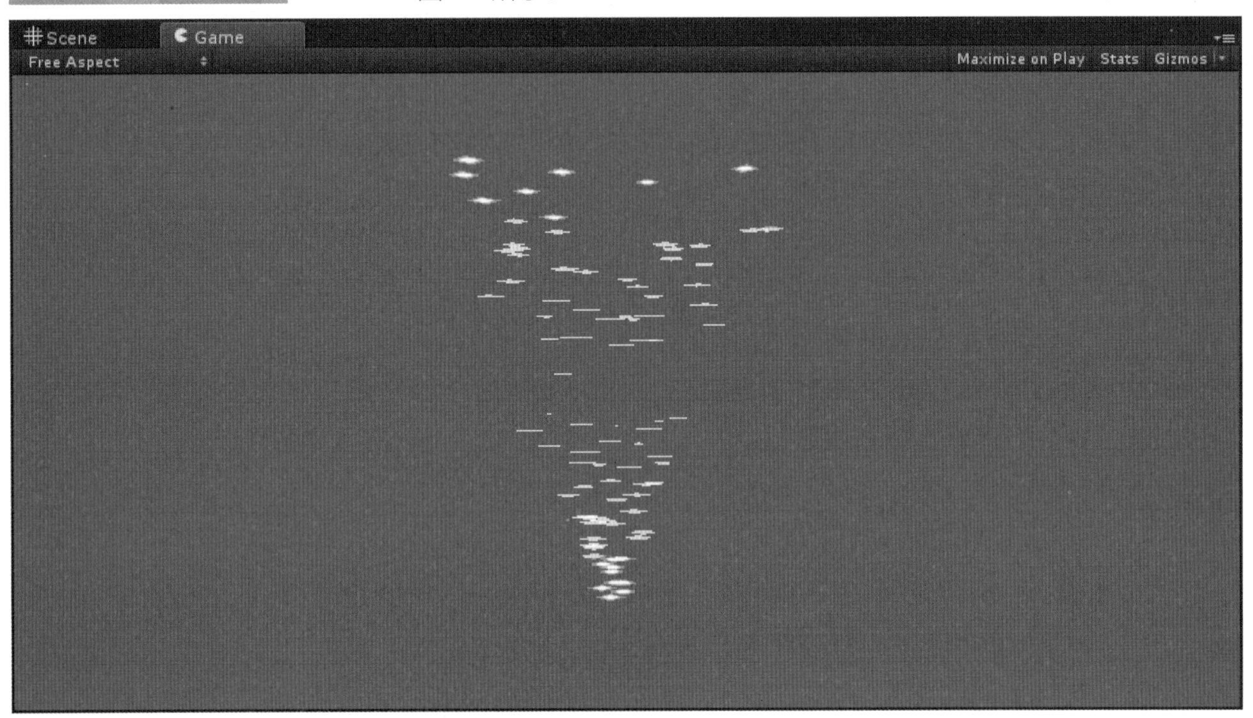

图5-82 Horizontal Billboard模式下的粒子效果

  - VerticalBillboard：垂直公告板模式，此模式当面对摄像机时，粒子将与ZX平面对齐，如图5-83所示。

图5-83 Vertical Billboard模式下的粒子效果

➢ Mesh：网格模式，此模式将用网格去渲染粒子，如图5-84所示。

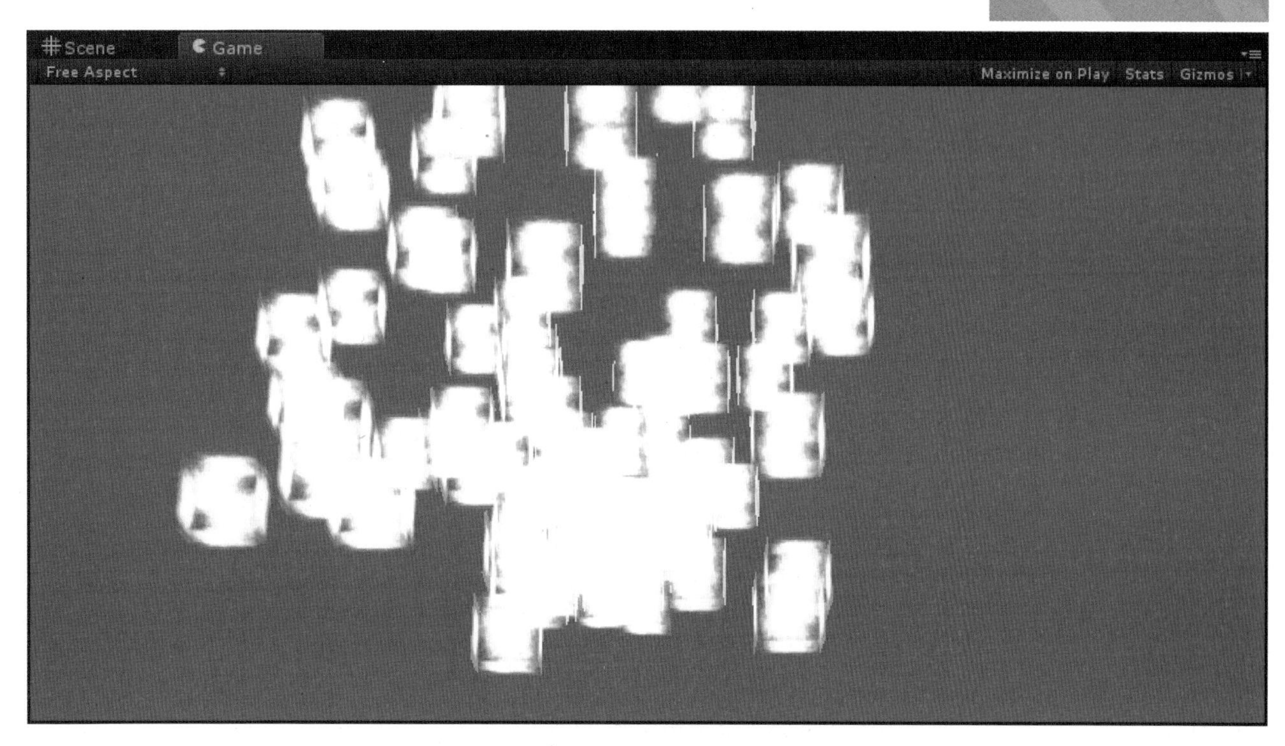

图5-84
Mesh模式下粒子的效果

Resimulate：若勾选此项，则当粒子系统变更时会立即显示出变化（也包括对粒子系统Transform属性的变化），如图5-85所示。

Wireframe：若勾选此项，则将显示每个粒子的面片网格，如图5-86所示。

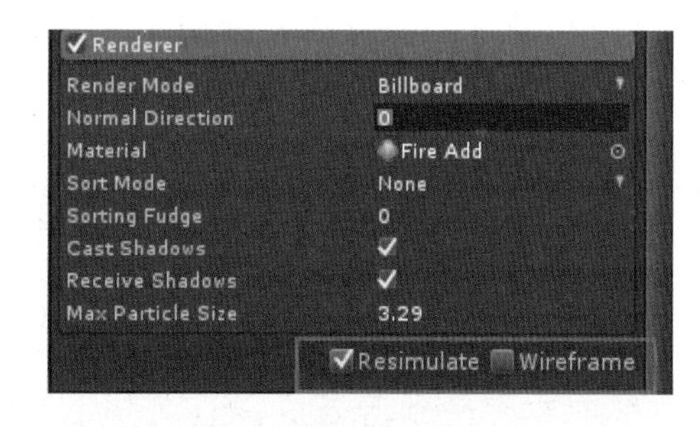

图5-85
粒子更新变化及显示选项

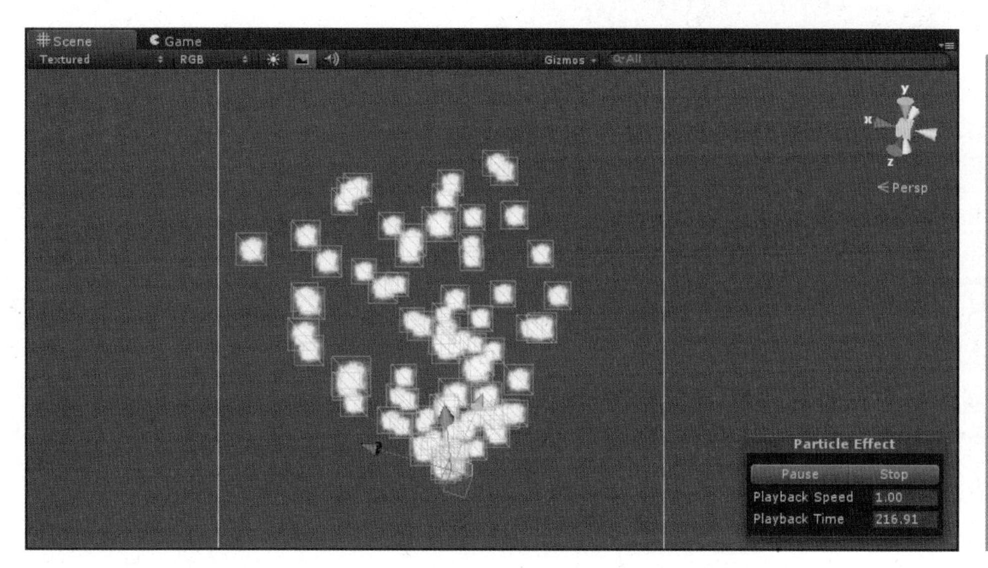

图5-86
勾选Wireframe时粒子将显示面片网格

18．Particle Effect

粒子效果面板，单击Pause按钮可使当前的粒子暂停播放，再次单击该按钮可继续播放；单击Stop按钮可使当前粒子停止播放；PlaybackSpeed标签为粒子的回放速度，拖动PlaybackSpeed标签或者在其右边输入数值可改变该速度值；PlaybackTime为粒子回放的时间，拖动PlaybackTime标签或者在其右边输入数值可改变该时间值，如图5-87所示。

图5-87
Particle Effect面板参数

19．粒子编辑器

粒子系统有一个重要的特性就是独立的粒子系统可以被组合在一起作为某个父对象的子物体，这些粒子效果共同属于同一个粒子效果，可同时播放、暂停、停止。

粒子编辑器的出现就是为了更方便滴管理复杂的粒子效果。单击Particle System属性面板上的Open Editor...弹出粒子编辑器对话框，该对话框集成了Particle System属性面板及粒子曲线编辑器，便于对复杂的粒子效果进行管理和调整，可以看作粒子组件属性面板和曲线编辑器的组合体，如图5-88所示。

图5-88
粒子编辑器对话框

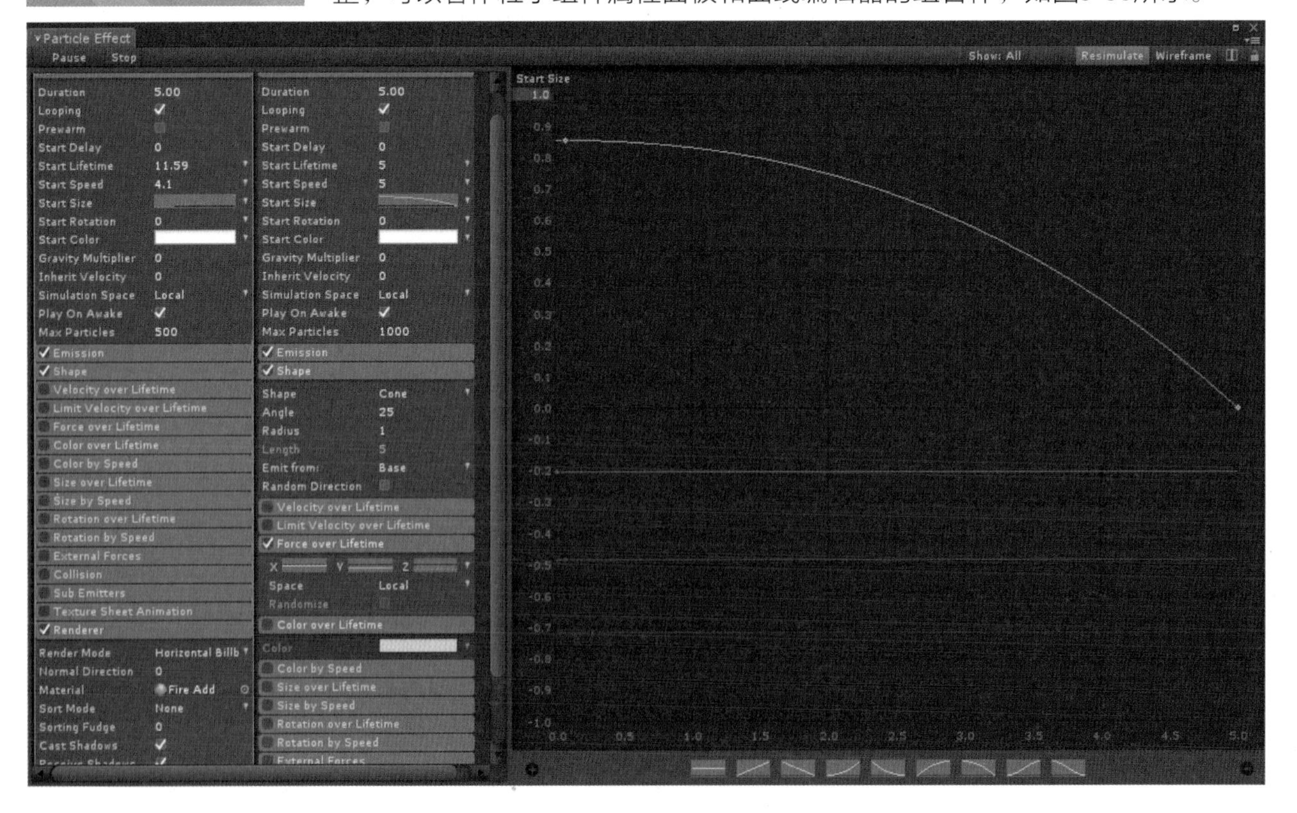

编辑器对话框左侧为粒子的属性面板，如图5-89所示。

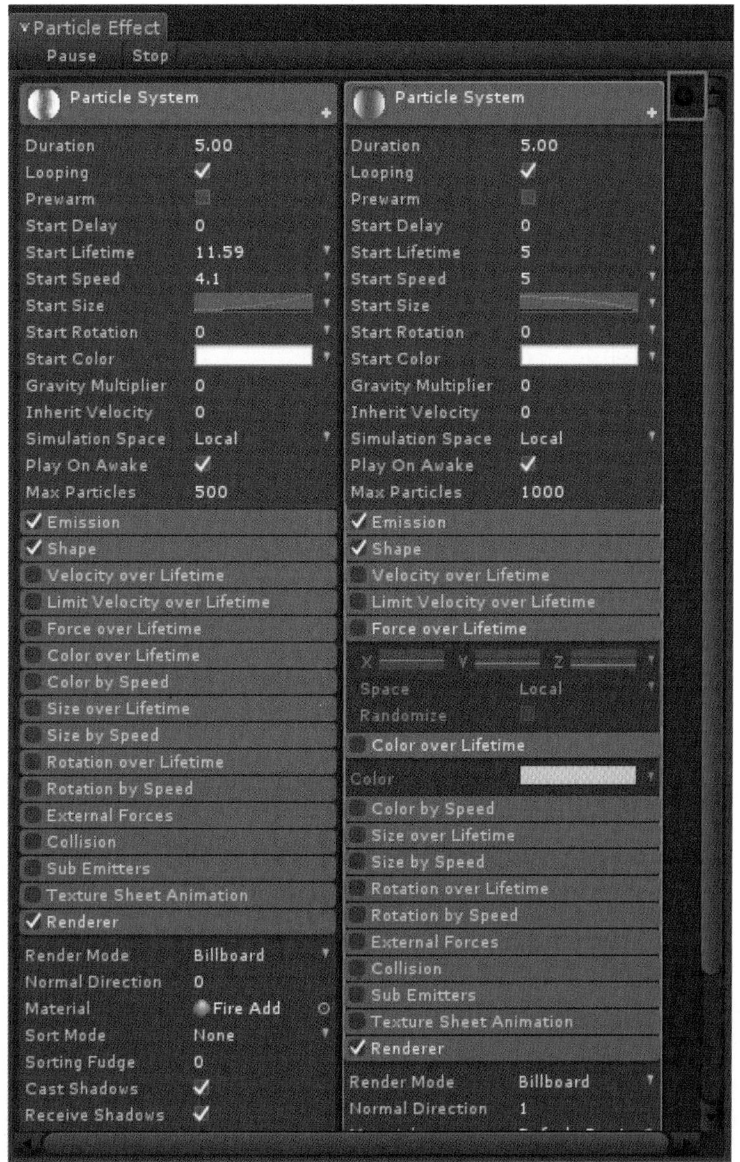

图5-89
粒子属性面板

粒子属性面板会显示一个粒子系统的及其所有子粒子系统的组件属性，在选中某个粒子系统的情况下，该粒子属性面板上出现一个蓝色边框予以标识，单击最右侧属性面板的右上方位置加号按钮（如图5-89所示）会基于当前的父粒子建立一个新的子粒子系统（在Hierarchy视图结构中可在其层级结构中看到新增加的粒子系统）。

在粒子的属性面板左上单击粒子的图标可以选中该粒子物体（作用等同于在Hierarchy视图中选择该粒子），如图5-90所示。按住Ctrl键的同时单击多个粒子的图标可同时选中多个粒子及其属性面板。

图5-90
同时选择多个粒子的属性面板

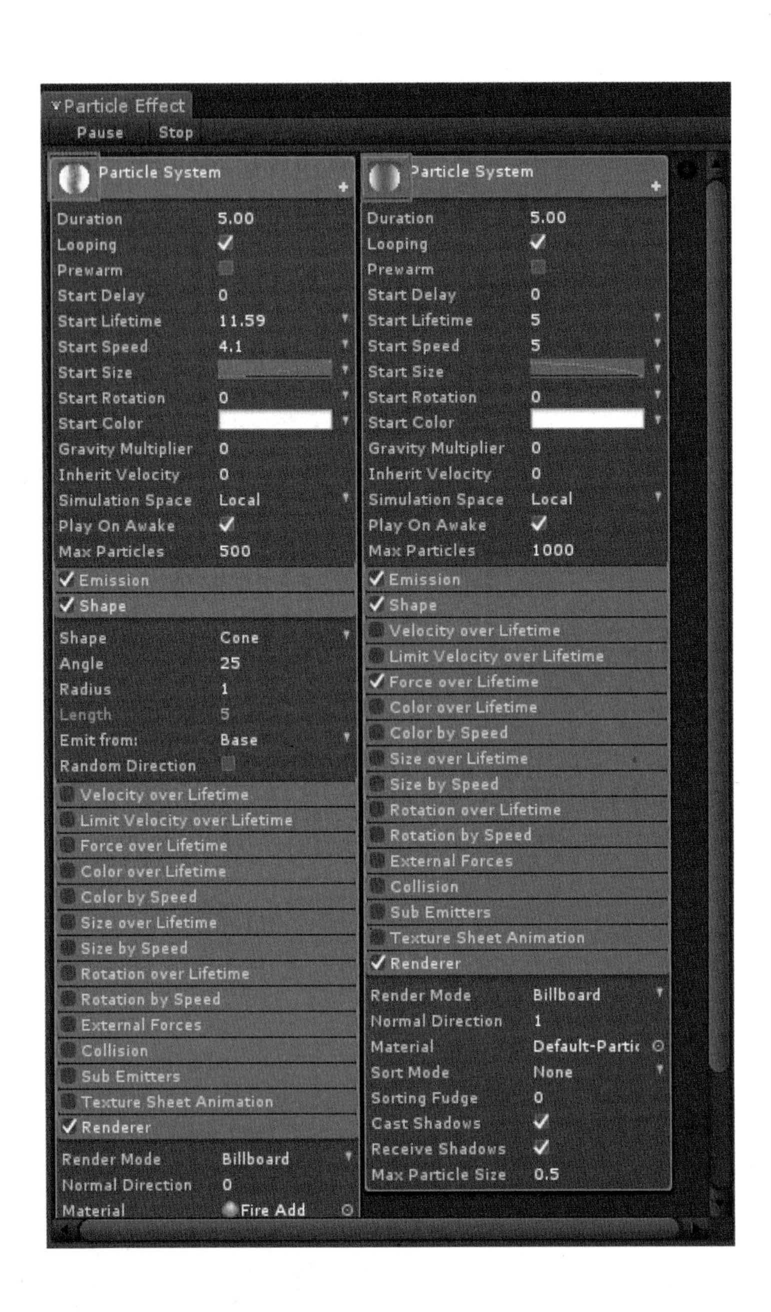

图5-91
粒子的暂停及停止播放按钮

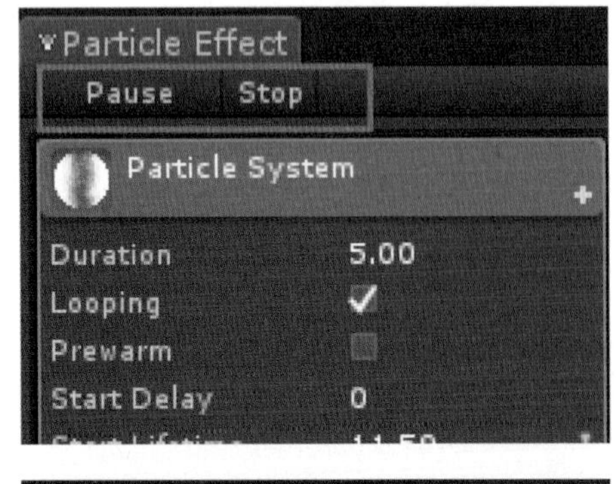

在粒子播放时单击左上的Pause/Simulate按钮可控制粒子的暂停播放和继续播放，单击其右侧的Stop按钮可停止粒子的播放，如图5-91所示。

单击粒子编辑器的右上的Show：Select/All可控制左边粒子属性面板的显示方式。当显示Show：Select时，左侧属性面板只有被选择粒子的属性面板高亮显示，未被选择的粒子属性面板将变暗，如图5-92和图5-93所示。

图5-92
按钮显示为Show: Select

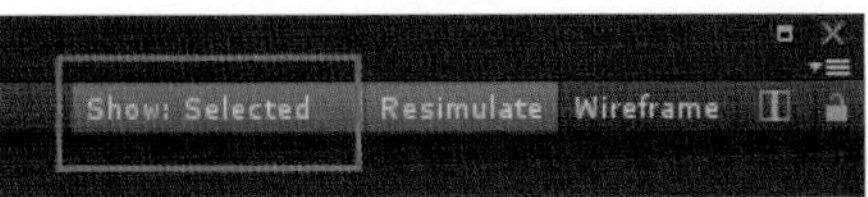

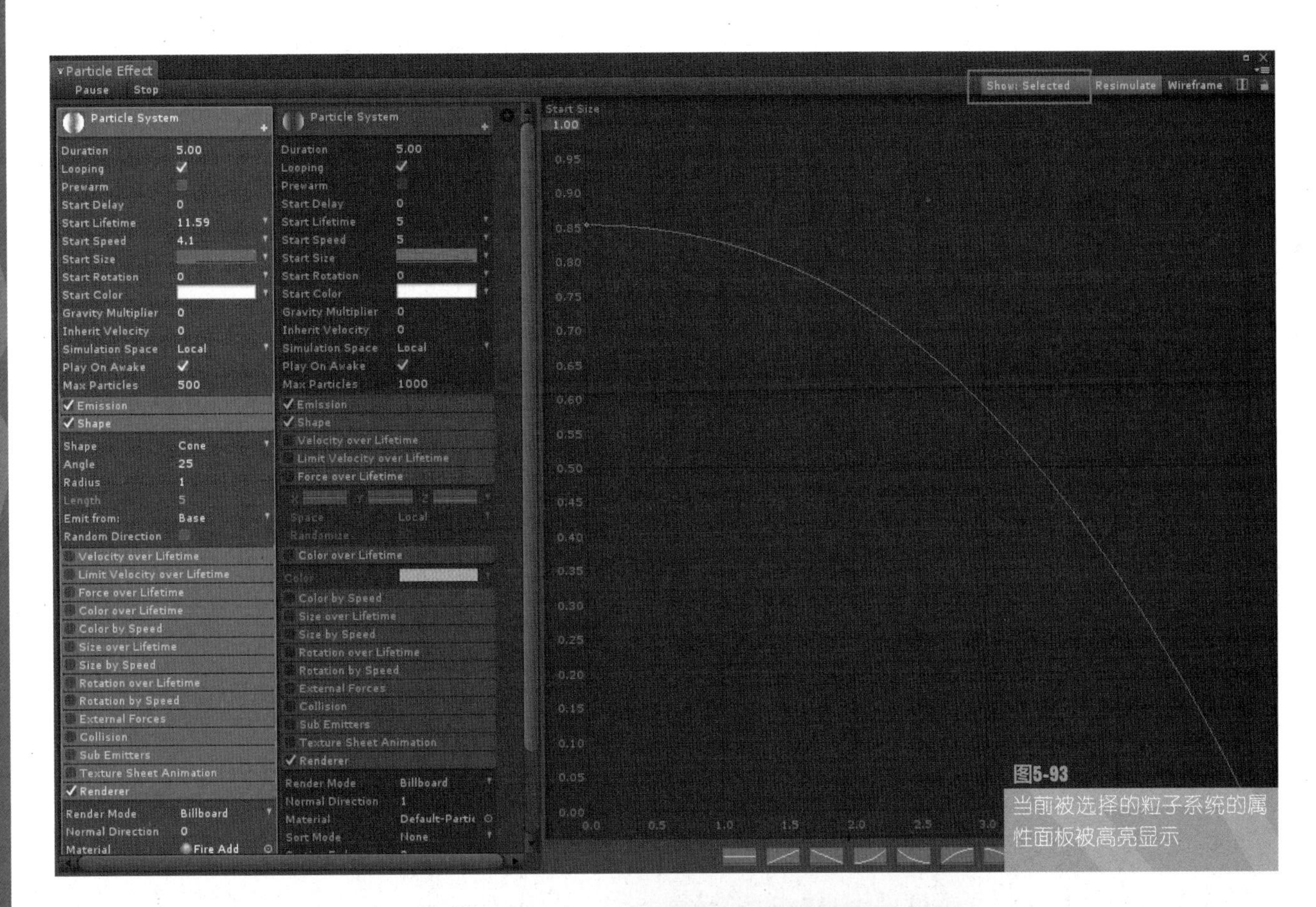

图5-93 当前被选择的粒子系统的属性面板被高亮显示

当显示Show：All时，左侧所有的粒子属性面板均高亮显示，如图5-94和图5-95所示。

图5-94 按钮显示为Show：Allt

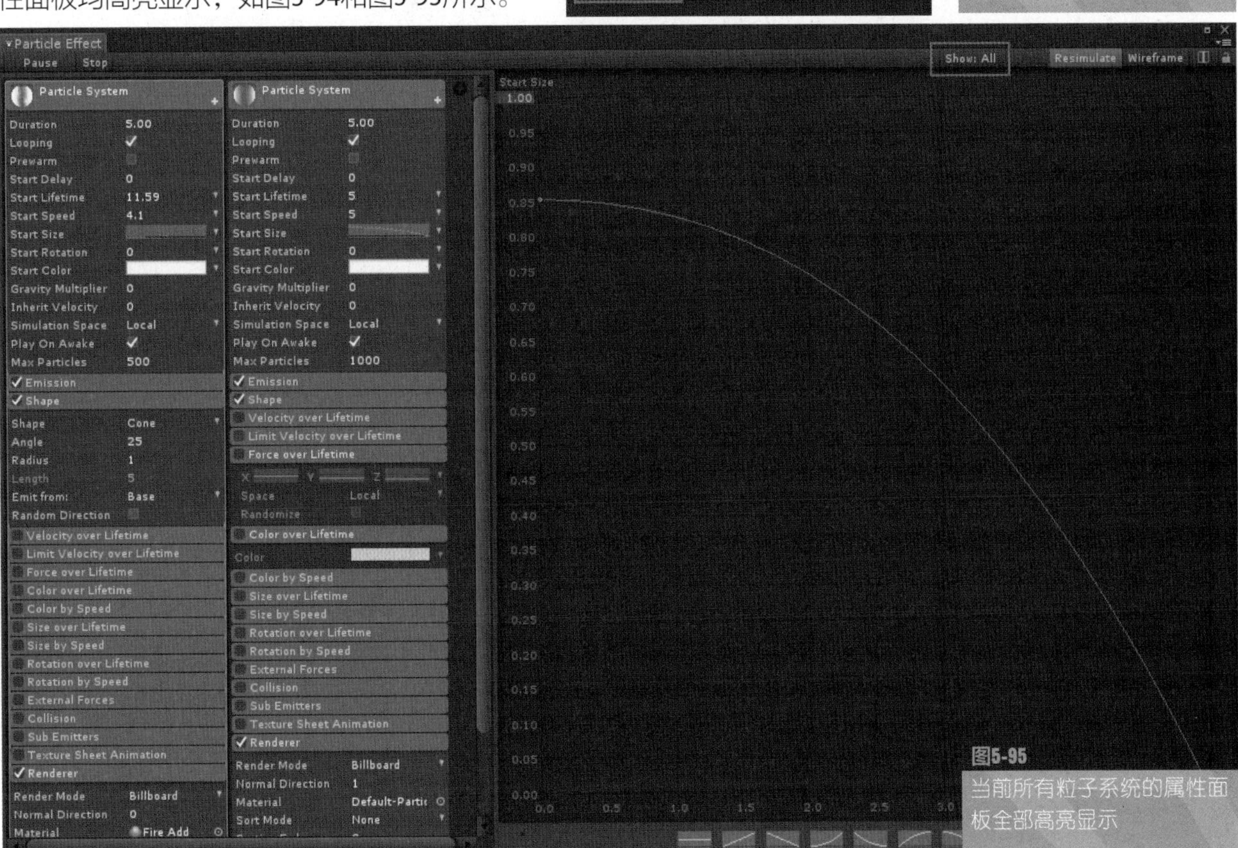

图5-95 当前所有粒子系统的属性面板全部高亮显示

单击粒子编辑器对话框右上方的Resimulate按钮将其高亮显示，则当粒子系统有所变更时会立即显示出变化（也包括对粒子系统Transform属性的变化），单击其右侧的Wireframe按钮则每个粒子系统均会显示其面片网格，单击按钮可调整粒子属性面板与曲线编辑器之间是水平排列还是垂直排列。

粒子编辑器右面的一大块区域（默认设置下）为粒子的曲线编辑器。粒子系统模块的很多属性都涉及某个值随时间而变化的情况，此时可用最大/最小曲线对其进行详细的描述，如图5-96所示。

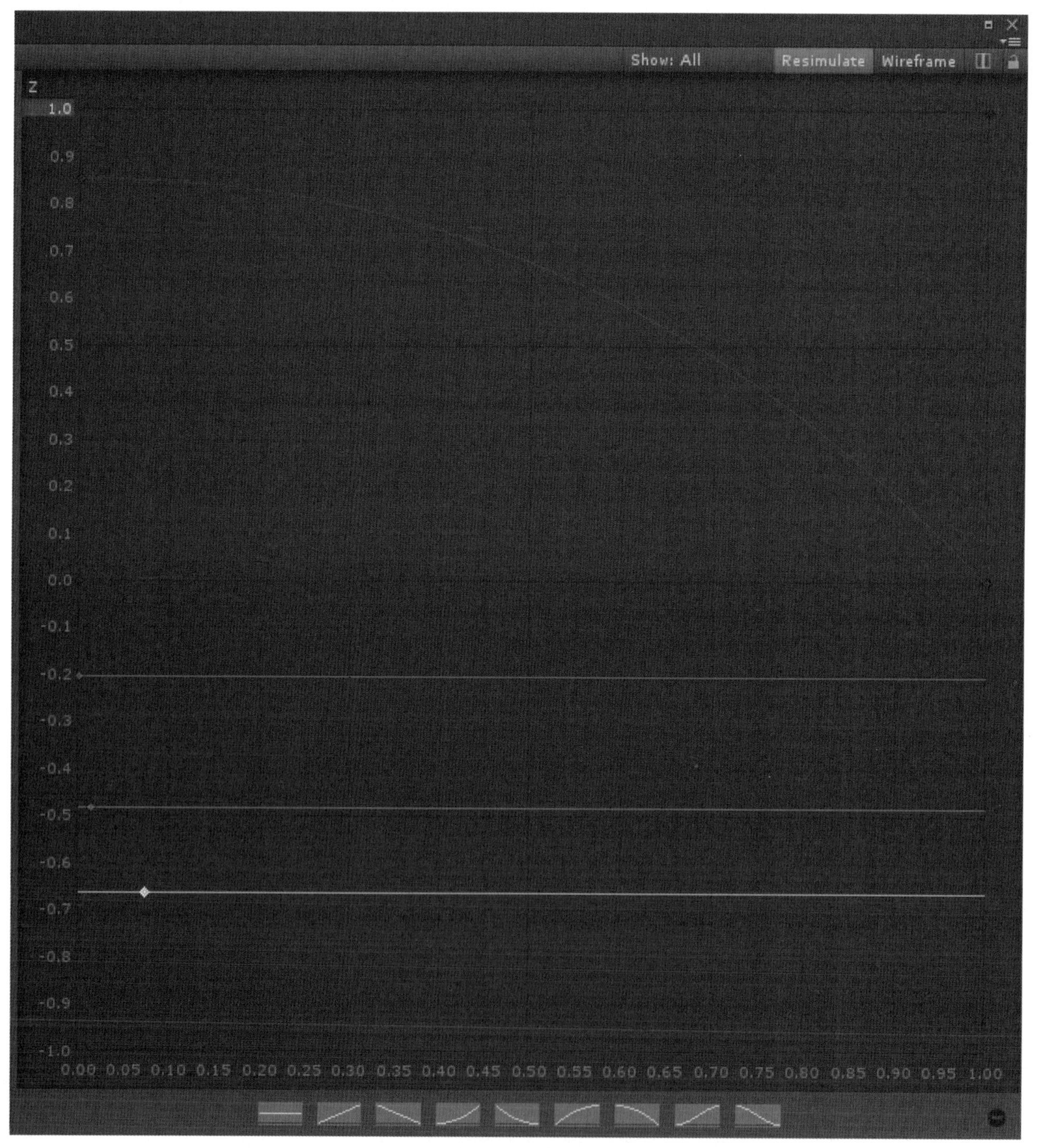

图5-96 曲线编辑器界面

打开曲线编辑器的另一种方法是，在粒子的Inspector视图中的Particle System属性面板中右击Particle System Curves按钮，如图9-97和图9-98所示。

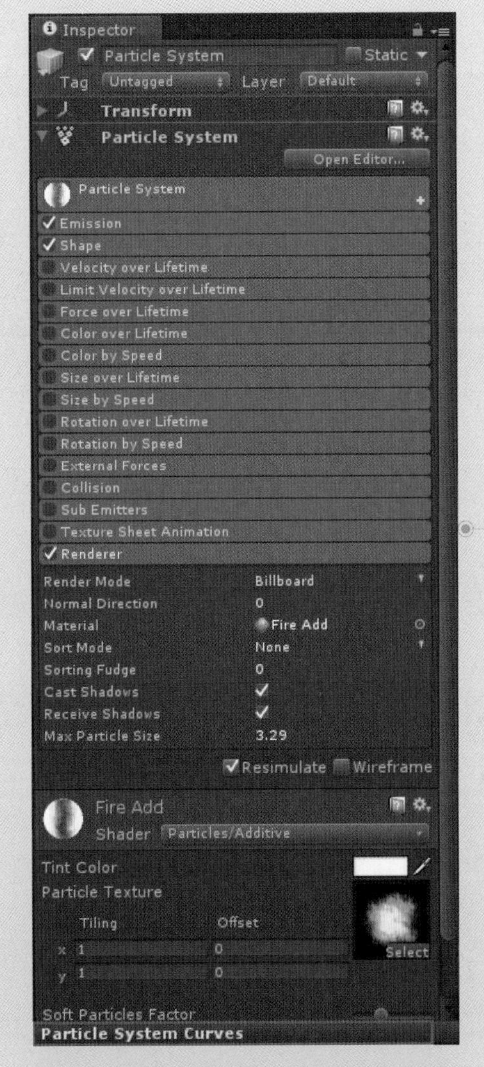

图5-97
双击Particle System Curves按钮

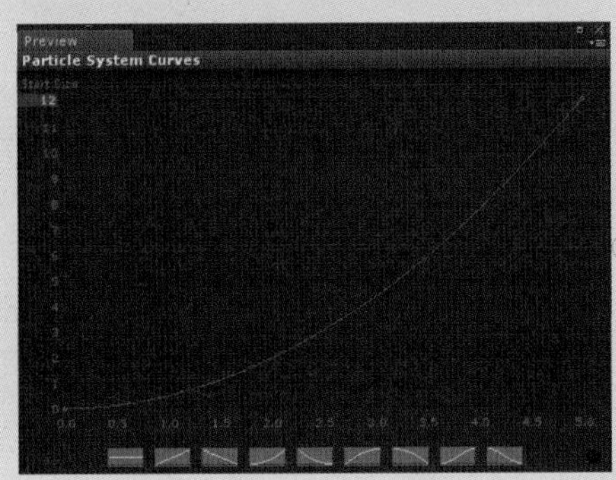

图5-98
曲线编辑器

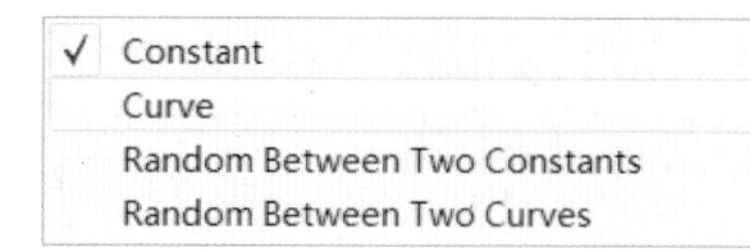

图5-99
不同种类的数值形式

正如前文在粒子系统中介绍一系列模块时涉及的某些数值随曲线的变化情况，一般其选项列表中会有以下几种选项（如图5-99所示）：

- Constant：
设定为一个具体的常量值。
- Curve：
值随时间沿曲线而变化，如图5-100所示。

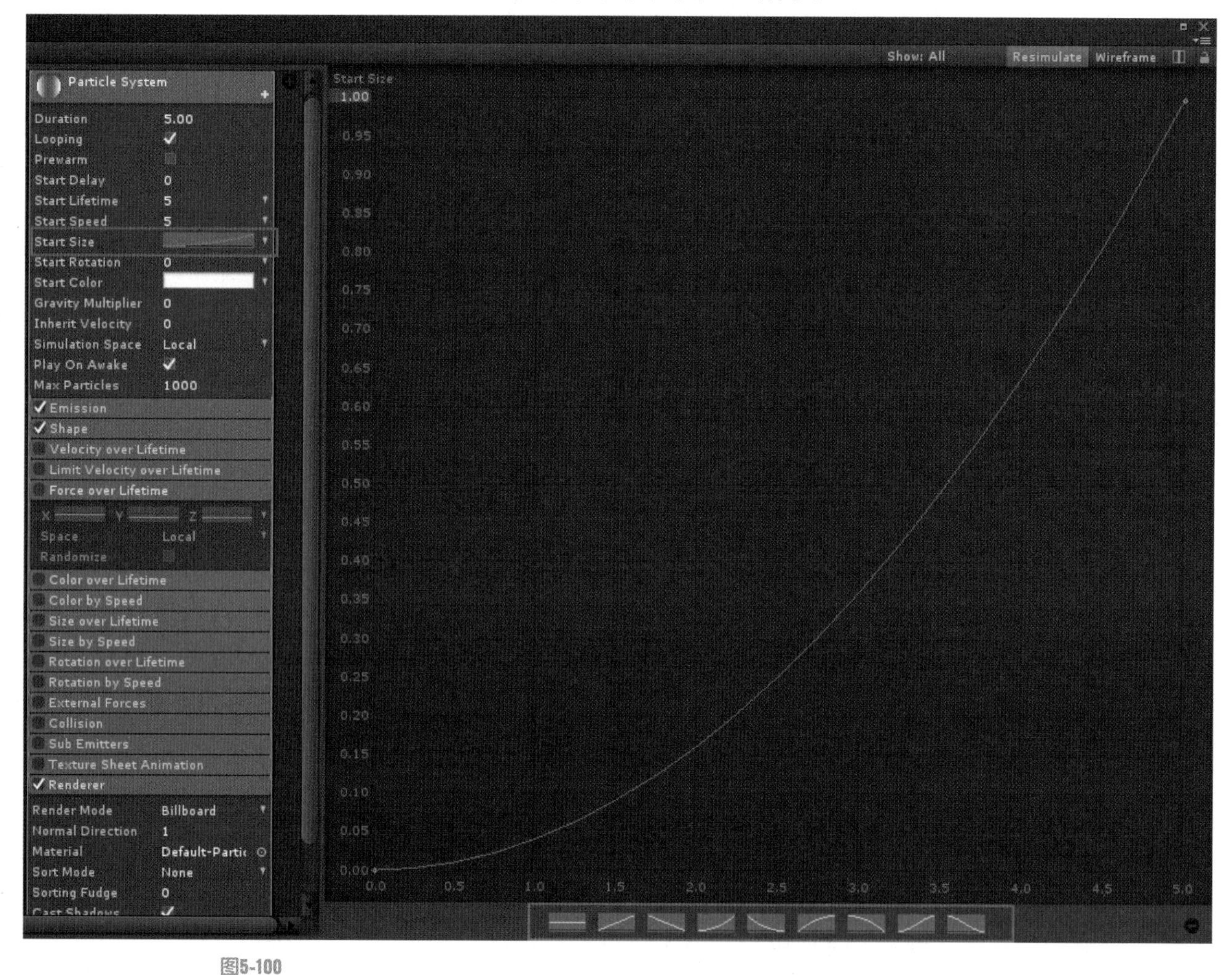

图5-100
数值随时间沿曲线而变化

图中曲线描述了粒子初始模块中Start Size参数的变化，曲线的横坐标最小值为0，最大值为粒子的时续时间（即Duration参数值），纵坐标最小值为0，最大值为粒子的大小值（即Start Size值），最上面显示了该纵坐标所反映的属性的参数名称（本例中为Start Size），曲线反映了粒子大小随时间变化的趋势。曲线编辑器的下方提供了几种预设的曲线行驶曲线可供选择，也可双击曲线上任意一点（或右击并选择Add Key）来增加控制点，从而对曲线进行更加精确的调整，如图5-101所示。

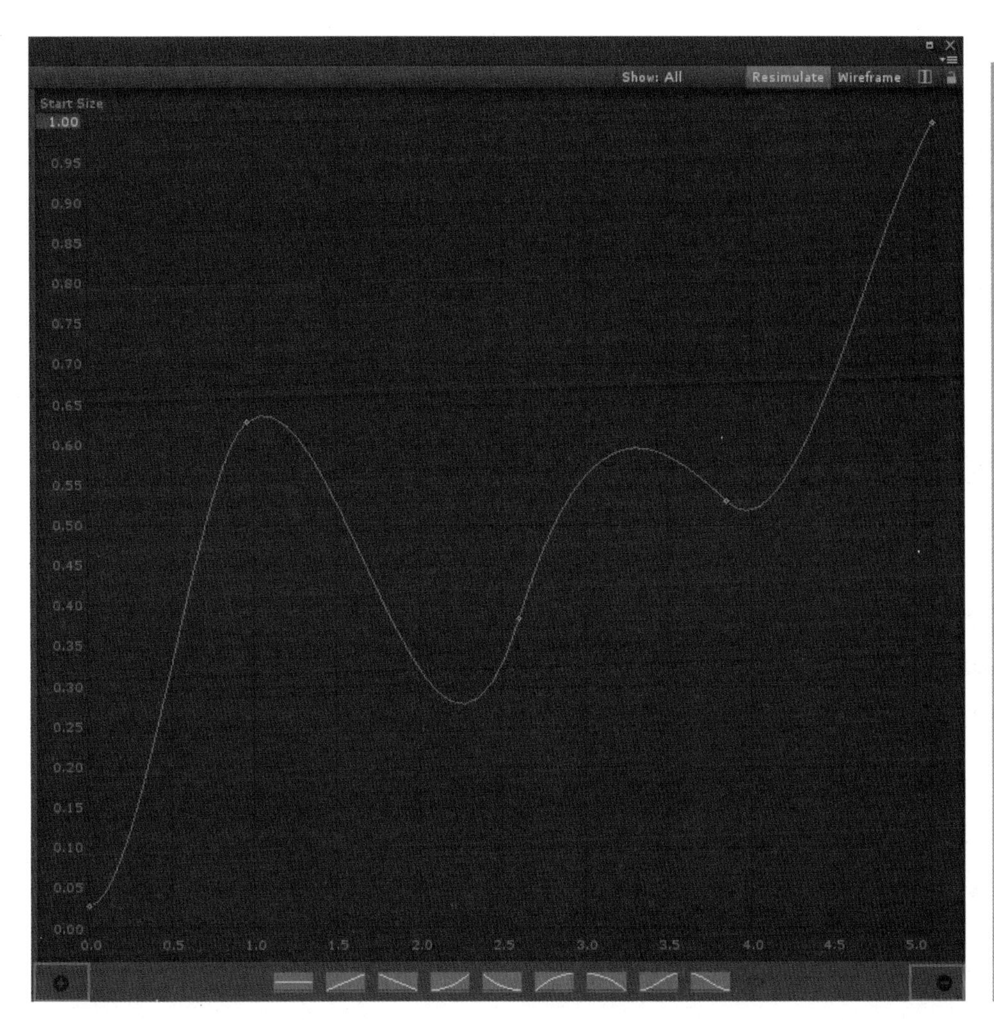

图5-101
通过控制点来精确调整曲线

技巧 Technique

单击曲线编辑器右下方的减号按钮可移除当前所选择的曲线（曲线本身还是保留的，只是在编辑器中不显示而已）；当一条曲线上超过3个控制点时，编辑器的左下方会出现加号按钮，单击该按钮，系统会自动对曲线进行控制点优化处理，优化后的曲线上只保留3个控制点。当编辑器中有多条曲线同时存在时，被选择的曲线将高亮显示，在曲线附近的空白处单击鼠标并拖动出一个矩形选择框可同时选择多条曲线。

切线的调整：

在曲线的任意控制点上右击，会弹出切线的选择类型列表，如图5-102所示。

图5-102
切线的调整列表

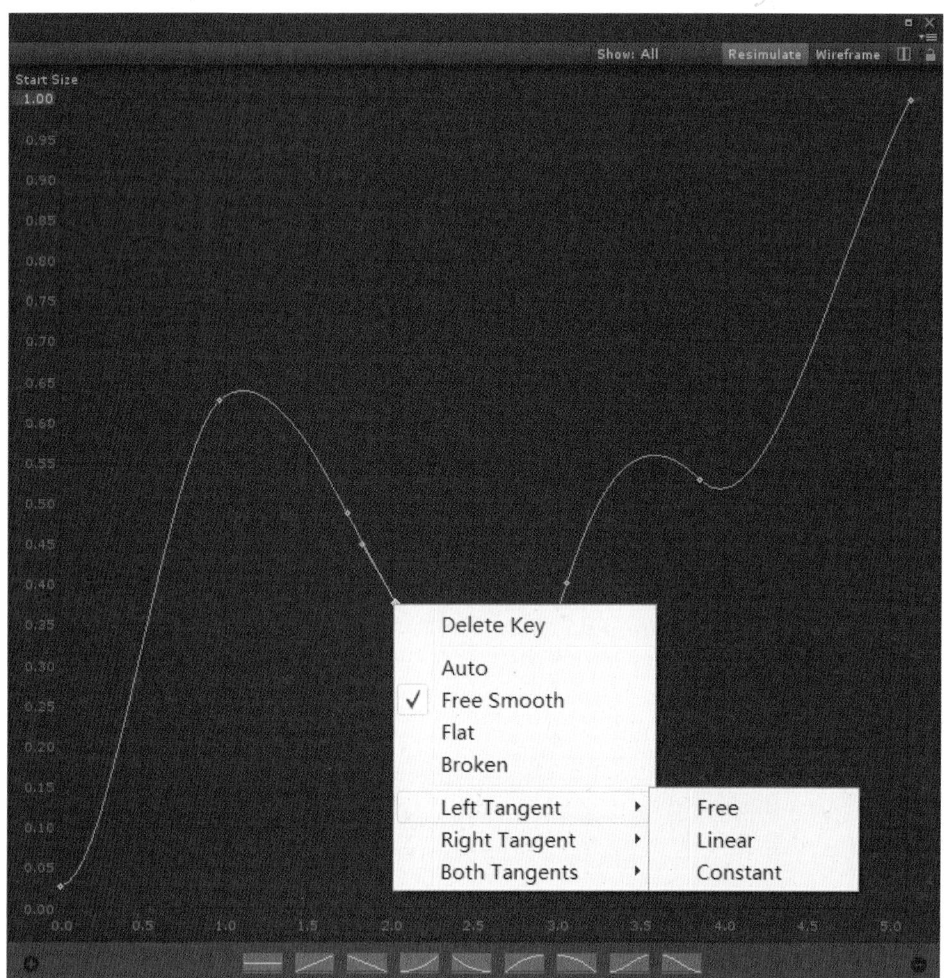

以下为切线的调整方式。

- DeleteKey：删除控制点。
- Auto：自动平滑模式。
- Free Smooth：自由平滑模式（与Auto不同的是，Free Smooth可以用摇杆调节）。
- Flat：水平模式。
- Broken：破损模式。
- Left Tangent、Right Tangent、Bot Tangents：控制点与左侧曲线、右侧曲线、两边曲线相切的方式。
- Free：自由相切。
- Liner：线性相切。
- Constant：恒值相切。
- Random Between Two Constants：在两个所设定的常量数值之间随机选择数值。

Random Between Two Curves：在曲线编辑器中两条曲线之间的范围内沿时间随机选择数值，如图5-103所示。

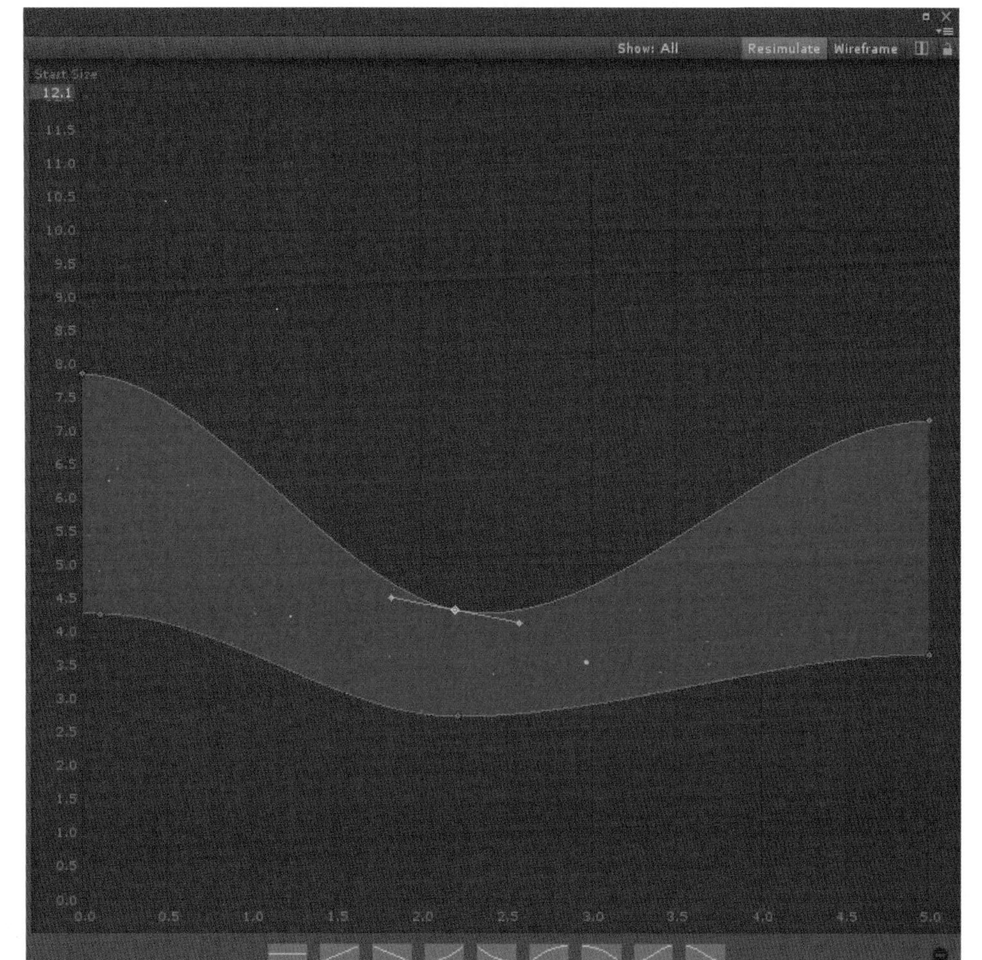

图5-103
在两条曲线间随机取值

5.4　粒子系统案例

1．启动Unity应用程序，在启动界面单击Open Other…按钮（如图5-104所示），在弹出的窗口中选择，打开\unitybook\chapter05\project01文件夹，然后单击“选择文件夹”按钮打开该工程文件，如图5-105所示。

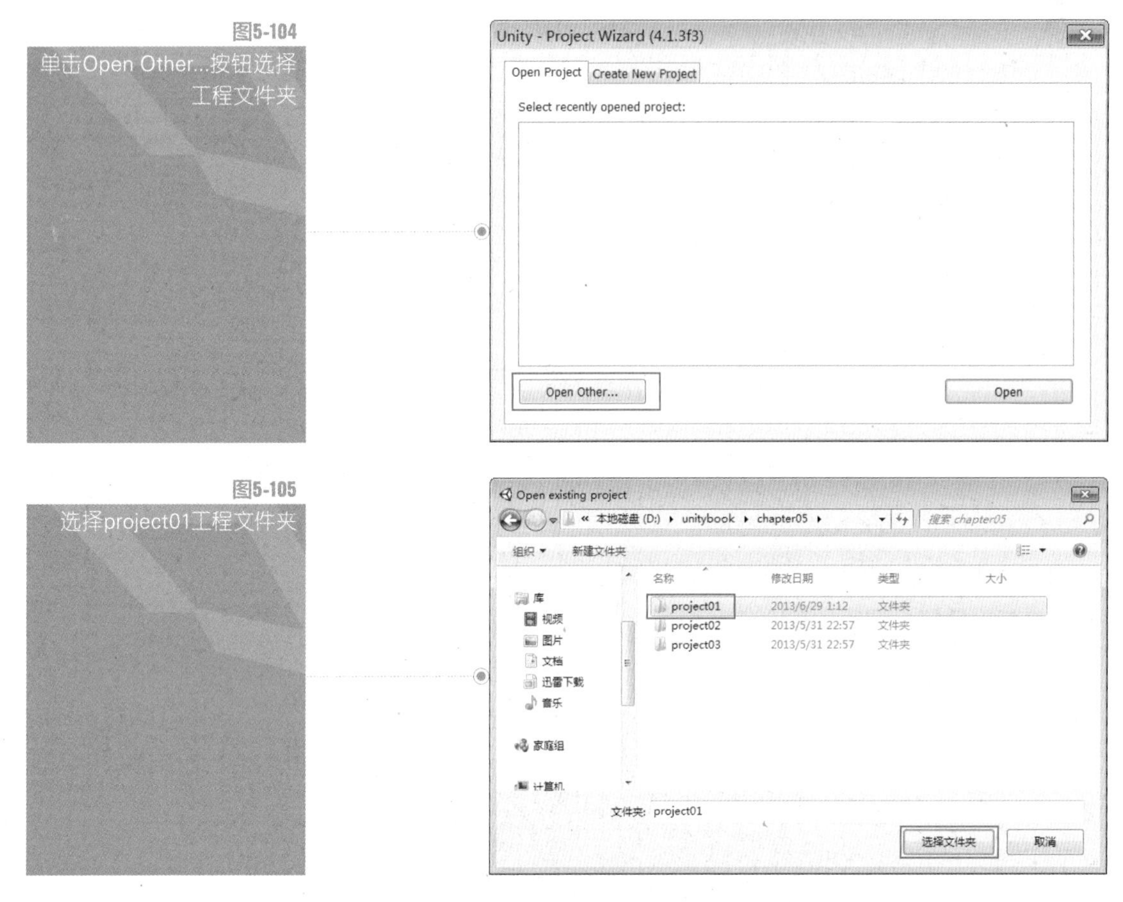

图5-104 单击Open Other...按钮选择工程文件夹

图5-105 选择project01工程文件夹

图5-106 打开场景

2. 打开工程文件后，在Project视图中会看到很多资源，找到名为0701的场景文件，双击打开该场景，如图5-106所示。

3．单击▶运行该场景，随着相机运动可以看到里面的机器人、风扇及器械等都动起来了，非常鲜活生动。观察场景发现转动的风扇这块，如果能加一些粒子效果会更好，下面将讲解如何在风扇处增加飘落雪花和冷气的粒子效果。

4．切换到Scene视图，双击风扇模型或者在Hierarchy视图中展开Dynamic Objects层级，双击Prop_fan_large游戏对象，将当前视角移动到风扇游戏对象跟前，如图5-107所示。这里要在风扇附近的位置建立两个粒子系统：模拟被风扇从外面吹进来的雪花粒子效果及冷气粒子效果。

图5-107 将视角移动到风扇对象处

5．首先模拟室外的雪花被风扇卷入到室内的飘散效果。单击菜单栏中的GameObject→Creat Other→Particle System选项，在场景中创建一个粒子系统，如图5-108所示。

图5-108 创建一个粒子系统

可以看到该粒子的位置处在风扇附近并且该粒子已经有了一个类似白色光球向上飘的一个默认效果。为了便于管理，将该粒子的Inspector视图中的名称改为snow，如图5-109所示。

图5-109
将创建好的粒子改名为snow

图5-110
单击圆圈按钮打开材质选择对话框

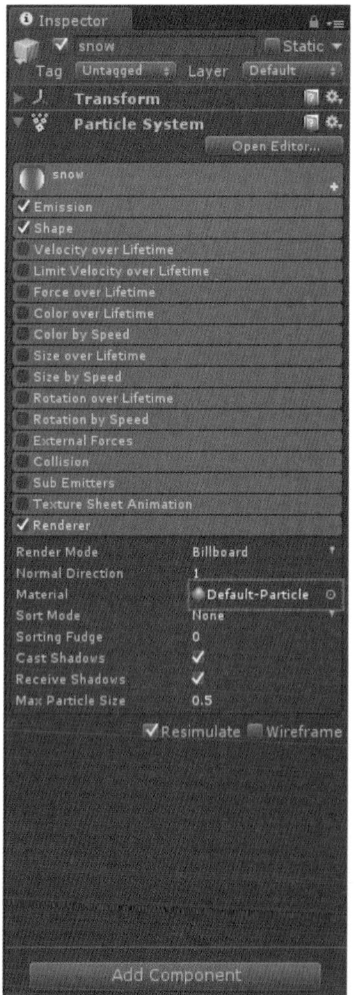

6．新建立的粒子效果是默认的，并不符合项目所需的雪花效果，因此需要对刚创建的snow粒子的各属性参数进行一步步的调整并最终得到理想的效果。首先要设置粒子的材质，在Inspector视图中单击Renderer模块标签，再单击Material属性右侧的圆圈按钮（如图5-110所示），在弹出的材质选择对话框中选择part_bokeh_mat材质球（如图5-111所示），这样雪花粒子的材质就设定好了，如图5-112所示。

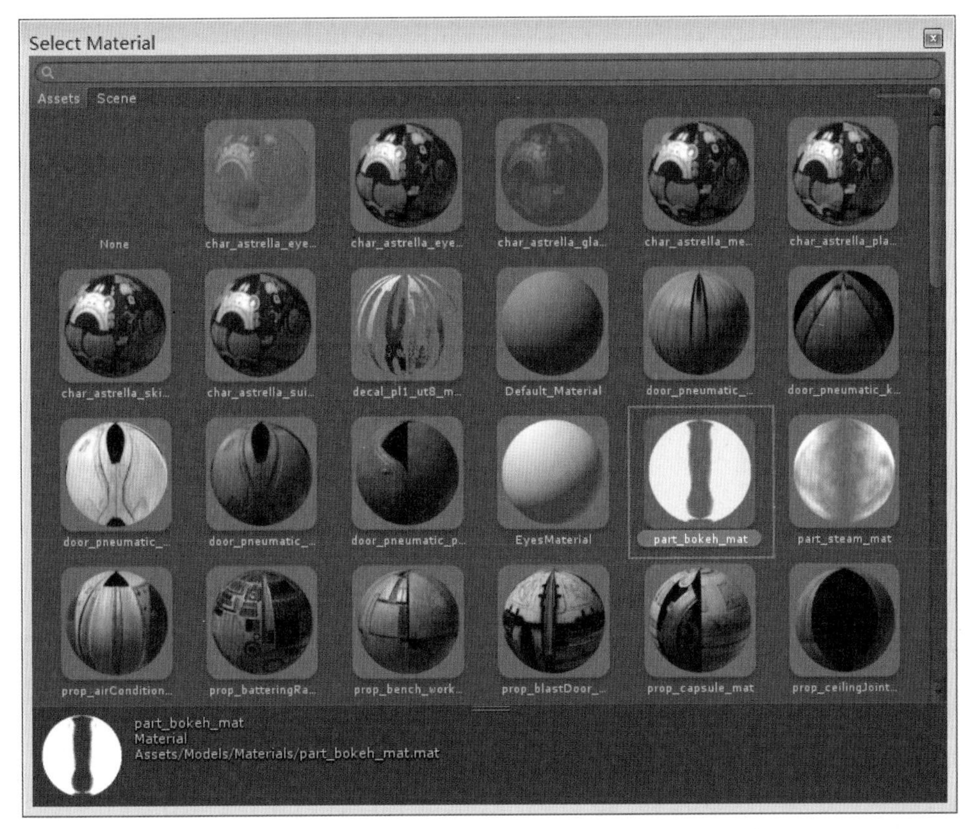

图5-111
在选择对话框中选择part_bokeh_mat材质球

图5-112
可以看到粒子的材质已经更换了

7. 粒子的材质虽然已经更换了，但是效果看起来并不理想，这是因为其他的属性参数还没有调整的原因。接下来单击初始化模块的标签，设定Start Lifetime（生命周期值）为3.5，单击Start Speed（粒子初始速度）右侧的下三角按钮，在下拉列表中选择速度值的变化方式为Random Between Two Constants（两个常数随机选择），两个常数值设为1和2，这样雪花的飘落速度就为随机值了，同理设定Start Size的值为在0.015和0.035两个常数间随机取值。单击Start Color（粒子初始颜色）右侧的下三角按钮并在下拉列表中选择Random Between Two Colors（两个纯色随机选择），让粒子的颜色在两个纯色中随机选择，第一个颜色的参数如图5-113所示，第二个颜色参数如图5-114所示，最后将Max Particles（最大粒子数）设为5000，这样粒子初始化模块的参数就设定完毕了，如图5-115所示。

图5-113
第一个颜色的设定参数

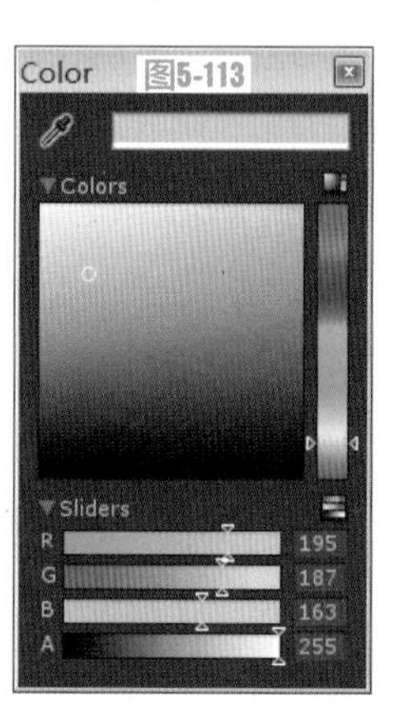

图5-114
第二个颜色的设定参数

图5-115
初始化模块的参数设定

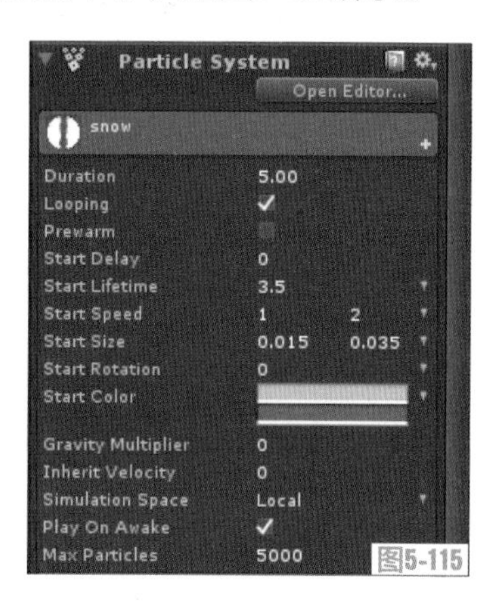

图5-116
Emission模块的参数设定

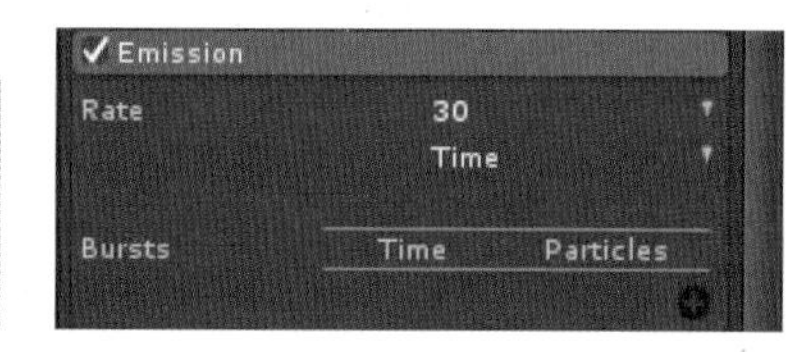

8．Emission模块的参数设置。将Rate（每秒粒子的数量）参数值设为30，如图5-116所示。

图5-117
Shape模块的参数设定

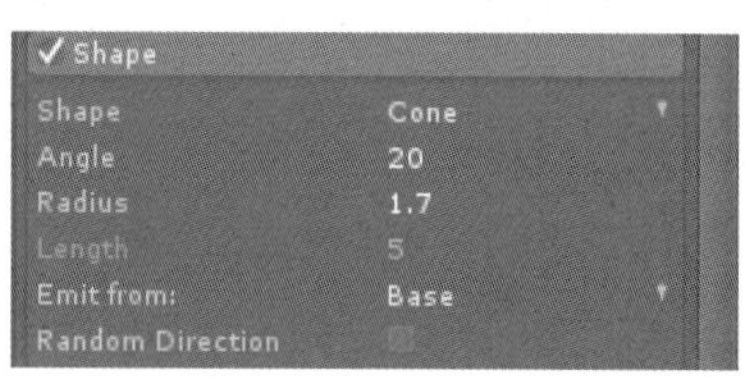

9．Shape模块的参数设定。单击Shape（发射器形状）右侧的下三角按钮，在下拉列表中选择Cone（锥形发射器），设定Angle（角度）值为20，Radius（半径）值为1.7，如图5-117所示。

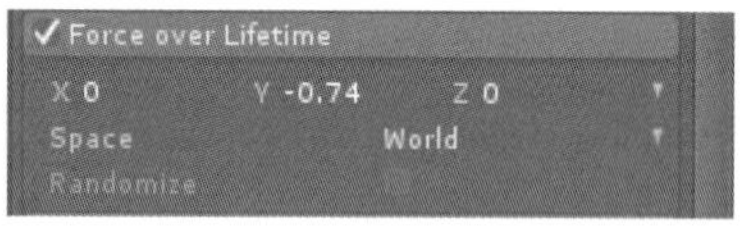

图5-118
Force over Lifetime模块的参数设定

10．Force over Lifetime模块的参数设定。设定Y值为–0.74，Space为World（世界坐标系），调整参数使得粒子受到一个作用力的影响，如图5-118所示。

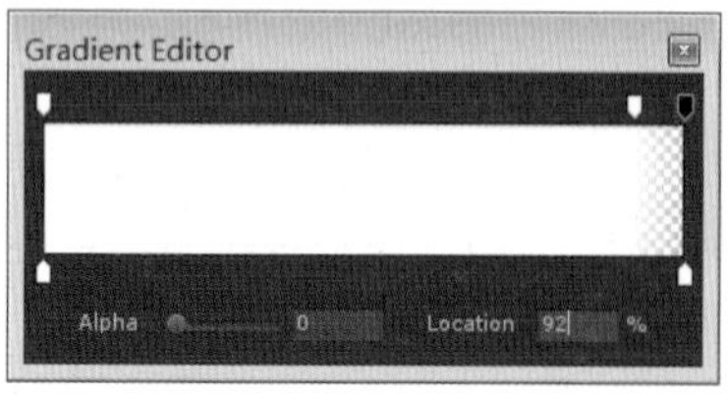

图5-119
颜变色及透明度的参数设定

11．Color over Lifetime模块的参数设定。单击Color参数右侧的颜色条，在弹出的渐变编辑器中编辑渐变颜色及透明度，如图5-119和图5-120所示。

图5-120
Color over Lifetime的参数设定

12. Renderer模块的参数设定。勾选Cast Shadows及Receive Shadows右侧的复选框，这样粒子就可以接受和反射光线了，如图5-121所示。

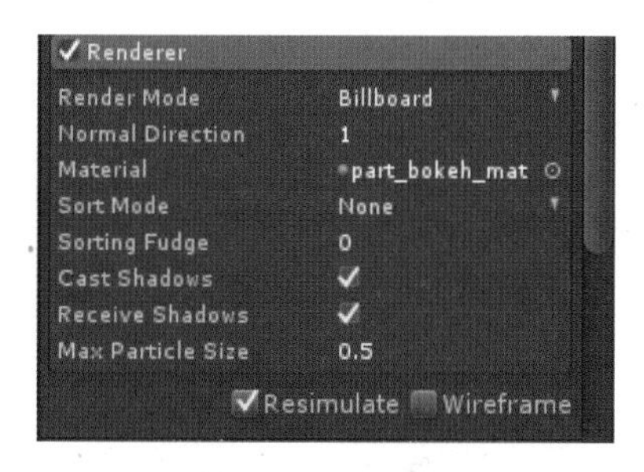

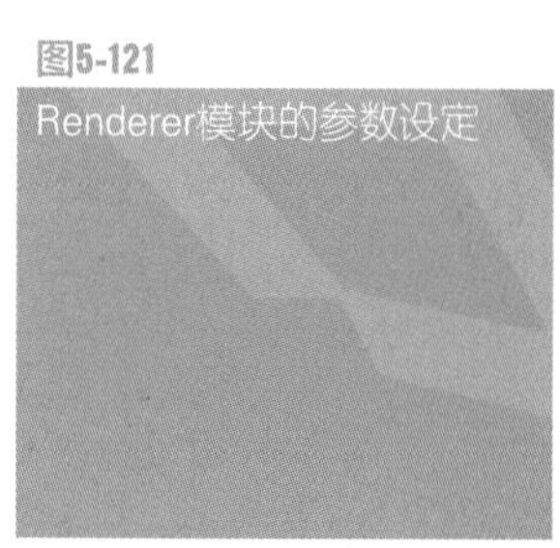
图5-121
Renderer模块的参数设定

13. 到目前为止粒子的属性参数就设定完成了，但粒子的方向和位置还需要调整的。在Inspector视图展开Transform组件面板，将其参数值进行设定，如图5-122所示。

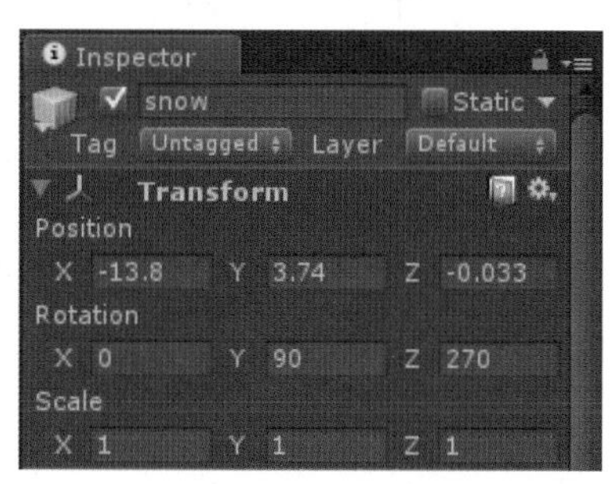

图5-122
Transform模块的参数设定

14. 至此，一个完整的飘雪粒子就全部完成了，看起来就好像风扇将外面的雪花卷到五屋里的效果，如图5-123所示。

图5-123
snow雪花粒子的完成效果

15. 除了雪花的粒子外，可以再创造一个从风扇吹进来的冷气效果，步骤与雪花粒子基本相同（先创建粒子然后调整相关参数），下面简单介绍一下步骤及需要调整的粒子模块参数，读者可对照着自行尝试。

16. 新建一个粒子系统并将其命名为gas，在Particle System组件面板中将Renderer模块中的Material材质设定为part_steam_mat，如图5-124所示。

图5-124 在选择对话框中选择part_steam_mat材质球

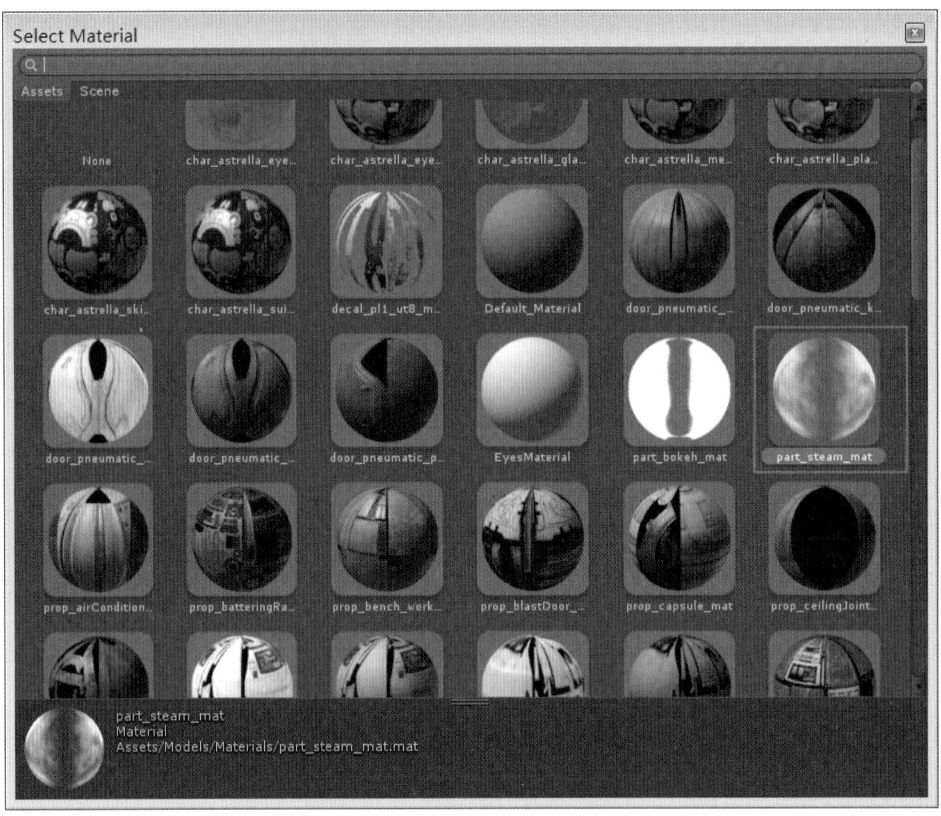

17．初始化模块的参数设定如图5-125所示，其中Start Color选择Random Between Two Colors，两个颜色如图5-126和图5-127所示。

图5-125 初始化模块的参数设定

图5-126 第一个颜色的参数设定

图5-127 第二个颜色的参数设定

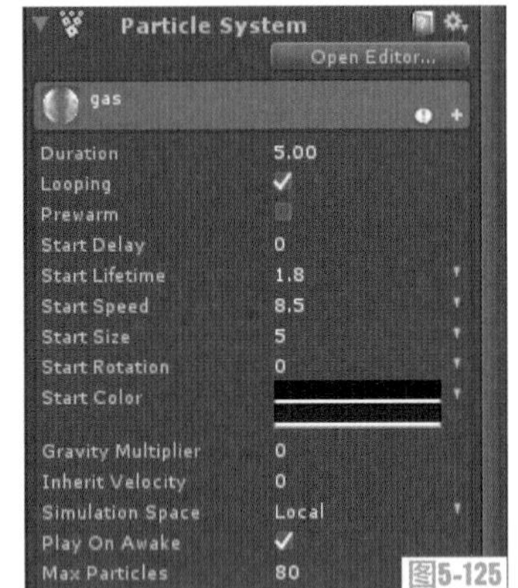

图5-125

Color 图5-126

Colors

Sliders

R 0
G 0
B 0
A 255

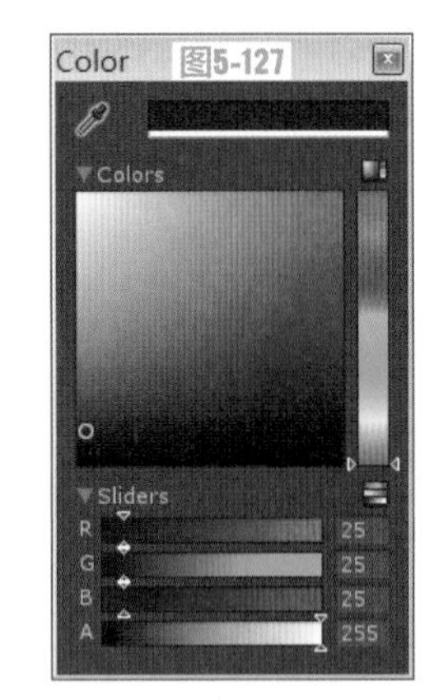

图5-127

图5-128 Emission模块的参数设定

Emission

Rate 20

Time

Bursts Time Particles

18．Emission模块的参数设定如图5-128所示。

图5-129 Shape模块的参数设定

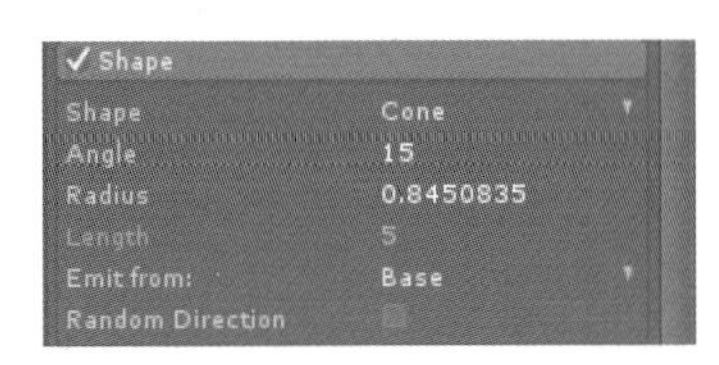

19．Shape模块的参数设定如图5-129所示。

20．Limit Velocity over Lifetime模块的参数设定如图5-130所示。

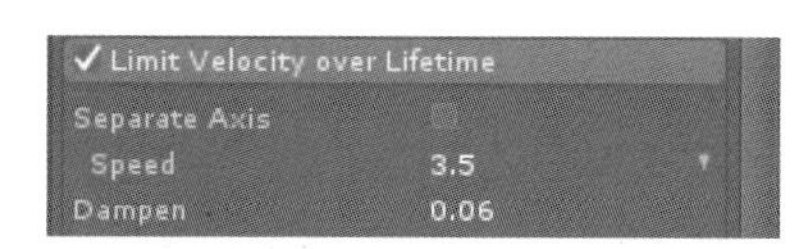

图5-130
Limit Velocity over Lifetime模块的参数设定

21．Force over Lifetime模块的参数设定如图5-131所示。

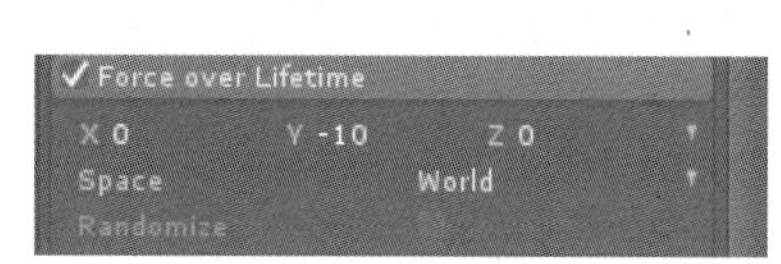

图5-131
Force over Lifetime模块的参数设定

22．Color over Lifetime模块的参数设定如图5-132所示，Color类型设定为Gradient，渐变编辑器中的参数如图5-133所示。

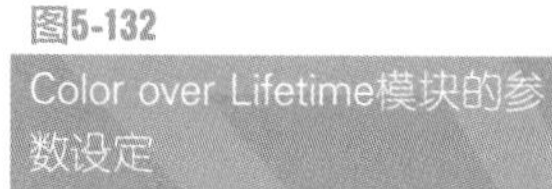

图5-132
Color over Lifetime模块的参数设定

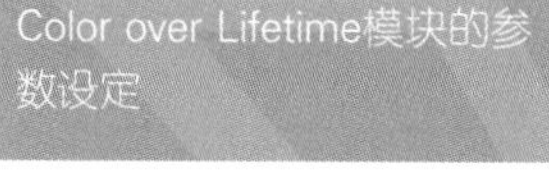

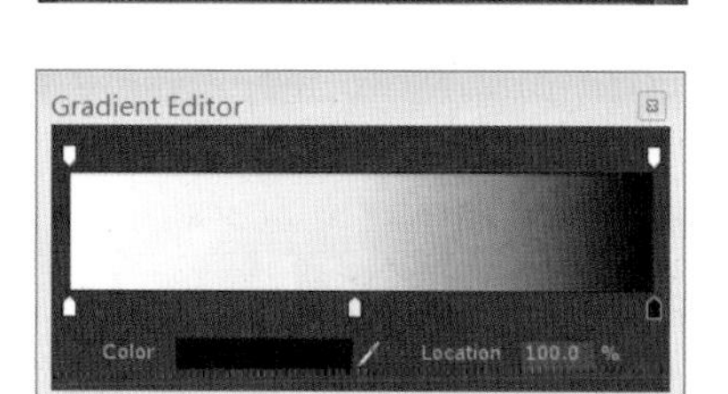

图5-133
渐变编辑器中的参数设定

23．Rotation by Speed模块的参数设定如图5-134所示。

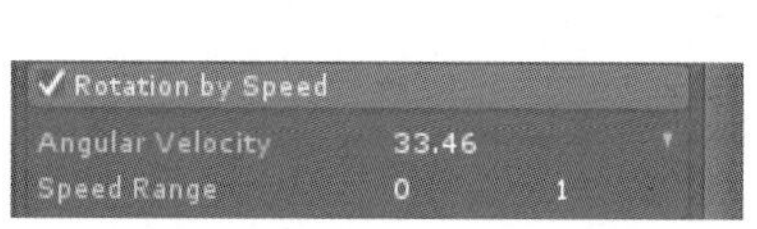

图5-134
Rotation by Speed模块的参数设定

24．Collision模块的参数设定如图5-135所示。

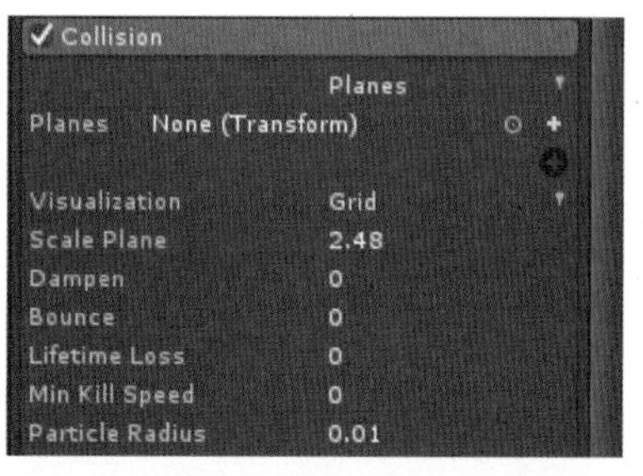

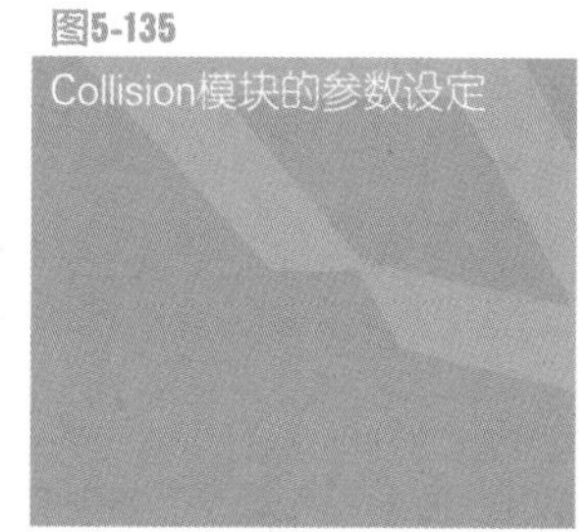

图5-135
Collision模块的参数设定

25．Renderer模块的参数设定如图5-136所示。

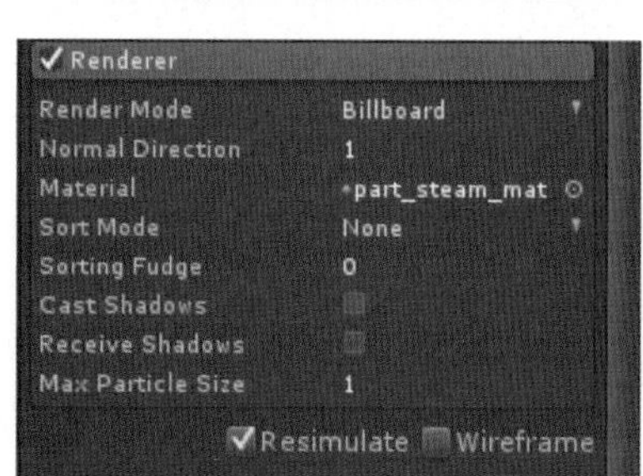

图5-136
Renderer模块的参数设定

26．Transform模块的参数设定如图5-137所示。

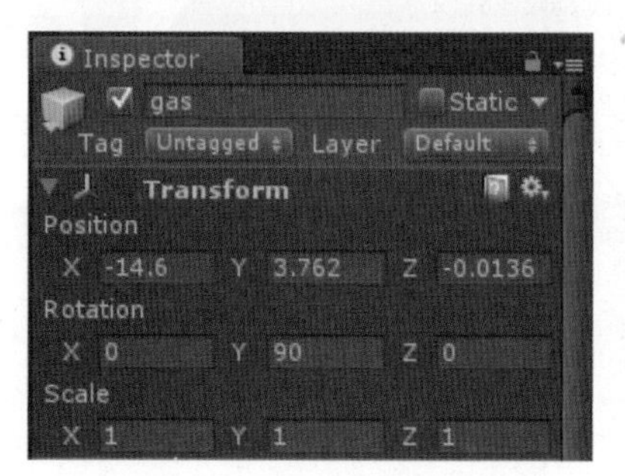

图5-137
Transform模块的参数设定

27．最终完成的冷气粒子效果如图5-138所示，会看到阵阵冷气被风扇抽进室内。

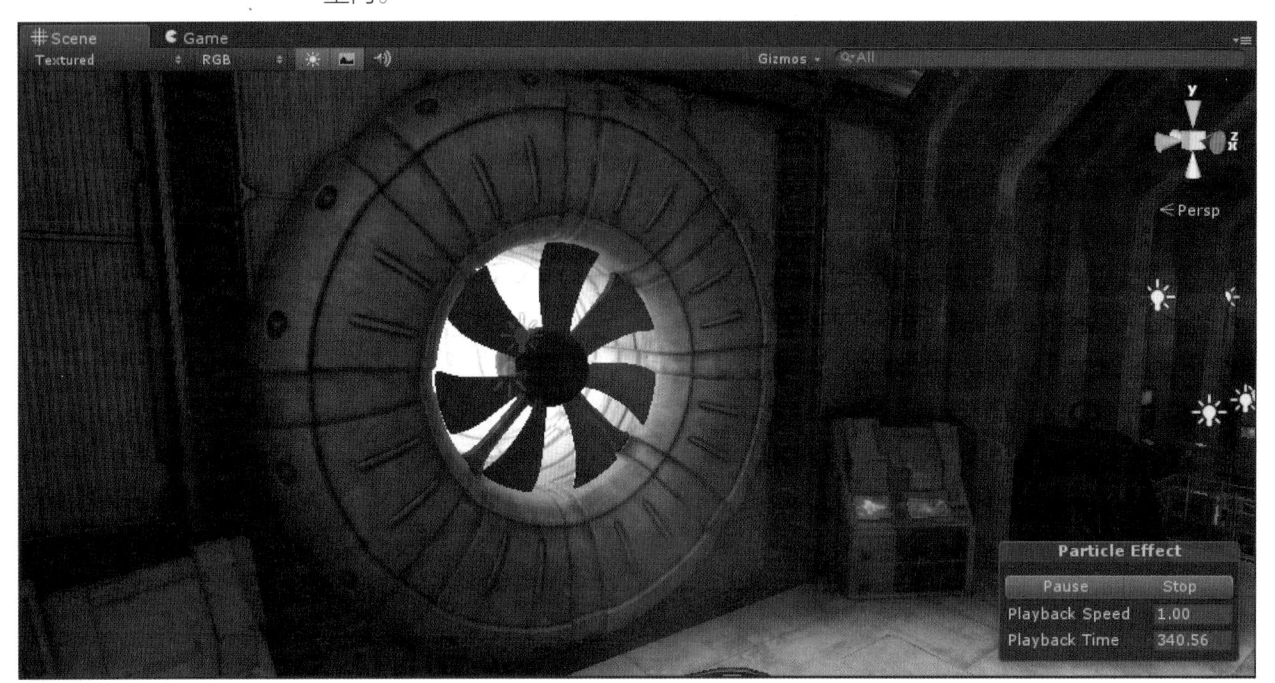

图5-138
gas冷气粒子的完成效果

28．至此飘雪和冷气粒子效果就全部完成了，若读者想直接看到做好的粒子效果，可以在Project视图中打开Scenes文件夹，双击打开0501-ok场景文件，可直接看到这两个例子的效果，最终效果如图5-139所示。

图5-139
雪花飘散及冷气的最终效果

第6章 Mecanim动画系统

6.1 Mecanim概述

Mecanim是Unity提供的一个丰富而复杂的动画系统，它提供了：

- 针对人形角色的简易的工作流和动画创建能力。
- Retargeting（运动重定向）功能，即把动画从一个角色模型应用到另一个角色模型上的能力。
- 针对Animation Clips（动画片段）的简易工作流，即针对动画片段以及他们之间的过渡和交互过程的预览能力。这样可以使动画师更加独立地进行工作，而不用过分地依赖于程序员，从而在编写游戏逻辑代码之前即可预览动画效果。
- 一个用于管理动画间复杂交互作用的可视化编程工具，如图6-1所示。
- 通过不同逻辑来控制不同身体部位运动的能力。

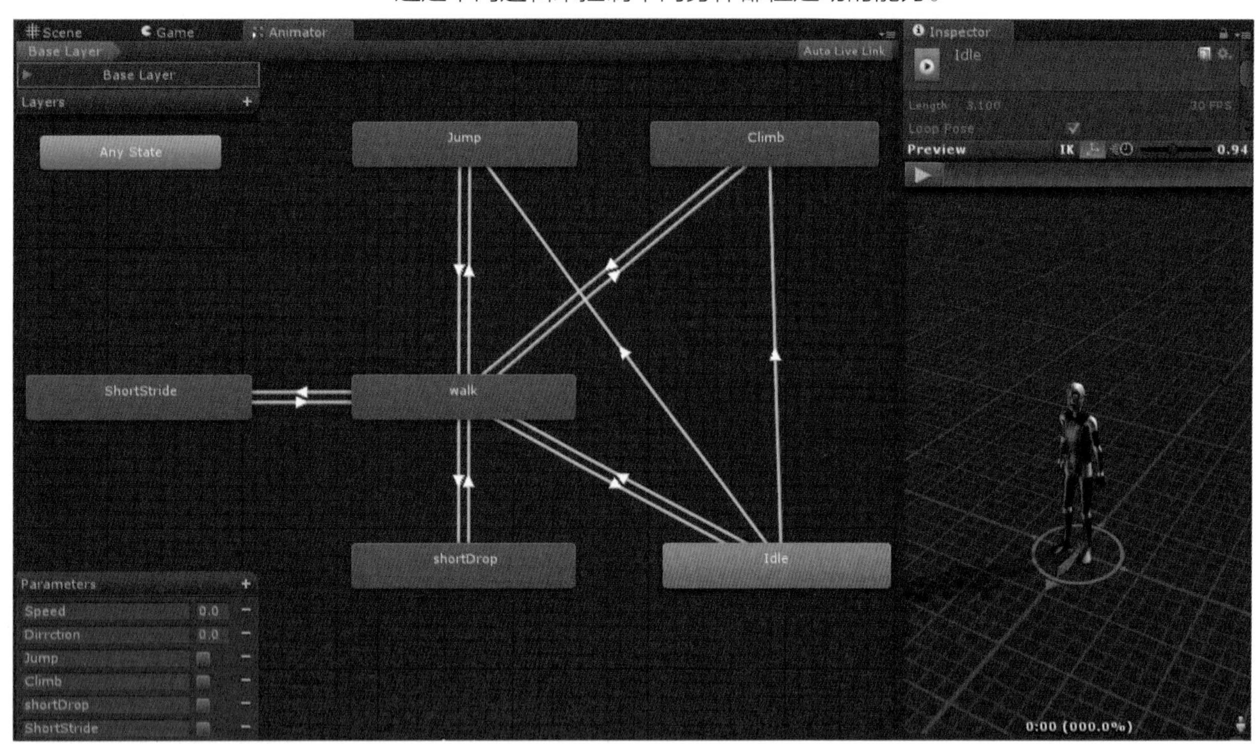

图6-1 可视化的编程工具及动画预览视图

6.1.1 Mecanim工作流

Mecanim工作流可以被分解为3个主要阶段：

1．资源的准备和导入

这一阶段由美术师或动画师通过第三方工具来完成，例如Max或Maya。这一步骤与Mecanim系统无关。

2. 角色的建立

主要有以下两种方式：

1）人形角色的建立。Mecanim通过扩展的图形操作界面和动画重定向功能，为人形模型提供了一种特殊的工作流，它包括Avatar的创建和对肌肉定义（Muscle Definitions）的调节。

2）一般角色的建立。这是为处理任意的运动物体和四足动物而设定的。动画重定向功能对此并不适用，但仍可使用下面将要介绍的所有其他功能。

3. 角色的运动

这里包括设定动画片段及其相互间的交互作用，也包括建立状态机和混合树、调整动画参数以及通过代码控制动画等。

6.1.2 旧版动画系统

旧版动画系统是Unity引擎在4.0版本之前使用的老的动画系统。尽管Mecanim是在大多数情况下（特别是针对人形角色动画）应该优先选用的动画系统，但是旧版动画系统仍在一些特殊场合下被采用：一种情形是处理由Unity 4.0之前版本生成的动画和相关代码；另一种情形是使用参数而不是时间来控制动画片段（例如控制瞄准角度）。Unity公司正计划采用Mecanim动画系统逐步彻底地替换旧版动画系统。

6.2 资源的准备和导入

6.2.1 如何获取人形网格模型

1. 人形网络模型

为了充分利用Mecanim的人形动画系统和动画重定向功能，需要一个具有骨骼绑定和蒙皮的人形网格模型。

1）人形网格模型一般是由一组多边形或三角形网格组成。创建模型的过程被称为建模（modelling）。

2）为了控制角色的运动，必须为其创建一个骨骼关节层级（joint hierarchy），该层级定义了网格内部的骨骼结构及其相互运动关系，这个过程被称为骨骼绑定（rigging）。

3）人形网格模型必须与关节层级关联起来，即通过指定关节的动画来控制特定网格的运动。这个过程被称为蒙皮（skinning），如图6-2所示。

图6-2
模型准备的步骤（建立模型、骨骼绑定、关联皮肤）

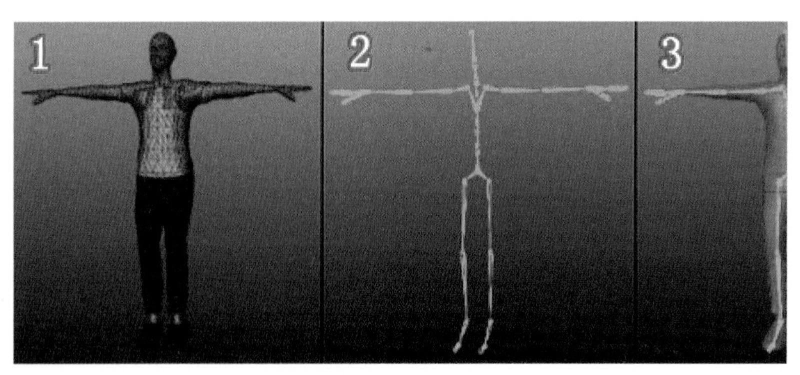

2．获取模型

在Mecanim系统中，可以通过三种途径来获取人形网格模型：

1）使用一个过程式的人物建模软件，比如Poser、Makehuman或者Mixamo。其中有些软件可以同时进行骨骼绑定和蒙皮操作（比如Mixamo），而另一些则不能。进一步地，应在这些软件中尽量减少人形网格的面片数量，从而更好地在Unity中使用。

2）在Unity Asset Store上购买适当的模型资源。

3）通过其他建模软件来从头创建全新的人形模型，这类软件包括3DSMax、Maya、Blender等。

3．导出和验证模型

Unity引擎可以导入一系列的常用3D文件格式。这里推荐大家使用的导出文件格式是FBX 2012，因为该格式允许：

图6-3
一个网格模型的导入设置

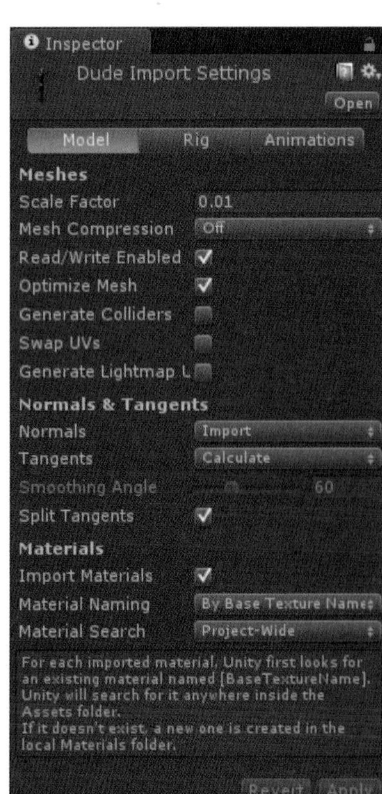

- 导出的网格中可以包含关节层级、法线、纹理以及动画信息。
- 将网格模型重新导入建模软件从而验证其正确性。
- 可以直接导出不包含网格的动画信息。

6.2.2 如何导入动画

在使用角色模型之前，首先需要将它导入到项目工程中来。Unity可以导入原生的Maya文件（.mb或者.ma）、Cinema4D文件（.c4d）以及一般的FBX文件。

导入动画的时候，只需要将模型直接拖动到工程面板中的Assets文件夹中，进而选中该文件后，就可以在Inspector视图中的Import Settings面板中编辑其导入设置，如图6-3所示。

6.2.3　动画分解

一个动画角色一般来说都会具有一系列的在不同情境下被触发的基本动作，比如行走、奔跑、跳跃、投掷和死亡等，这些基本动作被称为动画片段（Animation Clips）。根据具体的需求，上述基本动作可以被分别导入为若干独立的动画片段，也可以被导入为按固定顺序播放各个基本动作的单一动画片段。对于后者，使用前必须在Unity内部将该单一动画片段分解为若干个子片段，下面就讲解一下具体的使用方法。

1．使用预分解动画模型

最容易使用的动画模型是含有预分解动画片段的模型。对于这类情形，在动画导入面板中会出现图6-4所示的界面，面板中含有一个可用的动画片段列表，可以单击面板底部的Play按钮来预览每个动画片段。如果有需要，还可以对每个片段的帧数范围进行编辑调整。

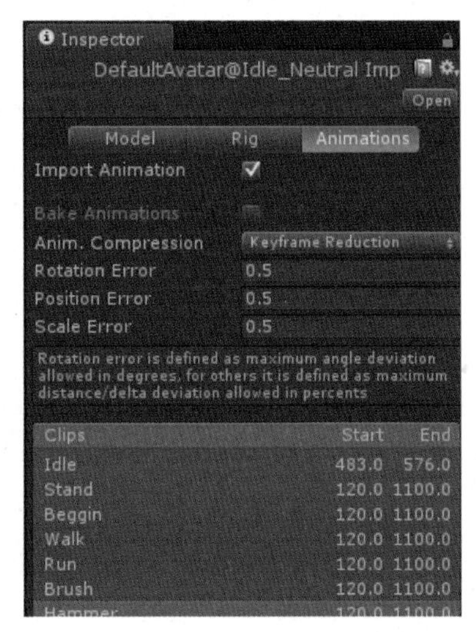

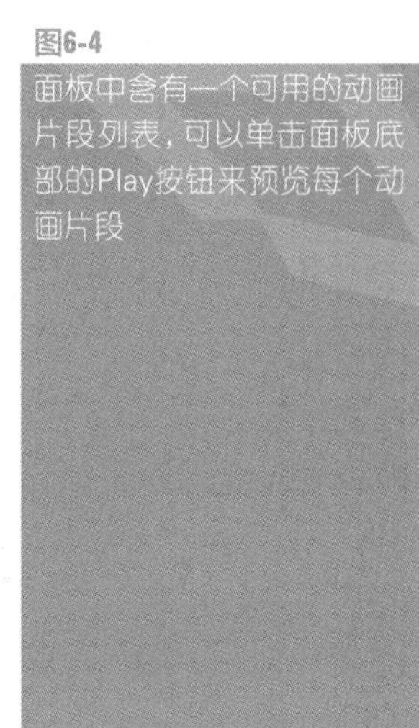
图6-4
面板中含有一个可用的动画片段列表，可以单击面板底部的Play按钮来预览每个动画片段

2．使用未分解动画模型

对于只提供单一连续动画片段的模型，动画导入面板中会出现图6-5所示的界面，对于这种情况，可以自行设定每个动画序列（如行走、跳跃等）的帧数范围。具体地，可以通过单击（+）按钮，进而指定包含的帧数范围，这样便可增加一个新的动画片段。例如：

- 行走动画的帧数范围为1～33。
- 跑步动画的帧数范围为41～57。
- 踢腿动画的帧数范围为81～97。

动画片段的导入设置如图6-6所示。

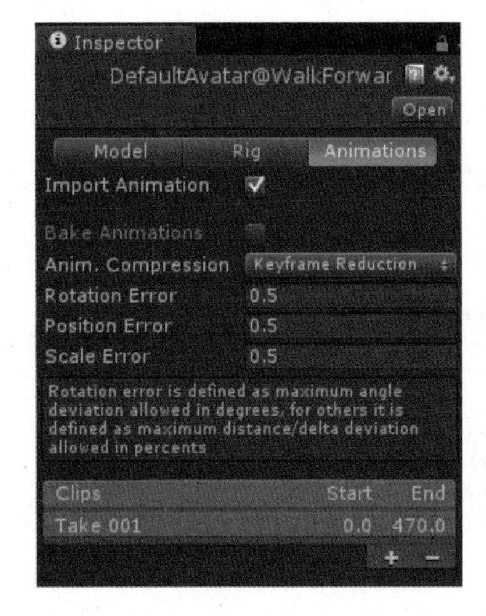

图6-5
用户可以自行设定每个动画序列（行走、跳跃等）的帧数范围

图6-6
动画片段的导入设置

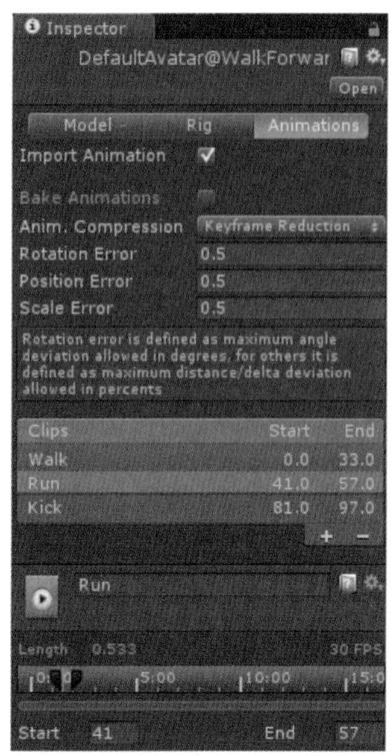

3．为模型添加动画

用户可以为任意模型的动画组件添加动画片段，该模型甚至可以没有肌肉定义（非Mecanim模型），进而在Animations属性中指定一个默认的动画片段和所有可用的动画片段。在非Mecanim模型上加入动画片段也必须采用非Mecanim的方式进行，即将Muscle Definition属性设置为None。

对于具有肌肉定义的Mecanim模型，处理过程如下：

- 创建一个新的Animator Controller。
- 打开Animator Controller窗口。
- 将特定的动画片段拖动到Animator Controller窗口。
- 将模型资源拖入到Hierarchy视图中。

图6-7
一个运动角色的四个动画文件

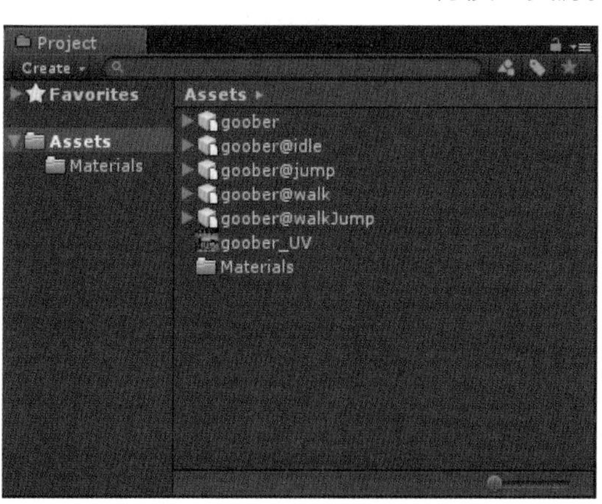

4．通过多个模型文件来导入动画片段

另一种导入动画片段的方法是遵循Unity指定的动画文件命名方案。用户可以创建独立的模型文件并按照modelName@animationName.fbx的格式命名。例如，对于一个名为goober的模型，用户可以分别导入空闲、走路、跳跃等动画并将它们分别命名为 goober@idle.fbx，goober@walk.fbx和goober@jump.fbx。在这种情况下，只有这些文件中的动画数据才会被使用，如图6-7所示。

在图6-7的示例中，Unity将自动导入这四个动画文件并将其中包含的动画信息搜集到不带有@符号的文件中，而goober.mb文件则被用于索引上述四个动画文件。对于FBX文件，可以通过勾选no animation选项来只导出模型文件（例如goober.fbx），进而通过导出关键帧动画来得到各个动画片段（即四个goober@animname.fbx文件）。

6.3 使用人形角色动画

Mecanim动画系统特别适合于人形角色动画的制作。人形骨架是在游戏中普遍采用的一种骨架结构，Unity为其提供了一个特别的工作流和一整套扩展的工具集。由于人形骨骼结构的相似性，用户可以实现将动画效果从一个人形骨架映射到另外一个人形骨架上去，从而实现动画重定向功能。除极少数情况之外，人形模型均具有相同的基本结构，即头部、躯干、四肢等。Mecanim正是充分利用了这一特点来简化了骨骼绑定和动画控制过程。创建动画的一个基本步骤就是建立一个从Mecanim系统的简化人形骨架结构到用户实际提供的骨架结构的映射，这种映射关系称为Avatar。下面就来介绍如何为模型创建一个Avatar。

6.3.1 创建Avatar

在导入一个模型（例如FBX文件）后，可以在ModelImporter面板的Rig选项卡中指定它的骨骼类型，包括Humanoid、Generic和Legacy这3种。

1. 人形动画

对于一个人形骨架，单击AnimtionType右侧的下拉菜单，选择Humanoid，然后单击Apply按钮，Mecanim系统就会尝试将用户所提供的骨架结构与Mecanim系统内嵌的骨架结构进行匹配。在多数情况下，这一步骤可以由Mecanim系统通过分析骨架的关联性而自动完成。如果匹配成功，用户会看到在Configure...复选框被选中，如图6-8所示。

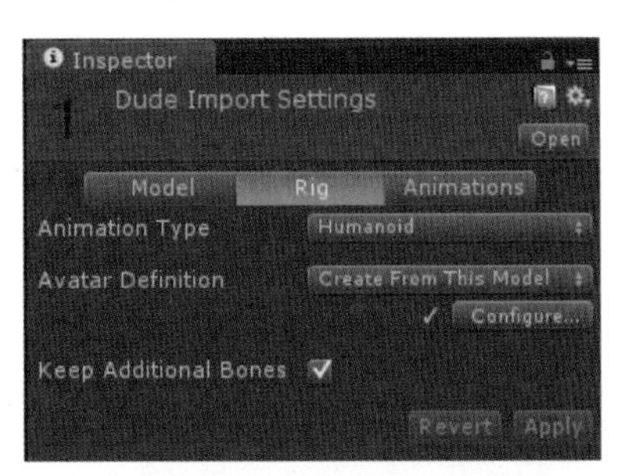

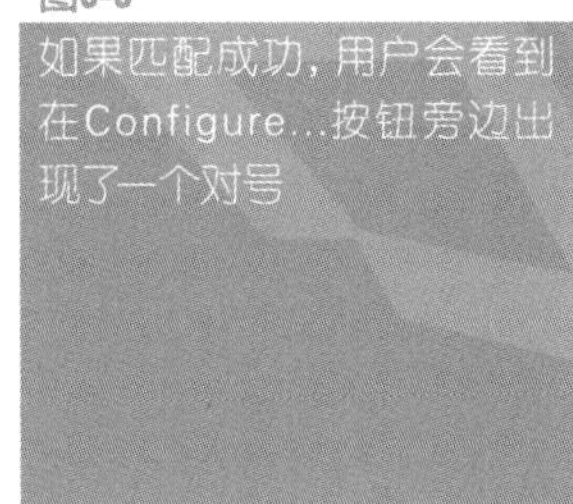
图6-8 如果匹配成功，用户会看到在Configure...按钮旁边出现了一个对号

同时，在匹配成功的情况下，在Project视图中的Assets文件夹中，一个Avatar子资源将被添加到模型资源中，如图6-9和图6-10所示。

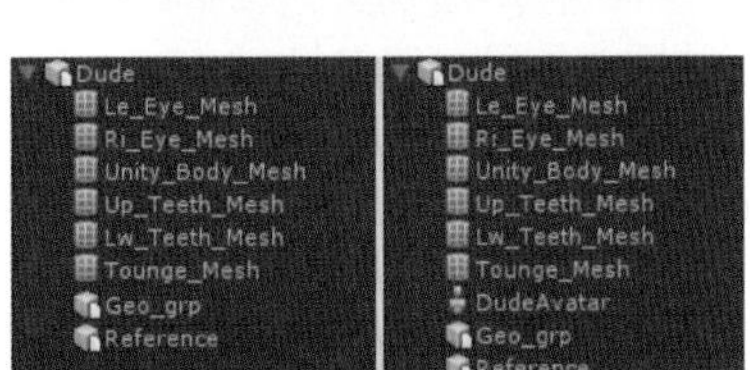

图6-9 有和没有Avatar子资源的模型对比

图6-10 Avatar资源的inspector视图

需要注意的是，这里所说的匹配成功仅仅表示成功匹配了所有必要的关键骨骼，如果想达到更好的效果，即使一些非关键骨骼也匹配成功并使模型处于正确的T形姿态（T-pose），还需要对Avatar进行手动调整，关于这一点在下一节中会有更为详细的介绍。如果Mecanim没能成功创建该Avatar，在Configure...按钮旁会显示一个叉号，当然也不会生成相应的Avatar子资源，如图6-11所示。遇到这种情况，就需要对Avatar进行手工配置。

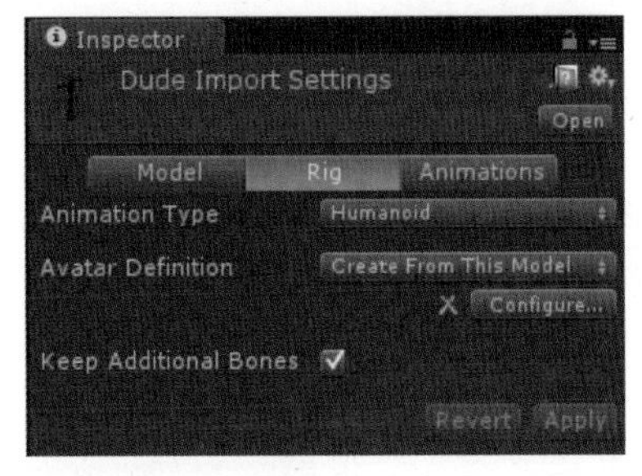

图6-11 如果Mecanim没能成功创建该Avatar，在Configure...按钮旁会显示一个叉号

2. 非人形动画

Unity为非人形动画提供了两个选项：一般动画类型和旧版动画类型。一般动画仍可由Mecanim系统导入，但无法使用人形动画的专有功能。旧版动画则使用Unity 4.0版本之前推出的老动画系统。

6.3.2 配置Avatar

Avatar是Mecanim系统中极为重要的模块，因此为模型资源正确地设置Avatar也就变得至关重要。不管Avatar的自动创建过程是否成功，用户都需要进入到Configure Avatar界面中去确认Avatar的有效性，即确认用户提供的骨骼结构与Mecanim预定义的骨骼结构已经正确匹配起来，并且模型已经处于T形姿态。在单击Configure...按钮后，编辑器会要求保存当前场景。这是因为在Configure模式下，Scene视图将被用于显示当前选中模型的骨骼、肌肉和动画信息，而不再被用来显示游戏场景，如图6-12所示。

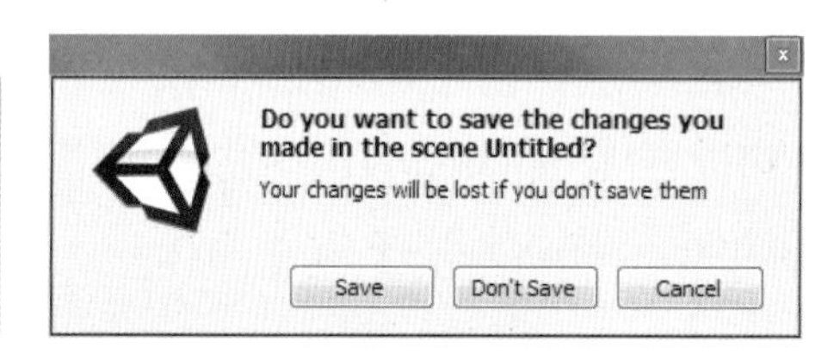

图6-12 在单击Configure...按钮后，编辑器会要求保存当前场景

一旦保存了场景信息，就会看到一个新的Avatar配置面板，其中还包含了一个反映关键骨骼映射信息的视图，如图6-13所示。

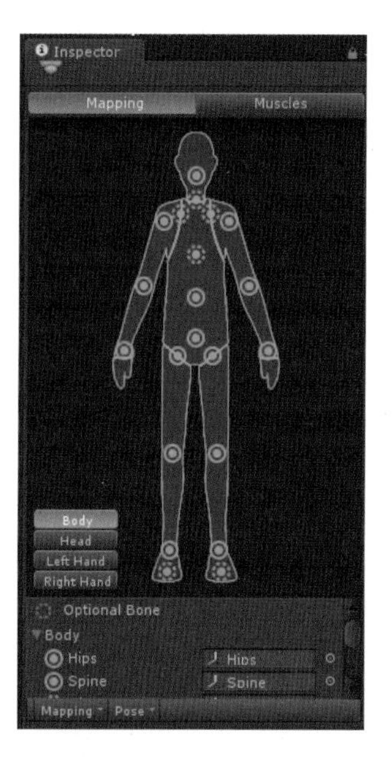

图6-13 反映关键骨骼映射信息的视图

该视图显示了哪些骨骼是必须匹配的（实线圆圈），哪些骨骼是可选匹配的（虚线圆圈）；可选匹配骨骼的运动会根据必须匹配骨骼的状态来自动插值计算。为了方便Mecanim进行骨骼匹配，用户提供的骨架中应含有所有必须匹配的骨骼。此外，为了提高匹配的几率，应尽量通过骨骼代表的部位来给骨骼命名（例如左手命名为LeftArm，右前臂命名为RightForearm等）。

如果无法为模型找到合适的匹配，用户也可以通过以下类似Mecanim内部使用的方法来进行手动配置：

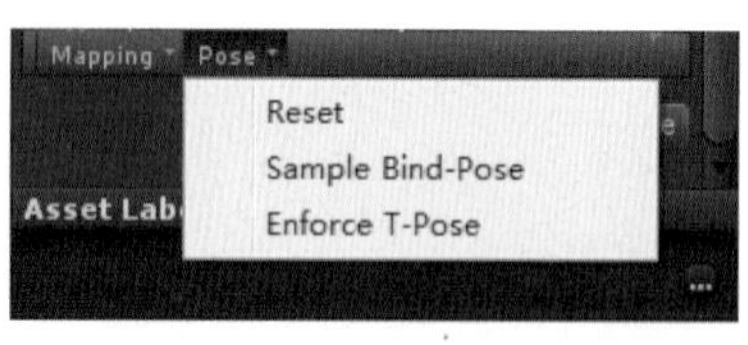

图6-14 通过类似Mecanim内部使用的方法来进行手动配置

1. 单击Sample Bind-pose（得到模型的原始姿态），如图6-14所示。

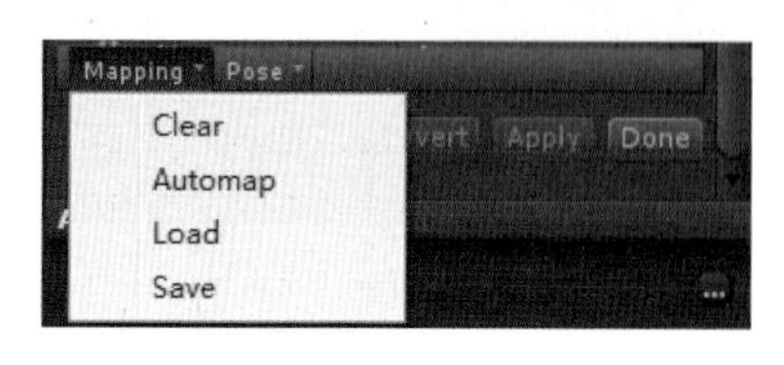

图6-15 单击Automap（基于原始姿态创建一个骨骼映射）

2. 单击Automap（基于原始姿态创建一个骨骼映射），如图6-15所示。

3. 单击Enforce T-pose（强制模型贴近T形姿态，即Mecanim动画的默认姿态）。

在上述第二个步骤中，如果自动映射（单击Mapping→Automap）的过程完全失败或者局部失败，用户可以通过从Scene视图或者Hierarchy视图中拖出骨骼并指定骨骼。如果Mecanim认为骨骼匹配，将在Avatar面板中以绿色显示；否则以红色显示。最后，如果骨骼指定正确，但角色模型并没有处于正确位置，用户会看到Character not inT-pose提示，可以通过Enforce T-Pose或者直接旋转骨骼至T形姿态。

上述的骨骼映射信息还可以被保存成一个人形模板文件（Human Template File），其文件扩展名为.ht，这个文件就可以在所有使用这个映射关系的角色之间复用。这一方法非常有效，例如某个动画师习惯为他创作的骨架使用同样的布局和命名规范，而Mecanim系统又无法识别这些规范时，即可以为每个模型导入上述.ht文件，只须进行一次手工映射即可，从而节约了大量时间。

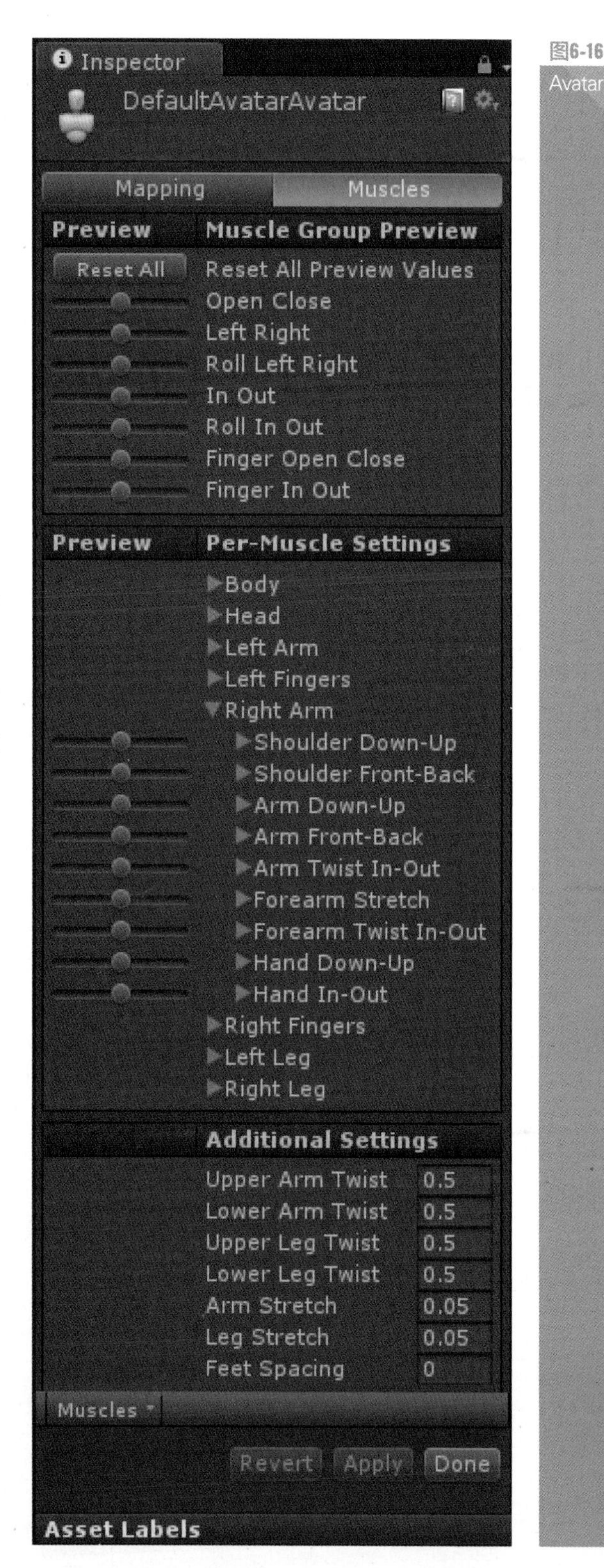

图6-16
Avatar面板的Muscles选显卡

6.3.3 设置Muscle参数

Mecanim使用肌肉（Muscle）来限制不同骨骼的运动范围。一旦Avatar配置完成，Mecanim就能解析其骨骼结构，进而用户可以在Avatar面板的Muscles选项卡中调节相关参数，如图6-16所示。在此可以非常容易地调整角色的运动范围，以确保骨骼运动看起来真实、自然。用户可以在视图上方使用预先定义的变形方法对几根骨骼同时进行调整，也可以在视图下方对身体上的每一跟骨骼进行单独调整。

图6-17
在Animation选项中可以建立肌肉片段

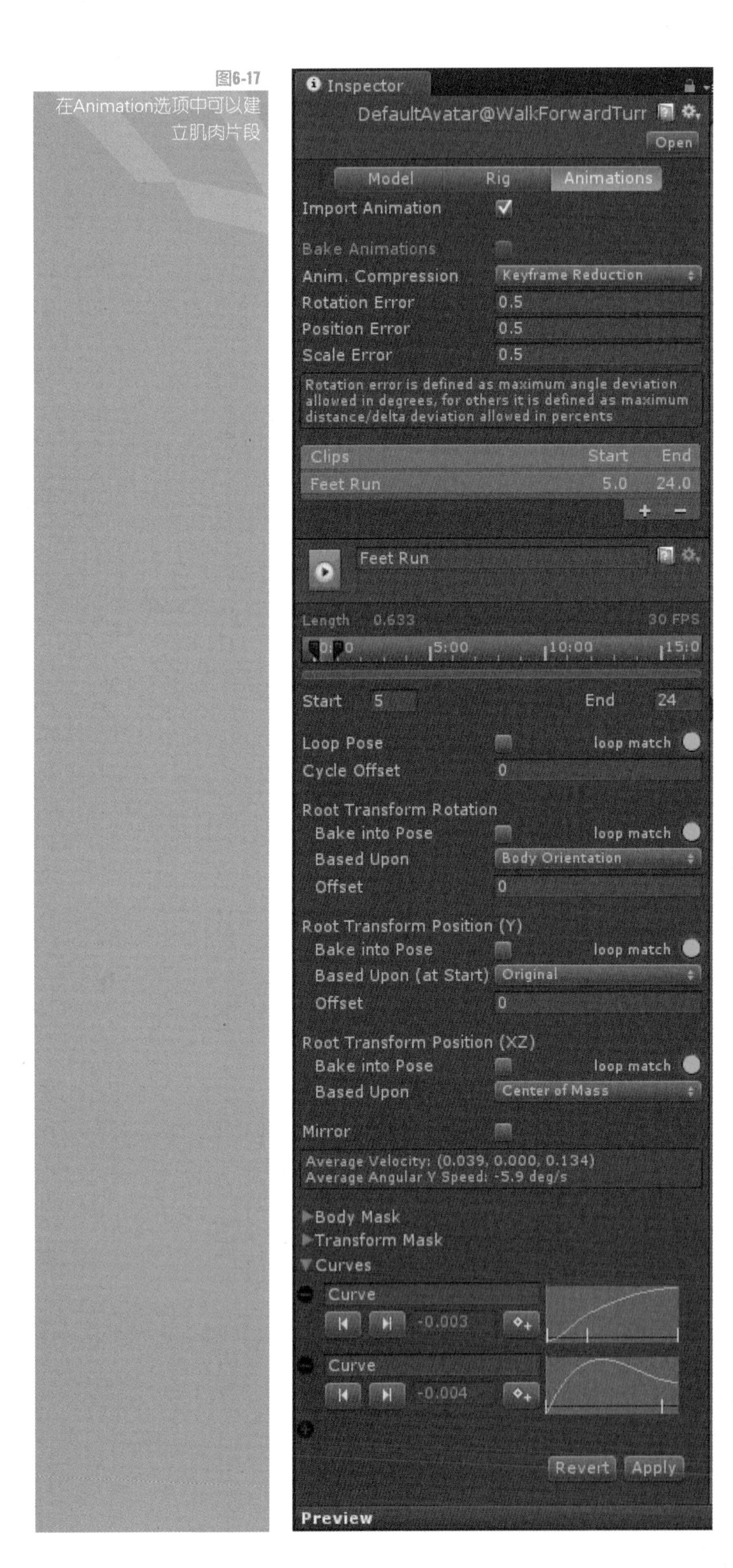

Muscle片段

1．在Animation选项中，可以建立肌肉片段（Muscle Clips），它们是为特定肌肉和肌肉组而建立的动画，如图6-17所示。

2. 开发者还可以为这些肌肉片段指定具体的身体应用部位，如图6-18所示。

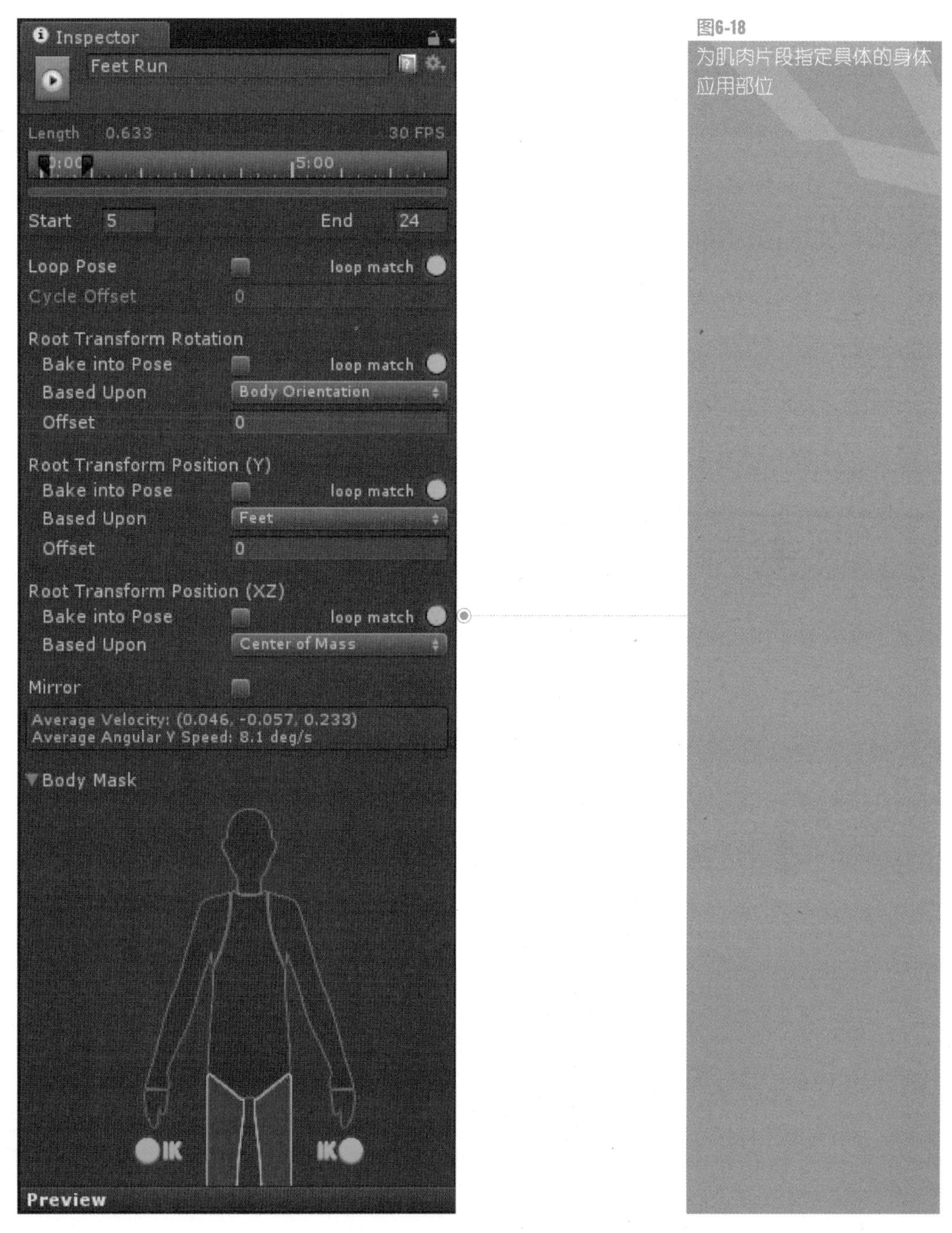

图6-18 为肌肉片段指定具体的身体应用部位

6.3.4 Avatar Body Mask

Unity可以通过身体遮罩（Body Mask）来选择性地控制身体的某一部分是否受动画的影响，用户可以在Mesh Import Inspector的Animation选项卡及Animation Layers面板中找到Body Mask控制选项。这样就可以控制动画的局部更新，从而满足一些特殊需求。例如，一个标准的走路动画既包含手臂运动又包含腿部运动，但如果希望该角色在走路时双手抱着一个大型物体，即手臂不会来回摆动，这时用户仍可以使用这个标准的走路动画，只需要在Body Mask中禁止手臂运动即可。

图6-19
Body Mask inspector视图（关闭手臂的IK功能）

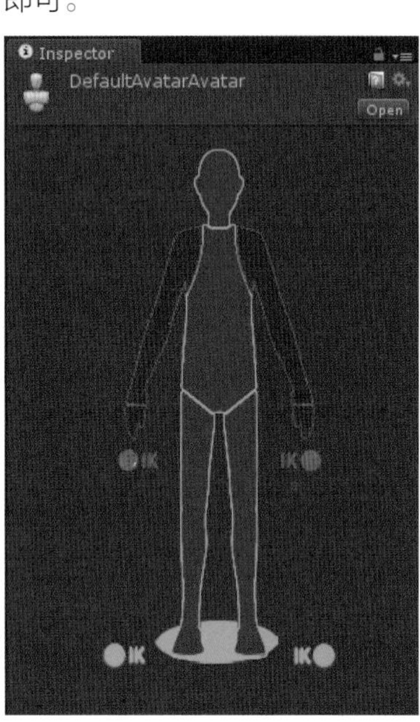

Body Mask可以控制的身体部分包括：头部、左臂、右臂、左手、右手、左腿、右腿和根节点（以脚底下的shadow来表示）。此外，还可以通过Body Mask为手和脚切换IK状态，从而决定在动画混合过程中是否引入IK曲线。如图6-19所示，可以单击Avatar的某一部分来开启或关闭其IK功能，或者双击空白区域来开启或关闭所有部分的IK功能。

在Mesh Import Inspector的Animation选项卡中，会有一个被标识为Clips的列表，其中含有所有游戏对象的动画片段。当选中列表中的某一项时，将会显示该项的所有控制选项，其中就包含了Body Mask编辑器。用户也可以通过依次单击菜单栏中的Assets→Create→Avatar Body Mask选项来创建Body Mask资源，并保存为.mask文件。当指定Animation Layers时，这些Body Mask资源可以在Animator Controllers中被复用。使用Body Mask的一个好处是减少内存开销，这是因为不受动画影响的身体部分就不需要计算与其关联的动画曲线；同时，在动画回放时也无须重新计算无用的动画曲线，进而减少动画的CPU开销。

6.3.5 人形动画的重定向

人形动画的重定向是Mecanim系统中最强大的功能之一，这意味着用户可以通过简单的操作将一组动画应用到各种各样的人形角色模型上。特别地，重定向只能应用于人形模型，在此情况下，为了保证模型间骨骼结构的对应关系，必须正确配置Avatar。以下介绍推荐的层次结构。

1. 当使用Mecainm动画系统时，场景中应包含以下元素：

- 导入的角色模型，其中含有一个Avatar。
- Animator组件，其中引用了一个Animator Controller资源。
- 一组被Animator Controller引用的动画片段。
- 用于角色动画的脚本。
- 角色相关组件，比如Character Controller等。

2．项目中还应该含有另外一个具有有效Avatar的角色模型。推荐的建立方法是：

- 在Hierarchy视图中建立一个包含角色相关组件的GameObject，如图6-20所示。

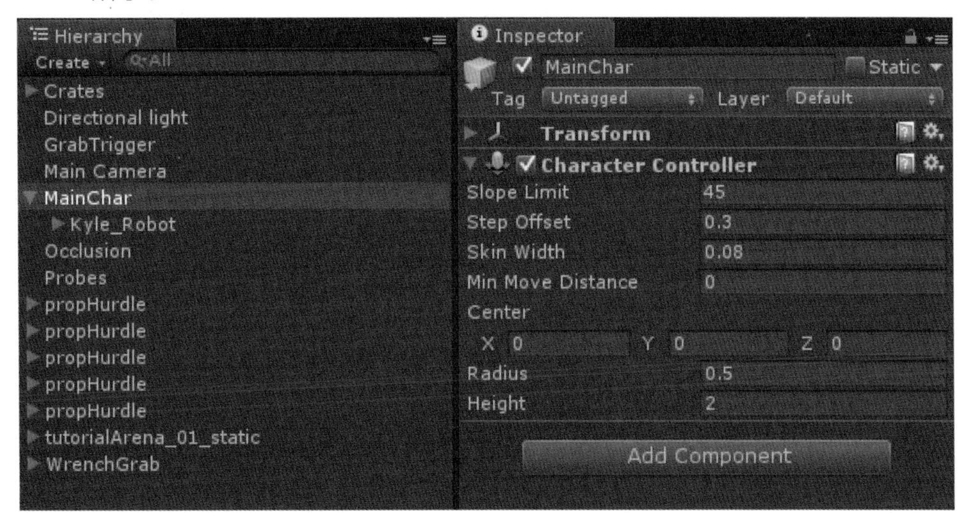

图6-20
在层级视图中建立一个包含角色相关组件的GameObject

- 将角色模型和Animator组件拖动到GameObject中，使其变成GameObject的子物体；同时确保引用到Animator的脚本必须在子节点中查找animator（使用GetComponentInChildren<Animator>()），而不是在根节点中查找（使用GetComponent<Animator>()），如图6-21和图6-22所示。

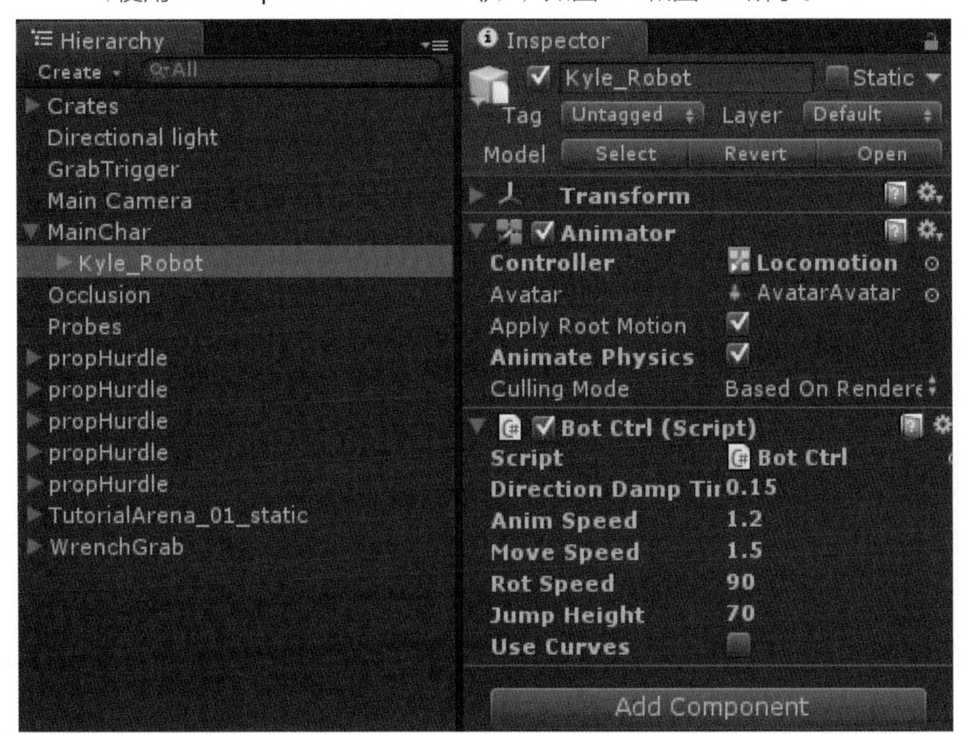

图6-21
将角色模型拖入到Game-Object中变成其子物体

图6-22
角色模型

3．此后，为了在另外一个模型上重用角色动画，需要：

- 关闭原始模型。
- 将所需要的模型拖动到GameObject中，使其成为GameObject的另外一个子物体，如图6-23所示。

图6-23
将所需要的模型拖动到Game-Object中，变成其另外一个子物体

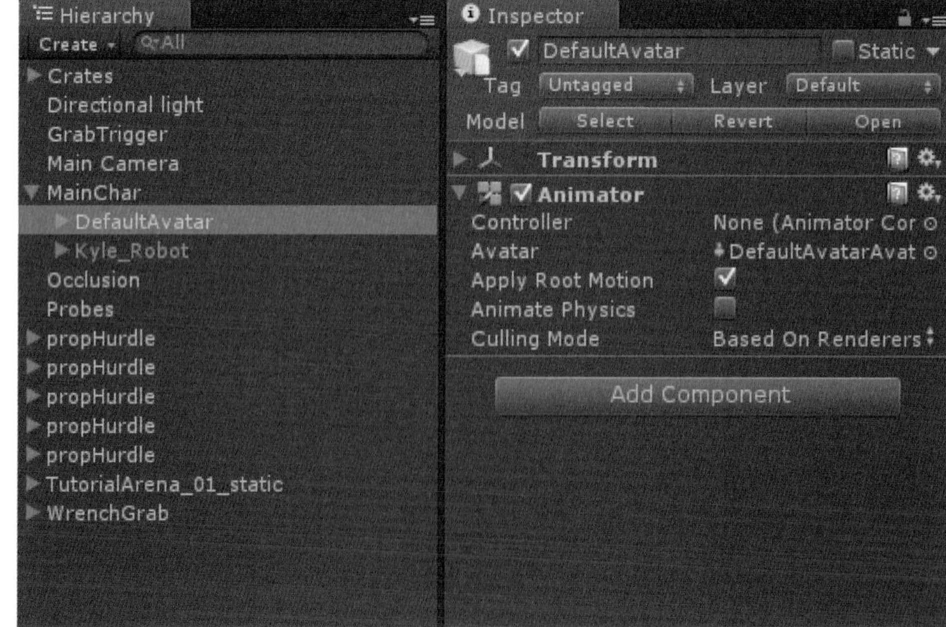

- 确保新模型上的Animator Controller属性引用了与原始模型相同的controller资源，如图6-24所示。

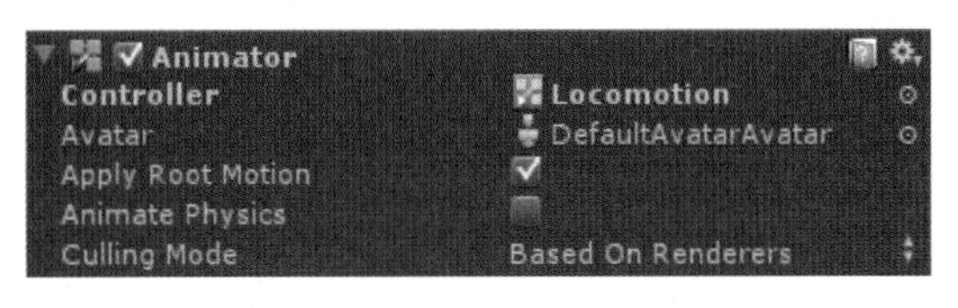

图6-24
确保新模型上的Animator Controller引用了与原始模型相同的资源

- 调整GameObject的Character Controller、transform及其他属性，确保原来的动画片段能在新模型上正常工作。

4. 最终完成效果如图6-25所示。

图6-25
最终完成效果

6.3.6　逆向运动学功能（Pro only）

大多数角色动画都是通过将骨骼的关节角度旋转到预定值来实现的。一个子关节的位置是由其父节点的旋转角度决定的，这样，处于节点链末端的节点位置是由此链条上的各个节点的旋转角和相对位移来决定的。可以将这种决定骨骼位置的方法称为前向运动学。

但是，在实际应用中，上述过程的逆过程却非常实用，即给定末端节点的位置，从而逆向推出节点链上所有其他节点的合理位置。这种需求非常普遍，例如希望角色的手臂去触碰一个固定的物体或脚站立在不平坦的路面上等。这种方法被称为逆向运动学（IK），在Mecanim系统中，任何正确设置了Avatar的人形角色都支持IK功能。

为了给角色模型设置IK，需要知道可能与之进行交互的周边物体，进而设置IK脚本，常用的Animator函数包括SetIKPositionWeight()、SetIKRotationWeight()、SetIKPosition()、SetIKRotation()、SetLookAtPosition()、bodyPosition()、bodyRotation()。

图6-26中显示了一个角色正在抓取一个圆柱体，接下来就来讲解具体的实现方法。

图6-26
一个角色抓取一个圆柱物体

1. 在Unity中，导入一个具有有效Avatar的角色模型，选中该角色然后将如下负责IK功能的脚本（命名为IKCtrl）附着在其上：

```
using UnityEngine;
using System;
using System.Collections;

[RequireComponent(typeof(Animator))]
public class IKCtrl : MonoBehaviour {

    protected Animator animator;
    public bool ikActive = false;
    public Transform rightHandObj = null;

    void Start ()
    {
        animator = GetComponent<Animator>();
    }

    //a callback for calculating IK
    void OnAnimatorIK()
    {
        if(animator) {
            //if the IK is active, set the position and rotation directly to the goal.
            if(ikActive) {
                //weight = 1.0 for the right hand means position and rotation will be at the IK goal (the place the character wants to grab)
                animator.SetIKPositionWeight(AvatarIKGoal.RightHand,1.0f);
                animator.SetIKRotationWeight(AvatarIKGoal.RightHand,1.0f);
                //set the position and the rotation of the right hand where the external object is
                if(rightHandObj != null) {
                    animator.SetIKPosition(AvatarIKGoal.RightHand,rightHandObj.position);
                    animator.SetIKRotation(AvatarIKGoal.RightHand,rightHandObj.rotation);
                }
            }
            //if the IK is not active, set the position and rotation of the hand back to the original position
            else {
                animator.SetIKPositionWeight(AvatarIKGoal.RightHand,0);
                animator.SetIKRotationWeight(AvatarIKGoal.RightHand,0);
            }
        }
    }
}
```

2．由于角色的手无须握住整个圆柱体，故可以在圆柱体的位置放置一个球体，进而将球体赋给IKCtrl脚本中的Right Hand Obj属性，如图6-27所示。这样就可以通过单击IKActive复选框来观察角色抓取和放开物体的整个过程。

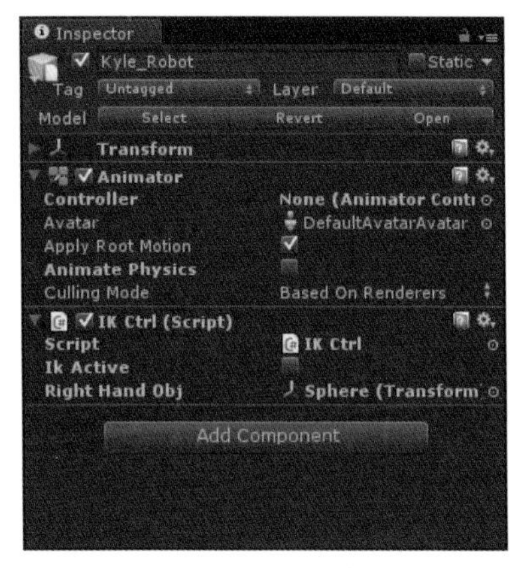

图6-27
设置IKCtrl脚本

6.3.7　一般动画

除了人形动画，Mecanim系统也能够支持非人形动画，只不过在非人形动画中无法使用Avatar系统和其他一些相关功能。在Mecanim系统中，非人形动画被称为一般动画（Generic Animations）。

图6-28
设置Generic动画类型

一般动画的启用方法为：在Project视图中的Assets文件夹中选中FBX资源，在Inspector 视图中的Import Settings属性面板中，选择Rig标签页，单击Animation Type项右侧的按钮，在弹出的列表框中选取Generic动画类型，如图6-28所示。

特别地，在人形动画中，一般可以很容易知道人形模型的中心点和方位；但对于一般动画，由于骨架可以是任意形状，则需要为其指定一根参考骨骼，它在Mecanim系统中被称为根节点（root node）。选中根节点后，即可以建立多个动画片段之间的对应关系，且实现它们之间的正确混合。此外，根节点还对实现区分骨骼动画和根节点的运动具有重要意义（通过OnAnimatorMove进行控制）。

6.4　在游戏中使用角色动画

在导入了角色模型和动画片段以及正确设置了Avatar以后，即可在游戏中使用它们。接下来就将介绍在Mecanim系统中如何控制和顺序播放角色动画。

6.4.1　循环动画片段

在制作动画时，一个最基本的操作就是确保动画可以很好地循环播放。这一点是非常重要的，例如一个走路的动画片段，起始动作和结束动作应该尽可能保持一致，否则就会出现滑步或者跳动的效果。Mecanim系统即为此提供了一套方便的工具，动画片段可以基于姿态、旋转和位置进行循环。

如果拖动动画片段的Start点和End点，就会看到一系列的循环适配曲线。如果曲线右侧的圆点（Loop match指示器）显示为绿色，则表示该动画片段可以很好地循环播放，如图6-29所示；如果显示为红色，则表示头尾节点并不匹配，如图6-30所示。

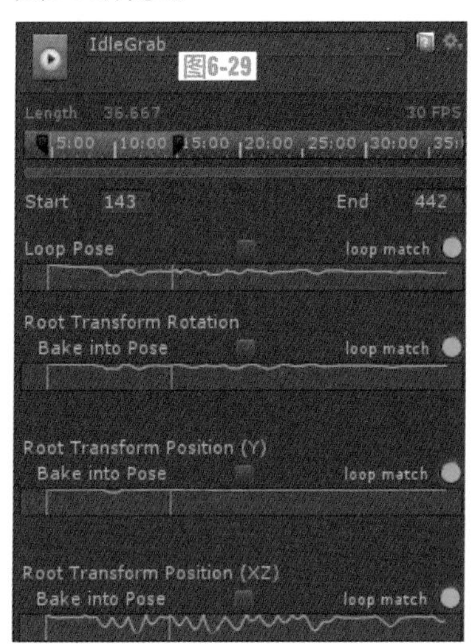

图6-29
Loop Pose匹配良好的情况

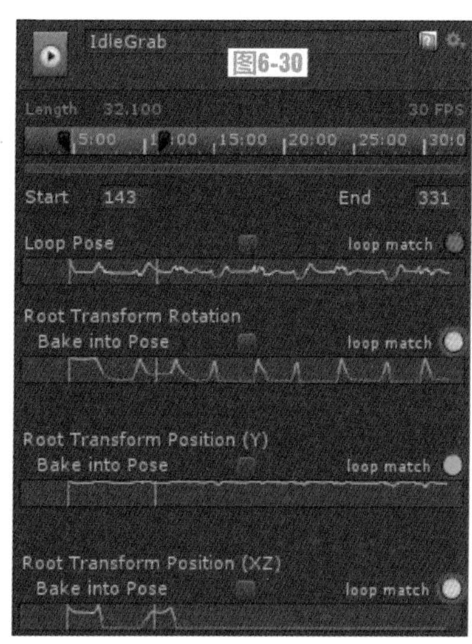

图6-30
Loop Match匹配较差的情况

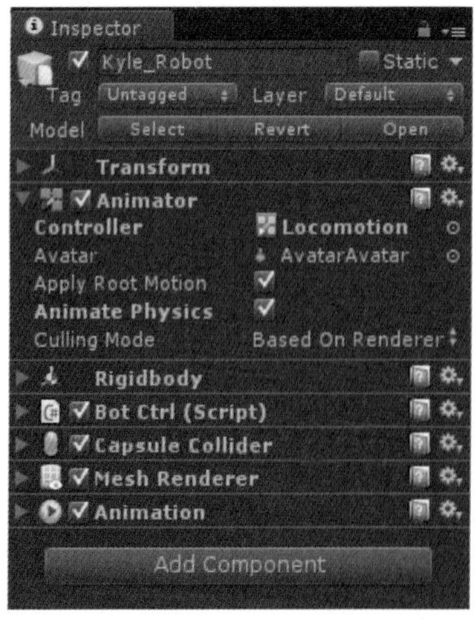

图6-31
Animator组件

6.4.2　Animator组件

任何一个拥有Avatar的GameObject都同时需要有一个Animator组件，该组件是关联角色及其行为的纽带，如图6-31所示。

Animator组件中还引用了一个Animator Controller，它被用于为角色设置行为，这里所说的行为包括状态机（State Machines）、混合树（Blend Trees）以及通过脚本控制的事件（Events），具体包括：

- Controller：关联到该角色的animator 控制器。
- Avatar：该角色的Avatar。
- Apply Root Motion：是使用动画本身还是使用脚本来控制角色的位置。

- Animate Physics：动画是否与物理交互。
- Culling Mode：动画的裁剪模式。
  - ➢ Always animate：总是启用动画，不进行裁剪。
  - ➢ Based on Renderers：当看不见角色时只有根节点运动，身体的其他部分保持静止。

6.4.3 Animator Controller

启动Unity应用程序，依次打开菜单栏中的Window→Animator项，即可以在Animator Controller视图中显示和控制角色的行为。具体地，可以通过在Project视图中单击Create→Animator Controller来创建一个Animator Controller，这会在项目工程的Assets文件夹内生成一个.controller文件，且以图标▣在Project视图中显示出来。当设置好运动状态机以后，就可以在Hierarchy视图中将该Animator Controller拖入到任意具备Avatar的角色的Animator组件上，如图6-32所示。

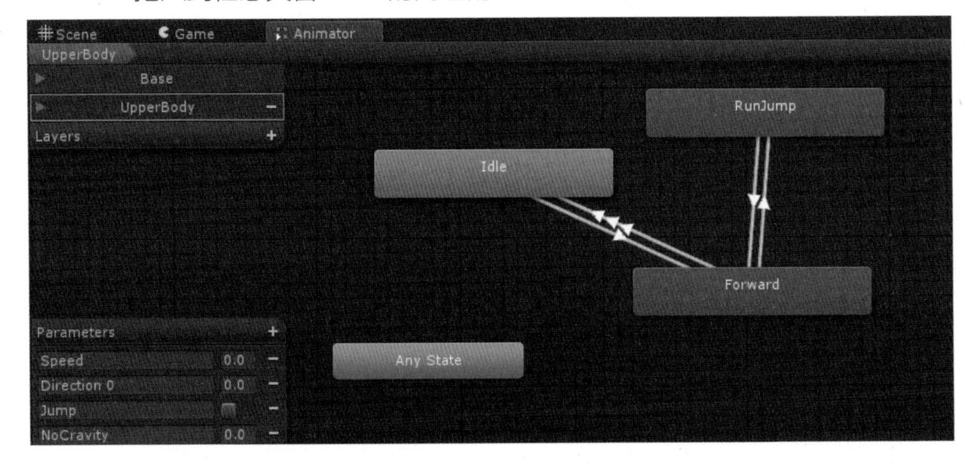

图6-32
Animator Controller 窗口

Animator Controller窗口将包括：

- Animation Layer组件（左上角）；
- 事件参数组件（左下角）；
- 状态机自身的可视化表达。

需要注意的是，Animator Controller窗口总是显示最近被选中的.controller资源的状态机，而与当前所载入的场景无关。

6.4.4 动画状态机

在游戏中一个角色往往拥有多个运动动画，比如在空闲状态时微微喘息、在接受指令后开始走动或者从高空坠落时举起双手。通过脚本控制这些运动状态的切换和过渡通常是一项非常复杂的工作。Mecanim系统借用了计算机科学中的状态机概念来简化对角色动画的控制。

1. 状态机基础

- 状态机的基本思想是使角色在某一给定时刻进行一个特定的动作。动作类型可因游戏类型的不同而不同，常用的动作包括空闲、走路、跑步和跳跃等，其中每一个动作被称为一种状态（States）。一般来说，角色从一个状态立即切换到另外一个状态是需要一定的限制条件的，比如角色只能从跑步状态切换到跑跳状态，而不能直接由静止状态切换到跑跳状态。上述的限制条件被称为状态过渡条件（State Transitions）。总之，状态集合、状态过渡条件以及记录当前状态的变量放在一起，就组成了一个最简单的状态机。
- 状态及其过渡条件可以通过图示来表达，如图6-33所示，其中的节点表示状态，节点间的箭头表示状态过渡。状态机对于动画的重要意义在于用户可以通过很少的代码对状态机进行设计和升级，从而让动画师方便地定义动作顺序，而不必去关心底层代码的实现。

图6-33 状态及其过渡条件

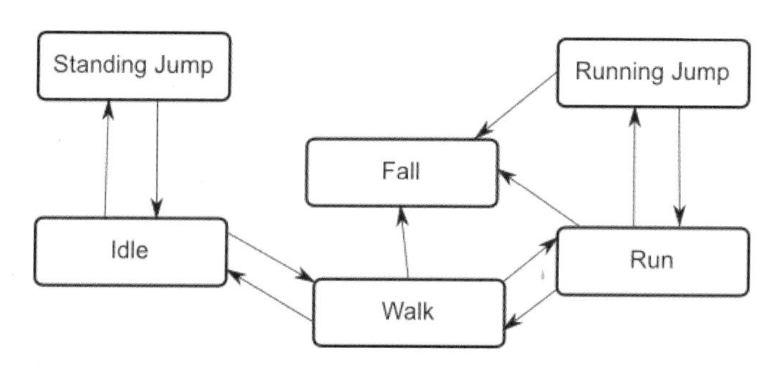

2. Mecanim状态机

Mecanim的动画状态机提供了一种纵览角色所有动画片段的方法，并且允许通过游戏中的各种事件（例如用户输入）来触发不同的动画效果。动画状态机可以通过Animator Controller视图来创建，如图6-34所示。一般而言，动画状态机包括动画状态、动画过渡和动画事件；而复杂的状态机还可以含有简单的子状态机。

图6-34 创建Animation状态机

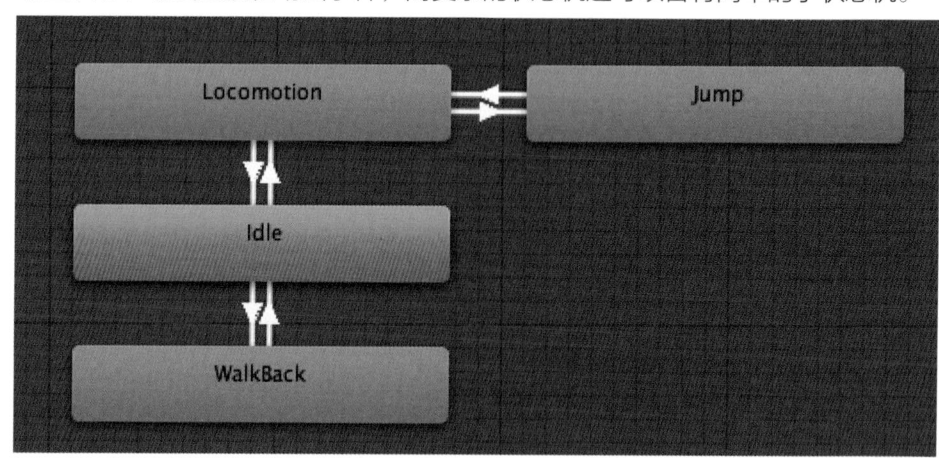

3．Animation States（动画状态）

AnimationStates是动画状态机中的基本组建模块，每个动画状态都含有一个单独的动画序列（或者混合树）。当某一游戏事件触发了一个动画切换时，游戏角色就会进入到一个新的动画状态中。 当在Animator Controller中选择了一个动画状态时，就能在Inspector面板中查看到它的属性，如图6-35所示。其中：

图6-35
在Inspector视图中查看动画状态的属性

- Speed：动画的默认速度；
- Motion：当前状态下的动画片段；
- Foot IK：是否使用Foot IK；
- Transitions：由当前状态出发的过渡条件列表。

以黄色显示的是动画状态机中的默认状态，它是指该状态机被首次激活时所进入的状态。可以在其他状态上单击右键并选择Set As Default来改变默认状态。每个状态右侧的solo和mute选择框用于控制动画在预览时的行为表现。

为了添加新的动画状态，可以在Animator Controller视图的空白处单击右键，然后在菜单中选择Create State→Empty。此外，也可以将一段动画拖动到Animator Controller视图中，从而创建一个包含该动画片段的动画状态。

4．Any State（任意状态）

Any State是一个始终存在的特殊状态。它被应用于不管角色当前处于何种状态，都需要进入另外一个指定状态的情形，如图6-36所示。这是一种为所有动画状态添加公共出口状态的便捷方法，特别地，Any State并不能作为一种独立的目标状态。

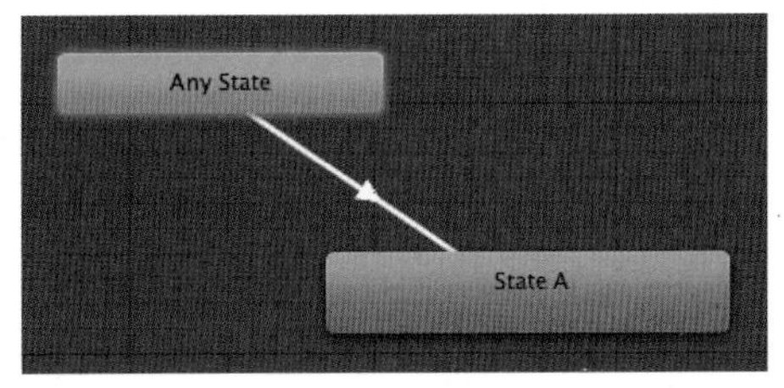

图6-36
Any State任意状态

5．Animation Transitions（动画过渡）

动画过渡是指由一个动画状态过渡到另外一个时发生的行为事件。需要注意的是，在一个特定时刻，只能进行一个动画过渡。

- Atomic：当前的动画过渡是否为原子操作，即能否被中断。
- Conditions：决定该动画过渡在何时被触发。

一个Condition包括以下信息：

- ➢ 一个事件参数（也可以是一个归一化的退出时间，即退出时间点相对于整个动画片段时长的归一化表达，例如0.95表示该动画片段运行到了整个片段的95%位置）。

图6-37 通过设定两个动画的覆盖区域来调整它们的过渡情况

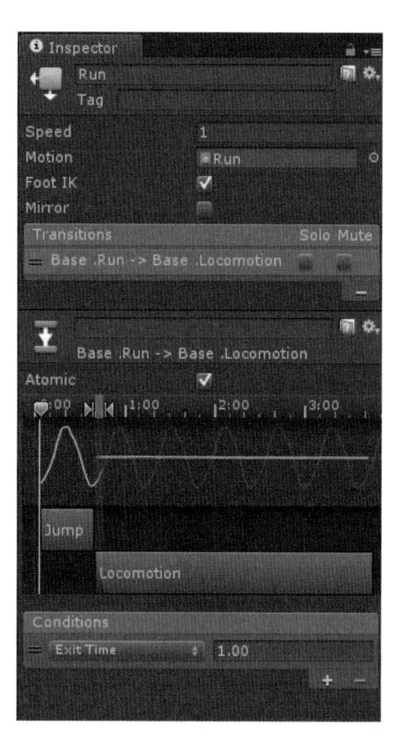

➢ 一个可选的条件断言（例如大于或小于某一浮点数）。

➢ 一个可选的参数值。

可通过拖动重叠区域的起始值和终止值来调节两个动画的过渡情况，如图6-37所示。

6．Animation Parameters（动画参数）

Animation Parameters是一系列在动画系统中定义的变量，但也可以通过脚本来进行访问和赋值。例如一个参数值可以被动画曲线更新，然后被脚本访问；类似地，脚本也可以先行设定参数值，然后被Mecanim系统使用。

默认参数值可以在Animator窗口左下角的Parameters工具栏中进行设置，如图6-38所示，参数值可以为四种基本类型：

图6-38 Parameters工具栏

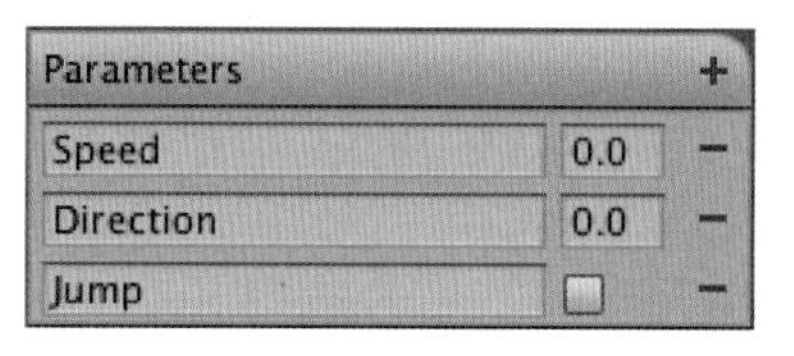

- Vector：空间中的一个点。
- Int：整数。
- Float：浮点数。
- Bool：布尔值。

参数可以通过在脚本中使用Animator类函数来赋值，包括SetVector、SetFloat、SetInt和SetBool。下面是一个通过用户输入来修改参数数值的脚本实例：

```
using UnityEngine;
using System.Collections;
public class AvatarCtrl : MonoBehaviour {
    protected Animator animator;
    public float DirectionDampTime = .25f;
    void Start ()
    {
        animator = GetComponent<Animator>();
    }
    void Update ()
    {
        if(animator)
        {
            //get the current state
            AnimatorStateInfo stateInfo = animator.GetCurrentAnimatorStateInfo(0);
            //if we're in "Run" mode, respond to input for jump, and set the Jump parameter accordingly.
            if(stateInfo.nameHash == Animator.StringToHash("Base Layer.RunBT"))
            {
                if(Input.GetButton("Fire1"))
                    animator.SetBool("Jump", true );
            }
            else
            {
                animator.SetBool("Jump", false);
            }

            float h = Input.GetAxis("Horizontal");
            float v = Input.GetAxis("Vertical");

            //set event parameters based on user input
            animator.SetFloat("Speed", h*h+v*v);
            animator.SetFloat("Direction", h, DirectionDampTime, Time.deltaTime);
        }
    }
}
```

6.4.5 混合树

在游戏动画中，一种常见的需求是对两个或更多相似的运动进行混合，一个常见的例子是根据角色的移动速度对走路和跑步动画进行混合，另一个常见的例子是角色在跑动时向左或向右倾斜转弯。需要强调的是，动画过渡和动画混合是完全不同的概念，尽管它们都被用于生成平滑的动画，但却适用于不同的场合。动画过渡被用于在一段给定的时间内完成由一个动画状态向另一个动画状态的平滑过渡；而动画混合则被用于通过插值技术实现对多个动画片段的混合，每个动作对于最终结果的贡献量取决于混合参数。特别地，动画混合树可以作为状态机中一种特殊的动画状态而存在。

要制作一个新的混合树，需要以下步骤：

1. 在Animator Controller窗口中右击空白区域。
2. 在弹出菜单中选择Create State→From New Blend Tree。
3. 双击混合树进入混合树视图，如图6-39所示。

此时，Animator视图中将会显示整个混合树的图形表达，而Inspector视图中将会显示当前选中的节点和其紧邻的子节点，如图6-40所示。

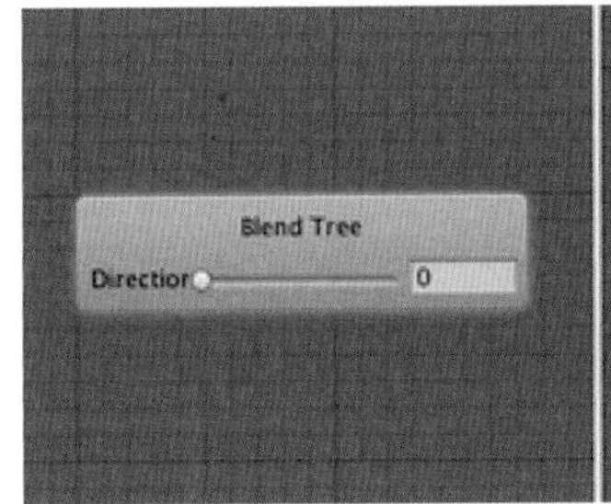

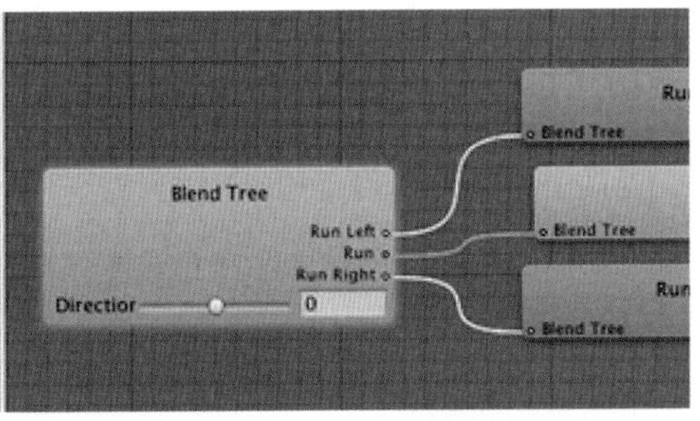

图6-39 混合树的图形表达

特别地，在Blend type选项卡中可以指定不同的混合类型，包括1D混合和2D混合两种。下面将详细讲解。

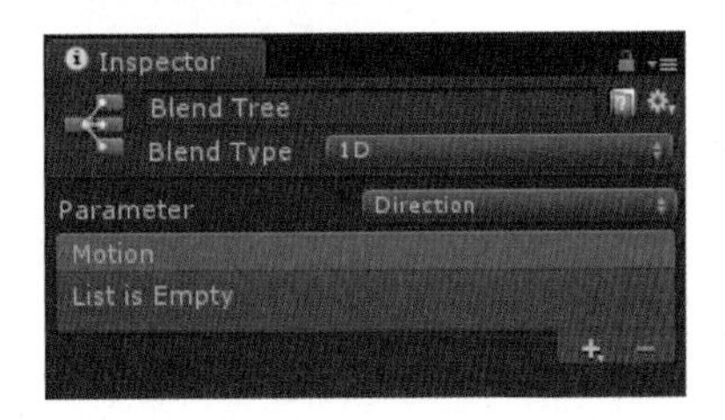

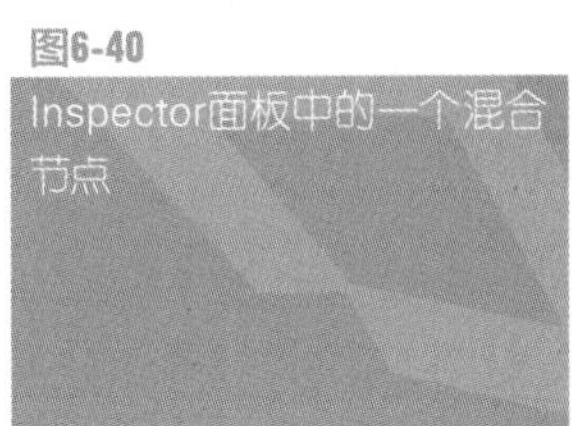
图6-40 Inspector面板中的一个混合节点

6.4.6 1D混合

在Inspector视图中的Blend Node属性面板中，第一个选项就是指定一个混合类型。如上一节中的图6-40所示。其中1D混合即是通过唯一一个参数来控制子动画的混合。在设定了1D混合类型后，立即需要做的一件事就是选择通过哪一个Animation Parameter来控制混合树。在下面的例子中，将选用direction参数，其值的变化范围是从-1.0（向左倾斜）到1.0（向右倾斜），而0.0表示直线跑动而不产生倾斜。随后可以通过单击+→Add Motion Field 在混合树中添加动画片段。添加完成后的界面应如图6-41所示。

图6-41
添加完成后的界面

图6-42
每个动画在通过混合树混合时的权重

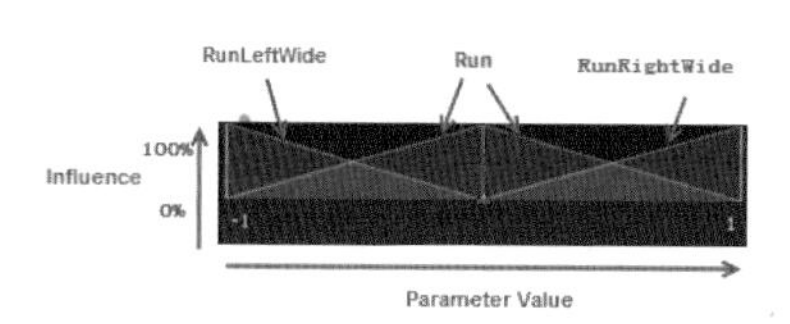

Inspector视图中Blend Node属性面板上方的图形表示了混合参数变化时每个子动画的影响。其中每个子动画用一个蓝色的金字塔形状表示（首个和末个只显示了一半），如图6-42所示。如果单击某个金字塔形状并按住不放时，相应的动画片段会在下端的列表中高亮显示。每个金字塔的顶端代表该动画片段的混合权重为1，而其他所有动画的混合权重都为0；这样的位置也被称为动画混合的临界点（Threshold）。图中红色的竖线表示了当前的混合参数，在单击了Inspector底端的Play按钮后，如果拖动红线向左或向右进行移动，即可观察到混合参数对于最终动画混合效果的影响。

6.4.7 2D混合

2D混合是指通过两个参数来控制子动画的混合。2D混合又可以分为三种不同的模式，不同的模式有不同的应用场合，它们的区别在于计算每个片段影响的具体方式，下面就来详细讲解。

2D Simple Directional（2D简单定向模式）：这种混合模式适用于所有动画都具有一定的运动方向，但其中任何两段动画的运动方向都不相同的情形，例如向前走、向后走、向左走和向右走。在此模式下，每一个方向上都不应存在多段动画，例如向前走和向前跑是不能同时存在的。特别地，此时还可以存在一段处于(0,0)位置的特殊动画，例如Idle状态，当然也可以不存在。

2D Freeform Directional（2D自由定向模式）：这种混合模式同样适用于所有动画都具有一定运动方向的情形，但在同一方向上可以存在多段动画，例如向前走和向前跑可以同时存在的。特别地，在此模式下，必须存在一段处于(0,0)位置的动画，例如Idle状态。

2D Freeform Cartesian（2D自由笛卡儿模式）：这种混合模式适用于动画不具有确定运动方向的情形，例如向前走然后右转、向前跑然后右转等。在此模式下，X参数和Y参数可以代表不同的含义，例如角速度和线速度。

在设定了2D混合类型后，立即需要做的一件事就是选择通过哪两个Animation Parameters来控制混合树。在下面的例子中，选定的两个参数是velocityX（平移速度）和velocityZ（前进速度），然后可以通过单击+→Add Motion Field在混合树中添加动画片段。添加完成后的界面应如图6-43所示。

面板顶端的图示表示了各个子动画在2D混合空间中的位置。每段动画以蓝色的矩形点表示，可以通过单击这个蓝点来选取一段动画；选中后，该动画的影响范围将以蓝色的可视化场来表示，如图6-44所示，蓝点正下方的位置具有最大的场强，表示该动画片段在此时具有最大的混合权重。

图6-44中的红点表示两个混合参数的当前值。在单击Inspector面板底端的Play按钮后，如果在图中拖动红点，就可以观察到两个混合参数对于混合结果的影响。在图6-44中，每段动画对当前动画状态的影响权重还可以通过蓝点周围的蓝色圆圈来表示。当用户拖动红点逐渐靠近代表某段动画的蓝点时，则该蓝点周围的圆圈直径会相应地变大，表明该动画的影响权重逐渐变大；而其他圆圈则会相应地变小，表明其他动画的影响权重逐渐变小，甚至完全没有影响。

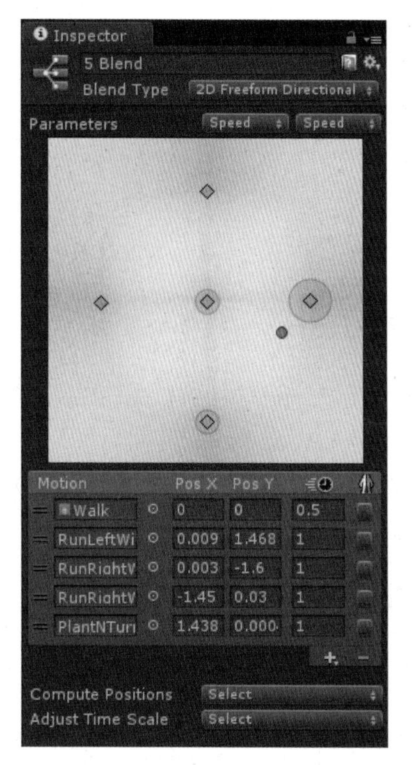

图6-43
添加完成后的界面

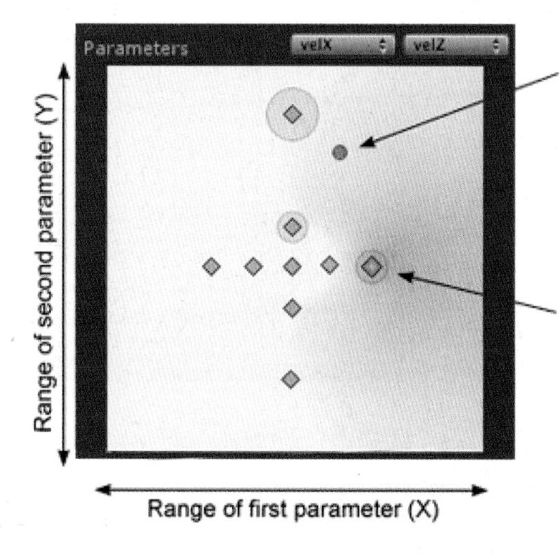

图6-44
动画的影响范围和影响权重

6.5 案例分析

本节将逐步讲解如何在一个场景中使用Mecanim动画系统，流程如下：

1．启动Unity应用程序，打开\unitybook\chapter06 \Animation-Controller项目工程，并打开Animator Controller游戏场景，打开如图6-45所示。

图6-45
导入场景和角色模型

2．初始角色模型的属性如图6-46所示，此时只有Animation组件，并没有Animator组件。

图6-46
初始模型的inspector属性

3．选中该角色资源，在Inspector视图中单击Rig标签页，以显示其相关属性，将Animation Type设为Humanoid；Avatar Definition设为Create From This Model，如图6-47所示。

图6-47
修改模型的Rig选项

图6-48
Configure...按钮边上的符号由..变为了√

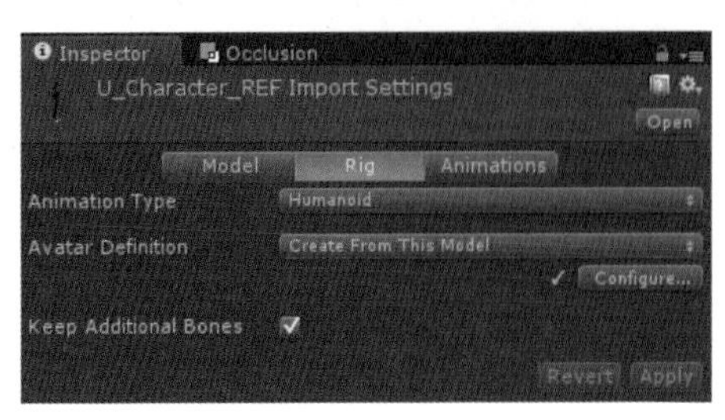

4．单击Apply按钮应用设置，会发现Configure...按钮边上的符号由...变为了√（如图6-48所示），这表明Avatar的自动匹配已经成功（但仍需要单击Configure...按钮并予以确认）。此时，

在原始模型文件下会出现“模型文件名+Avatar”的一个Avatar配置文件（例如U_Character_REFAvatar），如图6-49所示。

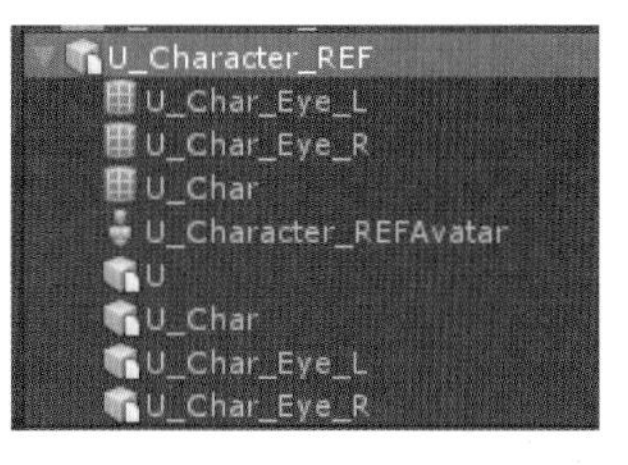

图6-49
原始模型文件下会出现“模型文件名+Avatar”的一个Avatar配置文件

5．单击Configure按钮，进入Avatar配置界面来查看Avatar的匹配情况，如图6-50所示。进入前切记要保存当前场景的一切信息。在右侧的Inspector面板中检查模型骨骼是否与Unity预定义的人形骨骼相匹配，如不匹配可直接进行调整；如果匹配，单击Done按钮退出Avatar配置界面。

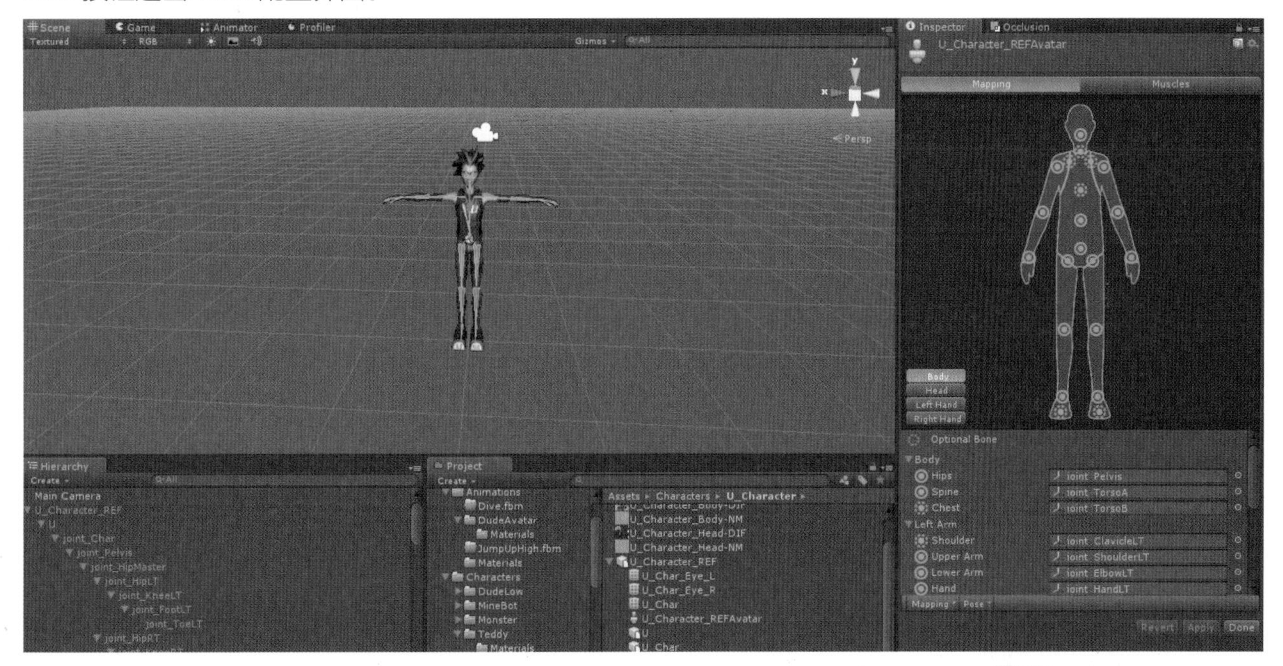

图6-50
Avatar配置界面

6．此时Hierarchy视图中Gameobject上的Animation组件已经被替换成了Animator组件，对应的Inspector视图如图6-51所示。可以看到Controller项是None，接下来将为该模型设置新的Controller。

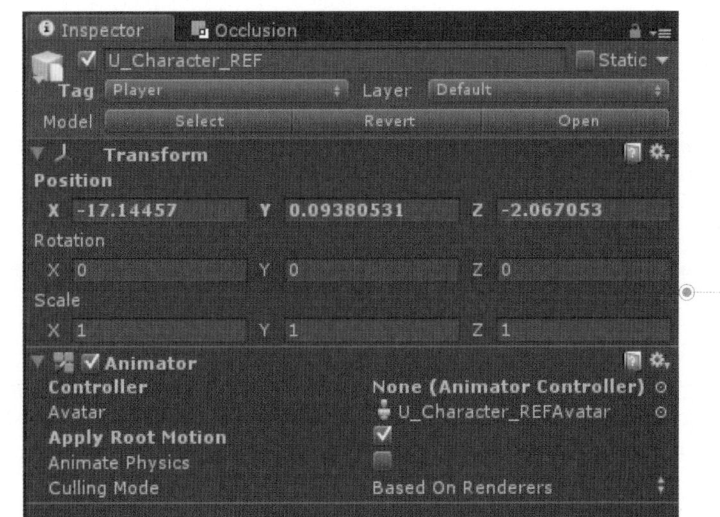

图6-51
Inspector面板

7．单击Project视图中的Create按钮，在弹出的列表框中选择Animator Controller来创建一个新的Controller，并取名为AC。双击AC，即可进入Animator Controller配置界面，如图6-52所示。

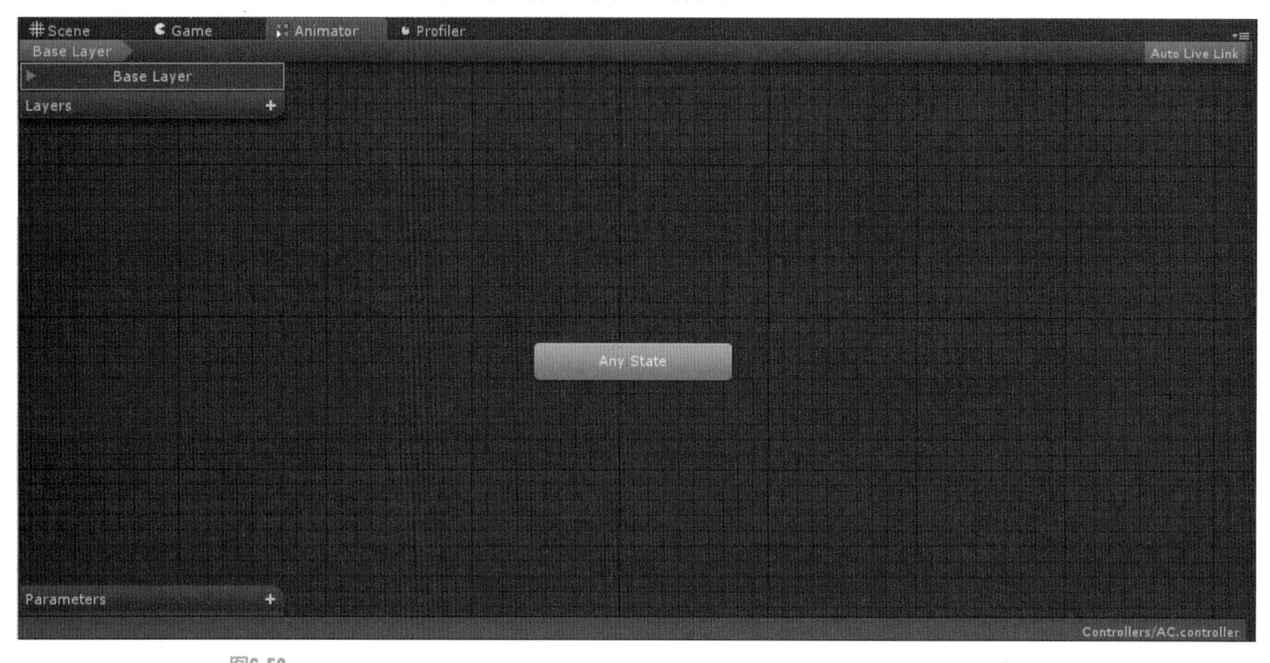

图6-52
Animator Controller配置界面

图6-53
配置Animator的动画状态机

8．接下来配置该Animator的动画状态机。将已经制作好的动画片段拖动到该视图中，如图6-53中的Idle片段和Jump片段。

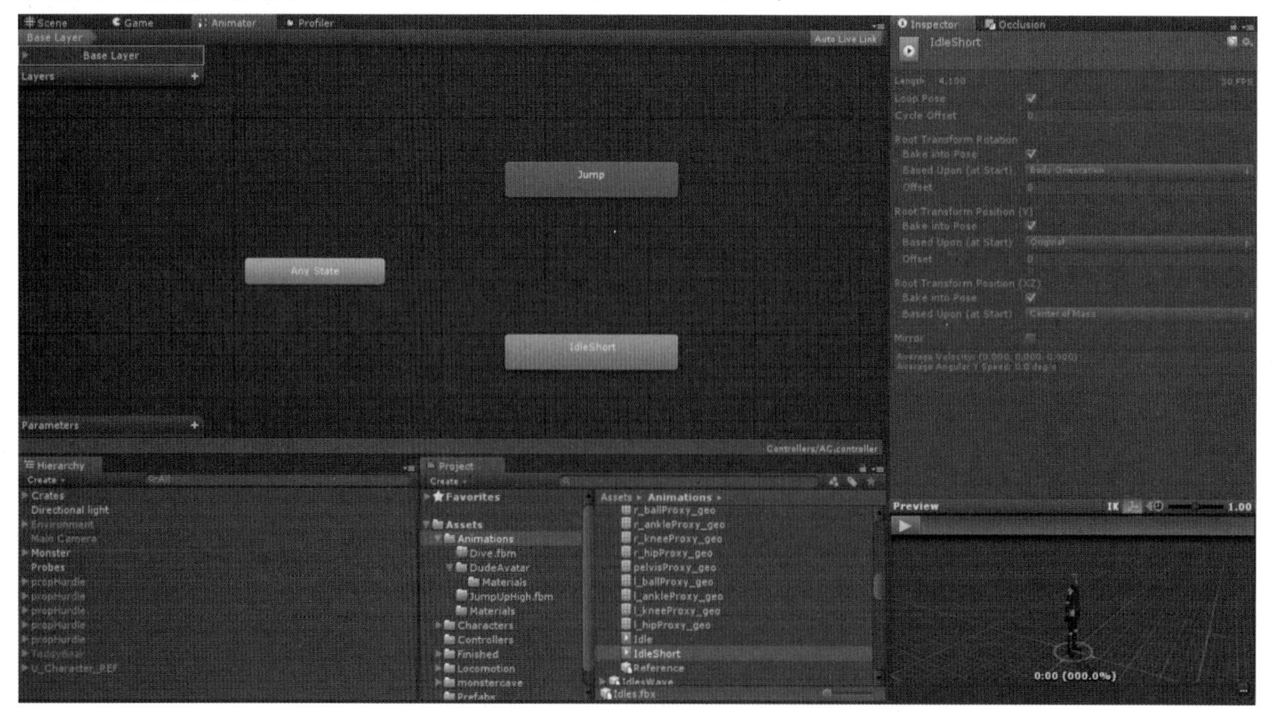

9. 创建Run Clip混合树，即在空白处单击右键，依次单击Create State→From New Blend Tree进而创建一个新的混合树，并将其命名为Run。如图6-54所示。

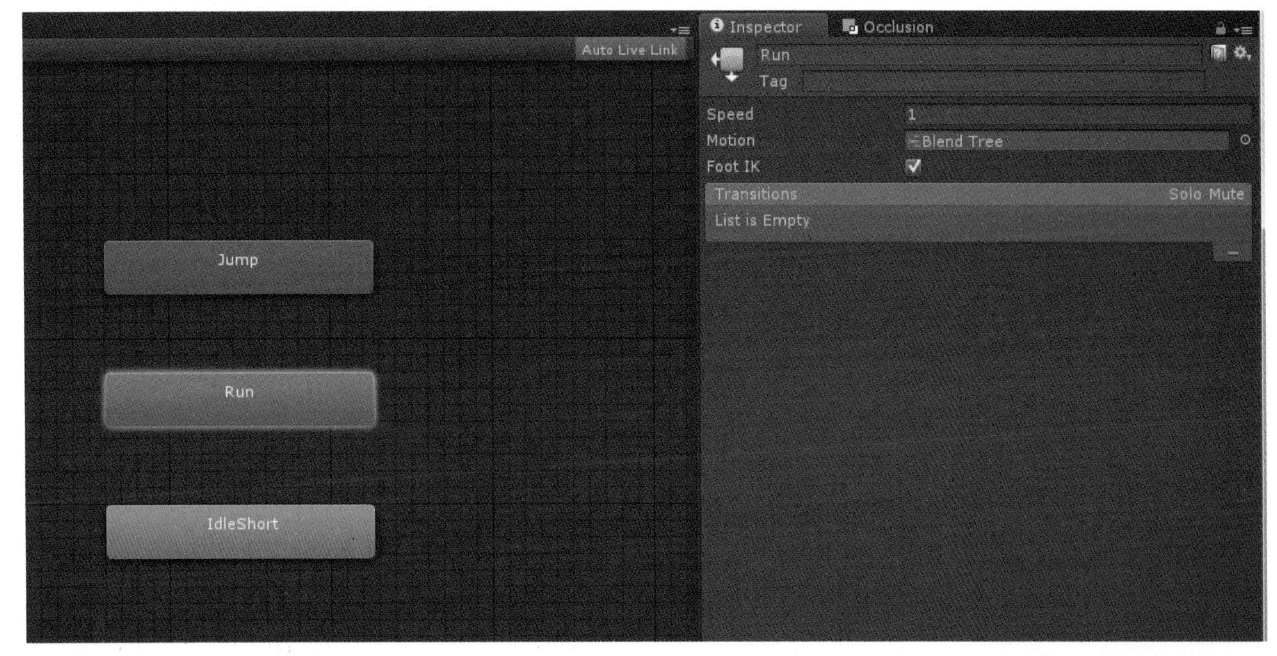

图6-54
创建一个新的混合树并取名为Run

10. 双击Run，即可进入混合树的设置界面。在右侧的Inspector视图中，可以通过Add motion field来添加混合树中的各个动画片段。同时，在视图的左下添加float型参数Direction，用它来控制混合树的状态变化。最终的设置结果如图6-55所示。

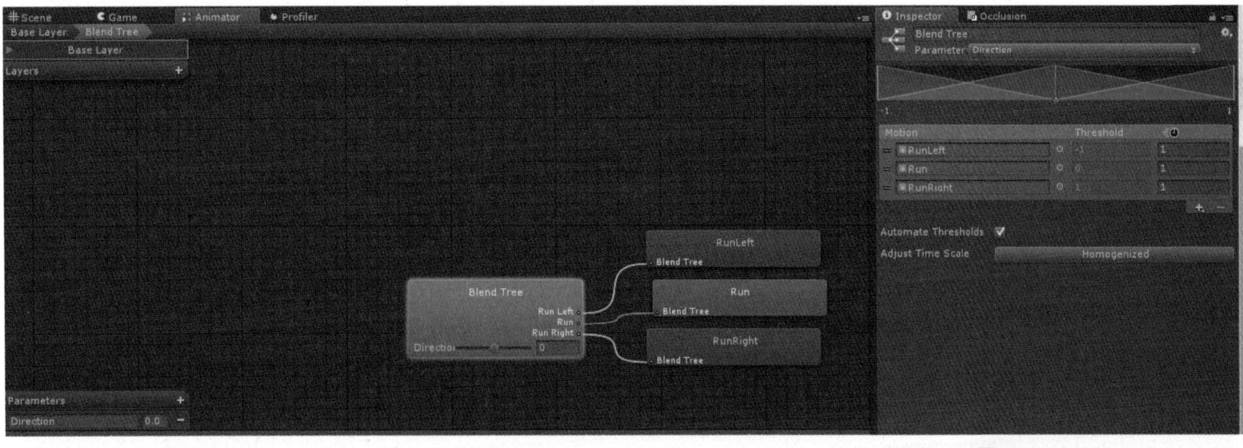

图6-55
混合树的最终设置界面

11. 单击Animator视图左上角的Base layer项以返回到上层，如图6-56所示，在左下角的参数中，依次加入Float型变量Speed（用来控制人物从idle到run的状态过渡）和Bool型变量Jump（用来控制跳跃状态）。然后，在Idle按钮上单击右键，并选择Make Transition来设置状态变换的条件。

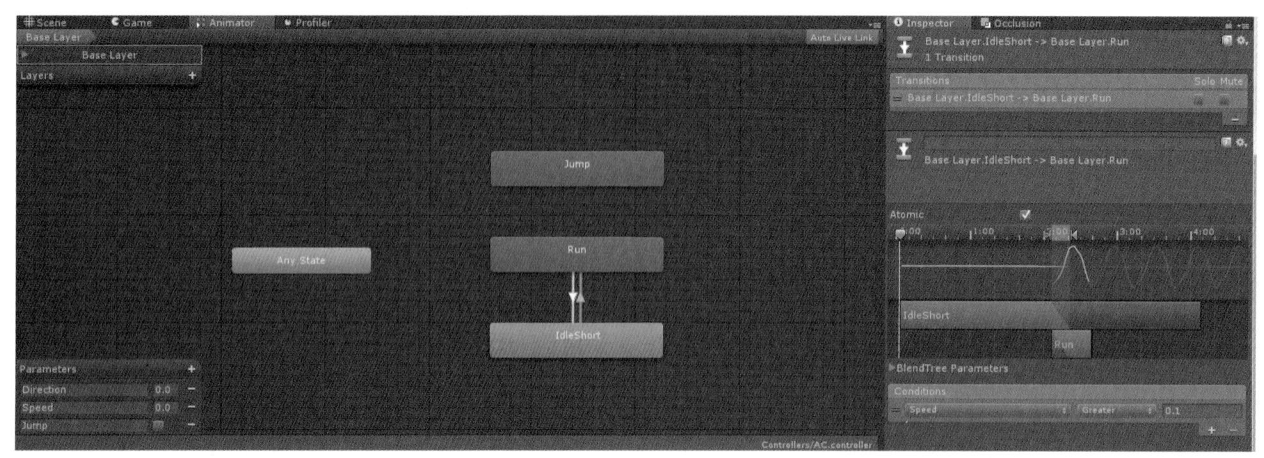

图6-56

设置参数

12．依次设置好各个状态间的过渡条件，这样Controller的设置即初步完成。随后可将AC拖动到模型的Controller选项中，如图6-57所示。

图6-57

将AC拖动到模型的Controller选项中

13．编写简单的代码来控制Animator Controller，并将其附加到模型上，如图6-58所示。

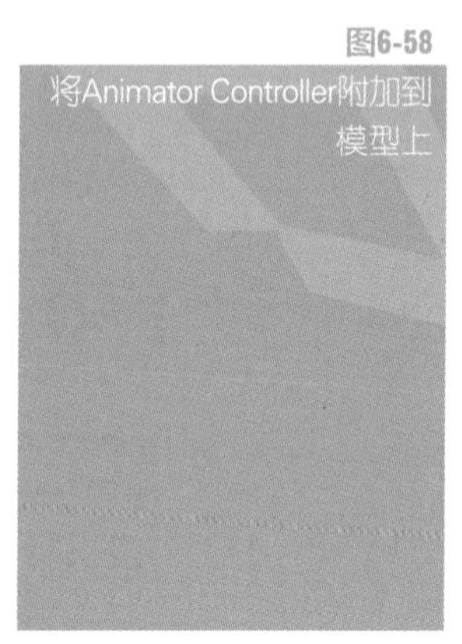

图6-58

将Animator Controller附加到模型上

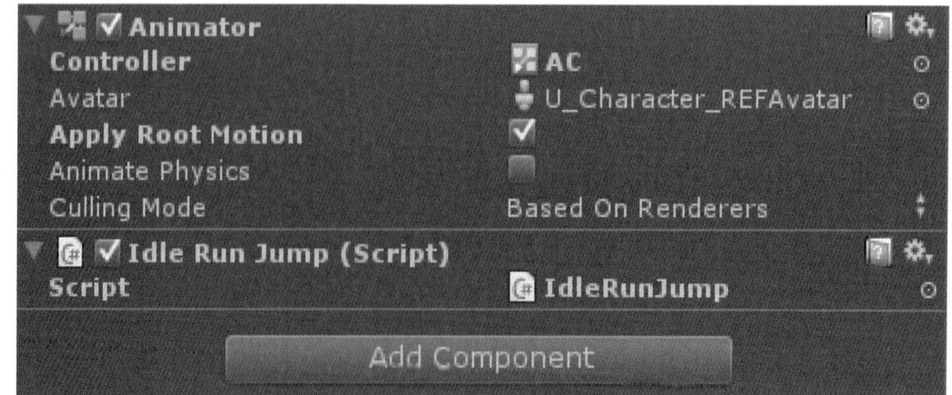

核心控制代码如下：

```
if (animator)
{
    AnimatorStateInfo stateInfo = animator.GetCurrentAnimatorStateInfo(0);

    if (stateInfo.IsName("Base Layer.Run"))
    {
        if (Input.GetMouseButton(0))
            animator.SetBool("Jump", true);
    }
    else
    {
        animator.SetBool("Jump", false);
    }

    if(Input.GetMouseButton(1) && animator.layerCount >= 2)
    {
        animator.SetBool("Hi", true);
    }
    else
    {
        animator.SetBool("Hi", false);
    }


    float h = Input.GetAxis("Horizontal");
    float v = Input.GetAxis("Vertical");

    animator.SetFloat("Speed", h*h+v*v);
    animator.SetFloat("Direction", h);
}
```

14. 完成以上设置，单击Toolbar（工具栏）中的▶按钮预览游戏，就可以查看动画效果了，如图6-59所示。

图6-59
完成的运动效果

15. 在Animator Controller中还可加入更多的Layer，层级越高，其动作的优先级也越高。可通过单击左上角Layers旁边的+号来增加新的Layer，这里添加一个新层并取名为Wave，进而创建一个新的body mask来设定该层中受动画影响的身体部分。Body mask可以通过Create → Avatar Body Mask来创建，也取名为Wave；在其对应的inspector视图中，通过鼠标来选择它影响的身体范围，如图6-60所示，其中绿色部分为受影响的部分，红色部分为不受影响的部分。Body Mask设定好以后，即可在Layers中的Human选项中选择到Wave body mask。

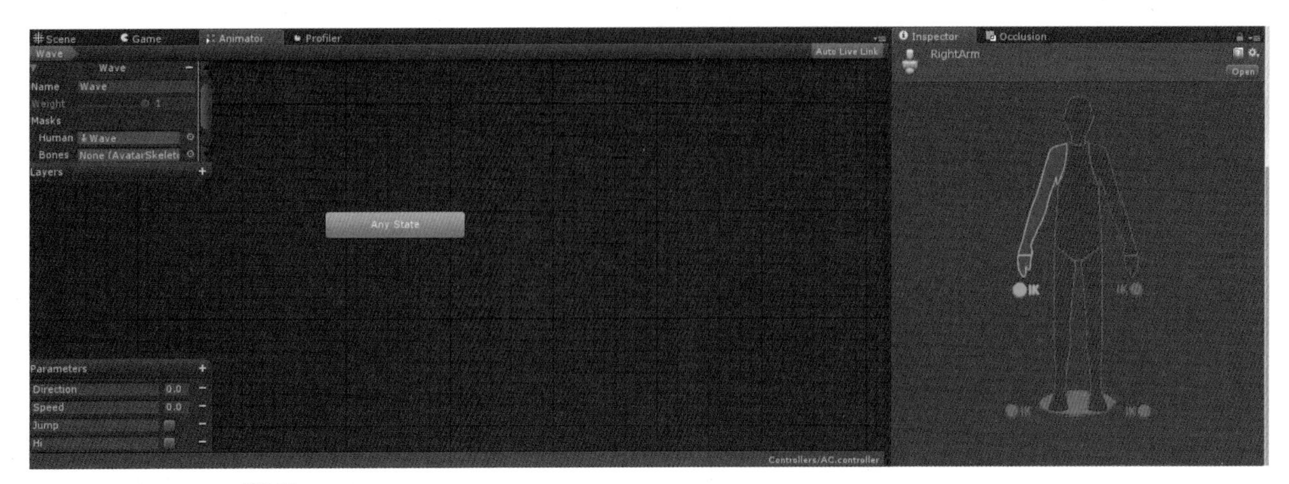

图6-60 通过鼠标来选择受影响的身体范围

16．依次在新的Layers中添加Null状态和Wave状态，并设置其过渡条件，如图6-61所示。

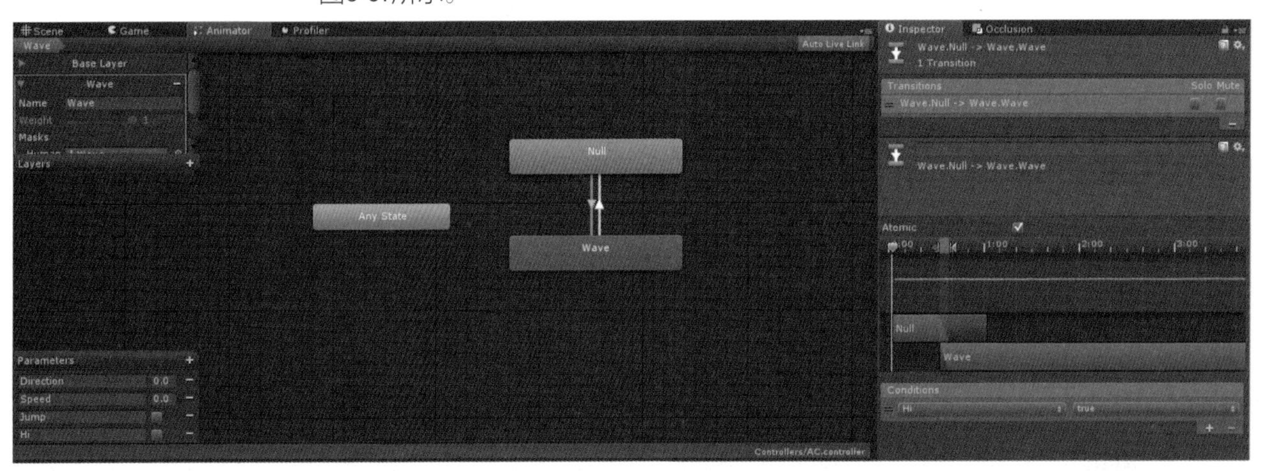

图6-61 设置过渡条件

17．单击Toolbar（工具栏）中的▶按钮预览游戏，即可查看角色挥手的效果，如图6-62所示。

图6-62 挥手效果

18．接下来测试Retargeting功能。在场景中加入新的模型Bear，然后在inspector中选择Humanoid动画类型，创建其Avatar，如图6-63所示。

图6-63
测试Retargeting功能

19．为达到Retargeting效果，将AC拖动到Bear模型的Animator Controller里面，同时附加上IdleRunJump脚本作为其控制组件，然后单击运行，即可看到Retargeting效果，如图6-64和图6-65所示。

图6-64
Retargeting效果

图6-65
Retargeting效果

第7章 物理引擎

7.1 Rigidbody：刚体

Rigidbody（刚体）组件可使游戏对象在物理系统的控制下来运动，刚体可接受外力与扭矩力用来保证游戏对象像在真实世界中那样进行运动。任何游戏对象只有添加了刚体组件才能受到重力的影响，通过脚本为游戏对象添加的作用力以及通过NVIDIA物理引擎与其他的游戏对象发生互动的运算都需要游戏对象添加了刚体组件。

在Unity中为游戏对象添加刚体组件的方法是：

1. 启动Unity应用程序，创建一个游戏对象，选中该对象，然后依次打开菜单栏中Component→Physics→Rigidbody选项，这样就在该游戏对象上添加了刚体组件，如图7-1所示。

图7-1
为游戏对象添加刚体组件

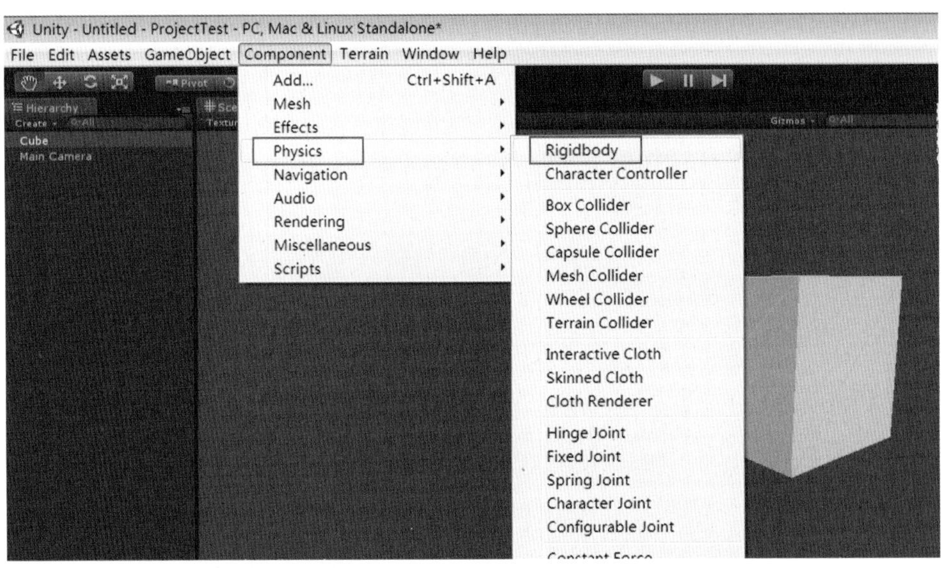

图7-2
刚体组件的属性面板

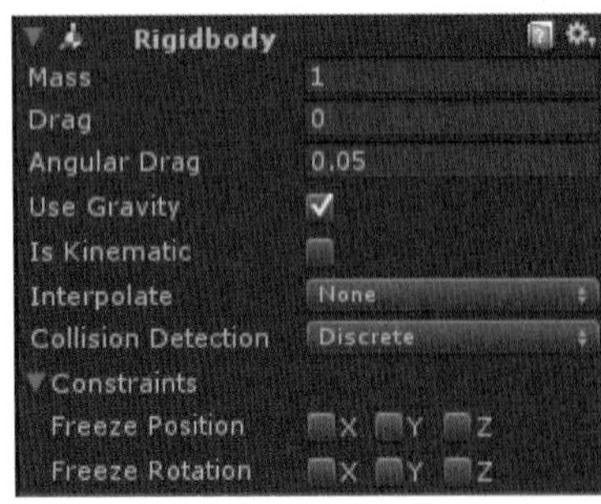

2. Rigidbody组件的属性面板如图7-2所示。刚体组件的各参数介绍如下：

- Mass：质量。

该项用于设置游戏对象的质量。（建议在同一个游戏场景中，游戏对象之间的质量差值不要大于100倍。）

- Drag：阻力。

当对象受力运动时受到的空气阻力。0表示没有空气阻力，阻力极大时游戏对象会立即停止运动。

- Angular Drag：角阻力。

当对象受扭矩力旋转时受到的空气阻力。0表示没有空气阻力，阻力极大时游戏对象会立即停止运动。

• Use Gravity：使用重力。

若开启此项，游戏对象会受到重力的影响。

• Is Kinematic：是否开启动力学。

若开启此项，游戏对象将不再受物理引擎的影响从而只能通过Transform（几何变换组件）属性来对其操作。该方式适用于模拟平台的移动或带有铰链关节链接刚体的动画。

• Interpolate：插值。

该项用于控制刚体运动的抖动情况，有3项可供选择，如图7-3所示。

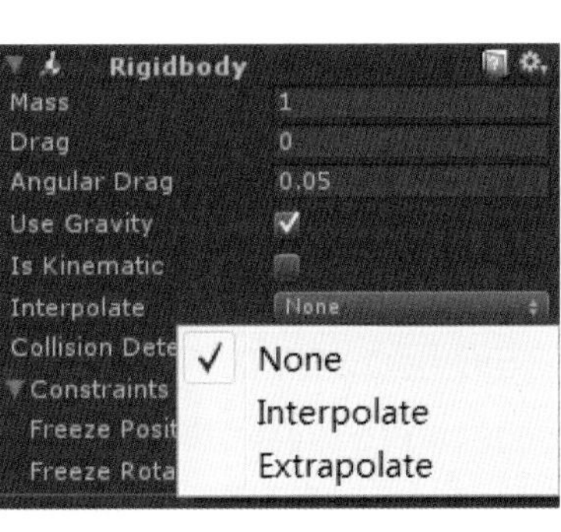

图7-3 Interpolate选项

➢ None：没有插值。

➢ Interpolate：内插值。基于前一帧的Transform来平滑此次的Transform。

➢ Extrapolate：外插值。基于下一帧的Transform来平滑此次的Transform。

• Collision Detection：碰撞检测。

该属性用于控制避免高速运动的游戏对象穿过其他的对象而未发生碰撞，有3项可供选择，如图7-4所示。

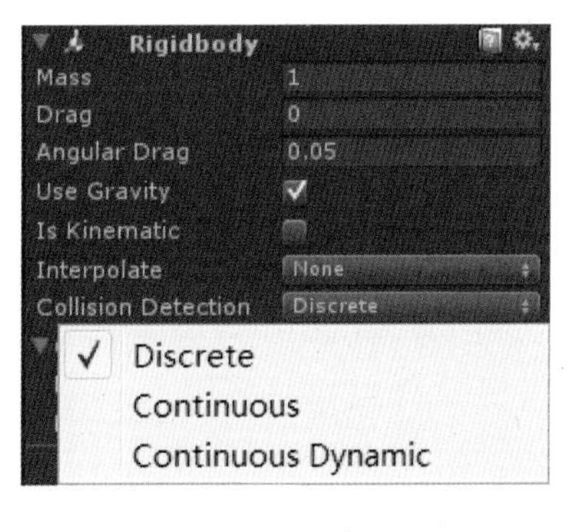

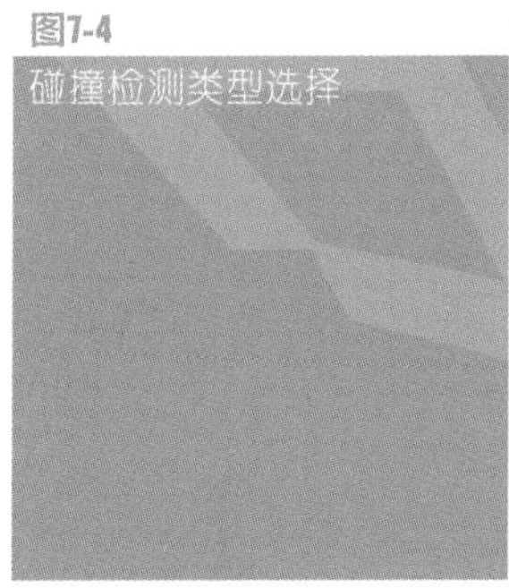
图7-4 碰撞检测类型选择

➢ Discrete：离散碰撞检测。该模式与场景中其他的所有碰撞体进行碰撞检测。该项为默认值。

➢ Continuous：连续碰撞检测。该模式用于检测与动态碰撞体（带有Rigidbody）的碰撞，使用连续碰撞检测模式来检测与网格碰撞体的（不带Rigidbody）碰撞。其他的刚体会采用离散碰撞模式。此模式适用于那些需要与采用连续动态碰撞检测的对象相碰撞的对象。这对物理性能会有很大的影响，如果不需要对快速运动的对象进行碰撞检测，就使用离散碰撞检测模式。

➢ Continuous Dynamic：连续动态碰撞检测模式。该模式用于检测与采用连续碰撞模式或连续动态碰撞模式对象的碰撞，也可用于检测没有Rigidbody的静态网格碰撞体。对于与之碰撞的其他对象可采用离散碰撞检测。动态连续碰撞检测模式也可用于检测快速运动的游戏对象。

• Constraints：约束。

该项用于控制对于刚体运动的约束。

➢ Freeze Position：冻结位置。刚体对象在世界坐标系中的X、Y、Z轴方向上（勾选状态）的移动将无效。

➢ Freeze Rotation：冻结旋转。刚体对象在世界坐标系中的X、Y、Z轴方向上（勾选状态）的旋转将无效。

刚体会使游戏对象在物理引擎的控制下运动，例如可以以真实的碰撞形式来开门或计算其他的行为。通过在刚体上添加作用力来操作游戏对象，这与直接调整Transform组件相比在视觉及感受上都有很大的不同。通常情况下没有必要在操作一个对象刚体的同时也操作其Transform，只需要二选其一即可。

与操作游戏对象的Transform最大的不同就是刚体会用到作用力，刚体可以接受外力和扭矩，但是Transform无法达到该效果。Transform可以移动和旋转游戏对象，这与使用物理的方式并不相同。对一个刚体添加外力或扭矩实际上也会改变该对象Transform组件的移动和旋转，这也就是这两者而选其一的原因。在使用物理方式操作对象的同时又改变它的Transform会导致碰撞及其他相关的计算出现问题。

刚体在受物理引擎作用之前必须要明确地添加给一个游戏对象，之后该对象就会受到重力和通过脚本添加的作用力的影响，但根据实际情况可能还需要为其添加碰撞体或关节等以便达到预期的行为效果。使用刚体组件的注意事项如下：

1．Parenting：父子级

当一个游戏对象受物理系统控制时，它会以半独立的方式随着父对象的位移而移动，如果任何父对象有所运动的话，这些父对象会推着子对象的刚体跟随它们一起运动。不过这些刚体由于受重力影响的原因还是会下落而且对于碰撞事件也是会有所响应的。

2．Scripting：脚本

可通过在游戏对象的刚体上添加AddForce()和AddTorque()函数，达到通过脚本来添加作用力或扭矩力，来对刚体进行控制。要注意的是，在使用物理系统时，不要直接改变对象的Transform组件的属性。

3．Animation：动画

有些情况下，如需要创建布娃娃效果的时候，需要在动画和物理系统间切换对象的控制权。因此当刚体被标记为动力学模式时，就不会受到如碰撞、作用力或其他物理效果的影响，这就意味着需要直接操作该对象的Transform组件属性来控制该对象了。动力学刚体会影响其他的对象，但其自身并不受到物理系统的影响。例如，那些绑定到动力学对象上的关节会约束其他绑定到该对象上的刚体，动力学刚体在碰撞时会影响其他的刚体。

7.2 Colliders：碰撞体

碰撞体是物理组件中的一类，它要与刚体一起添加到游戏对象上才能触发碰撞。如果两个刚体相互撞在一起，除非两个对象有碰撞体时物理引擎才会计算碰撞，在物理模拟中，没有碰撞体的刚体会彼此相互穿过。

添加碰撞体的方法：首先选中一个游戏对象，然后依次打开菜单栏Component→Physics选项，可选择不同的碰撞体类型（如图7-5所示），这样就在该对象上添加了碰撞体组件。

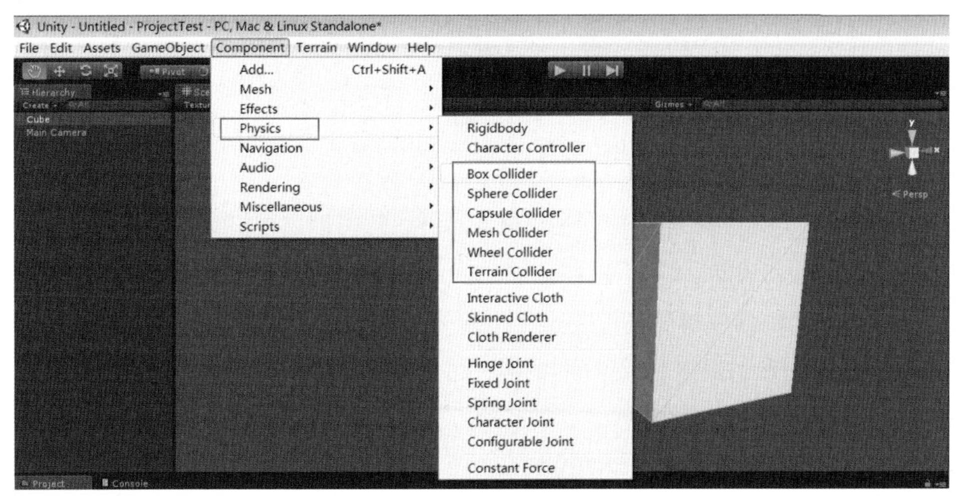

图7-5
选择不同的碰撞体类型

7.2.1 碰撞体型介绍

1. Box Collider：盒碰撞体

盒碰撞体是一个立方体外形的基本碰撞体，其属性面板如图7-6所示。该碰撞体可以调整为不同大小的长方体，可用作门、墙及平台等，也可用于布娃娃的角色躯干或者汽车等交通工具的外壳，当然最适合用在盒子或箱子上。

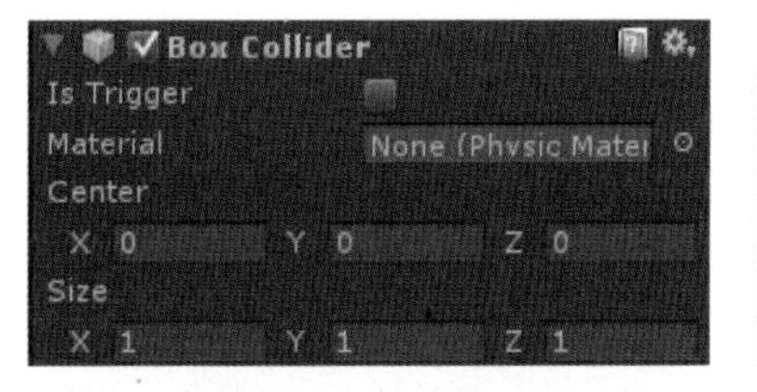

图7-6
Box Collider属性面板

- Is Trigger：触发器。

勾选该项，则该碰撞体可用于触发事件，并将被物理引擎所忽略。

- Material：材质。

采用不同的物理材质类型决定了碰撞体与其他对象的交互形式，单击右侧的圆圈按钮可弹出物理材质选择对话框，如图7-7所示。

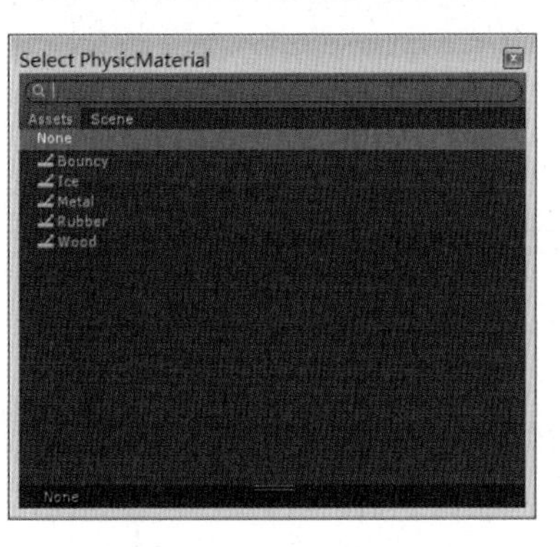

图7-7
选择不同的物理材质类型

- Center：中心。

碰撞体在对象局部坐标中的位置。

• Size：大小。

碰撞体在X、Y、Z方向上的大小。

2．Sphere Collider：球形碰撞体

图7-8 Sphere Collider属性面板

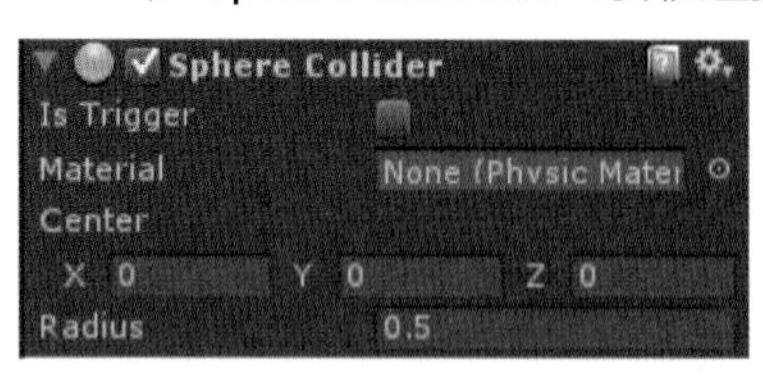

球形碰撞体是一个基本球体的基本碰撞体，其属性面板如图7-8所示。球体碰撞体的三维大小可以均匀等地调节，但不能单独调节某个坐标轴方向的大小，该碰撞体适用于落石、乒乓球等游戏对象。

• Is Trigger：触发器。

若开启该项，则此碰撞体可用于触发事件，并将被物理引擎所忽略。

• Material：材质。

采用不同的物理材质类型决定了碰撞体与其他对象的交互形式，单击右侧的圆圈按钮可弹出物理材质选择对话框，可为碰撞体选择一个物理材质。

• Center：中心。

碰撞体在对象局部坐标中的位置。

• Radius：半径。

球形碰撞体的大小。

3．Capsule Collider：胶囊碰撞体

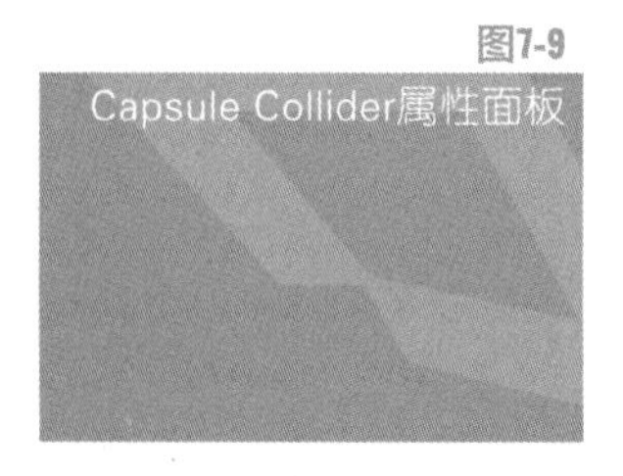
图7-9 Capsule Collider属性面板

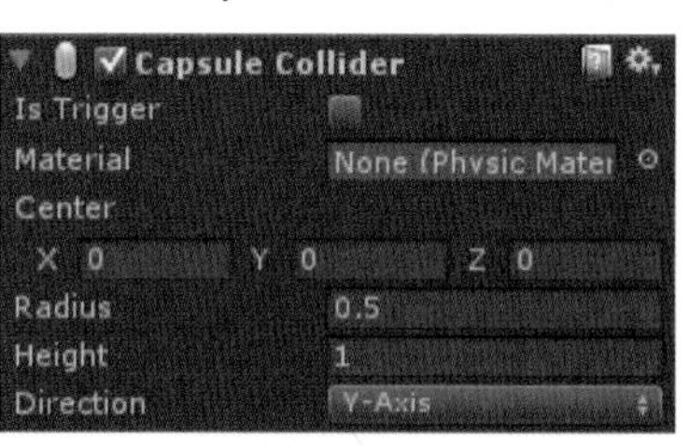

胶囊碰撞体由一个圆柱体和与其相连的两个半球体组成，是一个胶囊形状的基本碰撞体，其属性面板如图7-9所示。胶囊碰撞体的半径和高度都可以单独调节，可用在角色控制器或与其他不规则形状的碰撞结合来使用。Unity中的角色器通常内嵌了胶囊碰撞体。

• Is Trigger：触发器。

若开启该项，则此碰撞体可用于触发事件，并将被物理引擎所忽略。

• Material：材质。

该项用于指定不同的物理材质类型以决定碰撞体与其他对象的交互形式，单击右侧的圆圈按钮可弹出物理材质选择对话框，可为碰撞体选择一个物理材质。

• Center：中心。

碰撞体在对象局部坐标中的位置。

• Radius：半径。

该项用于控制碰撞体半圆的半径大小。

• Height：高度。

该项用于控制碰撞体中圆柱的高度。

• Direction：方向。

在对象的局部坐标中胶囊的纵向方向所对应的坐标轴，默认是Y轴。

4．Mesh Collider：网格碰撞体

网格碰撞体通过获取网格对象并在其基础上构建碰撞，与在复杂网格模型上使用基本碰撞体相比，网格碰撞体要更加精细，但会占用更多的系统资源。开启Convex参数的网格碰撞体才可以与其他的网格碰撞体发生碰撞，其属性面板如图7-10所示。

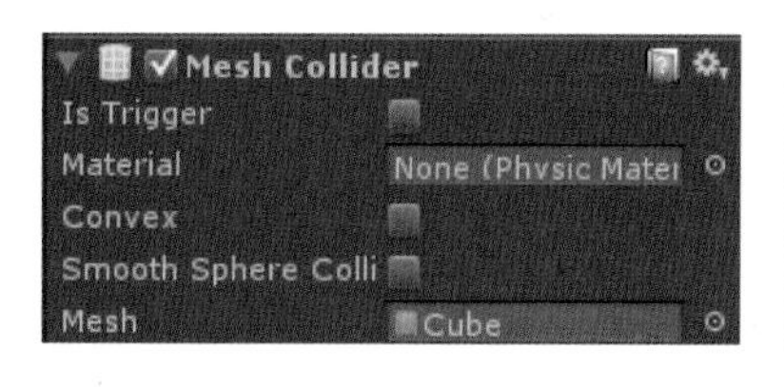

图7-10
Mesh Collider属性面板

• Is Trigger：触发器。

勾选该项，则此碰撞体可用于触发事件，并将被物理引擎所忽略。

• Material：材质。

采用不同的物理材质类型决定了碰撞体与其他对象的交互形式，单击右侧的圆圈按钮可弹出物理材质选择对话框，可为碰撞体选择一个物理材质。

• Smooth Sphere Collisions：平滑碰撞。

在勾选该项后碰撞会变得平滑，因此在平滑的表面建议开启此选项。

• Mesh：网格。

获取游戏对象的网格并将其作为碰撞体。

• Convex：凸起。

勾选该项，则网格碰撞体将会与其他的网格碰撞体发生碰撞。

网格碰撞体按照所附加对象的Transform组件属性来设定碰撞体的位置和大小比例。碰撞网格使用了背面消隐方式，如果一个对象与一个采用背面消隐的网格在视觉上相碰撞的话，那么他们并不会在物理上发生碰撞。使用网格碰撞体有一些限制的条件：通常两个网格碰撞体之间并不会发生碰撞，但所有的网格碰撞体都可与基本碰撞体发生碰撞。如果碰撞体的Convex参数设为开启，则它也会与其他的网格碰撞体发生碰撞。需要注意的是，只有当网格碰撞体网格的三角形数量少于255的时候，Convex参数才会生效。

5．Wheel Collider：车轮碰撞体

车轮碰撞体是一种针对地面车辆的特殊碰撞体。它有内置的碰撞检测、车轮物理系统及有滑胎摩擦的参考体。除了车轮，该碰撞体也可用于其他的游戏对象。该碰撞体属性面板如图7-11所示。

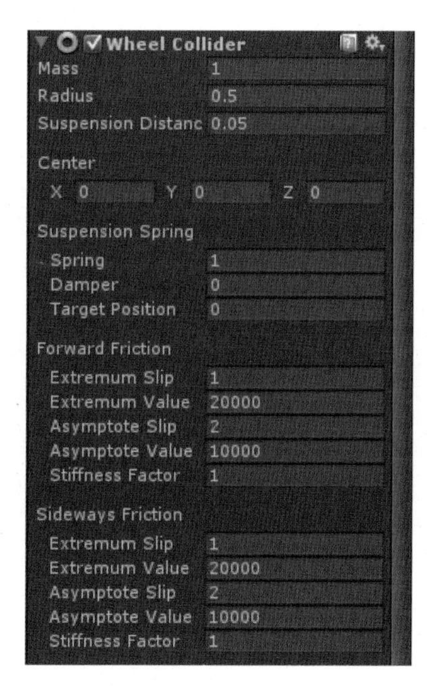

图7-11
Wheel Collider属性面板

- Mass：质量。

该项用于设置车轮碰撞体的质量。

- Radius：半径。

该项用于设置车轮碰撞体半径大小。

- Suspension Distance：悬挂距离。

该项用于设置车轮碰撞体悬挂的最大伸长距离，按照局部坐标来计算。悬挂总是通过其局部坐标的Y轴延伸向下。

- Center：中心。

该项用于设置车轮碰撞体在对象局部坐标的中心。

- Suspension Spring：悬挂弹簧

该项用于设置车轮碰撞体通过添加弹簧和阻尼外力使得悬挂达到目标位置。

  - Spring：弹簧。弹簧力度越大，悬挂到达目标位置也就越快。
  - Damper：阻尼器。阻尼器控制着悬挂的速度，数值越大悬挂弹簧移动速度越慢。
  - Target Position：目标位置。悬挂沿着其方向上的静止时的距离。其值为0时悬挂为完全伸展状态，值为1时为完全压缩状态，默认值为0，这与常规的汽车悬挂状态相匹配。

- Forward Friction：向前摩擦力。当轮胎向前滚动时的摩擦力属性。
  - Extremum Slip：滑动极值。
  - Extremum Value：极限值。
  - Asymptote Slip：滑动渐进值。
  - Asymptote Value：渐近值。
  - Stiffness Factor：刚性因子。
- Sideways Friction：侧向摩擦力。当轮胎侧向滚动时的摩擦力属性。
  - Extremum Slip：滑动极值。
  - Emtremum Value：极限值。
  - Asymptote Slip：滑动渐进值。
  - Asymptote Value：渐近值。
  - Stiffness Factor：刚性因子。

车轮的碰撞检测是通过从局部坐标Y轴向下投射一条射线来实现的。车轮有一个通过悬挂距离向下延伸的半径，可通过脚本中不同的属性值来对车辆进行控制。这些属性值有motorTorque（马达转矩）、brakeTorque（制动转矩）和steerAngle（转向角）。车轮碰撞体与物理引擎的其余部分相比，是通过一个基于滑动摩擦力的参考体来单独计算摩擦力的。这会产生更真实的互动行为，但是车轮碰撞体就不受标准物理材质的影响了。

1. 车轮碰撞体的设置

不需要通过调转或滚动带有车轮碰撞体的游戏对象来控制车辆，因为绑定了车轮碰撞体的游戏对象相对于汽车本身而言是固定的。然而若要调转或滚动车轮，最好的方法就是将车轮碰撞体和可见的车轮分开来设置，如图7-12所示。

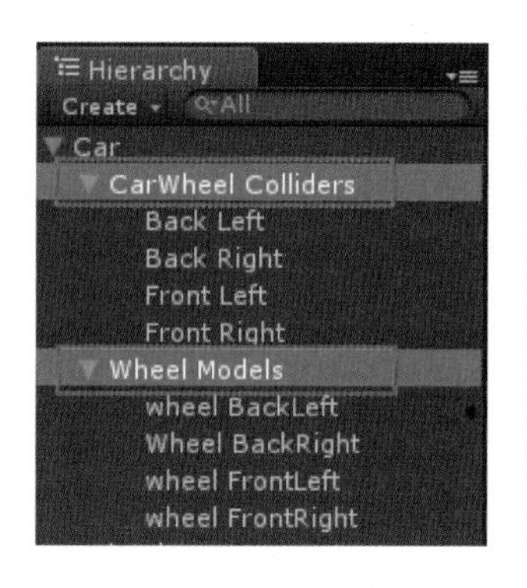

图7-12
将车轮碰撞体与车轮模型分开来设置

2. 碰撞体的几何结构

由于行驶的车辆具有一定的速度，因此创建合理的赛道碰撞集合体就显得尤为重要。特别是组成不可见模型的碰撞网格不应当出现小的凹凸不平现象。一般赛道的碰撞网格可以分开来制作，这样会使其更加平滑。

可通过在时间管理器中减少物理时间步长来使得汽车的物理系统更加稳定，尤其是针对高速的赛车而言。
为了防止容易翻车的情况，可通过脚本降低刚体质量的中心点并应用下压力（该力取决于汽车的速度）。

7.2.2　碰撞体相关的知识点介绍

1. 碰撞体

碰撞体和刚体的共同作用使得游戏对象产生了物理效果，刚体可使得对象受到物理效果的控制和影响，而碰撞体可使对象彼此之间发生碰撞。碰撞体并不一定需要绑定刚体，但是刚体一定要绑定一个碰撞体到对象上才会有碰撞效果。当两个碰撞体发生碰撞并且其中至少有一个添加了刚体，就会有三个碰撞消息发送给绑定它们的对象，这些事件可以被脚本所处理，并允许用户创建一个独一无二的相关行为。

2. 触发器

如果要使碰撞体生效，并将其看作一个触发器，可在Inspector视图中将IsTrigger属性开启。触发器将不受物理引擎的控制，当一个触发器发生碰撞时会发送三个触发消息。触发器对于在游戏中触发各种事件非常有用，比如切换场景、自动门开启、显示帮助教程等。当然为了使两个应用触发器的对象在碰撞时发送触发事件，其中一个对象必须要有刚体组件。

3. 摩擦力和弹力

摩擦力、弹力和柔软度是由物理材质决定的，Unity提供的物理材质资源包中包含了大部分常见的物理材质，如图7-13所示，当然也可以创建新的物理材质并调整其参数、属性。

图7-13 标准材质中包含了常见的物理材质

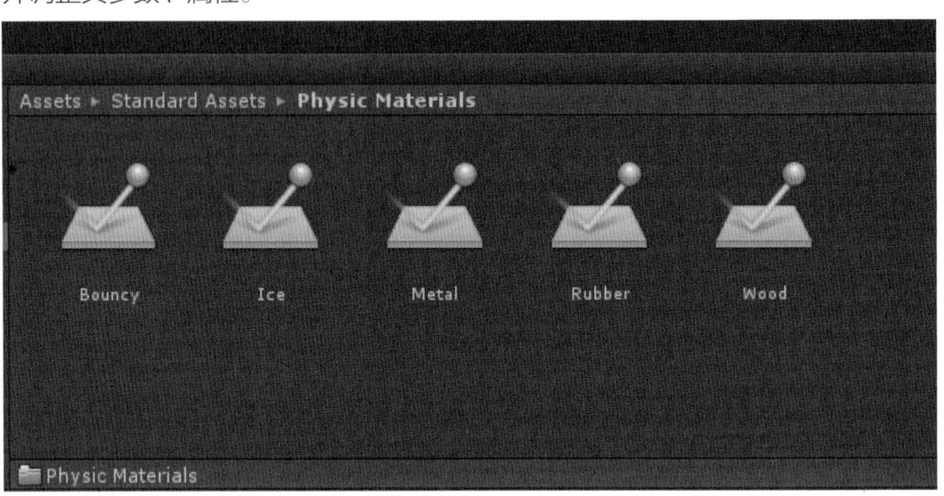

图7-14 Ice物理材质的属性面板

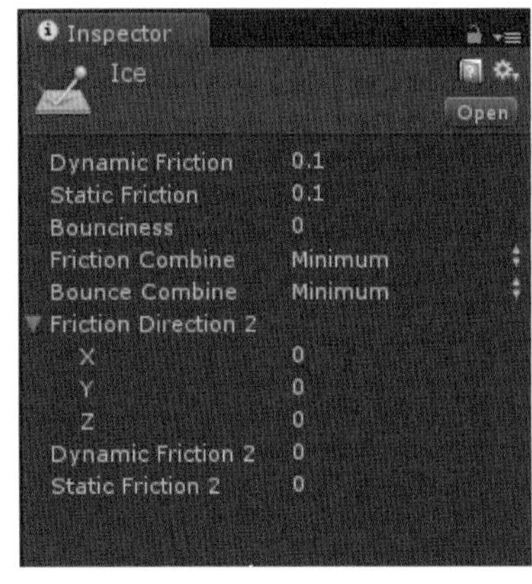

4. 物理材质

以Ice（冰）物理材质为例，介绍一下物理材质的参数，如图7-14所示。

• Dynamic Friction：动态摩擦力。

游戏对象在运动时的摩擦力，取值在0～1之间。

• Static Friction：静态摩擦力。

对象被放置在表面时的摩擦力，通常取值在0～1之间。值为0时，表面类似冰的效果。

• Bounciness：反弹。

该参数用于设置游戏对象的反弹情况，值为0时没有反弹，值为1时是没有能量损失的反弹。

• Friction Combine：摩擦力组合。

该参数用于设置游戏对象摩擦力的组合方式。

➢ Average：使用两个摩擦力的平均值。

➢ Min：使用两个摩擦力中较小的值。

➢ Max：使用两个摩擦力中较大的值。

➢ Multiply：使用两个摩擦力相乘的值。

• Bounce Combine：反弹组合。

该参数用于设置游戏对象反弹力的组合方式。反弹力组合提供了与摩擦力组合类似的选项。

• Friction Direction 2：摩擦力方向。

各向异性的摩擦力方向，如果向量值不为0则各向异性摩擦力将被启用。只有该项被启用，动态摩擦力2和静态摩擦力2才会生效。

• Dynamic Friction2：动态摩擦力2。

如果各向异性摩擦力被启用，则动态摩擦将沿着摩擦力方向而应用。

• Static Friction2：静态摩擦力2。

如果各向异性摩擦力被启用，则静态摩擦将沿着摩擦力方向而应用。

7.3 Character Controller：角色控制器

角色控制器主要用于对第三人称或第一人称游戏主角的控制，并不使用刚体物理效果。添加角色控制器的方法为：

1．选中要控制的角色对象，依次打开菜单栏中的Component→Physics→Character Controller选项，即可为角色对象添加角色控制器组件，如图7-15所示。

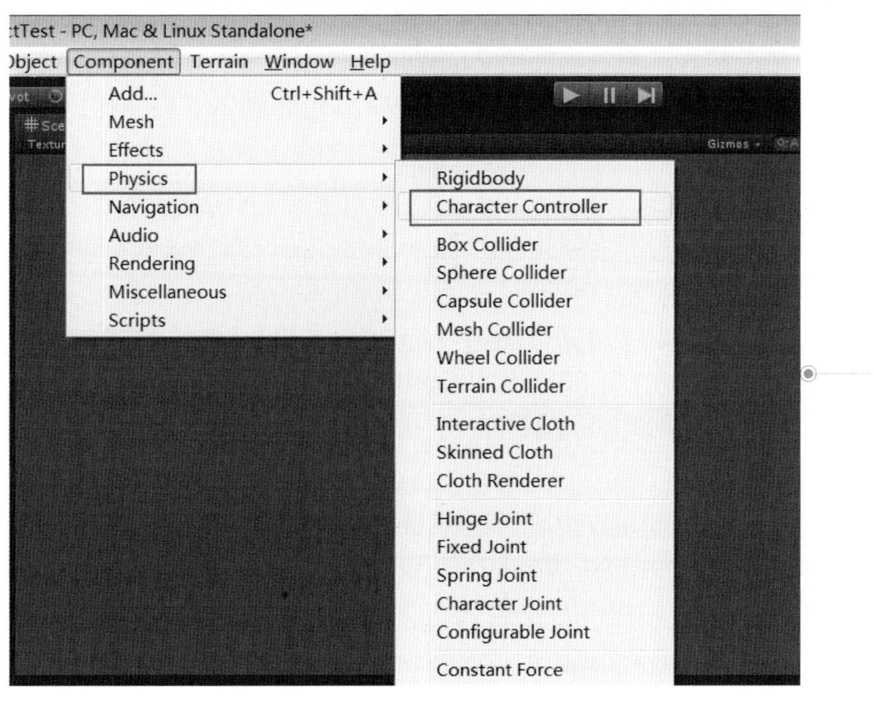

图7-15
添加角色控制器

图7-16
Character Controller属性面板

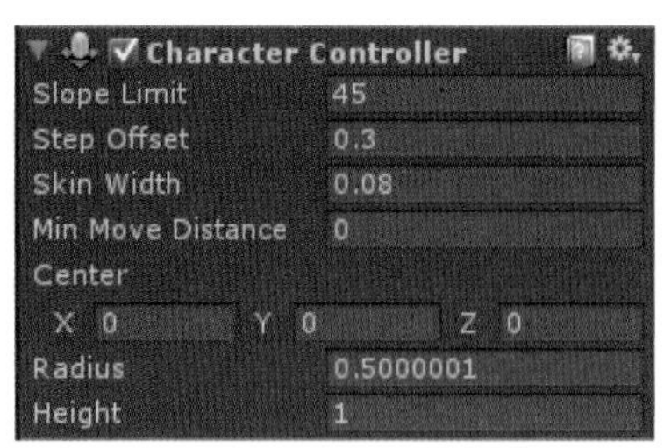

2．Character Controller组件属性面板如图7-16所示。

• Slope Limit：坡度限制。

该项用于设置所控制的角色对象只能爬上小于或等于该参数值的斜坡。

• Step Offset：台阶高度。

该项用于设置所控制的角色对象可以迈上的最高台阶的高度。

• Skin Width：皮肤厚度。

该参数决定了两个碰撞体可以相互渗入的深度，较大的参数值会产生抖动的现象，较小的参数值会导致所控制的游戏对象被卡住，较为合理的设定是：该参数值为Radius值的10%。

• Min Move Distance：最小移动距离。

如果所控制的角色对象的移动距离小于该值，则游戏对象将不会移动，这可以避免抖动，大多数情况下将该值设为0。

• Center：中心。

该参数决定了胶囊碰撞体在世界坐标中的位置，并不影响所控制的角色对象的中心坐标。

• Radius：半径。

胶囊碰撞体的长度半径，同时该项也决定了碰撞体的宽度。

• Height：高度。

该项用于设置所控制的角色对象的胶囊碰撞体的高度，改变此值将会使碰撞体沿着Y轴的正负两个方向同时伸缩。

角色控制器不会对施加给它的作用力作出反应，也不会作用于其他的刚体。如果想让角色控制器能够作用于其他的刚体对象，可以通过脚本[OnControllerColliderHit()函数]在与其相碰撞的对象上使用一个作用力。另外，如果想让角色控制器受物理效果影响，那就最好用刚体来代替它。

可以修改角色控制器的Height和Radius参数来适配角色模型的网格，对于人形的角色一般推荐为2m左右。如果控制器的中心点不在人物中心，可修改胶囊的Center参数对其中心点进行调整，Step Offset参数也会对此产生影响，所以一般保证此值在0.1 ~ 0.4之间（以2m的人物角色为基准）。同时Slope Limit参数值不要设定过小，通常设为90最好，此外，介于胶囊体形状的缘故，人物角色是无法爬上墙的。

角色控制器的Skin Width是非常重要的属性，因此必须要正确地设定。如果角色卡住了通常是由于Skin Width值设得太小而导致的，该值可使其他的对象轻微地穿过角色控制器，并且可以避免抖动且防止角色卡住。Skin Width最好设置为大于0.01并且大于Radius × 10%的值。Min Move Distance的值推荐设为0。

如果角色频繁地被卡住，尝试调整Skin Width的值。
通过编写脚本，角色控制器可通过物理效果来影响其他的对象。
角色控制器无法通过物理效果被其他游戏对象所影响。

7.4 布料

7.4.1 Interactive Cloth：交互布料

交互布料组件可在一个网格上模拟类似布料的行为状态，如果希望在场景中使用布料则可使用这个组件。添加交互布料组件的方法是：

1. 首先选中一个游戏对象，然后依次打开菜单栏Component→Physics→Interactive Cloth选项，可为其添加交互布料组件，如图7-17所示。

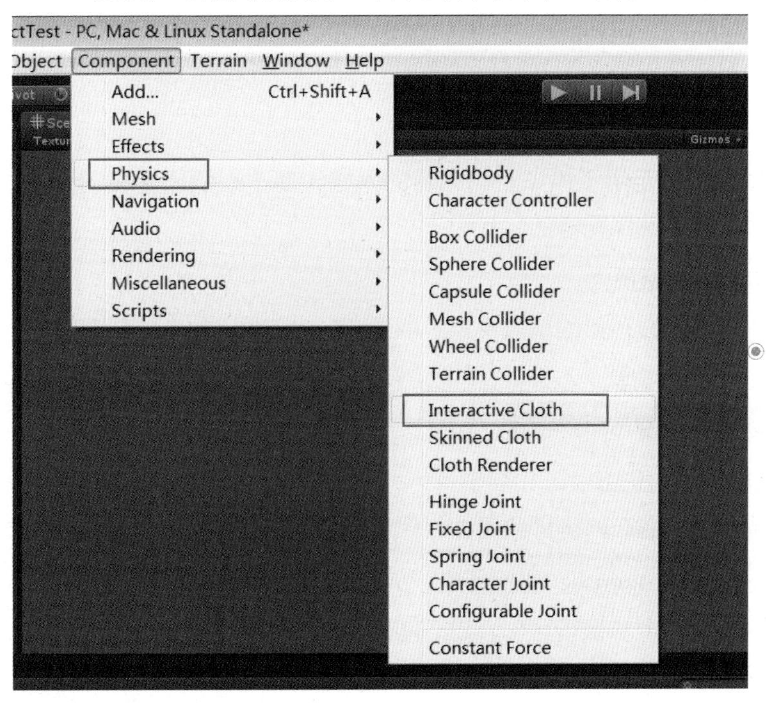

图7-17
添加交互布料组件

图7-18
Interactive Cloth属性面板

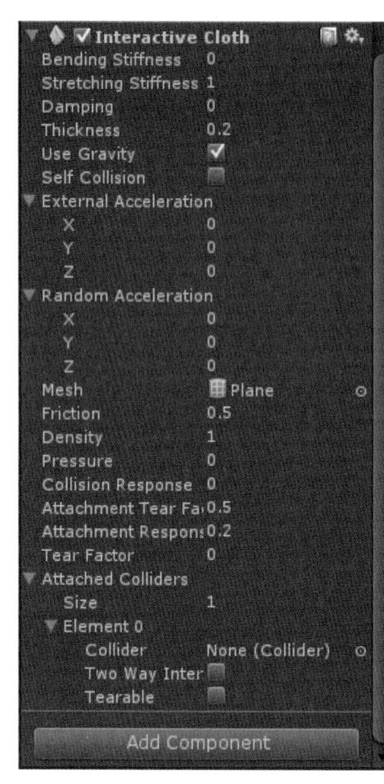

2. InteractiveCloth组件属性面板如图7-18所示。因为交互布料组件与布料渲染器组件存在依赖关系，所以当布料渲染组件存在于某个游戏对象上时，交互布料组件不能被移除。

• Bending Stiffness：弯曲刚度。

该项用于设置布料的抗弯曲程度，数值在0～1之间，值越大越不容易弯曲。

• Stretching Stiffness：拉伸刚度。

该项用于设置布料的抗拉伸程度，数值在0～1之间，值越大越不容易拉伸。

• Damping：阻尼。

该项用于设置布料运动的阻尼。

• Thickness：厚度。

该项用于设置布料表面的厚度。

• Use Gravity：使用重力。

勾选该项后，布料会受到重力的影响。

• Self Collision：自身碰撞。

勾选该项后，布料将开启自身碰撞，以防止布料发生自身穿插的现象。

• External Acceleration：外部加速度。

该项用于设置为一个常数，应用到布料上的外部加速度。

• Random Acceleration：随机加速度。

该项用于设置为一个随机数，应用到布料上的外部加速度。

• Mesh：网格。

该项用于指定用于模拟互动布料的网格，单击右侧圆圈按钮可在弹出的网格选择对话框中选择网格。

• Friction：摩擦力。

该项用于设置布料的摩擦系数，取值在0～1之间。

• Density：密度。

该项用于设置布料的密度。

• Pressure：压力。

该项用于设置布料内部的压力，仅用于封闭的布料。

• Collision Response：碰撞反应。

该项用于设置对与布料相碰撞的刚体施加力的大小。

- Attachment Tear Factor：附加撕裂因子。

该项用于设置附加刚体的布料在撕裂前可以拉伸的程度。

- Attachment Response：附加反应。

该项用于设置对于附加的刚体施加的力度。

- Tear Factor：撕裂因子。

该项用于设置布料的顶点可拉伸的距离，大于此距离布料会被撕裂。

- Attached Colliders：附加的碰撞体。

该项用于设置包含与布料绑定的所有碰撞体的数组。

  - Size：碰撞体的个数。
  - Collider：附加的碰撞体。
  - Two Way Interaction：勾选该项则启用双向互动功能。
  - Tearable：勾选该项则布料可以被撕裂。

7.4.2　Skinned Cloth：蒙皮布料

蒙皮布料组件与蒙皮网格渲染器一起用来模拟角色身上的衣服。如果角色动画使用了蒙皮网格渲染器，那么可以为其添加一个蒙皮布料，使其看起来更加真实、生动。

1．选择一个有蒙皮网格渲染器组件的游戏对象，依次打开菜单栏中的Component→Physics→Skinned Cloth项，为该对象添加蒙皮布料组件，如图7-19所示。若该对象之前没有蒙皮网格渲染器，此时也会将其一并添加上。当使用蒙皮布料组件时，它将从蒙皮网格渲染器中获取顶点并依次来模拟布料。

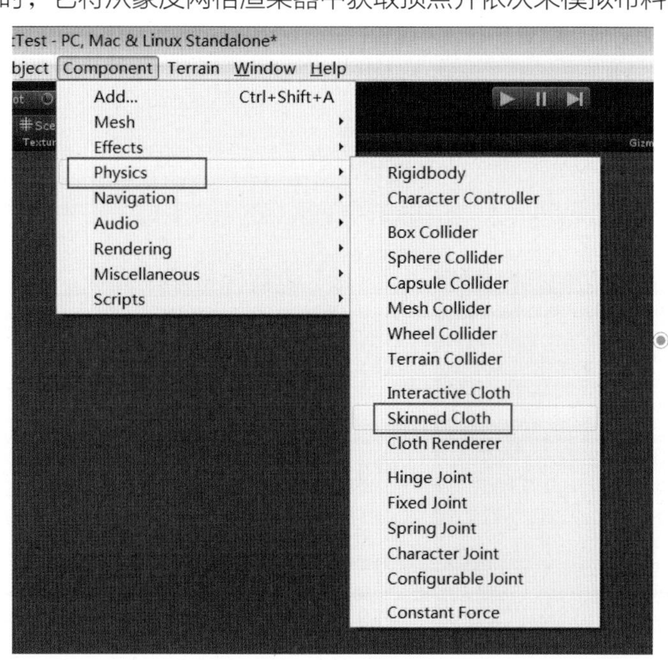

图7-19 为游戏对象添加Skinned Cloth组件

图7-20

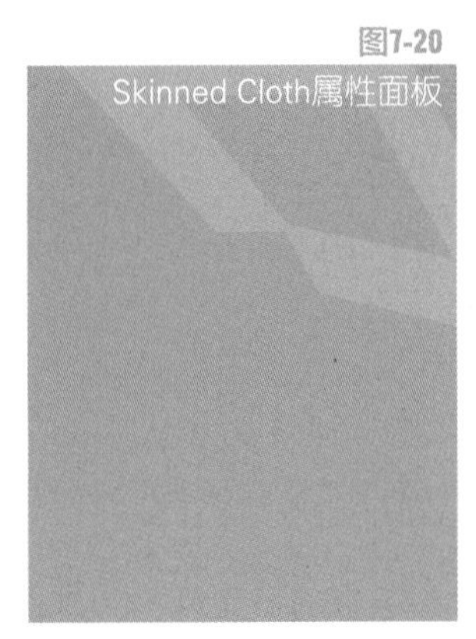

Skinned Cloth属性面板

2．蒙皮布料组件对每个顶点都有一些参数，这些参数模拟了布料相对于蒙皮移动的自由度，其属性面板如图7-20所示。

蒙皮布料组件面板中可以编辑从蒙皮网格渲染器中获取顶点的参数及其他属性，该面板有三个标签。

1）顶点选择工具属性面板，如图7-21所示。

图7-21

顶点选择工具

- 在此模式下，可以在场景中选择顶点并在面板上设置其参数。按住Shift键或用鼠标框选可以一次性选择多个顶点并设置参数，当选择多个顶点时，属性面板上会显示这些顶点的平均值。若改变这个值则所有的顶点都会被设为同样的值。如果将Scene视图切换到线框模式，可以看到并且选择背面的顶点，这对于在选择角色的整体时非常有用。
- 单击参数区旁的眼睛图标，编辑器会使这些参数在Scene视图中可视化。参数值最小的会显示为绿色的点，中间范围值的点为黄色，最高值的点为蓝色。

图7-22

顶点喷涂工具

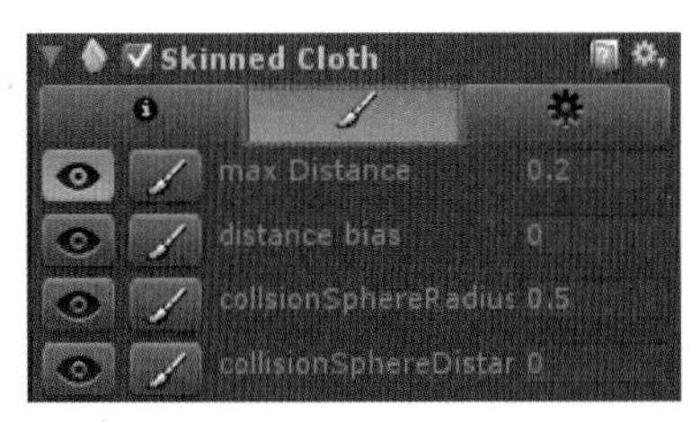

2）顶点喷涂工具属性面板，如图7-22所示。

- 与定点选择工具相似，顶点喷涂工具可帮助设置顶点参数，与定点选择工具不同，在改变数值之前不需要选中顶点。在该模式下只需要键入想要设定的值，然后激活参数旁边的笔刷开关，再选中要设置的顶点即可，被笔刷选中的顶点的值就变成了刚才所设定的值。

图7-23

设置标签

3）设置标签属性面板，如图7-23所示。此标签用于设置蒙皮布料的各种属性。

- Bending Stiffness：弯曲强度。

该项用于设置布料的抗弯曲程度，数值在0～1之间，值越大越不容易弯曲。

- Stretching Stiffness：拉伸刚度。

该项用于设置布料的抗拉伸程度，数值在0～1之间，值越大越不容易拉伸。

• Damping：阻尼。

该项用于设置布料运动的阻尼。

• Thickness：厚度。

该项用于设置布料表面的厚度。

• Use Gravity：使用重力。

勾选该项，则布料会受到重力的影响。

• Self Collision：自身碰撞。

勾选该项，则布料将开启自身碰撞。以防止布料发生自身穿插的现象。

• External Acceleration：外部加速度。

该项用于设置为一个常数，应用到布料上的外部加速度。

• Random Acceleration：随机加速度。

该项用于设置为一个随机数，应用到布料上的外部加速度。

• World Velocity Scale：世界速度比例。

该项数值决定了角色在世界空间的运动对于布料顶点的影响程度，数值越高的布料对角色在世界空间运动的反应就越剧烈，此参数也决定了蒙皮布料的空气阻力。

• World Acceleration Scale：世界加速度比例。

该项数值决定了角色在世界空间的加速度对于布料顶点的影响程度，数值越大的布料对角色在世界空间运动的反应就越剧烈。如果布料显得比较生硬，可以尝试增大此值，如果布料显得不稳定可以减小此值。

7.4.3 Cloth Renderer：布料渲染器

布料渲染器的属性面板如图7-24所示。

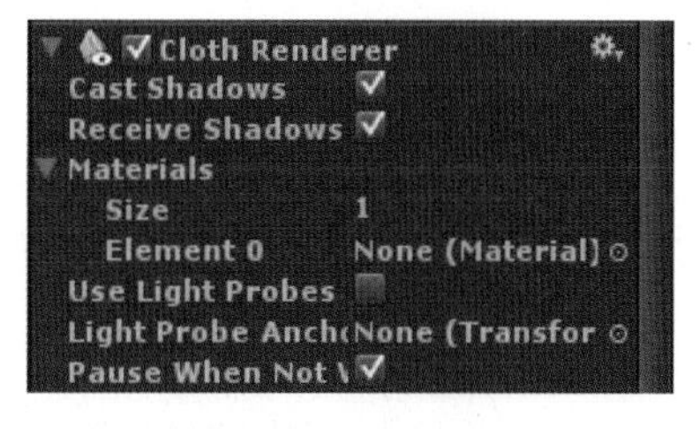

图7-24
Cloth Renderer属性面板

• Cast Shadows：投射阴影。

勾选此项，则布料将会投射阴影。

• Receive Shadows：接收阴影。

勾选此项，则布料将会接收阴影。

• Materials：材质。

该项用于为布料选择材质。单击该项右侧的圆圈按钮，在弹出的对话框中可以为布料指定材质。

• Use Light Probes：使用光照探测。

勾选此项，则光照探测将被激活。

• Light Probe Anchor：灯光探测锚点。

若指定的话，灯光探测照明信息（Light probe lighting）使用物件的中点和探测器锚点之间的插值。

- Pause When Not Visible：不可见时暂停。

勾选此项，则布料在摄像机视野之外的时候将不会计算模拟效果。

7.5 关节

7.5.1 Hinge Joint：铰链关节

铰链关节由两个刚体组成，该关节会对刚体进行约束，使得它们就好像被连接在一个铰链上那样运动。它非常适用于对门的模拟，也适用于对模型链及钟摆等物体的模拟。

1. 启动Unity应用程序，依次打开菜单栏中的Component→Physics→Hinge Joint，为所选择的游戏对象添加铰链关节组件，如图7-25所示。

图7-25 添加Hing Joint组件

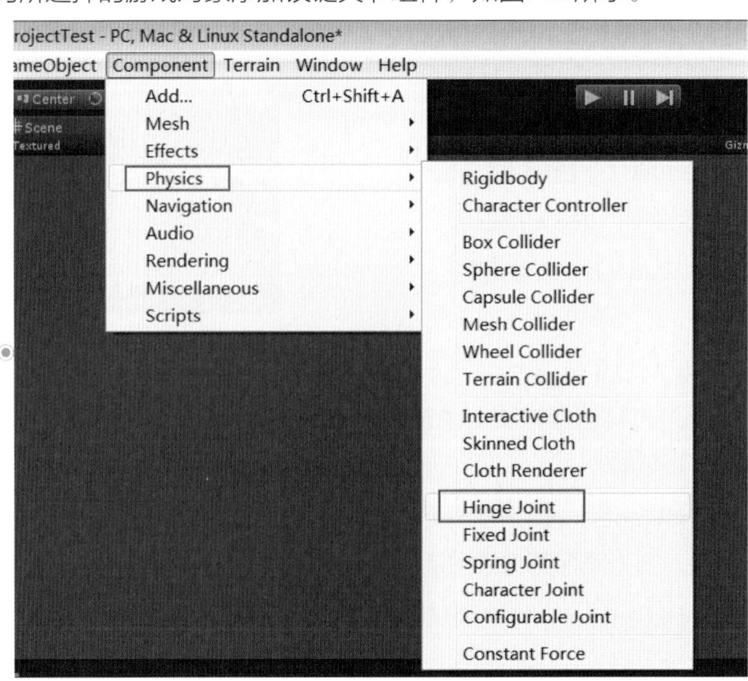

2．Hinge Joint组件的属性面板如图7-26所示。

图7-26
Hinge Joint属性面板

• Connected Body：连接刚体。

该项用于为关节指定要连接的刚体，若不指定则该关节将与世界相连接。

• Anchor：锚点。

刚体可围绕锚点进行摆动，这里可以设置锚点的位置，该值应用于局部坐标系。

• Axis：轴。

定义了刚体摆动的方向，该值应用于局部坐标系。

• Use Spring：使用弹簧。

勾选该项，则弹簧会使刚体和与其链接的主体形成一个特定的角度。

• Spring：弹簧。当Use Spring参数开启时此属性有效。

  ➢ Spring：弹簧力。该项用于设置推动对象使其移动到相应位置的作用力。

  ➢ Damper：阻尼。该项用于设置对象的阻尼值，数值越大则对象移动得越缓慢。

  ➢ Target Position：目标角度。该项用于设置弹簧的目标角度，弹簧会拉向此角度，以度为测量单位。

• UseMotor：使用马达。

勾选该项，马达会使对象发生旋转。

• Motor：马达。当Use Motor参数开启时，此属性会被用到。

  ➢ Target Velocity：目标速度。该项用于设置对象预期将要达到的速度值。

  ➢ Force：作用力。该项用于设置为了达到目标速度而施加的作用力。

  ➢ Free Spin：自由转动。勾选该项，则马达永远不会停止，旋转只会越转越快。

• Use Limits：使用限制。

勾选该项，则铰链的角度将被限定在最大值和最小值之间。

• Limits：限制。当Use Limits开启时，此属性将会被用到。

  ➢ Min：最小值。该项用于设置铰链能达到的最小角度。

  ➢ Max：最大值。该项用于设置铰链能达到的最大角度。

  ➢ Min Bounce：最小反弹。该项用于设置当对象触到最小限制时的反弹值。

➢ Max Bounce：最大反弹。该项用于设置当对象触到最大限制时的反弹值。

- Break Force：断开力。

该项用于设置铰链关节断开的作用力。

- Break Torque：断开转矩。

该项用于设置断开铰链节点所需的转矩。

单独的铰链关节要应用到一个游戏对象上，铰链或绕着Anchor属性所指定的点来旋转，按照Axis属性指定的轴来移动。不用给关节的Connected Body属性添加对象，只有当希望关节的Transform属性依赖于附加对象的Transform属性时才为关节的Connected Body属性来添加对象。多个铰链关节也可以串联起来形成一条链条，可以给链条的每一个环添加关节，并向Connected Body那样添加到下一环上。

不需要指定Connnected Body属性来运转关节。
可调整Spring、Motor及Limits等属性来精细调整关节的各种行为状态。

7.5.2 Fixed Joint：固定关节

图7-27 添加Fixed Joint

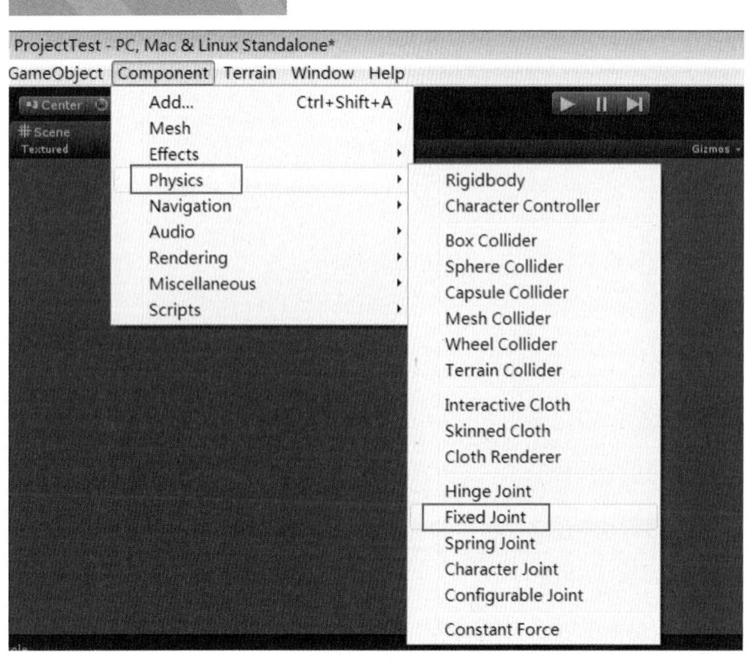

固定关节组件用于约束一个游戏对象对另一个游戏对象的运动。类似于对象的父子关系，但它是通过物理系统来实现而不像父子关系那样是通过Transform属性来进行约束。固定关节适用于以下的情形：当希望将对象较容易与另一个对象分开时，或者连接两个没有父子关系的对象使其一起运动，使用固定关节的对象自身需要有一个刚体组件。

1. 启动Unity应用程序，依次打开菜单栏中的Component→Physics→Fixed Joint选项，进而为所选择的游戏对象添加固定关节组件，如图7-27所示。

2. Fixed Joint组件的属性面板如图7-28所示。

Spring Joint	
Connected Body	None (Rigidbody)
Anchor	
X	0
Y	0
Z	0
Spring	2
Damper	0.2
Min Distance	0
Max Distance	0.5
Break Force	Infinity
Break Torque	Infinity

图7-28
Fixed Joint属性面板

• Connected Body：连接刚体。

该项用于指定关节要连接的刚体，若不指定则该关节将与世界相连接。

• Break Force：断开力。

该项用于设置关节断开的作用力。

• Break Torque：断开转矩。

该项用于设置断开关节所需的转矩。

有时游戏中会存在这样的情景：当希望要某些游戏对象暂时或永久性的地粘在一起，这时就很适合使用固定关节组件。该组件不需要通过脚本来更改层级结构就可以实现想要的效果，只需要为那些要使用固定关节的游戏对象添加刚体组件即可。

可通过Break Force和Break Torque属性来设置关节的强度极限，如果这些参数不是无穷大而是一个数值，那么当施加到对象身上的力或转矩大于此极限值时，固定关节将被销毁，其对对象的约束也就随即失效。

7.5.3 Spring Joint：弹簧关节

弹簧关节组件可将两个刚体连接在一起，使其像连接着弹簧那样运动。

1. 启动Unity应用程序，依次打开菜单栏中的Component→Physics→Spring Joint选项，进而为所选择的对象添加弹簧关节组件，如图7-29所示。

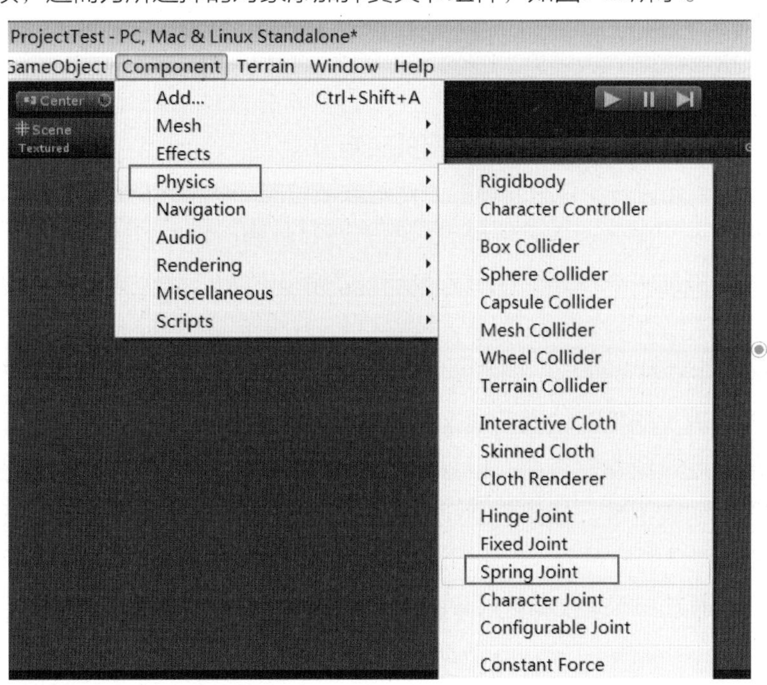

图7-29
添加Spring Joint组件

图7-30
Spring Joint属性组件

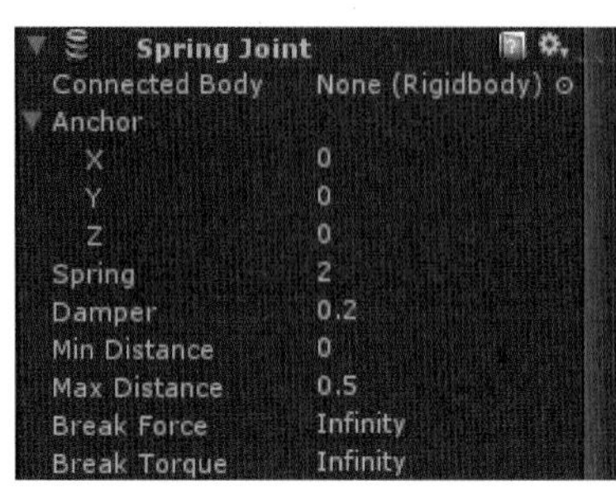

2．Spring Joint组件的属性面板如图7-30所示。

- Connected Body：连接刚体。

该项用于为弹簧指定要连接的刚体，若不指定则该弹簧将与世界相连接。

- Anchor：锚点。

该项用于设置Joint在对象局部坐标系中的位置，这并不是对象将弹向的点。

- Spring：弹簧。

该项用于设置弹簧的强度，数值越高弹簧的强度就越大。

- Damper：阻尼。

该项用于设置弹簧的阻尼系数，阻尼系数越大，弹簧强度减小的幅度越大。

- Min Distance：最小距离。

该项用于设置弹簧启用的最小距离值。如果两个对象之间的当前距离与初始距离的差大于该值，则不会开启弹簧。

- Max Distance：最大距离。

该项用于设置弹簧启用的最大距离值。如果两个对象之间的当前距离与初始距离的差小于该值，则不会开启弹簧。

- Break Force：断开力。

该项用于设置弹簧关节断开所需的作用力。

- Break Torque：断开转矩。

该项用于设置弹簧关节断开所需的转矩力。

弹簧关节允许一个带有刚体的游戏对象被拉向一个指定的目标位置，这个目标可以是另一个刚体对象或者世界。当游戏对象离目标位置越来越远时，弹簧关节会对其施加一个作用力使其回到目标的原点位置，类似橡皮筋或者弹弓的效果。

当弹簧关节被创建后（预览游戏模式下），其目标位置是由从锚点到连接的刚体（或世界）的相对位置所决定的，这使得在编辑器中将弹簧关节设定给角色或其他游戏对象非常容易，但是如果通过脚本来生成一个实时的推拉弹簧的行为就相对比较困难。如果想通过弹簧关节来控制游戏对象的位置，通常是建立一个带有刚体的空对象，然后将该空对象设置到Connected Rigidbody属性上，这样就可以通过脚本来控制空对象的移动，进而弹簧也会随着空对象的位移而移动了。

不需要指定Connnected Body属性来运转关节。
在编辑器进入到游戏模式前，先对弹簧对象设置好理想的位置。
弹簧关节所在的对象需要添加刚体组件。

7.5.4 Character Joint：角色关节

角色关节主要用于表现布娃娃效果，它是扩展的球关节，可用于限制每一个轴向上的关节。

1．启动Unity应用程序，依次打开菜单栏中的Component→Physics→Character Joint选项，进而为所选择的游戏对象添加角色关节组件，如图7-31所示。

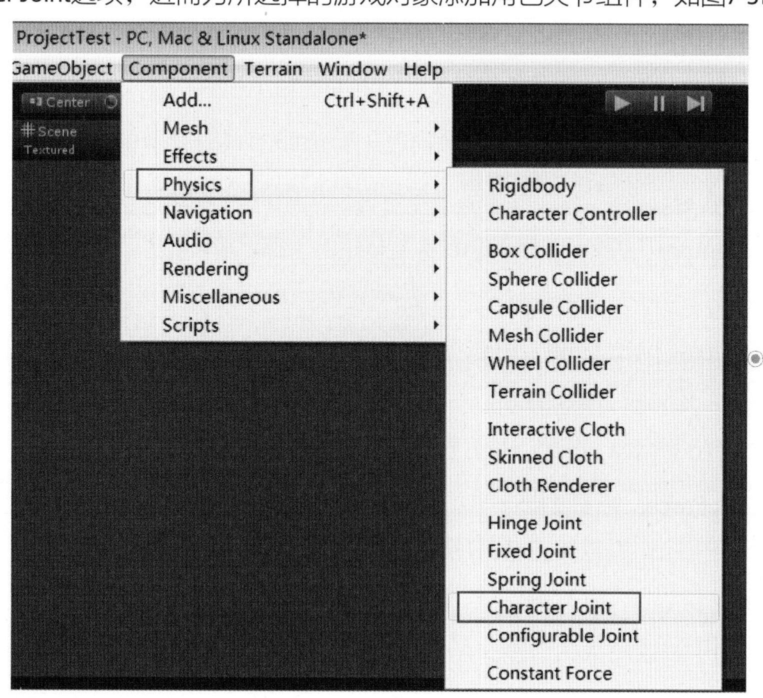

图7-31
添加Character Joint组件

图7-32
Character Joint属性面板

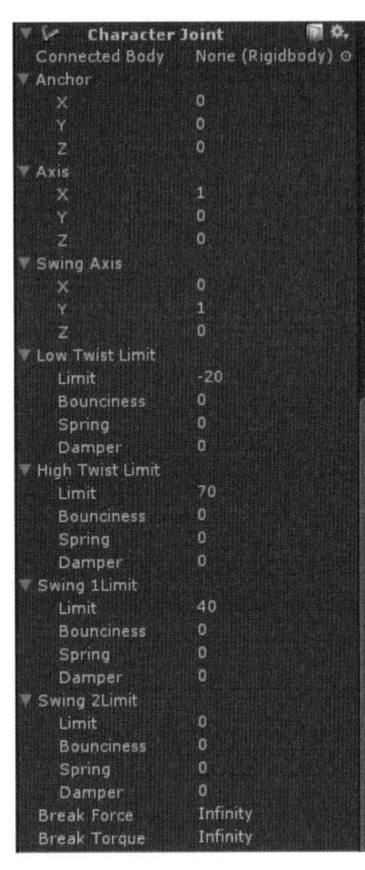

2．Character Joint组件的属性面板如图7-32所示。

• Connect Body：连接刚体。

该项用于为角色关节指定要连接的刚体，若不指定则该关节将与世界相连接。

• Anchor：锚点。

该项用于设置游戏对象局部坐标系中的点，角色关节将按围绕该点进行旋转。

• Axis：扭动轴

该项用于设置角色关节的扭动轴，以橙色的圆锥gizmo表示。

• Swing Axis：摆动轴

该项用于设置角色关节的摆动轴，以绿色的圆锥gizmo表示。

• Low Twist Limit：扭曲下限。该项用于设置角色关节扭曲的下限。

  ➢ Limit：该项用于设置角色关节扭曲的下限值。

  ➢ Bounciness：该项用于设置角色关节扭曲下限的反弹值。

  ➢ Spring：该项用于设置角色关节扭曲下限的弹簧强度。

  ➢ Damper：该项用于设置角色关节扭曲下限的阻尼值。

• High Twist Limit：扭曲上限。该项用于设置角色关节扭曲的上限。

  ➢ Limit：该项用于设置角色关节的扭曲的上限值。

  ➢ Bounciness：该项用于设置角色关节扭曲上限的反弹值。

  ➢ Spring：该项用于设置角色关节扭曲上限的弹簧强度。

  ➢ Damper：该项用于设置角色关节扭曲上限的阻尼值。

• Swing 1Limit：摆动限制1。

请参考Low Twist Limit、High Twist Limit的相关参数。

• Swing 2Limit：摆动限制2。

请参考Low Twist Limit、High Twist Limit的相关参数。

• Break Force：断开力。

该项用于控制角色关节断开所需的作用力。

• Break Torque：断开转矩。

该项用于设置角色关节断开所需的转矩。

7.5.5 Configurable Joint：可配置关节

可配置关节组件支持用户自定义关节，它开放了PhysX引擎中所有与关节相关的属性，因此可像其他类型的关节那样来创造各种行为。可配置关节有两类主要的功能：移动/旋转限制和移动/旋转加速度。

1．启动Unity应用程序，依次打开菜单栏中的Component→Physics→Configurable Joint项，进而为所选择的对象添加可配置关节组件，如图7-33所示。

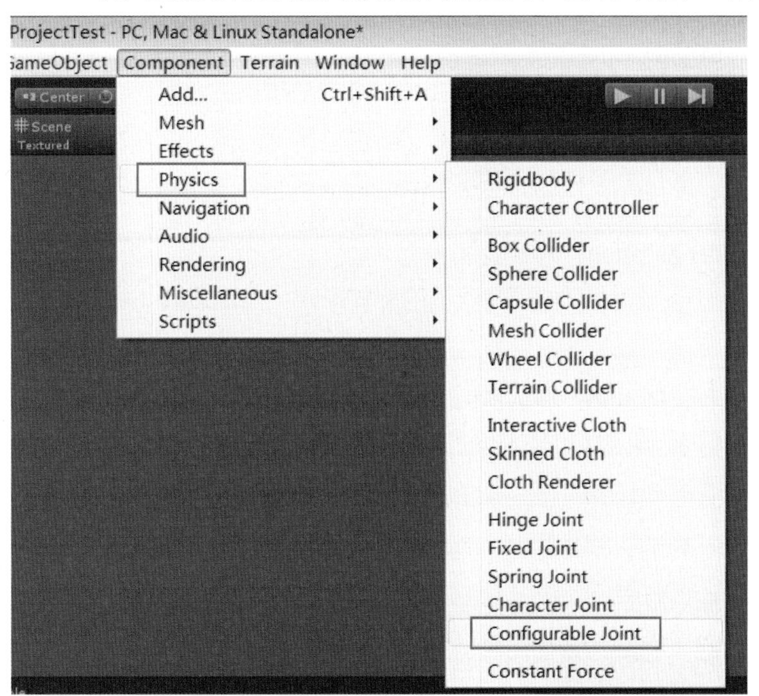

图7-33
添加Configurable Joint组件

2．Configurable Joint组件的属性面板如图7-34所示。

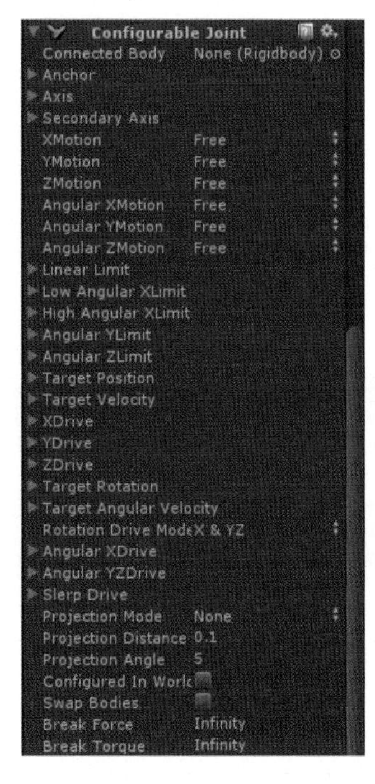

图7-34
Configurable Joint属性面板

• Connected Body：连接刚体。

该项用于为关节指定要连接的刚体，若不指定则该关节将与世界相连接。

• Anchor：锚点。

该项用于设置关节的中心点，所有基于物理效果的模拟都会以此点为中心点来进行计算。

• Axis：主轴。

该项用于设置局部旋转轴，该轴决定了对象在物理模拟下的自然旋转的方向。

• Secondary Axis：副轴。

主轴和副轴共同决定了关节的局部坐标，第3个轴与这两个轴所构成的平面相垂直。

- XMotion：X轴移动。

该项用于设置游戏对象在X轴的移动形式：自由移动、锁定移动及限制性移动。

- YMotion：Y轴移动。

该项用于设置游戏对象在Y轴的移动形式：自由移动、锁定移动及限制性移动。

- ZMotion：Z轴移动。

该项用于设置游戏对象在Z轴的移动形式：自由移动、锁定移动及限制性移动。

- Angular XMotion：X轴旋转。

该项用于设置游戏对象围绕X轴的旋转形式：自由旋转、锁定旋转及限制性旋转。

- Angular XMotion：Y轴旋转。

该项用于设置游戏对象围绕Y轴的旋转形式：自由旋转、锁定旋转及限制性旋转。

- Angular ZMotion：Z轴旋转。

该项用于设置游戏对象围绕Z轴的旋转形式：自由旋转、锁定旋转及限制性旋转。

- Linear Limit：线性限制。该项用于设置自关节原点的距离为基准对其运动边界加以限定。
  - Limit：限制。该项用于设置从原点到边界的距离。
  - Bouncyness：反弹。该项用于设置当对象到边界时施加给它的反弹力。
  - Spring：弹簧。该项用于设置将对象拉回边界的力。
  - Damper：阻尼。该项用于设置弹簧的阻尼值。
- Low Anglar XLimit：X轴旋转下限。以与关节初始旋转的差值为基础设定旋转约束下限的边界。
  - Limit：旋转的限制角度。该项用于设置对象旋转角度的下限值。
  - Bouncyness：反弹。该项用于设置当对象到边界时施加给它的反弹力。
  - Spring：弹簧。该项用于设置将对象拉回边界的力。
  - Damper：阻尼。该项用于设置弹簧的阻尼值。
- High Angular XLimit：以与关节初始旋转的差值为基础设定旋转约束上限的边界。
  - Limit：旋转的限制角度。该项用于设置对象旋转角度的上限值。
  - Bouncyness：反弹。该项用于设置当对象到边界时施加给它的反弹力。

  - Spring：弹簧。该项用于设置将对象拉回边界的力。
  - Damper：阻尼。该项用于设置弹簧的阻尼值。
- Angular YLimit：Y轴旋转限制。以与关节初始旋转的差值为基础设定旋转约束。
  - Limit：对象旋转的限制角度。该项用于设置对象旋转角度的限制值。
  - Bouncyness：反弹。该项用于设置当对象到边界时施加给它的反弹力。
  - Spring：弹簧。该项用于设置将对象拉回边界的力。
  - Damper：阻尼。该项用于设置弹簧的阻尼值。
- Angular ZLimit：Z轴旋转限制。以与关节初始旋转的差值为基础设定旋转约束。请参考Angular YLimit的相关参数。
- Target Position：目标位置。

关节在X、Y、Z三个轴向上应达到的目标位置。

- Target Velocity：目标速度。

关节在X、Y、Z三个轴向上应达到的目标速度。

- XDrive：X轴驱动。设定了对象沿局部坐标系X轴的运动形式。
  - Mode：模式。可设定为目标位置、目标速度、目标位置及速度、不选择。
  - Position Spring：位置弹簧。朝预定义方向上的皮筋的拉力，只有当Mode包含Position时该项才有效。
  - Position Damper：位置阻尼。抵抗位置弹簧的力，只有当Mode包含Position时该项才有效。
  - Maximum Force：最大作用力。推动对象朝预定方向运动的作用力的总和，只有当Mode包含Velocity时才有效。
- YDrive：Y轴驱动。设定了对象沿局部坐标系Y轴的运动形式。
  - Mode：模式。可设定为目标位置、目标速度、目标位置及速度、不选择。
  - Position Spring：位置弹簧。朝预定义方向上的皮筋的拉力，只有当Mode包含Position时该项才有效。
  - Position Damper：位置阻尼。抵抗位置弹簧的力，只有当Mode包含Position时该项才有效。
  - Maximum Force：最大作用力。推动对象朝预定方向运动的作用力的总和，只有当Mode包含Velocity时才有效。
- ZDrive：Z轴驱动。设定了对象沿局部坐标系Z轴的运动形式。
  - Mode：模式。可设定为目标位置、目标速度、目标位置及速度、不选择。

> ➢ Position Spring：位置弹簧。朝预定义方向上的皮筋的拉力，只有当Mode包含Position时该项才有效。
>
> ➢ Position Damper：位置阻尼。抵抗位置弹簧的力，只有当Mode包含Position时该项才有效。
>
> ➢ Maximum Force：最大作用力。推动对象朝预定方向运动的作用力的总和，只有当Mode包含Velocity时才有效。

- Target Rotation：目标旋转。

目标旋转是一个四元数，它定义了关节应当旋转到的角度。

- Target Angular Velocity：目标旋转角速度。

日标旋转角速度是一个三维向量，它定义了关节应当旋转到的角速度。

- Rotation Drive Mode X&YZ：旋转驱动模式。

通过X&YZ轴驱动或插值驱动来控制对象自身的旋转。

- Angular XDrive：X轴角驱动。该项设定了关节如何围绕X轴进行旋转，只有当Rotation Drive Mode为Swing & Twist时此项才生效。
  - ➢ Mode：模式。可设定为目标位置、目标速度、目标位置及速度、不选择。
  - ➢ Position Spring：位置弹簧力。朝预定义方向上的皮筋的拉力，只有当Mode包含Position时该项才有效。
  - ➢ Position Damper：位置阻尼。抵抗位置弹簧力的力，只有当Mode包含Position时该项才有效。
  - ➢ Maximum Force：最大作用力。推动对象朝预定方向运动的作用力的总和，只有当Mode包含Velocity时才有效。
- Angular YZDrive：YZ轴角驱动。该项设定了关节如何围绕Y轴和Z轴进行旋转，只有当Rotation Drive Mode为Swing & Twist时此项才生效。
  - ➢ Mode：模式。可设定为目标位置、目标速度、目标位置及速度、不选择。
  - ➢ Position Spring：位置弹簧力。朝预定义方向上的皮筋的拉力，只有当Mode包含Position时该项才有效。
  - ➢ Position Damper：位置阻尼。抵抗位置弹簧力的力，只有当Mode包含Position时该项才有效。
  - ➢ Maximum Force：最大作用力。推动对象朝预定方向运动的作用力的总和，只有当Mode包含Velocity时才有效。
- Slerp Drive：插值驱动。该项设定了关节如何围绕局部所有的坐标轴进行旋转，只有当Rotation Drive Mode为Slerp时该项才生效。
  - ➢ Mode：模式。可设定为目标位置、目标速度、目标位置及速度、不选择。

➢ Position Spring：位置弹簧力。朝预定义方向上的皮筋的拉力，只有当Mode包含Position时该项才有效。

➢ Position Damper：位置阻尼。抵抗位置弹簧力的力，只有当Mode包含Position时该项才有效。

➢ Maximum Force：最大作用力。推动对象朝预定方向运动的作用力的总和，只有当Mode包含Velocity时才有效。

• Projection Mode：投影模式。

该项用于设置当对象离开其限定的位置过远时，会让该对象回到其受限制的位置。可设定为位置和旋转、只有位置及不选择。

• Projection Distance：投影距离。

该项用于设置当对象与其连接刚体的距离超过投影距离时，该对象会回到适当的位置。

• Projection Angle：投影角度。

该项用于设置当对象与其连接刚体的角度差超过投影角度时，该对象会回到适当的位置。

• Configured In World Space：在世界坐标系中配置。

勾选该项，则所有与目标相关的数值都会在世界坐标系中来计算，而不在对象的局部坐标系中计算。

• Swap Bodies：勾选该项，则应用交换刚体功能。

若开启此项，连接着的两个刚体会发生交换。

• Break Force：断开力。

该项用于控制关节断开所需的作用力。

• Break Torque：断开转矩

该项用于设置关节断开所需的转矩。

细节说明：

1．移动/旋转限制

可以为每个旋转轴和运动类型指定约束。针对X轴、Y轴以及Z轴运动可定义沿不同轴的移动，而针对X轴、Y轴和Z轴旋转可定义沿不同轴的旋转，这些属性可以被设定为Free（不受约束）、Limited（受自定义的限制）及Locked（锁定状态无法运动）。

1）移动限制：如果游戏对象某个轴的Motion属性设定为Limited，则可通过修改Limited属性值来设定该轴的运动约束值。对于平移运动，Linear Limited属性将设定该对象能够远离原点的最大距离，通过该属性下的Limit数值可以对Motion属性值为Limited的任何移动进行约束。

2）旋转限制：旋转限制与移动限制相类似，只是Angular　Motion属性是与Angular Limit相关。LinearLimit属性设定了对3个轴在移动上的约束，而Angular Limit

属性则设定了对于3个轴在旋转上的约束。

2．移动/旋转加速度

使对象到达指定的位置或方向运动，或到达指定的速度或角速度。此系统的工作方式是：首先定义一个想要达到的目标，然后通过驱动力来提供加速度以便使其到达此目标，每一个驱动都有一个模式，通过此模式可定义该对象当前的目标。

1）移动加速度X轴、Y轴和Z轴的驱动属性使得游戏对象沿着特定的轴来移动，每个驱动模式指定了对象是朝着目标位置还是目标速度抑或是两者兼而有之的运动方式。比如当X轴驱动设置为Position时，对象会朝着X轴的目标位置去移动。

当驱动模式为Position时，它的位置弹簧值将决定其如何朝着目标位置运动；同样，当驱动模式为Velocity时，它的最大作用力将决定该对象如何被加速至目标速度。

2）旋转加速度：旋转加速度属性为X轴角、YZ轴角驱动及插值驱动，其功能与移动驱动基本相同，只是插值驱动与角驱动在功能上表现不同。可以在旋转驱动模式中选择是采用角驱动还是插值驱动，但这两种驱动不能同时被使用。

7.6 力场

力场是一种为刚体快速添加恒定作用力的方法，适用于类似火箭等发射出来的对象，这些对象在起初并没有很大的速度但却是在不断加速的。

1．启动Unity应用程序，依次打开菜单栏中的Component→Physics→Constant Force选项，进而为所选择的对象添加力场组件，如图7-35所示。

图7-35
添加Constant Force组件

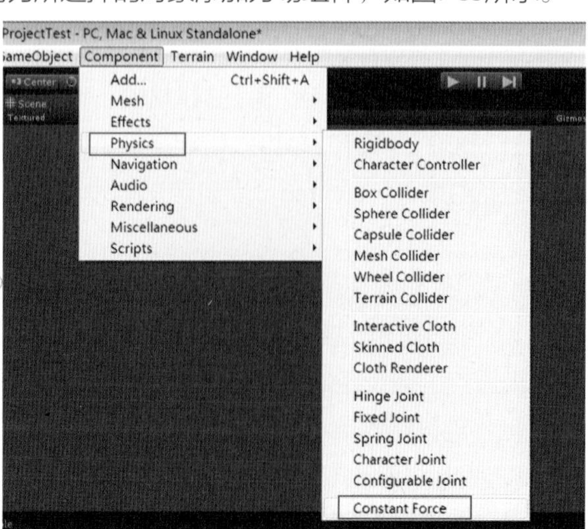

2. Constant Force组件的属性面板如图7-36所示。

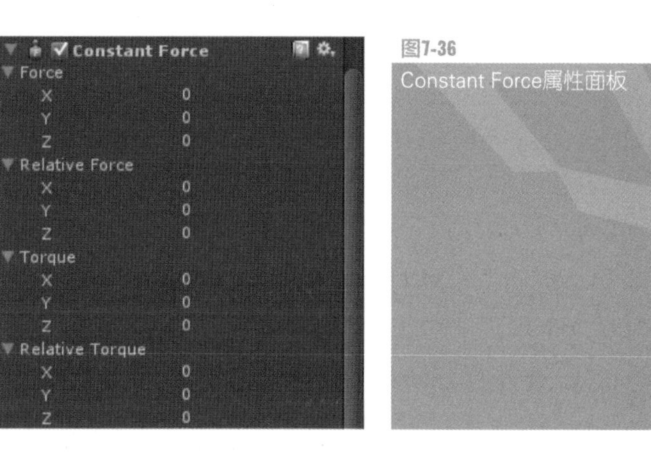

图7-36
Constant Force属性面板

• Force：力。

该项可用于设定在世界坐标系中使用的力，用向量表示。

• Relative Force：相对力。

该项可用于设定在物体局部坐标系中使用的力，用向量表示。

• Torque：扭矩。

该项可用于设定在世界坐标系中使用的扭矩力，用向量表示，对象将依据该向量进行转动，向量越长转动就越快。

• Relative Torque：相对扭矩。

该项可用于设定在物体局部坐标系中使用的扭矩力，用向量表示，对象将依据该向量进行转动，向量越长转动就越快。

7.7 物理引擎实例

该实例通过第三人称视角控制游戏中的小球对象，游戏通过是否与钻石碰撞来界定是否寻找到钻石并获得积分，获得积分满10分后，赢得游戏，当小球冲出跑道时，游戏失败，并提示是否重新开始游戏。

1. 启动Unity应用程序，依次打开菜单栏中的Assets→Import Package→Custom Package项，进而在弹出的Import package对话框中导入\unitybook\chapter07\project\CrazyBall.unitypackage资源包，如图7-37所示。

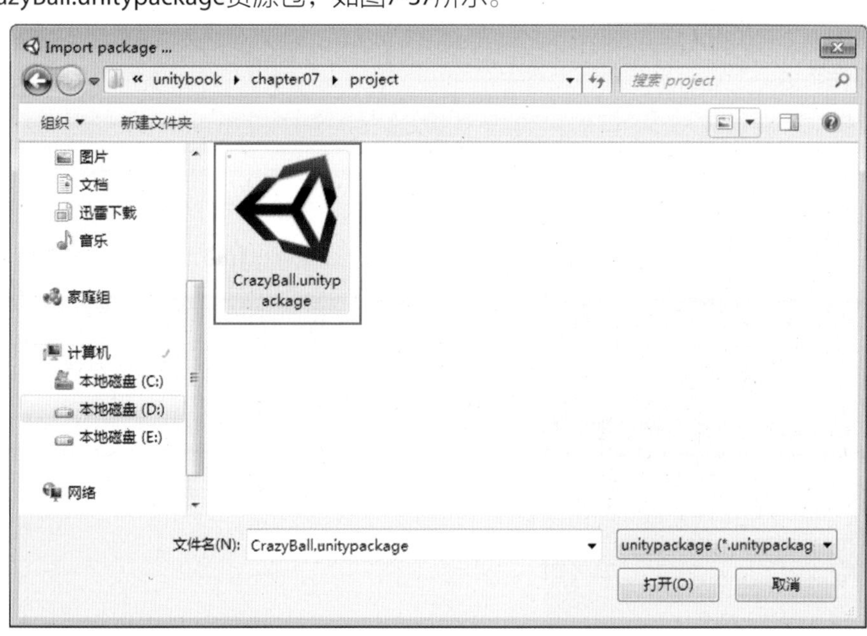

图7-37
Import package对话框

图7-38
Project视图

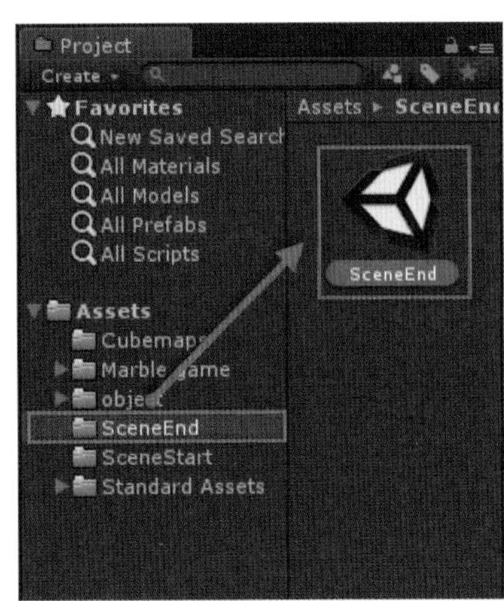

2. 在Project视图中，依次打开文件夹中的Assets→SceneEnd，找到文件夹下名称为SceneEnd.unity的游戏场景文件，如图7-38所示。

3. 双击SceneEnd文件，打开该游戏场景，如图7-39所示。

图7-39
SceneEnd场景

图7-40
SceneStart场景文件

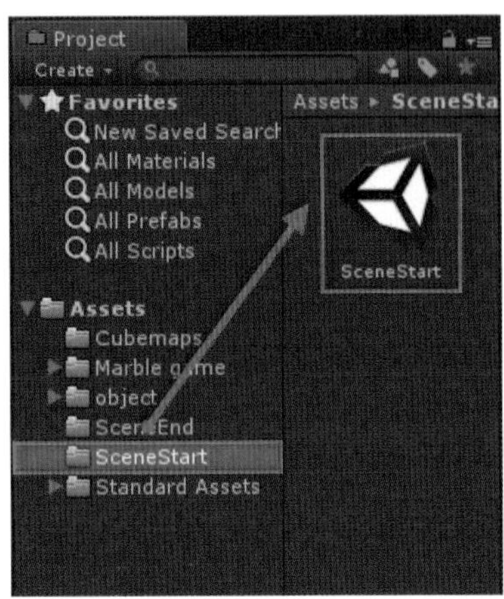

4. 该游戏场景是完整的游戏场景，下面将按步骤实现场景的整体功能。在Project视图中，依次打开文件夹中的Assets→SceneStart，在该文件夹下找到SceneStart.unity场景文件，如图7-40所示。

5．双击SceneStart打开该场景文件，场景中只有一个天空盒，如图7-41所示。

图7-41
场景窗口

6．返回至Project视图，依次打开文件夹Assets→object，在object文件夹下找到Runway.fbx文件，如图7-42所示。

图7-42
Runway.fbx文件

7．拖动Runway.fbx文件至Hierarchy视图中，如图7-43所示。

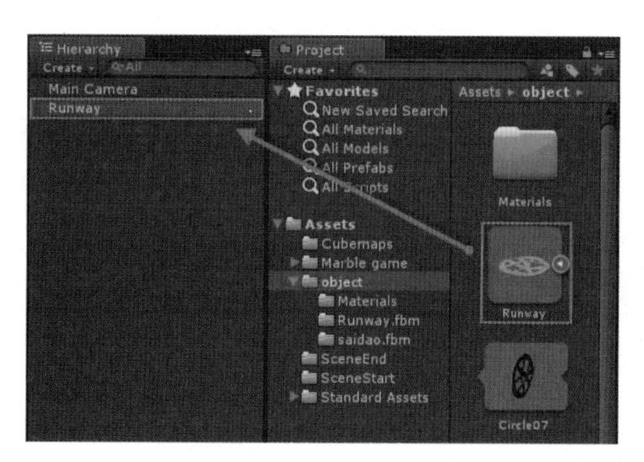

图7-43
添加Runway游戏对象

图7-44 Inspector视图1

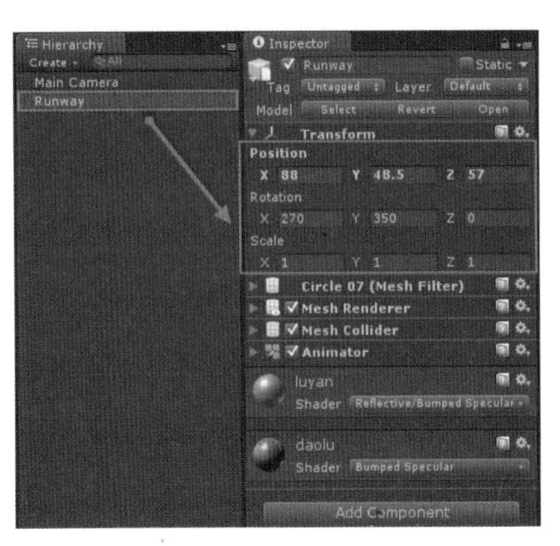

8．单击Runway游戏对象，在Inspector视图中设置Transform组件Position（88，48.5，57），Rotation（270，350，0），Scale(1，1，1)，并使Inspector视图的其他组件保持默认值，如图7-44所示。

图7-45 Inspector视图2

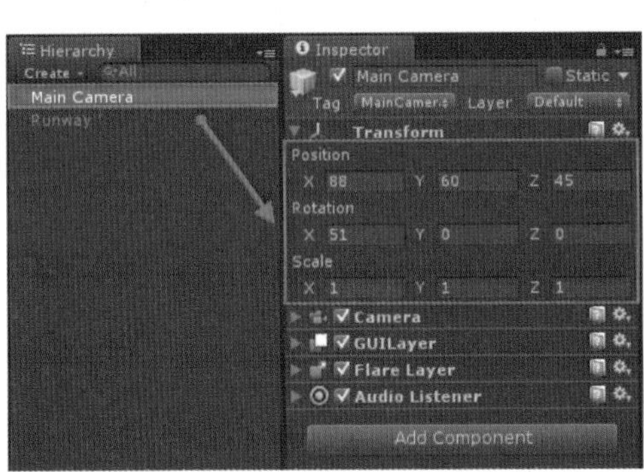

9．单击Hierarchy视图中的Main Camera对象，设置Main Camera对象的Transform为Position（88，60，45），Rotation（51，0，0），Scale（1，1，1），并将Inspector视图的其他组件保持默认值，如图7-45所示。

图7-46 Inspector视图3

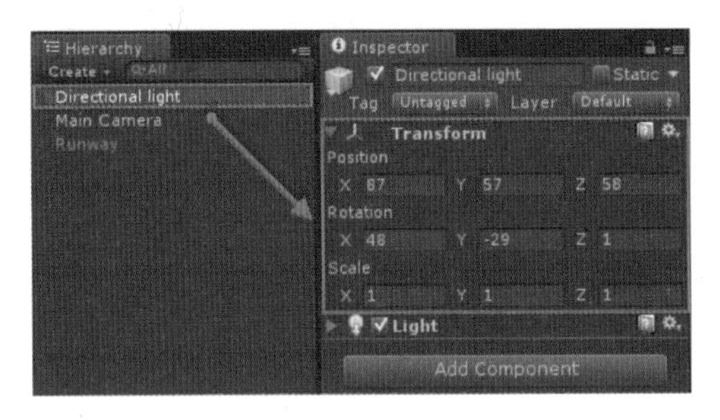

10．依次打开菜单栏中的GameObject→Create Other→Directional light项，为场景添加平行光，单击Directional light对象，设置该对象的Transform组件为Position（87，57，58），Rotation（48，−29，1），Scale（1，1，1），如图7-46所示。

图7-47 测试游戏

11．单击Play按钮测试游戏，如图7-47所示。

12．返回至Hierarchy视图，依次打开菜单栏中的GameObject→Create Other→Sphere项，为游戏场景添加球体，并重命名球体名称为Ball，如图7-48所示。

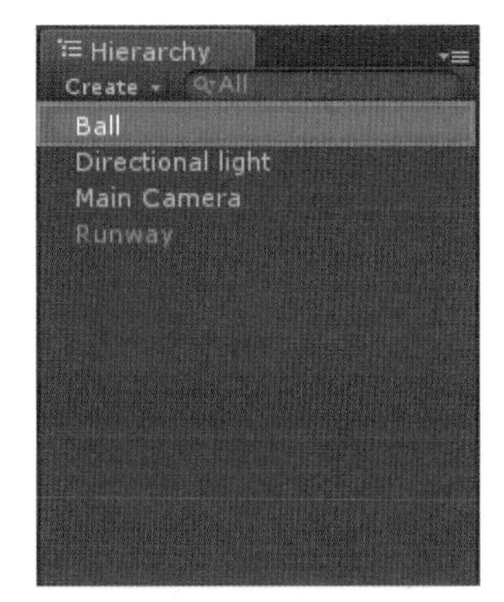

图7-48
新建小球对象

13．单击Ball对象，设置Transform组件为Position（84，50，48），Rotation（0，0，0），Scale（1，1，1），如图7-49所示。

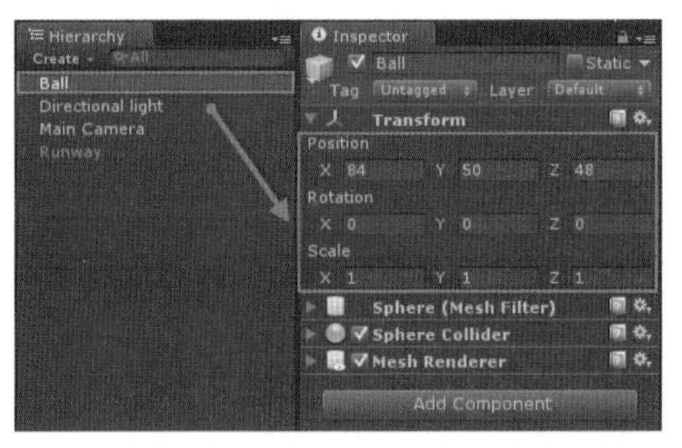

图7-49
Inspector视图1

14．依次打开菜单栏中的Component→Physics→Rigidbody项，为Ball对象添加刚体组件，并保持默认参数值，如图7-50所示。

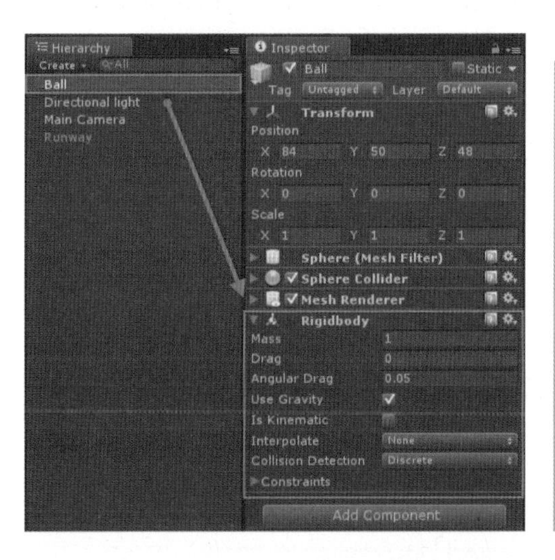

图7-50
Inspector视图2

15．单击Ball对象，并在Inspector视图中展开Mesh Renderer组件面板，并单击Materials下的Element0右侧的■按钮，弹出Select Material对话框，如图7-51所示。

图7-51
材质文件

图7-52
场景视图

16．单击warmingstripe材质文件，此时小球在场景中的状态如图7-52所示。

图7-53
Scripts文件夹

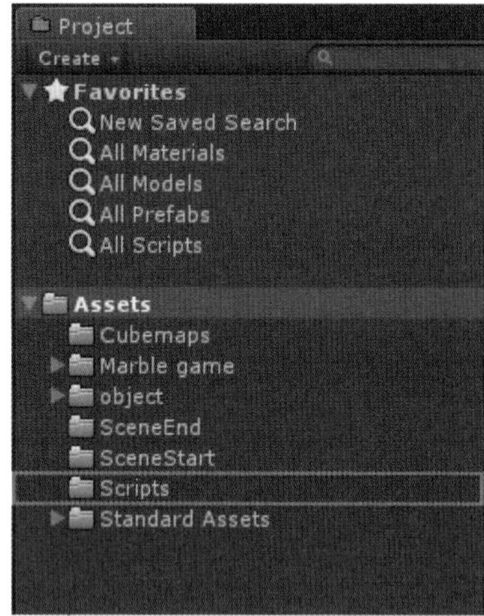

17．场景中的小球暂时无法进行操作控制，所以必须为小球对象添加脚本的控制文件，单击Project视图中的Assets文件夹，依次打开菜单栏中的Assets→Create→Folder项，新建Scripts文件夹，如图7-53所示。

图7-54
BallControl脚本文件

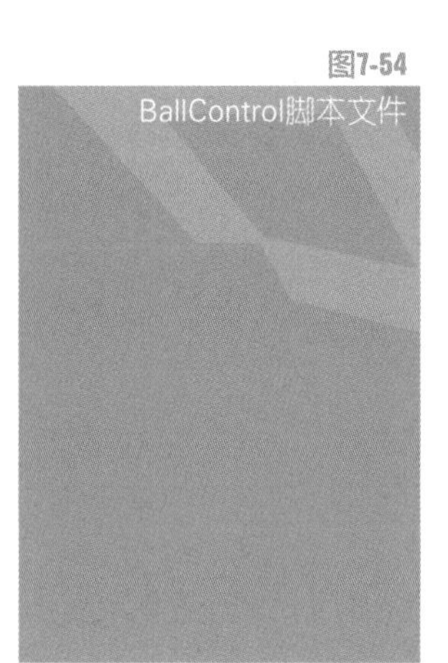

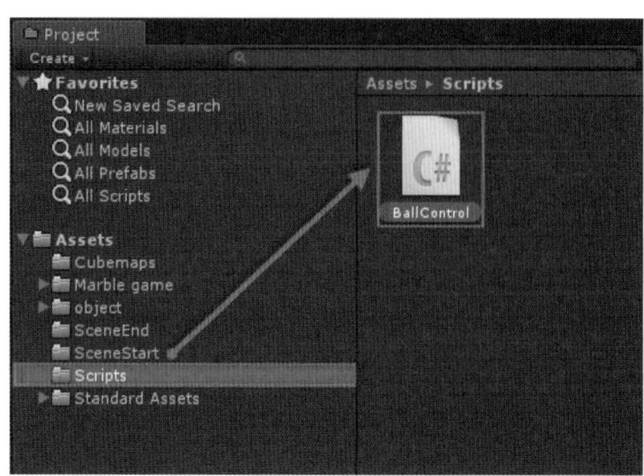

18．在Scripts文件夹下新建C#文件，并命名该文件为BallControl.cs，如图7-54所示。

双击BallControl.cs文件，为该脚本文件编写如下代码。

```
using UnityEngine;
using System.Collections;
public class BallControl : MonoBehaviour {
  public float movementSpeed = 6.0f;//小球运动的速率
  private Vector3 horizontalMovement;//小球的水平运动
  //这里理解为小球的前后运动
private Vector3 verticalMovement;
  void Update () {
     horizontalMovement = Input.GetAxis("Horizontal")*Vector3.
right*movementSpeed;
     verticalMovement=Input.GetAxis("Vertical")*Vector3.forward
*movementSpeed;
     //小球的运动(水平运动与前后运动的向量和)
Vector3 movement = horizontalMovement+verticalMovement;
     //为小球施加力
      rigidbody.AddForce(movement, ForceMode.Force);
  }
     void OnTriggerEnter  (Collider other  ) {
        //判断小球是否与钻石对象碰撞
         if (other.tag == "Pickup")
         {

             //销毁对象
             Destroy(other.gameObject);
         }
         else
         {
             //与其他对象的碰撞
         }
     }
}
```

19. 脚本编写完成后，拖动BallControl.cs脚本文件至Hierarchy视图中的Ball对象上，如图7-55所示。

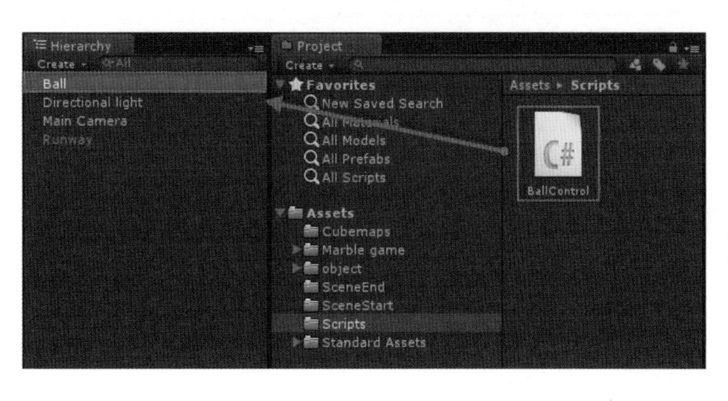

图7-55
拖动脚本

图7-56
控制小球

20．完成脚本的添加后，单击Play按钮测试游戏，发现此时小球可以使用方向键进行控制，如图7-56所示。

图7-57
Gem.fbx文件

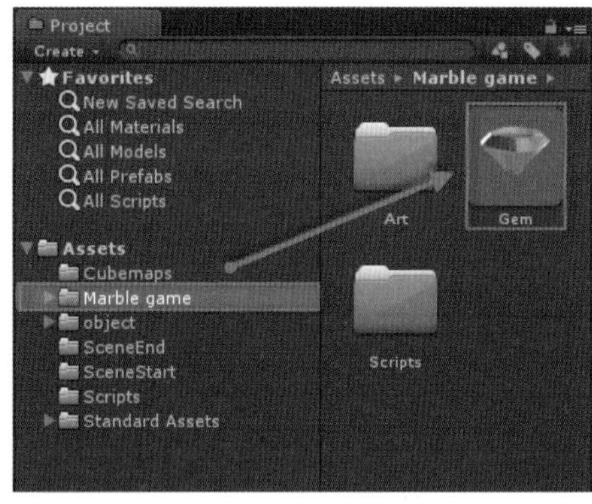

21．小球对象的功能实现后，下面添加钻石对象到场景中。查看Project视图，依次打开文件夹中的Assets→Marble game，在Marble game文件夹中找到Gem.fbx文件，如图7-57所示。

图7-58
拖动fbx文件至Hierarchy视图

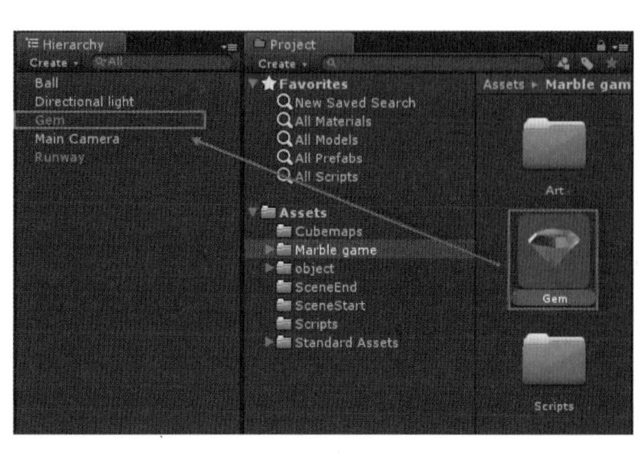

22．拖动Gem.fbx文件至Hierarchy视图中，如图7-58所示。

23．在Hierarchy视图中单击Gem对象，按Ctrl+D组合键复制10个Gem对象到场景中，分别命名各个Gem对象名称为Gem1、Gem2、Gem3、Gem4、Gem5、Gem6、Gem7、Gem8、Gem9、Gem10，如图7-59所示。

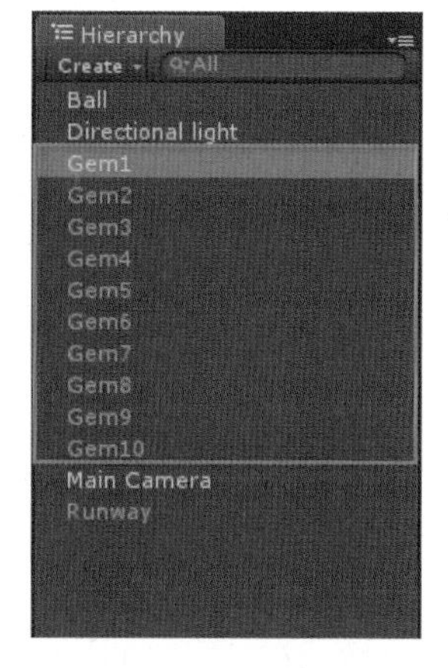

图7-59
Gem对象

24．依次打开菜单栏中的GameObject→Create Empty项，新建空对象，并命名该对象名称为Gems，如图7-60所示。

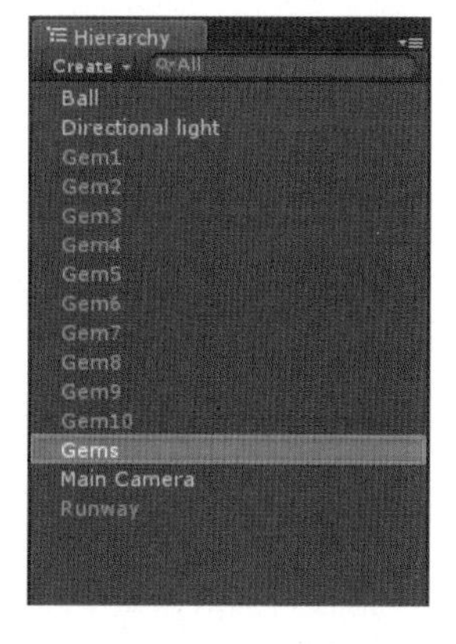

图7-60
新建Gems对象

25．单击Gems对象，并在Inspector视图中选择Reset组件，如图7-61所示。

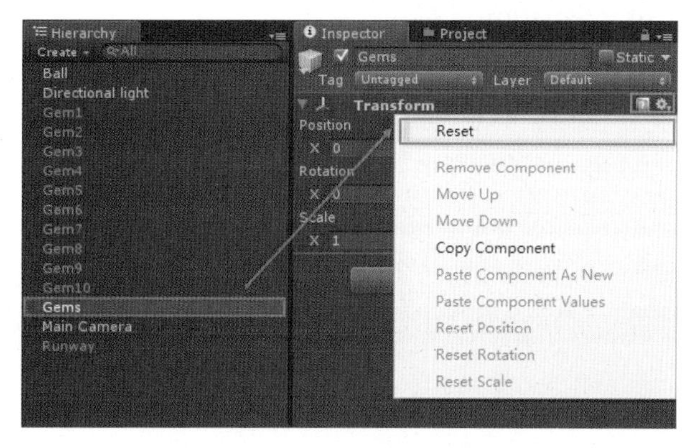

图7-61
Reset组件

26．把所有的Gem对象拖动至Gems中，让其成为Gems的子对象，如图7-62所示。

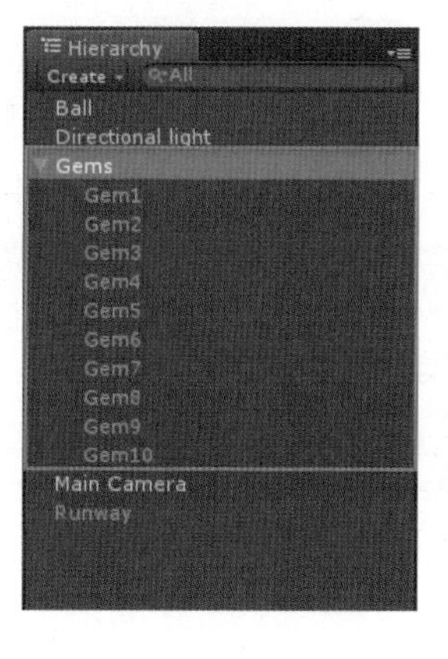

图7-62
Hierarchy视图

图7-63
Inspector视图

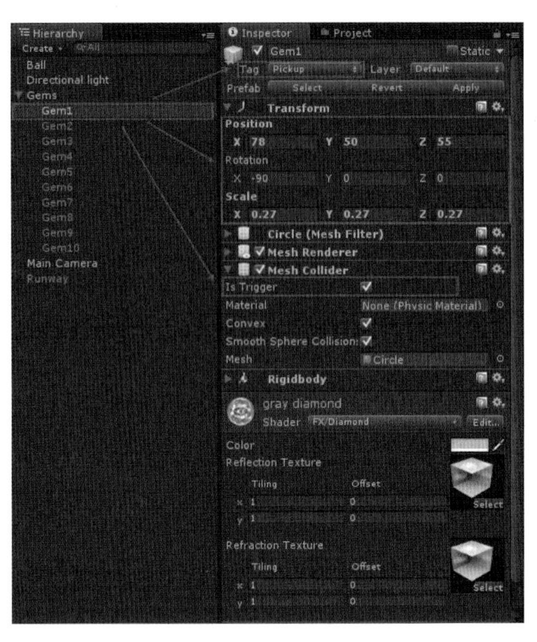

27．单击Gem1对象，在Inspector视图中的Tag选项中，选择Pickup，设置Transform组件为Position（78，50，55），Rotation（–90，0，0），Scale（0.27，0.27，0.27），并在Mesh Collider组件下勾选Is Trigger复选框，如图7-63所示。

28．为其余的Gem对象设置Tag为Pickup，勾选Mesh Collider组件下的Is Trigger复选框，并且设置Rotation（–90，0，0）与Scale（0.27，0.27，0.27）。其中，Gem2对象的Position设置为（88，51，57）。Gem3对象的Position设置为（82，50，49）。Gem4对象的Position设置为（89.5，50，47）。Gem5对象的Position设置为（95.5，49.5，50.5）。Gem6对象的Position设置为（97，50，58）。Gem7对象的Position设置为（93，50，65）。Gem8对象的Position设置为（86，50，66.5）。Gem9对象的Position设置为（80，50，63）。Gem10对象的Position设置为（88，48，57）。设置完成后各个Gem对象的分布如图7-64所示。

图7-64
场景视图

29．单击Play按钮测试游戏，可知当小球与钻石对象碰撞时，钻石对象消失，如图7-65所示。

图7-65 游戏测试

30．依次打开菜单栏中的GameObject→Create Other→Cube项，新建Cube对象，并且重新命名Cube对象为GameOverTrigger，该对象用于判断小球是否与其碰撞，如果是，表示小球冲出了跑道，游戏失败，如图7-66所示。

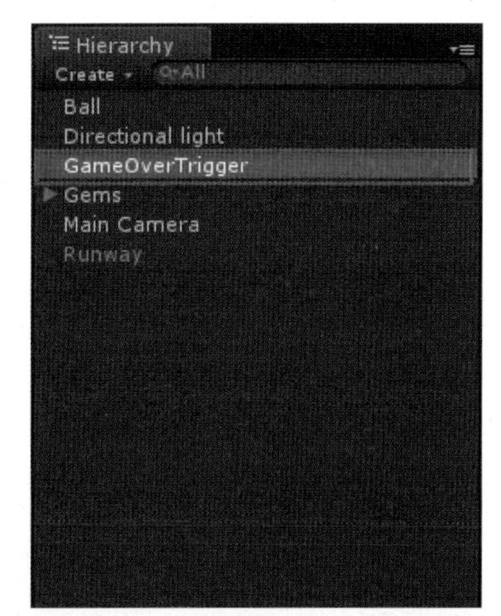

图7-66 新建对象

31．单击GameOver-Trigger对象，在Inspector视图中设置Transform组件Position（90，40，55），Rotation（0，0，0），Scale（165，1，118）。勾选Box Collider下的Is Trigger复选框，并取消勾选Mesh Renderer组件，如图7-67所示。

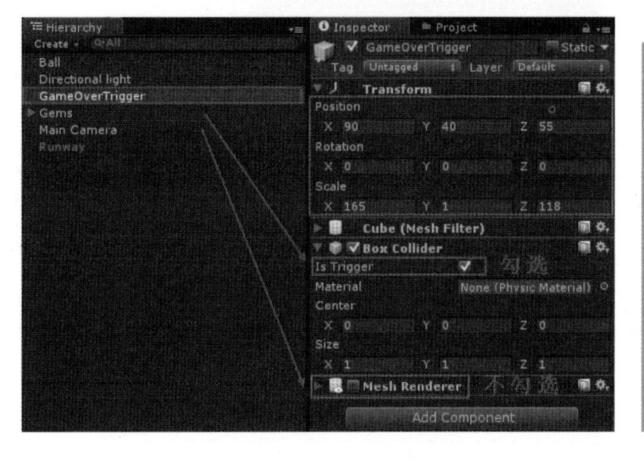

图7-67 Inspector视图

图7-68
新建脚本文件

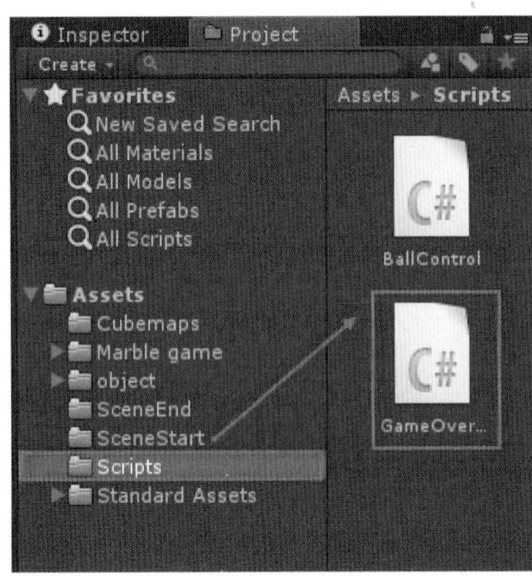

32．在Project视图中，依次打开文件夹Assets→Scripts，在该文件夹下新建GameOverTrigger.cs文件，如图7-68所示。

双击GameOverTrigger.cs文件，为该脚本文件编写如下代码：

```
using UnityEngine;
using System.Collections;
public class GameOverTrigger : MonoBehaviour {
    void OnTriggerEnter()
    {
        Debug.Log("GameOver");
    }
}
```

图7-69
添加脚本

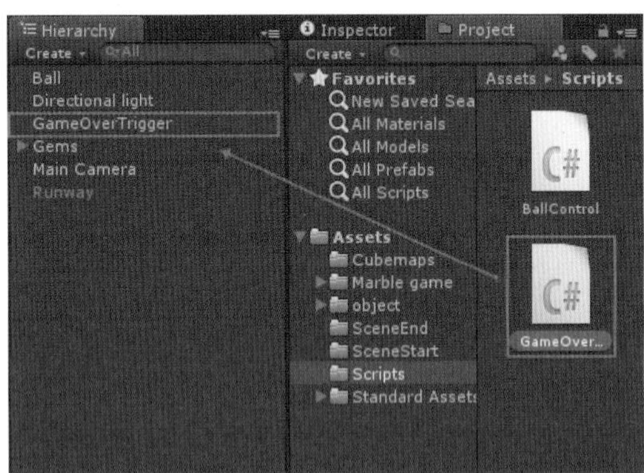

33．拖动该脚本文件至Hierarchy视图中的GameOverTrigger对象中，如图7-69所示。

图7-70
测试结果

34．单击Play按钮测试游戏，当小球离开跑道时，在控制台输出GameOver字样，如图7-70所示。

35．实际上这种处理玩家游戏失败的方法没有实际意义，所以需要新建脚本文件来处理游戏的逻辑，包括游戏的输赢与分数的累加等。在Project视图中，依次打开Assets→Scripts文件夹，在该文件夹下新建CrazyBallManager.cs文件，如图7-71所示。

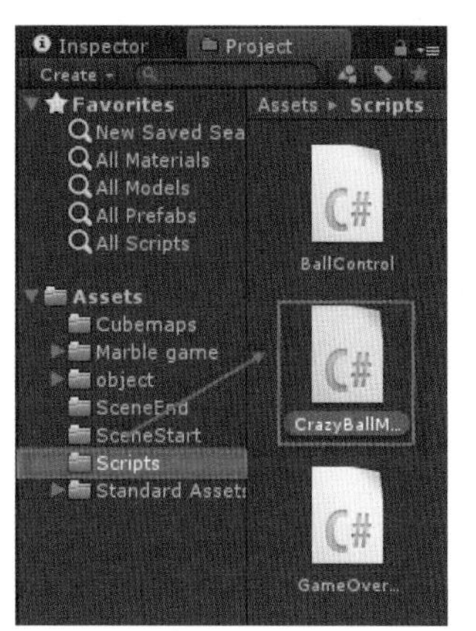

图7-71
新建脚本

双击CrazyBallManager.cs文件，为该脚本文件编写如下代码。

```
using UnityEngine;
using System.Collections;
public enumCrazyBallState { playing, won, lost };
public class CrazyBallManager : MonoBehaviour
{    //初始化CrazyBallManager对象(单例模式)
     public static CrazyBallManager CB;
     //按钮的样式
     public GUIStylebuttonStyle;
     //标签的样式
     public GUIStylelabelStyle;
     //钻石总共的数量
     private inttotalGems;
     //找到钻石的数量
     private intfoundGems;
     //游戏的状态
     private CrazyBallStategameState;
     void Awake()
     {
         CB = this;
         foundGems = 0;
         gameState = CrazyBallState.playing;
         totalGems = GameObject.FindGameObjectsWithTag("Pick
up").Length;
         //开始游戏
         Time.timeScale = 1.0f;
     }
     void OnGUI()
     {
         //为所有标签添加样式
         GUI.skin.label = labelStyle;
         //为所有按钮添加样式
```

```
            GUI.skin.button=buttonStyle;
            //显示找到的钻石数量
            GUILayout.Label(" Found gems: " + foundGems + "/" +
totalGems);
            if (gameState == CrazyBallState.lost)
            {
                //提示游戏失败
                GUILayout.Label("You Lost");
                //重新开始游戏
                if (GUI.Button(new Rect(Screen.width / 2, Screen.
height / 2, 113, 84), "Play again"))
                {
                    //重新加载场景
    Application.LoadLevel(Application.loadedLevel);
                }
            }
            else if (gameState == CrazyBallState.won)
            {   //提示游戏胜利
                GUILayout.Label("You won");
                //重新开始游戏
     if (GUI.Button(new Rect(Screen.width / 2, Screen.height / 2,
113, 84), "Play again"))
                {
    Application.LoadLevel(Application.loadedLevel);
                }
            }
        }

        public void FoundGem()
        {
            //找到钻石在界面中累加
            foundGems++;
            //如果找到全部钻石取得游戏胜利
            if (foundGems >= totalGems)
            {
                WonGame();
            }
        }

        public void WonGame()
        {   //暂停游戏
            Time.timeScale = 0.0f;
```

```
        gameState = CrazyBallState.won;
    }

    public void SetGameOver()
    {   //暂停游戏
        Time.timeScale = 0.0f;
        gameState = CrazyBallState.lost;
    }
}
```

因为脚本中通过SetGameOver()函数，处理游戏失败的逻辑，所以当小球与GameOverTrigger对象碰撞时调用该方法来处理游戏失败的状态。这时在GameOverTrigger.cs脚本文件中替换以下脚本。

```
using UnityEngine;
using System.Collections;
public class GameOverTrigger : MonoBehaviour {
    void OnTriggerEnter()
    {
        CrazyBallManager.CB.SetGameOver();
    }
}
```

CrazyBallManager脚本文件中，每调用一次FoundGem()函数，对FoundGems变量累加一次，根据此特性，可以在小球与钻石对象碰撞时调用该函数，这时可以把BallControl.cs脚本文件中的OnTriggerEnter函数中更改为如下脚本。

```
void OnTriggerEnter(Collider other)
    {
        if (other.tag == "Pickup")
        {
            CrazyBallManager.CB.FoundGem();
            Destroy(other.gameObject);
        }
        else
        {

        }
    }
```

图7-72
添加脚本

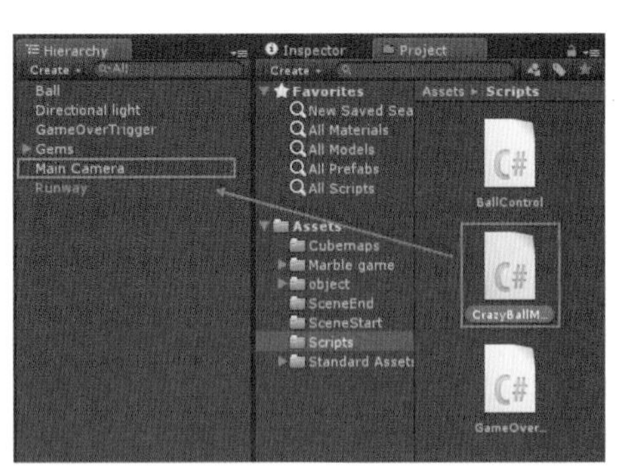

36．拖动CrazyBallManager.cs文件至Hierarchy视图中的Main Camera对象上，如图7-72所示。

图7-73
Button Style

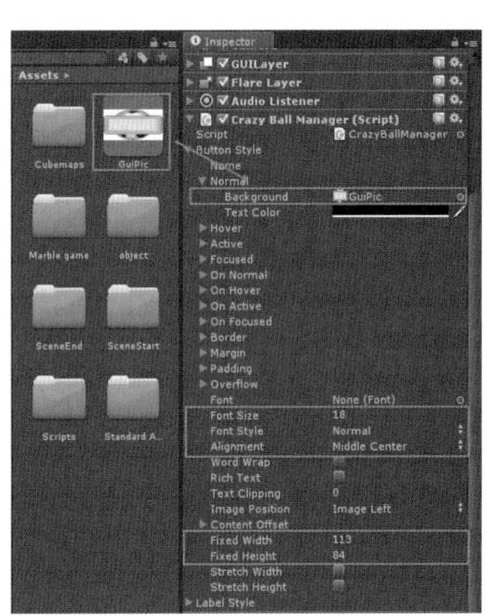

37．单击MainCamera对象，查看Inspector视图，单击ButtonStyle属性左边的三角形按钮，选中该属性下的Normal属性，展开Normal属性，拖动GuiPic图片文件至Background属性中，设置FontSize为18，Alignment设置为Middle Center，并设置Fixed Width为113与Fixed Height为84，如图7-73所示。

图7-74
设置LabelStyle

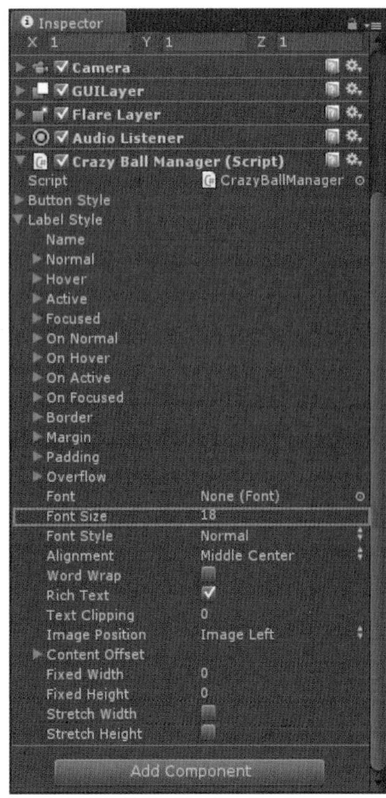

38．单击MainCamera对象，查看Inspector视图，单击Label Style属性左边的三角形按钮，设置Font Size为18，如图7-74所示。

39．单击Play按钮测试游戏，如图7-75所示。

图7-75
测试游戏

40．游戏中摄像机并没有跟随小球，造成了游戏难以操作的现象，可以在Project视图中，依次打开文件夹中的Assets→Scripts，在该文件夹下新建BallCamera.cs文件，如图7-76所示。

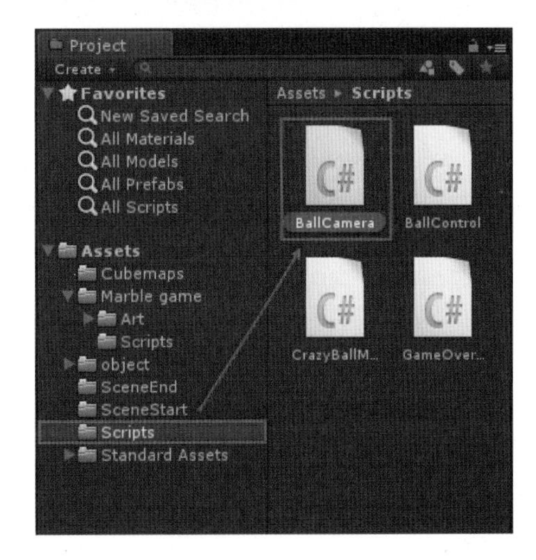

图7-76
新建脚本

双击BallCamera.cs文件，为该脚本文件编写如下代码。

```
using UnityEngine;
using System.Collections;
public class BallCamera : MonoBehaviour {
  //跟随的目标物体
    public Transform target;
  //与目标物体的相对高度
  public float relativeHeigth = 10.0f;
  //与目标物体的相对高度
    public float zDistance = 5.0f;
  //阻尼速度
    public float dampSpeed = 2;
    void Update () {
```

```
        Vector3 newPos = target.position + new Vector3(0, relative-
Heigth, -zDistance);
        //像弹簧一样跟随目标物体
        transform.position = Vector3.Lerp(transform.position, newPos,
Time.deltaTime*dampSpeed);
    }
}
```

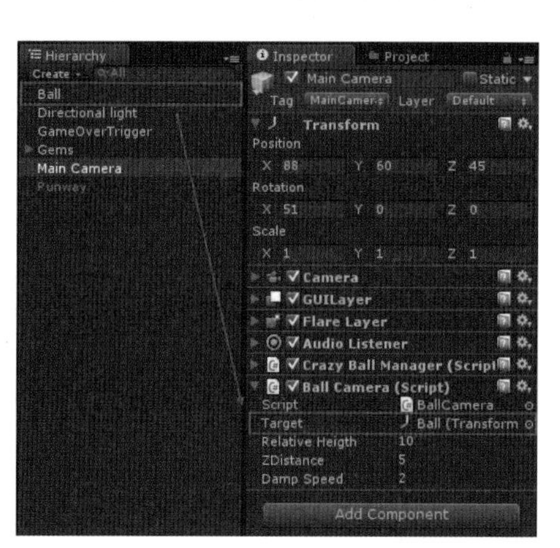

图7-77 目标对象

41．其中target属性代表小球对象，拖动Ball对象到Target属性中，如图7-77所示。

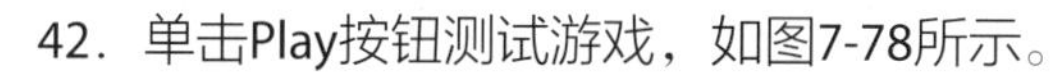

42．单击Play按钮测试游戏，如图7-78所示。

图7-78 测试游戏

第8章 光照贴图技术

8.1 概述

Lightmapping（光照贴图技术）是一种增强静态场景光照效果的技术，它可以通过较少的性能消耗使得静态场景看上去更真实、丰富，以及更具有立体感；但是，它不能被用来实时地处理动态光照。与Lightmapping相关的功能已经被完全整合在Unity引擎中，Unity使用的是Autodesk的Beast插件，并提供了相应的用户界面。在Unity中使用Lightmapping非常方便，利用简单的操作就可以制作出平滑、真实且不生硬的光影效果。

本章案例位于\unitybook\chapter08\lightmap_lightprobes.unitypackage资源包中。

8.2 烘焙Lightmap的简单示例

1．启动Unity应用程序，通过打开菜单栏中的GameObject→Create Other→Cube选项，在场景中创建多个Cube，利用Toolbar（工具栏）中的移动、旋转、缩放等命令对所创建的Cube进行编辑，构造一个简单的场景，并创建一个方向光源，如图8-1所示。

图8-1
一个简单的场景

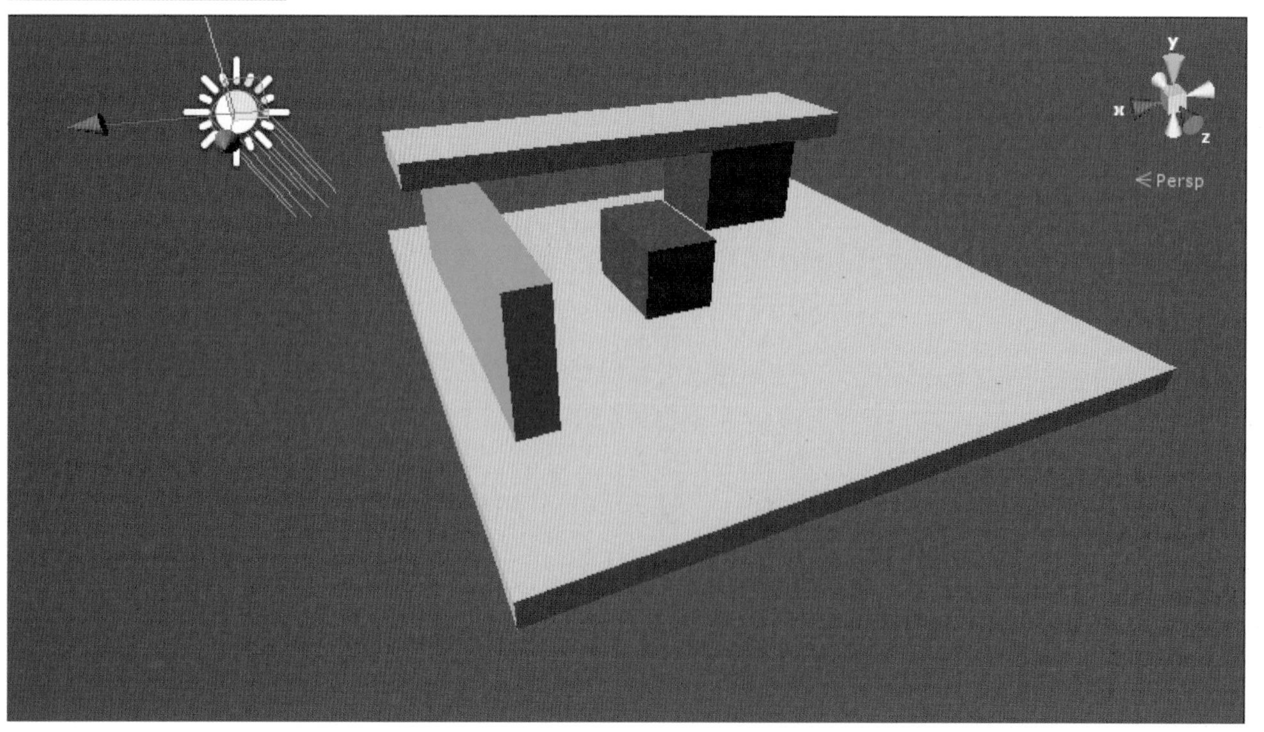

2．选中相应的Cube，在Inspector视图中，勾选该对象的Static复选框即可将Cube标记为Static，即通知Unity这些物体是不会移动的静态物体，这类游戏对象将会参与到光照图的烘焙，如图8-2所示。

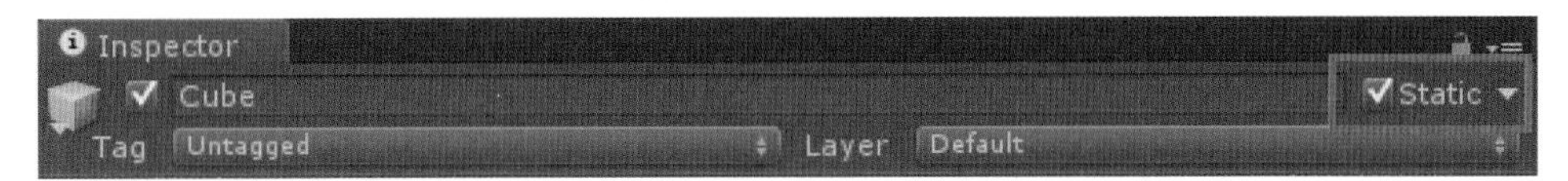

图8-2
标记Static

3．依次打开菜单栏中的Window→Lightmapping选项，会弹出Lightmapping视图。选中场景中的方向光源，在Lightmapping视图中的Object标签页下会出现该光源的设置，按图8-3配置光源参数。

图8-3
设置用于烘焙的光源参数

4．在Lightmapping视图中的Bake标签页下将Mode项选择为Single Lightmaps类型，如图8-4所示。更改Bounces数值为2，设置Sky Light Intensity为0.4（注：非Pro版本的Unity是没有Sky Light选项的），如图8-5和图8-6所示。

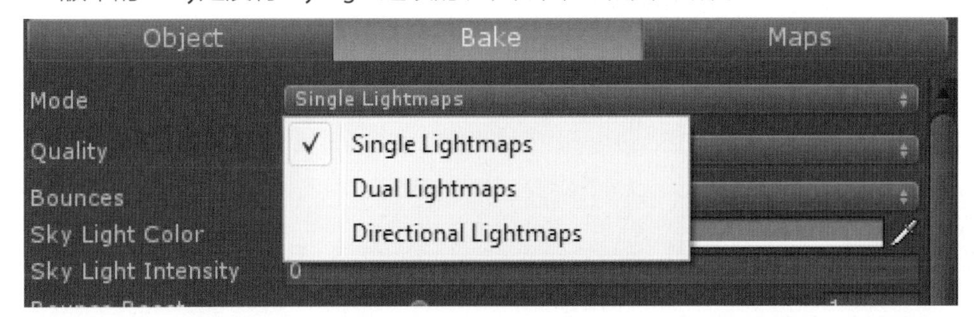

图8-4
设置Lightmapping Mode

图8-5
设置Bounces

图8-6
设置Sky Light Intensity

5．调整Resolution（光照图分辨率）数值到60，让光影细节更精细些，如图8-7所示。

图8-7 设置Resolution

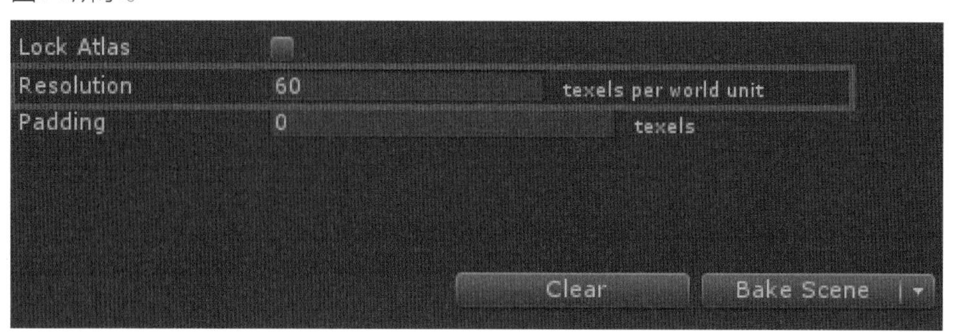

图8-8 显示Resolution

在Scene视图右下角的位置，在Lightmap Display对话框中勾选Show Resolution复选框，即可看到光照图在模型上的分辨率。调整该数值使其接近图8-8所示的比例。

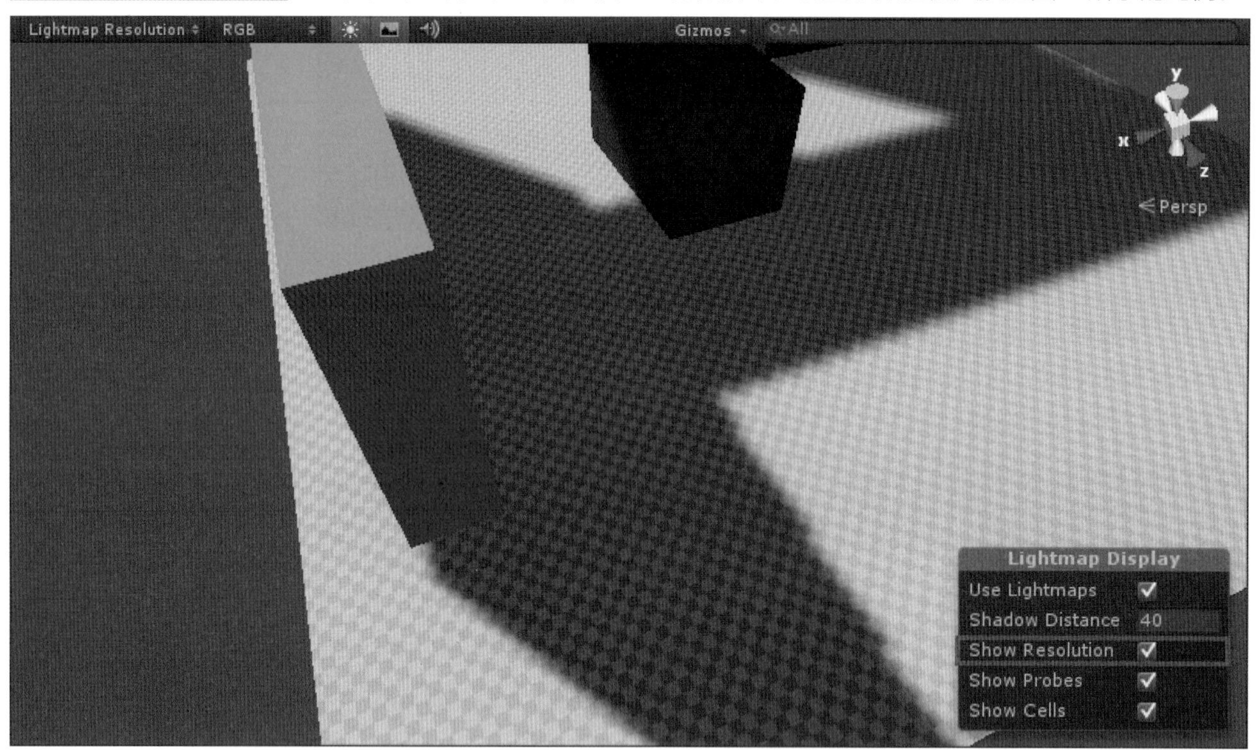

图8-9 烘焙按钮

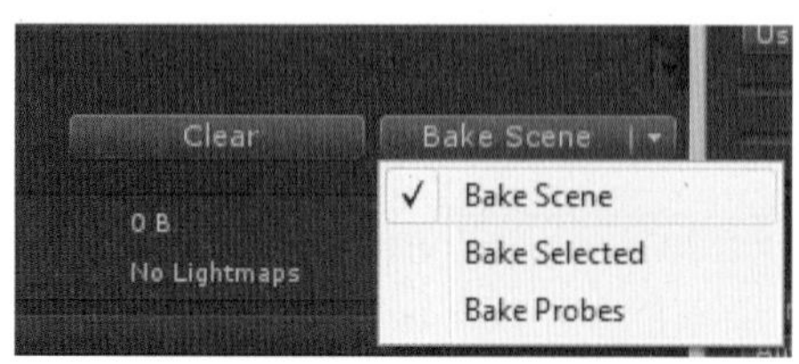

6．单击Lightmapping视图右下角的Bake Scene按钮，即开始生成Lightmaps，如图8-9所示。同时Unity主窗口右下角会出现进度条。

待进度条完成后，结果会在Scene视图中显示烘焙的结果。图8-10和图8-11便是烘焙前后效果的对比。

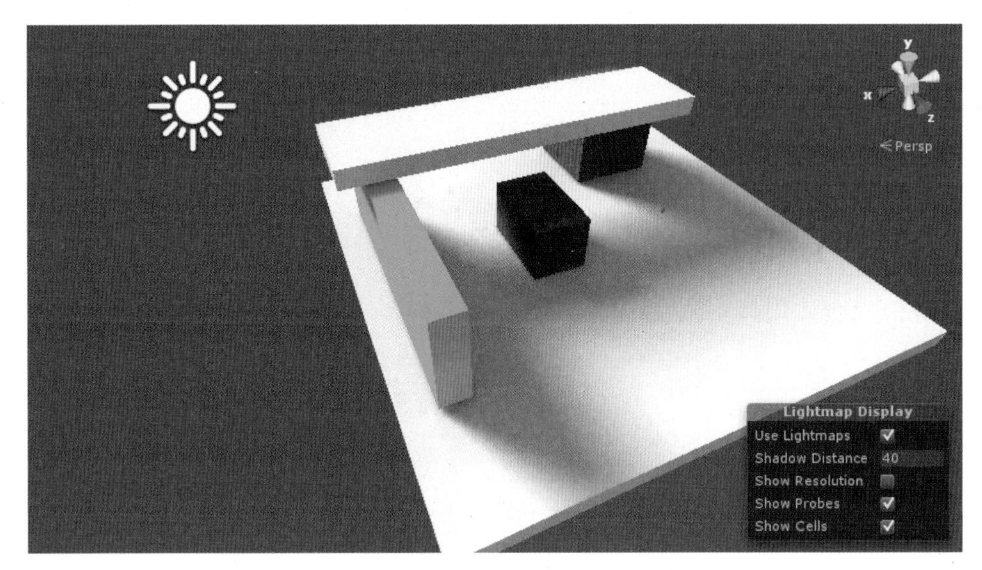

图8-10
烘焙后的效果

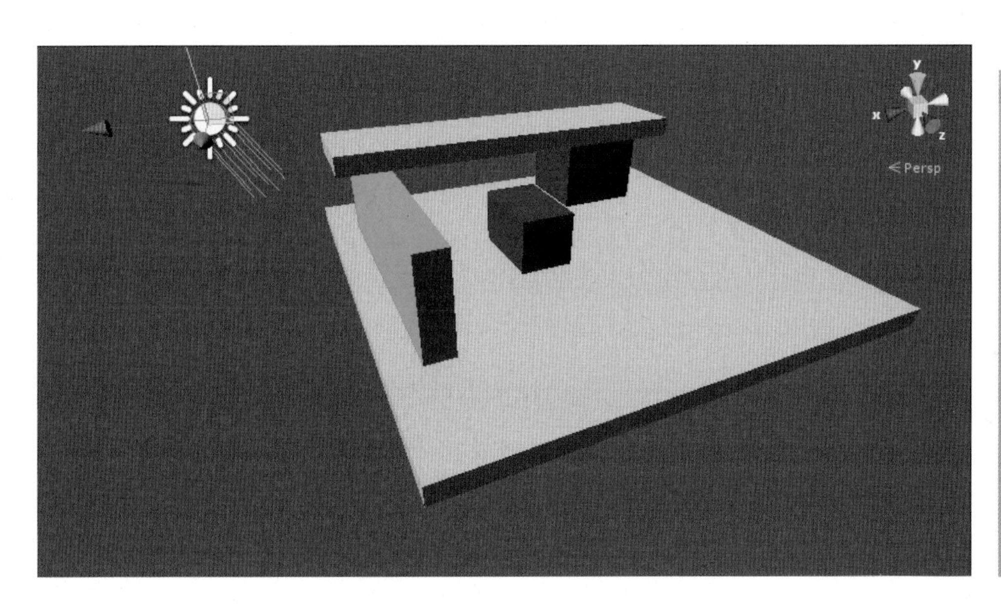

图8-11
烘焙前的效果

8.3 烘焙相关的参数详解

1．FBX资源导入时的参数设置

确保所用模型的UV值在0.0 ~ 1.0之间，否则将无法对该模型进行烘焙，且烘焙时会提示类似图8-12所示的警告。

Primary UV set on gun_barrel_05 is incorrect and the secondary UV set is missing. Lightmapper needs UVs inside the [0,1]x[0,1] range. Skipping this mesh...
Choose the 'Generate Lightmap UVs' option in the Mesh Import Settings or provide proper UVs for lightmapping from your 3D modelling app.

图8-12
烘焙物体UV范围超出0 ~ 1时的警告提示

解决这个问题，只须在Project视图下的Assets文件夹中选择该模型实例对应的FBX文件，进而在Inspector视图中的Import Settings面板下勾选Generate Lightmap UVs复选框，然后单击Apply按钮应用设置即可，如图8-13所示。

图8-13
模型的Import Settings面板

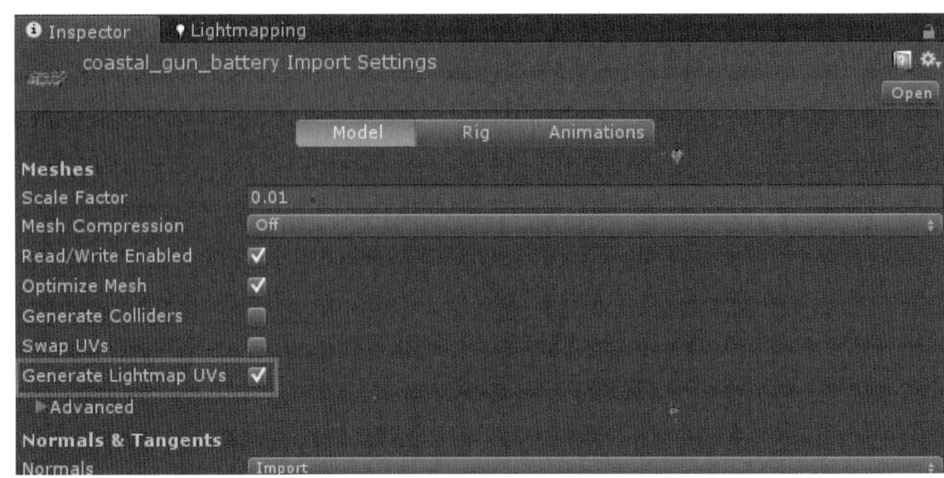

2．Object：物体参数

• All：所有。该标签页中的参数如图8-14所示。

图8-14
烘焙物体属性面板

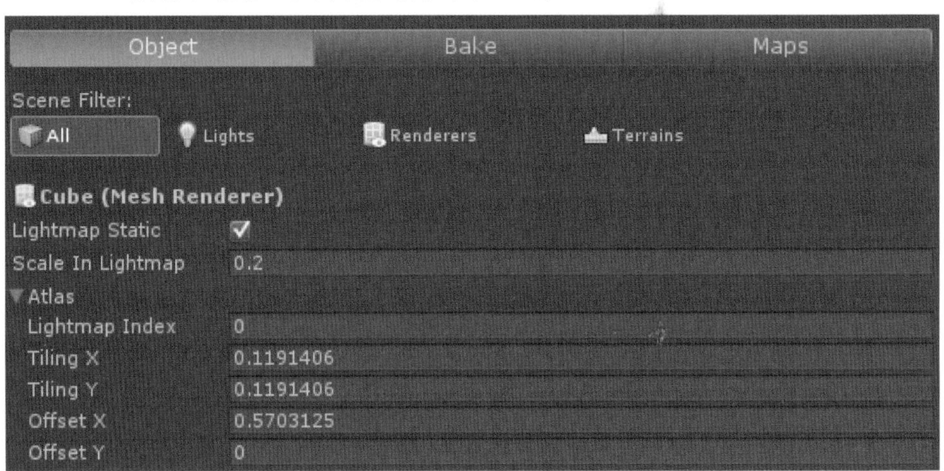

➢ Lightmap Static：勾选表示该物体将参与烘焙。

➢ Scale In Lightmap：分辨率缩放，可以使不同的物体具有不同的光照精度。比如某些远景物体可以采用较低的分辨率，从而节省一些光照贴图的存储空间。默认值为1。

➢ Lightmap Index：渲染时所使用的光照图索引。在图8-14中，该值为0，表示渲染时使用烘焙出来的第一张光照图。该属性默认为255，表示渲染时不使用光照图。

➢ Tiling X/Y和 Offset X/Y共同决定了一个游戏对象的光照信息在整张光照图中的位置、区域。

• Lights：光源参数。该标签页中的参数如图8-15所示。

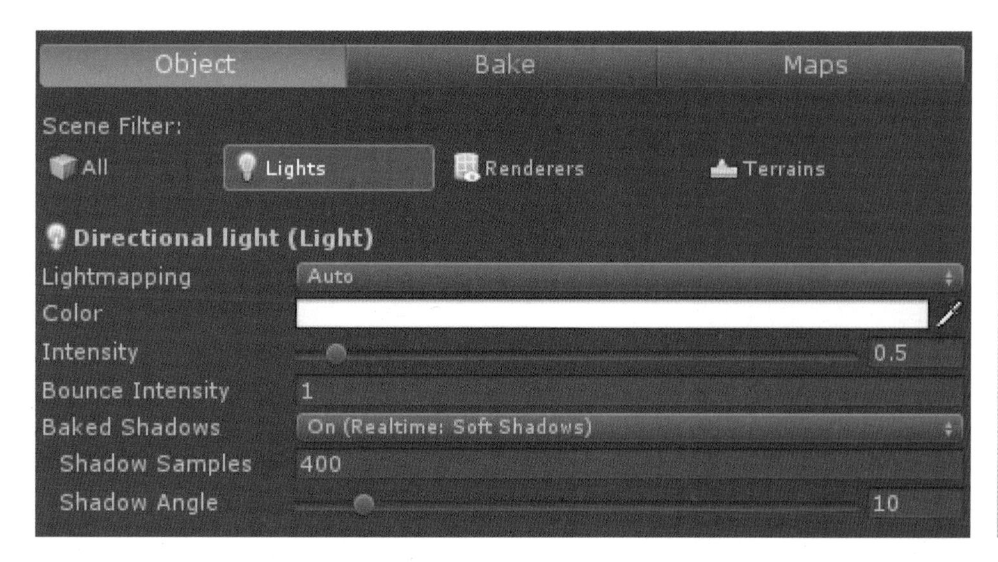

图8-15
烘焙光源属性面板

➢ Lightmapping：该项有3种类型可供选择，如图8-16所示。

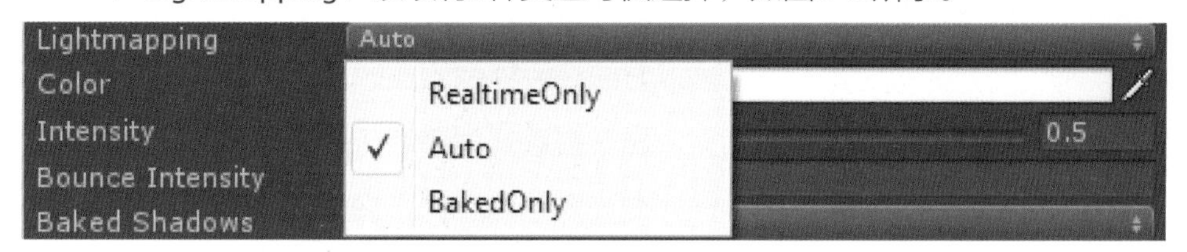

图8-16
光源的Lightmapping选项

✧ RealtimeOnly：选择该类型即光源不参与烘焙，只作用于实时光照。

✧ Auto：选择该类型光源会在不同的情况下做不同响应。在烘焙时，该光源会作用于所有参与烘焙的物体；在实际游戏运行中，该光源则会作为实时光源作用于那些动态的或者没有参与过烘焙的物体，而不作用于烘焙过的静态物体。在使用Dual Lightmaps的情况下， 对于小于阴影距离（Shadow Distance，Unity中用于实时生成阴影的范围， 范围之外将不进行实时生成阴影）的物体，该光源将作为实时光源作用于这些物体，不管是静态还是动态。

✧ BakedOnly：选择该类型表示光源只在烘焙时使用，其他时间将不作用于任何物体。

➢ Color：光源颜色。

➢ Intensity：光线强度。

➢ Bounce Intensity：光线反射强度。

➢ Baked Shadows：烘焙阴影。该项有3种类型可供选择，如图8-17所示。

图8-17
Baked Shadows 选项

✧ Off：勾选该项光源对象将不产生阴影。

✧ On(Realtime:Hard Shadows)：勾选该项光源对象将产生轮廓生硬的阴影。

✧ On(Realtime:Soft Shadows)：勾选该项光源对象将产生平滑阴影。

➢ Shadow Samples：阴影采样数，采样数越多生成阴影的质量越好。

➢ Shadow Angle：光线衍射范围角度。

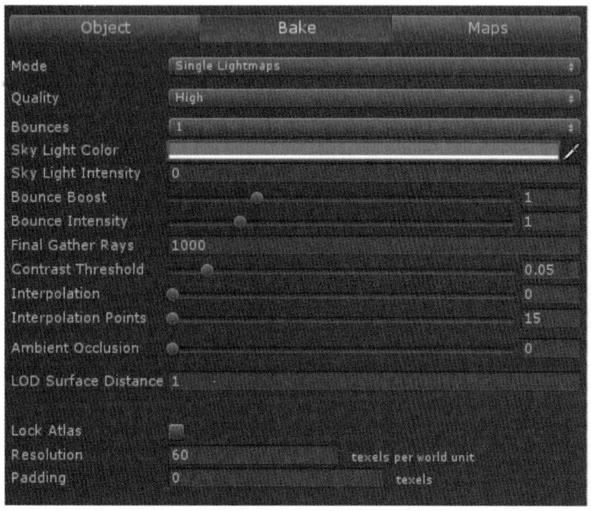

3．Bake：烘焙参数

该标签页中的参数如图8-18所示。

图8-18
烘焙参数设置标签页

· Mode：映射方法。该项有3种类型可供选择（关于3种类型的详细介绍，请参考本章第4节中的相关内容）：

➢ Single Lightmaps是最简单直接的方法。

➢ Dual Lightmaps是Unity特有的映射方法，该方法在近处使用实时光照和部分Lightmap光照，在远处则使用Lightmap光照，同时在实时光影和静态光影之间做平滑过渡，从而使动态光照和静态光照很好的融合。

➢ Directional Lightmaps是Unity提供的一个较新的Lightmapping方法，该方法一方面将光影信息保存在光照贴图上，同时还将收集到的光源方向信息保存在另外一张贴图中，从而可以在没有实时光源的情况下完成Bump/Spec映射，同时也还原了普通光照图的光影效果。

· Quality：生成光照贴图的质量。

· Bounces：光线反射次数。次数越多，反射越均匀。

· Sky Light Color：天空光颜色。

· Sky Light Intensity：天空光强度，该值为0时，则天空色无效。

· Bounces Boost：加强间接光照，用来增加间接反射的光照量，从而延续一些反射光照的范围。

· Bounces Intensity：反射光线强度的倍增值。

· Final Gather Rays：光照图中每一个单元采光点用来采集光线时所发出的射线数量，数量越大，采光质量越好。

· Interpolation：控制采光点颜色的插值方式，0为线性插值，1为梯度插值。

· Interpolation Points：用于插值的采光点个数。个数越多，结果越平滑，但是过多的数量也可能会把一些细节模糊掉。

- Ambient Occlusion：环境光遮蔽效果。
- LOD Surface Distance：用于从高模到低模计算光照图的最大世界空间距离。类似于从高模到低模来生成法线贴图的过程。
- Lock Atlas：勾选此选项，会将所有物体所用的光照图区域锁定，即将物体使用光照图相关的Tiling X/Y和Offset X/Y属性锁定，同时也将不可以再调整光照贴图的分辨率属性以及添加新的烘焙物体到光照图。
- Resolution：光照贴图分辨率。勾选视图窗口右下角Lightmap Display面板的ShowResolution选项，即可显示单元大小。假设Resolution值为50，那么在10*10个单位面积的平面网格上将占用光照贴图上500*500个像素的空间。
- Padding：不同物体的烘焙图的间距。

4．Maps：光照贴图信息

该标签页中的参数如图8-19所示。

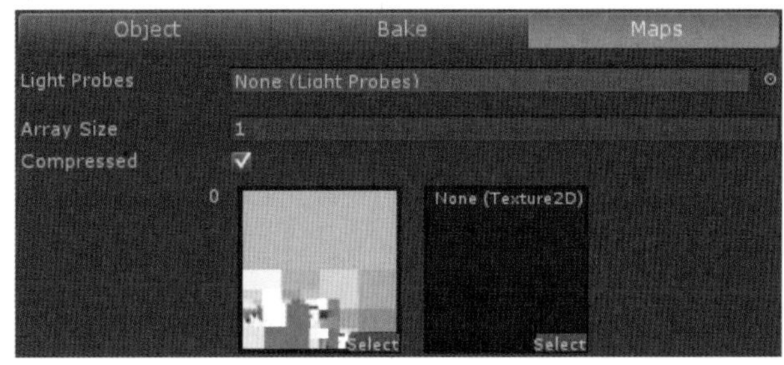

图8-19
光照贴图标签页

- Light Probes，该项用于设置当前使用的Light Probes Group的引用。
- Array Size：该项用于设置光照贴图个数。
- Compressed：勾选该项则启用使用压缩纹理格式。

5．烘焙

- Bake Scene：烘焙整个场景，如果场景中有编辑好的Light Probes，那么也会同时烘焙Light Probes。此外，Unity从4.0版本开始解决了Mac和Windows平台下，所生成的光照图UV不一致的情况。因此，在切换平台过程中将不再需要重新烘焙。
- Bake Selected：只烘焙选择的部分。在3.5.X版本中，采用BakeSelected功能进行烘焙场景时，只烘焙被选中的物体，同时替换上一次生成的光照贴图，即之前生成的光照贴图所作用到的某个物体如果没被选中，那么它将不再使用光照贴图。而在4.0版本中，采用BakeSelected功能进行烘焙场景时，系统会保留之前的光照图，并把当前选择的部分在原有基础上进行添加或者更新。图8-20是4.0版本中采用BakeSelected烘焙的结果，选择球体和地板进行选择烘焙后，可以看出所更新及添加的部分。Unity 4.0中BakeSelected是一个非常有用的功能，不会因为部分改动而需要重新烘焙整个场景，只需要烘焙改动的部分，大大提高了烘焙效率。

图8-20
Bake Selected的生成结果前后对照

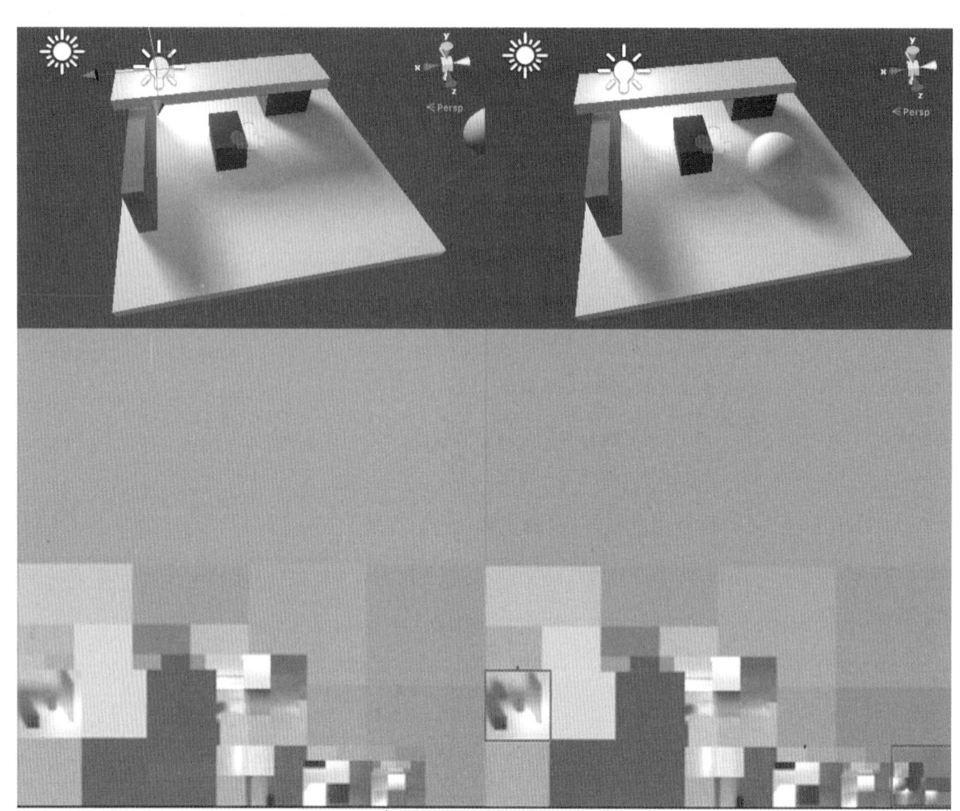

• Bake Probes：只烘焙Light Probes。

8.4 三种Lightmapping方式的比较

1．Single Lightmaps

该类型是最简单的一种Lightmapping方式，对性能及空间的消耗相对较小。可以很好地表现大多数静态场景的光影效果。但它在作用于游戏对象时不会考虑到使用Bump/SpecShader类型的材质，这是应为这类材质需要在实时光源照射下才会起作用。另外，所烘焙出来的光照图不能作用于场景中的动态物体，比如动态物体在阴影里时，不会把这个动态物体变得暗一些，当然添加Light Probes是解决这个问题的一种方法（关于Light Probes请参见8.5节的相关内容），同时还会产生双重阴影（即物体产生的阴影和Lightmap中的阴影重叠），如图8-21所示。

图8-21
动态物体与静态场景

- Single Lightmaps最终只会生成一种光照图，即Far光照图。里面保存了所有非实时光源的光照信息。
- 虽然Single Lightmaps在烘焙时会考虑到物体使用Bump/SpecShader类型的材质，但是也只是把静态的凹凸效果烘焙到Lightmap中。需要注意的是，只有在Resolution值足够大时，或者说使用的Lightmap尺寸足够大时，才能表现出这些凹凸细节，这样会导致需要使用到更多张的Lightmap，因此它不能作为一种通用方案，只能用在少数物体上。如果想在使用光照图的同时为静态物体增加凹凸效果，那么可以使用Directional Lightmaps。

2．Dual Lightmaps

如果用户希望在大的游戏场景中表现较多的光影细节，同时希望多一些实时光影；或使动态物体和静态物体的光影融合得更协调一些，且不会因为场景过大而没有足够的性能来完成这些工作，Dual Lightmaps是满足这样需求的一个理想方案。

- 通过使用Dual Lightmaps，将渲染区域分为实时和非实时区域，并烘焙近远两种光照贴图，离摄像机较远的区域为静态光照区域，不用表现太多细节，直接用光照图来照亮，而近的区域则需要实时生成阴影，进行实时光照和Bump/Spec映射，同时还融合了Near光照贴图中烘焙出来的颜色反射效果，如图8-22所示。
- 在远近距离的临界区域会做平滑的插值过渡。这样一来，既丰富了大场景中光影效果和近距离的光影细节，又不会浪费太多的性能及空间来生成大量的实时光影，如图8-23所示。为了方便观测，本例中临界距离（Shadow Distance）设置为1.71个单位。

图8-22
Dual Lightmaps近处渲染效果

图8-23

Dual Lightmaps整体渲染效果

- 要使用Dual Lightmaps，那么需要设置Camera属性中的Rendering Path为DeferredLighting，将需要在近区域实时光照的光源的Lightmapping属性设置为Auto。此外，远近区域的划分使用的是Shadow Distance（实时阴影距离）。
- Dual Lightmaps最终会生成两种光照图，一个是在远处使用的Far光照图，一个是在近处使用的Near光照图。Far光照图和Single Lightmaps生成的Far光照图内容一致，即所有非实时光源的光照信息。而Near光照图中保存的只是实时渲染时一些没有的或者是无法实时计算的信息，比如BakedOnly光源的光照信息、Auto光源的间接反射光照以及天空光。

3. Directional Lightmaps

Directional Lightmaps可以使静态物体在利用光照贴图进行光照的同时混合实时Bump/Spec映射的效果，从而丰富了整个场景的光影细节，让场景看上去更加生动逼真。它和Dual Lightmaps的区别是，Directional Lightmaps是作用于整个场景的，不受距离的限制，而且可以在没有实时光源的条件下产生实时Bump/Spec映射，这是因为光源信息已经被保存到了Scale光照图中。

- Directional Lightmaps和Single Lightmaps一样，会在与动态物体交互的地方产生双重阴影。图8-24是Directional Lightmaps与 Single Lightmaps的对比图。

图8-24 左Directional Lightmap，右Single Lightmaps

8.5 Light Probes

8.5.1 Light Probes概述

尽管Lightmapping已经能为游戏场景中的静态对象带来真实的光影，但是Lightmapping不能将同样的效果作用到动态游戏对象上，因此动态游戏对象不能很好地融合在静态场景中，它的光影会显得比较突兀，和静态场景脱节。为了能让动态对象很好地融入场景，如果要为动态对象实时地生成Lightmap，目前来说是不太可能的，不过可以使用另一种在效果上近似、在性能上也可行的方法：Light Probes。Light Probes的原理是在场景空间中放置一些采样点，收集周围的明暗信息，然后对动态对象邻近的几个采样点进行插值运算，并将插值结果作用于动态对象上。插值运算并不会耗费太多的性能，从而实现了动态游戏对象和静态场景的实时融合效果。

8.5.2 Light Probes使用示例

1. 启动Unity应用程序，可利用基本几何体搭建一个简单的游戏场景，并为游戏场景添加一些光源，进而用Single Lightmaps模式为场景烘焙Lightmap。

2. 选择场景中任意一个游戏对象，或新建一个GameObject并选中，依次打开菜单栏中的Componnet→Rendering→Light Probe Group项，为所选择的游戏对象添加Light Probes Group组件，同时在Inspector视图中可以看到该组件的属性，如图8-25所示。

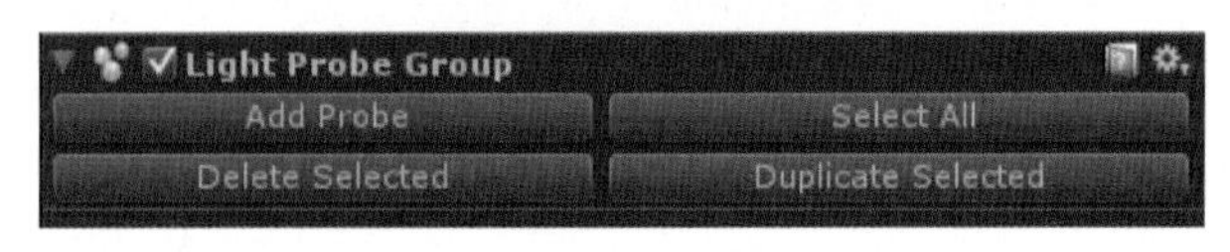

图8-25
Light Probe Group组件

3．接下来为游戏场景布置采样点，单击Inspector视图中Light Probes Group项中的Add Probe按钮，一个蓝色小球采样点便出现在场景中。可以像移动其他游戏对象一样来摆放它的位置，如图8-26所示。

图8-26
Light Probe用蓝色小球表示

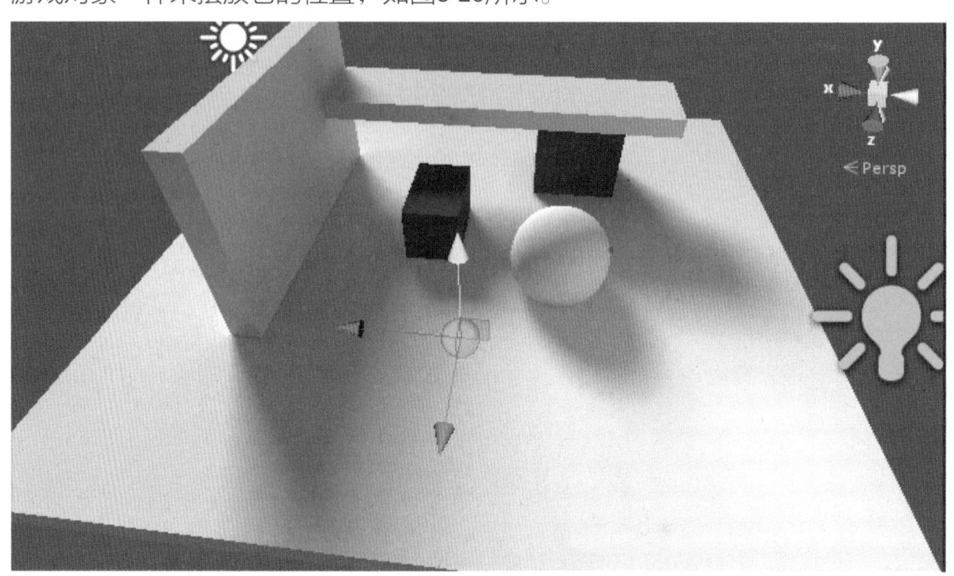

4．选中该采样点，单击Inspector视图中Light Probes Group项中的Duplicate-Selected按钮，即可在该采样点位置上复制出另一个采样点，然后移动它到另一个位置，重复此操作，直到大部分光影比较凸显（比如阴影处、光亮处、反射处）的地方都摆放了采样点，如图8-27所示。

图8-27
布置Light Probes

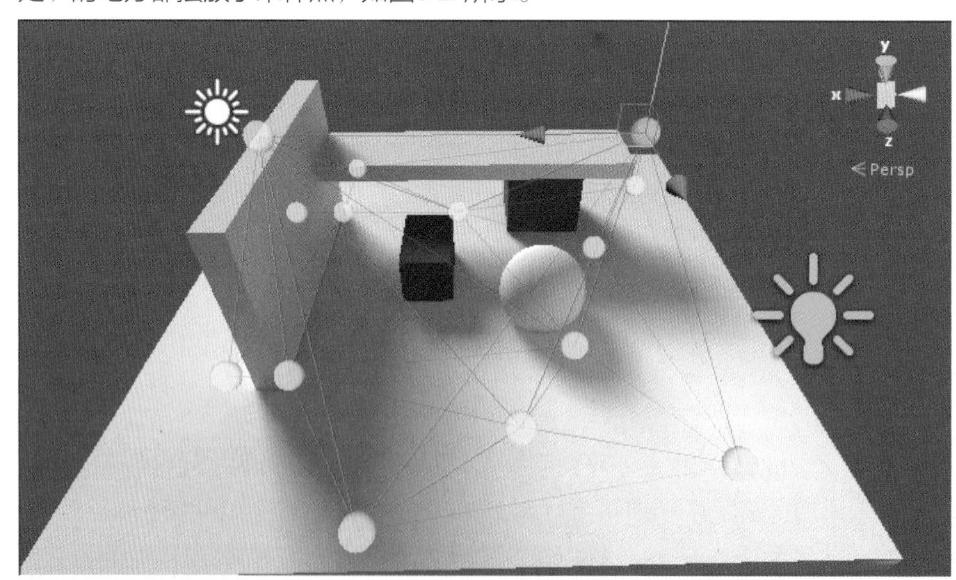

5．再次烘焙游戏场景，在烘焙完成之后，所有的采样点都赋予了采样点所在位置的光影信息。当Lightmapping窗口打开时，可以在Scene视图中看到所烘焙出来的采样点及采样结果，如图8-28所示。

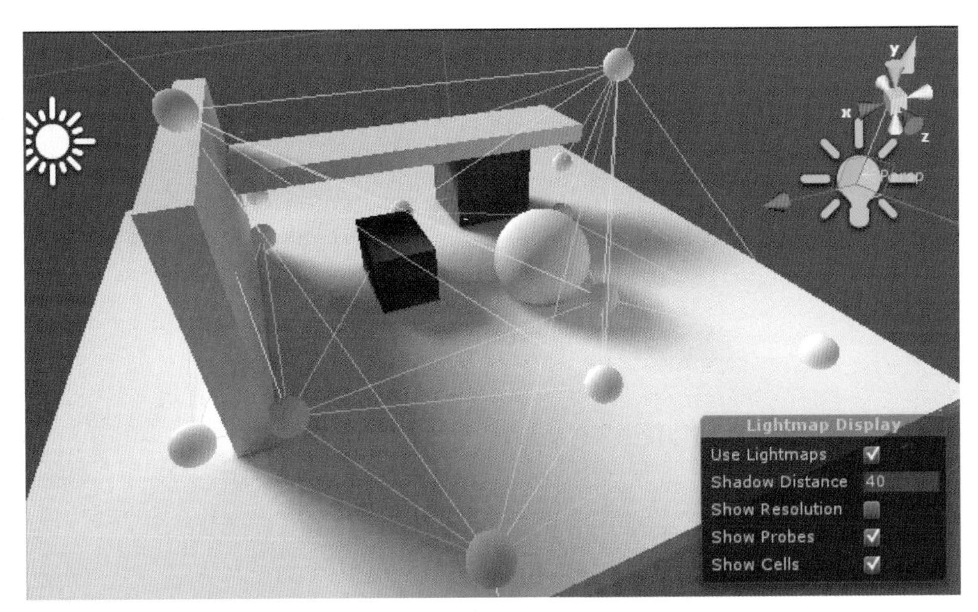

图8-28
Light Probes烘焙结果

6. 经过上面步骤的操作，为游戏场景添加Light Probes的工作就完成了。接下来创建动态物体，来测试一下Light Probes的功能。新建一个球体并选中，在Inspector视图下的Mesh Renderer项中，勾选Use Light Probes复选框，如图8-29所示，即可使用Light Probes来照亮该对象。

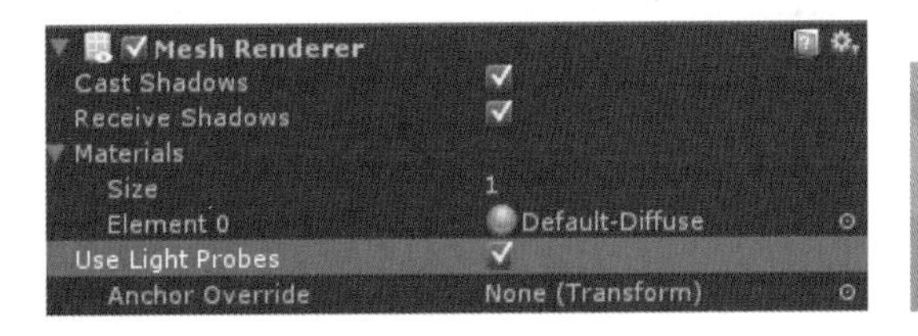

图8-29
Use Light Probes选项

7. 此时在场景中移动新建的球体对象，即可看到Light Probes实时照亮这个球体的结果，如图8-30、图8-31和图8-32所示。

图8-30
动态物体在阴影中

图8-31
动态物体在阴影外

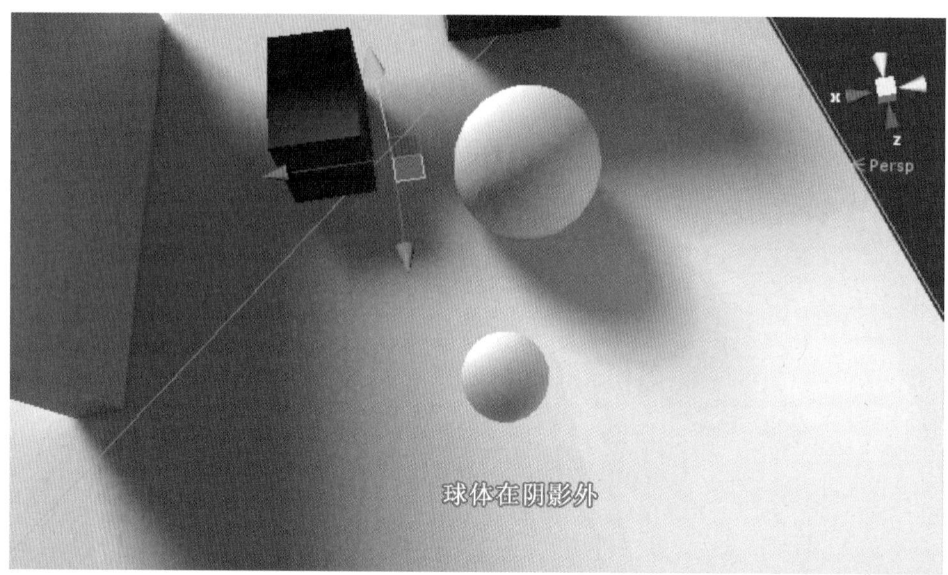

图8-32
动态物体上的颜色反射

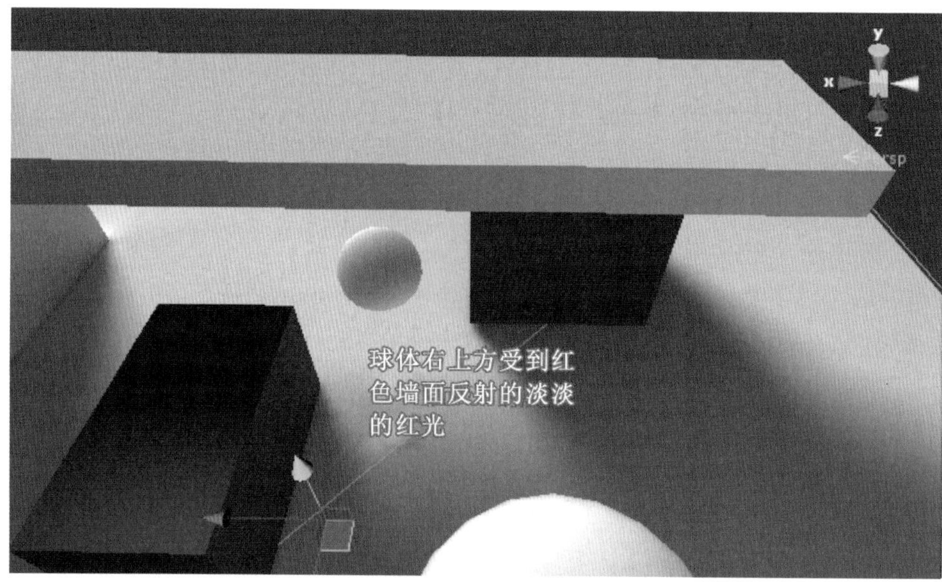

8.5.3 Light Probes应用细节

通常，布置Light Probes的最简单有效的方式是将采样点均匀地布置在场景中，这样场景内会出现数量很多的点（并不用担心这样会用掉很多内存）。当然，我们完全没必要耗费太多的点在一大片光影毫无变化的区域，比如大片的阴影内或者没有阴影的广场上。一种优化的布置方法是在光影差异比较大的地方放置多一些采样点，比如阴影的边缘，而在光影差异比较小的地方放置少一些采样点。之前的示例中便是一种相对优化的布置方法。

1．放置的采样点会把场景空间划分为多个相邻的四面体子空间，为了能够合理划分出一些空间以便进行正确的插值，需要注意的是不要将所有采样点放置在同一个平面上。如果所有采样点在同一平面上，将导致无法划分空间，从而无法进行烘焙。因此，至少要有一到两个点是在这个平面上方的。在之前的示例中，我们在地板上方布置了两个点，可以看到由粉色线条勾勒出的子空间，如图8-33所示。

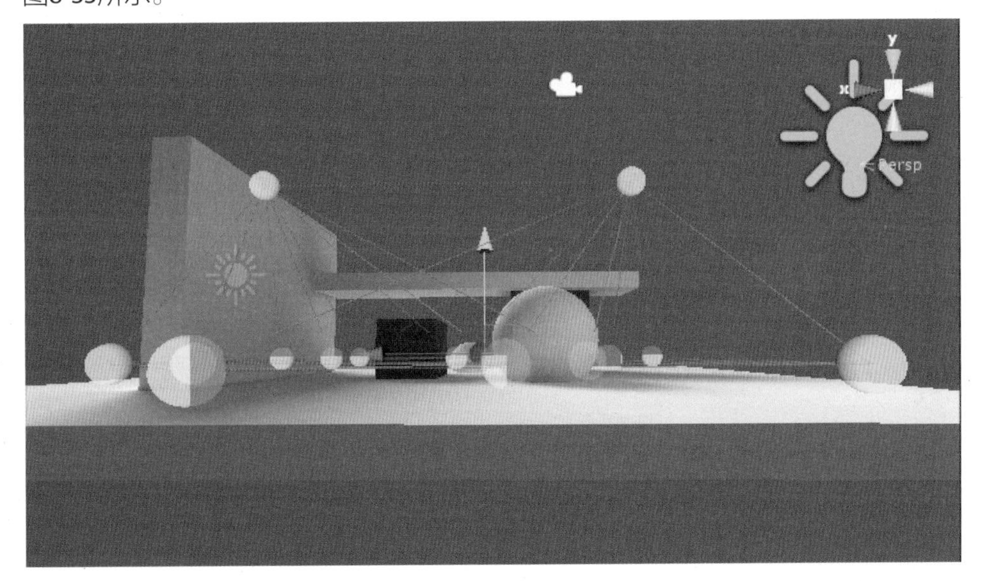

图8-33
由粉色线条勾勒出来的四面体空间

2．另外，尽可能地在动态游戏对象能到达的地方布置采样点，如图8-34所示。

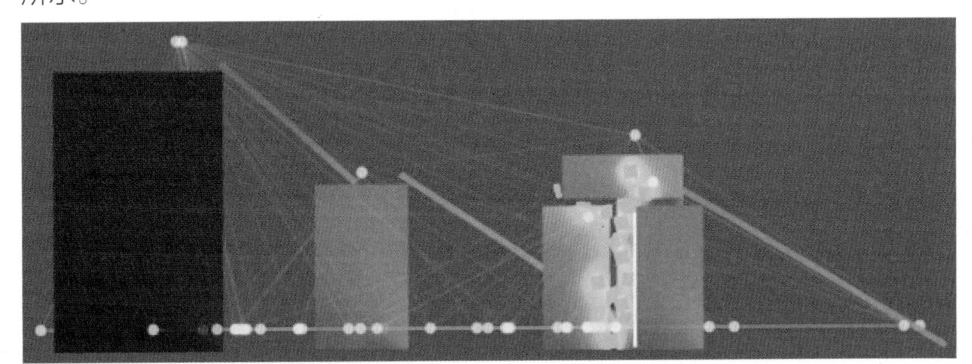

图8-34
布点示例1

3．如果动态游戏对象只在地面上移动，可以适当将高处的采样点放低，如图8-35所示。

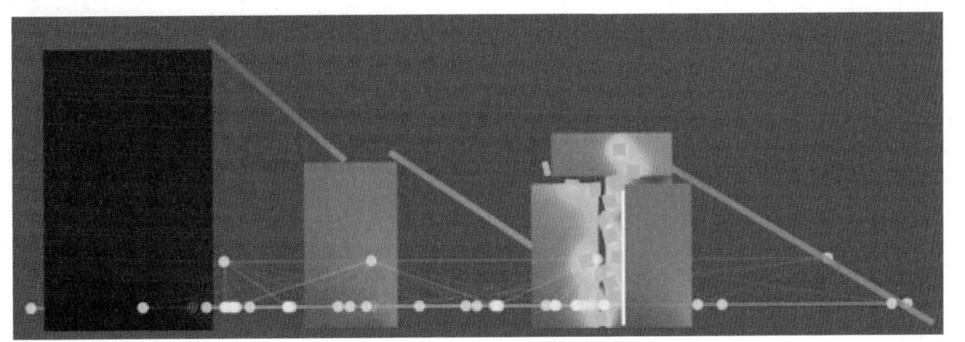

图8-35
布点示例2

4. 如果动态游戏对象只在地面上移动，为了得到期望的插值结果，也不要将高点放得过低，以至于所有的采样点几乎在同一个平面上，图8-36就是一个不好的做法。

图8-36
不合理的布点方式

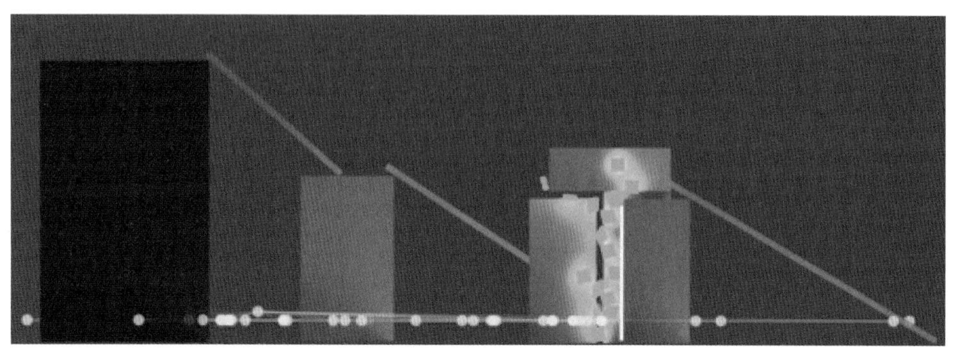

5. 需要注意的是：根据游戏场景烘焙时所选用的BakeMode的选项，Light Probes采样点所收集的信息是有所区别的：

- 在Single Lightmaps模式下，除了RealtimeOnly光源，其他光照信息都会被采样到采样点里。
- 在Dual Lightmaps模式下，由于在近距离实时光照区域内，所有游戏对象会产生实光影，所以采样点中收集的信息和Near Lightmaps中的信息是一样的，只需要补充一些实时光影中没有的光影，比如BakedOnly光源、反射光以及天空光等类型光源的信息。

第9章 导航网格寻路

9.1 概述

NavMesh（导航网格）是3D游戏世界中用于实现动态物体自动寻路的一种技术，它将游戏场景中复杂的结构组织关系简化为带有一定信息的网格，在这些网格的基础上通过一系列相应的计算来实现自动寻路。Unity从3.5开始集成了导航网格功能，并提供了方便的用户界面。在Unity中，可以根据用户所编辑的场景内容，自动地生成用于导航的网格。导航时，只需要给导航物体挂载导航组件，导航物体便会自行根据目标点来寻找最直接的路线，并沿着该路线行进到目标点。

本章项目工程文件位于\unitybook\chapter09\Navmesh_sample文件夹中。

9.2 导航网格寻路系统简单示例

1．启动Unity应用程序，依次单击菜单栏中的GameObject→Create Other→Cube选项，在场景中创建3个Cube，利用Toolbar（工具栏）中的移动、旋转、缩放等命令对所创建的Cube进行编辑，构造一个简单的场景（下文称这3个Cube为静态对象），并创建一个方向光源，如图9-1所示。

图9-1
一个简单的场景

其中各个物体的摆放位置参数如图9-2、图9-3和图9-4所示。

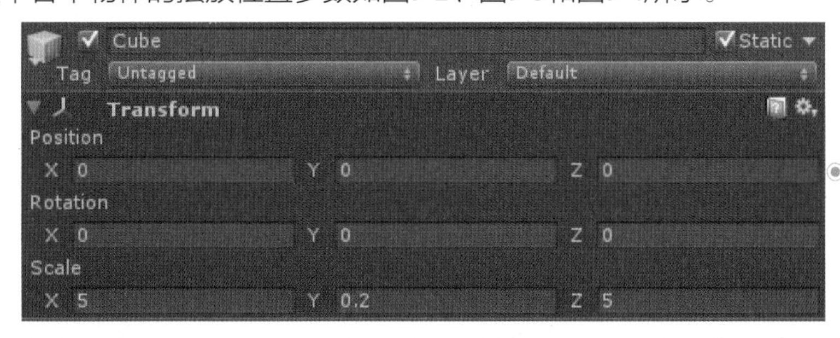

图9-2
地面

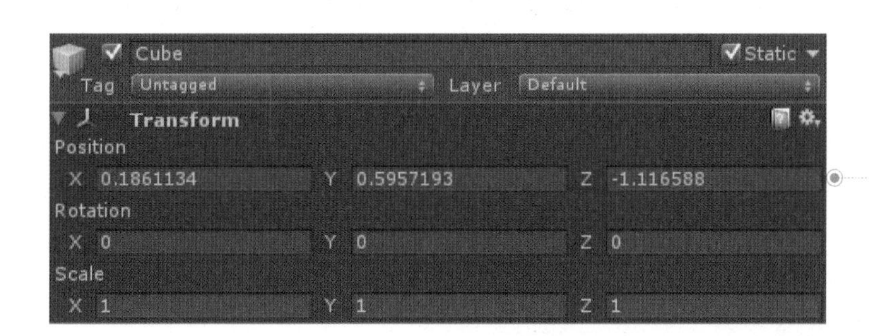

图9-3
红色方块

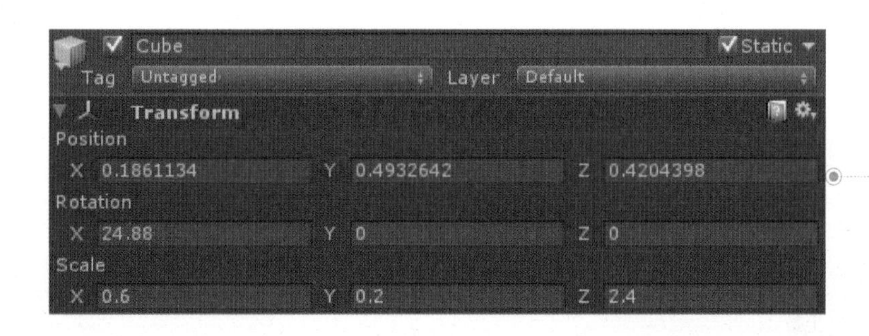

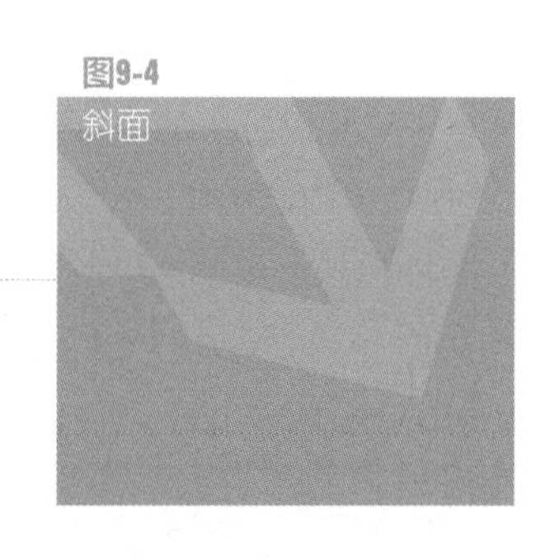
图9-4
斜面

2．分别选中游戏场景中的静态对象，单击Inspector视图右上角Static项右侧的下三角按钮，进而在弹出的列表框中勾选Navigation Static复选框，Unity就会利用这些游戏对象来生成导航网格，如图9-5所示。

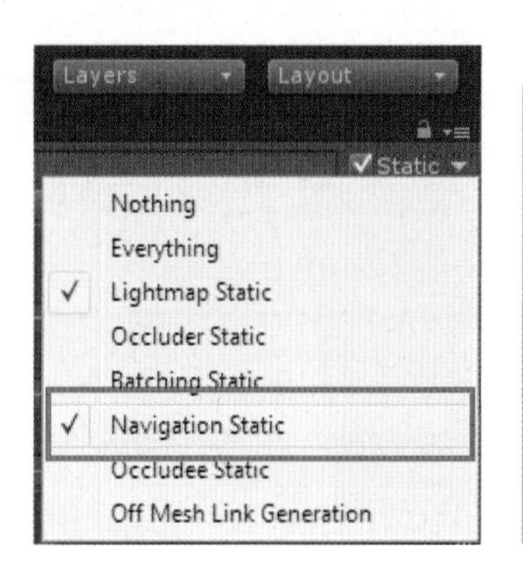

图9-5
勾选Navigation Static

3．打开菜单栏中的Window→Navigation选项，弹出Navigation视图。进而单击Navigation视图右下角的Bake按钮来生成导航网格，生成结果如图9-6所示。

图9-6
蓝色网格便是目标角色在自动寻路时可以到达的区域

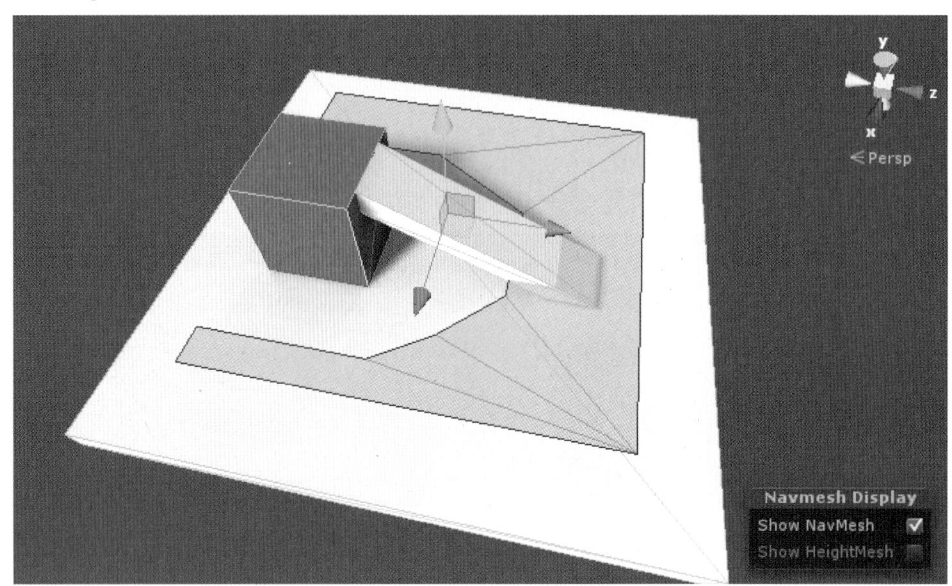

图9-7
设置烘焙参数

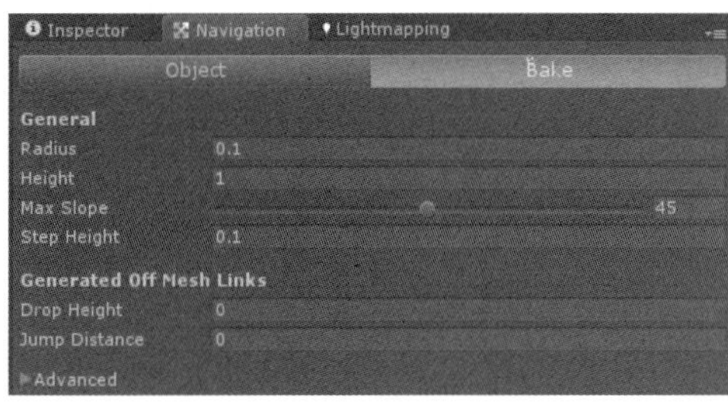

4．事实上，图9-6中生成的导航网格不是所期望的结果，本例期望角色可以沿着斜坡走到红色方块顶部。为此修改一些参数，重新生成导航网格进而来达到期望的结果。选择Navigation视图中的Bake标签页，调整参数到如图9-7所示。

5．然后再次单击Bake按钮，即可看到新的烘焙结果，如图9-8所示。

图9-8
此时红色方块顶部出现了蓝色网格

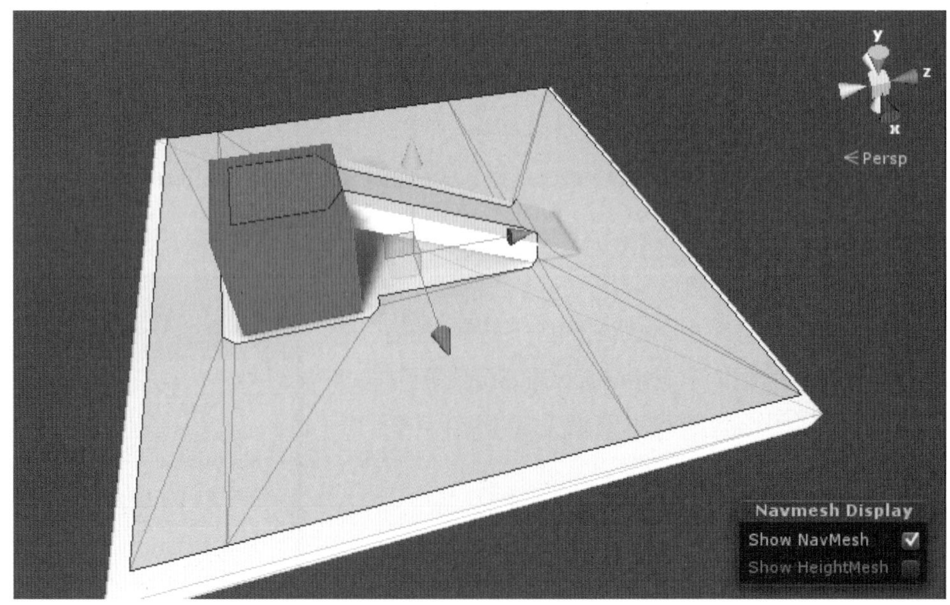

6．导航网格生成完毕，接下来为游戏场景添加一个动态行进对象，并为其添加导航组件。新建一个胶囊体并选中，设置其Scale为（0.2，0.2，0.2），然后依次打开菜单栏中的Component→Navigation→Nav Mesh Agent项，为胶囊对象添加导航组件。添加成功后，胶囊体上将会出现绿色的包围圆柱框。最后将胶囊体摆放在近似图9-9所示的位置上。

图9-9
带有导航组件的胶囊体

7．新建一个Cube，作为可见的导航目标。将该目标放置在红色方块顶部。图9-10中绿色Cube即为目标点。

图9-10
导航体与导航目标

8．接下来为胶囊体动态对象编写脚本，目的是为了让其自动寻找Cube目标点。依次打开菜单栏中的Assets→Create→C# Script选项，进而在项目工程中创建一个C#脚本，将其命名为RunTest，并添加如下代码。

```
using UnityEngine;
using System.Collections;

public class RunTest : MonoBehaviour {

  public Transform targetObject=null ;

  // Use this for initialization
  void Start () {
     if (targetObject != null)
       GetComponent<NavMeshAgent> ().destination = targetObject.
position;
  }

  // Update is called once per frame
  void Update () {

  }
}
```

9．首先拖动该脚本到胶囊体对象上（此时胶囊体设置成行进物体就完成了），然后选中胶囊体对象，拖动Cube对象到Inspector视图中该胶囊体对象脚本组件中的TargetObject项。此时单击Toolbar中的▶按钮预览游戏。可以看到胶囊体（下文称之为胶囊行进物体）会自行走上斜坡然后到达红色方块上的目标点。可尝试改变绿色Cube（目标点）的位置，观察其他导航效果。

10．接下来实现让胶囊行进物体可以钻过桥洞的功能，更改Navigation视图Bake标签页下的Height参数到0.2。再次单击Bake按钮，结果如图9-11所示。此时预览游戏，即可看到胶囊行进物体钻过桥洞然后到达目标点。

图9-11 斜面下方也可通行的网格

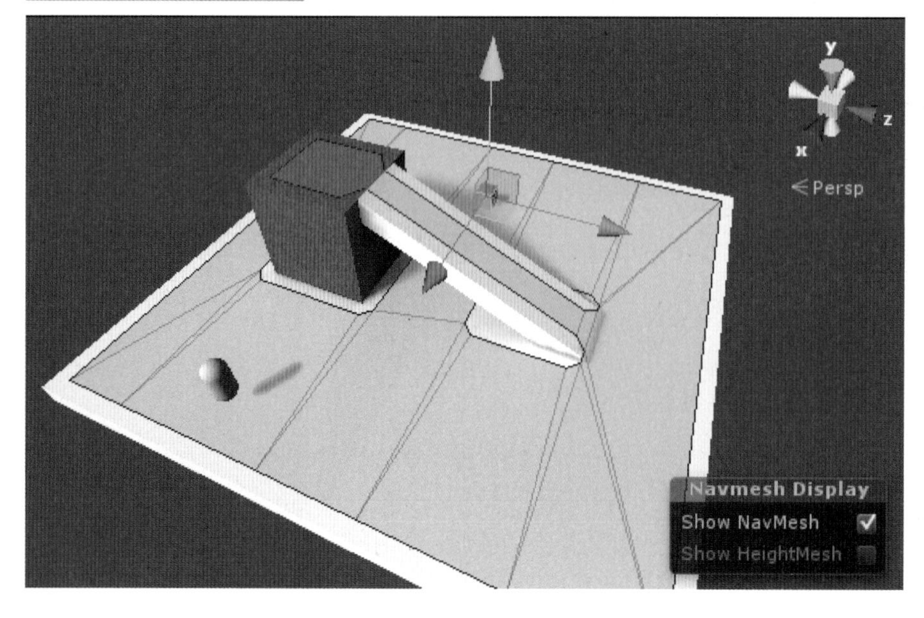

11．经过以上步骤的操作，初步实现了导航网格的功能，如果希望胶囊行进物体可以从红色方块顶部直接跳下的话，则需要选中场景中所有静态对象，在Navigation视图的Object标签页下勾选OffMeshLink Generation复选框，如图9-12所示。

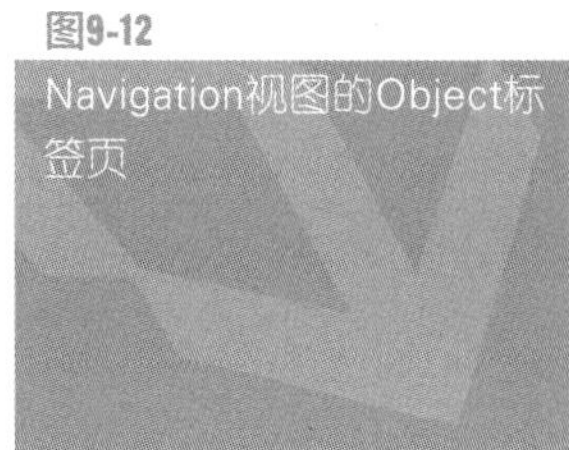
图9-12
Navigation视图的Object标签页

12．在Navigation视图的Bake标签页下设置参数Drop Height为1。再次单击Bake按钮，网格中会出现跳下的行径路线，如图9-13所示。依据图9-13所示摆放胶囊行进物体和目标点，此时预览游戏即可看到胶囊体对象从红色方块下直接跳下然后到达Cube目标点。

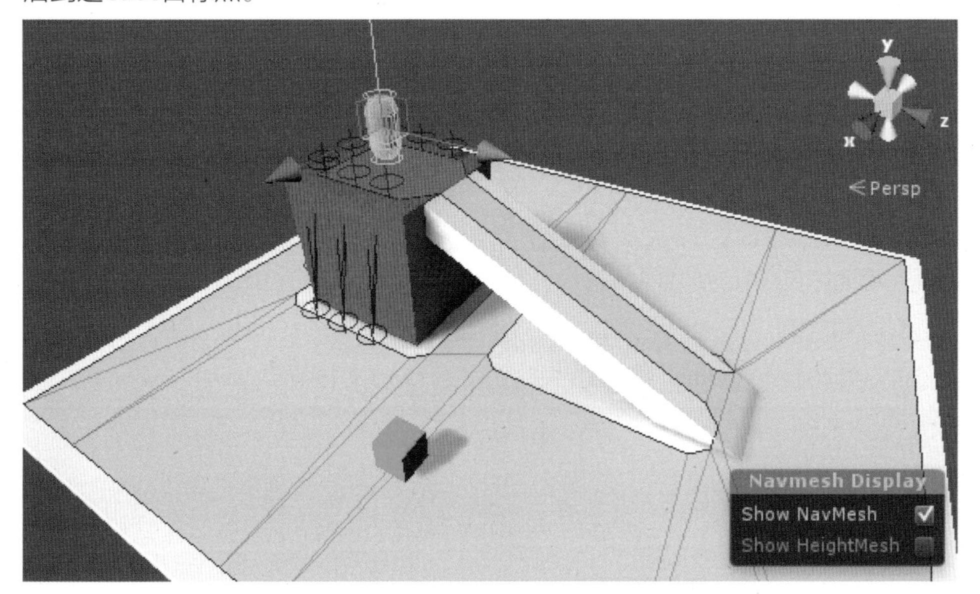

图9-13
导航体与导航目标

9.3 导航网格寻路系统相关参数详解

1．Object：物体参数面板，如图9-14所示。

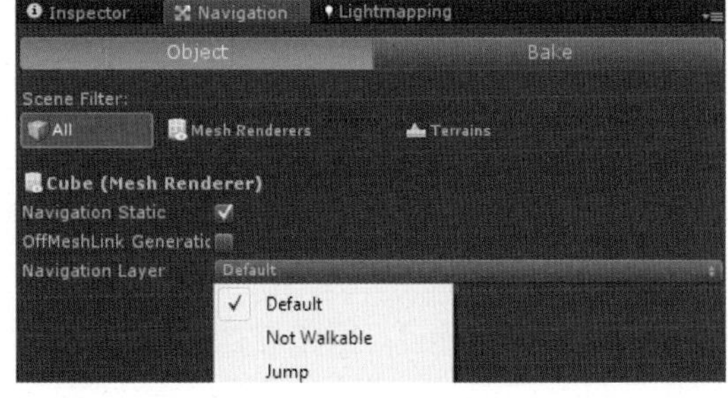

图9-14
物体参数

- Navigation Static：勾选该选框，则表示该游戏对象将参与导航网格的烘焙。
- OffMeshLink Generation：勾选该选框，可以自动根据Drop Height（下落高度）和Jump Distance（跳跃距离）参数用关系线来连接分离的网格（模型）。
- Navigation Layer：在默认情况下分为Default（默认层）、Not Walkable（不

可行走层）和Jump（跳跃层）。可通过依次打开菜单栏中的Edit→Project Settings→NavMeshLayers项，进而打开层设定窗口来添加自定义层。

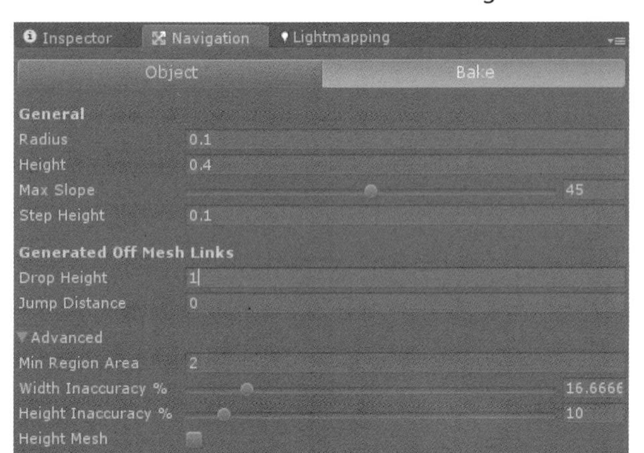

图9-15
烘焙参数

2．Bake：烘焙参数面板，如图9-15所示。

- Radius：具有代表性的物体半径。物体半径越小，生成网格的面积越大，也越靠近静态物体边缘。
- Height：具有代表性的物体的高度。
- Max Slope：最大可行进的斜坡斜度。
- Step Height：台阶高度。
- Drop Height：允许的最大下落距离。
- Jump Distance：允许的最大跳跃距离。
- Min Region Area：网格面积小于该值的地方，将不生成导航网格。
- Width Inaccuracy：允许的最大宽度误差。
- Height Inaccuracy：允许的最大高度误差。
- Height Mesh：勾选该选项，将会保存高度信息，同时也会消耗一些性能和存储空间。

3．Nav Mesh Agent：导航组件参数面板，如图9-16所示。

图9-16
导航组件参数

Nav Mesh Agent	
Radius	0.5000001
Speed	3.5
Acceleration	8
Angular Speed	120
Stopping Distance	0
Auto Traverse Off Mesh Link	✓
Auto Repath	✓
Height	2
Base Offset	1
Obstacle Avoidance Type	High Quality
Avoidance Priority	50
NavMesh Walkable	Everything

- Radius：物体的半径。
- Speed：物体的行进最大速度。
- Acceleration：物体的行进加速度。
- Angular Speed：行进过程中转向时的角速度。
- Stopping Distance：距离目标点小于多远距离后便停止行进。
- Auto Traverse Off Mesh Link：是否采用默认方式度过连接路径。
- Auto Repath：在行进因某些原因中断的情况下，是否重新开始寻路。

- Height：物体的高度。
- Base Offset：碰撞模型和实体模型之间的垂直偏移量。
- Obstacle Avoidance Type：障碍躲避的表现等级。None选项为不躲避障碍。另外，等级越高则躲避效果越好，但消耗的性能也越多。
- Avoidance Priority：躲避优先级。
- NavMesh Walkable：该物体可以行进的网格层掩码。

9.4 进阶使用

9.4.1 使用Off-Mesh Link组件

该组件用于手动指定通过行径路线来将分离网格连接。例如，游戏中通过上下爬梯子而达到另一块网格的情景。

1．启动Unity应用程序，创建两个Cube，搭建一个简单的游戏场景，并烘焙导航网格（关于烘焙导航网格请参见9.2节的相关内容），结果如图9-17所示。

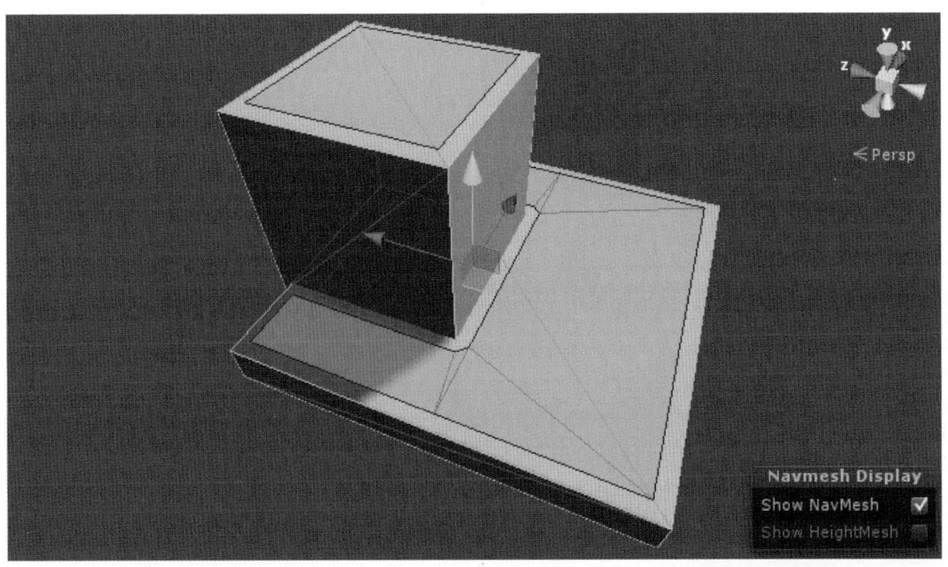

图9-17
两块分离的网格

2．继续创建两个Cube，分别命名为start point和end point，作为导航的初始点以及结束点。然后分别放在两块网格中，如图9-18所示的红色立方体，下方是start point，上方是end point。

图9-18
用于连接的两个红色立方体

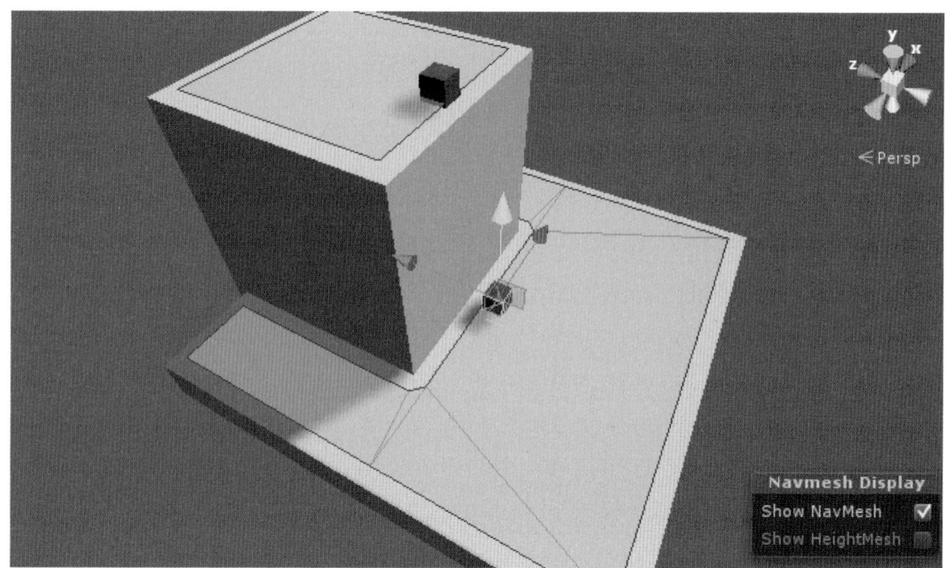

3．选中start point对象，依次打开菜单栏中的Compoent→Navigation→Off Mesh Link项，进而为该游戏对象添加Off Mesh Link组件。在Inspector视图中的Off Mesh Link组件面板中，设置属性如图9-19所示。

图9-19
Off Mesh Link组件设置

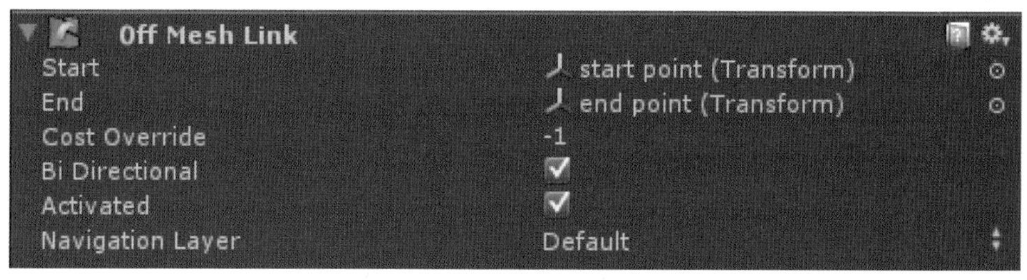

Off Mesh Link	
Start	start point (Transform)
End	end point (Transform)
Cost Override	-1
Bi Directional	✓
Activated	✓
Navigation Layer	Default

4．Bake后即可看到连接关系路径，创建胶囊行进物体以及Cube目标点对象（创建方式请参考9.2节的相关内容），如图9-20所示进行放置，预览游戏可看到胶囊行进物体先靠近起点，然后从起点上升至终点，最后到达目标点。反向也依然可行。

图9-20
导航体与导航目标

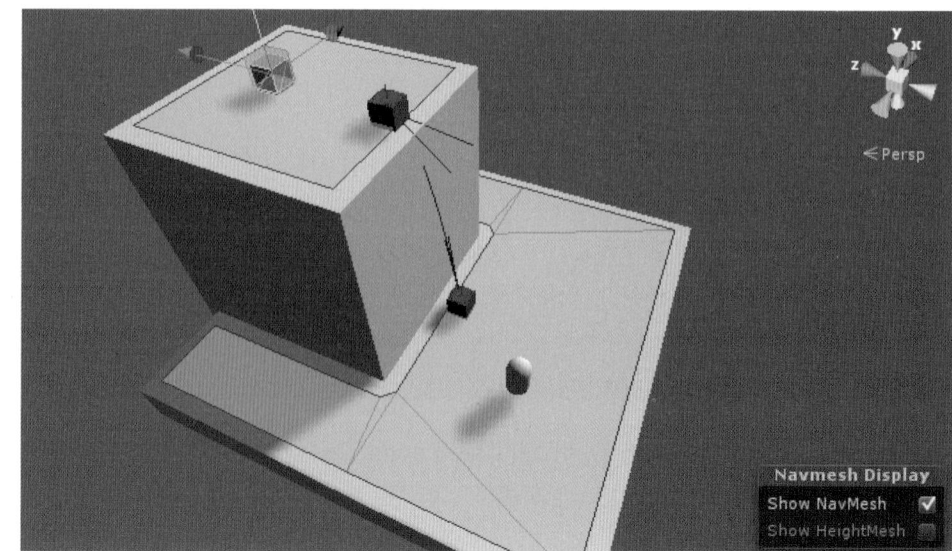

示例中胶囊行进物体的上升过程较简单，因为采用的是系统默认的方式。如果希望上升过程丰富一些，比如播放一个爬梯或者飞行的动作，那么完全可以通过脚本来自行控制。首先需要放弃勾选行进物体Nav Mesh Agent组件下的Auto Traverse Off Mesh Link选项，然后编写相应脚本来实现移动过程。在脚本中通过访问NavMeshAgent.isOnOffMeshLick成员来判断是否到达起点或终点，如果到达则访问NavMeshAgent.currentOffMeshLinkData成员来取得起点和终点的信息，最后实现自己的移动过程。完成移动后需要调用NavMeshAgent.CompleteOffMeshLink()来结束手动过渡过程。

9.4.2 为网格分层

1．启动Unity应用程序，依次打开菜单栏中的Edit→Project Settings→NavMeshLayers项，在Inspector视图下更改User Layer 0的Name属性为Bridge1，更改User Layer 1的Name属性为Bridge 2，如图9-21所示。

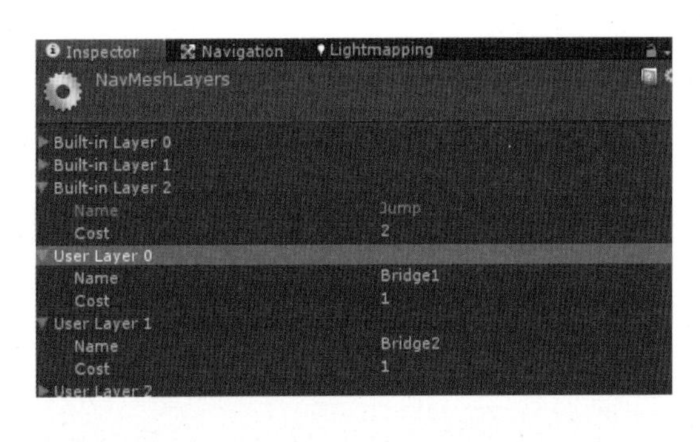

图9-21
自定义Navigation Layer

2．搭建一个简单的游戏场景，如图9-22所示。

图9-22
有两个桥的场景

图9-23
修改Navigation Layer

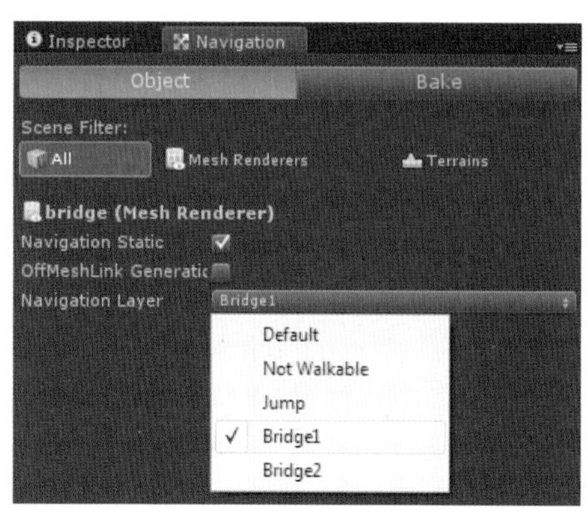

3．分别选中中间的两个桥，在Navigation视图中的Object标签页下修改Navigation Layer属性分别为Bridge1和Bridge2，如图9-23所示。

4．Bake后可看到不同层的导航网格会自动使用不同的颜色表示，如图9-24所示。

图9-24
不同的Layer用不同的颜色表示

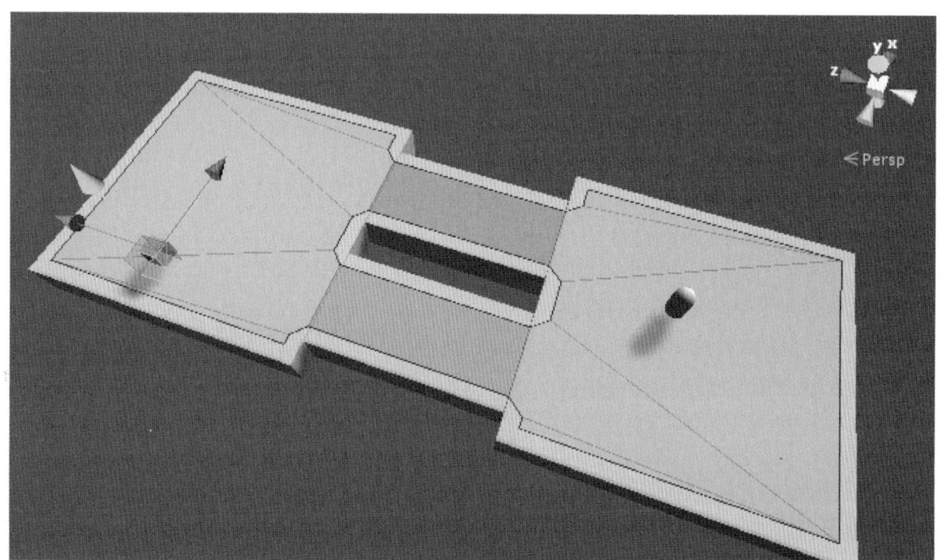

图9-25
设置NavMesh Walkable

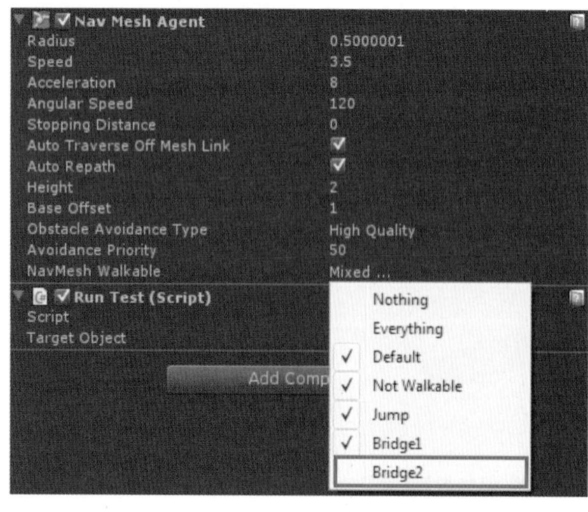

5．如图9-24所示摆放胶囊行进物体和Cube目标物体。修改胶囊行进物体的Nav Mesh Agent组件的NavMesh Walkable属性，并取消Bridge2项的勾选，如图9-25所示。

6．预览游戏，并观察结果。接下来勾选Bridge2项，取消勾选Bridge1项，再次预览游戏。对比两次运行结果，可以发现行径路线是不一样的。

在具体的游戏情景中，可以通过分层来控制哪些物体只能在陆地上行进，哪些物体只能在水面上行进，或者哪些物体可以同时在陆地和水面上行进。

9.4.3　动态更改可行进层

大多数游戏情景中，可行进的区域往往不是完全不变的。比如被破坏的路、桥等将不再允许通过。接下来的例子将介绍如何实现可改变通行状态的机关桥。

1．启动Unity应用程序，创建一个简单的游戏场景，如图9-26所示。两块区域中间是一个指定Navigation Layer为Bridge1的桥（为导航网格分层请参考9.4.2节的相关内容）。左边是目标点，右边是行进物体。

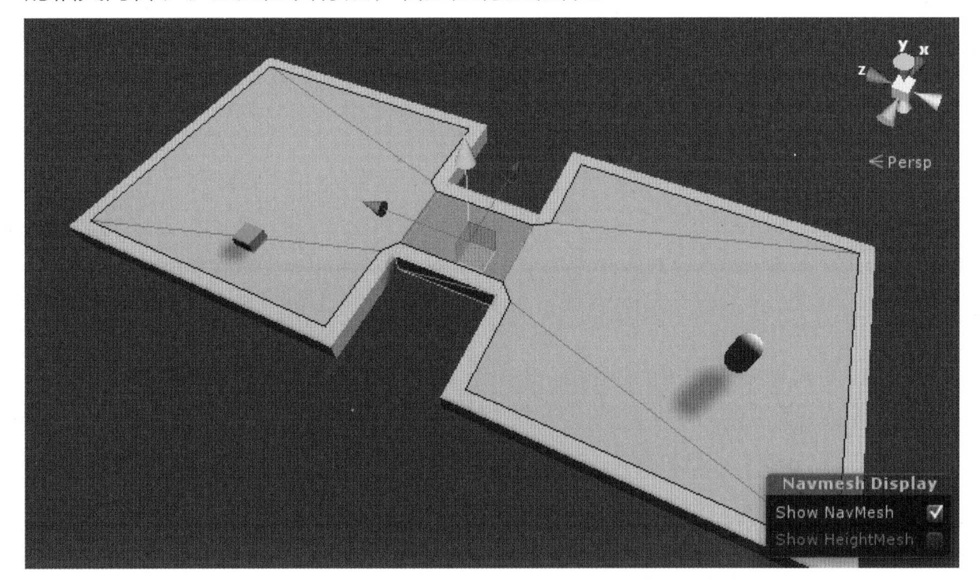

图9-26
导航体与导航目标

2．确认Bridge1层是User Layer 0层。新建一个C#脚本，将其命名为BridgeControl，并添加如下代码。

```
usingUnityEngine;
usingSystem.Collections;

publicclassBridgeControl : MonoBehaviour {

  publicTransform movable = null;
  privatefloat timer = 0.0f;

  // Use this for initialization
  void Start () {
         if (movable != null)
         {
                movable.GetComponent<NavMeshAgent>().
walkableMask &= ~0x8;
                renderer.enabled = false;
         }
```

```
        }

        // Update is called once per frame
        void Update () {
                if (renderer.enabled == false)
                {
                        timer += Time.deltaTime;
                        if (timer > 2.0f)
                        {
                                movable.GetComponent<NavMes-hAgent>().
walkableMask |= 0x8;
                                renderer.enabled = true;
                        }
                }
        }
    }
```

0x8则是User Layer 0的掩码值。代码中通过动态修改NavMeshAgent组件中的walkableMask属性来更改物体的可行进区域，同时控制桥的消失和出现。

3．将BridgeControl脚本文件拖动到桥体对象上，然后拖动行进物体到Inspector视图中该脚本组件中movable属性栏中。此时预览游戏，即可看到行进物体待桥面出现后，才通过桥最终到达目标点的位置。

4．保存编辑的游戏场景。到此，关于动态更改可行进层的内容便介绍完毕了。

9.4.4 使用Navmesh Obstacle 组件

结合9.4.3节的示例，考虑一个游戏场景中包含很多的桥的情形，每个桥都有自己的通行或禁止状态，那么就需要为每一个桥分一个层，这样一来层数肯定是不够用的，因为在Unity中最多只能分32层。其次，在行进物体很多的时候频繁改动进行物体的可行进层也不是一件轻松的事情。

Unity 4.0带来一个很好的解决方案，用于处理类似动态路障的问题，那便是Navmesh Obstacle 组件。将该组件挂载到动态路障上，行进物体将会在寻路时躲避这些路障。

对比之前的示例，用户不需要手动改变行进物体的可行进层，只需要在桥体上挂载Navmesh Obstacle组件，然后手动改变Navmesh Obstacle组件的enable的值即可。在桥对象可通行时，enable为false，桥面不可通行时enable为true。

1．启动Unity应用程序，打开9.4.3节所编辑的游戏场景，选中桥体，依次打开菜单栏中的Component→Navigation→Nav Mesh Obstacle项，进而为桥对象添加

Nav Mesh Obstacle组件，此时桥体会出现一个绿色包围柱，如图9-27所示。

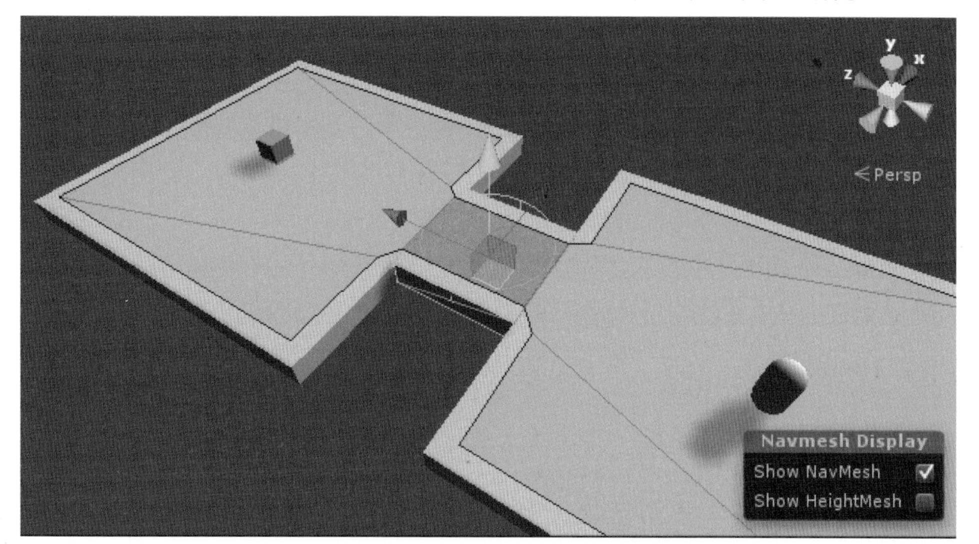

图9-27
调整Nav Mesh Obstacle参数

2. 在Inspector视图中，通过调整Nav Mesh Obstacle组件下的Radius和Height参数来改变包围柱的大小，如图9-28所示。

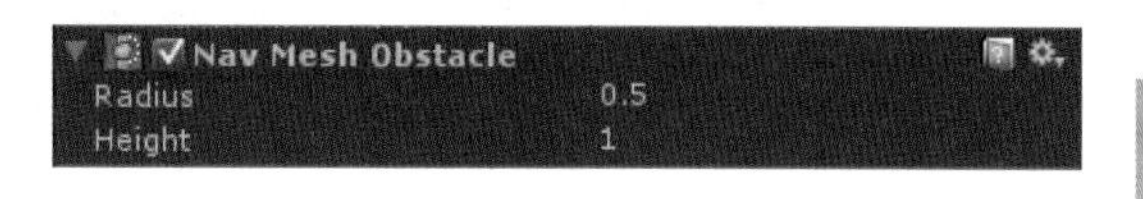

图9-28
添加了Nav Mesh Obstacle组件的桥

3. 如图9-27所示摆放目标点和行进物体，新建一个C#脚本，并将其命名为BridgeControl2.cs，代码如下：

```
usingUnityEngine;
usingSystem.Collections;

publicclass BridgeControl2 : MonoBehaviour {
  // Use this for initialization
  void Start () {
    StartCoroutine(Init());
  }

  // Update is called once per frame
  void Update () {
  }

  IEnumeratorInit()
  {
     renderer.enabled = false;
     yieldreturnnewWaitForSeconds(2.0f);
     GetComponent<NavMeshObstacle>().enabled = false;
     renderer.enabled = true;
  }
}
```

代码中用了yield return来代替之前使用的Timer计时，两者运行效果是一样的，当然yield写法要简单得多。

4．将BridgeControl2脚本文件拖动到桥体对象上，进而拖动行进物体到Inspector视图中该脚本组件中的movable属性栏中。此时预览游戏，即可看到与修改可行进层方式类似的结果。然而两种方式之间不同的地方是：使用可行进层时，动态物体会在中断处暂停行进而等待新的路径出现后再继续行进，意味在暂停的时候，动态物体的加速度为0；而使用动态障碍时，动态物体将不会暂停，而是一直在运动并试图绕过障碍体来向目标点接近，这就意味着动态物体会始终保持一个加速度。

第10章 遮挡剔除技术

10.1 概述

Occlusion Culling，即遮挡剔除。当使用遮挡剔除时，会在渲染对象被送进渲染流水线之前，将因为被遮挡而不会被看到的隐藏面或隐藏对象进行剔除，从而减少了每帧的渲染数据量，提高了渲染性能。在遮挡密集的场景中，性能提升会更加明显。Unity整合了相关功能及用户界面，同时还提供了3种不同的剔除技术来供用户选择。

本章案例位于\unitybook\chapter10\occlusion_culling.unitypackage资源包中。

10.2 使用遮挡剔除

1. 启动Unity应用程序，通过打开菜单栏中的GameObject→Create Other→Cube项，在场景中创建多个Cube，利用Toolbar（工具栏）中的移动、旋转、缩放等命令对所创建的Cube进行编辑，构造一个模拟密集的建筑群的场景。为了突出层次关系以及视觉效果，在场景中创建光源对象，将所有的Cube都标记为Static并将场景进行Lightmap烘焙，如图10-1所示。

图10-1
包含密集建筑的场景

2. 依次打开菜单栏中的Window→Occlusion Culling项，打开Occlusion Culling视窗。此时Scene视窗中会出现密集的空间划分网格，如图10-2所示。

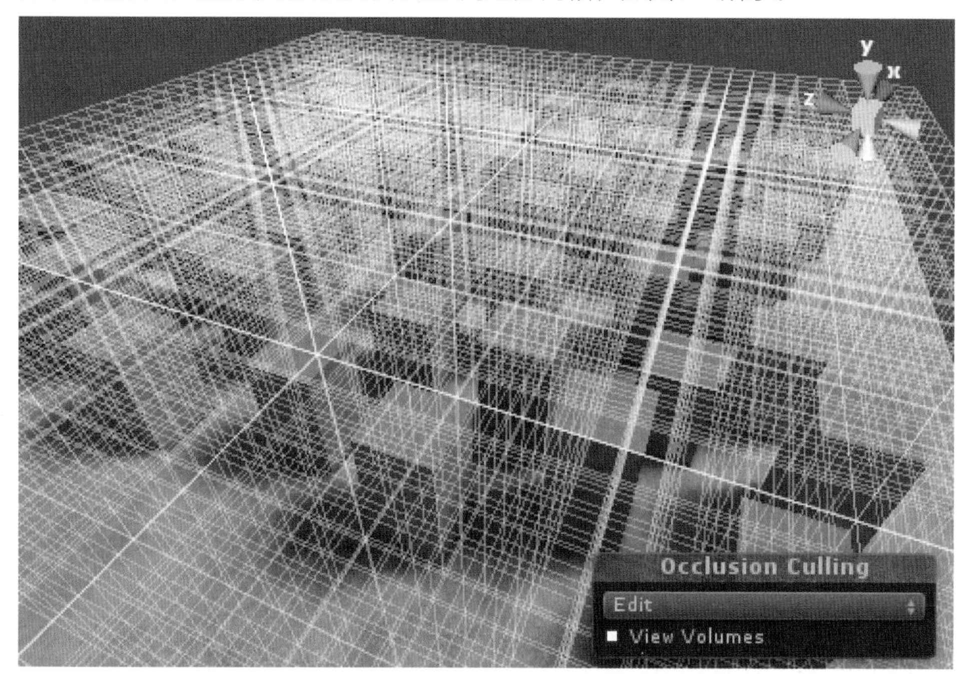

图10-2
密集的空间划分网格

3. 单击Occlusion视窗右下方的Bake按钮，即可进行烘焙。

4. 单击Occlusion视窗中的Visualization标签页，如图10-3所示，此时便可以在场景视窗中观察到剔除结果，如图10-4所示。

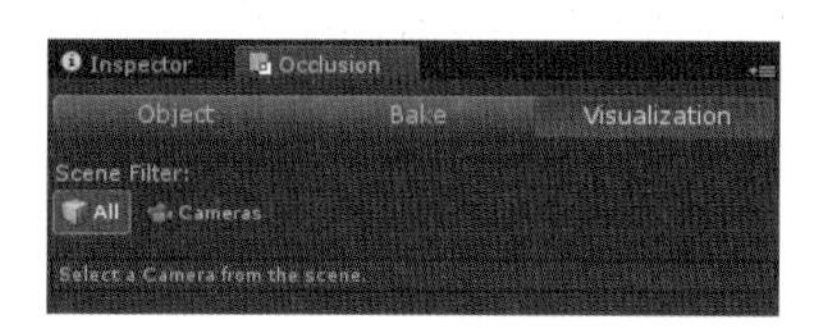

图10-3
Occlusion 视窗中的Visualization标签页

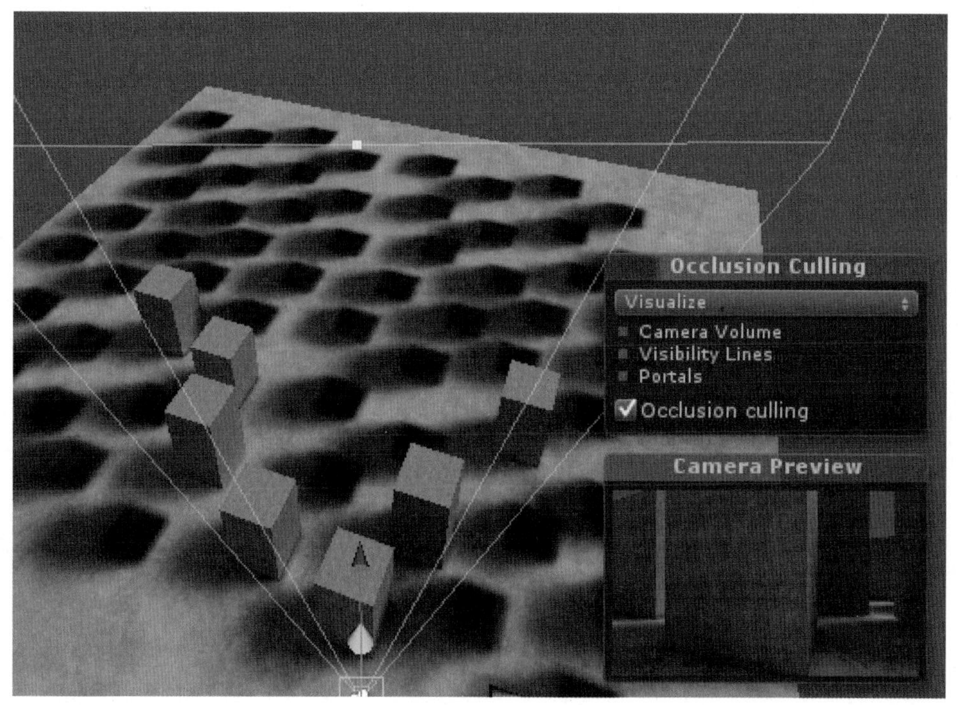

图10-4
剔除结果预览

图10-4中，可以看到在摄像机对象视锥内的很多Cube对象都被剔除了，只留下Lightmap上的阴影，同时在摄像机预览视窗中，可以看到实际的渲染结果。

5．使用Occlusion Culling需要预先烘焙好运行时所需的场景数据。Occlusion Culling相关数据无法动态实时的生成，因此，如果在运行时场景中有变动，那么需要在烘焙时为会变动的游戏对象勾选Occludee Static（被遮挡体）项。

10.3 设置烘焙参数

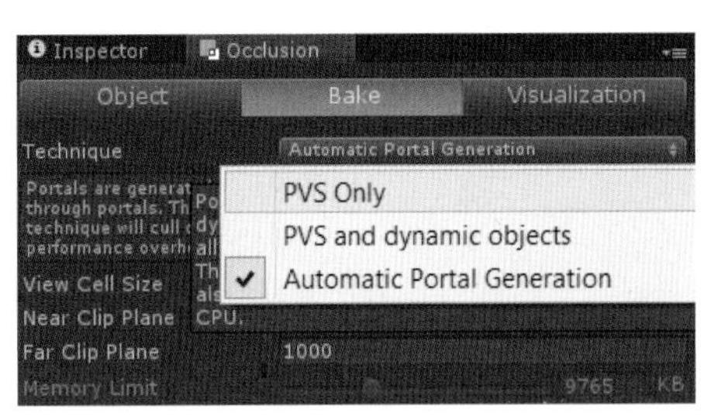

图10-5 Technique选项

1．Technique：技术，该项有3种方式可供选择，如图10-5所示。

- PVS Only：使用预先计算的可见性数据精确地剔除被遮挡的静态对象，对动态对象进行视椎体剔除。CPU消耗最小。不能动态开启或关闭Portal。
- PVS and dynamic objects：使用预先计算的可见性数据精确地剔除被遮挡的静态对象，对被遮挡的动态对象使用粗略的入口剔除。CPU运算适中，在剔除计算消耗和过度渲染消耗之间达到一个很好的平衡。不能动态开启或关闭Portal。
- Automatic Portal Generation：对被遮挡的静态和动态对象均使用精确入口剔除。运行时会自动生成Portal，因此CPU消耗较大。允许动态开启或关闭Portal。

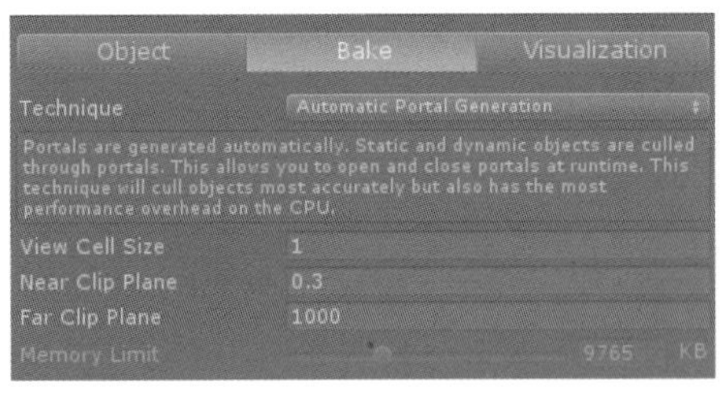

图10-6 烘焙参数设置

2．View Cell Size：该项用于设置观察域单元大小。默认为1.0。数值越小，剔除精度越高，同时生成的烘焙数据所占用的内存越多，如图10-6所示。

- 对于使用PVS and dynamic objects剔除动态对象的情况，通常来讲， View Cell Size越小，动态对象剔除率越高。但View Cell Size越小会导致生成的数据越大，因此需要在对象大小和View Cell大小之间找一个平衡，使得View Cell和一般对象比较起来也不至于太小，即不要让一个对象包含多个Cell。另外，在View Cell Size过大的时候，由于精度不够会导致不能准确地剔除那些看上去应该被剔除的对象。

3．Memory Limit：该项用于烘焙数据大小的限制。适用于PVS和PVS and dynamic objects。

4．Occluder Static与Occludee Static，如图10-7所示。

- 通过勾选Occluder Static或Occludee Static来将对象参与到遮挡剔除烘焙。另外，也可以在对象的Inspector视窗右上角的Static中勾选，如图10-8所示。
- Occluder即遮挡体。Occludee即被遮挡体。透明的、特别小的以及将来会控制其移动的游戏对象通常不会遮挡其他对象，因此只需要勾选Occludee Static项即可。

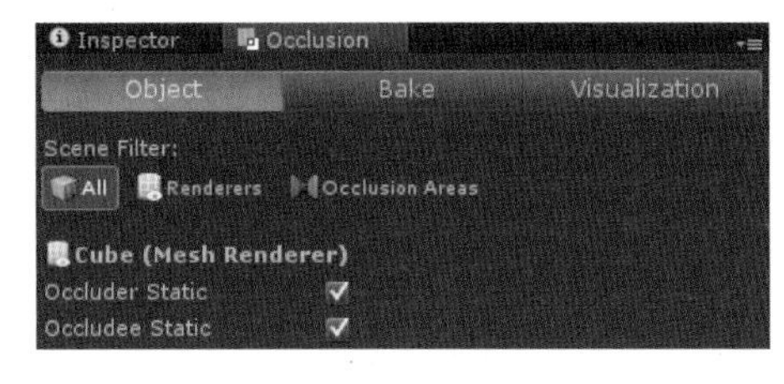

图10-7
Object参数设置

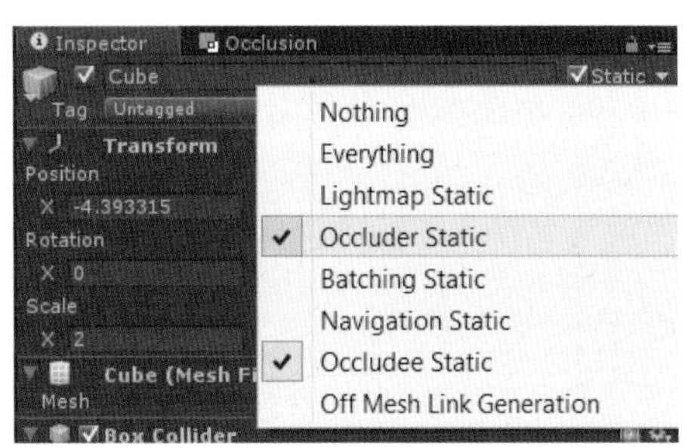

图10-8
Static选项

10.4 使用Occlusion Area组件

Occlusion Area，遮挡区域。该组件的用途是：在某些较大的游戏场景中，部分区域是摄像机对象无法到达的，那么可以采用在摄像机对象可以到达区域布置Occlusion Area的方式，从而减少烘焙出来的数据。或者是为了剔除某些移动的游戏对象，也可以建立一些Occlusion Area，并调整其范围到移动对象可能到达的地方，如图10-9中绿色的包围框便是一个Occlusion Area。

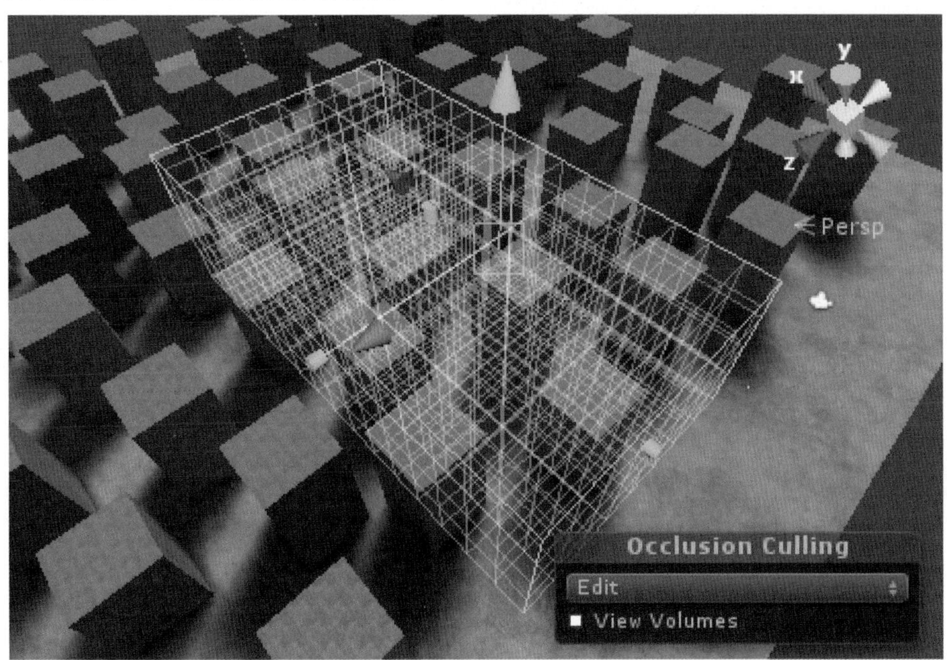

图10-9
Occlusion Area

图10-10

Occlusion Areas选项

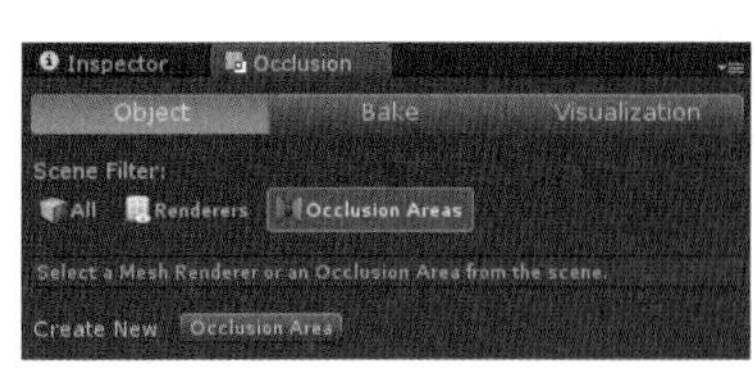

1．启动Unity应用程序，在Occlusion视窗的Object标签页中，选择Occlusion Areas类，如果此时没有选中任何对象，则出现Create New Occlusion Area选项，如图10-10所示。单击Occlusion Area按钮即可创建一个Occlusion Area。另外，也可以新建或选中一个游戏对象并依次打开菜单栏中的Component→Rendering→Occlusion Area项的方式来创建。

图10-11

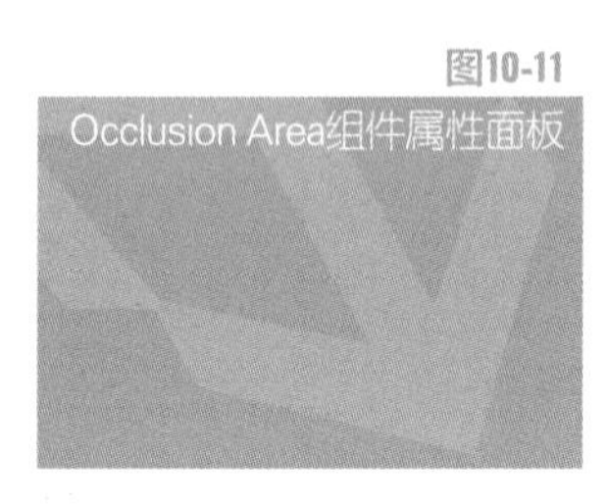

Occlusion Area组件属性面板

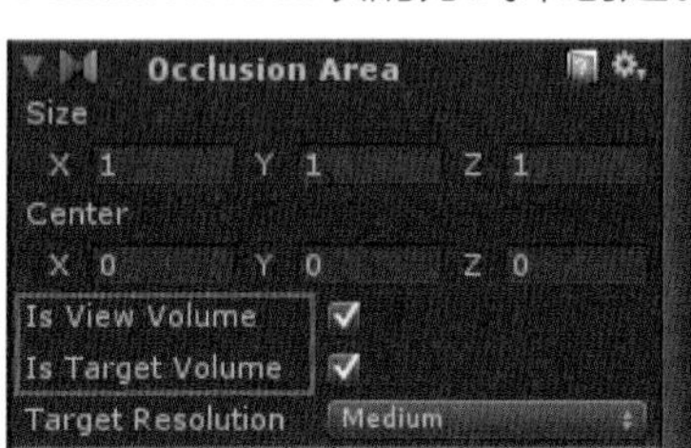

2．保持游戏对象被选中，在Inspector视窗中的Occlusion Area组件属性面板中，启用Is View Volume选项后，当摄像机对象在Occlusion Area内时才会剔除被遮挡的静态对象。要剔除移动对象则需要开启Is Target Volume选项，如图10-11所示。

3．在使用Occlusion Area的过程中，对于对象突然出现的情况，可以通过调整Target Resolution来避免，也可以通过移动对象使其远离产生该情况的区域来避免。对于较大的对象，可以将其分割成较小的对象，使每个小对象包含在不同的Cell内会更有利于剔除。

10.5 使用Occlusion Portals组件

图10-12

Occlusion Portal

在某些游戏场景中，可以通过创建一些独立的Portal，来剔除一些对象，或者是在PVS不能很好地剔除动态对象的地方做一个剔除精度的补充，如图10-12所示。另外，如果想在运行时动态开启和关闭Portal，则需要采用Automatic Portal Generation技术。

1．启动Unity应用程序，在场景中新建或选中一个游戏对象，依次打开菜单栏中的Component→Rendering→Occlusion Portal项，为选中的游戏对象上添加Occlusion Portal组件，即创建一个Occlusion Portal。

图10-13

Occlusion Portal组件

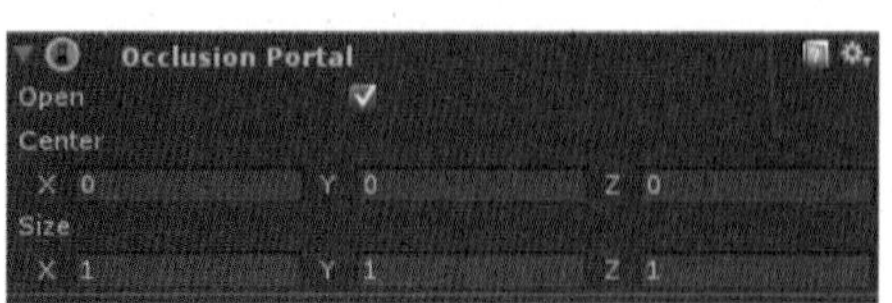

2．在Inspector视窗中的Occlusion Portal组件面板中可以更改Occlusion Portal的大小及位置，如图10-13所示。

第 11 章 后期屏幕渲染特效

11.1 后期屏幕渲染特效的作用

Image Effects（图像特效）主要应用在Camera（摄像机）对象上，可以为游戏画面带来丰富的视觉效果，使游戏画面更具艺术感和个性。

在Unity中，大部分的特效支持混合使用，通过搭配不同的特效就能够方便地创造出更丰富、更完美的游戏画面效果。

Unity中所有的图像特效都编写在OnRenderImage()函数中，任何附加在摄像机对象上的Image Effects脚本都可以通过编辑其代码来修改特效的效果。

需要注意的是：所有的后期屏幕渲染特效只有Pro版才支持。

11.2 后期屏幕渲染特效资源包概述

1．启动Unity应用程序，依次单击菜单栏中的Assets→Import Package→Image Effects（Pro Only）选项，为项目工程导入图像特效资源包，导入时会弹出Importing package对话框，对话框内会列出资源包中的所有内容，并可以选择要导入的内容，单击All按钮全部勾选，然后单击Import按钮将资源导入，如图11-1所示。

图11-1 Image Effects（Pro Only）资源包

2．Unity 4.1.3提供的图像特效资源包中包含了32种特效，如图11-2所示。

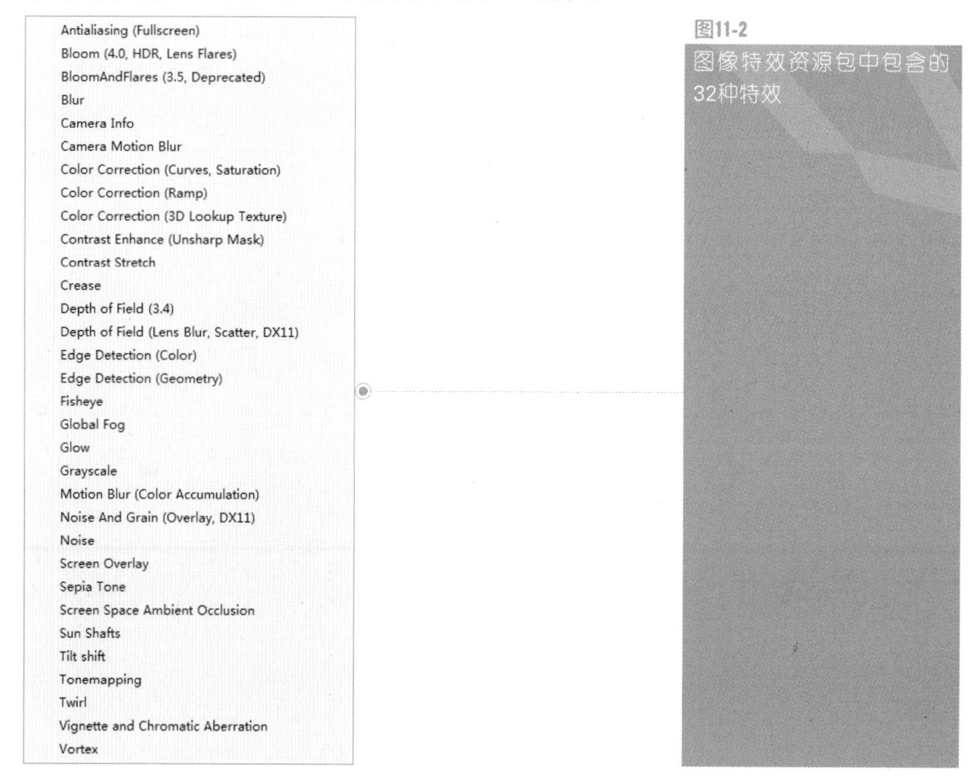

图11-2
图像特效资源包中包含的32种特效

3．资源包被导入后，保持摄像机对象被选中，依次打开菜单栏中的Component→Image Effects项，进而可以选择要添加的图像特效，如图11-3所示。

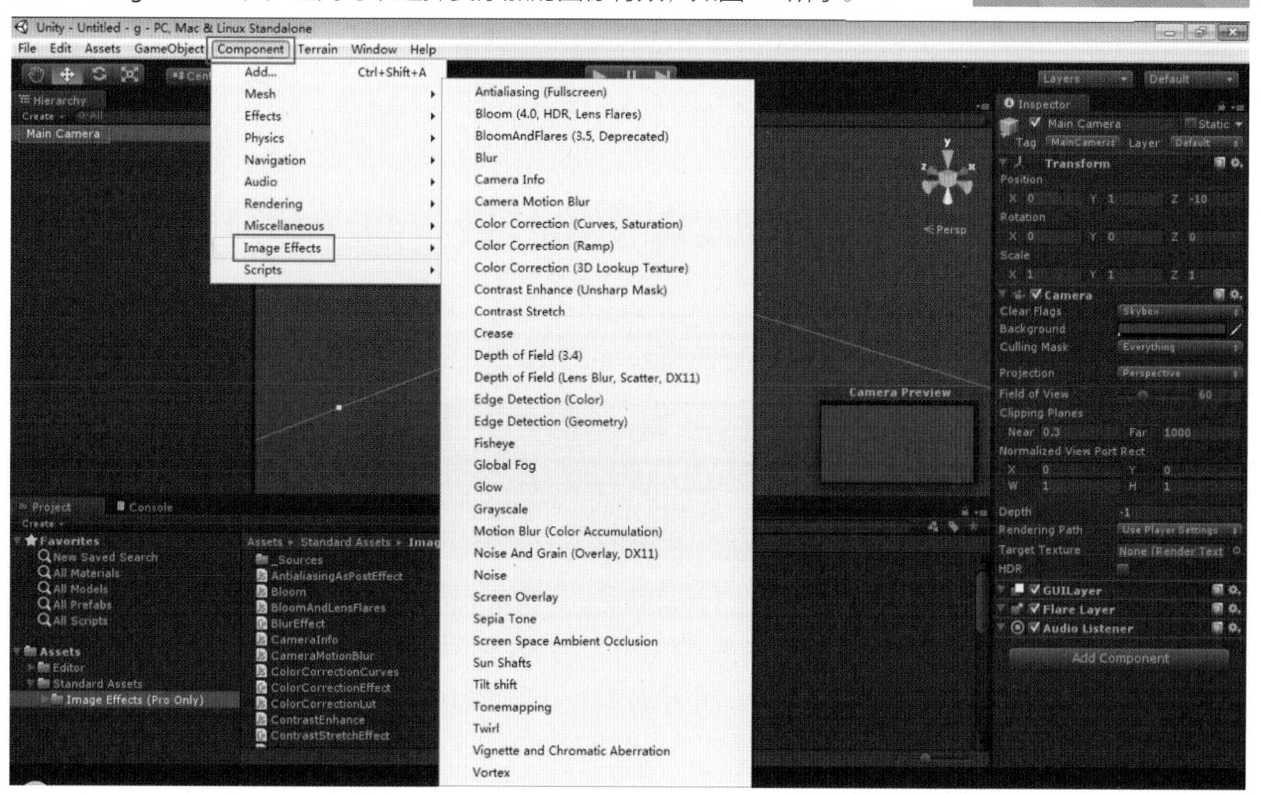

图11-3
图像特效的添加方法

4．为摄像机对象添加图像特效还有另一种方法：在Project视图中找到Assets\Standard Assets\Image Effects (Pro Only)路径中的图像特效脚本文件，选择脚本文件直接拖动到Hierarchy视图中的摄像机对象上即可，如图11-4所示。

图11-4
为摄像机对象添加图像特效

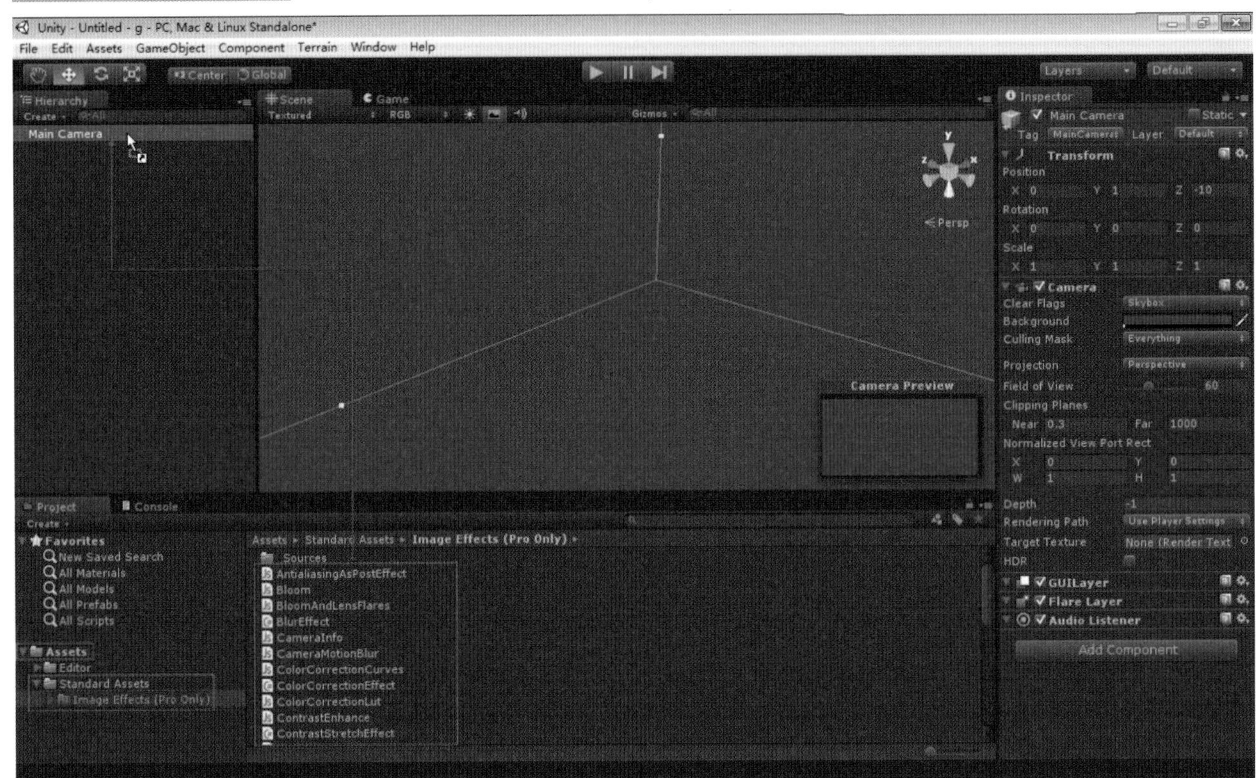

11.3 后期屏幕渲染特效参数详解及效果展示

1．Antialiasing (Fullscreen)：抗锯齿（全屏）特效。

图11-5
Antialiasing As Post Effect属性面板

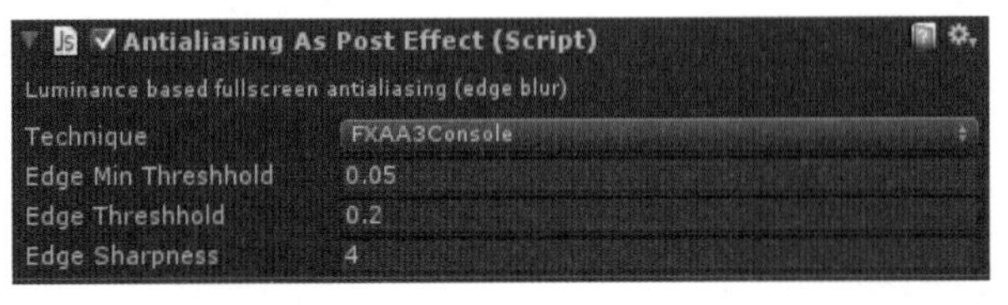

该项提供了平滑图像的功能。图形硬件渲染出的多边形的边缘会有锯齿，影响视觉效果，而全屏抗锯齿特效能够平滑这些锯齿，增强场景的视觉效果。通常情况下，抗锯齿效果的质量与算法的速度成反比，该特效属性面板如图11-5所示。

- Technique：抗锯齿技术。该项用于选择抗锯齿的方式，有7种方式可供选择：

➢ FXAA2：快速近似抗锯齿算法。

➢ FXAA3Console：快速近似抗锯齿算法控制，该项为默认选项。

➢ FXAA1PresetA：预设快速近似抗锯齿算法A。

➢ FXAA1PresetB：预设快速近似抗锯齿算法B。

➢ NFAA：仅模糊局部边界的边缘模糊算法。

➢ SSFXAA：仅模糊局部边界的边缘模糊算法。

➢ DLAA：自适应处理长边界抗锯齿算法。

- Edge Min Threshold：边缘最小阈值。
- Edge Threshold：边缘阈值。
- Edge Sharpness：边缘清晰度。
- Edge Detect Ofs：边缘检测。
- Blur Radius：模糊半径。
- Show Normals：勾选此项则显示为法线效果。
- Sharp：清晰度。

> SSFXAA 是一种最快的抗锯齿技术，接下来是NFAA、FXAA3、FXAA2、DLAA和其他FXAA算法。

2．Bloom （4.0, HDR, Lens Flares)：泛光特效。

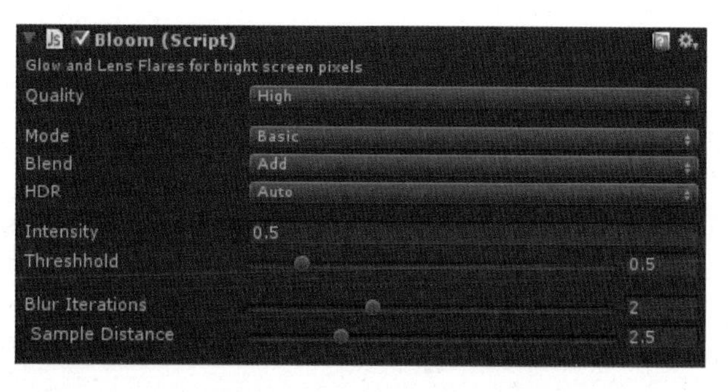

图11-6 Bloom默认属性面板

泛光可以理解为是一种增强版辉光、光晕的效果。泛光效果能在增加光晕的同时自动添加高效能镜头眩光。光晕是一个非常独特的效果，在HDR（高动态光照渲染）渲染的情况下可能为场景添加梦幻般的感觉。适当的调整能使画面增强真实感，比如当光照对比差异悬殊的情况下，明亮的部分会显得像在发光，类似在摄像和摄影时的效果，该特效属性面板如图11-6所示。

- Quality：质量。该项用于选择质量等级，有两种等级可供选择：

➢ Cheap：低等级质量，计算速度比较快。

- ➢ High：高等级质量。该项为默认选项。

- Mode：模式。该项用于选择模式，有两种模式可供选择：
  - ➢ Basic：基本模式。
  - ➢ Complex：复杂模式。
- Blend：混合。该项用于选择混合方式，有两种方式可供选择：
  - ➢ 屏幕模式。该模式模拟两张图像同时投射到屏幕上。每个颜色通道被分开处理和渲染。相比Add Mode（叠加模式），能保留更多颜色变化和细节。
  - ➢ Add Mode：叠加模式。该模式下，R、G、B通道的各个颜色值累加，最大值为1，可以使亮度较低的像素变亮，当需要实现耀眼的白色光晕时使用该模式。
- HDR：高动态光照渲染。该项用于控制HDR的开关，有3种方式可供选择：
  - ➢ Auto：自动，该项为默认选项。该项用于根据摄像头的HDR设置来控制高动态光照渲染效果的开关。
  - ➢ On：强制打开高动态光照渲染效果。
  - ➢ Off：强制关闭高动态光照渲染效果。
- Intensity：强度。该项用于控制全局光照的强度，主要影响泛光和光晕。
- Threshhold：阈值。该项是用于控制泛光和光晕计算的阈值。
- RGB Threshhold：RGB阈值。该项只在Mode设置为Complex模式下有效，可以为每个颜色通道分别设置阈值。
- Blur Iterations：模糊迭代，即重复应用多少次高斯模糊到图像上。迭代次数越多效果越平滑，但同时会花费更多时间。
- Sample Distance：采样间距。该项用于控制最大模糊半径，对性能影响较小。
- Lens Flares：镜头眩光。该项只在Mode设置为Complex模式下有效，有3种方式可供选择：
  - ➢ Ghosting：重影镜头眩光类型。
  - ➢ Anamorphic：变形镜头眩光类型。
  - ➢ Combined：组合类型。以上两种镜头眩光类型的结合。
- Local intensity：局部强度。该项只在Mode设置为Complex模式下有效，此属性仅用于镜头眩光，值为0表示镜头眩光无效果，非0的值则会有如下选项：
  - ➢ 1st-4th Color：颜色调整。仅当镜头眩光模式为重影或混合时有效。
  - ➢ Stretch width：拉伸宽度，用于控制镜头眩光的变形宽度。

➢ Rotation：旋转，用于控制镜头眩光的形变方位。

➢ Blur Iterations：模糊迭代，用于控制变形镜头眩光的模糊迭代次数，次数越高光晕越圆滑，但会花费更多时间。

➢ Saturation：饱和度，用于控制镜头眩光饱和度，如果值为0，光晕的颜色将近似于Tint Color。

➢ Tint Color：着色，用于调整变形镜头眩光的颜色。

➢ Mask：光晕遮蔽图，指定一张图片作为遮蔽图，用于实现屏幕边缘的镜头眩光效果。

➢ Threshold：局部阈值。定义了哪部分图像将被用于产生镜头眩光。

3．Bloom And Lens Flares(3.5, Deprecated)：泛光和镜头眩光特效（3.5）特效。

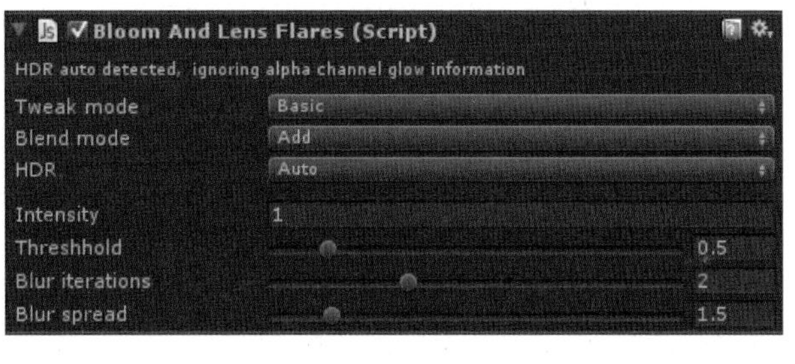

图11-7
Bloom And Lens Flares默认属性面板

泛光可以理解为是一种增强版辉光、光晕的效果。泛光效果能在增加光晕的同时自动添加高效能镜头眩光。光晕是一个非常独特的效果，在HDR（高动态光照渲染）渲染的情况下可能为场景添加梦幻般的感觉。该特效属性面板如图11-7所示。该图像特效是3.5版本的，建议使用Bloom (4.0, HDR, Lens Flares)图像特效。后者的特效类型与该特效类似，但功能更加强大。

• 该特效大部分参数的含义与Bloom (4.0, HDR, Lens Flares)图像特效参数相似，请参考Bloom (4.0, HDR, Lens Flares)部分的相关内容。

• Cast lens flares：激活镜头眩光。该项用于开启或关闭镜头眩光效果。

• Use alpha mask：使用alpha通道作为遮蔽图，进而控制泛光效果。

4．Blur：模糊特效。

模糊图像特效可以实时地将渲染出的游戏画面进行模糊处理，该特效属性面板如图11-8所示。

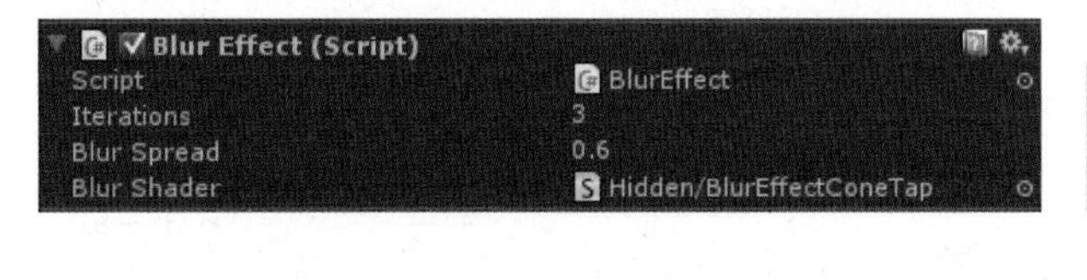

图11-8
Blur默认属性面板

• Iterations：迭代次数。该项用于控制迭代次数，次数越多模糊的效果越好，但会消耗更多的时间。

• Blur Spread：模糊半径。更大的数值可以让模糊在同样的迭代次数中蔓延得更广，但会消耗更多的时间，一般来说默认的0.6可以在质量与速度之间达到一个比较好的平衡。

• Blur Shader：模糊Shader。可以指定所使用的模糊Shader文件。

5．Camera Info：摄像机信息脚本。

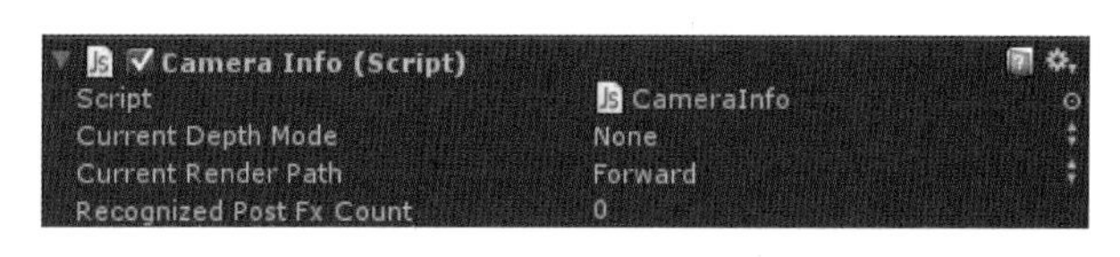

图11-9
Camera Info默认属性面板

该脚本仅在编辑器中有效。通过该脚本，开发者可以获得或设置当前摄像机上的部分关于图形渲染的信息。该特效属性面板如图11-9所示。

- Current Depth Mode：当前深度模式。该项用于设置摄像机深度贴图模式，有3项可供选择：
  - ➢ None：无。
  - ➢ Depth：深度贴图中包含场景深度信息。
  - ➢ DepthNormals：深度贴图中同时包含深度与法线信息。
- Current Render Path：当前渲染路径。该项用于选择渲染路径，有4项可供选择：
  - ➢ UsePlayerSettings：使用用户设定。
  - ➢ Vertex Lit：顶点光照
  - ➢ Forward：正向着色。
  - ➢ Deferred Lighting：延迟光照。
- Recognized Post Fx Count：该项用于显示当前应用于摄像机上的后期屏幕渲染特效数量（该项不可设置）。

6. Camera Motion Blur：基于摄像机的运动模糊特效。

图11-10
Camera Motion Blur默认属性面板

运动模糊特效的作用是模拟物体相对于摄像机作快速运动时产生的模糊效果。该特效属性面板如图11-10所示。

- Technique：技术。该项用于指定动态模糊算法，有4项可供选择：
  - ➢ CameraMotion：摄像机运动算法。
  - ➢ LocalBlur：局部模糊算法。
  - ➢ Reconstruction：重建过滤器算法。
  - ➢ ReconstructionDX11： DX11的专属过滤器算法。
- Velocity Scale：速度尺度。该项用于控制模糊程度，值越大图像看起来越模糊。
- Velocity Max：最大速度。该项用于控制最大像素模糊距离。如果选择了重建过滤器算法，则该项还控制重建过滤器的平铺大小。

- Velocity Min：最小速度。该项用于控制最小像素模糊距离。
- Camera Rotation：摄像机旋转。该项用于控制摄像机旋转时的模糊强度。该项只在Camera Motion技术模式下可用。
- Camera Movement：摄像机移动。该项用于控制摄像机位移时的模糊强度。该项只在Camera Motion技术模式下可用。
- Exclude Layers：排除层，单击该项右侧的按钮可以选择不受模糊计算影响的层，该项在Local Blur、Reconstruction、ReconstructionDX11技术模式下可用。
- Velocity Downsample：降低速度采样值。降低该值会使运行效率变高，但同时也会降低模糊质量，是简单场景可能会用到的一个选项。该项在Local Blur、Reconstruction、ReconstructionDX11技术模式下可用。
- Sampler Jitter：抖动采样。该项默认指定了Motion BlurJitter文件，该项在Reconstruction、ReconstructionDX11技术模式下可用。
- Max Sample Count：最大采样数量，该项用于设置模糊的采样数量。数值越大模糊效果越好，但是会影响运行效率，该项仅在ReconstructionDX11技术模式下可用。

7. Color Correction(Curves, Saturation)：色彩校正（曲线，饱和度）特效。

该特效使用曲线调整每一个颜色通道，也可以根据每个像素的深度进行调整。该特效属性面板如图11-11所示。

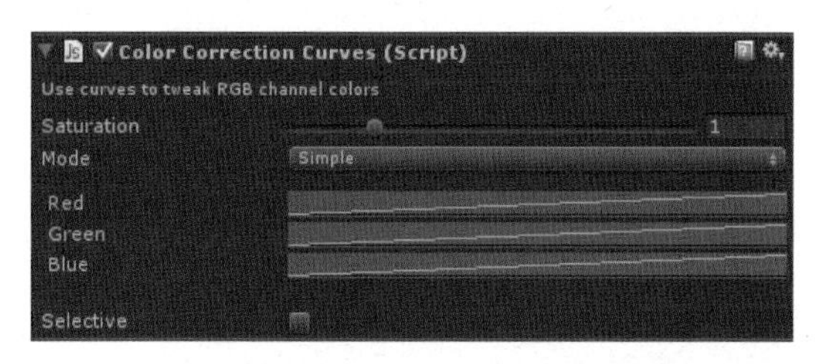

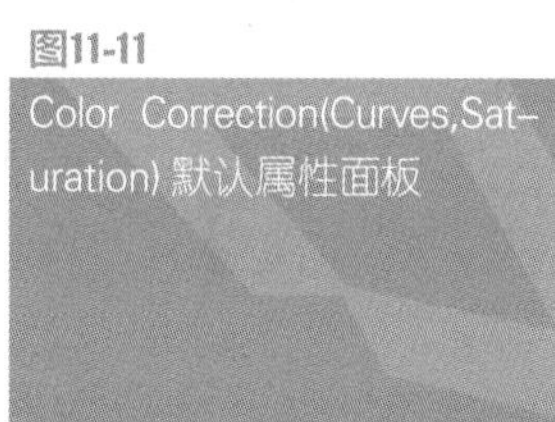
图11-11 Color Correction(Curves,Saturation)默认属性面板

- Saturation：饱和度。该项用于设置色彩饱和度级别，值越大色彩饱和度越高，值为0时图像为黑白。
- Mode：模式，该项用于指定参数配置模式，有两项可供选择：
  - ➢ Simple：简单配置模式。
  - ➢ Advanced：高级配置模式。
- Red：红色。该项用于调节红色通道曲线。单击该项右侧的曲线预览框，可以弹出Curve（曲线）编辑器对话框，如图11-12所示。可以在该对话框中对曲线进行编辑（调节其他颜色通道的曲线方法相同）。

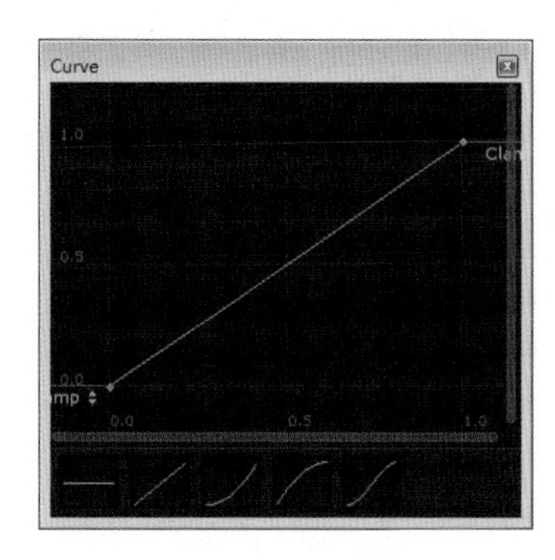

图11-12 Curve（曲线）编辑器对话框

- Green：绿色。该项用于调节绿色通道曲线。
- Blue：蓝色。该项用于调节蓝色通道曲线。
- Red (depth)：红（深度）。该项用于基于深度调整红色通道的曲线（该项只在Advanced模式下可用）。
- Green (depth)：绿（深度）。该项用于基于深度调整绿色通道的曲线（该项只在Advanced模式下可用）。
- Blue (depth)：蓝（深度）。该项用于基于深度调整蓝色通道的曲线（该项只在Advanced模式下可用）。
- Blend Curve：混合曲线。该项用于控制前景和背景颜色校正之间的混合方式曲线（该项只在Advanced模式下可用）。
- Selective：选择性颜色校正。该功能用于将源图像中的某种颜色替换为另一种颜色。勾选该项会弹出两个控制项：
  - ➢ Key：关键色。该项用于指定被替换的颜色。
  - ➢ Target：Target：目标色。该项用于指定替换后的颜色。

8. Color Correction(Ramp)：色彩校正特效（渐变纹理）。

Color Correction Effect (Script)
Script ColorCorrectionEffect
Shader Hidden/Color Correction Effect
Texture Ramp color correction ramp

图11-13
Color Correction(Ramp) 默认属性面板

该特效使用一张渐变纹理来校正渲染图像。该特效属性面板如图11-13所示。

- Texture Ramp：指定渐变纹理。对RGB每个通道，特效代码将根据源图像中的颜色值采样该纹理中对应位置的颜色来作为校正后的颜色值。

9. Color Correction(3DLookupTexture)：色彩校正（3D寻址纹理）特效。

Color Correction Lut (Script)
Converts textures into color lookup volumes (for grading)
Based on None (Texture2D)
Select

图11-14
Color Correction(3D Lookup Texture) 默认属性面板

该项是一种颜色分级后期效果的优化方式。不同于色彩校正曲线的是，该方式采用一张用来产生校正图像的3D纹理（以2D的形式表示），在处理阶段使用原始图像颜色作为一个3D向量来寻址该纹理以获得校正后的颜色值。该特效属性面板如图11-14所示。

- Based on：查询纹理。用一个2D图像表示3D查询纹理进而生成校正后的图像。具体操作步骤如下：
  - ➢ 截一张游戏场景图。
  - ➢ 将截图导入如Photoshop并进行对比度、亮度、色彩饱和度等调整直到满意为止。
  - ➢ 打开Neutral3D16图片（包含于图像效果资源包中），并对其进行相同的调整。完成后保存到项目工程中并指定为查询纹理。

➢ 单击 Convert and Apply 按钮，完成操作。

10．Contrast Enhance(Unsharp Mask)：对比度增强特效。

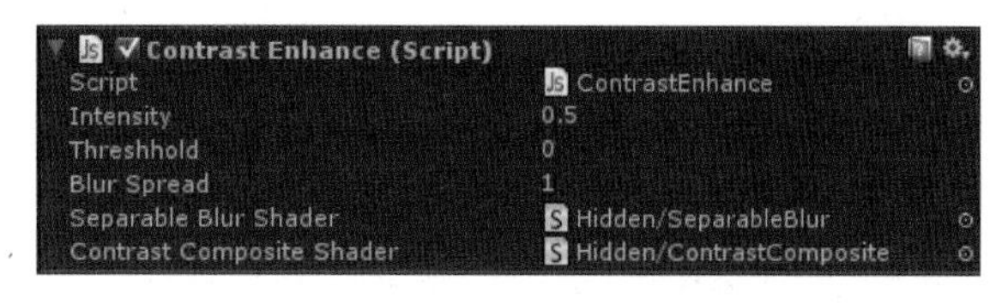

图11-15
Contrast Enhance(Unsharp Mask) 默认属性面板

对比度增强特效可以增强游戏画面的对比度，其原理是使用了图像处理领域中非锐化遮蔽图（Unsharp Mask）方式来达到增强对比度的效果。该特效属性面板如图11-15所示。

- Intensity：强度。该项用于设置对比度增强的强度。值越大图像对比度越高。
- Threshhold：阈值。该项用于控制处理像素的阈值，对于阈值以下的像素将不进行对比度增强处理。
- Blur Spread：模糊半径。该项用于设置模糊计算的半径。在指定半径值以内将进行对比度的处理。

11．Contrast Stretch：对比度拉伸特效。

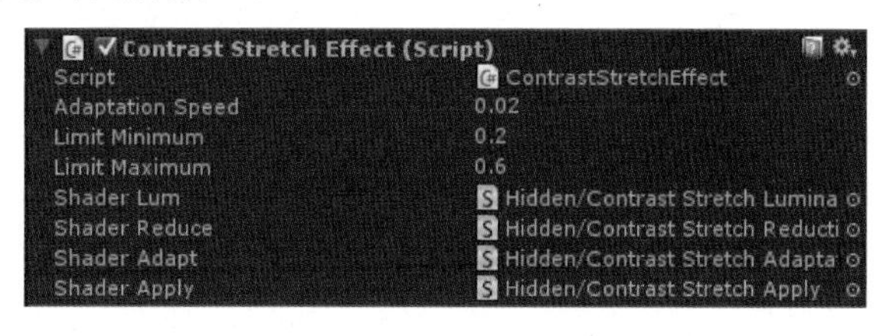

图11-16
Contrast Stretch默认属性面板

对比度拉伸特效根据亮度级别的范围来动态地调整图像的对比度。调整是逐渐变化的，并且会持续一段时间，例如从黑暗的空间移动到明亮的空间时产生眩目的感觉，该特效属性面板如图11-16所示。

- Adaptation Speed：适应速度。该项用于控制对比度调整的速度，值越小，对比度调整的时间就越长。
- Limit Minimum：最小限制值。该项用于控制图像对比度调整后的最暗的亮度级别。
- Limit Maximum：最大限制值。该项用于控制图像对比度调整后的最亮的亮度级别。

12．Crease：折皱特效。

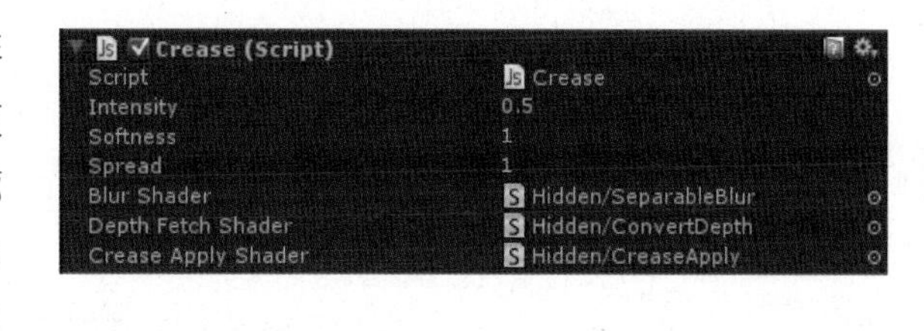

图11-17
Crease默认属性面板

折皱效果是一常见的非照片级真实感（NPR）渲染技术，通过增强游戏对象轮廓的强度进而增强游戏画面中物体的可见性，可用于模拟手绘风格的画面，该特效属性面板如图11-17所示。

- Intensity：强度。该项用于设置折皱着色的强度以及厚度：值大于0时为黑色轮廓，值越大黑色轮廓线越粗；值小于0时为白色轮廓，值越小白色轮廓线越粗。

- Softness：柔软度。该项用于控制轮廓线的顺滑程度。
- Spread：扩散半径。该项用于控制轮廓线模糊半径的大小。

13．Depth of Field (3.4)：景深（3.4）特效。

图11-18
Depth of Field (3.4)默认属性面板

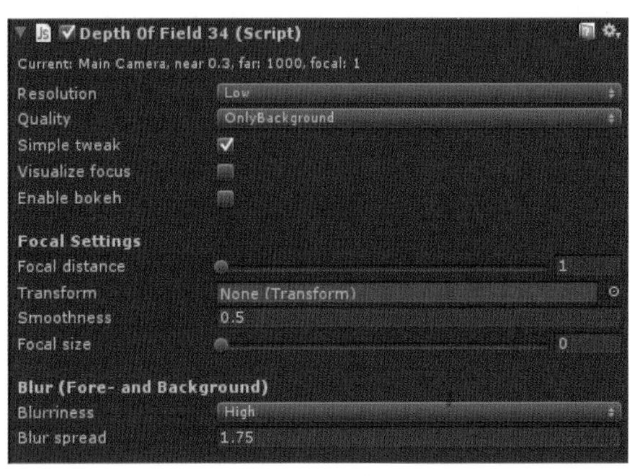

景深特效是常见的模拟摄像机透镜的图像特效。现实生活中，摄像机只可以聚焦特定距离的物体；更近或更远的物体将会出现一定的散焦现象。景深特效不仅提供了一个关于物体距离的视觉提示，同时也带来了背景虚化效果，该特效属性面板如图11-18所示。

- Resolution：分辨率。该项用于指定分辨率模式，有3项可供选择：
  - ➢ High：高分辨率。
  - ➢ Medium：中等分辨率。
  - ➢ Low：低分辨率。
- Quality：质量。该项用于指定质量级别，有两项可供选择：
  - ➢ OnlyBackground：仅背景，该项运行效率高。
  - ➢ BackgroundAndForeground：背景与前景，该项质量高。
- Simple tweak：简单调整。勾选该项调整到简单聚焦模式。
- Visualize focus：可视化焦点。勾选该项可在游戏运行模式下显示当前的聚焦平面，从而方便调试。
- Enable bokeh：开启Bokeh（焦外成像）。勾选该项将生成更真实的透镜模糊效果，对非常明亮的图像部分进行放大并与背景重叠。勾选该项后会显示Bokeh Settings（焦外成像设置）栏：
  - ➢ Destination：目标。用于选择开启Background（背景）、Foreground（前景）、BackgroundAndForeground（前景和背景，开启后会得到更加真实的效果，但会增加渲染时间）。
  - ➢ Intensity：强度。控制将Bokeh光斑形状混合至背景的程度。
  - ➢ Min luminance：最小亮度。该项用于设置产生Bokeh光斑的亮度阈值。
  - ➢ Min contrast：最小对比度。该项用于设置产生Bokeh光斑的对比度阈值。小于该值的像素将不进行背景虚化效果计算。

➢ Downsample：向下采样。该项用于设置渲染Bokeh光斑形状的内部渲染目标的尺寸。

➢ Size　scale：大小尺度。该项调整Bokeh光斑形状的最大大小（会进一步被模糊圈（Circle of Confusion）大小所影响）。

➢ Texture mask：纹理遮蔽图。该项用于指定纹理遮蔽图。

- Focal　distance：聚焦距离。该项用于设置世界空间中摄像机与聚焦平面的距离。
- Transform：几何变换。单击该项右侧的圆圈按钮可以指定场景中的游戏对象来确定聚焦的距离。
- Smoothness：平滑度。该项用于设置从散焦区域进入到聚焦区域中的平滑度。
- Focal size：聚焦大小。该项用于设置聚焦区域的大小。
- Blurriness：模糊次数。该项用于设置模糊处理的迭代次数。
- Blur　spread：模糊半径。该项数值与分辨率相关，需要针对不同的分辨率调节该项的值。
- Foreground　size：前景大小。用于设置前景的大小。该项只有将Quality（质量）选择为BackgroundAndForeground项时有效。

14. Depth of Field (Lens Blur,Scatter,DX11)：景深特效。

该版本的景深特效相比景深3.4特效更先进、更强大。配合HDR渲染和兼容Directx11的图形硬件设备能够达到更好的效果，该特效属性面板如图11-19所示。

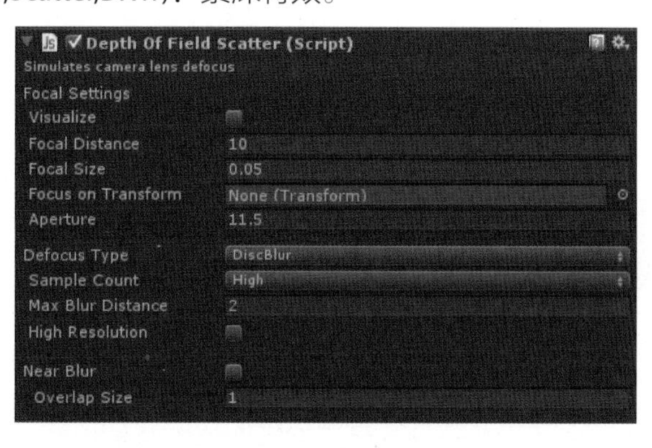

图11-19 Depth of Field (Lens Blur, Scatter,DX11)默认属性面板

- Visualize：可视化。勾选该项则使用颜色覆盖的方式来显示摄像机焦点。
- Focal Distance：聚焦距离。该项用于设置世界空间中摄像机与聚焦平面的距离。
- Focal Size：焦点范围。该项用于控制聚焦区域大小。
- Focus on Transform：焦点目标。单击该项右侧的圆圈按钮可以指定场景中的游戏对象来确定聚焦的距离。
- Aperture：光圈。该项用于限定聚焦到散焦之间的区域，一般将此参数设置为尽可能高的数值，否则可能会出现采样噪点。较高的光圈数值会生成更好的散焦效果。

- Defocus Type：散焦类型。该项用于指定生成散焦区域的算法，有两种方式可供选择：

当Defocus Type（散焦类型）指定为DiscBlur类型时：

➢ Sample Count：采样数。

当Defocus Type（散焦类型）指定为DX11类型时：

➢ Bokeh Texture：Bokeh纹理。单击该项右侧的圆圈按钮可以为Bokeh光斑形状选择纹理贴图。

➢ Bokeh Scale：Bokeh缩放。该项用于控制Bokeh光斑贴图的大小。

➢ Bokeh Intensity：Bokeh强度。该项用于设置混合Bokeh光斑的强度。

➢ Min Luminance：最小亮度。该项用于设置产生Bokeh光斑的亮度阈值。

➢ Spawn Heuristic：光斑产生条件。该项用于设置Bokeh光斑被投射出来时所必须满足的频率阈值。如果希望在效率和质量上折中，可以取值为0.1。

- Max Blur Distance：最大模糊距离。该项数值设置不宜过大，通常小于4的数值可以产生适合的结果。过大的数值会由于采样值过低而生成噪点。
- High Resolution：高分辨率。勾选该项有助于减少噪点，进而产生更舒适的Bokeh效果。
- Near Blur：近景模糊。勾选该项后，前景区域将进行模糊计算。
- Overlap Size：重叠大小。该项用于控制前景的重叠扩展值。

15. Edge Detection(Color)：边缘检测特效。

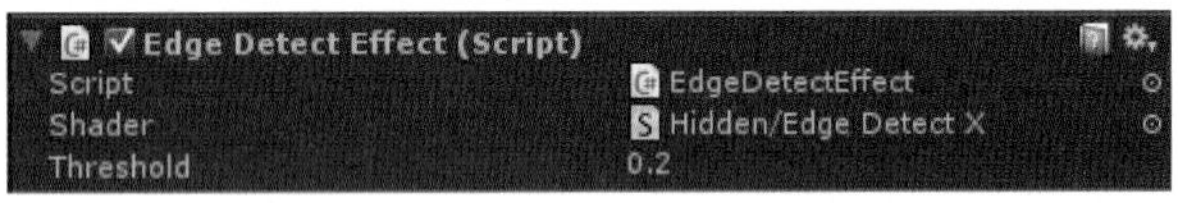

边缘检测图像特效会在游戏画面中颜色差异较大的地方加入黑色轮廓，可用于模拟手绘边线风格的画面效果，该特效属性面板如图11-20所示。

图11-20　Edge Detection(Color)默认属性面板

- Threshold：阈值。该项用于控制显示黑色轮廓边线的阈值。该数值越大，边缘对纹理或亮度变化的敏感度会越低。

16. Edge Detection(Geometry)：几何边缘检测特效。

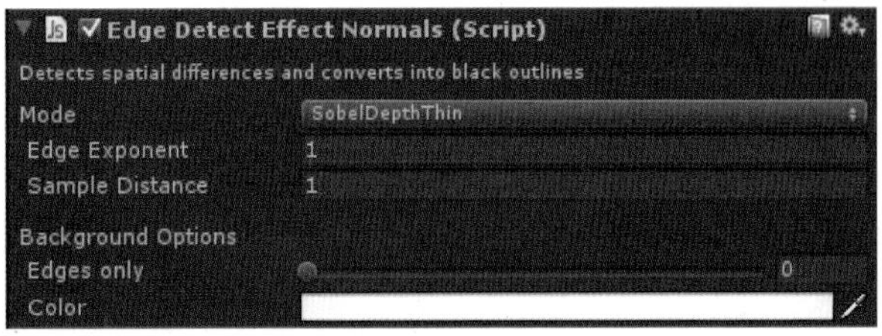

边缘检测的图像特效是根据场景中游戏对象的几何形状来绘制其轮廓线。边缘由颜色的差异、相邻像素所对应的法线朝向以及深度等因素共同来决定，该特效属性面板如图11-21所示。

图11-21　Edge Detection(Geometry)默认属性面板

- Mode：模式。该项用于指定轮廓线绘制的模式，有4项可供选择：

➢ TriangleDepthNormals：依据几何体的深度与法线检测边缘。

➢ RobertsCrossDepthNormals：使用Roberts cross滤镜检测边缘。

➢ SobelDepth：使用Sobel滤镜检测边缘。

➢ SobelDepthThin：使用薄Sobel滤镜检测边缘。

• Edge Exponent：边缘指数。该项在Mode（模式）指定为SobelDepth、SobelDepthThin类型情况下有效。

• Depth Sensitivity：深度敏感度，该项在Mode（模式）指定为TriangleDepthNormals、RobertsCrossDepthNormals类型情况下有效。该项用于控制相邻像素的深度最小差异。大于该数值，则绘制轮廓线。

• Normals Sensitivity：法线敏感度，该项在Mode（模式）指定为TriangleDepthNormals、RobertsCrossDepthNormals类型情况下有效。该项用于控制相邻像素的最小法线朝向差异。大于该数值，则绘制轮廓线。

• Sample Distance：采样距离。值越大，创建的轮廓线会越宽，但也可能产生环状失真。

• Edges only：仅边缘。该项用于控制背景与Background中指定的颜色进行混合的程度。

• Background：背景色。配合Edges only（仅边缘）项使用，当Edges only大于0时该项所设定的颜色将与背景进行混合。

17．Fisheye：鱼眼镜头特效。

鱼眼镜头图像特效可以制造图像扭曲的效果，用于模拟鱼眼镜头的成像结果，该特效属性面板如图11-22所示。

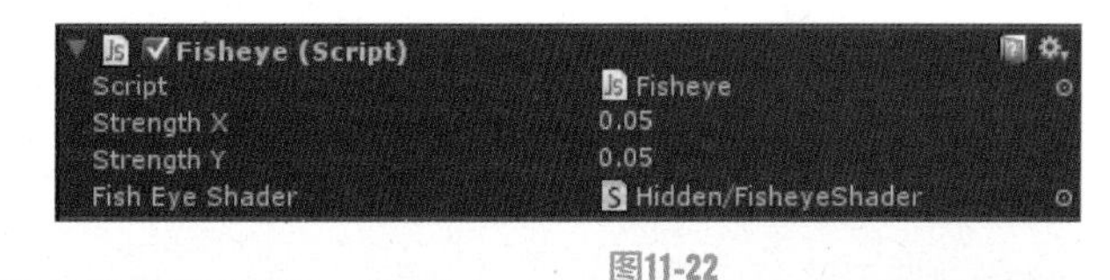

图11-22
Fisheye默认属性面板

• Strength X：拉伸X轴。该项用于控制游戏画面横向的扭曲程度。值越大，扭曲越剧烈。

• Strength Y：拉伸Y轴。该项用于控制游戏画面纵向的扭曲程度。值越大，扭曲越剧烈。

18．Global Fog：全局雾特效。

全局雾图像效果可以创建基于摄像机对象的指数型雾效。该方式基于世界空间计算，所以可以创建出更加复杂、真实的雾效，该特效属性面板如图11-23所示。

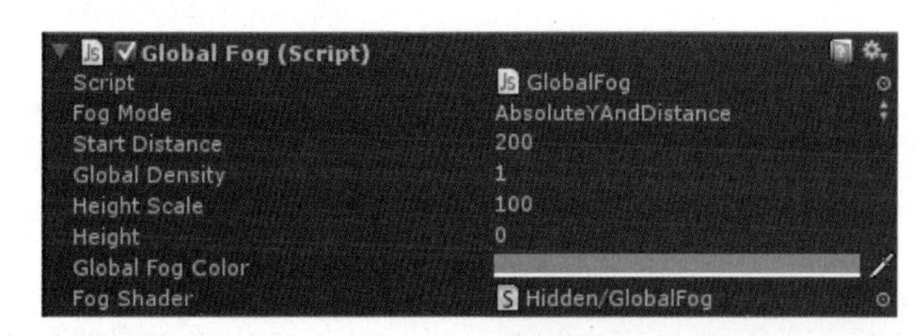

图11-23
Global Fog默认属性面板

• Fog Mode：雾效模式。该项用于指定雾效的模式，有4项可供选择：

➢ AbsoluteYAndDistance：雾浓度基于Y轴（高度）绝对值以及距离。

➢ AbsoluteY：雾浓度基于Y轴绝对值。

➢ Distance：雾浓度基于距离。

➢ RelativeYAndDistance：雾浓度基于相对于摄像机的Y值（高度）以及距离计。

- Start Distance：开始距离。该项用于设置雾开始生效的距离。
- Global Density：全局密度。该项用于设置雾的浓度随距离增加的浓密程度。
- Height Scale：高度尺度。该项用于设置雾随高度减少的浓密程度。
- Height：高度。该项用于控制雾效开始产生的高度（高度依据世界空间高度）。
- Global Fog Color：全局雾颜色。该项用于设置雾效的颜色。

19. Glow ：发光特效。

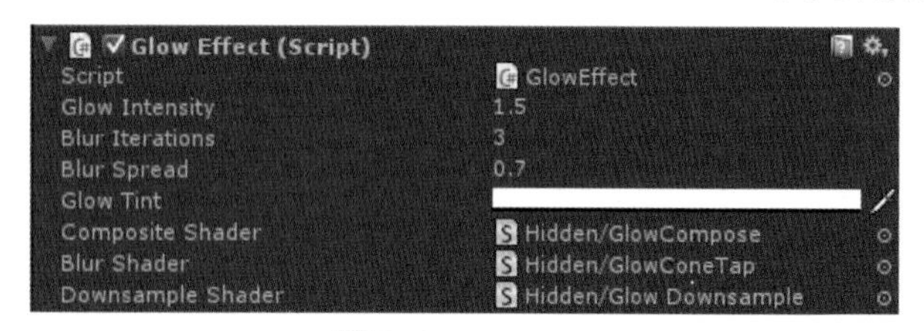

图11-24
Glow默认属性面板

发光（有时称为Bloom）通过让较为明亮部分（例如太阳、光源、强高光）“发光”，可以大大增强渲染图像的效果。Bloom and Lens Flares图像特效对于发光效果具有更大的控制，但也需要更高的处理开销，该特效属性面板如图11-24所示。

- Glow Intensity：发光亮度。该项用于控制发光区域的亮度值。
- Blur Iterations：模糊迭代次数。该项用于设定发光的模糊次数，迭代次数越多消耗的时间越长。
- Blur Spread：模糊半径。该项用于设置模糊效果范围的大小。
- Glow Tint：发光颜色。该项用于指定发光的颜色。.

20. Grayscale：灰度特效。

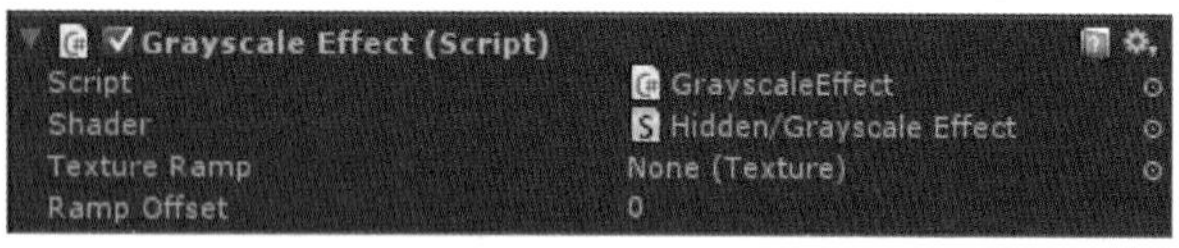

图11-25
Grayscale默认属性面板

灰度图像特效可将游戏画面的颜色转化成灰度图像。它可以使用一个Texture Ramp纹理来将亮度值重新映射到任意的颜色，该特效属性面板如图11-25所示。

- Texture Ramp：渐变纹理，单击该项右侧的圆圈按钮可以指定图片纹理，该项的功能与Color Correction(3D Lookup Texture)：色彩校正（3D寻址纹理）特效中的Texture Ramp功能相似。
- Ramp Offset：位移。该项用于控制渐变纹理采样的位移。

21. Motion Blur(Color Accumulation)：运动模糊特效。

图11-26
Motion Blur默认属性面板

运动模糊图像特效通过保留之前渲染帧的图像形成的运动轨迹效果，从而增强场景快速运动的感觉，该特效属性面板如图11-26所示。

- Blur Amount：模糊量。该项用于设置在输出图像中最多保留多少帧之前渲染的图像，值越高运动轨迹越长。

- Extra Blur：额外模糊。勾选此项，则在前帧的基础上计算更多的模糊效果，从而使运动轨迹更加模糊。

22．Noise And Grain(Overlay DX11)：噪点与颗粒特效。

该特效一般用于模拟电影、老旧电视或录像中的噪点、胶片颗粒等效果。因为该特效使用一种特殊的混合计算模式，所以也可用于增强图像的对比度，除此以外，还可以用于典型的噪点应用场景，例如渲染低光照度下的噪点或柔化发光光晕边界等，该特效属性面板如图11-27所示。

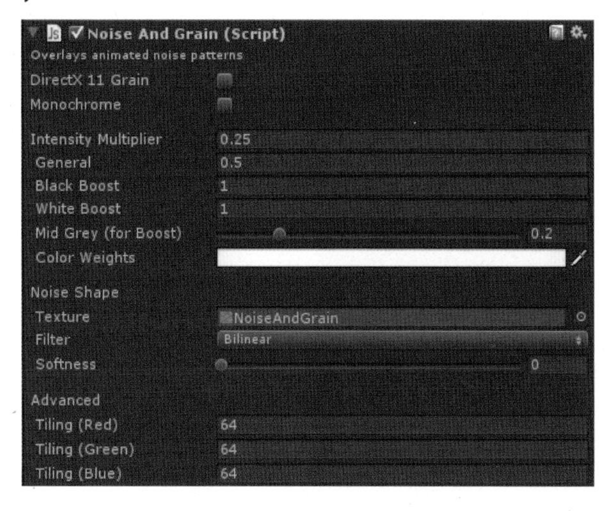

图11-27
Noise And Grain(Overlay DX11)默认属性面板

- DirectX 11 Grain：DX11颗粒。勾选该项则启用高质量的噪波和颗粒（只能用于DX11）。
- Monochrome：单色。勾选该项后仅使用灰度噪点。
- Intensity Multiplier：强度系数。该项用于控制整体亮度值。
- General：总体。该项用于为所有光亮区域均匀增加噪点效果。
- Black Boost：黑色增强。该项用于增强低亮度噪点效果。
- White Boost：白色增强。该项用于增强高亮度噪点效果。
- Mid Grey：中灰。该项用于定义低亮度噪点和高亮度噪点的范围。
- Color Weights：颜色权重。该项用于指定噪点的染色效果。
- Texture：纹理。单击该项右侧的圆圈按钮可以为噪点指定纹理，该项在DirectX11 Grain项未勾选的模式下有效。
- Filter：过滤器。为纹理指定过滤方式，有3种方式可供选择：
  - ➢ Point：点（最近采样）。
  - ➢ Bilinear：双线性。
  - ➢ Trilinear：三线性。
- Softness：柔和度。该项用于定义噪点或颗粒的细碎程度，值越高，噪点或颗粒的细碎度越低。高柔和度的效果能够获得更好的表现力，但是需要增加一个Pass的操作。
- Tiling：平铺。该项用于控制噪点或颗粒的平铺模式，该项在勾选Monochrome项的模式下有效。

- Tiling（Red）：平铺（红色通道）。该项用于控制噪点或颗粒在红色通道的平铺模式，该项在DirectX 11 Grain、Monochrome项未勾选的模式下有效。
- Tiling（Green）：平铺（绿色通道）。该项用于控制噪点或颗粒在绿色通道的平铺模式，该项在DirectX 11 Grain、Monochrome项未勾选的模式下有效。
- Tiling（Blue）：平铺（蓝色通道）。该项用于控制噪点或颗粒在蓝色通道的平铺模式，该项在DirectX 11 Grain、Monochrome项未勾选的模式下有效。

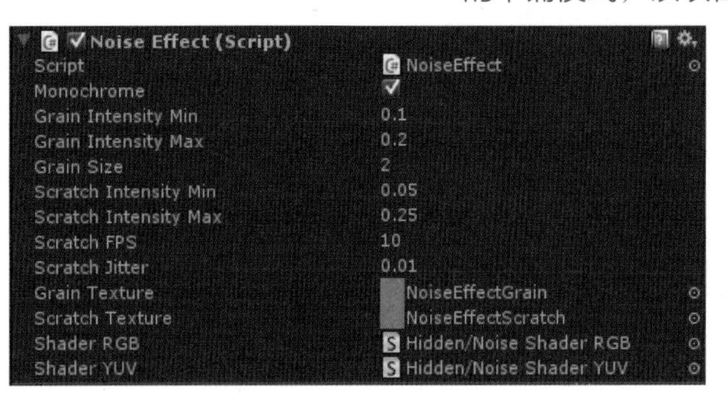

图11-28
Noise默认属性面板

23．Noise：噪波图像特效。

该特效一般用于模拟电影、老旧电视或录像中的噪点、胶片颗粒等效果，该特效属性面板如图11-28所示。

- Monochrome：单色调。如果勾选该项，生成的噪点颗粒类型适合模拟老旧电视的噪波干扰效果。如果取消勾选，则生成类似录像播放时产生的噪点效果。
- Grain Intensity Min：颗粒强度最小值。该项用于控制噪波颗粒强度随机值的下限。
- Grain Intensity Max：颗粒强度最大值。该项用于控制噪波颗粒强度随机值的上限。
- Grain Size：颗粒大小。该项用于控制噪波颗粒生成纹理的大小，值越大，噪波颗粒就越大；值越小，噪波纹理的平铺次数越多。
- Scratch Intensity Min：划痕强度的最小值。该项用于控制划痕强度随机值的下限。
- Scratch Intensity Max：划痕强度的最小值。该项用于控制划痕强度随机值的上限。
- Scratch FPS：划痕帧速率。该项用于控制当前帧划痕跳动到不同位置的速率。
- Scratch Jitter：划痕抖动。该项用于控制划痕在其位置周围轻微抖动的范围。
- Grain Texture：颗粒纹理。单击该项右侧的圆圈按钮可以指定纹理作为噪点颗粒的样式。
- Scratch Texture：划痕纹理。单击该项右侧的圆圈按钮可以指定纹理作为划痕的样式。

24．Screen Overly：屏幕叠加。

屏幕叠加特效利用一种算法将游戏画面与纹理进行混合，从而创建自定义的效果，该特效属性面板如图11-29所示。

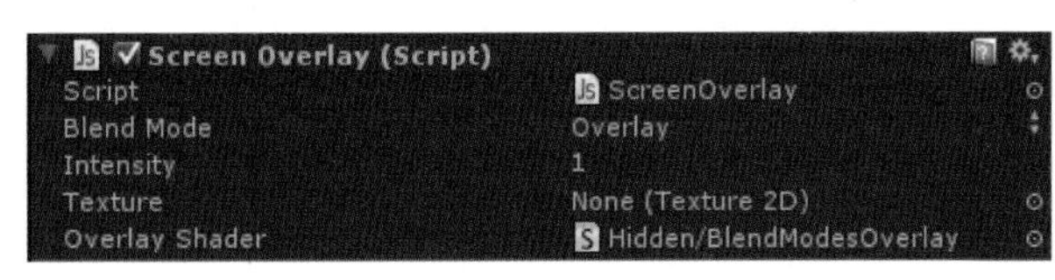

图11-29
Screen Overly默认属性面板

- Blend Mode：混合模式。该项用于指定混合的计算方法，有4项可供选择：
  - ➢ Additive：相加方式。
  - ➢ ScreenBlend：屏幕混合方式。
  - ➢ Multiply：相乘方式。
  - ➢ Overlay：覆盖方式。
  - ➢ AlphaBlend：Alpha通道混合方式。
- Intensity：强度。该项用于控制叠加纹理覆盖在游戏画面的强度、透明度。
- Texture：纹理。单击该项右侧的圆圈按钮可以指定要叠加的图片纹理。

25．Sepia Tone：棕褐色调特效。

棕褐色调特效利用一种算法将游戏画面的色调调整为棕褐色，一般用于模拟老旧照片的效果，该特效属性面板如图11-30所示。

图11-30
Sepia Tone默认属性面板

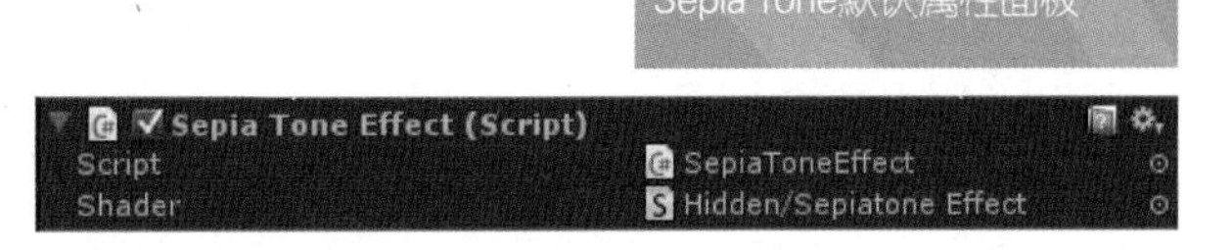

26．Screen Space Ambient Occlusion：屏幕空间环境遮挡（SSAO）特效。

屏幕空间环境遮挡技术（SSAO）作为一种图像特效可以来实时模拟场景的环境遮挡效果。在一定程度上可以模拟真实的全局光漫反射效果，该特效属性面板如图11-31所示。

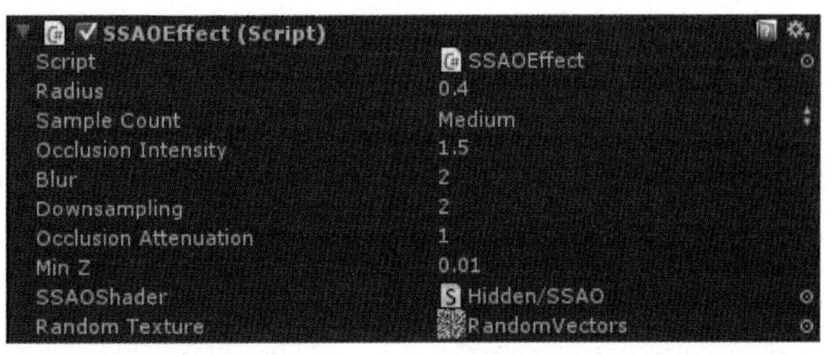

图11-31
Screen Space Ambient Occlusion默认属性面板

- Radius：半径。该项用于控制环境遮挡效果的范围值。
- Sample Count：采样数量。该项用于设置环境遮挡效果所需采样点的数量，较高的采样值可以得到优质的效果，但同时会有更大的性能损失，有3项可供选择：
  - ➢ Low：低品质。这里是指最低的采样值。
  - ➢ Medium：中等品质。这里是指中等数量采样值。
  - ➢ High：高品质。这里是指最高的采样值。
- Occlusion Intensity：遮蔽强度。与环境遮蔽相关的黑暗程度。
- Blur：模糊度。该项用于控制环境遮蔽所产生的暗部区域的模糊程度。
- Downsampling：低采样值。该项用于设定低采样的数值，该值越大，渲染效率越高，但质量会随之下降。一般依据摄像机占据屏幕分辨率的面积来设定其数值，例如在一半屏幕分辨率的情况下低采样值可以设置成2。

- Occlusion Attenuation：遮挡衰减。该项用于控制遮挡程度随距离变化的衰减度。
- Min Z：最小Z值。调整该项用于减少不必要的遮挡效果。如果遮蔽处有瑕疵，可以尝试增加该值来改善效果。

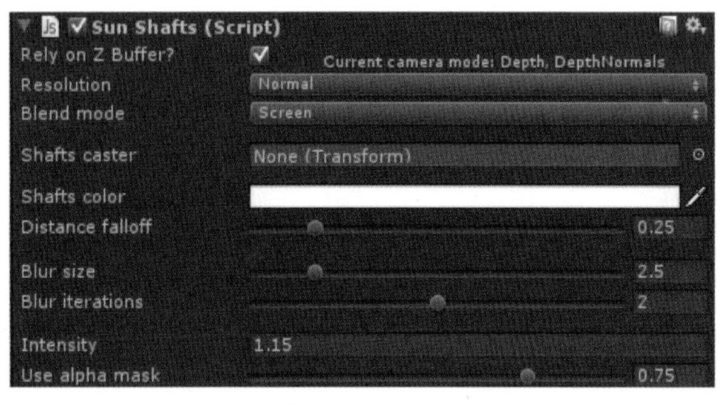

图11-32
Sun Shafts默认属性面板

27. SunShafts：阳光射线特效（也称之为天使光、上帝射线）。

阳光射线特效用于模拟亮度很高的光源被物体遮挡时所产生的径向光线散射效果，合理运用该特效能有效地提升游戏画面的真实感。例如，透过密林向太阳的方向观看，光线会透过树的枝叶产生一束束类似体积光的效果，该特效属性面板如图11-32所示。

- Rely on Z Buffer：依据Z缓存。这个选项在没有深度纹理可用或计算深度纹理非常耗费系统资源时建议勾选（例如在前向渲染模式下，场景拥有大量网格模型游戏对象的情况下启用该选项）。如果取消勾选该项，则要求该特效必须是摄像机对象上首先加载、运算的特效。
- Resolution：分辨率。单击该项后侧按钮可以指定分辨率精度，有3种方式可供选择：
  - Low：低精度。
  - Normal：标准精度。
  - High：高精度。
- Blend Mode：混合模式。该项用于指定混合的计算方法，有两项可供选择：
  - Screen：屏幕混合方式。该方法模拟同时将两个图像投射到白色的屏幕产生的效果。对比Add（添加）模式会保留更多的颜色变化及细节。
  - Add：相加模式。该方法在混合时，各个颜色通道的值分别简单的相加在一起，并保证最大值不超过1。结果是图像中不是很亮的像素在混合后会接近最大亮度，从而会失去部分颜色变化和细节，该模式适用于表现耀眼白光效果的场景。
- Shafts caster：射线投射体。单击该项右侧的圆圈按钮可以指定投射阳光射线的光源对象。指定完毕后，射线会根据指定的游戏对象的位置变化散射的方向。
  - Center on…：单击该按钮会将指定的投射射线的游戏对象居中到当前摄像机的视野中央。（注意：此操作会改变所指定的用于投射射线游戏对

象的位置）

- Shafts color：射线颜色。该项用于设定射线的色彩。
- Distance falloff：距离衰减。该项用于控制射线亮度距离投射射线游戏对象的衰减程度。该值越大，衰减效果越明显，射线的效果越不明显。
- Blur size：模糊尺寸。该项用于控制射线的模糊半径值。
- Blur　iterations：模糊迭代次数。该项用于控制射线模糊处理的迭代次数。该值越大，模糊效果会更平滑，但同时会增加渲染时间。
- Intensity：强度。该项用于控制射线的亮度。值越大，射线的亮度越强，效果越明显。
- Use alpha mask：使用alpha遮罩。该项用于控制射线是否依据alpha通道生成。例如，当天空盒中的云层含有alpha通道时，调节该项的数值会产生射线透过云层的真实效果。

28．Tilt Shift：移轴特效。

移轴特效是景深特效的一种特殊版本，该特效可以使聚焦区域和散焦区域的过渡更加光滑，并且不容易造成图像因失真、走样等原因导致的瑕疵。但是，由于其算法是基于依赖纹理采样（dependent　texture　lookup）的方式，所以会占用更多的系统资源，该特效属性面板如图11-33所示。

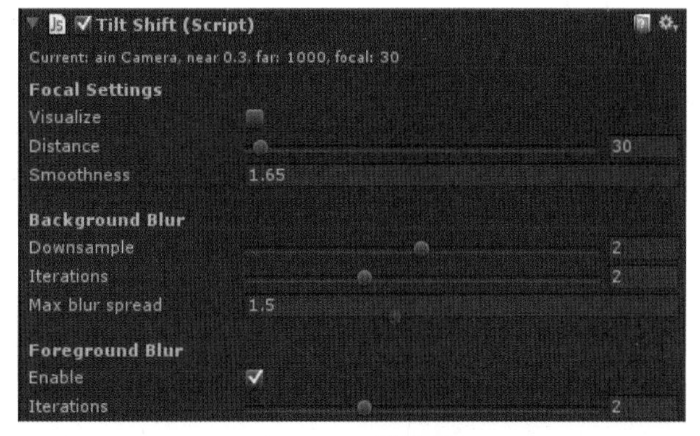

图11-33
Tilt Shift默认属性面板

- Visualize：可视化聚焦平面。该项用于在Game视图中通过绿色蒙版的方法显示聚焦平面，一般用于调试。
- Distance：距离。该项用于控制摄像机对象与聚焦平面的距离，其数值单位是世界空间单位。
- Smoothness：光滑度。该项用于控制从聚焦区域到散焦区域过渡的平滑程度。
- Downsample：向下采样。该项用于控制向下采样值，该值越大，计算效率越高，但同时画面品质会更低。
- Iterations：迭代次数。该项用于控制散焦区域模糊效果的迭代次数。该值越大，散焦区域的模糊效果越细腻，但同时会增加渲染时间。
- Max　blur　spread：最大模糊半径。该项用于控制散焦区域的模糊效果的最大影响范围。
- Enable：启用。勾选该项将启用前景模糊，游戏画面的前景模糊效果会更好，但同时会增加渲染时间。

➢ Iterations：迭代次数。该项用于控制前景模糊效果的迭代次数。该值越大，前景的模糊效果越细腻，但同时会增加渲染时间。

29．Tonemapping：色调映射特效。

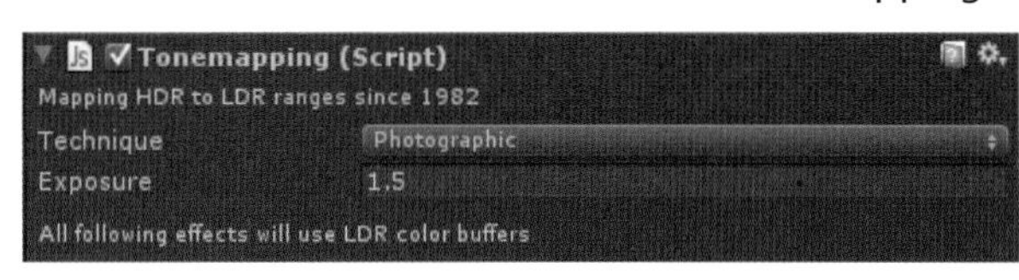

图11-34
Tonemapping默认属性面板

该特效只有在摄像机对象启用HDR模式时才能正常工作。设置较高的光源强度值会产生更明显的效果。此外，由于Bloom特效可以使光源拥有更高的亮度范围，所以该特效配合Bloom特效一起使用会得到更好的效果，该特效属性面板如图11-34所示。

• Technique：技术。该项用于指定色调映射的计算方法，即如何将高动态光照渲染产生的高范围光照度映射至显示设备能显示的低范围内。有7项可供选择，分别是SimpleReinhard、UserCurve、Hable、Photographic、OptimizedHejiDawson、AdaptiveReinhard、AdaptiveReinhardAutoWhite。

• Exposure：曝光度。该项用于模拟曝光的程度用于定义亮度范围。

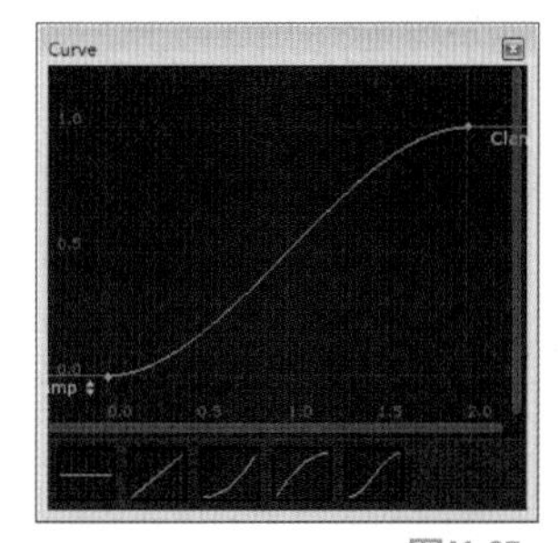

图11-35
Curve编辑对话框

• Remap curve：映射曲线。单击该项右侧的曲线预览框可以弹出Curve（曲线）编辑器对话框，如图11-35所示。该项只在Technique指定为UserCurve模式下有效。

• Middle grey：中灰。该项用于控制场景中间灰度的亮度值，该项只在Technique指定为AdaptiveReinhard、AdaptiveReinhardAutoWhite模式下有效。

• White：白色。该值用于指定被映射为白色的最小亮度值。将该值设为0时所有像素无论亮度为多少都将被重映射为白色。该项只在Technique指定为AdaptiveReinhard模式下有效。

• Adaption speed：适应速度。该项用于控制所有自适应色调映射器的调整速度，该项只在Technique指定为AdaptiveReinhard、AdaptiveReinhardAutoWhite模式下有效。

Square16
Square32
Square64
Square128
✓ Square256
Square512
Square1024

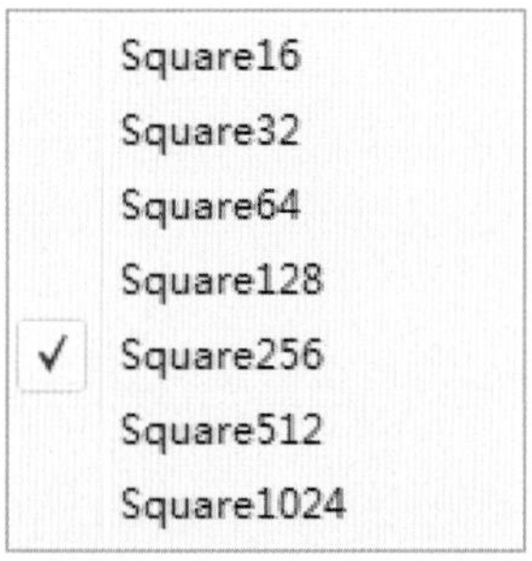

图11-36
可选择的Texture size

• Texture size：纹理尺寸。该项用于为所有自适应色调映射器指定内部纹理尺寸，如图11-36所示。比较大的纹理值可以在计算新亮度时获得更多的细节，但同时会占用更多的系统资源。

30．Twirl：扭曲特效。

旋转扭曲图像特效是指在一个圆形区域内扭曲所渲染图像的一种效果。在圆形区域中心的像素被旋转一定的角度，而其他像素的旋转程度随着距圆形区域中心距离的增大而减小，该特效同Vortex（漩涡）特效相似，漩涡特效是将图像绕着一个中心圆进行旋转，而该特效则是将图像绕着围绕着一个点进行旋转，该特效属性面板如图11-37所示。

- Radius：半径。该项基于屏幕坐标系来设置用于变形的圆形区域的半径。
  - ➢ X：该值用于控制（椭）圆形区域在屏幕上的宽度。
  - ➢ Y：该值用于控制（椭）圆形区域在屏幕上的高度。

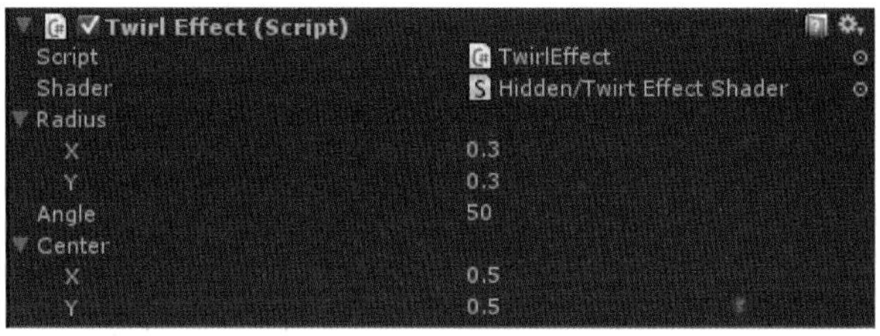

Twirl Effect (Script)
Script　TwirlEffect
Shader　Hidden/Twirt Effect Shader
Radius
X　0.3
Y　0.3
Angle　50
Center
X　0.5
Y　0.5

图11-37
Twirl默认属性面板

- Angle：角度。该项用于控制扭曲效果的旋转角度。
- Center：中心。该项基于屏幕坐标系来设定用于变形的圆形区域中心点的位置。
  - ➢ X：该值用于控制圆形区域中心点在屏幕横向上的位置。
  - ➢ Y：该值用于控制圆形区域中心点在屏幕纵向上的位置。

31．Vignettingand Chromatic Aberration：渐晕与色差特效。

渐晕与色差特效将游戏画面的边缘和拐角区域进行变暗、模糊及色散处理。通常用于模拟游戏中通过望远镜观察到的场景的效果等。该特效属性面板如图11-38所示。

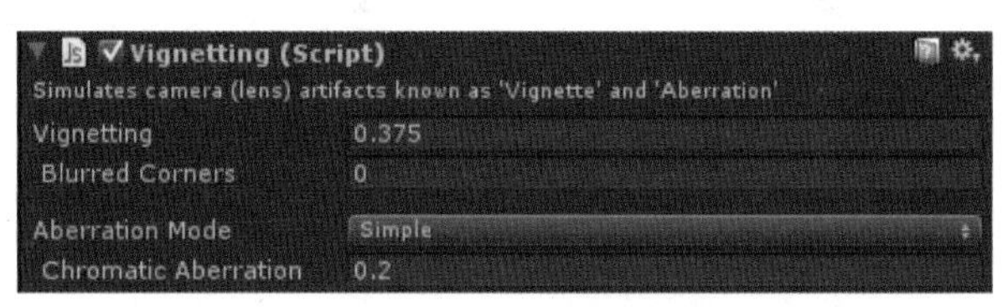

图11-38
Vignetting and Chromatic Aberration默认属性面板

- Vignetting：渐晕。该项用于控制应用到屏幕边缘效果的强度。该项值为0时没有效果，在该值大于0的情况下，值越大屏幕边缘黑色的范围就越大；在该值小于0的情况下，值越大屏幕边缘白色的范围就越大。
- Blurred Corners：角落模糊。该项用于控制应用到屏幕边缘的模糊程度。该项值为0时没有效果，该值大于0的情况下，值越大屏幕边缘模糊的程度就越大。
  - ➢ Blur Distance：模糊距离。该项用于控制应用到屏幕边缘的模糊范围。该项只有Blurred Corners（角落模糊）值大于0的情况下有效。
- Aberration Mode：色差模式。该项用于指定计算色差的模式，有两项可供选择：
  - ➢ Simple：简单模式。
  - ➢ Advanced：高级模式。
- Chromatic Aberration：色差。该项用于调整屏幕边缘效果的色差，该项仅在Aberration Mode（色差模式）指定为Simple（简单）模式时有效。
- Tangential Aberration：切线色差。该项基于整个屏幕对切线色差的程度进行调节，该项仅在Aberration Mode（色差模式）指定为Advanced（高级）模式时有效。

- Axial Aberration：轴向色差，该项用于控制轴向色差的程度，该项仅在Aberration Mode（色差模式）指定为Advanced（高级）模式时有效。
- Contrast Dependency：对比度依赖。设置为较大值时能获得更逼真的效果，推荐摄像机对象开启HDR模式下使用该项，该项仅在Aberration Mode（色差模式）指定为Advanced（高级）模式时有效。

32. Vortex：漩涡图像特效。

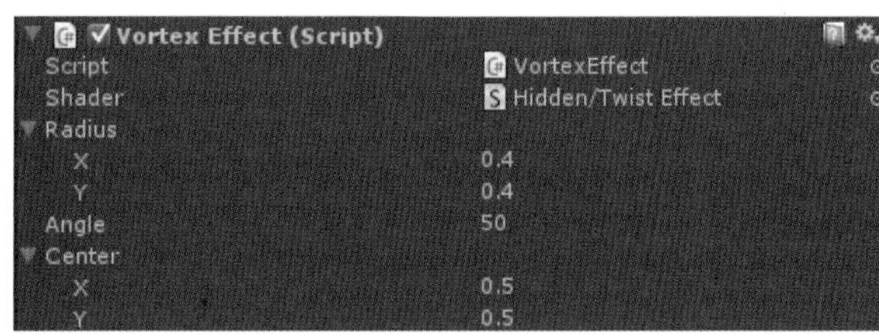

图11-39
Vortex默认属性面板

漩涡特效是指在一个圆形区域内扭曲所渲染图像的一种效果。图像中的像素沿着一个圆形区域进行扭曲，扭曲程度随着距中心的距离而逐渐减少。漩涡特效效果类似Twirl（旋转扭曲）特效，该特效属性面板如图11-39所示。

- 该特效参数同Twirl （扭曲特效）相似，具体请参考Twirl特效的相关内容。

11.4 后期屏幕渲染特效展示

1. 启动Unity应用程序，打开\unitybook\chapter11\project01项目工程，打开Bootcamp_Image Effects场景，该场景包括了地形、植被、建筑、路桥、细节配景等元素，如图11-40所示。

图11-40
打开项目工程中的场景

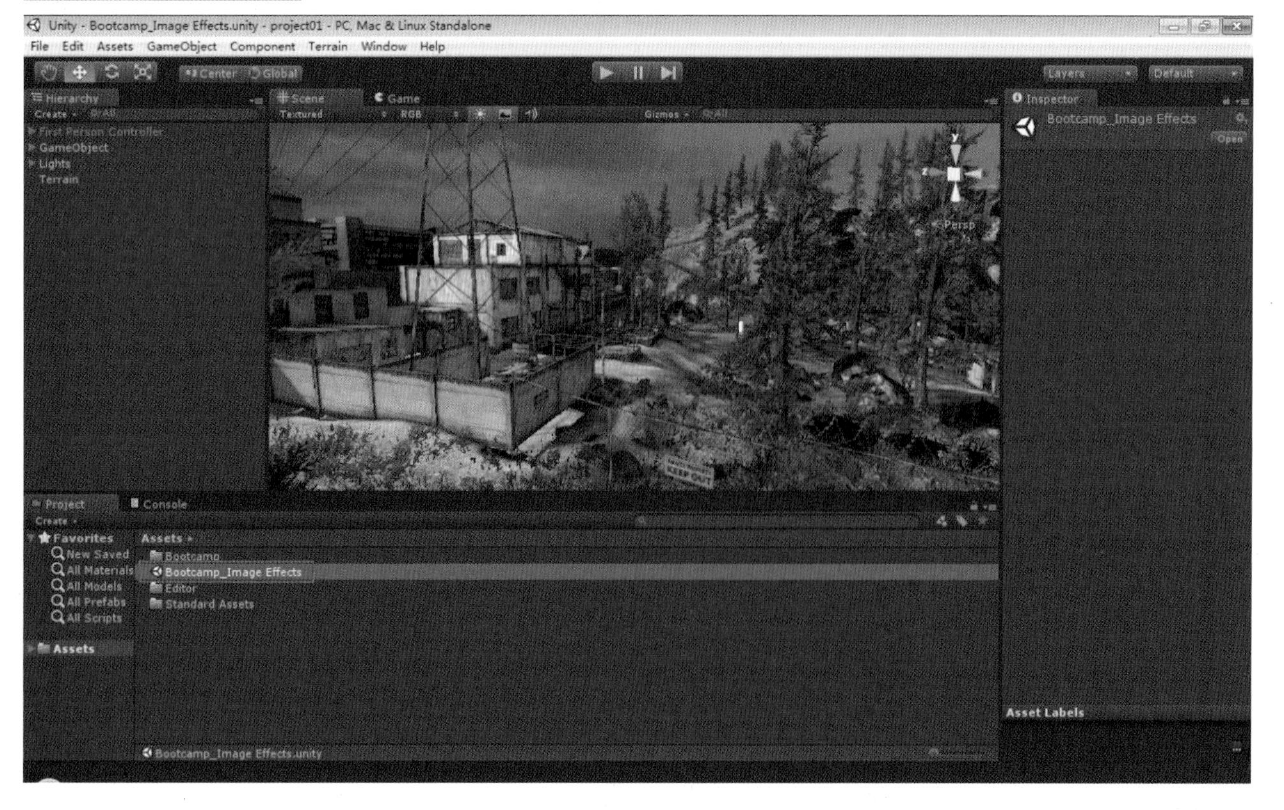

2．在多数的情况下，在Game视图中可以更方便地观察图像特效的效果，激活Game视图，如图11-41所示。对场景进行特效添加时，一般要根据游戏的主题、背景等因素进行添加，这样才能更好地烘托游戏的氛围。

图11-41
通过Game视图观察图像特效的效果更加方便

3．在Hierarchy视图中，单击First Person Controller预设体左侧的下三角按钮，展开该预设，单击选中Main Camera游戏对象，以便为摄像机对象添加图像特效，如图11-42所示。

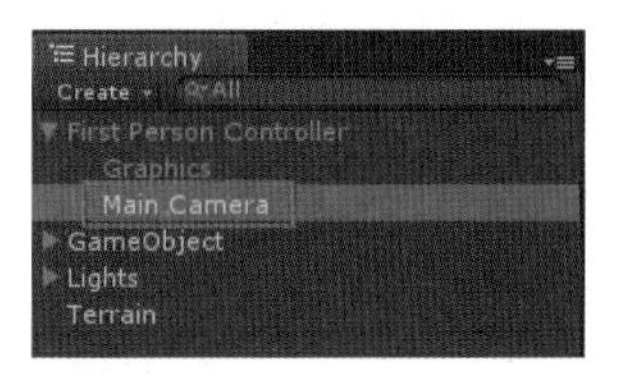

图11-42
选择摄像机对象

4．本例计划营造一个光线充足的环境氛围，所以利用图像特效对场景的光感进行模拟。依次打开菜单栏中的Component→Image Effects→Bloom (4.0, HDR, Lens Flares)项，为摄像机对象添加Bloom（泛光）特效，如图11-43所示。

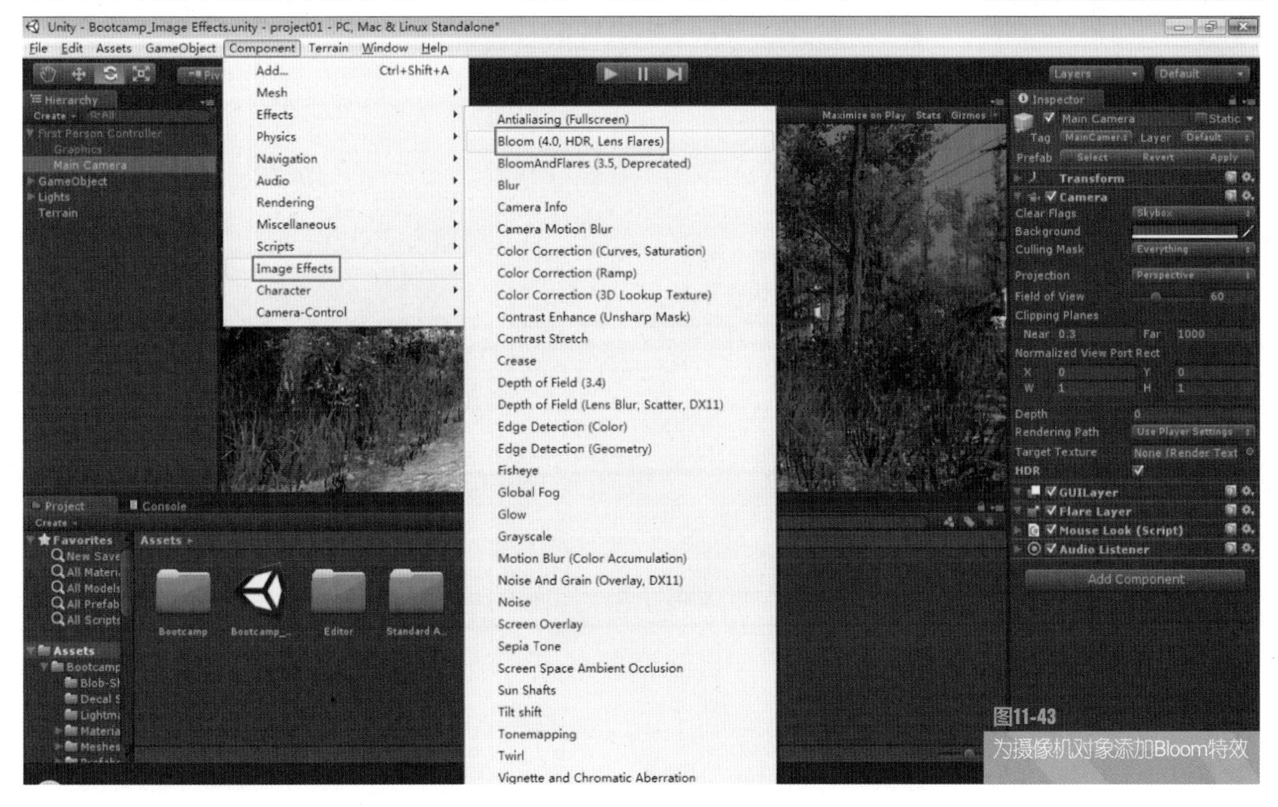

图11-43
为摄像机对象添加Bloom特效

5．在Inspector视图中对添加的Bloom（泛光）特效的参数进行调节，场景呈现出一种光线照射感很强的效果，如图11-44所示。关于所有特效参数的具体作用、含义可参考11.3节中的相关内容。

图11-44

调节Bloom特效的参数

6．可以对比一下Bloom（泛光）特效在添加前后的效果，可以发现添加Bloom（泛光）特效后，场景的光感有了很大幅度的提升，如图11-45所示。

图11-45

添加Bloom特效前后的效果

7．接下来，为了模拟人眼适应环境明暗交替效果，为摄像机对象添加Tonemapping（色调映射）特效，该特效与Bloom（泛光）特效配合使用效果会更好。依次打开菜单栏中的Component→Image Effects→Tonemapping项，为摄像机对象添加Tonemapping（色调映射）特效，并调节其参数达到一个比较合适的效果，如图11-46所示。（Tonemapping特效只有在摄像机对象启用HDR时才能正常工作）

图11-46
调节Tonemapping特效的参数

8．预览游戏，通过移动摄像机可以发现，同样位置路面的亮度会依据摄像机视野的变化而相应地变化，这说明了Tonemapping（色调映射）特效可以很好地模拟人眼适应环境明暗变化的效果，如图11-47所示。

图11-47
Tonemapping（色调映射）特效模拟人眼适应环境明暗变化的效果

9．经过以上步骤的操作，场景的光感已经初步体现出来，为了配合场景氛围，接下来为该场景添加阳光射线效果。依次打开菜单栏中的Component→Image Effects→Sun Shafts项，为摄像机对象添加Sun Shafts（阳光射线）特效，如图11-48所示。

图11-48
为摄像机对象添加Sun Shafts特效

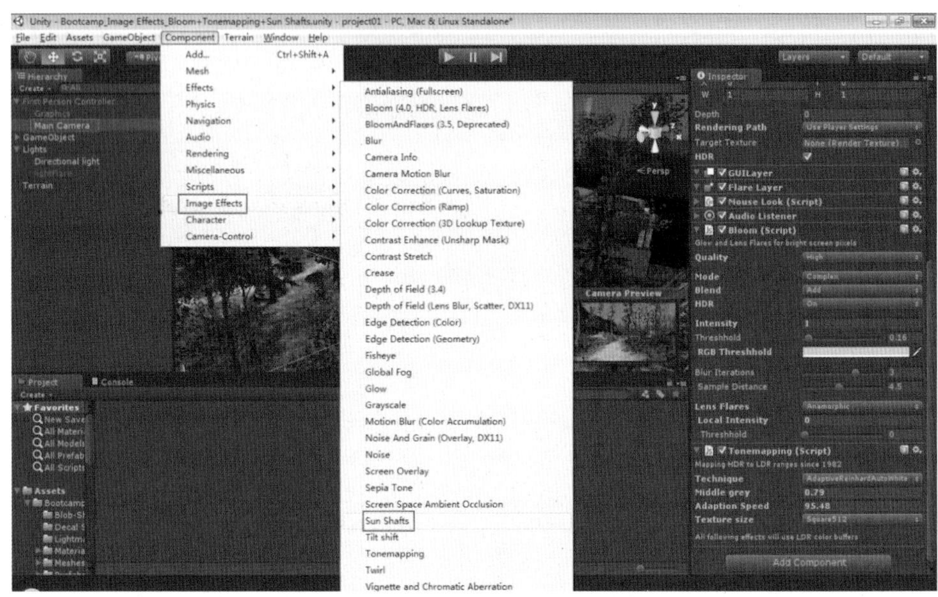

10．为了符合逻辑，将Shafts caster（射线投射）源指定为场景中由于模拟日光照明的Directional light对象，单击Shafts caster项右侧的圆圈按钮，在弹出的Select Transform对话框中选择Directional light对象，由于场景中游戏对象众多，手动检索并指定的话会很不方便，可以在搜索框中直接输入要指定对象的名称，Unity将会依据搜索框中的关键字进行查找，如图11-49所示。

图11-49
为Shafts caster指定发射源

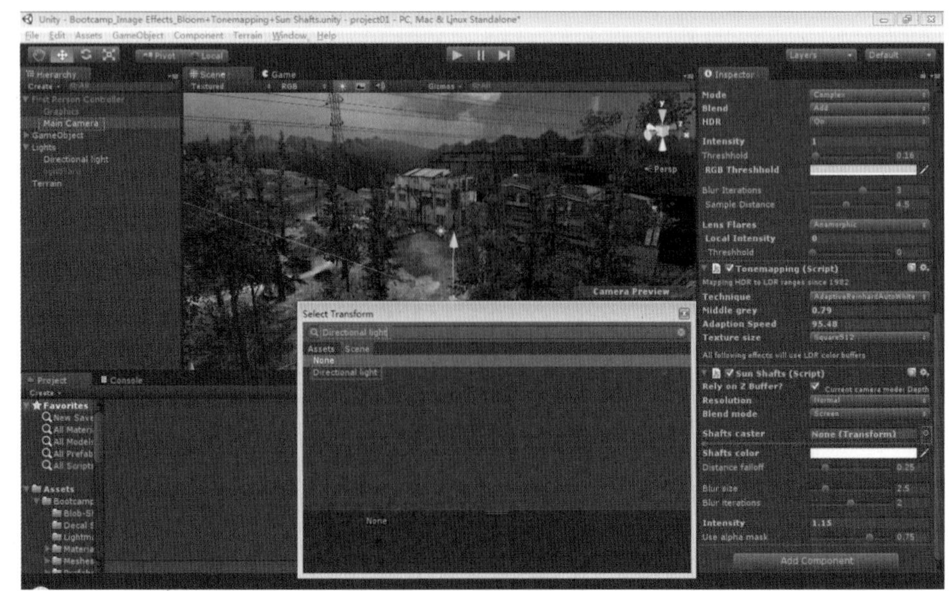

11．在Inspector视图中对Sun Shafts特效组件的参数进行调节，如图11-50所示。

12．此时可以看到阳光透过密林中树木的枝叶所产生的一束束射线的效果，如图11-51所示。

图11-50
调节Sun Shafts特效参数

图11-51
Sun Shafts特效效果

13．经过以上步骤的操作，该场景的最终效果便完成了，如图11-52至图11-56所示。

图11-52
最终完成的场景效果1

图11-53
最终完成的场景效果2

图11-54
最终完成的场景效果3

图11-55
最终完成的场景效果4

图11-56
最终完成的场景效果5

开发篇

第12章 游戏开发基础知识

12.1 3D数学基础知识

正如物理规律决定着宇宙的运行一样，在虚拟的游戏世界中，3D数学决定了游戏引擎如何计算和模拟出开发者以及玩家看到的每一帧画面。学习基础的3D数学知识可以帮助用户对游戏引擎产生更深刻的了解，本节将介绍一些基本的3D数学概念及其在Unity中的应用。

12.1.1 向量

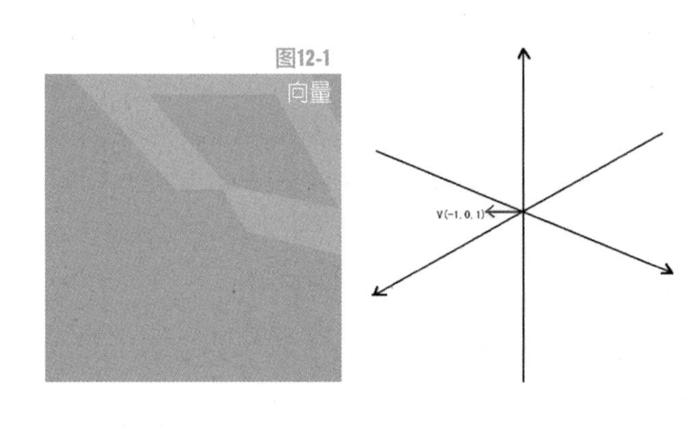

图12-1 向量

1．向量的定义

在数学中向量的定义是：既有大小又有方向的量叫作向量。在空间中，向量可以用一段有方向的线段来表示，如图12-1所示。

向量在游戏开发过程中的应用十分广泛，可用于描述具有大小和方向两个属性的物理量，例如物体运动的速度、加速度、摄像机观察方向、刚体受到的力等都是向量，因此向量是物理、动画、三维图形的基础。

向量相关概念：

- 模：向量的长度。
- 标准化（Normalizing）：保持方向不变，将向量的长度变为1。
- 单位向量：长度为1的向量。
- 零向量：各分量均为0的向量。

2．向量的运算

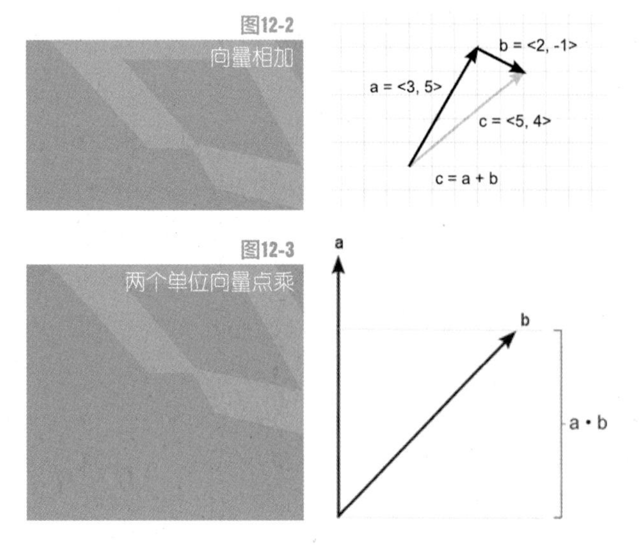

图12-2 向量相加

图12-3 两个单位向量点乘

- 加减：向量的加法（减法）为各分量分别相加（相减），如图12-2所示。在物理上可以用来计算两个力的合力，或者几个速度分量的叠加。
- 数乘：向量与一个标量相乘称为数乘。数乘可以对向量的长度进行缩放，如果标量大于0，那么向量的方向不变，若标量小于0，则向量的方向会变为反方向。
- 点乘：两个向量点乘得到一个标量，数值等于两个向量长度相乘后再乘以二者夹角的余弦值。如果两个向量a，b均为单位向量，那么a·b等于向量b在向量a方向上的投影的长度（也等于向量a在向量b方向的投影），如图12-3所示。

通过两个向量点乘结果的符号可以快速地判断两个向量的夹角情况：

若u·v=0，则向量u、v相互垂直。

若u·v>0，则向量u、v夹角小于90°。

若u·v<0，则向量u、v夹角大于90°。

图12-4 向量叉乘

- 叉乘：两个向量的叉乘得到一个新的向量，新向量垂直于原来的两个向量，并且长度等于原向量长度相乘后再乘夹角的正弦值，如图12-4所示。

可以通过左手摆出图12-4所示的手势来判断叉乘结果的方向（使用左手是因为Unity里用的是左手坐标系）。假设有向量Result=a × b，将拇指朝向a的方向，食指指向b的方向，则中指指向的方向为叉乘结果的方向。

需要注意的是，叉乘不满足交换律，即a × b≠b × a 。

3．Vector3类

在Unity中，和向量有关的类有Vector2、Vector3、Vector4，分别对应不同维度的向量，其中Vector3的使用最为广泛。Vector3类的常用成员变量和方法如表12-1和表12-2所示。

表12-1　Vector3成员变量

x	向量的X分量
y	向量的Y分量
z	向量的Z分量
normalized	得到单位化后的向量（只读）
magnitude	得到向量长度（只读）
sqrMagnitude	得到向量长度的平方（只读）

表12-2　Vector3常用方法

Cross	向量叉乘
Dot	向量点乘
Project	计算向量在另一向量上的投影
Angle	返回2个向量之间的夹角
Distance	返回2个向量之间的距离
operator +	向量相加
operator -	向量相减
operator *	向量乘标量
operator /	向量除标量
operator ==	若2个向量相等则返回true
operator !=	若2个向量不等则返回true

下面是一些Vector3类的应用示例：

1）计算两个位置之间的距离，其中other变量绑定的游戏对象的坐标为（50，50，50），脚本绑定的目标对象的坐标为（–2，–3.3，–10），本案例源文件为unitybook\chapter12\project\GameProject下的DistanceTest.unity工程文件。

```
    var other : Transform;
    if(other){vardist=Vector3.Distance(other.position,transform.
position);
    print ("Distance to other: " + dist);}
```

测试结果如图12-5所示。

图12-5
测试结果1

2）让游戏对象沿着指定方向移动，本案例源文件为unitybook\chapter12\project\GameProject下的DirectionMove.unity工程文件。

```
    var direction:Vector3 = Vector3.forward ;//移动方向
    varspeed:float = 5.0f;//速度
    function Update()
    {
      transform.position += direction*speed * Time.deltaTime;
    }
```

测试结果如图12-6所示。

图12-6
测试结果2

3）利用Vector3.sqrMagnitude来判断目标对象的距离是否小于触发距离，其中other变量的坐标的（–2，–3，–10），该脚本绑定的游戏对象的坐标为（–2，–3.3，–10），本案例源文件为unitybook\chapter12\project\GameProject下的SqrMagnitude.unity工程文件。

```
    var other : Transform;    //目标物体的Transform
    varcloseDistance = 5.0;  //触发距离
    function Update() {
      if (other) {
      varsqrLen = (other.position - transform.position).sqrMagni-
tude;
          //使用Vector3.sqrMagnitude比Vector3.magnitude
          //计算速度要快
          if( sqrLen<closeDistance * closeDistance )
                print ("目标物体已靠近!");
      }
    }
```

测试结果如图12-7所示。

图12-7
测试结果3

4）播放对象从初始点平滑移动到目标点的动画，其中start变量绑定的对象坐标为（–3，–3，–10），end变量绑定的对象坐标为（–3，–3，20），本案例源文件为unitybook\chapter12\project\GameProject下的MoveToTarget.unity工程文件。

```
var start : Transform;//初始位置
var end : Transform;//终点位置
function Update () {
transform.position=Vector3.Lerp(start.position, end.position,
Time.time);
}
```

测试结果如图12-8所示。

图12-8 测试结果4

5）利用Slerp插值方法模拟太阳升起和落下的过程，本案例源文件为unitybook\chapter12\project\GameProject下的SunRiseAndDown.unity工程文件。

```
var sunrise : Transform;//升起位置var sunset : Transform; //落
下位置
varjourneyTime = 1.0; //从升起到落下需要的时间，以秒为单位
private varstartTime: float; //用于记录开始的时间
function Start()
{
    startTime = Time.time; // 设置开始的时间
}functionUpdate () {var center = (sunrise.position + sunset.
position) * 0.5;//计算运行轨迹的圆心点
center -= Vector3(0,1,0);varriseRelCenter = sunrise.position
- center;//升起位置到圆心的向量
varsetRelCenter = sunset.position - center; //落下位置到圆心的
向量
varfracComplete = (Time.time - startTime) / journeyTime;//计
算用于插值的系数
transform.position=Vector3.Slerp(riseRelCenter, setRelCenter,
fracComplete);//Slerp插值
transform.position += center;}
```

测试结果如图12-9所示。

图12-9
测试结果5

12.1.2 矩阵

和向量一样，矩阵也是3D数学中十分重要基础。

1．矩阵的概念

m × n的矩阵是一个具有m行、n列的矩形数组，行数和列数分别为矩阵的维度。在游戏引擎中使用的矩阵通常为4 × 4矩阵，因为它可以描述向量的平移、旋转、缩放等所有的线性变换。

2．矩阵的计算

平移矩阵的形式如图12-10所示，与向量v相乘后，可以使向量v的XYZ分量分别变化Px、Py、Pz。

vT=(vx+Px,vy+Py,vz+Pz,1)

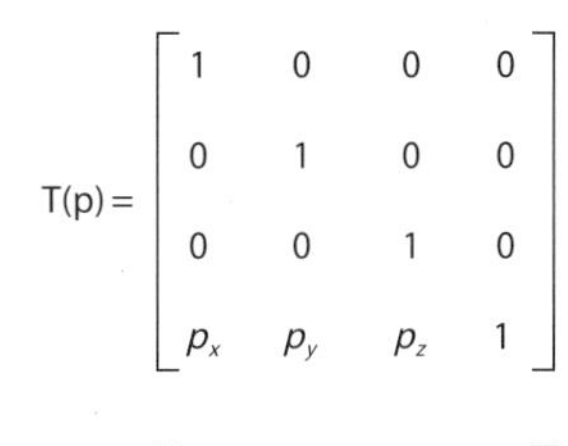

$$T(p)=\begin{bmatrix}1&0&0&0\\0&1&0&0\\0&0&1&0\\p_x&p_y&p_z&1\end{bmatrix}$$

图12-10
平移矩阵

旋转矩阵可以让向量沿着某个轴向旋转一定的角度。例如，图12-11中的旋转矩阵可以使向量沿着X轴旋转θ角。

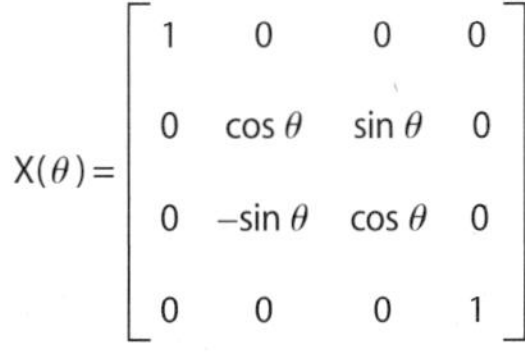

$$X(\theta)=\begin{bmatrix}1&0&0&0\\0&\cos\theta&\sin\theta&0\\0&-\sin\theta&\cos\theta&0\\0&0&0&1\end{bmatrix}$$

图12-11
旋转矩阵

缩放矩阵可以对向量的各分量进行缩放，如图12-12所示的矩阵与向量相乘后，向量的X、Y、Z分量会分别缩放qx、qy、qz倍。

矩阵变换可以通过矩阵乘法进行组合，用一个矩阵就可以表示一组变换操作。

例如，现有向量v，平移矩阵T，旋转矩阵R，缩放矩阵S，另有组合矩阵M=SRT，则有：

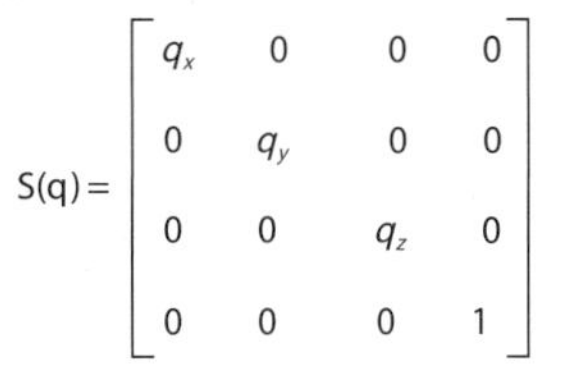

$$S(q)=\begin{bmatrix}q_x&0&0&0\\0&q_y&0&0\\0&0&q_z&0\\0&0&0&1\end{bmatrix}$$

图12-12
缩放矩阵

vSRT=vM

向量v乘矩阵M相当于依次对v进行缩放、旋转和平移。

3．Matrix4x4类

Unity使用Matrix4x4类来描述4 × 4矩阵。由于矩阵的使用需要用户具有一定的3D数学知识，在Unity中为了简化脚本的编写，对向量的常用操作在Vector3

类和四元数Quaternion类中已经提供了对应的方法，使用起来非常简单，另外Transform组件也提供了很多方便的功能，因此在编写Unity脚本时已经很少需要直接对矩阵进行操作了。在Unity中，Matrix4x4仅在Transform、Camera、Material和GL等几个类的函数中用到。

12.1.3 齐次坐标

在3D数学中，齐次坐标就是将原本3维的向量（x,y,z）用4维向量（wx,wy,wz,w）来表示。

引入齐次坐标的主要有如下目的：

1）更好地区分向量和点。在三维空间中，（x,y,z）既可以表示点也可以表示分量，不便于区分，如果引入齐次坐标，则可以使用（x,y,z,1）来表示坐标点，而使用（x,y,z,0）来表示向量。

2）统一用矩阵乘法表示平移、旋转、缩放变换。如果使用3×3的矩阵，矩阵乘法只能表示旋转和缩放变换，无法表示平移变换。而在4D齐次空间中，可以使用4×4的齐次矩阵来统一表示平移、旋转、缩放变换。

3）当分量w=0时可以用来表示无穷远的点。

齐次坐标的是计算机图形学中一个非常重要的概念，但是在Unity中很少需要直接和它打交道，在编写一些Shader可能会用到它，平时在脚本中主要还是使用三维向量Vector3。Unity通过便利的接口设计将这一重要概念隐藏在了引擎后面。

12.2 四元数

1. 四元数的概念

四元数包含一个标量分量和一个三维向量分量，四元数Q可以记作：

Q=[w,(x,y,z)]

在3D数学中使用单位四元数来表示旋转，对于三维空间中旋转轴为n，旋转角度为α的旋转，如果用四元数表示，四个分量分别为：

$$w=\cos(\alpha/2)$$
$$x=\sin(\alpha/2)\cos(\beta_x)$$
$$y=\sin(\alpha/2)\cos(\beta_y)$$
$$z=\sin(\alpha/2)\cos(\beta_z)$$

其中$\cos(\beta_x)$、$\cos(\beta_y)$、$\cos(\beta_z)$分别为旋转轴的x,y,z分量。

从上面的描述中可以看到四元数表示的旋转并不直观。在3D数学中，旋转还可以用欧拉角和矩阵表示，但是每一种表示方法都有其各自的优缺点，表12-3简单地对这3种旋转的表示方法进行了对比。

表12-3　3种旋转方式的对比

	欧拉角	矩　阵	四元数
旋转一个位置点	不支持	支持	不支持
增量旋转	不支持	支持，速度较慢	支持，速度快
平滑插值	支持	基本不支持	支持
内存占用	3个数值	16个数值	4个数值
表达是否唯一	无数种组合	唯一	互为负的2种表示
可能会遇到的问题	万向锁	矩阵蠕变	误差累积导致非法

由于3种表示旋转的方法都有各自的优势及缺点，所以在开发过程中需要根据实际的开发需求选择不同的方法。

2．Quaternion类

在Unity中，四元数使用Quaternion类来表示。下面先简要介绍Quaternion类的变量和函数，如表12-4和表12-5所示。

表12-4　Quaternion的变量

x	四元数的x分量（除非对四元数有一定的了解，否则不建议直接更改该分量）
y	四元数的y分量（除非对四元数有一定的了解，否则不建议直接更改该分量）
z	四元数的z分量（除非对四元数有一定的了解，否则不建议直接更改该分量）
w	四元数的w分量（除非对四元数有一定的了解，否则不建议直接更改该分量）
this [int index]	通过序号 [0] [1] [2] [3]来访问x、y、z、w分量
eulerAngles	返回表示该旋转的欧拉角
identity	返回同一性旋的四元数，即该四元数表示没有旋转

表12-5　Quaternion的函数

Set	设置Quaternion的x、y、z、w分量
ToAngleAxis	将四元数转换成一个角-轴表示的旋转
SetFromToRotation	设置一个四元数表示fromDirection到toDirection的旋转
SetLookRotation	设置一个四元数表示朝向为forward、上方向为up的旋转
ToString	将四元数转成格式化的字符串
operator *	连接两个旋转，该相乘操作的结果的作用相当于依次应用两个旋转操作
operator ==	判断四元数是否相等
operator !=	判断四元数是否不相等
Dot	两个旋转点乘
AngleAxis	根据旋转角和旋转轴创建一个四元数
FromToRotation	生成一个四元数表示fromDirection到toDirection的旋转
LookRotation	生成一个四元数表示朝向为forward、上方向为up的旋转
Slerp	根据t值在四元数from和to之间进行球形插值
Lerp	根据t值在四元数from和to之间进行插值，并将结果规范化
RotateTowards	将旋转from变到旋转to
Inverse	返回旋转的逆
Angle	返回a和b 两个旋转之间的夹角角度
Euler	返回一个先沿z轴旋转z角度，然后沿x轴旋转x角度，最后沿y轴旋转y角度的旋转

在游戏对象的Transform组件中，变量Transform.rotation为对象在世界坐标系下的旋转，Transform.localRotation为对象在父对象的局部坐标系下的旋转，两个变量的类型均为四元数。因此只要通过改变Transform.rotation或者Transform.localRotation就可以设置游戏对象的旋转了。下面给出了一些通过四元数来控制对象旋转的示例：

1）得到游戏对象当前旋转的角-轴表示，本案例源文件为unitybook\chapter12\project\GameProject下的ToAngleAxis.unity工程文件。

```
var angle = 0.0;// 旋转角度
var axis = Vector3.zero;//旋转轴
function Start(){
  transform.rotation.ToAngleAxis(angle, axis);// angle和axis均为ToAngleAxis的返回值
   print(angle);
   print(axis);
}
```

测试结果如图12-13所示。

图12-13
测试结果

2）将对象的旋转设置为Quaternion.identity，设置以后游戏对象的旋转归零，局部坐标系的坐标轴与世界坐标系的坐标轴平行。

```
transform.rotation = Quaternion.identity;
```

3）设置游戏对象的旋转，使得对象的前方向朝着target对象，上方向朝着Vector.up方向，实现的效果与transform.LookAt方法一样，本案例源文件为unitybook\chapter12\project\GameProject下的QuaternionExample.unity工程文件。

```
    var target : Transform; //观察目标
    functionUpdate () {varrelativePos = target.position - transform.
position;//计算当前位置到目标位置的方向
    var rotation = Quaternion.LookRotation(relativePos);//计算四元数
    transform.rotation = rotation;}
```

测试结果如图12-14所示。

图12-14
摄影机注视着太阳

4）将对象的旋转从from平滑插值到to，可以用来模拟相机的观察方向从物体a过渡到物体b的效果，本案例源文件为unitybook\chapter12\project\GameProject下的CameraLookAt.unity工程文件。

```
    var from : Transform;//from 对象的Transform组件
    var to : Transform; //to 对象的Transform组件
    vartranTime = 10.0; //相机观察方向从a过渡到b所需的时间，以秒为单位
    private varstartTime: float; //用于记录开始的时间
    function Start()
    {
        startTime = Time.time; //设置开始的时间
    }
    functionUpdate () {
        varfracComplete = (Time.time - startTime) / tranTime;//计算用
于插值的系数
        transform.rotation = Quaternion.Slerp (from.rotation, to.rot-
ation, fracComplete);//平滑插值}
```

测试结果如图12-15所示。

图12-15
测试结果

3．坐标系

在游戏开发中，经常会用到不同的坐标系来描述空间中的位置，常用的坐标系有：

- 世界坐标系：用于描述游戏场景内所有物体位置和方向的基准，也称为全局坐标系。
- 局部坐标系：每个物体都有其独立的物体坐标系，并且随物体进行相同的移动或者旋转，也称模型坐标系或物体坐标系。模型mesh保存的顶点坐标均为局部坐标系下的坐标。
- 相机坐标系：根据观察位置和方向建立的坐标系。使用坐标系可以方便地判断物体是否在相机前方以及物体之间的先后遮挡顺序等。
- 屏幕坐标系：建立在屏幕上的二维坐标系，用来描述像素在屏幕上的位置。

在Unity中，Transform组件的Transform.TransformPoint方法可以将坐标点从局部坐标系转换到世界坐标系，Transform.InverseTransformPoint可以将坐标点从局部坐标系转换到世界坐标系。Transform.TransformDirection和Transform.InverseTransformDirection则用于对向量在物体坐标系和世界坐标系之间进行转换。

下面是几个简单的应用示例：

1）计算世界坐标系下物体的前方向（Unity中物体的前方向为局部坐标系z轴的正方向）。

```
var forward=transform.TransformDirection(Vector3.forward);
print(forward);
```

2）将游戏对象的位置变换到相机的坐标系下，然后根据位置z分量的符号就可以判断出物体在相机前方还是在后方，可用来做简单的可见性判断。本案例源文件为unitybook\chapter12\project\GameProject下的cameraRelative.unity工程文件。

```
//相机的Transform
var cam ;
//将对象位置转换为相机坐标系下的坐标
varcameraRelative ;

function Start(){

  cam = Camera.main.transform;
  cameraRelative = cam.InverseTransformPoint(transform.position);
  //如果z分量大于0，那么对象位于相机前方
  if (cameraRelative.z> 0) {
      print ("The object is in front of the camera");
  }//否则对象位于相机后方
  else{

  print ("The object is behind the camera");
}

}
```

测试结果如图12-16所示。

图12-16 测试结果

12.3 渲染管线

渲染（Rendering）就是将三维物体或场景的描述转化为二维图像的过程。渲染管线（Rendering Pipeline）是显示芯片内用于处理图形信号而相互独立的并行处理单元。一个渲染管线包括一系列可以并行和按照一定顺序进行的处理阶段。每个处理阶段都从上一阶段接收输入数据，然后进行数据处理，再输出给下一个阶段。渲染管线的处理过程很像汽车车间里的装配流水线，只不过渲染管线中流动的是顶点、几何图元和片段，最终装配成一幅幅二维图像，因此渲染管线也称渲染流水线。

早期的渲染管线是固定管线（Fixed Rendering Pipeline），它的顶点处理和像素着色方法是固化的，开发者只能填充顶点数据，指定材质和纹理、设置光照、设置变换矩阵、设置渲染状态，然后显示芯片经过计算生成一副图像，中间的处理过程无法干预。

目前的渲染管线技术以可编程管线（Programmable Rendering Pipeline）为主流，它允许开发者编程对顶点运算和像素着色进行控制，实现出各种令人惊讶的效果。而可编程管线的核心就是Shader。在本书后续章节将会详细介绍Unity的Shader及其编写方法。

在Direct3D 9中，渲染管线主要有9个处理阶段构成，分别是：局部坐标变换→世界坐标变换→观察坐标变换→背面消隐→光照计算→裁剪→投影→视口计算→光栅化。对于可编程管线，顶点变换和光照可以通过编写Vertex Shader来控制，光栅化则可以通过编写Pixel Shader来控制。

在目前最新的Direct3D 11中，渲染管线的处理步骤进一步丰富，开发者对渲染过程的控制也更加灵活，如图12-17所示。

图12-17
Direct3D 11的渲染管线

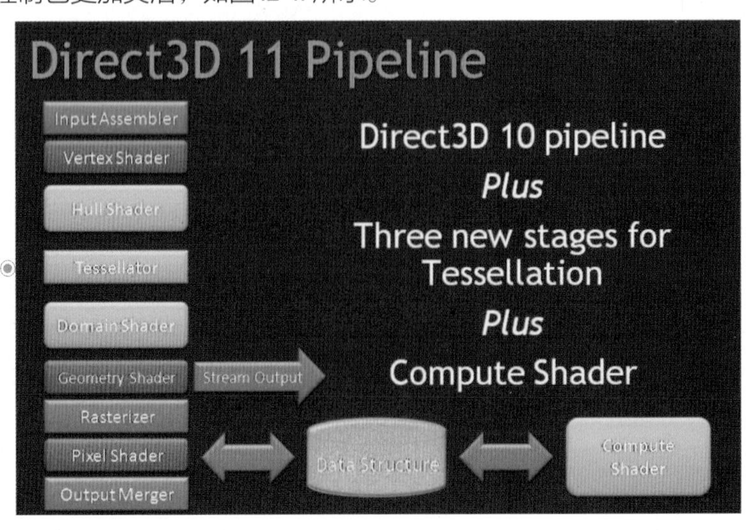

12.4　常见游戏类型

12.4.1　按游戏方式分类

随着计算机运算能力的不断提升，游戏画面效果越来越逼真、游戏内容更加丰富、游戏互动性更强、游戏的种类也在不断地增加，对游戏类型的划分有助于游戏的市场定位，以便吸引具有同一爱好的玩家群体。此外，制作游戏策划方案时也通常会依据不同的游戏类型来选择相应的技术方案，只有通过对游戏类型的划分才能够策划出符合目标群体的相关游戏。如今单类游戏已经逐渐消失，大多数游戏都混合了两到三种游戏类型，以下是几种常见的游戏类型简介：

1．RPG（Roleplaying Game，角色扮演游戏）

RPG游戏的核心是扮演，在玩法上通常是玩家扮演游戏中的一个或多个角色，一般有完整的故事情节。RPG游戏强调的是游戏的剧情发展和个人体验，这也是和冒险类游戏的重要区别之一。RPG游戏一般在亚洲地区比较流行，在国内比较著名的 RPG游戏是由大宇资讯发行的《仙剑奇侠传》系列，荣获了无数的游戏奖项，被众多玩家誉为“旷世奇作”，如图12-18所示。

图12-18
大宇发行的《新仙剑奇侠传》

2．ACT（ Action Game，动作游戏）

ACT游戏的剧情一般比较简单，玩家控制游戏人物用各种武器消灭敌人从而过关，例如《魂斗罗》、《超级玛丽》、《雷电》和《波斯王子》（见图12-19）等。这类游戏一般比较有刺激性、情节紧张、声光效果丰富、操作简单，强调玩家的反应能力和手眼的配合。

图12-19 《波斯王子》

3．AVG（Adventure Game，冒险游戏）

AVG游戏是由玩家控制游戏人物进行虚拟冒险的游戏。AVG游戏强调故事线索的挖掘，主要考验玩家的观察力和分析力，故事情节往往是以完成一个任务或解开某些谜题的形式出现的，而且在游戏过程中刻意强调谜题的重要性。AVG游戏也可再细分为动作类和解谜类两种，动作类AVG游戏可以包含一些格斗或射击成分，如《生化危机》系列、《古墓丽影》系列（见图12-20）、《恐龙危机》等；而解谜类AVG游戏则纯粹依靠解谜拉动剧情的发展，难度系数较大，代表是超经典的《神秘岛》系列。

图12-20 《古墓丽影》

4．SLG（Strategy Game，策略游戏）

SLG游戏一般都较为自由和开放，所以玩家就需要在游戏认可的限度（游戏规则）内想尽办法完成目标。策略游戏可分为回合制和即时制两种，回合制策略游戏如《三国志》系列、《樱花大战》系列；即时制策略游戏如《沙丘》等。后来有些媒体将模拟经营，即SIM（simulation）类游戏，如《模拟人生》（见图12-21）、《模拟城市》、《过山车大亨》、《主题公园》和养成类游戏如《世界足球经理》，《零波丽育成计划》等）也归到了SLG下。

图12-21
《模拟人生》

5．FTG（Fighting Game，格斗游戏）

FTG游戏通常会有精巧的人物与招式设定，以达到公平竞争的原则，此类游戏主要依靠玩家迅速的判断和操作打败对手从而取得胜利。FTG格斗游戏还可以再分为2D和3D两种，2D格斗游戏有著名的《街霸》系列、《侍魂》系列、《拳皇》系列等；3D格斗游戏如《铁拳》（见图12-22）、《高达格斗》等。

图12-22
《铁拳》

6．STG（SHOTING GAME，射击游戏）

只有强调利用“射击”途径才能完成目标的游戏才会被称为射击游戏。一般是由玩家控制各种飞行物完成任务或过关的游戏。此类游戏分为两种，一种叫科幻飞行模拟游戏（Science-Simulation Game），以非现实的、想象空间为内容，如《自由空间》、《星球大战》系列等；另一种叫真实飞行模拟游戏（Real- Simulation Game），以现实世界为基础，以真实性取胜，追求拟真，达到身临其境的感觉，如《王牌空战》系列（见图12-23）、《鹰击长空》系列等。另外，还有一些模拟其他的游戏也可归为STG，比如模拟潜艇的《猎杀潜航》、模拟坦克的《钢铁雄狮》等。

图12-23
《王牌空战》

7．FPS（First Personal Shooting Game，第一人称视角射击游戏）

FPS游戏顾名思义就是以玩家的主观视角来进行射击游戏。玩家们不再像别的游戏一样操纵屏幕中的虚拟人物来进行游戏，而是身临其境的体验游戏带来的视觉冲击，这就大大增强了游戏的主动性和真实感。FPS游戏严格来说是属于动作游戏的一个分支，由于其在世界上的迅速风靡，使之展成了一个单独的类型，典型的有DOOM系列、Quake系列、《虚幻》、《反恐精英》系列（见图12-24）、《荣誉勋章》系列、《使命召唤》系列等。

图12-24
《反恐精英》

8．PUZ（Puzzle Game，益智游戏）

PUZ游戏以游戏的形式锻炼脑、眼、手的游戏，使人在游戏中获得逻辑力和敏捷力。PUZ游戏适合休闲，最经典的有《俄罗斯方块》（见图12-25）以及现在移动端的部分游戏。

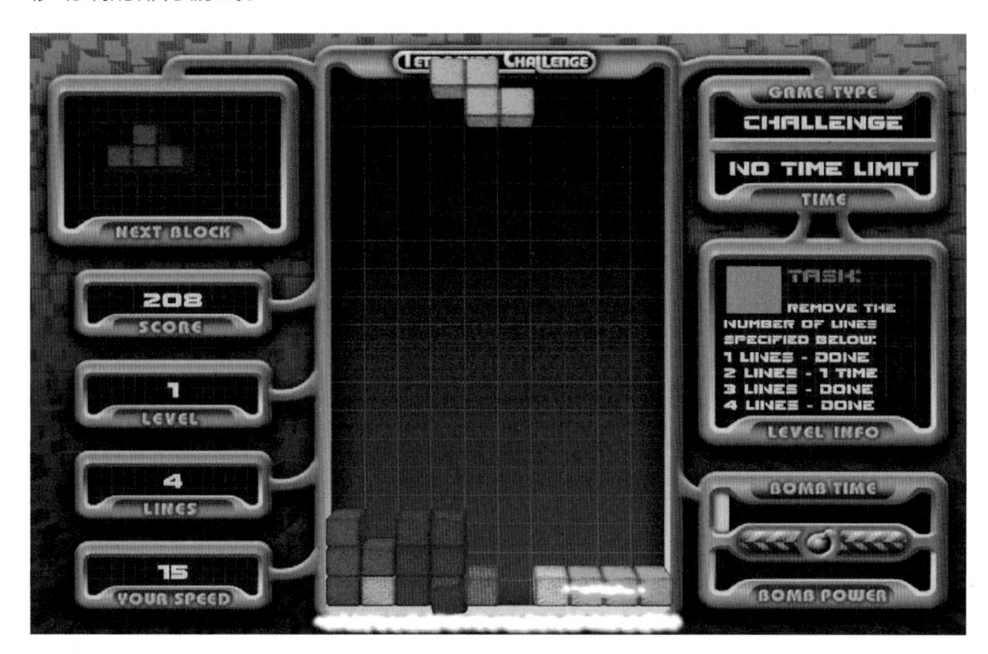

图12-25
《俄罗斯方块》

9．RAC（Racing Game，竞速游戏）

RAC游戏是在计算机上模拟各类赛车运动的游戏，通常是在比赛场景下进行，非常讲究图像音效技术，往往是代表计算机游戏的尖端技术。RAC游戏代表作有《极品飞车》（见图12-26）、《山脊赛车》、《GT赛车》等。目前，RAC游戏内容越来越丰富，出现了另一些其他模式的竞速游戏，如赛艇、赛马等。

图12-26
《极品飞车》

10．SPT（Sports Game，体育游戏）

SPT游戏是一种让玩家可以参与专业的体育运动项目的游戏，该游戏类别的内容多数以较为人认识的体育赛事（例如NBA）为蓝本。经典的SPT游戏类型有《FIFA》系列、《NBA Live》系列、《实况足球》系列（见图12-27）等。

图12-27
《实况足球2012》

11．EDU（Education Game，养成游戏）

EDU游戏是一种造梦的游戏类型。无论是哪个养成游戏都拥有着为玩家圆梦的能力，不管你是想养育一个小女孩，还是想谈一次浪漫纯洁的恋爱，养成游戏都能够帮你实现这些愿望。为了增加可玩性，EDU养成游戏往往设置多种结局，如《明星志愿》、《美少女梦工厂》（见图12-28）、《零波丽育成计划》等。

图12-28
《美少女梦工厂》

第13章 Unity脚本开发基础

本章将介绍在Unity中进行脚本开发的基础知识和开发技巧。通过本章学习可以了解到如下内容：

1）脚本基本概念。

2）3种脚本语言C#/JavaScript/Boo简介。

3）C#/JavaScript的基本语法。

4）脚本创建、编辑和使用。

5）开发中常用的API。

本章所有代码文件可在unitybook\chapter13\project\ScriptExample路径下找到。

13.1 脚本介绍

游戏吸引人的地方在于它的可交互性。如果没有交互，场景做得再美观和精致，也难以称其为游戏。在Unity中，游戏交互通过脚本编程来实现。脚本可以理解为附加在游戏对象上的用于定义游戏对象行为的指令代码。通过脚本，开发者可以控制每一个游戏对象的创建、销毁以及对象在各种情况下的行为，进而实现预期的交互效果。

图13-1为Unity游戏案例“AngryBots”中的角色脚本列表和代码片段，这些代码可以使虚拟的游戏角色根据玩家的指令在场景中进行冒险。

图13-1

“AngryBots”的角色脚本

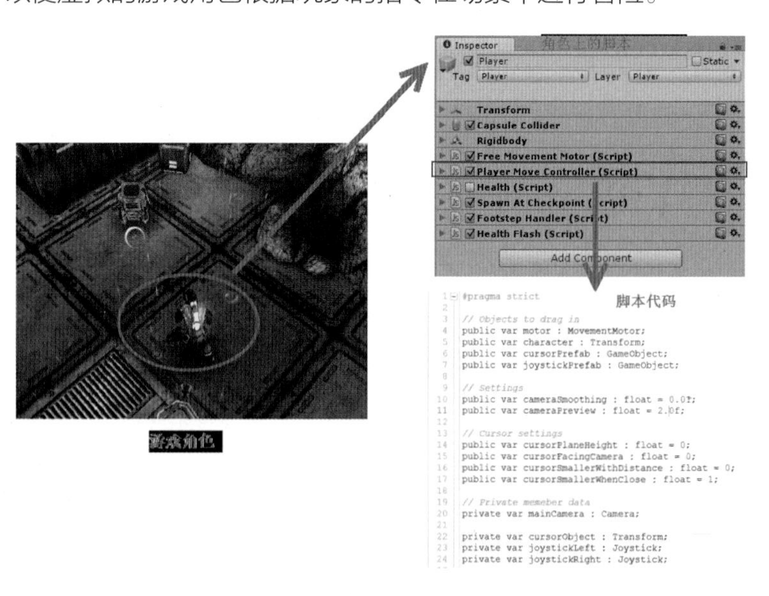

在Unity中进行脚本开发十分简易和高效，这是因为Unity的编辑器整合了很多脚本编辑的功能，比如脚本与游戏对象的连接、变量数值的修改以及实时预览脚本修改后的游戏效果，这样就节省了很多脚本开发时调整和调试的时间，提高了游戏开发的效率。另外，Unity内置有一个脚本资源包，提供了丰富的游戏开发中的常用脚本，帮助开发者快速地实现游戏的基本功能。

13.2 Unity脚本语言

Unity支持3种脚本语言：JavaScript、C#和Boo。其中，JavaScript和C#在互联网应用开发中的使用已经非常普遍了，Boo是Python语言在.NET上的实现，使用者相对较少。在Unity项目工程中可以同时存在不同语言编写的脚本，并且脚本之间可以相互访问和进行函数调用，因此用户可以根据自己的喜好来选择使用哪种语言来进行开发，而无须担心兼容性问题。

Unity的脚本语言基于Mono的.NET平台上运行，可以使用.NET库，这也为XML、数据库、正则表达式等问题提供了很好的解决方案。另外，和传统解释型脚本语言不同，Unity里的脚本都会经过编译，因此它们的运行速度也很快。总的来说，Unity的3种脚本语言实际上在功能和运行速度上是一样的，区别主要体现在语言特性上。

对于初学者，也许会困惑应该从那种语言入手。表13-1所示的表格对3种脚本开发语言进行了简单对比，读者可以根据自身情况来选择学习哪种开发语言。

表13-1　3种脚本开发语言的对比

语　言	学习难度	用户群体	资　料	适合的使用者
C#	较难	广泛	丰富	中高级用户
JavaScript	一般	广泛	丰富	初学者和中级用户
Boo	较难	较少	较少	中高级用户

C#和JavaScript的用户群体人数很多，资料也十分丰富，因此对于程序基础较弱的初学者，建议在C#和JavaScript中进行选择。

JavaScript相对来说语法较为简单，比较容易入门，Unity官方示例中的脚本基本都是用JavaScript写的，网络上的Unity案例也大量使用JavaScript作为脚本语言。

C#对于有C/C++基础的读者来说很容易学习，C#本身有很多强大的语言特性，总体来讲比JavaScript更适合进行深入开发。大多数的Unity第三方插件都是用C#编写的。商业游戏项目基本上也是使用C#进行开发。

Boo语言适合那些习惯用Python的开发者使用，不过在国内的相关资料很少，基本上很少能找到使用Boo进行开发的案例。

综上所述，对于程序基础较弱的初学者或者只有一些简单的开发需求的人，可以选择使用JavaScript作为脚本开发语言；对于有一定C/C++程序基础的开发者，或者有较为深入的开发需求的开发者，可以选择使用C#；习惯使用Python的开发者可以使用Boo语言。

13.3 Javascript基本语法

Unity使用的JavaScript和网页开发中常用的JavaScript并不一样，它经过编译后运行速度很快，另外语法方面也会有不少区别，因此也有人将其称为UnityScript。本节将介绍Unity中JavaScript的基本语法。

13.3.1 变量

JavaScript里变量需要先定义后才能使用，声明一个变量的方法为：

var 变量名:变量类型;

例如：

```
var playerName:String;//声明一个名称为playerName，类型为String的变量
playerName = "Arthas";
var playerHealth:int = 100;//声明一个名称为playerHealth，类型为int的变量并赋值
```

变量前面还可以添加访问修饰符如public、protected、private来修饰，其中public的变量可以在Inspector视图中查看和编辑，不添加访问修饰符则默认为public。

JavaScript有表13-2所示的常用的变量类型。

表13-2 常用的变量类型

数值类型	byte、sbyte、short、ushort、int 、uint、long、ulong、float、double、char、decimal 开发时根据精度需要选用不同的类型
字 符 串	String
布 尔 值	boolean

13.3.2 数组

JavaScript里可以使用两种数组，分别为内建数组（built-in array）和Array数组。内建数组速度最快，并且可以在Inspector视图里编辑，但是不能动态调整大小。Array数组可以调整大小，且提供了常用的合并、排序等功能，但是不能在Inspector视图里编辑，速度较内建数组慢。

下面是使用内建数组的例子，文件名为JSArrayTest1：

```
var values : int[] = [1,2,3,4,5];//声明一个内建数组并初始化
function Start ()
{
  for (var i:int in values) {
    print(i);//遍历数组并打印
  }
}
```

测试结果如图13-2所示。

图13-2
输出数组元素

下面是使用Array数组的例子，命名该文件为JSArrayTest2：

```
function Start ()
{
  var arr = new Array ();//声明一个Array数组
  arr.Push ("hello");//添加一个元素到数组
  print(arr[0]);
  arr.length = 2; //调整数组大小
  arr[1] = "bye";//赋值给第二个元素
  for (var str : String in arr)
  {
    print(str); //遍历数组并打印
  }
}
```

测试结果如图13-3所示。

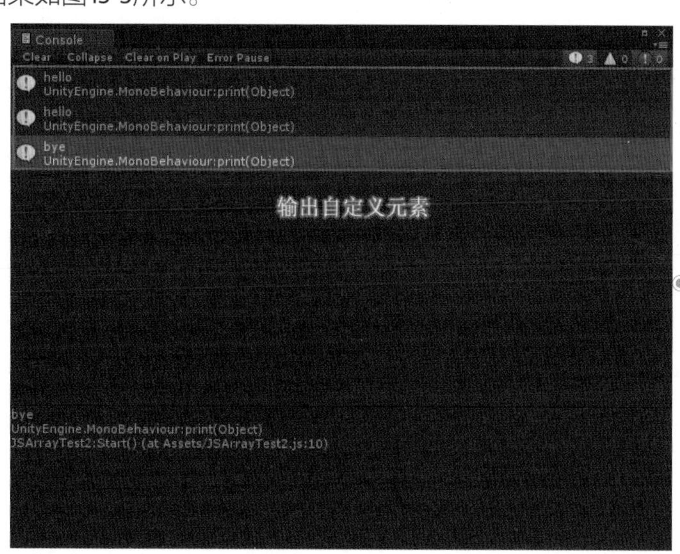

图13-3
输出自定义元素

内建数组和Array数组可以很方便地转换，在开发过程中可以根据性能需要来使用不同类型的数组，新建JavaScript脚本文件名为PushExample，添加脚本，如下面例子所示。

```
function Start ()
{
  var array = new Array (1, 2);
  array.Push(3);
  array.Push(4);
  var builtinArray : int[] = array.ToBuiltin(int);// Array数组赋值给内建数组
  var newarr = new Array (builtinArray);//将内建数组赋值给Array数组
  print (array);
  print (newarr);
}
```

测试结果如图13-4 所示。

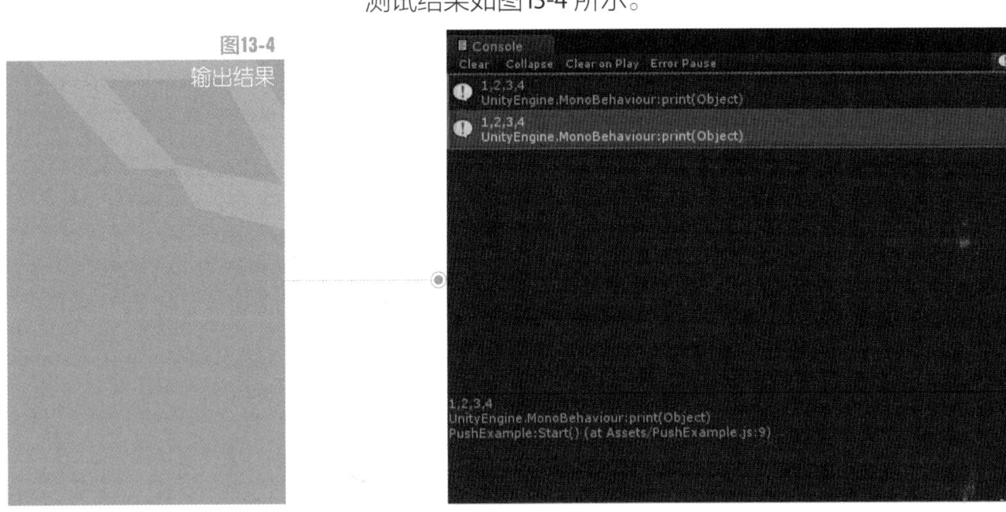

图13-4
输出结果

13.3.3 运算、比较、逻辑操作符

JavaScript提供了一套算数、关系、逻辑操作符，如表13-3、表13-4和表13-5所示。

表13-3 运算操作符

+	加法	expr1+ expr2;
-	减法	expr1- expr2;
*	乘法	expr1* expr2;
/	除法	expr1/ expr2;
%	取模（求余数）	expr1%expr2;
++	自增	++ expr1;expr1++;
--	自减	-- expr1;expr1--;

表13-4　比较操作符

<	小于	expr1<expr2;
>	大于	expr1>expr2;
<=	小于等于	expr1<=expr2;
>=	大于等于	expr1>=expr2;
==	是否相等	expr1==expr2;
!=	是否不等	expr1!=expr2;

表13-5　条件操作符

!	Not（逻辑非）	!expr1;
||	Or（逻辑或）	expr1||expr2;
&&	And（逻辑与）	expr1&&expr2;
? :	条件表达式	expr?expr_if_true: expr_if_false;

13.3.4　语句

JavaScript的所有语句均要以分号结尾。语句的注释支持单行注释//和多行注释/* */。

1．条件语句：支持if、if-else条件判断以及if-else嵌套使用。

```
if(expr1 == expr2) print("expr1 == expr2");
if(expr2 == expr3) print("expr2 == expr3");
else  print("expr2 != expr3");
```

2．循环语句：支持while、do-while、for、for-in的循环操作。

```
var i:int = 0;
while(i < 10)
{
  print(i);
  i++;
}
for(var i:int = 0;i < 10; ++i)
{
  print(i);
}
var i:int = 0;
do
{
   print(i);
   ++i;
```

```
}while(i < 10);
var nameArray:String[] = ["lucy","tom","jack"];
for(var  str:String  in  nameArray)
{
   print(str);//遍历数组并打印
}
```

运行结果如图13-5所示。（参考LoopAndAdjust.js脚本）

图13-5
输出结果

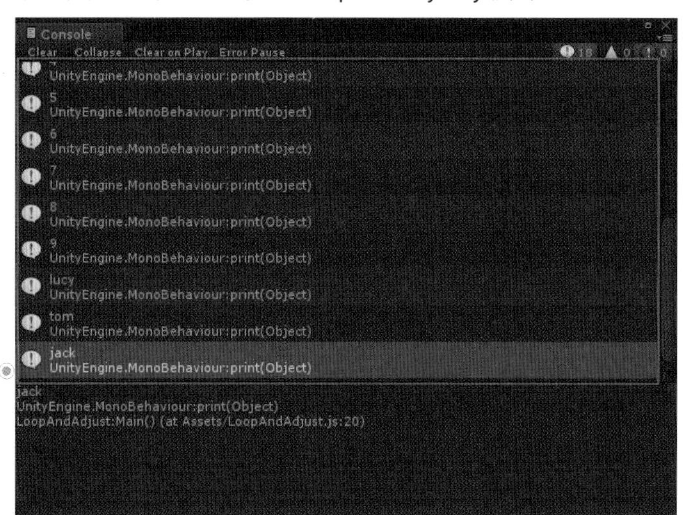

3．switch语句：switch语句用来进行多条件判断，可以替代冗长的if-else嵌套语句。

```
var player:String = "Lily";
switch(player)
{
  case "Tom":
  print("this is Tom");
  break;
  case "Lily":
  print("hi,Lily");
  break;
  case "Jack":
  print("Nice to meet you");
  break;
  default:
  break;
}
```

测试结果如图13-6所示。（参考SwitchExample.js脚本）

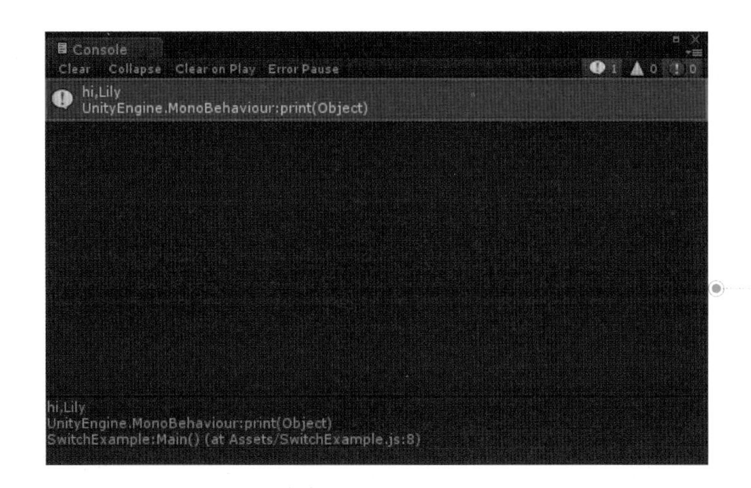

图13-6
输出结果

13.3.5　函数

JavaScript里的函数格式为：

function 函数名(参数1:参数类型，参数2:参数类型…):返回值类型

{

}

例如：

```
function Sum(num1:int, num2:int):int
{
  return num1 + num2;
}
```

另外，JavaScript中函数均可以视为Function类型的对象，可以像变量一样进行赋值比较等操作。

例如：

```
function Start () {

  var sumFunc:Function = Sum;
  print(Sum(1, 2));
  print(sumFunc(3, 4));

}
function Sum(num1:int, num2:int):int
{
  return num1 + num2;
}
```

运行结果如图13-7所示。

图13-7
输出结果

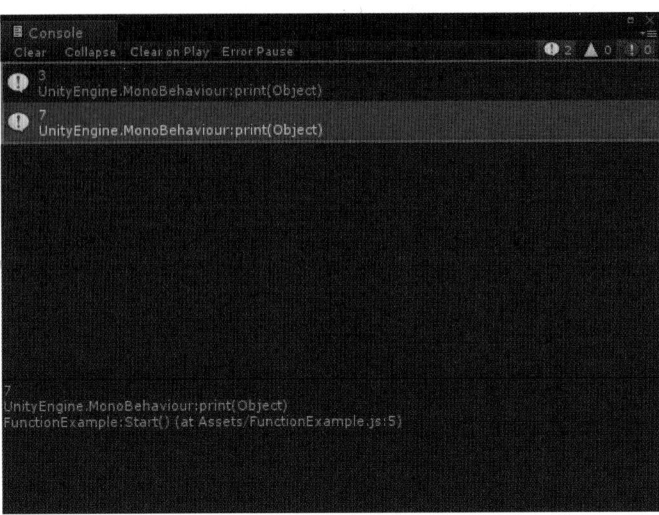

13.3.6 JavaScript脚本

对于JavaScript脚本，Unity会自动地为脚本添加一个与脚本文件名同名的类，并自动地继承于MonoBehaviour。但是，如果是使用C#或Boo语言来开发，则需要在脚本里显式地写出类名和继承关系。

例如，Javascript脚本Example.js可以写成：

```
#pragma strict
function Start () {
   print("Hello World!");
}
```

Unity编译时会自动地处理为：

```
#pragma strict
public class Example extends MonoBehaviour
{
  function Start () {
     print("Hello World!");
  }
}
```

13.4　C#基本语法

13.4.1　变量

在Unity中，C#变量声明方式为：

变量类型变量名;

例如:

```
string player = "tom";
```

变量前面可以添加访问修饰符public、protected、private，其中public的变量可以在Inspector视图中查看和编辑，不添加访问修饰符则默认为private（在JavaScript中默认为public）。

C#中可用的变量类型和上一节JavaScript中介绍的变量类型一样，这里就不再重复了。

13.4.2　数组

在C#中只能使用内建数组。

```
using UnityEngine;
using System.Collections;
public class Example : MonoBehaviour {
  public int[] array = new int[5];
  void Start () {
    for(int i = 0; i < array.Length; i++)
    {
      array[i] = i;
    }
         foreach(int item in array ) print(item);
  }
}
```

运行后结果如图13-8所示。

图13-8
数组输出结果

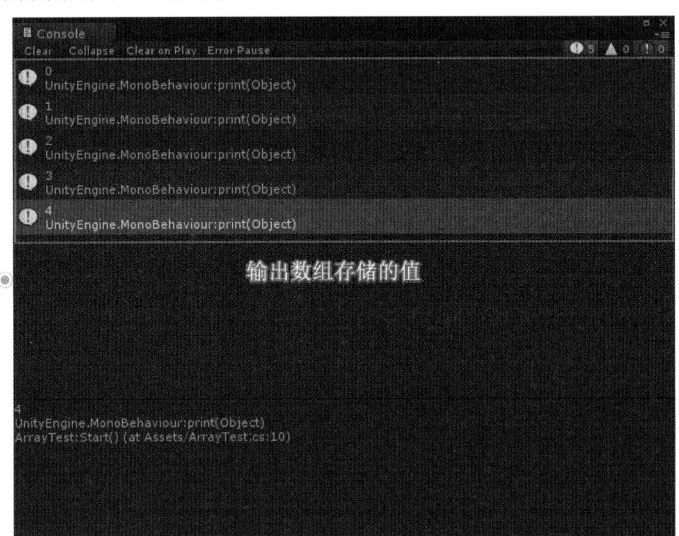

虽然不能使用Array数组，但是可以使用ArrayList、List等容器来达到同样的目的。例如：

```
using UnityEngine;
using System.Collections;
using System.Collections.Generic;//使用List容器需要添加这个命名空间
public class Example: MonoBehaviour {
  public List<int> list=new List<int>();//声明一个元素类型为int的List容器
  void Start () {
    for(int i = 10; i > 0; i--)
    {
      list.Add(i);//按10,9,8,,,1的顺序往list里面添加内容
    }
    list.Sort();//排序
    foreach(int item in list ) print(item);//打印list里的内容
  }
}
```

测试结果如图13-9所示。

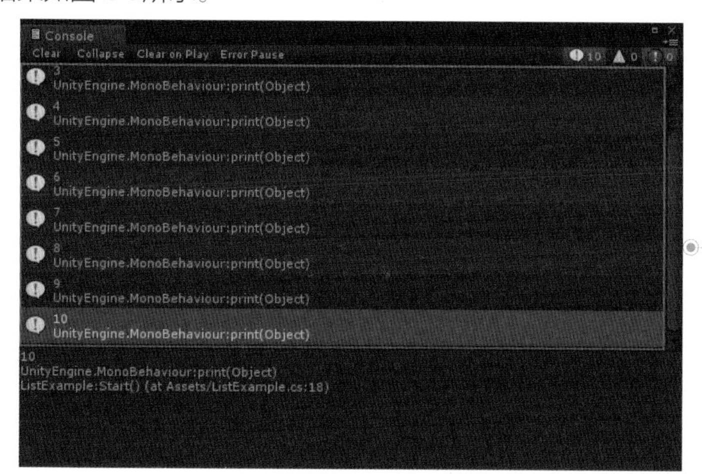

图13-9
测试结果

13.4.3 运算、比较、逻辑操作符

C#中的操作符与上一节介绍的JavaScript操作符一致，请读者参考13.3.3节内容。

13.4.4 语句

C#中的条件判断语句、循环语句、switch语句的使用与13.3.4节介绍的JavaScript语句一致，请读者参考13.3.4节内容。

13.4.5 函数

C#里的函数格式为：

```
访问修饰符 返回值类型 函数名(参数类型 参数1, 参数类型参数2, …)
{
}
```

例如：

```
public int Sum(int num1, int num2)
{
  return num1 + num2;
}
```

参数可以使用关键字ref声明为传引用参数，在函数调用时的实参数前也需要添加ref，例如：

```
void Start () {
  int score = 110;
  ClampScore(ref score);//传参数的引用
  print(score);
}
void ClampScore(ref int num)
{
  num = Mathf.Clamp(num,0,100);
}
```

测试结果如图13-10所示。（参考RefExample.cs脚本文件）

图13-10
信息输出

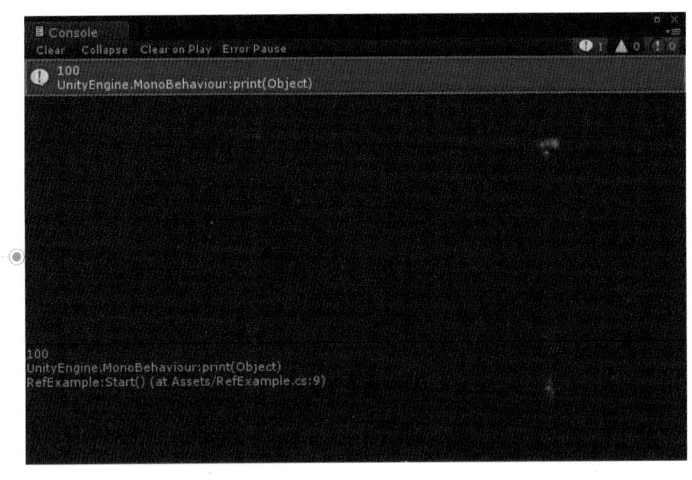

另外，函数参数前可以使用关键字out实现返回多个数值，例如：

```
void Start () {
  float num1 = 2f, num2 = 3f;
  float multi, sum;
  Calculate(num1, num2, out multi, out sum);
  print(multiply);
  print(sum);
}
void Calculate(float num1, float num2, out float multi, out
float sum)
{  //将相乘结果和相加结果返回
```

```
        multiply = num1 * num2;
        sum = num1 + num2;

    }
```

测试结果如图13-11所示。（参考OutExample.cs脚本文件）

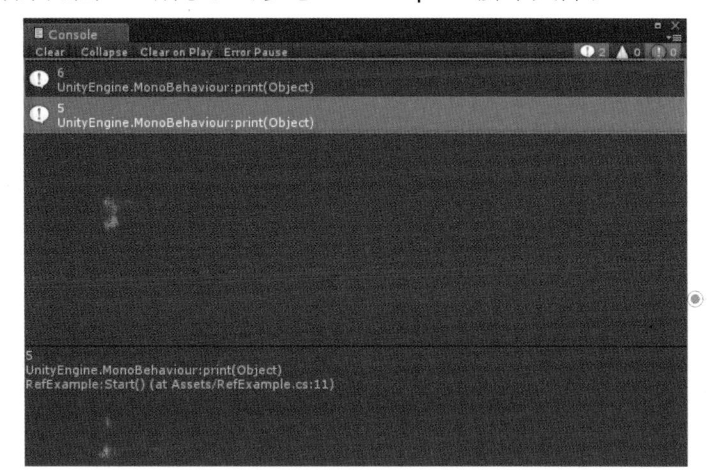

图13-11
测试结果

13.4.6　C#脚本

在使用C#编写脚本时还需要注意以下几个规则：

1）凡是需要添加到游戏对象的C#脚本类都需要直接或间接地从MonoBehaviour类继承。对于在Unity编辑器中新建的C#脚本，Unity会自动帮助开发者完成继承的相关代码。如果是在别的地方创建的C#脚本，那么就需要添加继承关系，不然C#脚本是不能添加到游戏对象上的。

2）使用Start或者Awake函数来初始化，避免使用构造函数。Start和Awake函数在本章后面部分会介绍到。不使用构造函数的原因是在Unity里无法确定构造函数何时被调用。

3）类名要与脚本文件名相同，否则在添加脚本到游戏对象时会提示错误。这里要求与文件名同名的类指的是从MonoBehaviour继承的行为类，普通的C#类可以随意命名。

4）协同函数（Coroutines）返回类型必须是IEnumerator，并且用yield return替代yield。

5）目前Unity里的C#不支持自定义命名空间。

13.5 Boo基本语法

Boo可以看作是Python语言的变种，又糅合了Ruby和C#的一些特性，算是一种比较有特色的语言。另外，Boo是静态类型语言，这点和C#一样，增加了一定程度的安全性。本节将简要地介绍Boo语言的基本语法。

13.5.1 变量

Boo里声明变量的格式是：

变量名 as 类型

例如，i as int将会声明一个名称为i的int型变量。

另外，也可以像下面这种方式使用变量，这让它看起来很像动态类型语言，Boo会在变量第一次使用时自动检测变量类型，变量类型确定后将无法改变。

```
i=10
print(i)
```

测试结果如图13-12所示。

图13-12 输出结果

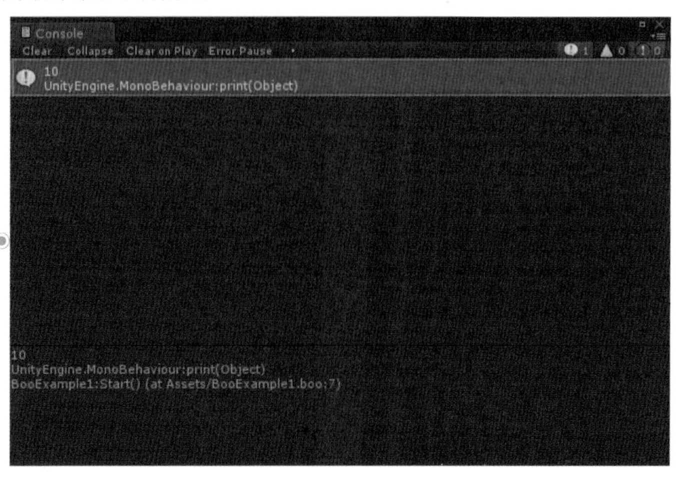

Boo中支持的数值类型与前面JavaScript章节中介绍的一致，请参考相关的内容。

Boo的字符串

Boo里面字符串的写法有3种，分别使用单引号、双引号、三个双引号，例如：

```
"Unity"
'Unity'
"""Unity"""
```

如果使用三个双引号的写法，字符串里的\将不会作为转义字符。

例如：

print("""Unity\n\t""") 的显示结果将为Unity\n\t。

13.5.2 数组

Boo里可以直接用小括号（ ）声明数组，或者通过函数array声明数组，例如:

```
arr1 = (1,2)  //声明一个类型为int，长度为2的数组，数组内元素为1,2
arr2  =  array(range(5))//声明一个类型为int，长度为5的数组，数组内元素为0,1,2,3,4
arr3 = array(int, 100) //声明一个类型为int，长度为100的空数组
```

13.5.3 运算、比较、逻辑操作符

Boo支持的操作符与前面介绍的JavaScript的操作符相同，因此本节不再重复，请参考前面的内容。

13.5.4 语句

1. 条件判断语句

下面是Boo的条件判断语句的简单示例：

1）if语句。

```
i = 1
if i == 1:
print("i == 1")
```

测试结果如图13-13所示。（参见IfExample.boo脚本文件）

图13-13
输出结果1

2）if-else语句。

```
i = 5
if i > 5:
print("i > 5.")
else:
print("i <= 5.")
```

测试结果如图13-14所示。（代码参见IfElseExample.boo脚本文件）

图13-14
输出结果2

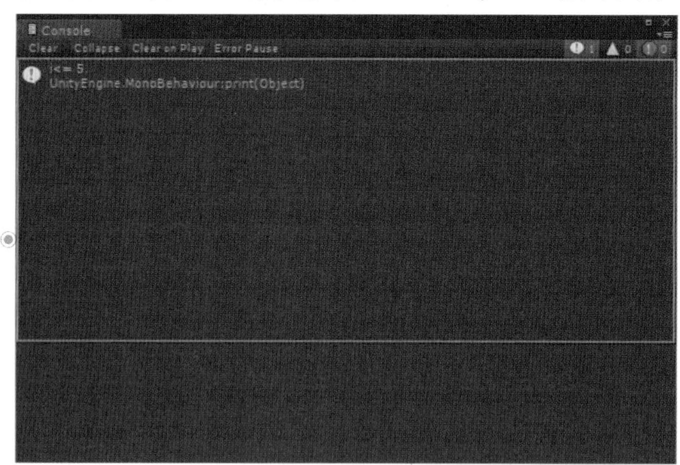

3）if-elif-else语句

```
i = 5
if i > 5:
print ("i > 5.")
elif i == 5:
print ("i == 5.")
elif i < 5:
print ("i < 5.")
```

测试结果如图13-15所示。（代码参见IfElseIfExample.boo脚本文件）

图13-15
输出结果3

2．循环语句

Boo里的循环语句一般与range函数一起使用。例如，for循环的示例如下：

```
for i in range(3):
  print(i)
```

测试结果如图13-16所示。（参见RangeExample.boo脚本文件）

图13-16
输出结果4

while循环的示例如下：

```
i = 0
while i < 10:
    print(i)//打印0到9共10个数字
    i++
```

测试结果如图13-17所示。（参见WhileExample.boo脚本文件）

图13-17
输出结果5

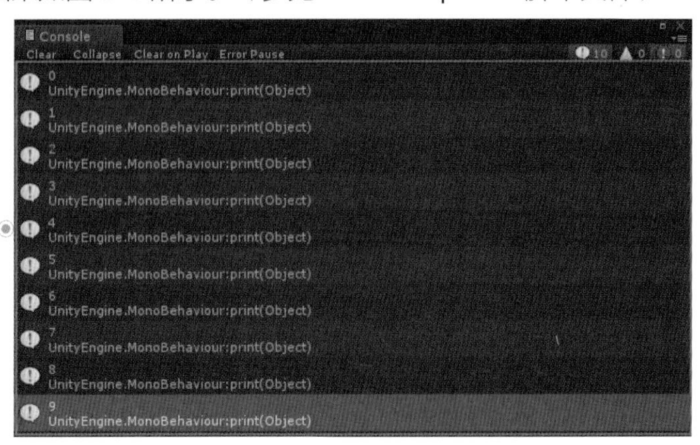

Boo里的While-Break-Unless循环和其他语言的do-while循环很类似，会先执行一次，然后根据表达式的结果决定是否继续要循环执行。

下面是While-Break-Unless 循环的例子。

```
i = 1
while true:
  print(i)
  i++
  break unless i < 5 //结果将打印1  2  3  4 共4个数字
```

测试结果如图13-18所示。（参见WhileBreakUnless.boo脚本文件）

图13-18
输出结果6

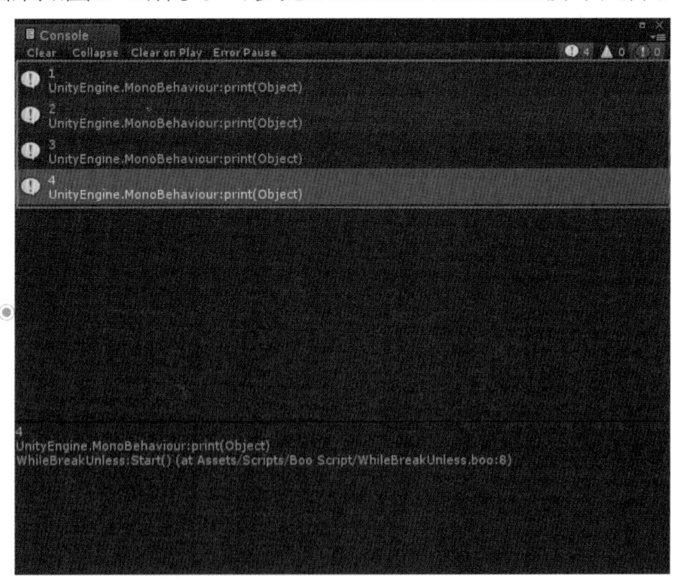

如果不想在程序块里做任何事情，可以使用pass关键字。例如：

```
def Start ()://在函数Start里什么都不做
  pass
```

13.5.5 函数

Boo语言定义函数的格式为：

```
def 函数名(参数列表)：
函数体
```

例如：

```
def HelloWorld():
return "Hello, World!"
```

需要注意的是，Boo语言里没有{}来指出函数体的代码区域，它是根据代码的缩排来自动判断的。因此

```
def HelloWorld():
return "Hello, World!" //有缩进
```

和

```
def HelloWorld():
return "Hello, World!"//无缩进
```

在Boo里是不一样的，因此在Boo里要注意空格键和tab键的使用。

另外，可以通过as来指明函数的返回类型，例如：

```
def HelloWorld() as string:
return "Hello, World!"
```

另外Boo同样支持函数重载，例如：

```
def SayHi():
return "Hello, World!"

def SayHi (name as string): //SayHi函数的重载
return "Hi, ${name}!"
```

函数还可以使用不定长度参数：

```
  def Start () :
    print(SayHi("tom", "jerry"))
  def SayHi (*args as (string)): //不定长参数的SayHi函数
    hiStr as string = ""
    for str in args:
      hiStr += " &" + str
    return "Hi," + hiStr
//输出结果为 Hi,tom & jerry
```

测试结果如图13-19所示。（参见FunctionExample.boo脚本文件）

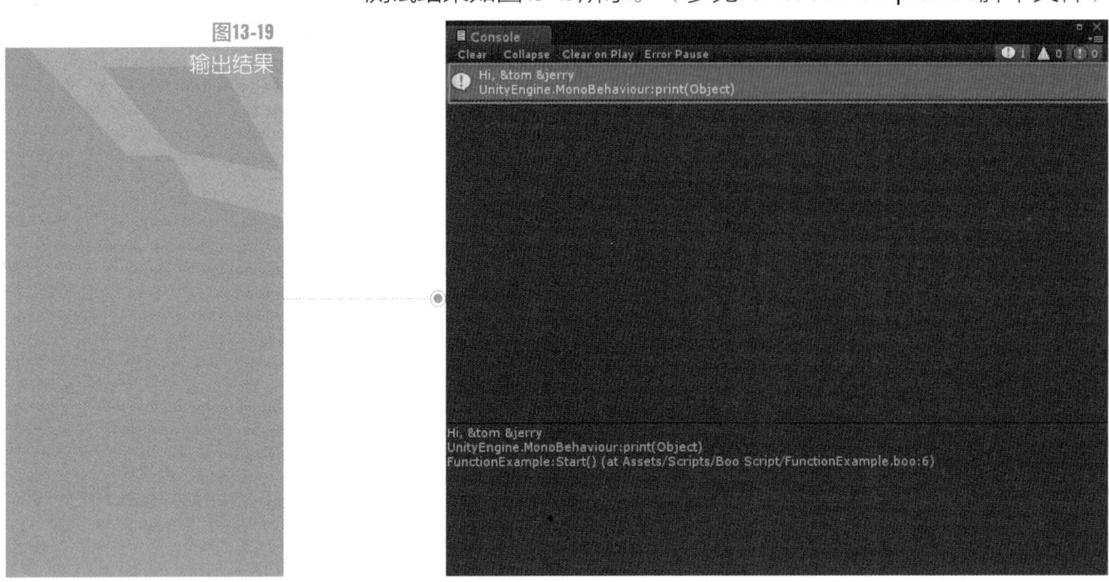

图13-19 输出结果

13.5.6 Boo脚本

Boo的脚本需要显式地声明一个与脚本名同名的类，并且该类需要直接或者间接地从MonoBehaviour继承，这点和C#类似，例如，BooExample.boo脚本中需要声明一个BooExample类：

```
import UnityEngine
class BooExample (MonoBehaviour):
  def Start () :
    pass
```

13.6 创建脚本

在Unity中有两种新建脚本文件的方法，操作方法分别为：

1. 打开菜单栏中的Assets→Create→Javascript项（或者是C# Script/Boo Script，根据脚本语言的类型选择菜单项），如图13-20所示。

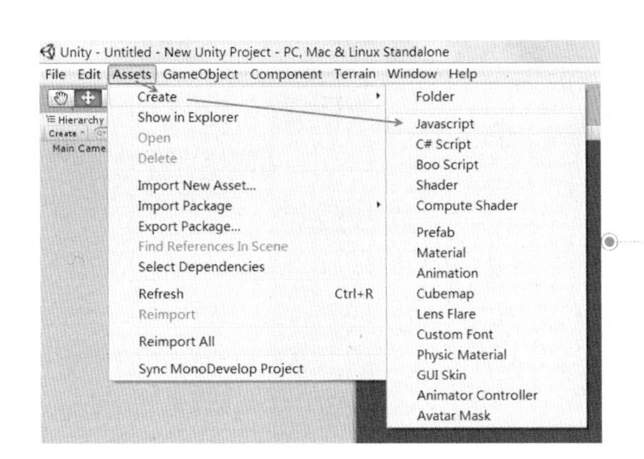

图13-20
创建脚本1

2．在Project视图上方单击Create按钮，或者在视图区域右击，在快捷菜单中选择Create→Javascript选项（或者C# Script、Boo Script）来创建脚本，如图13-21所示。

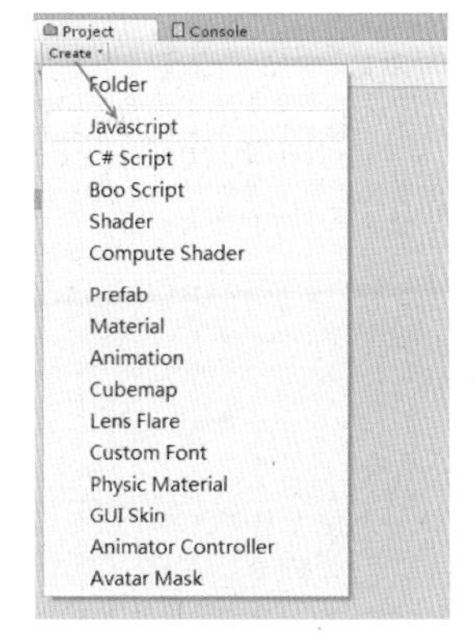

图13-21
创建脚本2

新建的脚本文件会出现在Project视图中，并命名为默认脚本名NewBehaviourScript，此时也可以根据需要为脚本输入新的名称，例如这里将其命名为Example，如图13-22所示。

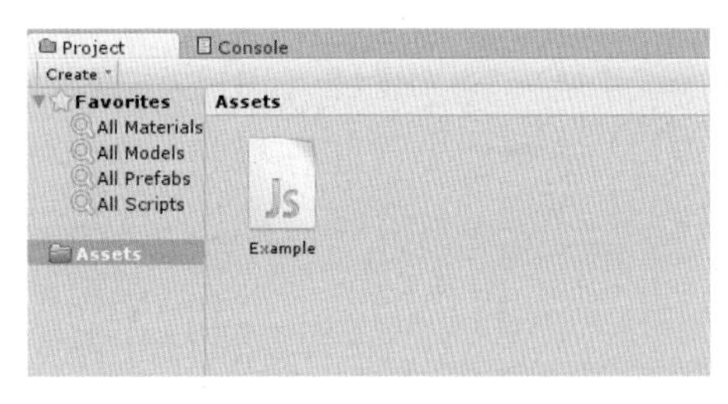

图13-22
脚本命名

13.6.1　MonoDevelop编辑器

在Project视图中双击脚本文件，Unity将会启动脚本编辑器用于编辑脚本。Unity默认的脚本编辑器是内置的MonoDevelop，如图13-23所示。

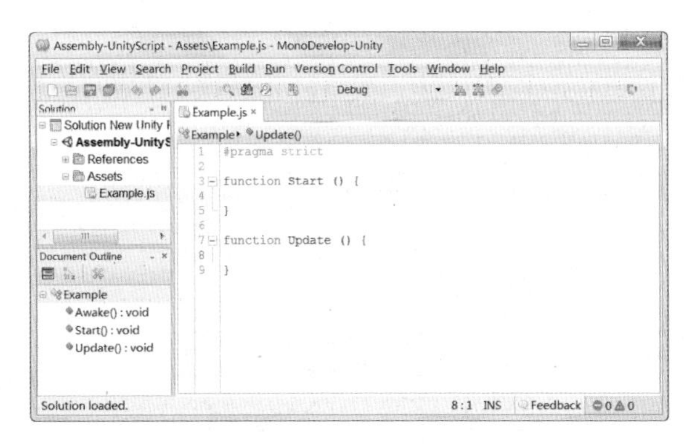

图13-23
MonoDevelop编辑器

MonoDevelop提供了语法高亮、自动完成、函数提示等方便的代码编辑功能，还可以根据使用习惯来修改选项参数来定制个性化的界面，是一个功能完备、使用方便的开发工具。

图13-24
脚本编辑器设置

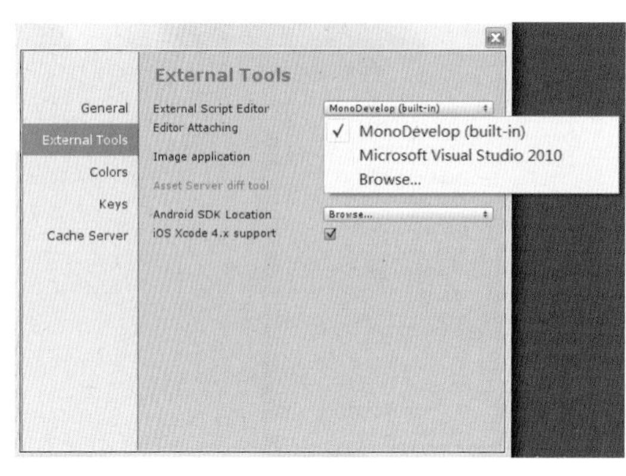

如果读者比较习惯在微软的IDE下进行开发，Unity也支持使用Visual Studio C#来编辑脚本。打开菜单栏中的Edit→Preferences...项，在弹出的对话框中单击External Tools标签，更改External Script Editor参数可以修改Unity默认的脚本编辑器，External Script Editor的下拉列表会显示出当前可用的编辑器，单击列表项进行修改，如图13-24所示。

13.6.2 脚本必然事件（Certain Event）

图13-25
脚本事件

```
Example.js ×
Example ▸ Start()
1  #pragma strict
2
3  function Start () {
4
5  }
6
7  function Update () {
8
9  }
```

在Project视图双击上一节创建的脚本Example.js，会发现Unity已经自动地编写了若干行代码，如图13-25所示。

第1行#pragma strict禁用了脚本的动态类型，强制使用静态类型。

代码3～9行是两个函数：Start和Update。为什么Unity会创建这么两个函数呢？在Unity的脚本中，可以定义一些特定的函数，这些函数会在满足某些条件时由Unity自动调用，它们被称为必然事件（Certain Events）。而Start和Update正是最常用的两个事件，因此Unity默认为新建脚本添加了这两个事件函数。表13-6列出了常用的必然事件供读者参考。

表13-6　常用的必然事件

名　称	触发条件	用　途
Update	每帧调用一次	用于更新游戏场景和状态（和物理状态有关的更新应放在FixedUpdate里）
Start	Update函数第一次运行之前调用	用于游戏对象的初始化
Awake	脚本实例被创建时调用	用于游戏对象的初始化，注意Awake的执行早于所有脚本的Start函数
FixedUpdate	每个固定物理时间间隔（physics time step）调用一次	用于物理状态的更新
LateUpdate	每帧调用一次（在Update调用之后）	用于更新游戏场景和状态，和相机有关的更新一般放在这里

下面尝试一下如何使用Unity脚本以及脚本的必然事件。在Start函数里添加一行打印信息到控制台的代码：

```
function Start () {
  print("Hello World!");//输出信息到控制台
}
```

然后在场景中新建一个游戏对象，打开菜单栏中的GameObject→Create Empty项即可创建一个空对象，如图13-26所示。

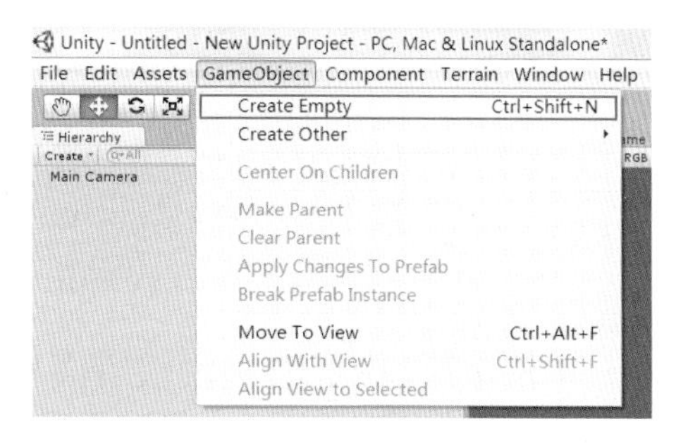

图13-26
新建游戏对象

新建的游戏对象会出现在Hierarchy视图中，并被命名为默认名称GameObject，在Hierarchy视图里选择该游戏对象，然后在Inspector视图的对象属性列表下方依次单击按钮Add Component→Script→Example，将Example.js脚本添加到游戏对象上。如图13-27所示。

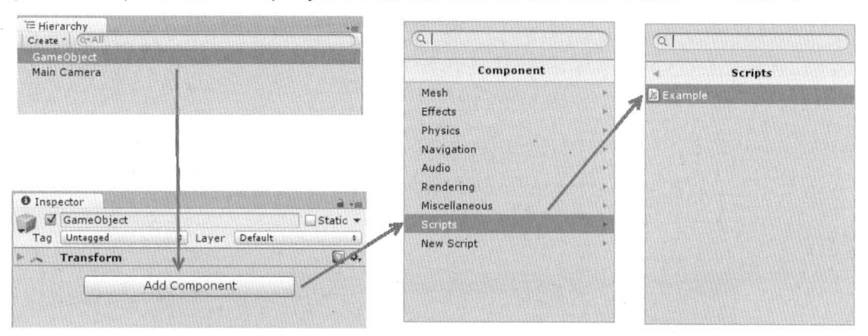

图13-27
添加脚本到游戏对象

游戏对象GameObject添加了脚本以后，Inspector视图的属性如图13-28所示。

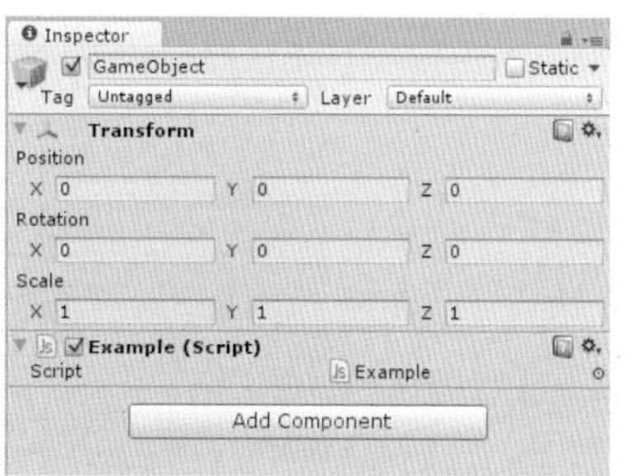

图13-28
游戏对象属性

在Unity中，开发者编写的每一个脚本都被视为一个自定义的组件（Component），游戏对象可以理解为能容纳各种组件（包括Unity内置的以及开发者自定义的组件）的容器。游戏对象的所有组件一起决定了这个对象的行为和游戏中的表现。作为一个组件，脚本本身是无法脱离游戏对象独立运行的，它必须添加到游戏对象上才会生效。

到这里，已经完成了第一个脚本运行前的准备工作，现在可以单击运行按钮查看效果。 脚本的运行结果是在Console控制台视图上输出了“Hello World！”字样，如图13-29所示。

如果读者当前界面上没有显示Console控制台视图，可以用快捷键Ctrl+Alt+C把该视图调出来。

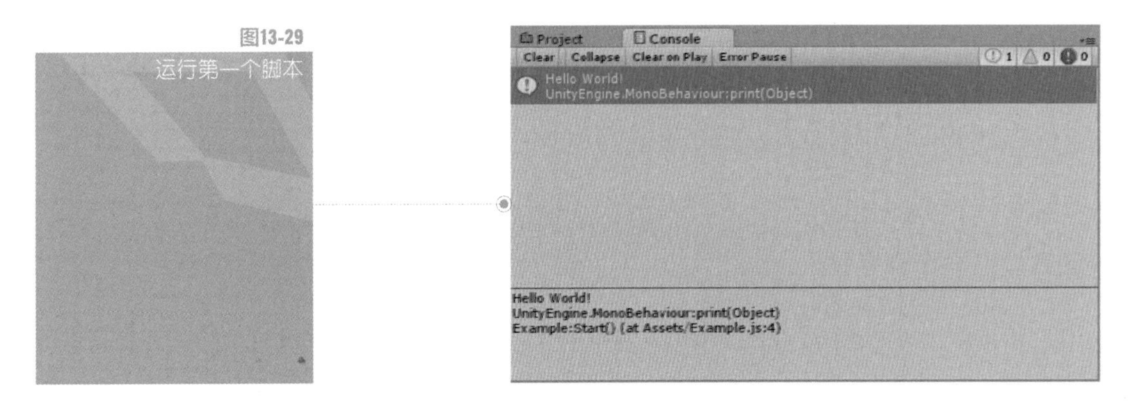

图13-29 运行第一个脚本

因为场景里没有添加任何模型或内容，所以此时Game视图里除了背景什么都没有。停止游戏的运行，回到脚本编辑器，在Update函数里同样添加一行代码，输出信息到控制台。

```
function Update () {
  print("Update  Game!");//每一帧输出信息到控制台
}
```

再次运行游戏，这次可以看到控制台的信息在不停地滚动，如图13-30所示，这是因为Update函数里添加了信息输出的代码，每一帧都会打印一条信息到控制台。

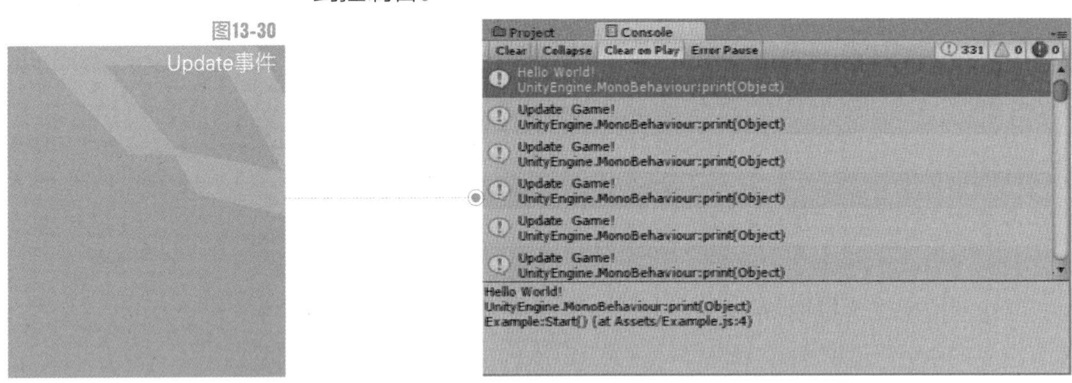

图13-30 Update事件

13.6.3 MonoBehaviour类

MonoBehaviour是Unity中一个非常重要的类，它定义了基本的脚本行为，所有的脚本类均需要从它直接或者间接地继承，脚本必然事件就是从MonoBehaviour继承而来。除了必然事件，MonoBehaviour定义了对各种特定事件（例如鼠标在模型上单击，模型碰撞等）的响应函数，这些函数名称均以On作为开头。

表13-7列出了一些常用的事件响应函数，完整的函数列表可以查看用户手册。

表13-7 常用的事件响应函数

OnMouseEnter	鼠标移入GUI控件或者碰撞体时调用
OnMouseOver	鼠标停留在GUI控件或者碰撞体时调用
OnMouseExit	鼠标移出GUI控件或者碰撞体时调用
OnMouseDown	鼠标在GUI控件或者碰撞体上按下时调用
OnMouseUp	鼠标按键释放时调用
OnTriggerEnter	当其他碰撞体进入触发器时调用
OnTriggerExit	当其他碰撞体离开触发器时调用
OnTriggerStay	当其他碰撞体停留在触发器时调用
OnCollisionEnter	当碰撞体或者刚体与其他碰撞体或者刚体接触时调用
OnCollisionExit	当碰撞体或者刚体与其他碰撞体或者刚体停止接触时调用
OnCollisionStay	当碰撞体或者刚体与其他碰撞体或者刚体保持接触时调用
OnControllerColliderHit	当控制器移动时与碰撞体发生碰撞时调用
OnBecameVisible	对于任意一个相机可见时调用
OnBecameInvisible	对于任意一个相机不可见时调用
OnEnable	对象启用或者激活时调用
OnDisable	对象禁用或者取消激活时调用
OnDestroy	脚本销毁时调用
OnGUI	渲染GUI和处理GUI消息时调用

13.6.4 访问组件

上一节介绍了脚本的基本操作和脚本事件，读者可以了解到在Unity中，脚本可以视为一种由用户自定义的组件，并可以添加到游戏对象上来定义游戏对象的行为，游戏对象可视为容纳组件的容器。

一个游戏对象可能由若干组件构成。例如，打开菜单栏中的GameObject→Create Other→Cube项，在场景中新建一个立方体后，在Inspector视图中可以看到一个简单的立方体就包含了4个组件：Transform用于定义对象在场景中的位置、角度、缩放参数；Mesh Filter用来从资源文件中读取模型；Box Collider用来为立方体添加碰撞效果；Mesh Renderer用来在场景中渲染立方体模型。因为这4个组件各司其职、相互协作，最终才能在画面中看到立方体的图像。

既然编写脚本的目的是用来定义游戏对象的行为，因此会经常需要访问游戏对象的各种组件并设置组件参数。对于系统内置的常用组件，Unity提供了非常便利的访问方式，只需要在脚本里直接访问组件对应的成员变量即可，这些成员变量定义在MonoBehaviour中并被脚本继承了下来。常用的组件及其对应的变量如表13-8所示。

表13-8 常用的组件及其对应的变量

组件名称	变 量 名	组件作用
Transform	transform	设置对象位置，旋转，缩放
Rigidbody	rigidbody	设置物理引擎的刚体属性
Renderer	renderer	渲染物体模型
Light	light	设置灯光属性

续表

组件名称	变 量 名	组件作用
Camera	camera	设置相机属性
Collider	collider	设置碰撞体属性
Animation	animation	设置动画属性
Audio	audio	设置声音属性

注意：如果游戏对象上不存在某组件，则该组件对应变量的值将为空值null。

如果要访问的组件不属于表13-8中的常用组件，或者访问的是游戏对象上的脚本（脚本属于自定义组件），可以通过表13-9所示的函数来得到组件的引用。

表13-9 组件引用函数

函 数 名	作 用
GetComponent	得到组件
GetComponents	得到组件列表（用于有多个同类型组件的时候）
GetComponentInChildren	得到对象或对象子物体上的组件
GetComponentsInChildren	得到对象或对象子物体上的组件列表

下面给出了函数使用的一个简单示例：

```
void Start() {
   Example script = GetComponent < Example >();//得到游戏对象上的Example脚本组件
   Transform t = GetComponent < Transform >();
}
```

值得注意的是，调用表13-9中的GetComponent这几个函数比较耗时，因此应尽量避免在Update中调用这些获取组件的函数，而是应该在初始化时把组件的引用保存在变量中。下面给出了简单示例：

方法一：

```
void Update () {
   Example script = GetComponent < Example >();//每一帧都查找和得到组件引用
   script.DoSomething();
}
```

方法二：

```
Example script; //声明一个组件变量
void Start () {
```

```
    script = GetComponent < Example >();//在初始化中把组件引用保存到变量
  }
  void Update () {
    script.DoSomething();  //在Update中直接访问组件变量
  }
```

由于方法二在Update中避免了调用GetComponent这一耗时操作，因此比方法一的运行效率快。

13.6.5 访问游戏对象

13.6.4节介绍了如何在脚本访问组件以改变游戏对象的参数或行为。在游戏开发过程中，脚本不但需要访问脚本所在的游戏对象的组件，还经常需要访问和控制其他游戏对象。在Unity中，用户可以通过如下几种方式来访问游戏对象：

1．通过名称来查找：使用函数GameObject.Find，如果场景中存在指定名称的游戏对象，那么返回该对象的引用，否则返回空值null，如果存在多个重名的对象，那么返回第一个对象的引用。示例代码片段如下：

```
void ExampleFunction(){
  GameObject monster = GameObject.Find("Monster");
}
```

2．通过标签来查找：GameObject.FindWithTag，如果场景中存在指定标签的游戏对象，那么返回该对象的引用，否则返回空值null，如果多个游戏对象使用同一标签，那么返回第一个对象的引用。示例代码片段如下：

```
void ExampleFunction(){
  GameObject player = GameObject. FindWithTag("Player");
}
```

与获取组件的函数GetComponent一样，GameObject.Find和GameObject.FindWithTag也是比较耗时的函数调用，因此不建议在Update函数中调用它们，而是应该在初始化中查找一次以后保存到变量中。

到这里读者已经了解如何在脚本中通过函数来访问组件和游戏对象了。在Unity编辑器中还有一种非常简单而方便的访问组件或游戏对象的方法，通过声明访问权限为Public的变量然后将要访问的组件或者对象赋值给该变量，就可以在脚本中通过变量来访问组件或对象了。下面逐步详细介绍具体做法：

假设在场景中有Player、Cube、Sphere共3个游戏对象，Player对象上已经添加了脚本Player.cs，现在需要在脚本中访问Cube游戏对象，以及Sphere对象的Transform组件：

1．在Player.cs脚本中添加类型分别为GameObject和Transform的两个成员变量，访问权限设置为Public，示例代码如下：

```
using UnityEngine;
using System.Collections;
public class Player : MonoBehaviour {
  public GameObject cube;     //声明GameObject成员变量
  public Transform sphereTransform; //声明Transform成员变量
  void Start () {
  }
  void Update () {
  }
}
```

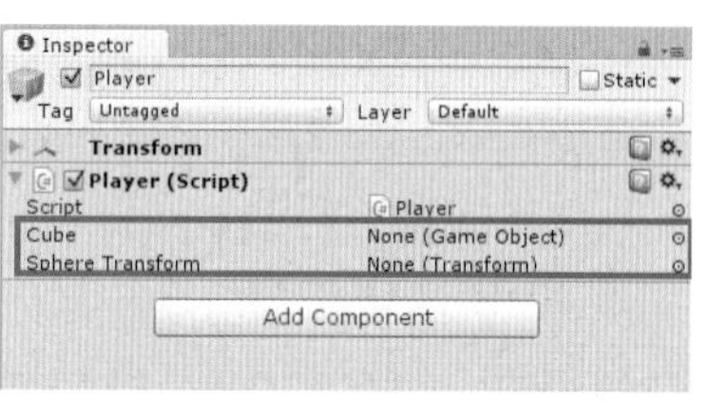

图13-31
脚本的成员变量

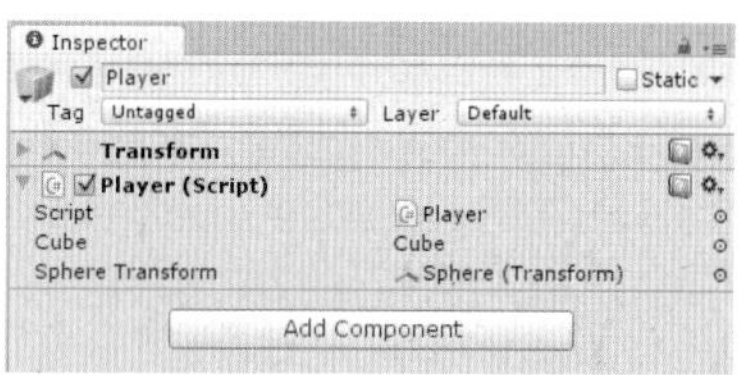

图13-32
变量赋值

2．保存脚本，查看Player游戏对象的Inspector视图，可以看到Player脚本的视图参数增加了两项，正是刚才添加的两个成员变量，目前并没有对其赋值，所以变量的值均显示为none，如图13-31所示。

3．用鼠标左键在Hierarchy视图中拖动Cube游戏对象到Inspector视图的Cube参数上，然后拖动Sphere游戏对象到Inspector视图的SphereTransform参数上，完成对两个成员变量的赋值。赋值后Inspector视图如图13-32所示。

此时Player脚本的两个成员变量分别保存了Cube对象的引用和Sphere对象的Transform组件引用，这样在脚本中访问两个成员变量就可以了。

13.7　常用脚本API

Unity引擎提供了丰富的组件和类库，为游戏开发提供了非常大的便利，熟练掌握和使用这些API对于游戏开发的效率提高很重要，本节将介绍一些开发中最常用到的API和使用方法。

13.7.1　Transform组件

Transform组件决定了游戏对象的位置、方向和缩放比例，在游戏中如果想更新玩家位置，设置相机观察角度都免不了要和Transform组件打交道。

表13-10列出了Transform组件的成员变量。

表13-10 成员变量

position	世界坐标系中的位置
localPosition	父对象局部坐标系中的位置
eulerAngles	世界坐标系中以欧拉角表示的旋转
localEulerAngles	父对象局部坐标系中的欧拉角
right	对象在世界坐标系中的右方向
up	对象在世界坐标系中的上方向
forward	对象在世界坐标系中的前方向
rotation	世界坐标系中以四元数表示的旋转
localRotation	父对象局部坐标系中以四元数表示的旋转
localScale	父对象局部坐标系中的缩放比例
parent	父对象的Transform组件
worldToLocalMatrix	世界坐标系到局部坐标系的变换矩阵（只读）
localToWorldMatrix	局部坐标系到世界坐标系的变换矩阵（只读）
root	对象层级关系中根对象的Transform组件
childCount	子孙对象的数量
lossyScale	全局缩放比例（只读）

表13-11列出了Transform组件的成员函数。

表13-11 成员函数

Translate	按指定的方向和距离平移
Rotate	按指定的欧拉角旋转
RotateAround	按给定旋转轴和旋转角度进行旋转
LookAt	旋转使得自身的前方向指向目标的位置
TransformDirection	将一个方向从局部坐标系变换到世界坐标系
InverseTransformDirection	将一个方向从世界坐标系变换到局部坐标系
TransformPoint	将一个位置从局部坐标系变换到世界坐标系
InverseTransformPoint	将一个位置从世界坐标系变换到局部坐标系
DetachChildren	与所有子物体解除父子关系
Find	按名称查找子对象
IsChildOf	判断是否是指定对象的子对象

下面是一些应用示例：

1）向前方移动。

```
function Update() {
  var speed = 2.0f
  transform.Translate(Vector3.forward * Time.deltaTime* speed);
}
```

2）绕自身坐标轴Y轴旋转。

```
function Update() {
   var speed = 30.0f;
   transform.Rotate(Vector3.up * Time.deltaTime * speed);
}
```

3）绕世界坐标轴的Y轴旋转。

```
    function Update() {
      var speed = 30.0f;
       transform.RotateAround (Vector3.zero, Vector3.up, speed *
Time.deltaTime);
    }
```

4）使相机观察方向跟随物体移动。

```
//此脚本需要添加到相机上
var target : Transform;
functionUpdate() {    transform.LookAt(target);}
```

13.7.2 Time类

在Unity中可以通过Time类用来获取和时间有关的信息，可以用来计算帧速率，调整时间流逝速度等功能。

Time类的成员变量如表13-12所示。

表13-12 Time类的成员变量

time	游戏从开始到现在经历的时间（秒）（只读）
timeSinceLevelLoad	此帧的开始时间（秒）（只读），从关卡加载完成开始记
deltaTime	上一帧耗费的时间（秒）（只读）
fixedTime	最近FixedUpdate的时间。该时间从游戏开始记
fixedDeltaTime	物理引擎和FixedUpdate的更新时间间隔
maximumDeltaTime	一帧的最大耗费时间
smoothDeltaTime	Time.deltaTime的平滑淡出
timeScale	时间流逝速度的比例。可以用来制作慢动作特效
frameCount	已渲染的帧的总数（只读）
realtimeSinceStartup	游戏从开始到现在的经历的真实时间（秒），该时间不会受timeScale影响
captureFramerate	固定帧率设置

13.7.3 Random类

Random类可以用来生成随机数，随机点或旋转。

Random类的成员变量如表13-13所示。

表13-13 Randow类的成员变量

seed	随机数生成器种子
value	返回一个0～1之间随机浮点数，包含0和1
insideUnitSphere	返回位于半径为1的球体内的一个随机点（只读）
insideUnitCircle	返回位于半径为1的圆内的一个随机点（只读）
onUnitSphere	返回半径为1的球面上的一个随机点（只读）
rotation	返回一个随机旋转（只读）
rotationUniform	返回一个均匀分布的随机旋转（只读）

Random类的成员函数如表13-14所示。

表13-14 Randow类的成员函数

Range	返回min和max之间的一个随机浮点数，包含min和max

13.7.4 Mathf类

Mathf类提供了常用的数学运算。表13-15和表13-16列出了常用的Mathf类变量和方法，完整的方法列表请参考用户手册。

表13-15 Mathf类的变量

PI	圆周率π，即3.14159265358979...（只读）
Infinity	正无穷大∞（只读）
NegativeInfinity	负无穷大-∞（只读）
Deg2Rad	度到弧度的转换系数（只读）
Rad2Deg	弧度到度的转换系数（只读）
Epsilon	一个很小的浮点数（只读）

表13-16 Mathf类的常用方法

Sin	计算角度（单位为弧度）的正弦值
Cos	计算角度（单位为弧度）的余弦值
Tan	计算角度（单位为弧度）的正切值
Asin	计算反正弦值（返回的角度值单位为弧度）
Acos	计算反余弦值（返回的角度值单位为弧度）
Atan	计算反正切值（返回的角度值单位为弧度）
Sqrt	计算平方根
Abs	计算绝对值
Min	返回若干数值中的最小值
Max	返回若干数值中的最大值
Pow	Pow(f,p)返回f的p次方
Exp	Exp(p)返回e的p次方
Log	计算对数
Log10	计算基为10的对数
Ceil	Ceil(f)返回大于或等于f的最小整数
Floor	Floor(f)返回小于或等于f的最大整数
Round	Round(f)返回浮点数f进行四舍五入后得到的整数
Clamp	将数值限制在min和max之间
Clamp01	将数值限制在0和1之间

13.7.5 Coroutine协同程序

Coroutine也称为协同程序或者协程，协同程序可以和主程序并行运行，和多线程有些类似，但是在任一指定时刻只会有一个协同程序在运行，别的协同程序则会挂起。协同程序可以用来实现让一段程序等待一段时间后继续运行的效果，例如，执行步骤1，等待3秒；执行步骤2，等待某个条件为true；执行步骤3……

Unity里和协同程序有关的函数有：

- StartCoroutine：启动一个协同程序。
- StopCoroutine：终止一个协同程序。
- StopAllCoroutines：终止所有协同程序。
- WaitForSeconds：等待若干秒。
- WaitForFixedUpdate：等待直到下一次FixedUpdate调用。

下面是在JavaScript里使用协同程序的示例：

```
function Start ()
{
  print ("Starting " + Time.time);
  yield WaitAndPrint(); //启动协同程序WaitAndPrint
  print ("Done " + Time.time);
}
function WaitAndPrint () {
  yield WaitForSeconds (5);//等待5秒
  print ("WaitAndPrint " + Time.time);//打印当前时间
}
```

测试结果如图13-33所示。（参见CoroutineExample.js脚本文件）

图13-33
输出结果1

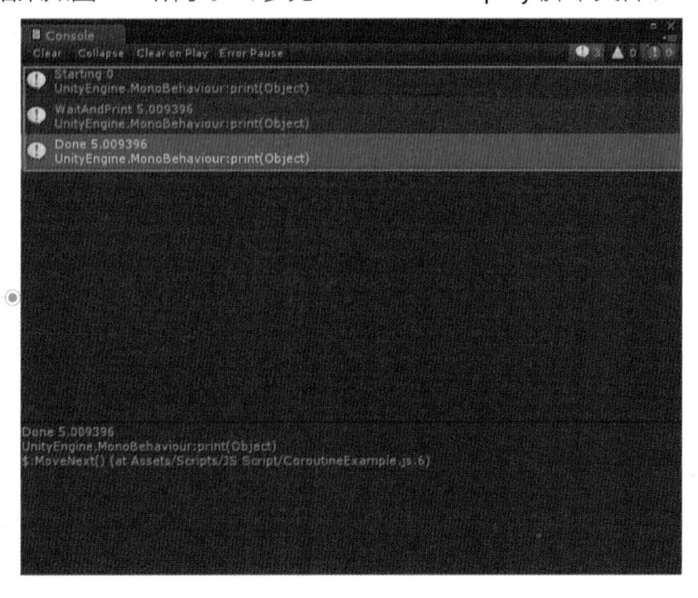

在C#中，协同函数的返回类型必须为IEnumerator，yield要用yield return 来替代，并且启动协同程序用StartCoroutine函数。

如果用C#来写上面的例子，那么代码为：

```
using UnityEngine;
using System.Collections;

public class CoroutineExample : MonoBehaviour {

  //Use this for initialization
  //中文显示

  IEnumerator Start ()
  {
    print ("Starting " + Time.time);
    yield return StartCoroutine(WaitAndPrint());
    print ("Done " + Time.time);
  }
  IEnumerator WaitAndPrint () {
    yield return new WaitForSeconds (5f);
    print ("WaitAndPrint "+ Time.time);
  }
}
```

测试结果如图13-34所示。（参见CoroutineExample.cs脚本文件）

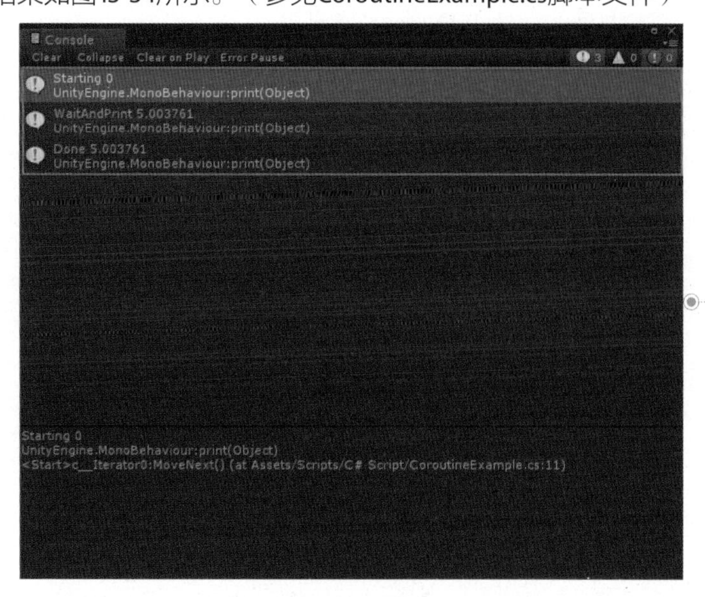

图13-34
输出结果2

添加代码后，效果如图14-3所示。

图14-3
模型旋转

14.3　键盘输入

键盘事件也是桌面系统中的基本输入事件。和键盘有关的输入事件有按键按下、按键释放、按键长按，Input类中可以通过表14-4所示的方法来处理。

表14-4　Input类中键盘输入的方法

GetKey	按键按下期间返回true
GetKeyDown	按键按下的第一帧返回true
GetKeyUp	按键松开的第一帧返回true
GetAxis("Horizontal")和GetAxis("Vertical")	用方向键或WASD键来模拟-1到1的平滑输入

以上方法通过传入按键名称字符串或者按键编码KeyCode来指定要判断的按键。表14-5所示是常用按键的按键名与KeyCode编码，供读者参考，完整的按键编码请查阅用户手册。

表14-5　常用按键的按键名与KeyCode编码

键盘按键	Name	KeyCode
字母键A、B、C…Z	a、b、c …z	A、B、C…Z
数字键0～9	0～9	Alpha0～Alpha9
功能键F1～F12	f1～f12	F1～F12
退格键	backspace	Backspace
回车键	return	Return
空格键	space	Space
退出键	esc	Esc
Tab键	tab	Tab
上下左右方向键	up、down、left、right	UpArrow、DownArrow、LeftArrow、RightArrow
左、右Shift键	left shift、right shift	LeftShift、RightShift
左、右Alt键	leftalt、right alt	LeftAlt、RightAlt
左、右Ctrl键	leftctrl、right ctrl	LeftCtrl、RightCtrl

示例：

1）键盘按键事件响应。

```
functionUpdate () {
    if (Input.GetKey("down"))
        print("按下键盘下方向键");
    if (Input.GetKey(KeyCode.UpArrow))
        print("按下键盘上方向键");
    if (Input.GetKeyDown(KeyCode.Escape))
        print("按下Esc键");
    if (Input.GetKeyUp(KeyCode.Escape))
        print("松开esc键");
}
```

脚本运行效果如图14-4所示。

图14-4
键盘事件处理

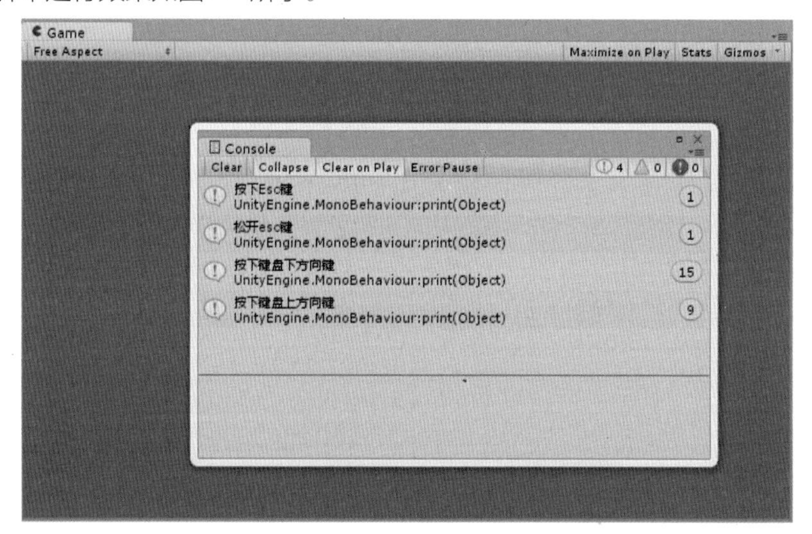

2）用键盘方向键或者WASD按键来控制模型在x-z平面上移动（将脚本添加到模型上）。

```
var speed : float = 10.0;//行驶速度
var rotationSpeed : float = 100.0;//转向速度functionUpdate () {
   //使用上下箭头或者W、S键来控制前进后退
   var translation : float = Input.GetAxis ("Vertical") * speed;
   //使用左右箭头或者A、D键来控制左右旋转
   var rotation : float = Input.GetAxis ("Horizontal") * rotati-
onSpeed;
   translation *= Time.deltaTime;
   rotation *= Time.deltaTime;//在x-z平面上移动
   transform.Translate (0, 0, translation);
   transform.Rotate (0, rotation, 0);
}
```

测试结果如图14-5所示。

图14-5
控制模型

14.4　游戏外设输入

Unity可以处理摇杆、游戏手柄、方向盘等标准游戏外设的输入，使用的方法如表14-6所示。

表14-6　游戏外设输入的方法

GetAxis	得到输入轴的数值
GetAxisRaw	得到未经平滑处理的输入轴的数值
GetButton	虚拟按键按下期间一直返回true
GetButtonDown	虚拟按键按下的第一帧返回true
GetButtonUp	虚拟按键松开的第一帧返回true

虚拟按键需要在输入管理器中配置，把外设的输入消息映射给虚拟按键或输入轴以后，就可以在脚本中使用了。

Unity默认为用户创建了若干映射了摇杆按钮的虚拟按键，包括Fire1、Fire2、Fire3、Jump以及虚拟轴Horizontal和Vertical，可以在脚本里直接使用它们。

示例：

当按下鼠标左键时，每0.5秒创建一个机器人，测试结果如图14-6所示。

```
var robot : GameObject; //机器人对象
varproduceRate : float = 0.5;
private varnextProduce : float = 0.0;
function Update () {
  //Fire1默认对应摇杆的0号按键
  if (Input.GetButton ("Fire1") &&Time.time>nextProduce)
  {
     nextProduce = Time.time + produceRate;
     //当按下Fire1键时，每0.5秒生成一个机器人
       var position = Vector3(Random.Range(-5, 5), 1, Random.
Range(-5, 5));
       var clone : GameObject =  Instantiate(robot, position,
 robot.transform.rotation) as GameObject;
  }
}
```

图14-6
鼠标左键生成机器人

14.5 移动设备输入

在IOS和Android系统中，操作都是通过触摸来完成的。Input类中对触摸操作的方法或变量如表14-7所示。

表14-7 Input类中对触摸操作的方法和变量

GetTouch	返回指定的触摸数据对象（不分配临时变量）
touches	当前所有触摸状态列表（只读）（分配临时变量）
touchCount	当前所有触摸状态列表长度（只读）
multiTouchEnabled	系统是否支持多点触摸

通过GetTouch或者touches可以访问移动设备的触摸数据，数据保存在Touch的结构体中。

表14-8是结构体Touch的变量。

表14-8 结构体Touch的变量

fingerId	触摸数据的唯一索引id
position	触摸的位置
deltaPosition	触摸位置的改变量
deltaTime	距离上次触摸数据变化的时间间隔
tapCount	单击计数
phase	触摸的状态描述

示例：

1）打印当前触摸屏幕的手指数量。

```
//定义手指在触摸屏上的数量
varfingerCount = 0;
function Update () {
    for (var touch : Touch in Input.touches) {
           if (touch.phase != TouchPhase.Ended&&touch.phase !=
TouchPhase.Canceled)
```

```
        fingerCount++;
      }
      if (fingerCount> 0)
        print ("User has " + fingerCount + " finger(s) touching
the screen");
    }
    function OnGUI(){
      //输出手指在触摸屏上的数量至界面中
      GUILayout.Label(fingerCount+"");
    }
```

效果如图14-7所示。

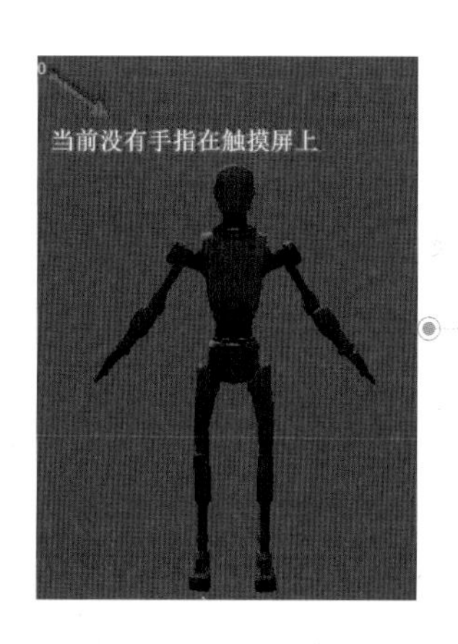

图14-7
检测手指在触摸屏上的数量

2）根据手指在屏幕上的滑动来移动物体。

```
    var speed : float = 0.1;
    functionUpdate () {
    if (Input.touchCount> 0 &&Input.GetTouch(0).phase == TouchPha-
se.Moved) {
    //得到手指在这一帧的移动距离
    var touchDeltaPosition:Vector2 = Input.GetTouch(0).deltaPosi-
tion;//在XY平面上移动物体
    transform.Translate (-touchDeltaPosition.x * speed, -touchDelt-
aPosition.y * speed, 0);}}
```

效果如图14-8所示。

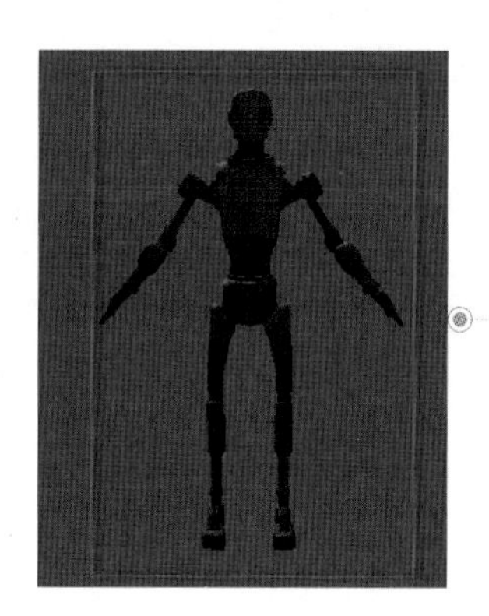

图14-8
控制物体

14.6 自定义输入

图14-9 虚拟按键

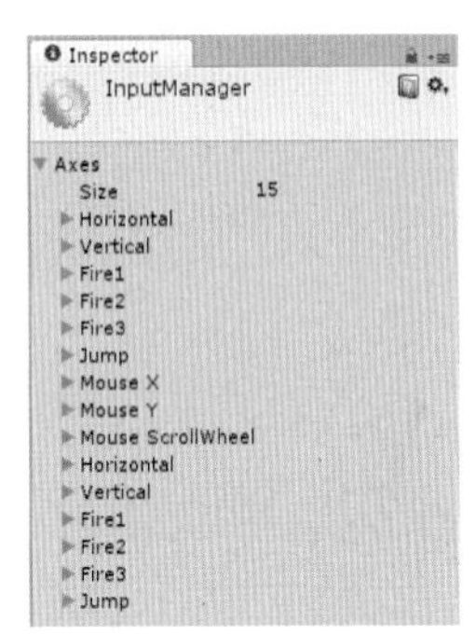

在Unity中可以创建自定义的虚拟按键，然后将设备的输入映射到自定义的按键上。使用虚拟按键的好处是可以让游戏玩家自由定义按键，满足个性化的操作习惯。

创建虚拟按键的方法是依次打开菜单栏中的Edit→Project Setting→Input项，在Inspector视图中会显示当前的虚拟按键列表和参数，如图14-9所示。

虚拟按键属于输入轴（Axis）的一种特殊情况，在输入管理器中，都统一视为输入轴。

图14-10 输入管理器配置参数

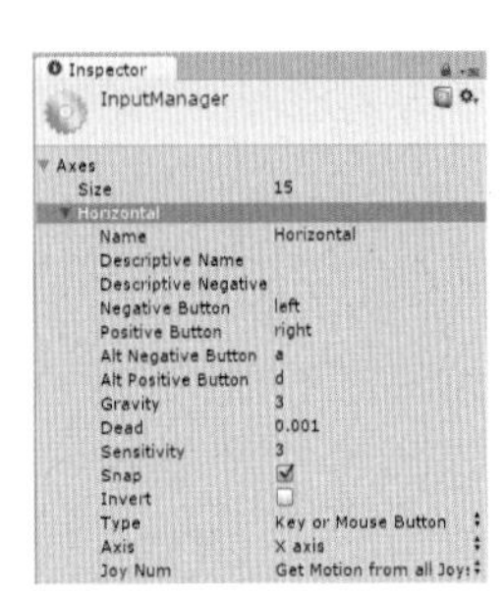

Unity默认创建了15个输入轴，有几个名字是相同的，例如名为Jump的轴有两个，分别映射到了键盘Space键和摇杆的按键3。

通过更改Size参数来设置轴的数量。单击轴名称会显示设置参数，如图14-10所示。

表14-9是对参数的简要介绍。

表14-9　参数简要介绍

Name	输入轴名称，用于游戏启动时的配置界面和脚本访问
Descriptive Name	轴的正按键的描述，在游戏启动界面中显示
DescriptiveNegative Name	轴的负按键的描述，在游戏启动界面中显示
Negative Button	轴的负按键对应的物理按键
Positive Button	轴的正按键对应的物理按键
Alt Negative Button	轴的负按键对应的备选物理按键
Alt Positive Button	轴的正按键对应的备选物理按键
Gravity	输入的复位速度，仅用于类型为键/鼠标的按键
Dead	小于该值的任何输入值（不论正负值）都会被视为0，用于摇杆
Sensitivity	灵敏度，对于键盘输入，该值越大则响应时间越快，该值越小则越平滑。对于鼠标输入，设置该值会对鼠标的实际移动距离按比例缩放
Snap	如果该值为true，当轴收到负按键的输入信号时，轴的数值会立即置为0，仅用于键盘/鼠标输入
Invert	如果该值为true，正按键会发送负值，负按键会发送正值
Type	输入轴的类型，按键对应Key / Mouse类型，鼠标移动和滚轮滑动对应Mouse Movement类型，摇杆应设置为Joystick Axis，窗口移动消息设置为Window Movement
Axis	要映射的设备输入轴（摇杆、鼠标、手柄等）
Joy Num	设置使用哪个摇杆作为消息输入，默认接收所有摇杆的输入。仅用于输入轴和非按键输入

图14-11 游戏启动配置窗口

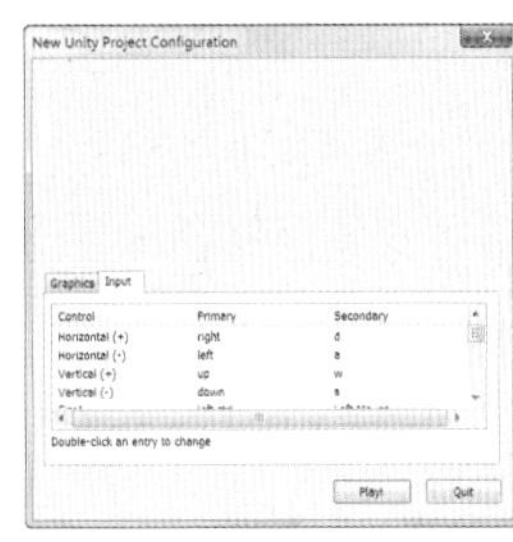

如果在Input Manager中设置了输入轴，在桌面系统运行发布的游戏时，Unity默认会显示一个游戏的配置窗口，用于配置显示效果和输入按键映射。如图14-11所示，配置窗口中列出了所有创建的输入轴。此时游戏的用户就可以根据自己的习惯来配置按键输入，让游戏更加人性化。

第15章 GUI开发

GUI在游戏的开发中占有重要的地位。游戏的GUI是否友好，使用是否方便，很大程度上决定了玩家的游戏体验。

Unity内置了一套完整的GUI系统，提供了从布局、控件到皮肤的一整套GUI解决方案，可以做出各种风格和样式的GUI界面，并且扩展性很强，用户可以基于已有的控件创建出适合自己需求的控件。

本章将介绍Unity的GUI系统的使用方法。

15.1 Unity GUI介绍

在Unity中使用GUI类来完成GUI的绘制工作。目前Unity没有提供内置的GUI可视化编辑器，因此GUI界面的制作需要全部通过编写脚本代码来实现，如果游戏有比较多的界面制作需求，可以通过编写编辑器脚本来制作适合自身需求的GUI编辑器，或者借助第三方的GUI插件来提高GUI开发效率。例如，图15-1为Asset Store中的第三方GUI插件，数量非常丰富，能够满足各种GUI制作的需求。

图15-1 Asset Store中的第三方GUI插件

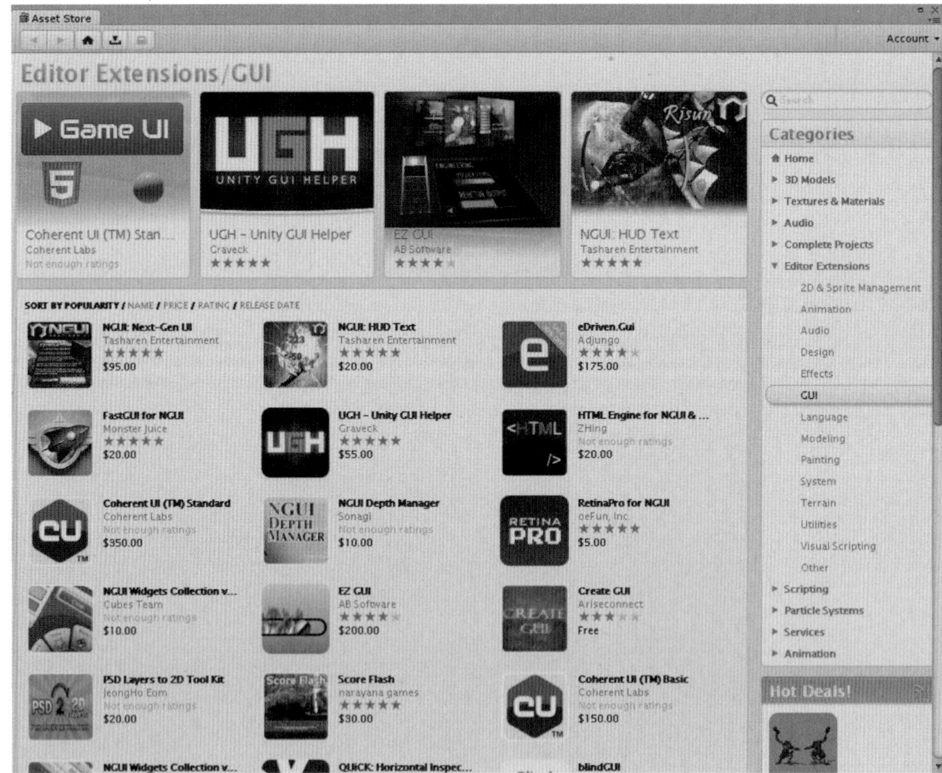

15.2 GUI控件

Unity的GUI类提供了丰富的界面控件，可以将这些控件配合使用，组合成功能完整的游戏界面，GUI提供的控件如表15-1所示。

表15-1 GUI控件

控件名称	作　用
Label	绘制文本和图片
Box	绘制一个图形框
Button	绘制按钮，响应单击事件
RepeatButton	绘制一个处理持续按下事件的按钮
TextField	绘制一个单行文本输入框
PasswordField	绘制一个密码输入框
TextArea	绘制一个多行文本输入框
Toggle	绘制一个开关
Toolbar	绘制工具条
SelectionGrid	绘制一组网格按钮
HorizontalSlider	绘制一个水平方向的滑动条
VerticalSlider	绘制一个垂直方向的滑动条
HorizontalScrollbar	绘制一个水平方向的滚动条
VerticalScrollbar	绘制一个垂直方向的滚动条
Window	绘制一个窗口，可以用于放置控件

GUI代码需要在OnGUI函数中调用才能绘制，如果放在Update函数中会有错误提示。

- Rect参数。

GUI的控件一般都需要传入Rect参数来指定屏幕绘制区域。例如，Rect（0，10，300，200）对应的屏幕矩形区域左上角的坐标为（0，10），宽度为300，高度为200。

- 屏幕坐标。

在Unity GUI中，屏幕坐标系以左上角为原点（0，0），右下角为（Screen.Width，Screen.Height）。如图15-2所示，其中Screen.Width为屏幕宽度，Screen.Height为屏幕高度，以像素为单位。这点与Input.mousePosition的鼠标位置不太一样。对于mousePosition，屏幕左下角为原点（0，0），屏幕右上角为（Screen.Width，Screen.Height）。

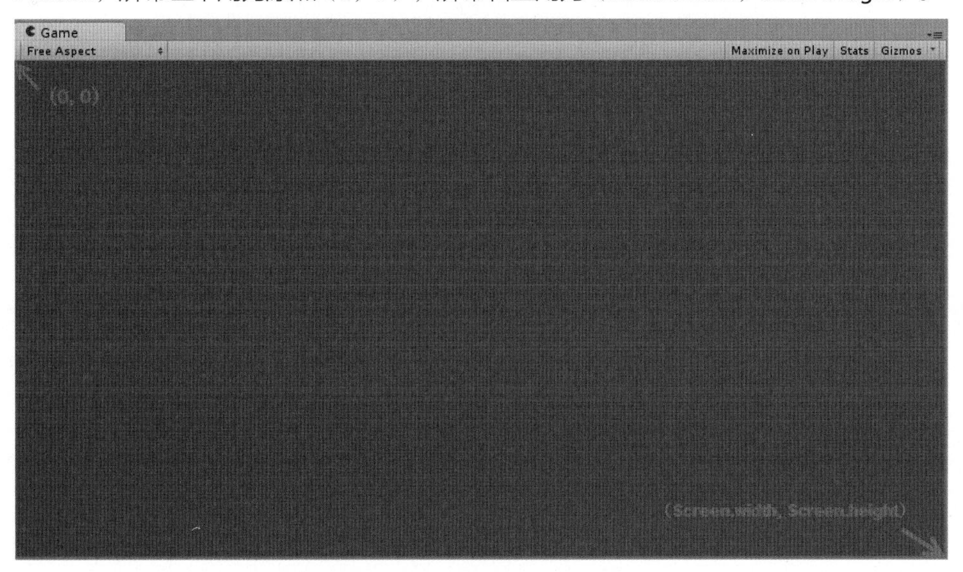

图15-2
GUI中的屏幕坐标

本章接下来将分别介绍GUI控件的使用方法。

15.2.1 Label控件

Label控件适合用来显示文本信息或者图片，它不会响应鼠标或键盘消息。其函数声明和参数说明分别如表15-2和表15-3所示。

表15-2 函数声明

static function Label (position : Rect, text : String) : void
static function Label (position : Rect, image : Texture) : void
static function Label (position : Rect, content : GUIContent) : void
static function Label (position : Rect, text : String, style : GUIStyle) : void
static function Label (position : Rect, image : Texture, style : GUIStyle) : void
static function Label (position : Rect, content : GUIContent, style : GUIStyle) : void

表15-3 参数说明

position	屏幕绘制区域
text	要显示的文本
image	要显示的图片
content	控件内容，包含文字、图片、提示
style	控件的GUIStyle风格

示例：

1）在屏幕上显示“Hello World！”文字，运行结果如图15-3所示。

```
function OnGUI () {
  GUI.Label (Rect (10, 10, 100, 20), "Hello World!");
}
```

图15-3
Label控件1

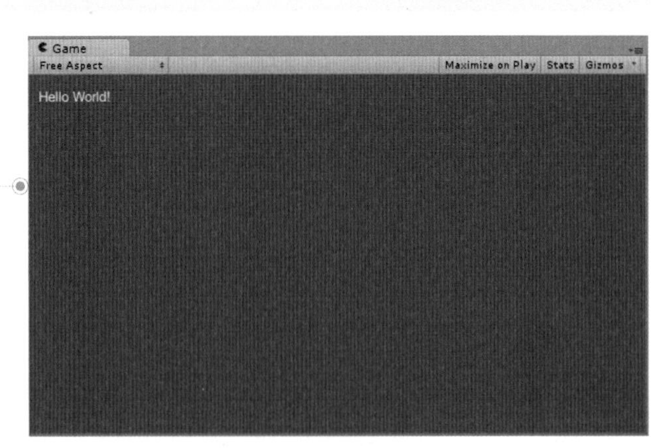

2）在屏幕上绘制一幅图像，运行结果如图15-4所示。

```
var textureToDisplay : Texture2D; //在编辑器里设置图片到此变量
function OnGUI () {
  GUI.Label (Rect (10, 40, textureToDisplay.width, textureTo-
Display.height),
    textureToDisplay);//区域的高度和宽度设置为图片的高度和宽度
}
```

图15-4
Label控件2

15.2.2 Box控件

Box控件用来绘制带有边框背景的文字或图片。其函数声明和参数说明分别如表15-4和表15-5所示。

表15-4 函数声明

static function Box (position : Rect, text : String) : void
static function Box (position : Rect, image : Texture) : void
static function Box (position : Rect, content : GUIContent) : void
static function Box (position : Rect, text : String, style : GUIStyle) : void
static function Box (position : Rect, image : Texture, style : GUIStyle) : void
static function Box (position : Rect, content : GUIContent, style : GUIStyle) : void

表15-5 参数说明

position	屏幕绘制区域
text	要显示的文本
image	要显示的图片
content	控件内容，包含文字、图片、提示
style	控件的GUIStyle风格

示例：

```
function OnGUI() {
    GUI.Box(Rect(0, 0, Screen.width*0.5,Screen.height * 0.5),
"This is a title");
}
```

运行结果如图15-5所示。

图15-5
Box控件

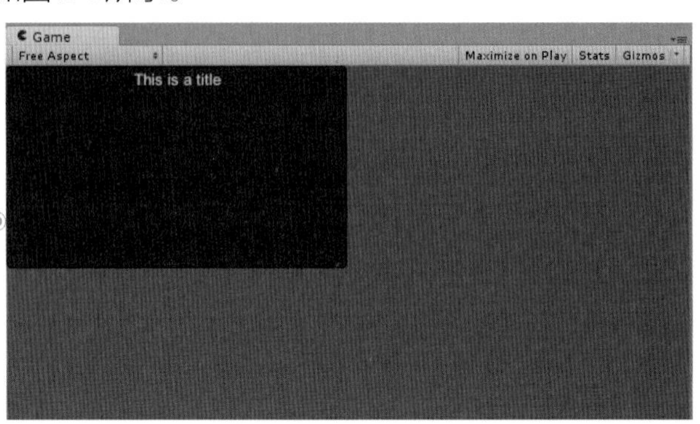

15.2.3 Button控件

Button控件用来绘制响应单击事件的按钮。其函数声明和参数说明分别如表15-6和表15-7所示。

表15-6 函数声明

static function Button (position : Rect, text : String) : boolean
static function Button (position : Rect, image : Texture) : boolean
static function Button (position : Rect, content : GUIContent) : boolean
static function Button (position : Rect, text : String, style : GUIStyle) : boolean
static function Button (position : Rect, image : Texture, style : GUIStyle) : boolean
static function Button (position : Rect, content : GUIContent, style : GUIStyle) : boolean

表15-7 参数说明

position	屏幕绘制区域
text	要显示的文本
image	要显示的图片
content	控件内容，包含文字、图片、提示
style	控件的GUIStyle风格

当有按钮单击事件发生时，Button函数返回true，否则返回false。因此，按钮的事件处理脚本需要写在控件代码if判断语句条件为true的代码区域中。

示例：

绘制两个按钮并响应单击事件。

```
var btnTexture : Texture;//按钮图片
function OnGUI() {
    if (!btnTexture) {
    //如果图片未设置，输出错误提示到控制台
      Debug.LogError("Please assign a texture on the inspector");
      return;
    }
```

```
        //按下图片按钮
        if (GUI.Button(Rect(10,10,50,50),btnTexture))
            Debug.Log("Clicked the button with an image");
        //按下文字按钮
        if (GUI.Button(Rect(10,70,50,30),"Click"))
            Debug.Log("Clicked the button with text");
    }
```

运行结果如图15-6所示。

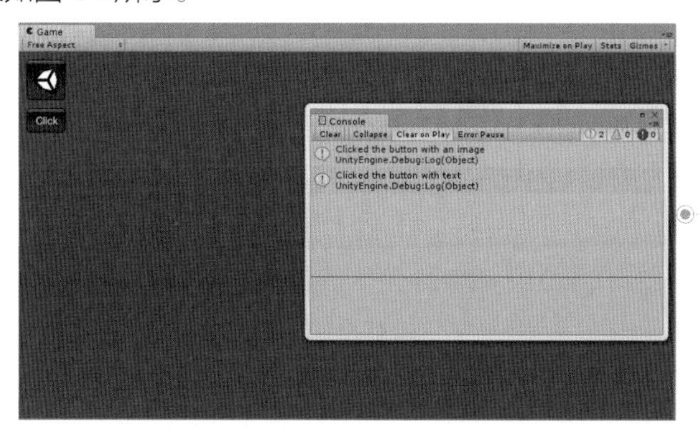

图15-6
Button控件

15.2.4 RepeatButton控件

Button控件在每次单击事件中只相应一次，如果想处理鼠标左键长按的事件，可以使用RepeatButton控件。RepeatButton会在左键按下期间一直返回true。其函数声明和参数说明分别如表15-8和表15-9所示。

表15-8 函数声明

static function RepeatButton (position : Rect, text : String) : boolean
static function RepeatButton (position : Rect, image : Texture) : boolean
static function RepeatButton (position : Rect, content : GUIContent) : boolean
static function RepeatButton (position : Rect, text : String, style : GUIStyle) : boolean
static function RepeatButton (position : Rect, image : Texture, style : GUIStyle) : boolean
static function RepeatButton (position : Rect, content : GUIContent, style : GUIStyle) : boolean

表15-9 参数说明

position	屏幕绘制区域
text	要显示的文本
image	要显示的图片
content	控件内容，包含文字、图片、提示
style	控件的GUIStyle风格

示例：

绘制两个按钮并响应按钮持续按下事件。

```
var btnTexture : Texture;//按钮图片
function OnGUI() {
   if (!btnTexture) {
   //如果图片未设置，那么显示提示
      Debug.LogError("Please assign a texture on the inspector");
      return;
   }
     //按下图片按钮
    if (GUI.RepeatButton (Rect(10,10,50,50),btnTexture))
        Debug.Log("Clicked the button with an image");
    //按下文字按钮
    if (GUI.RepeatButton (Rect(10,70,50,30),"Click"))
        Debug.Log("Clicked the button with text");
}
```

运行结果如图15-7所示。

图15-7 RepeatButton控件

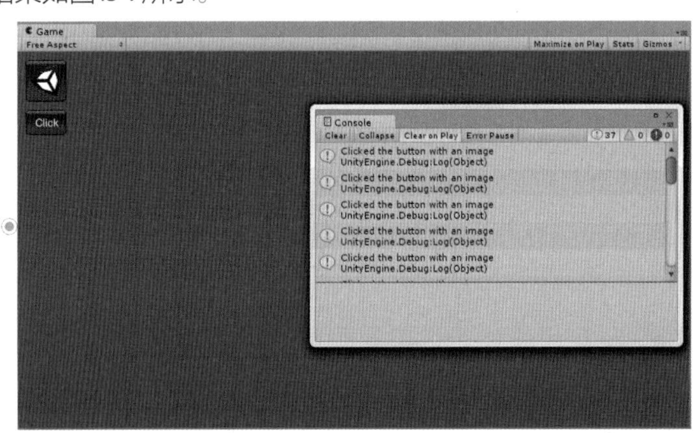

15.2.5 TextField控件

在游戏中，经常需要用到信息输入的窗口，比如聊天窗、用户信息的输入等，这些情况可以使用TextField控件。其函数声明和参数说明分别如表15-10和表15-11所示。

表15-10 函数声明

static function TextField (position : Rect, text : String) : String
static function TextField (position : Rect, text : String, maxLength : int) : String
static function TextField (position : Rect, text : String, style : GUIStyle) : String
static function TextField (position : Rect, text : String, maxLength : int, style : GUIStyle) : String

表15-11 参数说明

position	屏幕绘制区域
text	显示的编辑文本
maxLength	文本字符串的最大长度
style	控件的GUIStyle风格

示例：

```
var stringToEdit : String = "Hello World";
function OnGUI () {
    stringToEdit = GUI.TextField (Rect (10, 10, 200, 20), string-
ToEdit, 25);
}
```

运行结果如图15-8所示。

图15-8
TextField控件

15.2.6 PasswordField控件

PasswordField控件用于绘制密码输入框，经常用于用户登录界面中。其函数声明和参数说明分别如表15-12和表15-13所示。

表15-12 函数声明

static function PasswordField (position : Rect, password : String, maskChar : char) : String
static function PasswordField (position : Rect, password : String, maskChar : char, maxLength : int) : String
static function PasswordField (position : Rect, password : String, maskChar : char, style : GUIStyle) : String
static function PasswordField (position : Rect, password : String, maskChar : char, maxLength : int, style : GUIStyle) : String

表15-13 参数说明

position	屏幕绘制区域
password	编辑框中的密码字符串
maskChar	密码字符串的掩码字符
maxLength	字符串的最大长度
style	控件的GUIStyle风格

示例：

```
var passwordToEdit : String = "My Password";
function OnGUI () {
    passwordToEdit = GUI.PasswordField (Rect (10, 10, 200, 20), passwordToEdit, "*"[0], 25);
}
```

运行结果如图15-9所示。

图15-9 PasswordField控件

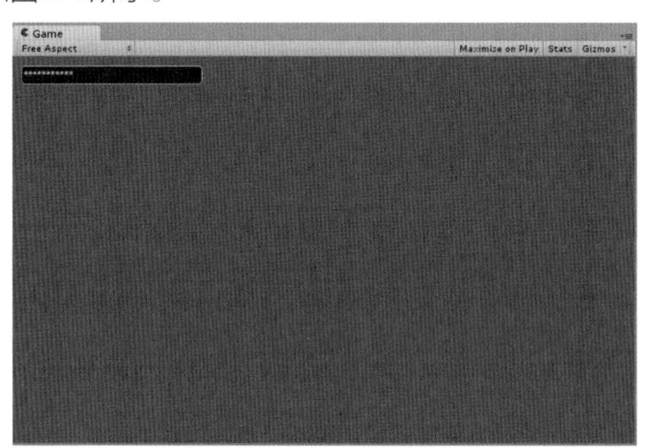

15.2.7 TextArea控件

TextArea控件与TextField的用法类似，区别就是TextField是单行的，TextArea可以编辑多行的文字。其函数声明和参数说明分别如表15-14和表15-15所示。

表15-14 函数声明

static function TextArea (position : Rect, text : String) : String
static function TextArea (position : Rect, text : String, maxLength : int) : String
static function TextArea (position : Rect, text : String, style : GUIStyle) : String
static function TextArea (position : Rect, text : String, maxLength : int, style : GUIStyle) : String

表15-15 参数说明

position	屏幕绘制区域
text	显示的编辑文本
maxLength	文本字符串的最大长度
style	控件的GUIStyle风格

示例：

```
var stringToEdit : String = "Hello World\nI've got 2 lines...";
function OnGUI () {
    stringToEdit = GUI.TextArea (Rect (10, 10, 200, 100), stringToEdit, 200);
}
```

运行结果如图15-10所示。

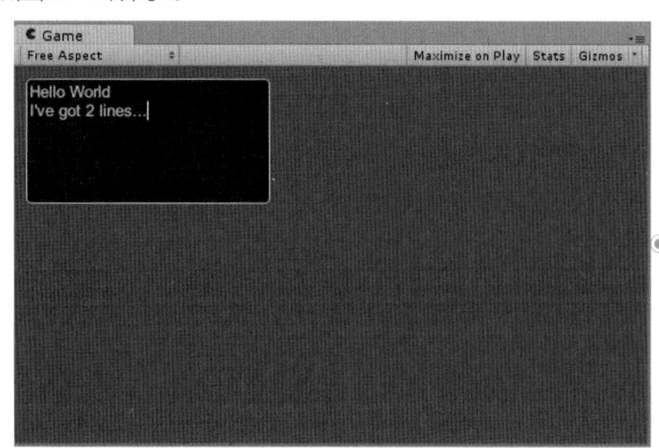

图15-10
TextArea控件

15.2.8 Toggle控件

Toggle控件可以用于制作开关按钮，每次单击，它都会在开和关的状态之间切换。其函数声明和参数说明分别如表15-16和表15-17所示。

表15-16 函数声明

static function Toggle (position : Rect, value : boolean, text : String) : boolean
static function Toggle (position : Rect, value : boolean, image : Texture) : boolean
static function Toggle (position : Rect, value : boolean, content : GUIContent) : boolean
static function Toggle (position : Rect, value : boolean, text : String, style : GUIStyle) : boolean
static function Toggle (position : Rect, value : boolean, image : Texture, style : GUIStyle) : boolean
static function Toggle (position : Rect, value : boolean, content : GUIContent, style : GUIStyle) : boolean

表15-17 参数说明

position	屏幕绘制区域
value	按钮的开关状态
text	按钮上显示的文字
image	按钮上显示的图片
content	控件内容，包含文字、图片、提示
style	控件的GUIStyle风格

示例：

绘制两个开关按钮。

```
var aTexture : Texture;
private var toggleTxt : boolean = false;//文本开关按钮的状态
private var toggleImg : boolean = false; //图片开关按钮的状态
function OnGUI () {
    if(!aTexture) {
        Debug.LogError("Please assign a texture in the inspector.");
        return;
    }
```

```
    toggleTxt = GUI.Toggle(Rect(10, 10, 100, 30), toggleTxt, "A
Toggle text");
    toggleImg = GUI.Toggle(Rect(10, 50, 50, 50), toggleImg, aTexture);
  }
```

运行效果如图15-11所示。

图15-11
Toggle控件

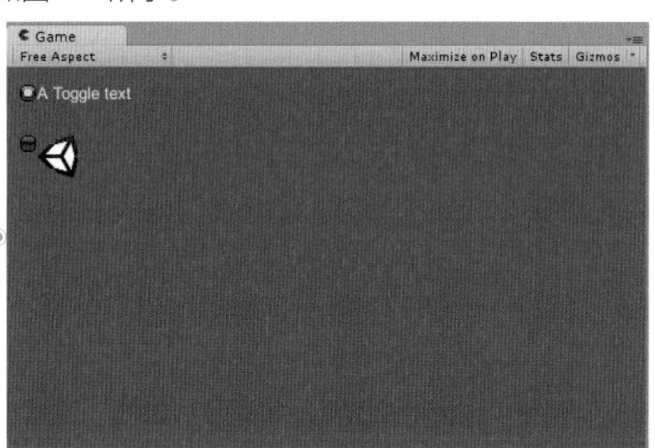

15.2.9 ToolBar控件

ToolBar控件适用于绘制一组按钮，在这些按钮中同时只激活一个，可以用来制作工具栏。其函数声明和参数说明分别如表15-18和表15-19所示。

表15-18 函数声明

static function Toolbar (position : Rect, selected : nt, texts : string[]) : int
static function Toolbar (position : Rect, selected : int, images : Texture[]) : int
static function Toolbar (position : Rect, selected : int, content : GUIContent[]) : int
static function Toolbar (position : Rect, selected : int, texts : string[], style : GUIStyle) : int
static function Toolbar (position : Rect, selected : int, images : Texture[], style : GUIStyle) : int
static function Toolbar (position : Rect, selected : int, contents : GUIContent[], style : GUIStyle) : int

表15-19 参数说明

position	屏幕绘制区域
style	控件的GUISkin 风格
selected	当前选择按钮的序号
texts	工具栏按钮上显示文数组
images	工具栏按钮上显示的图片数组
contents	工具栏按钮的内容数组，包含文字、图片、提示
style	控件的GUIStyle风格

示例：

```
var toolbarInt : int = 0;//激活按钮的序号
var toolbarStrings : String[] = ["Toolbar1", "Toolbar2",
"Toolbar3"];//按钮上的文字
function OnGUI () {
    toolbarInt = GUI.Toolbar (Rect (25, 25, 250, 30), toolbarInt,
toolbarStrings);
}
```

运行效果如图15-12所示。

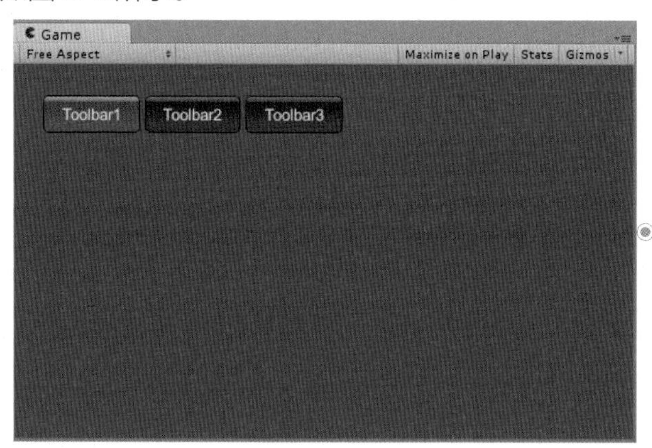

图15-12
ToolBar控件

15.2.10 Slider控件

滑动条Slider是一种很常用的界面元素，可用在音量调整、进度显示、数值调整的GUI界面中。

在Unity中Slider控件分为水平和垂直2种，对应的GUI函数为HorizontalSlider和VerticalSlider。其函数声明和参数说明分别如表15-20和表15-21所示。

表15-20 函数声明

函数声明
static function HorizontalSlider (position : Rect, value : float, leftValue : float, rightValue : float) : float
static function HorizontalSlider (position : Rect, value : float, leftValue : float, rightValue : float, slider : GUIStyle, thumb : GUIStyle) : float
static function VerticalSlider (position : Rect, value : float, topValue : float, bottomValue : float) : float
static function VerticalSlider (position : Rect, value : float, topValue : float, bottomValue : float, slider : GUIStyle, thumb : GUIStyle) : float

表15-21 参数说明

参数	说明
position	屏幕绘制区域
value	滑动条的值，与滑块位置对应
topValue	滑动条顶部对应的数值
bottomValue	滑动条底部对应的数值

续表

leftValue	滑动条左侧对应的数值
rightValue	滑动条右侧对应的数值
slider	拖动区域的GUIStyle 样式
thumb	滑块的GUIStyle 样式

示例：

```
var hSliderValue : float = 0.0;//水平滑动条数值
var vSliderValue : float = 0.0;//垂直滑动条数值
function OnGUI () {
  hSliderValue = GUI.HorizontalSlider (Rect (50, 25, 100, 30),
hSliderValue, 0.0, 10.0);
  GUI.Label(Rect (25, 22, 100, 30),hSliderValue.ToString("0.00"));
//显示水平滑动条数值

  vSliderValue = GUI. VerticalSlider(Rect (25, 70, 30, 100),
vSliderValue, 0.0, 10.0);
  GUI.Label(Rect (22, 170, 100, 30),vSliderValue.ToString("0.00"));
//显示垂直滑动条数值
}
```

运行结果如图15-13所示。

图15-13
Slider控件

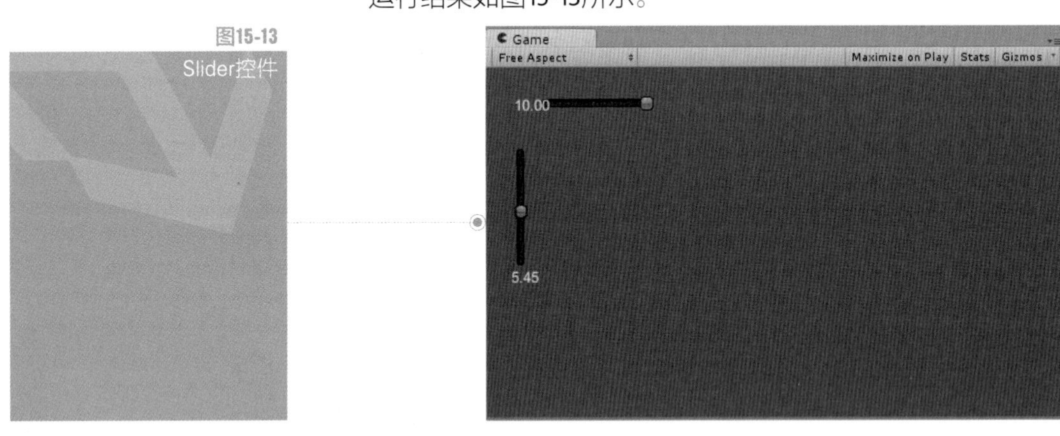

15.2.11 Scrollbar控件

滚动条Scrollbar常用于页面区域的滚动，例如文档浏览中。

在Unity中Scrollbar控件分为水平和垂直2种，对应的GUI函数为Horizontal-Scrollbar和VerticalScrollbar。其函数声明和参数说明分别如表15-22和表15-23所示。

表15-22 函数声明

static function HorizontalScrollbar (position : Rect, value : float, size : float, leftValue : float, rightValue : float) : float
static function HorizontalScrollbar (position : Rect, value : float, size : float, leftValue : float, rightValue : float, style : GUIStyle) : float
static function VerticalScrollbar (position : Rect, value : float, size : float, topValue : float, bottomValue : float) : float
static function VerticalScrollbar (position : Rect, value : float, size : float, topValue : float, bottomValue : float, style : GUIStyle) : float

表15-23 参数说明

position	屏幕绘制区域
value	滚动条的值，与滑块位置对应
size	能看到的区域大小
topValue	滚动条顶部对应的数值
bottomValue	滚动条底部对应的数值
leftValue	滚动条左侧对应的数值
rightValue	滚动条右侧对应的数值
slider	滚动条背景的GUIStyle 样式

示例：

```
    var hSbarValue : float;
    var vSbarValue : float;
    function OnGUI () {
        hSbarValue = GUI.HorizontalScrollbar (Rect (25, 25, 100, 30), hSbarValue, 1.0, 0.0, 10.0);
        vSbarValue = GUI.VerticalScrollbar(Rect (25, 50, 30, 100), vSbarValue, 1.0, 10.0, 0.0);
    }
```

运行结果如图15-14所示。

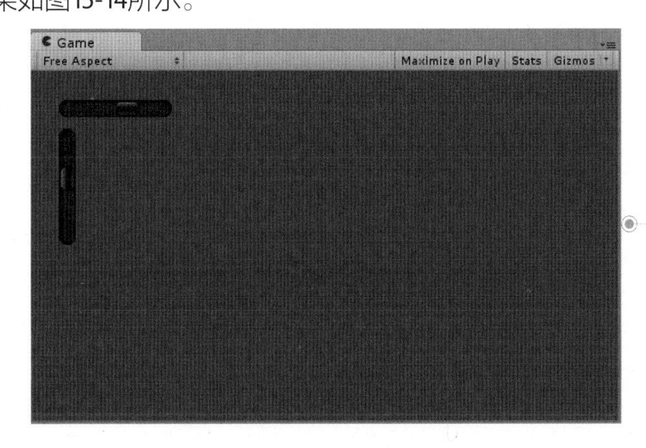

图15-14
Scrollbar控件

15.2.12 ScrollView控件

ScrollView用来在GUI界面中绘制一个滚动视图区域，并且可以通过滚动条来控制要显示的区域内容。

ScrollView通过成对调用BeginScrollView和EndScrollView来完成绘制。在这2个函数之间的GUI代码会绘制在滚动视图内部区域中。其函数声明和参数说明分别如表15-24和表15-25所示。

表15-24 函数声明

static function BeginScrollView (position : Rect, scrollPosition : Vector2, viewRect : Rect) : Vector2
static function BeginScrollView (position : Rect, scrollPosition : Vector2, viewRect : Rect, alwaysShowHorizontal : boolean, alwaysShowVertical : boolean) : Vector2
static function BeginScrollView (position : Rect, scrollPosition : Vector2, viewRect : Rect, horizontalScrollbar : GUIStyle, verticalScrollbar : GUIStyle) : Vector2
static function BeginScrollView (position : Rect, scrollPosition : Vector2, viewRect : Rect, alwaysShowHorizontal : boolean, alwaysShowVertical : boolean, horizontalScrollbar : GUIStyle, verticalScrollbar : GUIStyle) : Vector2

表15-25 参数说明

position	滚动视图在屏幕上的绘制区域
scrollPosition	视图滚动过的水平距离和垂直
viewRect	滚动视图内部包含的区域大小
alwayShowHorizontal	是否总是显示水平滚动条
alwayShowVertical	是否总是显示垂直滚动条
horizontalScrollbar	水平滚动条的GUIStyle 风格
verticalScrollbar	垂直滚动条的GUIStyle 风格

示例：

下面的例子将在屏幕上绘制一个滚动视图，视图内部区域大小为220*200，包含4个按钮控件，实际显示大小为100*100，通过滚动条来控制视图的显示内容。

```
var scrollPosition : Vector2 = Vector2.zero;//初始滚动位置
function OnGUI () {
    //开始绘制滚动视图
    scrollPosition = GUI.BeginScrollView (Rect (10,10,100,100),
    scrollPosition, Rect (0, 0, 220, 200));
    //在滚动视图四个角上分别绘制按钮
    GUI.Button (Rect (0,0,100,20), "Top-left");
    GUI.Button (Rect (120,0,100,20), "Top-right");
    GUI.Button (Rect (0,180,100,20), "Bottom-left");
    GUI.Button (Rect (120,180,100,20), "Bottom-right");
    GUI.EndScrollView ();//结束滚动视图
}
```

运行结果如图15-15所示。

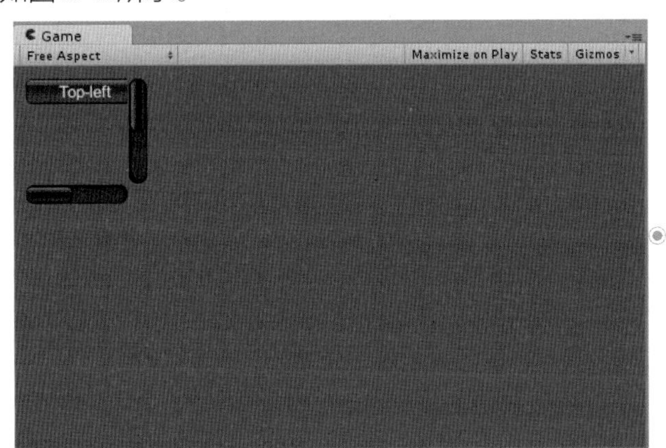

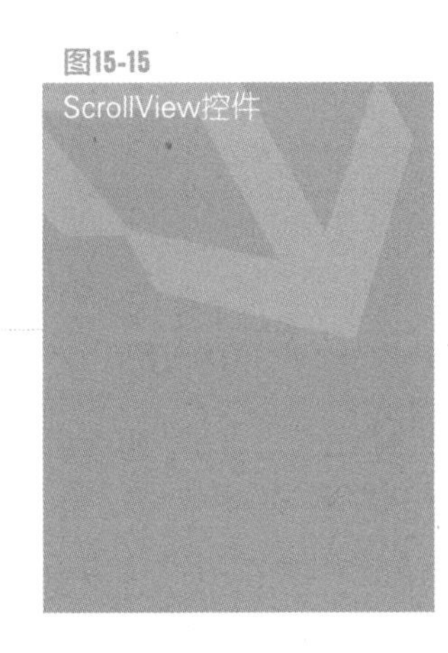

图15-15
ScrollView控件

15.2.13 Window窗口

窗口可以看作容纳控件的容器，把控件绘制在窗口中，可以方便地调整窗口内所有控件的位置，以及显示隐藏。

Window函数会调用另外一个函数来进行绘制控件的工作。在绘制控件函数中，控件的位置为窗口自身坐标系下的位置，如果控件位置超出了窗口的区域，将不会显示。

如果想让窗口可拖动，在绘制函数中调用DragWindow函数可以设置窗口的拖动位置。

其函数声明和参数说明分别如表15-26和表15-27所示。

表15-26 函数声明

函数声明
static function Window (id : int, clientRect : Rect, func : WindowFunction, text : String) : Rect
static function Window (id : int, clientRect : Rect, func : WindowFunction, content : GUIContent) : Rect
static function Window (id : int, clientRect : Rect, func : WindowFunction, text : String, style : GUIStyle) : Rect
static function Window (id : int, clientRect : Rect, func : WindowFunction, image : Texture, style : GUIStyle) : Rect
static function Window (id : int, clientRect : Rect, func : WindowFunction, title : GUIContent, style : GUIStyle) : Rect

表15-27 参数说明

参数	说明
id	每个窗口都有一个唯一ID，用于接口函数调用
clientRect	窗口在屏幕上的显示区域，窗口控件在该区域内绘制
func	绘制窗口控件所调用的函数。该函数需要传入窗口的ID
text	窗口标题
image	窗口标题栏上显示的图片
content	窗口信息，包含有文字、图片、提示信息
style	窗口的GUIStyle样式

示例：

```
var windowRect : Rect = Rect (50, 50, 220, 100);
function OnGUI () {
  windowRect = GUI.Window (0, windowRect, WindowFunction, "My Window");
}
function WindowFunction (windowID : int) {
  //窗口内绘制一个按钮
  GUI.Button(Rect(60,50,100,20),"Button");
  GUI.DragWindow (Rect (0,0, 220, 20));//让窗口可以通过标题栏拖动位置
}
```

运行结果如图15-16所示。

图15-16
Window窗口

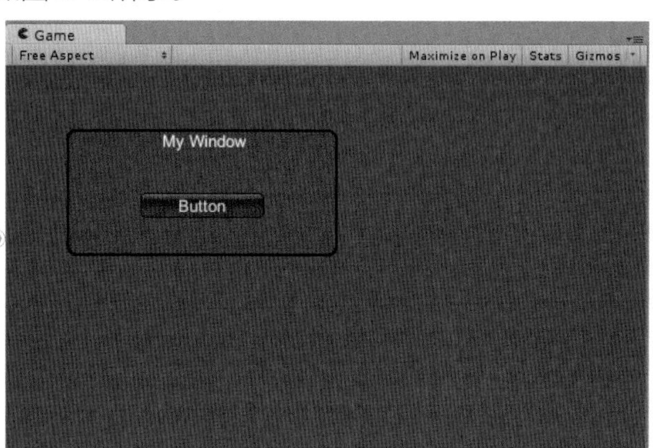

15.3 GUISkin控件样式

图15-17
创建GUISkin

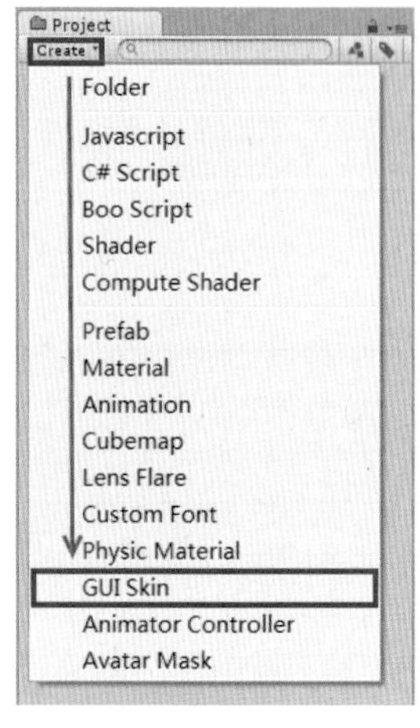

Unity默认的控件外观十分简单。在游戏开发过程中，开发者都会根据游戏的类型和内容来设计一套个性化的游戏界面，Unity可以通过配置GUISkin来更改控件的默认样式，制作出符合游戏风格的控件外观。

GUISkin在使用前先需要创建和配置。GUISkin的创建方法是在Project视图的上方单击Create按钮，在弹出菜单中单击GUI Skint选项，如图15-17所示。或者也可以通过打开菜单栏中的Assets→Create→GUI Skin项来创建GUISkin。

新建的GUISkin文件会在Project视图中显示，单击GUISkin文件，在Inspector视图中可以对GUISkin的参数进行设置，如图15-18所示，可以看到在一个GUISkin里就可以对所有控件进行样式的设置，例如Box、Button、Toggle、Label等。

下面以按钮控件Button为例，说明如何通过GUISkin设计控件的样式。

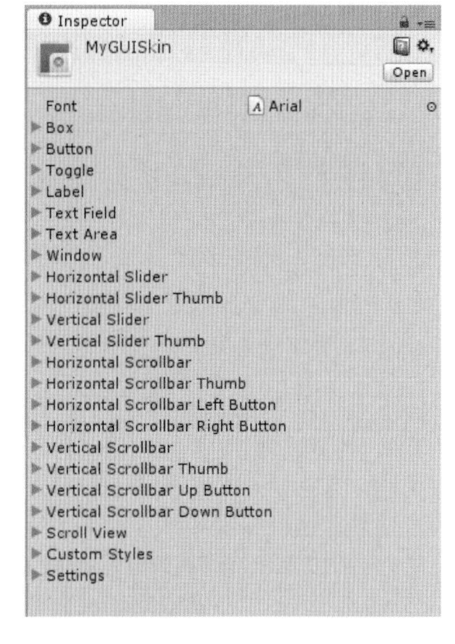

图15-18 GUISkin参数设置

假设现在需要更换按钮的背景图片，以及设置按钮上的字体为楷体，图片素材如图15-19所示。

图15-19 按钮样式素材

首先把按钮的背景图和字体文件放入Unity工程路径下的资源文件夹Assets中。然后查看GUISkin的Inspector视图，单击Button折叠项，展开Button控件的样式参数，如图15-20所示，更改Normal、Hover、Active、On Normal、On Hover、On Active、Font、Font Size这几个参数。

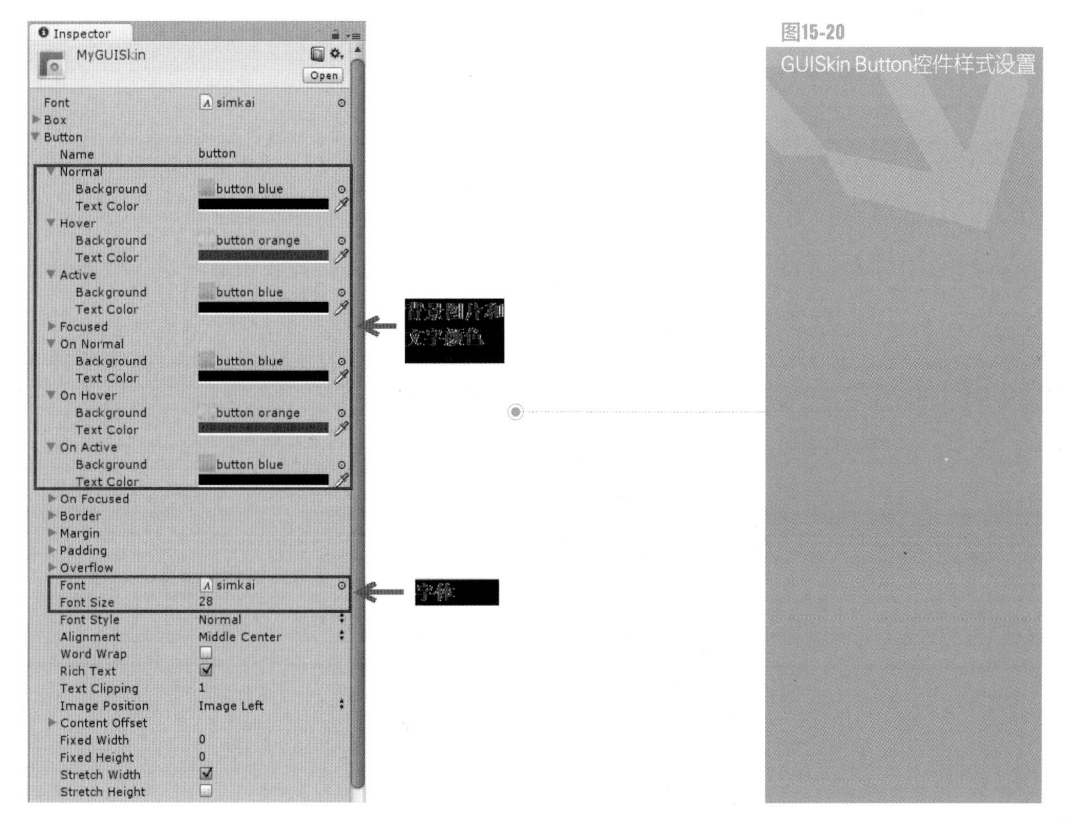

图15-20 GUISkin Button控件样式设置

现在可以试试修改后的效果。在GUI脚本中声明一个类型为GUISkin的变量，在Inspector视图中将该变量的值设置为刚修改好的GUISkin文件。

在绘制控件代码前将变量赋值给GUI.skin参数，则控件将会以用户配置的GUISkin样式来绘制，示例代码如下：

```
var myGUISkin:GUISkin;
function OnGUI () {
  GUI.skin = myGUISkin;
  GUI.Button(Rect(60, 50, 240, 60), "自定义按钮");
}
```

脚本运行的效果如图15-21所示。

图15-21
自定义样式的Button按钮

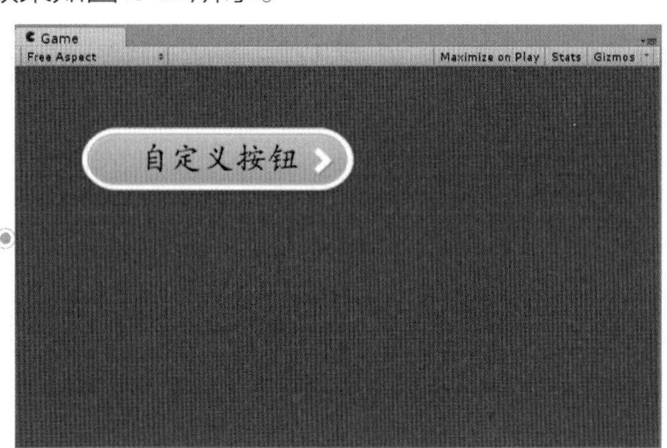

15.4 GUILayout自动布局

在Unity中GUI控件的布局方式有两种，一种为固定布局，即在绘制控件的时候将位置参数传入，指定控件的精确位置，到目前为止本章前面的示例中都是使用固定布局的方式；另外Unity还支持控件的自动布局，自动布局适用于控件数量动态改变的情况，或者是有时候开发者不太在乎控件的精确位置，而只是想让它们按一些简单方式显示出来就好。

如果想使用自动布局，那么需要使用GUILayout类来替代前面例子中使用的GUI类，并且去掉Rect()位置参数。

在OnGUI函数中，可以混合使用固定布局和自动布局两种方式。

示例：

```
function OnGUI () {
  //固定布局
  GUI.Button (Rect (25, 25, 100, 30), "I am a Fixed Layout 
Button");
  //自动布局
  GUILayout.Button ("I am an Automatic Layout Button");
}
```

运行效果如图15-22所示，可以看到自动布局方式绘制的按钮会自动调整按钮宽度使得按钮文字显示完整。

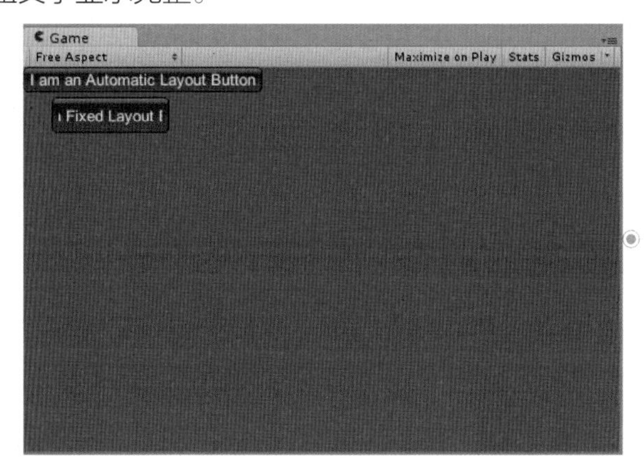

图15-22
固定布局和自动布局

15.4.1 区域Area

自动布局的确省了不少事，毕竟有时候在开发调试阶段不需要太关注GUI控件的精确摆放位置。但是当控件多了之后，全都自动布局会显得太杂乱，这时候可以使用GUILayout.BeginArea和GUILayout.EndArea来指定自动布局要摆放的区域，对显示区域进行大致的划分。

使用Area的简单例子：

```
function OnGUI () {
  GUILayout.Button ("I am not inside an Area");
  GUILayout.BeginArea (Rect (Screen.width/2, Screen.height/2,
300, 300));
  GUILayout.Button ("I am completely inside an Area");
  GUILayout.EndArea ();
}
```

运行效果如图15-23所示。

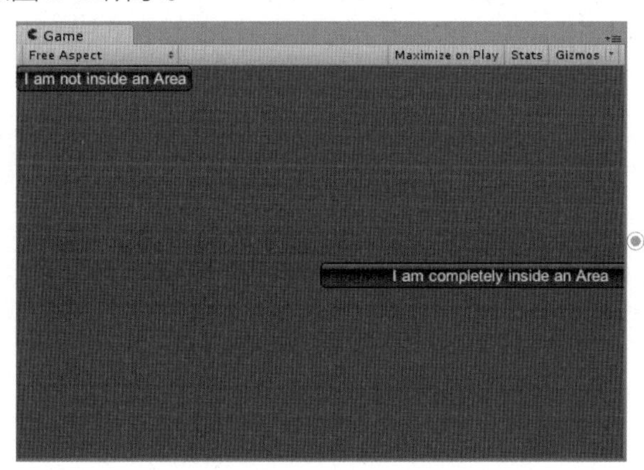

图15-23
自动布局区域

15.4.2 水平组和垂直组

在使用控件自动布局时，默认的摆放方式是从上到下依次排列绘制，如果想将控件在某些情况下水平排列，某些情况下垂直排列，可以通过水平组和垂直组进行控制，使用方式是调用GUILayout.BeginHorizontal/GUILayout.EndHorizontal设置水平组，调用GUILayout.BeginVertical/GUILayout.EndVertical设置垂直组。水平组和垂直组可以嵌套使用。

使用示例：

```
var sliderValue = 1.0;
var maxSliderValue = 10.0;
function OnGUI()
{
  //设置自动布局区域
  GUILayout.BeginArea (Rect (0, 0, 200, 60));
  //开始水平组
  GUILayout.BeginHorizontal();
  //绘制按钮
  if (GUILayout.RepeatButton ("Increase max\nSlider Value"))
  {
      maxSliderValue += 3.0 * Time.deltaTime;
  }
  //设置垂直组
  GUILayout.BeginVertical();
  //绘制Box控件
  GUILayout.Box("Slider Value: " + Mathf.Round(sliderValue));
  //绘制滑动条控件
  sliderValue = GUILayout.HorizontalSlider (sliderValue, 0.0,
maxSliderValue);
  GUILayout.EndVertical();//结束垂直组
  GUILayout.EndHorizontal();//结束水平组
  GUILayout.EndArea();//结束区域
}
```

运行效果如图15-24所示。

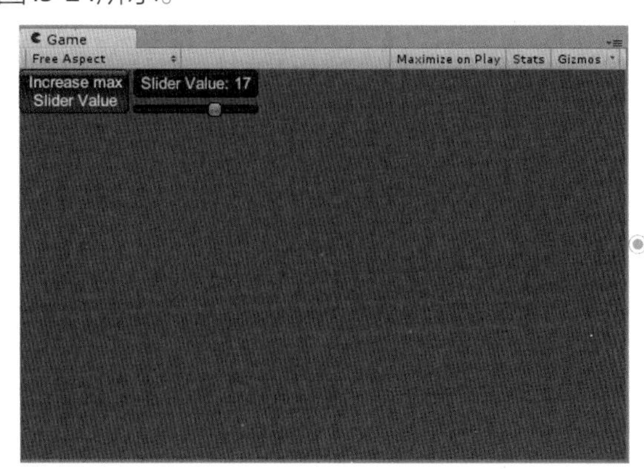

图15-24
水平组和垂直组自动布局

15.4.3 GUILayout参数

如果想对自动布局的控件参数施加一些控制，可以使用GUILayout参数。

例如，当按钮上的文字很长的时候，使用GUILayout.Button绘制的按钮宽度会特别长，这时候可以传入GUILayout参数来限制它的长度。

下面是GUILayout参数的使用示例：

```
function OnGUI () {
   GUILayout.BeginArea (Rect (100, 50, Screen.width-200, Screen.
height-100));
      //普通方式绘制的自动布局按钮控件
   GUILayout.Button ("I am a regular Automatic Layout Button");
   //传入GUILayout. MaxWidth参数来设置按钮的最大宽度
   GUILayout.Button ("My width has been overridden", GUILayout.
MaxWidth (100));
   GUILayout.EndArea ();
}
```

运行效果如图15-25所示。

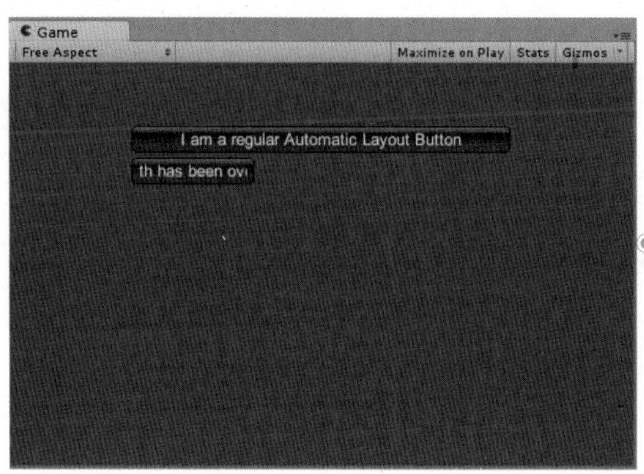

图15-25
GUILayout参数

15.5 GUI应用实例

图15-26 Custom Package

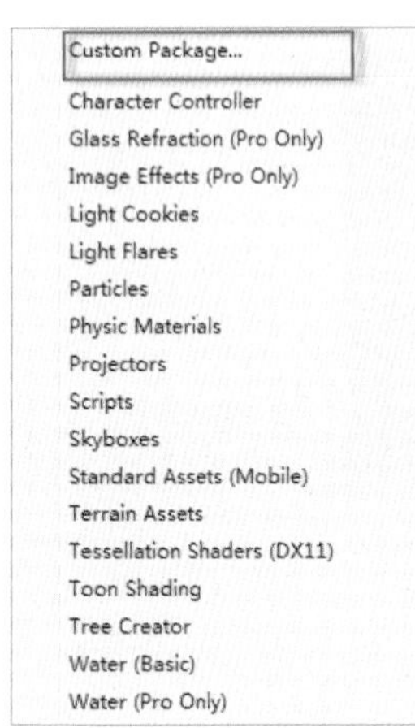

该实例素材是引用Jason Wentzel提供的Necromancer GUI实例素材。读者可以在学习完此实例后自行研究Necromancer GUI完整案例。

1．启动Unity应用程序，依次打开菜单栏中的Assets→Import Package→Custom Package项，如图15-26所示。

图15-27 定位项目文件

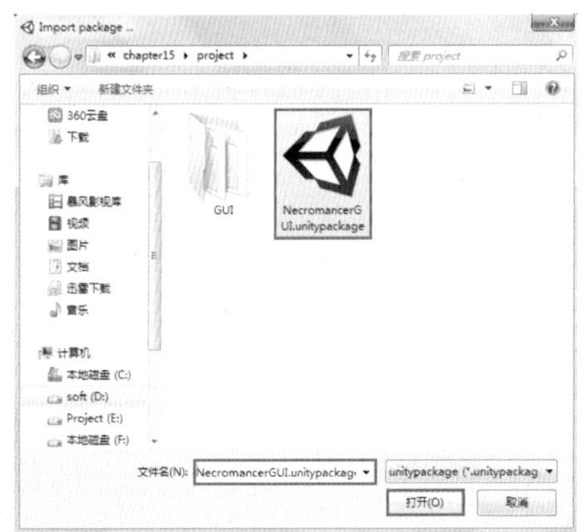

2．此时弹出Import packge对话框，并定位项目文件到\unitybook\chapter15\project\Necrom-ancerGUI.unitypackage，如图15-27所示。

3．选择NecromancerGUI.unitypackage文件，单击“打开”按钮导入项目文件，在Project视图中，依次打开菜单栏中的Assets→Create→GUI Skin项，在Assets包下新建GUISkin文件，命名该文件名称为TestGUISkin，如图15-28所示。

图15-28 TestGUISkin

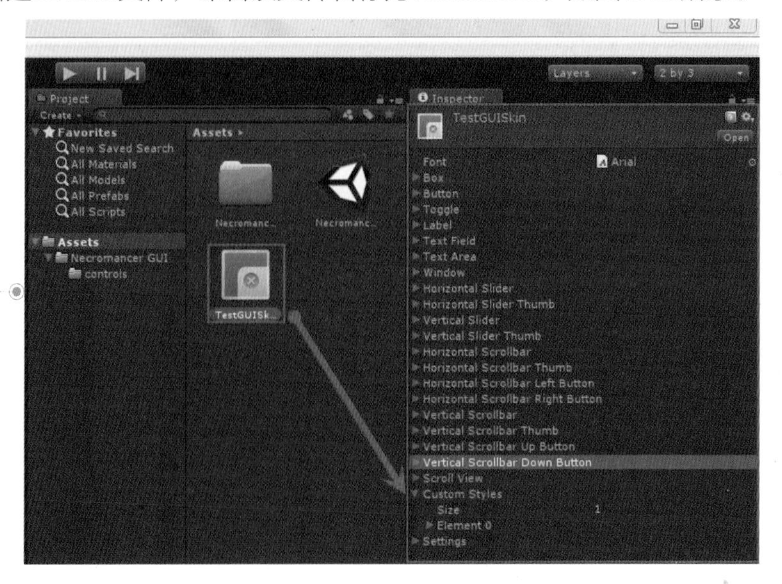

4．在Inspector视图中，通过单击参数项左侧的三角形按钮，依次展开Window→Normal项，如图15-29所示。

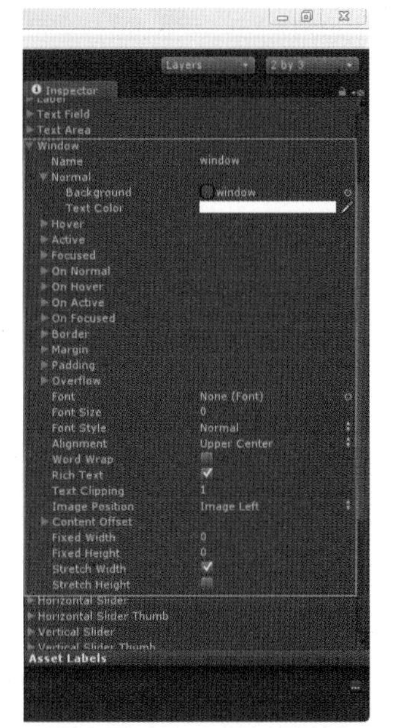

图15-29

Window样式参数

5．单击Normal项的Background右侧的◙按钮，弹出图片选择框，选择window图片，如图15-30所示。

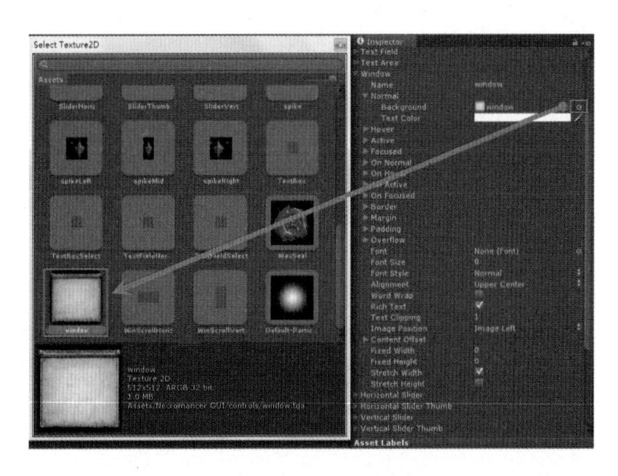

图15-30

选取图片

6．单击TextColor选项，选取如图15-31所示的颜色值（R: 72，G: 40，B: 12，A: 255）。

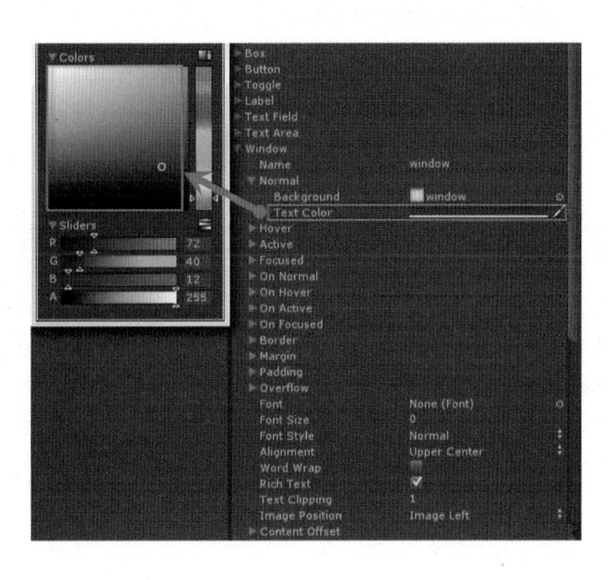

图15-31

选取颜色

图15-32
选择图片

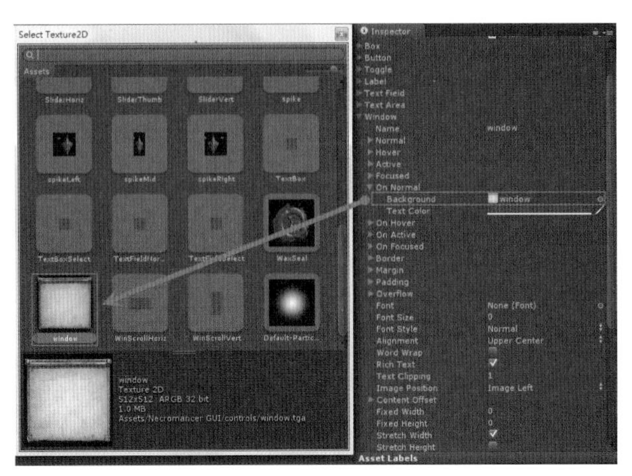

7. 通过单击Window→OnNormal项，为Background选项选择同样的图片（window），如图15-32所示。

图15-33
对Element0重命名

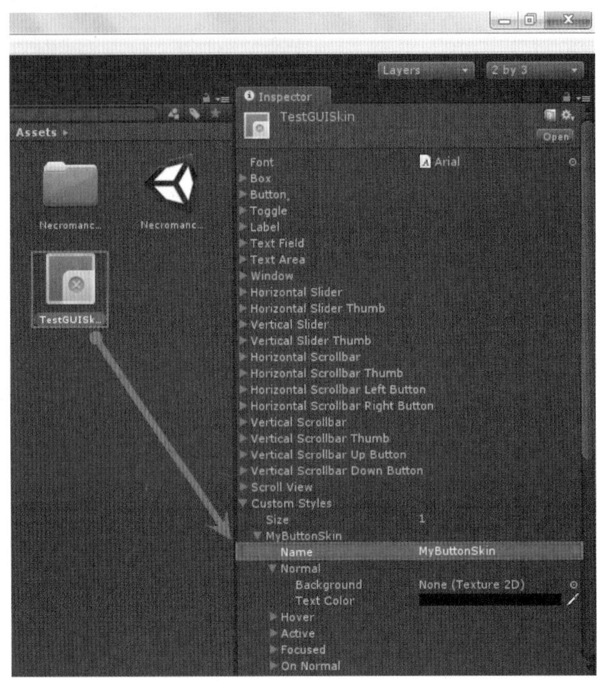

8. 在Inspector视图中，通过单击Custom Styles左侧的三角形按钮展开Custom Styles项，可知新建的GUISkin文件中的Custom Styles的Size为1。通过单击Element0左侧的三角形按钮展开Element0项，对其Name参数重新命名为MyButtonSkin，如图15-33所示。

图15-34
选择图片

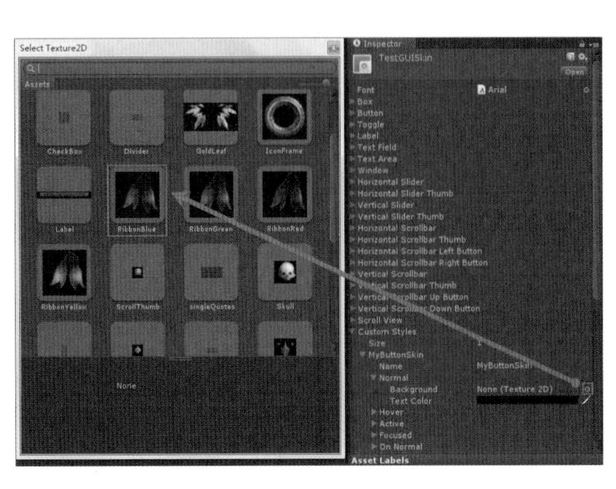

9. 通过单击MyButtonSkin→Normal，展开Normal项，可知Normal项有Background与Text Color两个参数。单击Background旁的◙按钮。弹出Select Texture2D选择框。选择RibbonBlue图片，如图15-34所示。

10．单击Hover按钮左侧的三角形按钮，展开Hover，以同样的方式选择图片RibbonGreen到Background中，如图15-35所示。

图15-35
选择图片

11．RibbonBlue图片与RibbonGreen图片的大小是一致的，并且大小都是49*77，如图15-36所示。

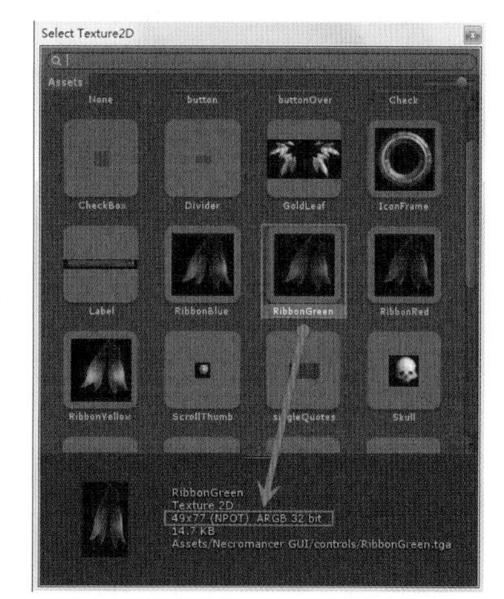

图15-36
图片大小

12．根据图片大小，在MyButtonSkin下，参数Fixed Width设置为49，Fixed Height设置为77，其中Fixed Height与Fixed Width表示图片固定的宽和高，如图15-37所示。

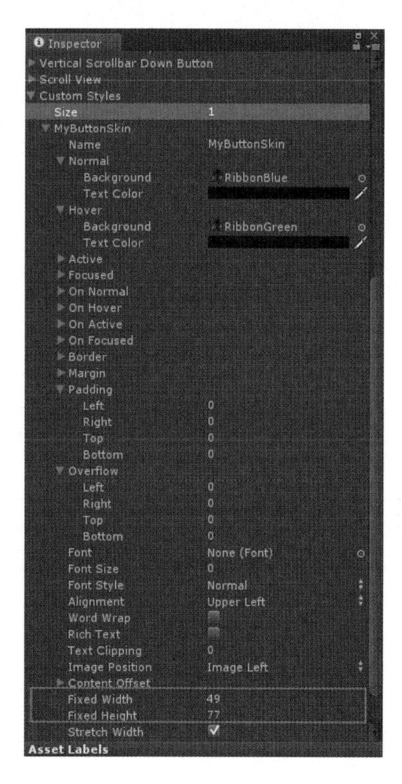

图15-37
设置大小

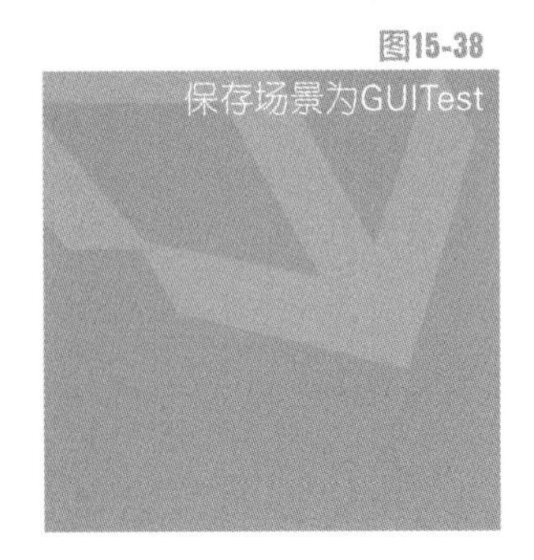

图15-38 保存场景为GUITest

13．按Ctrl+S组合键保存场景，保存场景名称为GUITest，如图15-38所示。

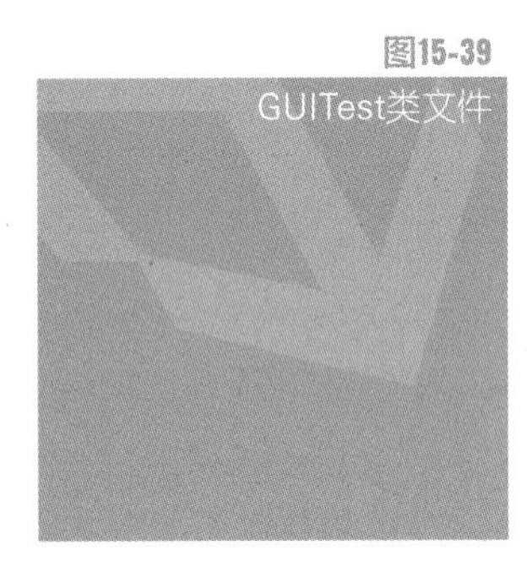

图15-39 GUITest类文件

14．为了测试自定义的GUISkin文件的效果。新建C#脚本文件，命名该文件为GUITest.cs，如图15-39所示。

15．双击GUITest脚本文件，编写如下代码。

```
using UnityEngine;
using System.Collections;
public class GUITest : MonoBehaviour {
    public GUISkin myGUISkin;//自定义的GUISkin文件
    //自定义窗口的大小
    private Rect windowRect;
    void Start () {
        windowRect = new Rect(500, 140, 350, 510);
    }
    void DoMyWindow(int windowID)
    {//使用垂直布局
        GUILayout.BeginVertical();
        GUILayout.Space(8);
        //把自定义的样式MyButtonSkin应用至界面中
        GUILayout.Button("", "MyButtonSkin");//自定义样式
        GUILayout.EndVertical();
        //使GUI界面能够进行拖动
        GUI.DragWindow (new Rect (0, 0, 10000, 10000));
    }
    void OnGUI(){
        //GUI皮肤设定为自定义皮肤
        GUI.skin = myGUISkin;
        //建立窗口
        windowRect = GUI.Window (0, windowRect, DoMyWindow, "");
  }
}
```

16．返回至Unity编辑器中，把GUITest.cs脚本文件拖动至MainCamera对象上。之后把TestGUISkin.guiskin文件拖动至绑定的GUITest.cs脚本文件中的myGUISkin属性中，如图15-40所示。

图15-40

绑定文件

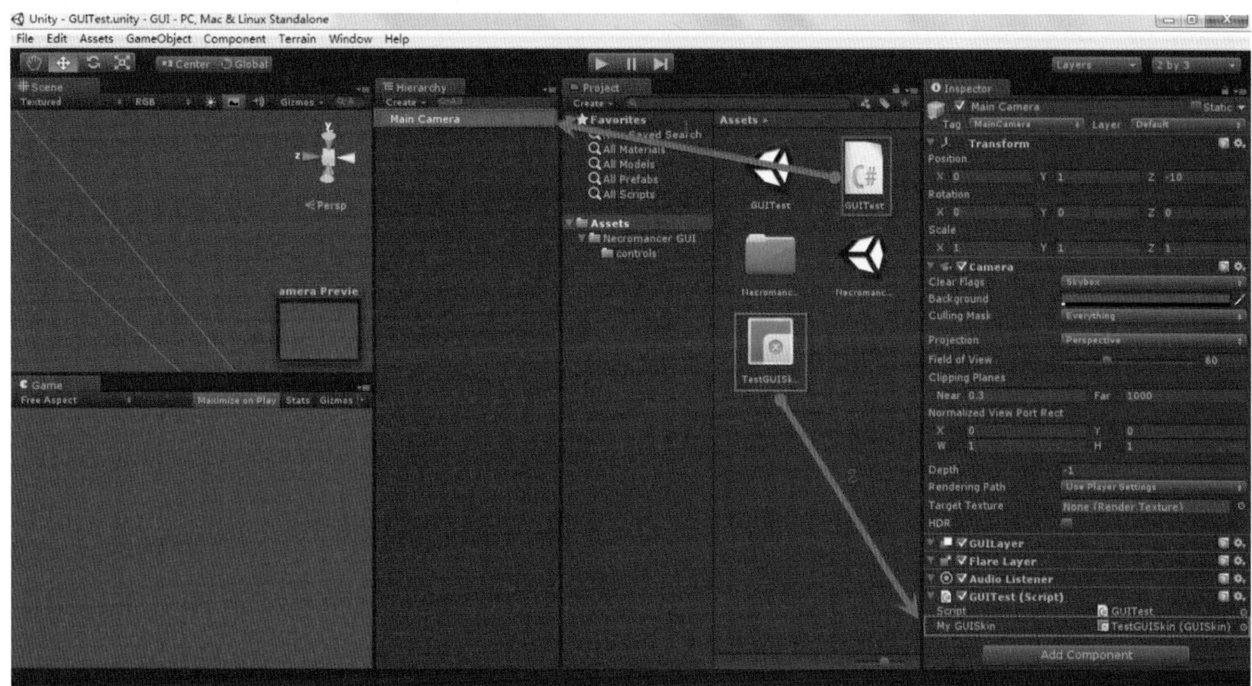

17．单击Play按钮测试项目，如图15-41所示。

图15-41

项目测试

18. 鼠标移动至左上角的彩带时，左上角的彩带会改变颜色，如图15-42所示。

图15-42
彩带颜色变化

图15-43
Custom Style（自定义样式）

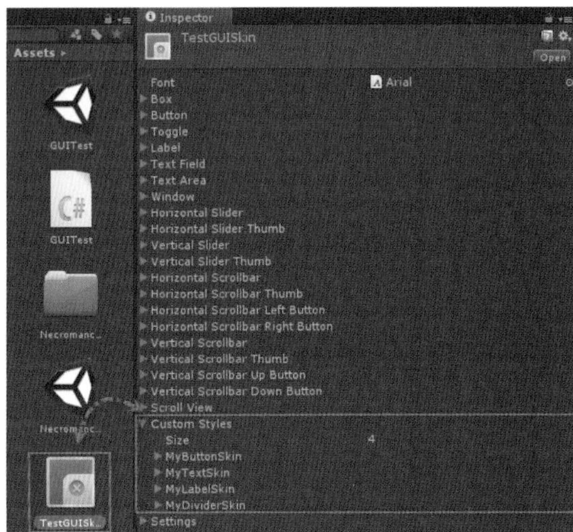

19. 为界面添加其他元素，单击TestGUISkin.guiskin文件。更改Custom Style的Size为4。其余3个样式分别命名为MyLabel-Skin、MyTextSkin与MyDivider-Skin，如图15-43所示。

图15-44
更改颜色值

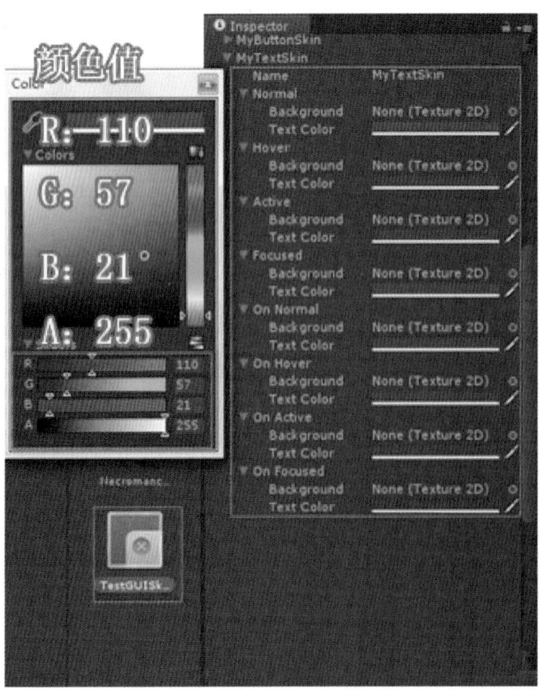

20. 通过单击Custom Styles左侧的三角形按钮展开MyTextSkin，更改其所有状态的文本颜色（包括Normal、Hover、Active、Focused、OnNormal、OnActive、OnFocused、Border、Margin）为同一种颜色值（R：110，G：57，B：21，A：255），其他自定义样式没有特殊说明都用此颜色值，如图15-44所示。

21．勾选Word Wrap与Rich Text复选框。其中Word Wrap能够使文本自动换行，Rich Text可以在界面中显示超链接等富文本内容，如图15-45所示。

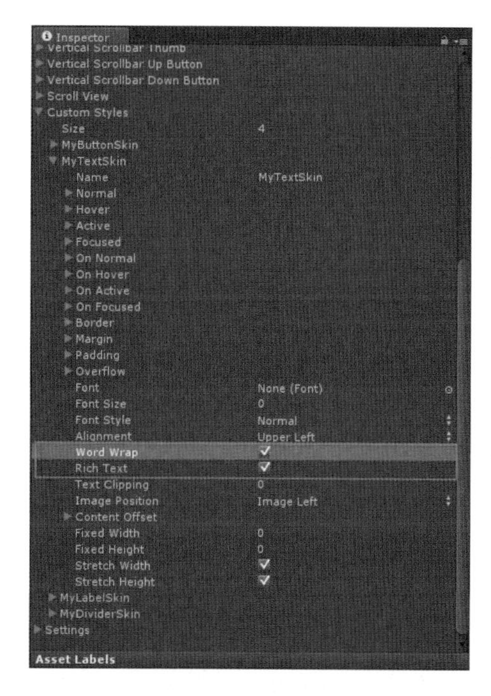

图15-45
勾选复选框

22．单击MyLabelSkin左侧的三角形按钮，展开MyLabelSkin，进而设置MyLabelSkin的样式背景与文本颜色值，如图15-46所示。

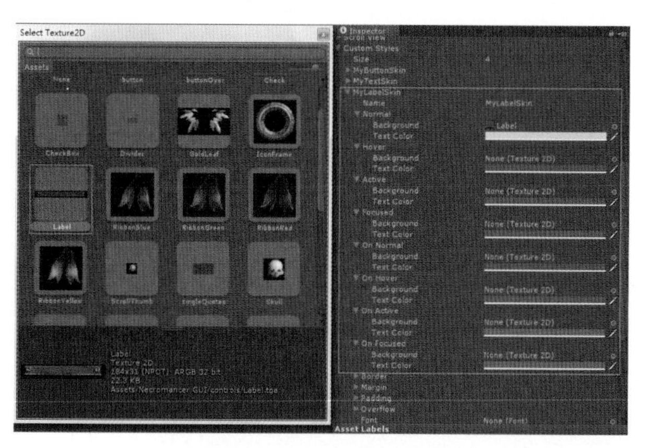

图15-46
背景与文本颜色

23．单击Font右侧的◎按钮选择字体为Kingthings_Calligraphica，并设置Font Size大小为18，如图15-47所示。

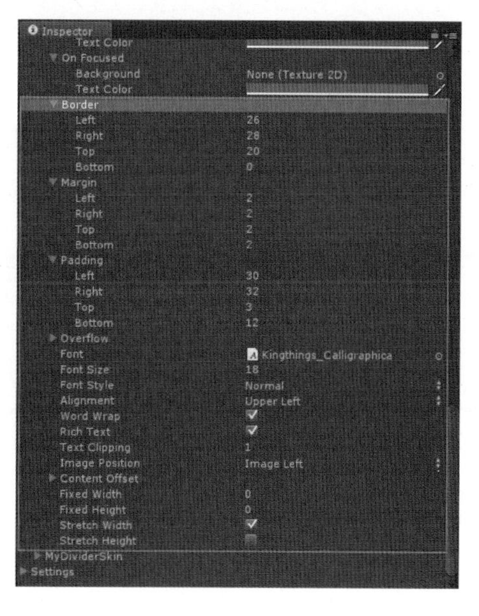

图15-47
设置样式

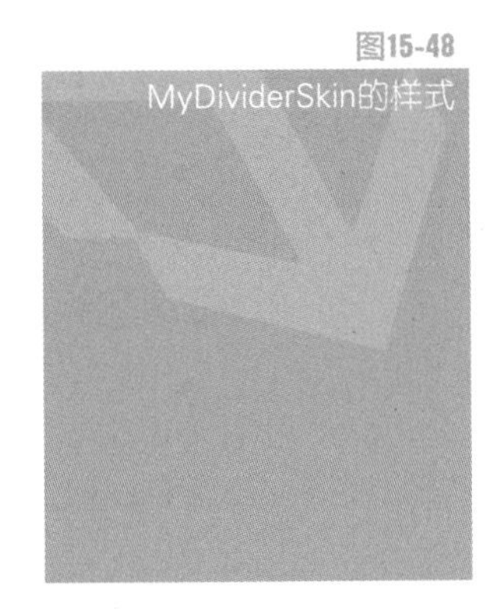
图15-48
MyDividerSkin的样式

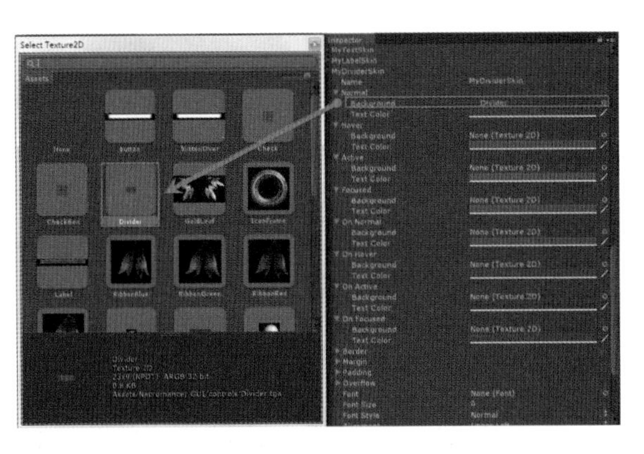

24．通过单击MyDividerSkin→Normal，展开Normal项，设置Backg-round背景图片为Divider并设置文本颜色值，如图15-48所示。

图15-49
MyDividerSkin样式

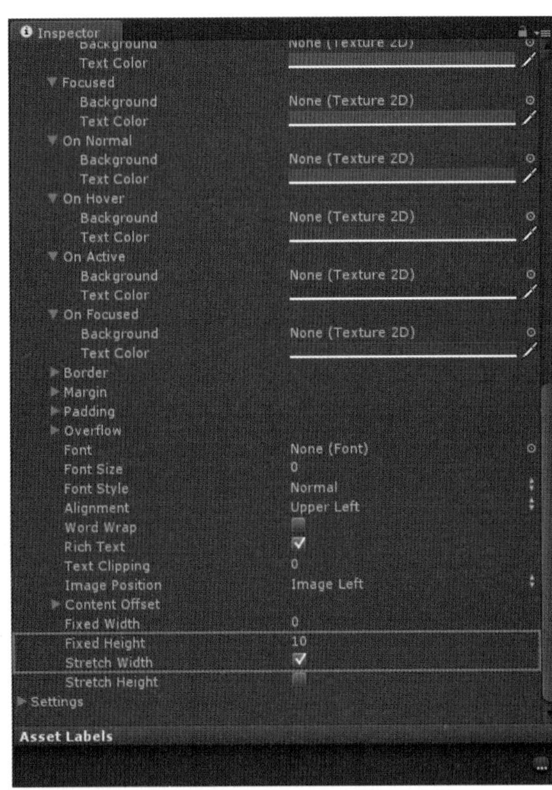

25．设置Fixed Height的值为10，勾选Stretch Width复选框，其中Stretch Width能够在没有设置Fixed Width的大小的前提下拉伸图片，如图15-49所示。

图15-50
Verticalscrollbar样式设置

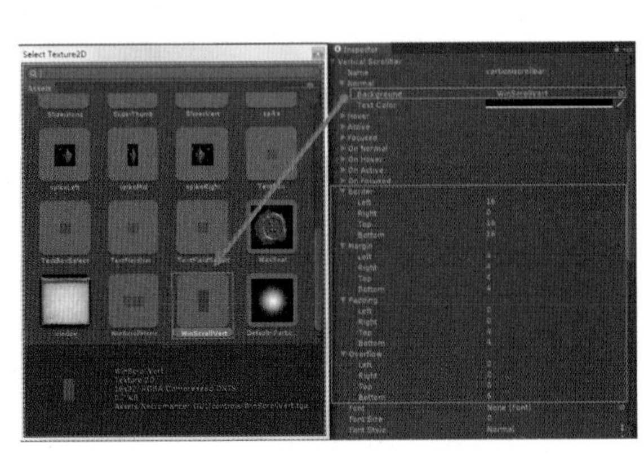

26．Custom Style设置完成后，因为案例中需要有滚动条，所以需要设置滚动条的样式。通过打开VerticalScrollbar→Normal，展开Normal项，单击Background右侧的◎按钮，弹出Select Texture2D选择框，单击选择WinScrollVert图片（不设置Text Color，因为滚动条无须编辑文本），如图15-50所示。

27．勾选Rich Text与Stretch Height复选框，设置Fixed Width的值为16，如图15-51所示。

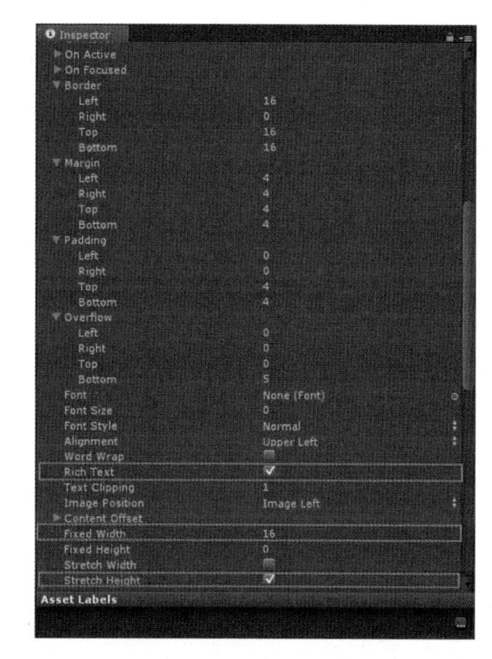

图15-51
其他设置

28．设置完成Verticalscrollbar后，需要设置Vertical Scrollbar Thumb样式。Vertical Scrollbar Thumb表示滚动条按钮，可以通过单击Vertical Scrollbar Thumb→Normal，展开Normal项，单击Background右侧的◎按钮，弹出Select Texture2D选择框，单击选择ScrollThumb图片，如图15-52所示。

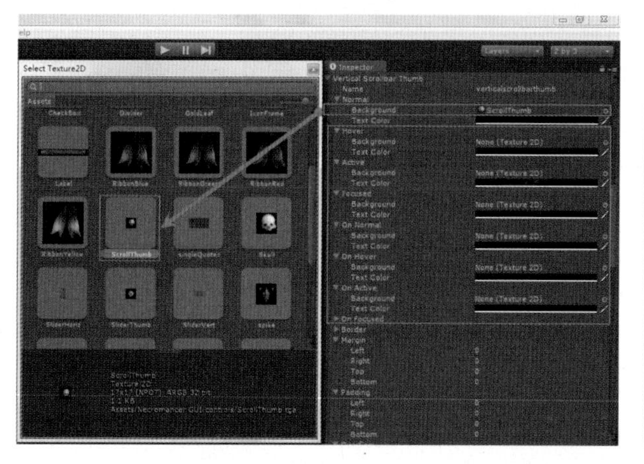

图15-52
设置样式

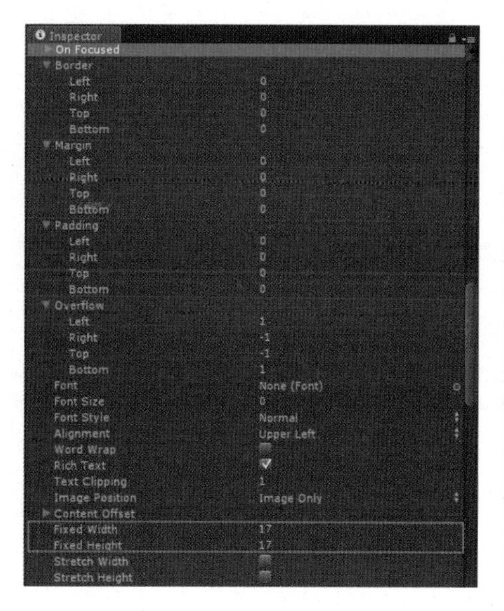

图15-53
设置宽度与高度

29．设置Fixed Width与Fixed Height的值为17，如图15-53所示。

图15-54
设置背景图片

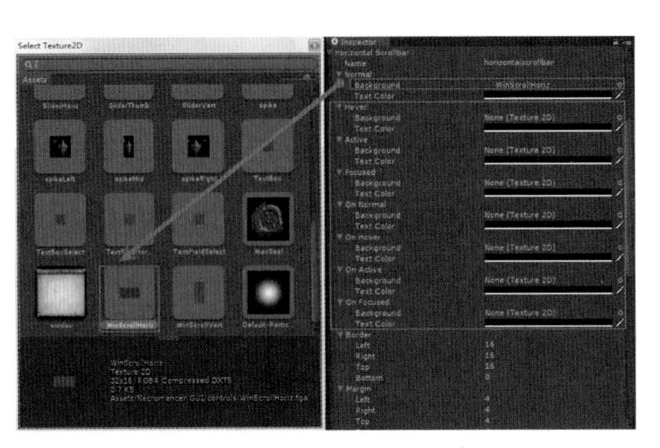

30．设置完成垂直滚动条后，需要对水平滚动条的样式进行设置。单击Horizontal Scroll Bar→Normal，展开Normal项，单击Background右侧的◎按钮，弹出Select Texture2D选择框，单击选择WinScrollHoriz图片，如图15-54所示。

图15-55
相对位置设置

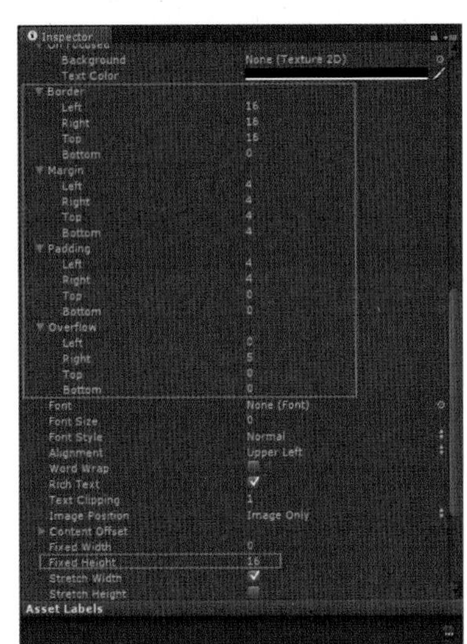

31．接下来更改其与界面的相对位置。并设置Fixed Height为16，如图15-55所示。

32．设置完成HorizontalScrollBar的样式后，接下来要对Horizontalscroll-barthumb（水平滚动按钮）进行样式设置。通过单击Horizontal ScrollbarThumb→Normal，展开Normal项。单击Background右侧的◎按钮弹出SelectTexture2D选择框，单击ScrollThumb图片。设置Fixed Width为17，Fixed Height为17，如图15-56所示。

图15-56
Horizontal Scrollbar Thumb设置样式

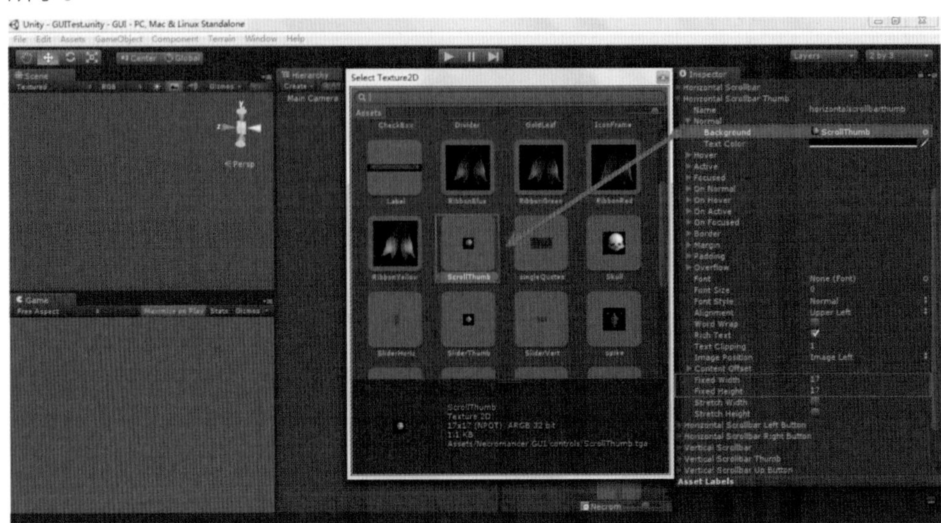

33．设置完成以上组件的样式后，还需要新增代码以新增界面元素到界面中。以下是新增后的代码段。

```
using UnityEngine;
using System.Collections;

public class GUITest : MonoBehaviour {
  public GUISkin myGUISkin;
  private Rect windowRect;
  private Vector2 scrollPosition;
  string info = "        In computing, a GUI is a type of screen
interface that \n is found on most computers";
  void Start () {
    windowRect = new Rect(500, 140, 350, 510);
  }
  void  DoMyWindow(int windowID)
   {
  GUILayout.BeginVertical();
  GUILayout.Space(8);
  GUILayout.Button("", "MyButtonSkin");//自定义样式
  GUILayout.Space(8);
  GUILayout.Label("", "MyDividerSkin");
  GUILayout.Label("MyLabelSkin", "MyLabelSkin");
  GUILayout.Label("", "MyDividerSkin");
  GUILayout.Label("", "MyDividerSkin");
  GUILayout.Label("", "MyDividerSkin");
  GUILayout.Label("", "MyDividerSkin");
  GUILayout.BeginHorizontal();
  scrollPosition =GUILayout.BeginScrollView(scrollPosition,false,
true);
  GUILayout.Label (info, "MyTextSkin");
  GUILayout.EndScrollView();
  GUILayout.EndHorizontal();

  GUILayout.EndVertical();
  GUI.DragWindow (new Rect (0,0,10000,10000));
  }
  void  OnGUI(){
    GUI.skin = myGUISkin;
    windowRect = GUI.Window (0, windowRect, DoMyWindow, "");
  }
}
```

34．单击Play按钮测试代码，如图15-57所示。

图15-57
GUI界面

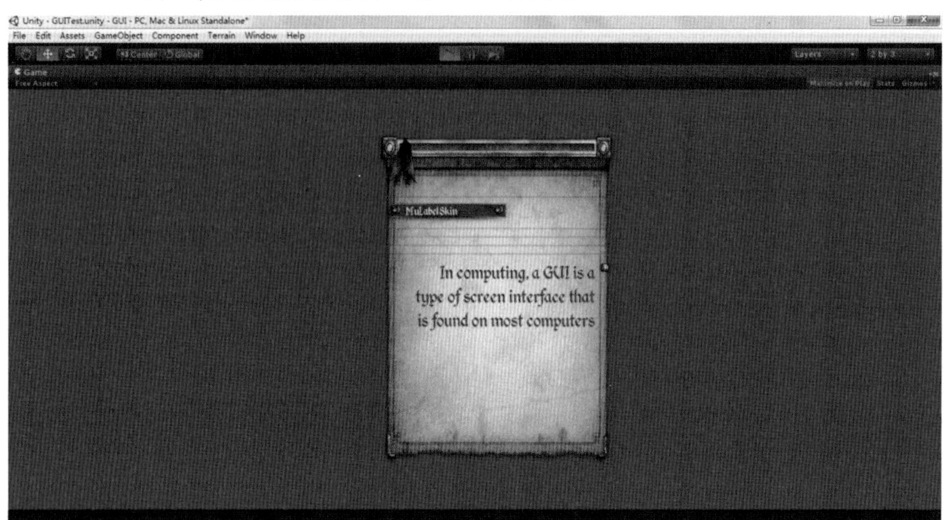

第16章 Shader开发

简单来说，Shader是为渲染管线中的特定处理阶段提供算法的一段代码。Shader是伴随着可编程渲染管线出现的，它的出现使得游戏开发者可以对渲染过程加以控制，拥有更大的创作空间，因此Shader的出现可以看作是实时渲染技术的一次革命。

在现代主流的3D游戏引擎中，Shader已经无处不在，例如常见的镜头景深、动态模糊、卡通渲染，以及各种特殊的材质效果和光照效果……各种让人觉得很酷的效果背后都离不开Shader的功劳。

Unity中所有的渲染都需要通过Shader来完成，开发者可以自己编写Shader，也可以使用Unity提供的内建Shader来实现各种画面效果。

本章将介绍Unity中的内建Shader、ShaderLab语言，以及简单的表面着色器（Surface Shader）和顶点片段着色器（Vertex & Fragment Shader）的编写方法。

16.1 内建Shader介绍

为了方便游戏开发者使用，Unity提供了数量超过60个的内建Shader，包括从最简单的顶点光照效果到高光、法线、反射等游戏中最常用的材质效果。这些内建Shader的代码可以在Unity官方网站下载，开发者可以基于这些代码开发出更多个性化的Shader。内建Shader代码的下载地址为：http://unity3d.com/unity/download/archive，下载页面如图16-1所示。

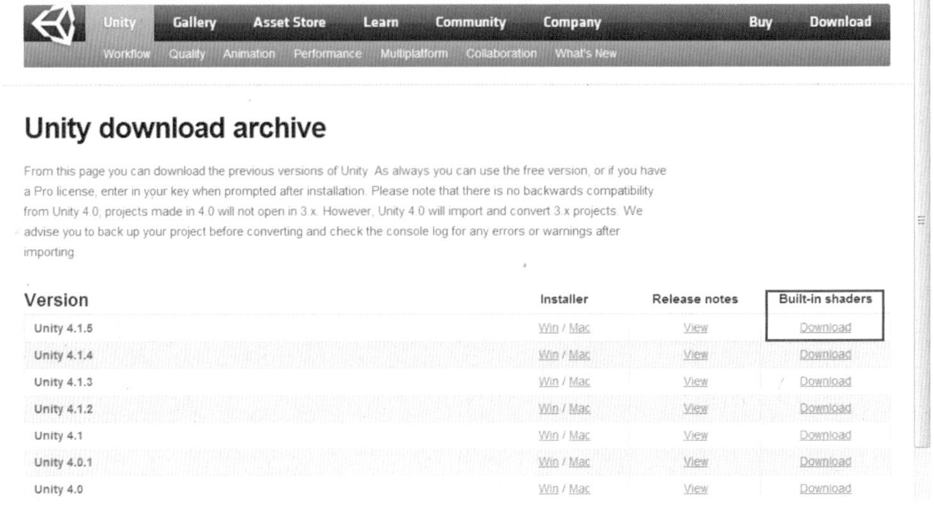

图16-1 下载内建Shader代码

内建Shader根据应用对象可以分为如下几大类：

- 普通（Normal Shader Family）：用于不透明的对象；
- 透明（Transparent Shader Family）：用于透明对象；
- 透明镂空效果（Transparent Cutout Shader Family）：用于包含完全透明部分的半透明对象；
- 自发光（Self-Illuminated Shader Family）：用于有发光效果的对象；
- 反射（Reflective Shader Family）：用于能反射环境立方体贴图的不透明对象。

每个大类下面还各包含若干复杂性各异的Shader，涵盖了从简单的顶点光照Shader到复杂的视差高光Shader，如图16-2所示。

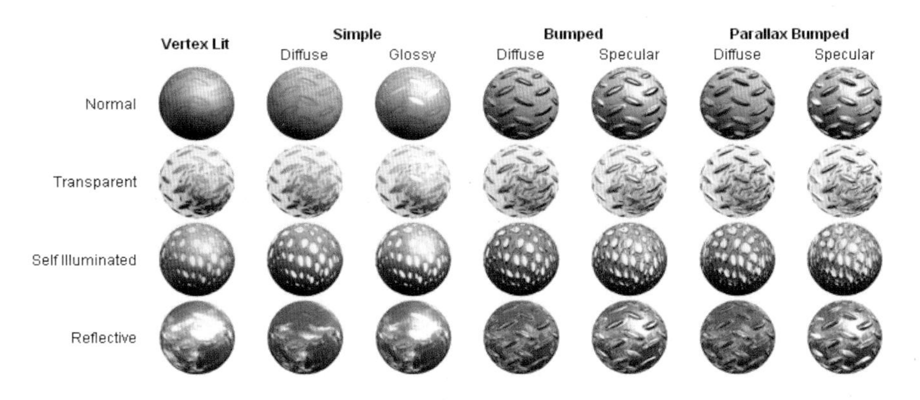

图16-2
Unity的部分内置Shader效果预览

在Unity中，在Inspector视图中的材质面板属性中可方便地选用不同的Shader。更改Shader后，检视面板所显示的材质属性会随之变化，可以方便地设置Shader中要使用的资源和参数。图16-3的立方体使用了顶点光照Vertex Lit Shader，图16-4的立方体使用了法线高光Bumped Specular Shader，可以看到它们检视面板中参数的区别以及效果上的差异。

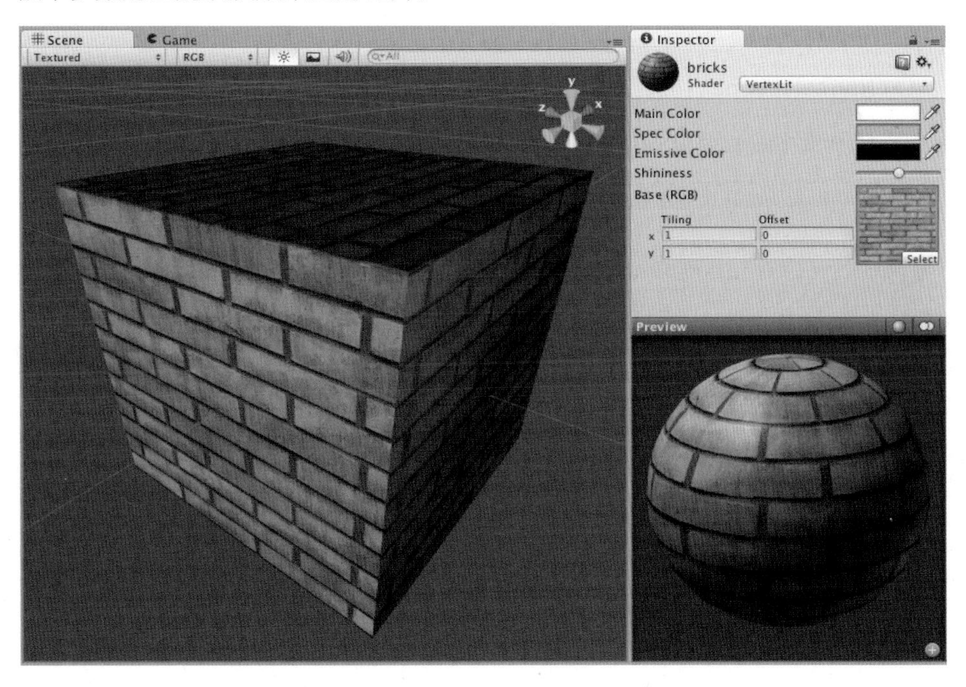

图16-3
顶点光照 Shader

图16-4
法线高光Shader

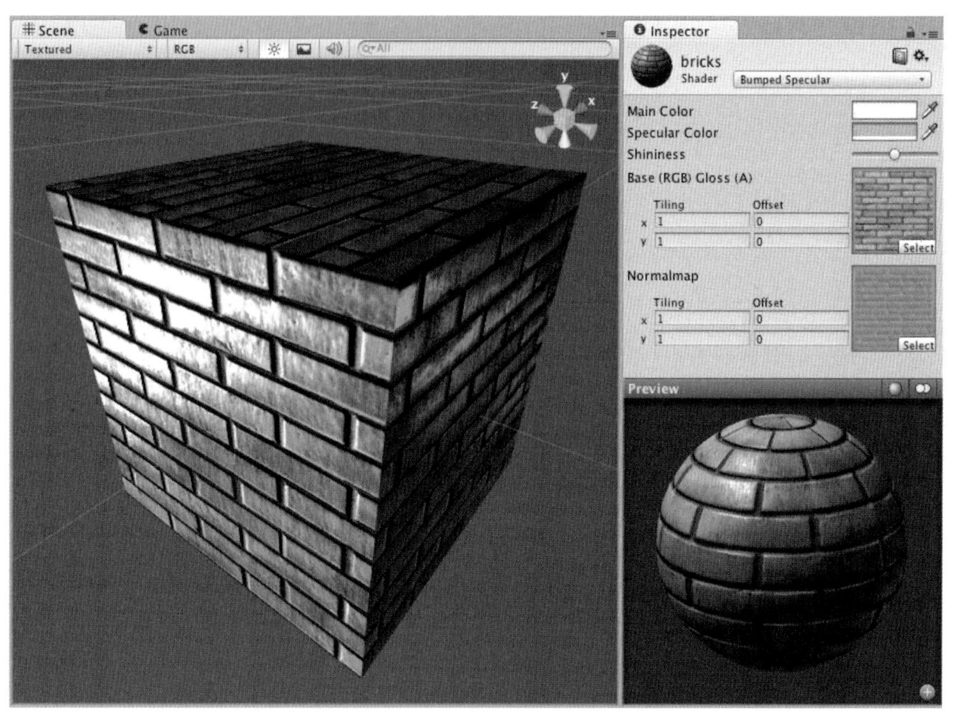

如何在效果各异的内建Shader中选择最合适的Shader是开发者需要考虑的问题。毕竟视觉效果越好的Shader，一般渲染开销也越大，同时对硬件的要求也越高。游戏开发者需要在游戏画面和游戏性能之间做出平衡。

以下是不同的光照效果从低到高的计算开销排序：

- Unlit：仅使用纹理颜色，不受光照影响；
- VertexLit：顶点光照；
- Diffuse：漫反射；
- Specular：在漫反射基础上增加高光计算；
- Normal mapped：法线贴图，增加了一张法线贴图和几个着色器指令；
- Normal Mapped Specular：带高光法线贴图；
- Parallax Normal Mapped：视差法线贴图，增加了视差贴图的计算开销；
- Parallax Normal Mapped Specular：带高光视差法线贴图。

图16-5
针对移动平台的Shader

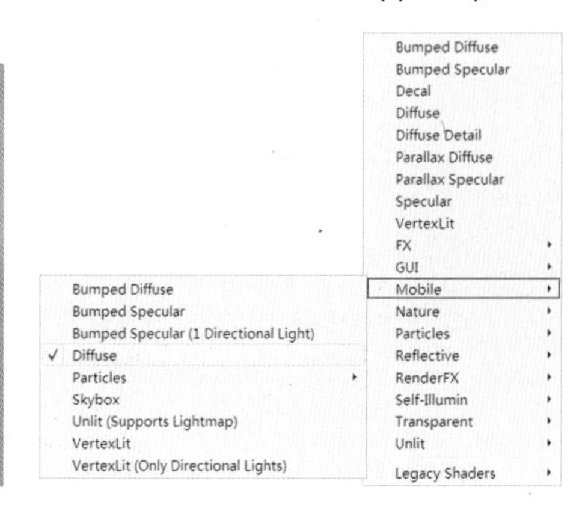

对于现在流行的移动平台游戏，Unity也专门提供了几种简单的着色器，放在Shader列表中的Mobile类别下。如果想提高在移动平台上的游戏性能，建议使用这些经过特别优化的Shader，如图16-5所示。

16.2 Unity里的三种自定义Shader

Unity提供了丰富的内建Shader，基本能够满足普通的开发需求。但是和所有内建、标准的东西一样，它们看起来有些普通，每个游戏开发者都想希望自己的游戏画面看起来很酷并且与众不同，当觉得内建Shader已经无法满足要求时，就需要开发者编写自己的Shader了。

编写Shader需要对OpengGL或者Direct3D的渲染状态有基本的了解，以及一些关于固定功能管线、可编程管线、Cg/HLSL/GLSL编程语言的知识。在Nvidia和AMD的网站上可以找到很多这方面的资料。（Nvidia相关网址：https://developer.nvidia.com/，AMD相关网址：http://developer.amd.com/tools-and-sdks/）

在Unity中，开发者可以编写3种类型的Shader：

- 表面着色器（Surface Shaders）：通常情况下用户都会使用这种Shader，它可以与灯光、阴影、投影器进行交互。表面着色器的抽象层次比较高，它可以容易地以简洁方式实现复杂的着色器效果。表面着色器可同时正常工作在前向渲染及延迟渲染模式下。表面着色器以Cg/HLSL语言进行编写。
- 顶点和片段着色器（Vertex and fragment Shaders）：如果需要一些表面着色器无法处理的酷炫效果，或者编写的Shader不需要与灯光进行交互，或是想要的只是全屏图像效果，那么可以使用顶点和片段着色器。这种Shader可以非常灵活地实现需要的效果，但是需要编写更多的代码，并且很难与Unity的渲染管线完美集成。顶点和片段着色器同样是用Cg/HLSL语言来编写。
- 固定功能管线着色器（Fixed Function Shaders）：如果游戏要运行在不支持可编程管线的老旧硬件上，那么需要编写这种Shader了。固定功能管线着色器可以作为片段或表面着色器的备用选择，这在当硬件无法运行那些酷炫Shader的时候，还可以通过固定功能管线着色器来绘制出一些基本的内容。固定功能管线着色器完全以ShaderLab语言编写，类似于微软的Effects或是Nvidia的CgFX。

使用哪种Shader需要根据游戏的画面需求、以及游戏运行的硬件平台来决定。这3种Shader也经常在游戏项目里一起使用，以满足不同的需要。无论编写哪种Shader，实际的Shader代码（比如Cg/HLSL代码）都需要嵌在ShaderLab代码中，Unity需要通过ShaderLab代码来组织Shader结构。例如下面的示例代码：

```
Shader "MyShader" {//Shader的名称
    Properties {
        _MyTexture ("My Texture", 2D) = "white" { }
```

```
            // 在这里定义Shader中使用的属性，例如颜色，向量，纹理
        }
        SubShader {
            // 在这里编写Shader的实现代码
            // 包括表面着色器、顶点和片段着色器的Cg/HLSL代码
            // 或者是固定功能管线着色器的ShaderLab代码
        }
        SubShader {
             //在这里实现简化版的备选Shader，用于在不支持高级Shader特性的
老硬件上运行
        }
    }
```

16.3 创建Shader

在Unity中，开始编写Shader代码前，需要在项目工程中创建一个Shader文件，这点和编写脚本一样。Unity里创建新的Shader文件的方法是打开菜单栏中的Assets→Create→Shader项，进而创建一个Shader，如图16-6所示。也可以复制一个现有的Shader，然后在其基础上修改。

图16-6
新建Shader

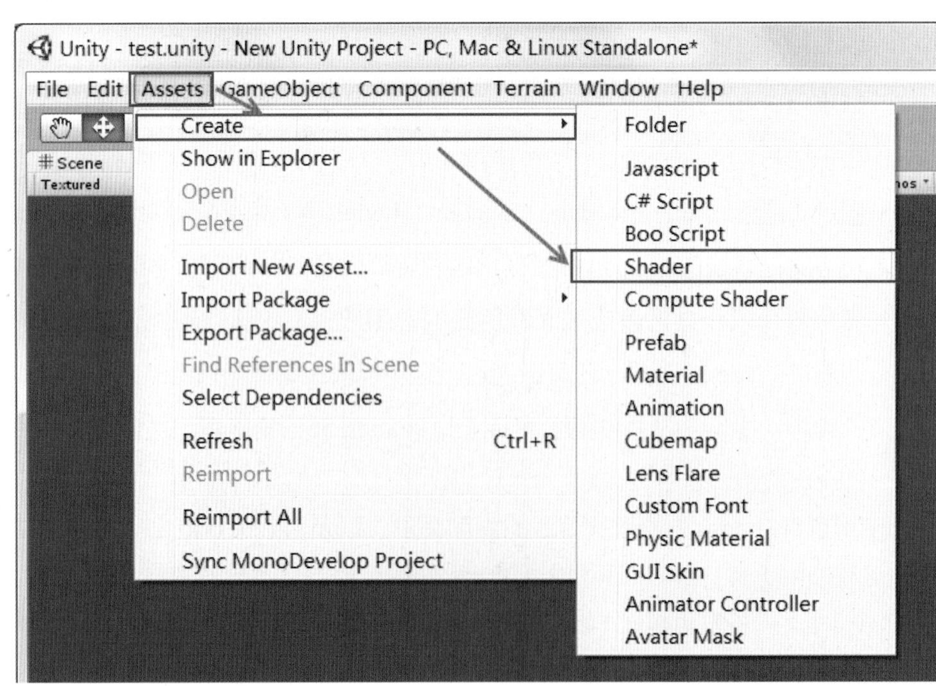

在Project视图中找到Shader文件，双击文件，默认Unity会在MonoDevelop中打开它。刚新建的Shader文件中包含一段最简单的表面着色器代码。读者可以在其基础上添加自己的代码。

16.4 ShaderLab基础语法

在Unity里提供了一种名为ShaderLab的着色器语言来编写Shader，语法类似常用的Cg语言，该语言能够描述材质所需要的各种属性，并且可以很方便地通过编辑器的Inspector视图来查看和修改。Unity里支持的3种Shader（固定功能管线着色器、表面着色器、顶点片段着色器）都需要通过ShaderLab代码来组织。

下面以一个简单的例子来介绍ShaderLab的语法:

```
Shader "Simple colored lighting" {//名称
    Properties {//定义一个名为Main Color的颜色属性
        _Color ("Main Color", Color) = (1,.5,.5,1)
    }
    SubShader {//Shader的实现代码
        Pass {
            Material {
                Diffuse [_Color]
            }
            Lighting On
        }
    }
}
```

示例的运行效果如图16-7所示。

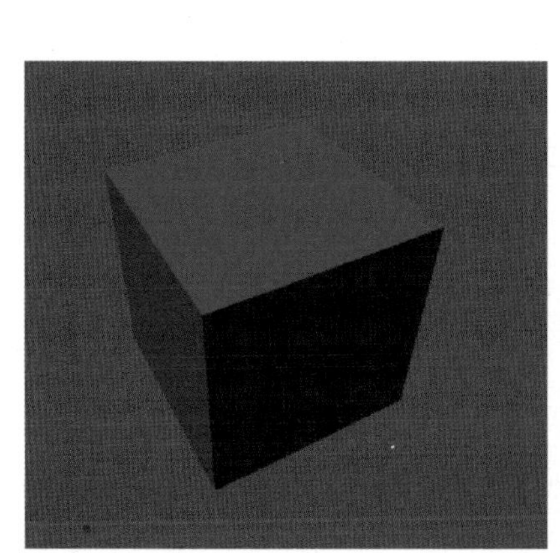

图16-7
Shader简单示例

一些关键字的解释：

- Shader根命令：每个着色器都需要定义一个唯一的Shader根命令。它的结构如下：

```
Shader"着色器名称"{
Properties { }          //属性定义
SubShader{}             //子着色器1
SubShader{}             //子着色器2
...
Fallback "备用着色器名称"    //如果所有子着色器都不能运行，则使用备用着色器
}
```

示例中着色器的名称被命名为Simple colored lighting。

- Properties属性定义：用来定义着色器中使用的贴图资源或者数值参数等。这些属性会在Inspector视图的材质界面中显示，可以方便地进行设置及修改。

在示例中，Properties代码块里定义了一个名为Main Color的颜色属性。

- SubShader子着色器：一个着色器包含有一个或者多个子着色器。当Unity使用着色器渲染时，会从上到下遍历子着色器，找到第一个能被用户设备支持的子着色器，并使用该子着色器进行渲染。如果没有子着色器能够运行，那么Unity则使用备用着色器。

因为硬件型号众多，新旧不一，如何让游戏在不同的硬件平台上运行良好，需要开发者深入研究。开发者当然希望在最新的硬件平台上展现最优秀的游戏画面，但是也不想将使用旧设备的用户拒之门外，因此在着色器中编写多个子着色器来适配不同能力的硬件平台是非常有必要的。

- Fallback备用着色器：备用着色器一般会指定一个对硬件要求最低的Shader，当所有子着色器都不能运行时，Unity会使用备用着色器来渲染。

16.4.1 Properties属性

着色器的属性定义在属性代码块中，语法为：

```
Properties
{
    属性列表
}
```

Unity着色器中可以定义的属性如表16-1所示。

表16-1 Unity着色器中可以定义的属性

语　法	说　明
名称("显示名称", Vector) = 默认向量值	定义一个四维向量属性
名称("显示名称", Color) = 默认颜色值	定义一个颜色（取值为0 ~ 1的四维向量）属性
名称("显示名称", Float) = 默认浮点数值	定义一个浮点数属性
名称("显示名称", Range (min, max)) = 默认浮点数值	定义一个浮点数范围属性，取值为min ~ max
名称("显示名称", 2D) = 默认贴图名称 {选项}	定义一个2D纹理属性
名称("显示名称", Rect) =默认贴图名称{选项}	定义一个矩形纹理属性（非2的n次幂）
名称("显示名称", Cube) =默认贴图名称{选项}	定义一个立方体纹理属性

表中的名称指的是Shader代码中使用的属性名称，显示名称指的是Inspector视图中用于显示的名称字符串。选项指的是一些纹理的可选参数，包括：

- TexGen：纹理生成模式，可以是ObjectLinear、EyeLinear、SphereMap、CubeReflect、CubeNormal中的一种，这些模式与OpenGL的纹理生成模式相对应。如果使用了自定义的顶点程序，那么该参数将被忽略。
- LightmapMode：如果使用该选项，那么纹理将受渲染器的光照贴图参数影响。纹理将不会从材质中获取，而是取自渲染器的设置。

属性定义的示例：

```
Properties {
    // 这是取自水面着色器的属性列表
    _WaveScale ("Wave scale", Range (0.02,0.15)) = 0.07 // 范围数值
    _ReflDistort ("Reflection distort", Range (0,1.5)) = 0.5
    _RefrDistort ("Refraction distort", Range (0,1.5)) = 0.4
    _RefrColor ("Refraction color", Color)  = (.34, .85, .92, 1) // 颜色
    _ReflectionTex ("Environment Reflection", 2D) = "" {} // 纹理
    _RefractionTex ("Environment Refraction", 2D) = "" {}
    _Fresnel ("Fresnel (A) ", 2D) = "" {}
    _BumpMap ("Bumpmap (RGB) ", 2D) = "" {}
}
```

在Inspector视图中的效果如图16-8所示。

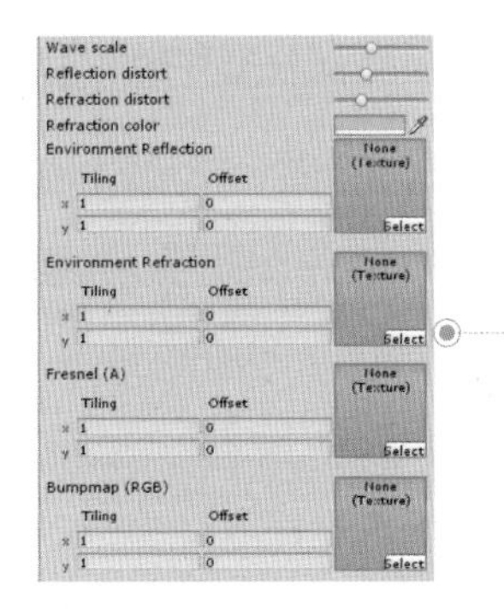

图16-8
Inspector面板显示的属性

16.4.2 SubShader子着色器视图

Unity的着色器包含一个或者多个子着色器。在渲染时会从上到下遍历子着色器列表，找到第一个能运行的子着色器用于渲染。子着色器由标签（可选）、通用状态（可选）、Pass列表组成。定义子着色器的语法结构为：

```
SubShader { [Tags标签] [CommonState通用状态] Passdef [Passdef ...
Pass定义] }
```

在Unity使用子着色器进行渲染时，每个Pass都会渲染一次对象（有时根据光照交互情况会渲染多次）。由于每次渲染都会造成一定的开销，因此在硬件能力允许的情况下，应尽量减少不必要的Pass的数量。

下面是子着色器的一个简单例子（使用固定功能管线着色器）：

```
// ...
SubShader {
    Pass {
        Lighting Off                    //关闭灯光
        SetTexture [_MainTex] {}        //使用纹理MainTex
    }
}
// ...
```

16.4.3 Pass

在每个Pass中，对象的几何体都被渲染一次。定义Pass的语法如下：

```
Pass { [Name and Tags名称和标签] [RenderSetup渲染设置] [TextureSetup
纹理设置] }
```

Pass包含一个可选的名称和标签列表、一个可选的渲染命令列表和一个可选的纹理列表。

- 名称和标签（Name and tags）：可以定义Pass的名字以及任意数量的标签。为Pass命名后，可以在别的着色器中通过Pass名称来重用它。标签则可以用来向渲染管线说明Pass的意图，它是键-值对的形式。
- 渲染设置（RenderSetup）：Pass里可以设置图形硬件的各种状态，例如开启Alpha混合、开启雾效等。

Pass里可用的渲染设置命令如表16-2所示。（命令具体使用方法可以参考用户手册）

表16-2　Pass里可用的渲染设置命令

命　令	说　明
Material { }材质	定义一个使用顶点光照管线的材质
Lighting光照	设置光照，取值为On或Off
Cull 裁剪	设置裁剪模式，模式包括Back、Front、Off
ZTest 深度测试	设置深度测试模式，模式包括Less、Greater、LEqual、GEqual、Equal、Not Equal、Always
ZWrite 深度缓存写入	设置深度缓存写入开关，取值为On或Off
Fog { }雾效	设置雾效参数
AlphaTest　Alpha测试	设置Alpha测试，模式有Less、Greater、LEqual、GEqual、Equal、NotEqual、Always
Blend alpha混合	设置alpha混合模式
Color 颜色	设置顶点光照关闭时使用的颜色值
ColorMask 颜色遮罩	设置颜色遮罩，当值为0时关闭所有颜色通道的渲染，取值为RGB | A | 0 | 或R, G, B, A的任意组合
Offset 深度偏移	设置深度偏移
SeparateSpecular 高光颜色	开启或关闭顶点光照的独立高光颜色，取值为On或Off
ColorMaterial 颜色集	当计算顶点光照时使用每个顶点的颜色

- 纹理设置（Texture　Setup）：在设置渲染状态以后，可以指定一些要使用的纹理及其混合模式。纹理设置的语法为：

```
SetTexture纹理属性 {[命令选项 ]}
```

纹理设置用于固定功能管线，如果使用表面着色器或自定义的顶点及片段着色器，那么纹理设置将会被忽略。

SetTexture的命令选项包括3种：

1）combine：将两个颜色源混合，混合的源可以是previous（上一次SetTexture的结果）、constant（常量颜色值）、primary（顶点颜色）、texture（纹理颜色）中的一种。

2）constantColor：设置一个常量颜色值。

3）matrix：设置矩阵对纹理坐标进行变换。

另外，Unity里还可以使用两种特殊的Pass来重用一些常用功能，或者是实现一些高级特效，它们是：

1）UsePass：可以通过UsePass来重用其他着色器里命名的Pass。例如：

```
UsePass"Specular/BASE"  //使用高光着色器Specular中名为BASE的Pass
```

UsePass可以减少代码的重复，通过代码重用提高开发效率，有点类似于脚本里定义的一些公共函数。

2）GrabPass：将屏幕抓取到一个纹理中，供后续的Pass使用，可以通过_GrabTexture来访问。

16.4.4　备用着色器Fallback

Fallback语句一般位于所有子着色器之后。它的含义是如果当前硬件不支持任何子着色器运行，那么将使用备用着色器。

Fallback语句的用法有两种：

1）Fallback"备用着色器名称"，例如 Fallback"Diffuse"。

2）Fallback　Off，显示声明不使用备用着色器，当没有子着色器能够运行的时候也不会有任何警告。

16.4.5 Category分类

分类用于提供让子着色器继承的命令，例如着色器中的多个子着色器都需要关闭雾效、设置混合模式，那么就可以通过使用Category语句来完成。例如：

```
Shader "example" {
  Category {
    Fog { Mode Off }
    Blend One One
    SubShader {    }
    //…
    SubShader {    }
  }
}
```

16.5 固定功能管线着色器（Fixed Function Shaders）

固定功能管线着色器一般用于不支持高级着色器特性的旧硬件上。固定功能管线着色器完全用ShaderLab编写。Unity里内建了很多固定功能管线着色器，读者可以下载Unity内建Shader的代码来学习和参考。前面已经介绍过了ShaderLab的基本语法，如果还有不熟悉的命令用法，可以查看前面章节内容或者用户手册。

固定功能管线着色器的关键代码一般都在Pass的材质设置Material{}和纹理设置SetTexture{}部分。

现在以Unity里内建的顶点光照着色器（VertexLit）为例进行说明：

```
//顶点光照着色器的代码
Shader "VertexLit" {
    Properties {//属性定义
        _Color ("Main Color", Color) = (1,1,1,0.5)
        _SpecColor ("Spec Color", Color) = (1,1,1,1)
        _Emission ("Emmisive Color", Color) = (0,0,0,0)
        _Shininess ("Shininess", Range (0.01, 1)) = 0.7
        _MainTex ("Base (RGB)", 2D) = "white" { }
    }
```

```
    SubShader {
        Pass {//Pass定义
            Material {//设置光照所需的材质参数
                Diffuse [_Color]
                Ambient [_Color]
                Shininess [_Shininess]
                Specular [_SpecColor]
                Emission [_Emission]
            }
            Lighting On     //开启照明
            SeparateSpecular On    //启用高光颜色
            SetTexture [_MainTex] { //设置纹理
            constantColor [_Color] //设置一个常量颜色值
  combine texture * primary DOUBLE, texture * constant//混合命令
            }
        }
    }
}
```

顶点光照着色器的效果如图16-9所示。

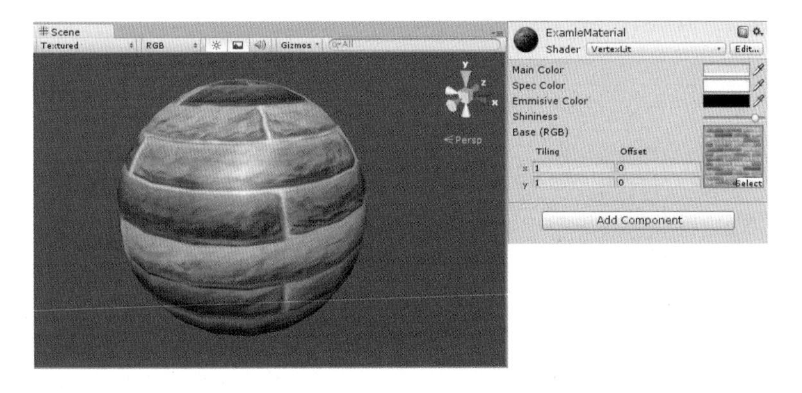

图16-9
VertexLit着色器

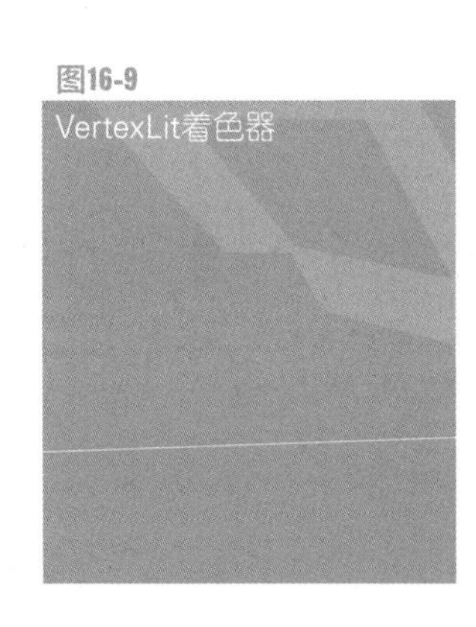

16.6 表面着色器（Surface Shaders）

在Unity中，表面着色器的关键代码用Cg/HLSL语言编写，然后嵌在ShaderLab的结构代码中使用。使用表面着色器，用户仅需编写最关键的表面函数，其余周边代码将由Unity自动生成，包括适配各种光源类型、渲染实时阴影以及集成到前向/延迟渲染管线中等。

编写表面着色器及以及下节将要介绍的自定义顶点及片段着色器，需要对Cg语言比较熟悉，网上有很多这方面的资料和书籍，例如Nvidia官方网站上可以找到名为“Cg Tutorial”的书籍，它是一本很棒的Cg语言教程。（网址：https://developer.nvidia.com/content/cg-tutorial-chapter-1-introduction）

编写表面着色器有如下几个规则：

1）表面着色器的实现代码需要放在CGPROGRAM .. ENDCG代码块中，而不是Pass结构中，它会自己编译到各个Pass。

2）使用#pragma surface...命令来指明它是一个表面着色器，例如：

```
#pragma surface 表面函数光照模型 [可选参数]
```

其中表面函数用来说明哪个Cg函数包含有表面着色器代码，表面函数的形式为：

```
void surf (Input IN, inoutSurfaceOutput o)
```

光照模型可以是内置的Lambert和BlinnPhong，或者是自定义的光照模型。

表面函数的作用是接收输入的UV或者附加数据，然后进行处理，最后将结果填充到输出结构体SurfaceOutput中。

输入结构体Input一般包含着色器所需的纹理坐标，纹理坐标的命名规则为uv加纹理名称（当使用第二张纹理时使用uv2加纹理名称）。另外，还可以在输入结构中设置一些附加数据，如表16-3所示。

表16-3 附加数据

float3 viewDir	视角方向
float4 COLOR	每个顶点的插值颜色
float4 screenPos	屏幕坐标（使用.xy/.w来获得屏幕2D坐标）
float3 worldPos	世界坐标
float3 worldRefl	世界坐标系中的反射向量
float3 worldNormal	世界坐标系中的法线向量
INTERNAL_DATA	当输入结构包含worldRefl或worldNormal且表面函数会写入输出结构的Normal字段时需包含此声明

SurfaceOutput描述了表面的各种参数，它的标准结构为：

```
structSurfaceOutput {
    half3 Albedo;   //反射光
    half3 Normal;   //法线
    half3 Emission; //自发光
    half Specular;  //高光
    half Gloss;    //光泽度
    half Alpha;    //透明度
};
```

将输入数据处理完毕后，将结果填充到输出结构体中。

下面是表面着色器的一些例子：

1）使用内置的Lambert光照模型，并设置表面颜色为白色。

```
Shader "Surface Shader Example/Diffuse Simple" {
SubShader {
      Tags { "RenderType" = "Opaque" }
```

```
      CGPROGRAM  //表面着色器的实现代码
      //指明着色器类型，表面函数和光照模型
      #pragma surface surf Lambert
      struct Input { //输入的数据结构体
          float4 color : COLOR;
      };
      void surf (Input IN, inoutSurfaceOutput o) {//表面函数
         o.Albedo = 1;     //输出颜色值
      }
      ENDCG
    }
    Fallback "Diffuse"   //备选着色器
}
```

渲染效果如图16-10所示。

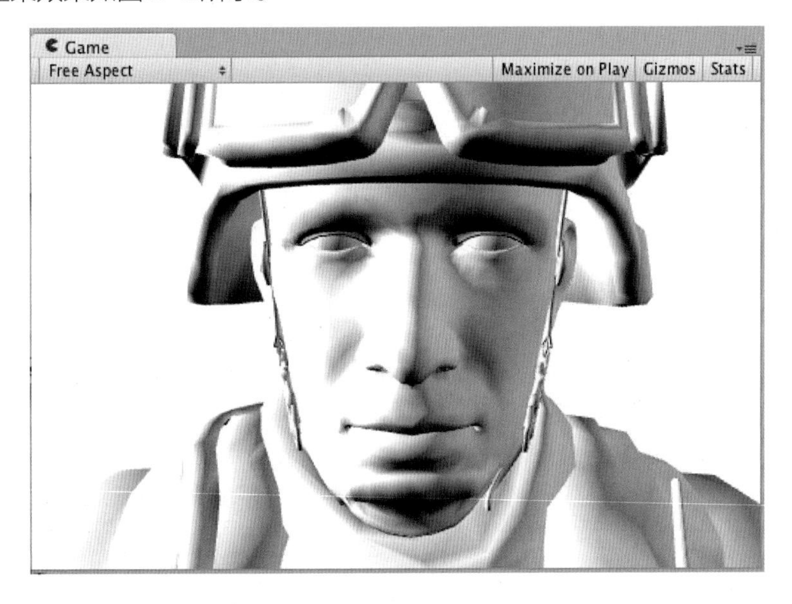

图16-10
表面着色器示例 单一颜色

2）在示例1的基础上添加纹理。代码如下：

```
Shader "Surface Shader Example /Diffuse Texture" {
    Properties {//添加纹理属性
      _MainTex ("Texture", 2D) = "white" {}
    }
    SubShader {
      Tags { "RenderType" = "Opaque" }
      CGPROGRAM
      #pragma surface surf Lambert
    struct Input { //输入的数据结构体
        float2 uv_MainTex;
    };
    sampler2D _MainTex;
```

```
        void surf (Input IN, inoutSurfaceOutput o) {//Cg函数
            o.Albedo = tex2D (_MainTex, IN.uv_MainTex).rgb;
        }
        ENDCG
      }
      Fallback "Diffuse"
    }
```

渲染效果如图16-11所示。

图16-11
表面着色器示例 添加纹理

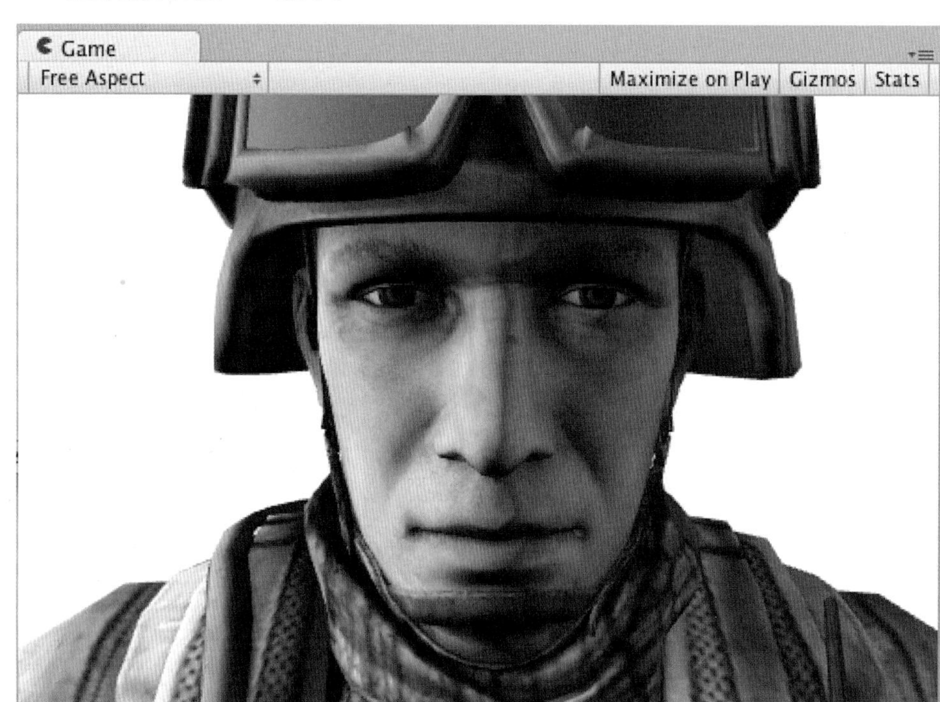

3）在示例2的基础上添加法线贴图。

```
Shader " Surface Shader Example/Diffuse Bump" {
    Properties {
      _MainTex ("Texture", 2D) = "white" {}
      _BumpMap ("Bumpmap", 2D) = "bump" {} //添加法线贴图属性
    }
    SubShader {
      Tags { "RenderType" = "Opaque" }
      CGPROGRAM
      #pragma surface surf Lambert
    struct Input {
        float2 uv_MainTex;
        float2 uv_BumpMap;
      };
      sampler2D _MainTex;
```

```
        sampler2D _BumpMap; //法线贴图
        void surf (Input IN, inoutSurfaceOutput o) {
        o.Albedo = tex2D (_MainTex, IN.uv_MainTex).rgb;
        o.Normal = UnpackNormal (tex2D (_BumpMap, IN.uv_BumpMap));
        //设置法线
        }
        ENDCG
      }
      Fallback "Diffuse"
    }
```

渲染效果如图16-12所示。

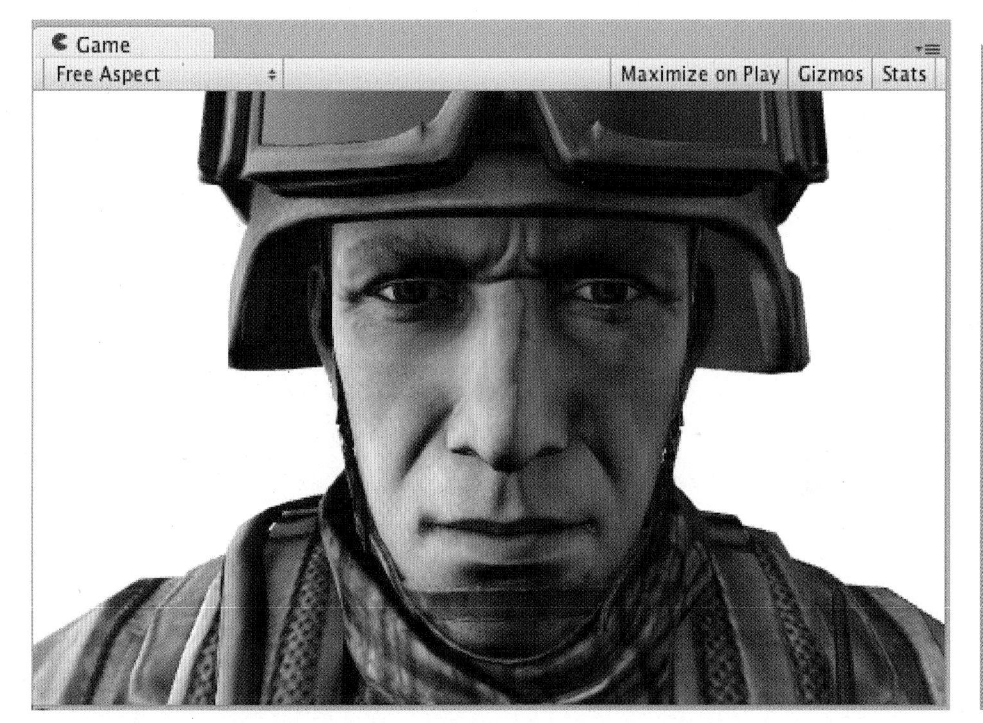

图16-12
表面着色器示例 添加法线贴图

4）添加立方体贴图反射。

```
  Shader " Surface Shader Example/WorldRefl" {
      Properties {
        _MainTex ("Texture", 2D) = "white" {}
        _Cube ("Cubemap", CUBE) = "" {}//立方体贴图属性
      }
      SubShader {
        Tags { "RenderType" = "Opaque" }
        CGPROGRAM
        #pragma surface surf Lambert
      struct Input {
            float2 uv_MainTex;
```

```
            float3 worldRefl;//输入反射参数
        };
        sampler2D _MainTex;
        samplerCUBE _Cube;
        void surf (Input IN, inoutSurfaceOutput o) {
            o.Albedo = tex2D (_MainTex, IN.uv_MainTex).rgb * 0.5;
            o.Emission = texCUBE (_Cube, IN.worldRefl).rgb;//将反射
颜色设置给自发光颜色
        }
        ENDCG
    }
    Fallback "Diffuse"
}
```

渲染效果如图16-13所示。

图16-13
表面着色器示例 添加反射

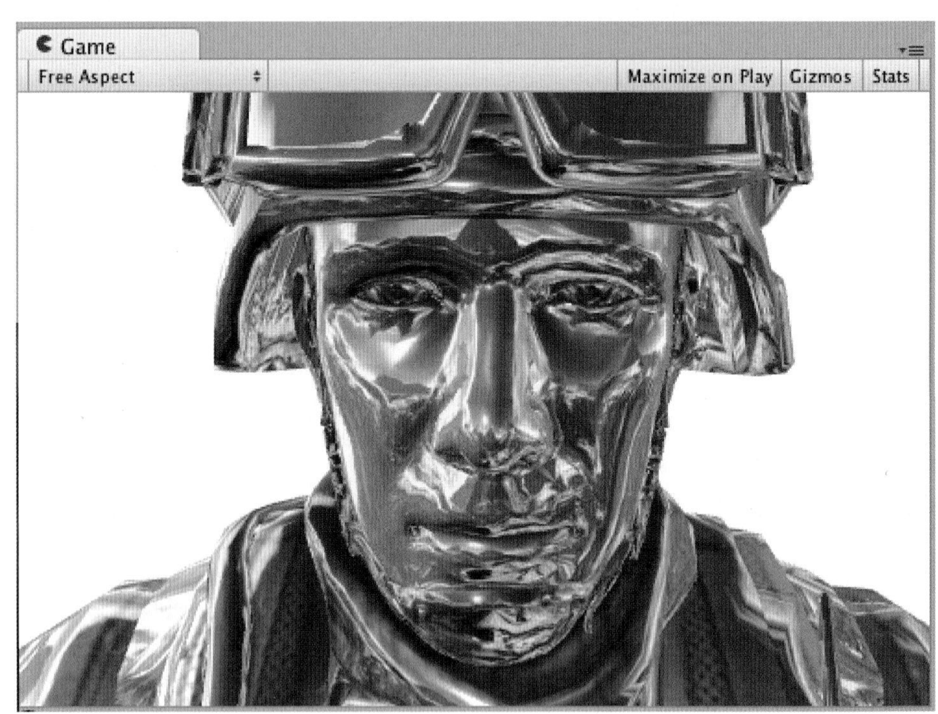

更多的表面着色器请参考Unity的用户手册。

16.7 顶点片段着色器（Vertex And Fragment Shaders）

顶点片段着色器运行于具有可编程渲染管线的硬件上，它包括顶点程序（Vertex Programs）和片段程序（Fragment Programs）。当在使用顶点程序或片段程序进行渲染的时候，图形硬件的固定功能管线将会关闭，具体来说就是编写的顶点程序会替换掉固定管线中标准的3D变换、光照、纹理坐标生成等功能，

而片段程序会替换掉SetTexture命令中的纹理混合模式。因此，编写顶点片段着色器需要对3D变换、光照计算等有非常透彻的了解，需要写代码来替代D3D或者OpenGL原先在固定功能管线中要做的工作，这听起来有点挑战性；但是另一方面你会获得更大的自由创作空间和更为强大的画面效果，这是让游戏看起来与众不同的关键所在！

与表面着色器一样，顶点片段着色器也需要用Cg/HLSL来编写核心的实现代码，代码用CGPROGRAM ENDCG语句包围起来，放在ShaderLab的Pass命令中，形式如下：

```
Pass {
    //通道设置
    CGPROGRAM
    //本段Cg代码的编译指令
    #pragma vertexvert
    #pragma fragment frag
    //Cg代码
    ENDCG
    //其他通道设置
}
```

顶点片段着色器中编译命令的一些说明：

- 编译命令（compilation directive）。

可用的编译命令如表16-4所示。

表16-4 编译命令

#pragma vertex name	将函数name的代码编译成顶点程序
#pragma fragment name	将函数name的代码编译成片段程序
#pragma geometry name	将函数name的代码编译成DX10的几何着色器（geometry shader）
#pragma hullname	将函数name的代码编译成DX11的hull着色器
#pragma domain name	将函数name的代码编译成DX11的domain着色器
#pragma fragmentoption option	添加选项到编译的OpenGL片段程序。对于顶点程序或编译目标不是OpenGL的程序无效
#pragma target name	设置着色器的编译目标
#pragma only_renderers space separated names	仅编译到指定的渲染平台
#pragma exclude_renderers space separated names	不编译到指定的渲染平台
#pragma glsl	为桌面系统的OpenGL进行编译时，将Cg/HLSL代码转换成GLSL代码
#pragma glsl_no_auto_normalization	编译到移动平台GLSL时（IOS/Android），关闭在顶点着色器中对法线向量和切线向量自动进行规范化

- 编译目标（Shader targets）。

编译目标可以设置为：#pragma target 2.0、 #pragma target 3.0、#pragma target 4.0、#pragma target 5.0，它们分别对应不同版本的着色器模型（Shader model）。

• 渲染平台（Rendering platforms）。

Unity支持多种图形API，目前支持的API包括：

d3d9	即Direct3D 9
d3d11	即Direct3D 11
opengl	即OpenGL
gles	即OpenGL ES 2.0
xbox360	即Xbox360
ps3	即PlayStation3
flash	即Flash

下面是一些顶点片段着色器的例子：

1）根据法线方向设置模型表面颜色。

```
Shader "Tutorial/Display Normals" {
  SubShader {
    Pass {
      CGPROGRAM
      //CG代码块开始
      #pragma vertex vert
      #pragma fragment frag
      #include "UnityCG.cginc"
      struct v2f {
          //顶点数据结构体
          float4 pos : SV_POSITION;
          float3 color : COLOR0;
      };
      v2f vert (appdata_base v)
      {   //顶点程序代码，计算位置和颜色
          v2f o;
          o.pos = mul (UNITY_MATRIX_MVP, v.vertex);
          o.color = v.normal * 0.5 + 0.5;
          return o;
      }
      half4 frag (v2f i) : COLOR
      {   //片段程序代码，直接把输入的颜色返回，并把透明度设置为1
          return half4 (i.color, 1);
      }
```

```
        ENDCG
        }
    }
    Fallback "VertexLit"
}
```

着色器渲染效果如图16-14所示。

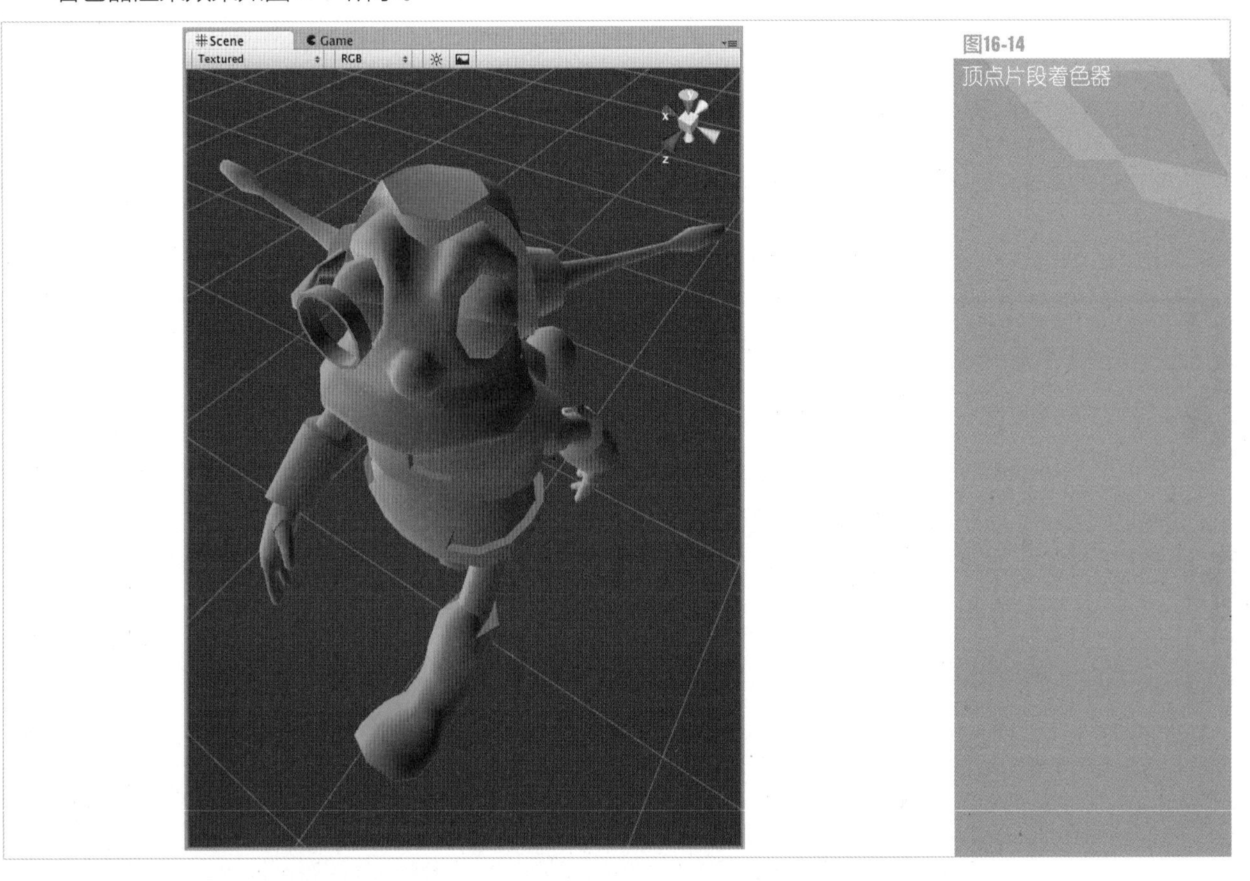

图16-14 顶点片段着色器

2）根据切线方向设置模型表面颜色。

```
Shader "vertex and fragment example/Tangents" {
    SubShader {
    Pass {
        Fog { Mode Off }
        CGPROGRAM
        #pragma vertex vert
        #pragma fragment frag
        //输入位置和切线数据
        structappdata {
            float4 vertex : POSITION;
            float4 tangent : TANGENT;
        };
```

```
            struct v2f {//定义顶点数据结构体
                float4    pos : SV_POSITION;
                fixed4    color : COLOR;
            };
            v2f vert (appdata v) {//顶点程序函数
                v2f o;
                o.pos = mul( UNITY_MATRIX_MVP, v.vertex );//计算顶
点位置
                o.color = v.tangent * 0.5 + 0.5;//计算顶点颜色
                return o;
            }
            fixed4 frag (v2f i) : COLOR0 { return i.color; } //片段
程序，直接返回顶点颜色
            ENDCG
        }
    }
}
```

着色器的运行效果如图16-15所示。

图16-15
顶点片段着色器 根据切线方向设置颜色

更多的顶点片段着色器示例和用法请查阅Unity用户手册，在网络上也可以找到大量的示例和资料。深入研究并熟练掌握着色器编写技术后，将可以为游戏添加各种让人惊叹的效果。

第17章 开发进阶

17.1 Batching技术

17.1.1 Draw Call Batching使用与限制

在了解Batching技术之前需要了解一下什么是Draw Call。Unity在生成每帧画面时都要经历以下的过程：首先需要确定摄影机的可视范围。如在摄影机可视的范围内有一人物模型，然后把该模型的顶点（包括法线、本地的位置、UV等），索引（各顶点如何形成三角形）、变换（包括了物体的位置、缩放、旋转和摄像机的位置等）、场景中的相关光源、纹理和渲染的方式（由材质与Shader决定）等数据，通过图形的API（或是简单的看成是通知GPU）进行绘制。GPU根据这些数据，经过内部的一系列运算，在屏幕上绘制出多个三角形，最后构成一个人物图像显示在屏幕上。

Unity每次在准备数据并通知GPU渲染的过程称为一次Draw Call。一般情况下，渲染一次拥有一个网格并携带一种材质的物体便会使用一次Draw Call。对于渲染场景中的这些物体，在每一次Draw Call中除了在通知GPU的渲染上比较耗时之外，切换材质与Shader也是非常耗时的操作。所以，Draw Call的次数是决定性能比较重要的指标。对于IOS平台上来说，Draw Call应该控制在20次以内，这个值可以在Game视图窗口中的Statistic面板中查看。

Draw Call Batching技术：它的主要目标是每运行一次Draw Call时，批量处理多个物体。对于场景中的每个物体，只要它们的材质相同，GPU就可以按完全相同的方式进行处理（批处理）。该技术的核心是在可见性测试后，检查所有要绘制物体的材质，把材质相同的游戏对象分成一组（一个Batch），这样就可以在一个Draw Call中处理多个物体（内部组合后的一个物体）。一般来说，Unity批处理的物体越多，游戏就会得到越好的渲染性能。

Unity系统内建的批处理机制达到的效果要强于使用几何建模工具（或使用Standard Assets包中的CombineChildren脚本）的批处理效果。原因在于Unity引擎的批处理操作是在场景中物体可视裁剪操作过程之后进行的。Unity先对每个物体进行裁剪，然后进行批处理，这样可以使得渲染过程中几何总量在批处理前后保持不变的。但是，使用几何建模工具会妨碍引擎对其进行有效的裁剪，从而导致Unity内部需要渲染更多的几何面片。

17.1.2 Static Batching（静态批处理）

静态批处理允许引擎对任意大小的几何物体进行批处理操作以降低Draw Call的调用次数（前提是这些游戏对象始终保持静止状态，并且拥有相同材质）。静态批处理比动态批处理（详见17.1.3节的介绍）更加有效，因为它对CPU的消耗更小。

为了更好地使用静态批处理，需要明确指出哪些物体是静止的，并且它在场景中一直处于该静止状态（不会移动，旋转与缩放）。要完成这一步只要在Inspector视图中勾选Static复选框，如图17-1所示。

图17-1
Inspector中勾选Static复选框

使用静态批处理需要额外的内存消耗来储存合并后的几何数据。如果一个游戏对象使用了共享网格，那么Unity会在编辑器和运行状态对每个游戏对象创建一个共享的副本。这种方法有其局限性，在某些情况下，可能会牺牲一些渲染性能以防止一些游戏对象的静态批处理操作，从而保持较少得内存开销。例如，将浓密的树林中的树设为Static，会导致严重的内存消耗。另外，可以通过取消勾选Batching Static来防止某些游戏对象被Batching，从而达到节省内存消耗的目的。静态批处理目前只支持Unity IOS Advanced。

17.1.3 Dynamic Batching（动态批处理）

如果游戏场景中的动态游戏对象（包括位移、旋转、缩放的改变）共用相同的材质，那么Unity会自动对这些物体进行动态批处理操作。

动态批处理操作是自动完成的，并不需要开发人员进行额外的操作。

使用动态批处理过程中需要注意以下几点：

1）动态批处理的物体需要在每个顶点上进行一定的开销。所以动态批处理仅支持小于900个顶点的网格物体。如果着色器需要用到顶点的位置、法线和UV值3种属性，则只能处理300个顶点以下的物体。如果着色器需要用到顶点的位置、法线、UVO、UV1和切线向量，则只能处理180个顶点以下的物体。

2）统一缩放的物体不会与非统一缩放的物体进行批处理操作。例如，使用缩放尺度（1，1，1）与（1，2，1）的两个物体将不会进行批处理操作，但是使用缩放尺度（1，2，1）与（1，3，1）的两个物体将可以进行批处理操作。

3）使用不同材质的实例化游戏对象会导致批处理失败。

4）拥有lightmap的游戏对象含有额外（隐藏）的材质属性。例如，lightmap

的索引、偏移以及缩放系数等。所以，拥有lightmap的动态游戏对象不会进行批处理操作（除非它们指向lightmap的同一个部分）。

5）多个Pass的shader会妨碍批处理操作。Unity中几乎所有的Shader在前向渲染中都支持多个光源，实际上是使用了多个Pass。

6）Prefab生成的实例会自动使用相同的材质与网格模型。

7）接受阴影的物体将不会被批处理。

17.2 基于Unity的网络解决方案

网络是一个相当庞杂的话题，但是在Unity中，使用网络功能却是相当容易的，不过仍然需要花费一定时间来深入理解在各种网络游戏中如何使用网络。接下来讲解Unity网络架构方面的知识，以及在使用Unity网络功能的过程中一些需要特别注意的地方。网络可以理解为是两台或多台计算机之间的通信，通常的表现是客户端（发送请求的计算机）与服务器（响应请求的计算机）之间的交互。服务器可以是一个独立的主机用于响应所有的客户端请求；也可以是某个玩家在作为客户端的同时，还提供了服务器的功能来响应其他玩家的请求。只要服务器和客户端之间建立了连接，就可以相互传递游戏数据。

在Unity中，尽管网络模块可以简单地被设计和创建，但是网络毕竟是非常复杂的，在开发一个网络游戏时需要关注大量的、非常特殊的细节。Unity中的网络功能以尽可能地可靠、灵活为设计原则。对于游戏开发者来说，有必要结合自己游戏项目的设计和需求，来选择是使用Unity的网络功能，还是使用其他网络引擎。然而，不论采用哪种网络引擎，都应该尽早决定。事先了解并掌握网络的概念，可以帮助开发者更好地设计游戏以及避免实现过程中一些不必要的麻烦。

通常有两种成熟的构建网络游戏的方案。分别是授权服务器（Authoritative Server）和非授权服务器（Non-Authoritative Server）。这两种方案都依赖于在连接着的客户端和服务器之间的数据传递，且也都保证了终端用户的隐私权，因为客户端之间并不会进行实际的连接，并且也不会将某一个客户端的IP地址通知给其他客户端。

17.2.1 授权服务器

授权服务器承担着对整个游戏世界的模拟运算、所有游戏的规则运用，以及处理客户端用户的输入，将每一台客户端的输入信息（包括键盘键值码或是函数调用等）发送到服务器端，并且持续从服务器接收游戏当前的状态。客户端并不执行任何游戏逻辑状态的修改，而是告诉服务器它此时想做什么，然后由服务器根据自身内部的逻辑来修改状态，最后反馈回客户端。

授权服务器从根本上讲只是在游戏玩家玩法与实际发生的事件之间的隔层。这样的方式允许服务器侦听到每个客户端玩家在做什么，然后执行游戏的逻辑，之后告诉每个客户端当前发生了的事件。可以把这个过程简单的看成“客户端反馈玩家当前的状态信息给服务器”→“服务器处理接收的状态信息”→“反馈回各个客户端用于更新游戏世界的数据”。

这种方案的优势是避免了客户端的欺诈行为。例如，客户端不能反馈给服务器（或者其他客户端）“我搞定了你的角色”，只能反馈服务器端“我开火了”，然后服务器端判断是否完成了秒杀。在使用授权服务器时，本地客户端的一些操作，如主角的移动、技能的释放等一些状态，需要服务器做出反应，这些状态才能真正有效。所以，如果玩家按下键盘上的某个方向键，可能100ms内不会发生任何的事件，因为单边的数据传输可能超过50ms。在服务器往往需要有强大的处理能力，因为一个游戏中往往存在着各种不同客户端玩家的游戏指令，服务器需要处理每个用户的输入，有时候还需要在客户端之间处理冲突，以决定什么是合理的。

17.2.2　非授权服务器

非授权服务器并不控制客户端各个用户的输入与输出。客户端本身来处理玩家的输入和本地客户端的游戏逻辑，然后发送确定的行为结果给服务器端，服务器同步这些操作的状态到游戏世界中。服务器端只是给客户端转发了状态消息，并不对客户端做更多的处理。

网络通信有两种重要的方式：远程函数调用与状态同步。

1．远程过程调用

远程过程调用（Remote Procedure Calls，RPC）是用来调用远程计算机上某个函数的方法。它包括了两个方向，一方面它可以从客户端调用服务器上的某个函数，另一方面也可以从服务器调取所有客户端的某个函数或特定客户端的函数。

例如，如果一个客户端按下某个开关来打开一扇门，它首先发送一个RPC到远程的服务器反馈给服务器门被打开了。服务器发送另一个RPC到其他各个客户端反馈同一扇门被打开的本地函数。RPC用于管理和执行单个的事件。

2．状态同步

状态同步被用于在各个客户端中同步不断改变的数据。例如，客户端中的玩家在跑动、跳跃或者施放技能时，其他各个客户端的玩家能够确切地知道该玩家的位置及在做什么，能够不断地分发该玩家的状态数据，使得各个客户端的玩家能够同时知道该玩家的所有状态。状态同步通常需要大量的带宽消耗，所以开发人员应该不惜余力地优化带宽数量。

17.2.3 Network View（网络视图组件）

Network View（网络视图组件）是多人游戏中常用的组件，用于通过网络共享数据的组件。

使用这个组件可以准确定义哪个游戏对象是在网络上同步以及如何同步。它是在Unity中创建网络多人游戏的重要一步，易于使用，并且非常强大。根据网络视图组件可以发起上面讲到的两种类型的网络通信：状态同步与远程过程调用。如果在游戏中同步每个对象的状态时需要传输大量的数据，为了解决发送过多的数据所产生的带宽，可以通过Network View组件来指定什么数据会被共享，哪个对象会被同步。这样使得每个视图观察对象的特定部分，并使它与其他客户端的相同对象实现同步。

如果在特定的场景下，如当希望发送一个对象的位置或者某个玩家捡起某个物体的动作过程等这些偶然性事件时，就不需要对涉及的对象的状态进行连续性的同步。这时候就可以选择远程过程调用来反馈客户端或服务器来执行该操作。

为了使用包括状态同步或者远程过程调用等网络的功能。开发人员必须创建一个添加了Network View组件的游戏对象。 在Hierarchy视图中选择一个游戏物体，依次打开菜单栏中的Component→Miscellaneous→Network View选项，进而为所选的游戏对象添加Network View组件，如图17-2所示。

图17-2
Network View组件绑定

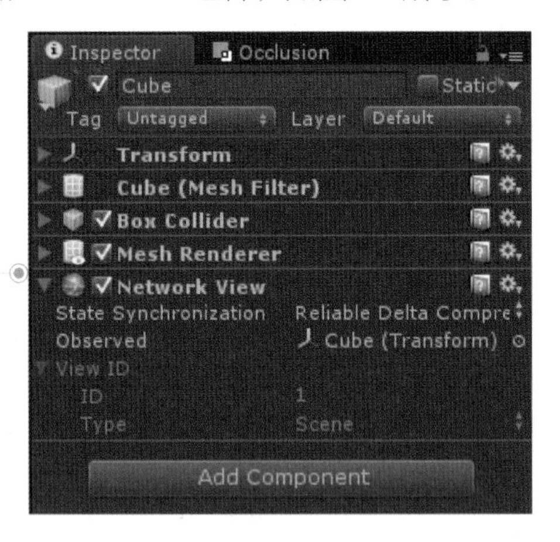

Network View具有以下的公有属性：

- State Synchronization：状态同步，通过网络视图生效的状态同步类型。具有以下可选值：
  - Off：关闭，如果只使用RPCs建议关闭状态同步功能。
  - Reliable Delta Compressed：可靠的增量压缩，游戏中发生变化的状态会被通过网络传递。如果没变化，则不进行传递。该模式是次序化进行的，所以如果有包的丢失，丢失的包会自动重新传递。

➢ Unreliable：不可靠地、完整地传递所有的状态。这会导致更多的带宽消耗。但是丢包的影响会大大降低。

- Observed：组件的数据会在网络中进行传递。
- View ID：视图编号：

➢ Scene ID：当前视图中网络视图的数字编号。

➢ Type：类型，该选项将决定是在视图中预先创建的还是实时创建的。

网络视图通过视图ID唯一标识。一个网络视图ID是在所有的计算机上认可的一个对象的唯一标识。它通过128位数字表示，但是当通过网络传输时会尽可能地自动压缩为16位。

客户端接收的每一个包都会应用到一个由特定视图ID指定网络视图中，因此，Unity可以找到所对应的网络视图，将数据解包并应用到网络视图所关注的对象上。

17.3 多人网络游戏案例

开始讲解Unity多人网络游戏案例前，先介绍一些多人网络游戏涉及的知识点。

1．启动Unity应用程序，在Project视图中右击Assets文件夹，依次打开菜单栏中的Import Package→Custom Package项，如图17-3所示。

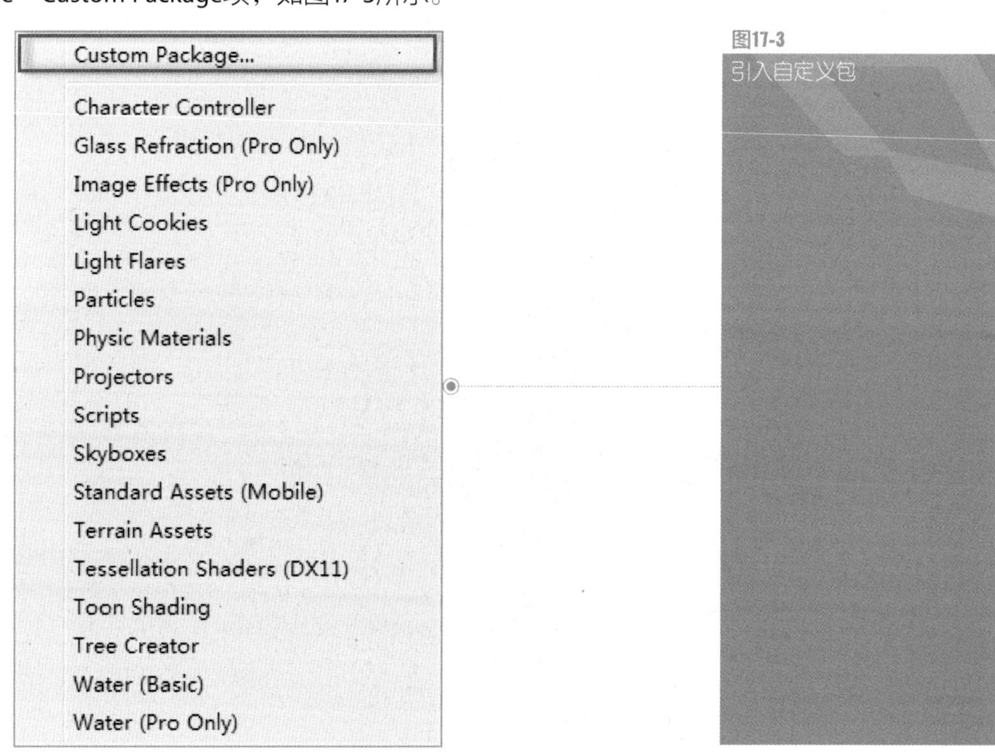

图17-3 引入自定义包

2．定位项目文件至\unitybook\chapter17\project，如图17-4所示。

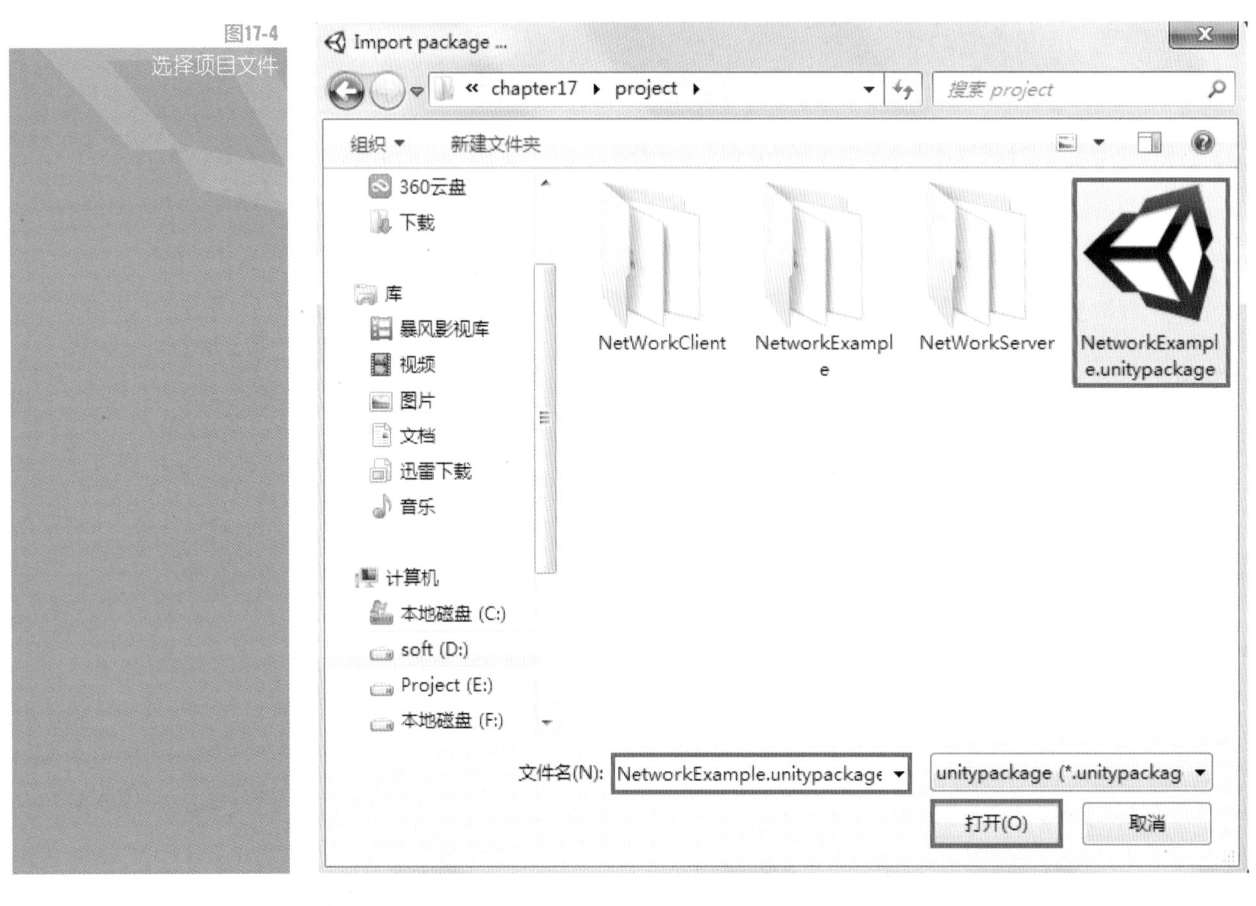

图17-4 选择项目文件

3．单击NetworkExample.Unitypackage，单击“打开”按钮导入Network Example项目。单击Scene文件夹，如图17-5所示。

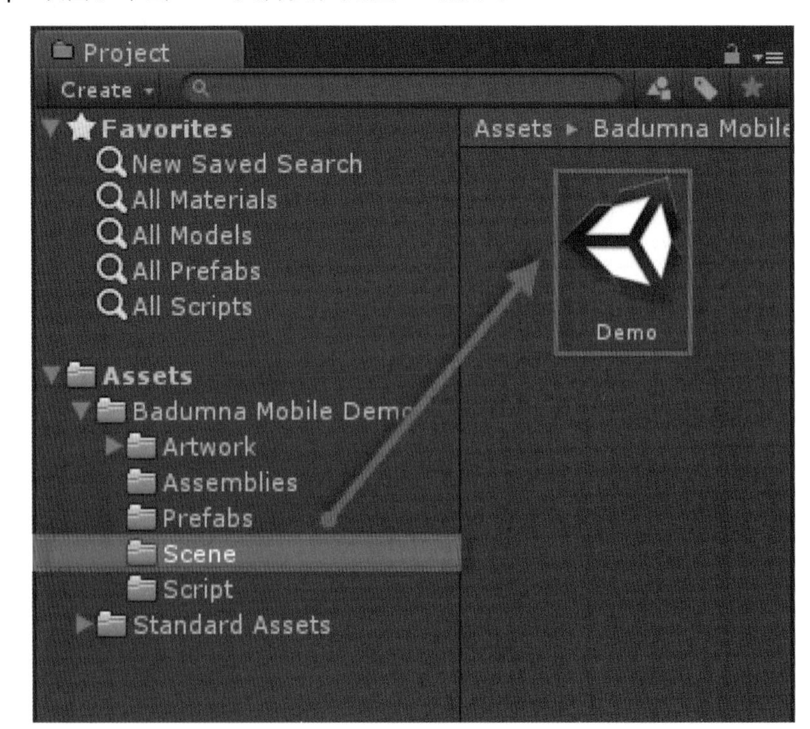

图17-5 Demo场景文件

4．双击Demo场景文件打开该场景，如图17-6所示。

图17-6
Unity场景

参考以上场景。下面讲解如何创建该游戏项目。

1．按Ctrl+N组合键，新建一个空场景。

2．创建完成后，游戏运行时是没有任何效果的。在Project视图中的Script文件夹下新建C#文件。命名该C#文件为NetWorkServer，如图17-7所示。

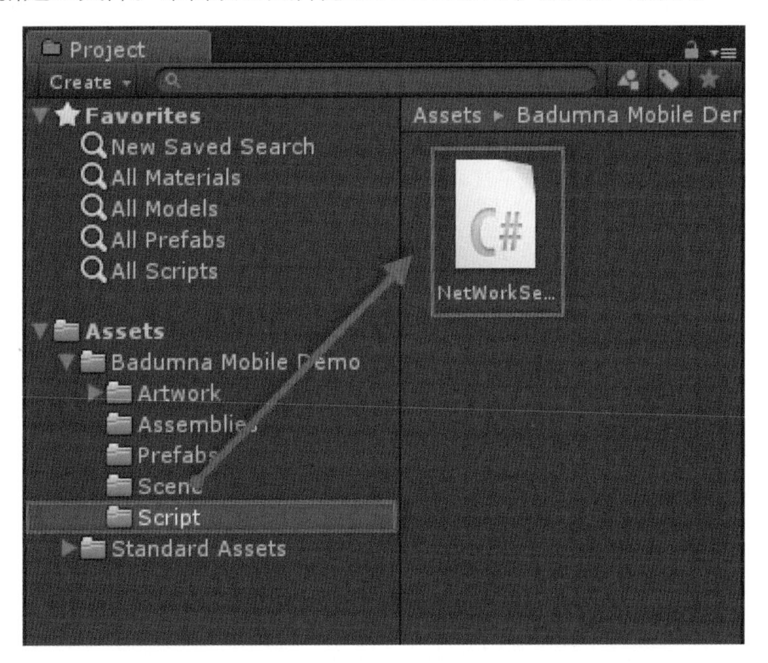

图17-7
新建类文件

3．双击NetWorkServer文件，打开该脚本文件。写入如下代码。必须明确的是该脚本为服务器脚本。

```
using UnityEngine;
using System.Collections;
public class NetWorkServer : MonoBehaviour {
  // Use this for initialization
  //定义远程连接IP地址
  private string remoteIP = "127.0.0.1 ";
```

```
//定义远程的端口号
 private intremotePort = 10000;
//定义本地侦听的端口号
 private intlistenPort = 10000;
//限制连接数量为15个用户
private intconnectCount = 15;
//是否启用网络地址转换器
private booluseNAT = false;
  void OnGUI() {
      switch (Network.peerType) {

         case NetworkPeerType.Disconnected:

         //服务器未开启时，开启服务器

         StartConnect();

         break;

         case NetworkPeerType.Server:

         //成功连接服务器

         OnServer();

         break;
         //尝试连接

         case NetworkPeerType.Connecting:

         break;
      }
  }
  void StartConnect(){

     remoteIP = GUI.TextField(new Rect(10, 30, 100, 20),remote
IP);

if(GUI.Button(new Rect(10,50,100,30),"创建服务器"))
{Network.incomingPassword = "UnityNetwork";
  NetworkConnectionError  error  =  Network.InitializeServer
(connectCount, remotePort, useNAT);
```

```
    Debug.Log(error);

    }
  }
   void OnServer() {
     GUILayout.Label("服务器创建成功。等待连接····");
     //得到的IP与端口

     string ip = Network.player.ipAddress;

     int port = Network.player.port;

     GUILayout.Label("ip地址:" + ip + ".\n端口号码: " + port);

     //连接到服务器的所有客户端

     intconnectLength = Network.connections.Length;

     //遍历所有客户端并获取IP与端口号

     for(int i = 0; i < connectLength;i++){

     GUILayout.Label("连接的IP:" + Network.connections[i].ipAddress);

     GUILayout.Label("连接的端口: " + Network.connections[i].port);

  }

  if(GUI.Button(new Rect(10, 140, 100, 30),"断开连接"))
  {
   //从服务器上断开连接
   Network.Disconnect(200);
   }
   }
 }
```

代码中用Network.peerType判断服务器与客户端的状态，该状态包括了是否开启服务器、客户端与服务器是否完成连接等。当服务器处于未开启状态时，使用Network调用incomingPassword设置服务器密码，客户端要连接服务器，必须设置此值，调用InitializeServer函数进行开启。该函数存在3个参数：参数1表示限制连接的客户端数量，参数2表示创建的端口号，参数3表示是否开启网络地址转换器。服务器创建完成后，NetWork通过调用Player返回NetWorkPlayer对象。该对象的ipAddress与port属性分别表示获取玩家的IP地址与端口号。在该代码中表示本机的IPv4地址。当要断开服务器时用Network对象调用Disconnect函数。该函数只有一个参数。表示网络接口在未收到信号的情况下，多长时间会断开连接。

网络地址转换（Network Address Translation，NAT）属接入广域网（WAN）技术，是一种将私有（保留）地址转化为合法IP地址的转换技术，它被广泛应用于各种类型的Internet接入方式和各种类型的网络中。NAT不仅完美地解决了IP地址不足的问题，而且还能够有效地避免来自网络外部的攻击，隐藏并保护网络内部的计算机。

4. 拖动该脚本到Main Camera对象上，单击Play按钮进行游戏测试，如图17-8所示。

图17-8 创建服务器

5．单击创建服务器按钮，进而在服务器端创建服务器，如图17-9所示。

图17-9
创建服务器

6．按Ctrl+S组合键，保存场景文件。命名该场景文件为Networl-Server，如图17-10所示。

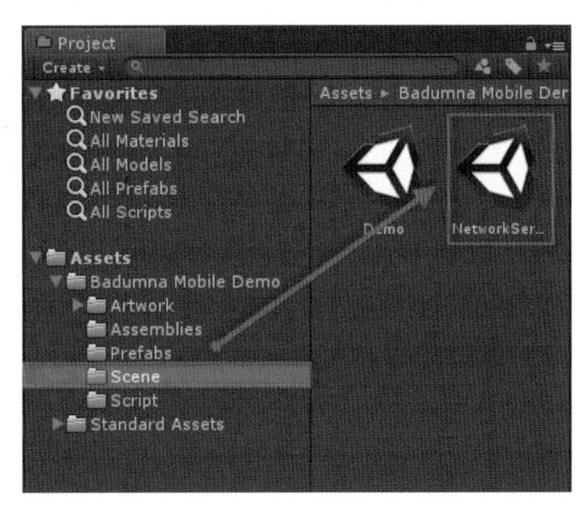

图17-10
创建新场景

7．创建服务器后，如果要测试服务器是否可用，需要新建客户端数据进行连接。依次打开菜单栏中的File→New Project选项，进而弹出Unity – Project Wizard对话框，命名工程文件为NewNetWorkClient，如图17-11所示。（注：本实例的完整项目文件可参考unitybook\chapter17\project\NetWorkClient下的Client.unity场景文件）

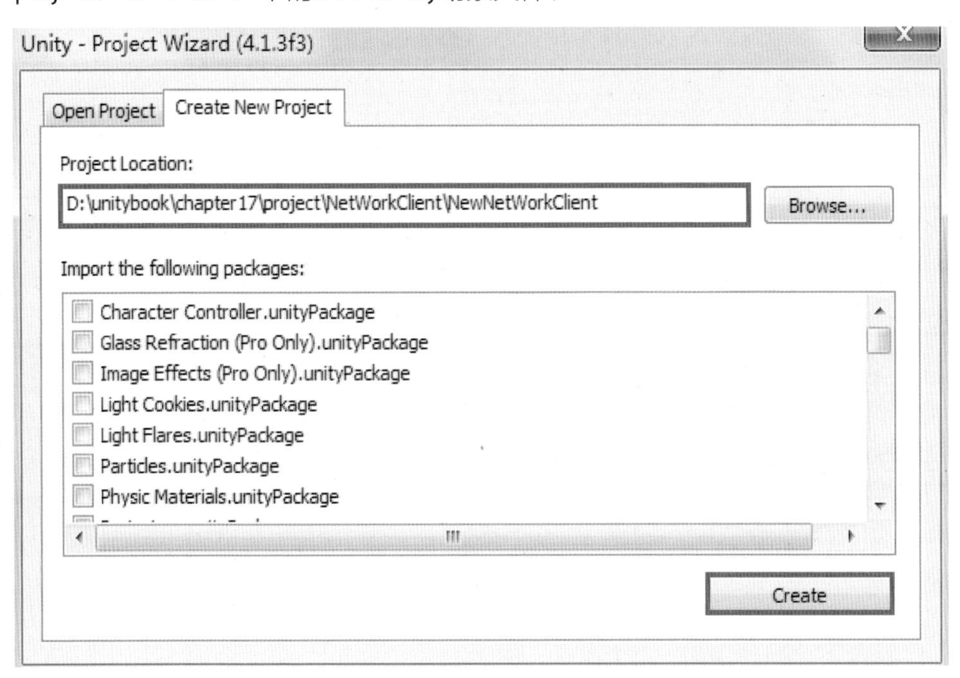

图17-11
新建工程

8. 单击Creat按钮新建项目。在Project视图中的Assets文件夹中新建C#文件，命名该类文件名称为NetworkClient，如图17-12所示

图17-12
新建NetworkClient类文件

9. 双击该脚本进行编辑，输入代码如下：

```
using UnityEngine;
using System.Collections;

public class NetWorkColient : MonoBehaviour {
  // 定义远程IP地址
  private string remoteIP = "127.0.0.1";
  //定义侦听端口
  private intlistenPort = 10000;
  //是否开启网络IP转换器
  private booluseNAT = false;
  void OnGUI(){

  switch(Network.peerType){

    //客户端未连接服务器时执行
    case NetworkPeerType.Disconnected:

    StartConnect();

    break;

    //成功连接客户端
    case NetworkPeerType.Client:

    ClientTo();

    break;
              //尝试连接
```

```
        case NetworkPeerType.Connecting:

        Debug.Log("连接中");

        break;

        }

      }
      void StartConnect(){

        if(GUI.Button(new Rect(10, 50, 100, 30),"连接服务器")){

        NetworkConnectionError error = Network.Connect(remoteIP,
port ,"UnityNetwork");

        Debug.Log(error);

        }

      }
      void ClientTo(){

        GUILayout.Label("成功连接服务器");
      }

      void OnConnectedToServer(){

        //通知场景中的物体已经与服务器连接
          foreach(GameObject go inFindObjectsOfType(typeof(GameOb
ject)))
          {
              go.SendMessage("OnNetworkLoaded", SendMessageOptions.
DontRequireReceiver);
          }
      }
    }
```

脚本中Network调用Connect函数时，该函数有3个参数：参数1表示远程的IP地址，参数2表示远程服务器的端口，参数3是一个可选的用于服务器的密码，该密码必须匹配Network.incomingPassword在服务器的设置。当成功连接服务器时，OnConnectedToServer函数会自动调用。其中，使用FindObjectsOfType函数以遍历场景中的所有对象，调用对象的SendMessage方法。参数1表示绑定在对象上的函数名，参数2表示如果该对象上没有绑定该函数（接收器），就不执行。使用此函数可以让需要处理的对象知道，连接服务器后，该对象需要做什么交互。

10．拖动该脚本文件到Main Camera对象上，按Ctrl+S组合键保存场景，并为其命名为Client，如图17-13所示。

图17-13
保存场景

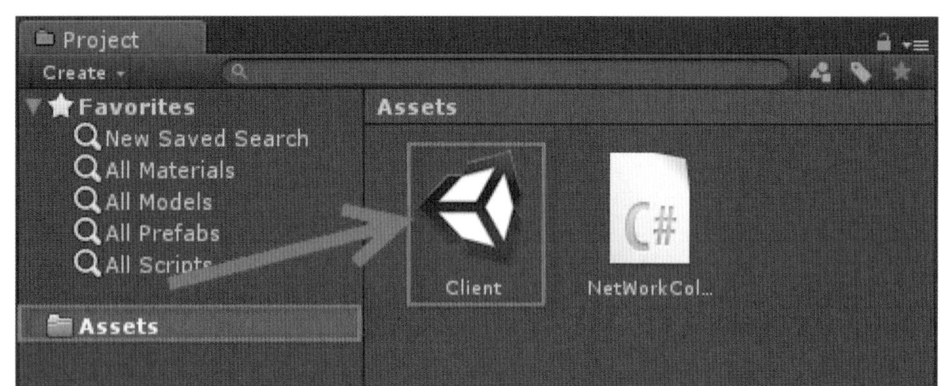

11．为了方便与服务器脚本的通信，需要导出游戏。依次打开菜单栏中的File→Build Settings项。弹出Build Settings（发布设置对话框），如图17-14所示。

图17-14
发布设置

12．选择PC发布，单击Build按钮，在弹出的对话框中将游戏命名为client.exe并保存至\unitybook\chapter17\project\Client（新建Client文件夹）路径下，如图17-15所示。

图17-15
保存client.exe文件

13．单击“保存”按钮保存导出的游戏至指定路径下，如图17-16所示。

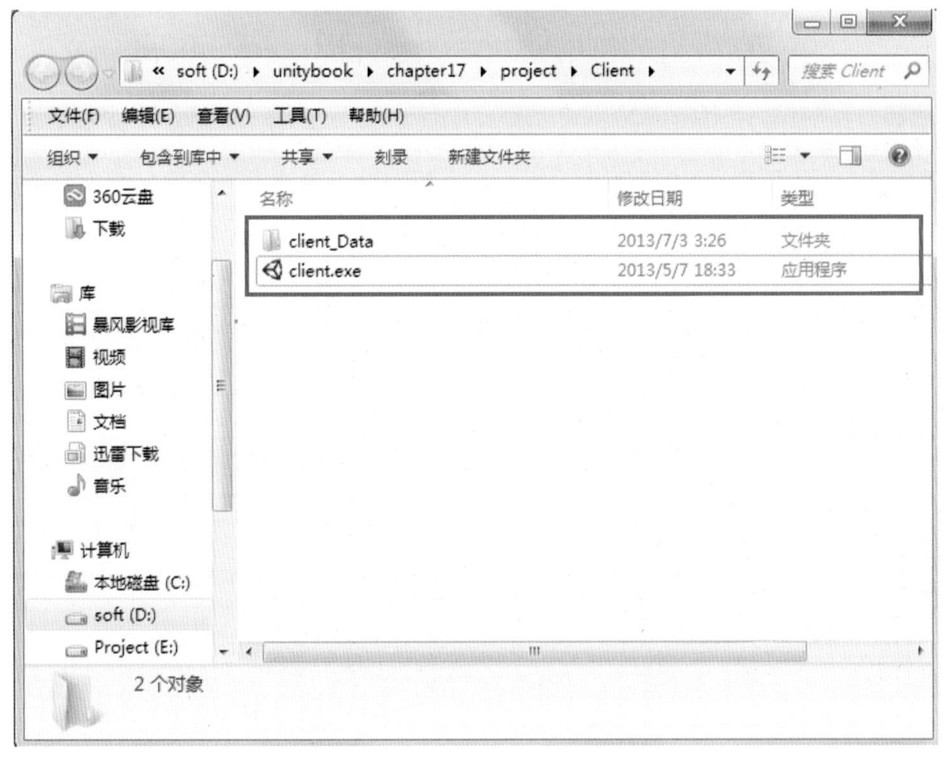

图17-16
导出项目

14. 返回至Unity编辑器，依次打开菜单栏中的File→Open Project项，在弹出的Unity – Project Wizard对话框中，打开之前创建的服务器项目工程，单击\unitybook\chapter17 \project\NetworkExample，如图17-17所示。

图17-17
打开NetworkExample

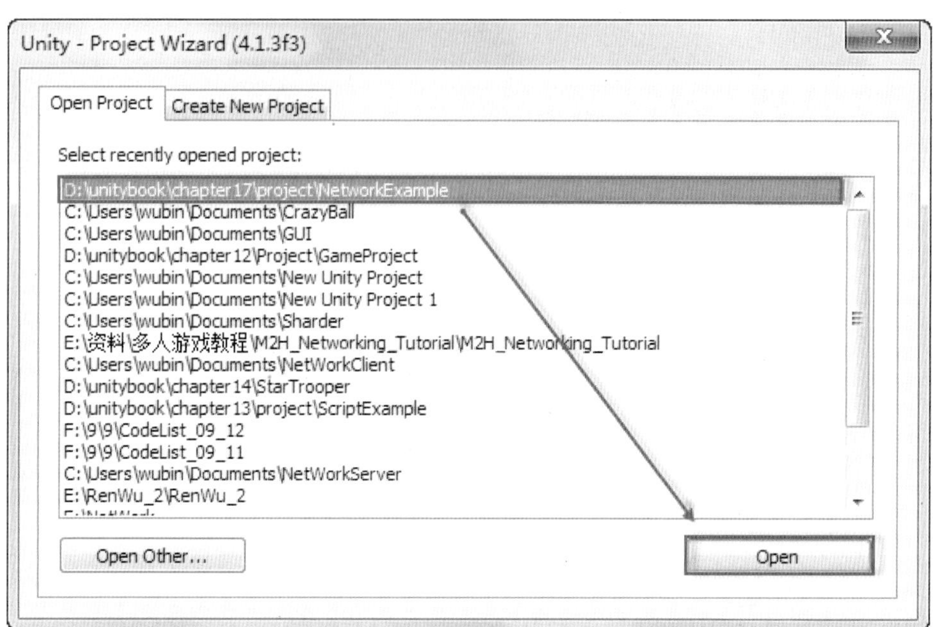

15. 单击Open按钮，打开Unity场景，找到NetworlServer场景文件，如图17-18所示。

图17-18
NetworlServer场景文件

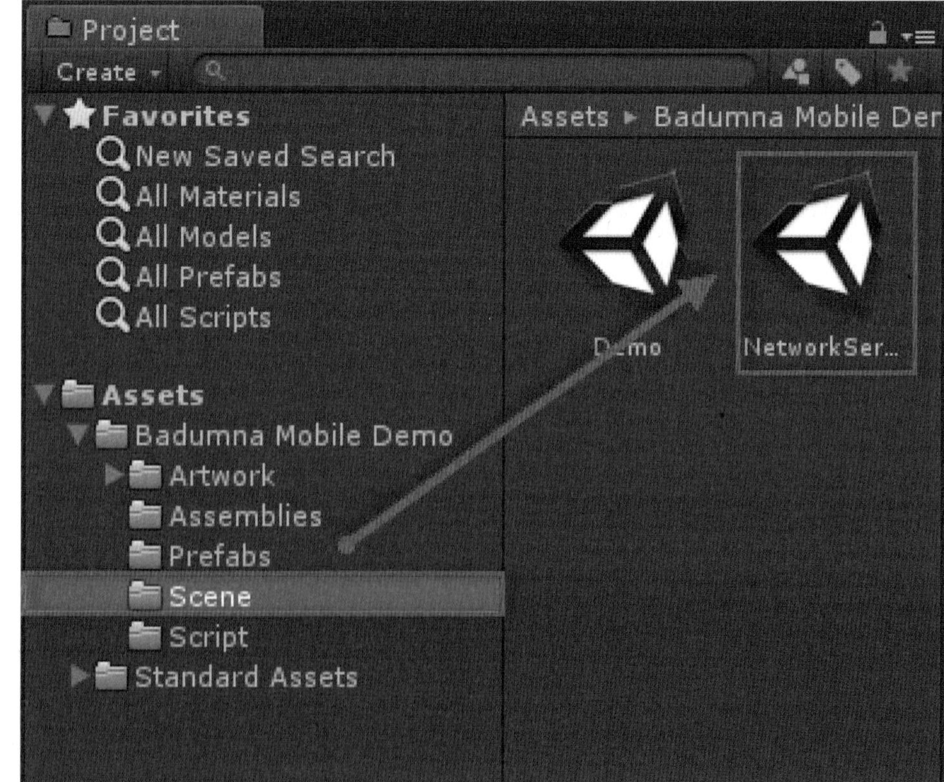

16．双击NetworlServer文件打开该游戏场景，单击Play按钮预览游戏。此时Unity会创建服务器接口，如图17-19所示。

图17-19
打开服务器

17．打开刚刚创建的客户端项目，双击client.exe文件。选择屏幕分辨率为512*384，勾选Windowed复选框，如图17-20所示。

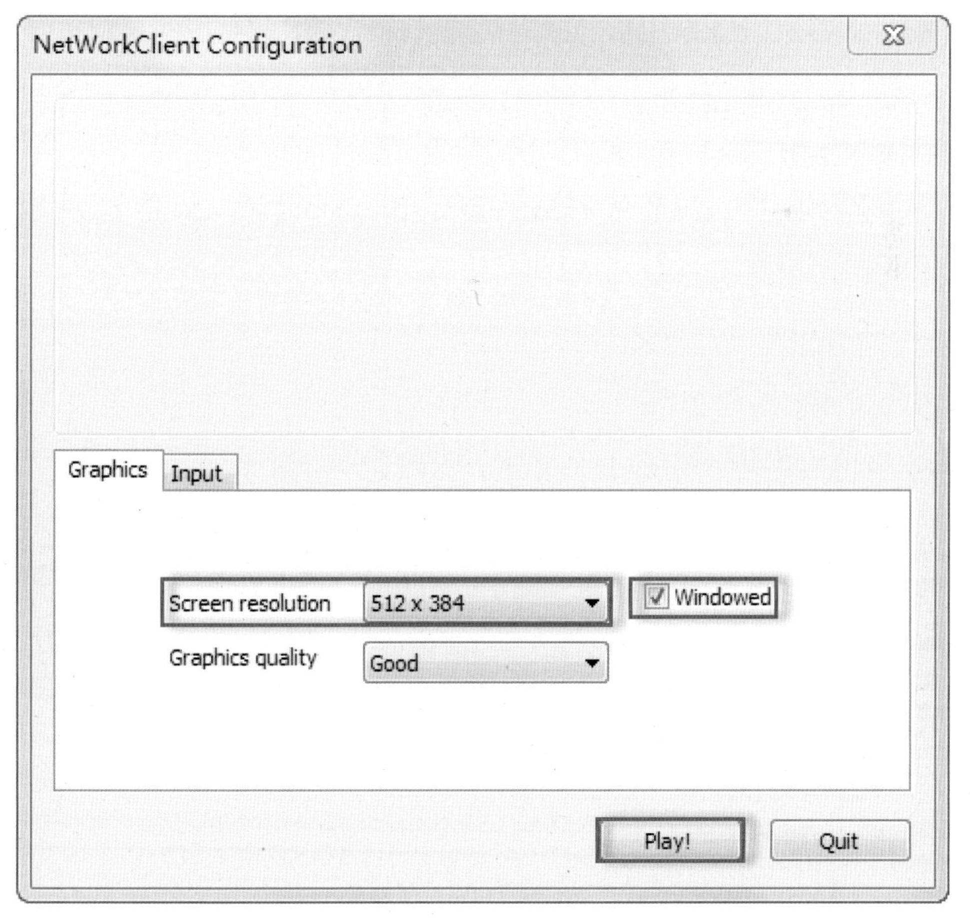

图17-20
窗口呈现方式

18．单击Play按钮，客户端游戏即可运行，如图17-21所示。

图17-21
客户端界面

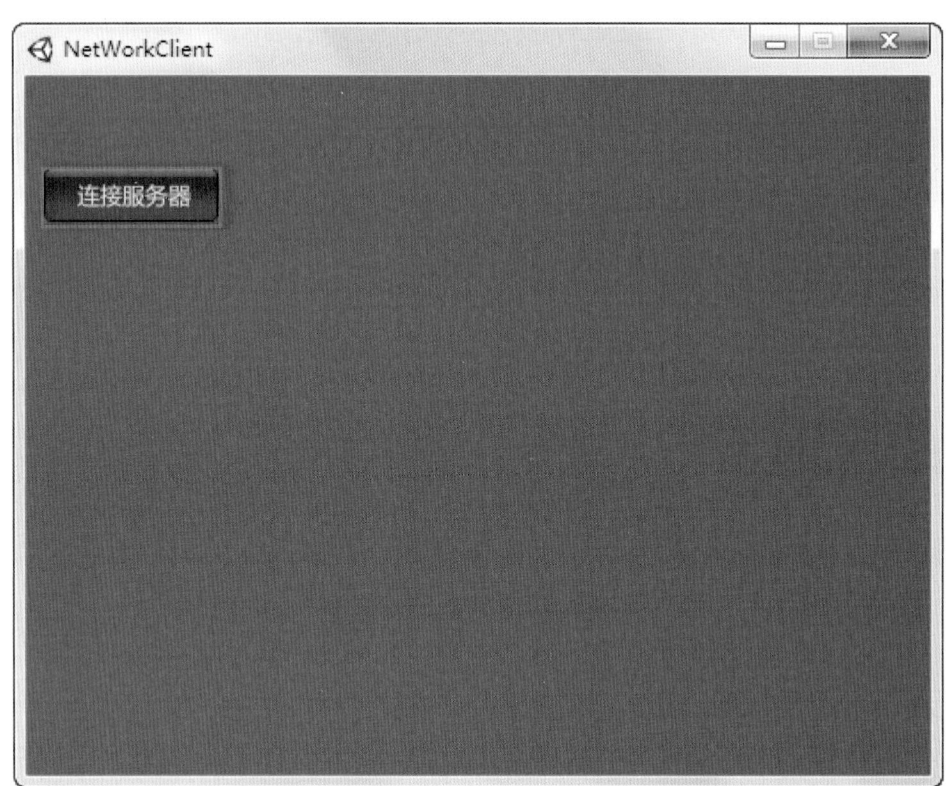

19. 单击“连接服务器”按钮。这时游戏会提示“成功连接服务器”字样。服务器界面提示该客户端的IP地址与连接的端口号码，如图17-22所示。

图17-22
客户端与服务器成功通信

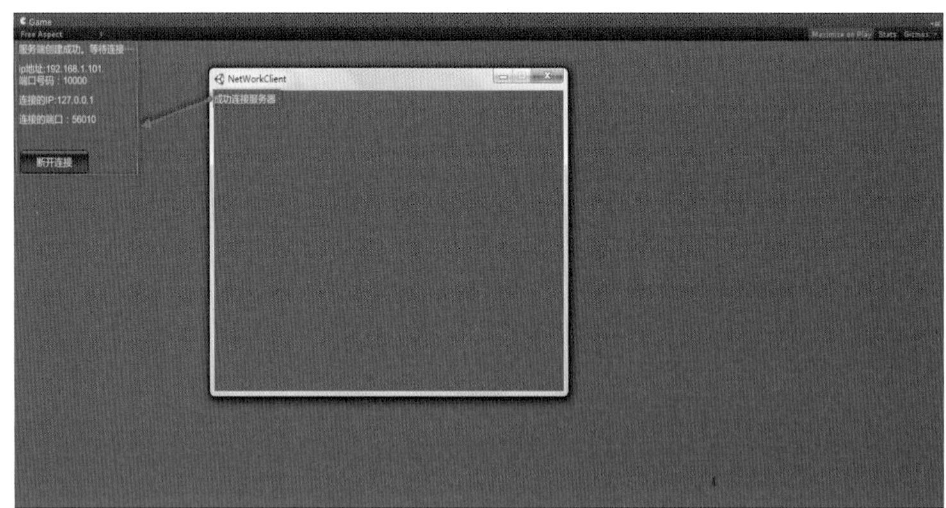

以上简单地介绍了客户端与服务器的基本知识。下面继续完善多人游戏案例。

非授权服务器案例

1. 返回客户端工程文件，新建一个Plane对象，在Hierarchy视图中，单击Create按钮，在弹出的菜单中选择Plane选项，新建一个平面对象，如图17-23所示。

2．将Plane对象命名为Ground，设置该对象的Transform组件参数为：Position（0，0，0），Rotation（0，0，0），Scale（5，5，5），如图17-24所示。

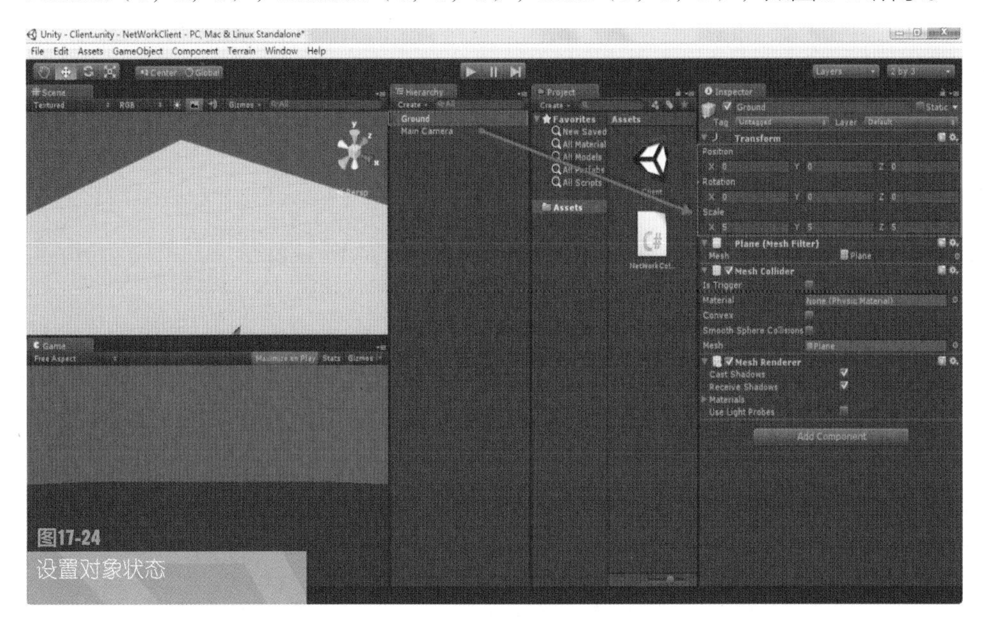
图17-24
设置对象状态

图17-23
新建Plane

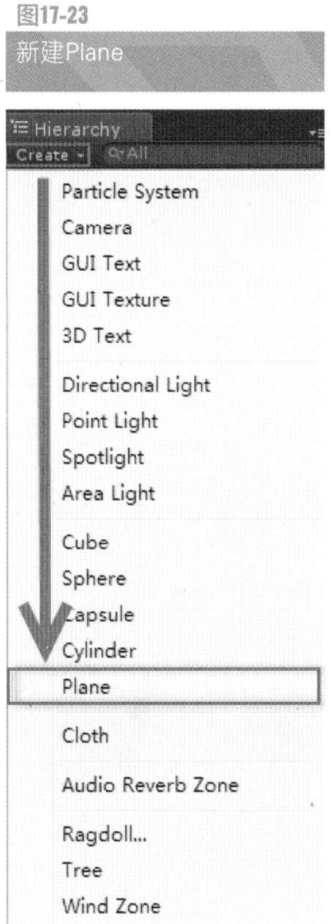

3．单击Create按钮，在弹出的菜单中选择Directional light选项，创建一个方向光，如图17-25所示。

4．单击Directional Light对象，并设置该光源对象的Transform组件参数为：Position（0，16，0），Rotation（20，0，0），Scale（1，1，1），如图17-26所示。

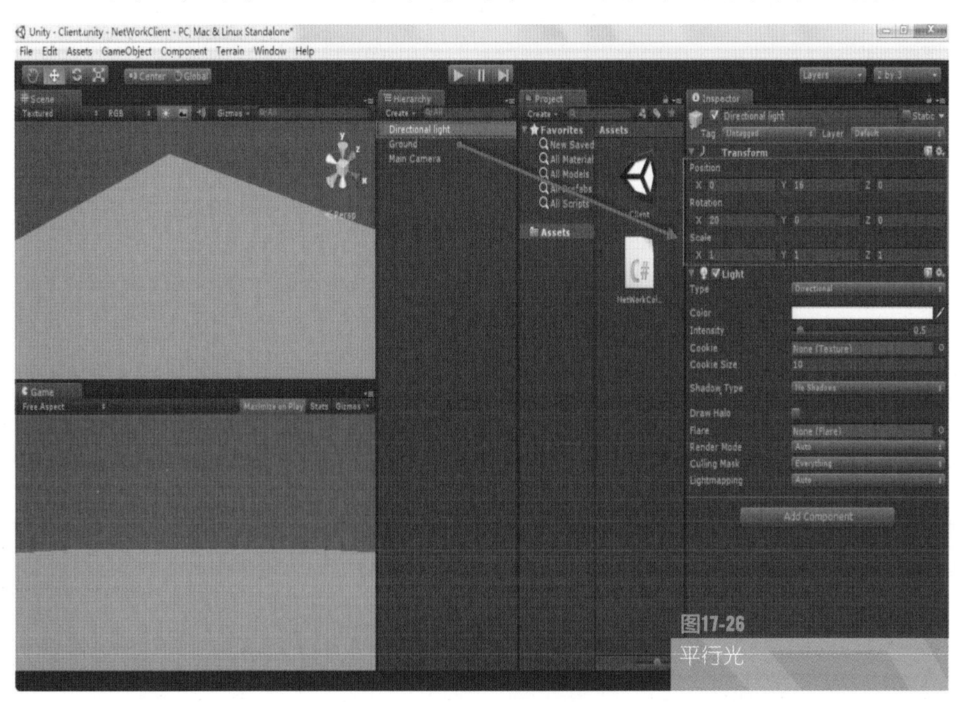
图17-26
平行光

图17-25
新建方向光

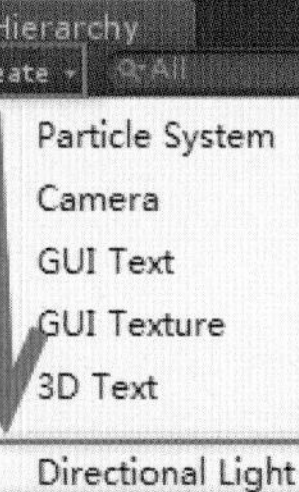

5．新建一个Prefab（预制体），在Project视图中右击Assets文件夹，在弹出的菜单中依次打开Creat→Prefab选项，如图17-27所示。

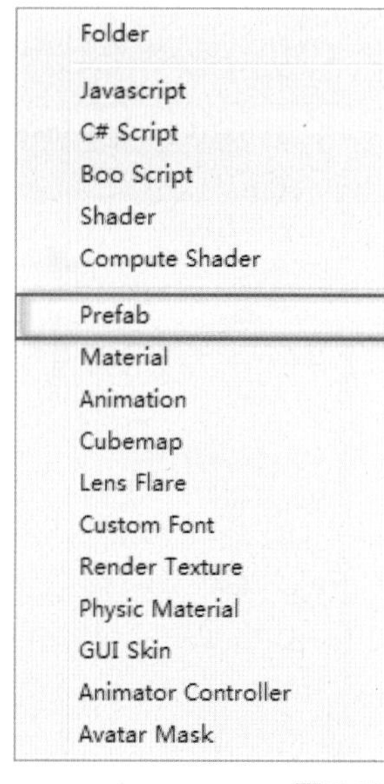

图17-27
单击Prefab

6. 在Hierarchy视图中，新建Cube对象，并把Cube对象拖动至刚才新建的Prefab（预制体）上，如图17-28所示。

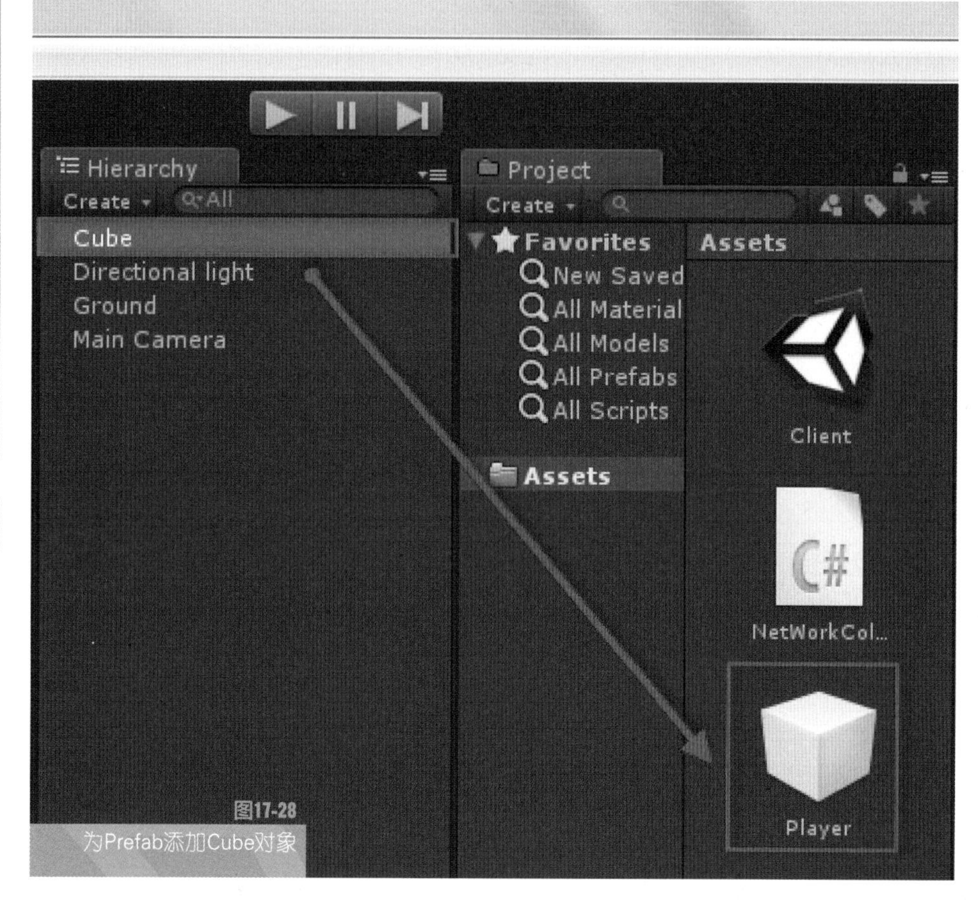

图17-28
为Prefab添加Cube对象

7. 设置完成后重命名预制体为Player，此时可以删除游戏场景中的Cube对象。单击新建的Prefab（预制体），依次打开菜单栏中的Component→Miscellaneous→NetworkView项，为该预制体添加Network View组件，如图17-29所示。

图17-29
为预制体添加Network View组件

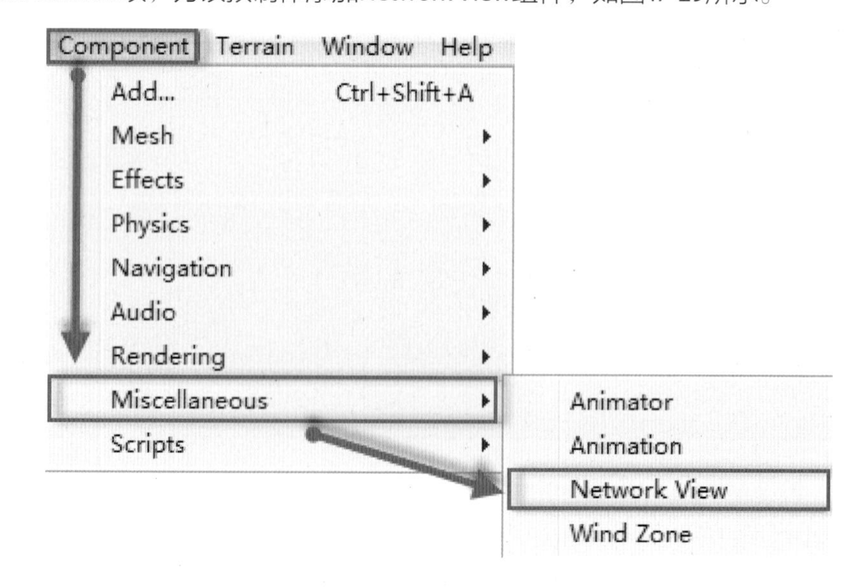

8．添加完成后，可在Inspector视图中查看该组件的信息，如图17-30所示。

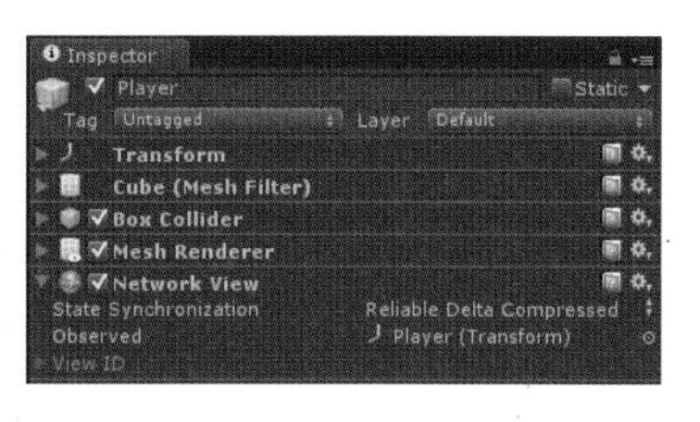

图17-30
Network View组件属性面板

9．设置State Synchronization为Reliable Delta Compressed类型。这里有3个选项分别是Off、Reliable Delta Compressed和Unreliable。Off代表不使用状态同步、Reliable Delta Compressed是一种可靠的基于差值压缩的传输方式；Unreliable是非可靠的传输方式。

Reliable Delta Comressed（可靠的差值压缩）会自动比较从客户端接收到的信息。如果从客户端接收到的消息没有数据变化，就不进行传输。它的数据传输方式比较严谨。例如，当对象的位置没发生变化，但是缩放发生改变时，它只传送缩放的状态。它可以保证被送出的封包都会到达接收者。此模式的缺点在于如果一个封包丢了，它会重新发送封包，而游戏状态会停下，直到封包安全到达，会导致网络延时更加明显。Unreliable（非可靠的）在此模式下，Unity不管当前是否改变了状态，都会进行传送，它并不能保证送出的封包能够准确地送达至接收者，它允许丢包，较适用于赛车等竞技类游戏。

10．单击Player预制体，依次打开菜单栏中的Component→Physics→Rigidbody选项，为该预制体添加Rigidbody组件，如图17-31所示。

图17-31
Rigidbody组件属性面板

11. 依次打开菜单栏中的GameObject→Create Empty选项，新建一个空的Game-Object对象。将该对象命名为Spawn，并设置该对象的Transform组件参数为：Position（0，8，0）,Rotation（0，0，0），Scale（1，1，1），如图17-32所示。

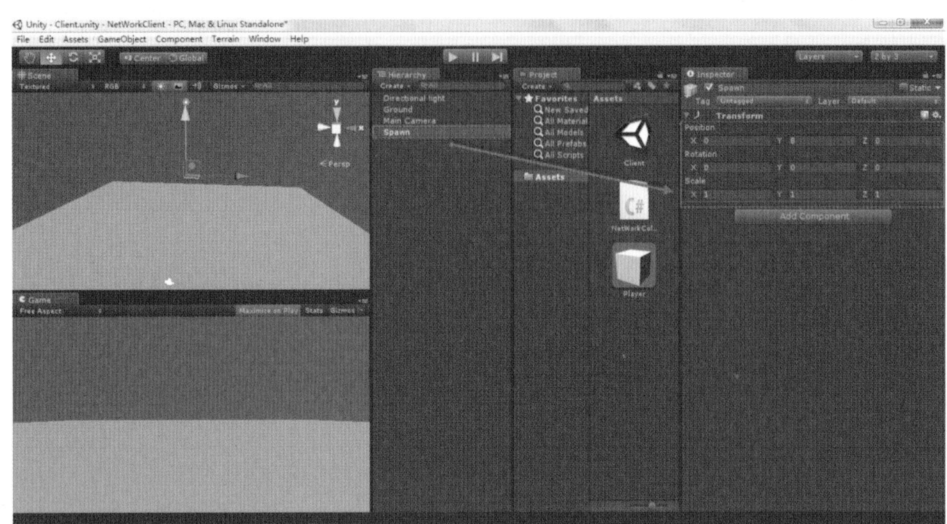

图17-32
设置参数

12. 在Project视图中，右击Assets包，新建一个C#脚本，将该脚本命名为PlayerGame，如图17-33所示。

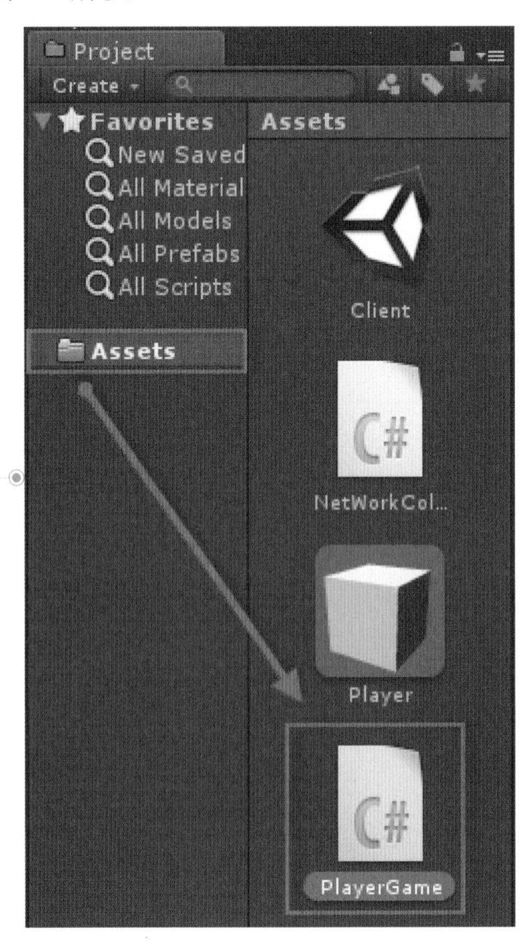

图17-33
新建脚本

13．编写该脚本文件，代码如下：

```
using UnityEngine;
using System.Collections;
public class PlayerGame : MonoBehaviour {

  //定义控制的目标对象
  public Transform control;
  void OnNetworkLoaded(){

    //实例化该目标对象
    Network.Instantiate(control,transform.position, transform.
rotation,0);
  }
}
```

14．OnNetworkLoaded函数在连接客户端时调用。详见NetworkClient类中脚本，如图17-34所示。

图17-34
NetworkClient类中的脚本

15．拖动PlayerGame脚本文件到Spawn对象上，如图17-35所示。

16．单击Spawn对象，在Inspector视图中，将PlayerGame脚本中的Control变量指定为Player预制体，如图17-36所示。

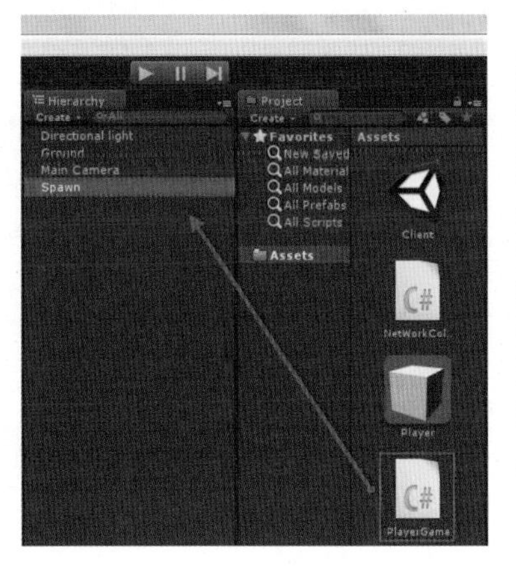

图17-35
绑定脚本

图17-36
绑定预制对象

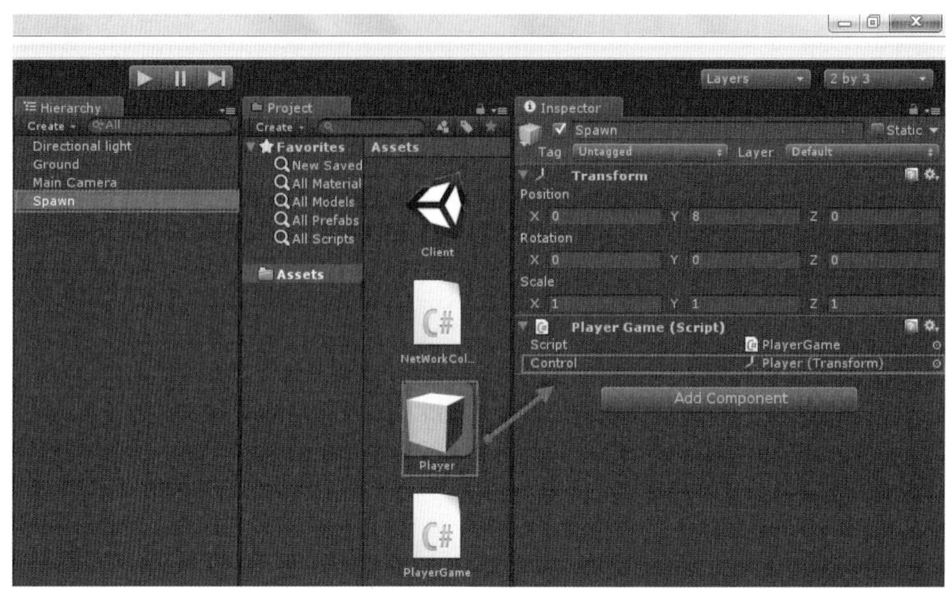

17．将项目发布为游戏。返回至服务器，分别打开客户端与服务器，测试游戏功能，如图17-37所示。

图17-37
测试游戏

18．当客户端未连接服务器时，客户端场景中没有任何游戏对象。单击“连接服务器”按钮，场景中会落下一个立方体对象，如图17-38所示。

图17-38
连接状态

19．当再打开一个客户端，并连接服务器时，在当前的客户端中可以看到，再次生成了一个立方体对象显示在客户端场景中，如图17-39所示。

图17-39
客户端场景

20．此时断开与服务器的连接，可以发现游戏中的立方体对象还在场景中，如图17-40所示。

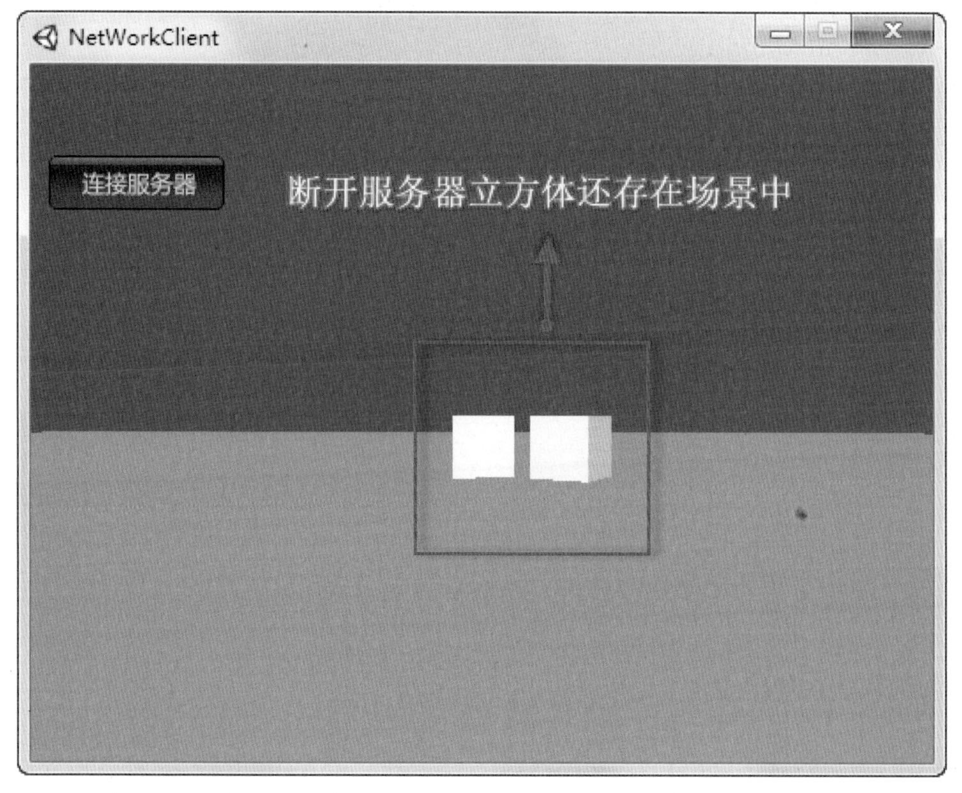

图17-40
游戏场景

21．这种状态可能与游戏的逻辑并不相符，在断开与服务器连接后，游戏对象应该被移除。返回至客户端项目工程，编辑NetWorkColient.cs文件，代码如下：

```
void OnDisconnectedFromServer(NetworkDisconnection info){
    //移除所有属于这个玩家的ID的RPC函数
    Network.RemoveRPCs(Network.player);
    //销毁玩家物体
    Network.DestroyPlayerObjects(Network.player);
     //重新加载场景
    Application.LoadLevel(Application.loadedLevel);
  }
```

以上新增的代码中，OnDisconnectedFromServer函数会在服务器断开时自动执行。

22．重新发布该客户端游戏并运行游戏，在进行断开服务器连接操作时，客户端场景会移除所有立方体对象，如图17-41所示。

图17-41
游戏界面

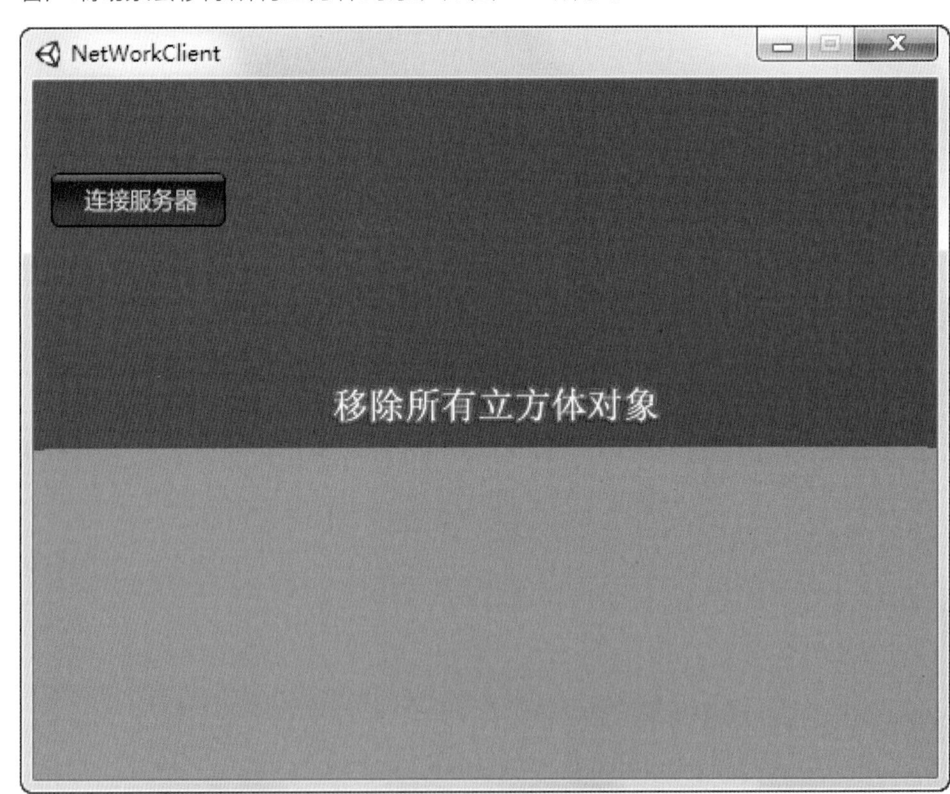

23．可以为场景中的游戏对象添加脚本，让其可以在场景中移动。返回客户端项目工程，为Player预制体指定标签为Player，如图17-42所示。

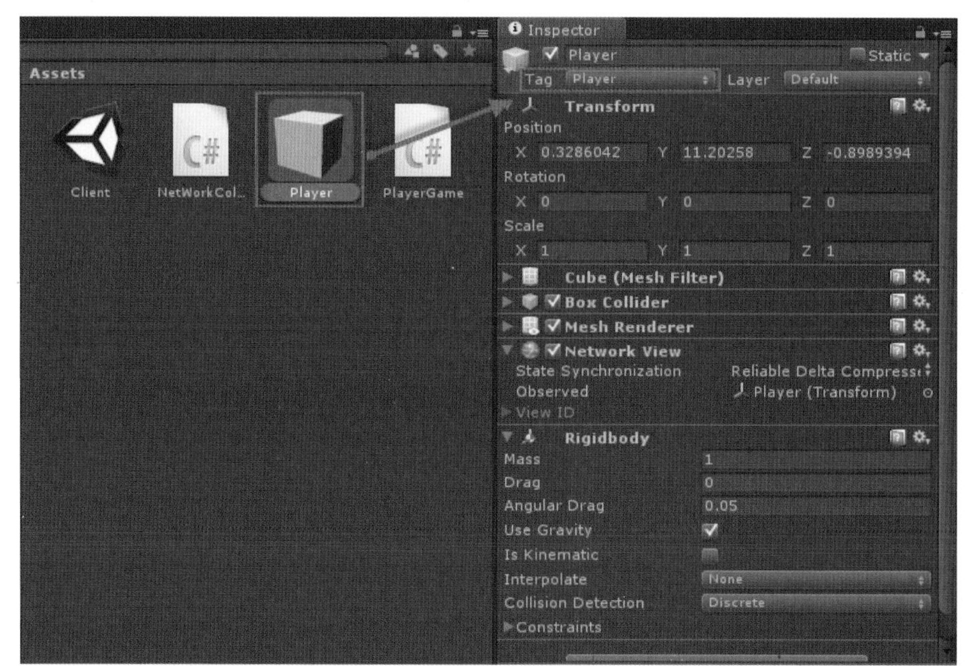

图17-42
添加标签

24. 编辑PlayerGame脚本文件，代码如下：

```
using UnityEngine;
using System.Collections;

public class PlayerGame : MonoBehaviour {
  public Transform control;
  void OnNetworkLoaded(){
     Network.Instantiate(control,transform.position,transform.rotation,0);
  }
  void Update(){
    //是否为客户端
    if(Network.isClient){
      //设置移动方向
      Vector3 moveDirection = new Vector3(Input.GetAxis("Horizontal"),
0, Input.GetAxis("Vertical"));
      //设置移动速度
      float moveSpeed = 5;
      //在场景中查找标签为Player的物体并控制
      GameObject.FindWithTag("Player").transform.Translate(moveSpeed
* moveDirection * Time.deltaTime);

    }
  }
}
```

该脚本中新增了Update函数，其中Network.isClient函数指出函数是否运行于客户端，如果运行于客户端则可以控制游戏对象移动，如图17-43所示。

图17-43
游戏界面

以上简单地介绍了非授权服务器多人游戏中的主要知识点，但这并不是真正意义上的多人游戏。接下来讲解以授权服务器的方式来制作多人游戏的方法。

授权服务器

1．启动Unity应用程序，首先依次打开菜单栏中的File→Open Project选项，进而在弹出的Unity-Project Wizard对话框中单击Open Other按钮，然后在弹出的Open existing project对话框中找到\unitybook\chapter17\project\NetworkExample项目工程，如图17-44所示。

图17-44
定位项目文件

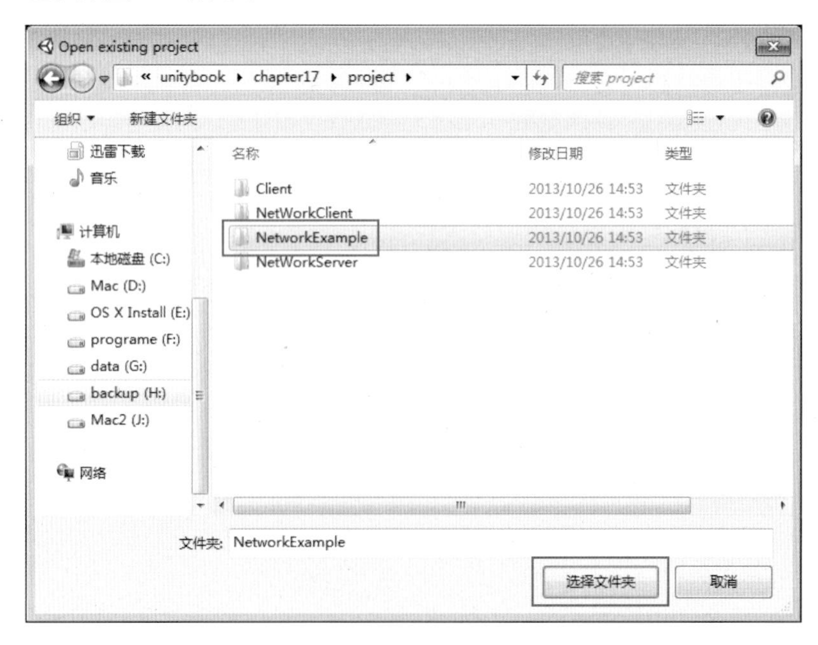

2. 单击“选择文件夹”按钮，打开NetworkExample项目工程。在Project视图中Assets文件夹下的Scene文件夹中找到Demo场景文件，如图17-45所示。

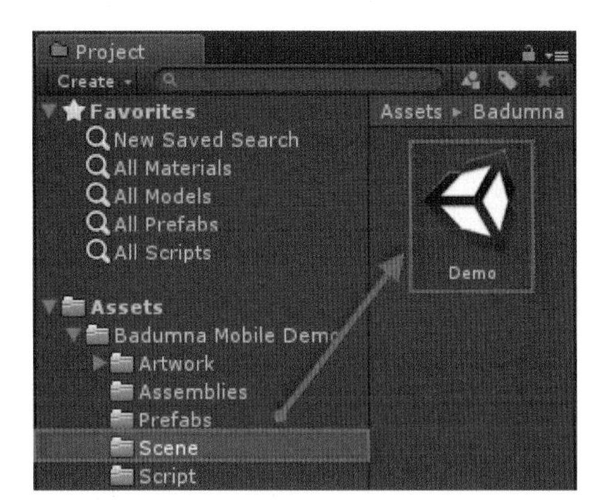

图17-45
Demo场景

3. 双击Demo文件打开游戏场景，新建两个空的GameObject对象，并分别命名为Connect与RobotControl，如图17-46所示。

其中，Connect对象负责客户端与服务器的脚本逻辑。在该场景中服务器也参与游戏的运行。RobotControl对象主要负责控制主角的状态。

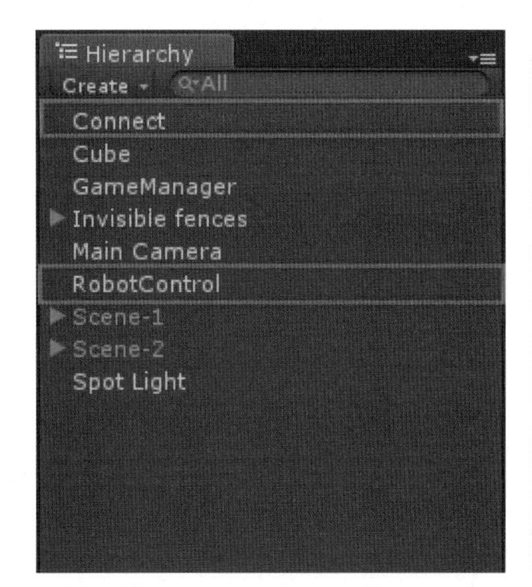

图17-46
新建GameObject

4. 在Project视图中的Script文件夹下，新建C#文件并将其命名为AuthoritativeNetworkServer，如图17-47所示。

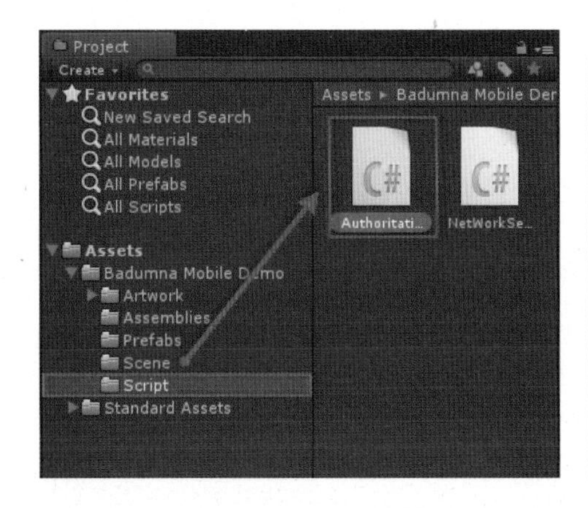

图17-47
AuthoritativeNetworkServer脚本

5. 编辑AuthoritativeNetworkServer脚本文件，代码如下：

```
usingUnityEngine;
using System.Collections;
publicclass NetworkServer : MonoBehaviour {
      //定义远程服务器IP（这里为本地）
  privatestring ip = "127.0.0.1";
```

```
//定义服务器端口
privateint port = 10001;
void OnGUI(){
  switch(Network.peerType){

    //服务器是否开启
    case NetworkPeerType.Disconnected:

    StartCreat();

    break;

    //启动服务器
    case NetworkPeerType.Server:

    OnServer();

    break;
    //启动客户端

    case NetworkPeerType.Client:

    OnClient();

    break;
    //尝试连接

    case NetworkPeerType.Connecting:

    GUILayout.Label("连接中");

    break;

  }
}
void StartCreat(){

GUILayout.BeginVertical();

//新建服务器连接
if(GUILayout.Button("新建服务器")){

  //初始化服务器端口
```

```
    NetworkConnectionError error = Network.InitializeServer(30,port);

    Debug.Log (error);

    }

    //客户端是否连接服务器
    if(GUILayout.Button("连接服务器")){

      //连接至服务器
      NetworkConnectionError error = Network.Connect(ip,port);

      Debug.Log(error);

    }

    GUILayout.EndVertical();

    }
    //启动服务器
    void OnServer(){

      GUILayout.Label("新建服务器成功，等待客户端连接");
            //连接的客户端数量
      int length = Network.connections.Length;

      for(int i = 0; i < length; i++){

      GUILayout.Label("客户端ip:" + Network.connections[i].ipAddress);
      GUILayout.Label("客户端port:" + Network.connections[i].port);

    }

    if(GUILayout.Button("断开连接")){

      Network.Disconnect();

    }
  }
  //启动客户端
  void OnClient(){

    GUILayout.Label("连接成功");
```

```
    if(GUILayout.Button("断开连接")){

      Network.Disconnect();

      }
    }
  }
```

该脚本把客户端脚本与服务器脚本写至同一个类文件中。作为服务器还是客户端取决于单击的按钮。如果单击“新建服务器”按钮，那么该界面就作为服务器运行，依此类推。

6．拖动该脚本文件到Connect对象上，如图17-48所示。

图17-48 绑定脚本

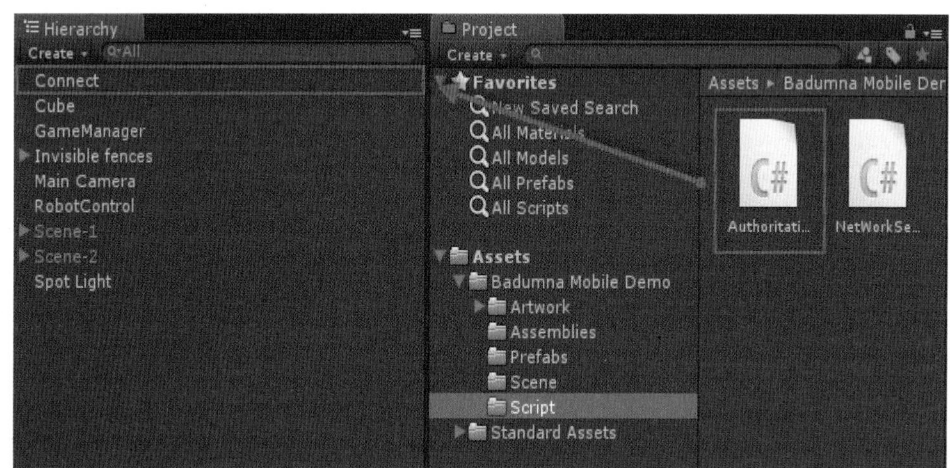

7．单击Play按钮预览游戏，如图17-49所示。

图17-49 测试游戏

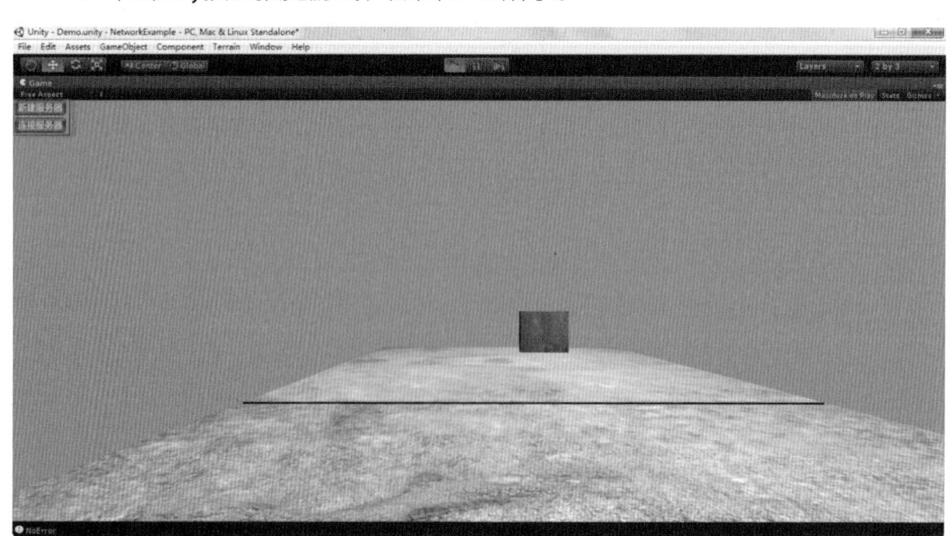

屏幕左上角出现了两个按钮：“新建服务器”以及“连接服务器”，单击“新建服务器”按钮后，提示服务器创建成功，如图17-50所示。

图17-50
新建服务器

8．返回Unity编辑器中，在Project视图中的Script文件夹中新建C#脚本文件，并为其命名为PlayerCreat，如图17-51所示。

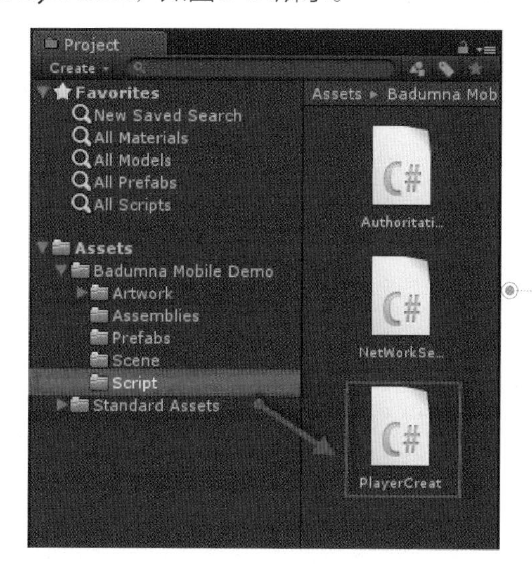

图17-51
新建PlayerCreat脚本

9．在脚本编辑器中编辑该脚本文件，代码如下：

```
usingUnityEngine;
using System.Collections;
publicclass PlayerCreat : MonoBehaviour {
  //新建的目标对象
  public Transform playerPrefab;
  //新建集合，用于存储PlayerControl脚本组件
  privateArrayList list = newArrayList();
  //服务器新建完成后运行
  void OnServerInitialized(){

    MovePlayer(Network.player);
  }
  //玩家连接后运行
  void OnPlayerConnected(NetworkPlayer player){
```

```
        MovePlayer(player);
    }
    void MovePlayer(NetworkPlayer player){

        //获取玩家id值

        int playerID = int.Parse(player.ToString());

        //初始化目标对象
        Transform playerTrans = (Transform)Network.Instantiate(play
erPrefab, transform.position, transform.rotation, playerID);

          NetworkView playerObjNetworkview = playerTrans.networkView;
        //添加PlayerControl组件至集合中
        list.Add(playerTrans.GetComponent("PlayerControl"));
        //调用RPC，函数名为SetPlayer

        playerObjNetworkview.RPC("SetPlayer",RPCMode.AllBuffered,player);
    }
    //玩家断开连接时调用
    void OnPlayerDisconnected(NetworkPlayer player) {

    Debug.Log("Clean up after player " + player);
    //遍历集合对象上的PlayerControl组件
    foreach(PlayerControl script in list){

      if(player == script.ownerPlayer){

        Network.RemoveRPCs(script.gameObject.networkView.viewID);

        Network.Destroy(script.gameObject);

        list.Remove(script);

        break;

    }
    }
    int playerNumber = int.Parse(player+"");
    Network.RemoveRPCs(Network.player, playerNumber);
    Network.RemoveRPCs(player);
    Network.DestroyPlayerObjects(player);
```

```
    }
      //客户端断开连接时调用
      void OnDisconnectedFromServer(NetworkDisconnection info) {
        Application.LoadLevel(Application.loadedLevel);
      }
    }
```

当服务器初始化完成时会运行OnServerInitialized函数。游戏中通过调用RPC函数来运行服务器或客户端上的SetPlayer函数，需要使用RPC函数时，需要在该函数的上方添加@RPC（JavaScript），或者[RPC]（C#），并传递NetworkPlayer对象到该函数中。

10．拖动该脚本到RobotControl对象上，如图17-52所示。

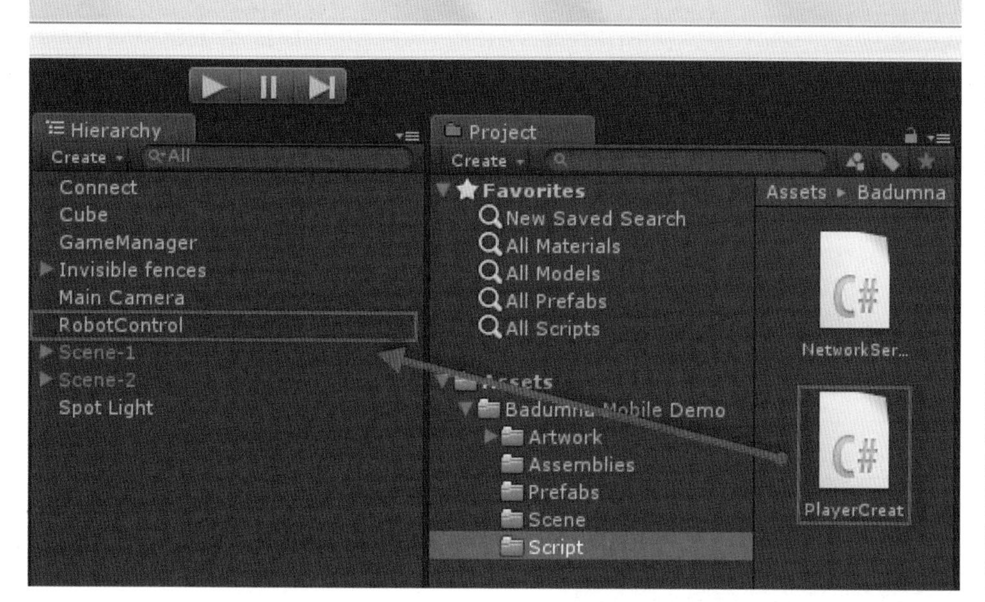

图17-52
绑定脚本

11．在Project视图中的Assets文件夹下，单击Prefabs文件夹，找到LerpzPrefab预制体，如图17-53所示。

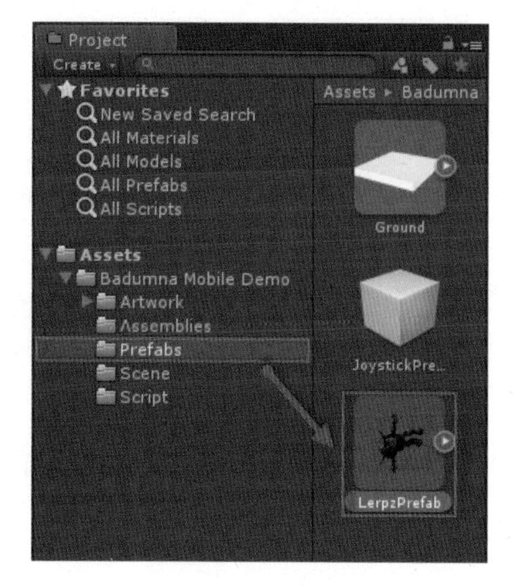

图17-53
LerpzPrefab预制体

图17-54
组件添加

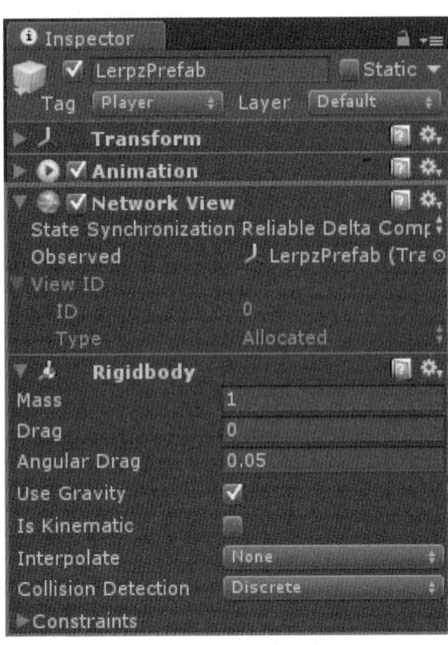

12．单击LerpzPrefab预制体，为该预制体添加Network View与Rigidbody组件，如图17-54所示。

图17-55
添加Box Collider组件

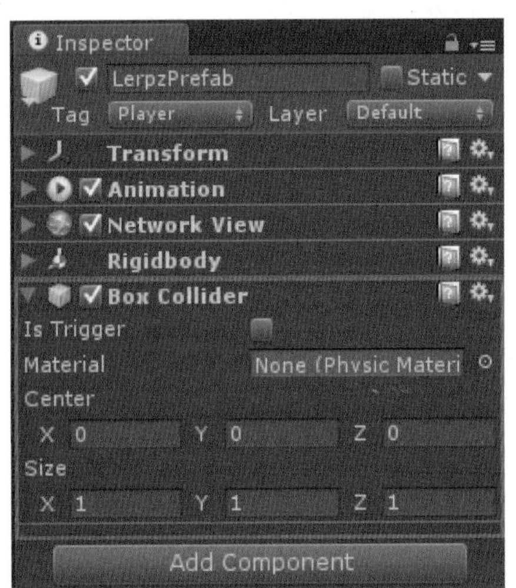

13．为了避免该预制体对象发生“穿墙”等错误结果，需要为该预制体添加Collider（碰撞体）组件，依次单击菜单栏中的Component→Physics→Box Collider项，为该预制体添加Box Collider组件，如图17-55所示。

图17-56
PlayerControl脚本

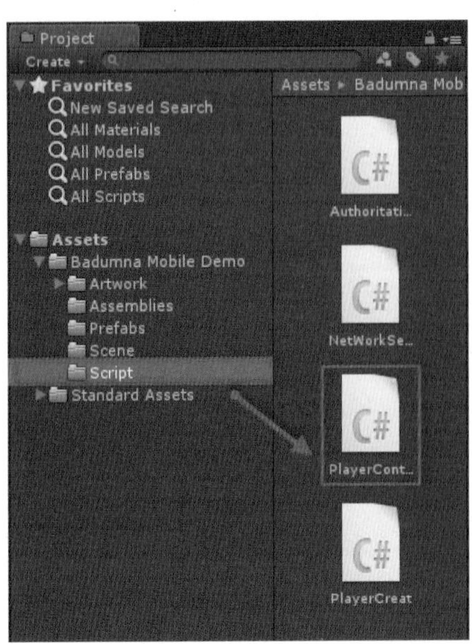

14．在Project视图中的Assets文件夹下的Scripts文件夹中新建C#脚本文件，并为其命名为PlayerControl，如图17-56所示。

15. 在脚本编辑器中编辑该脚本，代码如下：

```
usingUnityEngine;
using System.Collections;

publicclass PlayerControl: MonoBehaviour {
  //玩家对象
  public NetworkPlayer ownerPlayer;
  //保存水平方向控制
  privatefloat clientHInput = 0;
  //保存垂直方向控制
  privatefloat clientVInput = 0;
  //服务器水平方向控制
  privatefloat serverHInput = 0;
  //服务器垂直方向控制
  privatefloat serverVInput = 0;
  void Awake(){

      //是否运行于服务器

      if(Network.isClient){
          enabled = false;

    }


  }

  void Update () {
  if(ownerPlayer ! = null & Network.player == ownerPlayer){

      //获取水平控制


      float currentHInput = Input.GetAxis("Horizontal");
      //获取垂直控制


      float currentVInput = Input.GetAxis("Vertical");


      if(clientHInput! = currentHInput || clientVInput!=currentVInput ){


      clientHInput = currentHInput;


      clientVInput = currentVInput;


      if(Network.isServer){
```

```
            SendMovementInput(currentHInput, currentVInput);

            }elseif(Network.isClient){
            //只在服务器运行SendMovementInput函数

            networkView.RPC("SendMovementInput", RPCMode.Server,
currentHInput, currentVInput);

            }

          }

        }

        if(Network.isServer)

        {

            Vector3 moveDirection = new Vector3(serverHInput, 0, serverVInput);
            float speed = 5;
            //控制角色移动

            transform.Translate(speed * moveDirection * Time.deltaTime);

          }
        }
        [RPC]
        void SetPlayer(NetworkPlayer player){

            ownerPlayer = player;

                if(player == Network.player){

                enabled=true;
            }
        }
        [RPC]
        void SendMovementInput(float currentHInput,float currentVInput){

            serverHInput = currentHInput;

            serverVInput = currentVInput;
        }
```

```
    void OnSerializeNetworkView(BitStream stream,Network Message-
Info info){

    if (stream.isWriting){

        //读取主角的位置

        Vector3 pos = transform.position;

        //进行序列化
        stream.Serialize(ref pos);

    }
  else{

    Vector3 posReceive = Vector3.zero;

    stream.Serialize(ref posReceive);

    //读取主角的位置
           transform.position = posReceive;

        }
    }
  }
```

OnSerializeNetworkView函数通过判断是否写入，以序列化主角的位置（谁拥有该游戏对象，谁就能操作isWriting属性），如果客户端操控游戏对象时处于写入状态，服务器则处于读取状态。反之亦然。

16．单击Play按钮预览游戏，如图17-57所示。

图17-57
生成的游戏主角对象

图17-58
勾选Run In Background*

17．退出游戏预览模式。为了使服务器能够运行于后台，依次打开菜单栏中的Edit→ProjectSettings→Player项，在Inspector视图中勾选Per-Platform Settings面板中的Run In Background*项，如图17-58所示。

图17-59
勾选Run In Background*复选框

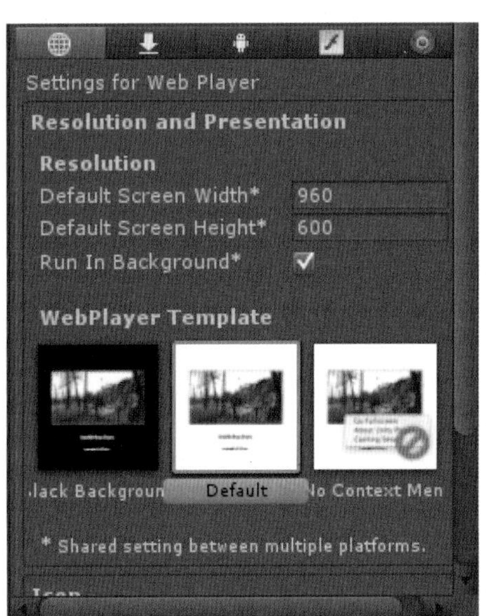

18．如果发布Web端游戏，也需要勾选Run In Background项，如图17-59所示。

19．依次打开菜单栏中的File→Build Settings选项，弹出Build Settings对话框，首先选择要发布的平台，然后添加要发布的场景，最后单击Build按钮发布游戏，如图17-60所示。

图17-60
发布项目

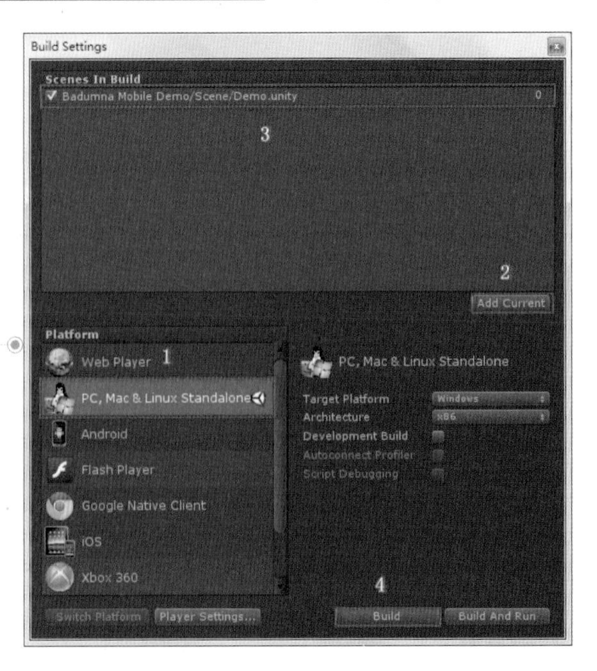

20．发布完成后运行该游戏，在客户端或服务器移动主角时，可以实时看到两个主角的不同移动状态，如图17-61所示。

图17-61
位置实时显示

观察游戏项目，会发现该游戏的两个主角的移动都是平移的，没有任何角色动作，游戏的表现很呆板，所以需要为其添加动作，使主角能够实现行走效果。

21．在Project视图中的Assets文件夹下的Script文件夹中，找到PlayerControl脚本，如图17-62所示。

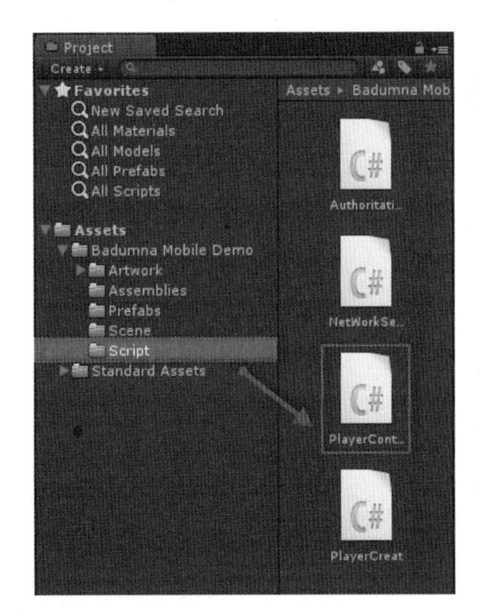

图17-62
PlayerControl脚本文件

22．在脚本编辑器中编辑PlayerControl脚本，代码如下：

```
usingUnityEngine;
using System.Collections;
publicclass PlayerControl: MonoBehaviour {
  //玩家对象
  public NetworkPlayer ownerPlayer;
  //保存水平方向控制
  privatefloat clientHInput = 0;
  //保存垂直方向控制
  privatefloat clientVInput = 0;
  //服务器水平方向控制
  privatefloat serverHInput = 0;
  //服务器垂直方向控制
  privatefloat serverVInput = 0;
```

```
//游戏对象向前移动
privateint Player_Up = 0;
//游戏对象向右移动
privateint Player_Right = 1;
//游戏对象向后移动（相对于前）
privateint Player_Down = 2;
//游戏对象向左移动
privateint Player_Left = 3;
//游戏对象的旋转值
privateint playerRotate;
//游戏对象的位置
private Vector3 playerTransform;
//游戏对象的当前状态
privateint playerState = 0;
void Awake(){

    //是否运行于服务器

    playerTransform = new Vector3();

    if(Network.isClient){
        enabled = false;

    }

}
void Update () {
    if(ownerPlayer ! = null & Network.player == ownerPlayer){

        //获取水平控制

        float currentHInput = Input.GetAxis("Horizontal");
        //获取垂直控制

        float currentVInput = Input.GetAxis("Vertical");

        if(clientHInput != currentHInput || clientVInput ! =currentVInput ){

//存储客户端的输入
clientHInput = currentHInput;

clientVInput = currentVInput;
```

```
    if(Network.isServer){
        SendMovementInput(currentHInput, currentVInput);

    }elseif(Network.isClient){
        //调用服务器的SendMovementInput函数

    networkView.RPC("SendMovementInput",RPCMode.Server,currentHInput,
currentVInput);

    }

    }

    }

    if(Network.isServer)

    { //输入状态

      if(serverVInput == 1){

        setState(Player_Up);

      }

      elseif(serverVInput == -1){

        setState(Player_Down);

      }

    if(serverHInput == 1){

    setState(Player_Right);

    }elseif(serverHInput == -1){

    setState(Player_Left);

    }

    if(serverHInput == 0 && serverVInput == 0){
```

```
//没有按下方向键时，播放默认动画

animation.Play();

}

}
}
void setState(int state){

playerRotate = (state-playerState) * 90;

//当按下方向键，播放walk动画

animation.Play("walk");

switch(state){

case 0:
//向前移动

playerTransform = Vector3.forward * Time.deltaTime;

break;

case 1:
//向右移动

playerTransform = Vector3.right * Time.deltaTime;

break;

case 2:
//向后移动

playerTransform = Vector3.back * Time.deltaTime;

break;

case 3:
//向左移动

playerTransform = Vector3.left * Time.deltaTime;
```

```
    break;

    }
  //移动游戏对象

    transform.Translate(playerTransform * 5, Space.World);
  //旋转游戏对象

    transform.Rotate(Vector3.up, playerRotate);
  //存储游戏状态

    playerState = state;
    }
    [RPC]
  //调用客户端（这里包括服务器）的SetPlayer函数
    void SetPlayer(NetworkPlayer player){

    ownerPlayer = player;

    if(player == Network.player){

      enabled = true;
      }
    }
    [RPC]
  //调用服务器的SendMovementInput，把输入状态传给服务器
    void SendMovementInput(float currentHInput,float currentVInput){

      serverHInput = currentHInput;

      serverVInput = currentVInput;
    }
    void OnSerializeNetworkView(BitStream stream,Network Messag-
eInfo info){

    //发送状态数据
    if (stream.isWriting){
                Vector3 pos = rigidbody.position;
                Quaternion rot = rigidbody.rotation;
                Vector3 velocity = rigidbody.velocity;
                Vector3 angularVelocity = rigidbody.angularVelocity;
                stream.Serialize(ref pos);
```

```
                stream.Serialize(ref velocity);
                stream.Serialize(ref rot);
                stream.Serialize(ref angularVelocity);

        }else{

                //读取状态数据
                Vector3 pos = Vector3.zero;
                Vector3 velocity = Vector3.zero;
                Quaternion rot = Quaternion.identity;
                Vector3 angularVelocity = Vector3.zero;
                stream.Serialize(ref pos);
                stream.Serialize(ref velocity);
                stream.Serialize(ref rot);
                stream.Serialize(ref angularVelocity);


            }
        }
    }
```

23．完成脚本编辑并保存，重新导出客户端游戏并运行。打开服务器项目工程，单击Play按钮预览游戏，如图17-63所示。从测试结果中可以知道服务器在移动主角的同时还实现了walk动画的播放，但是客户端并没有同步动画，只同步了移动与旋转的状态，这说明了服务器的动画状态并没有同步到客户端中。

图17-63
动画播放

24．为了解决服务器的动画状态并没有同步到客户端中的问题，需要在服务器播放动画时调用客户端的动画播放脚本，为脚本新增如图17-64所示的代码。

```
        if(serverHinput==0 && serverVinput==0){
            //没有按下方向键时，播放默认动画
            animation.Play();
            networkView.RPC("PlayState",RPCMode.OthersBuffered,"idle");
            playAni=false;
        }

    }

}
void setState(int state){
    playerRotate=(state-playerState)*90;
    //当按下方向键，播放walk动画

    animation.Play("walk");
    networkView.RPC("PlayState",RPCMode.OthersBuffered,"walk");
    playAni=true;
    switch(state){
        case 0:
            //向前移动
            playerTransform=Vector3.forward*Time.deltaTime;
            break;
        case 1:
            //向右移动
            playerTransform=Vector3.right*Time.deltaTime;
            break;
        case 2:
            //向后移动
            playerTransform=Vector3.back*Time.deltaTime;
            break;
        case 3:
            //向左移动
            playerTransform=Vector3.left*Time.deltaTime;
            break;

    }
    //移动游戏对象
    transform.Translate(playerTransform*5,Space.World);
    //旋转游戏对象
    transform.Rotate(Vector3.up,playerRotate);
    //存储游戏状态
    playerState=state;
}
[RPC]
void PlayState(string state){

    animation.Play(state);
}
```

当服务端播放默认动画时，反馈给客户端让其播放默认动画

服务端播放walk动画时，反馈给客户端让其播放walk动画

客户端处理动画，使其与服务端同步

图17-64
新增脚本

以上新增代码通过networkView调用RPC函数，该函数为PlayState，它只在客户端中调用该函数。在客户端调用还是服务器调用取决于RPCMode的值，在当前脚本中它调用OthersBuffered属性，所以它只在客户端调用PlayState函数。

25．完成脚本编辑后，单击Play按钮预览游戏。经过测试可以发现，服务器的主角的动画状态已经完全同步到客户端中，如图17-65所示。

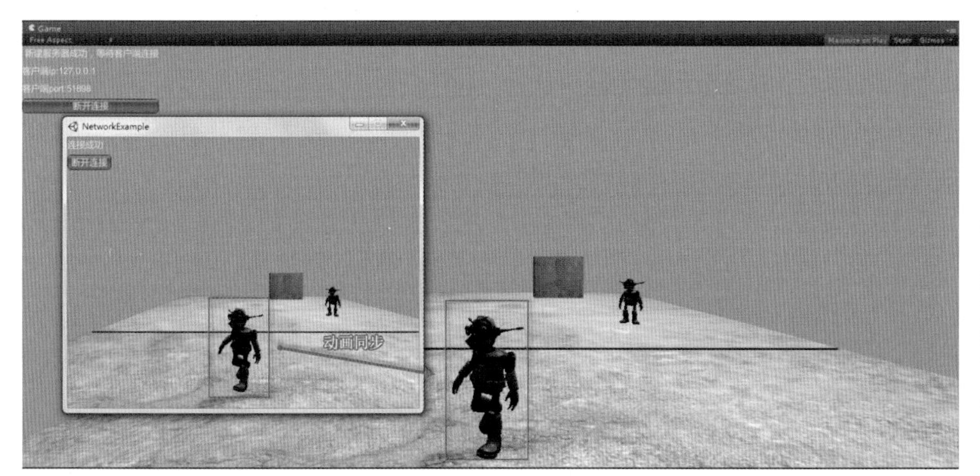

图17-65
动画同步状态

17.4 编辑器扩展

Unity为游戏开发提供了全面的功能模块和各种便利的工具，但是在实际的开发过程中，用户也许会偶尔冒出这样的想法：Unity如果有这个功能就好了！或是这个功能要是改成这样就好了。因为Unity不可能面面俱到地提供适合成千上万种题材和类型的游戏所需的所有工具，毕竟游戏开发一般都是比较具有个性化的。Unity引擎除了提供大部分通用的功能以外，还为开发者提供了编辑器的扩展开发接口，开发者可以编写编辑器脚本，打造最适合自己游戏的辅助工具和定制的编辑器。

17.4.1 编辑器脚本介绍

在前面的章节中介绍过脚本开发所使用的一些API和组件类，它们均属于运行时类（Runtime Class），Unity还提供了编辑器类（Editor Class）用于编辑器的扩展开发，包括编辑器环境下使用的GUI类、编辑器工具类、编辑器操作类（例如拖放、操作撤销）等。本节将详细介绍这些类的使用和一些示例。

17.4.2 创建编辑器窗口

在Unity中，用户可以通过编辑器脚本来创建自定义的编辑器窗口，和前面章节介绍的脚本不同，编辑器脚本需要从EditorWindow类继承，而不是从Monobehaviour类继承，并且该类型脚本需要放置在项目工程下的Assets文件夹中名为Editor的文件夹中（如果项目工程下的Assets文件夹中没有Editor文件夹，则需要用户手动创建）。

现在以一个简单示例来说明：

1）启动Unity应用程序，新建一个脚本文件，将脚本类的继承关系改为从EditorWindow类继承（默认是Monobehaviour）。

2）实现一个静态函数，将编辑器类的名称通过函数EditorWindow.GetWindow传给Unity编辑器。

3）通过@MenuItem命令添加一个编辑器菜单项。

4）将脚本放置到项目工程中Assets文件夹下的Editor文件夹中（如果没有则需要新建一个Editor文件夹）。

示例代码如下：

```
class MyWindow extends EditorWindow {
    @MenuItem ("Window/My Window")
    static function ShowWindow () {
      EditorWindow.GetWindow (MyWindow);
    }
    function OnGUI () {
    }
}
```

脚本的运行效果如图17-66所示，在Unity编辑器的Window菜单下添加了一个My Window菜单项，单击运行My Window菜单项，会显示一个空白窗口，并且窗口的标签为My Window。

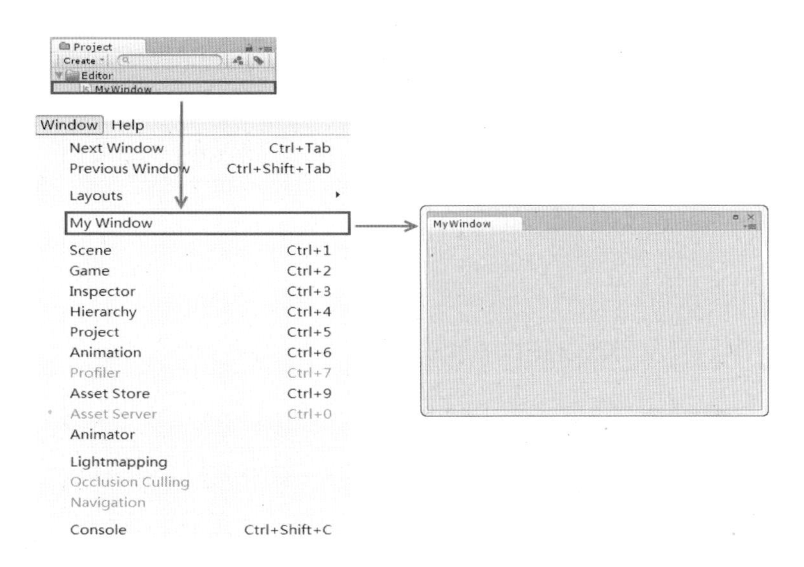

图17-66
新建编辑器标签

现在这个窗口什么都没有，接下来需要为该脚本添加GUI控件代码。和运行时脚本类一样，编辑器脚本类的GUI绘制也是在OnGUI函数中完成。除了可以使用和运行时脚本类一样的GUI类和GUILayout类，编辑器脚本还可以使用额外的EditorGUI类和EditorGUILayout类，以提供更丰富的GUI控件。

在上一示例的OnGUI函数中添加控件绘制代码：

```
class MyWindow extends EditorWindow {
  varmyString = "";
  varmyBool = true;
  varmyFloat = 0.0f;
  vargroupEnabled = true;
    @MenuItem ("Window/My Window")
    static function ShowWindow () {
      EditorWindow.GetWindow (MyWindow);
    }
    function OnGUI () {//窗口绘制函数
      GUILayout.Label ("Base Settings", EditorStyles.boldLabel);
      //显示文本
      myString = EditorGUILayout.TextField ("Text Field", mySt-
ring);//绘制一个文本编辑框
      groupEnabled = EditorGUILayout.BeginToggleGroup ("Optional Set-
tings", groupEnabled);//绘制控件组，可以启用和禁用
      myBool = EditorGUILayout.Toggle ("Toggle", myBool);//开关

      myFloat = EditorGUILayout.Slider ("Slider", myFloat, -3,
3);//滑动条
      EditorGUILayout.EndToggleGroup();
    }
}
```

图17-67 编辑器窗口控件

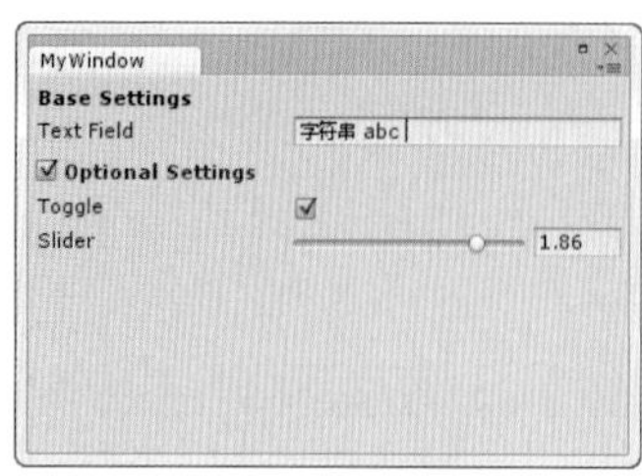

此时编辑器窗口的运行效果如图17-67所示。

17.4.3 自定义Inspector视图

在游戏开发过程中，对游戏参数的调整是一项非常烦琐且耗时的工作。在Unity编辑器的各个视图中，Inspector视图可以称得上是使用频率最高的视图之一，因为各种参数的编辑和修改都离不开Inspector视图。对于自定义的脚本组件，Unity的Inspector视图只提供了最基本的修改编辑功能，它把所有可编辑参数一一罗列出来，但没有任何智能化的操作。如果能提高Inspector视图的编辑效率，将可以减少很多在参数调整上花费的时间，进而提升游戏开发的效率。

在Unity中，Inspector视图也是可以自定义的，游戏开发者可以编写脚本来将Inspector视图改造成一个定制化的编辑工具。下面以一个简单的示例来说明如何自定义Inspector视图。

例如，现有一个简单的js脚本LookAtPoint.js，代码如下：

```
@script ExecuteInEditMode()
varlookAtPoint = Vector3.zero;
function Update () {
   transform.LookAt (lookAtPoint);
}
```

代码中的命令@script ExecuteInEditMode()意味着该脚本在编辑模式下也会运行，即Update函数会被调用，而默认情况下Update函数只在游戏运行状态才会调用。

接下来在Editor文件夹中新建一个脚本，将其命名为LookAtPointEditor.js，并添加如下代码：

```
@CustomEditor (LookAtPoint)
class LookAtPointEditor extends Editor {
   function OnInspectorGUI () {//绘制自定义Inspector视图
    //target为当前选择对象的LookAtPoint脚本组件
    target.lookAtPoint = EditorGUILayout.Vector3Field ("Look At
Point", target.lookAtPoint);
      if (GUI.changed) EditorUtility.SetDirty (target);
   }
}
```

代码中@CustomEditor（LookAtPoint)表示这个编辑器类使用了LookAtPoint脚本组件。

函数OnInspectorGUI用来在Inspector视图中绘制用于编辑LookAtPoint脚本组件的控件，现在只绘制了一个向量编辑框EditorGUILayout.Vector3Field。在代码里通过target来访问当前选择对象的脚本组件。

现在LookAtPoint的脚本组件在Inspector视图里的样式如图17-68所示。

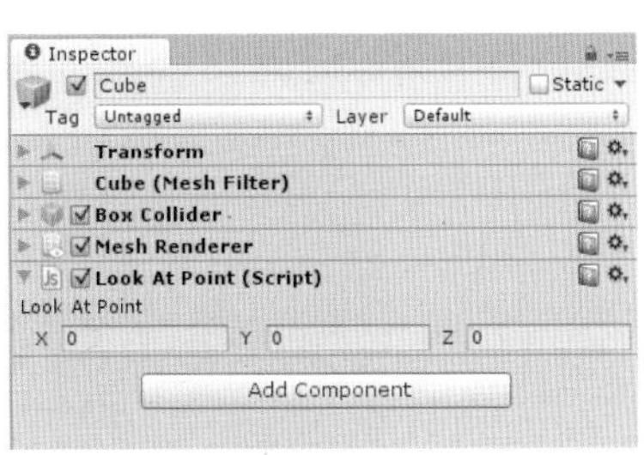

图17-68 自定义Inspector视图

将LookAtPoint.js添加到游戏对象上，此时调整LookAtPoint组件的参数，可以看到游戏对象会随着参数的变化改变其面对方向。

通过自定义Inspector视图还可以实现很多方便的功能。例如将脚本组件的static变量或者私有变量显示出来，或者实现多参数的联动变化，即修改其中的某一个参数，其余参数会随之调整。

所谓磨刀不误砍柴工，通过编写适合自己的编辑器检视窗口，可以缩短参数的调整时间，进而提高开发效率。

17.4.4 自定义场景视图

在很多情况下，图形化的编辑界面比单纯地调整参数更加便利和直观。例如，调整游戏对象的位置可以通过在Inspector视图中调整Transform的位置参数来实现，也可以通过在场景视图中直接鼠标拖动小图示工具（Gizmos）的方式来实现，如图17-69所示。

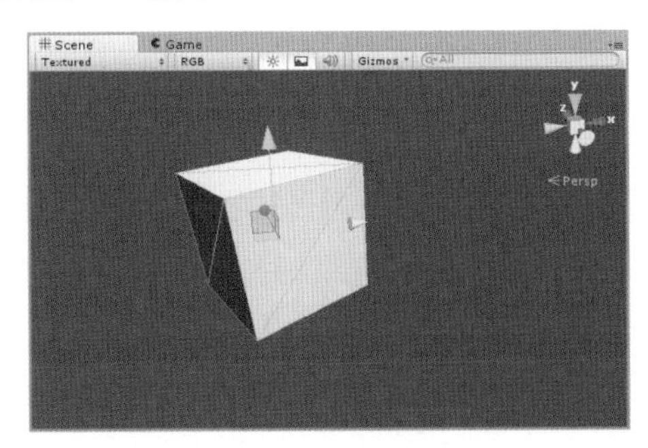

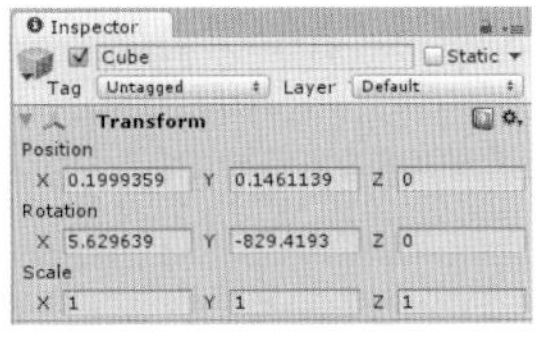

图17-69 调整对象位置的2种方法

Unity自带的图示工具功能比较有限，不过可以通过编写场景视图绘制脚本来实现自己的图示工具，提供方便的图形化编辑功能。

自定义场景视图的方式是在编辑器脚本中实现OnSceneGUI函数，在编辑器脚本中添加函数OnSceneGUI的代码：

```
    function OnSceneGUI () {
        //在场景视图中绘制一个调整lookAtPoint变量的工具图示
        target.lookAtPoint = Handles.PositionHandle (target.lookAtPoint,
Quaternion.identity);
```

```
            if (GUI.changed)
            EditorUtility.SetDirty (target);
        }
```

现在场景视图如图17-70所示，通过自定义的图示工具可以调整立方体对象上的LookAtPoint变量，使得立方体一直面向LookAtPoint变量所对应的场景位置。

图17-70
自定义场景视图

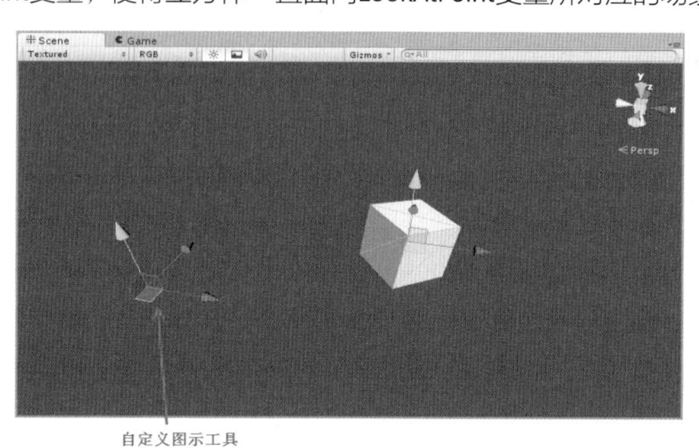

17.4.5 第三方编辑器插件

前面介绍了如何自定义编辑器窗口、Inspector视图和场景视图等内容，开发者可以根据Unity提供的编辑器接口开发出适用的辅助工具。除了自行开发外，还可以借助第三方的编辑器插件来扩展Unity编辑器的功能，提高游戏开发效率。第三方编辑器插件可以在Asset Store中购买或免费下载，Asset Store里面可以找到很多功能非常强大的插件，而且种类非常丰富，涵盖GUI、动画、物理、特效、地形等方方面面的应用。

依次打开菜单栏中的Window→Asset Store选项，打开Asset Store窗口，在右侧的分类中单击Editor Extensions，可以看到编辑器插件的详细分类，如图17-71所示。

图17-71
第三方编辑器插件

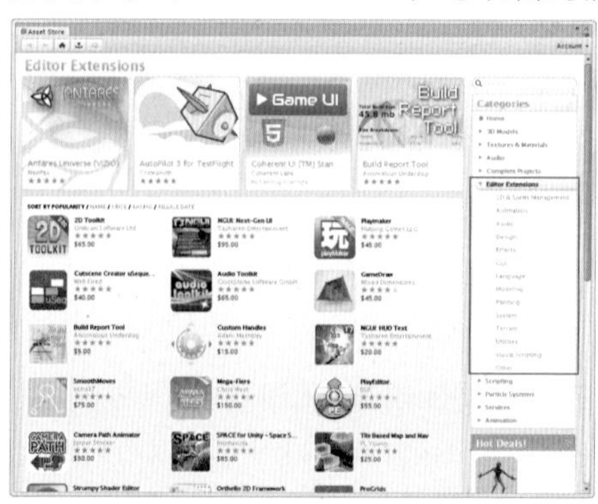

Unity默认会以插件的使用热度进行排序，也可以以名称、价格、评分等方式排序。大多数插件都是收费授权使用的，不过也一些很不错的免费插件，例如动画插件itween。

单击感兴趣的插件的图标，会显示插件的详细介绍、版本号、评分、价格等信息，下方还有用户的评语，查看评语可以帮助开发者了解更多关于插件的信息。

插件均以unitypackage资源包的形式提供，购买并下载后会提示是否要导入工程。将插件导入以后，就可以直接开始使用了，十分方便。

第18章 工作流程

在很多类型游戏的制作过程中，开发者都会考虑一个非常重要的问题，即如何在游戏运行过程中对资源进行动态的下载和加载。为此，Unity引擎引入了AssetBundle这一技术来满足开发者的上述需求。一方面，开发者可以通过AssetBundle将游戏中所需要的各类资源打包压缩并上传到网络服务器上；另一方面，在运行时游戏可以从服务器上下载该资源，从而实现资源的动态加载。在本章将对AssetBundle的使用和管理进行详细的介绍。

AssetBundle是Unity引擎提供的一种用于存储资源的文件格式，它可以存储任意一种Unity引擎能够识别的资源，例如模型、纹理、音频、动画片段甚至整个场景等。同时，AssetBundle也可以包含开发者自定义的二进制文件，只需将二进制文件的扩展名改成.bytes，Unity引擎即可将其识别为TextAsset，进而可以被打包到AssetBundle文件中。

一般情况下，AssetBundle的工作流程大致如下：

1．开发过程中，开发者创建好AssetBundle文件并上传至服务器上，其过程如图18-1所示。

图18-1
将AssetBundle文件上传至服务器

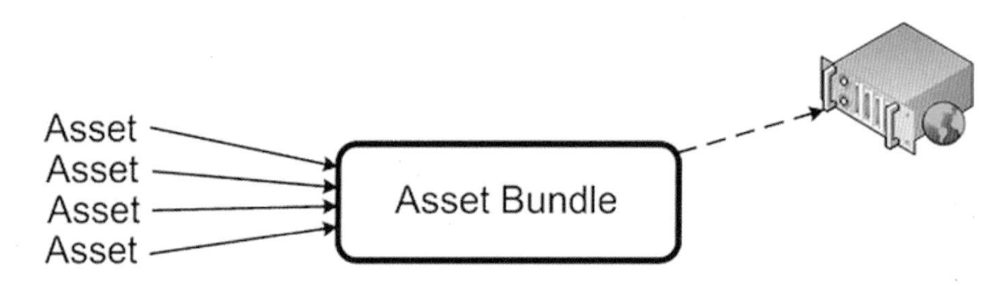

• 创建AssetBundle：开发者可以在Unity编辑器中通过脚本来创建满足要求的AssetBundle文件，关于详细的创建方法，详见18.1节。

• 上传至服务器：开发者创建好AssetBundle文件后，即可通过上传工具（比如FTP等）将其上传至服务器中，从而使游戏通过访问服务器来获取所需的资源。

2．游戏运行时，客户端会根据实际需求从服务器上将适当的AssetBundle下载到本地机器，再通过加载模块将其资源加载到游戏中，其过程如图18-2所示。

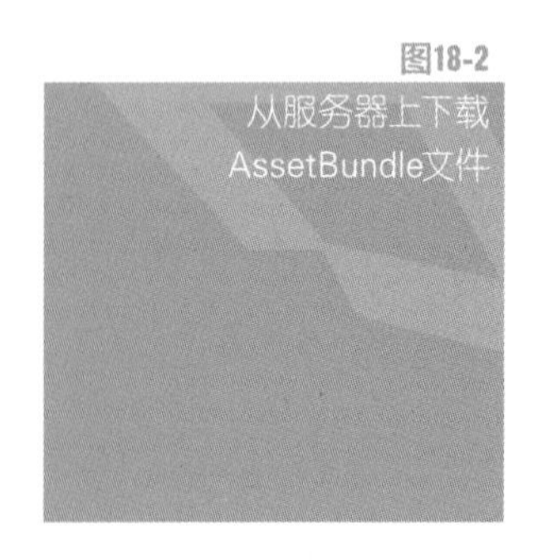

图18-2
从服务器上下载AssetBundle文件

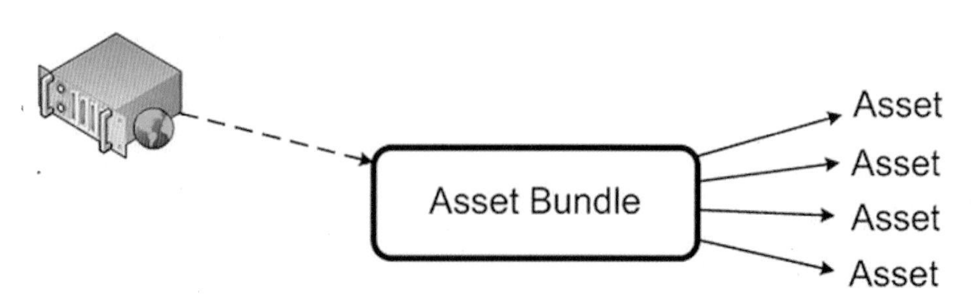

• 下载AssetBundle：Unity提供了一套完整的API供开发者使用，从而完成从服务器端下载AssetBundle文件，详细的使用方法可参见18.2节。

- 加载AssetBundle中的Assets：AssetBundle文件一旦下载完成，开发者即可通过特定的API来加载其所包含的Assets，包括模型、纹理、动画片段等。详细的加载方法请参见18.3节。

18.1　AssetBundle

用户可以通过脚本在Unity编辑器中创建AssetBundle文件，Unity引擎提供了3种创建AssetBundle的API，分别如下：

- BuildPipeline.BuildAssetBundle。

通过该接口，开发者可以将编辑器中任意类型的Assets打包成AssetBundle文件。

- BuildPipeline.BuildStreamedSceneAssetBundle。

通过该接口，开发者可以直接将项目中的一个或若干个场景以流式加载的方式打包成AssetBundle文件。

- BuildPipeline.BuildAssetBundleExplicitAssetNames。

该接口功能与BuildPipeline.BuildAssetBundle接口相同，但创建时可以为每个Object指定一个自定义的名字。

下面对这3个接口以及其参数进行具体介绍。

18.1.1　BuildPipeline.BuildAssetBundle

BuildAssetBundle的完整定义为：

```
staticfunctionBuildAssetBundle(mainAsset:Object,assets:Object[],
pathName : String, assetBundleOptions :BuildAssetBundleOptions =
BuildAssetBundleOptions.CollectDependencies    |BuildAssetBundle-
Options.CompleteAssets, targetPlatform : BuildTarget = BuildTarget.
WebPlayer) :Boolean
```

其参数如表18-1所示。

表18-1　BuildAssetBundle的参数

参　数	解释说明
mainAsset	用于指定该AssetBundle文件中的主要资源，该资源可通过AssetBundle.mainAsset来直接进行读取
assets	用于指定该AssetBundle文件中包含的资源
pathName	用于指定该Assetbundle文件的创建地址
assetBundleOptions	用于指定该AssetBundle文件的创建选项，默认情况下为Collect Dependencies和CompleteAssets
targetPlatform	用于指定该AssetBundle文件所用于的发布平台

18.1.2 BuildPipeline.BuildStreamedSceneAssetBundle

BuildStreamedSceneAssetBundle的完整定义为：

```
static function BuildStreamedSceneAssetBundle (levels : string[],
locationPath : String, target : BuildTarget) : String
```

其参数如表18-2所示。

表18-2 BuildStreamedSceneAssetBundle的参数

参 数	解释说明
levels	用于指定要被打包进入Assetbundle文件的场景名称
locationPath	用于指定该Assetbundle文件的创建地址
target	用于指定该Assetbundle文件所用于的发布平台

18.1.3 BuildPipeline.BuildAssetBundleExplicitAssetNames

BuildAssetBundleExplicitAssetNames的完整定义为：

```
staticfunctionBuildAssetBundleExplicitAssetNames(assets:Object[],
assetNames:string[],pathName:String,assetBundleOptions:BuildAsset-
BundleOptions=BuildAssetBundleOptions.CollectDependencies|Build-
AssetBundleOptions.CompleteAssets, targetPlatform : BuildTarget =
BuildTarget.WebPlayer) : boolean
```

该接口的参数基本与BuildAssetBundle的参数相同，最主要的不同是该接口中多了一个assetNames参数。该参数是一个string数组，用于指定Assetbundle文件中的资源名称，这样开发者在加载资源时就可以通过名称来方便地找到该资源并加载到游戏中。

需要注意的是，assetNames数组参数的长度必须要和assets数组参数的长度一致。

18.1.4 BuildAssetBundleOptions选项

图18-3
一个资源完备的Asset对象

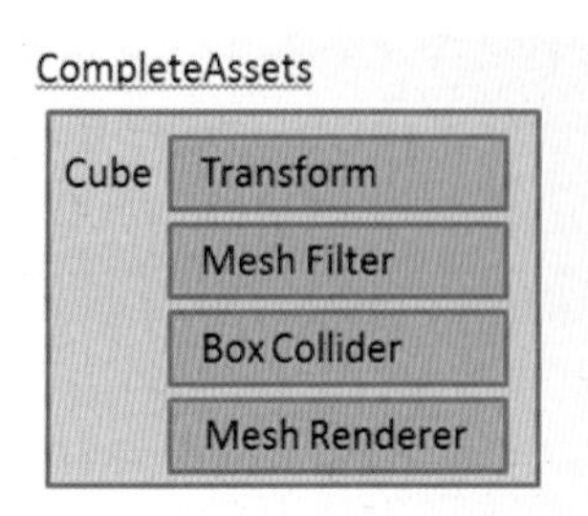

在创建AssetBundle文件的时候，Unity提供了若干个创建选项，每个选项的作用描述如下：

- CompleteAssets。

使每个Asset自身完备，包含所有的components，如图18-3所示。

• CollectDependencies。

包含每个Asset依赖的所有其他Asset，如图18-4所示。

CollectDependencies

Cube	Mat

图18-4

使每个Asset包含它所依赖的Assets

• DisableWriteTypeTree。

在AssetBundle中不包含类型信息。需要注意的是，如果要将AssetBundle发布到Web平台上，则不能使用该选项。

• DeterministicAssetBundle。

使每个Object具有唯一不变的hash ID，可用于增量式发布AssetBundle。

• UncompressedAssetBundle。

不进行数据压缩。如果使用该选项，因为没有压缩/解压缩的过程，AssetBundle的发布和加载会更快，但是AssetBundle也会更大，导致下载速度变慢。

18.1.5 如何创建AssetBundle之间的依赖

如果某个资源被多个资源所引用，用户可以通过建立AssetBundle文件之间的依赖关系来减小最终AssetBundle文件的大小。图18-5是一个表示AssetBundle之间依赖关系的示例。

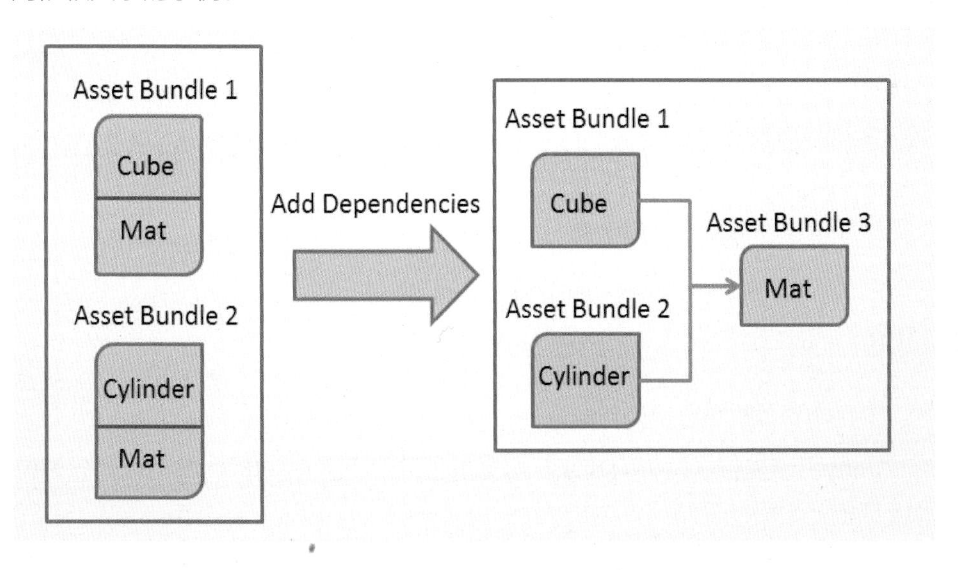

图18-5

AssetBundle依赖关系示例

图中Cube和Cylinder都依赖于一个相同的Material，如不考虑依赖，将Cube和Cylinder打包到不同的AssetBundle文件中，则两个AssetBundle文件都会包含一份相同的Material（如图18-5左侧所示）；如使用AssetBundle之间的依赖，首先将Material打包到一个单独的AssetBundle里，然后让包含Cube和Cylinder的两个AssetBundle分别依赖于该AssetBundle，这样就只会存在一份Material（如图18-5右侧所示）。

Unity提供了BuildPipeline.PushAssetDependencies和BuildPipeline.

PopAssetDependencies接口来创建AssetBundle之间的依赖关系。以下是如何使用它们来创建AssetBundle文件之间依赖关系的代码片段示例。

```
{
  BuildPipeline.PushAssetDependencies();

  varassets=UnityEditor.AssetDatabase.LoadAllAssetsAtPath(mate-
rialPath);
  BuildPipeline.BuildAssetBundle(assets[0], assets, "Assetbundles/
mat.unity3d");

  BuildPipeline.PushAssetDependencies();
 assets = UnityEditor.AssetDatabase.LoadAllAssetsAtPath(cubePath);
  BuildPipeline.BuildAssetBundle(assets[0], assets, "Assetbundles/
cube.unity3d");
  BuildPipeline.PopAssetDependencies();

  BuildPipeline.PushAssetDependencies();
 assets  =  UnityEditor.AssetDatabase.LoadAllAssetsAtPath(cylin
derPath);
  BuildPipeline.BuildAssetBundle(assets[0], assets, "Assetbundles/
cylinder.unity3d");
  BuildPipeline.PopAssetDependencies();

  BuildPipeline.PopAssetDependencies();
}
```

18.2 如何下载AssetBundle

Unity引擎提供了两种方式来从服务器上动态下载AssetBundle文件，分别是非缓存机制和缓存机制。

1. 非缓存机制

通过创建一个WWW实例来对AssetBundle文件进行下载。下载后的AssetBundle文件将不会进入Unity引擎特定的缓存区。下面是一段使用非缓存机制下载AssetBundle文件的代码：

```
function Start ()
{
  // Start a download of the given URL
  var www : WWW = new WWW(url);
```

```
    // Wait for download to complete
    Yield www;
}
```

2．缓存机制

通过WWW.LoadfromCacheorDownload接口来下载AssetBundle文件。下载后的AssetBundle文件将自动被存放在Unity引擎特定的缓存区内，该方法是Unity推荐的AssetBundle文件下载方式。

在下载AssetBundle文件时，该接口会先在本地缓存区中查找该文件，看其之前是否被下载过。如果下载过，则直接从缓存区将其读入进来；如果没有，则从服务器上进行下载。这种做法的好处是，可以节省AssetBundle文件的下载时间，从而提高游戏资源的载入速度。

需要注意的是，Unity提供的默认缓存大小是根据发布平台的不同而不同的。目前，对于发布到Web Player上的网页游戏，默认缓存大小为50MB；对于发布到PC上的客户端游戏和发布到iOS/Android上的移动游戏，默认缓存大小为4GB。开发商可以通过购买由Unity提供的Caching license来增大网页平台上的缓存大小，该授权可以极大地提高网页游戏的运行流畅度。

下面是Unity引擎推荐的使用缓存机制的AssetBundle文件下载代码:

```
function Start ()
{
    // Start a download of the given URL
    var www : WWW = WWW.LoadFromCacheorDownload(url, 5);
    // Wait for download to complete
    Yield www;
}
```

18.3 AssetBundle的加载与卸载

18.3.1 如何加载AssetBundle

当把AssetBundle文件从服务器端下载到本地之后，需要将其加载到内存中并创建AssetBundle文件内存对象。Unity提供了3种方式来加载AssetBundle文件：

1．WWW.assetbundle属性

可以通过WWW.assetbundle属性来创建一个AssetBundle文件的内存对象。

```
function Start ()
{
  var www = WWW.LoadFromCacheOrDownload (url, 5);
  yield www;

  if (www.error != null)
  {
    Debug.Log (www.error);
    return;
  }

  varmyLoadedAssetBundle = www.assetBundle;
}
```

2．AssetBundle.CreateFromFile

AssetBundle.CreateFromFile的完整定义为：

```
static function CreateFromFile (path : String) : AssetBundle
```

通过该接口可以从磁盘文件创建一个AssetBundle文件的内存对象。需要注意的是，该方法仅支持非压缩格式的AssetBundle，即在创建AssetBundle时必须使用UncompressedAssetBundle选项。

3．AssetBundle.CreateFromMemory

AssetBundle.CreateFromMemory的完整定义为：

```
static function CreateFromMemory (binary : byte[]) : AssetBundle-
CreateRequest
```

通过该接口可以从内存数据流创建AssetBundle内存对象。例如，当用户对AssetBundle进行加密时，可以先调用解密算法返回解密后的数据流，然后通过AssetBundle.CreateFromMemory从数据流创建AssetBundle对象。

下面提供一个使用AssetBundle.CreateFromMemory的示例。

```
IEnumerator Start ()
{
  // Start a download of the encrypted assetbundle
  var www = WWW.LoadFromCacheOrDownload (url, 5);

  // Wait for download to complete
  yield return www;

  // Get the byte data
  byte[] encryptedData = www.bytes;
```

```
    // Decrypt the AssetBundle data
    byte[] decryptedData = YourDecryptionMethod(encryptedData);

    // Create an AssetBundle from the bytes array
    AssetBundle bundle = AssetBundle.CreateFromMemory(decrypted
Data);
  }
```

需要特别注意的是，如果AssetBundle之间存在依赖，则必须严格按照依赖顺序加载AssetBundle文件。以18.1.4节中介绍的AssetBundle文件依赖关系示例为例，在加载包含Cube和Cylinder的AssetBundle文件之前，必须先加载包含Material的AssetBundle文件。

18.3.2 如何从AssetBundle中加载Assets

当AssetBundle文件加载完成后，就可以将它所包含的Assets加载到内存中。Unity提供了3种加载API供开发者使用，它们分别是：

- AssetBundle.Load。

该接口可以通过名字来将AssetBundle文件中包含的对应Asset加载到内存中，也可以通过参数来指定加载Asset的类型。

- AssetBundle.LoadAsync。

该接口的作用与AssetBundle.Load相同，不同的是该接口是对Asset进行异步加载，即加载时主线程可以继续执行，所以该方法适用于加载一个较大的Asset或者同时加载多个Assets。

- AssetBundle.LoadAll。

该接口用来一次性加载AssetBundle文件中的所有Assets，同AssetBundle.Load一样，可以通过指定加载Asset的类型来选择性地加载Assets。

以下是一个使用AssetBundle.LoadAsync接口从AssetBundle中加载Asset的示例。

```
IEnumerator Start ()
{
  // Start a download of the given URL
  WWW www = WWW.LoadFromCacheOrDownload (url, 1);

  // Wait for download to complete
  yield return www;
```

```
    // Load and retrieve the AssetBundle
    AssetBundle bundle = www.assetBundle;

    // Load the object asynchronously
    AssetBundleRequest request=bundle.LoadAsync("myObject",typeof
(GameObject));

    // Wait for completion
    yield return request;

    // Get the reference to the loaded object
    GameObjectobj = request.asset as GameObject;

    // Unload the AssetBundles compressed contents to conserve memory
    bundle.Unload(false);
  }
```

18.3.3 如何从场景AssetBundle中加载Assets

18.3.2中介绍了如何从普通的AssetBundle文件中加载Assets。当从由BuildPipeline.BuildStreamedSceneAssetBundle接口创建的AssetBundle文件中加载Assets时，情况则有些不同。这时用户必须通过Application.LoadLevel等接口来加载场景，分别介绍如下：

- Application.LoadLevel。

该接口可以通过名字或者索引载入AssetBundle文件中包含的对应场景。当加载新场景时，所有之前加载的Game Object都会被销毁。

- Application.LoadLevelAsync。

该接口的作用与Application.LoadLevel相同，不同的是该接口是对场景进行异步加载，即加载时主线程可以继续执行。

- Application.LoadLevelAdditive。

不同于Application.LoadLevel的是，它并不销毁之前加载的Game Object。

- Application.LoadLevelAdditiveAsync。

该接口的作用与Application.LoadLevelAdditive相同，不同的是该接口是对场景进行异步加载，即加载时主线程可以继续执行。

以下是一个使用Application.LoadLevelAsync接口异步加载场景的例子。

```
function Start ()
{
  var download = WWW.LoadFromCacheOrDownload (url, 5);
```

```
    yield download;
    // Handle error
    if (download.error != null)
    {
        Debug.LogError(download.error);
        return;
    }

    // In order to make the scene available from LoadLevelAsync, we have
to load the asset bundle.
    var bundle = download.assetBundle;

    // Load the level named "Level1".
    var async : AsyncOperation = Application.LoadLevelAsync ("Level1");
    yield async;
}
```

18.3.4 如何卸载AssetBundle

Unity提供了Assetbundle.Unload接口来卸载AssetBundle文件，它的完整定义为：

```
function Unload (unloadAllLoadedObjects: boolean) : void
```

该接口有一个bool参数。如果把该参数设置成false，则调用该接口时只会卸载AssetBundle对象自身，并不会对从AssetBundle中加载的Assets有任何影响；如果把该参数设置成true，则除了AssetBundle对象自身，所有从当前AssetBundle中加载的Assets也会被同时卸载，无论它们是否还在被使用。

Unity推荐将该参数设置成false。只有当很明确地知道从AssetBundle中加载的Assets不再会被任何其他对象引用的时候，才能将参数设置成true。

18.4 AssetBundle的内存管理

内存管理是游戏制作中非常重要的一环。在这一节将介绍AssetBundle文件下载到本地后对内存所带来的影响，并介绍如何对其进行有效的管理。

图18-6是在Unity运行时管理AssetBundle文件所经历的流程图，从服务器下载开始到卸载一共需要经过3个阶段，下面将详细介绍和说明每个阶段对内存的影响。

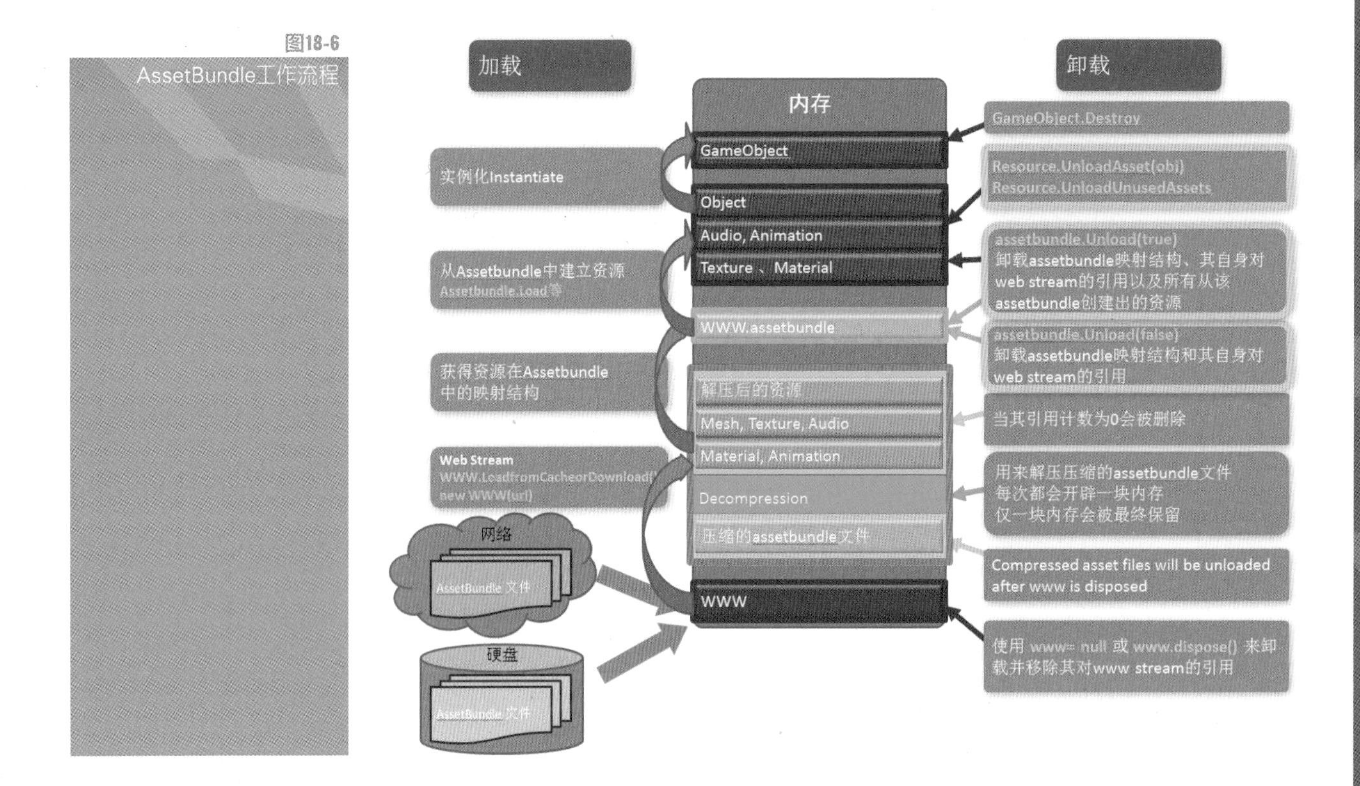

图18-6 AssetBundle工作流程

18.4.1 下载和加载AssetBundle时对内存的影响

1．AssetBundle文件的下载和加载

如前18.1和18.2节所述，在下载时可通过WWW或WWW.LoadfromCacheOrDownload方法来从服务器端或本地缓存区获得AssetBundle文件，并通过WWW.assetbundle属性加载AssetBundle对象。

Unity引擎在使用WWW方法时会分配一系列的内存空间来存放WWW实例（黑色框体）以及Web stream数据（橘黄色框体）。该数据包括原始的AssetBundle数据、解压后的AssetBundle数据以及一个用于解压的Decompression Buffer。

一般情况下，Decompression Buffer会在原始的AssetBundle完成解压后自动销毁。但需要注意的是，Unity内部会自动保留一个Decompression Buffer，使其不被系统回收。

例如，当同时加载3个AssetBundle时，系统会生成3个Decompression Buffer并同时对每个AssetBundle进行解压，当解压完成后，系统会自动销毁其中的两个Decompression Buffer，而留下一个Decompression Buffer，以备下次解压缩AssetBundle时复用。这样做的好处是，不用过于频繁地开辟和销毁解压Buffer，从而可以在一定程度上降低CPU的消耗。

2．资源转换和实例化

当把AssetBundle解压并加载到内存后，开发者可以通过从WWW.assetbundle属性所获得的AssetBundle对象（粉红色框体）来得到各种Assets，并对这些Assets进行加载或实例化操作（红色框体）。加载过程中，Unity会将AssetBundle中的数据流转变成引擎可识别的信息类型（纹理、材质、对象等）。加载完成后，开发者即可对其进行进一步的操作，比如对象的实例化、纹理和材质的复制、替换等。

18.4.2 AssetBundle以及Asset的卸载

无论是在下载和加载过程中，还是在Assets加载和实例化过程中，AssetBundle以及由其加载的Assets均会占用内存。下面将介绍如何卸载它们所占用的内存。

1）AssetBundle的卸载。

在18.3.4节中介绍了如何通过Assetbundle.Unload接口卸载Assetbundle自身。

2）从AssetBundle加载的Assets的卸载。

对于从AssetBundle加载的Asset，比如纹理、材质、音频片段和动画片段等，有以下两种方式可以进行卸载：

- Assetbundle.Unload(true)。

该接口会强行卸载掉所有从AssetBundle中加载的Assets，在本章第3节中已经提到Unity不推荐使用这种方式卸载Assets。

- Resources.UnloadUnusedAssets()。

该接口会卸载掉所有没有使用的Assets。需要强调的是，它的作用范围不仅是当前的AssetBundle，而是整个系统，而且它也不能卸载掉从当前AssetBundle文件中加载的仍在使用的Assets。

对于由GameObject.Instantiate接口实例化出的GameObject，Unity提供了GameObject.Destroy或GameObject.DestroyImmediate接口来将其卸载。Unity推荐使用GameObject.Destroy接口，如果使用该接口，Unity会将真正的删除操作延后到一个合适的时机统一进行处理，但是会在渲染之前进行。

18.5 WWW、AssetBundle及Asset的关系

WWW、AssetBundle及其Asset的关系如图18-7所示。

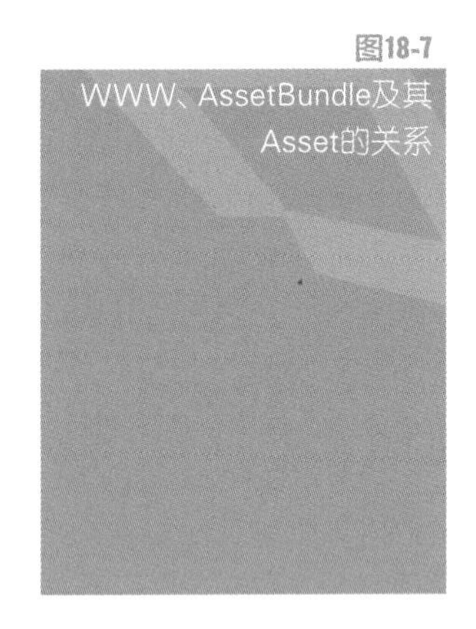

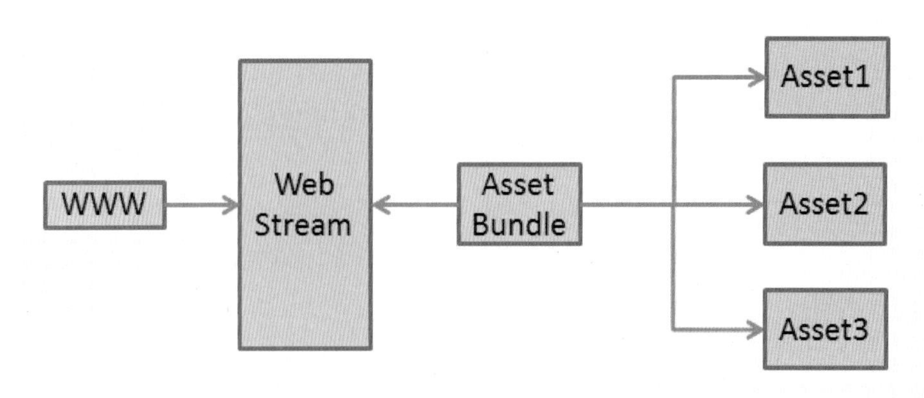

图18-7
WWW、AssetBundle及其Asset的关系

如图18-7所示，WWW对象和通过WWW.assetbundle属性所加载的AssetBundle对象会对Web Stream数据持有引用，同时AssetBundle也会引用到从它所加载的所有Assets。值得一提的是，真正的数据都是存放在Web Stream数据中，如纹理、模型等，而WWW和AssetBundle对象只是一个结构指向了Web Stream数据。

对于WWW对象本身，可以使用www=null或WWW.dispose来进行卸载。二者的效果一样，只是www=null不会及时引起内存释放操作，而是在系统自动垃圾回收时进行释放；而WWW.dispose会及时调用系统的垃圾回收操作来进行内存释放。WWW对象释放后，其对于Web Stream数据的引用计数也会相应减1。

对于Web　Stream数据，其所占用的内存会在其引用计数为0时，自动被系统进行释放。例如，图18-7中当AssetBundle对象以及WWW对象被释放后，Web Stream数据所占用的内存也会被系统自动回收。

第19章 脚本调试与优化

19.1 脚本调试

Unity自3.0版本之后，开始支持使用MonoDevelop编辑器对脚本进行调试，具体的调试方法如下（所使用的Unity版本为4.1.3）：

1．启动Unity应用程序，按Ctrl+N组合键，新建一个空场景。

2．在Unity中，依次打开菜单栏中的Edit→Preferences→External Tools项，弹出Unity Preferences对话框，将External Script Editor设置为MonoDevelop（builtin），如图19-1所示。

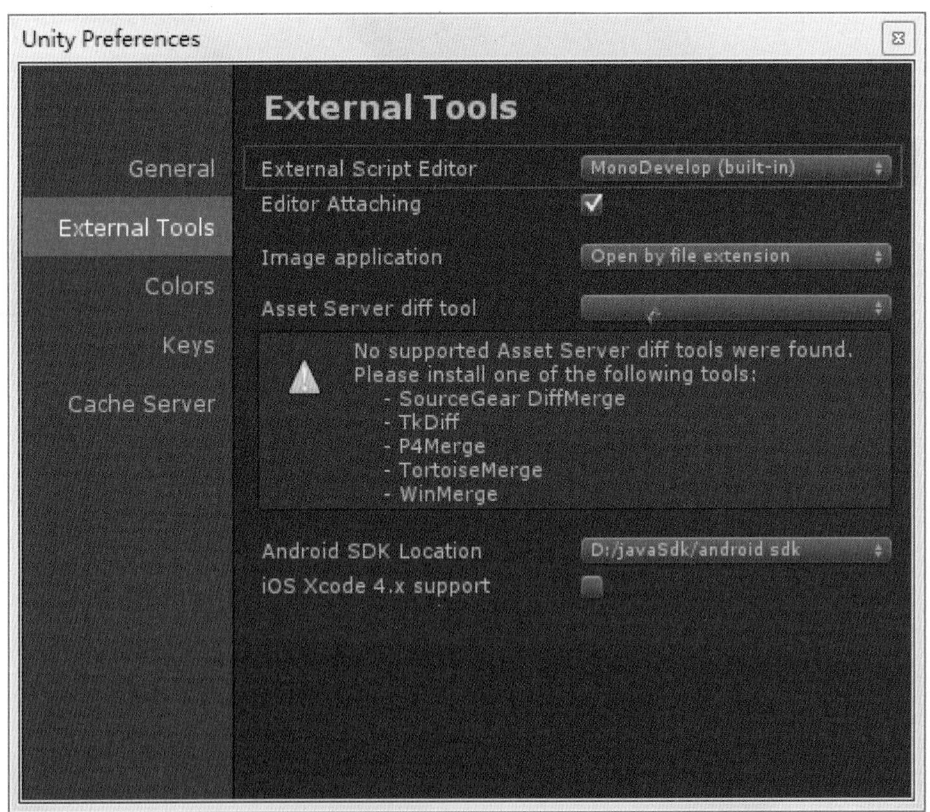

图19-1 设置External Tools

3．设置完成后，打开MonoDevelop脚本编辑器。在该编辑器中，依次打开菜单栏中的Tools→Options→Unity→Debugger项，弹出图19-2所示的调试设置对话框。

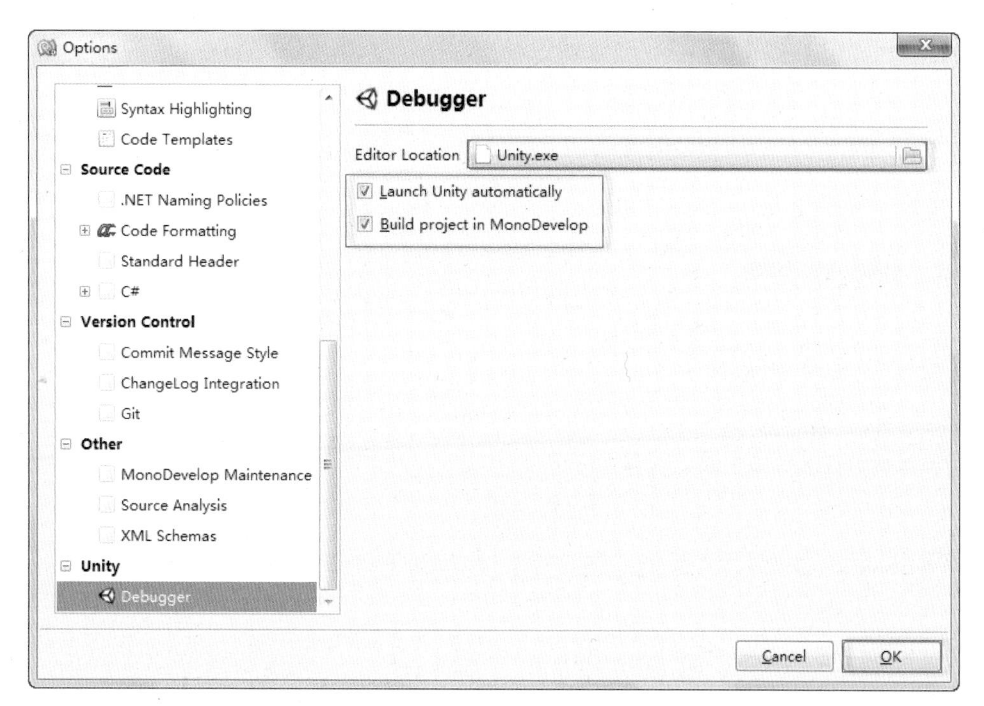

图19-2
调试设置对话框

4．在Editor Location中设置Unity.exe文件所在的路径，勾选Launch Unity automatically与Build project in MonoDevelop，单击右下角的OK按钮完成配置。

5．脚本调试是调试代码的过程，为了调试方便，在Unity的Project界面中新建简单功能的Count.cs文件，把该代码绑定至Main Camera对象上。该代码的作用是实现简单的4以内的累加（参考图19-4查看代码内容）。右击该代码文件，在弹出的菜单中选择Sync MonoDevelop Project项，如图19-3所示。

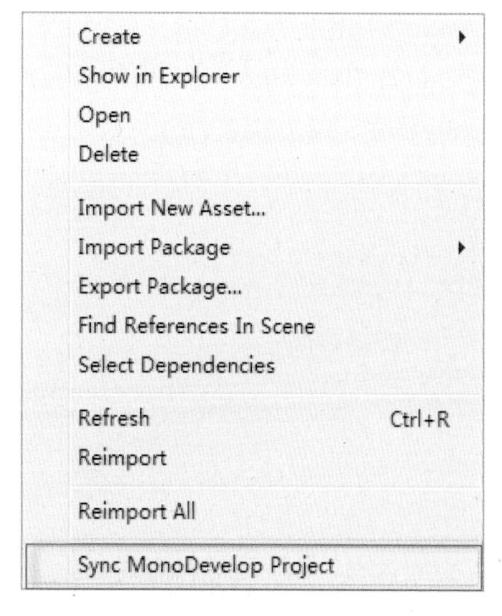

图19-3
选择Sync MonoDevelop Project

6．用MonoDevelop打开Count.cs文件，为sum+=i该行代码设置断点（设置断点只需要在该代码行的行号前单击即可设置），并在下拉框中选择Debug模式，如图19-4所示（Count类的断点调试）。

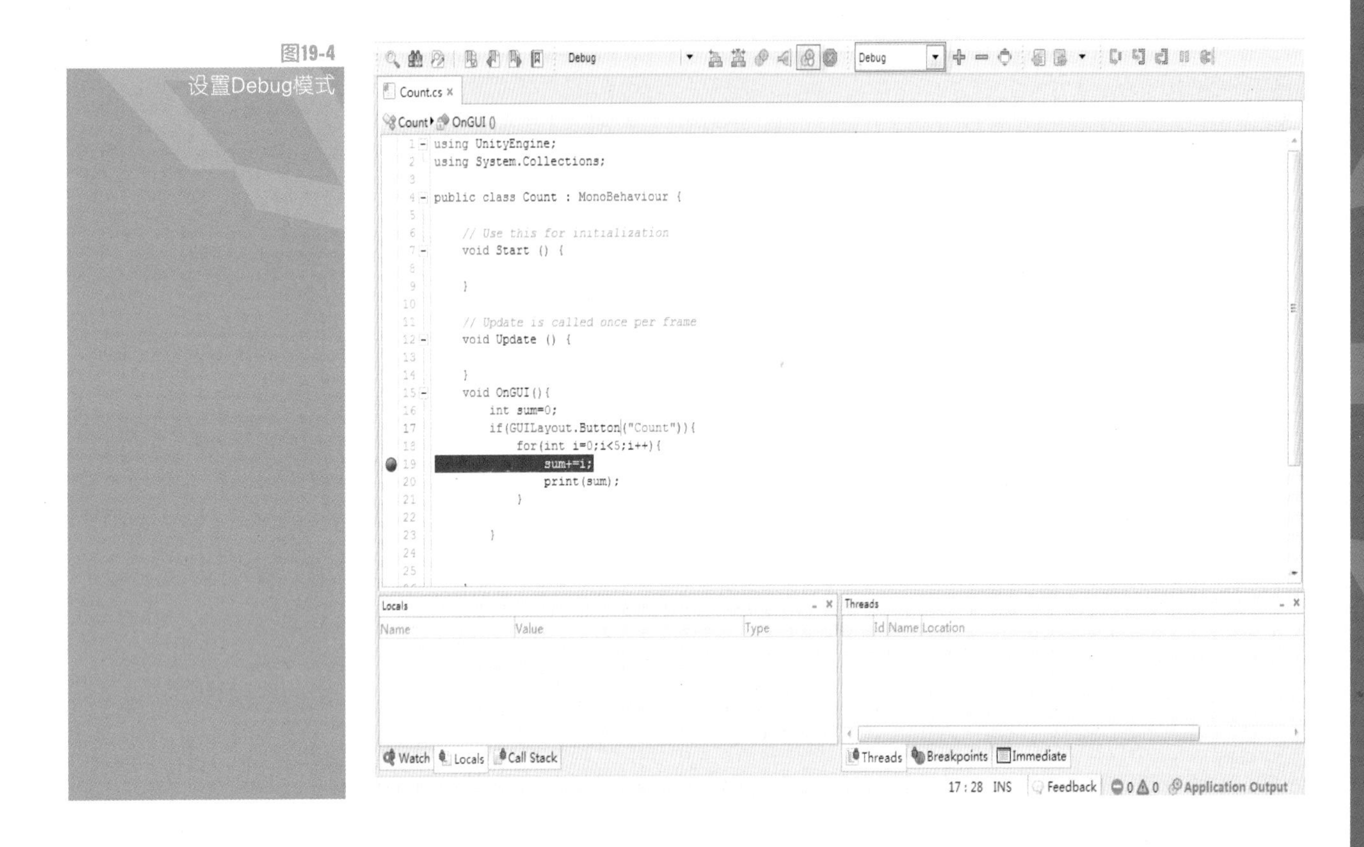

图19-4
设置Debug模式

7．在开启Debug模式之前需要关闭Unity编辑器。开启Debug模式可以单击Debug按钮也可以按F5键，开启后可以看到Unity编辑器重新启动，这就是刚刚勾选Launch Unity automatically的原因，它能够在开启Debug模式之后自动重新启动Unity界面。单击Play按钮进行测试，如图19-5所示。

图19-5
Game视图

8．单击Count按钮，MonoDevelop的状态如图19-6所示。

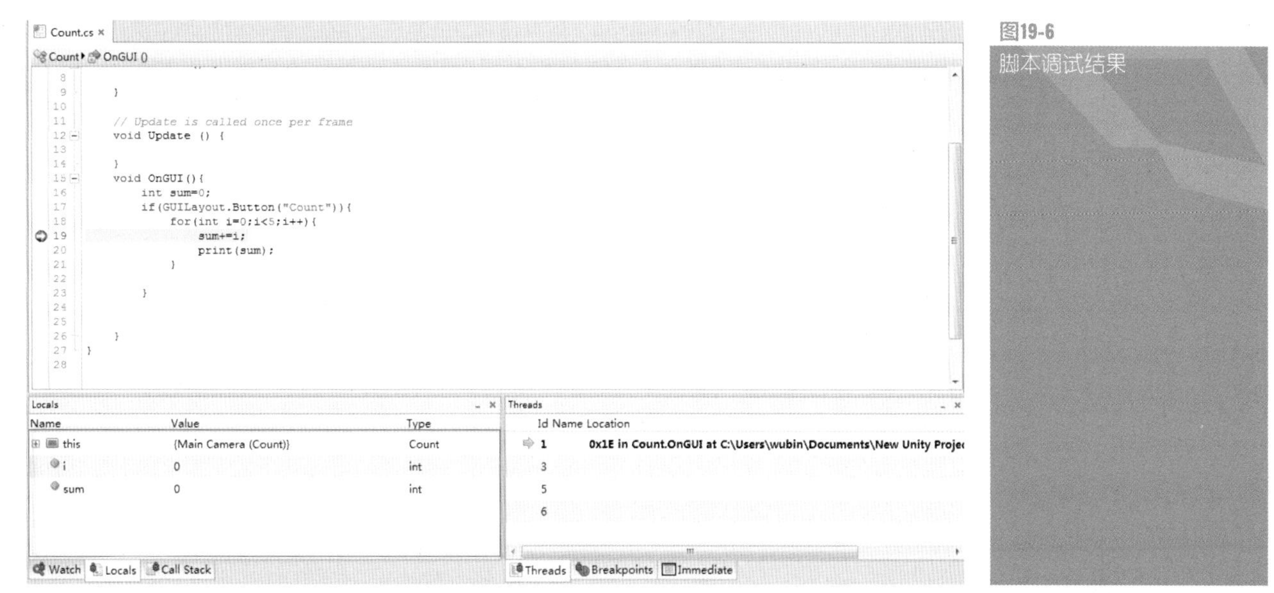

图19-6
脚本调试结果

9．从左下角的Locals视图中可以知道，Count类绑定在了Main Camera上，并且i变量的结果与sum变量的结果都为0。

10．在实际项目中如果由于调试需要而关闭Unity，则显得不太实际。下面介绍另外一种脚本调试的方法。打开MonoDevelop中的Run→Attach to Process，弹出图19-7所示的对话框。

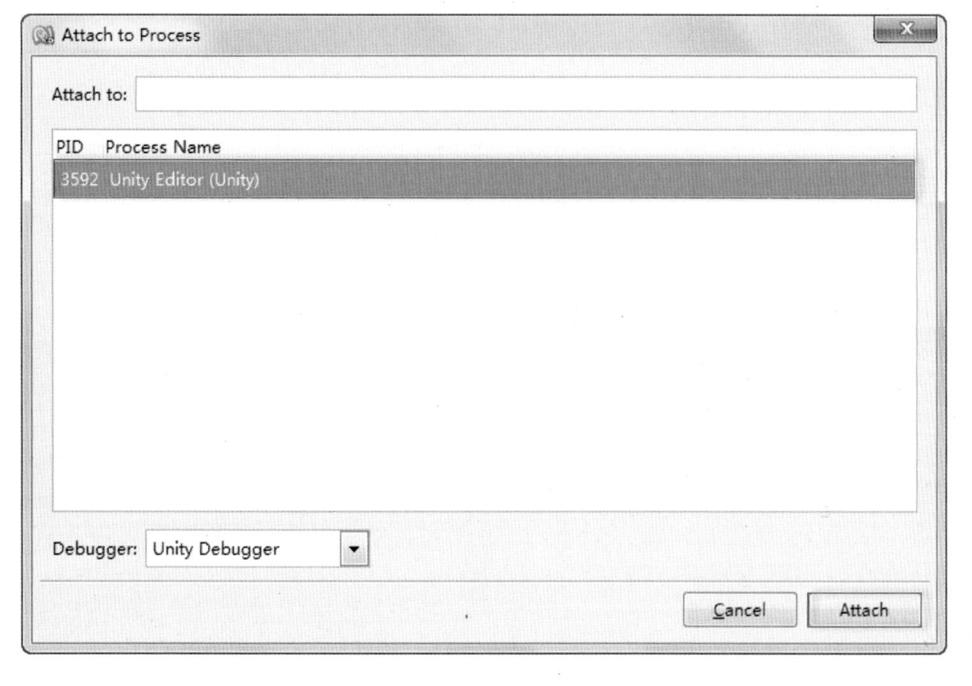

图19-7
Attach to Process界面

11．此时选择Unity的进程（3592 Unity Editor），单击右下角Attach按钮，此时Unity Editor与MonoDevelop脚本编辑器已经连接。返回至Unity Editor中，单击Play按钮进行测试，单击Game视图中Count按钮，此时MonoDevelop脚本编辑器的状态如图19-8所示。

图19-8 断点调试

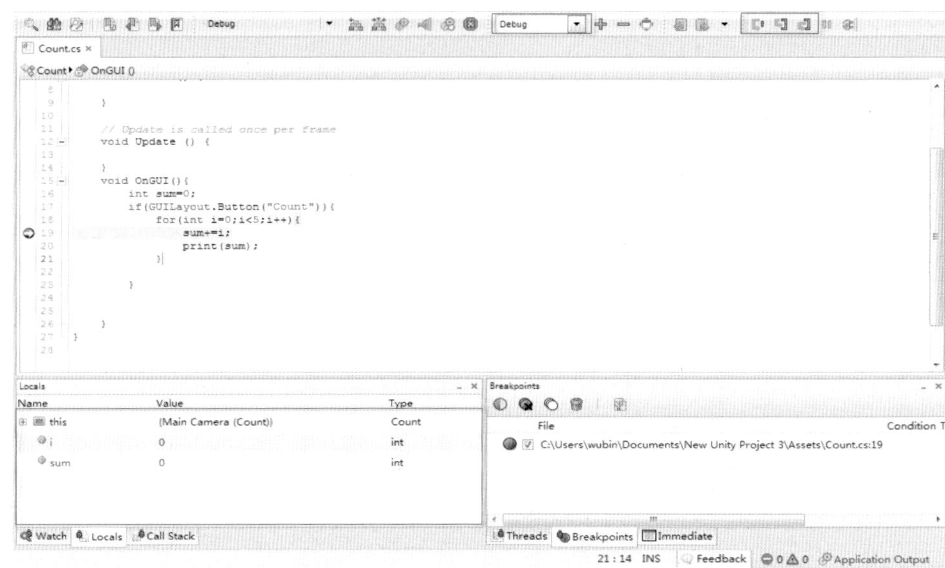

右上角红色线框内3个按钮（从左到右）分别代表：

- Step Over：调试时按照一行一行调试，单击该按钮一次执行一行。
- Step Into：如果当前箭头所指的代码有函数的调用，则用Step Into进入该函数进行单步执行。
- Step Out：如果当前箭头所指向的代码是在某一函数内，用它使函数运行至返回处。

图19-9是单击Step Over 时左下角Locals界面的变化。

图19-9 Step Over调试过程

19.2 Profiler

UnityProfiler可以帮助游戏开发者优化其所开发的游戏，它可以直观地让游戏开发者知道游戏运行时的各个方面资源的占用情况，包括CPU、GPU、渲染、内存、物理以及音频等。在CPU和GPU方面，可以详细地看出游戏中的各个组件的耗时情况；在内存方面，可以详细地指明游戏运行时所用到各个资源的内存占用情况。根据这些信息，游戏开发者可以快速地查看游戏的运行效率、高效地定位游戏的运行瓶颈等，从而快速地提升和完善游戏的质量和效率。

19.2.1 Profiler的使用

1. 启动Unity应用程序，在Project视图中，右击Assets资源包，依次打开菜单栏中的Import Package→Custom Package项，如图19-10所示。

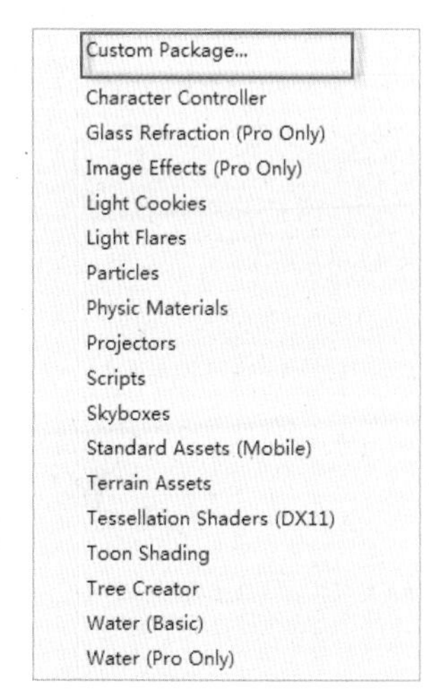

图19-10
Custom Package

2. 定位项目文件到\unitybook\chapter19\project01\3rd Person Shooter.unitypackage，如图19-11所示。

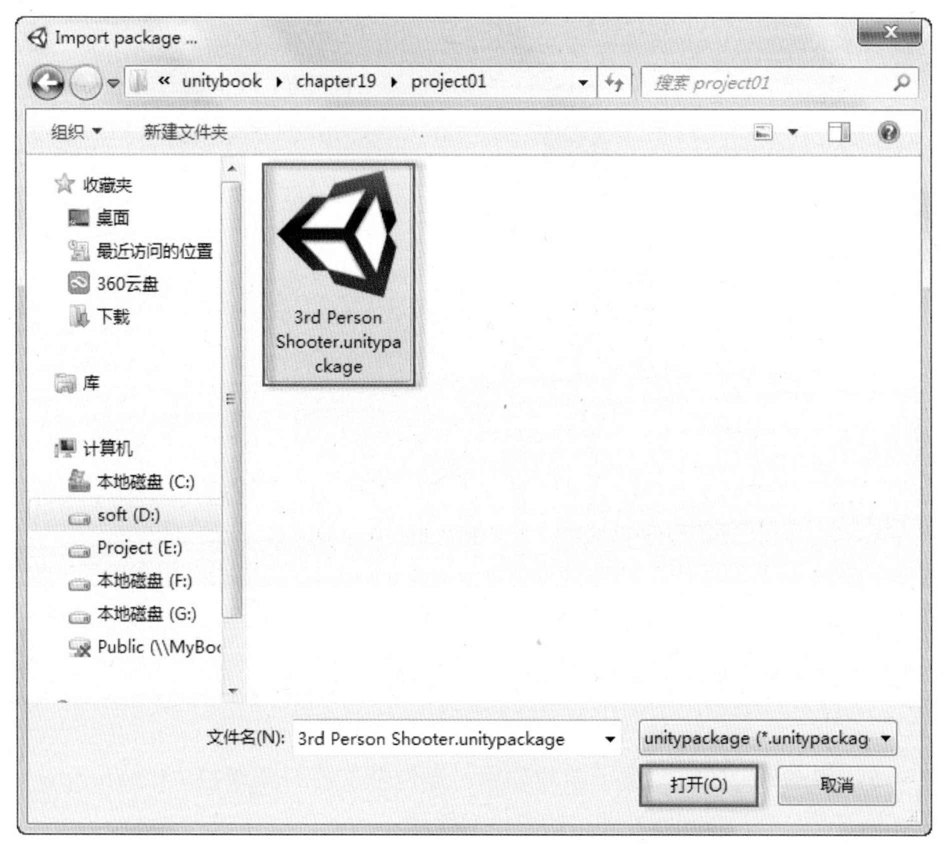

图19-11
定位项目文件

图19-12
Demo场景文件

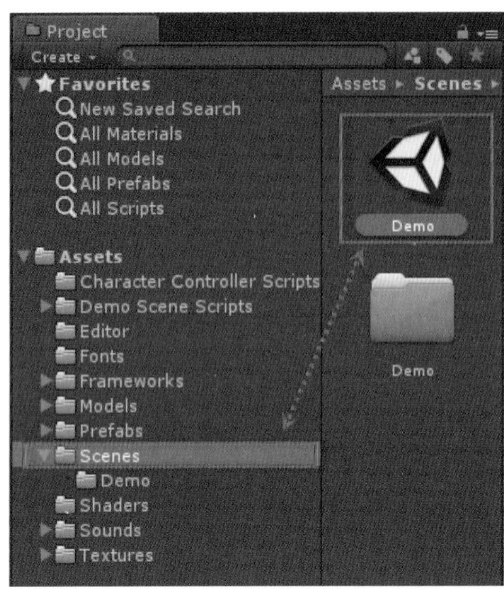

3．单击选择3rd Person Shooter.unitypackage文件，单击右下角的“打开”按钮，打开该项目文件。查看Project视图，找到Demo文件，如图19-12所示。

4．双击Demo文件，打开一个Unity场景，该游戏项目是以第三人称视角的射击游戏，如图19-13所示。

图19-13
Unity场景

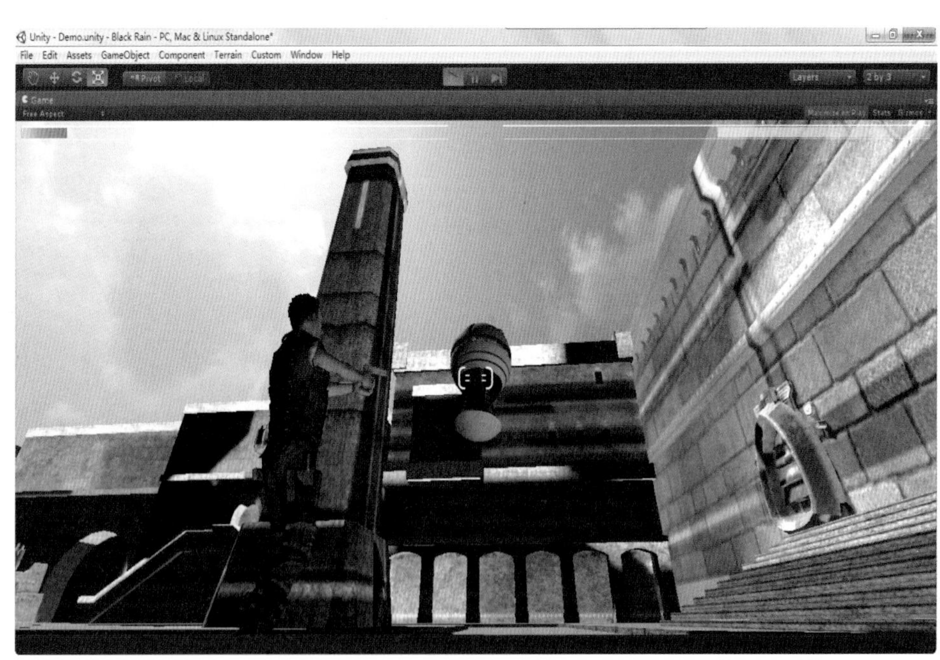

5．单击Play按钮，运行游戏项目。通过依次打开菜单栏中的Window→Profiler选项，打开Profiler视图，如图19-14所示。

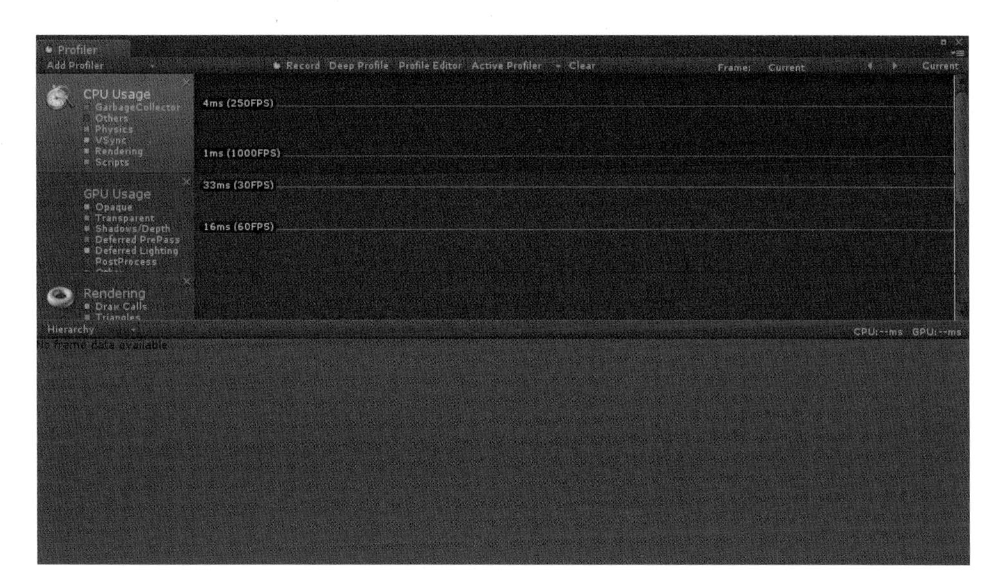

图19-14
Profiler界面

6．单击Record按钮，打开录制功能，当录制功能开启时，每当单击Play按钮执行游戏预览时，Profiler会将整个过程记录下来，以便后面可以仔细检查各个部分的资源消耗，如图19-15所示。

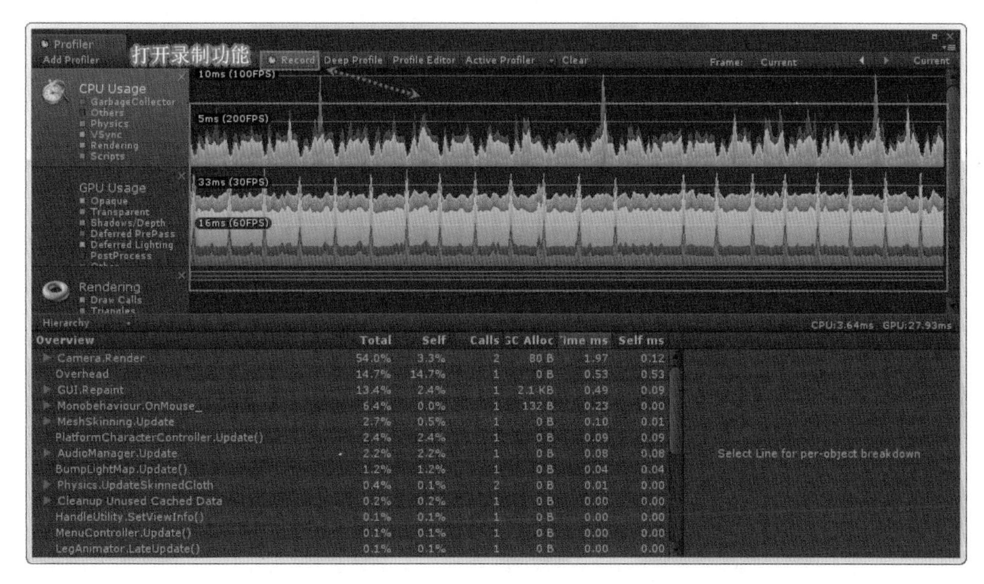

图19-15
录制功能开启

Profiler面板会记录运行上的性能数据，在其窗口中的时间轴上，所以可以看到帧所在区域的峰值信息，当单击任何位置的时间轴时，Profiler面板的窗口底部会显示所选帧的详细信息。如图19-16所示的Profiler面板。

图19-16
Profiler视图

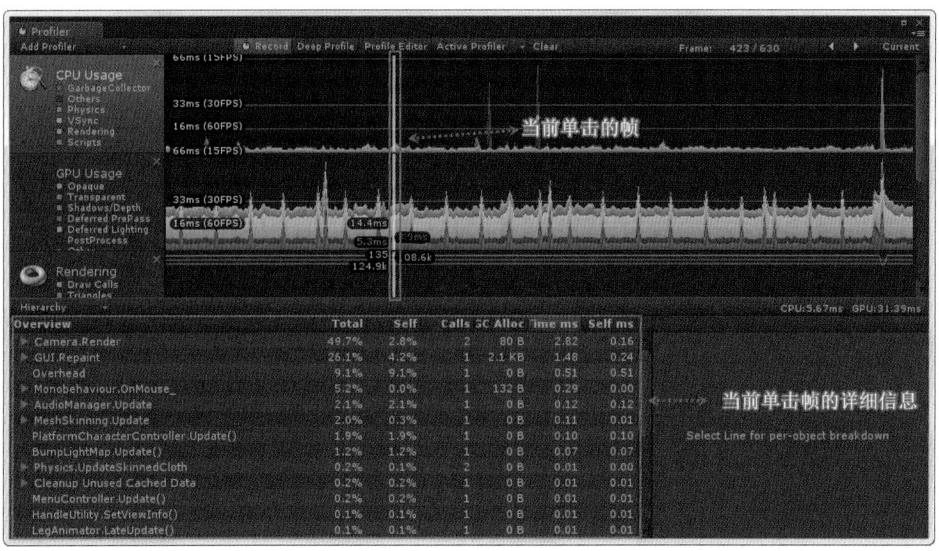

7．分析器控件：

分析器控件在窗口顶部的工具栏中，如图19-17所示。

图19-17
分析器控件

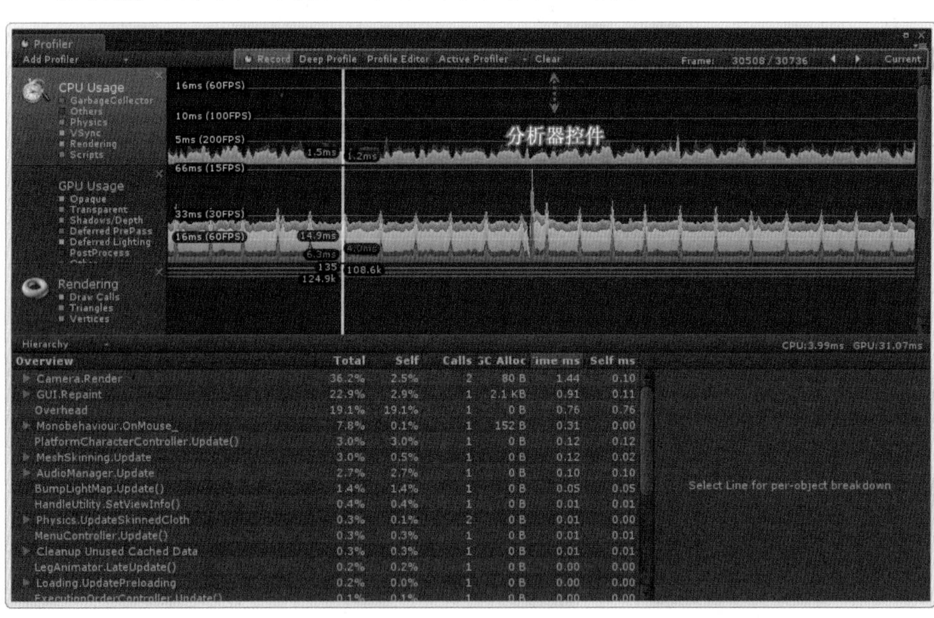

知识点 Epistemology

可以使用这些控件打开和关闭分析，浏览已经分析好的帧等。传输控件（两个小箭头）在工具栏的最右端，如图19-18所示。注意：当游戏运行，分析器收集数据时，单击任意的传输控件将暂停游戏。控件跳转到指定的帧时，单击左箭头，一步一帧向前；单击右箭头，一步一帧向后。单击current按钮显示的是最新记录保存在内存中的帧。在Active　Profiler弹出菜单中可以选择是否应该在编辑器或者独立的播放器中进行分析。

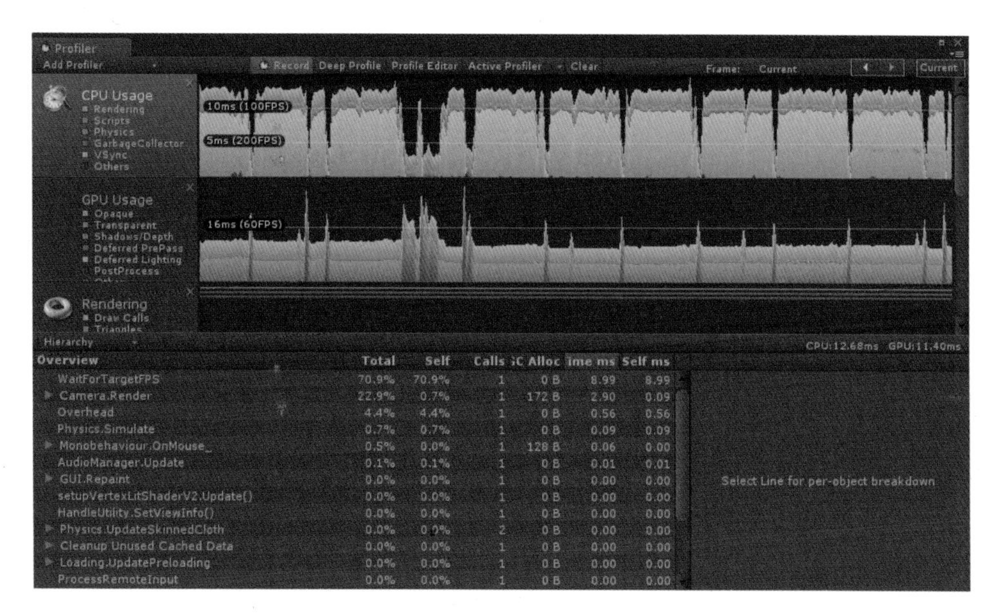

图19-18
分析器控件

使用Deep Profiling时，所有的脚本代码会被分析，也就是所有的函数调用会被记录。所以，使用它能够确切知道游戏代码花费的时间。但是，在分析的同时会占用较高的内存，会直接导致游戏运行效率变低。如果使用该功能分析脚本时，完全影响游戏的运作，那么建议不考虑使用该功能。

8．针对Deep Profiling的局限性，可以选择手动设置分析代码块分析代码。通常使用Profiler.BeginSample(name:string)与Profiler.EndSample()方法，手动开启与关闭代码的分析。

9．在BeginSample()函数与EndSample()函数之间的代码段是游戏中要分析的代码段，其中name指的是自定义的采样标签，它能够在开启Profiler时看到该采样信息。用法：在Project视图中的Assets包下新建一个ProfilerExample类，其中name赋值为MyProfiler。

```
public class ProfilerExample : MonoBehaviour {
  private int sum = 0;
  void Start () {
        Profiler.BeginSample("MyProfiler");//手动开启分析器

        for(int i = 0; i < 10; i++){

                sum += i;

                print(sum);

        }

        Profiler.EndSample();//关闭分析器
  }

}
```

10．把该类绑定到Human游戏对象上，如图19-19所示。

图19-19
绑定ProfilerExample到Human对象

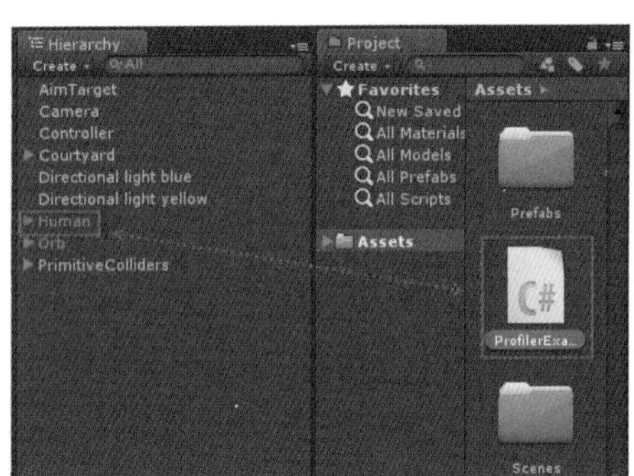

11．单击Play按钮测试游戏，打开Window→Profiler选项，可以看到（见图19-20），MyProfiler已经开启并分析代码，因为Start方法在代码运行的顺序中是优先运行的，并且只运行一次，所以要看到手动开启的分析器MyProfiler，需选取前几帧才能在Overview面板中看到MyProfiler的相关参数信息。

图19-20
MyProfiler

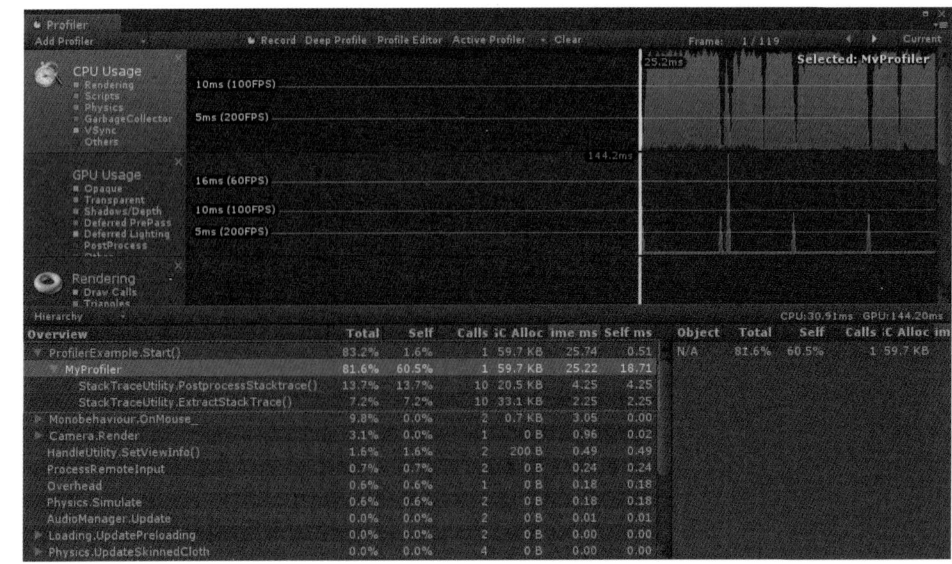

12．Profiler Timeline（分析器时间轴）：

分析器时间轴包括了CPU Usage（CPU使用率）、GPU Usage（GPU使用率）、Rendering（渲染）、Memory（内存）、Audio（音频）与Physics（物理）。如图19-21所示。可以单击左上角的按钮Add Profiler弹出添加时间轴的信息，也可以单击每个时间轴垂直刻度的右上角的“关闭”按钮关闭该时间轴。

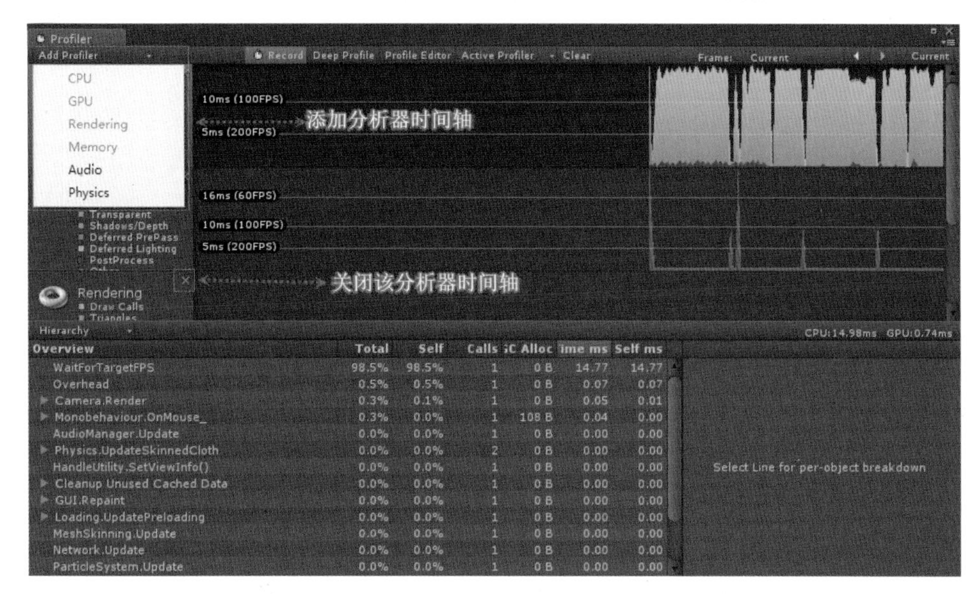

图19-21
时间轴信息

13. CPU Usage Area（CPU使用率）：

CPU使用率区域可以显示游戏中的各个模块在CPU中所占用的时间。当这个区域被选中，Overview（Profiler面板下部）视图会显示选定的帧的时间数据。可以通过上下拖动CPU使用率的图标，对图标的堆叠顺序进行重新排序，如图19-22所示。

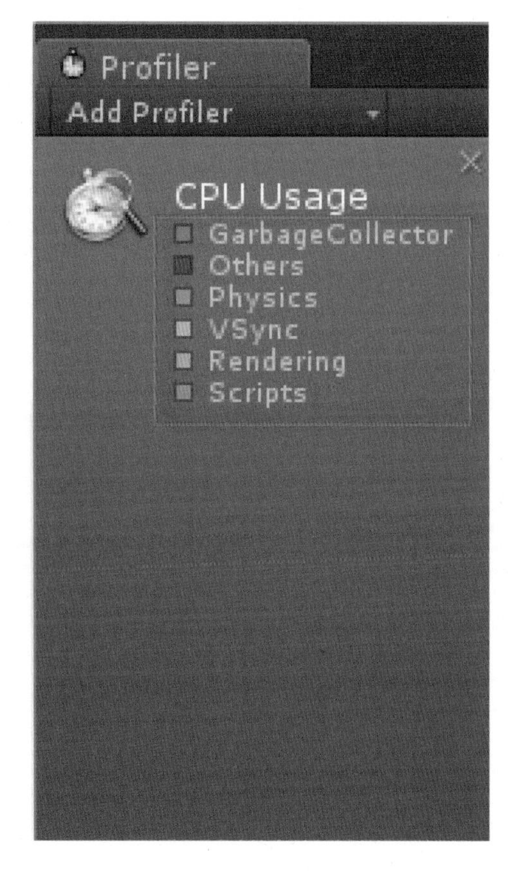

图19-22
图标堆叠方式

14．当在Overview面板中选择一个项目时，在视图窗口中可以查看到该项目呈高亮显示，其他未选定的项目的视图呈灰色未选状态，如图19-23所示。GUI.Repaint项目被选定时图表中呈高亮显示。从颜色与图标的对照中，可以看出它代表了Scripts的运行状态。

图19-23
项目的分析视图

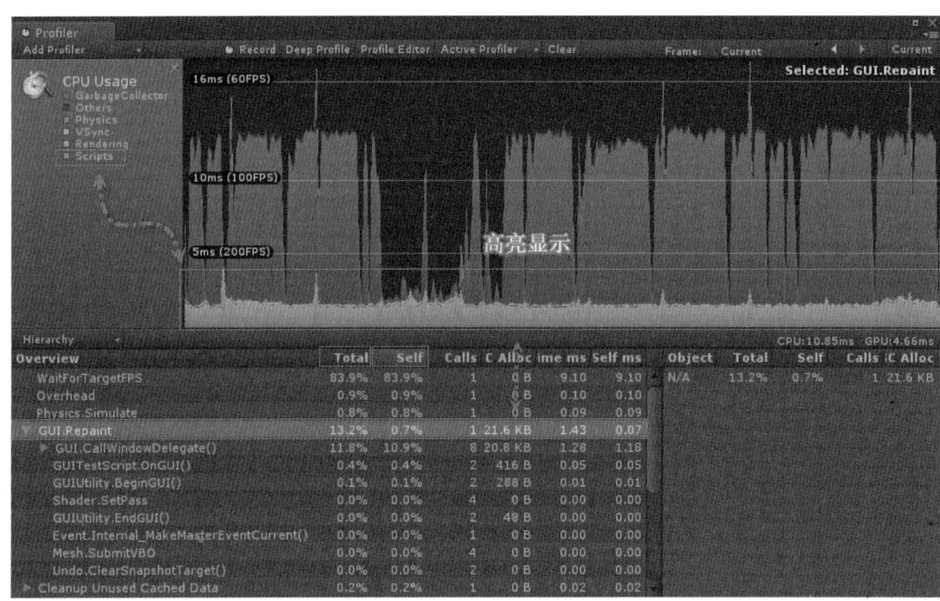

15．在Total的状态栏中可以看出有13.2%的时间花费在了GUI.Repaint函数中，它包括了调用子函数的过程（方法内调用另一个函数），实际上排除调用子函数所花费的时间，真正花费在它自身的时间只有0.7%（Self状态栏）。

16．Rendering Area（渲染区域）：

渲染区域显示渲染统计数据，包括Draw Calls，三角形面片和顶点渲染数量，在时间轴上以图形的方式呈现，如图19-24所示。

图19-24
Render Area视图

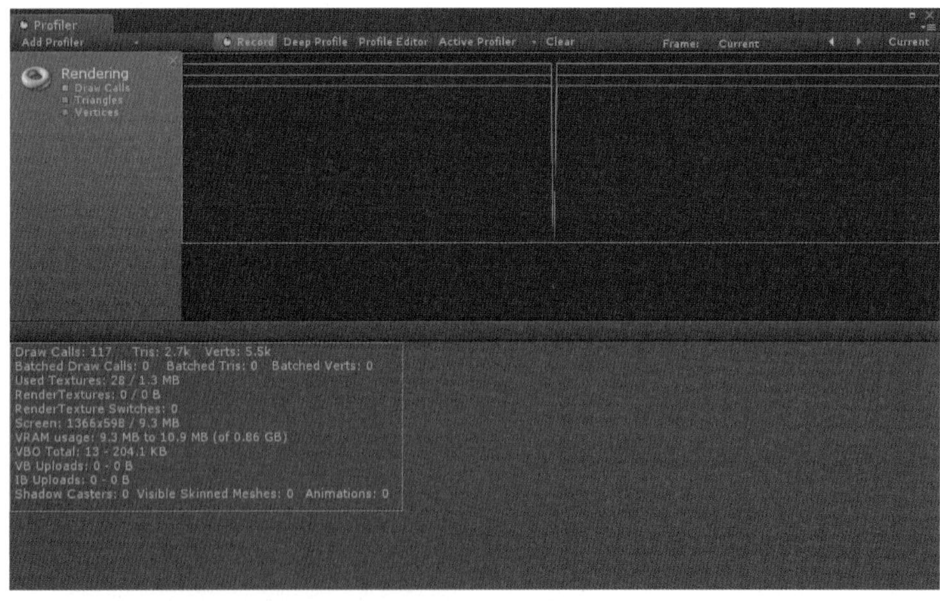

17．下部窗格中显示更多的渲染统计数据，这些数据与渲染统计数据的窗口相匹配。图19-25是渲染统计数据窗口（Game视图的States显示窗）。

18．Memory Area（内存区域）：

内存区域显示的是游戏中内存的占用情况，如图19-26所示。

- Total Allocated：应用程序所使用的总内存。注意：游戏在Game视图中测试时所使用的内存会比发布后的游戏占用更多的内存。
- Texture Memory：是在当前帧中纹理占用的显存大小。
- Mesh Count：显示了在当前帧中网格的数量。

图19-25 渲染统计数据窗口

- Material Count：是指所创建游戏中材质的数量。
- Object Count：是指所创建的对象的总数。

在下部的窗格中有两种模式可以检查游戏在内存中的使用情况，一种是Simple，另一种是Detail。选择Simple模式能够实时地检查Unity在每一帧的内存总体使用情况。图19-26是Simple模式下内存Profiler的显示情况。

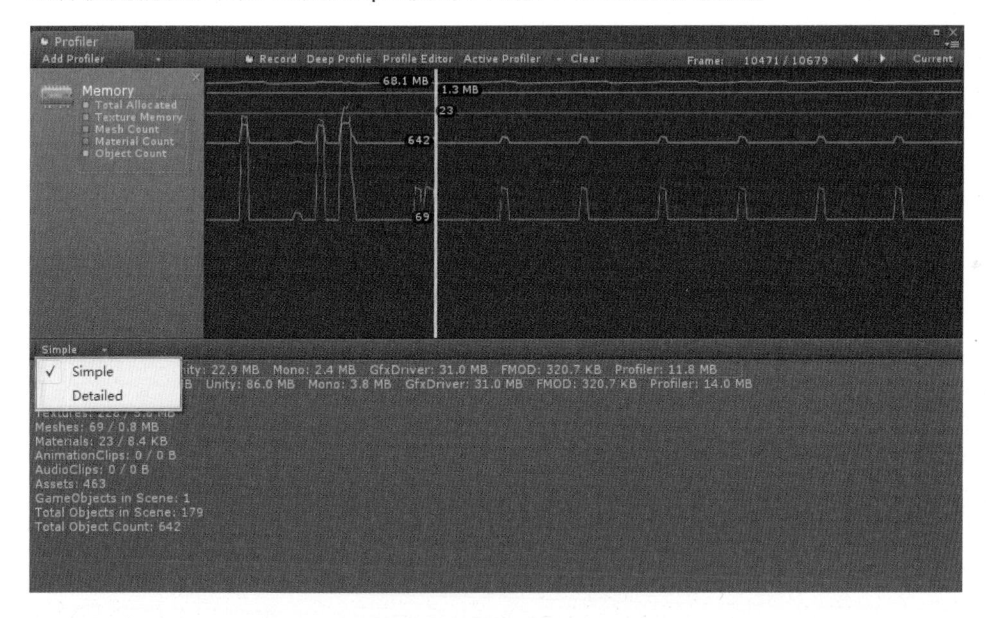

图19-26 内存区域视图

- Unity：用于显示Unity自身的本地内存使用情况。
- Mono：用于显示Mono自身的本地内存使用情况。
- GfxDriver：用于显示驱动程序在纹理、渲染对象、着色器等渲染所需资源的内存使用情况。
- FMOD：用于显示音频资源在内存中的使用情况。
- Profiler：用于显示Profiler分析器在内存中的使用情况。

19．Detail：

打开Detail视图，如图19-27所示，它能够直观地显示当前状态下，游戏中任何对象和资源在内存中的详细使用情况。在该视图中可以看到一个Reason状态栏，开发者可以通过它看到所选对象是来自于Unity引擎自身，还是来自于开发者所编写的代码。Reason包括以下的状态：

- Referenced from native code：对象是Unity自身代码的引用。
- Scene Object：对象来自于场景游戏对象。
- Builtin Resources：对象来自于Unity内建资源。
- Marked as Don't save：对象标记为不保存（即临时资源）。

在Detail面板中，单击对象列表中任一对象，可以看到该单击的对象显示在Project视图或者显示在场景视图中。

图19-27 内存区域Details视图

Detailed · Take Sample

Name	Memory	Count	Reason
▶ Scene Memory	61.5 KB	17	
▼ Assets	2.4 MB	34	
▼ Texture2D	2.2 MB	6	
window	2.0 MB		Asset referenced from native code.
Font Texture	128.2 KB		Asset referenced from scripts and native code.
GoldLeaf	61.7 KB		Asset referenced from native code.
Label	44.7 KB		Asset referenced from scripts and native code.
Font Texture	186 B		Asset referenced from native code.
Font Texture	186 B		Asset referenced from native code.
▶ AudioManager	72.3 KB	1	
▶ Font	47.5 KB	1	
▶ MonoScript	9.8 KB	1	
▶ AssetServerCache	7.8 KB	1	

20．Audio Area（音频区域）：

音频区域显示音频数据。如图19-28所示，它的时间轴刻度主要包括：

- Playing Sources：在特定的帧上显示场景中音频源的总数，以便于查看音频是否超负荷加载。
- Paused Sources：在特定的帧上暂停场景中的音频源的总数。
- Audio Voice：音频声音实际使用的数量，PlayOneShot使用的声音不会显示在Playing Sources中。
- Audio Memory：音频引擎中总共使用的内存。

图19-28 Audio Area状态区

可以在底部区域查看到CPU的使用情况，以更好地监视音频是否占用过多的CPU资源。

21．Physics Area（物理区域）：

物理区域显示以下关于场景物理学的统计方式，如图19-29所示。

图19-29
Physics Area统计方式

- Active Rigidbodies：指当前活动的刚体数量，它包括了正在移动的刚体以及刚刚静止的刚体数。
- Sleeping Rigidbodies：指那些静止的刚体数目，所以它不需要物理引擎主动更新。
- Number of Contacts：指的是场景中接触点的总数。
- Static Colliders：附加到非刚体物体碰撞体的数量。（物体不受物理作用的影响移动）
- Dynamic Colliders：附加到刚体物体碰撞体的数量。（物体可以受物理作用的影响移动）

22．GPU Area（GPU区域）：

GPU分析器与CPU分析器类似，同样在底部的视图作为层级使用。从层级单击选择的项目会显示在右边的视图进行细分。

在Mac系统中，GPU分析器仅在OSX 10.7 Lion或更高版本可用。

19.2.2　IOS设备启用远程分析

1．首先保证IOS设备连接到了WiFi网络。Profiler分析器使用本地或者特定的WiFi网络发送分析数据。

2．在Unity中依次打开菜单栏中的File→BuildSettings→DevelopmentBuild→AutoConnect Profiler项。

3．通过数据线将IOS设备连接到Mac中，依次打开File→Build & Run选项。

4．当应用程序在IOS设备上启用时，在Unity中依次打开Window→Profiler选项，打开分析器。如果在Mac系统上使用了防火墙，必须确保端口54998~55511处于打开状态，因为这些端口是Unity远程分析过程中要使用的端口。

当Unity无法自动连接到IOS设备时，在分析器窗口选择Active　Profiler下拉菜单中相应的设备，Profiler的连接就可以主动发起了。

19.2.3 Android设备的远程分析

在Android设备上进行远程分析通过两种不同的途径来启用：Wifi或ADB。

ADB的全称为Android Debug Bridge，它起到调试桥的作用。可以通过ADB在Eclipse通过DDMS（调试监控服务工具）来调试Android程序，其实就是Debug工具。它是Android SDK里的一个工具，这个工具可以直接管理Android模拟器或者真实的Android设备。

对于通过WiFi途径来对程序进行分析的情况，开发者可以通过以下步骤实现：

1. 确保Android设备关闭了手机数据。
2. 连接Android设备到WiFi网络中。
3. 在Unity中依次打开菜单栏中的File→Build Settings→Development Build→AutoConnect Profiler项。
4. 通过数据线连接Android设备到计算机中，依次打开菜单栏中的File→Build & Run项。
5. 在Android设备上打开应用程序，依次打开菜单栏中的Window→Profiler选项，打开分析器。
6. 当Unity无法自动连接到Android设备时，在分析器窗口选择Active Profiler下拉菜单中相应的设备，Profiler的连接就可以主动发起了。
7. Android设备与主机计算机两者必须在用一子网，才能正常运行设备的检测。

19.3 优化建议

在Unity中选择正确的脚本优化比漫无目的地调整代码更能提高代码的执行效率。值得注意的是：最好的优化并不是简单地降低代码的复杂度。

19.3.1 各个平台通用的优化方案

1. 在使用FixedUpdate函数时，在方法体内尽量不要写太多无须重复调用的代码，因为虚拟机在执行该方法时是以每秒50~100次的执行效率来处理每个脚本与对象的。当然，执行效率是可以改变的。依次打开菜单栏中的Edit→ProjectSettings→Time项，进而可以在Inspector视图中显示TimeManager属性面板，如图19-30所示。

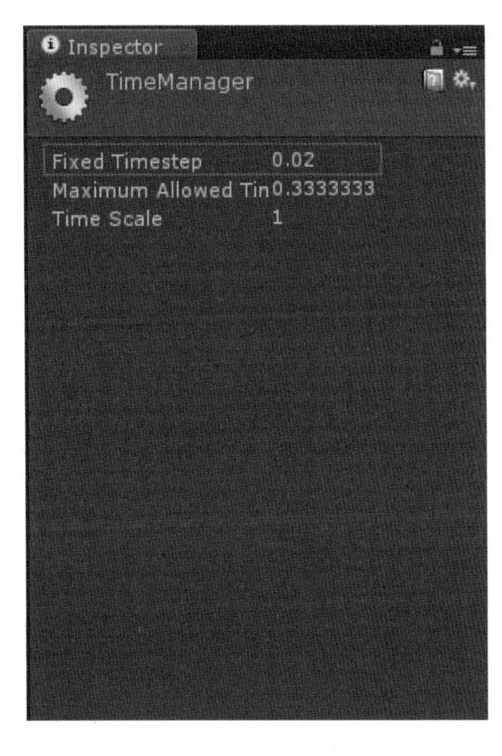

图19-30
TimeManager视图

FixedUpdate与Update的区别：Update会在每次渲染新的一帧时执行，它受当前渲染物体的影响，渲染的帧率是变化的，所以渲染的时间间隔也会变化，也就是说Update更新频率和设备的性能有关；而FixedUpdate不受帧率的影响，它是以固定的时间间隔被调用的。所以在用法的处理上，FixedUpdate更多地用于处理物理引擎。Update因为受渲染物体的影响，所以更多地把Update用于脚本逻辑的控制。

2．一般在新建类时会产生空的Update函数。如果代码不需要用到该函数，应该对该函数进行删除。另外，尽量不要在Update函数内执行Find、FindObjectOfType、FindGameObjectsWithTag这些寻找物体的函数，而应该尽量在Start或Awake函数中执行。

3．引用一个游戏对象的逻辑，可以在最开始的地方定义它。例如：

```
private Transform myTransform;
private RigidbodymyRigidbody;
void Start(){
  myTransform = transform;
  myRigidbody = rigidbody;
}
```

4．当一个程序不必要每帧都执行时，可以使用Coroutines，定时重复调用可以使用InvokeRepeating函数实现。例如，启动1.5秒后每隔1秒执行一次DoSomeThing 函数：

```
void Start()
{
  InvokeRepeating("DoSomeThing", 1.5f, 1.0f);
}
```

5．尽量减少使用临时变量，特别是在Update等实时调用的函数中。

6．在游戏暂停、场景切换时，可以主动进行垃圾回收，从而及时去除游戏中已经不必要的内存占用。

```
void Update()
{
    if(Time.frameCount%50==0)
    {
        System.GC.Collection();
    }
}
```

19.3.2 移动设备的优化

本节主要介绍物理性能的优化与脚本性能的优化。

1．物理性能的优化

NVIDIA PhysX物理引擎能够用在移动平台上，但是性能会受到硬件的限制。针对这种情况，可以调整物理显示的一些状态来获得更好的效果。

1）依次打开菜单栏中的Edit→Project Settings→Time项，弹出Time Manager视图；可以通过调整Fixed Timestep数值来降低物理更新所占用的CPU损耗，即增加Fixed Timestep可以减少物体系统在单位时间内的更新次数，从而降低其在CPU端的计算消耗，但这种做法会牺牲一些物理精度。用户在开发过程中，可以根据游戏的实际情况来调整Fixed Timestep的数值。

2）在TimeManager面板中设置Maximum Allowed Timestep的数值为0.1，即每秒更新10次，这样可以极大程度地限制物理系统所花费的时间。

3）网格碰撞体会造成较大的性能消耗，所以应该尽量少得使用网格碰撞体，通常使用球体、Box等碰撞体来尽可能地接近网格的形状。另外，子碰撞体在父对象的刚体中将作为复合碰撞体来进行集体控制。

4）wheel colliders（车轮碰撞体）并不是严格意义上的固状物体的碰撞体，也会有很高的CPU开销。

5）避免大量使用Unity自带的Sphere等Mesh组件，Unity内建的Mesh多边形的数量比较大，如果物体不要求特别圆滑，可导入其他的简单3D模型代替。

6）场景中非休眠刚体和碰撞体的数量以及碰撞体的复杂度决定了物理计算的总量。开发者可以使用Profiler来确定有多少物理对象在场景中被使用。

2．脚本性能的优化

1）减少GetComponent的调用，在使用GetComponent或者内置的组件访问器（如Find等）这些函数有明显的性能开销，针对这类情况可以参考上面讲到的通用优化，可以在最开始的时候就定义它。

2）尽量避免内存的分配。在游戏运行过程中应该避免分配新的对象，特别是在Update函数中。因其不仅增加了内存的开销，同时也增加了内存回收的开销，所以应尽量重用预先定义好的变量来减少新对象的定义。

3）尽量减少GUILayout的使用。虽然GUILayout的功能可以方便地调整间距，但是在方便的同时也牺牲了一些内存。通过GUI手动处理布局能够避免这种开销，也可以在脚本中设置脚本useGUILayout为false来完全禁用此类布局。

4）使用IOS脚本调用优化时，在UnityEngine命名空间的功能大部分是在C/C++实现的，Mono脚本调用该功能会涉及性能的开销，所以可以使用IOS脚本来调用优化。依次打开菜单栏中的Edit→Project Settings→Player选项，在Inspector视图中包含如下参数：

- Slow and Safe：默认的Mono内部调用，支持异常处理。
- Fast and Exceptions Unsupported：不提供异常处理，应谨慎使用。如果应用程序并没有明确的处理异常，则建议使用这个选项。

5）优化数学运算。在开发过程中尽量避免使用浮点型（float），而应该多使用整型（int），如果没有特殊需要，尽量不使用复杂的数学函数。

第20章 跨平台发布

20.1 发布到网页平台

20.1.1 如何将项目发布到Web

1. 启动Unity应用程序，在Project视图中，右击Assets文件夹，在弹出的菜单中依次打开Import Package→Custom Package项，如图20-1所示。

2. 找到\unitybook\chapter20\project01\Car Tutorial.unitypackage资源包，如图20-2所示。

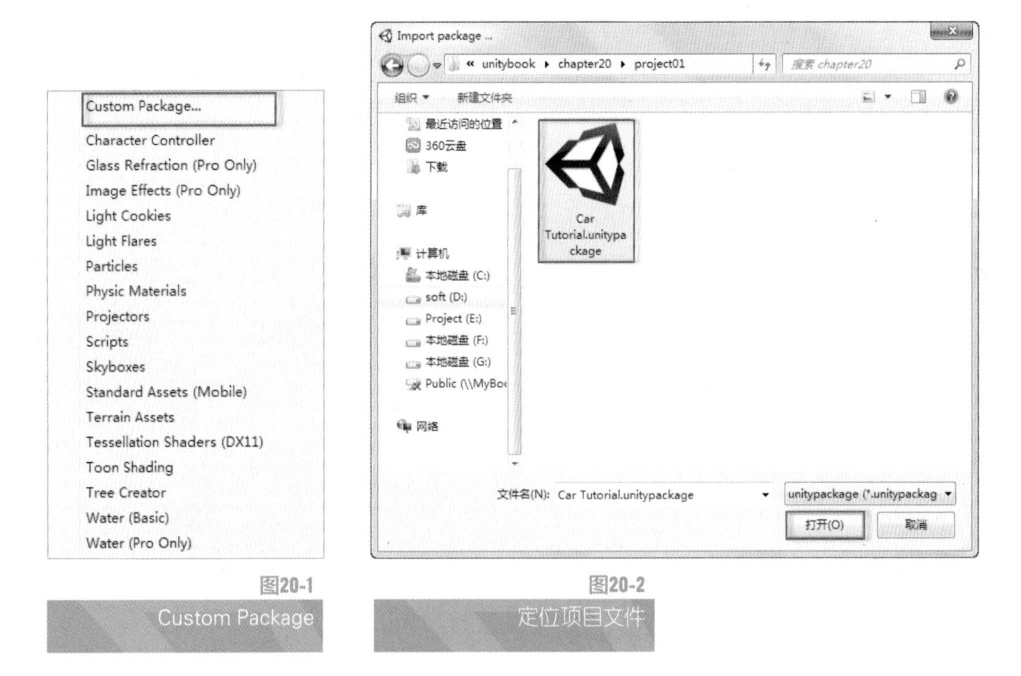

图20-1 Custom Package

图20-2 定位项目文件

3. 选择Car Tutorial.unitypackage文件，单击“打开”按钮导入资源到项目工程文件，这样就将游戏场景导入到了Project视图，如图20-3所示。

4. 双击CompleteScene打开该游戏场景，该游戏场景是一款竞速类游戏，如图20-4所示。

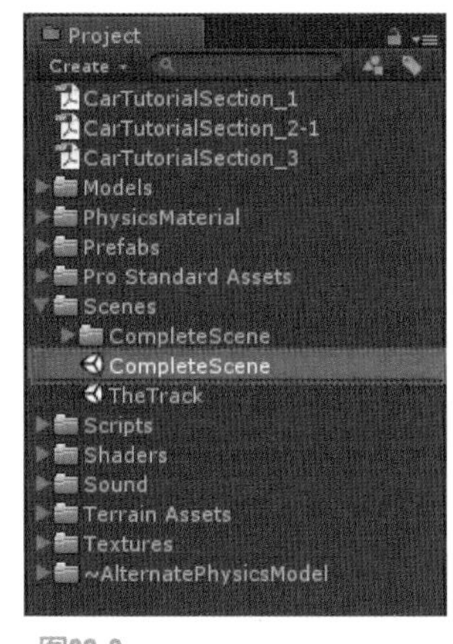

图20-3
Project视图

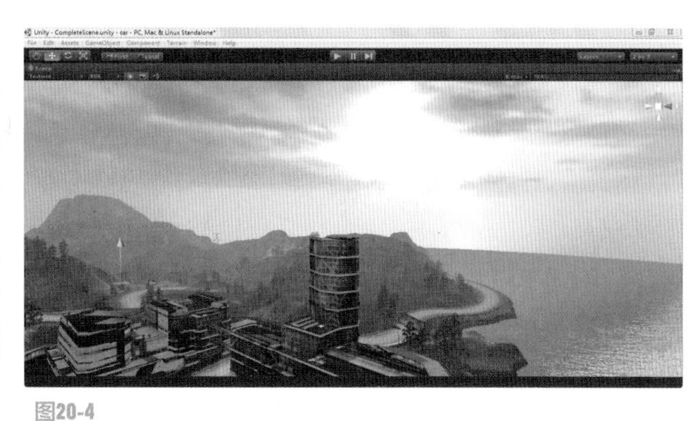

图20-4
Unity场景

5. 依次打开菜单栏中的Edit→Project Setting→Player项，此时会在Inspector视图中显示PlayerSettings设置面板，如图20-5所示。

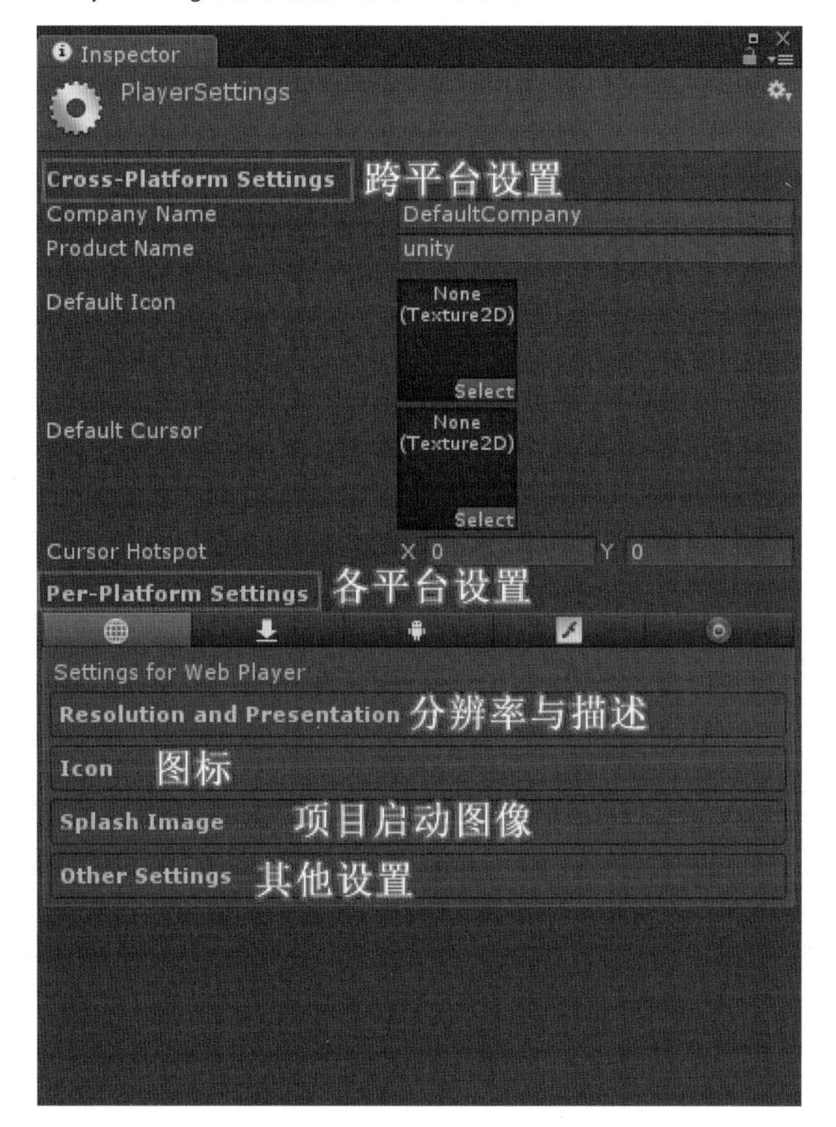

图20-5
PlayerSettings设置面板

6．设置PlayerSettings面板中的相关参数，各参数含义如下：

Cross-Platform Settings（跨平台设置），如表20-1所示。

表20-1 跨平台设置

Company Name	所在公司的名称
Product Name	项目产品名称，游戏运行时，名字会出现在菜单栏上。也被用来设置参数文件
Default Icon	默认的图标，可自行设置更改
Default Cursor	默认的光标图像，可自行设置鼠标的光标
Cursor Hotspot	光标热点

Per-Platform Settings（各个平台设置）

Settings for Web Player：网页播放器设置，各项参数含义如表20-2所示。

表20-2 网页播放器设置

Resolution and Presentation		分辨率与描述
Default Screen Width		导出的网页项目默认的屏幕宽度
Default Screen Height		导出的网页项目默认的屏幕高度
Run in background		播放器失去焦点时是否停止运行游戏，如果不是就勾选此项
WebPlayer Template		网页播放器模板
Black Background		导出的3D页面的背景颜色是黑色
Default		导出的3D页面的背景颜色是白色，是默认导出项
No Context Menu		屏蔽右键菜单
Icon		（在网页项目中不需要进行设置）
Splash Image		（在网页项目中不需要进行设置）
Other Settings		其他设置
Rendering		渲染
Rendering Path	Vertex Lit	顶点光照，不支持阴影，适用于配置低与受限的移动平台
	Forward with Shaders	较好的支持光照特性，有限支持阴影
	Deferred Lighting	最好的支持光照特性，能够表现阴影的全部特性，硬件配置要求较高
Color Space	GammaSpace Rendering	伽马空间渲染
	Linear Rendering	线性渲染
	Static Batching	静态批处理，编译时设置使用静态批处理，在Web播放器中默认是未激活的
	Dynamic Batching	动态批处理，编译时使用，默认是激活的
First Streamed Level		默认首先加载的关卡索引，默认为0

7. 依次打开菜单栏中的File→Build Settings项，弹出Build Settings（发布设置）对话框，在Platform区域中选择Web Player，单击Add Current按钮把当前场景添加到Scenes InBuild区域中，勾选Scenes/Complete-Scene.Unity复选框，该复选框靠右边的数字0表示游戏运行时最先加载的场景（前提需要在Player Settings中设置First Streamed Level的值为0），如图20-6所示。

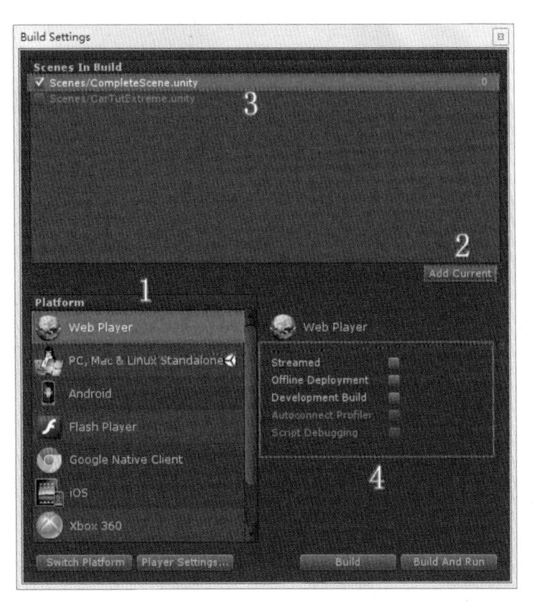

图20-6
Build Settings发布设置

Streamed表示加载3D界面时是否以流的形式加载，以该方式加载能够提高游戏的加载效率。Offline Deployment表示是否可以在离线的状态下运行游戏项目，如果不勾选，表示只能在有网络的情况下才能运行游戏项目。

8. 在Building Settings对话框中，确认未勾选Streamed与Offline Deployment复选框，单击Build按钮，弹出BuildWebPlayer对话框，选择发布路径为\unitybook\chapter20\project01\，如图20-7所示。

图20-7
选择发布路径

9．选择OnlineCarProject文件夹，单击“选择文件夹”按钮，游戏将会发布在该路径下，并且文件名会依据所在文件夹的名称进行命名，如图20-8所示。

图20-8
生成的网页项目文件

10．发布完成后，OnlineCarProject文件夹下会同时生成两个文件，分别是OnlineCarProject.html与OnlineCarProject.unity3d文件，其中OnlineCarProject.unity3d为场景文件。

OnlineCarProject.unity3d文件通过Unity Web Player插件加载，网页的html代码通常不与这个插件直接进行通信，而是通过UnityObject2这个远程的JavaScript文件进行交互，因为发布时没有勾选Offline Deployment复选框，所以会通过远程来加载UnityObject2.js文件，打开脚本编辑器后，可以找到UnityObject2.js文件在远程的路径，如图20-9所示。

OnlineCarProject.html* ×
ml ▸ head ▸ script

```
1   <!DOCTYPE html PUBLIC "-//W3C//DTD XHTML 1.0 Strict//EN" "http://www.w3.org/TR/xhtml1/DTD/xhtml1-strict.dtd">
2   <html xmlns="http://www.w3.org/1999/xhtml">
3       <head>
4           <meta http-equiv="Content-Type" content="text/html; charset=utf-8">
5           <title>Unity Web Player | unity</title>
6           <script type='text/javascript' src='https://ajax.googleapis.com/ajax/libs/jquery/1.7.2/jquery.min.js'></script>
7           <script type="text/javascript">
8           <!--
9           var unityObjectUrl = "http://webplayer.unity3d.com/download_webplayer-3.x/3.0/uo/UnityObject2.js";
10          if (document.location.protocol == 'https:')
11              unityObjectUrl = unityObjectUrl.replace("http://", "https://ssl-");
12          document.write('<script type="text\/javascript" src="' + unityObjectUrl + '"><\/script>');
13          -->
14          </script>
15          <script type="text/javascript">
16          <!--
17              var config = {
18                  width: 960,
19                  height: 600,
20                  params: { enableDebugging:"0" }
21
22              };
23              var u = new UnityObject2(config);
24
25              jQuery(function() {
26
27                  var $missingScreen = jQuery("#unityPlayer").find(".missing");
28                  var $brokenScreen = jQuery("#unityPlayer").find(".broken");
29                  $missingScreen.hide();
30                  $brokenScreen.hide();
```

图20-9
OnlineCarProject .html代码

11．双击OnlineCarProject.html文件，在网页中运行该游戏，如图20-10所示。

Unity Web Player | Car

« created with Unity »

图20-10
在Web中运行的游戏场景

12．前面发布的游戏场景具有一定的局限性，需要在连接网络的前提下才可运行，在断网离线状态下，Web场景无法正常加载，如图20-11所示。

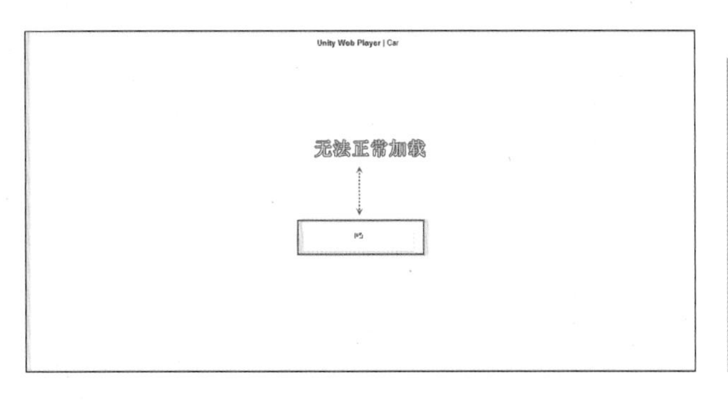

图20-11
加载失败

图20-12 勾选Offline Deployment

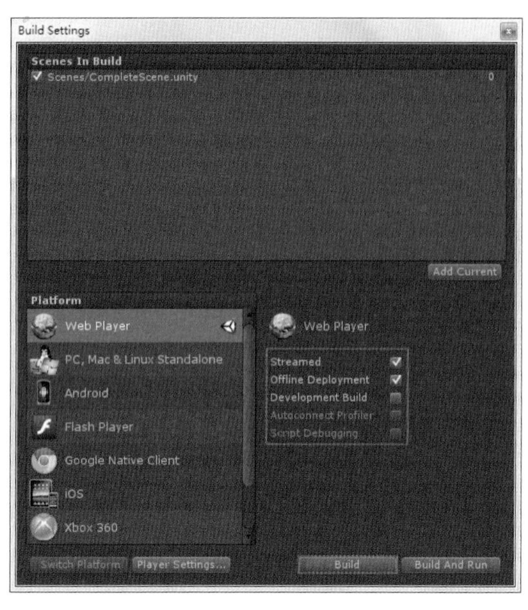

13．针对上述情况的局限性，为了让游戏离线也能正常加载，需在发布时勾选Offline Deployment复选框，如图20-12所示。

图20-13 OfflineCarProject

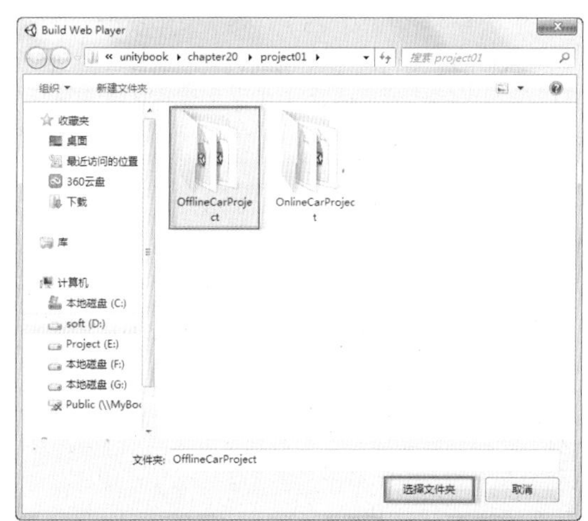

14．设置完相关参数后，单击Build按钮即可进行发布，此时会弹出Build Web Player对话框，选择发布路径为\unitybook\chapter20\project01，如图20-13所示。

图20-14 游戏场景

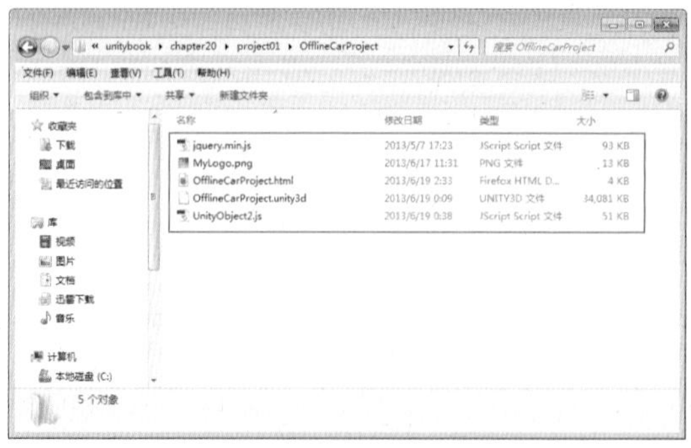

15．在Build Web Player对话框中定位到OfflineCarProject文件夹，单击“选择文件夹”按钮，这样就会在该目录下生成4个文件，如图20-14所示。离线加载其实是把远程的js脚本文件放置于本地文件夹进行加载，简化了远程访问的过程。

16．确保计算机处于断网状态，双击OfflineCarProject.html文件，可以看到虽然计算机已经断开网络连接，但是在网页中仍然可以运行Unity游戏，如图20-15所示。

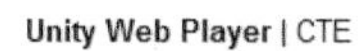

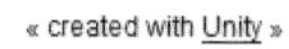

图20-15
网页平台离线运行

确保计算机上已经安装UnityWebPlayerFull插件，如果没有安装，则离线运行时页面将不能正常加载。如果没有该插件，则可在\unitybook\chapter20\project01下找到该插件，双击安装即可。

UnityObject2的作用：简化了Unity内容嵌入到html页面的过程，该JavaScript脚本可以检测用户是否安装了Unity Web Player插件，如果没有安装，会提示用户是否安装Unity Web Player插件，如果已经安装将启用Unity Web Player插件来加载Unity的游戏内容。

20.1.2 自定义Unity Web Player的屏幕加载

1．前面已经介绍了Unity网页平台发布的流程和相关参数的含义。通过修改html代码同样可以定义加载屏幕的外观，包括logo以及进度条等。以下为6个可选参数，用于自定义Unity网页播放器：

- backgroundcolor：加载期间，Unity Web Player内容显示区域的背景颜色，默认是白色。

- bordercolor：加载期间，网络播放器内容显示区域背边框颜色，默认是白色。
- textcolor：错误消息的文本颜色（例如当数据文件加载失败），默认为黑色或白色，取决于背景颜色。
- logoimage：自定义logo图片的路径。
- progressbarimage：用来加载期间进度条的自定义图片的路径。
- progressframeimage：用于加载期间的帧进度条。

> 颜色值是6位的十六进制颜色值（例如FFFFFF等），提供的图像路径可以是相对路径或绝对路径，Progressframeimage与progressbarimage应在同一高度。如果在路径中没找到自定义的图像，系统以默认的图像加载。

2．使用MonoDevelop脚本编辑器打开配套盘中的\unitybook\chapter20\project01\OfflineCarProject\OfflineCarProject.html，可把config变量对应值替换为如下代码：

```
<script type = "text/javascript">
varconfig = {

  width: 960,

  height: 600,

  params: {

          backgroundcolor:"000000",  //内容显示区域的背景颜色

          bordercolor:"000000",      //内容显示区域背边框颜色

          textcolor:"FFFFFF",
          //错误消息的文本颜色

          logoimage:"MyLogo.png"     //自定义logo图片

  }

};
var u = new UnityObject2(config);
```

3．将logo文件MyLogo.png放置在html文件的同一文件夹下，如图20-16所示。

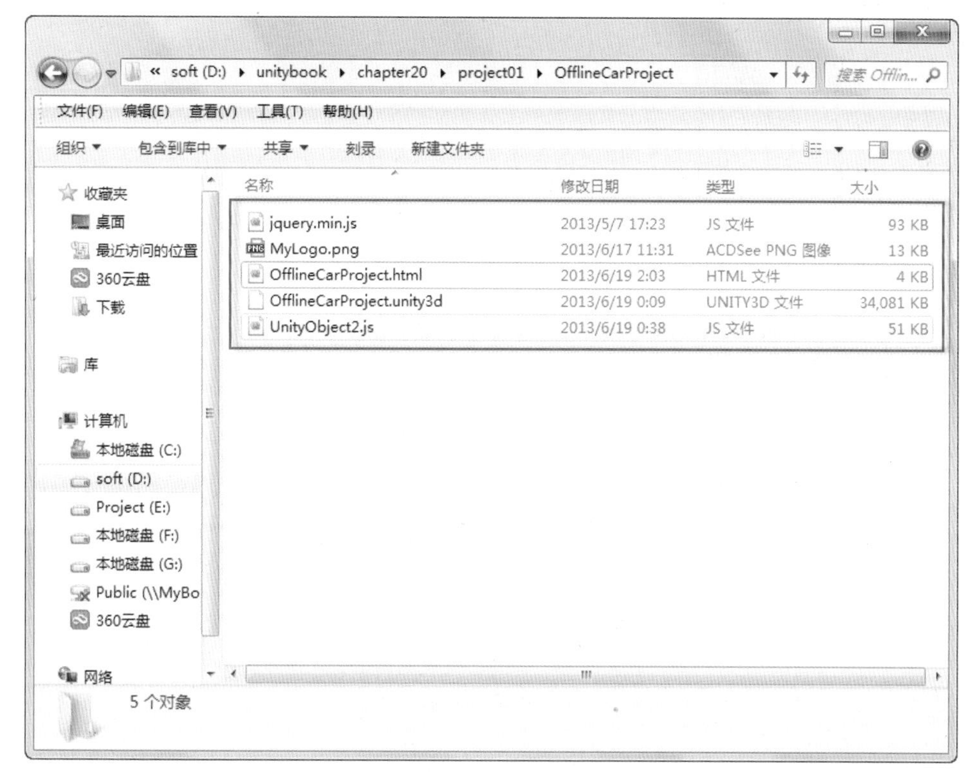

图20-16
MyLogo文件

4．用户可双击MyLogo.png文件查看将要用于加载的logo图像，如图20-17所示。

图20-17
MyLogo图像

5．由于代码中没有定义progressframeimage与progressbarimage属性，所以系统将使用默认的进度条来进行加载显示。双击OfflineCarProject.html文件运行该游戏场景，如图20-18所示。

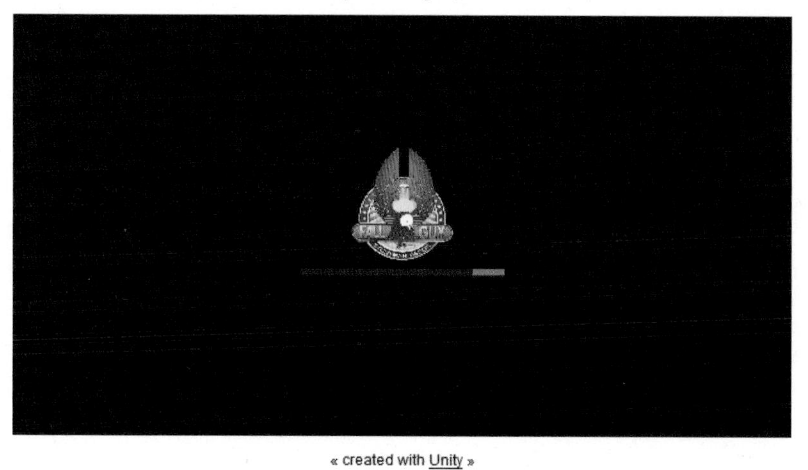

图20-18
更换了加载logo的网页游戏场景

20.1.3 自定义Unity Web Player的行为

Unity Web Player允许开发者通过设置参数来控制插件在网页上的行为，以下是相关参数的简介：

- disableContextMenu：是否禁止右键菜单，设置为true为禁止右键行为。
- disableExternalCall：是否允许Unity Web Player与浏览器中JavaScript通信。设置为true则为禁止与浏览器中JavaScript通信。
- disableFullscreen：这个参数控制是否允许Unity Web Player以全屏模式显示内容。设置为true，禁用全屏浏览，此时菜单中的GoFullscreen项会变为灰色（即无法选中状态），默认值是false。

1. 针对上述参数，将介绍如何通过设置参数来禁止游戏场景在网页上的全屏浏览功能，相关代码如下所示。

```
 <script type = "text/javascript" >
 varconfig = {

   width: 960,

   height: 600,

   params: {

          backgroundcolor:"000000",  //内容显示区域的背景颜色

          bordercolor:"000000",      //内容显示区域背边框颜色

          textcolor:"FFFFFF",        //错误消息的文本颜色

          logoimage:"MyLogo.png"     //自定义logo图片

          disableContextMenu:false,  //允许右键菜单

          disableExternalCall:true,
          //允许与html中的JavaScript通信

          disableFullscreen:true     //禁止全屏浏览
   }
 };
var u = new UnityObject2(config);
```

2．编辑完脚本文件后，双击OfflineCarProject.html文件，在Web游戏场景中右击，会弹出相关菜单，由该菜单可知Go Fullscreen按钮此时已为禁止状态（灰色显示），如图20-19所示。

图20-19
Go Fullscreen按钮禁用

20.1.4 JavaScript与Unity的通信

在实际的项目中，经常需要通过网页的JavaScript脚本来控制Unity网页游戏场景，或是相互传递相关信息，网页JavaScript与Unity通信主要有以下两个方面：

1．网页中的JavaScript调用Unity的内容

html页面要调用3D的内容则需使用SendMessage()函数，该函数需要由Unity的相关对象调用，那么如何来获取这个对象呢？UnityObject2类提供了getUnity()函数，以下是使用方法。

```
<script type = "text/javascript" language = "javascript">
<!-
var u = new UnityObject2();
u.initPlugin(jQuery("#unityPlayer")[0], "Example.unity3d")
function SayHomethingToUnity(){
  u.getUnity().SendMessage("MyObject", "MyFunction", "Message
From a web page!");
  -->
}
```

其中u.initPlugin函数通过jQuery方式将指定的html元素id替换为unity的内容，第二个参数则详细指定了被加载场景的文件名称，可替换为开发者导出的场景文件。

SendMessage的第一个参数表示在Unity场景中游戏对象的名称，第二个参数表示在该对象上绑定的方法名称，第三个参数表示在调用该方法时传递的参数值。

2．Unity调用JavaScript

首先，在Unity中新建一个C#类，类名为UnityToJS.cs，在该类的Start()函数中写入调用网页的JavaScript方法，通过Application.ExternalCall("unityCall","unityCallSuccess")；把该类绑定到MainCamera上，该函数的第一个参数是网页中JavaScript的函数名unityCall，第二个参数是调用该函数时传递的参数值，以下为相关代码：

```
using UnityEngine;
using System.Collections;
public class UnityToJS : MonoBehaviour{
  void Start(){
    Application.ExternalCall("unityCall","unityCallSuccess");
  }
}
```

运行结果如图20-20所示。

图20-20
Unity与JavaScript的通信

20.2 发布到Android平台

在发布Android项目之前，开发人员需先下载并安装JavaSDK和AndroidSDK。本书中所用的Java SDK为7.0版本，Android SDK为21.1版本。

20.2.1 Java SDK的环境配置

1．在桌面“我的电脑/计算机”图标上右击，依次打开“属性”→“高级系统设置”→“环境变量”选项，进而弹出“环境变量”配置对话框，如图20-21所示。

2. 检查系统变量下是否有JAVA_HOME、path、classpath这3个环境变量。如果没有则需新建这3个环境变量。以下简要介绍这3个环境变量的含义：

图20-21 "环境变量"配置对话框

- JAVA_HOME环境变量：其设置值就是jdk所在的安装路径，如D:\program files\Java\jdk1.7.0。
- path环境变量：设置其值为%JAVA_HOME%\bin；（若值中原来有内容，用分号与之隔开）。其中%JAVA_HOME%表示JAVA_HOME环境变量的绝对路径。
- classpath环境变量：设置其值为%JAVA_HOME%\lib；表示lib文件夹下的执行文件。

3. 通过上述步骤，环境变量已经配置完成，为了验证配置是否成功，可以打开系统的命令提示符，在DOS命令行状态下输入javac命令，如果能显示图20-22所示的画面内容，则说明环境变量已经配置成功。

```
C:\Windows\system32\cmd.exe
C:\Users\wubin>javac
用法: javac <options> <source files>
其中, 可能的选项包括:
  -g                         生成所有调试信息
  -g:none                    不生成任何调试信息
  -g:{lines,vars,source}     只生成某些调试信息
  -nowarn                    不生成任何警告
  -verbose                   输出有关编译器正在执行的操作的消息
  -deprecation               输出使用已过时的 API 的源位置
  -classpath <路径>            指定查找用户类文件和注释处理程序的位置
  -cp <路径>                   指定查找用户类文件和注释处理程序的位置
  -sourcepath <路径>           指定查找输入源文件的位置
  -bootclasspath <路径>        覆盖引导类文件的位置
  -extdirs <目录>              覆盖所安装扩展的位置
  -endorseddirs <目录>         覆盖签名的标准路径的位置
  -proc:{none,only}          控制是否执行注释处理和/或编译。
  -processor <class1>[,<class2>,<class3>...] 要运行的注释处理程序的名称; 绕过默
认的搜索进程
  -processorpath <路径>        指定查找注释处理程序的位置
  -d <目录>                    指定放置生成的类文件的位置
  -s <目录>                    指定放置生成的源文件的位置
  -implicit:{none,class}     指定是否为隐式引用文件生成类文件
  -encoding <编码>             指定源文件使用的字符编码
  -source <发行版>              提供与指定发行版的源兼容性
  -target <发行版>              生成特定 VM 版本的类文件
```

图20-22 环境变量配置结果

20.2.2　Android SDK的安装与项目发布

1. 确认已经完成Android SDK的安装后，需要对Android SDK进行环境变量的配置。与Java的环境变量配置类似，首先在操作系统的"环境变量"配置对话框中新建变量，名称为ANDROID_SDK_HOME，变量值输入Android　SDK所在的安装

路径，例如：D:\program files\android-sdk-windows-x86_32\sdk。找到path变量，在path的变量值里添加两个路径：%ANDROID_SDK_HOME%\platform-tools与%ANDROID_SDK_HOME%\tools。注意：两个不同的路径需要用分号来分隔。配置完上述的参数后，进入命令提示符状态，输入adb，如果显示图20-23所示的内容就说明Android环境变量配置成功。

图20-23
Android环境变量配置结果

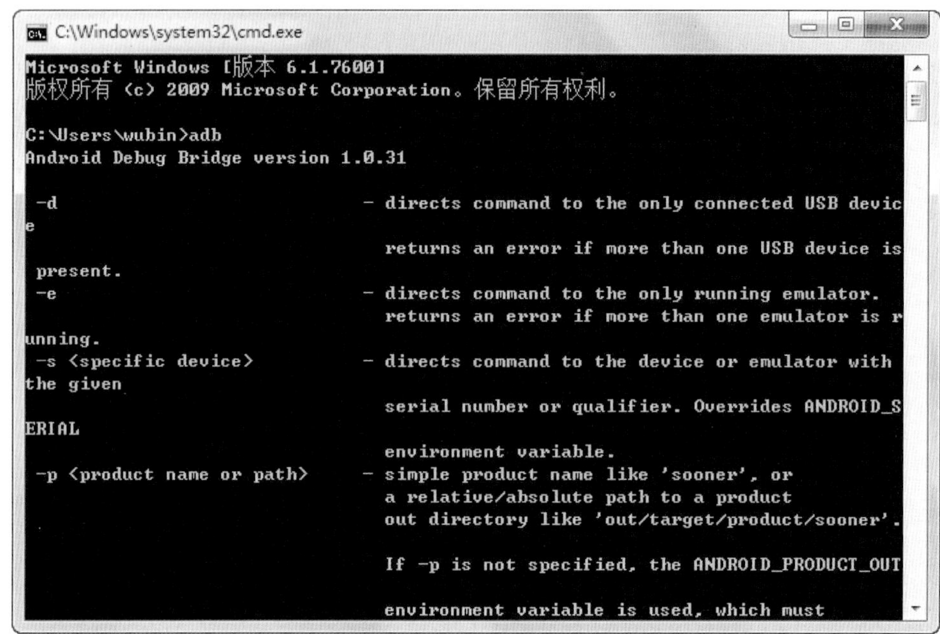

2．定位项目工程文件到\unitybook\chapter20\project02\Penelope Complete Project.unitypackage，如图20-24所示。

图20-24
project02项目文件

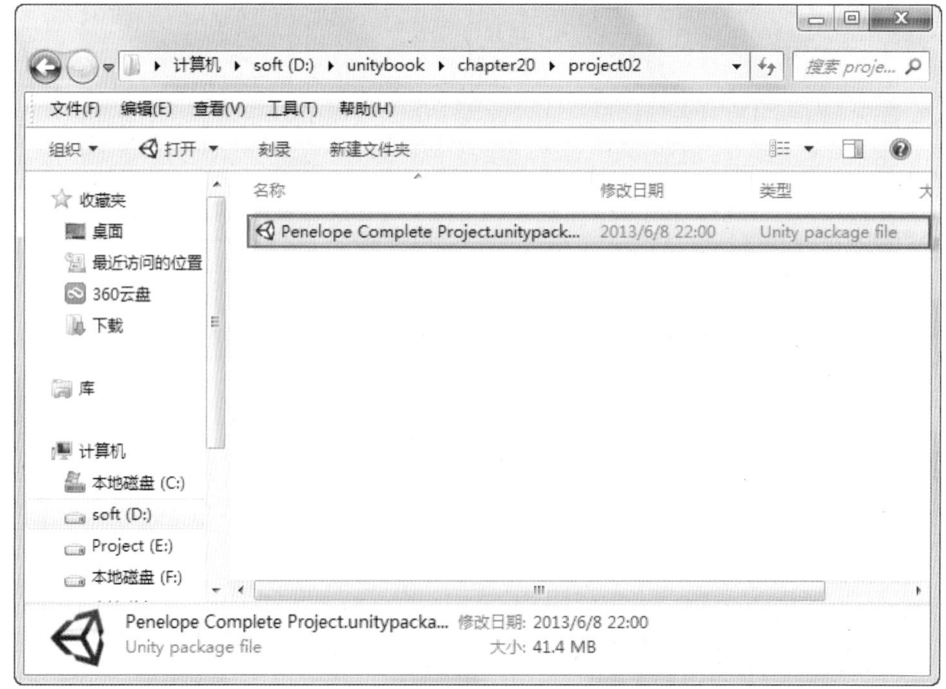

3．双击Penelope Complete Project.unity-package资源包，将项目工程文件导入Project视图，如图20-25所示。

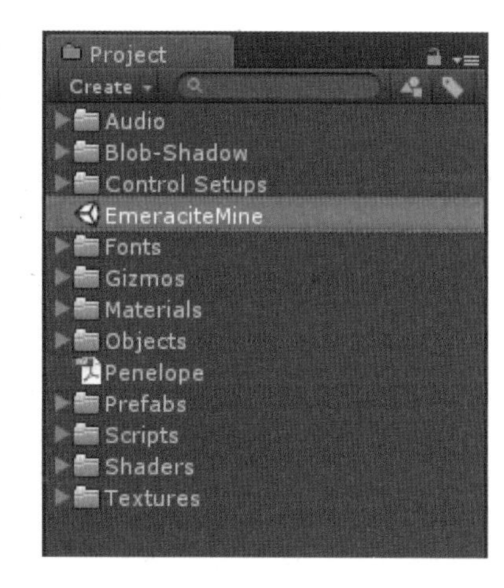

图20-25
Project视图

4．在Project视图中，双击EmeraciteMine场景文件，打开该游戏场景，如图20-26所示。

图20-26
Unity场景

5．依次打开菜单栏中的Edit→Preferences→External Tools项，弹出Unity Preferences对话框，如图20-27所示。

6．单击Android SDK Location按钮，在弹出的Select Android SDK root folder对话框中，定位Android SDK所在的路径，单击“选择文件夹”按钮关闭该对话框，这样就将Unity与Android SDK进行了关联。

7．依次打开菜单栏中的Edit→Project Settings→Player项，在Inspector视图中

显示PlayerSettings属性面板，单击Android图标，对相关参数进行设置，如图20-28所示。

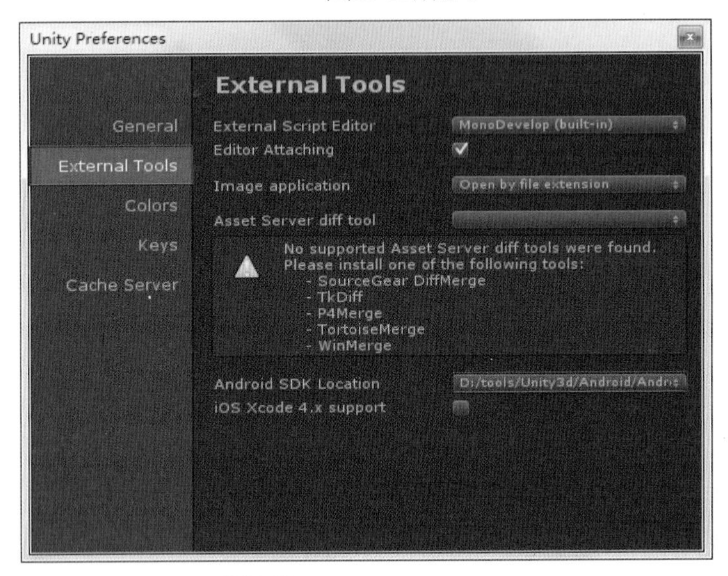

图20-27
Android SDK位置的设置

图20-28
PlayerSettings Android属性面板

8．其中Cross-Platform Settings在发布网页项目的时候已经讲到，这里不再复述。以下将对Android平台的参数设置进行讲解，如表20-3所示。

表20-3　Android平台设置

Default Orientation 默认方向	Portrait	设备为纵向模式，手持垂直设备时home键在底部
	Portrait Upside Down	设备为纵向倒置模式，手持垂直设备时home键在顶部
	Landscape Left	设备为横向模式，手持垂直设备时home键在右边
	Landscape Left	设备为横向模式，手持垂直设备时home键在左边
	Auto Lotation	自动旋转
Use 32-bit Display Buffer		使用32位显示器，默认是16位，需要alpha通道时使用
Use 24-bit Depth Buffer		使用24位深度缓冲器，仅在看到z-fighting或其他斑迹时使用
Icon		项目编译时的默认图标
Override for Android		想为Android项目自定义图标，请勾选，对应不同尺寸的图片填入方框中
SplashImage		项目启动画面，如图20-29所示
Mobile Splash Screen		指定Android启动画面的纹理，标准启动画面的尺寸是320*480
Splash Scaling		指定启动画面将怎样缩放
Other Settings		其他设置如图20-30所示
Bundle Identifier		从苹果开发者网络账户证书中使用的字符串。格式：com.公司网站名称.产品名称。例如，com.d3dweb.3DAndroid

续表

Bundle Version		指定该包的版本号码，包迭代的版本号码（未发布的或已发布的），是单一性的增加字符串，由一个或者多个句点分隔（同样适用于IOS）
Bundle Version Code		内部版本号，用于确定一个版本是否最新的版本
Device Filter		设备筛选器，指定要建立的目标架构
Minimum API Level		此处跟所用的Android设备的OS版本有关
Install Location 程序安装位置	Automatic	自动，让操作系统决定。用户将能够来回移动应用程序
	Prefer External	如果移动设备有外接的SD卡，应用程序将安装到SD卡当中。如果没有，应用程序将安装到内部存储器
	Force Internal	强制项目应用程序安装在内部存储器。用户将不能移动应用程序到外接的SD卡内
Internet Access		因特网访问，如果设置为require，将启用网络权限，如果设置为auto将自动开启网络权限
Write Access		如果选择Internal Only，只能写入访问到内部的存储器，选择External（SDCard）将启用访问写入到外部的存储器
Optimization		优化
Api Compatibility Level		Api兼容级别
Stripping Level		剥离水平，可选剥离脚本功能，以减少构建播放器的大小
Enable “logcat” profiler		想从移动设备中获得反馈并同时测试项目，启用该项（仅适用开发版）
KeyStore		密钥库（目前先用预设，因为这部分的设定需要等到正式上传到Android Market时才需要做设定）
Use Existing Keystore		使用现有密钥库
Create New Keystore		创建新密钥库
Browse Keystore		浏览密钥
Keystore password		密钥库密码
Confirm password		确认的密码
Key		密钥（目前先用预设）
Alias		别名
Password		密码

图20-29
Splash Image属性面板

图20-30
Other Settings属性面板

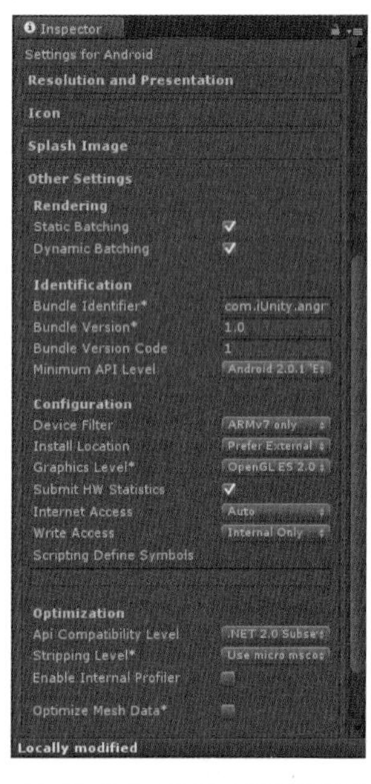

9．了解了以上内容之后，将以Unity官方的项目工程Penelope Compete Project为例进行项目的导出，在导出之前可以把Product Name名称设置为Penelope Compete Project，Default Icon默认图标设置为图20-31显示的图标。

图20-31
图标与项目名称的设置

10．设置完成后，依次打开菜单栏中的File→Build Settings项，在弹出的Building Settings对话框中，单击Build按钮进行发布，此时会弹出apk项目保存对话框Build Android，在对话框定位要发布的目录，将其名称输入为PenelopeCompeteProject，然后单击“保存”按钮，这样即可将游戏场景导出为apk文件，如图20-32所示。用户可将发布成功的apk文件部署到Android设备上查看运行效果。

图20-32
导出的apk文件

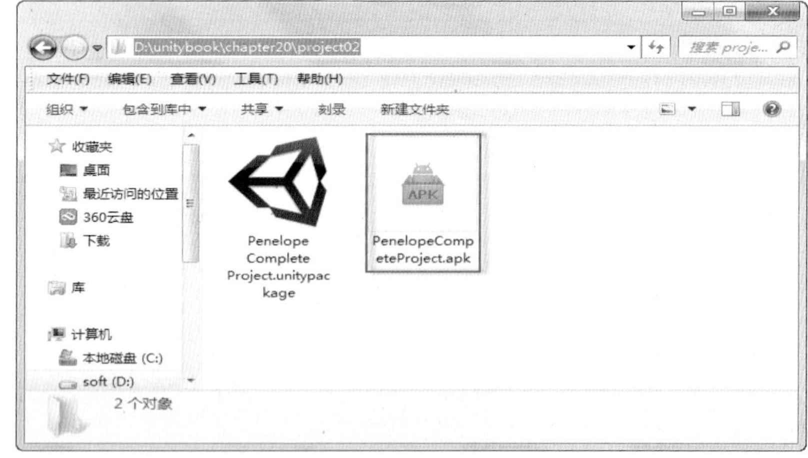

20.3 iOS平台的发布

Unity提供了将应用发布到iOS设备的功能，但和发布到PC相比，将应用发布到iPhone或者iPad则有些不同。另外，由于iOS设备并不像PC一样有着高性能的显卡，因此，在游戏的开发上也会有些不同。

20.3.1 发布前的准备工作

要将Unity游戏场景发布到iOS平台上，需要事先做一些准备的工作，例如需要Mac苹果计算机以及iOS测试机（例如iPhone、iPod touch或iPad），并且在Mac计算机上安装了Xcode开发工具，另外还需要一个注册好的Apple苹果开发者账号，并且配置好相关的证书，以下简要介绍相关的流程。

1．在Apple苹果开发者官网（https://developer.apple.com/devcenter/ios/index.action）下载并安装Xcode开发工具。

2．注册开发者账号，在网页地址栏输入iOS开发者注册的网址（https://developer.apple.com/register/createDeveloper.action），如图20-33所示。

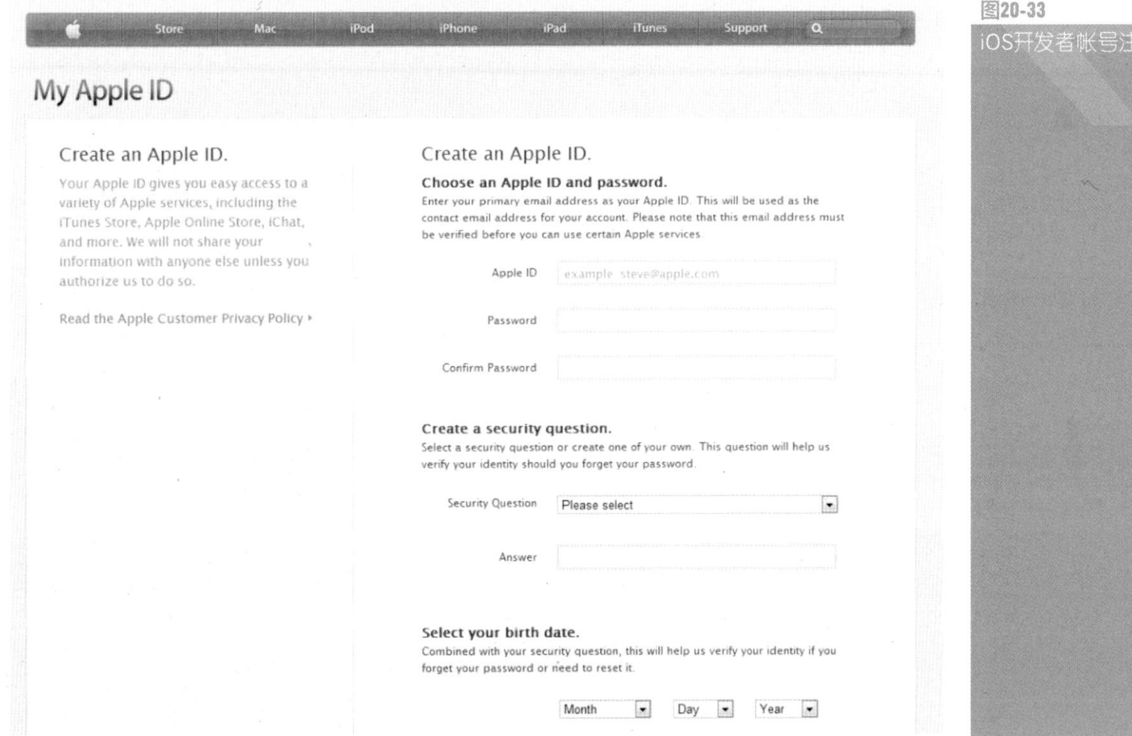

图20-33
iOS开发者帐号注册页面

注册完成后，需要为注册的账号购买iOS开发者计划，目前iOS开发者计划包含3种：

1）标准计划：面向通过App Store发布免费和付费应用程序的开发者。公司和个人开发者都可以加入此计划，费用为每年99美元。

2）企业计划：面向创建专有应用程序供内部使用的专属应用程序的公司和组织，可以无限通过Ad Hoc方式发布到企业内部设备上，但是不能通过App Store发布。开发机构须提供其 Dun & Bradstreet编号（DUNS）进行注册，费用为每年299美元。

3）大学计划：面向希望在其课程中引入应用程序开发的高等教育机构。注册后可以访问许多iOS开发技术资料，但不能对外正式发布iOS应用程序，该计划免费。

iOS开发者计划（iOS Developer Program）是苹果公司为iOS开发人员提供的官方项目，该计划包括为开发人员提供开发工具、技术支持培训、资格及程序发布审核等支持。

3．购买开发者计划后，通过Apple苹果的相关验证，用户即可登录开发者中心，在相关页面完成开发设备的登记以及开发者证书的配置和下载。由于这部分工作相对来说比较复杂和烦琐，本书只进行基本的介绍，更详细的内容请参考苹果开发者页面中iOS开发的相关信息（https://developer.apple.com/devcenter/ios）。

20.3.2　发布iOS平台的设置

在这个部分将介绍如何将Unity官方的案例“AngryBots”发布至iOS平台，用户将了解Unity中iOS发布的相关步骤以及各项参数的设置。

1．运行Unity应用程序，打开AngryBots项目工程（用户可按Ctrl+9组合键，在打开的Asset Stroe里下载该项目工程），在Build之前和其他平台一样，需要对Player Settings选项进行一系列配置，依次打开菜单栏中的Edit→Project Settings→Player选项，然后在Inspector视图中选择iOS图标，即可进行相关配置，配置参数如表20-4所示。

表20-4　viOS平台设置

Resolution and Presentation		分辨率和描述，如图20-34所示
Default Orientation 默认方向	Portrait	设备为纵向模式，手持垂直设备时home键在底部
	Portrait Upside Down	设备为纵向倒置模式，手持垂直设备时home键在顶部
	Landscape Right	设备为横向模式，手持垂直设备时home键在左边
	Landscape Left	设备为横向模式，手持垂直设备时home键在右边
	Auto Lotation	自动旋转
Use Animated Autorotation		勾选后屏幕的旋转会带有动画效果，使用该选项时需要开启自动旋转
Status Bar Hidden		指定是否隐藏状态栏
Status Bar Style 状态栏样式	Default	默认
	Black Translucent	黑色半透明
	Black Opaque	黑色不透明

续表

Use 32-bit Display Buffer		使用32位颜色（默认是16位），当画面出现明显的条带或者需要使用alpha通道时使用可以考虑使用32位
Show Loading Indicator 显示加载条	Don't Show	无加载条
	White Large	白色较大的加载条
	White	白色正常大小的加载条
	Gray	灰色正常大小的加载条
Icon		项目编译时的默认图标，如图20-35所示
Override for iOS		想为iOS项目自定义图标，请勾选，对应不同尺寸的图片填入方框中
Splash Image		项目启动画面，如果20-36所示
Mobile Splash Screen		指定iOS启动画面的纹理，标准启动画面的尺寸是320*480
High Res. iPhone		高分辨率的启动画面纹理，尺寸是640*960
iPad Portrait		用于iPad的启动画面纹理，尺寸是768*1024
iPad Landscape		用与iPad的横向启动画面纹理，尺寸是1024*768
Splash Scaling		指定启动画面将怎样缩放
Other Settings		其他设置，如图20-37所示
Static Batching		使用静态批处理，默认为激活
Dynamic Batching		使用动态批处理，默认为激活
Bundle Identifier		在苹果开发者网络账户证书中使用的字符串。格式：com.公司网站名称.产品名称。例如，com.unity3d.AngryBots
Bundle Version		指定该包的版本号码，是单一性的增加字符串，由一个或者多个句点分割（同样适用于iOS）
Target Device		指定要发布的目标设备
Target Platform		指定要发编译的目标构架
Target Resolution		指定在目标设备上要使用的分辨率
Graphics Level		Unity在移动设备上图形渲染引擎是OpenGL，支持OpenGL ES 1.x 和 OpenGL ES 2.0，其中OpenGL ES 2.0支持使用可编程着色器绘制复杂的反射效果、动态阴影、水面以及粒子效果
Accelerometer Frequency		加速计采样频率
Override iPod Music		勾选后，应用会将用户的iPod音乐静音
UI Requires Persistent WiFi		指定应用是否需要持久的WiFi连接
Exit on Suspend		指定应用是否在退出后挂起，需要支持多任务的iOS版本
Submit HW Statistics		是否提交匿名的硬件信息（不包含任何个人身份信息），用于为Unity提供优化游戏性能的参考
Optimization		优化
Api Compatibility Level		Api兼容级别
AOT Compilation Options		附加AOT编译选项
SDK Version		使用的SDK的版本
Target iOS Version		目标iOS设备的系统版本
Stripping Level		代码剥离等级，使用代码剥离功能，以减少发布的播放器包的大小
Script Call Optimization		脚本调用优化选项

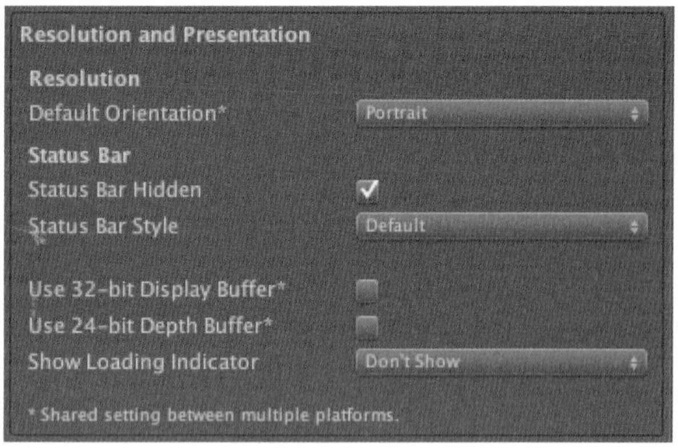

Resolution and Presentation
Resolution
Default Orientation* Portrait
Status Bar
Status Bar Hidden
Status Bar Style Default
Use 32-bit Display Buffer*
Use 24-bit Depth Buffer*
Show Loading Indicator Don't Show
* Shared setting between multiple platforms.

图20-34 Resolution and Presentation设置面板

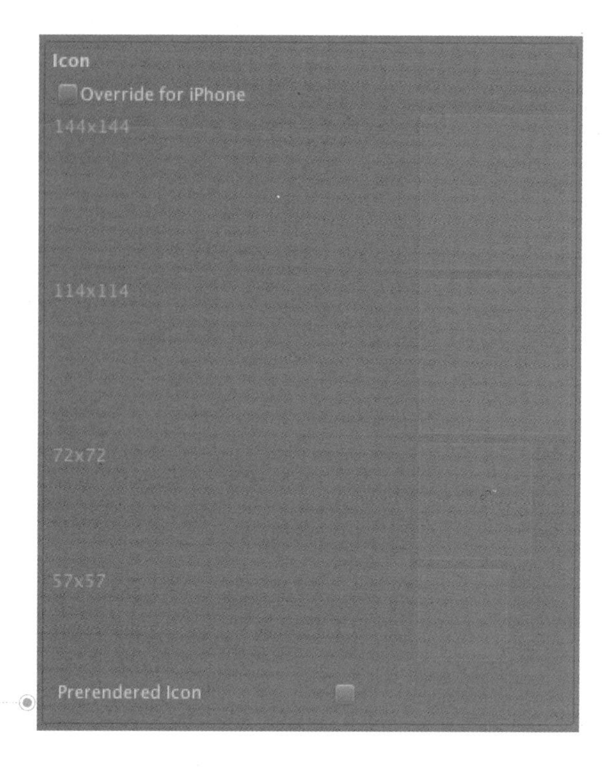

图20-35 Icon 设置面板

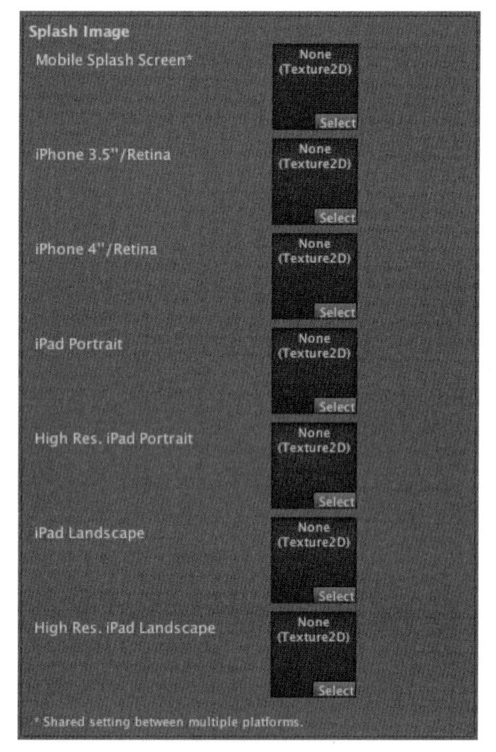

图20-36 Splash Image设置面板

图20-37 Other Settings 设置面板

完成Player Settings的配置后，依次打开菜单栏中的File→Build Settings项，选择iOS平台并单击Build按钮生成Xcode工程，如图20-38所示。

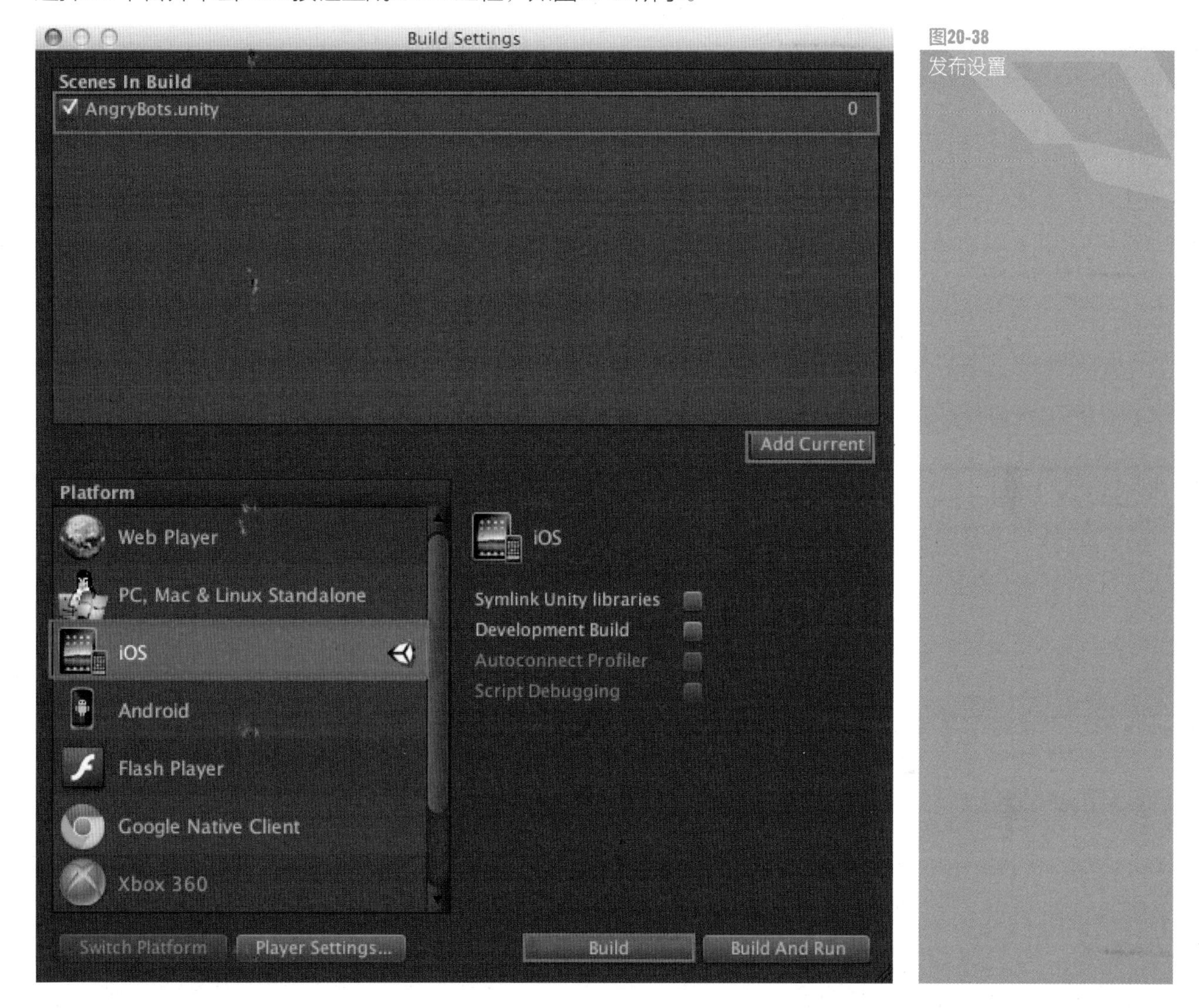

图20-38
发布设置

2．单击Build按钮，在弹出的Build iOS窗口里选择所生成的Xcode工程的路径，如图20-39所示。

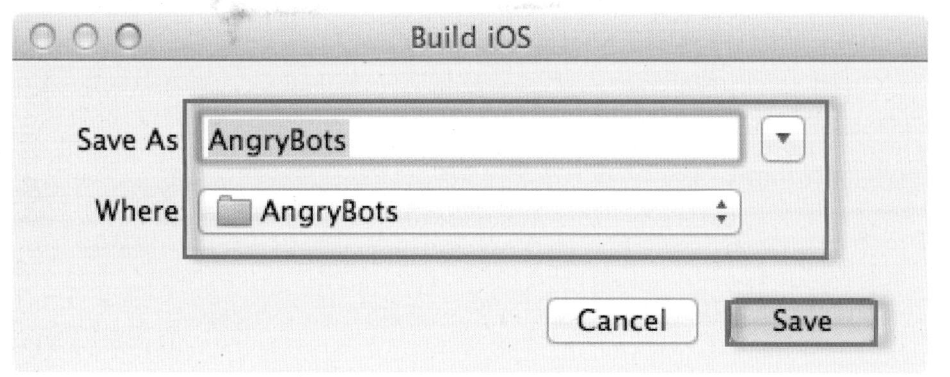

图20-39
保存界面

图20-40
发布后的项目

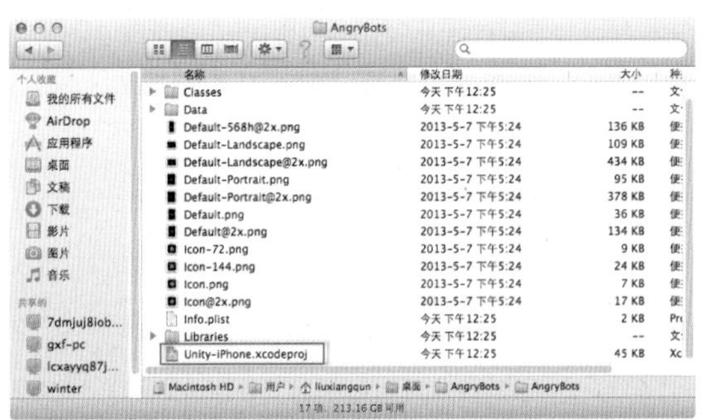

3．单击Save按钮发布Xcode工程文件，发布后如图20-40所示。

20.3.3 项目工程输出与发布

图20-41
打开Xcode项目

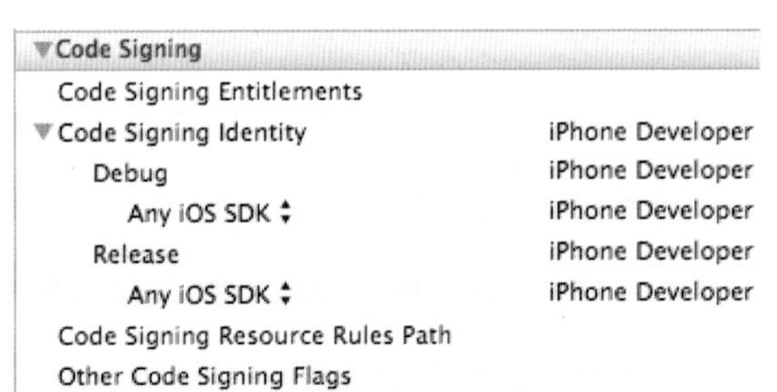

1．如果Xcode已经安装，双击.xcodeproj文件即可打开生成的工程。在工程的Build Settings选项中设置Code Signing属性，为对应的发布版本中选择个人的开发者证书，如图20-41所示。

2．如果iOS设备与计算机已连接，Xcode会自动选择其中一个连接设备作为目标。在Xcode窗口左上角选择目标设备，然后单击左边的Run按钮，即可开始编译，编译完成后会自动安装并运行在指定的iOS设备上，如图20-42所示。

图20-42
安装成功

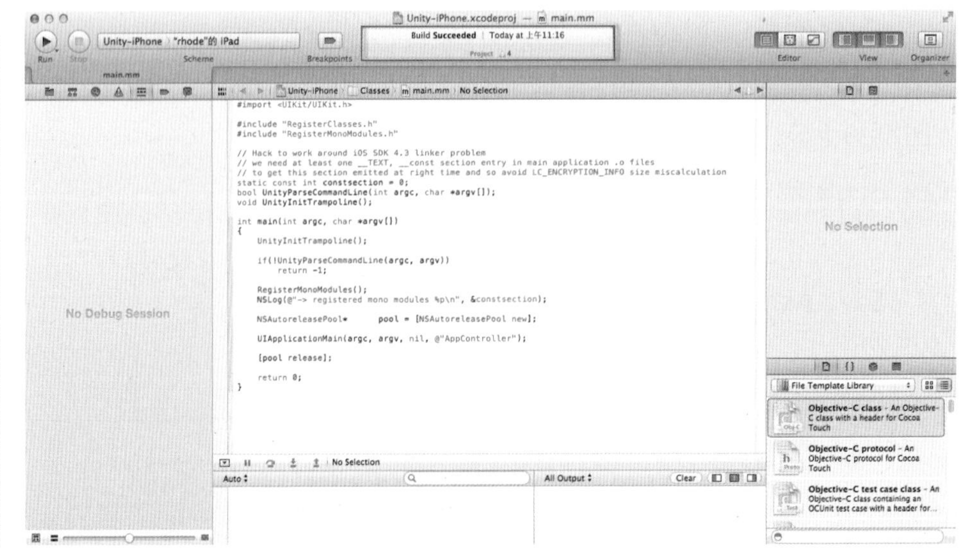

第21章 经典案例分析之Angrybots

“Angry Bots”（愤怒的机器人）是一款画面极为出众的第三人称射击类游戏。游戏中玩家需要控制主角去消灭机器军团，操控采用虚拟按键，简单流畅，加上狂扫射击的音效，能给玩家带来爽快的射击体验，如图21-1所示。游戏采用强大的Unity引擎开发，光影效果出色，不但有着真实的阴影，甚至连地板的反光都做得细腻逼真。场景贴图也十分精细，地面上的铁丝网网格清晰可见。在本章将对此经典案例进行深入的剖析和讲解。

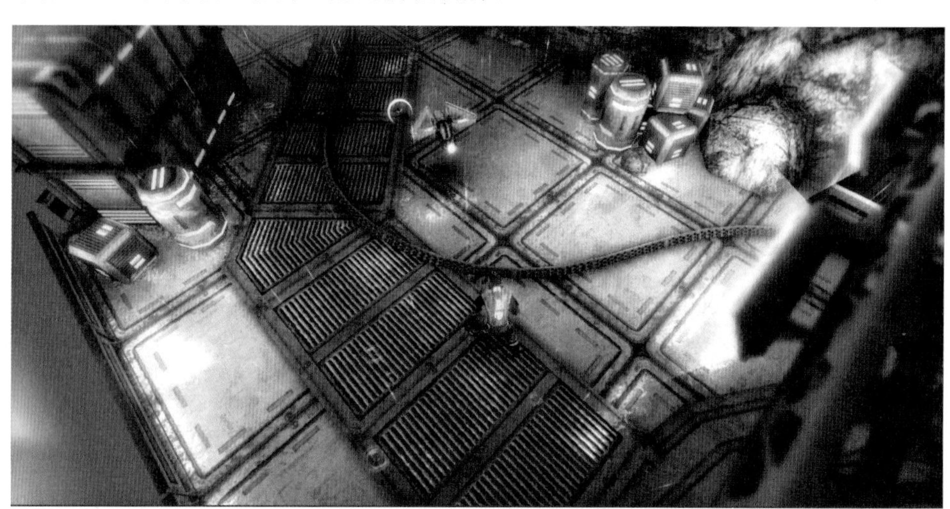

图21-1
“Angry Bots” 游戏截图

21.1 资源准备

需要说明的是，\unitybook\chapter21\project文件夹中提供了完整的Angry Bots案例源码，无须读者进行模型、材质以及动画等导出、导入的工作。本节介绍在三维软件中将模型、材质以及动画资源的导出操作，目的是让读者更好地理解Unity制作游戏的流程。

21.1.1 静态3D资源（无动画）导出

1．启动3DS Max应用程序，打开\unitybook\chapter21\AngryBots\Objects路径下的buzzer_bot.max文件，如图21-2所示。

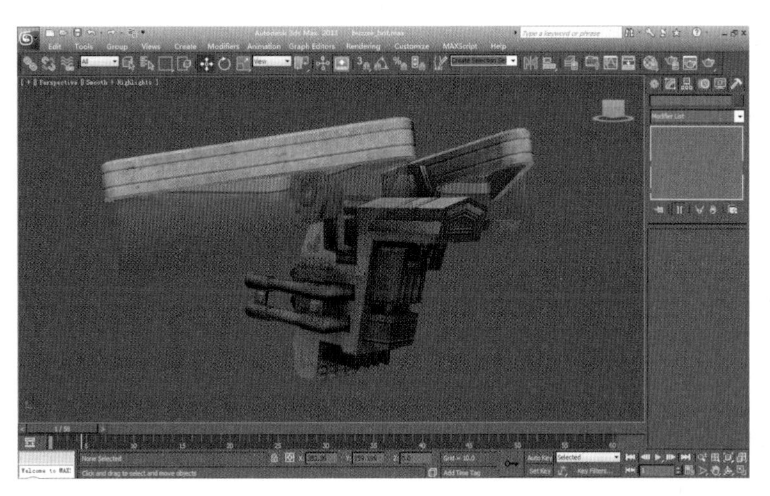

图21-2
buzzer_bot模型效果

2．场景中存在两个物体，其中机体飞翼下方的光效作为子物体已经链接了机体（光晕必须跟随机体运动才是符合逻辑的），通过单击工具栏中的按钮可以查看场景中的父子层级链接关系，如图21-3所示。

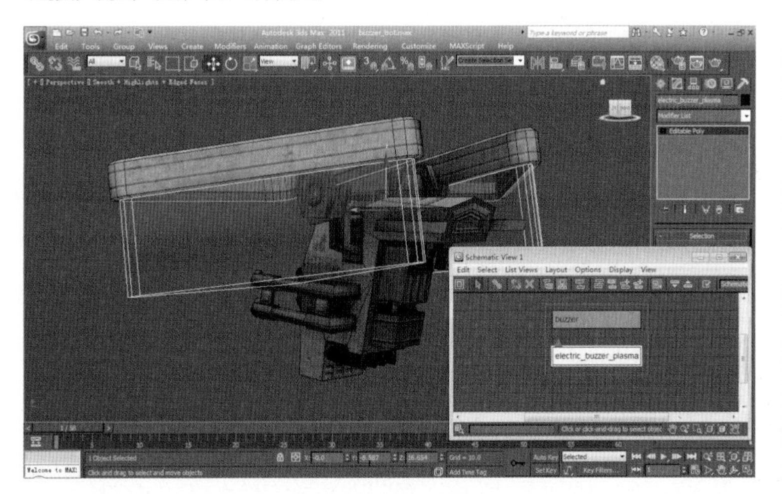

图21-3
场景中模型的父子层级链接关系

3．检查模型、贴图无误后（关于3DS Max模型、材质、贴图等相关知识请参考相关资料），单击屏幕左上角的按钮，单击下拉列表中Export选项，在弹出的Select File to Export窗口中选择保存类型为Autodesk（*.FBX），为FBX文件命名并指定该文件导出的路径，然后单击“保存”按钮，弹出FBX Export对话框，由于该文件模型不含动画，故可取消Animation卷展栏中的Animation项的勾选，并勾选Embed Media卷展栏下的Embed Media项（勾选该项FBX文件会嵌入贴图、动画等媒体资源），其他参数保持默认设置即可，如图21-4所示。

图21-4
FBX Export对话框

4．经过以上操作，为Unity项目工程准备静态模型资源的工作就完成了。

21.1.2　动态3D资源导出

1．启动3DS　Max应用程序，打开\unitybook\chapter21\AngryBots\Objects路径下的Player.max文件，场景中是一个已经做好的角色模型及其配套的武器，如图21-5所示。

图21-5
角色模型以及配套的武器系统

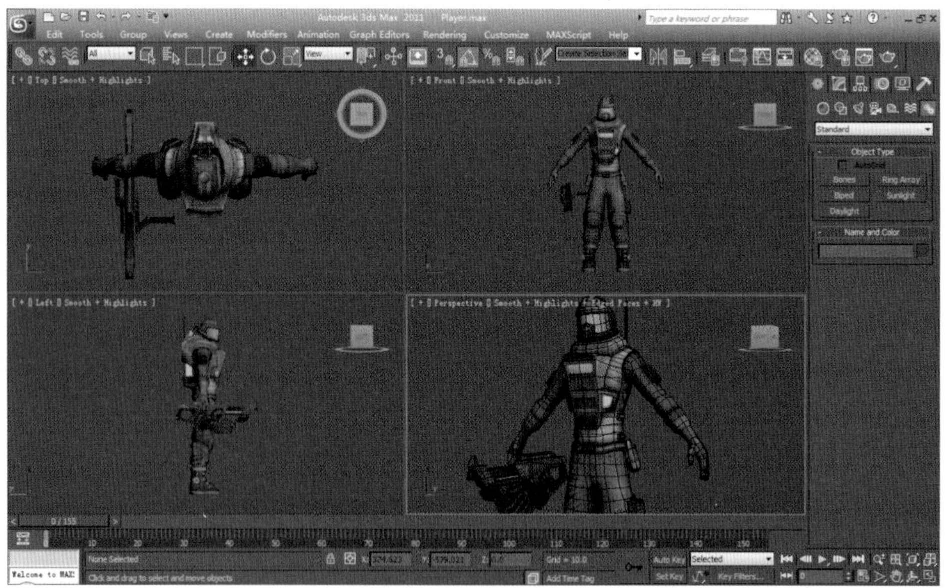

2．该角色将来要作为玩家所控制的主角，会依据玩家的控制做出相应动作。为该模型建立相应的骨骼系统，并为模型指定Skin（蒙皮）修改器，具体实施步骤请参考相关资料。

3．通常来讲，一个动画角色会具有一系列在不同情境下被触发的基本动作，比如行走、奔跑、跳跃、攻击以及死亡等。为该角色制作相应的动作（0~155帧），具体步骤请参考相关资料，效果如图21-6所示。

图21-6
预览角色动画

4．确认角色的模型、材质、贴图以及动画无误后，单击屏幕左上角的按钮，单击下拉列表中Export选项，在弹出的Select File to Export窗口中选择保存类型为Autodesk（*.FBX），为FBX文件命名并指定该文件导出的路径，然后单击“保存”按钮，弹出FBX Export对话框，由于该文件模型含动画，故必须将Animation卷展栏中的Animation项进行勾选，并依据图21-7所示进行设置。勾选Embed Media卷展栏下的Embed Media项（勾选该项FBX文件会嵌入贴图、动画等媒体资源），其他参数保持默认设置即可。

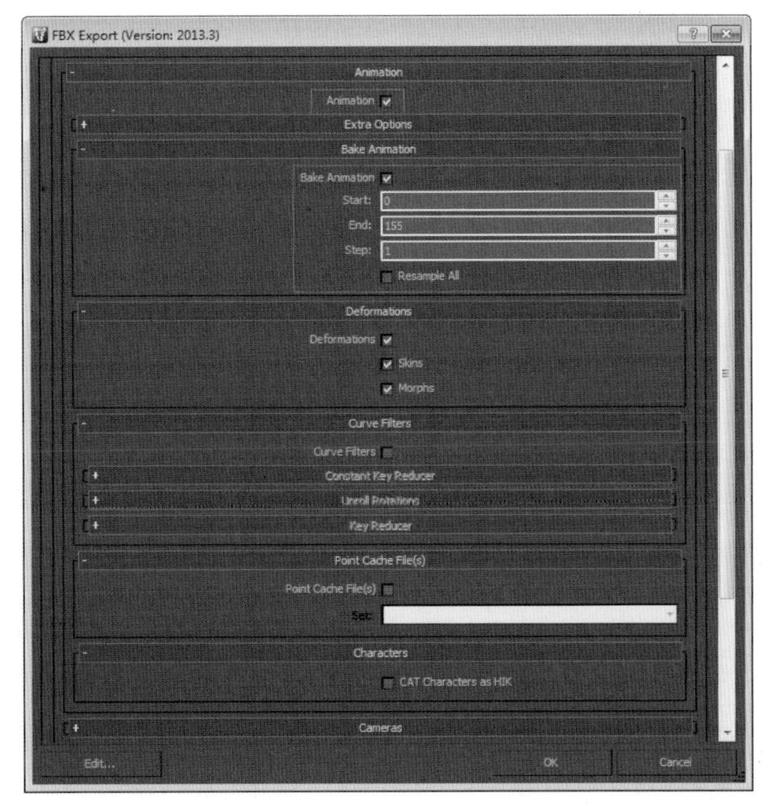

图21-7
导出带有动画的FBX文件

5．经过以上操作，为Unity项目工程准备模型以及动画资源的工作就完成了。

需要注意的是，FBX文件导出时存放的路径可以自由指定。使用时连同贴图等资源一并复制到Unity项目工程所在文件夹下的Assets文件夹下即可，默认设置下Unity会自动刷新Assets文件夹中的资源。建议工作流程是先建立Unity项目工程，再将3D资源导出到项目工程文件夹中的Assets中。这样可以避免手动将资源导入Unity的工作，从而简化了操作步骤，并提高了工作效率。

21.2 导入资源到项目工程

本节介绍模型、材质以及动画资源导入Unity项目的操作。

1．启动Unity应用程序，新建项目工程，将上节中导出的静态3D资源（buzzer_bot）导入到Unity中，在Project视窗中的Assets文件夹中可以找到导入的FBX文件，FBX文件导入Unity中是一个蓝色的立方体右下角带有白色标签的图标，如图21-8所示。

图21-8

FBX导入Unity中的图标样式

2．Unity会为导入的3D资源创建材质并放置在自动生成的Materials文件夹中；在导出FBX文件时，如果将FBX Export对话框中Embed Media项勾选，则导出的FBX文件在导入Unity的时候，Unity会自动新建一个名为“FBX文件名.fbm”的文件夹，该文件夹内会放置FBX文件配套的贴图资源，如图21-9所示。

图21-9

Unity为导入的FBX文件自动创建用于存放配套资源的文件夹

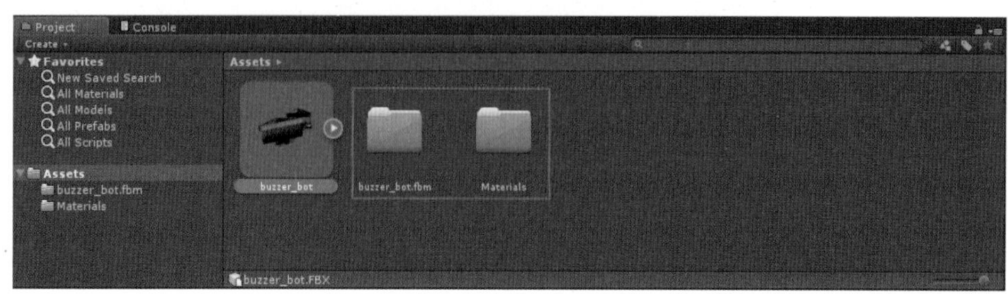

3．选中导入的FBX文件，Inspector视窗中的Import Settings参数面板中的Model标签页用于设置FBX文件网格、材质、UV、法线切线等方面的参数，如图21-10所示。

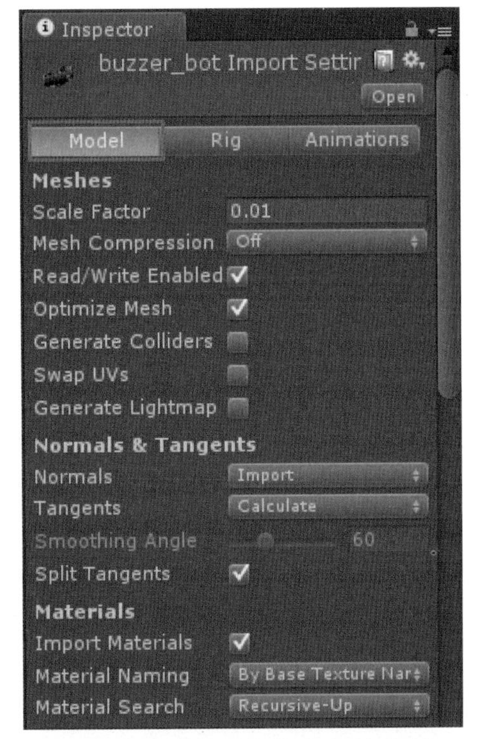

图21-10 Model标签页参数面板

4．Rig标签页用于为导入的FBX文件设置动画类型，如图21-11所示。该面板参数会因Animation Type项指定的不同动画的类型而不同。

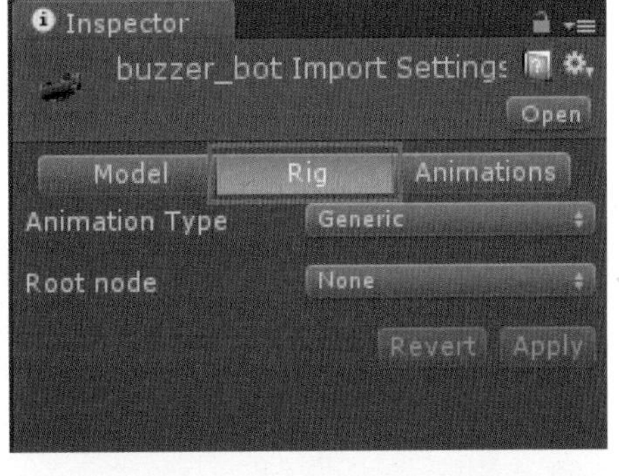

图21-11 Rig标签页参数面板

5．Animations标签页用于设置FBX文件动画相关参数（具体可参见本书第6章的相关内容），如图21-12所示。该面板参数会因Animation Type项指定的不同动画的类型而不同。

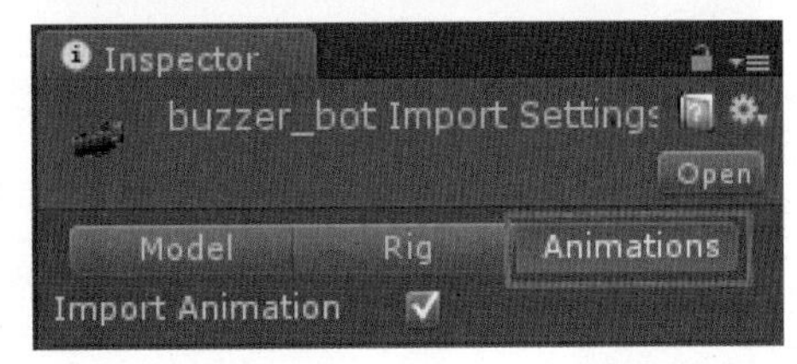

图21-12 Animations标签页参数面板

21.3 角色分析

1．打开AngryBots项目文件，首先对场景中的主角进行分析。单击Player对象，可以知道该对象中已经添加了图21-13所示的脚本文件。

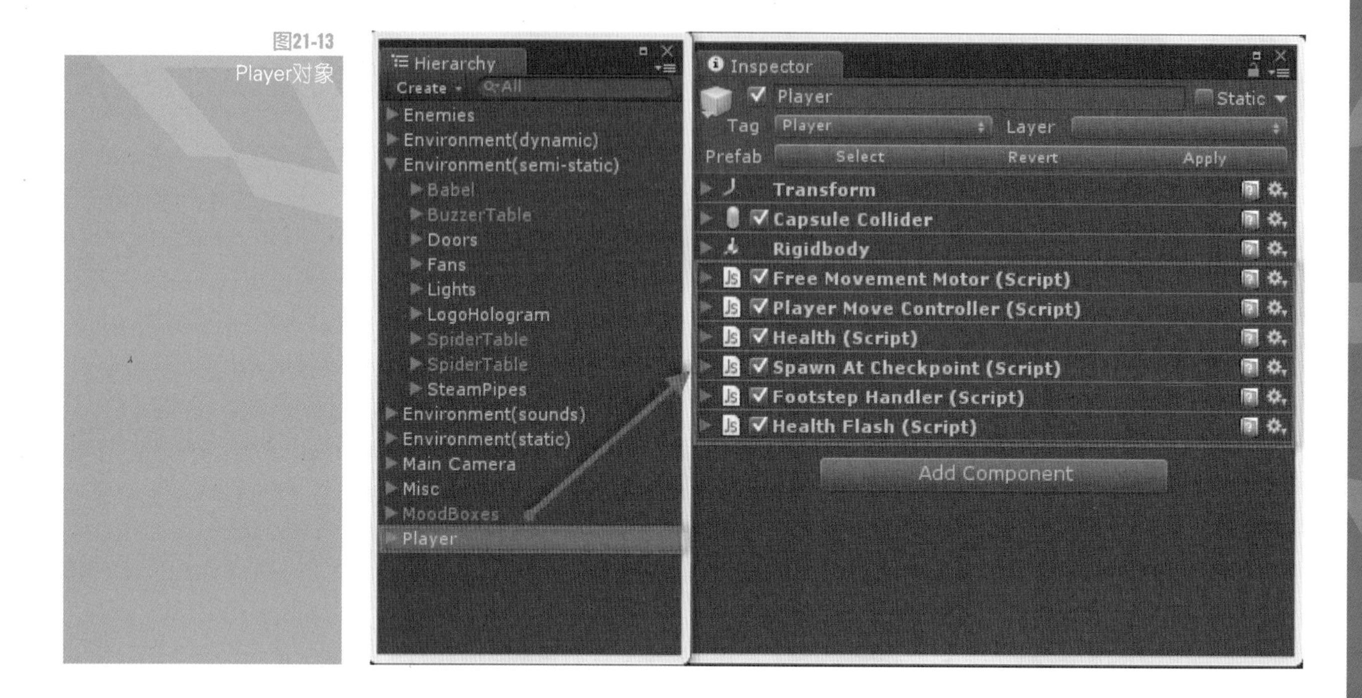

图21-13
Player对象

其中，添加的脚本FreeMovementMotor.js文件主要控制角色的移动状态与速度设定（包括了行走速度与角色转身时的平滑度）。当移除该脚本时，玩家将无法控制角色的状态（包括移动与转身），如图21-14所示。

图21-14
角色的控制

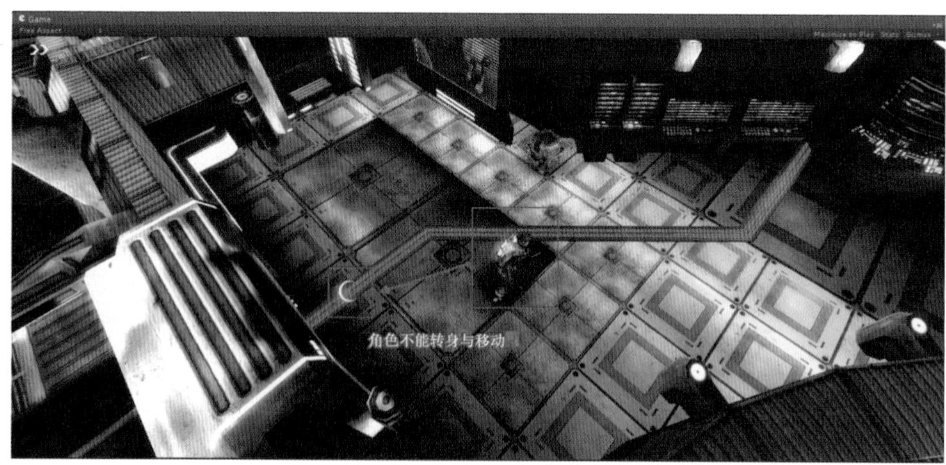

2．PlayerMoveController脚本是对角色的状态控制。角色状态包括了角色的移动方向、朝向和摄影机的跟随状态。在该脚本中，角色的移动方向由焦点（编辑器中为鼠标）来决定，而相机的位置由当前的角色和焦点位置来共同决定。

3．Health脚本是对角色生命值的控制。需要指出的是，角色的生命值状态并不是平时常见的以GUI形式展现的HP（生命值）条，而是表现在角色身上以动画形式呈现。它通过HealthFlash脚本实现，如图21-15所示。

图21-15
角色生命值

当角色（HP）生命值很低时，角色的生命值动画呈现的光很微弱，如图21-16所示。

图21-16
角色生命值动画

4．移除角色身上的HealthFlash脚本时，角色的生命值动画一直以饱满的状态显示。

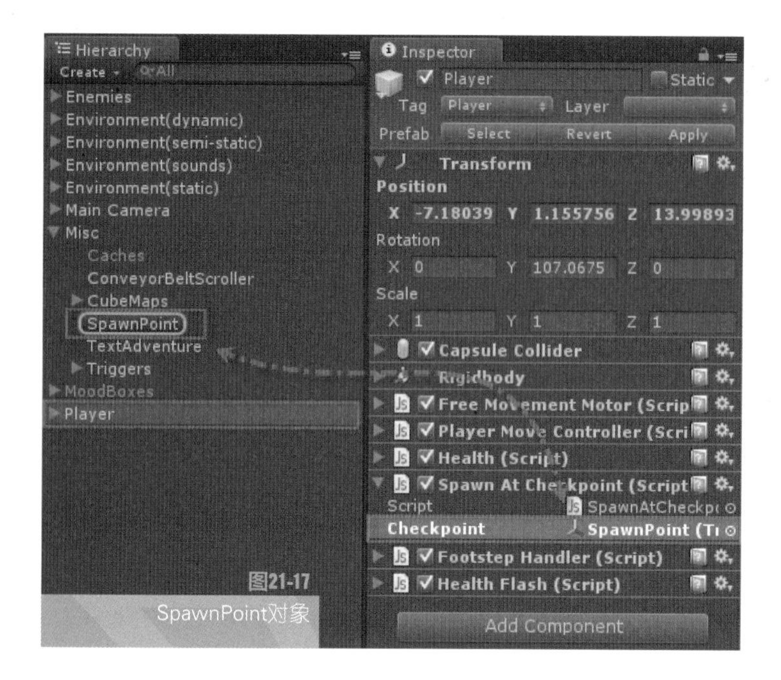

图21-17 SpawnPoint对象

21.4 自定义复活位置

1. SpawnAtCheckPoint脚本可以针对主角死亡后，对角色复活位置的定位。打开脚本可知，默认绑定的角色复活位置为SpawnPoint对象所在的位置，如图21-17所示。

2. 单击SpawnPoint对象，可知它在场景中所在的位置，如图21-18所示。

图21-18 角色复活位置

3. 也可以自定义复活的位置，如图21-19所示。

图21-19 自定义复活位置

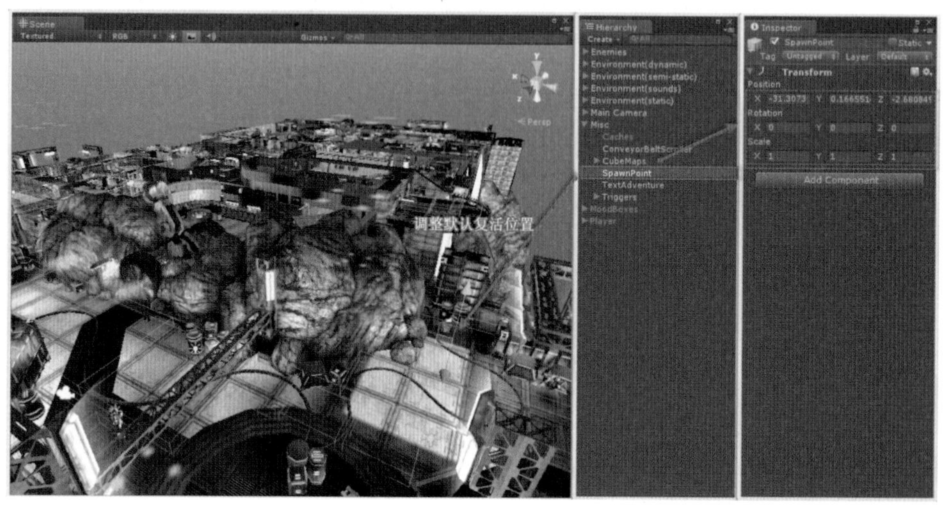

4．当角色死亡后，会出现在自定义复活的位置上，如图12-20所示。

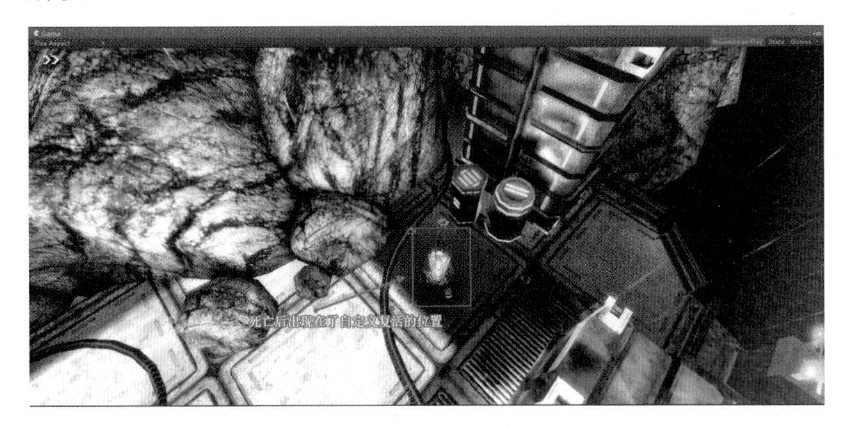

图21-20
自定义复活位置

5．当游戏主角在场景中的不同方位时，它所在的自定义复活位置也是不一样的。例如，当主角消灭外围敌人后，进入石门内部场景，主角的复活位置由SpawnPosition对象所在的位置替换成了SpawnTransform对象所在的位置，如图21-21所示。

图21-21
复活位置改变

6．SpawnTransform对象在场景中所在的位置如图21-22所示。

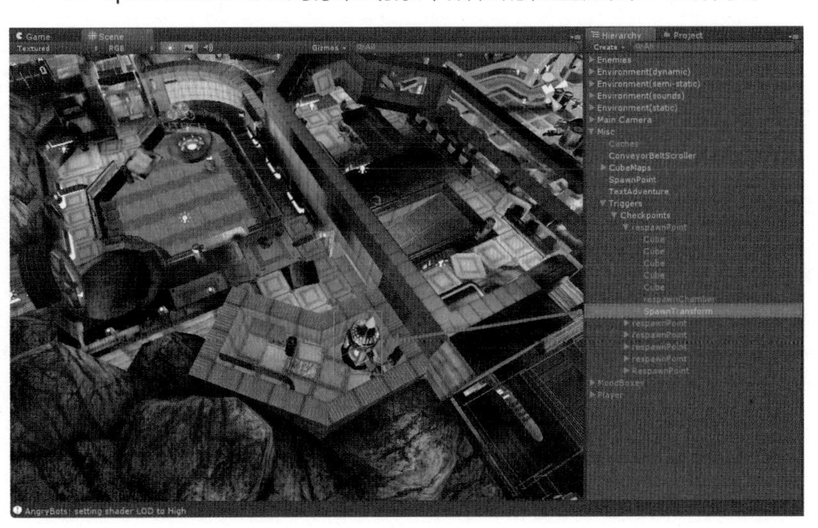

图21-22
SpawnTransform对象

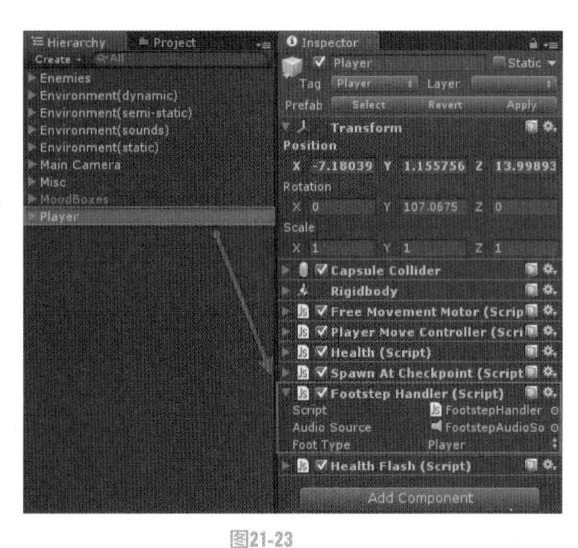

7．FootStepHandler脚本文件主要用于对各角色走路声音的控制。这里控制游戏主角的声音，如图21-23所示。

8．单击Spider对象时，可以知道绑定在该角色上的FootType为Spider，说明此时播放的是Spider对象走路的声音，如图21-24所示。

图21-23
FootStepHandler脚本

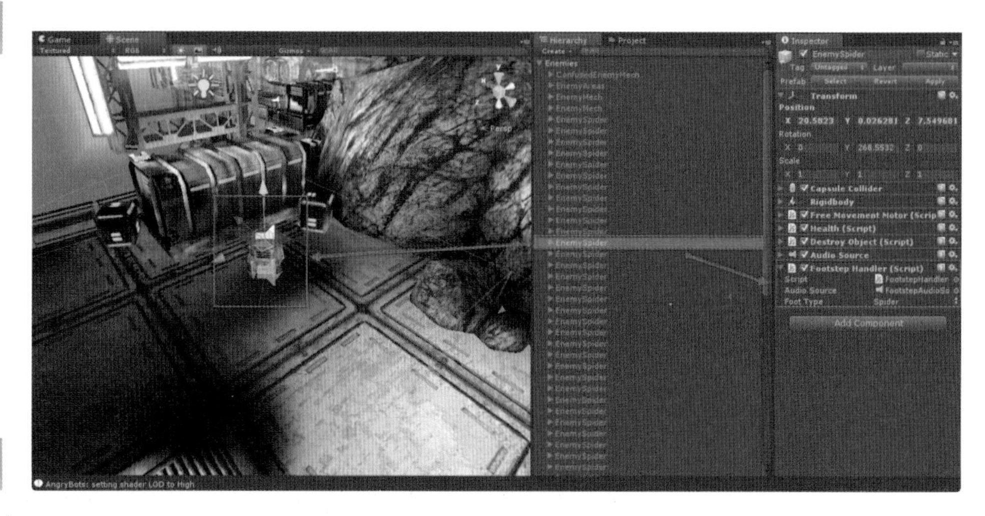

图21-24
Spider游戏对象

也就是说，不同的游戏对象添加相同的走路的声音脚本，但是FootType（走路的声音类型）是不一样的。

9．单击Player对象左边的三角形按钮，选中展开的子对象DamageAudioSource。它有两个子对象，分别为DeadSound与HitSound，如图21-25所示。

图21-25
声音控制

这两个对象分别代表着角色死亡的声音和角色开枪的声音。

10．在展开的Player对象下单击player子对象，通过Inspector视图可知，该子对象添加了播放动画的脚本，如图21-26所示。

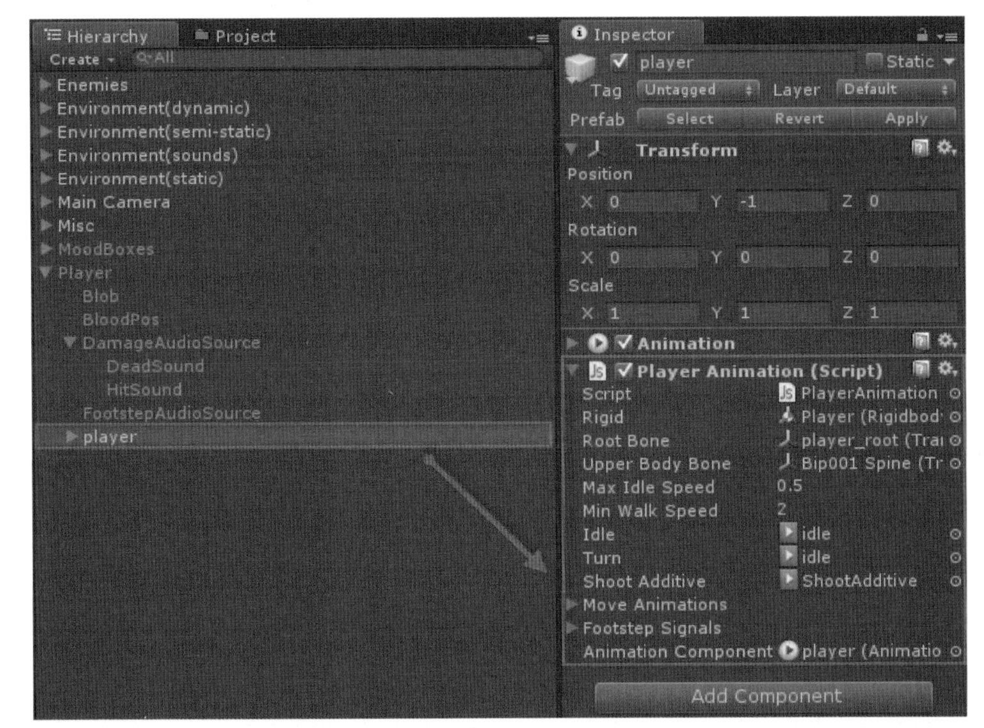

图21-26
动画播放脚本

11．反观“敌人”角色，它们也有着与游戏主角相同的或者类似的层次与脚本结构。

21.5　角色射击

在游戏运行时，单击鼠标左键，角色即可进行射击操作，效果如图21-27所示。

图21-27
角色射击效果

下面具体讲解项目中的人物是如何进行射击的。

1．单击角色模型的WeaponSlot，可以看到其附加组件和材质情况，如图21-28所示。

2．Auto Fire脚本用来控制子弹实体的生成组件，包括子弹的Prefab、生成位置、射击频率、每秒伤害值、力度大小等，如图21-29所示。

3．Tigger On Mouse Or Joystick脚本负责根据Input输入来控制角色武器的射击操作。具体参数如图21-30所示。通过该脚本，当有Mouse Down信号传入游戏时，WeaponSlot物体上的OnStartFire函数将被调用；当有Mouse Up信号传入游戏时，WeaponSlot物体上的OnStopFire函数将被调用。

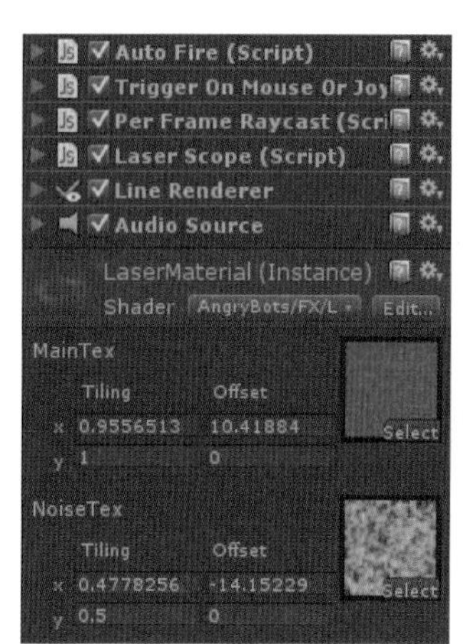

图21-28 武器上的附加组件

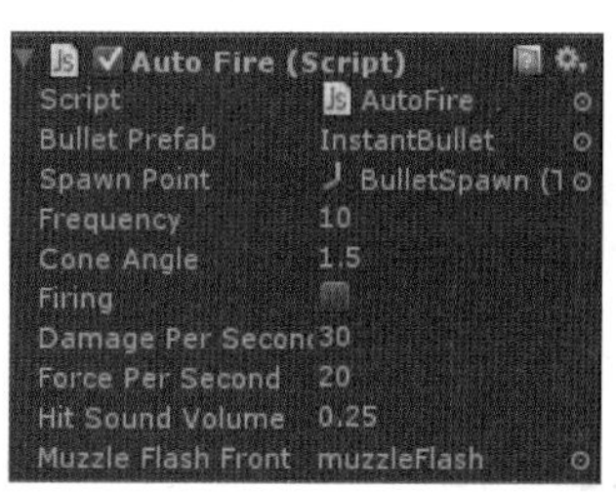

图21-29 Auto Fire脚本详细信息

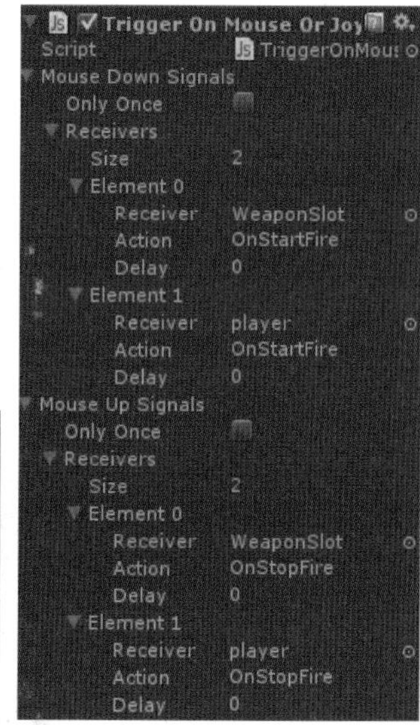

图21-30 Trigger On Mouse Or Joystick脚本详细信息

图21-31 子弹Prefab上附加的脚本组件

4．当子弹生成后，子弹实体会受其自身附加的组件而自行运动，其附加脚本如图21-31所示。该组件负责控制子弹的飞行速度、飞行时间以及最远距离。

5．在子弹的运行过程中，其与场景中物体（如Enermy）的碰撞情况由Per Frame Raycast脚本负责。该脚本在每帧中通过Physics.Raycast函数来判断子弹在行进过程中是否与场景物体发生碰撞。

6．Laser Scope脚本和Line Renderer组件用来负责渲染武器的激光光束效果，Laser Material即为生成光束所需的材质，最终渲染效果如图21-32所示。

图21-32 武器的激光光束效果

21.6　碰撞检测

1．讲解完游戏主角的控制后，需要了解主角接近石门时，石门如何进行控制。单击Hierarchy视图下的MoodBoxes对象后，在场景中显示了MoodBoxes游戏对象，如图21-33所示。

图21-33
MoodBoxes对象

2．单击MoodBoxes对象左边的三角形按钮，可知该对象下的所有子对象都绑定了MoodBox脚本，如图21-34所示。

绑定的脚本主要用于对环境氛围的控制，包括游戏降噪、游戏雾的效果等。

3．当游戏主角靠近石门时，石门触发器会触发而进行开启，此过程处理通过PlayerSlideDoor对象进行控制，如图21-35所示。

图21-34
绑定MoodBox

图21-35
PlayerSlideDoor对象

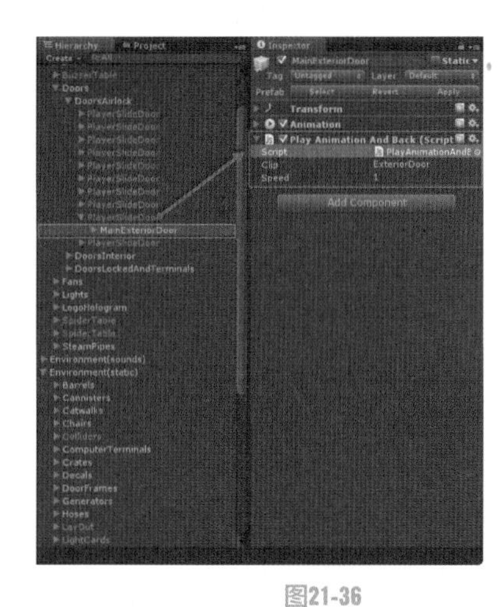

图21-36
PlayAnimationAndBack脚本

PlayerSlideDoor对象绑定了两个脚本，其中TriggerOnTag脚本用于处理游戏主角与石门的碰撞，PlaySoundAndBack脚本用于处理石门开启与关闭时的声音。展开该对象，可以查看该对象下的子对象MainExteriorDoor，该对象上绑定了PlayAnimationAndBack脚本，该脚本用于处理门开启与关闭时的动画播放，如图12-36所示。

4．这里需要注意的是，PlayerSlideDoor对象的BoxCollider需要开启触发器功能，即勾上Is Trigger选项，如图21-37所示。

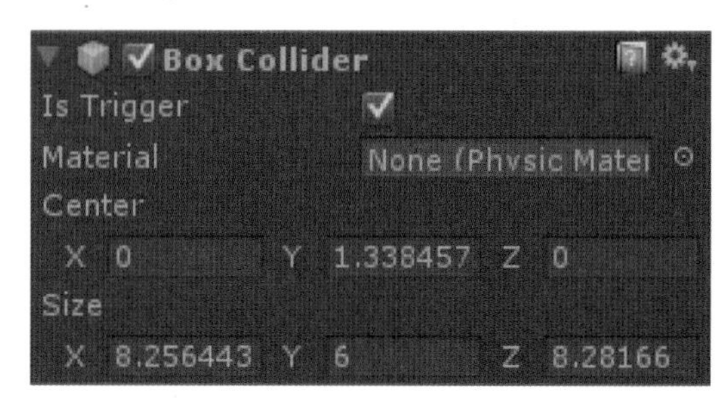

图21-37
PlayerSliderDoor的触发器设置

21.7 自定义路径曲线

1．仔细观察Scene视图。可以发现有几条明显的路径，如图21-38所示。

图21-38
路径曲线

2．单击Enemies左边的三角形按钮，并同时按住Alt键，展开Enemies对象下的所有子对象，单击PatrolRoute1对象，如图21-39所示。

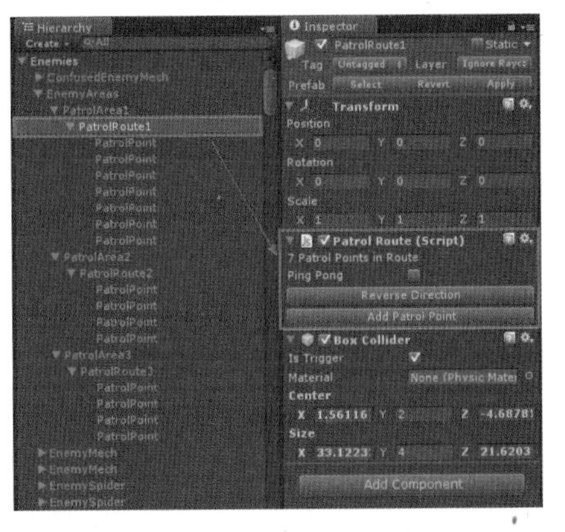

图21-39
PatrolRoute对象

由上图可知有3个PatrolRote对象，分别在各个对象上添加了PatrolRoute脚本，每个PatrolRoute对象都有PatrolPoint的子对象，曲线路径通过PatrolPoint对象新增路径点。新增路径点可以在PatrolRoute脚本的Inspector视图中单击Add Patrol Point按钮添加路径点，也可以单击Reverse Direction按钮反方向设置曲线路径。要删除指定路径点或者插入指定位置的路径点可以单击PatrolPoint对象进行删除或者指定操作，如图12-40所示。

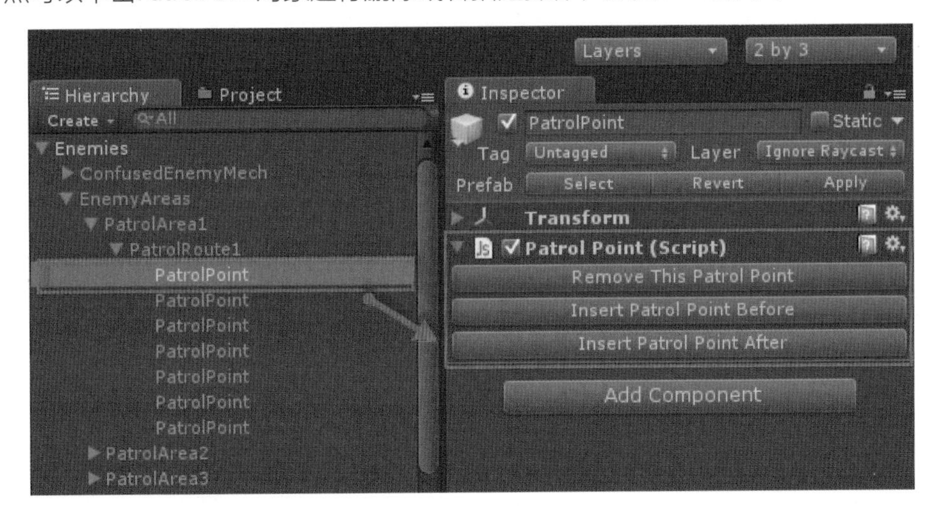

图21-40
PatrolPoint对象

3．单击PatrolArea1对象，查看该曲线路径所应用的目标对象是EnemyMech游戏对象，如图12-41所示。

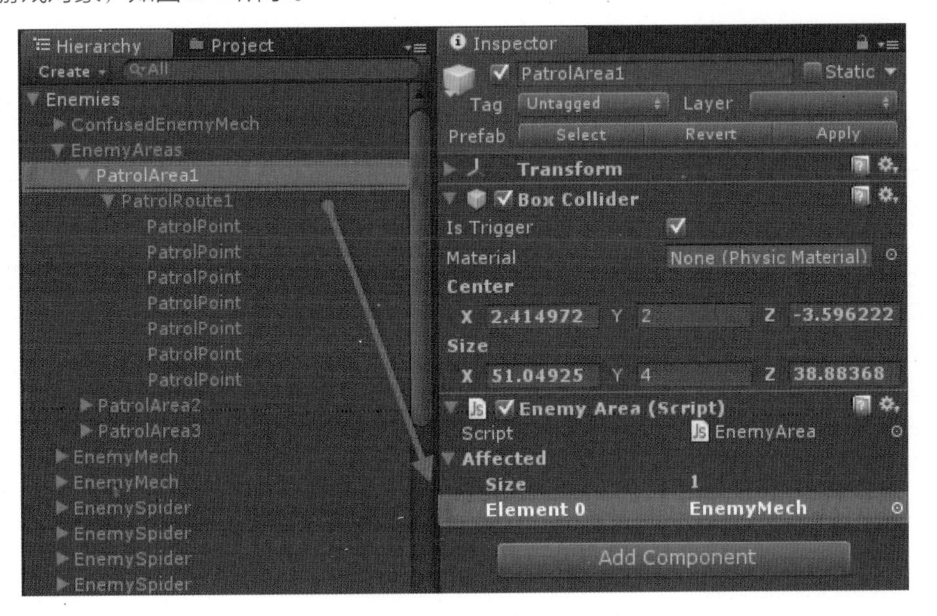

图21-41
曲线路径的目标对象

4．运行游戏，可以知道EnemyMech游戏对象的运动路径运行于曲线路径上，如图12-42所示。

图21-42
EnemyMech游戏对象运动路径

21.8 降雨效果

1．游戏中RainBox的处理也是该游戏的一个亮点。可以在Hierarchy视图中找到RainEffects对象，如图12-43所示。

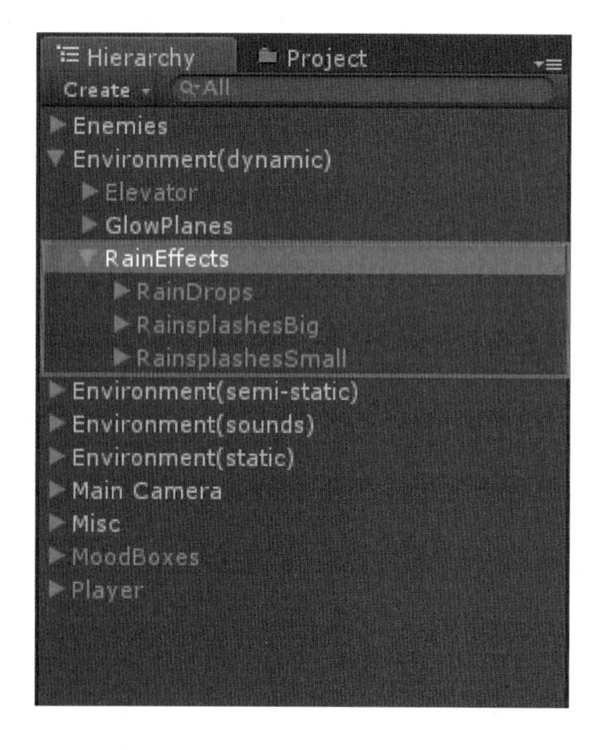

图21-43
RainEffects对象

2．单击RainDrops对象，可知在该对象上绑定了RainManager脚本文件，如图12-44所示。

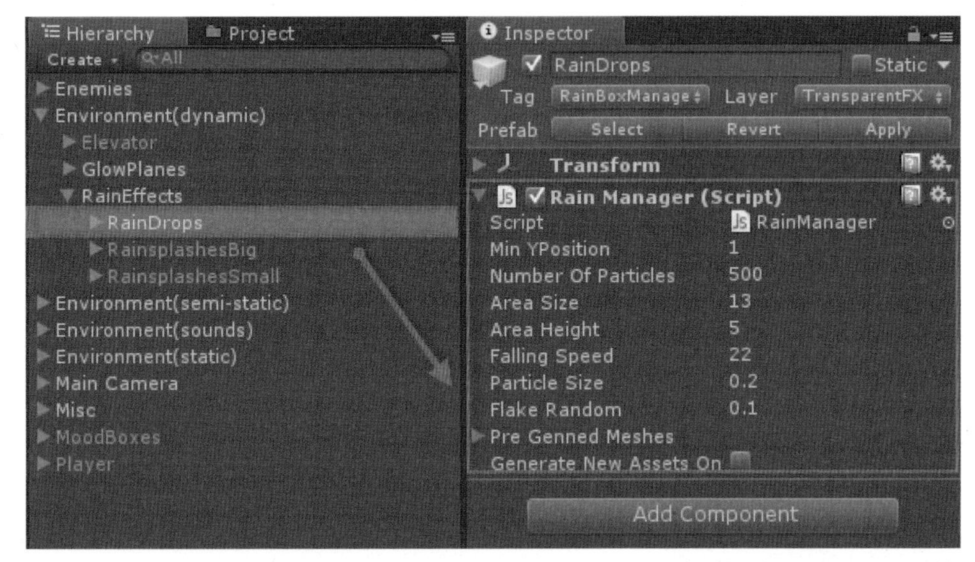

图21-44
RainDrops对象

3．RainManager脚本在运行游戏时创建雨幕的网格与材质，可以通过它控制雨幕的区域大小、雨滴下落的速度、雨滴粒子的数量等。展开RainDrops对象下的子对象，单击RainBox对象，可知RainBox对象上绑定了RainBox.js脚本文件，如图12-45所示。

图21-45
RainBox对象

4．RainBox主要设置雨滴的外观。该脚本中Update里的逻辑让雨幕的网格在Y方向上从上自下地循环运动，从而达到雨滴落下的效果。OnDrawGizmos函数用于绘制雨幕的外形。对于雨滴的外观可以通过双击图片，对图片进行查看，如图12-46所示。

5．雨滴下落到地面后产生的大的涟漪效果通过RainsplashesBig对象控制。单击RainsplashesBig对象，如图12-47所示。

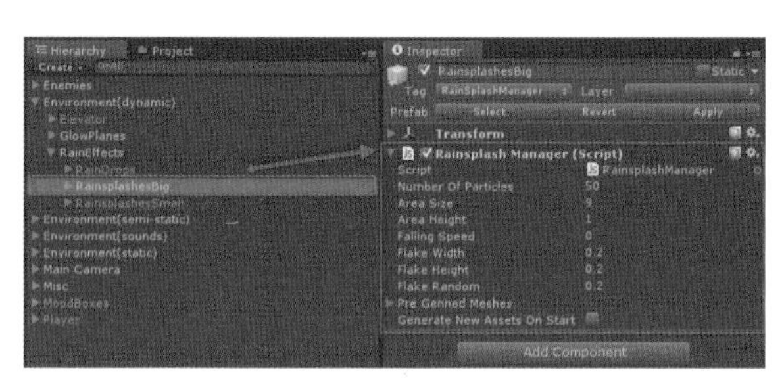

图21-46
雨滴外观

图21-47
RainsplashesBig对象

6．雨滴下落到地面后产生的涟漪外观通过splashbox对象表现。单击RainsplashesBig对象左边的三角形按钮，选中该对象的子对象splashbox，如图21-48所示。

图21-48
splashbox对象

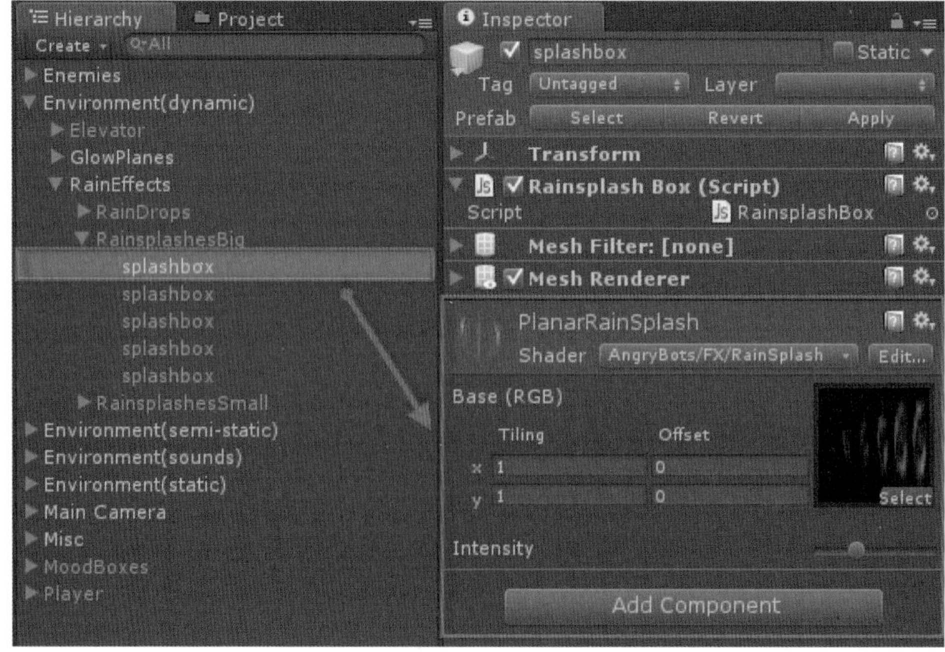

7．可以通过双击添加至该对象的Textture图片，查看涟漪的效果图，如图21-49所示。

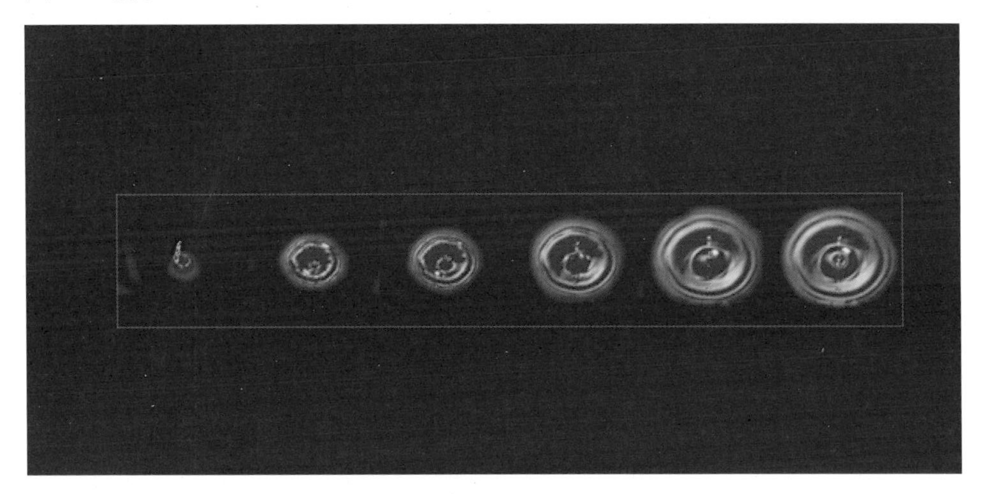

图21-49
涟漪效果图

8．雨滴下落到地面后产生的小的涟漪效果，通过RainsplashesMin对象控制。

21.9　静态批处理

1．游戏中的对象可以分为Environment(dynamic)（动态的环境）与Environment(static)（静态的环境），其中Environment(static)的对象启用了静态批处理，如图12-50所示。

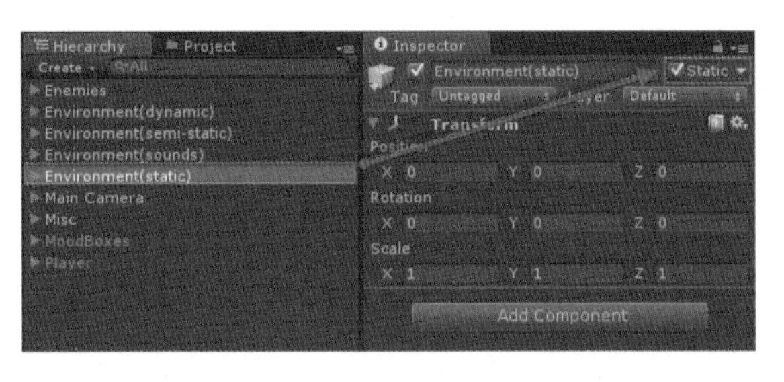

图21-50
静态遮挡剔除

2．可以观察到当开启静态静态批处理时，DrawCalls的使用情况，如图21-51所示。

图21-51
DrawCalls的使用情况

3．当取消勾选Static复选框时（不开启静态批处理），可以观察此时DrawCalls的使用情况，如图21-52所示。

图21-52
DrawCalls使用情况

对比两种方式可以发现，开启静态批处理可以明显地降低DrawCalls的消耗。

21.10 相机屏幕的后处理特效

Angrybots项目中，在相机的后处理过程中，使用了多种不同的后处理效果，包括处理地表反射的Reflection FX，屏幕上的Bloom特效、景深特效和噪声特效。

21.10.1 地面反射特效

"Angrybots"案例实现了高效的地面反射特效，从而增加场景的湿润感，进而更好地烘托出雨场景的氛围。其效果如图21-53所示，左图为开启地面反射特效的效果，右图为关闭该特效的效果。

图21-53
地面反射特效的开启（左图）和关闭（右图）效果

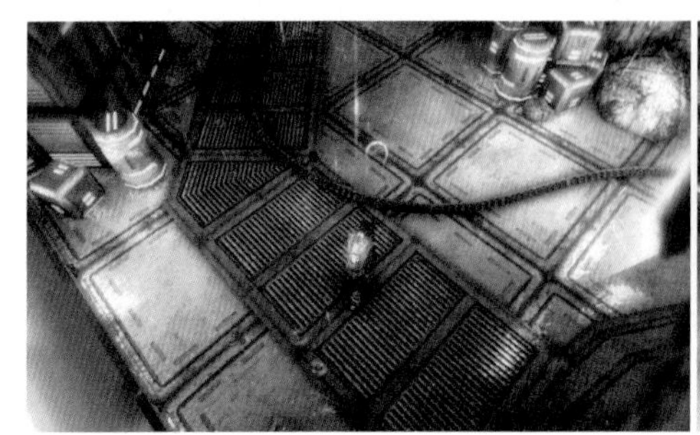

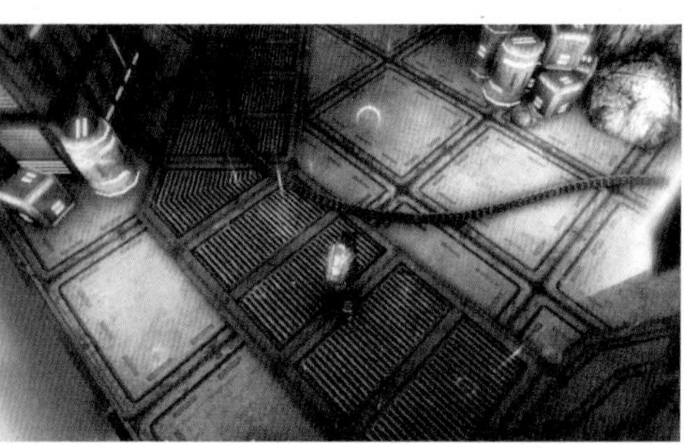

21.10.2 Bloom特效

“Angrybots”案例中的相机Bloom效果如图21-54所示，左图为开启Bloom特效的效果，右图为关闭该特效的效果。

图21-54
Bloom特效的开启（左图）和关闭（右图）效果

由上图可见，Bloom特效可以让场景的明暗效果更加强烈，起到很好的氛围烘托效果。同时，读者也可以自行修改Bloom特效中所提供的参数来达到其自身的需求。

21.10.3 景深特效（Depth of Field）

“Angrybots”案例中的相机景深特效如图21-55所示，左图为开启景深特效的效果，右图为关闭该特效的效果。

图21-55
景深特效的开启（左图）和关闭（右图）效果

上图中，景深特效的聚焦点在角色身上，可以明显地看出，场景的远景和近景都随着距离的变化而逐渐模糊，从而让人对整个场景产生良好的深度感知。

21.10.4 色彩噪声特效

“Angrybots”案例中的相机色彩噪声特效如图21-56所示，左图为开启色彩噪声特效的效果，右图为关闭该特效的效果。

图21-56
色彩噪声特效的开启（左图）和关闭（右图）效果

与其他特效一样，读者可以自行修改特效中所提供的参数对效果进行修改，从而达到更满意的噪声特效效果。

21.11 Profile游戏分析器

1．游戏创建后必然要对其进行分析，单击Play按钮测试游戏，打开Profile视图。

2．在Profiler视图中，读者可以对当前游戏运行所经历的任一帧进行性能分析。例如，图21-57显示了查看某一帧该游戏的CPU方面的性能情况。

图21-57
CPU使用视图

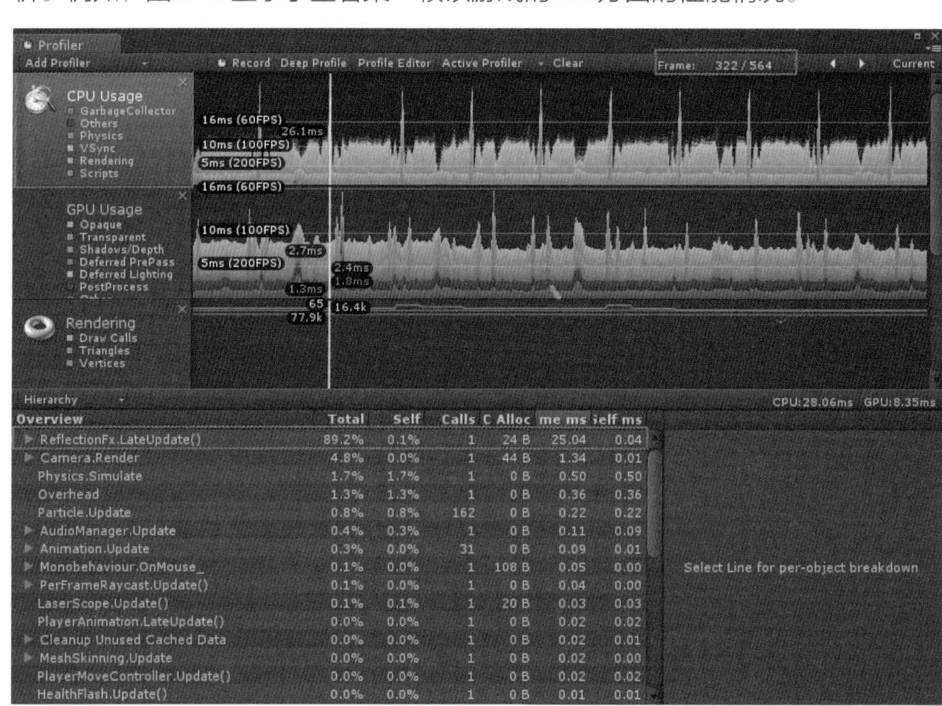

根据Profile显示的结果可知，在322帧处，Reflection.LateUpdate()函数，在CPU的消耗时间上最多。主要消耗在LateUpdate()函数内部调用其他的函数上。

3．除CPU部分外，读者也可以查看GPU部分的性能损耗，如图21-58所示。

图21-58
GPU使用视图

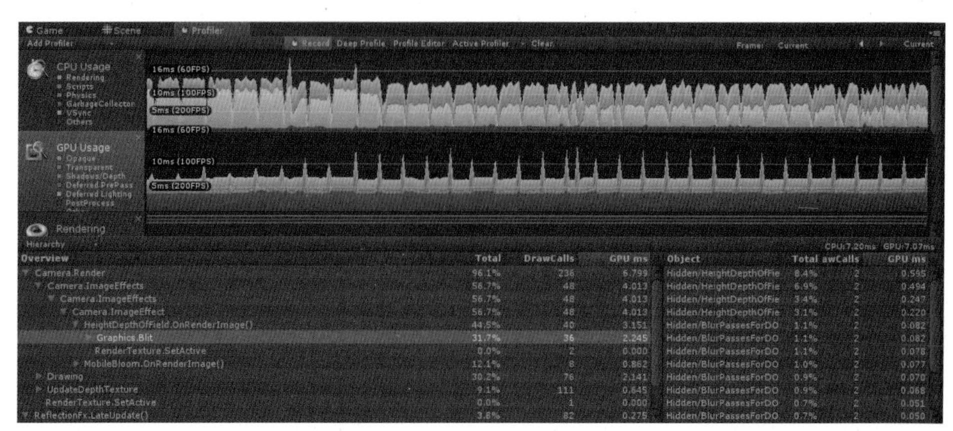

从图21-58中，读者可以看到当前帧任一物体在渲染过程中的性能消耗，通过这些数值，即可非常直观地看出当前帧主要的GPU计算消耗，进而可以帮助开发者对渲染过程进行更好的调整和优化。

4. 在内存方面，Unity引擎提供了两种查看内存占用的模式，一种是Simple模式，如图21-59所示，在该种模式下，开发者可以看到Profiler所记录的任何一帧的内存大致占用情况，比如总体内存占用情况、Mono内存占用情况等，同时也可以看出当前帧的纹理、网格、材质、动画片段等各种资源的总体内存占用情况；另外一种模式是Detail模式，它可详细显示出当前帧的游戏内存的具体使用情况，即对于当前游戏中所用到的每种资源，均有非常详细的内存占用和资源引用说明，如图21-60所示。从图中可以看出，内存的Profiler视图不仅提供了当前游戏中所使用每个资源列表，同时还详细地表明了其所占用的内存大小、该资源目前的引用次数，以及被引用的对象。通过这些数值，开发者可以直观地查看每种资源的内存占用以及使用情况，进而可以非常方便地判断出当前游戏是否存在内存泄露、资源管理不善等漏洞。

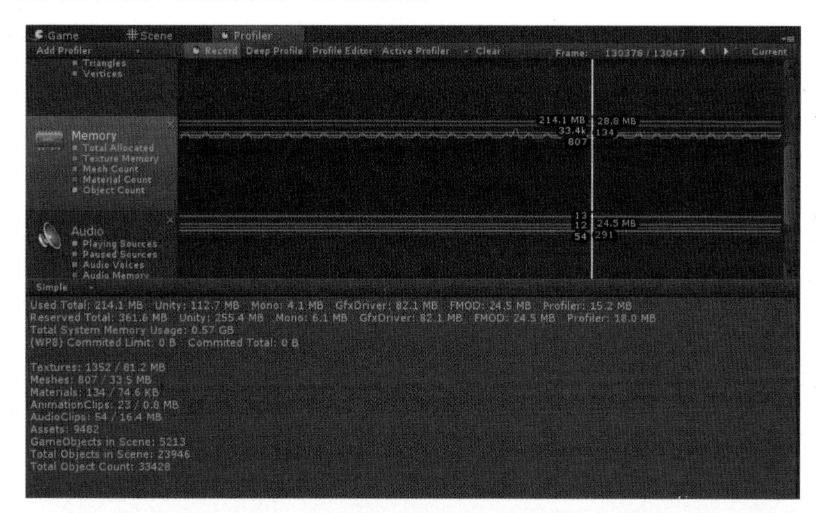

图21-59
内存的Simple模式视图

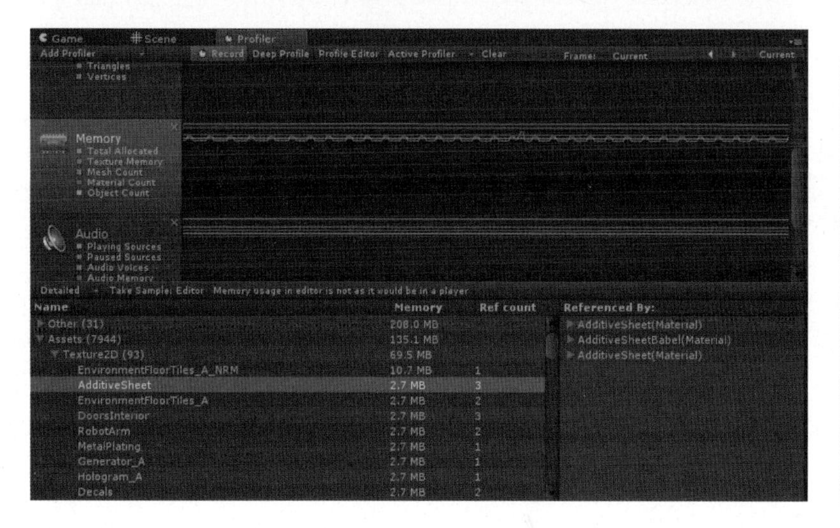

图21-60
内存的Detailed模式视图

5．Profiler分析器还可以分析游戏中的Audio使用情况，如图21-61所示。

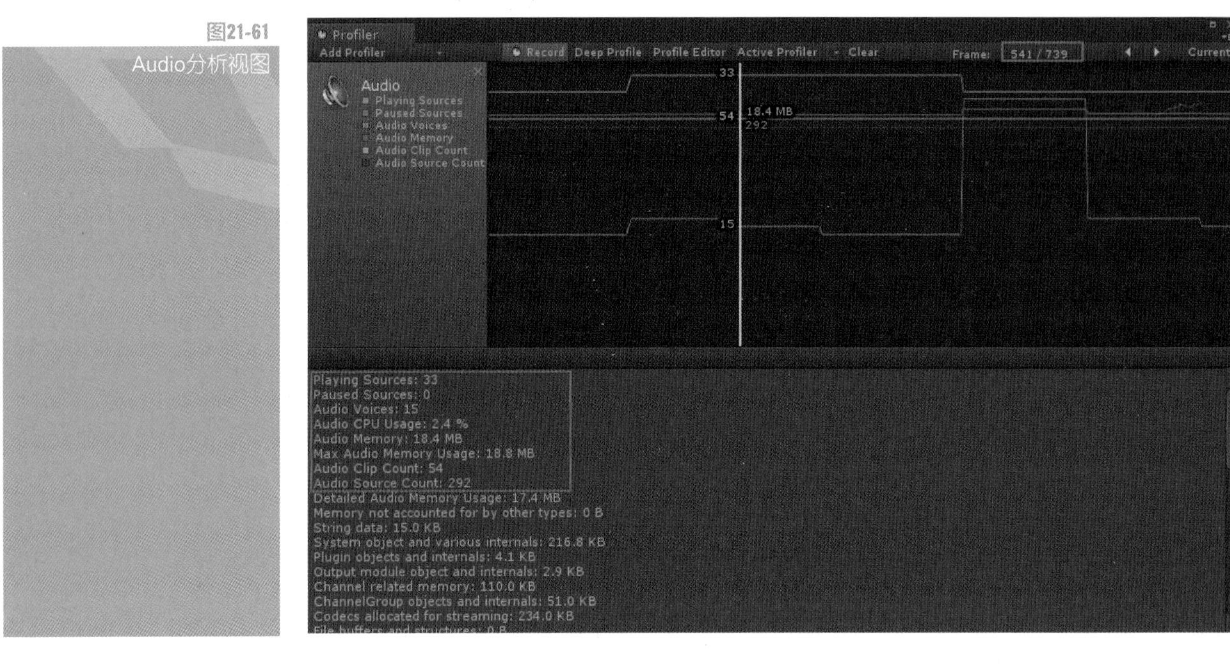

图21-61
Audio分析视图

由测试结果可知，在541帧处，音频的播放源为33，没有停止播放的音频，音频的音量为15，在CPU的消耗时间为2.4%，内存使用情况为18.8MB，音频片段总数为54，音频源的总数为292。